U0733489

著名病毒学家曾毅院士论文集Ⅱ
(1991 - 2000)

Selected Workers of Zeng Yi
Volume 2 (1991 - 2000)

邵一鸣　周　玲　主编
Shao Yi-Ming　Zhou Ling

中国科学技术出版社
·北　京·

图书在版编目（CIP）数据

著名病毒学家曾毅院士论文集. 2，1991－2000/邵一鸣，周玲主编.
—北京：中国科学技术出版社，2010. 9
ISBN 978－7－5046－5662－9

Ⅰ. ①著… Ⅱ. ①邵… ②周… Ⅲ. ①病毒学－文集 Ⅳ. ①Q939. 4－53

中国版本图书馆 CIP 数据核字（2010）第 129713 号

责任编辑：张　楠
责任校对：韩　玲
责任印制：安利平

前　　言

曾毅院士是国际著名的病毒学家和肿瘤学家。他在新中国建立之初毕业于上海第一医学院，早年在医学院校从事微生物学和病毒学研究和教学工作，后调到中国医学科学院及后来的中国预防医学科学院和中国疾控中心从事他所衷爱的医学病毒学研究至今。即便在文革期间，他也排除各种困难，不惜每天骑自行车 4 个小时，往返于家里、研究所和肿瘤医院，继续坚持研究工作。正是这种对探知科学真理的强烈好奇心和为发展我国预防医学事业的高度的责任感，激励着曾毅教授经历了近 60 年的风风雨雨，成为我国一代肿瘤病毒学和艾滋病防治医学的科学大师。

曾毅教授在病毒学、肿瘤学和艾滋病防治研究中的建树很多，这可以从他在本论文集汇编中的 509 篇中、英文论文中清晰可见。这些研究成果多次获得国家和部委科技进步奖励以及诸如陈嘉庚奖等多种科技奖项。这些深厚的科学造诣使曾毅教授在 1993 年当选为中科院院士，并被国际学者推选为法兰西国家医学科学院和俄罗斯医学科学院外籍院士。作为曾毅教授的学生，我们从他身上学到了中国老一辈科学家特有的优秀品质，在他的科学精神和科学方法的熏陶下，我们受益终身。在曾毅教授众多优秀科学品质中，令我们印象深刻的是，他对科学发展方向所具有的敏锐的洞察力，他将实验室与现场相结合的科学方法和勇于实践的精神以及他对国家疾病防治工作的高度责任感。

20 世纪 50 年代末，曾毅院士提出很多动物肿瘤是由病毒引起的，人的肿瘤也应该是由病毒引起的。从 1961 年就开始研究肿瘤病毒如人腺病毒、鸡白血病病毒、多瘤病毒等。从 1973 年起研究人肿瘤病毒，包括 EB 病毒、HPV 病毒等。他系统地研究了 EB 病毒在鼻咽癌发生和发展中的作用，创造性地将国际上的分子病毒学技术与现场流行病学调查相结合，建立起用 EB 病毒 EA/IgA 和 VCA/IgA 抗体进行筛选，并辅以临床和病理活检的鼻咽癌早期诊断技术体系，显著提高了鼻咽癌的早期诊断率，挽救了许多病人的生命。应用病毒血清学指标诊断肿瘤，是肿瘤病毒学和肿瘤诊断学领域中的一项创举，是将基础研究成果应用于指导临床的所谓“from bench to bedside”理想设计的一项成功的实践。在鼻咽癌的病毒病因学研究领域，曾毅教授也通过多学科合作的研究方式，开展大规模现场病因学调查研究，结合实验室研究成果，提出了以 EB 病毒为病因、环境致癌和促癌因素起协同作用、遗传易感性为基础的鼻咽癌多病因学说。这一学说在鼻咽癌的病因学领域中占据着重要的地位，促进了肿瘤病毒学研究的不断深入。

20 世纪 80 年代初，一个来势凶猛的新发传染病——艾滋病在美国被发现。作为肿瘤病毒学家，曾毅教授立即在国内建立相关研究的实验室和技术方法，紧密追踪该领域的国际研究进展。1983 年法国科学家 Montagnier 首次报告发现艾滋病病毒，1984 年曾毅教授在国内进行艾滋病病毒筛查，在我国最早开展了艾滋病血清流行病学研究。1985 年，曾毅教授首次在国内报告了 4 例 HIV 感染病例。之后，曾毅教授的实验室承担起我国早期艾滋病诊断、培训、技术支持和艾滋病诊断试剂的研发工作，有力地支持了我国早期的艾滋病诊断和血清学研究工作。曾毅教授还与他的夫人——中医研究院的李泽琳教授合作，开展了从中药筛选抗艾滋病病毒成分的研究，经过十多年的不懈努力，已将该项研究推进到临床实验阶段。这些方面的研究，在本论文集中也都有记载。

作为中科院院士和我国疾病防治机构与学术团体的负责人，曾毅教授在不同历史时期不断呼吁政府加强艾滋病的防治工作和对艾滋病科研的投入，他还不断到全国各地演讲，亲自参与包括举办艾滋病防治知识巡展以及具体的艾滋病防治宣传活动和防治基金的募集工作。我国艾滋病防治工作能有今天的迅速发展，离不开作为科学家和社会活动家的曾毅院士等一批著名科学家的努力推动。

曾毅教授在长达 56 年医学病毒学研究中的论著极为丰富，我们尽最大努力共收集和整理了曾先生自 1957 年至 2010 年初发表的 509 篇文章（其中，中文 397 篇，英文 112 篇）汇编于本集之中。由于文章时间跨度长达半个世纪以上，又出自几十种刊物或资料，原稿在编排体例和格式方面千差万别，为了保持原文风貌，只能采取尊重历史的作法，基本保持了原文的基本内容。但为了与时俱进，尽量考虑到现今的一些编辑规范，对全部文章的格式做了大体的统一。时间久远，一些论文已难寻找，只能割爱；原文一些图表质量低劣，无法复制，只能略去。随着时代变迁，作者所在单位的名称先后更换过几次，本书只能随文书写，不另行说明。本书按年代顺序，分为第一至第四卷，前三卷为中文，第四卷为英文，在本书编排后期陆续收到一些早年文章，只能放在书后作“补遗”处理。全书约 430 万字。我们深信，该书的出版，必将为我国医学病毒学事业的发展做出贡献。对中国疾病预防控制中心病毒病所、性病艾滋病预防控制中心以及参加本书编撰工作的全体同志们表示衷心谢意！

由于工作量大，时间紧迫，书中难免有些差误之处，请广大读者批评、指正！

邵一鸣　周　玲

二〇〇九年六月一日

目　录

1991—1993 年

1994—1996 年

1997—2000 年

1991—1993 年

140. 原发性干燥综合征肾小管酸中毒与EB病毒感染的相关性

中国医学科学院协和医院　杨嘉林　何祖根　李学旺　张奉春　于　彦
赵家良　文竹成　刘彤华　董　怡　张乃峥
中国预防医学科学院病毒学研究所　李洪波　韩汝晶　曾　毅

〔**摘　要**〕　为探索EB病毒与我国原发性干燥综合征患者发生肾小管酸中毒之间的病因关系，采用抗EB病毒早期抗原P138单克隆抗体和^{32}P标记的EB病毒BalnW探针，对发生肾小管酸中毒的肾脏活检标本和对照肾标本进行了检测。结果在全部7例原发性干燥综合征的肾小管上皮细胞均检出了EB病毒早期抗原，2例中有1例检出了EB病毒DNA；对照标本均为阴性。本研究提示在发生肾小管酸中毒的原发性干燥综合征的肾脏中EB病毒处于活跃的复制生长状态，很可能是造成原发性干燥综合征肾脏损害特别是肾小管酸中毒的原因之一。

〔**关键词**〕　Sjogren综合征；酸中毒，肾小管性；爱泼斯坦－巴尔病毒

干燥综合征（Sjogren's syndrome，SS）的病因至今未明。国外初步报告在SS病人的唇腺上皮细胞中找到了EB病毒的相关抗原[1]，从而引起人们对EB病毒在SS病原上的联系的密切注意。我国原发性SS与某些西方国家报道不同的特点之一是更多的患者发生肾小管酸中毒（Renal tubular acidosis，RTA）和其他肾脏损害[2]。为探索EB病毒与我国原发性SS的RTA之间的病因关系，我们在国际上首先采用免疫学和分子生物学手段，对发生RTA的原发性SS病人的肾脏活检组织进行了检测。

材料和方法

7例原发性SS患者肾脏活检标本分别送病理检查和涂片，其中2例还提取了DNA。选择的病人均为女性，平均年龄35（18～47）岁，均符合Manthorpe等的标准[3]，确诊为原发性SS并且均具有临床型（4例）或亚临床型（3例）肾小管酸中毒。病人肾脏活检标本的病理类型和免疫病理详见表1。对照肾活检标本共5例，4例来自系统性红斑狼疮（SLE），1例来自Weener肉芽肿，亦分别送病理和涂片。其中1例SLE还提取了DNA。

抗EB病毒早期抗原P138（EA－P138）抗体为自制单克隆抗体。所用免疫原为相对分子质量约为43×10^3的含两个抗原决定簇的基因工程融合蛋白，由pUCARG 1140表达[4]。后者是将EB病毒BamHI－A片段中BALF 2读码框架中的一个600 bp的片段和另一个540 bp片段分别插入同一载体质粒（pUC 12）而构建成。BALF 2是为EB病毒P 138编码的基因区域。单克隆抗体的制备和鉴定将于另文发表。

间接免疫荧光法检测肾脏组织中EA－P138，固定后的组织切片滴加抗EA－P 138腹水

表1　7例原发性干燥综合征患者肾脏活检标本病理类型和免疫病理

例号	病理类型	免疫病理													
		肾小球基底膜							肾小管基底膜						
		IgG	IgA	IgM	Clq	C_3	C_4	F*	IgG	IgA	IgM	C_1q	C_3	C_4	F*
1	系模增殖型肾小球肾炎伴间质性肾炎	+	—	—	—	—	—	—	—	+++	++	—	+	—	+
2	系膜增殖型肾小球肾炎伴间质性肾炎	+	—	+	—	+	—	+	+	—	+	—	+	—	+
3	轻度系膜增殖型肾小球肾炎	—	+	+	—	—	—	—	—	+	+	—	—	—	—
4	轻度系膜增殖型肾小球肾炎	—	±	±	±	—	—	—	—	—	—	—	—	—	—
5	系膜增殖型肾小球肾炎伴间质性肾炎	—	+++	—	—	++	—	—	—	+	—	—	+	—	—
6	系膜增殖型肾小球肾炎	+++	++++	—	—	++	—	—	+	+	—	—	—	—	—
7	系Ⅱjl增殖型肾小球肾炎	+++	—	++	—	++	—	—	—	—	—	—	—	—	—

注：F* 为纤维蛋白原

（1∶80稀释），第二抗体为羊抗鼠IgG荧光抗体（中国军事医学科学院，工作浓度1∶10），最后在荧光显微镜（Olympus，日本）下观察结果。

^{32}P－标记的EB病毒BamW探针为自制探针。pBR 322 Barn W 3072来自慕尼黑大学H. wolf教授。该质粒经快速提取和酶切鉴定后被大量制备，然后回收BamW片段[5]。用Nick translation kit（Amersham，England，UK）进行探针标记，并经Southern blot鉴定[5]。

肾组织DNA提取（方法参照H. wolf实验手册并适当加以修改）：取活检标本研碎成单个细胞，先后用蛋白酶K（400 mg/L）、0.02 SDS和RNA酶（120 mg/L）处理，上清经酚抽提，乙醇沉淀，真空干燥，溶于20 μlTE缓冲液，－20℃保存。

斑点杂交：取10 μl（约100 mg/L）组织DNA和1 μl（100 pg）对照DNA至Eppendorf管中，100℃煮沸10 min，迅速置冰浴中；加等量1mol/L NaOH，室温放置20 min；加1/2体积1 mol/L Nacl，0.3 mol/L柠檬酸钠，0.5 mol/L Tris－HCl pH 8.0（氢离子浓度10 nmol/L），1mol/L盐酸溶液，混匀后迅速置冰浴；用加样装置（Holand）将变性DNA以负压吸附在硝酸纤维膜上，80℃烤干[5]。然后按通常方法进行预杂交、杂交和放射性自显影[6]。

结　　果

肾活检组织经抗EA－p 138单克隆抗体间接免疫荧光法检查，发现全部（7例）原发性SS的肾小管上皮细胞的胞质内均可见点状荧光着色，而对照的5例肾标本均为阴性。

用^{32}P标记的EB病毒BamW探针斑点杂交法检测肾脏活检组织，2例中有1例原发性SS标本经放射自显影呈阳性（圆形斑点），而对照肾标本（来自SLE肾脏）为阴性。

讨　　论

正常情况下，EB病毒在细胞间的传播以及病毒转化细胞的增殖均受到免疫系统的控制，因此该病毒在正常人体细胞内潜伏存在。

在原发性SS发生RTA的病人肾组织中检出了EB病毒DNA（1例）和EA（7例），说明原发性SS病人肾脏有EB病毒的慢性感染存在。在相同实验条件下，对照组未检出EB病毒的DNA和相关抗原，一方面可排除细胞骨架蛋白质与检测用单克隆抗体之间可能存在交叉反应而导致假阳性结果；另一方面也说明原发性 SS 病人的肾脏（特别是发生 RTA 的肾脏）组织中 EB 病毒的基因组频率高，表达 EB 病毒的数量大。数量大本身说明 EB 病毒在原发性 SS 病人的肾脏组织中可能处于活跃的复制生长期。已知 EB 病毒在潜伏生长时汉表达 EB 病毒核抗原和淋巴细胞确定的膜抗原，而在复制生长时，才表达 EA 及其他晚期结构抗原[7]。我们在发生 RTA 的原发性 SS 病人的肾脏组织中检出了 EB 病毒的 EA－p138，为 EB 病毒在 SS 肾脏组织中处于活跃的复制生长期提供了证据。

EB 病毒在发生 RTA 的原发性 SS 肾脏组织中活跃复制，说明机体在这一部位正常存在的控制 EB 病毒传播的免疫机制发生紊乱。EB 病毒的溶解生长可直接破坏宿主细胞；此外，通过 EB 病毒的基因产物刺激机体的 T 和 B 淋巴细胞，发动机体对 EB 病毒抗原的细胞免疫和体液免疫，还能间接杀伤带有 EB 病毒相关抗原的自身组织细胞。可见 EB 病毒与原发性 SS 关系密切，特别是与 SS 发生 RTA 关系密切，它很可能是造成原发性 SS 病人肾脏损害的原因之一。

我们对 2 例原发性 SS 的肾活检标本进行 EB 病毒 DNA 的检测，仅 1 例阳性。其原因可能是：①EB 病毒在肾脏组织中的分布是不均匀的，如肾小管上皮细胞分布多，其他细胞分布少，取材部位不同，EB 病毒的基因频率不同，会影响结果；②斑点杂交法是敏感性相对较低的 DNA 检测方法，亦会影响实验结果。

总之，我们在国际上率先对原发性 SS 的肾脏组织进行了 EB 病毒 EA 和 DNA 的检测（经电子计算机联网检索，迄今为止，国外有关 EB 病毒与 SS 关系的文章均未涉及肾脏组织；国内，尚未见其他作者的有关 EB 病毒与 SS 关系的发表文章），发现 EB 病毒在上述组织中处于复制生长状态，提示 EB 病与原发性 SS 的肾脏损害关系密切，特别是与原发性 SS 的肾小管酸中毒密切相关。今后，应继续积累肾脏标本，包括各种对照标本，开展有关 EB 病毒 EA 和 DNA 的前瞻性随访检查，配合其他免疫学检查，进一步探讨 EB 病毒在原发性 SS 肾脏损害中的作用。

〔原载《中华内科杂志》1991，30（3）：151－153〕

参 考 文 献

1 Fox RI, et al. Detection of Epstein－Barr virus associated antigens and DNA in salivary gland biopsies from patients with Sjogren's syndrome. J Immunol, 1986, 137: 3162

2 Zhang NZ, Dong Y. Primary Sjogren syndrome in the People's Republic of China. In Talai N. eds. Sjogren's syndrome: Clinical and immunological aspects. Heidelberg: Springer, 1987, 55

3 Manthorpe R, et al. Sjogren's syndrome. A review with emphasis on immunological features. Allergy, 1981, 36: 139

4 Motz M, et a1. Expression of the Epstein－Barr virus 138－kDa early protein in Escherichia coli for the use as antigen in diagnostic tests. Gene, 1986, 42: 303

5 侯云德．病毒基因工程的原理和方法．北京：人民卫生出版社，1984

6 Maniatis T, et al. Moloeular oloning: a laboratory mannel. Cold Spring Horbor Laboratory, 1982

7 Miller G. Biology of Epstein－Barr virus. Proc Natl Acad Sci USA, 1980, 713

141. EB病毒与干燥综合征的病因关系

中国医学科学院北京协和医院 杨嘉林 张乃峥 董 怡 何祖根 李学旺
张奉春 于 彦 依 军 赵家良 文竹成 刘彤华
中国预防医学科学院病毒学研究所 曾 毅 李洪波 韩汝晶
北京口腔医院 孙 正 北京福瑞诊断用品联营公司 王志新

〔**摘　要**〕 用EB病毒基因工程单克隆抗体（McAb）和DNA探针检测干燥综合征（Sjogren's syndrome，SS）患者的活检组织；用B 95－8和K_4细胞为抗原检测SS患者血清EB病毒相关抗体。结果显示原发性SS 15/33例唇腺和7/7例肾脏EB病毒早期抗原（EA－P 138）阳性，对照标本均阴性；用抗EA－P 54和抗EB病毒核抗原（EBNA－1）McAb在原发性SS唇腺检出了相对分子质量约为54×10^3和65×10^3的多肽，与在EB病毒转化的类淋巴母细胞中发现的EA－D和EBNA－1的相对分子质量相同；用^{32}P记的EB病毒Bamw探针在原发性SS7/21例唇腺和1/2例肾脏检出了EB病毒DNA，对照组织均阴性；在80例原发性SS患者的血清中找到了抗EB病毒壳抗原和EBNA的抗体。提示在原发性SS的唇腺和肾脏，EB病毒处于活跃的复制状态，其在原发性SS的发病中可能起重要作用。

〔**关键词**〕 Sjogren综合征；爱波斯坦－巴尔病毒

干燥综合征（Sjogren's syndrome，SS）是以口、眼干燥为特征的，淋巴细胞浸润唾液腺、泪腺等外分泌腺体的慢性系统性自身免疫病。该病在西方国家被认为是仅次于类风湿关节炎的第2种最常见的风湿性疾病[1]。在我国该病亦相当常见。与西方国家报道不同的是我国原发性SS病人更多发生肾小管酸中毒和其他肾脏损害[2]。SS病因至今不明。国外近年报道在SS病人的唇腺上皮细胞中找到了EB病毒的相关抗原[3]，引起人们对EB病毒与SS病原学之间关系的注意。我们采用免疫学和分子生物学的方法，对原发性SS的唇腺、肾脏组织进行了活检检测，以便寻找EB病毒的基因组及其表达产物。此外，我们还测定了SS病人血清EB病毒相关抗体。通过这些研究探索EB病毒在我国SS发病中的作用。

材料和方法

一、组织标本 原发性SS的33例唇腺、7例肾脏标本分成3份，送病理检查、涂片、提取抗原和DNA。所有患者均具有干燥性角结膜炎和口干燥征，符合Manthorpe诊断标准[4]。33例原发性SS患者，仅1例男性。平均年龄42（20～65）岁。平均病程4.5（1～16）年。大多数病人具有高滴度的类风湿因子（15/33例）和抗核抗体（30/33例），包括抗SS－A（15/33例）和抗SS－B（9/33例）抗体。7例肾脏标本均取自具有临床型或亚临床型肾小管酸中毒的原发性SS患者。其他标本为原发性SS患者的淋巴结和肠黏膜组织以及来自年龄和性别基本配对的对照者，包括继发性SS 4例，非SS的其他结缔组织病12例，良性肿瘤2例及2名正常人的唇腺、肾脏或其他部位组织。所有患者除2例严重肾脏受累者外，在活检前至少3个月均未用过糖皮质激素和其他免疫抑制剂。

二、血清标本 取自原发性SS 80例，继发性SS 15例，非SS的其他结缔组织病54例，其中系统性红斑狼疮34例、类风湿关节炎13例、进行性系统性硬化3例、皮肌炎1例、重叠综合征2例和混合结缔组织病1例，正常人8名。

三、3种基因工程单克隆抗体 抗EB病毒早期抗原EA－p B138抗体、抗EA－p 54抗体和抗EB病毒核抗原－1（EBNA）－1抗体。抗EAp 138抗体为自制单克隆抗体。免疫原来自质粒pUCARG 1140（含EB病毒Bam A部分片段）[5]。抗EA－p 54和抗EBNA－1抗体均由中国预防医学科学院病毒学研究所肿瘤病毒室提供杂交瘤细胞株。免疫原分别来自质粒pUC－9 MBcE 3.2（含EB病毒Bam M）和pUC 8 KH 1.2（含EB病毒Bam K）的基因工程融合蛋白。上述3种质粒系德国H. Wolf教授赠送。

四、间接免疫荧光法 固定后的组织切片滴加抗EA－p 138腹水（1∶80稀释），第二抗体为羊抗鼠IgG荧光抗体（中国军事医学科学院提供，工作浓度1∶10），最后在荧光显微镜（日本OLympus公司制造）下观察结果。

五、含EB病毒基因组的细胞 K_4细胞系日本Nihon大学医学院K. Takada博士赠送。该细胞株来源于幼地鼠肾，转染EB病毒BamK片段后，可稳定地表达EBNA－1抗原。Raji细胞和P_2HR－1细胞均为来自Burkitt淋巴瘤的EB病毒转化的B淋巴细胞。B95－8细胞是EB病毒转化绒猴B淋巴细胞形成的类淋巴母细胞。以上4种细胞均用RPMI 1640完全培养基（含10%～15%小牛血清）培养。K_4细胞在传代和收获时需用25%胰酶－30% EDTA（1∶9）混合液在碱性条件下消化。

六、免疫印迹法 活检组织置研钵中研碎，溶于样品缓冲液〔30%蔗糖（Sucrose），2%十二烷基硫酸钠（SDS），5% β－巯基乙醇（mercaptoethenal），20 mmol/L Tris HCl，pH 7.0（氢离子浓度100.00 nmol/L），溴酚蓝（Bromophenol blue）〕混匀、煮沸后，离心取上清。其他阳性对照细胞及EA－p 54蛋白质粗提液亦按上法处理。配制12.5%聚丙烯酰胺凝胶（包括分离胶和浓缩胶），加样后15 mA电泳16 h。电泳液为1000 ml蒸馏水含3 g Tris碱，14.4 g甘氨酸，20% SDS 5 ml。在干转仪上将胶内的蛋白质转移至硝酸纤维膜上。电流>0.5 A，电转1.5 h。电转后37℃包被2 h（包被液：小牛血清20 ml，PBS 80 ml，Tween－20 50 μl）。加单克隆抗体（抗EA－p 54抗体或抗EBNA－1抗体），1∶50稀释，37℃摇2 h，洗后加辣根过氧化物酶标记的羊抗鼠IgG抗体，1∶50稀释，37℃摇1 h；在3，3′－二氨基联苯胺（含过氧化氢）底物液中显包。

七、^{32}P标记的EB病毒Bam W探针 为自制探针。$pbR_{[322]}$ Barn W_{3072}来自德国H. Wolf.教授。该质粒经快速提取和酶切鉴定后被大量制备，然后回收Barn W片段[6]。用Nick translation kit（Amersham，英国）进行探针标记，并经Southern blot鉴定[8]。

八、活检组织DNA提取 将活检标本研成单个细胞，先后用蛋白酶K（400 g/L）、0.02 SDS和RNA酶（120 g/L）处理，上清经酚抽提，乙醇沉淀，真空干燥，溶于20 μl TE缓冲液，－20℃保存。

九、斑点杂交 取10 μl（约100 g/L）组织DNA和1 μl（100 pg）对照DNA至Eppendorf管中，100℃煮沸10 min，迅速置冰浴中；加等量1 mol/L NaOH，室温放置20 min；加1/2体积1 mol/L NaCl，0.3 mol/L柠檬酸钠，0.5 mol/L Tris HCl，pH 8.0（氢离子浓度10.00 nmol/L），1 mol/L HCl溶液，混匀后迅速置冰浴：用加样装置（Holand）将变性DNA负压抽

吸在硝酸纤维膜上，80℃烘干。然后，按通常方法进行预杂交、杂交和放射自显影[7]。

十、免疫酶法 以B95－8细胞为抗原〔含EB病毒壳抗原（VCA）〕制片，滴加不同稀释度的待测血清；第二抗体为辣根过氧化物酶标记的羊抗人IgA抗体；底物液含0.05 3，3′－二氨基联苯胺，0.05 mol/L Tris－HCl，pH 7.6（氢离子浓度25.12 nmol/L），0.03过氧化氢；普通光学显微镜下细胞呈棕色者为VCA－Ig阳性。

十一、VCA－IgM、VCA－IgG和EBNA－Ig检测 均采用间接免疫荧光法。前两者以B95－8细胞为抗原；后者则以K_4细胞为抗原。

结　果

15/33例原发性SS患者的唇腺上皮细胞和7/7例原发性SS患者的肾小管上皮细胞胞质被抗EA－p138单克隆抗体荧光着色。原发性SS的其他部位组织、继发性SS、非SS的其他结缔组织病、良性肿瘤病人和正常人的唇腺和/或肾脏组织均阴性（图1～4略）。用抗EA－p 54和抗EBNA－1单克隆抗体免疫印迹法测出原发性SS患者唇腺组织中有相对分子质量约为54×10^3和65×10^3的多肽（图5，6）。原发性SS 7/21例唇腺和1/2例肾脏组织中，经斑点杂交，用Bamw探针检出了EB病毒DNA；而继发性SS、非SS的其他结缔组织病患者以及正常人的上述组织均未检出（图7，8）。用间接免疫荧光法和免疫酶法在原发性SS患者的血清中检出了VCA－IgA（50/80例）、VC－A－IgM（25/80例）、VCA－IgG（80/80例）和EBNA－IgG（75/80例）。但这些抗体的阳性率和几何平均滴度与对照组（包括继发性SS、系统性红斑狼疮和类风湿关节炎）近似（表1）。

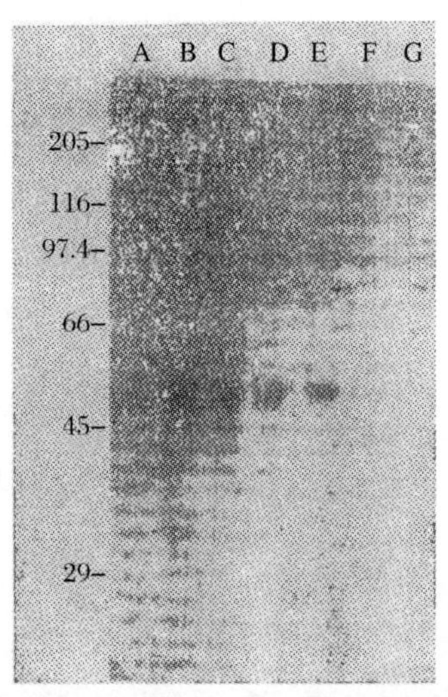

A：EA—p 54粗提液；B：Raji细胞，C～E：来自SS的阳性唇腺组织；F、G：来自SS的阴性昏腺组织

图5　用免疫印迹法检测SS唇腺组织中的EA－p54抗原

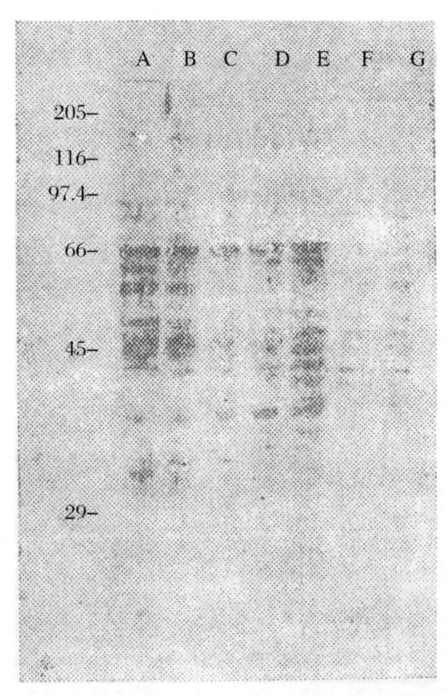

A：K_4细胞；B：B95—8细胞；C～E：来自SS的阳性唇腺组织；F、G：来自SS的阴性唇隙组织

图6　用免疫印迹法检测SS唇腺组织中的EBNA－1抗原

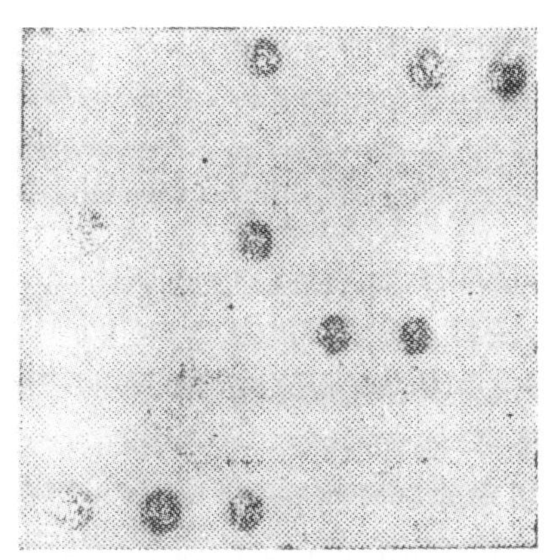

标本来源：前三排（每排六个标）及第四排右侧3个标本为SS。第四排左3个标本及第五排为对照标本。第六排左3个标本为阳性对照分别为Raji、$pBR_{[322]}W$，p_3HR—1

图7　唇腺组织EB病毒DNA的检测

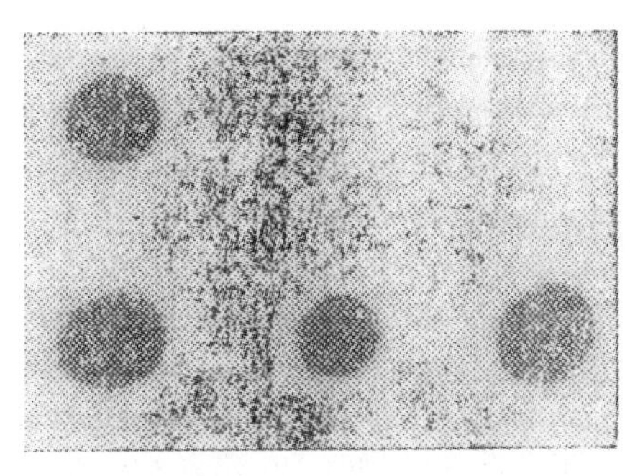

标本来源：前排：1，2为SS，3为SLE；后排：阳性对照，分别为Raji、p_3HR—1、$pBR_{[322]}W$

图8　肾脏组织EB病毒DNA的检测，×5

另外，我们还发现唇腺检出EB病毒早期抗原的原发性SS患者临床表现均较严重，腺外合并症除有肺、肝、脾、淋巴结、关节、肌肉、周围神经和胃肠道受累外，其中8/15例有肾小管酸中毒，9/15例有血管炎，12/15例有血免疫球蛋白（多克隆）升高，14/15例有唾液腺IgA升高。7例原发性SS的肾脏组织中，肾小球和/或肾小管基底膜均有免疫物质沉积（表2）。

表1　对SS和非SS患者血清中EB病毒VCA和EBNA的相关抗体检测结果

标本来源	检测例数	抗VCA抗体			抗EBNA－1抗体（IgG）
		IgA	IgM	IgG	
原发性SS	80	50	25	80	75
继发性SS	15	10	5	15	10
系统性红斑狼疮	34	15	5	34	32
类风湿关节炎	13	9	7	13	11
系统性硬化	3	0	2	3	3
皮肌炎	1	0	0	1	1
重叠综合征	2	2	1	2	2
混合结缔组织病	1	1	0	1	1
正常人	8	0	1	8	4

表2　7例原发性SS肾脏免疫病理检查结果

例号	肾小球基底膜	肾小管基底膜
1	IgG	IgA，IgM，C_3，纤维蛋白原（F）
2	IgG，IgM，C_3，F	IgG，IgM，C_3，F
3	IgA，IgM	IgA，IgM
4	IgA，IgM，C_1q	
5	IgA，C_3	IgA，C_3
6	IgG，IgA，C_3	IgG，IgA
7	IgG，IgM. C_3	

讨　　论

我们在原发性SS患者的唇腺和肾脏检出了EB病毒DNA（唇腺7/21例，肾脏1/2例）和相关抗原（唇腺1 5/33例，肾脏7/7例），并测定相关抗原的相对分子质量约为54×10^3和65×10^3，与在EB病毒转化的类淋巴母细胞中测定的EA－D和EBNA－1抗原相同；在血清中检出了EB病毒的相关抗体（包括抗VCA和抗EBNA抗体），说明原发性SS患者体内有EB病毒的慢性感染存在。在相同实验条件下，继发性SS、非SS的其他结缔组织病、良性肿瘤患者和正常人均未检出EB病毒的DNA和相关抗原。这一方面可排除细胞骨架蛋白质与检测用单克隆抗体之间可能存在交叉反应而导致的假阳性结果，另一方面也说明原发性 SS 患者的唇腺和肾脏（特别是发生肾小管酸中毒的肾脏）组织中 EB 病毒的基因频率高，表达 EB 病毒相关抗原的数量大。数量大本身说明 EB 病毒在原发性 SS 的上述组织中可能处于活跃的复制状态。已知 EB 病毒在潜伏生长时仅表达 EBNA 和淋巴细胞确定的膜抗原，而在复制生长时才表达 EA 及其他晚期结构抗原[8]。我们在原发性 SS 患者的唇腺和肾脏组织中检出了 EB 病毒的 EA - p 138 和 EA—p 54 抗原多肽，对 EB 病毒在上述组织中处于活跃的复制生长期提供了证据。EB 病毒能够在原发性 SS 患者的肾脏和唾液腺复制，说明机体在这些部位正常存在的控制 EB 病毒在细胞间传播的免疫机制发生了异常。EB 病毒的活跃复制（溶解生长）可直接破坏宿主细胞；EB 病毒抗原刺激机体的抗原提呈细胞和/或淋巴细胞导致的细胞免疫和体液免疫反应，实际上是对带有 EB 病毒抗原的自身组织细胞的间接杀伤。可见原发性 SS 的组织损伤，特别是唇腺和肾脏的损伤与 EB 病毒的复制关系密切。

在原发性 SS 患者血清中检出的抗 VCA 抗体和 EBNA 抗体与对照组（包括继发性 SS、系统性红斑狼疮和类风湿关节炎）在阳性率和几何平均滴度上近似，说明对照组中的个体同样有 EB 病毒的感染存在。但由于这些人体内的免疫 T 细胞尚能控制体内 EB 病毒在细胞间的传播以及病毒转化细胞的增殖，使 EB 病毒在他们的组织细胞中潜伏存在。所以，尽管这些人血清中同样有 EB 病毒的抗体，但用本研究的方法不能从他们的组织细胞中找出 EB 病毒的痕迹。

本研究的重要意义在于不仅证实了 EB 病毒与原发性 SS 的发病关系密切，而且证明了在原发性 SS 的肾脏有 EB 病毒的复制。我们推测原发性 SS 患者很可能是在遗传和/或其他因素的促使下，对表达 EB 病毒抗原的自身唾液腺和肾脏等组织产生了自身免疫反应，最终导致 SS。总之，EB 病毒与原发性 SS 关系密切，很可能是其发病的起始原因之一。

〔原载《中华医学杂志》1991，71（3）：131 - 135〕

参 考 文 献

1 Fox RI, et al. Sjogren's syndrome: a guide for the patient (revised version). La Jolla: Research Institute of Scrips Clinic Press, 1986, 2

2 Zhang NZ, Dong Y. Primary Sjogren's syndrome in the People's Republic of China. In: Talal N, eds. Sjogren's syndrome: clinical and immunological aspects. Springer Berlin - Wilmersaorf Heidelberg, 1987, 55

3 Fox RI, et al. Detection of Epstein - Barr virus associated antigens and DNA in salivary gland biopsies from patients with Sjogren's syndrome. J Immunol, 1986, 137: 3162

4 Manthorpe CR, et al. Sjogren's syndrome: a review with emphasis on immunological features. Allergy, 1981, 36: 139

5 Motz M, et al. Expression of the Epstein - Barr virus 138 - KDa early protein in Escherichia Coli for the use as antigen in diagnostic tests. Gene, 1986, 42: 303

6 侯云德．病毒基因工程的原理和方法．北京：人民卫生出版社，1984：159

7 Maniatis T, et al. Molecular cloning: a laboratory mannel. New York: Cold Spring Horbor Laboratory Press, 1982, 382

8 Miller G. Biology of Epstein - Barr virus. Proc Natl Acad Sei USA, 1980, 76: 173

142. HIV－1 抗体检测初筛试剂质量评价

中国预防医学科学院艾滋病研究与检测中心　王　哲　曾　毅　林旭东　赵文萍　强来英　纪　燕
卫生部卫生防疫司急传处　孙新华　甘肃省卫生防疫站　甄宏元　赵煌君　王炳涛
陈　光　周科清　贺延平　内蒙古自治区卫生防疫站　涛　波　刘忠武
哈尔滨卫生检疫站　邢雅珊　杨德文　郑玉臣　内蒙古自治区赤峰市卫生防疫站　李建国

〔摘　要〕　用 134 份 HIV－1 抗体阳性血清和 1468 份阴性血清对国内常用的 PA、LA、ELISA（Wellcome）、IE、QWB 等初筛试剂进行质量评价，用部分血清进行了国产试剂比较和快速方法的比较，并对混合血清检测的方法进行了评价。结果表明，上述试剂中 ELISA、PA、IE 和 QWE 试剂质量较好，能满足国内需要，并能进行混合血清检测。

〔关键词〕　HIV－1 检测；试剂评价；初筛试验

艾滋病的传播和流行已成为当今全球性危害。我国发现的艾滋病病人和艾滋病毒（HIV）感染者也逐年迅速增加。由于目前尚无有效的疫苗和治疗药物，预防和控制其传播的一个主要手段是进行 HIV 血清学检测。近年来，HIV 险测工作在我国发展很快，各地已先后建立了上百个检测实验室，HIV 检测的管理和质控也在逐渐加强。

国内目前主要进行 HIV－1 抗体检测，使用的初筛方法主要是 ELISA[1]、明胶颗粒凝集（PA）[2]和免疫酶法（IE）[3]等，其中前两种试剂基本靠进口，ELISA 试剂的厂家很多，世界卫生组织（WHO）近年援助的主要是 Wellcome 产品。国产试剂的研制和生产已有了飞跃，特别是 IE 和蛋白印迹快速法（QWB）试剂已得到较广泛应用。最近进口乳胶凝集（LA）[4]试剂和国产 E LISA 试剂也得到一定的应用。这些试剂在检测中的使用情况未得到科学评价。由于经费等原因，国内大部分检测实验室在检测中不同程度地使用混合血清的方法，这种方法的具体步骤和适用性有待探讨。

由卫生部防疫司和中国预防医学科学院艾滋病研究与检测中心组织、部分省地卫生防疫站和卫生检疫所参加，对上述试剂进行了大规模、系统的质量评价，现将结果报告如下。

材料和方法

一、血清　评价血清来源分两部分，一是由各参加实验室新近采集的高危及重点人群血清，另一是国家实验室保存的 HIV－1 感染者血清。

二、试剂

1. ELI SA：进口 ELISA 试剂为 Wellcome 公司的 Wellcozyme HI VRecombinant VK56/57，批号为 K119410，K170910；国产 ELISA 试剂由上海生物制品研究所生产，批号：91001。

2. IE：由中国预防医学科学院艾滋病研究与检测中心生产，批号：910410，910610。

3. QWB：由中国预防医学科学院艾滋病研究与检测中心生产，批号：910310，910516，910610。

4. PA：为 Fujirebio 公司生产的 Serodia HIV，批号：AP 10808。

5. LA：为 Canlbridge BioScience 公司产品，批号：A 6600。

6. 蛋白印迹试剂（WB）：为 BiO－Rad 公司生产的 Novapath HIV－1 Immunoblot，批号：197－1100。

三、方法

1. 常规方法：采血后立即在现场分离血清，尽量避免冻融并尽快检测；血清检测前不做预处理，不加防腐剂。检测时严格按试剂使用说明书操作，阳性结果均用原方法进行重复。

2. 混合血清方法：每三份血清等量混成一份，即备取 50 μl 混合，作为一份原倍血清进行检测。

结　　果

一、试剂评价结果　取国家实验室保存的 134 份 HIV－1 抗体阳性者血清及各实验室采集的高危及重点人群血清 1488 份，同时用 5 种试剂检测，阳性结果进行重复，结果 5 种试剂的敏感性均达 100%（表 1），特异性以初检计算均达到 37% 以上，以复检计算达到 99.9% 以上；假阳性率 ELISA：初检 2.4%，复检 0.07%；LA：初检 1.3%，复检 0；PA：初检 0.4%，复检 0.1 4%；IE：初检 0.34%，复检 0.07%；QWB：初检 0.07%，复检 0（表 2）。

表 1　HIV－1 感染者血清检测结果（阳性数）

人　群	血清数	W－ELISA		LA		PA		QWB		IE	
		1	2	1	2	1	2	1	2	1	2
吸毒人员	87	87	87	87	87	87	87	87	87	87	87
血友病病人	3	3	3	3	3	3	3	3	3	3	3
归国人员	12	12	12	12	12	12	12	12	12	12	12
外国人	32	32	32	32	32	32	32	32	32	32	32
总计	134	134	134	134	134	134	134	134	134	134	134

表 2　高危和重点人群检测结果（阳性数）

人　群	血清数	W－ELISA		LA		PA		QWB		IE	
		1	2	1	2	1	2	1	2	1	2
静脉嗜毒	227	0		5	0	1	1	1	0	2	1
吸毒	492	29	0	9	0	1	1	0		0	
出入境人员	447	1	0	2	0	1	0	0		2	0
暗娼	59	3	1	0		0		0		0	
献血员	136	0		2	0	0		0		1	
外国人	40	0		0		1	0	0		0	
其他	67	2	0	1	0	2	0	0		0	
总计	1468	35	1	19	0	6	2	1	0	5	1

对表2结果进行分析及确认，其中LA初检19例阳性，按使用说明书标准从1+到4+进行了划分，其中80%为1+和2+，而3+和4+仅占20%（表3）。E LISA初检和复检的阳性A值与试剂盒Cut off值相差很近，大部分在0.05以内，而且没有大于0.15的，重复阳性的A值与Cut off值之差也小于0.05（表4）。对试剂重复阳性的血清用WB试剂进行了确认，除IE阴性的血清可疑（P66）外，其余3份均为阴性（表5）。

表3　LA初测阳性情况

阳性情况	例数	%
1+	9	47.4
2+	6	31.6
3+	3	15.8
4+	4	5.2

表4　ELISA初测阳性A值差值情况

A值差值范围	例数	%
<0.05	23	65.7
0.05~0.1	9	25.7
0.1~0.15	3	3.6
>0.15	0	0

表5　蛋白印迹法确认结果

编号	初筛情况	WB结果
1	ELISA+	-
2	PA+	-
3	PA+	-
4	IE+	±

二、国前试剂比较　取420份血清用Wellcome ELISA试剂做对照，对3种国产检测试剂进行了比较。进口试剂初检1份阳性，复检阴性，国产ELISA试剂初检3份阳性，复检2份阳性，这2份样品经WB确认为阴性；IE和QWB试剂检测结果均为阴性（表6）。

三、快速检测试剂比较　用部分已知阳性和阴性血清对PA、LA和QW试剂进行了比较，表明QWB试剂质量最佳（表7）。

表6　国产HIV-1检测试剂比较

血清数	W-ELISA		国产ELISA		QWB		IE	
	1	2	1	2	1	2	1	2
429	1	0	3	1	0		0	

表7　HIV-1快速检测试剂比较（阴性数）

	血清数	PA		LA		QWB	
		1	2	1	2	1	2
阳性血清	77	77	77	77	77	77	77
阴性血清	324	2	1	7	1	0	

四、混合血清检测　在现场及国家实验室内进行了两次混合血清检测，在现场主要用QWB、IE和PA进行检测，结果表明3种试剂在进行大量阴性混合样品检验时假阳性数均很低（表8）。

在国家实验室取34份阳性血清，每份与两份阴性血清混成1份，别取144份阴性血清混合成48份，用5种方法检测，结果LA有5份假阴性，3份假阳性，PA2份假阳性，其余方法与真实结果相符，这些血清同时单份用5种方法检测，结果与真实结果一致（表9）。

表8　QWB、IE和PA混合血清检测结果

方法	血清数	阳性数	
		混合	分开
QWB	188（564）	1	0
PA	188（564）	1	1
IE	188（564）	2	0

表9　5种试剂混合血清检测结果

血清数	阳性数				
	ELISA	IE	PA	QWB	LA
34（102）*	34	34	34	34	29
48（144）	0	0	2	0	3

注：*1份阳性，2份阴性

讨　论

目前，国家对 HIV 检测进口试剂尚无质量审批规定，各种进口试剂从不同渠道进入各级实验室，应用中问题很多，国产试剂在使用中也存在不少问题。这些问题中一些是试剂质量问题，另一些则是因为各实验室检测技术上的原因所致。全国 HIV 检测质量评估问卷调查结果也表明不少试验室检测技术上还有待改进之处。检测中不少技术环节的处理缺乏科学证据支持。值得一提的是，有部分实验室进行的试剂评价由于所用血清量小，实验设计不正确等原因，其结果未能真正反映试剂质量[5]。本次评价一方面严格设计，在检测中尽可能地排除主观因素影响；另一方面取样量大，因此结果可信性大。我国大部分地区 HIV 感染者极少，因而检测中往往遇见假阳性结果，因此这次评价也着重于考察试剂在检测时出现假阳性的情况。

几种试剂的检测结果，在正确使用试剂的情况下，均能发现感染者；在实际应用中，如果血清质量较高，假阳性率很低，一些实验室使用其中个别试剂假阳性较高的原因可能与不能正确使用和血清经长时间运输、保存、冻融后所致。虽然进口 ELISA 和 LA 试剂检测假阳性较多，但根据使用说明书要求进行重复检测，可以将其中绝大部分排除。

进口 ELISA 试剂初检 35 份阳性中，使用批号 K170910 的占 34 例。包括重复阳性的一例，另一批号的仅一例。说明该试剂不同批之间质量上有差异。突出表现在试剂配备的 Cut off 对照上，由于稳定性等原因，其滴度会下降，造成临界血清较多。而阳性结果 *A* 值与之相差较多，对 Cut off 值进行调整后可排除几乎全部假阳性而不漏检。一些实验室反映 LA 试剂假阳性较多，我们过去冻溶过的血清检测时也发现这一现象，此次用新鲜血清检测，假阳性较少。PA 试剂质量较高但重复假阳性较高。IE 和 QWB 两种试剂在评价中结果很好，IE 有一份重复阳性的血清最终确认为可疑，说明该试剂较敏感。我们认为，使用前和使用中进行培训使之能正确使用国产试剂，是提高国产试剂检测质量的关键。由于试剂问题，这次未对国产 ELISA 试剂进行完整的评价。

快速方法中，LA 最为方便快速；PA 步骤虽少但做大量血清稀释费时，整个操作时间也较长；QWB 介于两者之间。3 种试剂比较，QWB 试剂的质量已达到其他两种试剂的水平。

国内各实验室进行混合血清检测中血清混合份数在 2～5 份，国外资料表明以 3 份进行混合较适当[6]，这次也采用 3 份混合的方法，除 LA 外，其他 4 种试剂均能很好地用于混合检测，而且假阳性较少，不会发生漏检，使用这种方法检测可大大地节省时间和经费。

这次试剂评价结果表明，两种国产检测 HIV－1 抗体的初筛试剂即 IE 和 QWB 试剂在实际检测中检测质量已达到进口试剂水平，能够在国内大规模应用。WHO 援助的 Wellcome 的 ELISA 试剂和 PA 试剂质量也较好，适用我国情况。混合血清检测的方法适用于我国低感染地区。

〔原载《中华流行病学杂志》1991，12（6）：369－372〕

参 考 文 献

1　McDougal JS，et al，Immunoassay for the detection of quantitation of infectious human retrovirus lymphadenopathy－associated virus（LAV）. J Immunol Methods，1985，76：171－183

2　曾毅，等. 应用明胶颗粒凝集试验检测人免疫缺陷病毒（HIV－1）抗体. 病毒学报，1988，

4 (1): 65

3 王哲，曾毅．人免疫缺陷病毒血清学诊断免疫酶法的建立及其应用．中华流行病学杂志，1990，11 (4): 243

4 Riggin CH, et al. Detection of antibodies to human immunodeficiency virus by late agglutination with recombinant antigen. J Clin Micro, 1987, 25 (9): 1772

5 黎润林，等．比较国产及进口诊断药盒对已知血清艾滋病病毒抗体检测敏感的探讨，中华医学检验杂志，1990，13 (1): 38

6 Monzon OT, et al. HIV－1 testing pooling blood using ELISA and agglutination methods. Presented at 6th International Conference on AIDS. San Francisco California, June, 20－24, 1990

Evaluation of Screening Reagents for Detection of HIV－1 Antibody

WANG Zhe, et al

(AIDS Research and Detection Center, Chinese Academy of Preventive Medicine)

Evaluation of screening reagents including PA, ELISA (Wellcome), IE, QWB, and LA by using 134 sera from HIV－1 infected persons and 1468 sera from normal persons. Comparing of domestic reagent and rapid methods by using part of the sera, and evaluating pooling sera method. The results suggested that the quality of PA, IE, QWB and the ELISA were enough for using in HIV testing in China and could be used for pooling method.

〔**Key words**〕HIV－1; Testing Reagents Evaluation; Screening test

143. 检测HIV－1抗体的合成肽ELISA试剂盒的制备及应用

中国预防医学科学院病毒学研究所　王　哲　强来英　曾　毅

德国慕尼黑大学Petten Kofer研究所　WOLF Hans

〔**摘　要**〕　应用HIV－1gP41抗原决定簇的合成肽作为抗原，建立了合成肽ELISA试剂盒，并用于血清HIV－1抗体的初筛试验。其P/N值为7.58，阴性平均*A*值仅0.13 9. 无假阳性和假阴性。用该试剂检测云南边境居民血清807份，其结果与应用进口ELISA试剂盒和免疫印迹法所测的结果相同。该试剂可用于HIV－1抗体检测。

〔**关键词**〕　HIV－1抗体检测；ELISA；合成肽

人免疫缺陷病毒（HIV）感染诊断主要是检测血液中HIV抗体。抗体检测需经初筛和确认试验。初筛试验可用ELISA[1]、明胶凝集[2]、免疫酶[3]等方法，确认试验则用免疫印迹法[4]。近年来，国产诊断试剂有了很大发展，推广应用的有免疫荧光[5]和免疫酶等方法，研制成功的还有桥联酶标[6]和免疫斑点[7]等方法。

诊断试剂质量的关键是抗原，大多数方法用HIV感染的细胞或从中提纯HIV作为抗原。应用这种抗原虽敏感，但存在一些非特异反应[2,3]。因此，试剂研制趋向于使用更特异和安全的抗原，如重组抗原[7,8]。随着肽合成技术的发展和对 HIV 结构功能的了解、合成肽抗原逐渐受到重视[9]。血清学资料表明，在 HIV－1 感染诊断中，起关键作用的是 gP41 抗体[4]。对 gP41 不同位点进行分析，发现以其 580～620 氨基酸位点最为特异[9]。

我们对 2 种 gP41 合成肽进行了分析，择优制备了 ELISA 试剂，并用于血清学检测。

材料和方法

一、合成肽 HIV－1gP41 合成肽 A 和 B，由德国慕尼黑大学 Pettenkofer 研究所 H#Wolf 实验室合成。为 HIV－1580～620 氨基酸中不同位点相似序列，用 pH 9.6，碳酸盐缓冲液（0.05 mol/L）配成 1mg/ml 。

二、试剂 辣根过氧化物酶（HR PO）为 Sigma 公司产品，羊抗人 IgG 为北京生物制品研究所产品；HRPC—IgG 由本室标记纯化。

牛血清蛋白（BSA）为上海生物制品研究所产品；四甲基联苯胺（TMB）为 Sigma 公司产品；其他试剂为国产分析纯试剂。

免疫酶试剂（IE），为本室生产，批号 90010。

Weillcozyme ELISA，为 Wellcome 公司生产的 VK57，批号 K170910。

免疫印迹试剂（WB），为 Bio—Rad 公司产品，批号 197—1100。

三、仪器、器材 96 孔酶标板为 Dynatech Immulon 产品；酶标仪为 Bio—Tek microplate autoreadef EL 309，洗板机为 Bio—Tek microplate EL 40108

四、ELIS A 法 用 pH 9.6，0.05 mol/L 碳酸盐缓冲液稀释抗原，每孔 100 μl，4℃过夜，倒掉液体，用含 3% BSA，0.2% Twecn—20，pH7.4，0.01 mol/L 磷酸盐缓冲液（PBS）封闭，每孔 150 μl，37℃1 h，用 PBS—Twecn—20 洗 4 次，将样品稀释后每孔加 100 μl，37℃1h，PBS－Twecn—20 洗 4 次。加 HRPO—抗人 IgG，每孔 100 μl，37℃30 min，PBS—Twecn 20 洗 4 次底物显色：TMB 溶于二甲基亚砜（10 mg/ml），按 1∶100 加到 pH 5.0 柠檬酸缓冲液（0.05 mol/L）中，加入双氧水使终浓度为 0.15%，每孔 100 μl 终止反应，于 450 nm/630 nm 双波长阅读，临界值＝阴性对照平均值＋0.15。

五、抗原浓度测定 将 A、B 抗原从 1 ng/孔开始稀释包被，用本室自备质控血清测定工作浓度。质控血清共 12 份其中 6 份 HIV－1 感染者血清，6 份为正常献血者血清，每份血清做 1∶20 和 1∶50 两个稀释度测其 *A* 值。

六、血淆滴度测定 取 3 份 HIV－1 感染者血清，从 1∶20 起稀释至 1∶6400，测定每个稀释度的 *A* 值。

七、血清检测 HIV－1 感染者血清 150 份，来自云南吸毒人群，经 WB 法确认为HIV－1 抗体阳性。献血员血清 4 00 份，经 IE 法检测 HIV－1 抗体阴性，每份血清 1∶50 稀释，用肽抗原 ELISA（Pepti—ELISA）检测其 *A* 值。

用 Pepti—ELISA、IE 和 Wellcozyme ELISA 试剂检测云南边境某县居民血清 821 份，IE 操作见文献[3]，Wellcozyme ELISA 按说明书操作，3 种方法结果均阴性者视为阴性；阳性结果重复 1 次，仍为阳性者视为阳性，否则视为阴性。阳性结果再经 WB 法确认。

结　　果

一、抗原浓度测定 计算每个抗原浓度与 1∶20 和 1∶100 稀释度阳性和阴性血清的平均 *A*

值，肽 A 阳性血清在开始几个抗原浓度的 A 值下降平缓，于 25 ng/孔以后骤降，其中以 1：20 稀释度更明显；阴性血清 1:20 稀释度的 A 值开始较高，在 50～5 ng/孔最低，之后升高，1:100 稀释度此趋势不明显。肽 B 阳性血清 A 值从 100 ng/孔开始下降，且较为平均，其阴性血清 A 值在高抗原浓度时较高。计算每浓度的血清 P/N 值，并计算 1:20 和 1:100 稀释度的平均 P/N 值，肽 A 平均 P/N 值以 25 ng/孔为高，且与邻近值差别不大。计算相邻抗原浓度间阳性血清 A 值的平均差值，发现肽 A 和肽 B 峰值均在 25～10 ng/孔；但肽 A 峰值明显，肽 B 不甚明显。

根据以上结果，作为包被抗原，以肽 A 更为合适，我们选用 25 ng/孔为抗原包被浓度，制成 Pepti—ELISA 试剂。

二、血清滴度测定 将 3 份阳性血清从 1:20 起稀释至 1:6400，用 Pepti—ELIsA 试剂测其 A 值（图 1），2 份强阳性血清 1:6400 时仍是阳性 1 份弱阳性血清滴度为 1:800，阳性血清 1:200 以内变化不大，由于 1：20 本底较高；1：100 稀释结果仍不太低，所以选 1：50 为样品稀释浓度。

三、用 Pepti—ELISA 进行血清检测 检测 150 份阳性血清，A 值均在 0.4 以上，以 0.6～1.4 为多，平均值为 1.054 在 400 份阳性血清中 A 值在 0.3～0.35 者仅 1 份，占 0.25%。0.25～0.3 者 7 份，占 1.75%，其余均低于 0.25，以 0.1～0.2 者为多，占 66%，平均值为 0.139，P/N 值为 7.5 8（图 2）。对 A 值大于 0.25 的 8 份血清重复检测，其 A 值均小于 0.25。

四、用 Pepti—ELISA 进行血清流行病学调查 对云南边境某县居民进行血清流行病学调查，同时用 IE 和 Wellcozyme—ELISA 试剂作对照，共检测了 821 份血清，Pepti—ELISA 与 Wellcozyme—ELISA 均阳性者有 1.5 份。IE 除此 15 份阳性外，还有 3 份阳性。用免疫印迹法确定，3 种方法均阳性者有 15 份，其余 3 份为阴性（表 1）。

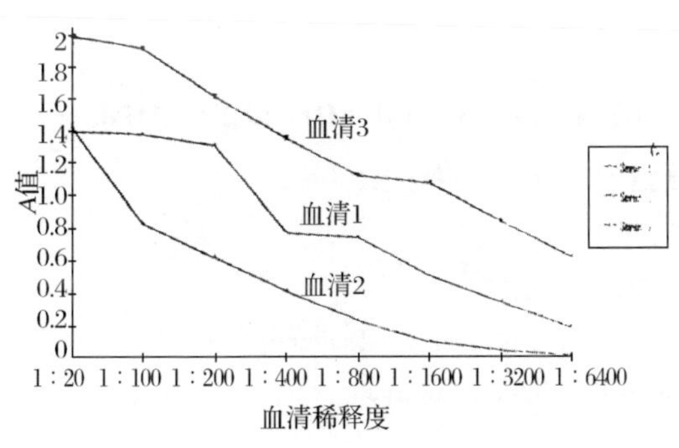

图 1 阴性血清滴度测定

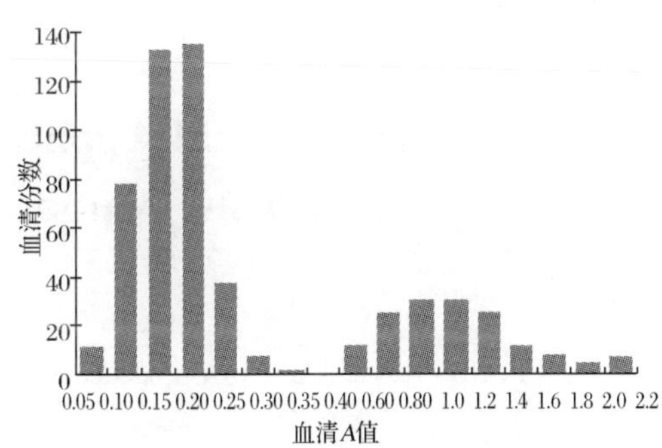

图 2 血清学检测 A 值分布

表 1 云南边境低感染流行区 HIV－1 抗体血清流行病学调查

组别	血清数	IE		PeDti—ELISA		W—ELISA	
		阳性	阴性	阳性	阴性	阳性	阴性
阳性	15	15	0	15	0	15	0
阴性	806	3	803	0	806	0	806
总计	821	18	803	15	806	15	806

讨　　论

合成肽纯度高，特异性强，作为诊断试剂抗原有许多优点。在 HIV－1 感染中，以 gP41 抗体出现较早而且贯穿始终，未发现无 g P41 抗体的感染者，极少见有 g P 41 抗体的可疑或阴性标本[4]。国内 HIV 监测结果也证实这一点[14]。对 2 种肽抗原分析表明，同一区的不同的肽之间主要在本底上存在差异。我们选用了肽 A 作为包被抗原，对大批血清进行 HIV－1 抗体检测，未出现假阳性及假阴性。该试剂在血清流行病学调查中应用结果表明，其敏感性和特异性均达到国外同类试剂水平，高于国内其他试剂。

我国目前仍是 HIV 低感染流行区，在 HIV 检测中，由于使用较多的是第一代试剂，出现的假阳性很多[10]，造成了不必要的重复及恐慌，因此在绝大部分地区进行 HIV 检测，特别是进行出境人员检疫和献血员筛查时，有必要推广新型诊断试剂。Pepti—ELISA 特异性高，适用于这种场合，也适于用 IE 等第一代试剂初筛后进行复查，是一种极有发展前途的诊断试剂。

〔原载《中国生物制品学杂志》1991，4（3）：125－128〕

参　考　文　献

1　McDougal JS，et al. J Immunol Methods，1985，76：171—183

2　曾毅，等．病毒学报，1988，4：65

3　王哲，等．中华流行病学杂志，1990，11：243

4　Dodd RY，et al. A rch Pathol Lab Med，1990. 114：240

5　王必嫦，等．病学毒报，1985，1：391

6　王哲，等．病毒学杂志，1990，3：291

7　邵一鸣，等．病毒学报，1990，6：250

8　Riggin CH，et al. J V Clin Mi c ro，1987，25：1772

9　Norrbo E. Inte virology，1990，31：315

10　王哲，等．艾滋病简报，1991，1：6—9

The Preparation and Application of ELISA Kit for Detecting Synthetic peptide of HIV－1 Antibody

WANG Zhe[1]，et al；HANS Wolf[2]

（1. AIDS Research and Detect on Center Chinese Academy of Preventive Medicine，Beijing；

2. Pettenkofer Institute，Munich University. Munich，Germany）

A pepti—ELISA was established using synthetic peptide of HIV－1 gp41antigenic determinant and used to screen HIV－1 antibody. Its P/N value was 7. 58 and negative average *A* value was only 0. 139，and no false positive or negative was found. 821 sear from HIV low prevalent area of the border of yunnan province were tested by this reagent，its result was same as import ELISA kit and Western Blot－pepti Blot. Pepti—ELISA can be used for detection of HIV－1 antibody.

〔**Key Words**〕HIV－1 antibody detection；ELISA；Synthetic peptide

144. 人精浆、厌氧菌培养液在 HSV－2 诱导宫颈癌中的作用

湖北医学院病毒研究所 孙 瑜 刘朝奇 鲁德银 中国预防医学科学院病毒所 曾 毅

〔**摘 要**〕 本实验应用 HSV－2 诱导小鼠宫颈癌的动物模型，发现人精浆或厌氧菌培养液只引起宫颈上皮轻度增生；二者混合（SB）不仅可致宫颈癌（11.5%），而且使 HSV－2 诱癌率从 23.1% 提高到 50%。同时发现，SB 具有抑制机体细胞免疫功能的作用，抑制 ConA 刺激的淋巴细胞转化及 NK 细胞的活性。上述结果提示 SB 具有促癌作用，因而也讨论了 SB 促癌的可能机制。

〔**关键词**〕 人精液；厌氧杆菌培养液；细胞免疫；宫颈癌

大量流行病学研究表明宫颈癌与早婚、早育、多个性配偶、社会经济状况及性传播因子感染等因素有关[1]。人精液和阴道厌氧菌是存在于已婚妇女宫颈周围并对宫颈上皮产生经常性刺激的因子。为了探讨上述因素与宫颈癌发生的关系，进行了以下实验。

材料和方法

一、动物 昆明种杂交雌性小白鼠、体重 20～23 g，购回后观察 1 周无异常后用于实验。

二、病毒 单纯疱疹病毒Ⅱ型（HSV－2）333 珠，其处理方法见文献〔2〕。

三、人精浆和厌氧培养液 收集门诊化验室精液，其制备过程如下：18 000 r/m 离心 1 h,取上清备用。同时，取宫颈癌病人宫颈部棉拭子作厌氧菌培养，分离阳性菌株，纯化培养，蔡氏滤器除菌，滤液供实验使用。

四、动物分组及处理 随机分为 6 组。

A 组（Hep－2 细胞＋PBS）：用小块明胶海绵吸收未接种的 Hep－2 细胞悬液 0.1 ml，置小鼠阴道直抵宫颈，每周 2 次共 8 周，8 周后 PBS 代替悬液上处理 8 周。以下各组均同 A 组处理的时间和方式。

B 组：PBS＋厌氧菌培养液（B）组。

C 组：PBS＋人精浆（S）组。

D 组：PBS＋人精浆和厌氧菌培养液（SB）组，两者按 1∶1（V/V）混合后用于实验。

E 组：HSV－2＋BS

F 组：HSV－2＋SB 组。

五、病理学检查 实验 6 个月后，限球采血，折颈处死小鼠，取完整生殖道 10% 甲醛固定，石蜡包埋，间断连续切片，HE 染色光镜检查。

六、外周血酸性 α－醋酸萘酯酶（ANAE）测定 其方法见文献〔3〕。

七、自然杀伤细胞（NK 细胞）活性测定 处死小鼠同时，部分小鼠无菌取脾，制备脾细胞，艾氏腹水癌作为靶细胞，方法见文献〔4，5〕。

八、脾淋巴细胞转化实验 方法见文献〔6〕。

结　果

光镜检查 A 组（Hep－2 细胞＋PBS）、B 组（PBS＋B）、C 组（PBS＋S）未发现癌，只有上皮细胞的轻度增生或不典型增生。D 组 10/26 为不典型增生同时有 3 例原位癌、（图 1 略）、E、F 两组癌发病率较高，有原位癌、早期浸润癌及腺癌（图 2～4 略）。E 组肿瘤细胞分化高，F 组细胞呈代分化的鳞状细胞癌或腺样癌。有小细胞癌巢向间质浸润（图 4 略）。各组癌发病经 χ^2 检验，E 组（23.1%）、F 组（50%）与 A 组（0%）相比呈高度显著性差异（$P<0.005$）。F 组和 E 组相比有显著性差异（$P<0.05$）。

细胞免疫功能测定发现人精浆和 SB 均可降低小鼠酸性非特异性酯酶（ANAE）活性染色阳性率。而厌氧菌培养液未发现明显降低（表 2）、NK 细胞活性用光镜观察的钻瘤指数和锥虫蓝比色法测 *A* 值结果是一致的，SB 降低 NK 细胞活性。^{3}H－TdR 法则定的淋巴细胞转化率 CPm 值和 SI 是平行的，SB 可抑制淋巴细胞的转作用（表 3）。

讨　论

本实验发现人精浆和厌氧培养液单独作用于小鼠，不能引起宫颈癌，当二者合用时，有少量宫颈癌发生，而 SB 与 HSV－2 一起作用于小鼠，可使 HSV－2 癌发率从 23.1% 提高到 50%。这些结果表明人精浆和厌氧培养液具有明显促癌作用。Tokuda[9] 等人也发现部分人精浆提高甲基胆蒽诱导小鼠皮肤乳头癌的发生率。与本实验结果一致。

另外本实验发现人精浆作用于小鼠宫颈局部可引起机体免疫功能的降低，表现为：①淋巴细胞 ANAE 阳性百分率下降；②NK 细胞活性受抑；③淋巴细胞转化率降低。Valley[10] 等人曾发现人精浆可分离两种蛋白蜂，其中有些蛋白可以体外抑制 NK 细胞活性，Marcus[11] 等人也发现人精浆体外抑制 NK 细胞活性和淋巴细胞的转化作用。这种免疫抑制可能有利于肿瘤的发生和发展。

表 1　人精浆、厌氧杆菌培养液和 HSV－2 感染小鼠宫颈局部组织学诊断

Tab 1　Histological diagnosis in mice exposed with seminal plasma, culture fluids of anacrobic bacteria and HSV－2

分组 Group	小鼠数 No. of mice	不典型增生 Displasia	原位癌 Cervical carcinoma *in situ*	早期浸润癌 Early invasive carcinoma	癌发率（%） Rate of tumor*（%）
A（Hep－2＋PBS）	28	0	0	0	0
B（PBS＋B）	23	6	0	0	0
C（PBS＋C）	19	4	0	0	0
D（PBS＋BS）	26	10	3	0	12
E（HSV－2＋PBS）	39	12	7	2	23
F（HSV－2＋BS）	38	7	1 7	2	50

* χ^2 检验 E、F 与 A，F 与 D 及 F 组 E 组均育无显著性差异。E、F vis A，$P<0.005$；F via E，$P>0.05$（χ^2 检验）

本实验从实验角度直接证实人宫颈某些环境因素（HSV－2、人精浆和厌氧菌培养液）与宫颈癌发生发展关系密切。这些结果提示对于临床上病毒、细菌性宫颈炎应早期防治及采取有效的避孕措施防止精液对宫颈经常性的刺激，这些措施对宫颈癌的预防和性传播因子阻断有重要的社会意义。

表 2 小鼠外周血淋巴细胞 ANAE 阳性率

Tab. 2 ANAE positive precentage of mice peripheral blood lymphoeyte

组别 Group	检测例数 Number	阳性百分率 Positive precentage（%）	*P* 值 *P* value*
A	20	66. 5 ±10. 9	
B	17	53. 8 ±10. 8	<0. 05
C	19	36. 5 ±12. 7	<0. 001
D	19	41. 2 ±11. 9	<0. 001

注：* B、C、D 与 A 组相比之 *t* 检验；* B、C、D vis A （*t* test）

表 3 小鼠脾细胞 NK 细胞活性及淋巴细胞转化率比较

Tab. 3 Comparative activation of NK cell with transforming rate of lymphocyte of mice spleen

组别 Group	例数 case	N K 细胞活性 钻瘤率（%） Activation of NK cell invasion rate（%）	*A* 值 *A* value	淋巴细胞转化率 SI Transforming rate of lymphocyte S. I.	cpm cpm
A	6	12. 7 ±0. 74	0. 153 ±0. 005	23. 08 ±1. 88	9712. 7 ±547. 3
D	12	9. 2 ±0. 35	0. 080 ±0. 004	7. 99 ±0. 55	3 717. 7 +200. 4

注：D. A 两组相比 *t* 检验均有显著性差异；Note：D via A，there is significant differention. （*t* test）

〔原载《中国病毒学》1992，7（1）：11－15〕

参 考 文 献

1 Reid BC，et al. Clin Obstet Cynecol （London） 1985，12：1

2 Wentt. WD，et al. Cancer. 1981，48：1783

3 姜世勃．上海免疫学杂志，1983，3（4）：254

4 李钢，等．免疫学杂志，1985，1（1）：37

5 王立，等．山东医科大学报，1988，26（1）：21

6 陶义训，等．临床免疫检验，上册，上海科技出版社，1986，86

7 孙瑜，等．中华肿瘤杂志，1990，12（6）：401

8 Zen Y，et al. Cancer letter，1985，28：311

9 Tokuda H，et al. Int. J. Cancer，1987，40：554

10 Vallelu P，et al. Immunol. 1988，63：451

11 Marcus ZH. et al. Immunol，Immunopathol，1978，9：318

Effect of Human Semen and Anaerobic Bacteria Culture Fluid on Induction of Cervical Carcinoma in Mice

SUN Yu, LIU Zhae－qi[1], LU De－jin[1], ZHEN Yi[2]

(1. Virus Research Institute, Hubei Midical College, Wuhan;

2. Institute of Virology, Chinese Academy of Prevention medical science)

Co－carcinogensis of seminal plasma (S), culture fluid of anaerobic bacteria (B) and Herpes Simplex Virus type 2 (HSV－2) induced cervical carcinoma in mice were studied. The results showed that there were slight displasia in single seminal plasma (S) group or culture fluid of anaerobic bacteric group, cervical carcinoma could be induced by SB with an induction rate of 11.5%; 23.1% of the carcinoma rate in HSV－2 group and 50.0% of the rate in HSV－2＋SB group. The experimental results indicated that SB was both carcinogenic and tumor promoting. The possible mechanism of the action of SB was discussed.

〔**Key words**〕 Seminal plasma; Anaerobic Bacteria; Cellular Immune; Cervical Carcinoma

145. 用重组 Epstein－Barr 病毒早期蛋白 P83 为抗原检测鼻咽癌病人血清中 IgA 抗体

中国预防医学科学院病毒学研究所　纪志武　方　仲　曾　毅

〔**摘　要**〕　以重组 EB 病毒早期蛋白 P83 为抗原，用 Western blot 检测了 135 份鼻咽癌病人和 100 份正常人血清中 IgA/P83 抗体，阳性率分别为 96% 和 0，以常规的间接免疫酶法检测这两种血清中 IgA/EA 抗体，阳性率分别为 71% 和 0。IgA/P83 抗体的几何平均滴度较 IgA/EA 高 4 倍以上，这表明，用 Western blot 查 IgA/P83 敏感、特异，可替代用间接免疫酶法查 IgA/EA 用于鼻咽癌的早期诊断。

〔**关键词**〕　Epstein－Barr 病毒；IgA 类抗体；鼻咽癌；早期蛋白；Western blot

EB 病毒（Epstein－Barr virus）早期蛋白是一组蛋白。金传芳等[1]用蛋白印迹法（Western blot）检测了 121 份鼻咽癌病人血清，其中有些血清只测到 IgA/P138 抗体，阳性率为 77.8%；有些只测到 IgA/P54 抗体，阳性率 62.7%；有些同时含这两种 IgA 抗体，阳性率 42.9%。鼻咽癌病人血清中含一种（IgA/P138）和两种（IgA/P138＋P54）抗体的总阳性率是 95.1%。此工作证明，检测人血清中抗 EB 病毒 IgA/P138＋P54 对鼻咽癌的早期诊断有非常重要的意义。但是，EB 病毒 P54 在 *E. coli* JM109 菌中的表达量少，而且在提纯过程中又大部分被降解。因此，我们利用基因工程方法成功地构建了含 EB 病毒 P138 两个抗原部位基因和 P54 基因的质粒 pUCB，该重组基因片段在 *E. coli* JM 109 菌中的表达产物为融合蛋白质（以下简称 P83），其相对分子质量 83×10^{3}[2]。我们以 P83 蛋白为抗原，用蛋白印迹法检测了135份鼻咽癌病人血清和100份正常人血清中的IgA抗体，并与免疫酶法检测IgA/EA抗体的结果进行了比较。现报告如下。

材料和方法

一、细菌与质粒 细菌为*E. coli* K12系统JM 109菌，质粒pUCB为本室构建[2]。

二、血清和试剂 鼻咽癌病人血清均采自广西壮族自治区梧州市，正常人血清为本室自己收集。SPA为Sigma公司产品。鼠抗人IgA单克隆抗体为本室自己生产。硝基纤维膜为Scheicher and Schuell公司产品。

三、EB病毒基因工程早期抗原P83的来源及提纯 表达P83的质粒pUCB为本室构建。JM109细菌的培养及蛋白质的诱导，均见文献〔2〕。在4℃条件下，将500 ml细菌培养液经4000 r/min离心10 min后，弃上清，用20 mmol/L Tris－HCl缓冲液（pH7.5）洗1次。用50 ml细菌裂解液（20 mmol/L Tris－HCl pH7.5），50 mmol/L EDTA，1 mmol/L Phenylmethy－sulfony fluoride加50 mg溶菌酶以悬浮细菌，37℃水浴作用40 min后，细菌悬液经超声波冰浴破碎3min×4次（30 W，50 Hz），加入终浓度为2%的Triton X－100，37℃水浴30 min。4℃条件下将悬液经10 000 r/min离心20 min，弃上清，沉淀用8 mmol/L尿素缓冲液（8 mol/L尿素，20 mmol/L Tris－HCl pH7.5，0.5%β－二巯基乙醇）充分溶解后，在4℃经14 000 r/min离心30 min，收上清。此为粗提蛋白质，将蛋白质置4℃，用0.01 mol/L PBS pH7.6透析过夜，存于－20℃备用。

四、血清中IgA/P83的检测 取200 μl粗提蛋白质为聚丙烯酰胺凝胶电泳样品，制备方法见文献〔2〕。

蛋白质的转移和Western blot的操作方法见文献〔2〕。

1. 血清的预处理：135份鼻咽癌病人血清和100例正常人血清均经4倍血清量的10% SPA悬液和5倍血清量的5% JM109菌破碎悬液吸附以除去非特异抗体（37℃水浴1.5 h），4℃ 10 000 r/min离心10 min，收集上清，此血清稀释度为1∶10，再进行一系列2倍稀释。

2. 蛋白印迹法（Western blot）：按文献〔2〕的方法测血清IgA/P83滴度。取（三）的P83精提蛋白液200 μl进行聚丙烯酰胺凝胶电泳，电转至硝基纤维素膜上，此为用于血清抗体检测用的抗原膜。

3. 免疫酶法：上述预处理过的135份鼻咽癌血清和100份正常人血清，用本室常规免疫酶法测IgA/EA滴度。

结　　果

用Western blot法和间接免疫酶法对135份鼻咽癌病人血清和100份正常人血清中抗EB病毒IgA/P83和IgA/EA抗体进行了检测，实验均以IgA/EA抗体阳性和阴性血清为对照，结果见表1。

讨　　论

检查人血清中抗EB病毒IgA/EA抗体对鼻咽癌的诊断是十分有意义的。我们采用了分子生物学的方法，使EB病毒的分别表达不同早期蛋白质的二段DNA片段重组，在*E. coli*菌中获得很好地表达。质粒构建的成功为我们提供了大量的可用于鼻咽癌早期诊断的早期抗原。我们把较新发展起来的Western blot法用于鼻咽癌病人血清中的IgA/EA抗体的检测，并与常规的免疫酶法进行比较，获得了满意的结果。

表 1　两种不同方法测定鼻咽癌患者血清抗体的结果比较

Tab. 1　Detection of antibody in sera from NPC patient by Western blot and immunoenzymatic test（IE）

血清 Sera	例数 Cases	蛋白印迹法　Western blot（IgA/P83）			免疫酶法　IE（IgA/EA）		
		阳性数 Positive number	阳性率 Positive rate	GMT	阳性数 Positive number	阳性率 Positive rate	GMT
鼻咽癌 NPC	135	130	96.3	42.91	96	71.3	9.32
正常人 Normal individual	100	0	0	5	0	0	5

我们的研究表明，应用基因工程制备抗原所建的 Western blot 法检测鼻咽癌病人血清中的抗 EB 病毒 IgA/P83 抗体较免疫酶法更敏感，而且抗体的几何平均滴度也有显著差异。

由于人血清中存在着大量的 IgG 抗体和抗大肠埃希菌的抗体，正式实验前，我们先用 SPA 和 *E. coli* JM 109 菌破碎悬液对血清进行处理，以减少非特异性条带的出现，或降低非特异性条带的着色。实验证明，这种做法是有效的。处理后血清中的抗 EB 病毒 IgA/EA 抗体的阳性率较未处理血清中该抗体的阳性率明显升高（96%∶87.6%）。这可能是因为 SPA 可以和部分血清中的 IgG 非特异性结合和大肠埃希菌破碎悬液可以结合部分血清中的细菌抗体所致。

本研究证明，应用基因工程产物——早期抗原 P83 而建立的 Western blot 法用于鼻咽癌病人的血清学诊断，克服了抗原单一性的不足，今后可考虑进一步试用。

〔原载《病毒学报》1991，7（3）：269－271〕

参　考　文　献

1　金传芳，等．待发表

2　纪志武，等．病毒学报，1990，6：316

Detection of IgA Antibody in Sera from Patients with Nasopharyngeal Carcinoma Using Recombinant Early Protein P83 of Epstein－Barr（EB） Virus

JI Zhi-wu，FANG Zhong，ZENG Yi（Institute of Virology，Chinese Academy of Preventive Medicine）

The IgA antibody to EB virus early antigen in 135 sera of patients with NPC and 100 sera of normal individuals was detected by Western blot assay using 83 × 10^3 recombinant early protein（P83）. The positive rate of IgA/P83 was 96% and 0% respectively. The positive rate of IgA/EA in these two groups was 71% and 0% respective by immunoenzymatic test. The antibody geometric mean titer（GMT） of IgA/P83 was four times higher than that of IgA/EA.

The conclusion is that for diagnosis of NPC，detection of IgA/P83 in sera by Western blot is better than IgA/EA by indirect immunoenzymatic test.

〔**Key words**〕 Epstein－Barr virus；Early protein；IgA antibody；Nasopharyngeal carcinoma；Western blot assay

146. 带有 HIV 抗原的 MT－4A 细胞株的建立和应用

中国预防医学科学院病毒学研究所　王　哲　曾　毅

〔**摘　要**〕　从感染人免疫缺陷病毒 1 型（HIV－1）后存活并增殖的 MT－4 细胞中筛选出一株带有 HIV－1 抗原但不释放感染性 HIV 的细胞株（MT－4A）。对 MT－4A 细胞进行抗原性分析表明有 p24，gp41、gp120 表达。将 MT－4A 细胞制备抗原片用于 HIV－1 抗体检测，经大批量血清初筛试验获得满意结果。

〔**关键词**〕　人免疫缺陷病毒；MT－4 细胞；抗体检测

人免疫缺陷病毒（Human Immunodeficiency Virus，HIV）是引起艾滋病的人类逆转录病毒。人 T 淋巴细胞的 CD_4 抗原被认为是 HIV 的受体[1~5]。HIV 在人体内能感染人 T4 细胞、单核巨噬细胞、皮肤郎罕氏细胞及脑神经胶质细胞等质膜上带有 CD_4 的细胞[6~12]，在体外还能感染被 HTLV－Ⅰ转化的 T 细胞株、EB 病毒转化的 B 细胞株及脑恶性肿瘤细胞株等[13~15]。在体外用 HIV 感染其敏感细胞后，细胞融合形成合胞体，不久即死亡[16]。

用于分离培养 HIV、制备诊断用抗原及用于研究的细胞株有 H9、MT－4、HuT78、CEM 等。其中 MT－4、CEM 等细胞株易于培养，但一经 HIV 感染便很快死亡，无法继续传代，H9、HuT778 等细胞株虽能带毒传代，但生长缓慢且抗原表达量低。用于制备诊断试剂所用抗原的理想细胞株应是既有大量抗原表达，又不产生感染性病毒的高产、安全的细胞株。国外有人对上述细胞进行筛选并初步建立安全的细胞株（个人通讯），但未见实际应用的报道。本文对 MT－4 细胞进行筛选，建立的 MT－4A 细胞株带有 HIV 抗原且不释放感染性病毒。抗原性分析及应用性研究表明，MT－4A 细胞可以用来制备诊断用抗原。

材料和方法

一、病毒　HIV－1 毒株由法国巴斯德研究所 Dr. Montagnief 赠送。感染 CEM 细胞 9 d 后，收集培养液，离心沉淀细胞，上清液即为病毒液，液氮保存。

二、细胞　MT－4 细胞系用成人 T 淋巴细胞白血病病人白细胞与脐带血淋巴细胞共培养而建立的 T 细胞株，培养于含 10% 胎牛血清的 RPMI 1640 培养液中，每周传代 1～2 次，于 37℃含 5% CO_2 孵箱中培养。

三、血清　HIV 抗体阳性血清来自美国艾滋病病人，并经 ELISA、Western blot 法证实；阴性对照为本室工作人员血清，经同样方法证实为 HIV－1 抗体阴性。

四、试剂　鼠抗人 HIV－1p24 单克隆抗体由本室制备；抗人 HIV－1gp41、gp120 单克隆抗体由法国 De. Desgrange 赠送；鼠抗人 CD_4 单抗由北京医科大学免疫室生产。免疫荧光试剂、免疫酶试剂及蛋白印迹试剂均由我室自制。

五、建株方法　将 MT－4 细胞离心，按 1×10^7 细胞/ml 用 HIV 悬液重悬细胞沉淀，37℃吸附 1 h；离心去上清，加入 RPMI 1640 完全培养液至 3×10^5 细胞/ml，37℃培养，每周换液或传代3次。2周后移入24孔培养板，37℃ 5% CO_2 培养，每周换液2次。荐活细胞开始增殖后进行克隆，对克隆化的细胞用免疫荧光法筛选 HIV－1 抗原阳性的细胞珠。

免疫荧光法[17]收集细胞，离心涂片，固定；滴加阳性和阴性血清，37℃45 min，PBS 洗3次；滴加 FITC－羊抗人 IgG，37℃30 min，PBS 洗 3 次，0.06% 伊文氏蓝染色 10 min，甘油封片。荧光显微镜观察结果，细胞膜和细胞质呈翠绿色为阳性，暗红色为阴性。

六、血清 HIV－1 抗体检测 1258 份血清分别来自云南边境居民及其他省高危人群，用免疫酶法初筛，阳性结果重复1次，重复阳性者判为阳性。阳性血清经蛋白印迹法确认。

1. 免疫酶法[18]：分别用 MT－4A 和感染 HIV－1 的 MT－4 细胞制备抗原片，同时检测每份血清。滴加血清，37℃45 min，PBS 洗 3 次；加 HRP－SPA，37℃30 min，PBS 洗 3 次；AEC（3－氨基 9－乙基咔唑）显色。光学显微镜下观察结果，细胞质和细胞膜呈桃红色为阳性，无色为阴性。

2. 蛋白印迹法[19]： 血清 1∶100 稀释后加于封闭好的硝基纤维膜上，振荡孵育 1 h，PBS－0.2% Tween－20 洗 4 次，每次 5 min；加入 HRP－SPA，孵育 1 h；冲洗后用二氨基联苯胺显色，蒸馏水终止，观察结果。

结　果

一、MT－4A 细胞株的建立

1. 细胞筛选：MT－4 细胞感染 HIV－1 后 3 周，镜下观察仅见极少数细胞存活；继续培养2周后存活细胞开始增殖，用96孔细胞培养板对存活细胞进行克隆。克隆化的细胞用免疫荧光法进行筛选，获得了 1 株 HIV－1 抗原阳性细胞达 90% 以上的克隆株，即 MT－4A 株。

2. 感染性病毒测定：为检测 MT－4A 细胞是否释放感染性病毒，用 MT－4 细胞作为靶细胞，将 MT－4A 细胞培养液上清、TPA 激活后的 MT－4A 细胞培养液上清，以及作对照的感染 HIV－1 第 6 d 的 MT－1 细胞上清，同时感染 MT－4 细胞，1 周后用免疫荧光法检测感染细胞的 HIV－1 抗原。结果表明，MT－4A 细胞上清中无感染性病毒（表 1）。

3. 细胞抗原性分析：用免疫荧光法检测了 3 种 HIV－1 抗原及 CD_4 抗原在 MT－4A 细胞的表达，结果表明，MT－4A 细胞能表达 p24、gp 41 和 gp 120 抗原，而不表达 CD_4，其中 gp 120 表达稍少于感染 HIV－1 的 MT－4 细胞（表 2）。

二、MT－4A 细胞在血清抗体检测中的应用

用 MT－4A 细胞制备抗原片，用免疫酶法进行大批量血清 HIV－1 抗体检测，与常规方法制备的抗原片所得结果相符（表 3），对阳性结果及部分阴性结果用蛋白印迹法进行了确认（表 4）。

与免疫荧光试剂血清学检测结果（未发表资料）相比，免疫酶试剂的特异性、假阳性率及阳性预示值等指标都大有改进（表 5），更适合于国内 HIV 监测使用。目前，用 M T－4A 抗原片制备的免疫酶试剂已进行了近万人份血清 HIV－1 抗体检测，初步分析表明假阳性大大低于免疫荧光试剂。

表 1　培养液上清感染性病毒检测

Tab. 1　Detection of infectious virus in culture supernatant

上清来源 Source of supernatant	感染 MT－4 细胞后 HIV－1 抗原表达 Expression of HIV－1 antigen on infected MT－4 cell
MT－4A	—
TPA 激活后 MT—4A MT－4A stimulated with TPA	—
HIV－1 感染的 MT－4 MT－4 infected with HIV－1	+

表 2　细胞中 HIV－1 相关抗原检测

Tab. 2　Detection of HIV－1 associated antigen in cells

细胞 Cells	阳性细胞百分数（%） Rate of Positive cells（%）			
	P24	gp 41	gP120	CD_4
MT－4A	90	90	50	0
感染 HIV－1 的 MT－4 MT－4 infected with HIV－1	90	70	30	0
MT－4	0	0	0	90

表 3　免疫酶法血清抗体检测结果

Tab. 3　Results of antibody assay in sera by IE method

抗原来源 Antigen source	血清份数 Number of sera	阳　性 Positive Number	阴　性 Negative Number
MT－4A	1 258	230	1 028
MT－4	1 258	230	1 028

表 4　蛋白印迹法确认结果

Tab. 4　Confirmation of result by Western blot method

		蛋白印迹法 Western blot method		总　计 Total
		阳　性 Positive	阴　性 Negative	
免疫酶法 IE method	阳　性 Positive	223	7	230
	阴　性 Negative	0	170	170
总计 Total		223	177	400

讨　论

正常情况下，MT－4 细胞被 HIV－1 感染后，细胞融合并死亡，无法持续传代。但其中极少数感染细胞不被破坏，MT－4A 细胞即为此类细胞。HIV－1 抗原在 MT－4A 中表达而不产生感染性病毒，表明病毒在细胞中可能处于一种缺陷状态。HIV－1 在细胞中可能的两种情况是：一是慢性产毒[20]，二是潜伏感染[21]，TPA 可使整合于细胞 DNA 的 HIV 复制并释放[22]。感染性病毒测定试验表明 HIV 在细胞中并不处于上述两种情况，可能在其进入细胞过程中片段丢失使之不能复制成完整的病毒颗粒。

在 MT－4A 细胞的细胞膜上测不到 CD_4 抗原表达，可能是 HIV－1 吸附时 gp120 覆盖 CD_4 分子，使单抗无法与之结合。MT－4A gp120 表达较少，有两种可能，一种是与 CD_4 结合覆盖了单抗识别区，另一种可能是本身表达较少。MT－4A 能表达 HIV－1 的主要抗原，因此对缺损发生的区域有待进一步研究，例如有报道称 pol 区缺损可造成持续表达 HIV－1 的传代珠[23]。

表 5　免疫酶和免疫荧光试剂质量系数比较

Tab. 5　Comparison of quality index between IE and IF reagents

指标 Item	免疫酶 TE（%）	免疫荧光 TF（%）
灵敏度 Sensitivity	100	100
特异性 Specificity	99.3	97
假阳性率 False Positive rate	0.67	3
假阴性率 False negative rate	0	0
阳性预示值 Predictive valtie for Positive reaction	97	84
阴性预示值 Predictire valtie for negative reaction	100	100
粗一致性 Identity	99	97
调整一致性 Adjusted identity	99	95.2
约登指数 Yorden index	0.99	0.95

MT－4A 细胞有 HIV－1 主要抗原表达，且不释放感染性病毒，能连续传代，是安全、稳定适用的抗原制备细胞。大批量血清筛选试验表明，其可用于免疫酶试剂。用这种细胞发展的免疫酶法无论在实验室使用还是国内 HIV 监测中应用都表明其优于免疫荧光法，克服了免疫荧光法需特殊仪器且假阳性多等缺点，尤其适于我国这种 HIV 低感染区，减少血清检测重复工作量，因此已逐步取代免疫荧光法成为国内基层 HIV 监测的首选试剂。

〔原载《病毒学报》1991，7（3）：277－281〕

参　考　文　献

1　Klatzmann D，et al. Science，1984，225：59

2　Dalgleish A，et al. Nature，1984，312：763

3　Klatznlann D，et al. Nature，1984，312：767

4　McDougal J S，et al. Immunol，1985，135：3151

5　Maddon P J，et al. Cell，1986，47：333

6　Popovie M，et al. Lancet，1984，2：1472

7　Tersmette M，et al. Lallcet，1985，1：815

8　Gartner S，et al. Science，1985，233：215

9　Rappersberg K，et al. Intervirology，1988，29：185

10　Clapham P R，et al. Virology，1987，158：44

11　Sirinivasan A，et al. Arch Virol，1988，101：135

12　Chen C M，et al. Proc Natl Acad Sci USA，1984，84：3526

13　Montagnier L，et al. Science，1984，225：63

14　Harada S，et al. Science，1985，229：563

15　Dewhurst S，et al. FEBS letters. 1987，213：138

16　Lifson J D，et al. Science，1986，232：1123

17　王必瑞，等．病毒学报，1985，1：391

18　王哲，曾毅．中华流行病学杂志，1990，11：243

19　邵一鸣，等．病毒学报，1990，6，184

20　Hoxie J A，et al. Science，1985，229：1400

21　Folks T M，et al. Scierice，1986，231：600

22　Harada S，et al. Virology，1986，154：248

23　Folks T M，et al. J Exp Med，1986，164：280

Establishment and Application of MT –4A Cell Line Carrying HIV Antigen

WANG Zhe, ZENG Yi (Institute of Virology, Chinese Academy of Preventive Medicine)

An HIV – 1 antigen carrying cell line (MT – 4A), which expressed antigen p24, gp41 and gp120 but it did not produce infectious virus, was established from MT – 4 cells after infection with human immunodeficiency virus type 1 (HIV – 1), Antigenic analyses of this cell line and its application in screening tests suggest that MT – 4A cell could be used as target antigen for the detection of HIV – 1 antibody.

〔**Key words**〕 Human immunodeficiency virus; MT – 4 cell; Antibody detection

147. 云南瑞丽县225例吸毒者吸毒行为及HIV感染危险因素初步调查分析

中国预防医学科学院流行病学微生物学研究所　郑锡文　田春桥　杨功焕　夏民生　朱　棣　张桂云　云南省卫生防疫站　张家鹏　程何荷　林　健　寇静冬　李祖正　赵尚德　瑞丽县卫生防疫站　杨文乔　段一娟

中国预防医学科学院病毒学研究所　曾　毅　王　哲　林旭东

〔**摘　要**〕　对云南省瑞丽县L乡225例吸毒者吸毒行为及HIV感染危险因素进行了调查分析。吸毒方式：口吸者占153例（68.0%），静脉注射者72例（32.0%）。采用静注方式吸嗜毒品多数始于近两年，静注者占整个吸毒人群的比例由1988年的13.5%迅速上升至1989年的30.5%和1990年春季的32.0%。从72例静注人群中采集到64份血样，HIV抗体检出率为79.7%（51/64）。对HIV感染情况与吸毒行为进行危险因素分析，结果表明经常合用注射器及通常不消毒注射器为独立危险因素。

〔**关键词**〕　HIV感染；危险因素；吸毒行为

艾滋病可经性接触、血液及母婴传播途径传染。国外报道，与HIV感染者共用注射器静脉注射毒品是造成吸毒人群中HIV感染流行的原因。云南省于1989年10月在瑞丽县吸毒人员中首次发现HIV阳性者。为了了解该地区吸毒人群的吸毒行为、性生活等HIV感染危险因素，我们于1990年3月至4月对瑞丽县L乡225例吸毒者进行了调查，现将结果报告如下。

对象和方法

选择吸毒人数较多的瑞丽县L乡为调查现场，对225例吸毒者（占全乡吸毒人数的

65%）家庭访视，就吸毒行为、性生活等对 HIV 感染及传播有关因素进行调查，并采血检测 HIV 感染情况。

225 例吸毒者均为农民，男性 223 例，女性 2 例。15 岁至 45 岁年龄组占 87.1%，平均年龄为 30 岁。傣族及景颇族占 95.6%，汉族占 4.0%。调查人群的人口特征与全乡登记的所有吸毒者情况基本一致。

采集到的血清标本用 ELISA 进行初筛（使用美国 Abbott 公司及英国 Wellcome 公司提供的试剂盒），首次初筛阳性者再进行重复试验。凡二次试验均阳性者再用 Western blot 法进行确证试验，确证试验阳性定为 HIV 感染者。

结　果

一、吸毒行为

1. 吸毒方式：225 例中口吸者 153 例（68.0%），其中吸鸦片占 21.8%，吸海洛因占 46.2%；静注者 72 例（32.0%）。

2. 吸毒开始的年份：调查人群中，个别吸毒者的吸毒历史始于 20 世纪 50 年代之前，但大多数人近年来才开始吸毒，其中 1985 年后开始吸毒的人数为 158 例（70.2%）。72 例静注者开始静注年份：1984，1985 年 3 例（4.2%），1986、1987 年 12 例（16.6%），1988、1989 年占多数，为 59 例（79.2%）。

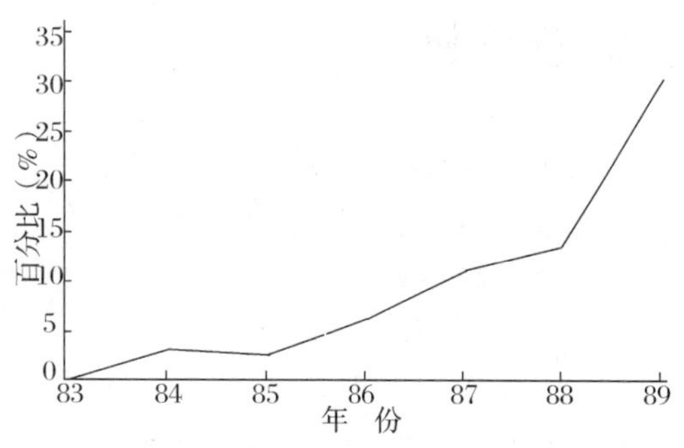

图 1　云南省瑞丽县 L 乡近年来吸毒人群中静注毒品者比例变动趋势

3. 吸毒开始的年龄：106 例（47.2%）25 岁之前开始吸毒。吸毒开始年龄最小的为 8 岁，最大者 54 岁，平均 24 岁。

4. 静脉吸毒比例变动趋势：自 1984 年首次出现静脉吸毒者后，该组吸毒人群中静注吸毒占的比例逐年上升，1988 年为 13.5%，1989 年急速上升至 30.5%，1990 年 3 月为 32.0%，见图 1。

5. 静脉吸毒者注射器使用情况：72 例静脉吸毒者中 37 例（51.4%）自己没有注射器；63 例（87.5%）经常与别人共用注射器；54 例（75.0%）对注射器经常不消毒：多数人平均每天注射 1 ~3 次。稀释毒品的常用溶剂，11.1% 的人用开水，88.9% 用井水、河沟水或随手得到的任何溶剂。

63 例共用注射器者中 44 例（69.8%）有较固定的合用伙伴，通常人数为 2 ~3 人；42 例（66.7%）曾与境外人共用注射器。

6. 毒品来源：225 例吸毒者中，80.9% 的人主要去国境外获取毒品，14.2% 的人在境内经贩毒者获取毒品，4.9% 拒绝回答。

二、吸毒者性生活及避孕措施　225 例吸毒者中已婚者 144 例（64.0%）；已婚者中 109 例（75.7%）采取了避孕措施，但 61.1% 的人采用的是女性结扎术，使用避孕套者仅 2.1%。

225 例吸毒人群中，未婚者已有性生活占 32.1%，拒绝回答占 22.2%。已婚者有婚外性生活占 43.1%，拒绝回答占 2.8%（表 1）。有 1.3% 的人患有性病。有 1.8% 接受过输血，有 2.7% 的人献过血。曾到过国内其他省市的仅占 2.7%，而 30.7% 的人则曾去过省内其他县市，85.3%的人经常去缅甸。

表1　225例吸毒者性生活及避孕措施情况

吸毒者性生活及避孕措施	人数	构成比（%）
未婚者已有性生活		
是	26	31.1
否	37	45.7
拒绝回答	18	22.2
合　计	81	100.0
已婚者婚外性生活		
是	60	41.6
否	80	55.6
拒绝回答	4	2.8
合　计	144	100.0
已婚者避孕措施		
女扎	88	61.1
避孕药	13	9.0
男扎	4	2.3
避孕套	3	2.1
避孕环	1	0.7
无避孕措施	35	24.3
合　计	144	100.0

三、静脉吸毒者的HIV感染情况

1. HIV抗体阳性检出率：72例静脉吸毒者中有64人采集到血样，其中51人确定为HIV阳性，因此，该组静注毒品者的HIV抗体阳性检出率为79.7%。

2. 吸毒行为与HIV感染的关系：64例有血样的静注者中，将HIV的感染情况与吸毒行为（拥有注射器、经常共用注射器、与境外人共用注射器、共用伙伴数、不经常消毒）进行因素分析，卡方检验有显著意义的为：是否经常共用注射器及是否不经常消毒。上述两项因素不存在混淆作用（表2）。

讨　　论

1. 根据云南省瑞丽县L乡225测吸毒者静注毒品开始年份的调查，1988和1989年占多数（79.2%），静注者占吸毒者比例，1988年13.5%，1989年急速上升到30.5%，结合邻国HIV感染近2～3年急速上升的情况，可以估计该地区近两年左右HIV感染才开始流行。这也可以说明为何目前尚未发现艾滋病病人，因艾滋病的平均潜伏期约7、8年。云南省于1989年10月在吸毒者中发现HIV抗体阳性尚属及时。

表2　注射器合用及不消毒与HIV（+）检出率的关系

危　险　因　素	HIV（+）	HIV（-）
经常合用注射器*	47	8
很少合用注射器*	4	5
注射器不经常消毒**	42	6
注射器经常消毒**	9	7

·统计学检验 $\chi^2_{MH}=7.91$，$P<0.01$，$OR=7.34$

*统计学检验 $\chi^2_{MH}=7.13$，$P<0.01$，$OR=5.44$

2. 该地区静注毒品占吸毒人群的比例已达37.0%，比较高。而以乡为单位的局部地区静注毒者中HIV（+）检出率竟高达79.7%，美国、泰国一些高检出率地区亦仅为25%～50%。云南省吸毒者中HIV检出率约为23.1%。

3. 吸毒人群中使用避孕套者仅占已婚者的2.1%，因此不能忽视通道性接触传播的可能性。

4. 根据瑞丽县的吸毒人数、静注者比例，以及静注者HIV（+）检出率，我们估计瑞丽县HIV感染者约为600～700人。加上该县周围县的有关资料，目前云南省HIV感染人数估计为1000～2000例，并将在近年内陆续出现艾滋病病人。

〔原载《中华流行病学杂志》1991，12（1）：12－14〕

参 考 文 献

1 马瑛，等．首次在我国吸毒人群中发现艾滋病毒感染 者．中华流行病学杂志，1990，11（3）：184

2 张家鹏，等．云南瑞丽县 HIV 感染流行病学调查．中华流 行病学杂志，1991，12（1）：9

3 郑锡文，等．中国艾滋病监测报告（1985～1988）．中华 流行病学杂志，1989，10（2）：65

A Preliminary Study on the Behavior of 225 Drug Abusers and the Risk Factors of HIV infection in Ruili County Yunnan Province

ZHENG Xi-wen, et al.

(Institute of Epidemiolog and Microbiology, Chinese Academy of Preventive Medicine, Beijing., etc.)

We carried out the investigation on 225 drug abusers in L village, Ruili county in March 1990. and tested blood specimens of intravenous users (IVDUs) for HIV infection.

Of 225 drug abusers, 153 (68.0%) were by inhaling and 72 (32.0%) were by intravenous. In the recent two years, the proportion of IVDUs in drug abusers sharply increased from 13.5% in 1988 to 30.5% in 1989, and 32.0% in spring 1090.

Blood specimen were collected from 64 out of 72 IVDUs, among them 51 (79.7%) were HIV－positive. The findings of relation between HIV infection and drug abuse suggested that the shating common syringes with others and failure of their sterilization were independant risk factors.

〔**Key words**〕 HIV infection; Risk factor; Drug abuse

148. 从云南艾滋病病毒（HIV）感染者分离 HIV

中国预防医学科学院病毒学研究所　邵一鸣　曾　毅　陈　筝　赵金壁

云南省卫生防疫站　赵尚德　马　瑛　贾曼红

云南省瑞丽县卫生防疫站　杨文乔　段一娟　云南省德宏州卫生防疫站　段　松

〔**摘　要**〕 从云南人免疫缺损病毒（HIV）感染流行区感染者采血，用外周血单个核细胞（PMCs）共培养方法分离 HIV，以逆转录酶测定法（RT）为检测终点，总共从 24 名无症状 HIV 抗体阳性者和 1 名持续性全身性淋巴腺病病人分离到 10 株 HIV。经 HIV－1 p24 E1isa 和 HIV－1 Pol 及 Gag 基因引物多聚酶链反应（PCR）证实并鉴定所分离株均为 HIV－1 型。与文献报道从同类人群所分离的毒株生物学特性相似，这些毒株仅在 PMCs 缓慢生长，不致细胞病变。目前正在改变培养条件以提高病毒滴度并对扩增的基因进行分析以寻找我国云南 HIV 流行株与世界其他地区 HI 流行株的差异。

〔**关键词**〕 人免疫缺陷病毒；病毒分离

作为艾滋病病原的 HIV 自 20 世纪 70 年代起开始在非洲、北美和西欧等地区流行。至 80 年代初这些地区出现大量艾滋病病人时才被人们觉察到，同时 HIV 也开始侵入世界其他地区[1]。我国自 1984 年开始艾滋病的血清流行病学调查。1985 年曾毅等首次发现我国居民被 HIV 感染，证明 HIV 已于 1983 年经血液制品传入我国[2]。此后又发现数例散在的中国 HIV 感染者。1989 年下半年在云南德宏地区吸毒人群中发现了 HIV 感染的流行，至今感染者已达数百名。病毒分离对病原学和流行病学具有重要意义，也是研究诊断试剂、抗病毒药物及疫苗的基础。1983 年 Montagnier 等分离到世界第一株 HIV[3]。曾毅等也在 1 987 年分离到我国首株 HIV[4]，这是从一来华美国艾滋病病人分离到的，至今尚未见到从中国 HIV 感染者分离到 HIV 的报道。由于 HIV 高度变异，在世界不同地区流行的毒株均有差异[5-8]。因而分离在我国流行的 HIV 毒株并研究其变异情况，一方面可以从分子流行病学上找到传入我国云南德宏地区并造成流行的 HIV 毒株的来源，另一方面也可为发展针对我国流行株的 HIV 疫苗打下基础。为此我们在云南瑞丽 HIV 感染流行区开展了分离和鉴定 HIV 的工作，现将初步结果报告如下。

材料和方法

一、分离外周血单个核细胞（PMCs） 血库购得静脉血，用 Hank 液做 1∶1 稀释。在装有 1 份淋巴细胞分离液的试管或沉淀瓶中，轻轻加入两份稀释血，勿搅乱分层。2500 r/min 离心 20 min，吸出介于淋巴细胞分离液和血浆层间的 PMCs 层，再用 Hank 氏液洗两遍。用 RPMI 1640 生长液，含 20% 胎牛血清（FBS，SIGMA），10% 白细胞介素－Ⅱ（IL－2，Boe－hringer）2 μg/ml polyberen（SIGMA）和 2. 5 μg/ml 的植物血凝素 P（PHA－P，GIBCO）悬起细胞成 2×10^8/ml，培养于 5% CO_2 的 37℃孵箱里 2～3 d，作为 HIV 分离的靶细胞。

二、建立共培养（coculture） 自 HIV 抗体阳性者抽取 5～10 ml 静脉血。用上述方法分离其中 PMCs，将 5 ml 血分得的 PMCs 与二倍量经 PHA－P 刺激 2～3 d 的正常人 PMCs 混合，加入含 20% FBS、10% IL－2 和 2 μg/ml polybrene 的 RpMl1640 生长液成 3×10^6/ml，培养于含 5% CO_2 的 37℃孵箱里，每周换液两次，每周补充一次用 PHA—P 新刺激的 PMCs。

三、检测共培养物中的 HIV 在共培养过程中，自第二周始，每周两次用下述方法检测 HIV 生长情况 每周一次冻存部分培养物上清液于－70℃，直至第 10 周为止。

1. 观察细胞病变（CPE）：HIV 感染细胞后，若在细胞内大量繁殖可造成以细胞融合，形成多核巨细胞和细胞死亡为主要特点的 CPE。

2. 间接免疫荧光法（TFA）和免疫酶法（IEA）检查 HIV 抗原：吸出部分培养细胞，涂片、干燥和丙酮固定后用 IFA 法或 IE A 法[4,9]检查细胞内有无 HIV 抗原。

3. 逆转录酶测定（Reverse Transcriptase Asay，RT）：参考文献〔10～12〕简述方法如下，4 ml 共培养物上悬液 4000 r/min 离心 15 min 沉淀细胞。上清液经超离心 45 000 r/min，25 min 沉淀病毒。用 80 μl 病毒裂解液悬起沉淀；加 20 μl 入试管后，再加入 180 μl RT 反应混合液（TrisHCl，pH7. 8 50 mmol/L，$MgCl_2$ 10 mmol/L，D TT_5 mmol/L，polyrAdT 5 μg/ml，dATP 80 μg/ml 和 150 mCi/ml ^3H－TTP）3 7℃4 h；每管加入 10 μl tRNA polyr（2. 5 mg/ml）后加 3 ml10% 三氯乙酸（TCA）终止反应。用玻璃纤维膜为载体，5% TCA 和 70% 乙醇为洗液，洗去游离的同位素。在液闪仪上测定膜上的 CPM 值，根据阳性、阴性对照判定结果。

4. HIV－1 p 24 抗原测定：应用 ABBOTT 公司 HIVAG－1 试剂盒检测共培养物上清液中

的 HIV－p24 抗原。简述方法如下：在反应盘中加入样品稀释液和共培养物上清液，混匀后每孔加入塑料珠（HIV－1 p24 抗体致敏）一个，在室温（20～30℃）放置 20 h；去离子水洗涤后与兔抗 HTV1 血清在 40℃孵育 4 h；洗涤后与 HRP 标记羊抗兔 IgG 在 40℃孵育 2 h；洗涤后加 OPD 底物液显色 30 min，加终止液后测定 490 nm 的吸光度值。

5. 多聚酶链反应（Polymerase Chain Reaction，PCR）：RT 测定阳性的共培养细胞提取全细胞 DNA 用作 PCR 模板。引物选用 HIV－1 Gag 基因和 Env 基因中的两段。前者系 Biotech 公司 PCR 检测试剂盒中携带的 G1 和 G2[13]，其 5’一端均标有生物素。后者参照文献〔14〕报道的序列合成．JA17（5’－3’序列位于 HIV－1 基因 2431—2450，下同）和 JA20（2697－2678）间片段长度为 266 bp，JA18；（2481—2500）和 JA19（2610—2591）位于 JA17 和 JA20 内侧，其扩增片段长度为 129 bp。扩增反应参照文献〔12－14〕在 Perkin Elmer 公司 PCR 热循环机上进行 35 个循环的反应（94℃5 min；94℃30 s－45℃45 s－72℃60 s×35；72℃10min）扩增 Pol 基因时先用 JA17 和 JA20 扩增一次，取产物的 I/10 量再用 JA18 和 JA19 扩增第二次。

Gag 基因扩增产物因其已标记上生物素，先与固定在聚乙烯板上的互补 DNA 片段杂交后，再与 HRP－标记的抗生素反应，加底物显色经测定吸光度值来确定结果。Pol 基因扩增产物经两步 PCR 后，即可直接在凝胶电泳上根据相对分子质量大小确定是否是 HIV－1 特异性基因。

结　果

表 1　HTV 分离中部分共培养细胞的逆转录酶活性*

样品号	共培养后不同时间（d）的 RT 测定值（cpm/ml 上清液）				
	20	25	30	35	40
2	1010	3741	NT*	5116	20930
11	1541	2987	10423	41562	NT
13	920	3349	5784	16452	8474
20	841	981	2672	10715	7319
21	552	1928	NT	5233	7522
22	172	4334	NT	8488	NT
23	533	4289	4170	9000	10840
27	851	3629	5161	8675	NT
28	940	1723	2932	8574	8861
29	1010	2082	3825	37850	8815

＊NT＝未做（not tested）

＊阴性对照（正常人 PMC 培养上清液）值＜2000 cpm/ml，样品 RT 阳性标准为 5000com/ml 并持续升高。

The negative control（supernatant from PMC culture of normal person）had＜2000 cpm/ml，A sample having a value above 5000 cpm/ml and to rise continuely was considered positive

自建立共培养第二周起，用各种方法检测 HIV 生长情况。隔日镜下观察细胞形态，始终未见到 HIV 特有的细胞病变，如大泡样细胞或融合形成的多核巨细胞，仅见到细胞死亡但难与正常培养条件下死亡区分。共培养至第四周 11 号、13 号、23 号和 29 号样品的细胞涂片，经 IFA 和 IEA 法可查到与HIV－1抗体反应阳性的细胞，至第六周 2 号，20 号和 22 号也出现抗原阳性细胞。但抗原阳性率均＜5%，继续培养中或经 5～10 ng/ml、TPA 刺激亦无升高。经 RT 实验测定冻存的第三至第六周的细胞培养上清液，发现自第四周开始部分样品 RT 值持续升高并超过 5000 cpm/ml，至第五或第六周时达到高峰。所有 25 个 HIV 抗体阳性的共培养细胞中共有 10 个出现这种情况（表1），为 RT 测定阳性。4 个 HIV 抗体阴性个体均为 RT 测定阴性。

我们进一步用 HIV－1 p24 抗原测定和用 HTV1 Gag 和 Pol 基因特异性引物 PCR 方法来证实并鉴定 HIV 分离结果。上述 RT 测定阳性的 11 号、13 号、20 号、23 号、28 号和 29 号样品共培养细胞上清液 p24 抗原也为阳性；而 RT 测定阴性的 1 号、5 号、15 号以及 1 0 号和 12 号（来自 HIV 抗体阴性者）样品 p24 抗原均为阴性。在 PCR 实验中用 HIVl1－Gag 特异性引物和 HIV－1－Pol 特异性引物扩增共培养细胞 DNA，也得到了与 RT 测定完全一致的结果（表 2、附图略）。RT 阳性的样品 PCR 也为阳性，其中 2 号、11 号、13 号、20 号、23 号和 29 号样品 HIV－1－Gag 和 HIV－Pol 基因均为阳性；RT 阴性的样品均未扩增出 HIV－1 基因序列，其中 19 号样品和来自无 HIV 感染的 10 号和 12 号样品用 Gag 和 Pol 基因引物扩增全为阴性。

表 2　用 PCR 方法扩增共培养细胞 DNA 中的 HIV 基因

待扩增基因*	样品号												
	1	2	3	1 0	11	12	13	1 9	20	21	23	28	29
HIVt－Gag	－	+	－	－	+	－	+	－	+	+	+	+	+
HIVl－P01	NT	+	NT*	－	+	－	+	－	+	NT	+	NT	+

＊NT＝未做，not tested

＊见材料与方法及附图注释，HIV_1 Gag 扩增产物的检测按 Biotcch HIV_1 DNA 捕获杂交试剂盒说明操作，阴性对照和阴性样品的 A 值 <0.15（A450）；阳性对照和阳性样品的 A 值 >0.8（A450）

HIV 分离中各项检测结果总结于表 3。根据世界各国实验室在分离 HIV 过程中用 RT 测定作为分离终点的惯例衡量[10,11,15~20]，从云南分离 HIV 的效率为 40%，即从 24 例健康带病毒者和 1 例 PGL 病人分离到 10 株 HIV－1。根据血清学实验证明（这 25 人均为 HIV－1 抗体阳性，HIV－2 抗体阴性[22]）和病毒分离检测结果（HIV－1 p24 抗原阳性，HIV－1 Gag 和 Pol 基因特异性引物 PCR 实验阳性）可确定，这些毒株均属 HIV－1。

讨　　论

从 HIV 感染者分离 HIV 的效率，根据病人感染期的不同有着很大的差异，从 HIV 感染之初的无症状潜伏期，艾滋病相关复合症（ARC）到艾滋病依次为 10%～40%，50%～70% 和 80%～90% 以上[15,19,20]。这是由 HIV 这一逆转录病毒特有的复制周期和感染形式决定的。HIV 感染细胞后经逆转录酶反转录成 cDNA 前病毒、即整合入细胞染色体。此后在很长一个时期（半年～10 年）呈潜伏状态不表达，血液中很少有感染性病毒，临床为无症状期。当潜伏的前病毒被某些因子激活后，病毒开始复制。产生完整 HIV 颗粒并感染和杀伤 Th 细胞，造成免疫系统进行性缺损，血液中也有大量感染性病毒，临床上表现为 ARC 和艾滋病[1,21]。所以，从无症状带毒者分离 HIV 是很困难的，并且不能从血清只能从 PMCs 中经过长期体外培养以激活其中潜伏的 HIV，同时，不断补充 PHA 激活的正常人 PMCs 以维持 HIV 的繁殖。

流行病学资料提示我国云南 HIV 感染的流行尚属早期，我们对部分云南 HIV 感染者进行了一系列血清学、病原学和免疫学指标的测定，所得数据证明绝大多数云南感染者属无症状带毒者，仅一例属 PGL 期[2]。因而在病毒分离中我们选用了对此类感染者最敏感的 PMCs

共培养方法[23]并以各国通用和WHO推荐的RT测定法作为HIV分离的终点[5~20,23]从25例HIV感染者分离到10株HIV_1型病毒，分离率40%，与其他欧美实验室从同类人群所获的分离率的上限相当。所获毒株的生物学特性与文献中报道的从同类感染者中分离的毒株一样，均属于生长慢/低滴度类（slow/low）或非细胞病变型的毒株[20,30]。这类毒株多只能在PMCs繁殖，复制率很低，基本不致细胞病变，RT值升高十分缓慢，需1个月左右才能达到高峰。这类毒株与从AIDS或ARC病人分离的生长快/高滴度（Rapid/high）或致细胞病变性HIV毒株完全不一样。后者从血清或PMCs均很易分离到，除PMCs外也很易在传代人T细胞株或单核细胞繁殖，致严重的CPE，可融合成上百个细胞的巨细胞，RT值可在数日或1周内达高峰[20,30]。我们曾用MT_4细胞从一美国艾滋病病人分离到一株Rapid/high类HIV毒株。造成这种截然不同的两类HIV毒株的原因，目前尚不清楚，有人认为是tat或art（rev）基因的突变造成复制能力的差异[24]或是sor（vif）基因的变异，导致形成感染性毒粒的变化[25,26]，其他人则认为是由于毒株对细胞嗜性的不同所造成的[27,28]。目前，我们正从这几方面着手研究以提高病毒的滴度。

表3 HIV分离的检测结果小结

样品号	HIV感染分期	HIV检测方法及结果				
		CPE	IFA/IEA	RT*	P24－Ag@	PCR&
1	Asym*	－	－	－	－	－
2	Asym	－	+	+	NT	+
3	Asrm	－	－	－	NT	－
4	Asym	－	－	－	NT	NT⁻
5	Asym	－	－	－	－	NT
6	Asym	－	－	－	NT	NT
7	ASym	－	－	－	NT	NT
8	－	－	－	－	NT	NT
9	Asym	－	－	－	NT	NT
10	－	－	－	－	－	－
11	Asrm	－	+	+	+	+
12	－*	－	－	－	－	－
13	Asrm	－	+	+	+	+
14	Asym	－	－	－	NT	NT
15	Asym	－	－	－	－	NT
16	Asrm	－	－	－	NT	NT
17	Asym	－	－	－	NT	NT
18	Asym	－	－	－	NT	NT
19	Asym	－	－	－	NT	－

在表3中HIV－1检测结果可以看出RT比IFA/IEA方法更敏感，样品21、27和28号IFA/IEA阴性，RT却为阳性。这与文献中的报道是一致的，Levy等认为只有当RT值>20 000 cpm/ml时才可能用IFA查到抗原阳性细胞[15]，而RT测定的阳性标准是>5000 cpm/ml。对比表1所列的样品RT值，我们的结果与这一估计很接近。HIV－1p24抗原ELISA法被认为是比RT更敏感的检测HIV生长的方法[29]，目前也用于HIV分离的检测。文献中报道更高的HIV分离率（从80%～90%以上的各类HIV感染者分离出HIV），就是由于以p24抗原ELISA取代RT作为HIV分离的终点而获得的。由于该试剂价格十分昂贵，我们只能用其证实RT阳性的样品是否含HIV，结果与RT测定是完全一致的（表3）。

由于HIV－1毒株高度变异，这种变异主要是Env基因，特别是编码外膜蛋白gp120部分的，而Pol和Gag基因相对保守。我们因而选择了Po1和Gag基因的引物做PCR，从RT阳性样品中扩增出HIV－1特异性基因，进一步证实了分离到的病毒属HIV－1型。目前我们正在用PCR技术扩增所分毒株的其他基

续表 3

20	Asym	–	+	+	+	+
21	Asrm	–	–	+	NT	+
22	Asrm	–	+	+	NT	NT
23	Asym	–	+	+	+	+
24	–	–	–	–	NT	NT
25	Asrm	–	–	–	NT	NT
26	Asrm	–	–	–	NT	NT
27	Asym	–	–	+	NT	NT
28	Asym	–	–	+	+	+
29	PGL *	–	+	+	+	+
总计	阳性数/检测数	0/29	7/29	10/29	6/10	8/13

* –：HIV 抗体阴性，HIV seronegative；Asym；无症状抗体阳性，Asymettomatic seropositive；PGL：持续性全身性淋巴腺病，Persistent generalized lymphadenopathy；

NT：未做，not tested

* 见表 1 注释 see footnote of Tab. 1

@ 根据采用 Abbott H1VAG – 1 试剂盒，A 值重复高于 cutbboff 值的样品，需再次取样，若仍重复阳性方确定为阳性。

Abbott HIVAG – lkit was used. For all repeatable reactive specimens, a second independent sample was taken. If it was repeatablely reactive, the sample was classifled as positive.

& 样品中 HIV – 1Gag 或/和 HIV – 1 Pol 基因片段扩增阳性测定该样品为阳性。The sample from which Gag and/or Pol gene fragment of HlV – 1 can be amplified, is classified as positive.

因，特别是 gp120 基因并进行序列分析，以搞清我国 HIV 流行株的来源及其与世界其他地区 HIV 流行株的差异，为我国 HIV 疫苗的研究提供依据。

志谢：本研究部分经费由世界实验室资助，并由德国慕尼黑大学 Pettenkofer 研究所 H. Wolg 和美国 Biotech Res 公司黄道培先生提供 PCR 检测 DNA 捕获杂交试剂盒，在此一并致谢

〔原载《中华流行病学杂志》1991，12（3）：129 – 135〕

参 考 文 献

1 Global Programme on AIDS. Current and future dimensions of the HIV/AIDs pandemic WHO/GPA/SFI/90. 2rev. 1990，1

2 曾毅，等．血友病患者血清中淋巴腺病病毒/人 T 细胞Ⅲ型病毒抗体检测．病毒学报刊，1985，1：391

3 Barre – Sinoussi F，et al. Isolation of a T – lymphotropic retrovirus from a patient at risk for acquired immune dificiency syndrome（AIDS）

4 曾毅，等．我国首次从艾滋病病人分离到艾滋病病毒（HIV） 中华流行病学杂志，1998，9（3）：135

5 Benn S.，et al. Genomic Heterogeneity of AIDs Retroviral. Sciencr，1985

6 Hahn B H，et al. Genetic Variation in HTLV Ⅲ/LAV Over Time in Patients with AIDS or at Risk for AIDS. Science. 1985

7 levy JA.，The mysterries of HIV：challenges for therapy and prevention. Nature，1988，333：519 – 522

8 Castro B A，et al. HIV heterrogeneity and viral pathogonesis. AIDs，1988，2（Suppll）S17 – S27

9 王哲，等．人免疫缺陷病毒血清学诊断免疫酶法的建立及其应用．中华流行病学杂志，1990，11（4）：243

10 Levy J A ，et al. lsolation of lymphocytopathic retroviruses from San Francisco patients with AIDS. Science，1984，225：840 – 842

11 Gallo D，et al. Comparative Studies on Use of Fresh and Frozen Peripheral Blood Lymphocyte Specimens for Isolation of Human Immunodeficiency Virus and Effects of Cell Lysis on Isolation Efficiency. Journal of Clinical Microbiology，July，1987，1291 – 1294

12 Hoffman A D，et al. Characterization of the AIDS – associated retrovirus reverse transcriptase and optimal Conditions for its detection in virions. Virology，1985，147：326

13 Biotech Res. Labs HIV－1 DNA Capture Hybridization Assay roduct Insert，1990

14 Albert J，et al. Simple，Sensitive，and Specific Detection of Human Immunodeficiency Virus Type 1 in Clinical Specimens by Polymerase Chain Reaction with Nestod Primers. Journal of Clinical Microbiology，July，1990，1560－1564

15 Levy J A，et al. Recovery of AIDS－Associated Retroviruses from Patients with AIDS or AIDS－Related Conditions and from Clinically Healthy Individuals. The Journal of Infectious Diseases，1985

16 Wofsy C B，et al. Isolation of AIDS－Associated Retrovirus from Genital Secretions of Women with Antibodies to the Virus. The Lanced，Mar8，1986，527－529

17 Chiodi F，et al. Biological Characterization of Paired Human Immunodeficiency Virus Type 1 Isolates from Blood and Cerebrospinal Fluid. Virology，1989，173，178－187

18 Folks T，et al. Susceptibility of norman lymphocytes to infection with HIV Ⅲ/LAV. The Journal of Immunology，1986

19 Albert J，et al. Isolation of Human Immunodeficiency Virus（HIV）From Plasma During Primary HIV Infection. Journal of Medical Virology，1987，23：67－73

20 H von Briesen，et al. Isolation Frequency and Growth Properties of HIV－Variants：Multiple Simultaneous Variants in a Patient Demonstrated by Molecular Cioning. Journal of Medical Virology，1987，23：51－56

21 Levy Human J A. Immunodeficiency Viruses and the Pathogenesis of AIDS. JAMA，1989，261（20）2997－3006

22 邵一鸣，等.（特发表资料）

23 Global Programme on AIDS，WHO. Criteria for the labratory characterization of HIV Isolates. 1989，WHO/GPA/BMR.

24 Sodrosk J H，et al. A second posttranscriptional trans－activator gene required for HILV－Ⅲ replication. Nature，321：412－417

25 Koyanagi Y，et al. Dual infection of the centralnervous system by AIDs vriuses with distinctcellular tropisms. Science，1987，236：819－822

26 Strebel K.，et al. The HIV "A"（sor）geneproduct is cssntial for virus infectivity. Nature，1987，328：728－730

27 Gartner S.，et al. The role of mononuclear phagocytes in HIL V－Ⅲ/LAV infection. Science，1986，233：215－219

28 Koyanagi Y，et al. Dual infection of the centralnervous system by AIDS vriuses with distinctcellular tropisms. Science，1987，236：819－822

29 Jackson J B，et al. Rapid and Senstive Vrial Culture Method for Human Immunodeficiency Virus Type 1. Journal of Clinical Microbiology，1988，1416－1418

30 Fenyo E M，et al. Distinct replicative and cytopathic characteristics of human immunodeficiency virus' isolates. Journal of Virology，1988，62（11）：4414－4419

31 邵一鸣，等.（待发表资料）

Isolation of Human Immunodeficiency Virus（HIV）in Epidemic Area of HIV Infection in Yunnan Province

SHAO Yi－ming，ei al，（Institute of Virology，Chinese Academy of preventive Medicine）

Blood were collected from HIV infected persons in epidemic area of HIV infection in Yunnan province for isolation of HIV. The coculture method was used for cultivating the virus and reverse transcriptase assay（RT）was the main method for detection of HIV. Of 25 sero positive，24 asymptomatic and one PGL. 10 showed positive RT activity（>5000 cpm/ml and with a steadily increase，come to more than 40 000 cpm/ml）. The results were confirmed by the detection of HIV－1 p24 Ag（ELISA）and HIV－1POL and GAG gene sequence（PCR）. In accordance with the reports from other labs，the viruses isolated from these group of persons infect only PMCs，grew slowly with gradual increase of TR activity and caused no CPE. Efforts are making，at present，to rise the virus titer with better culture system. The amplified gene sequence of the isolates are under investigating.

〔**Key words**〕Human immunodeficiency virus；Virus isolation

This work was partly supported by a grant from World Laboratory. We thank Dr. H. Wolf（Pettenkofer Institute，Germany）and Dr. D. P. Huang（Biotech Res Labs）for providing some of the reagents used in this research.

149. 精浆、厌氧菌培养液及单纯疱疹病毒Ⅱ型对癌基因的激活作用

湖北省宜昌医学专科学校微生物室　刘朝奇　湛江医学院微生物室　黄树林
湖北医学院病毒室　孙　瑜　姚学军　鲁德银　中国预防医学科学院病毒学研究所　曾　毅

〔摘　要〕 用人精浆、厌氧菌培养液和单纯疱疹病毒II型（HSV－2）协同诱导小鼠宫颈癌，进行富颈癌病因研究，同时检测了小鼠宫颈组织中c－Ha－ras－1和c－myc癌基因，以探讨其发生机制。

〔关键词〕 精浆；厌氧菌培养液；单纯疱疹病毒Ⅱ型

材料和方法

1. 病毒：HSV－2333株接种于Hep－2细胞，病变达75%时收获病毒，用前快速冻融3次，紫外线照射3 min（强度36 $\mu J/mm^2 \cdot s$），照射前病毒滴度为$10^6 TCID_{50}$/0. 1 ml。

2. 人精浆和厌氧菌培养液：多份人精液分别经18 000 r/rain离心1 h，上清液混合即人精浆。取宫颈癌病人宫颈棉拭子作厌氧菌培养，分离阳性菌株，纯化培养蔡氏滤器除菌，其滤液为厌氧菌培养液。将人精浆和厌氧菌培养液按1∶1（V/V）比例混合（SB）用于实验。

3. 动物分组及处理：2个月龄昆明种杂交雌性小鼠，随机分为4组（表1）。处理因子每组均为两种，方式为小块医用明胶海绵吸接种物0. 1 ml，置于小鼠阴部直抵宫颈，每周2次共8周，自第9周起用另一种因子同上处理共8周。

实验6个月后处死小鼠，取完整生殖道，矢状削开，一半用10%甲醛固定，用于病理学检查，另一半用于组织DNA提取。

4. 参照Stcrnbcrgcr法检测宫颈组织HSV－2抗原。

5. 乳提取宫颈组织DNA，缺口翻译法^{32}P标记c－Ha－ras－1和c－myc DNA作探针，进行DNA－DNA打点杂交。

结　　果

分子杂交检测标本74份，经统计学分析C、D组与A组间差异有极显著意义（表1）。

从病理学角度分类发现患癌鼠组与其他各组相比差异有显著意义（表2）。

c－myc分子杂交除阳性对照显示阳性结果外，其阴性对照及标本均为阴性。

病毒接种组44只小鼠作分子杂交的同时，本实验还用PAP法检测了宫颈组织HSV－2抗原的表达情况。表3显示随着病程进展，其Ha－ras－1和HSV－2抗原阳性率随之增高，两者间具有良好平行关系。

表1　宫颈组织中c－Ha－ras－l癌基因检测

组别	例数	阳性数*	阳性率（%）
A	15	1	7*
B	15	1	7
C	20	9	45
D	24	13	54

注：A组为Hep－2＋PBS；B组为PBS＋SB；C组为HSV－2－PBS。DtR施HSV－2＋SB。C、D与A组比轻，$P<0.001$

表2　宫颈病理分类与c－Ha－ras－1癌基因比较

分　类	例数	阳性数	百分率
患　　癌	19	13*	68
不典型增生	21	7	33
慢性炎症	6	2	2/6
正　　常	28	2	7

注：例数＜10不计算百分率，下同。其他组比较，$P<0.05$

表3　HSV－2接神组c－Ha－ras－1和HSV－2抗原检测

分　类	例数	c－Ha－gas－1 阳性数（%）	HSV－2抗原 阳性数（%）
患　　癌	17	12（71）	13（7Z）
不典型增生	14	6（43）	5（36）
慢性炎症	3	2（2/3）	2（2/3）
正　　常	10	2（20）	1（10）

讨　　论

根据肿瘤发生的多基因激活和癌变的多阶段学说，本实验在HSV－2和SB诱导小鼠宫颈癌过程中检测了c－Ha－ras－1和c－myc癌基因表达情况。

实验结果表明c－Ha－ras－1杂交结果阳性，而cmyc结果为阴性，说明在此动物诱没有cmyc基因放大。癌过程中对于临床宫颈癌组织中c－myc检测情况，阳性和阴性报道均有。至于c－myc在宫颈癌发生发展中存在与否及其作用都有待更多的临床标本和动物实验研究。

在Hsv－2和DSV－2＋SB组c－Ha－ras阳性率分别为45%和54%，单纯SB组为7%；从病理分类角度分析病毒接种组宫颈组织中c－Ha－ras－1阳性和HSV－2抗原表达，发现两者间有良好的平行关系。以上结果均表明c－Ha－ras－1的激活与HSV－2有非常密切的关系。Verrisetty等［14 th Herpesvtrus Workshop Nyborg Strand 1989：182］用HSV－2 Bam HIE片段中Pstl－SalI的486 bp结构转化仓鼠细胞，在转化细胞中测定了24种细胞癌基因，发现c－Ha－ras－l和P_{54}两种癌基因阳性并有高水平蛋白表达。本实验从体内直接表明c－Ha－ras－1的激活与宫颈癌发生有关，同时提示HSV－2的致癌作用及共在宫颈癌发生中的重要作用。

SB组的c－Ha－ras－1阳性率仅7%，与对照组无差异。但体内外实验都表明SB具有明显促癌作用，从而认为SB可能作为促进因子提高宫颈癌的发生率。

〔原载《中华医学杂志》1991，71（6）：352－353〕

150. 鼻咽癌患者血清中 Epstein – Barr 病毒早期抗原特异性抗体的 IgA 类抗独特型抗体的检测

吉林医学院　李　稻（来病毒所的进修生）

中国预防医学科学院病毒学研究所　曾　毅　纪志武　方　仲

Department of Microbiology, School of Medicine and Geogeton University, U. S. A　PEARSON G.

〔摘　要〕　用 3.5% PEG（Mr6000）预先处理被检血清以除掉免疫复合物及干扰抗原之后，用新建立的 ELISA 方法测定血清中 Epstein – Barr 病毒早期抗原特异性抗体的抗独特型（Anti – Id）抗体。67 例鼻咽癌患者中，80% IgA 类的 Anti – Id 抗体阳性（*P/N* 值≥2.1），而 56 例正常人群除 1 例阳性外，其余均阴性。测定 46 例鼻咽癌患者血清 EA/IgA 滴度与 Anti – Id 的关系表明，Anti – Id 抗体 P/N 值与 IgA/EA 滴度呈负相关（$r = -0.6$，$P < 0.001$）。12 例鼻咽癌病人血清中 EA 抗体的 IgG 类 Anti – Id 抗体则与正常人无显著差别。

〔关键词〕　抗独特型抗体；Epstein – Barr 病毒早期抗原；鼻咽癌；ELISA；IgA

在每个抗体分子上有 6 个高变环，相应于轻链和重链的可变区。高变环上的不同部位均可作为抗原结合点。这种仅由数个氨基酸构成的特殊基因本身又具有抗原性，称独特型抗原决定基（Idiotopes, Id）。同一抗体分子上各个独特型决定基总和称为独特型决定簇，其在自体或异体内诱生的抗体称抗独特型抗体（Anti – Id）。在自体内，Anti – Id 抗体本身同样具有独特型，又可诱生抗一抗独特型抗体，依此产生了一系列抗体，构成一个复杂的 Id – 抗 Id 网络，在体内维持着免疫系统的稳定，此即 Jerne 提出的免疫网络学说[1]。Anti – Id 中有一小部分能与原相应抗体上的抗原结合区结合，具有抗原（原相应抗体）的内影像作用。将这种 Anti – Id 注入异体内能诱生相应抗体，可用以代替某些抗原作为新一代的疫苗。非内影像 Anti – Id 则识别抗体上抗原结合区以外的独特型部位。在肿瘤免疫中 Anti – Id 起着肿瘤免疫抑制作用。有一些学者研究 Anti – Id 反应与肿瘤免疫的关系，其目的是想利用 Anti – Id 来达到控制肿瘤生长的目的。例如用 Anti – Id 杀灭细胞膜上带有 Id 决定簇的淋巴瘤、白细胞瘤、骨髓瘤[2]，用羊 Anti – Id 抗血清治疗慢淋白血病，使血循环中带 Id 的细胞数量减少[4]。

EA 是 Epstein – Barr（EB）病毒在宿主细胞中增殖产生的早期抗原（Early antigen, EA）。在鼻咽癌（Nasopharyngeal Carcinoma, NPC）患者血清中可测出抗 EA（D）抗体，其中以 IgA/EA 抗体对普查和诊断 NPC 更为特异和有意义[3]。本文建立了检测血清中 Anti – Id 的 ELISA 方法，目的是检测鼻咽癌病人血清中是否存在 EB 病毒 EA 特异性抗体的 Anti – Id 抗体，以便进一步研究它们与 NPC 发生发展的关系。

材料和方法

一、血清标本预处理　收集经临床和病理检验确定为 NPC 的患者血清 67 例，以及正常人血清56例，-20℃保存，同批进行检测。

为了清除血清中的免疫复合物和干扰抗原，用Irshad等建立[4]的我们加以改进的方法进行预处理。先将血清用PBS-T_{20}（0.01 mol/L PBS，0.05% Tween-20，pH7.6）液作1∶10稀释，再加入等体积的3.5%聚乙二醇（Polyethylene glycol 6000，PEG），37℃温育1 h，移入Eppendof管内，4000 r/min离心1 h。吸出上清即为1∶20稀释的血清，备用。用抗补体法检测证明无免疫复合物存在。

二、单克隆抗体的纯化 包被ELISA板的抗体为经纯化的小鼠抗早期抗原P54蛋白的McAb，属IgG类。该McAb腹水按1∶1比例加入饱和硫酸铵，沉淀物透析后，经DEAE纤维素（DE_{52}）离子交换柱层析。收集液再过交联有SPA-Sepharose 4B亲和层析柱，用3 mol/L KC-NS解离吸附的P_{54} McAb，透析，测定蛋白浓度和抗体活性。

三、血清IgA/EA滴度检测 按文献〔6〕的免疫酶法进行。

四、ELISA法检测Anti-Id抗体步骤 检测EB病毒EA抗体的Anti-Id抗体的ELISA方法及原理：已知鼻咽癌病人血清中有高滴度IgA/EA，按Jerne学说，能诱导产生相应于IgA上EA结合点的Anti-Id抗体，我们制备了抗EB病毒EA P54的McAb，预计其上面有相同于NPC血清中IgA/EA的抗原结合位点（独特型抗原决定簇），应能与NPC血清中的Anti-Id抗体结合。但用它在ELISA中检测Anti-Id时，关键的一步是应将被检血清进行预处理，以除去能引起假阳性反应的EA抗原与抗体的复合物，以及其他干扰因素。其ELISA步骤是先用EAP54的鼠McAb包被反应板孔，洗涤后加八预处理过的被检血清，若血清中含有EA抗体的Anti-Id抗体，则与McAb结合，加入羊抗人Ig的酶标抗体，洗涤后加入酶反应底物显色，测*A*值。

1. P54 McAb用碱性包被液（pH9.6，0.05 mol/L碳酸盐缓冲液）稀释至6 μg/ml，包被96孔聚苯乙烯板（Dynatech Immulon），100 μl/孔，4℃过夜。

2. 用2% BSA封闭未结合部位，150 μl/孔，37℃温育1 h。

3. 加被检血清：每份样品均设复孔，每孔100 μl，37℃温育1.5 h，以正常人（IgA/EA抗体阴性）血清作对比，并设稀释液（PBS-T_{20}）作空白对照。

4. 为测定血清中Anti-Id的IgA类抗体者，加入辣根过氧化物酶（HRPO）标记（本室标记）的羊抗人IgA结合物（购自北京生研所），测定Anti-Id的IgG类者，则加酶标抗人IgG结合物，100 μl/孔，37℃温育70 min。

以上各步操作之后均用pH7.6 0.01 mol/L含0.05% Tween-20的PBS洗涤，每次5 min，共3次。最后加入100 μl/孔邻苯二胺底物液，37℃显色15 min。以6 mol/L HCl终止反应。酶联分光光度计读取490 nm的*A*值，P/N值≥2.1者为阳性。

五、特异性检测

1. 用纯化的AIDS病毒重组蛋白P24的McAb为包被抗体作对比，用以检测方法的特异性。

2. 中和试验。将Anti-Id抗体量高而IgA/EA滴度低的血清与Anti-Id抗体量低而IgA/EA滴度高的血清，按不同比例混合，37℃温育2 h进行中和，然后用3.5% PEG处理，除去免疫复合物。将P54McAb点样于硝基纤维膜上，封闭后，放入处理后的血清样品中，37℃温育2 h。洗涤后，加羊抗人IgA-HRPO（1∶100）温育70 min，底物液显色。

结　　果

一、血清稀释度选择　预处理过的 1∶20 稀释血清样品再做各种不同稀释后，分别测定 Anti－Id 的 *A* 值，结果见图 1。当稀释度为原血清的 1∶30 时，正常人血清 *A* 值 0.170；NPC 患者血清 *A* 值 0.700，*P/N* 值 4.1。以后实验中的预处理血清稀释度均选为 1∶30。

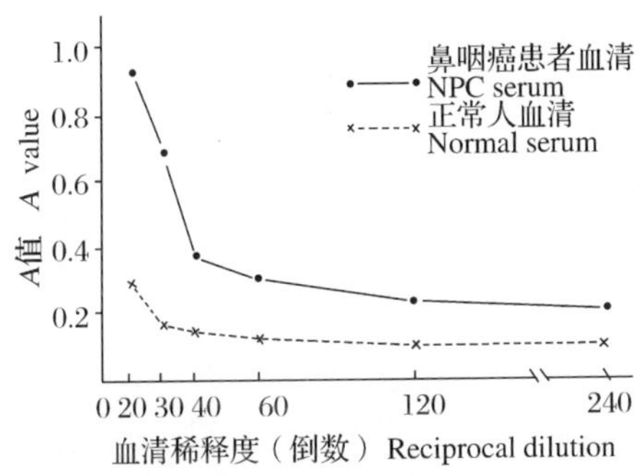

图 1　血清稀释度选择

Fig. 1　Selection of serum dilution

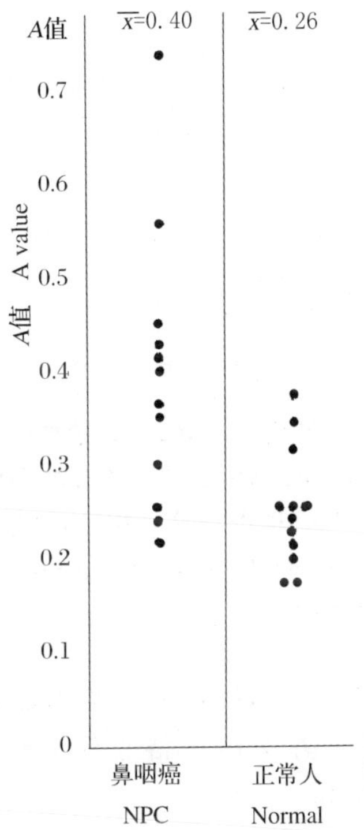

图 2　NPC 患者和正常人 IgG 类抗－Id 抗体的检测

Fig. 2　Detection of IgG claSs anti－Id antibody in NPC patients and normal individuals

二、Anti－Id 抗体检测

1. NPC 患者血清和正常人血清 Anti－Id 的 IgA 类抗体的检测结果见表 1. 67 例 NPC 患者中血清阳性者有 53 例，总阳性率 80%。56 例正常人中 *P/N* 值≥2.1 者仅 1 例，余均为阴性。统计学处理两组间有显著差异（$P<0.001$）。

表 1　鼻咽癌患者与正常人血清中 EA 特异性抗体的抗独特型抗体 IgA 类检测结果比较

Tab. 1　Comparison of IgA class of anti－Id antibody against antibody to EA in sera of NPC patients and normal individuals

组别 Group	例数 NO.	IgA 类抗独特型抗体 P/N 值 P/N value of IgA class anti－Id antibody				阳性率 Positive rate（%）
		1.5	1.5～2.09	2.1～2.39	2.4	
鼻咽癌患者 NPC patients	67	7	7	11	42	80
正常者 Normal individuals	56	51	4	1	－	1.7

2. 对其中12例NPC患者和12例正常人，同时测定IgG类Anti－Id抗体含量。从图2显示，NPC患者A值（$\bar{x}$）稍高于正常人A值（$\bar{x}$），但无明显差异，两者均值（P/N）差<0.16。

三、方法的特异性

1. 用AIDS病毒P 24的McAb包被，检测Anti－Id IgA类抗体阳性的NPC患者和正常人血清各23份，结果显示（图3），23例正常人血清P/N值均<2.1。NPC患者除1例P/N值≥2.1外，余均阴性，经AIDS病毒P24蛋白印迹试验证实此例不是P24阳性。

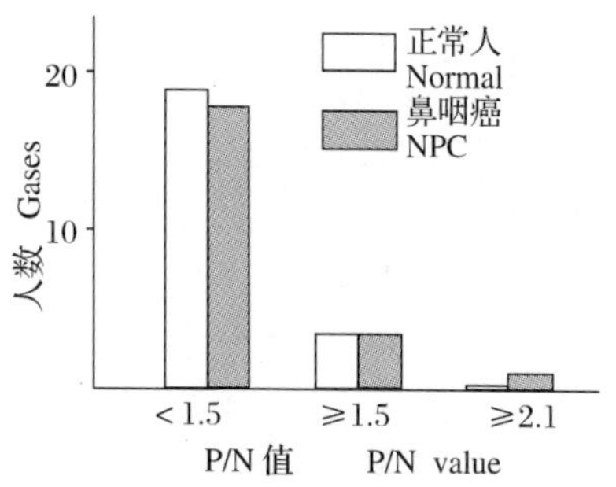

图3 用艾滋病病毒P24 McAb包被检测NPC患者和正常人IgA类抗－Id抗体（P/N）

Fig. 3 HIV P24 McAb used to detect IgA class anti－Id antibody in NPC patients and normal individuals

2. 中和试验 当高Anti－Id抗体血清与高IgA/EA滴度血清以1：3混合后，Anti－Id抗体部分被中和。

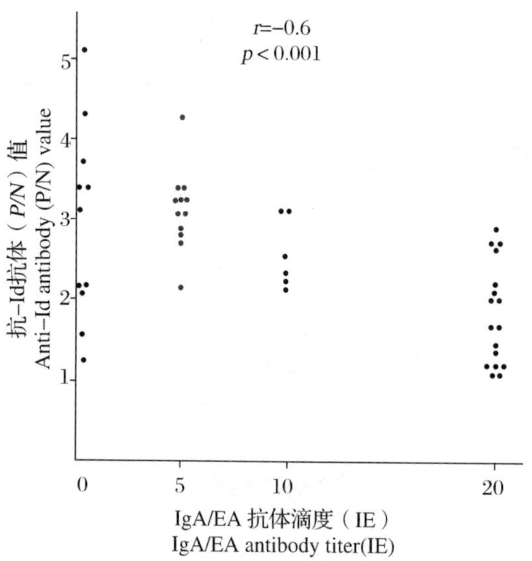

图4 NPC患者IgA/EA抗体滴度与IgA类抗－Id抗体值的分布

Fig. 4 IgA/EA antibody titers and IgA class anti－Id antibody values in NPC patients

表2 46例NPC患者血清IgA类抗独特型抗体（P/N）值和IgA/EA抗体滴度

Tab. 2 Detection of IgA class anti－Id antibody（P/N）value and IgA/EA antibody titre in 46 NPC patients

IgA/EA抗体滴度 IgA/EA titer	例数 CaScS	抗独特型抗体（P/N）值 Anti－Id antibody（P/N）value $\bar{x}\pm s$	百分率 Pecentage（%）
-	11	2.9±1.158*	24
5	12	3.1±0.499*	26
10	6	2.6±0.446*	13
20	17	1.8±0.599	37

*与20滴度者的（P/N）值比，$p<0.01$；*Compared with the（P/N）value of patients with IgA/EA titer 1:20，$p<0.01$

四、IgA/EA的Anti－Id IgA类抗体量与IgA/EA滴度的相关性检测 46例NPC患者血清测Anti－Id抗体的同时用IE法测定IgA/EA抗体滴度。从表2、图4所示，NPC患者血清中IgA Anti－Id抗体与IgA/EA之间存在一定负相关（$r=-0.6$，$P<0.001$），即IgA/EA

抗体滴度低者，Anti－Id 抗体值高。当 IgA/EA 抗体滴度小于 5 时，Anti－Id 抗体平均值较高，但个体间有差异。

讨　　论

用 ELISA 检测血清中 Anti－Id 抗体是一种简单，敏感和特异性强的检测方法〔5,7〕。当前认为 Id 是存在于 Ig 可变区或淋巴细胞表面的一组抗原决定簇，由 V 基因编码，通常与抗体的抗原结合部位（可变区）有密切关系。人们最初认为 Id 具有严格的个体特异性（Private），而后发现，同种动物间也存在共同性（Public）〔7〕。Kennedy 等人〔8〕，在 1983 年报道了 HBsAg Id 系统也存在种间交叉，但此交叉只限于哺乳动物中。他们认为编码 HBs Idx 的 V 基因是生物长期进化中保留下来的。因此，我们用抗 EA 的 P54 的小鼠 McAb 替代人的抗 EA 抗体（Ab_1），检测 NPC 患者血清中 Ab_1 的 Anti－Id 抗体（Ab_2），取得较为满意的结果。

本文应用 ELISA 方法检测 67 例 NPC 患者血清表明，NPC 患者血清中存在 EA 特异性抗体的 IgA 类 Anti－Id 抗体，其阳性率为 80%，而 IgG 类者则无关。关于从病毒性肿瘤患者体内发现有 Anti－Id 抗体，这是首次报道，其意义究竟是什么，还有待于深入研究。NPC 患者的 Anti－Id 抗体水平与 IgA/EA 血清滴度呈现负相关（$r=-0.6$，$P<0.001$），IgA/EA 抗体滴度较低者，Anti－Id 抗体值大多较高，根据目前资料还不能对这一现象作出解释。由于 IgA/EA 滴度水平与 NPC 患者存活期有一定的负相关性，其 Anti－Id 抗体水平与 NPC 病情是否也具有一定相关性，还有待于进一步证实。

〔原载《病毒学报》1992，8（1）：26－31〕

参 考 文 献

1　Jerne N K，et al. Ann Immunol Inst Pasteur，1974，125：373
2　Tung E ，et al. Immunology，1983，50：57
3　曾毅．中华耳鼻咽喉科杂志，1987，22：64
4　Burdette S，et al. N Engl J Med，1987，317：221
5　Irshad M，et al. J Immunol Methods，1987，96：211
6　Zeng Yet，al. Int J Cancer，1982，29：139
7　杨守纯．实验和临床病毒学杂志，1987，1：55
8　Ke edy R C，et al. J Exp Med，1985，161：1432

IgA Class Anti－idiotypic Antibody Against Antibody to Epstein－Barr Virus Early Antigen in Sera from Nasopharyngeal Carcinoma Patients

LI Dao[1]，ZENG Yi[2]，JI Zhi-wu[2]，FANG Zhong[2]，PEARSON G[3]

（1. Jilin Medical College；2. Institute of Virology，Chinese Academy of Preventive Medicine，Beijing；3. Department of Microbiology，School of Medicine and Georgeton University，U. S. A.　G. Pearson）

A simple enzyme－linked immunosorbent assay（ELISA）has been developed to detect circulating IgA class anti－idiotypic antibody against antibody to EB virus early antigen（EA）in the sera of NPC patients. Specific murine anti – EA (P54) monoclonal antibody was coated into 96 well polyvinyl microtiter plates and the HRPO – labelled sheep anti – human IgA antibody was used as conjugate. Anti – Id antibody in the supernant after removing the immune complexes from sera with polyethylene glycol (PEG) 6000 could be detected. The positive rate of IgA class anti – Id antibody was 80% in 67 patients with NPC, and among the control, except one, all were negative. When the EB virus IgA/EA antibody titer is negative, 1 : 5, 1 : 10, and 1 : 20, the mean value is 2. 9 ± 1, 158, 3. 1 ± 0. 499, 2. 6 ± 0. 466 and 1. 8 ± 0. 599 respectively.

These data suggest that IgA class anti – Id antibody against antibody to EB virus EA existed in the sera of NPC patients, and there is negative crrelation ($r = -0.6$, $P < 0.001$) between IgA class anti – Id antibody (P/N) and IgA/EA antibody titer.

〔**Key words**〕 Anti – idiotypic antibody; Epstein – Barr virus; Nasopharyngeal carcinoma; ELISA; IgA

151. 诱导 Epstein – Barr 病毒早期抗原表达的中草药和植物的筛选

中国预防医学科学院病毒学研究所　曾　毅　叶树清　苗学谦

广西苍梧县鼻咽癌防治研究所　钟建明　莫永坤　广西药用植物园　倪芝瑜

〔**摘　要**〕　应用 Raji 细胞筛选了 268 个科的 1693 种中草药和植物，共发现 18 个科的 52 种有诱导 Epstein – Barr（EB）病毒早期抗原表达的作用，大戟科和瑞香科最多，分别有 25 种和 7 种，其中甘遂、芫花、黄芫花、了哥王、苦杏仁、怀牛膝和巴豆等是常用药物。本文还讨论了这些中草药和植物在体内对 EB 病毒的激活及其与鼻咽癌发生的关系。

〔**关键词**〕　Epstein – Barr 病毒；中草药；诱导物

EB 病毒与鼻咽癌发生的关系十分密切，而环境致癌物和促癌物也可能在鼻咽癌的发生中起一定的作用。已知的促癌物 12 – 氧 – 十四烷酰 – 大戟二萜醇 – 13 – 乙酸脂（TPA）[1]，是从巴豆油提取的，它能诱导 EB 病毒对淋巴细胞的转化，并能促进由肿瘤病毒或化学致癌物质引起的肿瘤生长。我们曾应用诱导 Raji 细胞内的 EB 病毒早期抗原表达的方法检查了 495 种中草药，发现一些药物能诱导 EB 病毒早期抗原的表达[2,3]，促进 EB 病毒对淋巴细胞和腺病毒对鼠胚细胞的转化作用[4]，促进肿瘤的生长[5~8]；还发现北京市药店出售的中成药也含有促癌物质如巴豆霜等[9]。我国人民广泛应用中草药治疗各种疾病，因此，十分有必要对药用植物及其他植物继续进行筛检。我们总共筛检了 1693 种植物，发现其中 52 种具有诱导 EB 病毒早期抗原表达的作用，现将结果报告如下。

材料和方法

一、细胞　带 EB 病毒的 Raji 细胞，培养液为含 10% 小牛血清的 RPMI 1640 培养液。

二、植物　分别来源于广西药用植物园，苍梧县、梧州市、南宁市和北京市中药店。各种植物均经广西药用植物园鉴定。

三、植物提取方法 乙醚提取液按 Ito 的方法，用 100 ml 乙醚浸泡 72 h。用滤纸过滤，蒸发去乙醚。用无水乙醇溶解提取物，浓度为每毫升乙醇含 10 mg 提取物。放 4℃ 冰箱保存，使用时进一步稀释。

四、实验步骤 加不同浓度的待检物提取液于 1 ml 含 10 个 Raji 细胞的培养液中，最终浓度为每毫升培养液分别含 12.5 μg 和 2.5 μg。Raji 细胞培养液含 4 mmol/L 的正丁酸钠，另加待检物提取液与不含正丁酸纳的培养液作对照，同时设巴豆油阳性对照。37℃ 培养 48 h，制成细胞涂片，用免疫酶法检查早期抗原阳性细胞率。实验组较单独正丁酸钠组的早期抗原（EA）阳性细胞百分率高 3 倍以上者为阳性。

结　　果

表 1 列出 52 种激活作用阳性的植物，其中以大戟科最多。

表 1　激活作用阳性植物总目录

Tab. 1　List of positive herbs and plants

编号 NO.	科名 Family	植物名 Herbs and Plants	EA 阳性细胞率（%） EA Positive cell rate%	
			12.5 μg/ml	2.5 μg/ml
1	大戟科 Ephorbiaceae	石粟 *Afellrites moluccana*	6.1	2.8
2		变叶木 *Codicenm veriegatum*	50	26
3		细叶变叶木 *Codiaeum veriegatum forma taeniosum*	37	26
4		蜂腰榕 *Codiaeum veriegatum* CV.	19.2	26.4
5		石山巴豆 *Croton calcarsus*	16.2	11.2
6		毛果巴豆 *Crolon lachnocarpus*	9.6	22.4
7		巴豆 *Croton tiglium*	42.8	26.0
8		麒麟冠 *Euphorbia antiqurum* CV. “cristata”	23	36
9		猫眼草 *Euphorbia lunulata*	17.2	9.8
10		泽漆 *Euphorbia helioscopia*	36.4	34.8
11		甘遂 *Euphorbia kansni*	18.0	38.0
12		续随子 *Euphorbia lathyris*	20.0	10.0
13		高山积雪 *Euphobia marginata*	7.2	20.8
14		铁海棠 *Euphorbia milli*	25.8	20.4
15		千根草 *Euphorbia thymifolia*	40	32
16		红背桂花 *Excoecaria cochinchinensis*	36.8	52.8
17		鸡尾木 *Excoecaria venata*	13	42.4
18		多裂麻风树 *Jatropha multifida*	21.6	35.8
19		红雀珊瑚 *Pedilantkus tithymaloides*	11.6	22.4
20		山乌桕 *Sapium discolor*	35	30.2
21		乌桕 *SaPium sebiferum*	5.4	24.8
22		圆叶乌桕 *Sapium rotundifolium*	21.4	1.5
23		油桐 *Vernicia fordii*	17.0	15.8
24		木油桐 *Verinicia montana*	49.6	43.2
25		火殃勒 *Euphorbia anliquorlttl*	20.8	7.4

续表 1

编号 NO.	科名 Family	植物名 Herbs and Plants	EA 阳性细胞率（%） EA Positive cell rate%	
			12.5 μg/ml	2.5 μg/ml
26	瑞香科 Thymelaealaceae	芫花 *Daphne genkwa*	16	45
27		结香 *Edgeworthia chrysantha*	43	28
28		狼毒 *Stellera chamaejasme*	36	46
29		黄芫花 *Wiksiroemia chamaedaphne*	32	53
30		了哥王 *Wikstroemia indica*	42	50
31		土沈香 *Aquilaria sinensis*	25.6	22
32		细轴芫花 *Wikstroemia nutans*	28.6	17.2
33	豆科 Leguminasv	苏木 *Caesalpinia sappan*	8	4
34		广金钱草 *Desmodium Styracifolium*	6	4
35	茜草科 Rubiaceae	红芽大戟 *Knoxia valeriamoides*	3.2	0.8
36		猪殃殃 *Galium aparina vari tenrum*	36	10
37	马鞭草科 Verbenaceae	黄毛豆付柴 *Premna fulra*	52	42
38	马鞭草科 Verbenaceae	假连翘 *Duranta repens*	24.6	36
39	鸢尾科 Iridaceae	射干 *Belamcanda chinensis*	0.8	36.4
40		鸢尾 *Iris tectorum*	16	6
41	中国蕨科 Sinopteridaceae	银粉背蕨 *Aleuritoperis argertae*	6	*l* 7
42	毛茛科 Ranunculaceae	黄花铁线莲 *Clematis intricata*	3	2
43	防已科 Menispermaceae	金果榄 *Tinospora sagittata*	7	3
44	茄科 Solanaceae	曼陀罗 *Datura atramonium*	0	25
45	黑三梭科 Sparganianceae	三梭 *Sparganium stoloniferum*	16	2
46	凤仙花科 Balsaminaceae	红凤仙花 *Impatiens balsimima*	8.6	7
47	菊科 Compositae	剪刀股 *Ixeris debilis*	6.8	9
48	忍冬科 Caprifoliaceae	坚荚树 *Viburnum sempervirens*	8.6	8
49	猕猴桃科 Actinidiaceae	阔叶猕猴桃 *Actinidia latifolia*	3.6	*0*
50	胡椒科 Paperaceae	海南蒌 *Piper hainanense*	7.2	4
51	蔷薇科 Rosaceae	苦杏仁 *Prunus manshurica rioehue*	18.4	14
52	苋科 Amaranthaceae	怀牛膝 *Achyranthes bidentata*	23.9	10
对照	正丁酸钠 + 巴豆油 *EA* 阳性细胞率（Sodium butyrate Croton oil EA cell positive rate）42.8% ~45.7% 正丁酸钠 *EA* 阳性细胞率（Sodium butyrate EA positive cell rate）0.4% ~1% 巴豆油 *EA* 阳性细胞率（Croton oil EA positive cell rate）0.8% ~1.6%			

激活 Raji 细胞后 EA 阳性细胞在 20% 以上的药物为强阳性，有 34 种：大戟科 25 种中有 21 种，瑞香科全部 7 种，马鞭草科 2 种，茜草科、茄科、鸢尾科和苋科各 1 种。EA 阳性细胞率在 10% 至 19% 者为中阳性，共 6 种，包括大戟科 3 种、中国蕨科 1 种、鸢尾科 1 种和黑三棱科 1 种。EA 阳性细胞在 10% 以下为弱阳性，共 11 种，其中有常用中草药如巴豆、甘遂、芫花、黄芫花、了哥王、射干、苦杏仁和怀牛膝等。

讨　论

本文报道应用 Raji 细胞系统筛检了 1693 种中草药和植物，共发现 18 个科 52 种具有诱导EB病毒早期抗原表达的作用，其中有的是常用药物，如巴豆、甘遂、芫花、黄芫花、了哥王、射干、苦杏仁和怀牛膝等。我们还发现9种中成药中含有EB病毒早期抗原诱导物，甚至促癌物[9]。证明其中有的能促进EB病毒对淋巴细胞的转化；并证实在广东常用的了哥王和广泛应用于引产的芫花，能促进化学致癌物诱发的大鼠鼻咽癌[10~12]。本文筛检出的50多种有激活作用的中草药和植物中，有39~40种分布在鼻咽癌高发区广东和广西。在这种植物较多地区的土壤、蔬菜、蜂蜜等都可能含有诱发EB病毒的物质或促癌物，这就可进一步将环境因素与人直接联系起来。鼻咽癌的发病率以西江流域两岸较高，而且水上居民的鼻咽癌发病率也较陆地居民高2~3倍[13]。西江水流混浊，含泥高，是否可能含有EB病毒诱导物和促癌物？Imai等报告东非肯尼亚和乌干达等国有Burkitt淋巴瘤，又有鼻咽癌，当地有很多EB病毒诱导物和促癌物，甚至池水中也有[14]。因此，西江流域，特别是水上居民的鼻咽癌发病率高，是否可能与长期饮用含有EB病毒诱导物和促癌物的水有关，值得进一步研究。Tvmei和Glaser报告促癌物（TPA）和EB病毒能促进SV40病毒诱导人上皮细胞增殖[15]。因此，应该研究EB病毒诱导物和促癌物与EB病毒在体外对上皮细胞的协同作用。本研究室还发现一些植物或食物，既含有EB病毒诱导物和促癌物，又含有致突变物[16]。Faggioni等报告N—methyl—N—nitroroquanidine能促进EB病毒对淋巴细胞的转化[17]。因此，EB病毒诱导物和促癌物是否可能与致癌物及EB病毒起协同作用，使鼻咽部上皮细胞转化成为癌细胞也是值得进一步研究的问题。我们在鼻咽癌高发现场——梧州市和苍梧县进行EB病毒血清学普查和10年追踪观察，根据EB病毒IgA/VCA和EA抗体的标记可以大大提高鼻咽癌的早期诊断率，并可在5~10年前预测鼻咽癌的发生，证明EB病毒在鼻咽癌发生中起重要作用[18]。最近我们在Nature发表了关于鼻咽癌遗传因素的文章，提出存在与HLA连锁的鼻咽癌易感基因[19]。因此，根据上述工作我们提出了关于鼻咽癌病因的看法，即遗传因素是基础，EB病毒在鼻咽癌发病中起重要作用，而环境中的EB病毒诱导物、促癌物和致癌物起着协同作用。对此，我们正在进行深入的研究。

〔原载《病毒学报》1992，8（2）：158－162〕

参 考 文 献

1 Berenblum I. Prog Expt Tumor Res, 1969, 11: 21

2 曾毅，等. 中国医科院学报，1984，6: 84

3 曾毅，等. 病毒学报，1985，1: 229

4 胡垠玲，曾 毅. 中华肿瘤杂志，1985，7: 417

5 胡垠玲，等. 病毒学报，1986，2: 81

6 孙瑜，等. 病毒学报，1987，3: 131

7 孙瑜，等. 中华肿瘤杂志，1987，9: 345

8 孙瑜，等. 病毒学杂志，1987，2: 153

9 曹毅，等. 病毒学报，1986，2: 306

10 唐慰萍，等. 癌症，1988，7: 171

11 Tang W P, et al. J Can Res Clin OnG01, 1988, 114: 429

12 钟建明，等. 癌症，1987，6: 35

13 祝积松，等. 肿瘤防治研究，1983，10: 189

14 Imai S, et al. Epstein－Barr Virus and Human Disease,（Ablashi D V et al, eds）, Ha－mana Press, 1988, 481

15 Tomei, Glaser: In "Epstein－Barr Virus and Human Disease（Ablashi D V et al, eds）", Hamana Press, 1988, 495

16 Shao Y M, et al. Careinogen, 1988, 9: 1455

17 Faggioni A, et al. In "Nasopharyngeal Carcinoma: Current ConcePts（Prasad W et al, eds）", University of Malaya, 1983, 333

18 邓洪，等. 病毒学报，1992，8: 32

19 Lu S J, et al. Nature, 1990, 346: 470

Screening of Epstein – Barr Virus Early Antigen Inducer from Chinese Medicinal Herbs and Plants

ZENG Yi[1], YE Shu-qing[1], MIAO Xue-qian, ZHONG Jian-ming[2], MO Yong-kun[2], NI Zhi-yu[3]
(1. Institute of Virology, Chinese Academy of Preventive Medicine, Beijing;
2. Nasopharyngeal Control and Treatment Institute of Zangwu, Guangxi 3. Guangxi Herbs Botany Garden)

Ether extracts of 1693 Chinese medicinal herbs and plants from 268 families were studied for the induction of Epstein – Barr viral (EBV) early antigen (EA) in the Raji cell line. 52 from 18 families were found to have inducing activity. 25 and 7 of them were from *Euphorbiaceae* and *Thymelaeceae*, respectively. Some of them, such as *Croton tiglium*, *Euphrobia kaneui*, *Daphne genkwa*, *Wikstroemia chamaedaphne*, *Wikstroemia indica*, *Prunus mandshurica koehne* and *Achyranthee bidentata* are commonly used. The significance of these herbs in the activation of EBV *in vivo* and their relation to the development of nasopharyngeal carcinoma were discussed.

〔**Key words**〕Epstein – Barr virus; Chinese medicinal herbs; Inducer

152. 广西梧州市鼻咽癌现场 10 年的前瞻性研究

广西梧州市肿瘤研究所　邓　洪　黄乃琴　黄玉英　黎　跃　苏辉民　钟汉桑　练英熙
中国预防医学科学院病毒学研究所　曾　毅　　广西壮族自治区人民医院　王培中
法国巴斯德研究所　de The G.

〔**摘　要**〕 1980 年我们在梧州市对 20 726 人进行 Epstein – Barr 病毒（EBV）壳抗原的 lgA 类（IgA/VCA）抗体的血清学普查，发现抗体阳性者 1136 人。当时进行临床和组织学检查共发现 18 例鼻咽癌病人。经 10 年追踪观察又发现 29 例病人，其中 1、2 期病人 25 例，早期诊断率达 86.2%。血清学普查后在抗体阳性者中逐年追踪，甚至在第 10 年仍可发现鼻咽癌病人。未追踪的抗体阳性者中发生 6 例，共计 53 例，占全部 57 例（包括抗体阴性者 4 例）鼻咽癌的 93%。因此，根据血清学指标可以在 5 ~ 10 年前预测鼻咽癌发生的可能性，抗体阳性者只要能定期追踪检查就可以在早期发现鼻咽癌。这些结果进一步说明 EB 病毒与鼻咽癌的发生密切相关。

〔**关键词**〕 Epstein – Barr 病毒；鼻咽癌血清学普查；前瞻性研究

从 1978 年和 1980 年开始，我们分别在广西苍梧县和梧州市进行鼻咽癌的血清学普查和追踪观察，鼻咽癌的早期诊断率由 18.6% ~31.5% 提高到 61% ~100%[1~5]。在梧州市还对 EB 病毒 IgA/VCA 抗体阳性者进行了 4 年的追踪观察，共发现 32 例鼻咽癌病人，早期诊断率占 91.5%[5]。这些结果证明了血清学检测 EB 病毒 IgA/VCA 抗体可以大大提高鼻咽癌的早期诊断率，并证明 EB 病毒与鼻咽癌的发生密切相关。但 IgA/VCA 抗体能持续存在多长时间，4 年以后是否仍与鼻咽癌的发生有关，是否可以用 EB 病毒 IgA/VCA 抗体作为预测鼻咽癌发生的指标，这些问题需要进一步研究解决。因此，我们对 IgA/VCA 抗体阳性者继续进行临床和组织学的追踪观察，现将 10 年追踪观察的结果报告如下。

材料和方法

一、血清 采集 20 726 例 40 岁以上正常人静脉血，分离血清，保存于 -20℃。

二、血清学检查 用免疫酶法检测 IgA/VCA 抗体滴度，详见文献〔6〕。简述如下：血清从 1∶10 开始做倍比稀释，分别将血清滴到有 B95-8 细胞的抗原片孔中，于 37℃湿盒孵育 30 min，用 0.01 mol/L pH7.4 磷酸缓冲液洗 3 次，每次 5 min，再滴入适当浓度的辣根过氧化物酶标记的抗人 IgA 抗体，在 37℃孵育 30 min，PBS 洗 3 次，然后用含二氨基联苯胺和过氧化氢的 Trhs-HCl 缓冲液（pH7.6）显色，在普通光学显微镜下检查，出现酶染阳性抗原孔的血清稀释度倒数，即为该血清的抗体滴度。

三、临床和组织学检查 对 EBV IgA/VCA 抗体阳性者每年进行一次临床复查，对可疑或抗体滴度较高者做组织学检查和血清学复查。对抗体阴性者出现的鼻咽癌也进行随访登记。抗体阴性者病理检查诊断为鼻咽癌时，对其保存在 -20℃冰箱的普查时血清再做检查，以确定其抗体是否确为阴性。对鼻咽癌病人进行放射治疗。

结　　果

一、血清学检查的鼻咽癌早期诊断率及 10 年血清抗体动态 从表 1 与表 2 可见，1980 年经血清学普查在 20726 例 40 岁以上的人群中发现 1136 例 EB 病毒 IgA/VCA 抗体阳性者，经临床和组织学检查发现 18 例鼻咽癌病人，其中早期病人（1、2 期）16 例，占 88.8%。经过 10 年追踪观察又发现 29 例病人，早期病人 25 例，占 86.2%。血清学普查当时和追踪观察发现的病人共 47 例，其中早期病人共 41 例，占 87.2%。而 1980～1989 年门诊非血清学普查的 3374 例鼻咽癌病人中，早期病人 873 例，仅占 25.8%。

表 1　梧州市血清学普查和追踪观察发现的鼻咽癌（1980-1990）

Tab.1　NPC incidence from serologicaI screening and follow-up studies in Wuzhou city（1980-1990）

组别 Group	病期 Stage 1	2	3	4	总计 Total	早诊率 Early diagnosis rate
普　查 Screening（1980）	10（55.5）	6（33.3）	2（11.2）	0	18（100）	（88.8）
追　踪 Fllow-up studies（1980-1990）	5（17.2）	20（69.0）	4（13.8）	0	29（100）	（86.2）
普查+追踪 Screening+Follow-up	15（31.9）	26（55.3）	6（12.8）	0	47（100）	（87.2）
门诊病人 Out clinic Patients（1980-1989）	27（0.8）*	846（25.0）	2043（60.0）	458（13.6）	3374（100）	（25.8）

注：* 诊断率 Diagnostics rate

在追踪观察发现的29例病人中，在血清学普查后5年内发现者23例，占79.3%，其余6例在第6~10年中发现，占21.7%。其中一例是在血清学普查后第10年发现的。

29例鼻咽癌病人中，14例在确诊时IgA/VCA抗体有4倍上升，占48.3%。其余为抗体不变或波动在二倍之间。

有6例普查时抗体阳性者（表3），由于没有进行每年追踪观察，在普查后3~6年来医院检查时已确诊为鼻咽癌晚期，其中5例为3期，1例为4期。此时3例抗体有4~32倍上升，2例无明显上升，1例普查时抗体滴度为10，确诊时查不到抗体。

此外，在IgA/VCA抗体阴性者中发现4例鼻咽癌，由于没有追踪观察，其中1例为2期，2例为3期，1例为4期。当确诊时3例病人的抗体滴度为20~160，1例抗体仍为阴性。他们是在血清学普查后4~7年被诊断为鼻咽癌的（表3）。

综上所述，10年间从20 726人中共发现57例鼻咽癌病人，换算得鼻咽癌检出率为275/10万，平均年发病率为27.5/10万人。其中53例是从IgA/VCA抗体阳性者中发现，占93%，鼻咽癌的检出率为4665.5/10万，平均年发病率为466.5/10。从19 590例抗体阴性者中发现4例鼻咽癌，占所有病例的7%，鼻咽癌的检出率为20.4/10万，平均年发病率为2.0/10万（表2）。

表2 IgA/VCA抗体阳性者和阴性者的鼻咽癌检出率和发病率

Tab. 2 Detection rate and incidence of NPC in IgA/VCA positive and negative persons

项目 Item	合计 Total	IgA/VCA 阳性 IgA/VCA positive	IgA/VCA 阴性 IgA/VCA negative
人数 Persons	20726	1136	19 590
鼻咽癌例数 NPC cases	57	53	4
百分比 Percentage	100	93	7
检出率 Detection rate (1/10^5)	275	4 665.5	20.4
年发病率 Incidence per year (1/10^5)	27.5	466.5	2.0

表3 未参加追踪观察的IgA/VCA抗体阳性及阴性者发生鼻咽癌的情况

Tab. 3 NPC patients from IgA/VCA antibody positive and negative persons with out follow - up

血清号 Serum No.	性别 Sex	普查时抗体滴度 IgA/VCA titer during screening	确诊时抗体滴度 IgA/VCA titer at diagnosis of NPC	病期 Stage	普查后发现NPC时间（年）NPC diagnosed after screening (years)
427	男 M	40	40	3	3
8797	男 M	10	-	3	3
5839	男 M	80	40	3	3
1338	女 F	10	160	4	3
9453	男 M	80	320	3	4
462	女 F	10	320	3	6
12820	男 M	-	80	2	4
8483	女 F	-	160	4	5
11921	男 M	-	20	3	6
13522	男 M	-	-	3	7

二、鼻咽癌病人治疗后的存活率 在血清学普查后，对梧州市的确诊病人治疗后进行随访，结果见表4。血清学普查发现的病人其5年和8年生存率分别为66.8%和58.4%；而非普查的5年和8年生存率分别为46%和39.9%；梧州市全部鼻咽癌病人的5年和8年生存率分别率为50%和42.8%（表4）。普查病人的年和8年生存率较非普查病人高20%左右。

如梧州市某工厂220名职工中1980年血清学普查时发现3例早期鼻咽癌，迄今全部存活，5年生存率为100%。

表4　梧州市鼻咽癌生存率

Tab. 4　Survival rate of NPC in Wuzhou city

存活年数 Survival years	鼻咽癌存活率（%）Survival rate of NPC 普查、追踪 Screening and follow－up	非普查 Non screening	总计 Total
1	95.7	98.3	91.3
2	86.4	74.6	77.8
3	73.1	59.2	62.1
4	66.8	53.6	55.0
5	66.8	46.0	50.0
6	66.8	44.0	48.4
7	58.4	39.9	42.8
8	58.4	39.9	42.8

讨　论

我们在广西苍梧县和梧州市建立了国际上第一个鼻咽癌前瞻性研究现场，对梧州市40岁以上的20 726人进行了血清学普查和追踪观察，在1136例血清EB病毒IgA/VCA抗体阳性者中，普查时发现l8例鼻咽癌，追踪10年又发现29例鼻咽癌，早期诊断率分别为88.8%和86.2%。抗体阴性者中有4例、阳性者中有6例鼻咽癌病人因未定期追踪检查，确诊时已属晚期。在29例鼻咽癌中有23例（79%）是在血清学普查后5年内发现的。这些结果进一步说明血清学普查和追踪观察对鼻咽癌的早期诊断是很有意义的。对抗体阳性者定期追踪观察，特别是血清学普查后5年内的追踪观察更为重要。

血清学普查后在抗体阳性者中可逐年，甚至在第10年仍有鼻咽癌出现，表明在鼻咽癌发生前5～10年就有EB病毒IgA/VCA抗体存在，若结合血清IgA/EA抗体检测作为观察指标，更可以在5～10年 前预测鼻咽癌发生的可能性。

在1136名抗体阳性者中共发现53例鼻咽癌，鼻咽癌的检出率为4665.5/10万，而从19 590例抗体阴性者中仅发现4例鼻咽癌，鼻咽癌检出率为20.4/10万，相差228.7倍，而且其中3例在确诊时已有EB病毒IgA/VCA抗体。这些结果进一步证实了EB病毒与鼻咽癌发生密切相关。

对抗体阴性者出现的鼻咽癌也进行随访登记，抗体阴性者中有4例鼻咽癌（占7%），其中3例诊断时已有IgA/VCA抗体。根据在苍梧县进行的血清学普查和追踪观察的结果，在第10年重复检查了500例抗体阴性者，仅有5.4%变为阳性[8]，故对鼻咽癌的追踪观察影响不大。我们发现鼻咽癌有与HLA连锁的鼻咽癌易感基因[9]，93%以上的鼻咽癌是从IgA/VCA抗体阳性者中出现，抗体阴性者中很少出现鼻咽癌，因此EB病毒IgA/VCA抗体的出现是否与遗传因素和易感基因有关，值得进一步研究。

经血清学普查和追踪观察所发现的病人，经治疗后的5年生存率可达66.8%，较非普查现者高20%左右。非普查病人的5年生存率也较高，这是由于多年来在梧州市进行鼻咽癌早期诊断的宣传教育，群众对鼻咽癌的认识有所提高的结果。由于鼻咽癌很容易向颈淋巴结转移或向颅底发展，难于发现和早期诊断，因此，在门诊发现的鼻咽癌病人70%～80%属晚期。鼻咽癌的普查和追踪观察可以提高早期诊断率达80%～90%以上，早期鼻咽癌的治愈率很高。因此，十分必要在鼻咽癌高发区大力推广EB病毒IgA抗体检测方法，开展血清学普查和追踪观察，使更多的鼻咽癌病人发现于早期，以便及早挽救他们的生命。在广西壮族自治区卫生厅的领导下，正在广西各鼻咽癌高发县开展血清学普查工作[7]。在非鼻咽癌高发区也应广泛开展有关鼻咽癌早期诊断的宣传教育，让群众知道一旦发现有任何可疑症状就应该到医院进行临床和EB病毒血清学检查。根据我们在预防医学科学院病毒学研究所的实验室资料，非鼻咽癌高发区，鼻咽癌早期诊断率也可以提高到74%。

〔原载《病毒学报》1992，8（1）：32－37〕

参 考 文 献

1 曾毅，等．中华肿瘤杂志，1979，1：2
2 曾毅，等．中国医学科学院学报，1979，2：123
3 曾毅，等．肿瘤防治研究，1983，10：23
4 曾毅，等．癌症，1982，1：6
5 曾毅．病毒学报，1985，1：7
6 刘育希，等．中华肿瘤杂志，1979，1：8
7 王培中，等．通讯，1991
8 钟建民，等．待发表
9 Shengjing L. Nature，1990，349：470

Prospective Studies of Nasopharyngeal Carcinoma for 10 Years in Wuzhou City，Guangxi

DENG Hong[1]，ZENG Yi[2]，HUANG Nai-qin[1]，HUANG Yu-ying[1]，LI Yue[1]，SU Lui-min[1]，ZHONG Han-xin[1]，LIAN Ying-xi[1]，WANG Pei-Zhong[3]，de The G[4]

（1. Cancer Unit Wuzhou City，Guangxi；2. Institute of Virology，Chinese Academy of Preventive Medicine，Beijing 3. Guangxi Autonomous Regional Hospital，Nanning，Guangxi Institute Pasteur，Paris，France）

A serological mass survey of NPC was carried out in Wuzhou city，Guangxi. 1136 out of 20 726 persons of age over 40 had Epstein－Barr viral IgA/VCA antibody. Among them 18 patients were diagnosed just after serological screening. The IgA/VCA positive－persons were followed up yearly for 10 years. The early detection rate for NPC increased from 25.8% to 87.2%. NPC could be detected up to 10th year. Therefore，NPC can be predicted 5－10 years before diagnosis of NPC was made.

Altogether 57 NPC patient（93%）were detected from the IgA/VCA antibody positive group，while only 4（7%）from the antibody negative group. The NPC detection rate of NPC in these two groups was 4665.5 /100 000 and 20.4/100 000 respectively. All these data indicate that Epstein－Barr virus plays an important role in the development of NPC.

〔**Key words**〕Epstein－Barr virus；Nasopharyngeal carcinoma；Serological screening；Prospective studies

153. 火殃簕、铁海棠、扭曲藤和红背叶对 3 - 甲基胆蒽诱发小白鼠皮肤肿瘤的作用

中国预防医学科学院病毒学研究所　纪志武　曾　毅
广西壮族自治区苍梧县鼻咽癌防治研究所　钟建明

〔**摘　要**〕　作者研究了火殃簕、铁海棠、扭曲藤和红背叶对致癌物质 3 - 甲基胆蒽（3 - met - hychol anthrene，3 - MC）诱发小白鼠背部皮肤肿瘤的促进作用。实验结果表明，小鼠在用药 30 周后，背部皮肤出现数量不等的乳头样肿瘤。火殃簕、铁海棠，扭曲藤和红背叶的促肿瘤发生率分别为 10%，15%，13% 和 17%。而对照巴豆油组的肿瘤促发率为 43%。单一 3 - 甲基胆蒽组的肿瘤诱发率为 0。研究结果证明，火殃簕，铁海棠，扭曲藤和红背叶是一类较弱的促癌物质。

〔**关键词**〕　肿瘤；诱发；EB 病毒；中草药

文献报道，大戟科和瑞香科某些植物提取物与从巴豆油中提取的促癌物质 - TPA，有十分相似的化学结构[1,2]；火殃簕、铁海棠，扭曲藤及红背叶对 Raji 细胞中 EB 病毒早期抗原有不同程度的激活作用[3,4]；某些中草药对淋巴细胞有促进转化的作用[5]；黄芫花及桐油的提取物对Ⅱ型单纯疱疹病毒诱发宫颈癌有促进作用[6]。

广西梧州市和苍梧县是鼻咽癌高发区之一，该地区有大量对 EB 病毒具有激活作用的上述野生植物。

我们用阈下浓度的 3 - MC 涂抹小白鼠背部皮肤后，再分别在小白鼠背部皮肤涂抹火殃簕，铁海棠，扭曲藤和红背叶的乙醚提取物，不同程度地促进了小白鼠背部皮肤肿瘤的发生。火殃簕，铁海棠、扭曲藤和红背叶可作为中草药，也可用于观赏，与人们接触密切，本实验的目的是试图证明这些常见的植物内是否含有促癌物质。

材料和方法

一、材料　火殃簕、铁海棠，扭曲藤和红背叶均采自广西苍梧县野地。巴豆油为本实验室用购自北京市中药批发部之巴豆经石油醚提取而制成。3 - Mc 为 Sigma 产品。

二、动物　昆明种 7 ~ 8 周龄雄性小白鼠。

三、药物的提取与配制　将火殃簕，铁海棠，扭曲藤和红背叶自然干燥后，将枝叶尽量切碎，分别置于玻璃容器内，按每 10 g 干药加入 100 ml 乙醚的量分别加入相应量的乙醚。密封容器，室温浸泡 10 d。用普通滤纸把药液过滤 2 次。待乙醚挥发后，把所得的抽提物称重，用丙酮配成 5% 的溶液。巴豆油和 3 - Mc 分别用丙酮配成 1% 和 0. 15 mmol/L 的溶液。

四、实验过程　将小白鼠背部剃毛，面积为 3 cm × 3 cm。小鼠随机分成 11 组：（1）3 - Mc 火殃簕；（2）3 - Mc 铁海棠；（3）3 - Mc 扭曲藤；（4）3 - Mc 红背叶；（5）3 - Mc 巴豆油；（6）Mc；（7）～（10）分别为单独火殃簕、铁海棠、扭曲藤和红背叶组；（11）丙酮

组。每组 30 只鼠。鼠去毛 48 h 后，在 1～6 组的每只鼠去毛部涂抹 3－Mc 液 0.2 ml/次。给 7～Ⅱ组各鼠涂抹丙酮 0.2 ml/次。两周后，给（6）和（11）组鼠涂抹丙酮 0.2 ml/次，其余各组鼠，依次涂抹相应组的药液 0.2 ml/次。每周两次，共 30 周。

结　　果

实验至第 15 周时，第（5）组有一只鼠在背部涂药处发生乳头样瘤，约 1 cm×1 cm。16 周时，(1) 和 (2) 组分别有 3 只鼠发生背部乳头样瘤，(3) 和 (4) 组分别有 2 只鼠发生背部乳头样瘤。其余各组鼠未发生背部皮肤肿瘤。在实验进行中，不同组的小鼠时有背部皮肤肿瘤发生。有些乳头样瘤不断发展，增大，外观呈菜花样，粉红色，质中等，易出血。病理切片看到，细胞形态不均一，细胞有炎性增生和萎缩，有淋巴细胞浸润，但未见到典型恶性病变特征。

实验至 30 周时结束。在瘤变过程中，(2) 和 (4) 组鼠中，分别有 3 和 1 只鼠死亡。7～11组鼠的皮肤有些粗糙，但未发现有皮肤肿瘤发生。1～5 组鼠的患瘤率和发瘤趋势见表 1 和图 1。

表 1　火殃簕，铁海棠，扭曲藤和红背叶对小白鼠皮肤乳头瘤的促瘤作用

组别	中草药	鼠数	患瘤鼠数	瘤数	瘤数/只	诱瘤率（%）	死鼠数
1	3－Mc＋火殃簕	30	3	12	0.4	10	0
2	3－MC＋铁海棠	30	4	23	0.85	15	3
3	3－M C＋扭曲藤	30	4	18	0.6	13	0
4	3－M C＋红背叶	30	5	17	0.6	17	1
5	3－M C＋巴豆油	30	13	60	1.7	43	1
6	3－M C	30	0	0	0	0	0

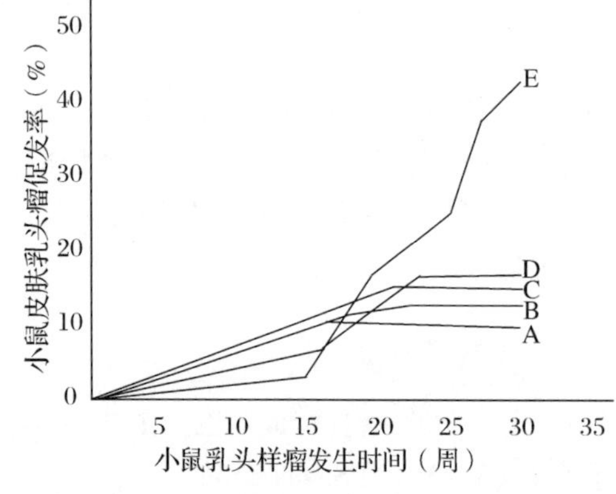

A、B、C、D 和 E 分别为火殃簕、扭曲藤、铁海棠、红背叶和巴豆油提取物的促瘤发生曲线

图 1　火殃簕、铁海棠、扭曲藤、红背叶和巴豆油提取物对小鼠乳头样瘤的促进作用

讨　　论

本研究结果表明，火殃簕、铁海棠、红背叶和扭曲藤能促进经 3－Mc 刺激后的小白鼠发生皮肤肿瘤，其作用与巴豆油相似，但不如巴豆油的作用强。上述各药的单一用药组和 3－Mc 对照组的小鼠均未发生皮肤肿瘤。

火殃簕、铁海棠、扭曲藤和红背叶都具有诱导 Raji 细胞中 EB 病毒早期蛋白质表达的作用。巴豆油和 TPA 的促癌作用早已明确，因此，本研究结果证明，火殃簕、铁海棠、扭曲藤和红背叶是弱促癌物质，而非致癌物质。

巴豆油对 Raji 细胞中 EB 病毒早期蛋白质的诱导能力和对小白鼠的促癌作用较火殃簕，铁海棠、扭曲藤和红背叶为强。火殃簕、铁海棠、扭曲藤和红背叶诱导 Raji 细胞中 EB 病毒早期蛋白质表达的能力与它们各自促小白鼠皮肤肿瘤生成的能力不完全正相关，除了实验条件的因素外，还可能是因为这些植物为弱促癌物质。

火殃簕、铁海棠均有止泻，消肿功能；扭曲藤能清热、利湿；红背叶具镇咳、祛痰能力[7]。钟建明等[8]的研究说明，在火殃簕、铁海棠和扭曲藤的栽培土壤中也含有促 Raji 细胞中 EB 病毒早期蛋白质表达的物质。曾毅等[9]的研究证明，在一些中草药的水煎剂中也含有促 Raji 细胞中 EB 病毒早期蛋白质表达的物质。火殃簕、铁海棠、扭曲藤和红背叶与鼻咽癌发生之间是否有关系，有待进一步的研究。

〔原载《癌症》1992，11（2）：120－122〕

参 考 文 献

1 It0. Y，et aL. A short－term in vito assay for promoter substances using human lymphoblastoid cells latently infected with Epstein－Barr virus，Cancer Letter，1981，13：29

2 Zeng Y. et al. Epstein－Barr virus early antigen induction in Raji cells by Chinese medicinal Herbs，Intervirology，1983，19：201

3 曾毅，等．筛选诱发 EB 病毒早期抗原的药用植物．中国预防医学中心，广西壮族自治区 1983－1984年鼻咽癌协作学术会议资料，1984

4 钟建明，等．苍梧县环境促 EB 病毒物质的研究．广西医学，1986，8（3）：145

5 胡垠玲，等．几种中草药对淋巴细胞的促转化作用．中华肿瘤杂志，1985，7（6）：417

6 孙瑜，等．黄芫花及桐油提取物对Ⅱ型单纯疱疹病毒诱癌的促进作用．病毒学报，1987，3（2）：131

7 《全国中草药汇编》编写组．全国中草药汇编．北京：人民卫生出版社，（下册）：1975，95：276，304，516

8 钟建明，等．含激活 EB 病毒的土壤及其生长的青菜促 EB 病毒物质的研究．癌症，1987，6（1）：35

9 曾毅，等．中草药对 Raji 细胞 EB 病毒早期抗原的诱发作用．中国医学科学院院报，1984，6（2）：84

Studies on Enhanced Effects of Mice Skin Papilloma Induced by Extracts of Euphorbia Antiguorum，Euphorbia Milii，Jasminum Amplexicaule and Alchornea Trewioide

JI Zhi－Wu[1]，ZHONG Jian－ming[2]，ZENG Yi[1]

（1. Institute of Virology，Chinese Academy of Preventive Medicine；

2. Cancer，Unit of Cang Wu County，Guang Xi Zhuang Autonomous Region）

In this experiment，mice skin papilloma induced by 3－methycholanthrene（3－MC） was promoted by Euphorbia antiguorum，Euphorbia milii，Jasminum amplexicaule and Alchornea trewioides respectively. After 30 weeks，the results showed that the incidences of papilloma in the groups of Euphorbia antiguorum 3－MC，Euphorbia milii ＋3－MC，Jasminum amplexicaule ＋3－MC and Aichornea trewioides ＋3－MC were 10%，15%，13% and 17% respectively. The incidence of papilloma in the group of Croton oil ＋3－MC（control）was 43%. No papilloma occurred in mice of the other groups of 3－MC，acetone，Euphorbia antiguorum，Euphorbia milii，Jasminum amplexicaule and Alchornea trewioides alone.

The conclusion is that Euphorbia antiguorum，Euphorbia milii，Jasminum amplexicaule and Alchornea trewioides are also tumor promoters，but with the weaker promoting effect as compared to Croton oil.

〔**Key words**〕Tum or Induce；Epstein－Barr Virus；Chinese herbal medicine

154. Epstein - Barr 病毒相关疾病的 IgG/Z 抗体检测

中国预防医学科学院病毒学研究所　曾　毅　法国 Rothschild 医院　Jean - claude Nicolas
法国 Gustave Roussy 肿瘤研究所　Guy Schwaab，Bernard Clausse，Thomas Tursz，Irene Joab
法国巴斯德研究所　Guy de The

〔摘　要〕　血清中 Epstein - Barr 病毒（EBV）的 IgG/Z 抗体对鼻咽癌和传染性单核细胞增多症是 较特异的，其阳性率分别为 85.7% 和 84%。50% 的伯基特淋巴瘤病人亦有 IgG/Z 抗体。正常人则没有，但有 IgG/VCA 等抗体，表明 IgG/Z 抗体在初次感染后是容易消失的。Z 抗原与 EBV 复制相关，故 IgG/Z 抗体对鼻咽癌不仅有诊断意义，还可能有预后的意义。

〔关键词〕　鼻咽癌；传染性单核细胞增多症；Epstein - Barr 病毒；IgG/Z

Epstein - Barr 病毒是人类疱疹病毒。它是传染性单核细胞增多症的病原，与人类恶性肿瘤鼻咽癌和伯基特（Burkitt）淋巴瘤密切相关。从鼻咽癌的活检细胞或裸鼠传代鼻咽癌细胞中可以发现 EB 病毒的 DNA，EB 病毒基因组在鼻咽癌细胞中处于潜伏状态或者部分地处于复制状态。Zebra 抗原（BamH I Z 片段）也称 Z 或 EB1，是由 BZLF1 编码的蛋白，能使 EB 病毒从潜伏状态进入复制状态[1-4]。

我们从 1976 年开始应用免疫酶法检测鼻咽癌病人血清中的 EB 病毒 IgA/VCA 和 IgA/EA 抗体，在血清学普查中可使鼻咽癌的早期诊断率由 20% ~31.5% 提高到 80% ~90% 以上[5-8]。我们还发现 IgA/MA、IgA/EBNA - 1 抗体对鼻咽癌是较特异的，有助于鼻咽癌的诊断[9-10]。本文报告从传染性单核细胞增多症病人、鼻咽癌病人和伯基特淋巴瘤病人血清中检测到 IgG/Z 抗体，证明此抗体是特异的，有助于鼻咽癌的诊断。

材料和方法

一、Zebra 抗原　由重组质粒 pMLP BZLFI 在 293 细胞中表达，293 细胞是腺病毒 5 型转化的人胚肾纤维细胞。用磷酸钙沉淀法将 pMLP BZLFl 质粒转染 293 细胞，转染率达 10%。细胞培养 5 d 后，用 versene 胰酶分散，涂于载玻片上，用冷丙酮固定，-20℃保存。

二、VCA 和 EA 抗原　B95 - 8 细胞涂片用于检测 IgA/VCA 抗体，TPA 激活的 Raji 细胞片用于检测 EA 抗体。

三、血清　从中国的鼻咽癌病人、法国的传染性单核细胞增多症病人及非洲伯基特淋巴瘤病人收集的血清，-20℃保存；正常人血清为法国成人血清。

四、间接免疫荧光法　用 PBS 以 1:10 至 1:20 稀释病人血清，阳性者再重新做 1:10 ~ 1:2560 倍比稀释。滴加 20 μl 于载玻片上含细胞的孔内，用人阳性血清及阴性血清作对照。37℃孵育 40 min，用 PBS 洗 3 次，每次 5 min，加入适当稀释度的抗人 IgG 或抗人 IgA 荧光标记抗体；37℃孵育 30 min，洗 3 次，加甘油磷酸缓冲液封闭，荧光显微镜下检查。

五、抗补体免疫荧光法　方法如文献〔11〕。

结　　果

一、正常人血清中各种 EBV 抗体的检测　为做对照，检测了 20 例正常法国成年人血清中 5 种 EBV 抗原的抗体，结果列于表 1。数据表明 VCA 和 EBNA 的 IgG 类抗体阳性率都很高，为 80%，而 IgG/Z 和 IgG/EA 抗体则全部阴性。

表 1　比较正常成人血清中 EB 病毒的各种抗体

Tab. 1　Comparison of different antibodies to EB virus in sera from normal individuals

指标 Item	IgG/Z	IgG/VCA	IgA/Z	IgG/EA	IgA/VCA	EBNA
血清数 Number tosted	20	20	20	20	20	20
阳性数 Positive number	0	16	0	0	0	16
阳性率 Positive rare（%）	0	80	0	0	0	80
几何平均滴度 GMT	5	46	5	5	5	16

注：用抗补体免疫酶法测定 EBNA 抗体，其余用间接免疫荧光法测定

Note：The anti－EBNA antibody is detected with anticomplement immunofluorescent method，others with indirect immunofluorescent method.

表 2　鼻咽癌、传染性单核细胞增多症及伯基特淋巴瘤病人血清中 IgG/Z 抗体比较

Tab. 2　Comparison of IgG/Z antibody in sera from NPC，IM and BL patients

指标 Item	NPC	IM	BL	NI
血清数 Number tested	28	31	22	30
阳性数 Positive number	24	26	11	0
阳性率 Positive rate（%）	85.7	84	50	0
几何平均滴度 GMT	85.5	34	10.5	5

NPC：鼻咽癌，IM：传染性单核细胞增多症；

NI：正常人；BL：伯基特淋巴瘤

NPC：Nasopharyngeal carcinoma；IM：Infectious mononucleosis；

NI：Normal individual；BL：Burkitt lymphoma

二、3 种 EBV 相关疾病病人血清中 IgG/Z 的比较　检测了鼻咽癌（NPC）、传染性单核细胞增多症（IM）、伯基特淋巴瘤（BL）病人血清中 IgG/Z 抗体的阳性率及其滴度，同时与正常人做了比较。从表 2 结果中可以看到，NPC 和 IM 的 IgG/Z 阳性率都很高，分别为 85.7% 和 84%，GMT 亦较高，分别为 85.5 和 34。BL 亦有 5 0% 患者阳性，GMT 为 10.5。正常人全部阴性，表明 IgG/Z 对前两者有特异性。

三、鼻咽癌病人血清中 EBV 各种类型抗体的比较　为了解 IgG/Z 在 NPC 诊断及预后中是否有意义，对 28 例 NPC 血清同时检测 3 种 EBV 抗原的 IgG 和 IgA 类抗体以及 EBNA 抗体，结果列于表 3。IgG/Z 的阳性率与常用于 NPC 诊断的 IgA/VCA 相近，且比 IgA/EA 者更高，其 GMT 也较高，说明 IgG/Z 对 NPC 有特异性。IgA/Z 虽正常人亦为阴性，但在 NPC 中的阳性率仅 14.2%，GMT 也不高，故用于诊断可能意义不大。

四、传染性单核细胞增多症血清中 EBV 各种类型抗体比较 19 例 IM 血清同时测定 EBV 各种抗原的抗体，结果见表4。除了正常血清阳性率亦很高的 IgG/VCA 外，IgG/Z 的阳性率是最高的，达79%，GMT 也较高，说明 IgG/Z 对 IM 也有特异性。

表3 鼻咽癌血清中 EB 病毒不同类型抗体的比较

Tab. 3 Comparison of different antibodies to EB virus in sera from NPC patient

指标 Item	IgG/Z	IgG/VCA	IgG/EA	IgA/Z	IgA/VCA	IgA/EA	EBNA－1
血清数 Number tested	28	28	28	28	28	28	28
阳性数 Positire number	24	28	26	4	23	12	25
阳性率 Positive rate（%）	85.7	100	92.8	14.2	82.1	42.8	89.3
几何平均滴度 GMT	36.6	409.8	25.8	5	27.2	5	86.2

注同表1. Note as table 1

表4 比较传染性单核细胞增多症病人血清中的各种 EB 病毒抗体

Tab. 4 Comparison of different antibodies to EB virus in sera from IM patients

指标 Item	IgG/Z	IgG/VCA	IgG/EA	IgA/VCA	EBNA
血清数 Number tested	19	19	19	19	19
阳性数 Positive number	15	18	18	10	7
阳性率 Positive rate（%）	79	94.7	36.8	52.6	36.8
几何平均滴度 GMT	31.4	96	5	5	5

注同表1. Note as table 1

讨　论

鼻咽癌病人血清中的 EB 病毒 IgG/Z 抗体阳性率达 85.7%，显著高于 IgA/Z 抗体（14.2%），而正常人的 IgG/Z 和 IgA/Z 抗体均阴性。我们过去的工作证明 EB 病毒的 IgG 抗体在原发感染后持续时间较长，没有诊断意义[12]，仅 VCA、EA 和 EBNA－1 的 IgA 类抗体对鼻咽癌较特异，有诊断意义[10,13]。但本文发现的是 Z 抗原的 IgG 类抗体，而不是 IgA 类抗体对鼻咽癌较有诊断意义，因为 IgG/Z 抗体阳性率达 85.7%，而 IgA/Z 抗体阳性率仅 14.2%。鼻咽癌病人的 IgG/Z 抗体与有诊断意义的 IgA 类抗体比较，其阳性率与 IgA/VCA 相似，而较 IgA/EA 抗体高。因此，也有可能用于鼻咽癌的诊断。在正常人的血清中 IgG/VCA 和 EBNA 抗体的阳性率高达 80%，表明这些正常人以前感染过 EB 病毒，且 IgG/VCA 抗体和 EBNA 抗体仍长期存在，而 IgG/Z 抗体则已消失。由此看来，IgG/Z 抗体在感染 EB 病毒后较易消失，除了作为诊断外，还可能对鼻咽癌预后有一定的意义。传染性单核细胞增多症病人的 IgG/Z 阳性率为 84%，而 IgG/VCA 抗体阳性率达 94.7%，这些血清是急性期病人的血清，此时正处于 EB 病毒复制期。我们过去的工作证实鼻咽癌病人的 EB 病毒处于活跃状态——复制期[12]，EB 病毒的 Z 蛋白能使 EB 病毒从潜伏期进入复制期[1~4]，因此，病人血清中出现较高的 IgG/Z 抗体。鼻咽癌病人和传染性单核细胞增多症病人的 IgG/Z 抗体阳性率都较高，进一步表明 EB 病毒在这两种疾病中较活跃。伯基特淋巴病人的血清中仅 50%

有 IgG/Z 抗体，表明 EB 病毒不都是处于活跃复制状态，而且已经证明不是所有的伯基特淋巴瘤都是与 EB 病毒有关。

〔原载《病毒学报》1992，8（3）：218－222〕

参 考 文 献

1 Countryman J，Miller G. Prog Na Acad Sci USA，1985，52：4085

2 Cheavllier－Gerco A，et al. EMBO，1986，5：3243

3 Countryman，et al. J Virol，1987，61：3672

4 Rooney C M，et al. J Virol，1989，63：3109

5 曾毅，等. 中国预防医学科学院学报，1979，1：2

6 曾毅，等. 中华肿瘤杂志，1979，1：2

7 曾毅，等. 癌症，1982，1：6

8 曾毅，等. 肿瘤防治研究，1983，10：23

9 杜宾，等. 病毒学报，1987，3：119

10 袁方，等. 中华微生物和免疫学杂志，1989，9：198

11 Reedman B M，et al. Int J Cancer，1973，11：499

12 区宝祥，曾毅主编. 鼻咽癌病因和发病学的研究. 北京：人民卫生出版社，1985

13 曾毅，等. 中华微生物学和免疫学杂志，1984，4：45

Detection of Zebra Antibody in Sera from Patients with Nasopharyngeal Carcinoma，Infectious Mononucleosis and Burkitt Lymphoma

ZENG Yi[1]，JEAN－CLAUDE Nicolas[2]，GUY Schwaab[3]，BERNARD Clausse[3]，THOMAS Tursz[3]，IRENE Joab[3]，Guy de The[4]

（1. Institute of Virology，Chinese Academy of preventive Medicine，Beijing；2. Rothschild Hospital，France；3. Institute Gustave Roussy，Villejuit France；4. Institute Pasteur，Paris，France）

Our previous works had demonstrated that EBV IgA/VCA，IgA/EA，IgA/MA and IgA/EBNA－1 antibodies are specific and valuable for nasopharyngeal carcinoma（NPC）diagnosis，and that EBV is activated in NPC patients. ZEBRA antigen[2]，the product of BZLF，switches the EB virus from a latent to a replicative cycle. We detected antibody to ZEBRA in sera from patients with NPC，infectious mononucleosis（IM）and Burkitt lymphoma（BL）. 293 cells transfected with plasmid containing BZLF1 fragment were used as target cells. Sera were tested by immunofluorescence test. Antibody titer≥10 was considered to be positive. The positive rates of IgG/Z antibody in sera from NPC，IM，BL patient and normal individuals were 85.7%，84%，50% and 0，respectively. Interestingly there was no IgG/Z antibody in sera from normal individuals，and the positive rate of IgA/Z antibody was very low（14.2%）in NPC patients. These results indicate that EB virus in NPC and IM patients is more active in replicative cycle and this antibody may be a useful marker for the early diagnosis of NPC. The significance of Z antibody in NPC，IM an BL patients was discussed.

〔**Key words**〕Nasopharyngeal carcinoma；Infectious mononcleosis；Epstein－Barr virus；IgG/Z

155. 一株释放逆转录病毒样颗粒的人恶性 T 淋巴细胞株的建立

中国预防医学科学院病毒学研究所 蓝祥英 曾 毅 纪 燕 于庚庚
北京友谊医院神经内科 王得新 冯子敬 中国医学科学院血液学研究所 汤美华
中国医学科学院基础医学研究所 李 昆

〔关键词〕 T 淋巴细胞；逆转录肿瘤病毒

随着人类逆转录病毒（如 HTLV、HIV－1、HIV－2）研究的深入，已发现此类病毒与成人 T 淋巴细胞白血病[1,2]、某些神经系统疾病和艾滋病有关[3~5]。我们曾检测 300 多例神经系统病人血清，发现 5 例病人有 HTLV－Ⅰ抗体存在。为了进一步探讨神经系统疾病的病毒病因，我们开展了血细胞培养及其他研究，获得一株非常特殊的细胞株，称之为 CM－1 细胞株，现将初步检测的有关资料报道如下。

一、细胞株的建立及细胞类型和特性检测

CM－1 细胞株来源于外周血淋巴细胞。供血者刘某，女性，36 岁，因瘫痪月余，昏迷 4 d 于 1990 年 2 月 2 日入院，住院第 2 d 时体温升至 39～40℃，合并肺炎，2 周后，体温渐趋正常，但仍处半昏迷状态。这时，从静脉采集病人外周血 5 ml，肝素抗凝，用常规法分离淋巴细胞，加入完全培养液（100 ml 1640 中含 20 ml 小牛血清，1% 青霉素，1% 链霉素，1% 谷氨酰胺），未加任何特殊生长刺激因子，于 37℃ 培养。第 2 d 细胞生长极度活跃，第 3 d 即能分瓶传代，每周分瓶传代 2 次，至发稿时已有 22 个月，细胞增生不灭。初步检测的细胞特性：

1. 细胞为半贴壁、半悬浮状生长。贴壁细胞为多形态，聚集成细胞集落；悬浮细胞为圆形。

2. 由中国医学科学院血液学研究所陈璋教授用 28 种不同的白细胞单克隆抗体进行检测表明，CM－1 细胞膜上均呈现 T 淋巴细胞特有的标志，其中 20%～30% 的细胞还同时呈现髓性细胞标志。

3. 将 CM－1 细胞接种于裸鼠皮下，100% 能形成肿瘤。病理切片检查证明是恶性淋巴瘤（图 1），故确定 CM－1 是一株恶性变的 T 淋巴细胞株。

4. CM－1 培养物的无细胞滤液能转化其他供者淋巴细胞形成增殖永生的细胞株。收集培养 1 周的 CM－1 细胞悬液，液氮冷冻，37℃ 水浴融化，反复处理 3 次后，2000 r/min 离心 10 min，以去除细胞碎片，再经 0.45 μm 孔径滤膜过滤，按约 10% 浓度（另加 5 μg/ml PHA 和 20 U/ml IL－2）转化另一供者外周血淋巴细胞（67 岁，女性，多发性硬化症病人），3 周后即出现肉眼可见的细胞克隆，其细胞种类、形态和特性与 CM－1 相同；与供者自体血清不起免疫荧光反应，而与 CM－1 供者血清能起阳性反性，说明细胞转化抗原来自 CM－1 滤液，故命名为 CM－2 细胞株。未加 CM－1 滤液的对照细胞 3 周后全部破碎死亡。

CM－1 无细胞滤液能引起细胞恶性转化说明其中含有诸如病毒等抗原性物质，故进行电镜检查。

二、电镜检查及病毒来源检测

1. CM－1 细胞培养物的超薄切片电镜检查表明，细胞分化极差，多聚核，胞质内有许多核糖元颗粒，内质网明显增厚；胞质内可见到球形病毒颗粒，其中心为大而松散的核样物质，由于未能观察足够数量，还未测得病毒的平均直径，但与标尺对比起来，可估算其直径在人逆转录肿瘤病毒直径范围（80～150 nm），从图 2－1 中可见到一成熟病毒颗粒正在芽生释放，芽生处的胞膜增厚。图 2－2 中可见到一释放至胞外的成熟病毒颗粒。

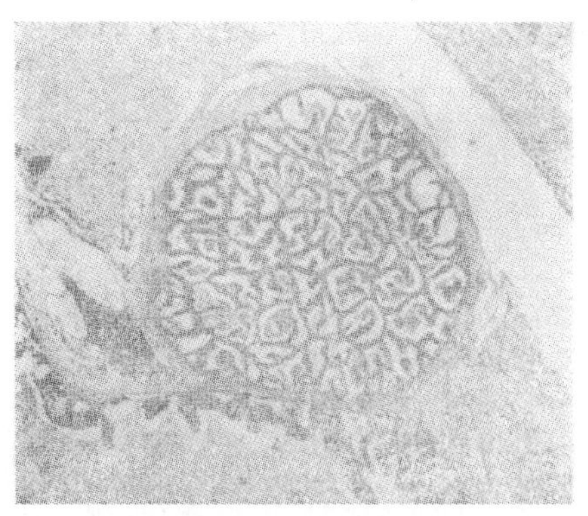

图 1　CM－1 接种于裸鼠后长成的皮下恶性淋巴瘤（病理切片，400 ×，Giemsa 染色）

Fig. 1　Malignant lymphoma of nude mouse caused by subcutaneously inoculated CM－1 cells（Giemsa，400 ×）

2. 用血清方法检测 CM－1 细胞中病毒抗原的初步结果（表 1）表明，此病毒不具有本实验室常用病毒 HTLV－Ⅰ、HIV－1、EBV 等的抗原性。用核酸杂交法检测结果也表示 CM－1 细胞中没有 HTLV－Ⅰ、HIV－1、HHV－6、EBV 等病毒的基因（表 2）。说明实验室病毒污染的可能性很小。用抗原性较强的 CM－2 细胞涂片检查表明，CM－1 供者自体血清中有低滴度（1∶20 稀释度）抗体存在（表 3），说明病毒来源于供者的可能性较大。同时还说明引起 CM－1 细胞转化的病毒不属上述几种类型的病毒。

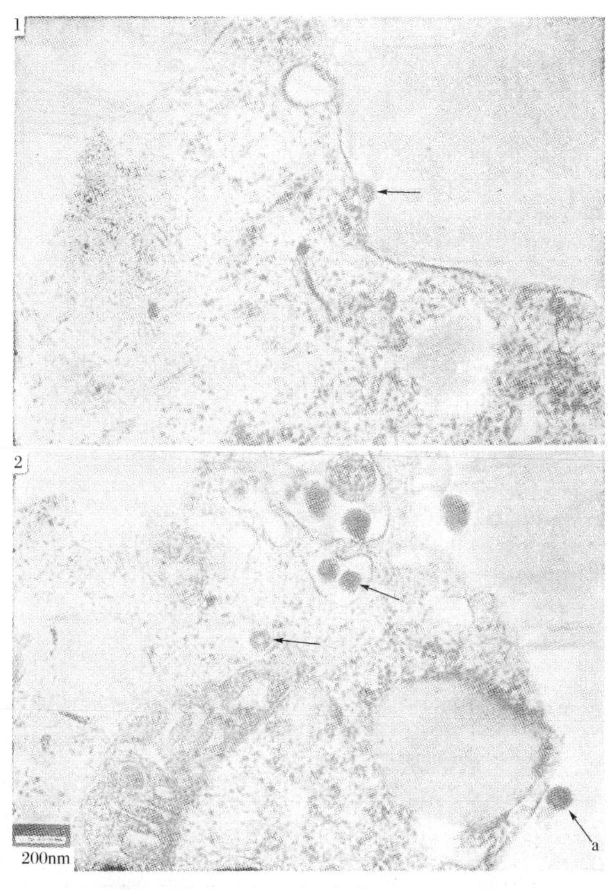

图 2－1　CM－1 细胞超薄切片在电镜下可见到正在出芽的病毒颗粒

图 2－2　CM－1 细胞质内可见到病毒颗粒（箭头指示），还可释放出胞膜外的成熟病毒颗粒（a）

Fig. 2－1　Thin－section electron micrograph of CM－1 cells，arrow indicates one virus particle is buding from the cell membrance

Fig. 2－2　Showing several spherical virions in the endoplasm of CM－1 cell（arrow indicated）a. showing a mature virion released out of the cell membrance

表 1 用已知病毒抗体阳性血清检测 CM－1 细胞中相应病毒抗原（免疫荧光法）

Tab. 1 Examination of viral antigens in CM－1 cells by immunofluorescence test

抗 原 Antigen	抗血清 Antisera（稀释度 Dilution）				
	HTLV－Ⅰ（1:10）	HIV－1（1:10）	EBV－VCA/IgA（1:10）	EBV－EA/IgA（1:10）	EBV－EBNA McAb（1:5）
CM－1 cells（细胞）	—	—	—	—	—

表 2 CM－1 细胞 DNA 中的病毒基因检测

Tab. 2 Examination of viral gene in CM－1 cells

被检 DNA DNA examined	已知 DNA Known DNA					
	EBV－DNA*			HTLV－Ⅰ**	HIV－1**	HHV－6**
	LMP	W	EBNAl	gag－Pol	gag－env	
DNA of CM－1	—	—	—	—	—	—

* Southern blot. ** With Polymerase chain reaction method（用聚合酶链式反应法）

3. CM－1 供者血清中几种病毒抗体的检测结果表明，与 HTLV－Ⅰ、HIV－1、HSV－1、HHV－6、HHV－7 等病毒抗原的免疫反应均阴性（表 3），可以说明供者未受过这些病毒的感染。

CM－1 细胞株引起我们很大的兴趣，在电镜下可观察到具有逆转录肿瘤病毒形态特征的病毒；其无细胞滤液感染人淋巴细胞后并不杀死宿主细胞，而是使细胞永生；与已知的几种人逆转录病毒无关。故我们初步认为，引起 CM－1 细胞转化的病毒可能是另一个尚未被识别的逆转录病毒，其种类、型别、特性、来源及其生物学意义等，正在进一步鉴定和研究中。

表 3 CM－1 供者血清及脑脊液（CSF）中几种病毒抗体的检测

Tab. 3 Examination of antibody to several viruses in serum and cerebospinal fluid（CSF）of CM－1 cell donor

标本 Specimens	病毒抗原 Viral antigens									
	HTLV－Ⅰ		HIV－1		HSV－1	HHV－6			HHV－7	CM－2 细胞（cell）
	1	2	1	2	3	DA	Z－29	GS	2	2
供者血清 Serum	—	—	—	—	—	—	—	—	—	+（1:20）
供者脑脊液 CSF	—	—	—	—	—	NT	NT	NT	NT	NT

NT：未测（not done）；1. Western blot 2. 免疫荧光法（immunofluorescence test）3. ELISA

〔原载《病毒学报》1992，8（2）：187－190〕

参 考 文 献

1 Hinuma Y, et al. Proc Natl Acad Sci USA, 1981, 78：6476

2 Miyoshi I, et al. Gann, 1980, 71：155

3 Gessain A. Lancet, 1985, 2：407

4 Osame M, et al. Ann Neurol, 1987, 21：117

5 Bartholomew C, et al. Letter Lancet, 1986, 2：99

Establishment of a Human Malignant T Lymphocytic Cell Line Releasing Retrovirus - like particles

LANG Xiang - ying[1], ZENG Yi[1], JI Yan[1], YU Geng - geng[1], WANG De - xin[2], FANG Zi - jing[2], TANG Mei - hua[3], LI Kun[4]
(1. Institute of Virology, Chinese Academy of Preventive Medicine, Beijing; 2. Friendship Hospital, Beijing;
3. Institute of Hematology, Chinese Academy of Medical Sciences, Tianjing
4. Institute of Basic Medical Sciences, Chinese Academy of Medical Sciences, Beijing

CM - 1 cell line was established from peripherial blood lymphocytes of a 36 years old woman with coma. It was a spontaneously transformed cell line and could be transplanted into 4 - week - old nude mice by subcutaneous inoculation. The tumor was a typical malignant lymphoma hisopathologycally. By using the filtered supernatant from CM - 1 cells culture medium, another cell line CM - 2 from a patient with multiple sclerosis was established by tranfromation.

No antibody to HTLV - Ⅰ, HIV - 1, HHV - 6, HHV - 7 was found in the serum of this patient. But suspected retrovirus particles were observed under electron microscope. The retrovirus - like particles are being further studied.

〔**Key words**〕 T lymphocytic cell line; Retrovirus

156. C型逆转录病毒抗原测定技术的建立及其临床试用

江西省医学科学研究所　何士勤　戴育成　秦克旺　方　征
中国预防医学科学院病毒研究所　曾　毅　蓝祥英
江西医学院第一附属医院　肖承京　丁　凡　江西省第一人民医院　许家辉　聂桂英

〔**摘　要**〕　以免疫荧光法测定642例血清中人类T细胞白血病病毒1型(HTLV - Ⅰ)抗体，阳性率为0.16%，测定99例细胞中HTLV - Ⅰ抗原，阳性率为11.11%。两组阳性率差异有显著意义（$P<0.01$），提示测定HTLV - Ⅰ抗原比抗体敏感性高。测试50例正常人细胞中HTLV - Ⅰ抗原全部阴性，测49例病人细胞HTLV - Ⅰ抗原，阳性率为22.46%，两率差异有非常显著意义（$P<0.01$），提示测定病毒抗原有微生物学诊断意义。采用国产和进口的PHA培养细胞3 d或6 d对HTLV - Ⅰ抗原表达有相同的效果。细胞片4℃干燥闭封存放1个月仍有良好的抗原性。

〔**关键词**〕　C型逆转录病毒；人类T细胞白血病病毒1型；白血病；荧光抗体技术

HTLV - Ⅰ是人类新的C型逆转录酶RNA病毒，对人类有致癌作用，最容易感染T淋巴细胞，并且已证明是人类T细胞白血病或淋巴癌的病原体[1,2]。近年来有学者认为，HTLV - Ⅰ不仅感染淋巴细胞，也可以感染粒细胞、神经胶质细胞和多种人体细胞。HTLV - Ⅰ可能与人类各种类型的白血病、淋巴瘤和神经精神病等相关[3]，已成为当代医学病毒学研究领域中一个重要的研究课题。

我国1984年曾毅等调查20多个省市10 013例人群血清抗HTLV－Ⅰ抗体，证明HTLV－Ⅰ已传入中国[4]。随后福建沿海地区出现了小流行[5]。国内现有的报道均是测试人群血清中HTLV－Ⅰ抗体，我们建立了测定被试者血细胞中HTLV－Ⅰ抗原的方法，经试验证明，此法敏感性高，有利于临床诊断，现报告于下。

材料和方法

一、待测血清　正常人血清300例（含输血员和健康成人血清），各种病人血清342例，其中淋巴细胞白血病165例，非淋巴细胞白血病75例，淋巴瘤17例，神经系统疾病54例，精神分裂症31例。

二、待测外周血　正常人外周血50例（输血员及健康成人），病人外周血或淋巴结49例，年龄16～78岁。

三、主要试剂

1. 植物血凝素（PHA），第一种为PHA－MCSigma公司，批号70511，第二种为上海医学化验所生产，批号8804。

2. 羊抗人免疫球蛋白G异硫氢酸荧光素结合物（中国预防医学科学院曾毅教授提供）。

3. HTLV－Ⅰ阳性血清（同上）。

4. HTLV－Ⅰ抗原细胞（日本九州大学大河内一雄教授和我国曾毅教授赠）。

5. 淋巴细胞分离液（上海试剂二厂，批号850908）。

四、测定HTLV－Ⅰ抗原

1. 培养细胞：取病人肝素化外周血5～10 ml（肝素4 U/ml），加入等量RPMI 1640液稀释，按1∶1比例沿管壁缓慢加入盛有淋巴细胞分离液的试管中，置水平离心机中，400 g离心30 min，吸取中间层有核细胞放入另一试管中，以1640液洗3次，将细胞液浓度调至2～10^6 ml，另加入10%的灭活小牛血清，PHA 10 μg/ml（1%），20%的植物血凝素白细胞条件培养液（PHA－LCM），置CO_2孵箱中、孵育、维持37℃温度和饱和湿度，培养3或6 d收集细胞前者简称Cell－1，后者简称Cell－2，供制备细胞片使用。

2. 制备细胞片：取细胞培养物400 g、离心10 min，吸出上清，用pH7.0，浓度为0.01 mol/L的PBS（磷酸缓冲盐溶液）洗细胞3次，将细胞配成适当浓度涂于带孔的玻片上，室温干燥，用冷丙酮4℃固定15 min，密封干塑料袋中，保持干燥4℃存放，供荧光抗体染色用。

3. 荧光抗体染色：在上述细胞片上，分别于不同的细胞孔内，滴入HTLV－Ⅰ阳性血清，HTLV－Ⅰ阴性血清和PBS，37℃孵育30 min，用PBS洗3次，每次5 min，分别于上述各孔内加入适当浓度的荧光抗体，37℃孵育40 min、PBS洗3次，用50%的PBS甘油封载，荧光镜检查（Nikn），计算200～500个细胞中荧光染色阳性细胞数。

五、PHA－LCM的制备　按上法分离健康人外周血有核细胞，配或2×10^4/ml。加10%小牛血清、PHA 10 μg/ml，置CO_2孵箱中，37℃，维持饱和湿度培养3～7 d，400 g离心10 min。收集上清，除菌，4℃存放备用。

六、测定HTLV－Ⅰ抗体[4]　按曾毅教授法进行。

结　　果

一、测定人群血清中 HTLV－I 抗体　共642例，只有一例T细胞淋巴瘤患者阳性，阳性率为0.16%（1/642）。病人组阳性率为0.29%（1/342）。

二、测试人群血细胞中 HTLV－I 抗原结果　病人组共49例、治疗前急性期38例，其中淋巴细胞白血病14例中2例阳性，慢性淋巴细胞白血病3例中1例阳性，非淋巴细胞白血病19例中7例阳性，神经细胞恶性肿瘤2例中1例阳性。治疗后缓解期白血病病人11例均阴性。正常人50例全部阴性。病人组阳性率为22.46%（11/49）。人群阳性率11.11%（11/99）。

三、选择10份标本采用国产的和进口的PHA分别培养血细胞　比较两种PHA的作用效果，结果二者病毒抗原细胞阳性率差异无显著意义（$P>0.05$）。

四、分别测试上述10份标本的Cell－1和Cell－2病毒抗原细胞阳性率　结果两种细跑差异无显著意义（$P>0.05$）。

五、病人细胞片4℃干燥存放一个月后测试　病毒抗原性细胞率1～10号差异均无显著意义（$P>0.05$）。

六、HTLV－I 抗原阳性细胞　如图1所示。

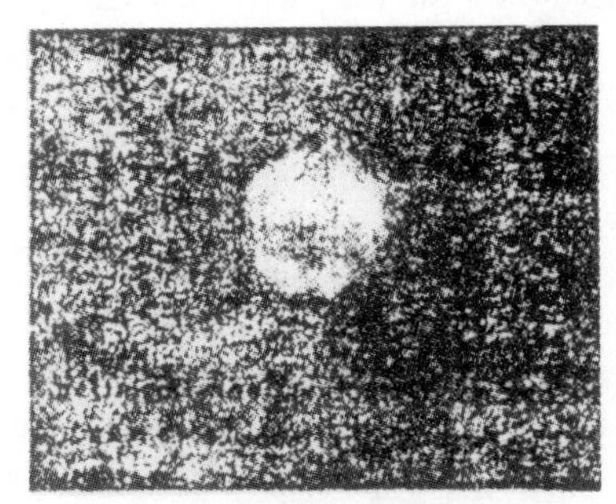

图1　间接免疫荧光试验显示 HTLV－I 抗原阳性细胞 ×400

讨　　论

我们以间接免疫荧光法测试人群血清中HTLV－Ⅰ抗体，阳性率为0.16%，测试血细胞中HTLV－Ⅰ抗原，阳性率为11.11%，二者差异有显著意义（$P<0.01$）。以免疫荧光法测试病人组抗体阳性串为0.29%，抗原阳性率为22.46%，两率差异有非常显著意义（$P<0.01$），两组结果均说明测HTLV－Ⅰ抗原比测抗体敏感。原因可能是HTLV－Ⅰ一种非杀细胞性的潜在病毒，在感染细胞内其RNA或蛋白表达被抑制，因此逃避了免疫监视[6]，但感染了病毒的白细胞在体外经PHA作用后，促进了抗原表达[7]。因此出现阳性细胞，提高了阳性检出率。

测定49例病人和50例正常人血细胞中的HTLV－Ⅰ抗原，阳性率为22.46%和0，结果差异有非常显著意义（$P<0.01$），尤其是治疗前急性白血病患者为28.94%（11/38）。近来报道约40%急性白血病患者血清中有病毒抗原，此抗原与猴或狒狒的逆转录病毒抗原呈交叉反应[3]。Haga报道[8]有8种猴病毒与HTLV－Ⅰ密切相关。因此我们的结果提示测定IITLV－Ⅰ抗原有助于白血病的临床诊断。11例完全缓解的白血病患者HTLV－Ⅰ抗原测定结果全部阴性，提示HTLV－Ⅰ抗原的存在可能与疾病的发生和发展及其预后相关，但因例数少有待进一步研究。

采用国产的或进口的PHA培养细胞，HTLV－Ⅰ抗原阳性表达率差别无显著意义（$P>0.05$），说明两种植物血凝素有相同的效果。同样细胞培养3 d或6 d阳性率也无差别（$P>0.05$），为了早日诊断培养3 d既可测出HTLV－Ⅰ抗原，血细胞片4℃存放一个月内抗原性与新鲜的细胞片相同，仍有良好抗原性。

HTLV－Ⅰ所致病和相关病的微生物学诊断，可查血清抗体，血细胞抗原和细胞前病毒核酸。鉴于当前国内多数实验室还不能开展病毒核酸的测定工作，我们认为测定血细胞HTLV－Ⅰ抗原不仅敏感性高，还可除外被动输入抗体，了解HTLV－Ⅰ感染真实情况，是可靠简易的方法。

（本组工作承日本九州大学大河内一雄教授帮助，特此深志谢忱）

〔原载《中国医学检验杂志》1992，15（1）：12－14〕

参 考 文 献

1 Poiesz B, et al. Detection and isolation of type retrovirus particles from and cultured lymphocytes of a patient with cataneous T－cell lymphoma. Proc Nati Acad Sci, 1980, 77: 7415

2 Himuma Y, et al. Adult T－cell leukemia; Antigen in an ATL cell line and detection of antibodies to the antigen in human sera. Proe Natl Acad Sei, 1981, 73: 7676

3 沈关心，等．通转录病毒，人类肿瘤和自身免疫疾病．微生物学与免疫学译刊，1987，1：799

4 Zeng Yi, et al. HTLV Antibody in China. Lancet, 1984, 1: 799

5 吕联煌，等．福建省沿海地区人类T淋巴细胞白血病病毒小流行区的发现．中华血液学杂志，1989，10：225

6 高吕烈，等．逆转录酶病毒．医学研究通讯，1989，18（4）：1

7 Kenichiro K, et al. Demonstration of adult T cell leukemia virus antigen in milk from three seropositive mothers. Gann, 1984, 75: 103.

8 Haga S, et al. Conventional immunocollodial gold clectron microscopy of eight simian retroviruses closely related to human T－cell leukemia virus type－1. Cancer Res, 1986, 46: 293

157. C型逆转录病毒与人类白血病关系的探讨

江西省医学科学研究所 何士勤 秦克旺 方 征 中国预防医学科学院病毒研究所 曾 毅 蓝祥英 江西医学院第一附属医院 肖承京 江西省第一人民医院 许家辉

〔**摘　要**〕 我们以间接免疫荧光法和免疫电镜技术测定C型逆转录病毒。共检测102例，其中淋巴细胞白血病28例、急性非淋巴细胞白血病21例，T细胞白血病3例，正常人50例。结果，正常人（对照组）逆转转录病毒抗原全部阴性，病人组阳性率为19.23%。两组阳性率差异十分明显（$P<0.01$）。在10例病毒抗原阳标本中，4例有病毒颗粒。此颗粒有囊膜、拟核居中，球形，直径大于200 nm，是C型病毒颗粒。

〔**关键词**〕 C型逆转录病毒；白血病；免疫荧光技术

20世纪80年代初业已证明人T细胞白血病病毒I型（HTLV－Ⅰ）是成人T细胞白血病和淋巴瘤的病原体[1,2]。现已发现与HTLV－Ⅰ有亲缘关系的其他C型逆转录病毒与人类各型白血病相关[3]。我国血清学调查说明人群中有HTLV－Ⅰ抗体阳性者[4,5]。我们报道在白血病患者的白细胞培养物中发现HTLV－Ⅰ亲缘病毒颗粒。

材料和方法

一、正常入外围血标本 50例来自健康献血者和输血员，年龄18～70岁。

二、病人外周血或骨髓标本 52例，其中急性淋巴细胞白血病28例，急性非淋巴细胞白血病21例，T淋巴细胞白血病3例。全部病人均经临床确诊后于用药前取材。患者年龄16～72岁。

三、主要试剂

1. HTLV－Ⅰ抗血清：日本成人T细胞白血病病人HTLV－Ⅰ抗体阳性血清。效价1:1280，由日本九州大学医学部赠。

2. 羊抗人免疫球蛋白G与异硫氰酸荧光素结合物，效价1:80（华美公司）。

3. 植物血凝索－M（PHA—M），Sigma公司，批号70531。

4. 淋巴细胞分离液（上海试剂二厂），批号8804。

四、方法

1. 培养细胞：取病人外周血5～10 ml或骨髓2 ml，加肝素钠抗凝（40 U/ml），加等量RPMI 1640液稀释。按1:1的比例将稀释的标本沿管壁缓慢加入盛有淋巴细胞分离液的试管中，置水平离心机中，400 g离心30 min。取中间层有核细胞放入另一试管中，用1640培养液洗3次。将细胞浓度调至2×10^6个/毫升。加入10%的灭活小牛血清，10 μl/ml的pHA－M，20%粗制的T细胞生长因子[6]。置5%的CO_2孵箱中孵育。温度为37℃，维持饱和湿度。培养5～7 d后收集细胞。供制备细胞片用。

2. 制备细胞片：取细胞培养物400 g离心10 min，吸出上清。用pH7.6、浓度为0.01 mol/L的磷酸缓冲盐液（PBS）洗细胞3次。配成适当浓度，将细胞涂于带孔的玻片上，置室温干燥，用冷丙酮4℃固定15 min，密封于塑料袋中，保持干燥4℃存放，供荧光抗体染色用。

3. 荧光抗体染色：在细胞片上分别于不同的细胞孔内，加1：20稀释的HTLV－Ⅰ阳性血清，HTLV－Ⅰ阴性血清和PBS。置37℃孵育30 min。PBS洗3次。用适当浓度的荧光抗体加入各孔内，37℃孵育40 min、PBS洗3次。用50%的PBS%甘油封载、置荧光镜（Ni-Kon）下观察，计200个细胞中，荧光抗体染色的阳性细胞数。

4. 免疫电镜检查：①取HTLV－Ⅰ病毒抗原阳性的细胞培养物，加入等量灭菌三蒸水冻溶3次，1000和4000 r/min交替离心。弃沉淀物，将上清17 000 r/min 1 h时，取沉淀物，悬浮于少量PBS中，制成病毒悬液。②将灭活的HTLV－Ⅰ抗血清稀释为1:10和1:100。③吸出一定量的病毒悬液加入等量的不同稀释度的抗血清，置37℃孵育1 h，经4℃过夜，然后8000 r/min 1 h，再加灭菌三蒸水数滴悬浮沉淀物。④先用1%的琼脂凝胶板扩散病毒悬液，再按常规法进行负染及电子显微镜观察。

结　果

一、测试52份病人标本 发现10份有逆转录病毒抗原，阳性率为19.23%。抗原阳性荧光细胞数5%～20%，在细胞膜或细胞质内出现特异性荧光物质。测试50份正常人标本，全部阴性。

二、采用免疫电子显微镜技术检查结果 检测10份病毒抗原阳性标本，发现4分标本有病毒颗粒，其中2例急性淋巴细胞白血病和2例非急性淋巴细胞白血病。病毒颗粒的特征是：病毒颗粒呈球形、大小不等，拟核居中，拟核和囊膜中间有电子密度低的亮区。43个病毒颗粒的直径均数（$\bar{x} \pm s$）为（273 ± 0.69）nm，拟核的直径均数（$\bar{x} \pm s$）为（211 ± 0.39）nm。

讨　　论

已知HTLV－Ⅰ是人类C型逆转录病毒，可引起人T细胞白血病或淋巴病[1,2]。曾毅等[4]报道中国人群血清中有HTLV－Ⅰ抗体。我们试验，在白血病人外周血有核细胞培养物中，发现C型逆转录病毒颗粒。这种颗粒为球形，囊膜，核居中，直径大于200 nm。此病毒的形态特征与HTLV－Ⅰ颗粒相似，是典型C型逆转录病毒颗粒，但比HTLV－Ⅰ大，病毒颗粒的大小和Haga等报道的猴白血病毒毒相近。Haga试验证明HTLV－Ⅰ和猴白血病病毒，可发生交叉反应，说明HTLV－Ⅰ和猴白血病病毒有亲缘关系。罗海波认为：由于猴猿与 人类有亲缘关系，许多人类病原都在猿猴体内得以复制，因此，猿猴白血病病毒对人感染的可能性最大。我们在免疫电镜试验中采用日本成人T细胞白血病病人抗HTLV－Ⅰ抗体阳性血清，这种血清中含有抗HTLV－Ⅰ病毒多种抗原的抗体。因此认为我们电镜下发现的病毒颗粒是一种与HTLV－Ⅰ有亲缘关系的C型逆转录病毒，可能和猿猴白血病毒关系亲近。

近来报道动物C型逆转录病毒可能与人类各种白血病相关[3]。我们测试52例各种白血病患者的外周血标本，发现19.23%患者有C型逆转录病毒抗原，但对照组全部阴性。两组阳性率有非常显著的差异（$P < 0.01$）。我们这一试验结果支持了上述观点，并提示测定白血病患者C型逆转录病毒抗原，采用免疫电镜技术观察病毒颗粒的特征，有利于进一步研究动物C型逆转录病毒与人类白血病的关系。

（HTLV－Ⅰ抗血清系日本九州大学医学部大河内一雄教授惠赠，谨此致谢。）

〔原载中国《中国人兽共患病杂志》1992，8（1）：11－12〕

参 考 文 献

1 Poiesz B, et al. Proc: Nati Acad Sci USA, 1980, 77: 7415
2 Miyoshi I, et al. Gann, 1980, 71: 155
3 沈关心．微生物学与免疫学译刊，1987，3：58
4 Zeng Y, et al. Lancet1984, 1: 799
5 吕联煌，等．中华血液学杂志，1989，10（1）：29
6 Gazdar A F, et al. Bloo 1980, 55: 40941
7 Haga S, et al. Cancer Research, 1986, 46: 293
8 罗海波．中国人兽共患病杂志，1988，4（5）：52

Retrovirus with Type C. Morphology and Human Leukemia

Jiangxi Medical College, HE Shi－qin, et al

Indirect immunofluorescence test and immuno electrone microscopy test were used for assay of retroviruses. One hundred and two samples were detected, including 50 samples from nomal subjects, 28 samples from patients with lymphocytic leukemia, 21 samples from patients with non lymphocytic leukemia. 3 samples from T－cell leukemia. The antigen were detected in 10 casese of leukemia patients. The positive rate were 19. 23% (10/52). All normal subjects were negative. The viruses particles with type C mophology were found in positive samples of retrovirus antigen. Mature viruses particles were large (more than 200 nm diameter), consisted of electron－dense, surrounded by outer membrane separated by an elecronlucent region.

〔**Key words**〕 Retrovirus with type C morphology; Leukemia; Immunelorescence technic

158. C型逆转录病毒和自身免疫病的关系

江西医学院微生物教研室　何士勤　张天堑
中国预防医学科学院病毒研究所　曾　毅　蓝祥英　江西医学院第二附属医院　吴锦云

〔**摘　要**〕 我们以电子显微镜和免疫荧光技术测定C型逆转录病毒，共测试90例，包括正常（对照）50例，自身免疫疾病40例。结果正常人C型逆转录病毒抗原全部阴性，自身免疫病患者阳性率25%，两组有十分显著的差异（$P<0.01$），在电子显微镜下发现病毒抗原阳性标本中有C型病毒颗粒。病毒颗粒有囊膜，拟核居中，直径大于200 nm。成熟和未成熟的病毒颗粒分布于细胞外，有时在细胞膜上显现病毒出芽现象。

〔**关键词**〕 C型逆转转录病毒；自身免疫病；免疫电子显微镜技术

众所周知，人T细胞白血病病毒I型（HTLV－Ⅰ）是人类C型逆转录病毒，可引起人T细胞白血病和淋巴瘤[1,2]。近年研究表明，动物C型逆转录病毒为HTLV－Ⅰ的亲缘病毒[3,4]。这些病毒和人类多种自身免疫病相关[4,5]。我们报道以电子显微镜和免疫荧光技术，在多种自身免疫病患者的周围血细胞培养物中，检出C型逆转录病毒抗原及其病毒颗粒。

材料和方法

一、正常人外周血标本　50例来自健康献血者和输血员，年龄18～70岁。

二、自身免疫病患者外周血标本　共40例，其中红斑狼疮28例，Sjogren综合征2例，多发性硬化症3例，类风湿病3例，白细胞减少3例和白塞氏综合征1例。所有病例均经临床确诊后于用药前取材。病人年龄17～68岁。

三、复查C型病毒抗原阳性患者 3～6个月后均进行复检，以便观察感染动态。

四、HTLV－I抗血清 日本成人T细胞白血病病人HTLV－Ⅰ抗体阳性血清．效价为1∶1280，由日本九州大学医学部大河内一雄教授赠。

五、羊抗人免疫球蛋白G与异硫氢酸荧光素结台物 效价1∶64，中国预防医学院病毒研究所赠。

六、植物血凝素－M（PHA－M） Sigma公司产，批号为705311。

七、间接免疫荧光试验 测定C型逆转录病毒抗原，方法见文献〔6〕。

八、以免疫电子显微技术测定培养物的病毒颗粒 方法同文献〔6〕。

九、固定细胞 取病毒抗原阳性细胞以pH7.6，0.01 mol/L的磷酸缓冲盐溶液（PBs）洗3次。然后，以2.5%戊二醛PBS固定细胞，供超薄切片和透射电子显微镜观察使用。

结　　果

一、免疫荧光术 测定40例各种自身免疫病患者C型病毒抗原。发现10例有阳性细胞，镜下见阳性细胞膜或细胞质内有特异荧光物。详细结果见表1。

二、复检 追踪检查10例C型逆转录病毒抗原阳性患者，结果1例治疗无效死亡，1例治疗后转阴，其余均为阳性。复检阳性率80%。

三、免疫电镜技术 检查1例C型逆转录病毒抗原阳性患者，发现细胞培养物中有典型C型病毒颗粒。病毒颗粒大小不等，72个病毒颗粒，直径均数（$\bar{x} \pm s$）为（265±0.59）nm。

四、透射电子显微镜技术 检查4例C型病毒抗原阳性细胞，其中2例可见成熟及未成熟的C型病毒颗粒。病毒颗粒分布于细胞外。有时细胞膜上见到病毒颗粒出芽现象（封三图3略）。

表1　C型逆转录病毒抗原测定结果

类别	例数	阳性数	阳性率（%）	P值
红斑狼疮	28	7	25	<0.01
多发性硬化症	3	1		
类风湿	3	0		
白细胞减少征	3	0		
Sjogren综合征	2	1		
白塞综合征	1	1		
合计	40	10	25	<0.01
正常对照	50	0		

讨　　论

国内血清流行病学调查，已证明我国人群血清中有HTLV－Ⅰ抗体[7,8]。我们以间接免疫荧光测定各种自身免疫病患者有核细胞培养物，发现C型逆转录病毒抗原阳性率为25%，与正常对照组比较有十分显著差异（$P<0.01$）。这一结果说明自身免疫病，与C型逆转录病毒感染相关同文献［4］叙述一致。我们对C型逆转录病毒抗原阳性者，进行追踪检查，复检阳性率为80%。此结果初步提示，这种感染可能不是一过性的，因阳性例数不多，有待进一步研究。

采用电子显微技术，发现3例C型病毒抗原性培养物中，有典型C型病毒颗粒。成熟与未成熟的病毒颗粒分布于细胞外，有时可见细胞膜上有芽生现象，这些结果与文献[1,2]报道相似，是C型逆转录病毒的特点。

我们发现的病毒颗粒的形态及繁殖方式，与 HTLV－Ⅰ相同，并能与 HTLV－Ⅰ抗血清产生交叉反应。我们采用的抗血清为日本人 T 细胞白血病病人抗 HTLV－Ⅰ抗体阳性血清。HTLV－Ⅰ的亲缘病毒较多[3,4]，发现的 C 型逆转录病毒属何种，有待研究。

〔原载《中国人兽共患病杂志》1992，8（6）：13－14〕

参 考 文 献

1 potesz B，et al. Proc Acad Sci USA，1980，77：7414

2 Miyoshil，et al. Gann，1980，71：155

3 Haga S，et al. Cancer research，1986，46：293

4 沈关心．微生物学与免疫学译刊，1987，3：58

5 罗海波．中国人兽共患病杂志，1988.4（5）：52

6 何士勤，等．中国人兽共患病杂志，1992，8（1）：11

7 Zeng y，et al. Lancet，1984，1：799

8 吕联煌，等．中华血液学杂志，1989；10：225

Retrovirus with Type C. Morphology and Autoimmune Disease

Jiangxi Medical College，HE Shi－qin，et al

Immunofluorescence test and electron microscopy test were used for assay of retrovirus，ninety samples were detected，including 50 samples from nomal subjects，40 samples from patients with autoimmune disease.

The viral antigen were detected in 10 cases of patients. The positive rate was 25%（10/40）. All nomal samples were negative. The viruses particles with type C morphology were found in positive samples of retrovirus antigen. Mature viruses particles were large（more than 200nm in diameter），consisted of an electron－dense core surrounded by an outer membrane separated by an electron lucent region. Both mature and immature extracellular viruses particles were seen on the thin section electron micrographs of cellular material，on occasion，typical type of C budding virus particles were seen.

〔**Key words**〕Retrovirus with C. morphology；Autoimmune disease；Immunofluorescence technic electron microscopy technic

159.　一株来自脑炎患者的类 C 型逆转录病毒形态学研究

中国预防医学科学院病毒学研究所　蓝祥英　章　东　曾　毅

北京友谊医院神经内科　洪明理　冯子敬　王得新

在探讨神经系统疾病病毒病因的研究中，蓝祥英等[1]从一例脑炎患者血细胞培养中获得一株可检出逆转录病毒样颗粒，称为 CM_1 的细胞株后，又将 CM_1 细胞株的无细胞滤液转化另一多发性硬化患者外周血淋巴细胞，而成 CM_2 细胞株。本文报告 CM_2 细胞株及其病毒的超微形态。

材料和方法

培养传代的 CM_2 细胞以及加 PHA 和 TPA 激活的 CM_2 细胞分别离心成团，4% 戊二醛固定，常规方法包埋，制备超薄切片，铀—铅双染色，JEM1200EX 电镜观察。

结果和讨论

培养传代的 CM_2 细胞以及经加 PHA 和 TPA 激活的细胞，大小 9～15 μm，个别巨大细胞可达 20 μm 以上。细胞核明显多形性，核内以常染色质为主，胞质以丰富蛋白体为主要特点（图 1 略）。粗面内质网囊泡状扩张，并多含病毒颗粒，许多细胞见发达的环孔板（Annulate lamelae），部分细胞的胞质中见大小不等的电子致密颗粒性物质团块。激活的 CM_2 细胞比未经激活的细胞病毒数量明显增多，尤其是内质网池中含大量病毒颗粒。

在细胞外间隙所见的大量 C 型病毒颗粒呈略圆球形，两层膜样结构（囊膜和核壳膜）包绕大致中心位置的一个致密核心，也见无致密核心颗粒（图 2 略），但在细胞内位于内质网池中的多数病毒颗无致密核心，只个别见有小点状致密核心（图 3 略）。病毒颗粒大小 62～93 nm，平均约为 78. 4 nm。

病毒从细胞膜向细胞外或从内质网膜向池内发芽形成（图 4，5 略）。在扩张的内质网池中可见一二个或十多个病毒颗粒。除了可见圆球形病毒颗粒外，还可见个别双联体或多联体颗粒（图 6 略）。

胞质中成团致密颗粒状物质，常与扩张的内质网伴随，并见由此向内质网池中出芽形成病毒颗粒（图 7 略），这种颗粒性物质可能是病毒在胞质中发育时形成的病毒基质，即病毒工厂。

20 世纪 80 年代初期 Gallo 和 Hinuma 等先后从白血病患者血 T 淋巴细胞里分离到 C 型逆转录病毒，开辟了人类白血病及肿瘤病毒病因研究的新时代[2]，随后又发现了艾滋病（AIDS）病毒。现已知有 HTLVⅠ、Ⅱ和 HIV1、2，4 种危害人类健康的逆转录病毒。随着病毒检测技术的提高，临床上发现神经系统多种疾病与逆转录病毒有关。本文所报告的病毒正是在探讨神经系统疾病病毒病因的研究中，从一例脑炎患者血细胞培养成株的 T 淋巴细胞中发现的。本细胞株的细胞在电镜下具有恶性淋巴细胞的超微结构特征，说明本病毒的致瘤性质。就病毒本身的形态看，它具有 C 型病毒特点，因此推测属于逆转录病毒科（Retroviridae）病毒。但根据洪涛等人[3,4]报道，HTLV 病毒大小平均为 111 nm，艾滋病病毒大小平均为 83 nm。本研究所见病毒比上述两类逆转录病毒颗粒都小，且大小比较均一，虽与艾滋病毒大小较接近，但未见后者所特有的锥形核芯病毒颗粒，而且从内质网芽生大量无致密核心病毒颗粒并积聚在扩张的内质网池中。再结合我们核酸分子杂交 HTLV－Ⅰ（－），HIV－1（－），以及 PCR 技术 HTLV－Ⅰ（－），HIV－1（－）。因此可以说明本文所述病毒与上述已知的两种人类逆转录病毒无关。那么，是不是逆转录病毒科的一种新的病毒还有待进一步研究。

〔原载《电子显微学报》1992，11（5）：375－376〕

参 考 文 献

1 蓝祥英，等．病毒学报，1992，8（2）：187

2 Hinuma Y. Prog Med，Virol，1984，30：156

3 洪涛，等．中国医学科学院学报，1987，9（2）：105

4 洪涛，等．实验和临床病毒学杂志，1987，1（1）：8

160. 鼻咽癌的控制和预防

中国预防医学科学院病毒学研究所　曾　毅

鼻咽癌在我国的南方诸省和东南亚各国很常见。以中山医科大学肿瘤医院的鼻咽癌病人为例，每年新病人可达3000多例。

一、鼻咽癌的病因　鼻咽癌的病因是较为复杂的，根据国内外及我们多年的研究，认为与下列因素有关。

1. 遗传因素：从流行病学调查发现侨居国外的华侨远较当地人高。在新加坡讲不同方言的华人中，发生鼻咽癌的危险性也不同，以广州方言的华人发病率最高，潮州方言和客家方言的华人次之。移居上海的广东籍居民的鼻咽癌死亡率较上海当地居民高，相对危险性为2.64。这说明鼻咽癌的发病率与死亡率在不同种族人群之间存在着明显的差异，这可能与遗传因素有关。我们首次发现鼻咽癌患者存在与HLA连锁的鼻咽癌易感基因，证明鼻咽癌患者的发生与遗传因素有关。

2. 环境因素：环境中存在着大量的促癌与致癌物质。香港何鸿超等报告咸鱼含有亚硝胺致癌物，喂养大鼠能诱发鼻咽癌；我们的工作也证明某些食物如咸鱼、非洲的Harisa和某些中草药也含有致突变物；高发区人群内源性亚硝胺的合成显著高于低发区人群。此外，我们还发现一些中草药、植物或食物中含有促癌物，能促进大鼠由化学致癌物诱发的鼻咽癌；鼻咽部的厌氧杆菌能产生丁酸。丁酸和其他促癌物能激活EB病毒，促进EB病毒对人B淋巴细胞的转化，亦能促进多种病毒和化学致癌物诱发肿瘤。因此，致癌物和促癌物可能与鼻咽癌的发生有关。

3. EB病毒：1966年Old等首次报告EB病毒与鼻咽癌有血清学关系，随后，不少学者证明鼻咽癌病人有EB病毒的多种抗体，癌细胞内有EB病毒的核抗原及EB病毒核酸等。根据上述资料，EB病毒在鼻咽癌发生中起重要作用，但EB病毒不是唯一的因素，遗传因素是鼻咽癌发生的基础，环境致癌和促癌因素在鼻咽癌发生中起协同作用。但是关于鼻咽癌的病因问题还需进一步深入的研究，如EB病毒如何使正常细胞转化，致癌或促癌如何起协同作用，是否能克隆出鼻咽癌的易感基因。

二、鼻咽癌的二级预防　鼻咽癌和其他癌症一样，在病因还没有最后澄清以前，二级预防，即早期诊断和早期治疗是控制鼻咽癌的十分重要的策略。

1. 鼻咽癌的血清学诊断和预后：我们建立了简易的免疫酶法，用于检测EB病毒的IgA/VCA和IgA/EA抗体。这种方法很简便，应用普通显微镜即可判断结果。鼻咽癌病人、其他肿瘤病人和正常人的EB病毒IgA/VCA抗体的阳性率分别为92.5%～98.1%、0～5.7%和0～6%。因此，测定EB病毒IgA/VCA抗体对鼻咽癌的诊断是很有意义的，特别是鼻咽部肿瘤不明显，肿瘤向颅内生长或经淋巴已转移的鼻咽癌病人，诊断价值更高。鼻咽癌的发生与IgA/－VCA和IgA/EA抗体滴度有关，一般说来，这两种抗体的滴度升高，鼻咽癌的检出率明显上升，IgA/VCA抗体滴度在1∶640以上者，鼻咽癌的检出率达19%。IgA/EA

抗体对鼻咽癌的特异性更强，抗体滴度1:（10～20）者鼻咽癌的检出率为37%，1:（40～80）者鼻咽癌的检出率高达70%。因此，通过检测EB病毒IgA/VCA和IgA/EA抗体，不仅可以诊断鼻咽癌，而且根据抗体的种类和滴度。可以预测鼻咽癌发生的可能性。

即使不是鼻咽癌高发区，进行EB病毒血清学诊断也是有意义的。只要人们了解血清学检测的意义，在出现鼻咽癌的早期预兆或自己怀疑患了鼻咽癌时，就应到化验室检查，这样就可以知道自己是否有患了鼻咽癌的可能性。EB病毒抗体早期症状包括：耳鸣、听力减退、间歇性涕血、抽吸性血痰，固定一侧头痛在3周以上者或颈部出现无痛性肿块者。如果当地没有检测条件，可以从耳垂或指尖取数滴血在滤纸片上，待干燥后，放在信封内邮寄到有条件检测的化验室，检测的结果与全血一样准确。在不是鼻咽癌高发区，在门诊进行血清学检测，也可使鼻咽癌的早期诊断率从20%提高到74%。

通过EB病毒血清学检测技术的推广，可以大大提高鼻咽癌病人的早期诊断率，使病人得到及时治疗，5年生存率也得到显著的提高，既有重大的社会效益，又有很大的经济效益。鼻咽癌患者的IgA/VCA和EA抗体，随患者存活时间的延长而逐渐下降，在鼻咽癌复发时抗体可上升。因此，病人在放射治疗后定期检测EB病毒IgA/VCA和EA抗体的消长情况，有助于鼻咽癌患者治疗后的观察和作为判断预后的指标。

2. 鼻咽癌的血清学普查和前瞻性研究：从1978年开始我们在广西苍梧县和梧州市进行了大规模的血清学普查和对EB病毒IgA抗体阳生者进行10年追踪观察，获得满意的结果。如1980年在梧州对20 726人进行血清普查，发现IgA/VCA抗体阳性者1 136人，当时从中发现18例鼻咽癌，早期病人16例，占88.9%。在追踪观察发现的29例病人，5年生存率为66.8%，而非普查的鼻咽癌病人占46%。由此可见，通过血清学普查和追踪观察，使鼻咽癌得到早诊和早治，挽救大批病人的生命，达到控制鼻咽癌的目的。

在广西苍梧县也进行了血清学普查和追踪观察，得到相似的结果，早期诊断率由18.6%提高到68%。十分有意义的是追踪观察中所发现的鼻咽癌病人都是在抗体4倍上升或抗体不变组中出现，特别是当IgA/VCA抗体升高和出现IgA/EA抗体1～3年后，检出鼻咽癌的概率最高。如果IgA/VCA抗体消失，就不会发生鼻咽癌，这说明EB病毒在鼻咽癌发生中起重要作用。同时对抗体阳性者每半年至一年定期复查，可以及早发现和治疗鼻咽癌。

3. 其他EB病毒抗体指标：除EB病毒IgA/VCA抗体外，我们还发现EB病毒IgA/MA、IgA/EBNA－1和IgG/E抗体对鼻咽癌是较特异和敏感的，特别是IgG/E抗体，鼻咽癌病人的抗体阳性率达95%，而正常人仅0.3%，作为鼻咽癌的诊断是很有意义的。我们已提纯了基因工程EB病毒E抗原，建立了简便的ELISA法。

4. 鼻咽部的EB病毒标记：从鼻咽癌中可以检测到EB病毒DNA、EBNA－1阳LMP抗原。但在鼻咽癌病人和正常人鼻咽部的正常上皮细胞都可以发现EB病毒DNA、EBNA－1抗原，而且，EB病毒DNA的存在与IgA/VCA抗体无十分密切的关系。因此，检测鼻咽部EB病毒的DNA或抗原不能作为诊断鼻咽癌的标记。

根据以上情况，在鼻咽癌高发区对30岁以上人群进行血清学普查，从EB病毒抗体阳性者中可以发现早期鼻咽癌，对抗体阳性者逐年进行追踪，可以预测鼻咽癌发生的可能性，并及时发现早期鼻咽癌，达到控制和二级预防鼻咽癌的目的。

三、鼻咽癌的一级预防　一级预防是针指病因的预防。前面已简单谈到了鼻咽癌的病因与EB病毒、遗传因素、环境致癌和促癌因素有关。

1. EB 病毒疫苗：由于 EB 病毒在鼻咽癌发生中起重要作用，因此，试图制备 EB 病毒疫苗以阻断 EB 病毒的感染。现在我国及国外学者正在研制 EB 病毒亚单位—膜抗原 cgp340 疫苗。

2. 药物预防：应该寻找能抑止 EB 病毒或阻断致癌物、促癌作用的药物，以预防肿瘤的发生。我们发现在鼻咽癌高发区存在不少促癌物和致癌物，它们能诱发或促进癌的发生。同时还发现有抑制 EB 病毒复制、阻断促癌物作用的中药，已试用于 EB 病毒 IgA 抗体阳性的少量人群，在用药 3 个月后可见 60% 病人其抗体消失或 4 倍下降，这是否可能阻断癌的发生，正在作进一步的研究。还有其他用于干扰肿瘤发生的药物，如微生物甲衍生物等是否能干预 IgA 抗体阳性者发生鼻咽癌，值得一试。

3. 遗传因素的预防：如能发现特异性的遗传基因，这样就可以应用探针预测鼻咽癌发生的可能性，从而及早发现鼻咽癌，控制鼻咽癌。

〔原载《中国肿瘤》1993，2（5）：24－25〕

161. HIV 检测实验室质量评估方法的建立及应用

中国预防医学科学院艾滋病研究和检测中心　王　哲　曾　毅

卫生部卫生防疫司　孙新华

〔**摘　要**〕　为帮助 HIV 检测实验室改进完善检测质量，建立了实验室质量评估方法并在 1991 年和 1992 年开展了两次中国质量评估活动。结果表明制定的质评方法特别是评分标准适用于我国情况，能客观地评估检测实验室技术水平。评估结果表明，我国重点 HIV 检测实验室的 HIV 检测技术已达到一定水平，可承担 HIV 检测的筛选及确认工作。

〔**关键词**〕　艾滋病病毒检测；质量评估

艾滋病毒（HIV）检测是艾滋病诊断的一个主要指标，也是控制艾滋病传播和流行的重要手段。随着“国家预防和控制艾滋病中期规划”的实施，全国已有约 200 多个实验室开展 HIV 检测工作。由于 HIV 感染后果十分严重，对检测结果的准确性要求极高，因此需要建立检查实验室检测质量，特别是为各实验室提供自我评价及改正的手段，即被称为实验室质量评估的活动[1]。近年来，不少国家已开展此项活动[2,3]。卫生部和世界卫生组织（WHO）于 1989 年在上海召开了“HIV 检测实验室的质量保证会议”，开始控制 HIV 检测的质量。

质量评估（质评，quality assessment，QA）是评价实验室内质量控制（质控）效果的活动，目的主要是帮助检测实验室完善其质控程序及熟练进行操作。QA 通常以发放质评血清的方式进行，用评分的方法进行评价[4]。

由于近年来国内 HIV 检测工作进展很快，不少实验室已积累了一定的检测经验，其实验室内质控水平较高，因此进行质评活动条件已成熟；另一方面，HIV 检测实验室特别是一些重点实验室的质量有待检查和评价。我们于 1991 年开始在国内进行 HIV 检测实验室质量评估活动。

QA 的关键是建立一个评分标准系统，国外的标准并不一定适用于我国[5,6]；国内其他血清学检测评估的评分标准大多不够严谨，不能用于评估 HIV 检测。我们参考国外的评分标准，建立了评估 HIV 检测的评分标准并用于 1991 年和 1992 年两次质量评估活动中。

材料和方法

一、血清 我们收集了我国及国外艾滋病病人及 HIV 感染者血清、我国各地区不同人群血清建立了中国 HIV 质控血清库，从中挑选出 QA－1 及 QA－2 两套质量评估血清。QA－1 主要用于评估初筛试验，由阳性、弱阳性及阴性血清组成，其来源及情况见表 1。QA－2 用于评估确认试验，由阳性、弱阳性、可疑及阴性组成，其来源及情况见表 2。

表 1 质评血清 QA－1 来源及情况

编号	来 源	情 况
1	血浆，献血员，外国人	HIV－1 抗体阳性
2	血浆，静脉嗜毒者，中国人	HIV－1 抗体阳性
3	血浆，静脉嗜毒者，中国人	HIV－1 抗体阳性
4	稀释 1 号血浆	HIV－1 抗体阳性
5	血清，静脉嗜毒者，中国人	HIV－1 抗体阳性
6	混合血清，静脉嗜毒者，中国人	HIV－1 抗体阳性
7	血清，血友病病人，中国人	HIV－1 抗体阳性
8	血清，静脉嗜毒者，中国人	HIV－1 抗体阳性
9	血清，献血员，中国人	HIV－1 抗体阴性
10	血清，献血员，中国人	HIV—1 抗体阴性

表 2 质评血清 QA－2 来源及情况

编号	来 源	情 况
1	血清，献血员．中国人	HIV－1 抗体可疑
2	血浆，HIV－1 感染者，中国人	HIV－1 抗体阳性
3	血浆，献血员，中国人	HIV－1 抗体阴性
4	血浆，艾滋病病人，中国人	HIV－1 抗体阳性
5	稀释 4 号血浆	HIV－1 抗体阳性
6	血清，献血员．中国人	HIV－1 抗体可疑

二、材料 质评所用的问卷、结果记录表格、报告单等由中国预防医学科学院艾滋病研究和检测中心准备。

三、方式 以发放质评血清的方式进行，在京单位到病毒所领取，京外单位通过飞机运送。各参加实验室按要求进行常规检测、填写结果记录表格及报告单，在规定时间内寄回国家实验室，由国家实验室进行评估。

四、参加单位 第一次质评参加者为“国家预防和控制艾滋病中期规划”计划单列的 13 个省中心实验室，要求按常规程序进行检测，其中 12 个实验室在规定时间内寄回报告。第二次质评参加者为 HIV 检测确认实验室及部分正式申请设立确认实验室的 HIV 检测实验室，要求用蛋白印迹法对所有样品进行确认，共 11 个实验室参加了这次活动。以上这些实验室均有多年开展 HIV 检测的经验，并具备进行检测复核或确认的技术手段。

五、评分标准 根据检测结果报告与真实结果符合情况制定评分标准见表 3。

表 3 质量评估评分标准

样品情况	报告	分数
1. HIV－1 抗体阳性	阳性，确认或用其他方法重复	2
	阳性，未确认或用其他方法重复	1
	可疑	0
	阴性	－2
2. HIV－1 抗体弱阳性	阳性	2
	可疑，确认或用其他方法重复	1
	可疑，未确认或用其他方法重复	0
	阴性	－1
3. HIV－1 抗体可疑	阳性	－1
	可疑，确认或用其他方法重复	2
	可疑。未确认或用其他方法重复	1
	阴性	1
4. HIV－1 抗体阴性	阳性，确认或用其他方法重复	－2
	阳性，未确认或用其他方法重复	－1
	可疑	0
	阴性	2

结果及评分

一、第一次质评结果及评分 第一次全国 HIV 检测质量评估活动于 1991 年 3 月进行，12 个省卫生防疫站艾滋病检测中心实验室参加了这次活动，其中大部分实验室用 2～4 种方法（均占 25%）对质评血清进行检测，少数实验室仅用一种方法（占 16.7%）进行检测，个别实验室用 5 种方法（占 8.3%）进行检测。

各实验室在这次质评中都有一个编号，其检测结果报告见表 4。由于 QA－1 无可疑样品，评分标准中第三项取消，各实验室得分见表 5。

二、第二次质评结果及评分 第二次质评活动于 1992 年 4 月进行，11 个实验室对 QA－2 进行了确认，结果见表 6，并根据对评分标准进行评分，各实验室分数见表 7。

表 4　首次质评血清检测结果报告

样品编号	真实情况	报告结果											
		C01*	C02	C03	C04	C05	C06	C07	C08	C09	C10	C11	C12
1	+	+	+	+	+	+	+	+	+	+	+	+	+
2	+	+	+	+	+	+	+	+	+	+	+	+	+
3	+	+	+	+	+	+	+	+	+	+	+	+	+
4	+	+	+	±	+	+	+	±	+	+	+	+	±
5	+	+	+	+	+	−	+	+	+	+	+	+	+
6	+	+	+	+	+	+	+	+	+	+	+	+	+
7	+	+	+	+	+	+	+	+	+	+	+	+	+
8	+	+	+	+	+	+	+	+	+	+	+	±	+
9	−	−	−	−	−	−	−	−	−	−	−	−	−
10	−	−	−	−	−	−	−	−	−	−	−	−	−
使用方法		5	1	4	2	4	3	2	3	3	1	4	2

注：*：实验室编号；＋：阳性，－：阴性，±：可疑

表 5　首次质评血清检测结果得分

样品编号	得分*												平均分
	C01	C02	C03	C04	C05	C06	C07	C08	C09	C10	C11	C12	
1	2	1	2	2	2	2	2	2	2	1	2	2	1.83
2	2	1	2	2	2	2	2	2	2	1	2	2	1.83
3	2	1	2	2	2	2	2	2	2	1	2	2	1.83
4	2	2	1	2	2	2	1	2	2	2	2	1	1.75
5	2	1	2	2	0	2	2	2	2	1	2	2	1.67
6	2	1	2	2	2	2	2	2	2	1	2	2	1.83
7	2	1	2	2	2	2	2	2	2	1	2	2	1.83
8	2	2	2	2	2	2	2	2	2	2	1	2	1.92
9	2	2	2	2	2	2	2	2	2	2	2	2	2.00
10	2	2	2	2	2	2	2	2	2	2	2	2	2.00
总分	20	14	19	20	18	20	19	20	20	14	19	19	18.50

注：*：满分 20 分

表 6　第二次质评血清确认结果报告

编号	真实情况	报告结果										
		R01*	R02	R03	R04	R05	R06	R07	R08	R09	R10	R11
1	±	−	±	±	±	±	±	±	±	−	±	±
2	+	+	+	+	+	+	+	+	+	+	+	+
3	−	−	±	±	−	−	−	−	−	−	−	−
4	+	+	+	+	+	+	+	+	+	+	+	+
5	+	±	+	+	+	+	+	+	+	+	+	+
6	±	−	±	±	±	±	±	±	±	±	−	−

表 7　第二次质评血清确认结果得分

样品编号	得分*											平均分
	R01	R02	R03	R04	R05	R06	R07	R08	R09	R10	R11	
1	1	2	2	2	2	2	2	2	1	2	2	1.8
2	2	2	2	2	2	2	2	2	2	2	2	2
3	2	0	0	2	2	2	2	2	2	2	2	1.6
4	2	2	2	2	2	2	2	2	2	2	2	2
5	1	2	2	2	2	2	2	2	2	2	2	1.9
6	1	2	2	2	2	2	2	2	2	1	1	1.7
总分	9	10	10	12	12	12	12	12	11	11	11	11.1

注：*：满分 12 分

讨　　论

质量评估是国际上保证 HIV 检测质量的主要活动，在组织及方法上则更强调结合本国特点。我们在组织质评活动中，首先考虑到 HIV 检测在我国尚不十分普遍，整体技术水平不高；而且我国是一个大国，由国家实验室组织全国范围的质评有一定困难，且效果不一定好，因此决定只进行重点实验室的质评，由这些实验室再组织本地区质评活动。两次质评的参加单位均为重点省的 HIV 检测中心实验室及确认实验室，这些实验室已进行了多年的 HIV 检测，有较多的检测经验和较高的技术水平。

在评分标准制定上，采取世界卫生组织推荐的评分标准，并结合我国的检测规范，主要针对最后结果进行评分。例如规范规定上报的阳性结果应经两种或两种以上试验检测，对按此要求的报告给予满分，用一种方法给 1 分；在可疑样品评分上也按同样标准。这种评分标准既评价了检测结果，又检查了检测规范执行情况，与份数较多的质评血清配合起来，排除了因个别样品失误而影响分数大幅度下降的可能。在第一次质评中 C02 和 C10 两个实验室尽管最后结果正确，但未按检测规范进行检测，只用一种方法检测，因此分数最低；某些实验室尽管个别血清检测结果不正确，但按规范进行检测，得分并不很低。这表明上述评分标准很科学，适用于我国。

第一次质评主要是检测初筛试验，从结果上看，各实验室对阴性标本、强阳性标本检测结果正确，少部分实验室对弱阳性标本报可疑，未发生漏检。总的来说，这些重点实验室检测技术达到一定水平。第二次质评则是评估确认试验的水平，部分实验室对可疑样品报阴性，这些样品追踪结果为阴性，因此并非漏检。这些实验室均达到确认实验室水平。

通过质量评估活动，较客观地了解实验室检测质量，发现检测中问题，帮助各实验室加以改正；同时成为上级实验室定期检查下属实验室技术水平的一个主要手段。

〔原载《中华流行病学杂志》1993，14（3）：139－143〕

参　考　文　献

1　Constantine，NT. HIV testing and qualitycontrol：a guide for laboratory personnel. Family Health International，1991. 82

2　Schalla，WO. Centers for Disease Control Model performance evaluation program：assessment of the quality of laboratory performance for human immunodeficiency virus type 1（HIV－1）antibody testing. Public Health Rep，1990，105：167－171

3　Taylor RN and Przybyszewski. VA. Summary of the Centers for Disease Control human im－munodificiency virus（HIV）performance survey for 1985 and 1988. J Clin Pathol，1988，89：1－13

4　WHO/GPA. GuldeIines for organi zing nationalexternal quality assessment schemes for HIVserolgical Testing，1991，14

5　Schwartz. JS. Human immunodeficiency virus test evalvation，performance，and use. J. Am. Med. Assoc，1988，259：2574－2579

6　VaIdiserri RO. Centers for Disease Controlperspective on quality as surance for HIV－1antibody testings：model performance evaluationprogram. Arch Pathol Lab Med，1990，114：263－267

7　卫生部．全国 HIV 检测规范（试行）

Establishment and Application of Quality Assessment Program for HIV Testing Laboratories

WANG Zhe，et al.（National HIV Reference Laboratory，Chinese Academy of Preventive Medicine）

For helping HIV testing laboratories to improve their testing qualify，a national external quality assessment（QA）. Program was established and 2 QA survey were carried out in 1991 and 1992. It suggested that the established QA program，especially the scoring system，was suitable for use in our country and could be used to evaluate the technical level of testing laboratories. The results of QA showed that the techniques of the regional HIV testing laboratories had reached a rather high level and could perform screening and confirmatory tests correctly.

〔**Key Words**〕　HIV testing；Quality assessment

162. 中国及国外某些地区 HIV 感染者血清 HIV－1 gp120 V3 肽反应的比较研究

中国预防医学科学院病毒学研究所　邵一鸣　曾　毅　赵全璧　陈　筝
瑞典哥德堡大学临床病毒学研究所　HORAL P　VAHLNE A
云南省卫生防疫站　赵尚德　张家鹏　云南省瑞丽县卫生防疫站　杨文乔

〔**摘　要**〕　本研究测定了中国 HIV 感染者血清对各地区 HIV 流行株 gp120V3 肽的反应性。在 105 份中国西南 HIV 流行区被检血清中大多数与 MN（82%）和 SF2（71.4%）V3 肽反应；约半数与 CDC4（43.9%）和 MAL（43%）V3 肽反应；部分与 SC（26.6%）NY5（19%）和 Z3（24.7%）V3 肽反应；只有不足 10% 的血清与 BH－10，HXB2，RF，ELI 和 Z6 V3 肽反应。这表明该地区主要有两个血清型的 HIV 流行。一个主要的类似北美亚型（MN，SF2），一个次要的类似非洲亚型（MAL）。比较外国 HIV 感染者及中国在国外感染 HIV 的人的血清对上述 V3 肽的反应发现，中国自美国感染者血清的反应类型与美国 HIV 感染者的相似。这提示对 V3 肽的反应类型所依赖的是感染的 HIV 毒株而非感染的宿主。目前正在对中国流行 HIV 毒株进行序列分析，以进一步证实上述观察。

〔**关键词**〕　HIV－1 gp 120 蛋白；V3 肽；中国 HIV 感染者；血清抗体

人免疫缺陷病毒（HIV）与其他逆转录病毒科慢病毒属的病毒一样具有高度的变异性。变异最显著的是其包膜蛋白基因[1,2]。这使得 HIV 在体内能逃脱机体的免疫系统的监视，不被清除而得以不断的复制，给疫苗的研制带来了很大的困难[3]。

HIV 包膜基因的变异并不是均一的，而是类似于免疫球蛋白基因那样分隔为许多保守区和可变区[4]，其中最重要的是含有主要中和决定簇（principal neutralization determinant，PND）的第三可变区肽段（V3 肽）。PND 是 gp120 分子第 303 和 338 位两个半胱氨酸残基二硫键之间突出的环状结构[4,5]，具有很强的抗原性，可刺激机体产生型特异性中和抗体[3,5,6]。由于这些特点，HIV－1 gp120 V3 肽一方面是作为研究 HIV－1 毒株变异的主要材料，经比较毒株间 V3 肽的异同来确定各地区毒株间的差异和亲缘关系；另一方面又是研制基因重组和寡肽疫苗的主要设计位点。

本研究根据世界各地区主要 HIV 流行株 gp120 V3 肽氨基酸序列，合成 V3 肽抗原，来测定我国不同地区的 HIV 感染者血清抗体与之的反应性，研究我国流行的 HIV 毒株与世界其他地区流行株的差异。一方面从分子流行病学上提示传入我国的 HIV 可能的来源。另一方面为发展适宜我国应用的 HIV 疫苗提供依据。

材料和方法

一、待检血清　我国不同地区 HIV 感染者血清系各地防疫站送检，经蛋白印迹试验证实为阳性的血清。美国、澳大利亚及古巴 HIV 感染者血清分别由美 NIH Ablashi 教授，WHO 和古巴艾滋病参比实验室赠送。非洲血清系检疫系统送检非洲留学生血清中被确证为 HIV 抗体阳性者。阴性对照血清来自正常献血员。

二、V3 多肽合成 用 ABI 公司 430A 多肽合成仪以固相法合成 15 侏 HIV gp120 蛋白的 V3 肽。每步合成反应均控制在 99% 以上，合成产物不做进一步提纯，侧链脱保护后即作为检测抗原。合成的肽链序列参照文献〔7〕（见表 1），肽链长度在 25 ~26 个氨基酸残基，包括 V3 肽中 PND 的核心区肽段。

表 1 实验中所用的 15 个 V3 肽的氨基酸序列

Tab. 1 Amino acid sequence of the fifteen synthetic HIVl V3 used in this study

HIV 1 strain	Origin**	Sequence*
SC	USA	(C) NTTRSIHI GPGRAFVATGDIIGDM
MN	USA	(C) NKRKRIHI GPGRAFVTTKNIIGTM
SF2	USA	(C) NTRKSIYI GPGRAFHTTGRIGD
WMJ2	Haiti	(C) NVRRSLST GPGRAFRT REIIGIIR
HXB2#	France	(C) NTRKRIRIQRGPGRAFVTIGK IGN
BH10#	France	(C) NTRKSIRIQRGPGRAFVTIGK IGN
BH - 8#	France	(C) NTRKKIRIQRGPGRAFVTIGK IGN
RF	Haiti	(C) NTRKSITK GPGRVIYATGQIIGDI
NY5	USA	(C) NTKKGIAI GPGRTLYAREKIIGDI
Z3	Zaire	(C) DKKIRQSIRI GPGKVFYAKGGITG
CDC4	USA	(C) HTRKRVTL GPGRVWYTTGEILGNT
MAL	Zaire	(C) NTRRGIHF GPGQALYTTGIVGDIR
Z6	Zaire	(C) NTSTPI GLGQALYTTRGRTKII
EL11	Zaire	(C) NTRQRTPI GLGQSLYTTRSRSIIG
EL12	Zaire	(C) NTRORTPI GLGQSLYTTRGIVSRS

* Sequence data according to G. Myers et al[7]. an additional aminoterminal cysteine was added to facilitate peptide coupling. Blank spaces have been inserted to facilltate visual alignment

** Origin of the person from whom the HIV strain was isolated

\# Because HTLV - ⅢB was confirmed to be identical strain with LAV1 - Lai firstly isolated in France, the molecular clones of Ⅲ B were classfied as France Origin

三、V3 肽抗原包被 V3 肽溶于 10% 乙酸 1 mg/ml，再用 pH9. 6 碳酸缓冲液做 100 倍稀释成 10 μg/ml，加于 ELISA 板，每孔 100 μl（1 μg）4℃ 过夜。次日用 0. 05% Tween 20 PBS（pH7. 4）洗板 3 次，然后用含 3% BSA，PBS 液 37℃ 封闭 30 min 后即可用作检测血清。

四、ELISA 检测方法 用含 1% BSA 0. 05% Tween20 的 PBS 液 1∶50 稀释血清，37℃ 孵育 1 h。用 0. 05% Tween 20 PBS 液洗 4 遍，然后加入 HRP - 抗人 IgG 37℃ 孵育 30 min。再洗 4 遍后加 OPD 底物液室温显色 20 min。用 2 mol/LH_2SO_4 终止反应。测定 490/630 nm *A* 值（使用 630 nm 是为了减少非特异性本底）。Cut - off 值为阴性对照的平均值 +0. 15，样品 *A* 值≥Cut - off 值的为阳性，<Cut - off 值为阴性。

实验结果

105 份中国 HIV 1 感染者的血清对 HIVgp120 V3 肽的反应结果见表 2。这些血清与不同 HIV - 1 毒株的 V3 肽反应差异很大。反应率最高和反应强度最大的是对 MN 和 SF2 株 V3 肽，其阳性率分别为 82% 和 71. 4%；其次为 CDC4 和 MAL（43. 8%）株 V3 肽；再次之为 SC 株（27. 6%）、Z3 株（24. 7%）、NY5 株（19%）和 WMJ2 株（19%）V3 肽；反应率更低的是 BH - 8 株 V3 肽（10. 5%），而血清与剩余 HIV - 1 毒株 V3 肽的反应率都不足 10%。对照组的 20 份非 HIV 感染者血清与上述所有 V 3 肽均无反应。

表 2　中国 HIV 感染者对不同地区 HIV 株 gP120 V3 肽的反应性（ELISA）

Tab. 2　Reactivities of the sera of HIV infected Chinese against 15 synthetic peptides（HIV－1 gP120 V3 Loop）representing different sequenced HIV isolates

	MN	SF2	HXB2	BH－8	BH－10	NY5	SC	CDC4＊	Z3	Z6	MAL	ELI－1	ELI－2	WMJ2	RF
－	19	30	96	94	102	83	76	46	79	101	59	102	105	85	95
＋1	15	24	8	10	3	7	13	20	13	4	29	3	0	12	5
＋2	29	25	1	1	0	8	13	11	7	0	11	0	0	4	4
＋3	27	24	0	0	0	2	1	1	3	0	5	0	0	4	1
＋4	15	2	0	0	0	3	2	2	3	0	1	0	0	0	0
Rate（%）	82	71.4	8.5	10.5	2.8	19	27.6	43.9	24.7	3.8	43.8	2.8	0	19	9.5

Note：“－”≤Cut off；“＋”≥1×Cut off；＋1≤2×Cut off；＋2≤3×Cut off；＋3≤4×Cut off；＋4：≥×Cut off

＊：85 sera are tested against CDC 4peptide instead of 105 sera

我们还比较在不同地区被 HIV 感染的中国人和外国 HIV 感染者的血清对上述 V3 肽的反应。70 份云南瑞丽 HIV 流行区感染者，4 份自泰国。8 份自非洲和 4 份自美国感染的中国人血清的反应结果显示（表 3），在不同地区感染 HIV 的中国患者血清对上述 HIV－1 毒株 V3 肽的反应是不一样的，如云南 HIV 感染者和被美国毒株感染的中国人尽管对 MN、SF2 和 CDC4 株 V3 肽的反应率都较高。但前者对 SC、NY5、RF、WMJ－2 等株 V3 肽的反应率却很低，而后者对这些 V3 肽也有很高反应率。美国 HIV 感染者则与在美国感染 HIV 的中国人对 V3 肽的反应类型很相似，与 MN、SF2、CDC4、SC、NY5、RF 和 WMJ－2 均有很高的反应率。同样，V3 肽反应类型的相似性似乎还见于非洲 HIV 感染者和在非洲感染 HIV 的中国患者，例如这两组对 MN 和 Z3 株 V3 肽的反应率都较高，而对 BH－10 和 ELI 株 V3 肽的反应率则很低或无反应。但由于所检测的血清数量有限，特别是检测 C 组血清时多数 V3 肽抗原已用完，尚应扩大检测数量来做进一步观察。

表 3　不同地区 HIV 感染者对 gP120 V3 肽抗原的反应比较

Tab 3　The comparative reactivities of the sera from HIV infected persons in different regions to V3 peptides

Source of V3 peptide	Percentage of reaction to V3 peptides							
	A（n＝70）	B（n＝4）	C（n：8）	D（n＝4）	E（n＝22）	F（n＝10）	G（n＝4）	H（n＝20）
MN	96	50	75	100	82	60	100	50
SF2	76	50	NT	100	82	60	100	25
CDC4	51	100	NT	100	59	20	100	17
MAL	51	100	NT	75	59	70	50	8
SC	11	50	NT	25	73	10	75	50
BH10	3	50	13	25	23	0	0	17
Z3	24	50	88	50	77	30	100	58
Z6	6	50	NT	0	23	20	0	NT

续表3

Source of V3 peptide	Percentage of reaction to V3 peptides							
	A（n=70）	B（n=4）	C（n：8）	D（n=4）	E（n=22）	F（n=10）	G（n=4）	H（n=20）
NY5	21	0	NT	100	73	60	100	25
RF	9	100	NT	100	77	0	50	9
WMJ－2	17	0	NT	100	96	20	50	17
HXB2	11	0	NT	50	46	0	50	8
BH－8	7	50	NT	50	68	10	50	17
ELI－1	3	50	13	25	27	0	0	8
ELI－2	0	50	13	25	0	0	0	33

NT = not tested；A. Chinese infected in Yunnan province；B. Chinese infected in Thailand. Chinese infected in Africa；D. Chinese infected in the USA；E. HIV infected American：F. HIV infected Cuban；G. HIV infected African；H. HIV infected Australian

讨　　论

通过检测HIV感染者血清对十余株HIV－1的gp 120 V3肽的反应发现，我国HIV感染者的血清与HIV－1欧洲株（HXB2，BH－8，BH－10）和中美洲株（RF，WMJ－2）的反应很弱，与非洲株（MAL）反应较强，与美国流行株（MN，SF2，CDC4等）反应最强（见表2）。这种倾向在将云南瑞丽县HIV感染者单独统计时则更为明显。在4个与50%以上血清反应的V3肽中3个是对美国流行株，另一个是对非洲流行株，其中96%的血清与MN株HIV－1 V3肽反应（见表3）。这表明在我国特别是云南瑞丽地区流行的HIV主要有两个血清型，为主的是美国流行株（MN，SF2）相似的毒株。其次是与非洲株（MAL）相近的毒株。

比较我国与外国HIV－1感染者，特别是我国在云南和在国外感染HIV－1的患者的血清与上述V3肽的反应，结果显示我国感染美国HIV－1毒株患者与云南HIV感染者对V3肽的反应的差别很大，而与美国HIV感染者的反应类型很接近。例如，云南HIV－1感染者对海地HIV－1流行株和法国HIV－1流行株V3肽反应都很弱，而美国HIV－1感染者及中国感染美国HIV－1毒株的患者则对这些V3肽反应都较强。这提示对HIV－1 gP120 V3肽的反应类型可能主要是取决于患者所感染的HIV毒株的类型，而对宿主类别的依赖较小。

上述观察进一步证明，HIV－1感染者血清抗体对不同HIV－1毒株V3肽的反应性，可以提示该地区所流行的HIV－1毒株的类型。表3结果显示，美国HIV－1感染者除对美国HIV－1流行株V3肽反应最高以外，对海地HIV－1流行株V3肽也有很高的反应率（WMJ－2为96%，RF为77%），同时对非洲HIV－1流行株的反应性也较高（MAL 59%，Z3 77%，Z6 23%）。这并不与上述观点相驳，因为流行病学研究表明，HIV－1最初出现于非洲，后由非洲传至海地。海地是美国同性恋度假地。美国最初的HIV－1流行就是由同性恋人群从海地带回国的[8－10]。在此传播过程中HIV－1是在不断变异的，因此美国HIV－1感染者血清对本国和与之密切相关的海地的毒侏反应最强而对非洲HIV－1毒株V3肽反应率就有所降低，对由非洲传入欧洲的另一支 HIV－1 毒株的反应性就更低（HXB2 为 46％，BH－10 为 23％）。其反应强度（平均 *A* 值）也按次顺序依次降低：MN 0.802，RF 0.711，MAL 0.442，BH－10－0.286。

古巴血清反应性最高的是对非洲 HIV－1 流行株 V3 肽（MAL 70％）。这与相当一部分古巴 HIV－1 感染者是其派驻非洲的归国军人有关。澳大利亚 HIV－1 感染者对上述 V3 肽的反应均较弱，这可能表明该地区流行的是另一个亚型的 HIV－1。流行病学资料也支持从 HIV－1 感染者血清对 V3 肽抗体的反应性，能够推测在本地区所流行的 HIV 型别。

对于不同地区 HIV 流行株型别的最终确定还要靠测定核苷酸的序列。这不仅可从分子流行病学上说明某地区 HIV 流行侏的来源，而且，对 HIV 基因变异的了解还为发展适宜该地区应用的 HIV 疫苗提供科学的依据。我们已经自云南 HIV 流行区分离到了若干株病毒[11]，并克隆了其 gp 120 蛋白 V3 区基因，目前正在进行序列分析。

〔原载《中华微生物学和免疫学杂志》1993，13（1）：1－5〕

参 考 文 献

1 Wang－Staal F，et a1. Genomic diversity of human T－lymphotropic virus Type Ⅲ（HTLV－Ⅲ），Science，1985，229：759

2 Fisher AG，et al. Biologically diverse molecular variants within a single HIV－1 isolate. Nature，1988，334：444

3 Reitz MS，et a1. Generation of a nentralization－resistant variant of HIV－1 is due to selection for a point mutationin the envelope gene. Ceil，1988，54：57

4 Putney SD，et a1. Feature of the HIV envelope and deveopment of a subunit vaccine In：AIDS vaccine research and clinical trials，putney DS（eds）p1. Marcel Dekker Inc. 1990

5 Kenealy WR，et al. Antibodies from HIV－1 infected indiriduals bind to a short amino acid sequehce tiaat elicitsneutralizing antibodies in animals. AIDS Res Hum Retro－viruses，1989，5：173

6 Palker TJ. et al. Type－specific neutralization of HIVwith antibodies to env－coded sythetic peptides. ProcNatl Acad Sci USA，1988，85：1932

7 Mvers G，et al. Human retro viruses and AID'S（Los Alo－mos National Laboratory，Los Alamos，NM）. 1989，Ⅱ：47

8 Quinn TC，et al. AIDS in Africa. An EpidemiologicParadigm Science，1986，234：955

9 Johnson WD. et al. AIDS in Haiti. In：AIDS，Pathogene－sis and treatment. P65. Levy JA（ed），Marcel DekkerInc，1989

10 Farthing CF，et al. In：A cotour Altas of AIDS，P14 Farthing CF et al（eds），Wolfe Medical PublicationsLtd，1986

11 邵一鸣，等．从云南艾滋病病毒（HIV）感染者分离 HIV. 中华流行病学杂志，1991，12：129

Sera Reactivities of HIV Infected Chinese to HIV gP 120 V3 Peptides and in Comprison with That of People from Other Regions

SHAO Yi - ming[1]　HORAL Peter[2], et al

(1. Institute of Virology, Chinese Academy of Preventive Medicine, Beijing;

2. Institute of Clinical Virology, University of Goteborg, Gotebory)

Sera of HIV infected Chinese mainly in the epidemic area of Southwest China were collected and tested for antibody against gP 120 V3 peptides of various HIV strains. The 105 sera tested mostly reacted to V3 peptides of the following strains, MN (82%), SF2 (71.4%), CDC4 (43.9%) and MAL (43%); some also to SC (27.6%), NY5 (19%) and Z3 (24.7%), but only less than 10% sera to BH10, HXB2, RF, ELI and Z6. The data showed that there were two main sera types of HIV strains in this area, one similar to North American subtypes (MN, SF2) and the other to African subtypes (MAL).

Sera of HIV infected Chinese returned from abroad and foreigners were also tested. The sera reactive pattern of the Chinese returned from the USA is similar to that of American. The preliminary data suggests that the reactive pattern to V3 peptides is HIV strain dependant rather than host dependant. The above findings and observations will be further clarified by sequencing V3 of Env gene of the HIV isolates in this region, which is pending.

〔**Key words**〕 HIV gp 120; V3 peptide; HIV infected Chinese; Sera antibody

163. 人嗜T淋巴细胞I型病毒（HTLV－Ⅰ）与神经系统疾病关系的初步研究

中国预防医学科学院病毒学研究所　蓝祥英　曾　毅　陈　筝

北京友谊医院　王得新　　江西省医学科学研究所　何士勤

佳木斯医学院　郭树森　　江西省南昌市第一医院　欧阳美馨　上海市卫生防疫站　杜　滨

〔**关键词**〕　神经脊髓病变，HTLV－Ⅰ病毒

1980年，美国的Poiesy和日本的Miyoshi等先后发现人类第一个C型逆转录病毒[1,2]，后国际上统一命名为人嗜T淋巴细胞I型病毒（HTLV－Ⅰ）[3]。这类病毒以人T4细胞亚群为靶细胞，并与成人T细胞白血病有病原学关系[3]。1985年，Gessain等报告在热痉挛性瘫痪病人（Tropical Spastic Paraparesis，TSP）血清和脑脊液中查出HTLV－Ⅰ抗体[4]，1986年又在Colombia、Jamaica、Trinidad、Tobago和Ivory Coast等一些国家和地区，也发现某些慢性脊髓神经病变患者（症状相似于TSP病人）的血清和脑脊液中有HTLV－Ⅰ抗体存在[5]。

我们从各地采集了244人份神经内科住院病人的血清，用明胶凝集试验和间接免疫荧光方法检测其HTLV－Ⅰ抗体，发现5例抗体阳性，且经蛋白印迹法（Western blot）证实。

一、明胶凝集试验（GPAT） 将病人血清做倍比稀释，分别加入带 HTLV－Ⅰ病毒的直径 3 μm 紫色明胶颗粒和不带 HTLV－Ⅰ病毒的明胶颗粒，抗体阳性血清与带病毒颗粒呈凝集反应，阴性血清明胶粒沉下[6]。

二、间接免疫荧光试验（IIF） 见参考文献〔7〕，用带 HTLV－Ⅰ抗原的 MT－2 细胞为靶细胞，检测待测血清中的抗体，抗人 IgG 荧光标记抗体（本室制备）为第二抗体，使用浓度 1∶50。

三、蛋白印迹法（Wertern blot）[8] HTLV－Ⅰ病毒全结构蛋白条带（美国哈佛大学实验室赠送）与待测血清（1∶100 稀释）进行反应，37℃ 2 h。吸出待测血清，用 0.2% Tween-20 pH7.6 PBS 洗 3 次，加入辣根酶标记的 SPA（本室制备，1∶500 稀释使用），37℃1 h，弃之，PBS 洗 3 次，用 3－3 氨基联苯胺显色，阳性血清即出现棕色蛋白条带。

四、GPAT 和 IIF 试验检测结果一致 明胶凝集试验证明，江西省 16 份血清，1 份阳性，滴度为 1∶64；黑龙江省佳木斯市 59 份血清中，1 份 HTLV－Ⅰ抗体阳性，滴度为 1∶64；北京市185 份血清中 3 份阳性，2 份滴度为 1∶32，1 份为 1∶64。间接免疫荧光试验结果与 GPAT 相符，5 例阳性血清抗体，滴度为 1∶10～1∶20（表 1、2）。

表 1 不同地区病人血清 HTLV－Ⅰ抗体阳性例数

Tab. 1 Number of patients positive HTLV－Ⅰ antibody from different areas

地区 Atea	例数 Cases	阳性数 Positive No.	
		GPAT	IIF
江西 Jiangxi	16	1	1
佳木斯 Jiamusi	59	1	1
北京 Beijing	185	3	3
总数 Total	244	5	5

五、Western blot 试验室确诊 5 例 HTLV－Ⅰ抗体阳性血清与 HTLV－Ⅰ蛋白条带均出现病毒 gag 基因的蛋白 p24、p19 和 env 基因的蛋白 gp46 和 gp61 棕色条带（图 1）。

de The 等报道，热带痉挛性瘫痪病人主要症状为上、下肢无力，感觉迟钝，直至痉挛性瘫痪。68.2% 这种病人的血清中能检测到 HTLV－Ⅰ抗体，某些脑干脑炎或脑、脊髓疾病患者，血清 HTLV－Ⅰ抗体阳性率也达

表 2 HTLV－Ⅰ抗体阳性者临床诊断、主要症状及抗体滴度

Tab. 2 Clinical diagnosis symptoms and antibody titer of patients

临床诊断和主要症状 Clinical diagnosis and main symptoms	抗体滴度 HTLV－Ⅰ antibody titer	
	GPAT	IIF
周某，女，21 岁。脑干脑炎？下肢瘫痪 2 个月，上肢瘫痪 1 个月 Zhou, female, Age 21. Brainstem encephalitis? Paraparesis? Of lower limb for 2 months, upper limb for 1 month	1∶64	1∶20
孙某，女，32 岁。脑干脑炎？下肢瘫痪，昏迷 Sun, female, Age 32. Brainstem encephalitis? lower limb paresis, coma	1∶64	1∶20
孙某，男，42 岁。腰髓神经病变（性质未明） Sun, male, Age 42. Broon Seqnrd syndorom	1∶32	1∶10
于某，男，60 岁。复视，原因待查 Yu, male, Age 60. Double vision, Unkown cause	1∶64	1∶20
张某，男，82 岁。短暂性缺血发作 Zhang, Male, Age 82. Transient ischemic attack	1∶32	1∶10

4.2%[9]。本文报道5例HTLV－Ⅰ阳性抗体病例，江西病人周某，系21岁女农民，右位心，于产后突然发病，高热，渐进性肢端感觉迟钝和消失，先出现双下肢瘫痪，1个月后双上肢也瘫痪，最后昏迷，衰竭而死。病程3个多月，进展相当迅速，诊断为："原因不明的脑干脑炎？神经根炎？"。另1例佳木斯女病人孙某，32岁，干部，也是突然发病。发热，下肢瘫痪而入院。病情很严重，出现昏迷，采取综合对症治疗，半年后逐渐恢复，现健在，临床诊断为："脑干脑炎"。其他3例病人均为北京地区病人。1例诊断为："腰骶神经根病（性质未明）"，1例为糖尿病引起眼双侧外展神经不全麻痹，第3例为短暂性脑缺血发作（TIA）。

我国临床上很少出现典型的热带痉挛麻痹病人，即TSP。临床上某些诊断为"脑干脑炎"或"脑、脊髓病变者"，很可能是由某些病毒感染引起的，但常缺乏确切的实验室证据，这次调查研究，第一次为国内某些神经系统疾患与HTLV－Ⅰ病毒感染可能相关提供了实验根据，是非常有意义的。

关于HTLV－Ⅰ所致的中枢神经系统疾病，目前认为HAM（HTLV－Ⅰ associated rnyelopathy）是一临床实体，其致病机理Osame 1987年提出4种机制[10,11]：①慢病毒感染直接侵犯中枢神经系统；②神经系统间质的小胶质细胞受病毒侵犯引起细胞介导的免疫反应；③抗体介导的免疫反应，产生免疫球蛋白而造成神系统损伤，④病毒感染的个体易于继发感染，尤其是神经系统。

人群中血清HTLV－Ⅰ抗体阳性率，各地报道有差异：日本西南部流行区健康人群为26%[7]，我国曾毅等报告为0.08%[22]，且抗体阳性者与日本或台湾省有关[33]。福建吕联煌等发现HTLV－Ⅰ抗体在沿海地区阳性率为1%[14]，我们曾从一例淋巴细胞白血病病人的周围血白细胞中建立了一株带HTLV－Ⅰ病毒的T淋巴细胞株[15]，本文报告神经系统病人血清中的HTLV－Ⅰ抗体阳性率达2%。为此，应广泛开展有关的研究，进一步探讨HTLV－Ⅰ病毒与人类疾病的关系。

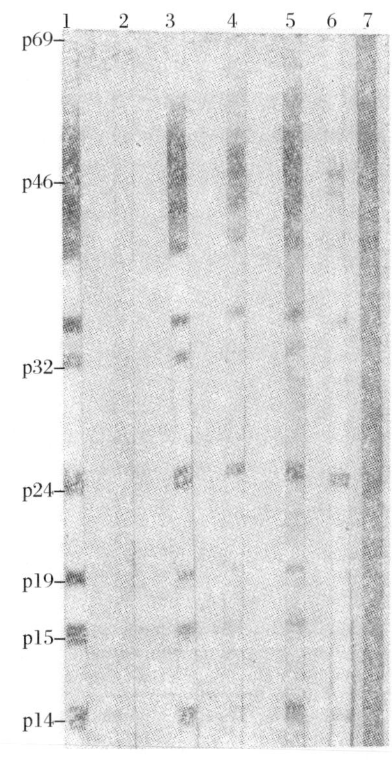

1. HTLV－Ⅰ阳性对照血清，2. HTLV－Ⅰ阴性血清；3. 患者周某的血清，1∶100稀释；4. 患者孙某（女）的血清，1∶100稀释；5. 患者孙某的血清，1∶100稀释，6. 患者于某的血清，1∶100稀释，7. 患者张某的血清，1∶100稀释

图1　HTLV－Ⅰ抗体阳性者血清蛋白的印迹法检测

1. Positive control; 2. Negative control; 3. Serum from patient Zhou; 4. Serum from patient Sun (female); 5. Serum from patient Sun; 6. Serum from patient Yu; 7. Serum from patient Zhang.

Fig. 1　Western blot assay of sera from HTLV－I antibody positive persons

〔原载《病毒学报》1993，9（4）：382－385〕

参 考 文 献

1 Poisy B J, et al. Detection and isolation of type C retrovirus particles from fresh and cultured lymphocytes of a patients with cutaneous T－Cell lymphoma. Proc Natl Aead Sci, USA, 1980, 77: 7416－7419

2 Miyoshi I, et al. A novel T－cell line derived from adult T－cell leukemia. Gann, 1980, 71: 155

3 Wang－Staal and Gallo R C. Human T lymphot ropie retrovirus. Nature, 1985, 317: 395－403

4 Gessain A, et al. Antibodies to human T－lymphotropic virus type 1 in patients with tropical spastie paraparesis. Lancet, 1985, 11: 407－410

5 Gessain A, et al. HTLV－Ⅰ and tropical spastic paraparesis in Africa, Lancet, 1986, 11: 698

6 篮祥英，等．应用明胶凝集试验检测人群中T细胞白血病病毒抗体．病毒学报，1985，1：181－182

7 Hinurea Y, et al. Adult T－cell eukemia: Antigen in an ATL cell line and detection of antibodies to the antigen in human sera. Proc Natl Acad Sci, USA, 1981, 78: 6476－6480

8 Wolf H, et al. Ⅲ 1, Standard Procedures in Course on Moleculcr Virology, 1983

9 Guy de The. In "Retroviruses of Human AIDS and Related Animal Disease" Marnes－Coquette/Paris · Fallce, 1986, 49－51

10 Osame M K, et al. On the discovery of a new clinical entity: Human T－cell lymphotropic virus type I－associated myelopathy (HAN). AdV Neurol Sci (Tokyo), 1987, 311: 727－745

11 Osame M K, et al. Chrollic Progressive myelopathY associated with elevated antibodies to human T－lymphotropic virus type I. Ann Neurol, 1987, 21: 117－122

12 曾毅，等．成人T细胞白血病病毒抗体的血清流行病学调查．病毒学报，1985，1：344－348

13 Zeng Yi, et al. HTLV－Ⅰ antibody in China. Lancet, 1984, 1: 799～800

14 吕联煌，等．福建地区人类T淋巴细细白血病小流行区的发现．中华血液学杂志，1989，10：225

15 蓝祥英，等，从白血病建立一株带有HTLV－I病毒的T白血病细胞株．（待发表）

Human Retrovirus HTIV－Ⅰ and Neuromy Elopthies in China

LAN Xiang－ying[1] ZENG Yi[1] WANG De－xin[2] CHEN Zheng[1] HE Shi－qin[3]
GOU Shu－sen[4] OU－Yang Mei－xin[4] DU Bin[6]

(1. Institute of Virology, CAPM, Beijing; 2. Friendship Hospital, Beijing;
3. Institute of Medical Sciences, Jiangxi Province; 4. Jiamusi Medical Hospital College
5. The First Municipal Hospital, Nanchang, Jiangxi Province; 6. Shanghai Sanitary and Anti－epidemic Station)

244 sera from patients with various neurological diseases were tested. 5 of them had detectable antibody to HTLV－Ⅰ confirmed by Western blot test. In the 5 cases, 2 were diagnosed clinically as neurological myelopathies and 3 were other neurological diseases.

This is the first report of patients with HTLV－Ⅰ virus associated neurological disease in China.

〔**Key words**〕 Neurological myelopathy, HTLV－Ⅰ virus

1994—1996 年

164. EB 病毒 Zebra 基因（BZLF 1）在大肠埃希菌中的表达

中国预防医学科学院病毒学研究所　纪志武　李宝民　叶淑清　曾　毅
日本国山口大学医学部病毒学教室　TAKADA K.

〔**摘　要**〕　应用基因重组技术，把 Epstein - Barr（EB）病毒 Trans 激活子 BZLF1 基因与原核载体 pEX1 进行基因重组，构建成质粒 pEX1 - BamHI Z，并使 ZBLF1 蛋白在大肠埃希菌（*E. coli*）中高效表达，产物为 141×10^3 的 LacZ - BZLF1 融合蛋白。经 Westem blot 证实，该融合蛋白可与兔抗 BZLF1 蛋白的多克隆抗体发生特异性反应。在所检测的 50 份鼻咽癌病人血清中，IgG/BZLF1 抗体的检出率为 90%，而在正常人血清中则未查到此抗体。实验还证实，鼻咽癌病人血清中的抗 EB 病毒 IgA/EA 和 IgG/BZLF1 抗体有密切的相关性。

〔**关键词**〕　Epstein - Barr 病毒；鼻咽癌；质粒 pEX1 - BamHI Z

EB 病毒属疱疹病毒属，具有嗜人类 B 淋巴细胞的特性，是人类传染性单核细胞增多症的病因，并与 Burkitt 淋巴瘤、由免疫缺陷所致的机会性淋巴瘤和鼻咽癌密切相关[1]。EB 病毒原发感染人体后，在体内终生潜伏。由于人体免疫系统严格控制了病毒增殖，使它不能大量复制。但在某些情况下，外界因素的作用可使 EB 病毒被激活。

用 DNA 杂交法，在鼻咽病人鼻咽部的上皮细胞内，以及源于鼻咽癌病人的传代细胞转化的裸鼠肿瘤组织内，都可检出 EB 病毒的基因片段。这说明，EB 病毒在鼻咽癌的发生和发展过程中发挥某种作用。这样，了解 EB 病毒被激活的分子机制就成为了解鼻咽癌发生机理的一个重要课题。

在多个由 EB 病毒基因组编码的 Trans 激活子中，BZLF1（又名 Z、EB1 和 Zebra）蛋白激活 EB 病毒的作用最为引人注目。它不但可以直接使 EB 病毒活化，即使病毒从潜伏状态进入增殖状态，而且，在体外实验系统中，还可激活另一个由 EB 病毒基因组编码的 Trans 激活子 BMLF1[2-5]。

在鼻咽癌的早期血清学诊断中，免疫酶法已沿用多年。该法检测 IgA/EA 抗体的阳性检出率较低，需要进一步建立一种快速、简便和客观的检测方法。曾毅和 Joab 等首先证明检测血清中 IgG/Z 抗体对鼻咽癌的诊断具有特异性。我们用基因重组技术构建了原核细胞表达质粒 pEX1 - BamHI Z，并使 BZLF1 蛋白获得高效表达。

材料和方法

一、质粒与细菌　质粒 pSG5 - BamHI Z 含有 EB 病毒 BZLF1 基因完整的开放阅读框架（ORF）区。原核载体 pEX1 含有受 λ 噬体 cIis857 温度敏感抑制子调控的 λ 噬菌体 Pr 启动子。该质粒的特点是在 42℃时能够表达一个与乳糖（LacZ）基因 3′末端相连接的 LacZ + 外源基因的融合蛋白。质粒的制备按文献〔6〕的方法进行。DNZ 重组参考 T. Maniatis 介绍的方法[7]。菌株 *E. Coli* pop2136 为本质粒的宿主菌，由日本国日本大学医学部微生物教室提供。将单个菌落种于含 50 μg Ampicillin/ml 的 LB 培养基内，振摇，30℃培养过夜。

二、重组基因产物 LacZ－BZIF1 蛋白的诱导和鉴定 用 LB 培养基稀释已在 30℃培养过夜的转化菌，当菌液的 *A* 值达 0.5 时，把菌液移至 42℃水浴中继续振摇，1.5 h 后收集细菌。多肽电泳样品的制备按文献〔8〕的方法进行。样品制备后置沸水中 5 min。取 5 μl 样品做 7.5% 聚丙烯酰胺凝胶电泳 6 h，电流 40 mA。有关电泳液的配制按文献〔6〕介绍的方法进行。

三、多克隆抗体和血清 抗 BZLF1 蛋白兔多克隆抗体由日本国日本大学医学部微生物教室提供。鼻咽癌病人和正常人血清由本室人员从有关合作单位收集。

四、检测方法 免疫酶法按常规进行。Western blot 按文献〔9〕进行。不同的是，用兔抗 BZLF1 蛋白的多克隆抗体代替文献介绍的鼠抗 EB 病毒 P138 和 P54 单克隆抗体，用辣根过氧化物酶标记的羊抗兔 IgG 抗体取代该酶标记的羊抗鼠 IgG 抗体。

结 果

一、EB 病毒 Trans 激活子 BZLF1 基因片段的分离和重组质粒 pEX1－BamHI Z 的构建 编码 EB 病毒 BZLF1 蛋白的 ORF 位于 EB 病毒 DNA 经 BamHI 切后的 Z 片段中，后者位于 103 155－102 556，长 600 bp. 质粒 pSG5－BamHI Z 含有完整的 EB 病毒 Z 片段。用 NaeI＋PstI 切该质粒，分离，回收一长 741 bp 的小片段，含有 BZLF1 的基因完整的 ORF。用 SmaI＋PstI 切原核载体 pEX1 后回收，连接回收的载体和片段，构建成原核表达质粒 pEX1－BamHI Z（图 1）。

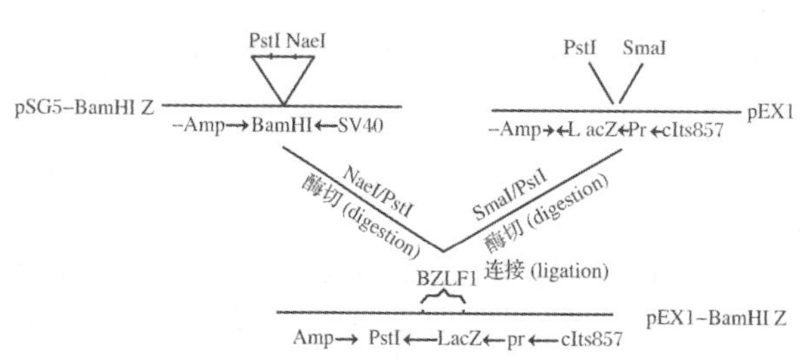

图 1 质粒 pEX1－BamHI Z 的构建过程

Fig. 1 Scheme for the construction of the plasmid pEX1－BamHI Z

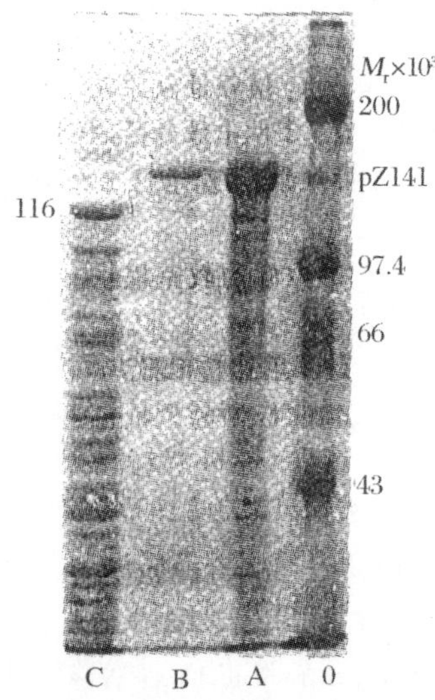

O. 标准相对分子质量蛋白质；A 质粒 pEX1－BamHI Z 转化菌；B. 纯化后 pZ141；C. 载体(pEX1)自身转化菌

图 2 质粒 pEX1－BamHI Z 转化菌 7.5% 聚丙烯酰胺凝胶电泳结果

O. Standard protein marker. A. *E. coli* pop2136 transfected with plasmid pEX1－BamHI Z. B. pZ141 purified. C. *E. coli* pop2136 transfected with vector pEX1.

Fig. 2 Electrophoresis of transfected *E. colipop2136* products by 7.5% SDS－PAGE

二、重组质粒 pEX1－BamHI Z 基因产物的鉴定

用氯化钙沉淀法把所获得的重组质粒导人 *E. coli* pop2136 菌后，使细菌增殖，把菌液置 42℃诱导 LacZ－BZLF1 融合蛋白的表达。融合蛋白的相对分子质量 141×10^3（PZ141）（图 2），经 Western blot 证实，重组质粒 pEX1－BamHI Z 的基因产物与兔抗 BZLF1 的特异性抗体以及鼻咽癌病人的混合血清，都有很强的特异性反应，而与无关兔抗体和正常人血清不发生反应（图 3 略）。

三、抗 EB 病毒 IgG/BZLF1 与 IgA/EA 抗体的相关性 用重组质粒 pEX1－BamHI Z 的基因产物 pZ141 为抗原检查了部分鼻咽病人与正常人的血清，经蛋白印迹实验证实，绝大部分鼻咽患者血清内含有抗 BZLF1 蛋白的特异性 IgG 抗体，而正常人血清中则未查到此种抗体。在所查的 23 份 IgA/VCA 抗体阳性血清中，有 4 份血清含有抗 IgG/BZLF1 抗体（表 1）。

表 1 鼻咽癌病人和正常人血清中 IgA/VCA、IgA/EA 和 IgG/BZLF1 抗体阳性率的比较

Tab. 1 Comparison of the positive percentage of IgA/VCA，IgA/EA and IgG/BZLF1 antibodies in the sera from the patients with nasopharyngeal carcinoma and normal individuals

组别 Group	病例数 No. of cases	IgA/VCA IgA/VCA	IgA/EA 抗体 IgA/EA antibody	IgA/EA 抗体 IgA/EA antibody		IgG/BZLF1 抗体 IgG/BZLF1 antibody	
		+	%	+	%	+	%
NPC ＊	50	49	98	48	86	45	90
IgA/VCA（＋）	23	23	100	3	13	4	17.4
IgA/VCA（－）	55	0	0	0	0	0	0

注：＊鼻咽癌。＊Nasopharyngeal carcinoma.

讨　论

Joab 和曾毅等人已报道，在鼻咽癌病人血清中含有抗 EB 病毒 IgG/BZLF1 抗体，他们应用基因转移技术和免疫荧光法检查鼻咽癌病人和正常人血清中的 IgG/BZLF1 抗体。鼻咽癌病人血清中该抗体的检出率为 87%，而在所检的 98 份正常人血清中只有 1 份血清含有抗 IgG/BZLF1 抗体。结果显示，两组血清有十分显著的差别，并认为，检测血清中的该抗体可以考虑作为鼻咽癌早期血清学诊断的手段之一[10]。

我们实验的结果与 Joab 和曾毅等人的结果相近，且鼻咽癌病人血清中该抗体的检出率略有提高，方法也稍简便。

鼻咽癌病人血清中出现该抗体，说明病人体内或肿瘤组织内含有较大量的 BZLF1 蛋白。除此之外，鼻咽癌病人体内还含有高水平的抗 EB 病毒 DNA 酶、DNA 多聚酶和胸腺激酶等抗体[11－13]。这都意味着病人体内 EB 病毒已由潜伏感染状态进入大量增殖状态。Joab 等人还报道，在部分 AIDS 病人血清中也查到了抗 EB 病毒的不同成分，包括抗 BZLF1 蛋白的抗体[14]。这说明，在 AIDS 病人中，随着病人机体免疫水平的降低，EB 病毒也活跃起来。这提示，机体的细胞免疫对 EB 病毒的激活也有十分重要的作用。

我们使用核酸重组技术成功地构建了原核表达质粒 pEX1－BamHI Z，并使 BZLF1 蛋白获得高效表达。从图 2 可以看到，pEX1－BamHI Z 的重组基因产物 pZ141 的产量较载体（pEX1）自身 LacZ 蛋白（116×10^3）的产量大得多。经测定，该融合蛋白的产量约占菌体总蛋白量的 40%。纯化后，该蛋白在 SDS－PAGE 电泳中呈一条带，无明显降解。这为大量制备 BZLF1 蛋白提供了保障。原核载体自身含有受温度控制的 λ 噬菌体抑制子使蛋白的表达十分快捷、简便和经济。由于该融合蛋白的相对分子质量较大，性质稳定，也易于该蛋白的提取和纯化。

图 3（略）结果显示，鼻咽癌病人血清可与 pZ141 产生很强的特异性反应。从表 1 中我们还可以看到，在鼻咽癌病人血清中，抗 EB 病毒 IgA/EA 抗体与 IgG/BZLF1 抗体有很好的相关性。实验中我们也注意到机体内抗 LacZ 抗体对实验结果的影响。由于机体内抗 LacZ 抗体的水平极低，因而对本实验系统的影响极微。

〔原载《病毒学报》1994，10（1）：14－18〕

参 考 文 献

1 Henle W, et al. Epstein – Barr virus and human malignancies. Adv Viral Oncol, 1985, 5: 201 – 238

2 Countryman J, et al. Activation of expression of latent Epstein – Barr herpes virus after gene transfer with a smallcloned subfragment of heterogeneous viral DNA. Proc Natl Acad Sci USA, 1985, 82: 4085 – 4089

3 Chevallier – Greco A, et al. Both Epstein – Barr virus (EBV) – encoded tramacting factor, EB1 and EB2, are required to activate transcription from an EBV early promoter. EMBO J, 1986, 5: 3243 – 3249

4 Countryman J, et al. Polymorphic proteins encoded with BZLF1 of defective and standard Epstein – Barr viruses disrupt latency. J Virol, 1987, 61: 3672 – 3679

5 Kenney S, et al. The Epstein – Barr virus BMLF1 promoter contains an enhancer element that is responsive to the BZLF1 and BRLF1 transactivators. J Viml, 1989, 63: 3878 – 3883

6 侯云德主编. 病毒基因工程的原理与方法. 北京: 人民卫生出版社, 1985, 89

7 Maniatis T, et al. Molecular Cloning: A Laboratory Manual. First edtion. New York: Cold Spring Harbor Laboratoq, 1982.

8 Laemmli U K. Cleavage of structural proteins during the assembly of the head of bactriophage T4. Nature (London), 1970. 227: 680 – 685

9 纪志武, 等. Epstein – Barr 病毒早期抗原 P138 和 P54 基因的重组与表达. 病毒学报, 1990, 6: 316 – 321

10 Irene Joab, et al. Detection of anti – Epstein – Barr virus transactor (ZEBRA) antibodies in sera from patients with nasopharyngeal carcinoma. Int J Cancer, 1991, 48: 647 – 649

11 Cheng H C et al. Frequency and levels of antibodies to Epstein – Barr virus specific DNase are elevated in patients with nasopharyngeal carcinoma. Proc Natl Acad Sci (Wash), 1980, 77: 6161 – 6165

12 Tan R. S, et al. Demonstration of Epstein – Barr virus specific DNA polymerase in chemically induced Raii cells and its antibody in serum from patients with nasopharyngeal carcinoma. Cancer Res, 1986, 46: 50Z4 – 5028

13 De Turenne – Tessier, et al. Relationship between nasopharyngeal carcinoma and high antibody titer to Epstein – Barr virus specific thymidine kinase. Int J Cancer, 1989, 43: 45 – 48

14 Irene Joab, et al. Detection of anti – Epstein – Barr virus trans – activator (ZEBRA) antibodies in sera from patients with human immunodeficiency virus. J Infect Dis, 1991, 163: 53 – 56

Construction of the Prokaryotic Expressive Plasmid PEX1 – Bamhi Z Encoding the Trans Activator, BZLF1 Gene of Epstein – Barr Virus

JI Zhi – wu, TAKADA K. LI Bao – min, YE Shu – qing, ZENG Yi

(Institute of Virology, Chinese Academy of Preventive Medicine, Beijing)

Epstein – Barr virus (EBV), a human herpesvirus, is the causative agent of infectious mononucleosis and is associated with Burkitt's lymphoma, opportunistic lymphoma and nasopharyngeal carcinoma (NPC). Usually, EBV can latently infect its target cells, but under some conditions, the latent EBV genome can also be activated by various agents, especially by its own transactivator BZLF1.

The prokaryotic expressive plasmid pEX1 – BamHI Z encoding the EBV trans activator, BZLF1 gene, was successfully constructed. The fusion protein, LacZ – BZLF1, was expressed very well in *E. colipop*2136. The molecular weight of this fusion protein was shown to be 141×10^3 (pZ141).

By immunoblotting, the pZ141 could specially react with both rabbit polyclonal antibodies against EBV BZLF1 protein, and antibodies in the sera from the patients with NPC, but not with unrelated rabbit antibodies and antibodies in the sera from the normal individuals. IgG/BZLF1 antibodies were detected in the sera from 50 NPC patients and 55 normal individuals. The positive rates were 90% apd. 0 respectively. The results also show that there is a good relationship between the anti – EB EA/IgA and BZLF1/IgG antibodies in the sera from NPC patients.

〔**Key words**〕 Epstein – Barr virus; Nasopharyngeal carcinoma; Plasmid pEX1 – BamHI Z

165. 抗癌基因 Rb 在大肠埃希菌中的表达

中国预防医学科学院病毒学研究所 陈卫平 李 扬 王 惠 曾 毅

〔**摘 要**〕 Rb 基因 cDNA 844bp 片段，与高效原核表达载体 pBV221 重组，构建了重组表达质粒 pRB844，在大肠埃希菌中成功地表达了 Rb 基因的产物，其相对分子质量为 32×10^3，表达量约占菌体总蛋白的 10% ~15%，初步纯化其纯度可达 50% ~60%，进一步纯化其纯度可达 98% 以上。经家兔免疫后，获得了抗 Rb 基因产物的抗体。这为 Rb 基因的进一步深入研究提供了条件。

〔**关键词**〕 抗癌基因；原核表达；免疫血清

Rb 基因（Retinoblastoma susceptibility gene）最早见于视网膜母细胞瘤[1]，但对多种肿瘤都具有抗癌作用[2]，且在多种肿瘤细胞中均可见到 Rb 基因的缺失或异常[3]。为了更进一步地深入研究 Rb 基因的功能，有必要对其基因产物进行分析。Wen – Hua Lee 等[4]曾报道，在大肠埃希菌中成功地表达了 Rb 基因的融合蛋白，但至今尚未见到 Rb 基因非融合蛋白高效表达的报道。本文采用高效表达载体 pBV221 在大肠埃希菌中成功地表达了 Rb 基因，而且免疫原性良好，经家兔免疫获得了抗 Rb 基因产物的抗体。

材料和方法

一、菌株及质粒 含 Rb 基因 cDNA 的质粒由 Wen – Hua Lee 博士惠赠；细菌 BL21（F$^-$、ompT$^-$、rB$^-$、mB$^-$）由法国 Gustave – Roussay 研究所 Irene Joab 教授提供。质粒 pBV221（3.66 kb，P_RP_L 双重启动子，含 dtS857 温度控制基因及 rrnBT T 终止密码）由本所基因工程室张智清博士提供（图 1）。

二、酶及试剂 限制性核酸内切酶部分购自 Bio – Lab 公司；HRP 标记羊抗兔 IgG 抗体购自华美生物公司；抗 Rb 合成多肽血清由上海肿瘤研究所顾建人教授提供。

三、动物 家兔 1.5 ~3 kg 购自中国药品生物制品检定所动物场。

四、重组质粒的构建 载体质粒 pBV221 用 BamHI 酶切，末端脱磷酸[5]；含 Rb 3.8 kb

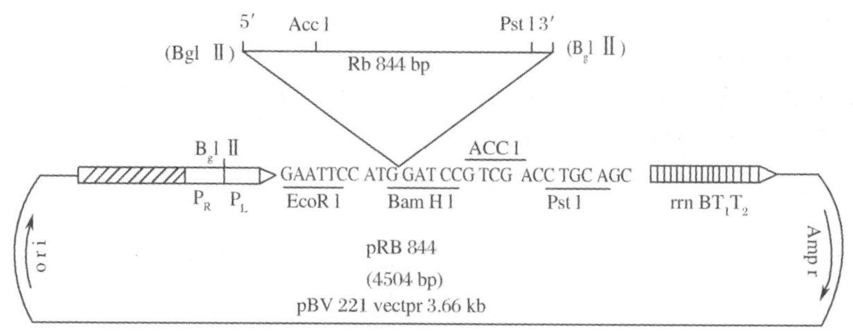

图 1　重组质粒 pRB844 的构建

Fig. 1　Construction of recombinant plasmid pRB844

cDNA 的质粒 pUCl3 用 Bgl Ⅱ酶切，低熔点琼脂糖电泳后，回收 844bp DNA 带；将 844bp DNA 片段插入 pBV221 BamHI 位点上；酶切鉴定其正反，正向连接质粒转化 BL21 细菌，以备表达。

五、核苷酸序列测定　采用 Sanger[6] 双脱氧核苷酸末端终止法和 Messing[7] M13 克隆－测序系统，对重组质粒 EcoRI 及 PstI 酶切片段进行序列测定。

六、蛋白表达及提纯　含 Rb 表达载体的细菌 BL21 在 30℃活化，1∶100 稀释到 LB 培养基中，30℃摇床扩增，使其浓度达到 A_{600}≈0.2－0.4，迅速转到 42℃摇床继续培养 4－6 h 后收获细菌。加入蛋白提取液（0.05 mol/L PBS pH7.6，其中含 100 mmol/L EDTA，2 mmol/L PMSF，1 mg/ml 溶菌酶），冰浴 30 min，超声破碎细菌，加入终浓度为 3% 的 Triton X－100，37℃30 min，离心收集样品。加 1 mol/L 尿素（10 mmol/LTris－HCl，pH7.4 配制，含 0.5% β－巯基乙醇）室温 30 min，12 000 r/min 离心 15 min，弃上清，收集沉淀。同样方法，分别用 4 mol/L、8 mol/L 尿素先沉淀，最后收集 8 mol/L 尿素上清及沉淀，8 mol/L 尿素沉淀用 7 mol/L 盐酸胍溶解，收集上清，用 PBS 透析 24 h，即为蛋白粗制品，－20℃保存备用。

七、SDS－PAGE 及 Westem blot

1. 参照 Laemili 方法[8]，分离胶浓度 15%（pH8.8）0.2% 考马斯亮蓝染色，在 550mm 波长下作密度扫描。为进一步纯化蛋白，电泳后切下相应的蛋白带，采用电泳洗脱的方法回收蛋白，PEG 浓缩，－20℃保存。SDS－PAGE 电泳结束后，将蛋白转移至硝酸纤维素膜上，用丽春红染色观察转移效果，切成窄条后，置 4℃备用。

2. 免疫染色：用 10% 小牛血清封闭，置 4℃过夜。次日与 1∶100 稀释的血清反应，再与稀释的羊抗兔酶标（HRP）抗体反应，用 0.05%3，3－二氨基联苯胺显色。

八、免疫血清制备　采用混合免疫法。此法综合足掌、淋巴结、静脉途径，首次于两后足掌各注入 0.5 ml 全佐剂－抗原混合液（5 mg/ml 抗原），2 周后，于两侧后肢肿大淋巴结内各注入 0.5 ml 同样制剂。第 4 周，每只兔从耳缘静脉注射 200 μl 无佐剂抗原（5 mg/ml）以加强免疫。1 周后，血清效价用 ELISA 法测定，用电泳回收纯化的抗原包被板，每孔约 2 μg。颈动脉取血，收集血清，分装－20℃保存备用。

结　　果

一、重组质粒的构建及其鉴定　Rb 844bp 片段插入 pBV221 BamHI 位点，利用载体自身 ATG 作为转录起始位点。为了鉴定其正向或反向连接，分别用 EcoRI、PstI、AccI 酶切进行鉴定（图2）。结果显示重组质粒为正向连接。为了确定其读码框架及序列的正确性，将重组质粒用 EcoRI 及 PstI 酶切，回收约 0.85 kb DNA 片段。DNA 序列分析结果表明 DNA 序列及读码框架完全正确。

二、电泳结果　将仅用载体 pBV221 转化的 BL21 菌株作为对照，与含重组质粒的 BL21 菌株一起做 SDS－PAGE 电泳分析，发现后者多出一条相对分子质量约 32×10^3 的蛋白带，此蛋白约占菌体总蛋白含量的 10% ~15% 左右；8 mol/L 尿素上清中仅隐约可见此蛋白（资料未附），而在沉淀物中含量较高，约占 50% ~60%（图3、图4）。免疫反应结果显示，表达蛋白可以与抗 Rb 人工合成多肽免疫血清反应（图5），表明此蛋白即为表达的目的蛋白。

三、免疫血清制备　用 ELISA 法测定多克隆兔血清的滴度，发现滴度可达 2500 以上。Westem blot 结果显示，此血清可以和表达蛋白反应（图5），说明表达蛋白具有较强的免疫原性。

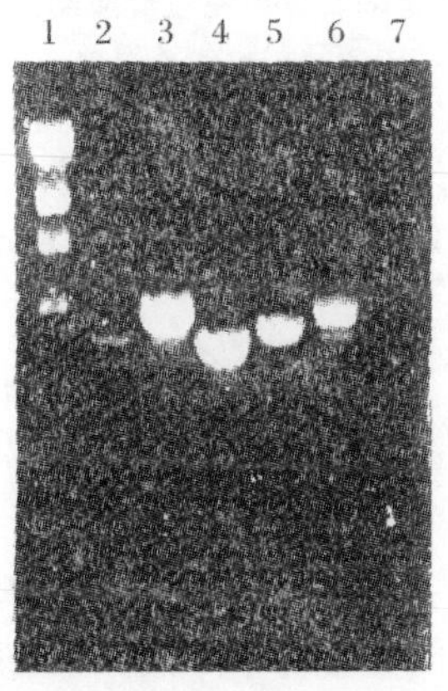

1. DNA marker，λDNA HindⅢ；2. pBV221 EcoRI，3.66 kb；3. pBR844：EcoRI，4.5 kb；4. pRB844：EcoRI + PstI，0.85 kb + 3.66 kb；5. pRB844：AccI，0.6 kb + 3.9 kb；6. pBV2.21 control；7. DNA marker. nBR322 BstNI

图2　重组质粒的酶切鉴定

Fig. 2　Identification of recombinant plasmid with enzyme digestion

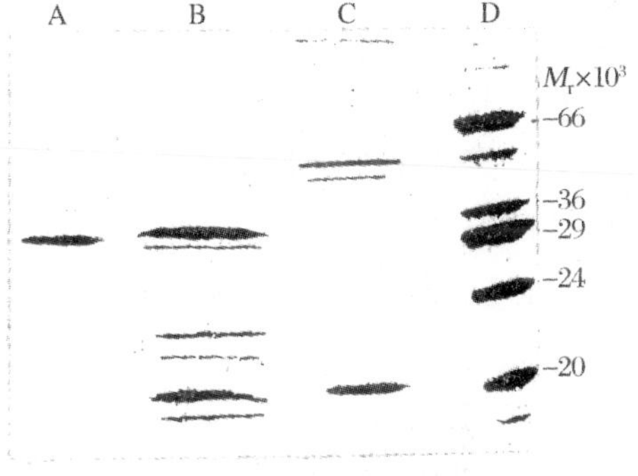

A. Purified expressed protein；B. BL21 bacteria transformed with recombinant plasmid pRB 844；C. BL21 bacteria transformed with pBV 221 control；D. Molecular weight protein marker

图3　SDS－PAGE 结果

A. 提纯的表达蛋白；B. BL21 菌含重组质粒 pRB844；C. BL21 菌含载体质粒 pBV221；D. 标准相对分子质量蛋白。

Fig. 3　The results SDS－PAGE

讨　　论

抗癌基因的研究是近年来的热门课题，其中对 Rb 基因的研究尤为深入。它对多种恶性肿瘤都有抗癌作用[2]，而且在许多肿瘤细胞株中都发现 Rb 基因有不同程度的异常，或 mRNA 转录水平的异常。异常的常见形式有完全缺失、不完全缺失和基因重排等。Rb mRNA 转录水平的研究揭示有 mRNA 完全、不完全缺失，以及相对分子质量大小改变等异常[9]，但是，对 Rb 基因翻译水平的报道很少。现已明确 Rb 基因的活性产物是相对分子质量 110 ×

10^3、具 DNA 结合活性的磷酸化蛋白（$pp110^{Rb}$）[4]，在视网膜及某些其他来源的细胞株中可检测到它的存在，而 Rb 细胞株中则完全测不出此蛋白。

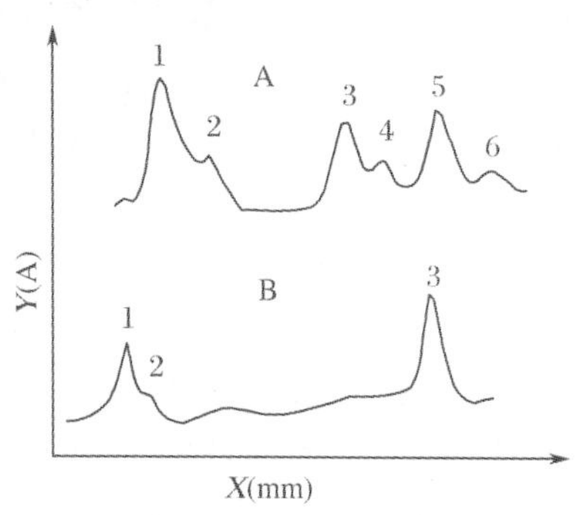

A. BL21 菌含重组质粒 pRB844；B. BL21 菌含载体质粒 pBV221

图 4　SDS－PAGE 密度扫描结果

A. BL21 transformed with pRB 844；B. BL21 transformed with pBV 221

Fig. 4　The densitometric scanning results of SDS－PAGE

A. 与抗 Rb 人工多肽免疫血清反应；B. 阴性血清对照；C. 与兔免疫血清反应

图 5　Western bolt 免疫反应结果

A. Reaction with rabbit serum against synthesized Rb peptide Bne Rative control serum；C. Reaction with the serum from rabbit immunized with the expressed Rb protein

Fig. 5　The results of Western blot

为了弄清 Rb 产物在肿瘤细胞株中的表达情况，必须具有抗 Rb 基因产物的抗体，蛋白免疫家兔，用 ELISA 法测定其免疫血清滴度，可达 2500 左右。这就为 Rb 基因的更进一步研究打下了基础。

一般原核表达量都偏低，此蛋白高效表达的原因一方面是由于利用了高效表达载体 pBV221；另一方面是由于采用了低蛋白酶活性的菌株 BL21。BL21 菌株中不仅缺乏 ompT 外膜蛋白酶基因，而且还缺乏 Lon 蛋白酶基因。此两种蛋白酶均能降解自包涵体释放的外源蛋白。由于 BL21 缺乏降解外源蛋白的蛋白酶，因而也提高了蛋白的表达量，曾用重组质粒分别转化 DH5a 及 HB101 菌，蛋白表达量均不及 BL21 菌株高（电泳结果未附）。

Rb 基因产物的免疫血清不仅可以用于研究肿瘤细胞中 Rb 蛋白的表达水平，而且可以用于 Rb 作用机理的探讨。Rb 是如何起抗癌作用，如何调节其他基因的，至今尚无定论。在对某些病毒的转化功能研究中发现，Rb 基因产物（$pp11O^{Rb}$）可以和多种具有转化活性的病毒癌基因产物结合形成复合物，如 HPV－16 E7 产物[10]、SV40T 抗原[11]及腺病毒 EIA 基因产物等[12]。这些复合物的发现大多是通过免疫共沉淀法发现的，这就需在体外采用基因工程的方法表达 Rb 基因，并以此制备抗血清。Wen－Hua Lee 等人曾在大肠埃希菌中成功地表达了 Rb 基因的融合蛋白，并制备了兔抗血清[14]。由于 Rb cDNA 全基因表达很困难，因此本文采用 Rb 基因 844bp 片段作为目的基因，插入高效表达质粒 pBV221 中，经序列测定及酶切鉴定，重组完全成功，将正向插入的重组质粒转入低蛋白酶活性的大肠埃希菌 BL21 中，蛋白提取物经 SDS－PAGE 及 Western blot 分析，表达产物约 32×10^3，含量约占总蛋白含量的 10%～15%，初步提纯其产物的纯度即可达到 50%～60%，若经电泳回收，则纯度几乎可达到100%。此纯度蛋白完全可以用来作ELISA测定。提纯的Rb基因产物特异免疫血清的获得，为在其他肿瘤细胞株中，尤其是与病毒感染相关的肿瘤细胞，如鼻咽癌、肝癌等细胞株中研究Rb基因的作用机理提供了条件。

总之，Rb基因原核表达成功及其免疫血清的获得，无论是对于Rb基因的研究，还是对肿瘤发生机理的探讨都有着重要意义。

〔原载《病毒学报》1994，10（1）：19－23〕

参 考 文 献

1 Sparkes R S， et al. Gene for hereditory retinoblastoma assigned to human chromosome 13 by linkage to esterase D. Science，1983，219：971

2 Sager R. Genetic supression of tumour formation. Adv Can Res，1985，44：43－68

3 Weiberg R A. Oncogene， antioncogene， and the molecular bases of multistep carcinogenesis. Cancer Res，1989，49：3713－3721

4 Lee W H， et al. The retinoblastoma susceptibility gene encodes a nuclear protein Nature，1987，329：642－645

5 Sambrook J， et al. Molecular cloning—A laboratory manual. 2nd ed. New York. USA：Cold Spring Harbor Laboratory Press，1989

6 Sanger F， et al. DNA sequencing with chain－terminating inhibitors. PNAS，1987，74：5463－5467

7 Messing J， et a1. New M13 Vectors for Cloning. In：Methods Enzymol，Vo1.101，Wu R， et al ed. New York：Academic Press，1983，20－70

8 Laemili U K， et al. Cleavage of structural protein during the assembly of the head of bacteriophage T4. Nature，1970，227：680－685

9 Fung Y K T， et al. Structural evidence of the authenticity of the human retinoblastoma gene. Science，1987，2361657－2361661

10 Dyson N， et al. The human papilloma virus－16 E7 oncoprotein is able to bind to the retinoblastoma gene product. Science，1989，243：934－937

11 De Caprio J A. et al. SV 40 large tumor antigen form a specific complex with the product of the retinoblastomaQQsusceptibility gene. Cell，1988，54（2）：275－283

12 Egan C， et al. Binding of the Rbl protein to ElA products is required for adenovirus transformation. Oncogene，1989，4：383－388

Expression of Retinoblastoma Susceptibility Gene in *E. Coli*

CHEN Wei－ping，LI Yang WANG Hui，ZENG Yi

（Institute of Virology，Chinese Academy of Preventive Medicine，Beijing）

Rb cDNA 844bp fragment was inserted into the expression vector pBV221. The recombinant plasmid pRB844 highly expressed a 32×10^3 protein in *E. coli* BL21. The percentage is 10%～15% of total bacterial protein. Primary purity of the expressed protein through urea purification is 50%～60%， the purity could reach more than 98% through further purification. Polyclonal rabbit serum against the Rb protein is also prepared.

〔**Key words**〕Retinoblastoma susceptibility gene；Immune seiui；Expression

166. p53 蛋白在鼻咽癌组织中的过量表达

中国预防医学科学院病毒学研究所 陈卫平 李 扬 曾 毅
广西壮族自治区人民医院病理科 黄振录 韦荣干 刘时才 黎而介

〔关键词〕 鼻咽癌；p53 蛋白

p53 蛋白是一种核蛋白。由于 p53 基因可以和激活的 ras 基因一起转化原代细胞，同时 p53 蛋白常常在转化细胞中高效表达，故多年来一直将其误认为癌基因[1]。近年来的研究表明，野生型（wild - type）p53 基因是一种抗癌基因，只有当其发生突变，变成突变型（mutant type）时才具有转化活性[2,3]。正常 p53 蛋白极不稳定，半衰期短，极难检测，但当 p53 基因突变后，突变型 p53 蛋白较稳定，半衰期也延长，用组织学方法便能检测到。在多种肿瘤组织中都发现了 p53 基因的突变[4]，如结肠癌、乳腺癌、肺癌、食管癌、膀胱癌、肝癌等，最近在鼻咽癌组织中也发现了 p53 基因的突变[5]。本文采用免疫组织化学分析的方法，分析了鼻咽癌活检组织及头颈部肿瘤中 p53 蛋白的表达情况。

所用标本取自广西鼻咽癌病人的手术标本，常规固定、包埋、切片，每例切片均作 HE 染色对照。

抗体 PAb240（英国剑桥 L. Crawford 教授惠赠）是一个鼠特异性 p53 蛋白的单克隆抗体，能特异性地识别突变的 p53 蛋白抗原决定簇，而不能与野生型 p53 蛋白反应[2]。

免疫组化染色用 Vectastain ABC 试剂盒（Vector Laboraoties，Inc.）进行。同时用 PBS 代替 PAb240 作空白对照，以正常鼠血清代替 PAb240 作阴性对照。细胞核染成棕黄色为阳性细胞。

我们共检测了 20 例鼻咽癌（病理诊断为低分化鳞癌）活检组织，12 例头颈部其他肿瘤（甲状腺癌、腮腺肿瘤各 3 例，舌癌、喉癌、牙龈肿瘤各 2 例），5 例颈淋巴结转移癌。检测结果，20 例鼻咽癌活检组织中，7 例阳性（图 1），阳性率 35%；12 例头颈部其他肿瘤中，6 例（甲状腺癌、舌癌、喉癌、腮腺肿瘤各 1 例，2 例牙龈肿瘤）阳性，阳性率 50%；5 例颈部淋巴结转移瘤均为阳性，它们分别是卵巢癌、肺癌、乳腺癌转移瘤各 1 例，鼻咽癌 2 例。其结果如表 1 所示。共检测 37 例病人，总阳性率为 48.7%，其中鼻咽癌组织阳性率为 35%，高于 Effert P 和 Chang Y－S 等人的报道[5,6]，由于我们采用的是能特异性识别突变 p53 蛋白的单克隆抗体，所以阳性结果即预示着组织中有 p53 基因的突变。就目前情况来看，鼻咽癌组织中 p53 基因确有突变，而且位点不稳定[5]。我们的研究还发现野生型 p53 基因能有效地抑制鼻咽癌细胞株在裸鼠体内的生长[7]，说明 p53 基因参与了鼻咽癌的癌变过程。有关 p53 基因突变、突变基因的功能、诱导突变的因素及其与 EB 病毒基因（如 LMP、ENBA 等）之间的关系等，还有待于进一步的研究。有关这方面更深入的研究将有助于揭示鼻咽癌发生的分子机理，对于肿瘤的防治具有重要的意义。

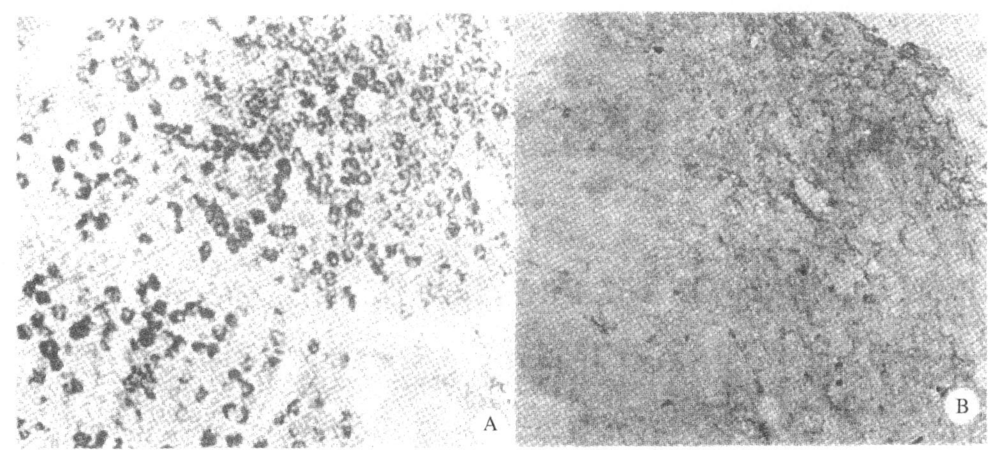

A. 阳性结果，×400；B. 阴性对照，×400

图 1　鼻咽癌活检组织经 PAb 240 免疫组化染色结果

A. Positive；B. Negative

Fig. 1　Nasopharyngeal carcimoma tissues stained with PAb 240

表 1　鼻咽癌及头颈部肿瘤中 p53 蛋白的过量表达

Tab. 1　Overexpression of p53 protein in nasopharyngeal carcinoma and other head – neck tumors

组织类型 Tissue type	例数 Cases	阳性数 Positive	阳性率 Rates（%）
鼻癌 Nasopharyngeal carcinoma	20	7	35
头颈部其他肿瘤 Other head – neck tumors	12	6	50
甲状腺癌 Thyroid gland cancer	3	1	
舌癌 Tongue cancer	2	1	
喉癌 Larynx cancer	2	1	
牙龈肿瘤 Gum carcinoma	2	2	
腮腺肿瘤 Parotid gland tumor	3	1	
颈淋巴结转移瘤 Neck metastatic lymphomas	5	5	
卵巢转移癌 Ovary cancer	1	1	
肺癌转移癌 Lung cancer	1	1	
乳腺癌转移癌 Breast cancer	1	1	
鼻咽癌转移癌 Nasopharyngeal metastatic carcinoma	2	2	
总计（Total）	37	18	48.7

＊病理诊断：低分化鳞癌

＊Pathological diagnosis：Low – differentiated squamous carcinoma

〔原载《病毒学报》1994，10（1）：72 – 74〕

参　考　文　献

1　Rogel A，et al. p53 cellular tumor antigen：analysis of mRNA levels in normal adult tissues，embryos and tumors. Mol Cell Biol，1985，5：2851 – 2855

2　Hinds P. et al. Mutation is required to activate the p53 gene for cooperations with the ras oncogene and transformationJ Virol，1989，63：739 – 746

3　Finlay C A，et al. The p53 proto – oncogene can act as a suppressor of transformation. Cell. 1989，

57: 1083 - 1093

4 Nigro J M, el a1. Mutations in p53 gene occur in diverse human tumors types. Nature, 1989, 342: 705—708

5 Effert P, et al. Alterations of the p53 gene in nasopharyngeal carcinoma. J Virol, 1992, 66: 3768 - 3775

6 Chan Y - S, et al. In: Vth International Symposium of Epstein - Barr Virus and Associated Diseases. Annecy - Fmnce, 1992, 171

7 Walker G J, et al. Hepatocellular carcinoma mutation 1991, Nature, 352: 764

Overexpression of p53 Protein in Human Nasopharyngeal Carcinoma and Head - Neck Tumors

CHEN Wei - ping[1], HUANG Zhen - lu[2], WEI Rong - gan[2], LI Yang[1], LIU Shi - cai[2], LI Er - jie[2], ZENG Yi[1]

(1. Institute of Virology. Chinese Academy of Preventive Medicine;

2. Dept. of Pathology, The People's Hospital, Guangxi, Autonomous Region)

Wild - type p53 gene is one of antioncogenes. It is very difficult to detect p53 protein by immunohistochemical methods. Mutation of p53 gene results in overexpression of the protein. So detectable p53 protein by immunohistochemical methods may indicate the mutation of p53 gene. The monoclonal antibody PAb 240 which could recognize the special mutant epitope of p53 protein and couldn't react with the normal p53 protein have been used in this lab to screen the samples. Nasopharyngeal carcinoma (NPC) and other head - neck tumor samples were obtained from patient in Guangxi Autonomous Region. Overexpression of p53 was found in 7/20 NPC cases, 6/12 other head—neck tumors, and 5/5 metastatic lymphomas. The results demonstrated that p53 gene has been mutated in NPC tissues and p53 gene may play an important role in NPC pathogenesis.

〔**Key words**〕 p53 gene; Nasopharyngeal carcinoma

167. 鼻咽癌组织中 p53 基因 249 位点未发现突变

中国预防医学科学院病毒学研究所 陈卫平 李 扬 余升红 曾 毅

广西壮族自治区人民医院 周徽雅 王培中

〔**关键词**〕 p53 基因; 鼻咽癌; 点突变

p53 蛋白是细胞内的一个核蛋白。最近在鼻咽癌组织中发现有 p53 基因的突变[1]。此外，将野生型 p53 基因导入鼻咽癌细胞株可以有效地抑制其在裸鼠体内的生长[2]，说明 p53 基因在鼻咽癌的发生发展中可能起着重要的作用，有必要对其存在状况及功能进行进一步的研究。

p53 基因第 7 个外显子 249 编码位点是位于 p53 基因保守区内的突变热点（hotspot）之一。本文采用 PCR 结合限制性酶切的方法[3]，分析鼻咽癌活检组织及培养细胞中 p53 基因第 7 个外显子 249 编码位点。共检测了 3 个鼻咽癌体外培养细胞株 CNE - 1、CNE - 2 及

CNE－3，5 例鼻咽癌活检组织。其中 CNE－3 是鼻咽癌肝转移瘤的裸鼠瘤在体外的培养细胞[2]。鼻咽癌活检组织均取自广西壮族自治区鼻咽癌病人的手术标本，分别提取其 DNA，用 PCR 方法进行扩增。引物为 5′－TCTCCTAGGTTGGCTCTGACT－3′和 5′－TCCTGACCTG-GAGTCTTCCAG－3′，此引物可以扩增 p53 基因的 125bp 片段，包括第 7 个外显子及部分内含子（图 1）。从图中可以看出在 249 位点有一个限制性内切酶 HaeⅢ的酶切位点，如果在此位点上发生碱基的改变，Hae Ⅲ便不能将其切开，若未发生改变，Hae Ⅲ可以将其扩增的 125bp 片段切成 42bp 和 83bp 的两个片段[3]。

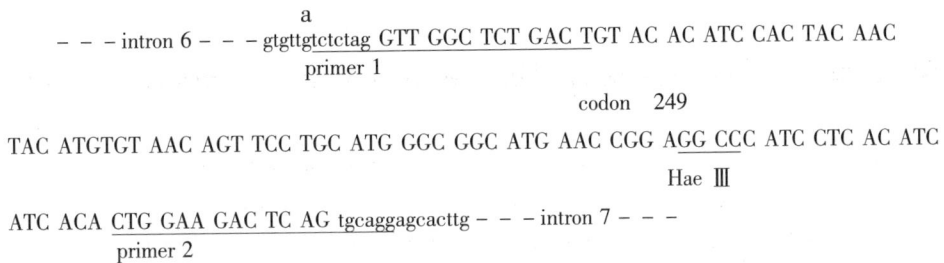

a
－－－intron 6－－－gtgttgtctctag GTT GGC TCT GAC TGT AC AC ATC CAC TAC AAC
primer 1

codon 249
TAC ATGTGT AAC AGT TCC TGC ATG GGC GGC ATG AAC CGG AGG CCC ATC CTC AC ATC
Hae Ⅲ

ATC ACA CTG GAA GAC TC AG tgcaggagcacttg－－－intron 7－－－
primer 2

图 1　p53 基因第 7 个外显子

Fig. 1　p53 gene exon 7

PCR 扩增试剂盒购自华美生物工程公司，DNA 扩增及酶切按如下方法进行[3]：100 μl 反应体系中加入 2 μg 样品 DNA，2 单位 Ta Q DNA 多聚酶，引物各加 50 pmol，94℃ 30 s，58℃45 s，72℃60 s，30 个循环。取 10～20 μl 扩增产物在 15% 聚丙烯酰胺凝胶中电泳，溴化乙啶染色后，紫外线灯下观察扩增效果。余下的产物用无水乙醇沉淀。75% 乙醇漂洗，抽干。将沉淀物再溶在 Hae Ⅲ酶切缓冲液中，加入1～2 U Hae Ⅲ酶，37℃1 h，再做聚丙烯酰胺凝胶电泳，观察酶切结果（图 2）。

1. 10，14 标准相对分子质量 DNA，pBR322 BstN Ⅰ酶切片段；2. 正常组织；3. 阴性对照；4. 空白对照：5～9. 鼻咽癌活检组织；11～13. 分别为 CNE－1、CNE－2、CNE－3

图 2　PCR 扩增的组织 DNA 经 Hae Ⅲ酶切结果

1，10，14. DNA markepa，pBR322/BstN 1；2. normal tissue；3. negative control；4. blank control；5－9. NPC biopsies；11，12 and 13. CNE－1，CNE－2 and CNE－3 respectively

Fig. 2　The results of the PCR amplified DNA deaved by Hae Ⅲ

被检测的 3 个细胞株及 5 例活检组织，其扩增片段均能被 Hae Ⅲ切开，说明 p53 基因在 249 位点未发生突变，但其他部位 p53 基因的突变情况及鼻咽癌组织中 p53 基因的结构与功能还有待进一步的研究。

鼻咽癌是多因素综合作用的结果，对 p53 基因结构与功能的改变和环境促癌物与致癌物之间的关系的研究以及 p53 基因与 EB 病毒潜伏基因产物（如 LMP、EBNA）之间相互关系的研究将有助于更进一步深入地揭示鼻咽癌发生发展的分子机理，对于肿瘤的防治乃至基因治疗有着重要的意义。

〔原载《病毒学报》1994，10（1）：75－77〕

参 考 文 献

1 Effert P, et al. Alterations of the p53 gene in nasopharyngeal carcinoma. J Virol, 1992, 66: 3768－3775

2 Gannon J V, et al. Activating mutations in p53 produce a common conformational effect. A monoclonal antibody specific for the mutant form. The EMBO J, 1990, 9: 1595－1602

3 Chang Y－S, et al. In: Vth International Symposium on Epstein－Barr Virus and Associated diseases. Annecy－France, Sept, 19－19, 1992, 171

Mutation of p53 Gene in Nasopharyngeal Carcinoma Tissues

CHEN Wei－ping[1], LI Yang[1], YU Sheng－hong[1], ZHOU Wei－ya, WANG Pei－zhong, ZENG Yi[1]

(1. The People's Hospital, Nanning, Guangxi Autonomous Region;

2. Institute of Virology, Chinese Academy of Preventive Medicine. Beijing)

Three nasopharyngeal carcinoma (NPC) cultured cell lines CNE－1, CNE－2, CNE－3, and 5 biopsies of NPC, have been screened for mutations at codon 249 of the p53 gene. Any changes to the second or third bases of codon 249 in exon 7 of the p53 gene result in the abolition of a restriction site for enzyme Hae Ⅲ. We have combined the polymerase chain reaction (PCR) with restriction analysis to study possible mutations of this codon in our NPC samples. All our NPC samples were cleaved by Hae Ⅲ at codon 249 of p53 gene. None of the samples was found to have mutations at this position. It is necessary to study the changes at other positions of p53 gene in NPC tissues.

〔**Key words**〕 p53 gene; Nasopharyngeal carcinoma; Mutation

168. 鼻咽癌病人血清中 IgG/Zebra 抗体的 ELISA 法检测

吉林医学院　李　稻　中国预防医学科学院病毒学研究所　曾　毅

Institute Gustave Roussy, Villejuit France, CHANTAL Cochet, IRENE Joab

〔**关键词**〕 鼻咽癌; Epstein－Barr 病毒; lgG/Z

Zebra 抗原（也称 Z 或 EB1）是由 Epstein－Barr（EB）病毒的 BZLF1 区编码蛋白。EB 病毒表达的 Zebra 蛋白与病毒从潜伏期进入复制期有密切关系[1~4]。我们已往的研究证实鼻咽癌与 EB 病毒之间存在紧密相关性，而且病人的 EB 病毒处于活跃状态－复制期[5]。近来，曾毅等人用重组质粒 pMLP BZLF1 转染的 293 细胞为 Zebra 抗原片，采用间接免疫荧光法检测鼻咽癌病人血清中 IgG/z 抗体，其抗体阳性率达 85.7%[6]。本文通过用纯化基因重组 Zebra 抗原直接包被 ELISA 的聚苯乙烯板，检测鼻咽癌病人血清中 IgG/Z 抗体，试图提高对鼻咽癌血清中 IgG/Z 抗体检测的敏感性，更加有助于鼻咽癌的早期诊断和预后判断。现将结果报道如下。

一、血清标本来源 随机收集经病理检查确定和临床治疗前后的鼻咽癌病人71例，其中治疗前的23例，治疗1年后的24例，治疗2年后的24例。健康人血清98例。全部血清标本均在 -40℃保存。

二、Zebra抗原 由重组质粒pMLP BZLF1表达的蛋白。

三、ELISA法 先用pH9.6碳酸盐缓冲液稀释纯化后的Zebra蛋白，并作为抗原包被液，其浓度为1 μg/ml，按每孔100 μl包被96孔聚苯乙烯板，4℃过夜。洗涤后，加2% BSA，pH7.6，0.01 mol/L PBS液，150 μl/孔，37℃温育1.5 h进行封闭。然后，加被检血清（1∶20）100 μl/孔，37℃温育1.5 h。同时以正常人（IgG/Z抗体阴性）血清作对比和设稀释液（PBS - T20）作空白对照。待抗原 - 抗体结合反应后，洗涤3次，加入辣根过氧化物酶（HRPO）标记的羊抗人IgG结合物（购自北京生物制品研究所），100 μl/孔，37℃温育1 h。以上各操作之后均用pH7.6、0.01 mol/L含0.05% Tween - 20的PBS洗涤，每次5 min，共3次。最后加入100 μl/孔邻苯二胺底物液，室温显色10 min。以6 mol/L HCl终止反应。酶联分光光度计读取490 nm的*A*值，P/N比值 >2.1者为阳性。

通过棋盘稀释度选择试验，当被检血标本稀释度为1∶20，酶结合物稀释度为1∶1000时，其P/N比值最大（见图1）。采用此稀释度对血清中IgG/Z抗体的检测结果显示，作为对照的98例健康人血清中，除3例P/N比值 >2.1（Zebra抗原的McAb能阻断其阳性反应）外，其余均为阴性。71例鼻咽癌病人中，治疗前的病人其IgG/Z抗体阳性率为100%，治疗1年后病人的阳性率为54%，治疗2年后的为63%（见表1）从表中数据还可以看出，治疗前病人的血清IgG/Z抗体的P/N比值（$x^2 = 15.27$），显著高于治疗1年和2年后的（$x^2 = 2.98$，$x^2 = 3.21$）（$P < 0.001$）。上述实验结果表明，采用纯化基因重组EB病毒Zebra抗原作为包被液的ELISA方法，对检测鼻咽癌病人血清中IgG/Z抗体具有较高的敏感性。而健康人的阳性率仅为3.1%。另外，治疗后病人血清IgG/Z抗体阳性率和抗体P/N比值明显降低，或许可以作为预后的指标。

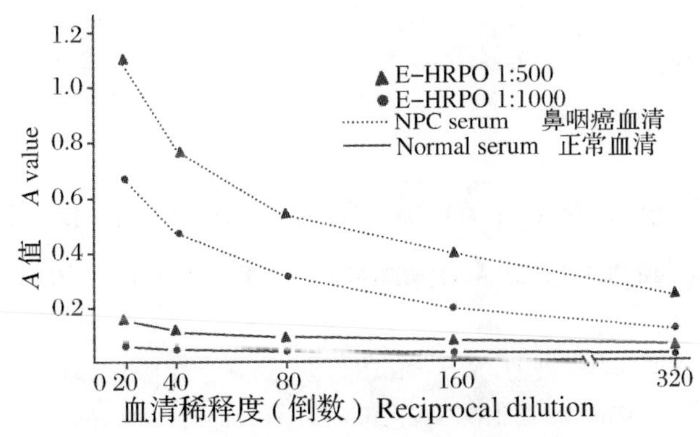

图1 血清和酶结合物稀释度的选择

Fig. 1 Selection of serum and HRPO - labelled antibody dilution

表 1　治疗前后鼻咽癌病人和健康人血清中 IgG/Z 抗体比较表

Tab. 1　Comparison of IgG/Z antibody in Sera from normal individuals and treated and non – treated NPC patients

血清 Sere	例数 Cases	IgG/Z 抗体 阳性数 Positive number	IgG/Z antibody 阳性率（%） Positive rate（%）	IgG/Z 抗体阳性者 P/N 值 P/N value of IgG/Z antibody positive	
				x^2 ± s	P＊
治疗前 NPC Non – treated NPC	23	23	100	15. 27 ±10. 216	–
治疗 1 年后 NPC 1 year after treated	24	13	54	2. 98 ±0. 679	<0. 001
治疗 2 年后 NPC 2 years after treated	24	15	63	3. 21 ±0. 627	<0. 001
健康人 Normal individuals	98	3	3. 1	2. 51 ±0. 204	<0. 001

＊与治疗前 NPC 比较；＊Comparison of non – treated NPC

〔原载《病毒学报》1994，10（1）：78 –80〕

参 考 文 献

1　Countryman J，et al. Activation of expression of latent Epstein – Barr herpesvirus after gene transfer with a small cloued subfragment of heterogeneous viral DNA. Proc Natl Acad Sci USA，1985，87：4085 –4089

2　Cherallier Gerco A，et al. Both Epstein – Barr Virus（EBV） – encoded transacting factors. EB1 and EB2，are required to activate transcription from an EBV early promoter. EMBO，1986，5：3243

3　Countryman J，et al. Polymorphic proteins encoded within BZLF1 of defective and standard Epstein – Barr viruses disrupt latency. J Virol，1987，61：3672 –3679

4　Rooney C M，et al，The spliced BZLF1 gene of EB virus transactivales an early EBV promoter and induces the virus productive cycle. J Virol，1989，63：3109 –3116

5　区宝祥．曾毅主编．鼻咽癌病因和发瘸学的研究．北京：人民卫生出版社，1985，13

6　曾毅，等．Epstein – Barr 病毒相关病的 lgG/Z 抗体检测．病毒学报，1992.（8）：218 –222

Detection of IgG/zebra Antibodies in Sera from Patients with Nasopharyngeal Carcinoma by ELISA Methods

LI Dao[1]，ZENG Yi[2]，CHANTAL Cochet[2]，IRENE Joab[2]

（1. Jilin Medical College，Jilin City. Changchun Province；

2. CNRS UA 1301，Institute Gustave Roussy，Villejuit France）

The Zebra protein is an immediate early antigen which is encoded by BZLF1 open reading frame of the Epstein – Barr virus. The purified Zebra antigen was coated onto 96 wells polyvinyl microtiter plates and tested for IgG/Zebra antibodies in sera from 71 patients with nasopharyngeal carcinoma（NPC）（treated and untreated）and 98 control individuals. The positive rate of IgG/Zebra antibodies were 100% in 23 untreated NPC patients, 67% in 24 patients one or two years after treatment and 3.1% of control individuals. In the positive cases, it was found that the P/N value of untreated patients (15.27 + or - 10.216) were significantly higher than those of patients one or two years after treatment (2.98 + or - 0.679 and 3.21 + or - 0.627). The results show that the ELISA method performed with purified Zebra antigen was highly sensitive for detection of IgG/Zebra antibodies in NPC patients.

〔**Key words**〕 Nasopharyngeal carcinoma; Epstein - Barr virus; IgG/Zebra

169. 采用病毒受体基因转移技术建立 EB 病毒细胞感染模型

中国预防医学科学院病毒学研究所　纪志武　李保民　曾　毅

日本国山口大学医学部寄生虫学与微生物学教室　TAKADA K.

〔**摘　要**〕　EB 病毒感染人上皮细胞是受到许多条件限制的。通过补体受体 (CR_2) 使 EB 病毒感染人上皮细胞是研究 EB 病毒与鼻咽癌关系的重要手段之一。我们把 CR_2 基因的 cDNA (3219bp) 片段重组于真核表达载体 pSG5 中，并使之在人羊膜细胞 (Wish) 和人鼻咽癌肿瘤组织传代细胞 (CNE3) 中表达。CR_2 基因在细胞中的最高表达率可达总细胞数的 5%。最后用 EB 病毒 B95 - 8 株感染上述两种细胞，病毒在细胞中增殖成功。在病毒感染细胞后的 2 - 25 d 中，可以不同程度地在细胞中检出 EB 病毒相关抗原。抗原检出高峰出现在细胞被感染后的第 4 d。通过我们的实验，成功地构建了 EB 病毒细胞感染模型。为进一步研究 EB 病毒与鼻咽癌的关系建立了条件。

〔**关键词**〕　Epstein - Barr 病毒；CR_2 基因；细胞转染；质粒 pSG5 - CR_2

许多研究结果证实，EB 病毒是人传染性单核细胞增多症的病原，与人的 Burkitt 淋巴瘤、鼻咽癌和免疫抑制机会性淋巴瘤有关[1]。Weis 等人指出，EB 病毒感染人 B 淋巴细胞是通过与 B 淋巴细胞表面的 C3 受体结合而发生的。C3 受体包括 I 型 (CR_1 或 CD35) 和 2 型 (CR_2 或 CD21)[2]。Fingeroth 等人通过单克隆抗体阻断实验证实，EB 病毒只与 CR_2 结合[3]。有关实验还证实，CR_2 可与纯化的或重组表达的 EB 病毒膜蛋白 gp350/220 结合[4]。

免疫学实验证明，少量人上皮细胞和 T 淋巴细胞膜上也有 CR_2 表达[5]，但由于量少和细胞内缺少其他与 EB 病毒感染有关的辅助成分，在实验条件下，EB 病毒感染人上皮细胞和 T 淋巴细胞的成功率很低。

为了进一步了解 EB 病毒在鼻咽癌发生过程中的作用，我们成功地构建了真核表达质粒 pSG5 - CR_2，并使之在 Wish 和 CNE3 传代细胞中表达。用 EB 病毒感染此两种细胞后，证明有病毒的核抗原 (EBNA) 1、早期抗原 (EA) 和壳抗原 (VCA) 等表达。现将结果报告如下。

材料和方法

一、质粒与细菌　真核表达载体 pSG5，真核表达质粒 pBR - Hyg (质粒内含有 SV40 早期启动子和抗 Hygromycin B 全基因）和亚克隆质粒 pBluescrip + KS（+/-）-CR_2（pBS - CR_2）等，均为 Takada 所保存。CR_2 基因的 cDNA 全序列被插在质粒 pBluescript KS 的 BamHI 切点中。质粒增殖均用大肠埃希菌 JM109。把单个菌落种于含 50 μg Ampicillin/ml 的 LB 培养液内，菌液置于 37℃环境内振摇过夜。DNA 重组和质粒的提取参考文献〔6〕的有关章节进行。

二、细胞培养与转染 B95 - 8 传代细胞和 CNE3 细胞按常规用含 10% 56℃灭活的小牛血清（含青霉素 100 U/ml 和链霉素 100 μg/ml）的 1640 培养液 37℃培养，每隔 3 d 细胞传代 1 次。细胞在转染前 20 h 传代 1 次。转染实验前 3 h，细胞换新鲜 1640 培养液。转染时质粒 pBR - Hyg 和 pSG5 - CR_2 的用量各为 5 μg，用常规的磷酸钙法作质粒共转染。细胞转染实验后 4 h，用含 20% 冷 2 - 甲基亚砜（DMSO）的 1640 液处理细胞 1 min，再换新鲜 1640 培养液，细胞置 37℃ 继续培养。48 h 后取部分细胞检查 CR_2 表达情况。余下细胞加含 300 μg Hygromycin B/ml 的 1640 培养液进行药物压力下选择培养。

三、CR_2 在细胞内表达情况的检测 用常规间接免疫荧光法。

四、抗体 EB 病毒抗体阴性血清、抗 C3 补体荧光抗体和鼠抗 CR_2 单克隆抗体（HBS），均由 Takada 保存。鼻咽癌病人血清由广西壮族自治区人民医院提供。

五、EB 病毒抗原的检测 EBNA1 的检测用抗 C3 补体免疫荧光法，EA 和 VCA 的检测用间接免疫酶法和间接免疫荧光法。

六、病毒的粗提 当 B95 - 8 细胞浓度达到 10^6/ml 时，至少需 2000 ml 细胞液，活细胞数 > 95%。把细胞液置 4℃，1000 r/min 离心 20 min 后弃细胞，上清于 4℃ 情况下继续 20 000r/min离心 2 h。弃上清后加 10 ml 新鲜 1640 液和 200 μgPMSF（用 PMSF 预防细胞内蛋白酶对病毒的破坏作用）。把沉淀物悬起后置组织匀浆器内，使沉淀物进一步破碎。过滤除杂质后此为病毒粗提液，置 -70℃保存。

七、EB 病毒对 Wish 和 CNE3 细胞的感染 待经 Hygromycin B 压力选择后的 Wish 和 CNE3 细胞 60% 成片后，吸出瓶内培养液，把粗提浓缩的病毒液 1 ml 加入细胞瓶内，以覆盖全部细胞，置 37℃2 h 后吸出上清液，用无菌 0.01 mol/L PBS pH7.4 液轻洗细胞 2 次。加入含 2% 灭活小牛血清的 1640 培养液，继续置 37℃培养。

结　　果

一、CR_2 基因的 cDNA 片段的分离和真核表达质粒 pSG5 - CR_2 的构建 CR_2 基因的 cDNA 片段长 3219 bp，被置于质粒 pBS 的 Bam HI 的切点中。用限制性核酸内切酶 SacI 和 SalI 双酶切后，可从该质粒中分离出含 CR_2 基因 cDNA 的片段，长 3296 bp。

真核载体 pSG5（4076 bP）含有 SV40 早期启动子和抗氨苄西林基因，用 EcoRI 酶切后回收片段。在 T4DNA 多聚酶的作用下，使已回收的 CR_2 基因 cDNA 片段和已切开的 pSG5 片段平端化后作平端连接。见图 1 构建过程。

二、重组质粒 pSG5 - CR_2 的鉴定和在乳地鼠肾传代细胞（BHK）中的转染 用核酸内切酶法鉴定所获得的重组质粒，酶切后片段大小与计算值相符。CR_2 基因 eDNA 片段在重组质粒中的方向正确。

用磷酸钙法把重组质粒 pSG5 - CR_2 导入 BHK 细胞中，48 h 后，用鼠抗 CR_2 单克隆抗体做免疫学实验证实，CR_2 基因已在细胞中表达，CR_2 阳性细胞为 2%，结果见图 2。

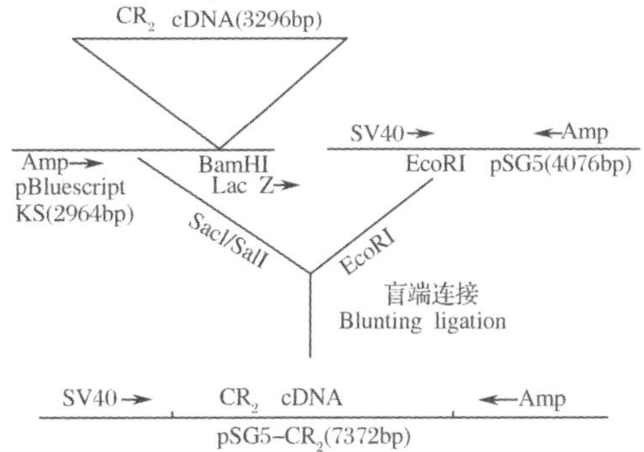

图1 重组质粒 pSG5 - CR_2 的构建过程

Fig. 1 Scheme for the construction of the recombinant plasmid pSG5 - CR_2

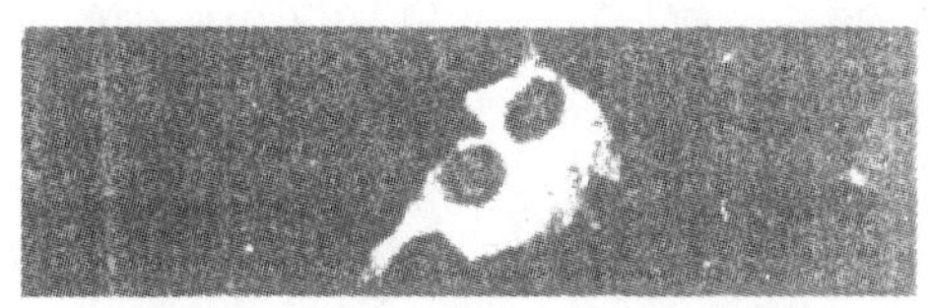

图2 CR_2 在 BHK 细胞中的表达

Fig. 2 CR_2 expression was confirmed by mouse anti - CR_2 monoclonal antibody reaction by indirect immunofluorescent assay

三、EB 病毒在 Wish 和 CNE3 细胞中的感染和与病毒相关抗原的表达与检测 Wish 和 CNE3 细胞经质粒 pSG5 - CR_2 和 pBR - Hyg 共转染后，在 Hygromycin B 的持续压力下，经 60 d，单个细胞可长成片。经用 CR_2 单抗检测后，CR_2 阳性细胞为 5%。

Wish 和 CNE3 细胞经 EB 病毒感染后，可检出与 EB 病毒相关的抗原。两种细胞中均有 EBNA1 的表达，Wish 细胞中的该抗原表达率为 4%，CNE3 细胞中该抗原表达率为 7%。用未经 EB 病毒感染的此两种细胞作对照，EBNA1 反应呈阴性。用鼻咽癌病人混合血清检测已感染细胞中的 EB 病毒抗原表达，结果见表 1。用 EB 病毒抗体阴性人血清作对照，上述两种细胞内的 EB 病毒抗原均呈阴性反应。说明细胞内含有特异性 EB 病毒抗原。随着时间的延长，细胞内 EB 病毒抗原的表达逐渐减弱，直至消失。

两种细胞中 EB 病毒相关抗原表达的阳性率有差异，见图 3。

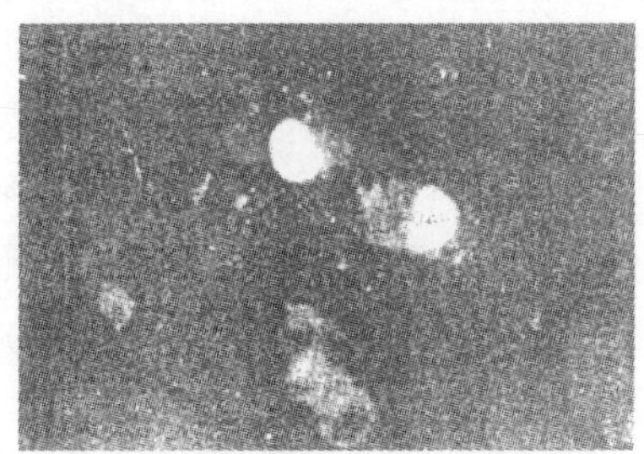

EBNA 1

EA and VCA

图3 EB 病毒相关抗原在 CNE3 细胞中的表达

Fig. 3 Expression of related antigens of EB virus in CNE3 cells

表1 Wish 和 CNE3 细胞中 EB 病毒相关抗原的检测表

Tab. 1 Detection of the related antigens (EA and VCA) of EB virus in Wish and CNF3 cells

细胞	EBV 早期抗原和壳抗原 Earn and Capsid antigens of EB virus (%)						
cell	2	4	8	15	20	25	30 d (days)
Wish		1.0	0.5	0.1	0.1	0.0	0
CNE3	5.0	5.0	1.0	0.4	0.1	0.1	0

由此，可以证实 Wish 和 CNE3 细胞经重组质粒 pSG5 – CR_2 转染后确实可以导致 EB 病毒感染。

讨　论

许多学者对 EB 病毒如何感染上皮细胞产生兴趣。Ahearn 等人在 1988 年首次报道，通过 CR_2 的转染可以使 EB 病毒感染鼠纤维细胞[7]。中国学者 Li 等人也于 1992 年报道，通过 CR_2 的作用，EB 病毒可以感染人上皮细胞[8]。当然，通过 CR_2 并不是 EB 病毒感染细胞的唯一途径。Stxbey 等人也证明，在分泌型人 IgA 的协助下，EB 病毒外膜蛋白（gp340）可与上皮细胞膜结合，使 EB 病毒进入细胞内[9]。我们成功地构建了真核表达质粒 pSG5 – CR_2 并使 CR_2 在 Wish 和 CNE3 细胞上表达，最后使 EB 病毒进入细胞，并在细胞中增殖。实验证明 CR_2 是使 EB 病毒感染细胞的重要先决条件之一。Li 等人报道，EB 病毒感染细胞后 1 d，细胞中即有病毒相关抗原的表达，10 d 后，抗原表达逐渐消失。我们在病毒感染细胞后 48 h，才开始检测细胞中与 EB 病毒相关的抗原成分。而病毒抗原表达可在细胞中维持 25 d。抗原的最高表达值是在病毒感细胞后的第 4 d 才测到，这与 Li 等人的报道一致。Aheam 等人报道，CR_2 在鼠 L 细胞中的表达率仅为 0. 5%，而我们可使 CR_2 在细胞中韵表达最终达到 5%。这可推测重组质粒 pSG5 – CR_2 在 Wish 和 CNE3 细胞中的工作状态更好。从表 1 中可看出，EB 病毒相关抗原在 CNE3 细胞中的检出率高于在 Wish 细胞中，这可能是由于鼻咽癌肿瘤传代细胞更利于 EB 病毒的感染。

Wish 和 CNE3 细胞在 Hygromycin B 持续压力下生长 60 d，而 CR_2 阳性细胞率仅为 5%，原因可能有以下两点：①大量外源性蛋白在细胞内表达，对细胞的代谢有影响，可能会产生某些毒性作用。因此，CR_2 表达过强的细胞会死亡。②随着时间的延长，部分子代细胞内的 CR_2 基因丢失，有些细胞内的 CR_2 表达不断减弱，因此，CR_2 不能被检出。所以，我们推测，只有那些 CR_2 表达量适中，基因未丢失的细胞才能正常存活，并且，该基因可被检出。CR_2 可协助 EB 病毒感染细胞，但这种感染不能长期维持，这可能是由于实验条件下 EB 病毒感染与体内该病毒感染仍有不同之处。也就是说，CR_2 可协助 EB 病毒感染细胞，但维持病毒在细胞中的感染，需要其他一些细胞内的辅助因子。详细原因仍需进一步研究。

通过我们的实验，成功地建立了体外细胞 EB 病毒感染模型。为进一步研究 EB 病毒与鼻咽癌发生之间的关系提供了一个重要手段。

〔原载《病毒学报》1994，10（2）：154 – 158〕

参 考 文 献

1 Fields B N，et al. Virology，2ad ed，New York：Raven Press，1990

2 Weis J J，et al. Identification of a 145000 Mr. memblane protein as the C3d receptor（CR_2）of hunma B lymphoeytes. Proc Natl Acad Sci USA，1984，81：881 – 885

3 Fingeroth J D，et al. Epstein – Barr virus receptor of human B lymphocytes is the C3d receptor CR_2 Proc Natl Acad Sci USA，1984，81：4510 – 4514

4 Newerow G R，et al. Identification of gp350 as the viral glycoprotein mediating attachment of Epstein – Barr virus（EBV）to the EBV/C3d receptor of B cells：sequenoe homology of gp350 and C3 complement fragrnent C3d. J Virol，1987，61：1416 – 1420

5 Sixbey J W，et al. Human epithelial cell expression of all Epstein – Barr virus receptor. J Gen Virol，1987，68：805 – 811

6 Sambrook J, et al. Molecular aCloning. 2nd ed. New York: Cold Spring Harbor Laboratory Press, 1989

7 Aheam J M, et al. Epstein – Barr virus (EBV) infection of murine L cells expressing recombinant human EBV/C3d receptor. Proc Natl Acad Sci USA, 1988, 85: 9307 – 9311

8 Q X Li, ct al. Epstein – Barr virus infection and replication in human epithelial cell system. Nature, 1992, 356: 347 – 350

9 Sixbey J W, et al. Immunoglobulin A – induced Shift of Epstein – Barr virus tissue tropisrn. Scinece, 1992, 255: 1578 – 1580

Establishment of Cell Infection Model of Epstein – Barr Virus by Transfection with the Receptor Gene

JI Zhi – wu[1], TAKADA K.[1], LI Bao – min[1], ZENG Yi[1]

(1. Institute of Virology, CAPM, Beijing; 2. Department of parasitology and Virology yamagu chi university, school of medicine, Kogushi ljbe yamaguchi 755, Japan)

The normal host range of EB virus (EBV) is limited to primate B lymphocytes and certain epithelial cells that express the CR_2/EB virus receptor. An eukaryotic expression plasmid pSG5 – CR_2 encoding CR_2 gene eDNA sequence was successfully constructed, and the CR_2 expressed well in Wish and CNE3 cells. Tne CR_2 positive cell is about 5%. Both Wish and CNE3 cells were infected by B95 – 8 strain of EB virus after the plasmid. pSG5 – CR_2 transfection. During the day 2 – 25 after the EB virus infection, EBV related antigens including EBNA1, early and capsid antigens were detected in cells by immunological assay.

The infection of both Wish and CNE3 cells through expression of recombinant human CR_2 would facilitate the analysis of cellular factors that influence the viral growth and the mechanism by which EB virus infection induces nasopharyngeal carcinoma in human.

〔**Key words**〕 Epstein – Barr virus; CR_2 gene; Cell transfection; Plasmid pSG5 – CR_2

170. 应用生物素标记探针进行细胞原位杂交检测人鼻咽癌细胞株中的 EB 病毒 LMP 基因

中国预防医学科学院病毒学研究所　滕智平　曾　毅

〔**关键词**〕 原位杂交；EB 病毒 LMP 基因；鼻咽癌

我们曾用 PCR 和放射性活素标记探针的核酸杂交技术，检测人鼻咽癌体外培养细胞株和裸鼠移植瘤 DNA 及活检组织中含有 EBV 的基因片段[1]。结果提示，低分化癌和高分化癌细胞中均有 EBV 的基因存在。为了进一步研究 EBV 在细胞中存在的部位和方式，本实验用生物素标记探针进行细胞的原位杂交，在不改变组织形态的情况下，通过间接免疫荧光显色后显示出的黄色荧光点，明确了LMP基因与细胞之间的关系。这种方法较使用放射性核素标记的探针更安全，探针制备方法简单，灵敏性高。

人鼻咽癌细胞株CNEl、CNE2、B9－58和CEM均为本室传代培养的细胞株。HK为香港中文大学建立的高分化鼻咽癌细胞株。质粒为含有EB病毒LMP基因3.0 kb片段的pUC－ly质粒，由美国Kieff教授赠送。

NBT/Bcip检测试剂盒和生物素随机引物标记试剂盒，均购自北京医科大学人民医院血液病研究所，Pd（N）6引物购于Promega公司，Avidin D与anti Avidin D等购于Vector公司，甲酰胺购于华美生物工程公司，硫酸葡聚糖与多聚甲醛购于北京化学试剂门市部，BamH I内切酶购于协和生物技术开发公司。

探针的制备方法详见文献〔2，3〕。含有LMP基因的质粒转化到HB101受体菌，在LB中培养，按Namiatis方法提取质粒，用BamH I酶切，低溶点琼脂糖电泳分离提纯3.0 kb基因片段，随机引物标记，标记体系共为50 μl，其中LMP DNA片段0.5 μg，Pd（N）6随机引物0.5 μg/μl，10×Buffer 5 μl，0.5 mmol/L dNTP（A. G. C.）10 μl，0.5 mmol/L Bio－11－dUTP 5 μl，1 mmol/L dTTP 3 μl，DNA polymerase 2U，加水到50 μl 37℃过夜，用0.5 mmol/L EDTA终止反应。乙醇沉淀抽干，重新溶到40 μl三蒸水中，得到的探针相当于10 ng/μl，置－20℃备用。

标记探针灵敏度的检测－碱性磷酸酶检测体系：取1 μl Biotin－ll－dUTP标记的LMP探针，用SSC作连续稀释成A、B、C、D、E、F、G 7个浓度，每个浓度取2 μl，分别点在硝酸纤维膜上。以鲑鱼精DNA H点为阴性对照。80℃烤膜2 h，Buffer I洗膜1 min（10 mmol/L，Tris－HCl pH7.5，100 mmol/L NaCl），置Buffer Ⅱ（缓冲液Ⅰ加0.5% BSA）42℃ 30 min，再用Buffer Ⅰ洗3 min3次，加SA－AP室温15 min，Buffer Ⅰ洗3次5 min，Buffer Ⅲ（100 mmol/L，Tris－C1 pH9.5，100 mmol/L NaCl，50 mmol/L $MgCl_2$）显色，加9 μl NBT、7 μl Bci P、2ml Buffer Ⅲ，充分混匀，避光，观察结果。细胞玻片的制备：细胞用含15%小牛血清的RPMl 1640培养，长成单层后，用0.25%胰蛋白酶消化，离心收集细胞，用70%乙醇洗2次，然后重溶于70%的乙醇中。取5～6 μl细胞悬液滴于酸处理过的载玻片上，刻刀圈出范围，室温干燥，将干燥过的标本玻片在甲醇、冰醋酸中固定，75%、95%乙醇梯度脱水，空气干燥，蛋白酶K处理，多聚甲醛固定，细胞DNA在70%甲酰胺70℃变性，75%、95%乙醇脱水，晾干，备杂交用。

原位杂交：20 μl杂交液滴在已变性处理的载玻片上，42℃过夜（杂交液2×SSC，50%去离子甲酰胺，10%硫酸葡聚糖，500 μl/ml鲑鱼精DNA，1 ng/μl生物素标记的LMP探针）。次日晨，洗膜，50%甲酰胺，42℃15 min，2×SSC，PBS各洗2次。

显色：15 μl FiTC－avidin D 37℃ 30 s，PBS洗后，加15 μ1生物素标记亲和素D抗体。37℃30 s，PBS洗2次，20 μl抗荧光淬灭剂（内含碘化锭PI 0.5 μg/ml），Olympus荧光显微镜下观察照像。

结果硝酸纤维膜经NBT和BCiP显色后，从A点到G点可见由深到浅的紫色圆点，探针的浓度分别为20、10、5、2、1、0.5和0.2pg。H点和鲑鱼精DNA阴性对照未见紫色圆点。

在10（倍）×40（倍）荧光显微镜下可观察到：杏红色不规则圆形的细胞核（PI染色）；作为阳性对照的B9－58，每个杏红色细胞核上可见一个黄绿色荧光亮点；而阴性对照CEM细胞，除杏红色的细胞核外，无黄绿色荧光亮点。CNE－1高分化鼻咽癌细胞株的阳性杂交率约为 10%；CNE－2 低分化鼻咽癌细胞株的阳性杂交率约为 14%；HK 高分化鼻咽癌细胞株的阳性杂交率约为 20%。

在我国鼻咽癌高发区广东和广西的梧州、苍梧等地进行的流行病学调查、血清学普查和追踪观察表明，鼻咽癌的发生与 EB 病毒密切相关，而且应用 PCR 和 Southem 等方法在鼻咽癌细胞株（CNBl、CNE2）中也发现了 EB 病毒的基因片段 W、EBNA－2 和 LMP 等[4]。本实验应用生物素标记的 EB 病毒 LMP 片段作为探针进行了细胞的原位杂交，见到 HK、CNE－1、CNE－2 及 B9－58 细胞核上的阳性杂交光点，确定了 EB 病毒的 LMP 基因是以整合的形式存在于细胞核内。作为阳性对照的 B9－58 细胞是用人的传染性单核细胞增多症患者的 EBV 感染的狨猴 B 淋巴细胞而建立的细胞株，经杂交后，每个细胞核上都可见一黄绿色的杂交点，提示每个细胞核内都存在有 EB 病毒的 LMP 片段。作为检测的细胞株，CNE－1、CNE－2、HK 分别都可见到清晰的黄绿色杂交点，CNE－1 和 HK 细胞株为高分化鼻咽癌细胞株，应用原位杂交技术进一步证实了高分化鼻咽癌的发生与 EB 病毒感染有关。CNE－1、CNE－2 和 HK 细胞的阳性杂交率很低，这可能与 EB 病毒的 LMP 基因在多次传代后丢失有关。LMP 基因编码病毒的潜伏膜蛋白。在 Wilson 等人的研究中已经证明，LMP 是致癌基因[4]。EB 病毒的 EBNA－2 基因可以使细胞永生，而 LMP 基因位于鼻咽癌细胞核内，对于进一步研究 LMP 基因的致癌机理和探讨 LMP 基因与其他致癌基因的关系有很重要的意义。

〔原载《病毒学报》1994，10（2）：184－186〕

参 考 文 献

1 滕智平，曾毅，等．待发表

2 北医科大学人民医院血研所．原位杂交学习班讲义，1992

3 天津第二医学院血研所．全国基因论断讲习班讲义，1990

4 Wilson B，et al. Expression of the BNF－1 oncogene of Epstein－Barr virus in the skin of trangenic mice induces hyperplasic and aberrant expression of kerabin 6. Cell，1990，61：1315－1327

Detection of LMP Gene of Epstein－Barr Virus in Nasopharyngeal Carcinoma by *in situ* Hybridization with Biotin Labelled Probes

TENG Zhi－ping，ZENG Yi （Institute of Virology，CAPM）

The Epstein－Bar virus genome contained in the nasopharyngeal carcinoma cell line（CNE－1，CNE－2，HK）was detected by *in situ* hybridization. The results showed that both the high and poor differentiated NPC are connected with the infection of EBV and the existence of EBV DNA intergrated in the chromosome of cell.

〔**Key words**〕*In situ* hybridization；LMP gene of EBV；Nasopharyngeal carcinoma

171. 带有逆转录病毒的恶性T淋巴细胞株的建立

中国预防医学科学院病毒学研究所 蓝祥英 曾 毅 章 东 张永丽
北京友谊医院 洪明理 王得新 冯子敬 中国医学科学院血液病研究所 汤美华 冯宝章

〔**摘 要**〕 从一例患神经系统疾病病人的外周血淋巴细胞中建立了一株恶性T淋巴细胞株CM－1，并研究了它的生物学特性。用过滤的CM－1细胞的培养上清，可使多发性血管硬化症病人的淋巴细胞转化成恶性T淋巴细胞，由此建立了CM－2细胞株。用CM－1和CM－2细胞皮下接种裸鼠，都能使裸鼠产生弥漫性恶性淋巴瘤。电镜下见到了类似于C型逆转录病毒的颗粒，逆转酶活性检测阳性。血清学和基因检测表明CM－1和CM－2中不存在本室常用的其他病毒，证明这两株细胞中存在着一种可能是新的具有很强转化能力的逆转录病毒。该病毒的基因克隆和序列分析正在进行中。

〔**关键词**〕 人恶性T淋巴细胞株；裸鼠；逆转录病毒

随着对人类逆转录病毒研究的深入，已经发现此类病毒中的HTLV－Ⅰ与成人T淋巴细胞白血病[1,2]和某些神经系统疾病有关[3]。我们曾从中国白血病病人血细胞中建立了CL－8细胞株，应用免疫学和分子生物学方法证明，此细胞株带有HTLV－Ⅰ病毒[4]，同时还证明5例神经系统疾病病人有HTLV－Ⅰ抗体[5]。因此，有必要探索中国的神经系统疾病和白血病是否可能与其他逆转录病毒有关。经过10年努力，我们从一例患神经系统疾病病人的外周血中分离培养T淋巴细胞，建立了一株恶性T淋巴细胞，它带有逆转录病毒。现将研究结果报告如下。

材料和方法

一、CM－1细胞株的建立 一名36岁的女患者，因四肢瘫痪一个多月，昏迷4 d，于1990年2月2日住进北京友谊医院（住院号：2970××），住院第2 d体温升至39～40℃，合并肺炎。2周后体温渐趋正常，但仍处于半昏迷状态，此时采集病人静脉血5 ml，常规方法分离淋巴细胞，加入含20%小牛血清的RPMI 1640培养基，不加任何特殊生长因子，置5% CO_2 孵箱内，37℃培养，所得到的细胞株称之为CM－1（chinesemalignant T lymphoma cell line－1）。

二、细胞生物学特性研究

1. 生长曲线测定：取新传代的CM－1细胞悬液，其细胞浓度为5×10^4个/ml，分装42个小方瓶，每瓶3 ml细胞悬液。置5% CO_2 孵箱，37℃培养，每隔24 h取出3瓶，倒掉培养液，用胰酶消化使贴壁细胞脱落，计数细胞，绘制生长曲线。此段培养时间共14 d，其间不换液。

2. 核型分析：约第60代的CM－1细胞传代后4 d，加入终浓度为0.1 μg/ml秋水仙碱，作用2 h，按常规方法收获和制备染色体标本，进行核型分析。

三、转化试验 收集培养的CM－1细胞悬液，3000 r/min离心10 min，上清经0.45 μm的微孔滤膜过滤。将无细胞滤液按10%浓度加入RPMI 1640培养液（内含20%小牛血清，5 μg/ml IL－2）中，培养于另一名患者的外周血淋巴细胞中，由此得到的细胞株称之为CM－2。该患者为女性，67岁，患多发性血管硬化症。

四、细胞表面标记的检测 用5种体系28个不同的抗人白细胞分化单克隆抗体和间接免疫荧光法、研究了CM－1细胞的表面标志。

1. 靶细胞：CM－1细胞株及其单克隆抗体。

2. 抗人白细胞分化的单克隆抗体

（1）抗T细胞单抗：CD_1、CD_2、CD_3、CD_4、CD_5、CD_6、CD_7、CD_8、CD_{27}。

（2）抗激活淋巴细胞单抗：CD_{25}、CD_{71}、HLA－DR。

（3）抗髓系细胞单抗：CD_{11}（B）、CD_{13}、CD_{14}、CD_{33}、CD_{15}（H1981）。

（4）抗B淋巴细胞单抗：CD_{10}（CALLA）、CD_9、CD_{19}、CD_{20}、CD_{21}、CD_{22}、Smig。

（5）其他：CD_{38}、CD_{45}、CD_{45}R、HLA－1。

五、致瘤性研究 收集培养传代的细胞，2000 r/min离心，细胞重悬，皮下接种适龄裸鼠，每只接种5×10^6个细胞。收集大小合适的裸鼠瘤，剪碎成1 mm^3的碎块再次植于裸鼠皮下，如此连续传代。

六、电镜观察 培养传代的CM－1、CM－2细胞，部分经PHA和TPA激活72 h，分别收集经和未经激活的细胞，3000 r/min离心10 min，细胞沉淀物经戊二醛、四氧化锇双固定，环氧树脂618#常规包埋，LKB NOVA超薄切片机超薄切片，铀－铅双染色，JEM 1200EX透射电镜观察。

七、病毒的鉴别和检测

1. 血清学检测：以CM－1细胞为靶细胞，以不同的病毒标准阳性抗血清为抗体，用间接免疫荧光法测定。

分别以带HTLV－Ⅰ的MT－2细胞、HIV－1感染的MT－4细胞、含EBV的B95－8和CM－2细胞涂片，加适量稀释的CM－1的病人血清或脑脊液，37℃温育30 min，洗涤3次，加荧光标记抗体（含0.01% Even's blue），37℃温育30 min，洗涤，荧光镜下观察。

采用Bio－Rad公司的蛋白印迹法检测HIV－1的标准试剂盒，检查了CM－1的病人血清和脑脊液。

2. CM－1细胞内病毒基因的检测：收集培养传代的CM－1细胞悬液和CM－1的病人恢复期全血细胞，离心收集细胞，酚－氯仿抽提细胞DNA。

HindⅢ酶切细胞DNA，上样量10 μg。采用Southem blot杂交方法检测CM－1细胞DNA中已知病毒基因。DNA探针有EBV DNA的W片断、LMP基因和EBNA－1基因，按缺口翻译法用^{32}P－dCTP标记的DNA为探针。

应用PCR方法检测CM－1细胞DNA中的HIV－1和HTLV－Ⅰ基因。CM－1细胞DNA的反应浓度为0.1 μg/ml，HIV－1的引物是gag－pol，HTLV－Ⅰ的引物是gag－env。在PCR热循环炉（Pekin公司）中进行25～30个循环反应。基因扩增产物用4%琼脂凝胶电泳检测。

八、病毒提纯和逆转录活性检测

1. 病毒提纯：大量培养传代的CM－1和CM－2细胞，经PHA和TPA激活48～72 h，

4000 r/min 离心 30 min，分别收集上清和沉淀，上清装入透析袋，用 PEG（22 000）浓缩，沉淀加少量上清重悬成细胞悬液，冻融 3 次，10 000 r/min 离心 30 min。合并浓缩和细胞冻融后的上清，经 0.45 μm 滤膜过滤，在 Kontron T 2080 超速离心机用 TFT70.38 转头，4℃ 35 000 r/min 离心 2 h。沉淀用 TNE 缓冲液重悬。取 0.6 ml 悬液加在事先制成的 20% ~60% 的蔗糖梯度密度溶液顶部，用 TST60.4 转头，4℃，5000 r/min 离心 16 h。从底部穿刺，按每部分 0.5 ml 收集各部分。

2. RT 活性测定：每部分取 5 μl 分别与 50 μl 处理液混合，37℃温育 15 min。处理液的成分是：100 mmol/L Tris－HCl pH7.5，10 mmol/L DTT，300 mmol/L KCl，0.1% Triton X－100。再往一上述混合液中加 25 μl 反应液，37℃温育 24 h。反应液的成分为：50 mmol Tris－HCl pH7.6，5 mmol DTT，15 mmol/L $MgCl_2$，150 mmol/L KCl，0.05% Triton X－100，50 μg/ml poly（rA）：Oligo（dT）15 和 10 μCi/ml ^3H－TTP。加 1 ml 冷的 10% TCA 和溶于 1mol/L HCl 的 0.01mol/L 焦磷酸钠溶液，4℃置 20 min，所有反应终产物在收集器上，通过玻璃纤维滤纸过滤收集，用 2 ml 冷的上述焦磷酸钠溶液洗 2 次，用 2 ml 冷的 95% 乙醇溶液洗涤 1 次。红外线灯下烘干，用 Beckmam LS－5000TA 液闪仪测定放射性。闪烁液成分有 PPO 5 g、POPOP 0.5 g，加二甲苯至 500 ml。

结　　果

一、CM－1 细胞株的建立及其生物学特性　开始培养的第 2 d，细胞生长极度活跃，第 3 d 即能传代，每周传代 2 次。在体外传代 2 年，至今仍生长旺盛。此细胞可在液氮中常规冻存，复苏后细胞存活率在 90% 以上。继 CM－1 细胞系后，在病人恢复期又先后几次采集外周血，分离培养淋巴细胞，但均未成功。

CM－1 细胞能贴壁生长，并不断游离到悬液中。贴壁细胞多为多形态，聚成集落，容易脱落。将脱落和游离的县浮细胞分瓶后，补充新的营养液，仍能贴壁生长。

常见的大细胞呈融合状，或呈分裂状。贴壁细胞有伪足，一个细胞可多达 5 ~6 条。

CM－1 细胞的生长曲线如图 1 所示。第 2 ~6 d 为对数生长期，第 10 d 细胞增至 2.5 × 10^6 个/ml，为基数的 50 倍，第 11 d 后为增殖平坦期，第 14 d 细胞仍能存活，换上新营养液仍能繁殖。

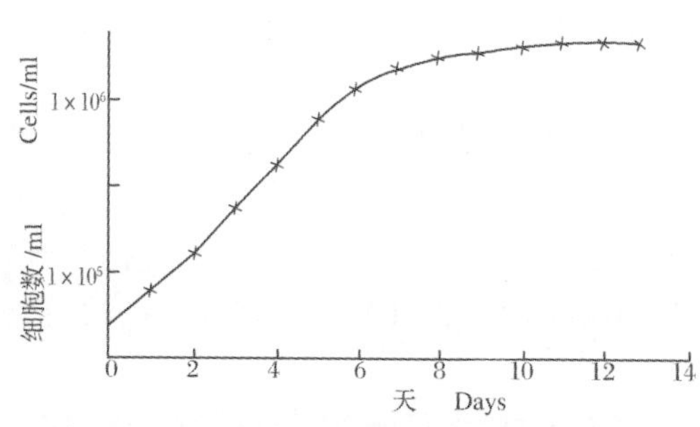

图 1　CM－1 细胞生长曲线

Fig. 1　Growth curve of CM－1 cells

对 CM－1 细胞做了核型分析，50 个中期细胞染色体众数的分析结果如表 1 所示。证明 CM－1 细胞系的众数为 46（假二倍体），染色体数目为 36 ~138。

CM－1 细胞具有以下克隆异常：＋22、＋20、－7、－8、－9、－19、－X、M1〔＋7〕、M2〔＋9〕、M3、M4 和 M5。其中 M1－M5 为标记染色体。除 M1 和 M2 外，其余均来源不清。有此核型的细胞为 CM－1 的细胞干系。虽然染色体总数正常，但有广泛的染色体异常，故为假二倍体。

CM－1 细胞恒定丢失单位 X 染色体。

CM－1 细胞表面标记的检查：用各种白细胞单克隆抗体检测结果，说明 CM－1 是以表达 T 细胞标记为主，兼有 CALLA（CD_{10}）表达，且 20%～30% 的细胞还协同表达髓性细胞标志。

二、CM－2 细胞株的建立 用 CM－1 的无细胞滤液感染一位患多发性血管硬化病症人的外周血淋巴细胞，培养 3 周后即出现肉眼可见的细胞克隆，其细胞种类、形态和特性皆与 CM－1 相同，可连续传代建株，即为 CM－2。

三、致瘤性 将 CM－1 细胞接种于裸鼠皮下，10 周后 100% 形成肿瘤，病理切片证明都是弥漫性恶性淋巴瘤，将 CM－2 细胞接种于裸鼠皮下 4～5 周变形成肿瘤。70 d 后肿瘤长至 0.5cm×0.7 cm 大小（图 2）收集频死裸鼠的瘤组织做病理切片检查，证明也是弥漫型恶性淋巴瘤，将裸鼠瘤组织剪碎后再接种裸鼠皮下，如此连续传代，现已在裸鼠体内传了 5 代，历时近 1 年。

四、电镜观察 CM－1 细胞和 CM－2 细胞的胞核均明显地呈多形性。核内以常染色质为主，胞质内有丰富的核蛋白体，粗面内质网囊泡状扩张并含有许多病毒颗粒。

由图 3 可见成熟病毒颗粒下从 CM－1 细胞膜向外芽生释放。在 CM－2 细胞囊泡状扩张的粗面内质网中含有许多病毒颗粒（图 4a），除圆球形颗粒外，还可见个别双联体（图 4b）。病毒颗粒通过细胞膜向细胞外，或从内质网膜向内质池内芽生形成。胞质中有成团致密颗粒状物质，常与内质网相伴随，可见向内质池中芽生形成病毒颗粒（图 4c）。这种颗粒性物质可能是病毒在胞质中发育形成的病毒基质。

图 2 长有 CM－2 细胞所致恶性淋巴瘤的裸鼠

Fig. 2 The picture of the nude mouse with T malignant lymphoma caused by the CM－2 cells

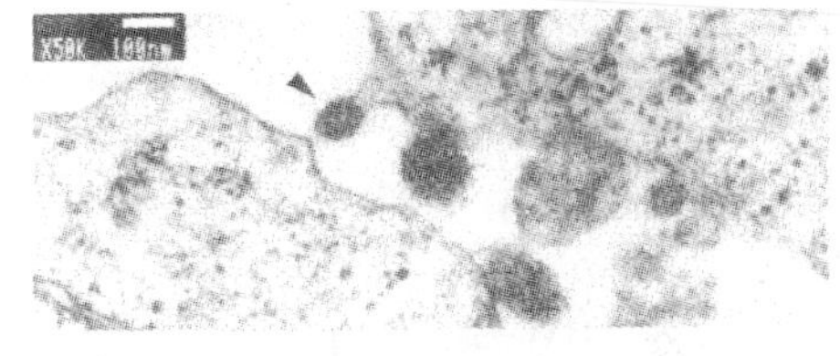

图 3 CM－1 细胞的电镜照片可见正在出芽的病毒颗粒

Arrow shows a virus particle budding from cytomembrane

Fig. 3 Electron micrograph of ultrathin section of the CM－1 cell

CM－2 细胞中的病毒颗粒明显较 CM－1 多，且激活的 CM－2 细胞比未激活的细胞多。许多 CM－2 细胞中还可见发达的环孔板，此现象常见于恶性肿瘤细胞中。

在细胞外间隙所见的大量病毒颗粒略呈球形，两层膜样结构（囊膜和核壳膜），包缠大致处于中心位置的一个电子致致密核心，也可见无致密核心的颗粒（图 4d）但在内质网池内的多数病毒颗粒无致密核心，仅个别可见小点状致密核心，病毒颗粒大小为 68.1～94.3 nm，平均为 81.2 nm。

五、病毒鉴别和检测

1. 血清学检测：用血清学方法检测了 CM－1 细胞中一些已知的病原，结果该细胞与 HIV－1、HTLV－Ⅰ和 EBV 等病毒抗血清的免疫反应均为阴性，表明此病毒与这些病毒无关。

又检测了 CM－1 供者病人的血清和脑脊液中的几种抗体，结果与 HIV－1 和 HTLV－Ⅰ病毒抗原的免疫反应均为阴性，说明该病人未受过这些病毒的感染。用 CM－2 细胞涂片检查 CM－1 供者的血清，发现存在低滴度（1∶20）抗体；而与 CM－2 供者的血清的免疫反应为阴性。

2. CM－1 细胞病毒基因检测：在 CM－1 细胞的 DNA 中，经核酸杂交试验，EBV W 片段、LMP 和 EBNA－1 均阴性；经 PCR 检测，不存在 HIV－1 和 HTLV－Ⅰ等病毒的基因。

六、逆转录酶活性 梯度密度离心得到的各部分，经 R1 活性检测，发现第 5 管样品有较高的 RT 活性，其放射性计数较本底高出几十倍。第 5 管的溶液蔗糖密度为 1.18 g/ml（图 5）。

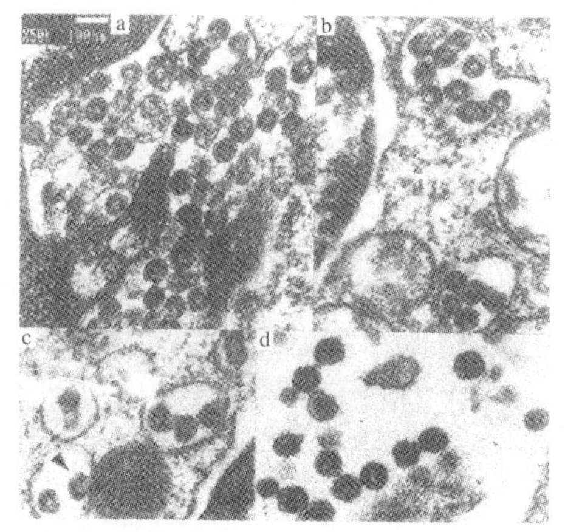

a. 扩张的粗面内质网中含有许多病毒颗粒；b. 除圆球形病毒颗料外，还可见个别双联体颗粒；c. 可见病毒颗粒正从粗面内质网膜向网池内在出芽形成；d. CM－2 细胞外病毒颗粒的超微结构和形态

图 4 CM－2 细胞的电镜照片

a. The vesicles of rough-surfaced endoplasmic reticulum enclose many virus particles. b. Globular virus particles and some coalecences of viruses are found. c. Arrow shows a virus particle that is budding from the membrane of rough-surfaced endoplasmic reticulum into cisters. d. Showing ultra-structure characteristic of viruses besides the CM－2 cell

Fig. 4 The electron micrograph of ultrathin section of the CM－2 cell

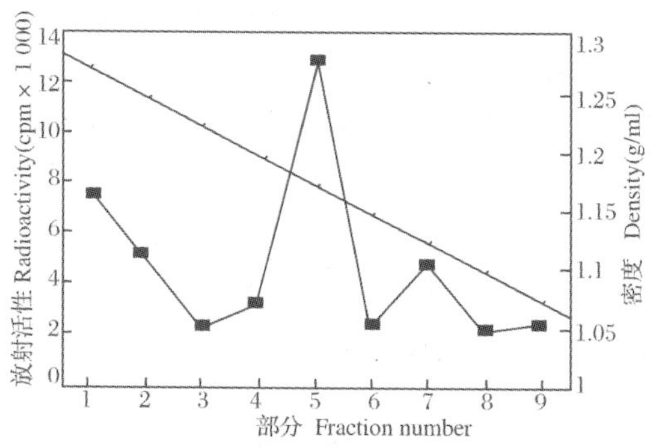

图 5 梯度密度离心后的 RT 活性分布

Fig. 5 RT activity distribution according to density after centrifugation in sucrose density gradients

讨 论

人 T 淋巴细胞的体外培养直到 20 世纪 70 年代末 80 年代初才有所突破，为此需要两个条件：一是在其生存的营养液中增加 T 淋巴细胞生长因子（IL－2），建立 IL－2 依赖性 T 淋巴细胞株；二是由人逆转录病毒感染 T 淋巴细胞，使之在体外获得永生。

我们从一位四肢瘫痪、昏迷的神经系统疾病病人获得外周血细胞，经长期培养建立了一株 T 淋巴细胞株，它生长旺盛，增殖速度很快，经 10 d 培养可增殖 50 倍，且无需加 IL－2 等生长因子就能体外快速繁殖。这说明该细胞培养液中有很多细胞自身产生的生长因子。

CM－1 和 CM－2 细胞接种至裸鼠皮下均可引起肿瘤，经组织学检查证明是恶性 T 淋巴瘤，具有高度恶化等生长特性。从电镜照片上看到的 CM－1 和 CM－2 细胞中的病毒颗粒，其超微结构形态特点类似于 C 型逆转录病毒。该病毒还具有逆转录酶活性。由此证明 CM－1 和 CM－2 细胞所含的病毒是一种逆转录病毒，具有很强的转化能力，可使 T 淋巴细胞在体外恶性转化成永生细胞系。经血清学、核酸杂交和 PCR 等方法检测证明，CM－1 细胞中不含本实验室常用的几种病毒如 HTLV－Ⅰ、HIV、EBV 等，说明不是实验室污染所致。

鉴于 CM－2 细胞较 CM－1 细胞含有更多的病毒颗粒，并且血清学研究证明，与 CM－1 细胞相比，CM－2 细胞对 CM－1 供者血清具有更高的抗原性，因此 CM－2 细胞更适合于用作免疫荧光法检测此种病毒抗体的抗原细胞。

目前，CM－1 供者还活着，只遗留一般的智力下降和活动能力差等后遗症，并无患肿瘤的征兆。究竟此种病毒与其他的疾病有无病因关系，尚需进一步研究。现在我们正试图采用免疫荧光法筛查所能收集到的各种疾病病人血清，以查明此病毒与何种疾病有关。同时正着于提纯该病毒，纯化该病毒的基因组并克隆和测序，从分子生物学角度进行研究。此病毒的命名和分类有待进一步研究。

〔原载《病毒学报》1994，10（2）：154－158〕

参 考 文 献

1 Hinuma Y, et al. Adult T－cell leukemia: Antigen in an ALT cell line and detection of antibodies to the antigen in human sem. Proc Natl Acad Sci USA, 1981, 78: 6476－6480

2 Miyoshi l, et a1. A novel T－cell line derived from adult T－cell leukemia Gann, 1980, 71: 155－158

3 Osame M, et al. Chronic progressive myelopathy associated with elevated antibodies to human T—lymphotropic virus type l and adult T－cell leukemia like cells. Ann Neurol, 1986, 21: 117

4 Bartholomew C, et a1. HTLV－1 and tropical spastic paraparesis. Lancet, 1986: 2: 99

5 蓝祥英，等．从白血病病人血中建立一株带有 HTLV－Ⅰ病毒的细胞株．待发表

6 蓝祥英，等．人嗜 T 淋巴细胞 I 型病毒与神经系统疾病关系的初步研究．病毒学报，1993，9：382－385

Establishment of Human Malignant T Lymphoma Cell Lines Carrying A Retrovirus

LAN Xiang－ying[1], ZENG Yi[1], ZHANG Dong[2], HONG Ming－li[1], WANG De－xin[2], ZHANG Yong－li[2], FENG Zi－jing[2], TANG Mei－hua[3], FEN Bao－zhang[3]

(1. Institute of Virology, CAPM Beijing; 2. Friendship Hospital, Beijing; 3. Institute of Hematology. CAMS)

We have established a IL－2 independent malignant lymphoma line (CM－1) from the peripheral blood T lymphocyte donated by a female patient with nervous system diseases. The biological characteristics of the CM－1 cells was studied in this paper. Peripheral T lymphocytes donated by a male patient with mulltiple scleriosis, could be transformed into a malignant lymphoma line by using filtered supematant of CM—l cultured medium, thus establishing the CM－2 cell line. The CM－1 and CM－2 cells when transplanted by subcutaneous－inoculation into nude mice, could cause typical malignant lymphoma. The electron micrographs revealed the existence of virions in the CM－1 and CM－2 cells, and these virions were similar to etrovirus in their ultrastructural characteristics. It was found that these cells possessed reverse transcriptase activity. Results obtained from serological assay probe hybridization and PCR excluded the existance of other human viruses which were commonly used in our laboratory. A1l results in this paper showed that this virus, which has the strong ability of malignant transtbrmation, probably is a new retrovirus. Meanwhile, works on the cloning and sequencing of the virus genome are being carried out.

〔**Key words**〕Human malignant T lymphoma line; Nude mice; Retrovirus

172. 从一例国内感染的艾滋病人分离人免疫缺陷病毒（HIV）

中国预防医学科学院病毒学研究所　赵永森　曾　毅
北京地坛医院　徐克沂　李兴旺

〔摘　要〕　从一例国内感染的艾滋病人采血，分离其外周血单核细胞（PMCs）。首先与正常的PMCs共培养，4周后检测其HIV－1p24抗原（ELISA）达到峰值。用此时的细胞及其上清分别感染Jurkat－tat、CEM、MT4细胞，可很快地在这3株细胞中检测到HIV生长。HIV在Jurkat－tat细胞中生长最好。同时用病人血清直接感染Jurkat－tat和MT4细胞，4周后检测其细胞上清HIV－1p24抗原（ELISA法）为阳性，但*A*值很低（约为PMC共培养组的一半）。用病人的少量全血与正常PMCs共培养，得到的结果与分离病人PMCs法相近。应用间接免疫荧光法（IFA）、免疫酶法（IEA）、蛋白印迹法及HIV－1 Pol基因和Env基因特异引物的聚合酶链反应（PCR）等证实为HIV－1病毒。分离的HIV在Jurkat－tat中连续传代，细胞被感染后2～3 d即出现以大量融合细胞为主的细胞病变，感染后7～10 d细胞几乎全部死亡。病毒在连续传代过程中的生长特征及致细胞病变特征不变。此病毒命名为CA－2毒株。

〔关键词〕　人免疫缺陷病毒；病毒分离

自1983年Montagnier分离到世界第一株HIV[1]至本文发稿时已有10年。这10年间，对HIV的研究日新月异，尤其在分子生物学方面，不仅精确测定了HIV的全基因序列，而且定位了其中和抗原决定簇、CD4结合位点等至关重要的基因区域[2,3]。但目前在世界范围内仍未找到防治艾滋病的有效办法；对HIV的变异和致病机理仍不十分清楚，能够高效地保护人群的HIV疫苗也很难在近期研制成功。在这种形势下，很多学者不得不重新转向病原学的研究，而分离病毒工作正是病原学研究的基础。自曾毅等在1987年分离到我国首株HIV以来[4]，本实验室一直进行HIV分离工作，分离病毒方法不断改进。首先用病人的外周血单核细胞（PMCs）或全血与正常人的PMCs共培养。前2 d培养液中加10%白细胞介素－Ⅱ（IL－2）及5 μg/ml的植物血凝素－P（PHA－P）。第3 d后改用含1% IL－2的培养液培养至第4周，检测其HIV－1p24抗原达强阳性时，取部分细胞与Jurkat－tat等对HIV敏感的传代细胞共培养。使分离HIV在传代细胞中不断传代生长。这一方法可以快速、高效地分离到病毒，易于克隆成株。国外尚无类似方法的报道。本实验正是应用这一方法，从一例国内感染的艾滋病人分离到HIV，并建立一株生长快、滴度高的病毒。本实验中的病人，未出过国，发现HIV抗体阳性时病情已经发展到艾滋病末期（血清HIV－1抗体和HIV－1p24抗原均阳性，CD4细胞计数为170/mm^3，CD4/CD8＝0.89）。估计从感染到发病大约3年时间。这次分离到的病毒生长快，可在Jurkat－tat细胞中连续高滴度传代，易于应用于抗原的生产和抗 HIV 药物鉴定等工作。有必要详细报道。

材料和方法

一、共培养的建立 购买正常人静脉血，常规分离 PMCs。用含 10% 小牛血清、1% IL－2、5 μg/ml PHA－P 的 RPMI 1640 生长液培养 3 d，备用。用上述方法分离病人 PMCs。1 号样品为病人 PMCs 与正常 PMCs1∶2 混合，2 号样品为 1 ml 病人全血与 1×10^{6} 正常 PMCs 混合。先用含 10% IL－2 和 5 μg/ml PHA－P 的生长液培养 2 d，然后换成含 1% IL－2 的生长液继续培养。

二、病人血清感染细胞 分别用 1 ml 病人血清感染备用的正常 PMCs（3 号）、Jurkat－tat 细胞（4 号）和 MT4 细胞（5 号），37℃培养 1 h，去掉血清，加入含 10% 小牛血清的 1640 生长液培养（3 号生长液中含 1% IL－2）。

三、分离到的病毒的传代 1 号样品培养 4 周时，其上清 HIV－1p24 抗原（ELISA 法）检测强阳性。取其部分细胞分别与 Jurkat－tat 细胞（6 号）、CEM 细胞（7 号）和 MT4 细胞（8 号）共培养。同时取 1 号上清感染上述 3 种细胞，分别为 9、10、11 号。

四、HIV－1 p24 抗原 ELISA 检测 用美国 ABBOTT 公司 HIV－1 AG 试剂盒检测培养物上清中的 HIV 抗原。

五、间接免疫荧光（IFA）及免疫酶法（IEA）检测 取少量待检细胞涂片，常规 IEA 和 IFA 法[5]检查细胞内有无 HIV 抗原。

六、蛋白印迹法 病毒在 Jurkat－tat 细胞内培养 3 d，取少量细胞，用 PBS 洗 3 遍。加少量蛋白提取液，冻融 3 次。加入等量的加样缓冲液，100℃煮 10 min，12% 聚丙烯胺蛋白电泳 4 h。蛋白转入硝酸纤维膜上。用小牛血清封闭后，用中国预防医学科学院生物技术服务公司生产的快速蛋白印迹试剂盒检测是否与 HIV 阳性血清反应，产生特异条带。

七、聚合酶链反应（PCR） 取少量培养细胞，提取全细胞 DNA 为模板，分别用 HIV Pol 基因（P1：5′－GGAAACCAAAAATGATAGGG－3′，P2：5′－ATTATGTTGACAGGTGTAGG3′），Env 基因（E1：5′－CACAGTACAATGTACACATG－3′，E2：5′－AAATGGCAGTCTAGVAGAAG－3′）的特异引物做 PCR。扩增后的 DNA 片段经凝胶电泳，根据相对分子质量大小确定是否为 HIV 特异性基因片段。

结　　果

1、2、3 号样品细胞培养至第 2 周时，显微镜观察可见融合细胞，以 1 号样品融合细胞数量多。此时用 ELISA 检测培养细胞上清中 HIV－1 p24 抗原则为阳性。至第 4 周，3 份样品内融合细胞巨大，且数量增多，检查 HIV－1 p24 抗原均为强阳性。4 号样品在培养至第 3 周时可见少量融合细胞，而 5 号样品则只是以细胞变大、生长缓慢、大量死亡为特点，检测 HIV－1 p24 抗原均为阳性（表 1）。将 1－5 号样品分别做 HIV－1 Pol、Env 基因特异引物 PCR 检测，以及 IFA 和 IEA 试验，结果均为阳性。这与 ELISA 结果相吻合。图 1（略）为 1－5 号样品 PCR 检测结果，图 2（略）是 1 号样品免疫荧光试验的结果（其他结果未列出）。

表1　细胞培养不同时间 HIV－1 p24 抗原检测（ELISA）

Tab. 1　HIV－1 p24Ag test（ELISA）during the course of cultivation

Sample No.	A 值（周）		A value（week）	
	1	2	3	4
1	0.384	1.011	－	2.832
2	0.245	0.577	－	2.736
3	－	0.484	－	2.663
4	－	0.401	－	1.150
5	－	0.346	－	0.879

－：未做。阴性对照 A 值＜0.100，阳性样品 A 值＞0.150

－：Not tested. Nagative control A＜0.100，positive samples A＞0.150

用1号样品培养第4周时的部分细胞分别与 Jurkat－tat、CEM、MT4 细胞共培养，分别为6、7、8号样品。2 d后，3份样品均出现大量融合细胞，1周时 ELTSA 检测 HIV－1 p24 抗原为强阳性。改用1号样品培养第4周的上清分别感染 Ju Nat－tat. CEM. MT4 细胞，即9、10、11号样品，9号样品在感染10 d时出现融合细胞，15 d时 HIV－1 p24 抗原 ELISA 检测强阳性，25 d后细胞大多死亡。10号样品出现融合细胞及 HIV－1 p24 抗原阳性值高峰比9号晚1周左右。11号则很少出现融合细胞，2周后其 HIV－1 p24 抗原 ELISA 检测 A 值呈下降趋势（表2）。

表2　细胞共培养法（A）与上清病毒感染法（B）的比较

Tab. 2　Comparation of coculture（A）and infection by HIV－1 p24 Ag positive supematant（B）

样品号 Sample No.	ELISA A 值	A	value of ELISA	样品号 Sample No.	ELISA A 值	A	value of ELISA
	1	2	4周（week）		1	2	4周（week）
A　6	2.691	2.867	2.867	B　9	1.415	2.843	*
7	2.467	2.858	2.884	10	1.313	2.071	NT
8	2.667	2.841	2.840	11	1.202	0.541	0.481

*：细胞死亡。NT：未做。阴性对照 A＜0.100，阳性样品 A＞0.150

*：Cell death. NT：Not tested. Negative control A＜0.100，Positive sample's A＞0.150

把6号样品中 HIV 作为第一代，用其上清感染正常 Jurkat－tat 细胞，生长的病毒为第二代，以此类推不断传下去，发稿时传至第10代，细胞病变程度无改变。

用分离到的 HIV 感染 Jurkat－tat 细胞，3 d后取部分细胞做蛋白印迹，与阳性血清反应的硝酸纤维膜分别在 gp160、gp120、gp41、p24、p55 等位置出现特异条带，而与阴性血清反应的硝酸纤维膜无上述特异带型（图3略）

讨　　论

分离病毒方法是以病原学和免疫学理论为基础的。目前虽然还不清楚 HIV 如何从生长慢、滴度低变为生长快滴度高的毒株，但是 David Ho 和 Roos 等发现[6,7]，从初次感染的 HIV 感染者分离到的病毒，在体外复制实验中只能在 PMC 和巨噬细胞中，而不能在 T 细胞系和传代细胞中复制，且不能传代。病程较长的 HIV 感染者，尤其是艾滋病人血中分离到的 HIV 不仅可以在 PMC 和巨噬细胞中很好地复制，也可以在 T 细胞中高效复制，并可以长期传代。因此，他们认为，HIV 感染的初期，病毒主要表现嗜巨噬细胞性，随着病程的发展病毒逐渐表现出噬 T 细胞性。本实验室以前的结果及国外报道[8,9]均表明，用 PMC 可以从

95%以上的 HIV 感染者分离到病毒。故本实验首先选用与 PMC 共培养方法分离病毒。从 3、4、5 号结果比较可见（表 1），PMC 比 Jurkat - tat 细胞更敏感。本实验的病人已发展为艾滋病，故用其血清分离病毒也获成功。

分离到的病毒在建株细胞中传代，本实验室以前使用的方法是用 HIV - 1 p24 抗原 ELISA 检测阳性的上清感染正常细胞，这样病毒要通过与 CD4 受体结合，进入细胞后反转录成 cDNA，再通过早期、晚期蛋白表达，病毒组装等过程才能释放出成熟病毒。如果宿主细胞对病毒不是十分敏感，在一个生长周期后可能释放出的病毒不多，连续这样传代，病毒滴度可能会不断下降甚至消失。本次实验采用部分 HIV 阳性的细胞与正常的传代细胞共培养，1 ~2 d 后便出现大量融合细胞，3 ~4 d 后其上清 HIV - 1 p24 抗原 ELISA 检测结果呈强阳性。这可能是由于共培养法使处于转录、表达的病毒通过细胞间紧密接触、细胞间物质交换、细胞融合等途径直接感染正常细胞，这样在建立共培养后较短时间，大量细胞便能够进行病毒基因表达并释放出大量成熟病毒，使病毒滴度大幅度提高。从表 2 中的 8 号、11 号可见，采用共培养法的 8 号样品在第 1 周时 HIV - 1 p24 抗原检测就达强阳性，且第 4 周时仍维持同一水平；而采用上清病毒感染的 11 号，第 1 周时 HIV - 1 p24 抗原 ELISA 检测的 A 值远远低于 8 号，且第 2 和第 4 周检测时其 A 值已呈下降趋势。

从本实验结果可见，首先用病人 PMC 与正常 PMC 共培养，HIV - 1 p24 抗原检测阳性后，取其部分细胞与敏感的传代细胞共培养，再连续传代。这一病毒分离方法对 HIV 十分敏感，使病毒滴度提高的时间快，效果好。但尚需更多的实验证实。

本实验的 HIV - 1 p24 抗原 ELISA 检测结果用 IEA、IFA 及 HIV 特异的 Pol 和 Env 基因引物 PCR 方法验证，都得到一致的结果。特别是用病毒感染的细胞做蛋白印迹证实，所分离到的病毒为 HIV - 1，命名为 CA - 2 毒株。

目前，本实验室正对此株病毒的免疫学特性、分子生物学特征进行研究。

〔原载《病毒学报》1994，10（1）：216 - 220〕

参 考 文 献

1 Barre - Sinoussi F，et al. Isolation of a T - lymphotropic retrovirus from a patient at risk for acquired immunodeficiency syndrome（AIDS）. Science，1983，220：868

2 Gurgo C，et al. Envelope sequence of two new United States HIV - 1 isolates. Virology，1988，164：531 - 536

3 Olshevsky U，et al. Structural analysis of CD4 - binding region of HIV - 1 gp120 mol ecule. VI International Conference on AIDS. Vol 3，Saturday. 23 June - Sunday，24 June，1990

4 曾毅，等. 我国首次从艾滋病人分离到艾滋病毒（HIV）. 中华流行病学杂志，1998，9：135 ~140

5 王哲，等. 人免疫缺陷病毒血清学诊断免疫酶法的建立及应用. 中华流行病学杂志，1990，11：243 - 248

6 朱托夫，等. Genotypic and phenotypic characterization of HIV - 1 in patients with primary infection. Science，近期发表

7 Roos M T L，et al. Viral phenotype and immune response in primary humman immmunodeficiency virus type - 1 infections. J Infect disease，1992，165：427 - 432

8 赵永森，等. 从 4 名人免疫缺陷病毒（HIV）感染者分离 HIV. 病毒学报，1994，10：8 - 13

9 Brooks Jacdson J，et al. Rapid and sensitive viral culture method for humman immunodeficiency virus type - 1. J Cinical Microbiology. 1988，26：1416 - 1418

Isolation of Human Immunodeficiency Virus (HIV) from A Chinese AIDS Patient Infected in Beijing

ZHAO Yong - sen[1], ZENG Yi[1] XU Ke - yi[2] LI Xing - wang[2]
(1. Institute of Virology, CAMP, Beijing; 2. Beijing Detan Hospital)

A more sensitive method for isolation of Human Immunodeficiency Virus (HIV) was set up in our laboratory. The patient's PMCs (or whole blood), were cocultured with normal PMCs. 10% interleukin - 2, 5 μl of phytohemagglutinin - p per were added into medium (stimulation medium) in the first three days. Then the cells were cultured with 1% IL - 2 in regular medium. The parallel group did not use the stimulatcom medium. When a large amount of HIV - 1p24 Ag was detected in the supernatant, some of the positivets cell were cocultured with normal Jurkat - tat CEM and MT4 cells. In the meantime, the patient's PMCS were also cocultured with these three cell lines directly. The mothod using stimulation medium was found to be more sensitive than the others. The results were confirmed by IFA, IEA, Western blot and HIV - 1 Pol and Env gene sequence PCR. The HIV - 1 isolated grew rapidly in Jurkat - tat cells and caused CPE. After 10 passages of growth, the characteristics of the virus kept stable.

〔**Key words**〕 Human immunodeficiency virus; Virus isolation

173. 我国云南德宏地区 HIV 感染者 HIV 毒株膜蛋白基因的序列测定和分析

中国预防医学科学院病毒学研究所　邵一鸣　赵全壁　王　斌　陈　筝　苏　玲　曾　毅
云南省卫生防疫站　赵尚德　张家鹏　　瑞丽市卫生防疫站　段一娟
德国累根堡大学医学微生物学和卫生学研究所　HELL Wolfgang　WOLF Hans

〔**摘　要**〕 1990 年和 1993 年，从云南瑞丽县感染 HIV 的静脉注射毒品者中采血，分离白细胞，用 PCR 方法扩增 HIV - 1 膜蛋白基因（env）并克隆。核苷酸序列分析由手工和 ABI 公司 DNA 序列分析仪进行。将云南瑞丽 HIV 毒株的 env V3 ~ V5 区序列与国际各亚型同源序列作比较，1990 年和 1993 年 HIV 毒株与 B 亚型的同源性均为最高。这表明云南瑞丽流行的 HIV 毒株属国际 B 亚型。经分析发现，在 1990 年的 10 个毒株的序列中，有 8 个是典型的 B 亚型序列，即 V3 环顶端的四肽是 GPGR，占 80%；而在 1993 年的毒株中，该型序列只见于 21 个样品中的 12 个，比例下降到 57%。与此同时，V3 环顶端的四肽为 GPGQ 的 B 亚型中的泰国基因型序列，则由 1990 年的 10%（1/10）上升到 1993 年的 29%（6/21）。进一步分析编码 GPGR 最末一个精氨酸密码子发展，CGA 与 AGA 比例由 1990 年的 1∶7 上升到 1993 年的5∶7。由于 CGA 比 AGA 更接近编码谷氨酰胺（Q）密码子 CAA，这种以 GPGQ 为特征的泰国基因型 B 亚型毒株，在该地区还可能进一步增高。这些数据提示，当地流行的 HIV 毒株 V3 环顶端的四肽在过去几年中由 GPGR 向 GPGQ 漂移，其原因尚不清楚。

〔**关键词**〕 人类免疫缺损病毒；静脉注射毒品者；env 基因；聚合酶链反应；序列测定；亚型

RNA 病毒基因的变异性早已被认识，其分子机制主要在于这类病毒的 RNA 聚合酶缺乏校正功能〔1〕。作为 RNA 病毒的人类免疫缺陷病毒（HIV）亦无例外，而且其基因变异在速度和广度上更为显著。这是因为 HIV 复制的 3 个过程（逆转录、正链 DNA 合成和转录）无一具有校正功能〔2〕。

HIV－1 基因高度变异的特点，造成其在世界大流行过程中产生了许多地区性亚型（subtype）。根据以往研究最多的 HIV－1 膜蛋白基因的变异，至少可分为 A－E5 个亚型〔3－6〕。A 和 D 亚型主要流行于中非和西非；C 亚型主要流行于非洲南部；B 亚型是北美、西欧等国家流行的主要型别；E 亚型则是新近在泰国性传播人群中发现的，当地静脉注射毒品人群（IDUs）中流行的为 B 亚型 HIV－1。

HIV－1 基因的变异和地区性亚型的分布一方面为分子流行病学研究提供了素材，使得我们有可能根据其基因差异追寻其传播的过程和途径；另一方面，又是 HIV 疫苗研究的必须课题，即寻找和研究当地流行株的变异情况和规律，根据当地流行株来研制适用于本地的 HIV 疫苗。自 1990 年起，我们就在云南瑞丽县 HIV 流行区从感染 HIV 的静脉注射毒品人群中分离病毒，检测生物学特性和做 gp120 V3 肽血清分型的工作〔7,8〕，采用 PCR 技术扩增、克隆 HIV 外膜蛋白基因〔9〕，并进行序列测定和毒株亚型分析，目的是进行分子流行病学研究和研制适用于该流行区的 HIV 疫苗〔10〕。现将结果报告如下。

材料和方法

一、对象及样品 研究对象为瑞丽县 HIV－1 抗体阳性的静脉注射毒品者。采静脉血，1990 年采 25 人，1993 年采 35 人，每人 5～10 ml，用淋巴细胞分离液分离单核细胞（PMCs），常规核酸提取方法提取细胞 DNA，溶于 TE 液，置 4℃备用。

二、PCR 设计合成多对 PCR 引物，扩增 H1V1 env 基因（详见表 1）。主要包括两组套式 PCR（nested PCR）引物：以 EP3 和 EP12 为侧扩增引物，按 96℃1 min 样品变性；95℃20 s 55℃ 90 s 和 72℃2 min，30 个循环，首先扩增细胞 DNA 样品。然后分别用引物 EP7 和 EP8 扩增 HIV－1、V3～V5 区，或用引物 PS1 和 PS21 扩增 HIV－1 整个 gp120 基因，反应条件同上。外侧扩增引物终浓度为 0.1 μmol/L，样品量相当于 5×10^4 个细胞提取的 DNA 量，于 50 μl 反应体积中；内侧（再次）扩增引物终浓度为 0.2 μmol/L，样品量取 1/10 的首次扩增产物。

PCR 产物经 1% 琼脂糖凝胶电泳，以相对分子质量标准物及阴性（健康人单个核细胞）和阳性（HIV 感染 MT4 细胞）扩增对照为参考，判断结果。

三、核苷酸序列测定

1. 引物：设计合成多个测序引物对整个 gp120 基因分段测序，间隔 230～300 个碱基对。由于在 EP7 和 EP8 PCR 引物序列中加入 M13 测序系统通用引物序列，对由 EP7 和 EP8 扩增的 HIV－1 env V3～V5 区片段可直接用柏林格公司 M13/Puc 正向和反向 17mer 测序引物进行测序（测序引物序列和基因定位详见表 1）。

表1　用于PCR和测序的引物

Tab. 1　Primers used for RCR and sequence analysis

引物 Primers	用途 Usage	走向 Orientation	序列 Sequence (5′-3′)	在env基因的定位 env gene location *
EP3	PCR	→	TTAGGCATCTCCTATGGCAGGAAGAAGCGG	-243
EP12	PCR	←	AGTGCTTCCTGCTGCTCCCAAGAACCCAAG	1553
EP7	PCR	→	TGTAAAACGACGGCCAGTCTGTTAAATGGCAGTCTAGC	823
EP8	PCR	←	CAGGAAACAGCTATGACCCACTTCTCCAATTGTCCCACA	1455
PS1	PCR	→	CGTCGCGAATTCAGAAGACAGTGGCAATGA	4
Ps21	PCR	←	CGTCGCTCTAGACTGCAGTCTTTTTTCTCTCTGCACCACTC	1432
F1	测序 Seq	→	TGTAAAACGACGGCCAGT	
R1	测序 Seq	←	CAGGAAACAGCTATGACC	
ENV-B	测序 Seq	→	GGTAGAACAGATGCATGAGG	254
ENV-b	测序 Seq	←	CCTCATGCATCTGTTCTACC	235
ENV-C	测序 Seq	→	CCAATTCCCATACATTATTG	480
ENV-c	测序 Seq	←	CAATAATGTATGGGAATTGG	461
ENV-D3	测序 Seq	→	CTGTTAAATGGCAGTCTAGCAG	602
ENV-d3	测序 Seq	←	CTGCTAGACTGCCATTTAACAG	581
ENV-F2	测序 Seq	→	GTGGAGGGGAATTTTTCTACTG	8.50
ENV-f2	测序 Seq	←	CAGTAGAAAAATTCCCCTCCAC	829
ENV-F	测序 Seq	→	CACAGTTTTAATTGTAGAGGAGAAT	840
ENV-f	测序 Seq	←	ATTCTCCTCTACAATTAAAACTGTG	816
ENV-G	测序 Seq	→	AGAAGTGAATTATATAAATATAAAG	1055
ENV-g	测序 Seq	←	CTTTATATTTATATAATTCACTTCT	1031

注：*定位数字根据A亚型env基因同源序列

* Location numbers was according to concensus subtype A HIV-1 env sequence

2. 模板：PCR扩增产物经低溶点琼脂糖电泳分离，Promega公司MagicTM PCR Preps DNA提纯试剂盒过柱提纯，分光光度计定量后作为测序模板。PS1和PS21扩增产物经引物5′端工具酶切点，克隆人Puc系列克隆载体和PVL系列表达载体（步骤从略），用Qiagen公司质粒提纯试剂盒，ABI公司核酸自动提纯仪提纯质粒DNA，作为测序模板。

3. 测序：手工测序使用柏林格公司M13测序试剂盒，Amersham公司〔^{35}S〕dCTP和Klenow酶，按手册进行测序反应。用Bio-Rad公司核酸序列分析仪走电泳，胶干后压片，-80℃过夜自显影。

自动测序使用脱氧终止物标记循环测序试剂盒（ABI公司），配合env系列测序引物，以及引物标记循环试剂盒（ABI公司），在PE公司PCR循环仪上用Taq酶进行测序反应，并在ABI公司373A型DNA序列分析仪测定序列。

四、序列分析　测得的样品序列用ABI公司的SeqEd软件进行编辑校正，最终序列是由正反两向引物测得的一致结果来确定的，可疑碱基由N代替。多个样品及其与国际A-E亚型同源序列，以及各亚型代表株的序列的比较和分析，使用威斯康星GCG公司软件包完成。具体分析包括：

①用 Pileup 程序进行多个序列的排列和绘制树状图；②用 Pretty 程序计算一组序列的同源序列；③用 Distances 程序计算一组序列的相似性；④用 Gap 程序计算两个序列的相似性。

结　　果

统计 31 株瑞丽 HIV－1 毒株 env 基因的 V3～V5 区编码的 130 个氨基酸序列，其排列和计算得到的同源序列见图 1。在 Pileup 程序绘制的树状图上（其水平枝长度与序列间的差异呈正比，距离越远差异越大），无论是 1990 年的一组 HIV－1 序列还是 1993 年的一组 HIV－1 序列，均靠近 B 亚型同源序列，偏离 A、C、D 和 E 亚型序列（图 2 与图 3）。由 DiSlante 程序计算的两组序列与 5 个国际亚型的同源性比较显示，1990 年及 1993 年两组瑞丽 HIV－1 序列与国际 B 亚型的同源性均为最高，比同期其他国际亚型高约 10 个百分点（表 2）。

比较 gp120 蛋白全基因序列也发现，瑞丽 HIV－1 毒株，如 1993 年 N28 株的 gp120 蛋白序列，与 B 亚型中的 SF2 株及 MN 株的相似性均在 90% 以上，与其他亚型毒株的相似性则在 80% 左右或更低。

对比 gp120 序列中最重要的抗原表位中和抗体决定簇所在的 V3 环序列（由 35 个氨基酸组成）。发现 V3 环顶端的四肽序列在 1990 年与 1993 年两组 HIV－1 毒株中有明显差异。1990 年 10 个 HIV－1 毒株中有 8 个是 GPGR，占 80%；而 1993 年的 21 个毒株序列中只有 12 个仍为 GPGR，比例下降到 57%，经统计学处理 P 值 <0.05，有显著性差异。与此同时，1990 年 HIV－1 序列中仅占 10% 的 GPGQ 序列至 1993 年已上升到 33%，增高幅度也很显著。进一步统计编码四肽末位氨基酸的密码子的变化发现，1990 年时编码精氨酸的主要是 AGA（7/8），CGA 只有一个。至 1993 年时，AGA 由原来的压倒优势已大大减弱到只占 12 个序列中的 7 个，CGA 增加到 5 个，两种密码子比例已很接近（表 3），显示出一种明显的倾向性。

```
          1                                                50
 N1.Dat   --d--l---- h-s----p-- ---td-l--- t-----t--- q---------
N10.Dat   --a--fs--- d--d--p--- ---------- ---------- ----------
N11.Dat   -t-------- dt-tt--t-- ---------l -----st--- -r--------
N12.Dat   -qa-a----- dt------t- ---s------ -----t---- ----------
N13.Dat   -a-------- d------t-- ---------- ---------- ----------
N14.Dat   -a-------- d------t-- ---------- ---------- ----------
N15.Dat   -a-------- d------t-- ---------- ---------- ----------
N16.Dat   ---------- d------t-- ---------- -a--i-s--- --v-------
N17.Dat   --g------- ---d-tr--- -------e-- ---------- r---sl----
N18.Dat   ---------- ---d------ -------e-- ---------- -rvpl---v
N19.Dat   ---------- ---d------ -------e-- ---------- -rvpl---v
 N2.Dat   --d------- n-----p--- -----d-l-- t-----t--- ----------
N20.Dat   ---------- ---d--r--- -------e-- --------i- ---sl-----
N21.Dat   ---------t --t-t-ts-- -----d-le- k-----tt-- --hl--q---
N22.Dat   -dd------- -ks-d-r--- --m---e--- -------tt- q-hl--q---
N23.Dat   ---------- ---d--r--- -----q-e-- ---------- r-hl--q---
N24.Dat   --d------- --s-d-r--- -----d-le- ---------- q-sl--k---
N25.Dat   ---------- --l-d-r--- ------e--- ---------- --sl--k---
N26.Dat   -d-------- ---d--r--- -------e-- ---------- --hl--q---
N27.Dat   ------l--- ---------- -------e-- t-v----s-- ---pl-k---
N28.Dat   ---------- ---d--r--- -------e-- ---------- ---hl-q---
N29.Dat   ---------- -------r-- -------e-- ---------- --hlr-q---
 N3.Dat   ---------- n-s----p-- -----d-l-- ---------- ----------
N30.Dat   ---------- ---d--r--- -------e-- ---------- --pl-l-k--
N31.Dat   ---------- ---------- ------e--- ---------- --pl--q---
 N4.Dat   ---------- n------t-- -----d-l-- ---------- ----------
 N5.Dat   --d----p-- h-s----p-- -----d-l-- t-----t--- q---------
 N6.Dat   --d----p-- n-s-t-p--- ---td-l--- ---------- ----------
 N7.Dat   -dd------- d--pt-t--- ---------- ---------- ----------
 N8.Dat   ---------- d------t-- ---------- ---------- ----------
 N9.Dat   ---------- d------t-- ---------- ------t--- ----------
Consensus LAEEEVVIRS SMFTNNAKVI IVQLNESVAI NCTRPNNNTR KSIYIGPGRA

          51                                               100
 N1.Dat   ---------- -k-------- ----t--d-- -n-------- -kplv-nq--
N10.Dat   ---------- -k-------- ---------- ----g----- -ktig-n-n-
N11.Dat   --p------- -k--h-x--- -h-x------ -tt-etsl-i ikqcl-sipq
N12.Dat   ---------- l-k------- ---------- ---------- -ktiv-tq--
N13.Dat   ---------- -k-------- -h-t------ -p-------- -ktia-tq--
N14.Dat   ---------- -k-------- ---------- an-------- -ktiv-tq--
N15.Dat   ---------- -k--h----- ----t----- a-n------- -ntiv-nq--
N16.Dat   s----v---- --k------- --t----d-- -ny-a----- t-aiv-sq--
N17.Dat   wy--e----- -------l-t t-----qk-- te-----a-- k--……
N18.Dat   wy-q------ -------l-s tk    h--- -t---h---- k--kqh-g
N19.Dat   wy-h------ ------hl-s tk----h--- ---------- t--kqh-g
 N2.Dat   ---------- ---------- ----t--d-- -n--d----- -kplv-nq--
N20.Dat   wy-q------ -------l-s t-----kk-- te-------- k--nr--g
N21.Dat   wy-qlv---- v------l-s -e-ts-k--- tg----v--- k--nq-g
N22.Dat   wy-p-qv--- -------l-s tk---n---- te----g--- ksl-ih-v
N23.Dat   wy--q----- -------l-s tk-t--k--- te-------- k---nq-g
N24.Dat   wf-q------ -------l-s tk-t--n--- t-n-kd---- --l-ne--g
```

```
N25.Dat    wf----q---    -------l-s    tk---t--n--   t-n--kd----   -----ne--g
N26.Dat    wy---q----    ------tl-s    tk-----q--    te--------    k----aq--g
N27.Dat    wy---q----    -------l-s    tk-----rl--   pe----h---    k----nq--g
N28.Dat    wy---q----    -------l-s    tk------k--   te-----h---   k----nq--g
N29.Dat    ly---d----    -------l-s    tk-h---q--    t----gdh-r-   k----aq--g
N3.Dat     ----------    --k-------    -------d--    ----------    -ktiv-nq--
N30.Dat    wya--q---     -------l-s    tk-s-i-k--    ae-------     k---tq--g
N31.Dat    wy---q----    -------l-s    tk-----k--    t---------    k----nq--g
N4.Dat     ----------    ---------     ------g--     -q-------     -ktivlnqp-
N5.Dat     ----------    --k------     ----t--d--    --t-------    -ktlv-nq--
N6.Dat     ----------    --n------     ----t--d--    -it-g-----    --plv-nq--
N7.Dat     -------l--    --k--d---     ----------    -nn-g----     -ktiv-gq--
N8.Dat     ------l--     --k--h---     -h-------     -nh----v--    -kpiv-nh-l
N9.Dat     ----------    --k------     -x-------     ----------    -ktiv-nh--
Consensus  FHTTGRIIGD    IRQAHCNISR    AQWNNTLEQI    VKKLREQFGN    NTIVFF-SSS

           101                         130
N1.Dat     -g--e-vm-s    -ncr-e---c    n-tq--nnt-
N10.Dat    lqgggtpqei    lvnwqqg-sn    lvrgggnssx
N11.Dat    eg--r......   .............  .............
N12.Dat    -gg-rbc-aq    -slsegn-st    vi-hncllsq
N13.Dat    -g--e-vm-s    -nc--g---c    n-tt--ppps
N14.Dat    -g--e-vm-s    -ncr-e---c    --pq--nnt-
N15.Dat    -g--e-vm-s    -ncr-xil-c    pptq--xxlh
N16.Dat    -g--e-vl-s    sssvagncst    vvhhnglilh
N17.Dat    .............  .............  .............
N18.Dat    -dpevam-sf    ive-n-stvi    hhnc-lvl..
N19.Dat    -dpevam-sf    t-g-e---cn    -sxlfn-tw.
N2.Dat     -g--e-vm-s    -ncr-e---c    n-tq---nnt-
N20.Dat    -dpeiem-sf    n-g-e---cn    -splfn-tw.
N21.Dat    -dpeivm-sf    n-g-e---cn    -s-lfn-twn
N22.Dat    -dpeivm-gf    n-g-e---cn    -s-lfn-twn
N23.Dat    -dpeivm-sf    n-g-e--cn     -s-lfn-twn
N24.Dat    -dleivm-sf    p-g-e-scn     -s-lfn-ig.
N25.Dat    -dleivm-sf    n-g-e--cn     -s-lfn-twn
N26.Dat    -dpeivxaqv    xlv--exx-c    p-sh-a-lap
N27.Dat    -dpeivm-rl    slve-n-ptg    h-aq-l-rp-
N28.Dat    -dpeivm-sf    n-g-e--cn     -s-lfivlg.
N29.Dat    -d........    ..........    ..........
N3.Dat     -g--e-vm-s    -ncr-e---c    n-tq--nnt-
N30.Dat    -dleivm-sf    t-g-e--cn     -s-lft-tw.
N31.Dat    -dpeivm-sf    n-g-e--cn     -s-lfn-lg.
N4.Dat     -g--e-vm-s    -ncr-e----c   n-tq--nnt-
N5.Dat     -g--e-vm-s    -nc--e---c    n-pq--nnt-
N6.Dat     -g--e-vm-s    -nc--e---c    n-tq--nnt-
N7.Dat     -g--pfvm-r    -pfv-ggi..    ..........
N8.Dat     rrg-rncnaq    vxlrrgvlpf    xxiqpxtgxs
N9.Dat     -g--e-vm-s    -tc--e---c    h-th-v-yfq
Consensus  G-DP-I-HH-    FC-GGFFFY-    TTQ-LFS-W
```

图 1　31 株瑞丽 HIV－1 gp120 V3－V5 区的排列和同源序列

Fig. 1　Alignment and consensus sequence of gp120 V3 to V5 region of 31 Ruili HIV－1 strains

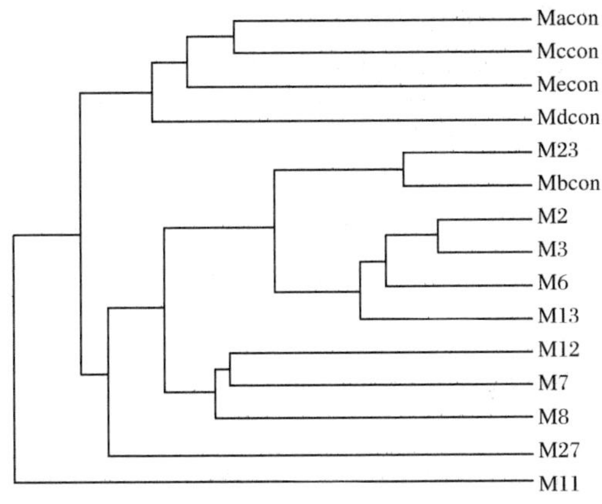

该树状图根据每一序列 gp120 V3～V5 区的 130 个氨基酸绘出

图 2　1990 年 10 株瑞丽 HIV－1 与 5 个国际亚型同源序列的树状图

The dendrogram is plotted according to 130 amino acid sequence of gp120 V3 to V5 region of each individual sequence

Fig. 2　Dendrogram of 10 Ruili HIV－1 strains of 1990 with 5 international subtype consensus sequences (Macon－Mecon)

与上述 GPGR 和 GPGQ 比例在 3 年间，在同一地区 HIV－1 毒株群体中显著改变形成对比的是，GPGK 序列的比例保持稳定。

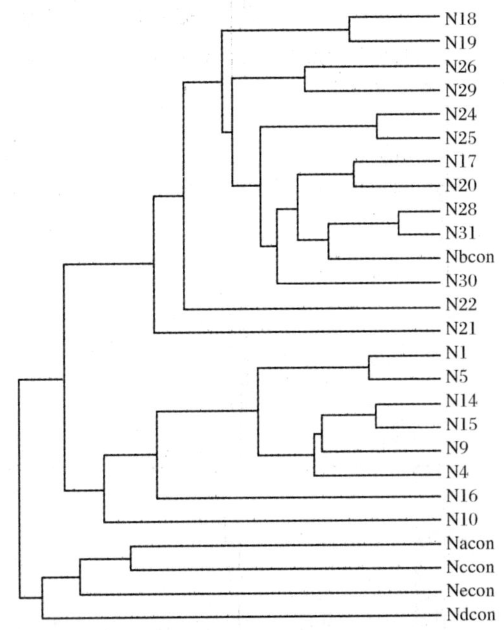

该树状图根据每一序列 gP120 V3～V5 区的 130 个氨基酸绘出

图 3　1993 年 21 株瑞丽 HIV－1 与 5 个国际亚型同源序列的树状图

The dendrogram is plotted according to 130 amino acid sequence of gPl20 V3 to V5 region of each individual sequence

Fig. 2　Dendrogram of 21 Ruili HIV－1 strains of 1993 with 5 international subtype consersus sequences (Nacon－Necon)

表 2　瑞丽 HIV－1 毒株序列与 A～E 国际亚型同源序列的同源性比较

Tab. 2　Homology of Ruili HIV－1 sequences with international subtypes A to E consensus sequences

瑞丽 HIV－1 毒株序列 Ruili HIV－1 sequences	5 株国际亚型的同源序列 Consensus sequences of five international HIV－1 subtypes				
	A	B	C	D	E
1990（$n=10$）					
平均值 Average（%）	74.7	84.9	73.2	71.1	73.9
范围 Range（%）	（63～81）	（69～92）	（59～80）	（62～83）	（64～77）
1993（$n=21$）					
平均值 Average（%）	76.75	87.2	76.24	75.27	76.36
范围 Range（%）	（71～82）	（81～93）	（68～81）	（67～83）	（71～80）

序列的同源性是经 GOG distance 程序计算 130 个（V3～V5 区）氨基酸序列而获得的

Homology was calculated by GOG distance programme based on 130 amino－acids sequence（V3－V5）

表 3　瑞丽 HIV-1 毒株 V3 环顶端四肽随时间变迁的漂移

Tab. 3　Shift of the tetrapeptides on tip of the V3 loop of Ruili HIV-1 strains with times

四肽序列 Tetrapeptides sequence	四肽第 4 位氨基酸的统计数据 Statistics for the fourth amino acid of tetrapeptides					
	1990 年瑞丽 HIV-1 序列 Ruili HIV-1 sequences of 1990（$n=10$）			1993 年瑞丽 HIV-1 序列 Ruili HIV-1 sequences of 1993（$n=21$）		
	密码子 Codon	个数 No.	合计 Subtotal	密码子 Codon	个数 No.	合计 Subtotal
GPGR	AGA	7		AGA	7	
	OGA	1	8（80%）	CGA	5	12（57.1%）
GPGQ	CAA	1		CAA	5	
			1（10%）	CAG	2	7（33.3%）
GPGK	AAA	1	1（10%）	AAA	2	2（9.5%）

讨　　论

我国现有的唯一的 HIV 流行区是西部边境的云南省德宏地区。由于历史习俗和毗邻的“金三角”是毒品生产、加工和贩运地带，当地居民自 20 世纪 80 年代后期逐渐从口吸毒品发展到静脉注射毒品。1989 年首次在德宏自治州瑞丽县静脉注射毒品人群中发现 HIV 感染[10]。我们自 1990 年开始在该地区从事 HIV 分离培养、生物学鉴定、血清学分型等研究工作。用根据国际 HIV 名主要亚型序列合成的 15 个毒株 V3 肽，检测了德宏边境几个县市 HIV 感染者的 100 余份血清，发现当地感染者与 A、C 和 D 亚型毒株 V3 肽反应率很低，为 0~50%，平均 10%~20%[8]，而与 B 亚型毒株 V3 肽的反应很强，如与其代表株 MN 和 SF2 的反应均在 80% 以上。这一结果提示该地区流行的 HIV 毒株属 B 亚型。

本文研究结果证实了上述推测。对瑞丽县 1990 年和 1993 年 HIV 流行毒株的序列充分显示，当地 1990 年开始流行至 1993 年仍在传播的 HIV-1 毒株均为国际 B 亚型 HIV 毒株。这与美国 CDC 报道的在泰国静脉注射毒品人中流行的也是 B 亚型的结果相吻合[6]。流行病学资料提示，流行于云南德宏注射毒品人群的 HIV-1 是始于泰国，随吸毒和贩毒途径直接或经缅甸传人。

然而，瑞丽县流行的 HIV-1 毒株与泰国流行于注射毒品人群中的毒株虽同属 B 亚型，但不完全一样，后者在 V3 环顶部四肽主要是 GPGP，这被称为泰国基因型 B 亚型 HIV-1[11]。瑞丽 HIV-1 毒株无论在 1990 年还是 1993 年，V3 环顶端四肽均是以 GPGR 为主。这就可以解释为何泰国注射毒品 HIV 感染人群的血清与 B 亚型代表株 MN V3 肽反应不足 30%[12]，远低于瑞丽注射毒品 HIV 感染人群。可以想象，V3 环顶端氨基酸是抗体结合位点，其构成的改变将直接影响到与血清抗体的反应性。

我们的研究还发现，瑞丽 HIV-1 毒株 V3 环顶端四肽序列可随时间推移而发生漂移，由 GPGR 这一典型的国际 B 亚型 HIVI 序列，向 GPGQ 这一泰国基因型 B 亚型 HIV-1 转变的明显倾向。GPGR 序列毒株的比例的降低有显著的统计学意义。我们还发现，目前仍为 GPGR 序列毒株的精氨酸密码子，由以 AGA 为主转变为 CGA 和 AGA 比例接近的现象。考虑到 CGA 比 AGA 更接近谷氨酰胺（Q）密码子 CAA 的事实，这种 CGA 比例的明显增高，提示着不断向 GPGQ 序列漂移的倾向。因而以 GPGQ 为 V3 顶端四肽的泰国基因型 B 亚型 HIV－1 毒株，在瑞丽 HIV－1 毒株中的比例还有可能进一步升高。目前我们正在进一步观察和研究这一基因序列漂移现象，以及其分子机制和生物学效应。

云南瑞丽 HIV－1 流行株虽属国际 B 亚型，但其 env 基因序列仍有其独特性，与国际 B 亚型及泰国基因型国际 B 亚型均有不同。在 HIV－1 疫苗研制中必须了解和研究当地流行毒株的基因亚型，特别是其变异规律。我们在进一步跟踪研究瑞丽 HIV－1 env 基因变异规律和趋向的同时，已克隆了多株瑞丽 HIV－1 env 基因，并选择其中与该地区流行毒株同源序列（图 1）相近的毒株，在昆虫细胞中表达了其编码的 gp120 蛋白（结果将另文报道）。目前正在将这些毒株的 env V3 区插入 HIV－1 gag 颗粒样抗原表达载体[13]，研制在 gag 颗粒表面带有一个和多个瑞丽 HIV－1 V3 区的嵌合抗原，以 gag 颗粒提供基础免疫和免疫佐剂之功效，瑞丽毒株 V3 区激发对当地流行株的中和抗体和特异性 T 细胞免疫。

〔原载《病毒学报》1994，10（4）：291－299〕

参 考 文 献

1 Steirthamr D A and J J Holland. Rapid evolution of RNA Viruses. Ann Rev Micmbiol, 1986, 41: 409－433

2 Ricchati M and H Buc. Reverse ranscriptases and genomic variability the accuracy of DNA replication is enzyme specific and sequence dependent. EMBO J, 1990, 9: 1583－1593

3 Myers G, et a1. Human Retroviruses and AIDS 1993. Los Alamos, New Mexico: Los Alarum National Laboratory, 1993

4 Kalish M L, et a1. Global HIV－1 genetic diversity: analysis of variation in the envelope (env) gene of isolates from 14 countries. IX International Conference on AIDS, Berlin, 6－11 June 1993, Abstract no. WSA07－1

5 Kalish M L, el al. Global HIV－1 diversity, transmission, and identification of a new envelope subtype. First National Conference on Human Retroviruses and Related Infections, Washington, DC, 12－16 December 1993, Abstract no 290

6 OU C－Y, et al. Wide distribution of two subtypes of HIV－1 in Thailand. AIDS Res Hum Retrovir, 1992. 8: 1471－1472

7 邵一鸣，等．从云南艾滋病病毒（HIV）感染者分离 HIV. 中华流行病学杂志，1991，(12)：129－135

8 邵一鸣，等．中国及国外某些地区 HIV 感染者血清 HIV－1 gp120 V3 肽反应的比较研究．中华微生物和免疫学杂志，1993，13：1－5

9 邵一鸣，等．套式聚合酶链反应在 HIV－1 检测中的应用．病毒学报，1993，(9)：261－267

10 马瑛，等．首次在我国吸毒人群中发现艾滋病毒感染者．中华流行病学杂志，1990，11：184－185

11 OU C Y, et a1. Independent introduction of two major HIV－1 genotypes into distinct high－risk populations in Thailand. The Lancet, 1993, 341: 1171－1174

12 Pau C P, et a1. Highly specific V3 peptide enzyme immunoassay for semtyping HIV－1 specimens from Thailand. AIDS, 1993, 7: 337－340

13 Wagner R, et a1. Assembly and extracellular release of chirneric HIV－1 Pr55 gag retrovirus－like particles. Virology, 1994, 200: 162－175

Sequence Analysis of HIV env Genes among HIV Infected Drug Injecting Users in Dehong Epidemic Area of Yunnan Province, China

SHAO Yi – ming[1], ZHAO Quan – bi[1], WANG Bin[1], CHEN Zheng[1], SU Ling[1], ZENG Yi[1], ZHAO Shang – de[2], ZHANG Jia – peng[2], DUAN Yi – juan[3], HELL Wolfgang[4], WOLF Hans[4]

(1. Institute of Virology, CAPM, Beijing; 2. Yunnan Sanitation and Anti – epidemic Station; 3. Ruili Sanitation and Anti – epidemic Station; 4. Institute of Medical Microbiology and Hygiene, Regensburg, Gemany)

Dehdng bordering on Myanma in Yunnan province is China's only HIV epidemic region, where about 70% of the country's total HIV infection were detected among local drug injecting users (IDUs). Blood samples were collected from the local HIV infected IDUs in 1990 and 1993. HIV – 1 env genes were amplified from uncultured PMC and cloned. Sequencing was conducted both manually and by using an automatic DNA sequencer (ABI, 373A).

HIV – 1 subtype B viruses were found in all of the uncultured PMC samples according to their env V3 to V5 region. In comparison with the consensus sequence of international subgroups, the local HIV sequences from both 1990 and 1993 have the highest homology to subtype B. This is in agreement with our former report that the HIV – 1nfected persons predominanfly reacted with V3 peptide of North American HIV strains and much less to that of other regions.

The more typical subtype B variants (all with a GPGR V3 – tip tetrapeptide) constituted 8 of 10 samples (80%) in 1990, but only 12 of 21 samples (57%) in 1993. The proportion of subtype B/Thai genotype B (With a consensus GPGQ motif) increased from 10% (1 of 10) in 1990 to 29% (6 of 21) in 1993. While among the samples with GPGR V3 – tip, the ratio for the terminal arginine codon CGA to AGA also increased from 1∶7 in 1990 to 5∶7 in 1993. Since CGA is closer to the codon CAA of glutamine than AGA, the proportion of Thai genotype B virus might further increase in the future. These data suggest that for unknown reasons there is a drift from GPGR to GPGQ of the tetrapeptide on the V3 – loop tip of local HIV strains with times.

〔**Key words**〕HIV; IDUs; env gene; PCR; Sequencing; Subtype

174. 用聚合酶链反应检测 T 细胞白血病/淋巴瘤中 HTLV – I 前病毒 DNA

中国预防医学科学院病毒学研究所　陈国敏　张永利　曾　毅

江西医学院　何士勤　中国医学科学院协和医院　王　柠

〔**关键词**〕　聚合酶链反应（PCR）；人 T 淋巴细胞病毒 I 型（HTLV – Ⅰ）；前病毒；基因整合

目前，国内对人 T 淋巴细胞病毒 I 型（HILV – I）感染的检测主要是采用血清学方法[1,2]，然而，要检测细胞或组织中的 HTLV – I前病毒基因的整合，常规的血清学方法受到限制。为此，我们建立了敏感特异的聚合酶链反应（PCR）方法，对急性白血病、T细胞恶性淋巴瘤（蕈样霉菌病）和神经系统疾病（脊髓病）进行了HTLV－Ⅰ前病毒的DNA的检测。

我们从各医院收集了80例急性白血病病人的外周血，4例T细胞恶性淋巴瘤石蜡包埋标本和14例脊髓病病人外周血，用带有HTLV－Ⅰ病毒的MT－2细胞株作为阳性对照，3例正常人标本作为阴性对照，其中2例是外周血，1例是石蜡包埋标本。

经离心沉淀收获MT－2细胞，加入细胞裂解液（含200 μg/ml蛋白酶K），37℃过夜。95℃加热10 min，1500 r/min离心10 min，收集上清。作为模板DNA的外周血标本均需经分离液分离出淋巴细胞，再加入细胞裂解液，余下提取DNA方法与上述相同。石蜡包埋标本用二甲苯脱蜡，无水乙醇洗涤，待沉淀干燥后加入组织裂解液（含200 μg/ml蛋白酶K），55℃ 4～5 h，95℃加热10 min，离心，弃沉淀，上清即为模板DNA。根据文献〔3－6〕报告的HTLV－Ⅰ和HTLV－Ⅱ基因序列，选择特征区段设计合成各一对引物，分别为Pol 1.1/3.1和Pol 1.2/3.2，其位置和序列如下：

HTLV Ⅰ Pol 1.1，4782－4805 TTG TAG AAC GCT CTA ATG GCA TTC

HTLV Ⅰ Pol 3.1 4917－4895 TGG CAG TTG GTT AAC ACA TTG AGG

HTLV Ⅱ Pol 1.2.4758－4780 CCT GGT CGA GAG AAC CAA TGG TG

HTLV Ⅱ Pol 3.2，4895－4872 CCA CTG GGG TTC ATG ACA TTT AGC

设计的HTLV－Ⅰ引物的扩增产物为135 bp，HTLV－Ⅱ引物的扩增产物为137 bp。

在0.5 ml离心管内，加入0.5 μg模板DNA，加热100℃5 min，立即放入冰浴1 min，然后加入PCR反应缓冲液，引物对，4×dNTP，2.5单位Taq酶，加水至终体积50 μl，混匀，在PE公司生产的PCR热循环仪上进行30个循环放大。取10 μl PCR放大产物，用2%琼脂糖进行电泳，在紫外线灯下观察扩增后的特异性DNA条带。

80份急性白血病标本经PCR检测，只有3份为HTLV－Ⅰ Pol基因阳性，其余均为阴性（见图1，图1只列出7份标本的检测结果）。阳性标本扩增产物的相对分子质量与MT－2阳性对照相一致，经与pBR322/BstNl相对分子质量标准比较，该核酸带与设计的产物135 bp大小一致。正常对照标本的结果均为HTLV－Ⅰ和HTLV－Ⅱ阴性。

图2为4份T细胞淋巴瘤的PCR检测结果，其中只有1份为HTLV－Ⅰ扩增产物阳性，HTLV－Ⅱ扩增，产物阴性。HTLV－Ⅰ扩增产物为单一条带，和MT－2阳性对照一致；与pBR322/BstNl相对分子质量标准比较，此条带与设计的产物相吻合。其余的标本和正常对照均为HTLV－Ⅰ阴性，HTLV－Ⅱ全部阴性。

PCR检测的14份神经系统疾病标本结果均为HTLV－Ⅰ和HTLV－Ⅱ阴性。HTLV是C型逆转录病毒，分为Ⅰ和Ⅱ型。同HIV一样，此病毒一经感染细胞便以前病毒的形式随机整合到细胞DNA中，从感染至发病长达数十年。在这期间，感染者常无任何临床表现，此时很难从感染者的血清中查到HTLV，只能通过PCR方法扩增前病毒DNA。但是，HTLV－Ⅰ和HTLV－Ⅱ的基因序列具有较高的同源性（约65%），因此，经与原型病毒序列比较分析证明，我们选择的两对引物具有型特异性，扩增的产物位于Pol区。该区可编码病毒复制所必需的逆转录酶，具有较高的保守性。我们的实验结果也证实了这两对引物的特异性，扩增产物的大小与理论值吻合。

以前我们对神经系统疾病的血清学调查结果表明，HTLV－Ⅰ抗体阳性率为2.3%[7]。但本次实验所收集的14份神经系统疾病标本PCR结果均为阴性，很可能是我们收集的标本在数量和种类都较少的缘故。关于 HTLV－Ⅰ与该病的关系尚有待进一步研究。急性白血病和 T 细胞恶性淋巴瘤的检测结果表明，HTLV－Ⅰ前病毒基因的整合很可能与其中少部分人发病有关。

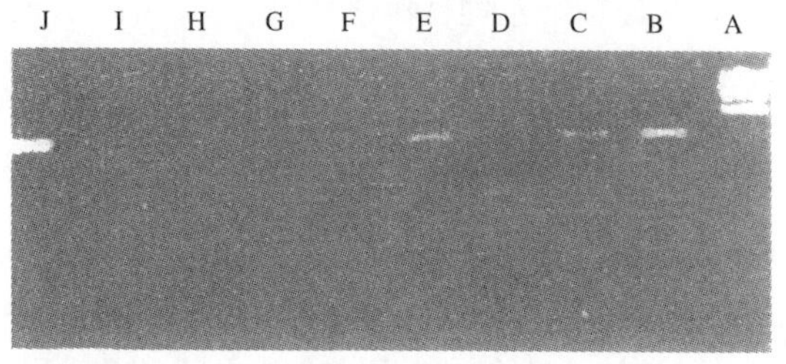

A. DNA 相对分子质量标准 pBR322/BstNI；B～H. 7 份病人标本；I. HTLV－Ⅰ阴性对照；J. HTLV－Ⅰ阳性对照

图 1　HTLV－Ⅰ PCR 检测 7 份急性白血病标本

A. DNA size marker pBR322/BstNI；B－H. 7 specimens from patients；Ⅰ. HTLV－Ⅰ negative control；J. HTLV－Ⅰ positive control

Fig. 1　HTLV－Ⅰ PCR results of 7 specimens from patients with acute leukemia

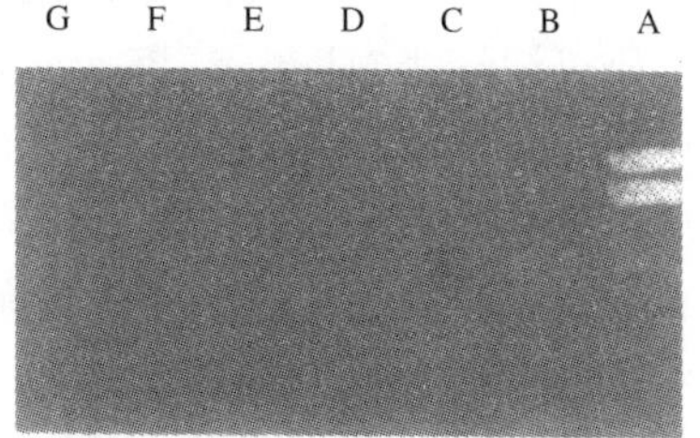

A. DNA 相对分子质量标准 pBR322/BstNl；B. HTLV－Ⅰ阳性对照；C～F. 4 份病人标本；G. HTLV－Ⅰ阴性对照

图 2　HTLV－I PCR 检测 4 份 T 细胞淋巴瘤标本

A. DNA size marker pBR322/BstNI；B. HTLV－I positive control；C－F. 4 specimens from patients；G. HTLV－I negative control

Fig. 2　HTLV－Ⅰ PCR resutls of 4 specimens from patients with T—cell tymphoma

本实验建立的 PCR 方法敏感，简捷，特异，对今后应用于临床诊断和深入探讨白血病及 T 细胞恶性淋巴瘤发生的分子机理，提供了必要的实验手段。

〔原载《病毒学报》1994，10（4）：366－368〕

参　考　文　献

1　曾毅，等．成人 T 细胞白血病病毒抗体的血清流行病学调查．病毒学报，1985，（1）：344－348

2　吕联煌，等．福建省沿海地区人类 T 淋巴细胞白血病病毒小流行区的发现．中华血液学杂志，1989，（10）：225－228

3　Kwok S, et al. Enzymatic amplification of HTLV－I viral sequences from peripheral blood mononuclear cells and infected tissue. Blood, 1988, 72: 1117－1123

4　Duggan D B. et al. HTLV－Ⅰ－induced lymphoma mimicking Hodgkin's disease: diagnosis by polymerase chain reaction amplification of specific HTLV－Ⅰ sequences in tumor DNA. Blood, 1988，71：1027－1032

5　Ehdich G D, et al. Prevalence of human T－cell leukemia/lymphoma virus（HTLV）type Ⅱ infection among high risk individuals：type－specific identification of HTLVs by polymerase chain reaction，Blood，1989，74：1658－1664

6　Abbott M. A, et al. Enzymatic gene amplification: quantitative methods for detecting proviral DNA amplified in vitro. J lnf Dis, 1988, 158: 1158－1169

7　蓝祥英，等．人嗜 T 淋巴细胞 I 型病毒（HTLV－Ⅰ）与神经系统疾病关系的初步研究．病毒学报，1993，（9）：382－385

Detection of HTLV – Ⅰ Proviral DNA from Patients with T – Cell Leukemia/Lymphoma by Polymerase Chain Reaction

CHEN Guo – min[1], HE Shi – qin[2], WANG Ning[3], ZHANG Yong – li[1], ZENG Yi[1]
(1. Institute of Virology, CAPM, Beijing; 2. Jiangxi Medical College; 3. PUMC Hospital;)

The HTLV – Ⅰ proviral DNA in healthy individuals and the patients with T – cell leukemia/lymphoma and neurological diseases were detected by using the polymerase chain reaction (PCR). Two type – specific primer pairs were designed from the conserved Pol regions of HTLV – Ⅰ and HTLV – Ⅱ proviral DNA. Three of 80 specimens from patients with T – cell leukemia were PCR – positive for HTLV – Ⅰ. All 80 specimens were PCR – negative for HLTV – Ⅱ. One of 4 specimens from patients with malignant lymphoma was PCR – positive for HTLV – Ⅰ and all 4 specimens were PCR – negative for HTLV – Ⅱ. Three specimens from healthy individuals and 14 specimens from patients with neurological diseases were all PCR – negative for both HTLV – Ⅰ and HTLV – Ⅱ. As new sensitive and specific molecular technique, the PCR method is one of the best clinical diagnosis of human leukemia/lymphoma.

〔**Key words**〕 PCR; HTLV – Ⅰ; Provirus; Gene integration

175. 2′, 3′ – 双脱氧 – 3′ – 叠氮 – 5 – 甲基 – 2 – N – 烷基异胞苷的合成及抗 HIV – 1 活性

中国科学院上海有机化学研究所生命有机化学国家重点实验室　陈耀全　林金来　曾福全
中国预防医学科学院病毒学研究所　李泽琳　曾　毅　马　林

〔**关键词**〕 2′, 3′ – 双脱氧 – 3′ – 叠氮 – 5 – 甲基 – 2 – N – 烷基异胞苷; HIV – 1; 艾滋病

自 2′, 3′ – 双脱氧 – 3′ – 叠氮胸苷［简称 AZT（1）］作为艾滋病的第一个治疗剂在 20 世纪 80 年代初在美国面世以来，为了提高它的疗效，改善它的不良反应，各国化学家和药学家合成并评价了它的许多衍生物和类似物[1]。我们从 1989 年开始，以 AZT 为原料，制备了一系列 2′, 3′ – 双脱氧 – 3′ – 叠氮 – 5 – 甲基 – 2 – N – 烷基异胞苷（4a – f），并以 AZT 为对照化合物，在 HIV – 1 感染的 MT4 细胞株上观察了它们的抗 HIV – 1 活性[2]。本文报道我们的研究结果。

化学合成

从 AZT 开始[1]，经过 3 步反应[3]合成了目的化合物。其反应式如图 1。

AZT（1）的无水吡啶溶液在室温与甲基磺酰氯（MsCl）反应，得化合物 2（产率 81%），2 在无水乙腈中用 1，8 – diazabicyclo［5. 4. 0. ］undec – 7 – ene（DBU）处理得 3。

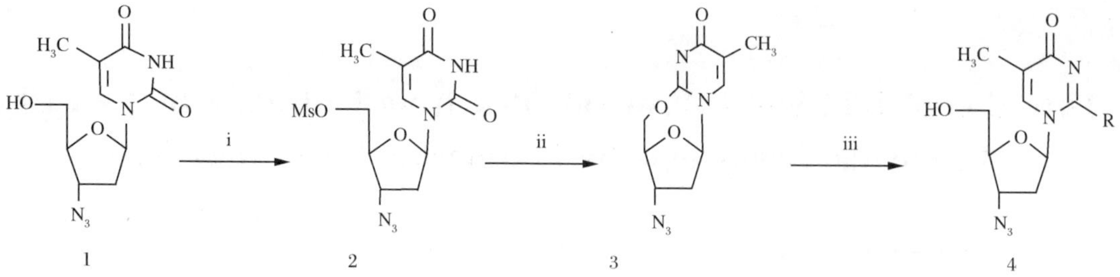

4 中 R 为 a. CH_3NH_2，b. $C_2H_5NH_2$，c. （CH_3）$_2CHNH_2$，d. C_6 H_{11} NH_2，e. $HOCH_2CH_2NH_2$，f. [O N]

i. MsCl/Py，ii. DBU/CH_3 CN，iii. amines/CH_3CN

图 1　目的化合物反应式

化合物 3 和胺溶于无水乙腈，室温搅拌，产物经硅胶柱层析纯化，得白色无定形粉末 4a—f，产率为 45% ~61%。

EI 和 FAB MS 用 VG Quattro 质谱仪，NMR 用 Bruker AM－300 核磁共振仪测定。

4a. f 的理化数据为：

4a. EIMS（m/z）：281（M＋），140（base＋2H）＋. ^{1}H NMR（$CDCl_3$）δ（μg）：7.52（1H，s，br，NH），6.96（1H，s，H6），5.52（1H，m，H1,），5.34（1H，br，5′－OH），4.57（1H，m，H3′），4.01（3H，m，H4′，H5′）2.85（3H，s，N－CH_3），2.75，2.18（2H，m，H2′），1.88（3H，s，5－CH_3）。

4b. El MS（m/z）：294（M＋），153（base＋H）$^+$. ^{1}H NMR（$CDCl_3$）δ（μg）：7.37（1H，s，br. NH），7.02（1H，s，H6），5.56（1H，m，H1′），4.80（1H，br，5′－OH,）4.55（1H，m，H3′），3.96（3H，m，H4′，H5′），3.36（2H，m，N－CH_2），2.75，2.19（2H，m，H2′），1.88（3H，s，5－CH_3），1.15（3H，m，N－C－CH_3）。

4c. EI MS（m/z）：308（M＋），266（M－iPr）$^+$，167（base）$^+$. ^{1}H NMR（$CDCl_3$）δ（ppm）：7.04（1H，s，H6），6.87（1H，s，br，NH），5.55（1H，m，H1′），4.63（1H，m，H3′），4.35（1H，m，H4′），3.96（3H，m，$H^5$and iPr－CH），3.45（1H，s，br，5′－OH），2.77 and 2.23（2H，m，H2′），1.95（3H，s，5－CH_3），1.20（6H，iPr－CH_3）。

4d. FAB MS（m/z）：349（M＋），206（base$^+$）.1H NMR（$CDCl_3$）δ（μg）：6.08（1H，m，H_1），4.33（1H，m，H3′）3.30－3.42（3H，m，H4′＋H5′），3.19（1H，m，cyclohexyl－CH），2.49（2H，m，H2′），1.93（3H，s，5－CH_3），1.70（10H，m，cyclohexyl，CH_2）。

4e. EI MS（m/z）：310（M^+），168（base$^+$），150（base－H_2O）$^+$. 1H NMR（DMSO－d_6）δ（μg）：7.54（IH，s，H6），5.86（1H，m，H1′），5.40（1H，br，5′－OH），4.45（1H，m，H3′），3.83（1H，m，H4′）3.62（2H，m，H5′），3.46（2H，N－CH_2），3.28（2H，m，N－C－CH_2），2.45，2.35（2H，m，H2′），1.75（3H. s，5－CH_3）。

4f. FAB MS（m/z）：359（M＋Na）＋，337（M＋）. ^{1}H NMR（$CDCl_3$）δ（μg）：6.97（1H，s，H_6），5.97（1H，m，H1′），4.68（1H，m，H3′），4.42（1H，m，H4′），3.96－

3.76（2H，m，H5′），3.85，3－07（2x，4H，m，morpholine－CH_2），2.59，2.71（2H，m，H2′），1.96（3H，S，5－CH_3）。

生物测试

一、材料 病毒（HIV－1）：由法国巴斯德研究所 Dr. Montagnier 赠送。细胞（MT4）：培养于 PRMI 1640 培养液加 10% 小牛血清，37℃培养，每周传代 2 次。药物：2′，3′－双脱氧－3′－叠氮 5－甲基－2－N－烷基异胞苷，AZT。

二、方法

1. 免疫酶法检测抗原：用 1×10^{-2} 病毒 HIV－1 感染 MT4 细胞，置 37℃存放 1h，2000 r/min 离心 5 min 用培养液洗 1 次，离心，弃上清，用新鲜 1640 完全培养液将细胞稀释成 5×10^8 细胞/mL，加入 0.1 ml 细胞悬液至 96 孔细胞培养板内，即每孔含 5×10^4 细胞，再加入 1∶10，1∶1000，1∶10 000 的药物，观察药物对病毒的抑制作用。每 3 d 换 1 次含 10% 小牛血清的新鲜 I 完全培养液，6 d 后涂片，涂在带圆圈的载玻片上，用冷丙酮固定 15 min。加入稀释的 1∶10 HIV－1 患者的阳性血清，37℃ 30 rain，用缓冲液洗 3 次，加入抗人 IgG 酶标结合物，37℃ 20 min 洗 3 次，加入底物及 H_2O_2 显色。有 HIV－1 病毒抗原存在为阳性，显色呈棕红色。

2. 病毒滴定：用 1640 液稀释病毒（HIV－1）为 1∶10，1∶100，1∶1000，1∶10 000，1∶100 000，1∶1000 000。把 MT4 细胞加入 96 孔细胞培养板中，每孔细胞数为 5×10^4，并加入已稀释好的病毒 HIV－1，每 3 d 换 1 次含 10% 小牛血清新鲜 RPMl 1640 完全培养液，6 d 后涂片，用免疫酶法检测抗原，计算 $TCID_{50}$ 为 1×10^6。

3. 细胞（MT_4）毒性试验：药物原始浓度为 1 mg/ml，用 1640 液稀释药物为 1∶10，1∶100，1∶1000 和 1∶10 000，把 MT_4 细胞加入 96 孔细胞培养板中，每孔细胞数为 5×10^4 个，加入已稀释好的药物，第 3 d 换 1 次含 10% 小牛血清的新鲜 RPMl 1640 完全培养液，6 d 后计活细胞数，计算细胞的 ID_{50}。

4. 实验方法：用 1640 液稀释药物为 1∶10，1∶100，1∶1000 和 1∶10 000，取 1×10^{-2} 的病毒 1 ml 感染 500 万个 MT_4 细胞，37℃存放 1 h，2000 r/min 离心 5 min，用培养液洗 1 次，2000 r/min 离心，弃上清，用新鲜的 RPMl 1640 完全培养液将细胞稀释成 5×10^5 细胞/ml 加入 0.1 ml 细胞悬液至 96 孔细胞培养板内，即每孔含 5×10^4 细胞，再加入 1∶10，1∶100，1∶1000，1∶10 000 的药物，观察药物对病毒的抑制作用。每 3 d 换 1 次含 10% 小牛血清的新鲜 1640 完全培养液，6 d 后涂片，用免疫酶法检测抗原。

5. 实验结果：对 4a～f 中的部分化合物按上述方法进行了生物活性测试，发现化合物 4 b 和 4 d 对 IIIV－1 有较好的抑制活性。数据见表 1。

表 1　化合物 4 b 和 4 d 的生物测试数据

药物浓度	1∶10	1∶100	1∶1000	RPMI 1640 对照
细胞生长	良好	良好	良好	良好
HIV－1 抗原	阴性	阴性	阴性	阳性
AZT	阴性	阴性	阴性	阴性

讨　　论

以AZT为原料合成了一类新的2′，3′-双脱氧-3′-叠氮-5-甲基-2-N-烷基异胞苷（4a～f），其中化合物4 a和4 d在100 μg/ml（1∶10稀释）的浓度对细胞无毒性，当浓度为1∶1000时对HIV-1能完全抑制。

〔原载《科学通报》1994，39（24）：2247-2249〕

参　考　文　献

1　Chu C. K，et al. USP，1987，4：861-933；

2　Glinski R P，Khan M S，Kalamas R L，et al. J，Or8 Chen，1973，38：4299

3　Lin T Z Y，August E M，et al. J Med Chem.，1989，32：1891

176.　Epstein-Barr 病毒膜抗原 gp250/350 在 CHO 细胞中高表达株的初筛

中国预防医学科学院病毒学研究所　周　玲　曾　毅

Institute of Medical Microbiology and Hygiene University of Regensburg，Germany　WOLF H.

使用H. Wolf教授研究所以前构建的Epstein-Barr病毒（EBV）重组DNA质粒PMDⅢGPTR（移去穿膜序列），用此质粒转化CHO细胞。经克隆，MTX选择，加压，增殖，建立了几株细胞系。表达的gp250/350膜抗原（MA-BLLFl）以分泌的形式存在于培养液中[1]。

我们应用培养条件的改变，使细胞以不同形式，如贴壁、半悬浮、悬浮等状态培养[2]，筛选了GPTRCl、2、3细胞系。将CHO-GPTR细胞的上清液初步纯化，应用Western blot方法，了解细胞传代后收获分泌抗原的最佳时间及确定表达蛋白的相对分子质量等试验，证明GPTRC3细胞为高表达株。

一、细胞培养条件　GPTR Cl细胞株：生长在αMEM（Gibco公司）培养液中，加200 mg/L青霉素，200 mg/L链霉素，7.5 mg/L谷氨酸，10^{-7}扩增剂氨甲喋呤（MTX）（Sigma产品）和10%牛血清，碳酸氢钠调pH7.2，贴壁细胞，37℃培养。

GPTR C2细胞株：αMEM培养液加10^{-6}氨甲喋呤（MTX）和2%牛血清，余同C1细胞。半悬浮状态、37℃培养。

GPTRC3细胞株：应用Jscovs Dulbecos MEM和HamF12（1∶1比例），（Gibco公司）培养液加L-Hydvoxyproline（羟基脯氢酸）和Pulvescion，$2HCl_2$细胞为悬浮状态，CO_2孵箱37℃培养。

不同的细胞株，应用不同的培养液，细胞处于不同的培养状态，使用同样的细胞培养瓶，C3培养瓶中的细胞数明显多于Cl、C2，同样，EB病毒表达抗原产量明显高于Cl，C2（图1）。

二、表达抗原的提取及初步纯化　将收集的CHO-GPTR细胞上清，用30%饱和硫酸铵，4℃搅拌过夜．离心取沉淀，上清继用40%饱和硫酸铵再一次沉淀，沉淀物经 PBS 透析后，为初提纯抗原。

三、表达产物的检测 Western blot 证明，含 EB 病毒 MA 抗原与鼻咽癌病人血清或与抗 EB 病毒 MA 单克隆抗体一起孵育后，在相对分子质量 250 000/350 000 出现 2 条反应带（图 1），说明鼻咽癌病人血清中的特异性抗体和抗 EBV－MA 单抗能与在 CHO 细胞上清中表达的重组 gp250 000/350 000 蛋白发生特异识别反应，确定表达的相对分子质量为 350 000 和 250 000 的糖蛋白。

四、CHO 细胞分泌 EBV MA 抗原最佳时间的检测结果 CHO 细胞传代后，分别收集 1～8 d的细胞上清液，经饱和硫酸铵提取抗原，用抗－EBV MA 单克隆抗体经 Western blot 确定收获分泌抗原的最佳时间为 4～6 d（图 2）。

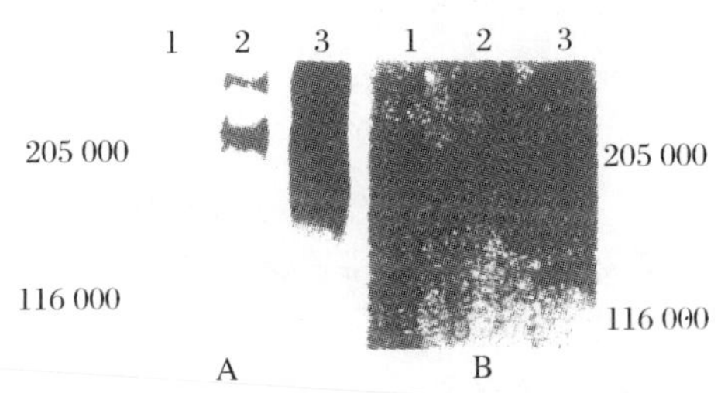

A：EBV MA gp250/350 与抗－EBV MA 单克隆抗体反应结果；B：EBV MA gp 250/350 与鼻咽癌病人血清反应结果，1、2、3 代表 GPTRc1、2、3

图 1 EBV MA gp250/350 蛋白的 Western blot 检测结果

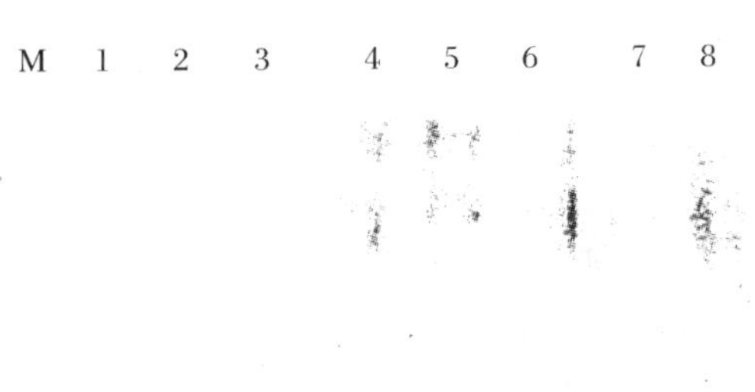

图 2 CHO－GPTR C3 细胞株分泌 EBV MA 抗原的最佳时间

EB 病毒除了与伯基特氏淋巴瘤有关外，越来越多的资料已证明，它与鼻咽癌（NPC）关系十分密切。NPC 是一个主要的世界性问题，每年有 80 000 例新病例发生。我国南方又是 NPC 的高发地区，对于降低 NPC 的发病率，预防 NPC 的发生，EBV 疫苗有可能成为控制该病的有效手段之一。

以上实验结果证明，CHO－GPTR C3 细胞株可用作 EB 病毒基因工程疫苗的候选细胞系。为今后进一步作动物免疫保护实验及疫苗提供了有效抗原。

〔原载《中华实验和临床病毒学杂志》1994，8（4）：375－376〕

参 考 文 献

1 Manfred Mulz，Cabriclc Debu，Hans Wolf. Truncaled Versicns of the two major Epstein－Barr vira glucoproteins（gp250/350）are secreted by recombinant Chinese hamster ovary cells. Gene，1987，58：149

2 任贯方，阮薇琴，田淑芳，等．乙型肝炎病毒表面抗原主蛋白基因转基因细胞建立与细胞性质的研究．病毒学报，1991.7（2）：112

177. 广西鼻咽癌预防研究

广西梧州市肿瘤防治研究所 邓 洪[1] 中国预防医学科学院病毒研究所 曾 毅[1]
广西壮族自治区人民医院 王培中[2] 广西苍梧县鼻咽癌防治所 李秉均[3]
广西卫生厅科技处 雷一鸣[4] 广西壮族自治区肿瘤防治办公室 刘启福[5]

〔摘 要〕 总结鼻咽癌血清学诊断方法在广西鼻咽癌一级预防中的应用及推广成果；综述鼻咽癌发生的可能原因和预防研究的进展。如：中草药、土壤和食物激活EB病毒抗原的实验研究，微量元素与鼻咽癌的关系研究，人鼻咽癌裸鼠移植瘤株的建立，核仁组成区的嗜银蛋白（AgNOR）检测、血清中β1-微球蛋白检测，浓度梯聚丙烯凝胶电泳检测患者血清和癌组织中LDH同工酶以及鼻咽癌组织抽出液的纤溶酶原激活物活性测定。认为，对查出VCA-lgA抗体阳性者应视为鼻咽癌风险高危人群并进行追踪观察，同时配合三级防癌网建设，强化人群对早期癌信号的认识，是目前行之有效的鼻咽癌一级预防方法 和途径。

〔关键词〕 鼻咽癌一级预防；血清学诊方法；预防研究

广西是我国鼻咽癌高发区之一，死亡率：男性中国标化6.63/10^5、女性2.80/10^5，男性世界标化8.54/10^5、女性3.54/10^5〔1〕。1991.1~1993.9利用检测EB病毒VCA-IgA抗体的血清学方法（下简称血清学方法），对广西21市县338 868人进行鼻咽癌普查，共检出鼻咽癌113例（指普查时确诊），人群鼻咽癌检出率33.34/10^5，再次证实广西是鼻咽癌高发区。

鼻咽癌Ⅱ级预防

一、鼻咽癌血清学诊断方法的应用 1973年广西壮族自治区人民医院在合浦县，用间接鼻咽镜对15岁以上居民107 514人进行鼻咽癌普查，检出鼻咽癌18例（广西中西医结合领导小组办公室．广西肿瘤资料选编，1977，P45），人群鼻咽癌检出率16.74/10^5。但由于该法普查花费人力太大，难以推广应用，1978年和1980年在中国预防医学科学院病毒学研究所曾毅教授指导下，共同合作先后在苍梧县及梧州市，建立国际上第一个鼻咽癌前瞻性现场，1978年6~7月在苍梧县当时的6个公社对30岁以上人群56 584人，应用血清学方法进行鼻咽癌普查〔2〕。查出EB病毒VCA-lgA抗体阳性117人，经临床复查及鼻咽组织活检确诊鼻咽癌18例，其中Ⅰ期7例、Ⅱ期4例、Ⅲ期5例、Ⅳ期2例，早期11例，早诊率61.1%，人群鼻咽癌检出率31.81/10^5。这次普查是在全县临床鼻咽镜普查结束后3个月进行的，但仍能在部分公社检出18例鼻咽癌，说明血清学方法普查鼻咽癌，不仅方法简单，时间短。而且检出率高。同年11月至1979年4月在其他9个公社对30岁以上人群91 445人进行血清学普查〔3〕，查出VCA-lgA抗体阳性1183人，检出鼻咽癌28例。前后两批共普查148 029人，查出VCA-lgA抗体阳性1300人，阳性者中检出鼻咽癌46例，早期28例，早诊率60.8%。

在苍梧工作基础上，1980年对梧州市区40岁以上人群20 726人普查、查出VCA－lgA抗体阳性1136人，阳性率5.48%，检出鼻咽癌18例，检出率1.58%，人群鼻咽癌检出率86.84/10^5。18例患者中，早期16例（1979柳州会议TNM分期），早诊率88.8%。对查出抗体阳性者坚持每年1次追踪观察，1992年（普查后12年）还在这些抗体阳性者中检出2例Ⅱ期鼻咽癌，这一结果也从对VCA－lgA阳性者鼻咽黏膜组织学改变追踪观察得到证实[4,5]。20 726人普查及13年追踪观察共检出鼻咽癌61例，人群鼻咽癌13年检出率294.3/10^3，年均检出率22.64/10^5，其中从1136例阳性者中普查检出18例，13年追踪检出33例，早期29例，追踪检出鼻咽癌早诊率87.8%，还有6例因不接受每年1次的追踪复查，待有症状出现时才就诊，结果6例都是晚期病人（表1）。1136例阳性者普查时及普查后13年共出现鼻咽癌57例，抗体阳性者13年鼻咽癌检出率5017.6/10^5。在普查阴性19590人中出现鼻咽癌4例，阴性人群鼻咽癌检出率20.4/10^5，两者相差246倍，而且确诊时3例VCA－lgA抗体已呈阳性反应，抗体滴度分别是1∶20、1∶80和1∶160，1例仍为阴性.4例患者确诊时均复查1980年普查保留的血清仍为阴性无误[6]。1985年和1992年在梧州市区又分别对30岁以上人群20 066人和28 745人进行普查及追踪观察，后者查出VCA－lgA抗体阳性者1149人，阳性率4%，检出鼻咽癌19例，检出率1.65%，早期18例，早诊率94.74%。

表1　梧州市20 726人普查及追踪检出鼻咽癌早诊率比较（1980～1993年）

Tab. 1　Comparison of early stage nasopharyngeal carcinoma（NPC）rate between general survay and trace investigation on 20 726 people in Wuzhou from 1980 to 1993

组别 Group	抗体阳性检出 VCA－IgA positive（例 case）	早期 Early stage NPC（例 case）	早诊率 Early stage NPC rate（%）	抗体阴性检出 VCA－IgA Negative（例 czse）	早期 Early stage NPC（例 case）	早诊率 Early stage NPC rate（%）
普　查 General survey	18	16	88.8			
追 踪 Trace investigating	33	29	87.8	4	0	0
普查＋追踪 General survey ＋Trace investigating	51	45	88.2			
普查不追踪 General survey, not trace investigating	6	0	0			

1983年在罗城仫佬族自治县普查44 166人，查出VCA－IgA抗体阳性469人，检出鼻咽癌18例[7]。1984年与1985年又分别在富川瑶族自治县普查15 186人，检出鼻咽癌7例，三江侗族自治县普查15 331人，检出鼻咽癌1例。

上述多个市县鼻咽癌血清学普查及前瞻性研究结果表明，鼻咽癌的发生与EB病毒关系密切。应用血清学方法普查鼻咽癌及对查出抗体阳性者的追踪观察，比单纯鼻咽镜普查检出率高，特别是早期鼻咽癌，而且方法简单，适用于该病在高发区的三早控制。对VCA－lgA抗体阳性者应视为鼻咽癌风险高危人群，加强监测对该病Ⅱ级预防将有积极意义。

二、鼻咽癌Ⅱ级预防的实施　梧州市是国际上第一个鼻咽癌前瞻性现场，又是全国鼻咽癌高发肿瘤防治现场建设点之一。1980 年以来约每隔 5 年进行 1 次鼻咽癌血清学普查，并对查出阳性者坚持追踪观察，与此同时在市区范围内建立三级防癌网，开展人口生命资料统计和防癌、抗癌宣传教育等配合前瞻性现场研究。鼻咽癌早诊率从 1980 年前的 20% 提高到 49.4%（非普查）~94.74%（普查），也比同期门诊 25.8% 高。早诊率提高的结果是生存率和生存质量的提高，1990 年梧州市区全人口鼻咽癌 5 年生存率已达 54.62%，提前 10 年超过卫生部全国肿瘤防办“全国高发肿瘤防治发展纲要”2000 年的达标要求，连 10 年生存率都超过 5 年生存率的要求（表 2）[8]。梧州市华南船舶机械厂有职工 1500 人，1980~1990 年鼻咽癌共发病 13 例，除 1 例拒绝放疗生存 53 个月死亡和另一例放疗后 83 个月（6 年 11 个月）死亡外，其余 11 例至 1994 年 5 月仍生存，5 年生存率 100%，11 例患者中 5 例生存已超过 10 年。这些患者治疗康复后参加正常工作为单位共创收二百多万元，去除患者治疗医药费和定期普查、复查等Ⅱ级预防费用十多万元，两者之差仍以单位收益大[9]。这些结果说明利用血清学方法普查鼻咽癌和对查 VCA-lgA 阳性鼻咽癌风险高危人群的追踪观察，同时配合三级防癌网建设，强化人们对早期癌信号的认识，是目前行之有效的鼻咽癌二级预防力法和途径。在本病尚未能进行病因阻断开展一级预防前，随着治疗设备的更新，方法的改进和水平的提高，若能通过上述方法和途径进行鼻咽癌二级预防，对提高生存率、生存质量和降低死亡率将可望。

表 2　梧州市全人口鼻咽癌生存率

Tab. 2　Survival rate of the people with nasopharyngeal carcinoma in Wuzhou

生存年限 Survival year limit	生存率 Survival rate（%）		
	普查 General survey	非普查 Not by general survey	全人口 Total
1	96.49	88.09	89.68
2	87.30	73.79	76.43
3	75.54	59.19	62.45
4	71.28	S4.85	58.16
5	68.69	50.99	54.62
6	68.69	18.02	S2.36
7	59.83	44.87	48.00
8	59.83	44.87	48.00
9	59.83	44.87	48.00
10	59.83	32.05	39.27

三、鼻咽癌二级预防的推广　1991.1~1994.5 先后在广西 21 市县共对 338 868 人进行血清学普查和广东罗定市、封开县及海南万宁县等 1 市 2 县 23 379 人普查。广东、广西和海南 3 省 24 市县共查 362 247 人，检出 VCA-lgA 抗体阳性 10 067 人，人群 EB 病毒 VCA-IgA 抗体阳性率 2.78%，检出鼻咽癌 136 例，人群鼻咽癌检出率 $37.54/10^5$，VCA-lgA抗体阳性鼻咽癌检出率 $1350.94/10^5$。EA-IgA 抗体同时阳性（双项阳性）345 人，检出鼻咽癌 79 例，检出率 $22\ 898.55/10^5$ 是 VCA-IgA 阳性鼻咽癌检出率的 17 倍，说明 EA-IgA 抗体诊断特异性较 VCA-IgA 高。136 例鼻咽癌中 58 例仅 VCA-lgA 阳性（单项阳性）而 EA-lgA 却阴性，鼻咽癌 EA-lgA 抗体阴性率 42.7%，说明 EA-lgA 抗体诊断鼻咽癌敏感性不如 VCA-lgA。若两者配合可以提高鼻咽癌的检出率和早诊率。在检出 136 例鼻咽癌中，117 例（占 86.0%）为早期（表 3）[10]。

表3　3省24市县普查IgA/VCA、IgA/EA阳性鼻咽癌检出率

Tab. 3　lgA/VCA, IgA/EA positive rate of the people with nasopharyngeal carcinoma (NPC) in twenty one cities (or counties) of three provinces

组别 Group	阳性数 No. people in positive	检出鼻咽癌数 No. people with NPC	检出率 Rate (/10^5)	早期 Early stage NPC (例 Case)	早诊率 Early stage NPC rate (%)
IgA/VCA 阳性 IgA/VCA positive	10 067	136	1 350. 94	117	86. 0
IgA/EA 阳性 IgA/EA positive	345	79	22 898. 55	67	84. 6

广西21市县的普查人群鼻咽癌检出率以梧州市66. 09/10^5为最高，其次为梧州地区各县43. 08/10^5，再次为玉林地区35. 0/10^5，最低柳州市及地区18. 12/10^5，这一结果与1970年恶性肿瘤死亡回顾性调查资料、广西各地鼻咽癌死亡率变化规律相符。3省24市县普查人群鼻咽癌检出率比较，以广东罗定市104. 25/10^5为最高，封开县57. 55/10^5与梧州相近，海南万宁县61. 78/10^5低于广西梧州市而高于广西各地市，这一检出率变化规律也与文献报告死亡率变化规律相符[1]。当然，由于个别市县普查人数样本太少，是否能反映当地发病、死亡概况有待进一步积累资料分析（表4）。

推广应用资料表明，梧州市鼻咽癌Ⅱ级预防方法和途径及前瞻性现场的研究结果，可以在不同地区、不同民族和大范围多人群中推广应用，鼻咽癌血清学诊断方法还可以应用于探索了解当地该病的发病概况和流行规律概况。鼻咽癌的发生与EB病毒关系密切这一理论在广东肇庆市属各市县、广西、海南（原为广东所辖）我国鼻咽癌高发区的大范围多人群的实际普查工作中得以进一步证实。

引起鼻咽癌发生的其他可能原因研究

一、中草药、土壤和食物激活EB病毒抗原的实验研究　苍梧县鼻咽癌防治所和广西药用植物园等采集苍梧县常见中草药或购自苍梧县和北京市中药106个科495个品种。又收集在梧州市及苍梧县境内西江和桂江沿岸桐油树下土壤标本，同时收集南宁市广西药用植物园、罗城仫佬族自治县大戟科或其他植物下土壤、北京市公园土壤共131份标本。还在梧州市、苍梧县收集咸鱼、蜂蜜和干咸菜等14种食物共73份标本。用乙醚和水提取液分别对带EB病毒的Raji细胞早期抗原（EA）的诱发作用进行研究，发现大戟科、瑞香科等15种中草药有较强的EA诱发作用，特别是瑞香科中的芫花、狼毒、了哥王等，其诱发作用EA细胞阳性率50%左右，苏木、广金钱草、银粉背蕨等次之，黄花铁线莲、红大戟和独活等则较弱。药物的乙醚提取液较水提取液诱发作用强[11]，131份土壤标本实验结果，以采自西江、桂江沿岸苍梧县和梧州市境内桐油树下土壤诱发EA阳性率40%～57. 8%最高，北京市公园土壤12. 5%最低[11,12]。苍梧县夏郢乡周木村仅有1643人，1975～1984年鼻咽癌发病6例，年均发病率37. 8/10^5，该村有用大戟科植物火殃勒围菜园习惯，公路和村间道路两旁也喜欢种植桐油树和乌桕树护路。这些植物及其下土壤，包括在这些土壤中种的青菜、红薯等标本的实验研究，无论是乙醚或水提取液均有对EA的诱发作用[13]。实验研究结果表明，诱发EA阳性率的高低，植被分布阳性中草药的多少，与梧州市、苍梧县及其他地区的土壤 EA 诱发阳性率的高低及鼻咽癌发病率有正相关系[14]。由于环境中有较多、较强的促癌物质或激活 EA 病毒的物质，所以这是梧州市和苍梧县鼻咽癌高发的可能原因之一。

表 4　3 省 24 市县普查人群鼻咽癌检出率比较

Tab. 4　Rate of nasopharyngeal carcinoma (NPC) cases in the people surveyed in the twenty - four cities (or counties) of three provinces

市县 City or county	普查人数 No. people surveyed	检出鼻咽癌 No. NPC cases（例）	检出率 Rare (%)
广西梧州市 Wuzhou city, Guangxi	28745	19	50.09
广西梧州地区 6 县 Six counties of Wuzhou perfecture, Guangxi	71959	31	45.08
广西玉杯地区 7 市县 Seven counties of Yulin perfecture, Guangxi	88422	31	35.05
广西桂林地区荔浦县 Lipu county of Guilin perfecture, Guangxi	15835	4	25.26
广西钦州地区 4 市县 Four counties of Qinzbou perfecture, Guangxi	100807	22	21.82
广西柳州地区 2 市县 Two counties of Liuzhou perfecture, Guangki	33100	6	18.12
海南万宁县 Wanning county, Hannan	3237	2	61.78
广东肇庆市属 2 市县 Two counties of Zhaoqing city, Guangdong	20142	21	104.25

14 种 73 份食物标本中，发现除咸鱼有较高的亚硝酸化合物外，还有较高的诱发 EA 的阳性结果[15,16]，其他标本则未发现诱发 EA 的阳性结果。

二、微量元素与鼻咽癌关系研究

梧州肿瘤防治研究所、广西分析测试研究中心、广西百色右江民族医学院等从鼻咽癌高发区梧州市及苍梧县，随机对 60 例鼻咽癌患者和 54 位健康人（对照组）、距高发区约 1000 km 的鼻咽癌低发区百色市及其所属辖各县 44 例鼻咽癌患者、42 例健康人（对照组），分别采集各自血液、头发。另外又收集高低发区鼻咽癌病人和健康对照者环境中的食用水和大米，其中高发区食用水 26 份、大米 27 份，低发区食用水 86 份，大米 82 份。全部标本分别进行 Se、Mo、Ni、Cd、Cr、Cu、Fe、Zn 8 种微量元素含量分析研究[17]。结果发现无论高低发区鼻咽癌患者头发、血液中的 Ni、Cd、Cr 含量均较健康人高，Mo、Se 则低[18~22]。研究还发现低发区无论病人或健康人血液、头发 Ni、Cd 含量都比高发区高，环境中 Se 则比高发区低。这一结果表明可能与样本的本底值有关外，还可能与其他因素诸如 EB 病毒感染、遗传背景及其他促癌物，致癌因素等的相互作用有关。现仍然在进一步的研究中。

广西壮族自治区人民医院通过对中国、新加坡、中国香港、马来西亚提供的 27 个家族中有两个或两个以上的兄弟姐妹均患鼻咽癌并尚存活的家系，采用来源于不同国家和地区的 HLA 分型血清 200 多份，对上述家系家庭成员 HLA 分型，并进行连锁分析，结果表明当 $\theta = 0$ 时，$r = 20.9$，$P = 0.29$，LOD 计分得值达 2.39，提示鼻咽癌存在着一个与 HLA 区域连锁的疾病易感基因，这个基因的存在大大增加了鼻咽癌发病的危险性。另外，通过对受累同胞的 HLA 分布的观察值与期望值比较，发现鼻咽癌易感基因与隐性模型有很好的吻合度（$x^2=0.90$，$P>0.5$），而与随机及显性模型有差异（x^2 分别为 21.1 和 4.5，$P<0.001$ 和 $P<0.01$），研究结果表明鼻咽癌的发生只有遗传倾向[23]。广西医科大学附属肿瘤医院分析 1986～1990 年放疗科 1600 例鼻咽癌材料，其中 163 例占 10.2% 有癌家庭史，109 例占 6.8% 有鼻咽癌家庭史，有鼻咽癌家庭史者占有家族史 163 例的 66.9%，这一临床资料分析结果与上述易感性基因研究结果相同[24]。玉林地区红十字会医院从 189 例鼻咽癌患者中，检测葡萄糖 6－磷酸脱氢酶（G6PD）并与健康供血员对照，结果，男性患者 138 例 G6PD 显缺率 13.87%，缺陷率 24.64%，女性 51 例，显缺率 2.0%，缺陷率 17.65%，与供血员相比有显著性差异。提示 G6PD 可能是与鼻咽癌易感性有关的一种生物遗传标记[25]。

其他研究

一、人鼻咽癌裸鼠移植瘤株的建立 梧州肿瘤防治研究所对 1 例 65 岁男性鼻咽癌患者，IgA/VCA 抗体滴度为 1∶160，在患者鼻咽部原发癌灶取癌组织接种于 NC 裸鼠，癌瘤生长后传代。当传到第 14 代时。对裸鼠癌株进行病理组织学检查，结果与原接种者的组织学特征相同，均为低分化鳞癌[26]，命名为 CNT－5。广西壮族自治区人民医院从 1 例鼻咽癌肝转移患者尸检取其肝转移癌接种于裸鼠，也成功地建立了 1 株鼻咽癌移植瘤动物模型，命名为 CNT－3。传至 24 代病理检查镜下见癌巢明显与原代组织切片镜下所见相同。染色体检查为人类染色体核型，众数以三倍体和亚三倍体为主。核酸打点杂交证明有 EB 病毒 w・EBNA・1 和 Cnp 核酸片。蛋白印迹查到 EBNA・1 和 Cmp 蛋白[27]。

二、其他诊断手段的实验研究 基于核仁组成区的嗜银蛋白（AgNOR）与核仁形成有关和肿瘤患者的 rRNA 基因活性增强，合成率增高，故 AgNOR 数目增高的原理，广西医科大学附属肿瘤医院从鼻咽癌组织印片检查 AgNOR 了解其对鼻咽癌的诊断价值。共观察 166 例鼻咽部活检组织 AgNOR，发现 92 例初诊未治鼻咽癌 AgNOR 均数为 14.1 ± 8.223 个/核，复发 7 例均值 14.101 ± 5.493 个/核，其他头颈部良性肿瘤的鼻咽部炎性组织或者是颈部非鼻咽癌的转移癌，鼻咽结核等的 AgNOR 均数在 5.205 ± 0.868 ～ 5.737 ± 0.564 个/核。提出 AgNOR 均数在 8.0 个/核以上者对诊断鼻咽癌有一定价值。还观察到银粒在核内分布存在两种形态。在 99 例癌组织中 52.52% 出现团块状（核仁型），而 67 例非癌炎症组织中只有 1.49% 出现。团块状（核仁型）也是鼻咽癌组织中最常见的特征[28]。另一组研究是检测血清中 β_2－微球蛋白（β_2－microglobulin，简称 β_2－MG）对鼻咽癌的诊断意义。共检测 93 例。其中初诊未治鼻咽癌 21 例，放疗后未复发 10 例，头颈部良性肿瘤 9 例，非肿瘤疾病 18 例，正常对照 35 例。β_2－MG 检测结果是，初诊未治鼻咽癌 21 例平均值（3.55 ± 3.13）μg/ml，放疗后 10 例为（2.40 ± 0.75）μg/ml，其他疾病和正常对照 β_2－MG 水平均明显低于鼻咽癌组。由于多种疾病都可以使 β_2－MG 升高，β_2－MG 检测对诊断鼻咽癌并无特异性，故只起辅助参考作用[29]。该院还试用浓度梯度聚丙烯凝胶电泳技术，检测鼻咽癌患者血清和鼻咽部癌组织中的 LDH 同工酶对诊断鼻咽癌的价值。共检测 138 例，其中 40 例正常对照、30 例头颈部良性肿瘤，鼻咽癌初诊 40 例、放疗后 20 例、放疗后复发 8 例。结果发现鼻咽癌与非鼻咽癌各对照组血清中 LDH 总酶活力无差异，但癌组织匀浆则明显高于非癌组，且与病情轻重呈正相关。从 LDH 同工酶谱观察结果，炎性组织以 $LDH_{2\sim4}$为主，癌组织则以 $LDH_{3\sim7}$为主，并向 M 型转移，呈恶性酶谱样改变。鼻咽癌放疗后复发组与初诊组相同，放疗后未复发组接近良性病变。研究结果提示检测血清中 LDH 同工酶总酶活力对诊断鼻咽癌无意义，但检测鼻咽部组织中 LDH 总酶活力及血清和鼻咽部组织的 LDH 同工酶谱 1，可以作为鼻咽癌的一种辅助诊断手段和预后判断参考[31]。广西医科大学一附院还用纤维蛋白板检测从 25 例鼻咽癌组织抽出液中的纤溶酶原激活物（plasminogen activator，简称 PA）活性。结果发现 16 例（占 64%）有 PA 活性，而且在 25 例患者中，1 期 1 例未见 PA，Ⅲ期 9 例中 5 例（占 56%），出现 PA 活性，Ⅳ期 15 例中 11 例（占 73%）出现 PA 活性。说明 PA 随病情进展而增强[32]。

〔原载《广西科学》1994，1（4）：61 – 66〕

参 考 文 献

1 李振权主编．鼻咽癌临床与实验研究．广州：广东科技出版社，1983，31

2 曾毅．刘育希．刘纯仁，等．应用免疫酶法和免疫放射自显影法普查鼻咽癌．中华肿瘤杂志，1978，1（2）：81 – 82

3 曾毅，刘育希，韦继能，等．鼻咽癌的血清学普查．中国医学科学院学报，1979，1（2）：123 – 126

4 黎而介，谭碧芳，曾毅，等．EB 病毒 VCA – IgA 抗体水平与鼻咽黏膜病变的关系．中华病理学杂志，1983，12（1）：9 – 11

5 黎而介，谭碧芳，曾毅等．45 例 EB 病毒 VCA · IgA 抗体阳性者鼻咽黏膜组织学改变追踪观察．广西医学，1981，(2)：2 – 3

6 邓洪．曾毅，黄乃琴，等．广西梧州市鼻咽癌现场 10 年的前瞻性研究．病毒学报，1992，8（1)：32 – 36

7 曾毅．陶仲强，王培中，等．罗城仫佬族自治县鼻咽癌血清学普查．广西医学，1986，8（2）

8 Deng H，Lian Y X，Zeng Y，et a1. The 10th Asia pacific cancer conference. Beijing. China. 1991，361

9 Deng H，Lian Y X，Zeng Y. The 10th Asia pacific cancer，conference，Beijing. China1991，86

10 Deng H，et a1. Ⅻ international callcex congrcas New Delhi，India. 1994

11 曾毅，钟建明，莫永坤，等．中草药对 Raji 细胞 EB 病毒早期抗原的诱发作用．中国医学科学院学报，1982，6（2）：84 – 85

12 曾毅，苗学谦，焦伟，等．土壤中含 EB 病毒诱导物的检测．病毒学报，1985，1（2)：122 – 124

13 钟建明．曾毅．成积儒，等．苍梧县周木村环境促 EB 病毒物质的研究．癌症，1981，(5)：292 – 293

14 黄长春，钟建明，倪芝瑜．广西苍梧县鼻咽癌不同发病地区的阳性植物调查．见：鼻咽癌现场研究十周年纪念论文集．1988：147 – 151

15 Shno，et al. Carcinogenesis. 1988，9：1455 – 1457

16 Zheng et al. British journal of cancer，1994，69：508 – 514

17 Lin wenye，et al. Pro of inf 5th Beijing conf and EY hih oninsfrum analysis，1993，129

18 沈尔安．陈大明，邓洪，等．头发微量元素与鼻咽癌关系的逐步判别分析．数埋医药学杂志，1992，5（3）：38 – 39

19 邓洪，余可华，何聿忠，等．广西鼻咽癌高低发区微量元素含量研究．广西第四届肿瘤学术会议论文汇编，南宁，1993：20

20 邓洪，余可华，潘文俊，等．广西百色地区鼻咽癌与微量元素的研究．中国肿瘤临床杂志（待发表）

21 邓洪，潘文俊，黄乃琴，等．鼻咽癌与微量元素的关系．微量元素与健康杂志（待发表）

22 邓洪，黄乃琴，潘文俊，等．广西梧州市苍

梧县鼻咽与微量元素关系的研究．广西第四届肿瘤学术会议论文集，南宁．1993，21

23 Lu ahenjing, et al. Linkage of a nasopharyngeal carcinonm susceptibilify lous to the HLA region。Nature，34 685 No. （6283）1990，470－471

24 杨云利，陈铭忠．鼻咽癌家族史调查．见：广西第四届肿瘤学术年会论文集．南宁：1993，23

25 卢桂森．6－磷酸葡萄糖脱氢酶（G6PD）与鼻咽癌关系初探．见：广西第四届肿瘤学术会议论文集，1993，22

26 贾精医，蒙绮妮，邓洪，等．人鼻咽癌裸鼠移植癌株的建立．见：全国第二届免疫缺陷动物实验研究学术交流会

27 周微雅，王培中，等．人鼻咽癌肝转移灶裸鼠移植瘤模型的建立及生物学研究．见：全国第二届免疫缺陷动物实验研究学术会议

28 邝国乾，甘宝文，胡翠娥，等．鼻咽部组织印片 AgNOR 检查在鼻咽癌鉴别诊断的应用．见：第六届全国鼻咽癌学术会议论文摘要汇编．见：1992，26

29 崔英，邝国乾，杨剑渡，等．血清 β^2－微球蛋白测定对鼻咽癌的诊断意义．见：第六届全国鼻咽癌学术会议．1992，84

30 崔英，邝国乾，刘启福，等．鼻咽癌患者血清和癌组织中乳酸脱氢酶及同工酶的研究．见：广西第四届肿瘤学术会议，1993，22

31 黄光武，农辉图，谢树喜，等．鼻咽癌肿瘤组织中纤溶酶原激活物的探讨．见：中华医学会广西分会耳鼻喉科会议文集．1989，106

Preventive Study for Nasopharyngeal Carcinoma in Guangxi

DONG Hong，et al.（Wuzhou for Cancer Research，Wangzhou，Guangxi）

The application and extension of the serological diagnosis method in the I rank prevention of nasopharyngeal carcinoma（NPC）arc summarized. The possible factors that cause NPC and the development of the diagnosis studies on NPC are also summarized，such as the experimental study of Chinese medicine herb，soil and food activating EBV，the study of relation between trace element and NPC，the study of primary carcinoma in nasopharynx and metastatic carcinoma in liver inoculated to nude mice，the investigation of the argyrophil protein in nucleolus area，β2－microglobutin in sera，LDH Isoenzyme in sera and nasopharynx tissue and the detection of plasminogen activator with fibre protein plate. Surveying the masses who are checked out with VCA－IgA positive and should be regarded as the high risk people with NPC. Meanwhile combinating the building of the Ⅲ rank anti－cancer net and strength ening the attention of people to the signal of early stage NPC would be effective measures in the NPC I rank prevention at the moment.

〔**Key words**〕Nasopharyngeal carcinoma I rank prevention；Serological diagnosis method；Preventive study

178. 遗传因素、环境因素及 EB 病毒在鼻咽癌发生中作用的研究

中国预防医学科学院病毒学研究所　曾　毅

中国预防医学科学院病毒学研究所曾毅报道，他们对此项研究工作进行了 20 年的研究。从遗传因素、环境因素和 EB 病毒等多方面的研究得出如下的结果。

一、遗传因素的研究 应用细胞毒性方法检测家庭同胞兄弟姐妹中有两例以上鼻咽癌患者本人、父母及其他兄弟姐妹的 HLA 抗原，发现70%的兄弟姐妹鼻咽癌患者的 HLA 抗原相同，证明存在着与 HLA 连锁的鼻咽癌易感基因。此基因为隐性基因，带有此基因者鼻咽癌发病的概率较无此基因者高 21 倍。进一步克隆这个基因将有重要的意义。

二、环境促癌和致癌因素的研究 1973 年从 EB 病毒血清流行病学调查中发现鼻咽癌高发区 20 岁以上人群 EB 病毒抗体的几何平均滴度显著高于低发区同年龄人群，这提示可能是人体内外环境有激活 EB 病毒的物质。为此，我们进行了下列的研究。

1. EB 病毒诱导物和促癌物：我们筛选了 1963 种中草药和植物，发现其中 18 个科 52 种具有诱导 EB 病毒的作用，从 450 种中草药成药中发现 9 种中成药有 EB 病毒诱导物，有的甚至一个成药有 2 ~3 种药物有诱导物。有诱导物的植物种植处的土壤也含有诱导物。在含有诱导物的土壤中种植蔬菜，生长出来的蔬菜也带有诱导物。实验证明多种植物的提出液能促进 EB 病毒对人及淋巴细胞的转化及腺病毒对地鼠肾细胞的转化，能促进病毒（兔乳头状瘤病毒、Rouse 肉瘤病毒、单纯疱疹病毒）及化学致癌物质诱发小鼠乳头状瘤和大鼠鼻咽癌，证明这些诱导物为促癌物。这为促癌物可能在鼻咽癌发生中起一定作用的看法提供了依据。EB 病毒诱导物及促癌物与鼻咽癌的地理分布很相似。

2. 食物中促癌与致癌物的检测：发现鼻咽癌高发区的一些蔬菜、木耳、蜂蜜等食物含有 EB 病毒诱导物。我国南方的咸鱼、突尼斯的食物 Harisa 和一些中草药中既含有化学致突变物（致癌物），又有诱导物（促癌物）。咸鱼和 Harisa 中的诱导物与经典的促癌物（TPA）等的性质不同，前者为水溶性，后者为脂溶性。

3. 鼻咽癌厌氧杆菌产生丁酸的研究：我们从鼻咽癌病人和正常人的鼻咽部分离到厌氧杆菌，在培养液中产生丁酸，此丁酸能明显地激活 EB 病毒、促进 EB 病毒对淋巴细胞的转化作用，并能促进病毒或化学致癌物质诱发的肿瘤。因此，在鼻咽部的厌氧杆菌产生的丁酸亦属促癌物，也可能在鼻咽癌发生中起一定的作用。

三、EB 病毒

1. 鼻咽癌的早期诊断与前瞻性研究：应用血清学的方法诊断鼻咽癌，可使其诊断率从 20% ~30 % 提高到 80% ~90%。对抗体阳性者逐年进行追踪观察，经过 10 年后，抗体转阴性者、抗体波动于 0 至低滴度者、抗体无明显改变者、抗体上升 4 倍或下降 4 倍者，抗体阳性率分别为 32. 7%、7. 2%、39. 4%、7. 1% 和 13. 6%。十分有意义的是，在抗体上升或不变组中发现鼻咽癌，特别是当 IgA/VCA 抗体上升和 IgA/EA 抗体出或上升 1 ~3 年内就容易查出鼻咽癌，这进一步证实了 EB 病毒 IgA 抗体的存在与鼻咽癌的发生有密切的关系。对梧州市的现场进行血清学追踪观察，得到类似的结果。梧州市血清学普查 30 岁以上 2 万人，IgA/VCA 抗体阳性率占 5%，共发现 53 例鼻咽癌，早期诊断率为 84. 9 %，市区全部病人（包括血清学普查病人在内）的早期诊断率为 54. 6%。而其他县来梧州市治疗的鼻咽癌病人的早期诊断率仅为 20. 7%。血清学普查鼻咽癌病人的 10 年生存率为 60 %，非普查病人为 32%，前者较后者高 1 倍。对某工厂进行 11 年血清学普查和追踪观察，共发现 12 例鼻咽癌，早期诊断率为 92%，5 年生存率为 100%。全市区的 5 年生存率为 45 %。IgA 抗体阳性者在检测出抗体后第 12、13 年仍出现 3 例鼻咽癌。研究工作表明 EB 病毒 IgA/VCA 抗体滴度为1∶10～20，1∶40～80，1∶160～640，＞1∶640时鼻咽癌的检出率分别为0.9%、2.3%、5.6%和18.6%；IgA/EA抗体滴度为1∶10～20，1∶40～80，＞1∶160时，鼻咽癌的检出率分别为37.5%、77.9%和100%。因此，根据EB病毒IgA抗体的种类及抗体滴度，可以预测鼻咽癌发生的可能性。迄今全国已检测和普查数百万人次以上，挽救了很多病人的生命。这些结果也证实了EB病毒在鼻咽癌发生中起重要作用。

2. 鼻咽癌病人对EB病毒不同抗原的反应：EB病毒IgA/EA抗体对鼻咽癌较为特异，但常规应用的免疫酶法不够敏感，鼻咽癌病人的血清阳性率仅为70%。应用敏感的蛋白印迹法，血清阳性率可达97%，而正常人为阴性。

我们还发现IgA/MA，IgA/EBNA－1抗体对鼻咽癌也是较特异的，有诊断价值。

以上均是EB病毒IgA抗体，对鼻咽癌是较特异的。在1989年我们又发现新的指标－IgG/Zebra抗体（简称IgG/Z抗体）。应用重组抗原的ELISA法，鼻咽癌病人和正常人的抗体阳性率分别为95%和3%，可用于鼻咽癌的血清学诊断。

3. EB病毒与鼻咽癌细胞的关系：我们在国际上首先建立了高分化鼻咽癌细胞株（CNE－1,1976年），低分化鼻咽癌细胞株（CNE－2，1980年）和由裸鼠低分化鼻咽癌株来的细胞株（CNE－3，1987年）。经PCR及核酸原位杂交证明这些细胞株都带有EB病毒基因组；并有EBNA－1及LMP抗原表达。克隆了CNE－1和CNE－3的LMP基因，并进行了核酸序列分析。CNE－1核酸序列较稳定，与B95－8 LMP基因相似，而CNE－3的LMP基因变异较大。分析两例鼻咽癌组织的EB病毒LMP，一例与B95－8相似，另一例与台湾株相似。EB的LMP基因是致癌基因，应用反义LMP可以抑制鼻咽癌细胞在裸鼠体内的生长。

4. 鼻咽癌的基因和抗癌基因：从CNE－1，2鼻咽癌细胞株中可以发现5～8种癌基因。鼻咽癌活检组织中的Rb基因可以正常或部分丢失；35%的鼻咽癌组织有突变型的抗癌基因p53的蛋白。此外，转染野生型p53抗癌基因于CNE－3细胞株显著地抑制癌细胞生长，相反的转染突变型p53基因于CNE－3细胞，则显著地促进癌细胞生长。

5. 特异性细胞免疫：鼻咽癌表面有EB病毒的LMP抗原，此抗原能诱发特异性细胞免疫，它是控制EB病毒引起人淋巴瘤的重要机制。我们发现正常人感染EB病毒后特异性LMP细胞免疫力强，而鼻咽癌病人的细胞免疫力很低，此可能与鼻咽癌的发生有关。

根据以上资料我们认为：EB病毒在鼻咽癌发生中起重要作用，但EB病毒不是唯一的因素。遗传因素是鼻咽癌发生的基础，环境致癌和促癌因素在鼻咽癌发生中起协同作用。通过早期诊断早期治疗的二级预防可以降低鼻咽癌的死亡率。今后应进一步阐明EB病毒、环境因素及遗传因素在鼻咽癌发生中的机制，并向一级预防迈进。

〔原载《中国肿瘤》1995，4（3）：24 25〕

179. 鼻咽癌组织中 Epstein - Barr 病毒潜伏感染膜蛋白基因片段的克隆及分析

中国预防医学科学院病毒学研究所　余升红　陈卫平　李　扬　曾　毅

〔摘　要〕　从两例鼻咽癌（NPC）病人的活检组织切片中，用 PCR 方法扩增出 EB 病毒潜伏感染膜蛋白（LMP）基因的 Exonl、Intronl、Exoll Ⅱ 和 Intron Ⅱ 共 500bp 的片段，克隆人载体 pGEM - 3zf（+）′，测定核苷酸序列，其中有一个样品所测序列段与台湾株相似，另一个样品则与 B95 - 8 极为相似。由此可知，中国人陆南方的 NPC 组织中 EBV - LMP 基因存在不同的变异。

〔关键词〕　Epsteiri - Barr 病毒；潜伏感染膜蛋白；鼻咽癌；核苷酸序列

Epstein - Barr 病毒（EBV）是一种与 Burkitt 淋巴瘤和鼻咽癌（NPC）等多种肿瘤有关的 γ 疱疹病毒。NPC 在东南亚，尤其是中国大陆南方各省、台湾和香港等地发病率较高，流行病学和免疫学研究表明 NPC 与 EBV 密切相关，EBV 的多联体在低分化和高分化鼻咽癌中均有发现[1-3]。Northem blot 表明[4]，NPC 组织中存在 EBV 表达的 RNA。现在发现与 EBV 转化功能密切相关的是 EBNA - 2 和潜伏感染膜蛋白（Latent membrane protein，LMP）两个基因，其中 EBNA - 2 使细胞永生化，LMP 则使永生化细胞具备致瘤性。实验表明[5,6]，LMP 能够改变啮齿类细胞的形态，从 B95—8 细胞株分离的 EBV—LMP 基因能够在体外转化 Rat - 1，将其接种裸鼠能够致瘤。更进一步发现[7]，LMP 基因在非洲 NPC 细胞（C15）中有表达，这说明 LMP 基因在 NPC 形成过程中可能具有重要作用。另外，LMP 蛋白分子结构研究表明[8]，它分成 3 个区域：氨基端 25 个氨基酸，羧基端约 200 个氨基酸，以及它们之间的区域——跨膜区域。转化活性分布在氨基端和跨膜区域（1 ~ 187aa），羧基端约 200aa 对转化活性非必需。研究发现[9-11]，来源于 CAO 株和台湾的 NPC 活检组织切片中的 LMP 基因序列，与来源于 B95—8 细胞株者有一定差异，而且致瘤性更强。本文报道两例来自广西壮族自治区 NPC 样品的 LMP 基因片段一级结构，并且将它与来源于 B95—8 细胞株和台湾 NPC 样品的 LMP 基因片段一级结构进行比较，讨论了变异的大小、位置及其可能存在的意义。

材料和方法

一、材料来源　两份 NPC 样品均来自广西壮族自治区人民医院病人的手术标本，液氮保存。PCR 试剂盒和克隆质粒载体 pGEM - 3zf（+）′均购于华美公司。宿主菌 JMl09、T4 DNA 连接酶和缓冲液均购于 Promega 公司，限制性内切酶、大肠埃希菌 DNA 聚合酶 I 的 Klenow 片段，均为美国 New England Biolabs 公司产品。

二、引物设计　参考 B95—8 细胞株 EBV 的 LMP 基因序列设计一对扩增引物，具体位置和序列见表 1。

表 1　PCR 扩增所用引物的名称、位置和序列

Tab. 1　Positions and sequences of primers for PCR amplification

名称 Primer	位置 Position	序列 Sequence（5'－3'）
LMPS	－6－14	CFGAGGATGGAACACGACCT
LMPAS	526－546	CGCCAGAGCATCTCCAATAA

三、NPC 样品 DNA 的提取　液氮保存组织块用乳钵研碎，每克组织中加入 10 ml 组织溶解液（15 mmol/LTris—HC1 pH8. 0，15 mmol/L EDTA，15 mmol/L NaCl）加入 1/20 体积 20% SDS. 50 μg/ml 蛋的酶 K、55℃水浴 4～5 h，酚抽提两次，再用 24∶1 的氯仿、乙戊醇抽提一次，收集水相、加入 25 倍体积的无水乙醇，－20℃冷冻 2 h，15 000 r/min 离心 15 min，除去上清，用 75% 乙醇洗涤 2 次，晾干后，溶于适量去离子水中，－20℃保存备用。

四、PCR 扩增反应　在 100 μl 的反应体系中含 10 mmol/L Tris—HCl（pH9. 0. 25℃）50 mmol/L KC1，0. 1% Trion X－100. 0. 01% 明胶（W/V），1. 5 mmol/L MgCl，200 μmol/L 的4×dNTP、引物为 25 pmol，模板量约为 0. 1 μg，Taq DNA 聚合酶为 3. 0 U，最后加无菌去离子水至终体积为 100 μl，上覆 50 μl 石蜡油。95℃变性3 min后进行以下循环：94℃变性 1 min,55℃退火 1 min，72℃延伸 1 min，每圈增加 1 min。循环 35 圈后 72℃保温 10 min。

五、克隆目的基因片段和测序　采用常规平端连接法，PCR 扩增产物经 Klenow 补平，与 Srnal I 消化的质粒 nGEM－3zf（＋）′经 T4 DNA 连接酶连接后，转化 JM 109 感受态菌，在含 X—gdl、IPTG 的 LB 平板培养基上 37℃过夜培养，选择白色菌落摇菌培养，提取质粒 DNA，酶切鉴定。提纯的质粒用 DNA 自动测序仪测定插入目的基因片段序列。

结　果

本文对两例 NPC 样品中 LMP 基因的 ExonⅠ、IntronⅠ、ExonⅡ、IntronⅡ共 500bp 左右的片段进行了序列分析，与台湾株和 B95—8 株的相关区段进行比较，其中样品 a、b 与 B95—8 株在所测 500bp 长的区域中核苷酸同源性分别为 94. 4% 和 99. 6%，样品 a、b 与台湾株核苷酸同源性分别为 96. 6% 和 94. 6%。另外从图 1 可知，相对 B95—8 株而言，样品 a 与台湾 NPC 样品有 18 个碱基发生了相同的突变，其中在 ExonⅠ区域有 15 个，7 个为有义突变，8 个为同义突变；Intron 工区域有 2 个，ExonⅡ区域有 1 个，为同义突变。详细比较结果见图 1 及表 2。

表 2　不同来源的 EBV－IMP 各区域变异情况

Tab. 2　Divergence in different regions of EBV—LMP from different sources

区域 Region	位置 Position	EBV—LMP 来源 Source of EBV—LMP	核苷酸变异 Variation Of nucleotides		氨基酸变异 Valiation of amino acids	
			数 No.	率（%）	数 No.	率（%）
Exon Ⅰ	1－268	B95－8	0	0	0	0
		台湾样品 Taiwanese biopsy	16	6. 0	8	9. 0
		样品 a NPC biopsy a	24	8. 9	13	15. 6
		样品 b NPC biopsy b	2	0. 8	2	2. 4
Intron Ⅰ	269－346	B95－8	0	0	0	0
		台湾样品 Taiwanese biopsy	2	2. 7	0	0
		样品 a NPC biopsy a	3	3. 9	0	0
		样品 b NPC biopsy b	0	0	0	0

续表2

区域 Region	位置 Position	EBV—LMP 来源 Source of EBV—LMP	核苷酸变异 Variation Of nucleotides		氨基酸变异 Valiation of amino acids	
			数 No.	率（%）	数 No.	率（%）
Exon Ⅱ	347－433	B95－8	0	0	0	0
		台湾样品 Taiwanese biopsy	3	3.5	1	3.5
		样品 a NPC biopsy a	1	1.2	0	0
		样品 b NPC biopsy b	0	0	0	0
Intron Ⅱ	434－509	B95－8	0	0	0	0
		台湾样品 Taiwanese biopsy	3	4.0	0	0
		样品 a NPC biopsy a	0	0	0	0
		样品 b NPC biopsy b	0	0	0	0

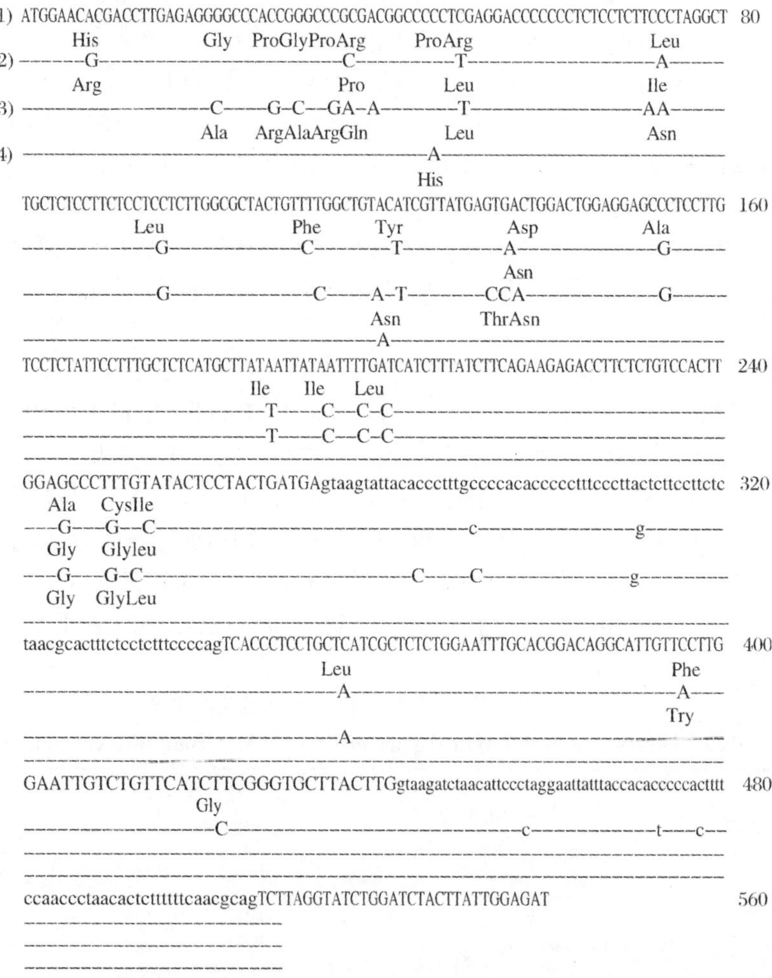

1. B95－8；2. 台湾 NPC 样品；3. NPC 样品 a；4. NPC 样品 b

图1 不同来源 EBV—LMP 基因片段（1～500 bp）核苷酸序列及其推导的氨基酸序列比较

1. B95－8；2. Taiwanese NPC biopsy；3. NPC biopsy a；4. NpC biopsy b

Fig. 1 Comparison of nucleotide sequence（1－500 bp）and it's deduced amino acid sequence of the fragment of EBV—LMP from different sources

讨　　论

本文利用 PCR 方法从来自广西壮族自治区的两个 NPC 样品中克隆出 EBV—LMP 基因片段（1～500bp），测定了核苷酸序列，比较了样品 a、b 与 B95—8 株和台湾 NPC 样品核苷酸序列的一级结构，样品 b 与 B95—8 株同源性极高（99.6%），只有两个碱基发生变异，样品 a 与台湾 NPC 样品的同源性（96.6%）要高于它同 B95—8 株（84.4%）。由此可知，中国大陆鼻咽癌组织中 EBV—LMP 基因存在着不同的变异，所检测的两个样品一个与 B95—8 株同源性很高，另一个则与台湾株接近。本文对每个样品仅分析了一个克隆的序列；难免存在因 PCR 而导致的极少数核苷酸的错误，但在总体上还不至于影响到这一结论。

根据 LMP 的分子结构研究，LMP 蛋白分 3 个区域：氨基端 25 个氨基酸、羧基端约 200 个氨基酸和它们两者之间的跨膜区域，其中跨膜区域共有 6 个穿膜片段。研究表明，LMP 是一个生长刺激因子受体，跨膜区域参与配体的结合，氨基端或羧基端起偶联作用，将信号传给胞内效应分子，类似于视紫质类受体。LMP 分子缺失实验证明，跨膜区域对 LMP 的转化作用是必须的，羧基端 200 多个氨基酸长链则不是必须的。本文实验结果表明，样品 b 与台湾株在 Exon Ⅰ区域有 7 个氨基酸发生相同的突变，包括其中 Xho Ⅰ切点的丢失，由于 Exon Ⅰ处于具有转化功能的跨膜区域内，因此这些突变有可能影响 LMP 基因的转化能力。事实上已有证据表明[10]，台湾 NPC 样品 EBV—LMP 的转化能力明显高于 B95—8 株。至于具体哪几个氨基酸的突变能够提高 LMP 的转化能力，以及其突变前后对应的空间结构如何改变等，尚需进一步研究。这将有利于进一步阐明 LMP 的转化分子机理，以及它在 NPC 发生过程中所扮演的角色。

近年来分子生物学的发展表明，肿瘤的发生不仅与致癌基因有关，而且与抗癌基因功能的抑制或失效有关。已经知道 Rb 和 P53 两个抗癌基因不仅存在结构异常或表达水平的异常，而且发现它们的正常表达产物可以和 SV40 病毒、腺病毒以及人类乳头瘤病毒等基因产物结合形成复合物。研究表明，鼻咽癌组织中 Rb 基因[12]和 P53 基因都存在一定比例的突变，野生型 P53 基因和突变型 P53 基因分别导入鼻咽癌体外培养细胞 CNE－3 中，裸鼠致瘤实验证明野生型 P53 基因能够明显抑制肿瘤的生长，突变型 P53 基因则能够促进肿瘤的生长[14]。但是在鼻咽癌组织中，Rb 和 P53 基因与 LMP 基因——致瘤基因或 EBNA－2 永生化基因之间的关系，则尚未见报道，是否它们的产物之间也能够相互结合形成复合物有待研究。更进一步，野生型 P53 基因、Rb 基因和突变型 P53 基因、Rb 基因分别与野生型 LMP 基因、EBNA－2 基因和突变型 LMP 基因、EBNA－2 基因的相互作用是否存在差别，也急需研究，这将有助于从分子水平上阐明鼻咽癌的发生机理。

〔原载《病毒学报》1995，11（1）：10－14〕

参 考 文 献

1　Zur Hausen H，et al. EBV DNA in biopsies of Burkitt tumours and anaplastic carcinomas of the nasopharynx. Nature（London），1970，228：1056－1058

2　Wolf H，et al. EB viral genomes in. epithelial NPC cells. Nature（London），1973，44：245－247

3 Andevsson—Anvret M, et al. Relationship between the EBV and undifferentiated NPC: correlated nucleic acid hybridization and hjstopathoJogical examination, International Journal of Cancer, 1977, 20: 486 - 494

4 Raab - Tmub N, el al. EBV transcription in NPC. J Virol, 1983, 48: 580 - 590

5 Baichwal V R & Sugden B. The multiple membrane - spanning segments ot the BNLF - l oncogene from EBV are required for transformation. Oncogene, 1989, 4: 67 - 74

6 Wang D, et al. An EBV membrane protein expressed in immortalized lymphocytes transforms established Rodent cells. CeIl, 1985, 43: 831 - 840

7 Gilligan K, et al. Novel transcription from the EBV terminal EcoRl fragment, DIJhet. in a NPC. J Virol, 1990, 64: 4948 - 4956

8 Fennewald S, et al. Nucleotide sequence of an mRNA transcribed in latent growth - transformingvirus infection indicates that it may encode a membrane protein. J Virol, 1984, 51: 411 - 419

9 Chen M L, et a1. Cloning and chamcterimtion of the latent membrane protein (LMP) of a specific EBV variant derived from the NPC in the Taiwanese population. Oncogene, 1992, 7: 2131 - 2140

10 Hu L F, et a1. Isolation and sequencing of the EBV BNLF—l gene (LMPI) from a Chinese NPC. J Gen Virol, 1991, 72: 2399 - 2409

11 HU L F, et al. Clonability and tumorigenicity of human epithelial cells expressing the EBV encoded membrane protein LMPI. Oncogene, 1993, 8: 1575 - 1583

12 本室资料，待发表

13 Effert F, et al. Alterations of the P53 gene in NPC. Virol, 1992, 66: 3768 - 3775

14 Chen W P, et al. Suppression of human NPC cell growth in the nude mice by the wild—type P53 gene, J Can Res Clin Onco, 1992, 119: 46

Cloning and Analysis of the Latent Membrane Protein (LMP) Gene Fragment of Epstein - Barr Virus Derived from the Nasopharyngeal Carcinoma

YU Sheng - hong, CHEN Wei - ping, LI Yang, ZENG Yi (Institute of Virology, CAPM. Beijing)

A DNA fragment containing Exon I, Intron I, Exon Ⅱ, Intron Ⅱ of latent membrane protein (LMP) gene of Epstein - Barr virus (EBV) obtained from two nasopharyngeal carcinoma biopsies (a and b) by polymerase chain reaction (PCR) was cloned into pGEM - 3zf (+). Sequcncing and analysis revealed that biopsies a and b shared 94.4% and 99.6% homology respectively with B95—8 strain, 96.6% and 94.6% homology respectively with the Taiwanese strain. So it is suggested that there exist mutants differing in EBV—LMP in southern China.

〔**Key words**〕 Epstein - Barr virus (EBV); Latent membrane protein (LMP); Nasopharyngeal carcinoma; Polymerase chain reaction (PCR); Nucleotide sequence

180. 高分化及低分化鼻咽癌细胞株中 Epstein - Barr 病毒潜伏感染膜蛋白基因的原位杂交与克隆及序列分析

中国预防医学科学院病毒学研究所 苏 玲 滕智平 赵全壁 曾 毅

〔**摘 要**〕 应用染色体原位杂交、PCR 扩增、克隆及核苷酸序列分析等方法，分析了 CNEl 和 CNE3 细胞株中的潜伏感染膜蛋白（LMP1）基因。CNE1 是来自我国东北的高分化鼻咽癌细胞株，CNE3 是来自广西的低分化鼻咽癌细胞株。染色体原位杂交结果表明，CNE1 细胞中 LMP1 基因存在于细胞核内，整合在第一号染色体上，CNE3 中 LMP1 基因则随机存在于细胞核内及多条染色体上。用 PCR 方法分别从 CNEl 及 CNE3 中扩增得到了 LMPl 基因片段（外显子 3），核苷酸序列分析证明，来自 CNE1 的 LMPl 与来自 B95—8 细胞的 LMP1 核苷酸序列同源性极高，达 99.5%，而 CNE3 的 LMPl 基因与 B95—8 的 LMP1 基因同源性为 93%。

〔**关键词**〕 鼻咽癌；EB 病毒；潜伏感染膜蛋白；染色体原位杂交；聚合酶链反应；克隆；核苷酸序列分析

鼻咽癌（NPC）的流行病学和血清学研究结果都已证明，NPC 的发生与 EB 病毒密切相关，在各种不同类型的 NPC 中都已检测到了 EB 病毒基因，而且，在 NPC 中还发现了 EB 病毒核抗原（EBNAl）和潜伏感染膜蛋白（LMP1）的表达[1]。近年来的研究结果表明，LMPl 在细胞转化及肿瘤形成中起着重要作用，可能是潜在的癌基因，在 NPC 的形成中参与鼻咽上皮细胞的转化。对 LMPl 基因的研究有助于我们深入了解 EB 病毒与 NPC 的关系，以及 EB 病毒在 NPC 形成中的作用机理。据文献报道，来源于中国大陆 CAO 株和台湾 NPC 样品中的 LMPl 基因，与来源于 B95 - 8 细胞株的 LMPl 基因其序列有一定的差异，且致瘤性更强[2,3]。我们的工作证明高分化和低分化鼻咽癌细胞株中都有 EB 病毒基因存在。为了解高分化癌和低分化癌 EBV—LMPl 是否有差异，我们研究了 LMPl 的定位及核苷酸序列。本文首次报道了高分化和低分化鼻咽癌细胞株的 EB 病毒的 LMPl 基因，这对研究 EB 病毒的致癌机理具有意义。

材料和方法

一、细胞 CNEl 为本室 1978 年建立的来自东北的高分化 NPC 细胞株[4]，CNE3 为本室 1993 年建立的来自广西的低分化 NPC 细胞株[5]，B95 - 8 为本室传代细胞。

二、主要试剂及酶 NBT/Bcip 检测试剂盒和生物素随机引物标记试剂盒，购自北京医科大学血液病研究所。含有 EB 病毒 LMPl 基因的 pUC - Ly 质粒为美国 Kieff 教授赠送。PCR 试剂盒、IPTG、X - gal、T4DNA 连接酶、甲酰胺等购于华美生物工程公司。其他试剂均为国产分析纯或优级纯。

三、探针的制备及标记探针灵敏度的检测 pUC—Ly 质粒经 BamHI 酶切，0.8% 的低溶点琼脂糖凝胶电泳，回收 3.0 kb 的 DNA 片段为 LMP1 探针，3.0 kb 的片段相当于 B95—8 的

LMPl 基因（包括 3 个外显子及 2 个内含子）。标记探针灵敏度的检测见文献〔6〕。

四、染色体中期分散相的制备 待检测细胞于 1640 培养液中 37℃培养 72 h，收获前2 h 加秋水仙碱，终浓度为 0. 08 ~0. 1 μg/ml。胰酶消化，1000 r/min 离心 10 min。弃上清，加入 37℃预热的 0. 075 mol/L KCl 6 ml，37℃水浴 20 min，用 3∶1 甲醇/冰乙酸 5 ml 固定 35 min,1000 r/min 离心 10 min，弃上清，再加人固定液 0. 5 ml 制成细胞悬液，滴在洗净预冷的载玻片上。

五、原位杂交 20 μl 杂交液（2 × SSC，50% 去离子甲酰胺，10% 硫酸葡聚糖，500 μl 含 lng/μl 生物素标记的 LMP1 探针）滴在已变性处理的载玻片上，42℃过夜。50% 甲酰胺 42℃15 min，2 × SSC，PBS 各洗 2 次。15 μl FITC – Avidin D 37℃ 30 s，PBS 洗后加 15 μl anti—Avidin D，37℃ 30 s，PBS 洗 2 次，20 μl 抗荧光淬灭剂（内含碘化锭 PI 0. 5 μg/ml），Olympus 荧光显微镜下观察照相。

六、细胞染色体 DNA 的提取 见文献〔7〕。

七、RCR 扩增引物的设计及扩增条件 引物 1（168163 – 168183）5’ – ATCACGAGGAATTCGTCATAGTAGCTTAGCTGAAC – 3’；引物 2（168736—1687515）5’ – ATCACGAGGGATCCCAACGACACAGTGATGAACAC – 3’。

扩增条件：94℃1 min，55℃1 min，72℃1 min，30 个循环，72℃延伸 10 min。取 10 μl 在 1% 的琼脂糖凝胶中电泳．鉴定结果。

八、PCR 产物的克隆 T – Vector 载体的制备：利用 Taq 酶能在合成片段的末端多掺入一个核苷酸的特性。将质粒 SK 用 EcnRV 平端切开后，加入 2 mmol/L dTTP 及 2 U Taq 酶，在 70℃放置 2 h。经酚抽提乙醇沉淀，溶于 TE 中，得到 3’末端多出一个碱基（胸腺嘧啶）的载体。

克隆及筛选：将上述载体与纯化的 PCR 产物于 14℃连接过夜，取连接液体积的 l/4 转化 JM 109 钙化菌，用 X – gal 和 IPTG 筛选白色菌落。快提质粒，用 1% 琼脂糖凝胶电泳及 EcoRI/BamHI 双酶切鉴定，确定阳性克隆。

九、核苷酸序列分析 将筛选的阳性克隆摇菌培养，提取质粒 DNA，并用 PEG8000 沉淀纯化质粒。Applied Biosystems DNA Sequencer 373A – 18 自动测序仪测定插入的目的基因片段的序列。

结　　果

一、染色体原位杂交结果 从图 1 可以看到，CNEl 细胞经 LMPl 探针杂交后，在核内染色体上有一个明亮的杂交点，经确定为第一号染色体（图 la）；而在 CNE3 细胞中，核内多条染色体上可见阳性杂交点（图 1b）。

二、CNEl 及 CNE3 细胞 DNA 的 PCR 扩增结果 PCR 产物在 1% 琼脂糖凝胶中电泳，紫外线灯下 EB 染色后，在 CNEl、CNE3 及阳性对照 B95—8 标本中可见一条 600 bp 左右的阳性带，与目的片段长度（623 bp）基本一致，没有见到其他非特异性带（图 2）

三、酶切鉴定阳性克隆结果 挑选质粒用 EcoRI/BamHI 双酶切后，经 1% 琼脂糖凝胶电泳，在 CNE1 和 CNE3 标本中可见一条 600 bp 左右的带，其大小与预期相符（图 3）。

四、核苷酸序列分析及与 B95—8 同源性比较 通过对上述两个阳性克隆插入片段的核苷酸序列分析及与 B95—8 株 LMPl 基因的比较，发现 CNEl 及 CNE3 的 LMPl 片段与 B95—8 的 LMPI 同源性分别为 99. 5% 及 93%（图 4）。

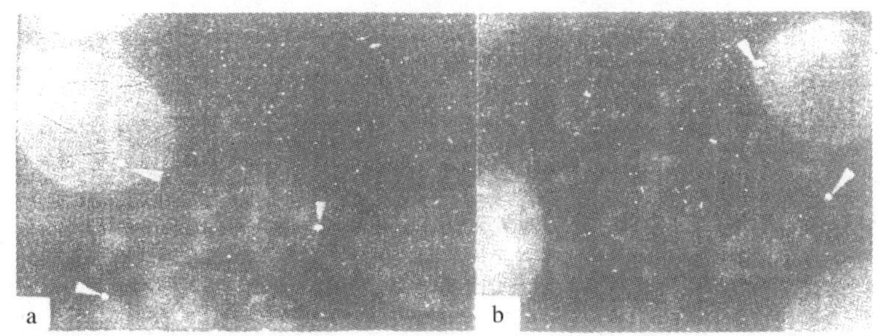

图 1　CNE1（a）和 CNE3（b）细胞 LMPl 基因的原位杂交结果

Fig. 1　*In situ* hybridization of LMPl gene in CNE1（a） and CNE3（b）cell lines

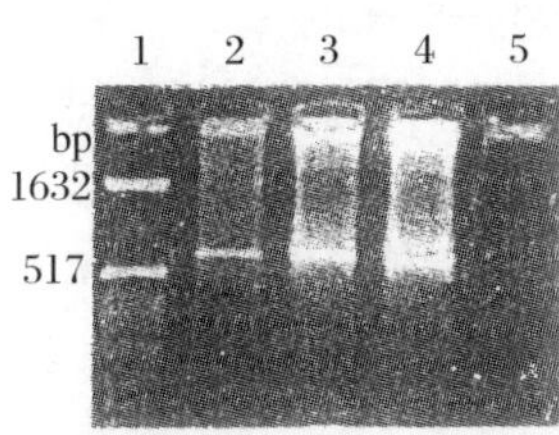

1. pBR322　DNA/Hinf　I；2. CNE3；3. CNEl；4. B95—8（positive control 阳性对照）；5. 正常人 DNA，（阴性对照）DNA of normal individual（negative control）

图 2　CNEl 及 CNE3 细胞 LMPl 基因 PCR 片段电泳图

Fig. 2　Electrophoresis of PCR amplified LMPl DNA fragment from CNEl and CNE3 cell lines

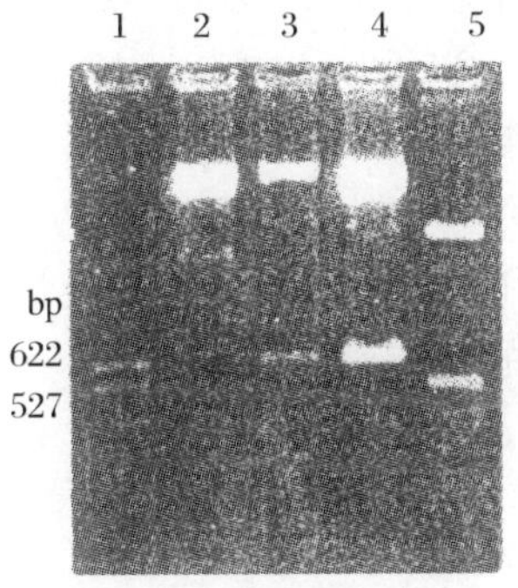

1. pBR322 DNA/Msp I；2. Bluescript SK（空载质粒 SKl）；3. CNE 1；4. CNE3；5. pBR322 DNA/Hinf I

图 3　CNEl 及 CNE3 的 LMPl 阳性克隆 BamH I/FcoR I 酶切鉴定电泳图

Fig. 3　Indentiffcation of positive clones of LMPl from CNEl and CNE3 by EcoR I/BamH I digestion

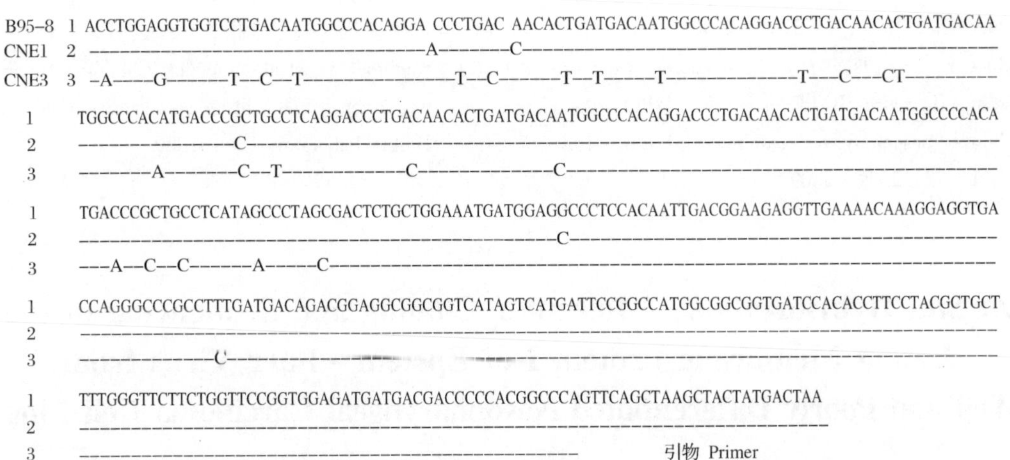

图 4　B95 –8 CNEl 及 CNE3 的 LMPl 外显子Ⅲ序列分析结果比较

Fig. 4　Comparison of the mucleotide sequences（exon 3）of the LMPl for B95 – 8，CNEl and CNE3 cell lines

讨　　论

EB 病毒与 NPC 的发生有着非常密切的关系，在 NPC 中也已发现了 EB 病毒基因的表达。在这些表达产物中，LMPI 基因可能在 NPC 的形成中起着重要作用。大量研究结果表明，此蛋白有潜在的致癌性，它能促进细胞转化，抑制细胞分化，改变细胞的形态及形成肿瘤。在细胞原位杂交实验中证明，在 CNEl 及 CNE3 的细胞核内都存在 EB 病毒的 LMPI 基因，进一步通过染色体原位杂交发现，在 CNEl 中 LMPl 基因整合于第一号染色体上，而在 CNE3 中，LMPl 基因随机存在于细胞核或整合于多条染色体上。这种 LMPl 定位的不同是否与分化程度有关，尚需进一步研究。通过 PCR 扩增、克隆及核苷酸序列分析 LMPl 的基因片段（外显子3），发现 CNEl 中的 LMPl 基因与来自 B95—8 株的 LMPl 基因很相似；其同源性高达 99.5%，而来自 CNE3 的 LMPl 基因与 B95—8 的 LMPl 基因相比则发生了一些变化，同源性为 93%。以上结果提示，LMPl 基因突变率的增加可能导致 NPC 恶性程度的增加，即 LMPl 基因突变率越高，NPC 的分化程度越低。为了更好地阐明 LMPl 的变异与高分化癌和低分化癌的关系，应研究更多的高分化鼻咽癌和低分化鼻咽癌，以及 EB 病毒的其他外显子。

〔原载《病毒学报》1995，11（2）：114－118〕

参 考 文 献

1　Young L S，et al. Epstein－Burr virus gone expression in nasopharyngeal carcinoma. J Gen Virol，1988，69：1051～1065

2　Chen M L，et al. Cloning and characterization of the latent membrane protein（LMP）of a specific Epstein－Barr virus variant derived from the nasopharyngeal carcinoma in the Taiwanese population. Oncogene，1992，7：2131～2140

3　Hu L F，et al. Isolaion and sequencing of the Epstein－Barr virus BNLF—l gene（LMPl）from a Chinese nasopharyngeal carcinoma. J Gen Virol，1991，72：2399～2409

4　中国医学科学院肿瘤所，等．人体鼻咽上皮样细胞株和梭形细胞株的建立．中国科学，1978，（1）：113－118

5　周维雅，等．人低分化鼻咽癌细胞系 CNE3 的建立和生物学特性研究．病毒学报，待发表

6　滕智平，曾毅．应用生物素标记探针进行细胞原位杂交检测人鼻咽癌细胞株中的 EB 病毒 LMP 基因．病毒学报，1994，（10）：184～186

7　Sambrook J，et al. Molecular Cloning：A Laboratory Manual. 2nd edition. New York：Cold Spring Harbor Laboratory Press. 1989

In Situ Hybridization，Molecular Cloning and Sequencing of the Latent Membrane Protein I of Epstein－Barr Virus from Well and Poorly Differentiated Nasopharyngeal Carcinoma Cell Lines

SU Ling，TENG Zhi－ping，ZHAO Quan－bi，ZENG Yi（Institute of Virology，CAPM，Beijing）

The latent membrane protein（LMPl）gene of Epstein－Barr Virus（EBV）was found in CNEl，a well differentiated nasopharyngeal carcinoma（NPC）cell line from northeast of China，and in CNE3，a poorly differentiated NPC cell line came from Guangxi Province of China. The results of *in situ* hybridization showed that LMPl gene is integrated into chromosome No. 1 in CNEl, and into seveial chromosomes in CNE3. The exon 3 of LMPl gene was amplified by PCR and cloned from CNEl and CNE3. Sequence analyses of these PCR products revealed that there is a high homology of 99. 5% between B95 – 8 strain and CNEl, and a lower homology Of 93% between B95 – 8 and CNE3.

〔**key words**〕Nasopharyngeal carcinoma; Epstein – Barr virus; Latent membrane protein; *In situ* hybridization; PCR; Cloning; Sequencing

181. 人 T 细胞白血病毒 I 型 env 基因的克隆与表达

中国预防医学科学院病毒学研究所 段震峰 滕智平 曾 毅

〔**摘 要**〕 本文通过聚合酶链反应（PCR）从整合有人 T 细胞病病毒Ⅰ型（HTLV – Ⅰ）的 MT – 2 细胞株中，扩增出 HTLV – Ⅰ外膜蛋白（env）的全基因（1.46 kb），并成功地克隆入 pUC19 载体，构建成 env 基因克隆 env/pUC19。利用原核高效表达载体 pGEX – 2T，在大肠埃希菌中有效地表达了与谷胱甘肽 S – 转移酶（GST）融合的 env 羚基末端抗原的重组蛋白，融合基因的转录由 tac 启动子调控。SDS – PAGE 结果表明，有一 52×10^3 的目的蛋白带，表达量占菌体总蛋白的 10%；Westem blot 及 ELISA 结果显示，表达产物能与 HTLV – Ⅰ多抗血清结合。本研究为研制 HTLV – Ⅰ的诊断试剂及进一步了解 env 的免疫学和生物学性质打下了基础。

〔**关键词**〕HTLV – Ⅰ；聚合酶链反应（PCR）；克隆与表达；融合蛋白

人 T 细胞白血病病毒 – Ⅰ型（Human T cell leukemia virus Ⅰ，HTLV – Ⅰ）是逆转录病毒科的致瘤病毒亚科的成员，已证明可引起成人 T 细胞白血病、热带痉挛截瘫（Tropocal spastic parapareses，TSP）或称 HTLV – Ⅰ相关的脊髓病（HTLV – Ⅰ associated myelopathy，HAM），而且与临床上其他疾病如地方性多肌炎（Endemic polymyositis）、自身免疫性甲状腺炎等可能也有关系[1,2]。由于 HTLV – Ⅰ与人免疫缺陷病毒（HIV）有类似的传播途径，故在世界范围内发现 HTLV – Ⅰ的感染人群也在不断增加，并发现 HIV 与 HTLV – Ⅰ的共感染（Coinfection）病例[2,3]。发达国家早已开始把 HTLV – Ⅰ作为筛选献血员的指示。近年来我国也有 HTLV – Ⅰ流行区的报道[4-6]，但整个 HTLV – Ⅰ的研究在很多方面还是空白。所以，加强 HTLV – Ⅰ的基础研究，研制符合我国国情的诊断试剂及尽早进行献血员的普查，开展 HTLV – Ⅰ的临床检验和病原学研究，对防治 HTLV – Ⅰ的传播有重要意义。

HTLV – Ⅰ基因组有 9032 个碱基对，与其他逆转录病毒科成员相似，含有长末端重复序列（LTR）和 3 个结构基因，即 gag、pol 和 env。不同的 HTLV – Ⅰ毒株的 cDNA 序列具有很强的保守性，整个 HTLV – Ⅰ基因组可整合于人体淋巴细胞染色体。env 基因编码 -62×10^3 的前体蛋白，由此再加工为成熟的 46×10^3（gp46）表面膜蛋白和 21×10^3（gp21）的跨膜蛋白。由于 env 基因产物与 HTLV – Ⅰ感染病人血清有较强免疫反应性，国际上也把 env 的抗体阳性作为 HTLV – Ⅰ感染的重要指标。因此，我们首次用 PCR 技术，成功地克隆出了

env基因，并在大肠埃希菌中表达，这对我国HTLV－Ⅰ的分子生物学研究和诊断试剂的开发有重要意义。

材料和方法

一、HTLV－I基因组 来自整合有HTLV－Ⅰ前病毒全基因的国际标准细胞株MT－2，本室传代培养。

二、HTLV－I阳性血清 由法国巴士德研究所提供。

三、酶及实验试剂 PCR试剂购自华美生物工程公司。各种限制性内切酶及T4 DNA连接酶购自Promega公司。

四、载体和宿主菌 克隆载体pUC19购自华美生物工程公司，含tac启动子的原核高效表达载体pGEX－2T购自Pharmacia公司。大肠埃希菌DH5α为本室贮藏菌种。

五、DNA模板的提取 MT－2细胞培养于含10%小牛血清的1640培养液中，在细胞生长旺盛期用SDS/蛋白酶K处理，用酚/氯仿抽提获取DNA，置－70℃冻存待用。

六、引物的设计与合成 HTLV－Ⅰ序列参见文献〔8〕，在env基因两端设计一对引物，分别含有HindⅢ和EcoRI限制酶切位点：

正相引物5′－GAC TAT AAG CTT ATG GGT AAG TTT CTC GCC－3′

反相引物5′－GAT CAG AAT TCA TTA CAG GGA TGA CTC AGG－3′

引物在DNA合成仪（Applied Biosystems）上合成，FPLC装置上利用MONO－Q离子交换层析进行纯化，琼脂糖凝胶电泳定量。

七、env基因的DNA扩增 模板DNA溶于TE中，扩增前95℃变性10 min，整个PCR反应系统中含有1 μg细胞DNA，10 mmol/L Tris HCl，pH8.3，50 mmol/L，2 mmol/L $MgCl_2$，0.2 mmol/L每种dNTP，lUTaq DNA聚合酶，反应体积为100 μl。在DNA扩增仪（PERKIN ELMER公司）上进行30个循环，95℃变性1 min，53℃复性1 min，72℃延伸2 min,最后在72℃再延伸7 min。取10 μl PCR产物，在1%琼脂糖凝胶（0.5 μg/ml EB）电泳分析，并通过酶切确认PCR产物的特异性，低溶点胶纯化回收。

八、env基因的克隆与鉴定 PCR产物的克隆按常规方法进行[9]，用HindⅢ和EcoRI限制性内切酶分别消化纯化后的PCR产物和pUC19克隆载体，DNA片段和载体按4∶1摩尔比连接，转化大肠埃希菌DH5α感受态细菌，铺于含X－gal和IPTG的氨苄西林的LB平板，菌落长出后，挑取白斑，快提质粒，通过限制酶切反应和env探针的点杂交和序列分析鉴定确认，阳性克隆命名为env/pUC19。

九、env基因的表达克隆 采用原核高效表达载体pGEX－2T[10]表达与谷胱甘肽S－转移酶（GST）融合的env的羧基端抗原。用BamHI和EcoRI限制性内切酶分别消化env/pUC19和pGEX－2T，低溶点琼脂糖回收由env/pUC19切下之550bp片段，与酶切的pGEX－2T连接，转化DH5α感受态细菌，铺于含氨苄西林之LB平板，长出菌落后挑取菌落，快提质粒，通过限制酶切反应及点杂交筛选阳性克隆，命名为env/pGEX－2T。

十、env融合蛋白的诱导表达 含有env/pGEX－2T的DH5α菌培养于LB中，12 h后1∶10稀释于含氨苄西林的LB培养液中，继续培养2 h后加入IPTG（0.1 mmol/L）诱导3 h，离心收集菌体，做SDS－PAGE和Western blot分析。

十一、env基因表达产物的鉴定 通过双抗体ELISA夹心法对表达产物初步鉴定，采用

SDS－PAGE 和 Western bolt 对表达产物作进一步鉴定。加样进行 10% SDS－PAGE（电流 100 mA），电泳完毕后，将凝胶用考马斯亮蓝 250 染色 2 h，再用脱色液脱色 3 h，干燥保存，用光密度扫描仪辅助进行相对表达量的估算。在 Western blot 检测中，将蛋白带转印至硝酸纤维膜上（电转 3 h），转印后的膜用丽春红 S 染色，确证蛋白完全转印上，经 PBS 漂洗后用 1% BSA 封闭 2 h，将膜转入 HTLV－Ⅰ阳性人血清中（1∶100 稀释），37℃2 h。洗去未结合的血清抗体，将膜转入 HRP－羊抗人 IgG 中（1∶2000 稀释），37℃反应 2 h。洗去未结合的酶标抗体，以底物 3，3′－二氨基联苯胺（DAB）和 0. 01% 过氧化氢溶液显色，观察生色反应，待特异性蛋白清晰可见，用 PBS 漂洗中止反应。

结　果

一、HTLV－Ⅰ env 基因的扩增与阳性克隆的鉴定　从 MT－2 提取的 DNA 中，经 PCR 扩增出的 PCR 产物在 1% 琼脂糖和胶电泳上呈现 1. 46 kb 大小的片段（图 1 略），酶切鉴定符合 env 基因。

纯化后的 PCR 产物经 HindⅢ和 EcoRI 限制性内切酶消化后克隆入 pUC19 载体，经点杂交初步鉴定后，再用酶切和序列测定进一步确认，有 EcoRI＋HindⅢ、EcoRI＋BamHI、HindⅢ＋BamHI、XhoI 限制性内切酶可分别切下 1. 46 kb、0. 55 kb、0. 92 kb 和 0. 72 kb 大小的片段（图 2 略），表明 env 基因内有 1 个 BamHI 切点，两个 XhoI 切点，这些与 env 基因的实际情况完全相符。而且测序结果敢证明所插入的片段为 env 基因，显然 env 基因已被克隆入 pUC19 载体中。

二、融合蛋白的表达载体 env/pGEX－2T 的构建　选对 env 蛋白的羧基端基因，它含有部分 gp46 和全部 gp21 序列。用 BamHI 和 EcoRI 消化 env/pUC19，回收 550 bp 片段，与用同样酶消化后的 pGEX－2T 连接（图 3），筛选得到阴性克隆，如上述方法用酶切反应和点杂交邓以确认。

三、表达产物的 ELISA 初步检测和 SDS－PAGE 及 Western blot 分析　含有 env/pGEX－2T 的 DHα 菌在 IPTG 诱导后，分离粗提蛋白，经双抗体夹心法 ELISA 初步检测，HTLV－Ⅰ感染病人阳性血清的 *A* 值均比正常阴性血清 *A* 值高两倍以上。表达产物的 SDS－PAGE 和 Western blot 结果分别见图 4 与图 5（略）阳性克隆 env/pGEX－2T 表达产物中含有相应大小的特异蛋白带，在蛋白相对分子质量标准 43×10^3 与 $67/\times10^3$ 之间有一清楚的蛋白带，而空载体 pGEX－2T 和未加 IPTG 诱导的 env/pGEX－2T 则无，表明它是 GST 与 HTLV－Ⅰenv 羧基端融合的多肽抗原带，相对分子质量约 52×10^3，与实际融合蛋白的相对分子质量相符。在 Western blot 试验中，该蛋白可与 HTLV－Ⅰ抗体发阳性反应。

讨　论

本文通过 PCR 技术，从整合有 HTLV－Ⅰ基因组织的 MT－2 细胞中扩增出 env 基因，不仅大小与实际相符，而且经酶切鉴定和序列分析克隆入 pUC19 中的 PCR 产物，证实该片段是 HTLV－Ⅰ的 env 基因，说明用 PCR 获得 HTLV－Ⅰ基因是切实可靠的。在引物两端设计酶切位点，使得克隆容易成功。由于 HTLV－Ⅰ env 全基因的克隆成功，填补了我国在这方面的空白，并为进一步研究 env 的结构和功能提供了必备的材料。伴随着 HTLV－Ⅰ感染者的不断增加，需要一种简便、快速的检测手段，但大量提取纯化 HTLV－Ⅰ的病毒蛋白比较

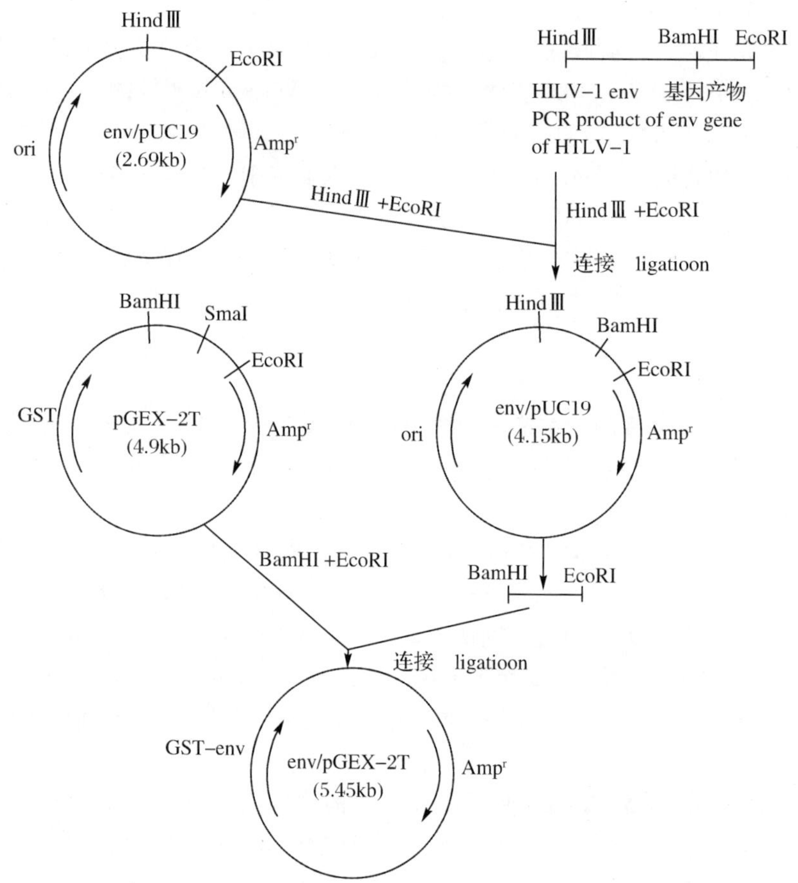

图 3 表达载体 env/pGEX－2T 的构建

Fig. 3 Construction of env/pGEX－2T

困难，给 HTLV－Ⅰ感染者的检测带来不便。国际上正在设法用 HTLV－Ⅰ的重组蛋白来解决这一问题。HTLV－Ⅰ的 env 蛋白可刺激机体产生抗体，但一些试图在大肠埃希菌中表达完整的 env 基因的尝试均未成功，可能因整个 env 基因的表达产物对细菌有毒性所致[11]。所以，一般采用抗原性强的区段，现已证明，env 的羧基端具有 B 细胞表位，有较强的抗原性[12]。原核高效表达载体 pGEX－2T 是一种由 tac 启动子调控的载体，已经成功地表达了多种蛋白[9]。本文采用此载体在大肠埃希菌中表达了与 GST 融合的 env 的羧基端蛋白，并证明具有较强的抗原性。选用 pGEX－2T 表达载体表达的蛋白易于纯化和批量生产，这也是作者正在进行的工作。最终希望能为我国的 HTLV－Ⅰ的研究和临床检测作出贡献。

〔原载《病毒学报》1995，11（3）：228－233〕

参 考 文 献

1 Bieberich C T, et al. A transgenic model of transactivation by the Tax protein of HTLV－Ⅰ. Virology, 1993, 196: 309－318

2 Beilke M A, et al. Laboratory study of HTLV－Ⅰ and HTLV－Ⅰ/Ⅱ coinfection. J Medical Virology, 1994, 44: 132－143

3 Kaplan J E, et al. The epidemiology of human T－lymphotropic virus type Ⅰ and Ⅱ. Reviews in

Medical Virology, 1993, 3: 137 - 148

4 曾毅，等. 中国二十八省市自治区T细胞白血病病毒（HTLV - Ⅰ）血清流行病学调查. 中华血液杂志，1986，7：471 - 476

5 吕联煌，等. 福建省沿海地我人类T淋巴细胞白血病病毒小流行区的发现. 中华血液学杂志，1989，10：225 - 229

6 吕联煌，等. 人类T细胞白血病病毒流行情况的系列研究. 血液病实验与临床，1992，4：1 - 32

7 Green P L, et al. Regulation of human T cell leukemia virus expression. The FASEB Journal, 1990, 4: 69 - 175

8 Seiki M, et al. Human adult T cell leukemia virus: Complete nucleotide sequence of the provirus genome integrated in leukemia cell DNA. Proc Natl Acad Sci USA, 1983, 80: 3618 - 3622

9 Maniatis T, et al. Molecular Cloning: A laboratory manual. New York: Cold Spring Harbor Laboratory, 1989

10 Smith D B, et al. Single step purification of polypeptides expressed in *Escherichia coli* as fusions with glutathiones - transferase. Gene, 1988, 67: 31 - 40

11 Samuel K P, et al. Diagnostic potential for human malignancies of bacterially produced HTLV - Ⅰ envelope protein. Science, 1984, 226: 1094 - 1097

12 Noraz N, et al. Expression of HTLV - Ⅰ env and Tax recombinant peptides in yeast: Identification of immunogenic domains. Virology, 1993, 193: 80 - 86

Cloning and Expression of the Envelope Gene of Human T Cell Leukemia Virus Type Ⅰ

DUAN Zhen - feng, TENG Zhi - ping, ZENG Yi (Institute of Virology, CAPM, Beijing)

Using the polymerase chain reaction (PCR) techniques, we have amplified the envelope (env) gene (1.4 kb) of human T cell leukemia virus typeⅠ (HTLV - Ⅰ) from the MT - 2 cells, in which the HTLV - Ⅰ provirus is integrated. The env fragment was then inserted into pUC19 vector, producing the construction env/pUC19. The gene fragment containing the COOH - terminal of env gene was introduced into the lacterial expression vector, pGEX - 2T, by means of fusion to the glutathione S - transferase (GST) gene of the vector. Transcription of this hybrid gene was controlled by the well - regulated tac promoter. SDS - PAGE analysis indicated that the 52×10^3 chimeric protein was staly induced when the *Escherichia coli* strain DH5α, that carried the GST - env gene fusion plasmid, was induced by IPTG; this represented 10% of total cellular protein. The result of ELISA and Western blot showed that the fusion protein coul react with serum from HTLV - Ⅰ patients. This work may be important in studying the structure and function of env gene of HTLV - Ⅰ, and in developing an anti - HTLV - Ⅰ assay.

〔**Key Words**〕 HTLV - Ⅰ; Polymerase chain reaction; Cloning and expression; Fusion protein

182. Epstein - Barr 病毒核抗原Ⅱ重组质粒 pSG5 - EBNA2 - Hyg 的构建及其在哺乳动物传代细胞中的表达

中国预防医学科学院病毒学研究所　纪志武　李宝民　曾　毅
日本国山口大学医学部寄生虫学和病毒学教研室　TAKADA Kenzo

〔**关键词**〕Epstein - Barr 病毒；EBNA2 短暂表达；类风湿关节炎

EBNA2 是 EB 病毒感染宿主细胞后最先表达的基因之一，是一个磷酸化的核蛋白，对细胞的永生（lmmortalization）起着举足轻重的作用[1,2]。EBNA2 能以 trans 的方式激活 B 淋巴细胞表面的 EB 病毒受体 CD21[3]和细胞内的原癌基因（C - fgr）[4]，还能激活 EB 病毒潜伏膜蛋白（LMP）的启动子[5,6]。经突变株实验证实，EBNA2 自身的在部分蛋白对致细胞永生都是需要的[2,7]。EBNA2 致细胞永生作用的丧失是由于它本身 trans 作用的丧失所致[8]。EBNA2 激活 LMP 和 IgE Fc 受体（CD23）启动子的机制明显不同[9,10]。有关实验还证实，EBNA2 能对 LMP 启动子发挥 trans 作用是由于它具有调节被 EB 病毒感染细胞内 LMP 抑制子的作用[5,6]。

为了更深入地研究 EBNA2 的作用机制和与之有关的调节因素，并利于含 EBNA2 转染细胞的筛选，我们成功地构建了含 EBNA2 和 Hygromycin B 磷酸转移酶全基因的真核表达载体 pSG5 - EBNA2 - Hyg，并使之在 BHK 和 CNE - 3 细胞中表达。

质粒 pUC19 - EBNA2（由 K. Takada 提供）含有 EB 病毒 EBNA2 编码基因 BYRF1 完整开放阅读框架（ORF）区，长 1831 bp 的 DNA 片段被插在亚克隆质粒 pUC19 多克隆酶切位点的 SmaI 切点上。真核表达载体 pSG5 含有 SV40 早期启动子。质粒 pBR - Hyg 除含 SV40 早期启动子外，还含有编码 Hygromycin B 磷酸转移酶全序列和 Poly A 起始信号。质粒的制备和 DNA 的重组参考 Sambrook 等人介绍的方法[11]。菌株 E. *coli* JM109 和 Hb101 分别为质粒 pUC19 和 pSG5、pBR - Hyg 及重组粒 pSG5 - EBNA2 - Hyg 的宿主菌。

BHK 和 CNE - 3 细胞用含 10% 经 56℃灭活的小牛血清（含 100 U 青霉素和 100 μg 链霉素/ml）的 1640 培养液 37℃培养。每隔 3 d 细胞传代一次。转染时，质粒 pSG5 - EBNA2 - Hyg 用量为 5 μg。用常规的磷酸钙法作质粒的细胞转染。48 h 后收集大部分细胞，余下细胞加含 300 μg Hygromycin B/ml 的 1640 培养液在药物压力下选择培养。

抗 EBNA2 单克隆抗体（PEZ - 1）、EB 病毒抗体阴性人血清、类风湿性关节炎病人和正常人血清均由 Kenzo Takada 提供。

EBNA2 在细胞内的表达及血清中 IgG/EBNA2 抗体的检测用常规间接免疫荧光法，血清中 IgG/EA（早期抗原）、IgG/VCA（壳抗原）的检测用常规间接免疫酶法，EBNAI 的检测用常规抗 C3 补体免疫荧光法。

EBNA2 编码基因 ORF 的全序列长 1461 bp，含有此序列的 EB 病毒 DraI - FnudⅡ片段（1831 bp）被插在质粒 pUC19 的 SmaI 切点中。用 XbaI + EcoRI 切此质粒（pUC19 - EBNA2），

回收 XbaI - EcoRI 片段（1862 bp）。用 EcoRI 和 XbaI 切质粒 pSG5 后回收（长 166 bp 的小片段丢失），并与 1862 bp 片段连接后构成质粒 pSG5 - EBNA2。再用 XbaI 切此质粒，并用碱性磷酸酶处理，经提纯后回收。用 SalI + ClaI 切质粒 pBR - Hyg，回收长 1.60 kbp 的片段，与已回收的 pSG5 - EBNA2 片段做平端连接构成重组质粒 pSG5 - EBNA2 - Hyg。重组质粒的构建过程如图 1。

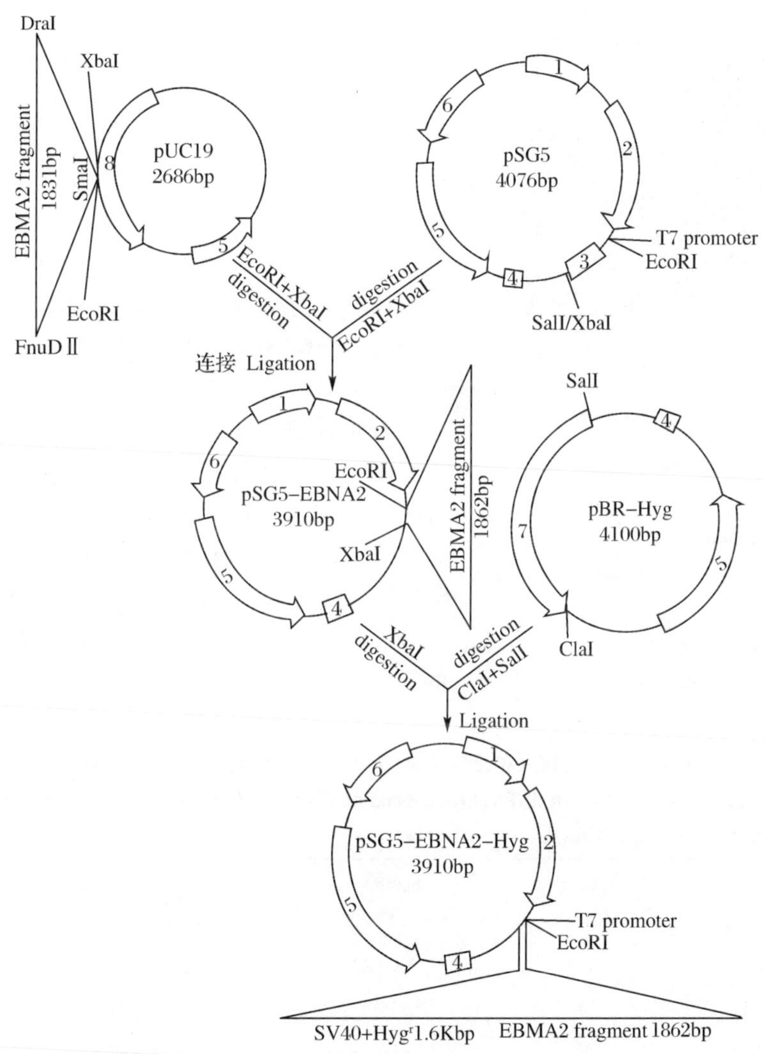

图 1 重组质粒 pSG5 - EBNA2 - Hyg 的构建过程

1. SV40 promoter，2. β - Globin；3. Poly A；4. ori；5. Amp^r；6. M13IGF；7. Hyg；8. Lac Z.

Fig. 1 Scheme of construction of recombinant plasmid pSG5 - EBNA2 - Hyg

重组质粒的鉴定用 3 种方法进行：①核酸内切酶法：EBNA2 无 EcoRI 切点，Hyg 基因在 454 bp 处有 1 个 EcoRI 切点。利用载体仅有一个 EcoRI 切点可以确定 Hyg 基因的连接方向。如连接方向正确，EcoRI 切后可获得 5056 和 2316 bp 的两个片段，如反向连接，则出现 4364

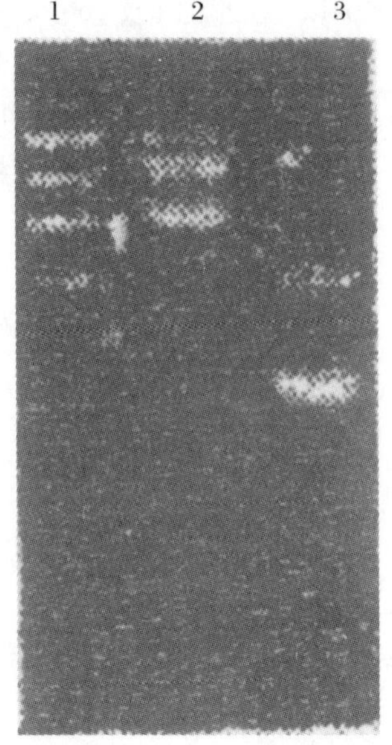

1. λDNA Hind Ⅲ marker；2. 未切重组质粒；3. 重组质粒 EcoRI 酶切后

图 2　重组质粒 EcoRI 酶切结果

1. λDNA Hind Ⅲ marker; 2. Uncleaved recombinant plasmid; 3. Recombinant plasmid cleaved by EcoRI.

Fig. 2　Recombinant plasmid cleaved by EcoRI

和 3008 bp 两个片段。重组质粒经 EcoRI 酶切后证实，Hyg 基因连接方向正确，结果见图 2。②单抗法：用重组质粒转染 BHK 和 CNE－3 细胞，48 h 后收集细胞，涂片固定，用鼠抗 EBNA2 单克隆抗体检查细胞内的 EBNA2，在细胞核内见明显的翠绿色荧光团者为阳性细胞，阴性细胞内无荧光。③反证法：用重组质粒转染 BHK 细胞后 24 h，换用含 200～800 μg Hygromycin B/ml 的 1640 选择培养液，使细胞在不同药物浓度下持续选择培养。经重组质粒转染的细胞（细胞浓度为 25～2500 个/ml）1 周后在显微镜下可见小细胞团，2 周后可见明显细胞克隆。未经重组质粒转染的细胞，3 d 后开始死亡，1 周后细胞全部死亡。以上实验证明，EBNA2 和 Hygromycin B 磷酸转移酶基因在细胞内表达良好，证明重组质粒 pSG5 － EBNA2 － Hyg 构建成功。结果如图 3（略）。

分别检测了 43 份日本类风湿关节炎病人和 22 份日本正常人血清中的 IgG/EBNA2 抗体，结果类风湿关节炎病人 IgG/EBNA2 的阳性率为 79%（GMT 为 1：22.7），正常人对照为 36%（GMT 为 1：6.5）。从 GMT 看，前者的抗体滴度明显高于后者。此外，还检测了这组血清中抗 EB 病毒其他抗原成分的 IgG 抗体，结果见表 1。

表 1　类风湿关节炎病人和正常人血清中抗 EB 病毒有关抗原成分抗体的比较

Tab. 1　Comparison of antibodies to different antigens of EB virus in sera from patients with rheumatoid arthritis and control individuals

组别 Group of disease	病例数 Cases	抗体种类 Type of antibody	阳性数（%） Positive No. and rate	GMT
类风湿关节炎	43	IgG/EA	33（77）	1：15.5
Rheumatoid	43	IgG/VCA	43（100）	1：376.0
atrhritis	40	EBNAI	39（98）	1：72.1
正常人对照	22	IgG/EA	15（68）	1：6.6
Control of	22	IgG/VCA	21（95）	1：164.6
normal persons	23	EBNAI	18（78）	1：27.2

从表 1 可以看出，这两组人血清中抗 EB 病毒早期抗原、壳抗原和抗 C3 补体的 IgG 抗体也有差别（两组血清中 IgG/VCA 之比为 376：164.6≈2.3：1），但是，差别不如 IgG/EBNA2 那样大（22.7：6.5≈3.5：1）。

经质粒 pSG5 - EBNA2 - Hyg 转染的 BHK 细胞在 Hygromycin B 的持续压力下，3 周后形成多个大小不一的细胞克隆。经抗 EBNA2 单抗检测后，5% 左右细胞有 EBNA2 表达，3 个月后 EBNA2 不能被测出。加大 Hygromycin B 用量至 1000 μg/ml，细胞仍不能被杀死。把抗 Hygromycin B 基因的全序列与 EBNA2 基因同时重组于一个表达载体，在用此质粒转染细胞时，增加了一个细胞摄入两个外源性基因的概率。

EBNA2 基因不能在 BHK 细胞内长期表达可能有如下原因：①基因未与宿主细胞染色体整合，细胞传代后，重组质粒被排出；②基因与细胞染色体整合，但基因的 ORF 受到损害；③BHK 细胞不适宜于做 EBNA2 基因的长期表达宿主细胞，但选择 BHK 作宿主细胞，仅为做 EBNA2 抗原片。5% 的阳性率已能保证完成血清学实验。

在中间质粒 pSG5 - EBNA2 的构建过程中，删除了载体 pSG5 自身的 Poly A 部分。由于所利用的 EBNA2 基因片段的末端含有 Poly A 信号（AATAA），这就有效地保证了 EBNA2 基因在细胞中的表达和基因产物的稳定。

重组质粒 pSG5 - EBNA2 Hyg 进入细胞 48 h 后，EBNA2 阳性细胞只有 0.1% ~0.2%，但经过细胞的克隆化筛选后，阳性细胞可达 5% 左右。

Alspaugh 等于 1978 年首次报道，类风湿性关节炎病人血清内含有抗 EB 病毒 EBNA - 1 抗体，并推测 EB 病毒在本病的发病过程中可能发挥某种作用[12]。Sculley 等证实，类风湿性关节炎病人血清中抗 RANA 抗体除能与 EBNA1 反应外，主要针对 EBNA2[13,14]。

用该重组质粒检测部分日本类风湿性关节炎病人和正常人血清中的 IgG/EBNA2 抗体后发现，病人组的 IgG/EBNA2 抗体阳性率和滴度明显高于正常人。通过对两组血清中抗 EB 病毒其他抗原成分抗体的检测，发现两组血清中抗 EB 病毒抗体水平有差异。日本人血清与中国人血清成分之间是否有较大的差别未做进一步的调查。

〔原载《病毒学报》1995，11（3）：266 - 270〕

参 考 文 献

1 Hammerschmidt W，et al. Genetic analysis of immortalizing functions of Epstein - Barr virus in human B lymphocytes. Nature（London），1989，340：393 - 397

2 Cohen J I，et al. Epstein - Barr virus nuclear protein 2 is a key determinant of lymphocyte transformation. Proc Natl Acad Sci USA，1989，86：9558 - 9562

3 Cordier M，et al. Stable transfection of Epstein - Barr virus（EBV）nuclear antigen 2 into lymphoma cells containing the EBV P3HR - 1 genome induced expression of B - cell activation molecules CD21 and CD23. J Virol，1990，64：1002 - 1013

4 Knutson J. The level of C - fgr RNA is increased by EBNA - 2，an Epstein - Barr virus gene required for B - cell immortalization. J Virol，1990，64：2530 - 2536

5 Fahraeus R，et al. Epstein - Barr virus - encoded nuclear antigen 2 activates the viral latent membrane protein promoter by modulating the activity of a negative regulatory element. Proc Natl Acad Sci USA，1990，87：7390 - 7394

6 Tsang SF，et al. Delineation of the cis - acting element mediating EBNA - 2 transactivation of latent infection membrane protein expression. J Virol，1991，65：6765 - 6771

7 Cohen J I，et al. An Epstein - Barr virus nuclear protein 2 domain essential for transformation is a direct transcriptional activator. J Virol，1991，65：5880 - 5885

8 Cohen J I，et al. Epstein - Barr virus nuclear protein 2 mutaions define essential domains for transformation and transactivation. J Virol，1991，65：2545 - 2554

9 Wang F, et al. Epstein - Barr virus nuclear antigen 2 transactivates latent membrane protein LMP1. J Virol, 1990, 64: 3407 - 3416

10 Wang F, et al. Epstein - Barr virus nuclear protein 2 transactivates a cis - acting CD23 DNA element. J Virol, 1991, 65: 4101 - 4106

11 Sambrook J, et al. Molecular Cloning: A Laboratory Manual. Second Edition, New York: Cold Spring Harbor Laboratory Press, 1989

12 Alspaugh M A, et al. Lymphocytes transformed by EB virus: induction of nuclear antigen reactive with serum antibody in rheumatoid arthrits. J ExP Med, 1978, 147: 1018 - 1027

13 Sculley T B, et al. Identification of multiple Epstein - Barr virus induced nuclear antigens with sera from patients with rheumatoid arthritis, J Virol, 1984, 52: 88 - 93

14 Sculley T B, et al. Comparison between the prcsence of antibodies to Epstein - Barr virus nuclear antigen 2 and the rheumatoid arthritris nuclear antigen in rheumatoid arthritis patients. Arthritis Rheum, 1986, 29: 964 - 970

In Mammalian Cell Expression of Recombinant Plasmid pSG5 - EBNA2 - Hyg that Encoded Both EBNA2 and Hygromycin B Phosphotransferase Genes

JI Zhi - wu[1] TAKADA Kenzo[2] LI Bao - min[1] ZENG Yi[1]

(1. Department of Parasitology and Virology, School of Medicine, Yamaguchi University, Yamaguchi, Japan;
2. Institute of Virology, Chinese Academy of Preventive Medicine)

Recombinant plasmid pSG5 - EBNA2 - Hyg was constructed. It encoded both EBNA2 and hygromycin B phosphotransferase genes and expressed both of them transiently in BHK and CNE - 3 clee line.

The cells transfected with plasmid pSG5 - EBNA2 - Hyg are resistant to hygromycin B, but the EBNA2 positive cells are about 5% in both cell lines. The IgG/EBNA2 positive rates are 79% and 36% in sera from patients with rheumatoid arthritis and control individuals respectively. The geometrical mean titers are 1: 22. 7 and 1: 6. 5 in the two groups of sera.

〔**Key words**〕 Epstein - Barr virus; Expression EBNA2; Rheumatoid arthritis

183. Epstein – Barr 病毒潜伏膜蛋白（LMP）基因在哺乳动物传代细胞中的表达

中国预防医学科学院病毒学研究所　纪志武　李宝民　叶树清　曾　毅
日本国山口大学医学部寄生虫学和病毒学教室　TAKADA Kenzo

〔摘　要〕　EB 病毒潜伏膜蛋白（LMP）是由病毒编码的主要的与病毒致宿主细胞潜伏感染有关的蛋白之一。我们用基因重组技术，把含有 LMP 基因（BNLF1）3 个外显子（exon）开放阅读框架（ORF）的长 1.80 kbp 的 DNA 片段，和能分解 Hygromycin B 的含有 SV40 早期启动子和 Hgryomycin B 磷酸转移酶全基因（长 1025 bp）的 DNA 片段（长 1.60 kbp），同时重组于亚克隆载体 pBluescript SK（sBS）中，并使该重组质粒 pBS – LMP – Hyg（长 5767 bp）在乳地鼠肾传代细胞（BHK）中获得表达。BHK 细胞在经此重组质粒转染后，LMP 阳性细胞的 2%，在 Hygromycin B 的持续压力下，LMP 表达细胞率可达 20%。3 个月后，LMP 表达细胞逐渐减少。5 个月后，不能测到 LMP 表达细胞，经免疫荧光和蛋白印迹（Western blot）实验证实，人鼻咽癌、风湿性关节炎和正常人血清中不含有抗 LMP 抗体。

〔关键词〕　Epstein – Barr 病毒；潜伏膜蛋白（LMP）；血清抗体检测；重组质粒 pBluescript SK – LMP – Hyp；鼻咽癌；风湿性关节炎

EB 病毒是人传染性单核细胞增多症的病原早已确证。有越来越多的证据说明，EB 病毒与 Burkitt's 淋巴瘤、鼻咽癌和某些因机体免疫力下降而产生的淋巴增生性疾病密切有关〔1〕。被 EB 病毒转化的 B 淋巴细胞，均不同程度地伴随着 9 个与细胞内病毒潜伏感染有关的病毒蛋白的表达，它们是：核抗原Ⅰ – Ⅵ（即 EBNA1、EBNA2、EBNA2B、EBNA2a、EBNA3b、EBNA3c）和潜伏膜蛋白（即 LMP、LMP2A 和 LMP2B）〔2〕。在这些潜伏蛋白中，LMP 的作用尤为突出。由位于 EB 病毒 B95 – 8 株 BamHI Nhet 片段内的 BNLF – 1 基因所编码的这个病毒潜伏膜蛋白也叫 P63，是一个在丝氨酸和苏氨酸残基上磷酸化了的穿膜蛋白〔3〕。LMP 在细胞内合成半小时后，半数以上游离形式的 LMP 与被病毒感染细胞内的不可溶成分结合构成复合物。这种复合物可溶于 8 mol/L 脲素和 0.5% SDS 液，不溶于一般缓冲液〔3〕。

研究 LMP 的重要意义在于三方面：①在被 EB 病毒转化的细胞内，LMP 的表达会导致细胞间失去接触抑制，并使鼠传代细胸 Rat – 1 发生恶性转化。这说明 LMP 在致鼠细胞恶性变方面发挥重要作用，具有致细胞恶变的倾向〔4〕。②LMP 在结构上具有特异性抗原决定簇〔3,5〕，它可引起特异性免疫 T 细胞对被病毒转化的细胞发生细胞毒作用，说明 LMP 对引机体的特异性 T 细胞免疫起某种作用。③LMP 在结构上十分特异，没有与已知细胞和病毒明显同源的基因成分，也没有在该蛋白上发现在其他磷酸化蛋白中广泛存在的磷酸化酪氨酸，说明 LMP 不属于膜癌蛋白酪氨酸激酶家族。推测，该蛋白是通过宿主细胞内的丝氨酸 – 苏氨酸激酶的作用而被磷酸化的〔3〕。这为研究 LMP 在细胞内的加工等问题提供了良好模型。

基于上述理由，为推进 LMP 在致细胞恶变及与细胞因子间关系的进一步研究，并利于 LMP 阳性细胞的选择，我们构建了重组质粒 pBS - LMP - Hyg，使目的基因 LMP 和药物选择基因 Hygromycin B 磷酸转移酶基因分别受控于各自的 SV40 早期启动子，同时与载体 pBS 重组，使两个外源性基因在 BHK 传代细胞中均获得高效表达。经间接免疫荧光和 Western bolt 实验证实，人鼻咽癌、风湿性关节炎和正常人血清中均不含有抗 LMP 抗体。现将有关结果报告如下。

材料和方法

一、质粒与细胞 质粒 pBluescript SK 为含有抗 Ampicillin 基因、T7 和 T3 双启动子和 Lac Z 多个插入位点的亚克隆载体。真核表达质粒 pSG - LMP，含有 SV40 早期启动子和 Poly A 合成起始信号。含编码 LMP3 个外显子 ORF 区的长 1.8 kbp 的 DNA 片段，被插在质粒 pSG5 多克隆插入位点的 EcoRI 切点中。质粒 pBR - Hyg 含 SV40 早期启动子、Hygromycin B 磷酸转移酶基因和 Poly A 合成起始信号。质粒的制备和 DNA 的重组参考 Sambrook 等人介绍的方法时行[6]。菌株 *E. coli* JM109 和 Hb101 分别为质粒 pBS 和质粒 pSG5 - LMP、pBR - Hyg 和重组质粒 pBS - LMP - Hyg 的宿主菌。前 3 个质粒均由 Kenzo Takada 提供。

二、细胞培养与传染 BHK 细胞常规用含 10% 56℃灭活小牛血清（含青霉素 100 U 和链霉素 100 μg/ml）的 1640 培养液 37℃培养。每隔 3 d 传代 1 次。细胞转染前 20 h 传代 1 次。转染实验前 3 h，细胞换新鲜 1640 培养液。转染时质粒 pBS - LMP - Hyg 用量为 3 ~ 5 μg。用常规的磷酸钙法作组质粒的细胞转染。细胞转染后 4 h，用含 20% 的冷 2 - 甲基亚砜（DMSO）1640 液处理细胞 1 ~ 3 min，再换新鲜 1640 培养液，并置细胞于 37℃继续培养。48 h 后收集大部分细胞，余下细胞加含 300 μg Hygromycin B/ml 的 1640 培养液进行药物压力下选择培养。

三、抗体和血清 鼠抗 LMP 单克隆抗体（S12）、EB 病毒抗体阴性正常人和风湿性关节炎病人血清，均由 Kenzo Takada 提供。鼻咽癌病原体人血清由广西壮族自治区人民医院病毒研究室提供，正常人血清由本科室有关人员自行收集。

四、细胞内 LMP 表达情况的检测 用常规间接免疫荧光法。羊抗鼠 LgG 荧光抗体由 Kenzo Kakada 提供。

五、血清中抗 LMP 抗体的检测 用常规间接免疫荧光法和 Western blot 法。羊抗人 IgG 荧光抗体和人抗体 Blot 检测试剂盒（Amersham 产品）均由 Kenzo Takada 提供。Western blot 过程简述如下：将经重组质粒 pBS - LMP - Hyp 转染过的 LMP 高表达的 BHK 细胞（总数为 1.0×10^8 个），混于 2 ml 细胞裂解液（150 mmol/L NaCl，150 mmol/L Tris - HCl，10 mmol/L EDTA，0.5% SDS 和 1.0mg/ml 蛋白酶 K）中。室温反复振摇 1 h，加入 2 ml 2 倍 SDS 凝胶电泳样品液，置 37℃振摇 1 h，置 100℃3 min。用常规法做 7.5% SDS 凝胶电泳和多肽的电转移，随后做免疫印迹。在此过程中，稀释液均用 TBS 缓冲液（Tris 2.42 g，NaCl 8.0 g，HCl 3.8 ml，加蒸馏水至 1000 ml，调 pH 至 7.6）。膜洗液均用 TBS - T 缓冲液（含 0.1% Tween 20 的 TBS 缓冲液）。用 5% 的奶粉液 37℃ 封膜 1 h。洗膜 3 次，每次 5 min。加经 1:20 ~ 1:80稀释的被检血清置室温 1 h。洗膜 3 次，加生物素标记的羊抗人免疫球蛋白（biotinylated sheep anti - human immunoglobulin）（本实验阳性对照以 S12 细胞上清为第一抗体，

此处需加生物素标记的羊抗鼠免疫球蛋白）。置室温 20 min。洗膜 3 次，加碱性磷酸酶生物素标记物（Streptavidin – alkaline phosphatase conjugate），置室温 20 min，洗膜 5 次，加底物 NBT（Nitro – blue tetrazolium）和 BCIP（5 – Bromo – 4 – chloro – 3 – indolyl phosphate）液各 10 μl 及试剂盒提供的底物缓冲液 10 ml，室温反应 10 ~ 30 min，用蒸馏水洗膜以终止反应。

结　　果

一、LMP 和 Hygromycin B 磷酸转移酶全基因片段的分离与真核表达质粒 pBS – LMP – Hyg 的构建　质粒 pBR – Hyg 含有 SV40 早期启动子，Hygromycin B 磷酸转移酶全基因和 Poly A 序列，片段长 1.60 kbp，用 SalI + ClaI 双酶切后回收此片段。亚克隆载体 pBS 的多克隆切点部位含有 SalI + ClaI 切点。用 SalI + ClaI 切此载体，与已回收的 1.60 kbp 的 DNA 片段连接。用 SalI 再切质粒，用碱性磷酸酶（CIP）处理回收。在 EB 病毒 B95 – 8 株 BamHI Nhet 片段左侧长 1.8 kb 的 DNA 片段中含有编码 LMP3 个外显子的 ORF 区，该基因叫 BLN-Fl，长 1158 bp[7,8]。用核酸内切酶 SalI + NdeI 切质粒 pSG5 – LMP，分离出含 SV40 早期启动子、β – globin 内含子Ⅱ、LMP ORF 和 Poly A 的长 3.0 kb 的 DNA 片段。核酸酶 NdeI 切点位于质粒 pSG5 3402 位点上，使用此酶只是为了切开载体便于回收目的基因。将已经 SalI 切开和 CIP 处理后的重组质粒 pBS – Hyg 与已获得的 3.0 kbp 的 DNA 再连接。重组表达质粒 pBS – LMP – Hyg 的构建过程见图 1。

二、重组质粒 pBS – LMP – Hyg 的鉴定和在 BHK 细胞中的表达　先用核酸内切酶 SalI 和 ClaI 双酶切后证明，所获得的重组质粒内确实含有两个被插入的目的基因片段。由于被插入的两个目的基因受控于各自的启动子，且与启动子一起被从原始的表达质粒中分离，所以目的基因的方向是正确的。酶切证实，此重组质粒中两个外源 DNA 片段的插入方向如图 1 所示。

在此基础上，用磷酸钙法把重组质粒 pBS – LMP – Hyg 导入 BHK 细胞中，48 h 后，经用鼠抗 LMP 单克隆抗体检测证实，转染阳性细胞中有 LMP 表达，阳性率为 2%（图 2 略）。

我们采用反证法来确证 Hygromycin B 磷酸转移酶基因产物的活性。BHK 细胞在经重组质粒转染后 24 h，加入含 400 μg/ml Hygromycin B 的 1640 液，72 h 后细胞开始死亡，1 周后未经重组质粒转染和转染阴性的细胞全部死亡，但此时在显微镜下可见多个小细胞克隆，两周后细胞克隆渐大。此实验证实，Hygromycin B 磷酸转移酶基因在此细胞中获得表达。

三、鼻咽癌患者、风湿性关节炎病人和正常人血清中的抗 LMP 抗体的检测　经免疫荧光和 Western blot 证实，以上 3 种人的血清（鼻咽癌 46 份，风湿性关节炎 2 份，正常人 40 份）中均不含抗 EB 病毒 LMP 抗体。

经用克隆化的 Hygromycin B 持续压力下生长的 BHK 细胞（LMP 阳性率约 20%）制成 SDS 凝胶电泳样品，用 S12 上清为第一抗体，Western blot 的结果见图 3（略）。

经重组质粒 pBS – LMP – Hyg 转染的 BHK 细胞，24 h 后细胞浓度为 250 个/ml，加入含 300 μg/ml Hygromycin B 的 1640 培养液。细胞生长至 3 个月时 LMP 阳性细胞数可达 20%；5 个月时，细胞中 LMP 不能被检出。加大 Hygromycin B 浓度至 1000 μg/ml，细胞仍存活。从图 3（略）中可以看出，重组质粒目的基因产物之一的 LMP，相对分子质量约为 60×10^3。

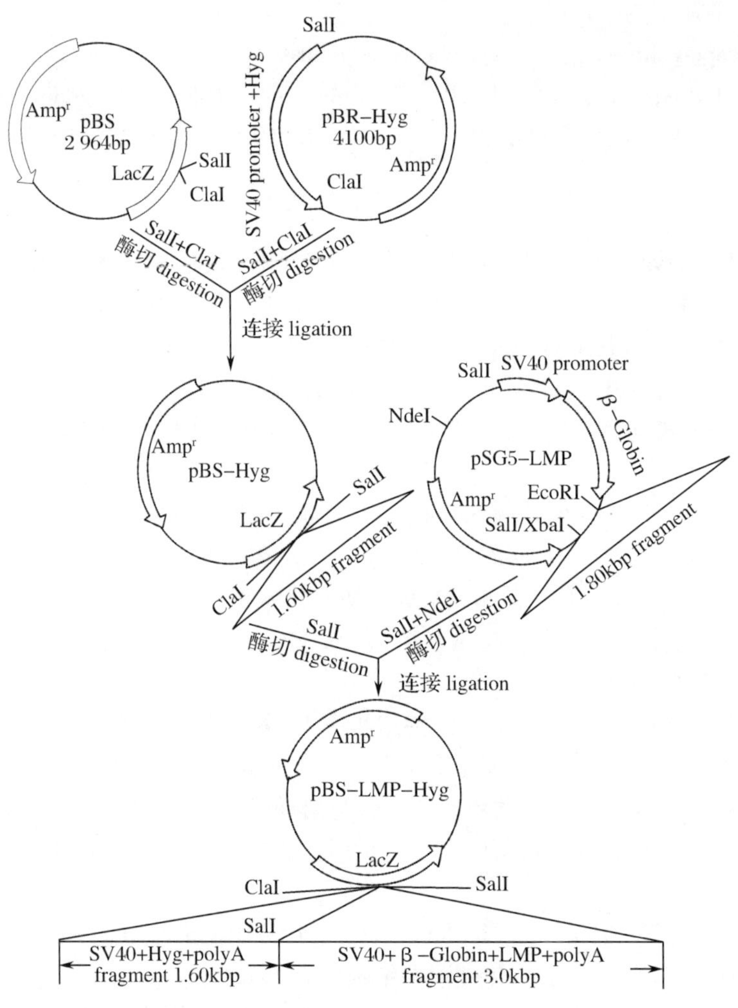

图 1　重组质粒 pBS – LMP – Hyg 的构建

Fig. 1　Construction of the recombinant plasmid pBS – LMP – Hyg

讨　　论

在 EB 病毒的潜伏蛋白中，LMP 的作用日益受到人们的重视。LMP 的编码基因受控于启动子 ED – L1，由 2. 5 kb 的 mRNA 负责转录其 3 个外显子[9]。这个潜伏蛋白 mRNA 的特点是有一个 40 bp 的帽编码区，1. 3 kb 的连续 ORF 区和 3′端 1. 2 kb 的不翻译区[7,10]。ORF 区经修饰后编码一个含 386 个氨基酸的蛋白，即 LMP。未经糖化的 LMP 相对分子质量约 42×10^{3}[10]。此蛋白的特点是在氨基端含有 6 个由 20 ~ 23 个氨基酸构成的疏水区，它们位于蛋白的穿膜部位，这些穿膜蛋白反复 3 次进出被 EB 病毒转化细胞的胞膜。这些结构不能引起机体的体液免疫以应，实验结果也证实人血清中无抗 LMP 抗体。但这些结构可导致机体特异性细胞免疫反应[8,11]。此蛋白的羧基端呈酸性，且脯氨酸丰富。用抗 LMP 兔抗体实验证实，抗体只能与经固定的被 EB 病毒转化的细胞反应，而不能与活细胞反应，说明 LMP 的亲水部位在细胞的浆膜内。LMP 的这种存在方式有助于转化细胩的维持[7]。这也从另一个侧面说明人机体内为什么无抗 LMP 抗体。Kevin 等也证实在含高滴度抗 EB 病毒 EBNA1 人血清中，不能检出抗 LMP 抗体[8]。

用不同的 EB 病毒株转化的细胞中，LMP 的相对分子质量不同，在（52～60）× 10^3。但所有用 B95－8 株转化的细胞内 LMP 的相对分子质量是一致的[8]。相对分子质量有差别的原因之一，是在 LMP ORF 区未端有一个 33 bp 的重复序列，这个重复序列拷贝数量的变化对相对分子质量的变化有影响[8]；有一个原因是 LMP 编码序列内有多个重复编码天门冬氨酸和脯氨酸的密码子，致使这两种氨基酸在 LMP 中含量很高[8]。由于脯氨酸丰富而致多肽在 SDS 凝胶电泳中发生速率变化已被证实[12]。

EB 病毒潜伏蛋白的一个显著特点是某些氨基酸编码序列的多次重复。EBNA1 基因编码甘氨酸－丙氨酸的重复序列超过自身全序列的 1/3。脯氨酸编码重复序列在 EBNA2 编码基因中多次出现。LMP 编码序列也有多个重复序列。值得指出的是，毒株之间序列重复的程度也有变化。而这些重复序列对蛋白的稳定发挥某种作用[13－15]。

我们用基因重组技术把 LMP 和 Hygromycin B 基因全编码序列同时重组于亚克隆非表达质粒 pBS 中，并使其在 BHK 细胞中获得高效表达。本重组质粒的显著特点是通过插入真核启动子，使非表达质粒成为表达质粒。这为质粒的改造提供一个成功的先例。有关实验证实，LMP 和 Hygromycin B 磷酸转移酶基因在 BHK 细胞中工作状态良好。质粒构建的成功使较复杂的复合转染简化为单一质粒的转染，而且，更有利于目的基因阳性细胞的筛选。

目的基因不能在 BHK 细胞中长期存留，说明 LMP 基因未与细胞染色体整合，或整合概率过低，难以选出阳性克隆。另一个可能的原因是 LMP 与细胞染色体可整合，但整合后的基因受损不能表达。有报告说，LMP 在细胞内的过量表达可致细胞受损，这也可能是本重组质粒不能在细胞中久留的原因之一。经重组质粒转染后的 BHK 细胞，长期传代后，LMP 不能被检出，但对 Hygromycin B 仍有抵抗。可能的原因是，Hygromycin B 磷酸转移酶基因与细胞染色体整合，或经长期 Hygromycin B 刺激后子代细胞产生耐药性所致。

本重组质粒的构建，为进一步研究 LMP 的功能创造了条件。

〔原载《病毒学报》1995，11（4）：305－311〕

参 考 文 献

1 Klein G. Analysis of multistep scenarios in the natural history of human and natural cancer. In：Advances in Viral Oncology，New York：Raven Press，1987，7：207－211

2 Kloin G. Transcription of Epstein－Barr virus in latently infected growth transformed lymphocyte. In：Advances in Viral Oncology，New York：Raven Press，1989，8：133－150

3 Karen P Mann，et al. Posttranslational processing of the Epstein－Barr virus－encoded P63/LMP protein. J Virol，1987，61：2100－2108

4 Vijay R Baichwal，et al. Posttranslational processing of an Epstein－Barr virus encoded membrane protein expressed in cells transformed by Epstein－Barr virus. 1987，61：866－875

5 Wang D，et al. An EBV membrane protein expressed in immortalized lymphocytes transforms established rodentcells. Cell，1985，43：831－840

6 Sambrook J，et al. Mllecular Cloning：A Laboratory Manual，Second Edition，New York：Cold Spring Harbor Laboratory Press，1989

7 Fennewald S，et al. Nucleotide sequence of an mRNA transcribed in latent growth－transforming virus infection indicates that it may encode a mem-

brane protein. J Virol, 1984, 51: 411 -419

8 Kevin Hennessy, et al. A membrane protein encoded by Epstein - Barr virus in latent growth - transforming infection. Proc Natl Acad Sci USA, 1984, 7207 -7221

9 Bankier A T, el al. DNA sequence analysis of the EcoRI Dhet fragment of B95 -8 Epstein - Barr virus containing the terminal repeat sequences. Mol Biol Med, 1983, 1: 425 -446

10 Graham S, et al. Two related but differentially expressed potential membrane proteins encoded by the EcoRI Dhet region of Epstein - Bar virus B95 -8. J Virol, 1985, 53: 528 -535

11 Moss D, et al. Cytotoxin T - cell recognition of Epstein - Barr virus infected B - cells I. Specificity and HLA restriction of effector cells reactivated in vitro. Eur J Immunol, 1981, 11: 686 -693

12 Spindler K, et al. Analysis of adenovirus transforming proteins from early regions IA and IB with antisera to inducible fusion antigens produced in Escherichia coli, J Virol, 1984, 49: 132 -141

13 Hennessy K, et al. One of two Epstein - Barr virus nuclear antigens contains a glycine - alamine copolymer domains. Proc Natl Acad Sci USA, 1983, 80: 5665 -5669

14 Dambaugh T, et al. UI region of Epstein - Barr virus DNA may encode Epstein - Barr nuclear antigen 2. Proc Natl Acad Sci USA, 1984, 81: 7632 -7636

15 Helles M, et al. Epstein - Barr virus DNA IX Variation among viral DNAs from producer and nonproducer infected cells, J Virol, 1981, 38: 632 -648

Expression of Latent Membrane Protein (LMP) Gene of EB Virus in Baby Hamster Kidney Cell Line

JI Zhi - wu[1], LI Bao - min[1], YE shu - qing[1], ZENG Yi[1], TAKADA Kenzo

(1. Institiute of Virology. CAPM. Beijing

2. Department of Parasitology and Virology, School of Medicine Yamaguchi University. Yamaguchi, Japan)

The recombinant plasmid pBluescript SK (pBS) - LMP - Hyg was successfully constructed. It encoded both the LMP and Hygromycin B phosphotransferase genes which expressed well in BHK cells. Cells transfected with recombinant plasmid pBS - LMP - Hyg are resistant to Hygromycin B (300 μg/ml). The highest percentage of LMP positive cells is about 20% in BHK cells. The LMP molecular weight is about 60×10^3, as detected by mouse anti - LMP monoclonal antibody by Western blot. No anti - LMP antibody was detected in the sera from patients with nasopharyngeal carcinoma, patients with rheumatoid arthritis of normal individuals.

〔**Key Words**〕 Epstein - Barr virus; Recombinant plasmid pBluescript SK - LMP - Hyg; Latent membrane protein (LMP); Serum antibody detection; Nasopharyngeal carcinoma; Rheumatoid arthritis

184. EB毒病诱导永生化人上皮细胞发生恶性转化

中国预防医学科学院病毒学研究所　李宝民　纪志武　曾　毅
第四军医大学西京医院耳鼻喉科（西安）　刘振声

〔**关键词**〕　EB病毒；促癌物；上皮细胞转化

EB病毒与鼻咽癌有着密切关系[1,2]，已经证明EB病毒潜伏膜蛋白（LMPl）能引起大鼠细胞和永生化人上皮细胞发生恶性转化[3,4]。然而，研究完整EB病毒如何引起人上皮细胞发生转化是困难的，因为体外传代人上皮细胞系不表达EB病毒受体（CR2）[5,6]，直到目前为止，EB病毒不能直接感染人上皮细胞。为了克服这个障碍，Ahearn等人将CR2载体转入鼠L细胞中，用EB病毒感染这些细胞，结果发现细胞可发生潜伏感染[7]。又有研究者用EB病毒感染CR2载体转化人上皮细胞后，发现在这些细胞中，EB病毒不仅能增殖和复制，而且还能产生病毒体[8]。Ito等人又研究促癌物对EB病毒转化能力的影响，发现丁酸钠和TPA能明显提高B淋巴细胞中EB病毒抗原的合成[9]。曾毅等人的研究也发现一些植物，包括多种中草药，含TPA类似物，它们在丁酸纳联合作用下，能促进EB病毒抗原表达，提高EB病毒转化B淋巴细胞的能力，促进致癌剂诱导大鼠发生鼻咽癌[10]。由此可见，EB病毒诱导剂和促癌剂在人类鼻咽癌发生中可能起一定作用。尽管有这些表现，目前还能证据证明EB病毒能直接引起人类上皮细胞发生恶性转化。我们的实验结果首次证明完整EB病毒能引起人类上皮细胞发生恶性转化。

为了进一步探索EB病毒的转化作用，我们构建了pBG－CR2－Hyg载体，含有潮霉素磷酸转移酶基因（Hyg）和CR2 cDNA（3219bp）。此载体既能表达CR2，同时又能用潮霉素进行筛选。用磷酸钙方法将CR2载体转入永生化人胚肾上皮细胞中（293细胞），用潮霉素筛选出抗性细胞克隆，扩大生长。用HB55（CR2）单克隆抗体通过间接免疫荧光法检测，发现32%抗生细胞表达EB病毒受体。用TPA和丁酸钠活化B95－8细胞后，收集上清液，超速离心获得浓缩EB病毒液（150倍）。用此病毒浓缩液感染CR2－293细胞，37℃孵育4 h，去除病毒液，继续培养细胞。每隔4 d，取细胞涂片，与鼻咽癌病人血清反应，通过间接免疫荧光法测定阳性反应细胞数，EB病毒感染的细胞培养至8 d时，表达EB病毒抗原的阳性细胞数可达23%。用5 ng/ml TPA激活EB病毒感染CR2－293细胞后，阳性细胞数增加，最高可达32%。病毒感染细胞培养15 d和30 d后，提取细胞DNA，用PCR方法扩增出EB病毒W片段，结果显示在病毒感染的细胞中持续存在EB病毒DNA。用5 ng/ml TPA持续作用EB病毒感染细胞4周以后，细胞生长特征发生一些变化，细胞呈克隆、多层生长，接触抑制丢失。在软琼脂培养基上，与TPA单独作用或EB病毒单独感染的细胞相比，EB病毒感染的CR2－293细胞在TPA协同作用下，形成的克隆数量增多，体积增大。以上结果说明TPA促进EB病对上皮细胞的转化作用。

将含50 ng TPA的EB病毒感染的CR2－293细胞（2×10^6）接种在6只裸鼠皮下，以后每周在接种胞部位周围注射 50 ng TPA。3 周以后，3 只裸鼠生长出肿块，逐渐增大，6 ~7 周后，切除肿瘤组织，测定其大小为 1.4cm ×1.7cm ×0.4cm，0.6cm ×0.4cm ×0.3cm，1.3cm ×0.9cm ×1.2cm，做组织病理检查，确诊为低分化上皮细胞癌。斑点杂交试验证明肿瘤组织 DNA 中有 EB 病毒 LMPl 基因；原位杂交进一步证实 EBRs 存在于肿瘤细胞中。在对照组，包括 EB 病毒单独感染和 TPA 单独作用的细胞接种在裸鼠皮下，都不形成肿瘤。结果见表 1。

表 1　EB 病毒诱导 CR2 －293 细胞形成肿瘤

Tab. 1　Carcinoma formation by CR2 － 293 cells after EBV infection

组别 Group	293 细胞 cells	CR2 －293 细胞 cells
EBV	0/5	0/4
EBV + TPA	0/6	3/6

上述结果表明，EB 病毒单独不能引起永生化上皮细胞形成肿瘤，只有在 TPA 协同作用下，才能使永生化上皮细胞形成上皮细胞癌。我们的实验还发现，EB 病毒感染胎儿鼻咽组织，在 TPA 单独作用下不产生肿瘤，只有在 TPA 和丁酸钠联合作用下才能形成上皮细胞癌（待发表）。可见，EB 病毒恶性转化胎儿上皮细胞的过程与转化永生化上皮细胞的过程可能是不一致的。Aya 等人用 EB 病毒感染人 B 淋巴细胞，加 TPA 激活，诱导细胞染色体发生重组，形成淋巴瘤；单独 EB 病毒感染 B 淋巴细胞不能形成淋巴瘤[11]。可见 EB 病毒诱导 B 淋巴细胞和上皮细胞形成肿瘤，都需要 TPA 协同作用。Griffin 和 Karran 将 EB 病毒 BamHI D – A DNA 片段转入绿猴肾上皮细胞中，细胞生长特征发生明显改变；细胞体外持续生长一年以上，并且持续带有 EB 病毒 DNA 片段，但此上皮细胞不表达 EBNA，不能在裸鼠体内形成肿瘤[12]。可以推测在促癌剂协同作用下，可能使整合有 EB 病毒 DNA 的绿猴肾上皮细胞形成肿瘤。

鼻咽癌主要流行在中国南方地区，在这个地区通常生长着多种可产生 TPA 类似物的杆物。根据我们研究结果，可看出植物中的 TPA 类似物可促进南方地区鼻咽癌的发生。

〔原载《病毒学报》1995，11（4）：371 –373〕

参　考　文　献

1　Wolf H，et al. EB viral genomes in epithelial nasopharyngeal carcinoma cells. Nature（New Biol），1973，244：245 –247

2　曾毅，等．我国八个省市鼻咽癌病人 EB 病毒壳抗原的免疫球蛋白 A 抗体的测定．中华肿瘤学杂志，1979，1：81 –83

3　Christopher W，et al. Epstein – Barr virus latent membrane protein inhibits human epithelial cell differentiation. Nature，1990，344：777 –780

4　Wang D，et al. An EBV membrane protein expressed in immortalized lymphocytes transforms established rodent cells. Cell，1985，42：831 –840

5　Shapiro I M，et al. Infection of normal human epithlial cells by Epstein – Barr virus. Science，1983，219：1225 –1228

6　Grogan E，et al. Expression of Epstein – Barr viral early antigen in monolayer tissue cultures after transfection with viral DNA and DNA fragments. J Virol，1981，40：861 –869

7　Ahearn J M，et al. Epstein – Barr virus infection of murine L cells expressing recombinant human EBV/C3d receptor. Proc Natl Alad Sci USA，1988，85：9307 –9311

8　Li Q X，et al. Epstein – Barr virus infection and replication in a human epithelial cell system. Nature，1992，356：347 –350

9　Ito Y，et al. Combined effect of the extracts from Croton Tiglium. Euphorbia lathyris of Euphoybia Tirucalli and n – Butyrate of Epstein – Barr virus expression in human lymphoblastoid P3HRl and Raji cells. Cancer Letter，1981，12：175

10　Aya T，et al. Chromosome translocation and c –

MYC activation by Epstein - Bar virus and Euphorbis tirucalli in lymphocytes. The Lancet, 1991, 337: 1190 - 1193

12 Griffin B E, et al. Immortalization of monkey epithelial cells by specific fragments of Epstein - Barr virus DNA. Nature, 1984, 309: 78 - 82

EB Virus Induces Malignant Transformation of Immortalized Human Epithelial Cells

LI Bao - min, JI Zhi - wu, LIU Zhen - shen, ZENG Yi (Institute of Virology, CAPM, Beijing)

We established CR2 - positive 293 cells, then, used EB virus to infect these cells directly. In these cels EB virus can replicate and express EB viral antigens. EB virus - infected epithelial cells grow in piles with multiple cellular layers and loss of contact inhibition. In soft agar culture, EB virus - infected cells together with TPA (12 - 0 - tetradecanoyl - phorbol - 13 - acetate) treatment formed more and larger clones. When these cells were transplanted subcutaneously into nude mice, and treated with TPA, poorly differentiated carcinomas were induced.

〔**Key words**〕EB virus; Tumor promoters; Transformation of epithelial cells

185. 我国福建省福清地区 HTLV - Ⅰ无症状携带者体内 HTLV - Ⅰ病毒核酸的检测

中国预防医学科学院病毒学研究所 陈国敏 张永利 曾 毅
福建省福清市医院 薛守贵 林惠添 董德华 林 星 魏礼康 陈 武

〔**关键词**〕嗜人T细胞病毒Ⅰ型；无症状携带者；聚合酶链反应；核酸杂交；基因整合

1986年，薛守贵等[1~3]在我国福建省福清地区发现一例成人T细胞白血病（Adult T - cell leukemia，ATL）病人。随后，对病人家属部分民员进行了HTLV - Ⅰ抗体检测，发现病的妻子和儿子分别是HTLV - Ⅰ无症状携带者。从那时至今对他们跟踪观察了近10年。这是国内目前观察时间最长的两名携带者。随着现代分子生物学技术的发展，我们首次在国内采用聚合酶链反应（PCR）和核酸杂交（Southern blot）方法对无症状携带者进行HTLV - Ⅰ前病毒DNA测定。现将结果报告如下。

2例健康人分别是1例ATL病人的妻子和儿子。他们长期居住在福清地区，与外国人无任何接触。对他们分别采集血清，按常规的间接免疫荧光法（IFA）进行检测[4]，用带有HTLV - Ⅰ和HTLV - Ⅱ的细胞作为抗原，待检血清用PBS稀释。实验中分别设阳性血清、阴性血清及空白对照。

用分离液分离他们的外周血淋巴细胞。加入细胞裂解液（含200 μg/ml蛋白酶K），37℃过夜，95℃加热10 min，离心，收集上清液，即为模板DNA。在50 μl总反应体积中，含有 1 μg 模板 DNA，10×PCR 缓冲液，20 pmol/L 的引物对，2.5 mmol/L 4×dNTP，2.5 单位的 Taq DNA 聚合酶，于 PCR 扩增仪（PE 公司）上扩增 30 个循环。扩增的条件是 94℃变性 1 min，55℃退火 1 min，72℃延伸 2 min。PCR 产物用 1.5% 琼脂糖进行电泳分析。反应中设阳性和阴性模板作扩增对照。[5]

表 1　PCR 反应中所用的寡核苷酸引物

Tab. 1　Primers used in PCR

病毒 Viruses	引物 Primers	序列 Sequence
HTLV－Ⅰ	Pol 1.1	TTGTAGAACGCTCTAATGGCATTC
HTLV－Ⅰ	Pol 3.1	TGGCAGTTGGTTAACACATTGAGG
HTLV－Ⅱ	Pol 1.2	CCTGGTCGAGAGAACCAATGGTG
HTLV－Ⅱ	Pol 3.2	CCAGTGGGGTTCATGACATTTAGA
HTLV－Ⅰ	LTR1	ACCATGAGCCCCAAATATCCCCC
HTLV－Ⅰ	LTR2	AATTTCTCTCCTGAGAGTGCTATAG

将 PCR 产物变性，转膜，42℃预杂交 4 h，杂交 16 h，合成的寡核苷酸探针用 DIG－11－dUTP 标记。然后，洗膜和发光反应均按 Boehringer 公司 DIG 检测试剂盒的说明书操作。

在这个家庭中，大约 10 年前丈夫被诊断为 ATL，10 d 后死亡。随后他的妻子和儿子分别被采血检查 HTLV－Ⅰ抗体，发现均为阳性，即为 HTLV－Ⅰ携带者。在以后的数年中，对他们不定期采血多次检测 HTLV－Ⅰ抗体，仍为阳性。近日，我们再次采血并且和以前保留的血清（仅剩前两次采集的血清）一起检测 HTLV－Ⅰ抗体，他们的抗体滴度分别为 1∶1280 和 1∶80，3 次的血清抗体滴度是一致的；HTLV－Ⅱ抗体均为阴性。直到目前为止，两名携带者的身体健康状况良好，均未有 ATL 发病的迹象。

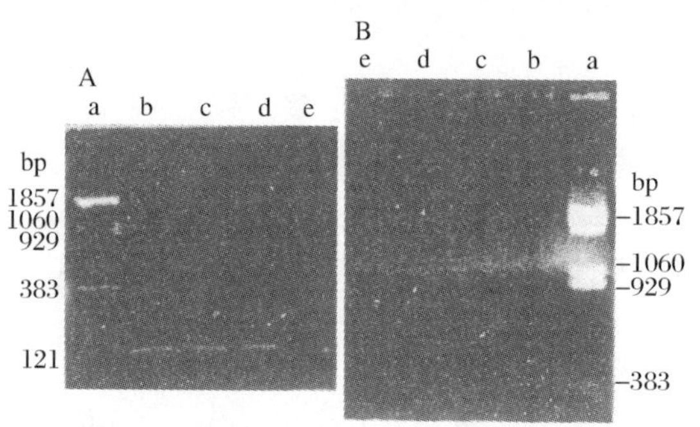

A. HTLV－ⅠPol 基因区；B. HTLV－ⅠLTR 基因区。a. 相对分子质量标准 pBR322/BstNI；b. ATL 病人妻子的标本；c. ATL 病人儿子的标本；d. HTLV－Ⅰ阳性对照；e. 阴性对照

图 1　两名无症状携带者的 HTLV－Ⅰ PCR 结果

A. HTLV－Ⅰ Pol gene；B. HTLV－Ⅰ LTR region. a. DNA size marker pBR322/BstNIL；b. Specimen from wife of ATL patient；c. Specimen from son of ATL patient；d. HTLV－Ⅰ positive control；e. HTLV－Ⅰ negative control

Fig. 1　HTLV－Ⅰ PCR results from 2 asymptomatic carriers

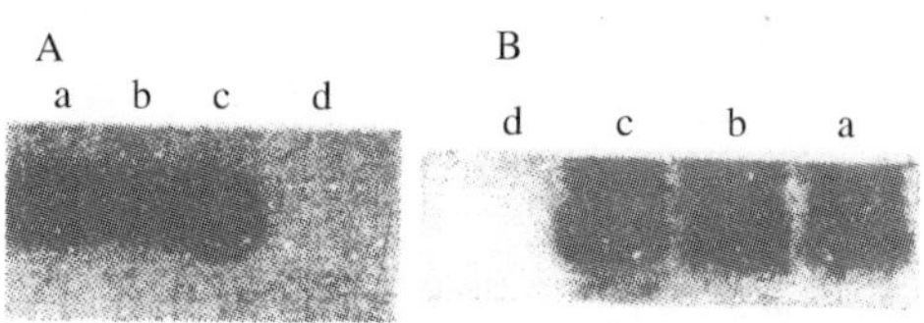

A. HTLV－Ⅰ Pol 基因区；B. HTLV－Ⅰ LTR 基因区。a. ATL 病人妻子的标本；b. 病人儿子的标本；c. HTLV－Ⅰ阳性对照；d. 阴性对照

图 2　两名无症状携带者的 HTLV－Ⅰ PCR 产物的核酸杂交结果

A. HTLV－Ⅰ Pol gene；B. HTLV－Ⅰ LTR region. a. Specimen from wife of ATL patients；b. Specimen from son of ATL patient；c. HTLV－Ⅰ positive control；d. HTLV－Ⅰ negative control

Fig. 2　Southern blot results of HTLV－Ⅰ PCR from 2 asymptomatic carriers

在上述血清学检测结果的基础上，从分子病毒学方面进一步证实两名无症状携带者感染 HTLV－Ⅰ病毒。我们采用聚合酶联反应和核酸杂交技术对他们进行了 HTLV－Ⅰ和 HTLV－Ⅱ前病毒 DNA 的测定，结果见

图1和图2。根据已发表的HTLV－Ⅰ和HTLV－Ⅱ核苷酸序列分析，我们选择了Pol基因区和LTR基因区作为PCR反应模板。Pol基因区扩增的片段是135 bp，LTR基因扩增的片段是738 bp。将所有扩增出的PCR产物转膜，做核酸杂交。结果是HTLV－Ⅰ的Pol基因区和LTR基因区的特异性引物分别扩增出阳性条带，并分别能与特异性的寡核苷酸探针杂交，HTLV－Ⅱ的Pol基因区特异性引物扩增的PCR产物均为阴性。证明了两名无症状携带者体内存在整合的HTLV－Ⅰ前病毒DNA。对他们携带的HTLV－Ⅰ亚型的鉴定及对上述特异性PCR产物核苷酸序列的测定工作正在进行。

目前，国内一些关于HTLV－Ⅰ携带者检测结果的报道中，一般只采用血清学检测方法。而血清学方法虽然敏感，但特异性较差，容易出现假阳性。因此，我们认为对临床检查或普查时检测出的HTLV－Ⅰ抗体阳性者，应追踪进行PCR和Southern blot检测，以提高检测结果的准确性。

从这个家庭感染HTLV－Ⅰ情况分析，母亲感染的途径是属于夫妻间的传染，儿子感染的途径是属于与父母密切接触或母乳喂养传染的。他们和其他的家庭成员，从未到过国外，也未与外国人有过任何接触。这提示我们，他们所感染的HTLV－Ⅰ病毒是中国本土已有的毒株。至于这两名无症状携带者是否已传染周围的人群，还需要进一步的调查。他们将何时发病或是终身携带病毒，尚有待于今后的追踪观察。

〔原载《病毒学报》1995，11（4）：374－376〕

参 考 文 献

1 薛守贵，等．成人T细胞白血病1例报告．中华医学杂志，1988（6）：349

2 薛守贵，等．成人T细胞白血病患者家庭成员血清HTLV－Ⅰ抗体的研究．中华医学杂志，1989（9）：502

3 薛守贵，等．5例HTLV－Ⅰ病毒感染状态的临床观察报告．新医学杂志，1992（11）：590

4 曾毅，等．成人T细胞白血病病毒抗体的血清流行病学调查．病毒学报，1985（1）：344－348

5 陈国敏，等．用聚合酶链反应检测T细胞白血病/淋巴瘤中HTLV－Ⅰ前病毒DNA. 病毒学报，1994（10）：366－368

6 Ehrlichgd，et al. Prevalence of human T－cell leukemia/lymphoma virus（THLV）type Ⅱ infection among high risk individuals：type－specific identification of HTLVs by polymerase chain reaction. Blood，1989，74：1658－1664

Detection of HTLV－Ⅰ Provirus DNA from HTLV－Ⅰ Asymptonatic Carriers in the Fuqing Area of Fujian Province，China

CHEN Guo－min[1]，ZHANG Yong－li[1]，ZENG Yi[1]，

XUE Shou－gui[2]，LIN Hui－tian[2]，DONG De－hua[2]，LIN Xing[2]，WEI LI－kang[2]，CHEN Wu[2]

（1. Institute of Virology，CAPM；2. Fuqing City Hospital Fujian province）

We report gene amplification results which demonstrate the HTLV－Ⅰ provirus genome integrated in the T cell DNA from two asymotomatic carriers in one family，the wife and son of an ATL patient who died about ten years ago. At that time，they were both seropositive for HTLV－Ⅰ. At the present time，their titers have remained unchanged, at 1∶1280 and 1∶80 for the wife and son, respectively. Both are negative for HTLV－Ⅱ. HTLV－Ⅰ DNA was detected in these asymptomatic carriers by PCR and Southern blot for both the Pol gene and LTR regions of genome. No HTLV－Ⅱ DNA was detected. Further analysis of the amplified sequence from the LTP regions may determine whether these HTLV－Ⅰ strains are unique to the Chinese population.

〔**Key Words**〕Human T－cell lymphotropic virus Ⅰ; Asymptomatic carries; Polymerase chain reaction; Southern blot; Gene integration

186. 艾滋病和艾滋病毒的现状和研究进展

中国预防医学科学院病毒学研究所　曾　毅

在1960～1970年有个别无法解释的免疫抑制和有条件性感染的病人。1981年6月美国疾病控制中心报告，洛杉矶有5例卡氏肺囊虫肺炎的病人，随后数月，其他地区也有类似的报告，同时其他疾病如卡波济肉瘤（Kaposi）、黏膜白念珠菌病、扩散性巨细胞病毒感染、慢性肛周单纯疱疹病毒感染引起的溃疡等疾病也明显增加。病人的共同特征是有T淋巴细胞免疫功能下降，表现为CD4和T淋巴细胞数下降，对抗原及分裂原的反应性降低，他们是同性恋者和静脉嗜毒者。到1982年底，美国已报告有800多例免疫缺陷综合征病人（Human immunodeficiency syndrome，AIDS），病人不仅发生在美国少数城市和上述两种人群，而已分布到30多个州，扩展到海地移民，血友病病人，输血接受者，高危人群的性伴侣以及他们的孩子。

所有这些证据提示有一种传染因子通过生殖器分泌液及血液传播。1983年法国巴斯德研究所肿瘤病毒室主任Montagnier领导的实验室报告，首先从1例患淋巴腺综合征（Lymphadenopathy syndrome，LAS）的男性同性恋者分离到一种新的逆转录病毒，随后他们又从1例艾滋病人分离到这种病毒。证明此新病毒是嗜CD4 T淋巴细胞的，病毒的抗原性与HTLV病毒无关。患LAS和艾滋病者有很高滴度的病毒抗体。他们命名此病毒为淋巴腺病综合征相关病毒（Lymphadenopathy associated virus，LAV）。1984年美国国立肿瘤研究所Gallo等也报告从艾滋病病人分离到逆转录病毒，命名为嗜人类T淋巴细胞Ⅲ型病毒（Human T cell lymphotrophie virus－Ⅲ、HTLV－Ⅲ），后来证明这两种病毒是一样的，法国称为LAV/HTLV－Ⅲ,美国称为HTLV－Ⅲ/LAV。1986年国际病毒命名委员会统一称为人类获得性免疫缺陷病毒（Human immunodeficiency virus，HIV）。关于谁先分离到HIV－1的问题，曾经是法美二国长期争论的问题。从1985年12月至1987年4月由美国法院出面调查，审理"谁是真正的艾滋病病毒发现者"一案，争论十分激烈。1987年由美国总统里根和法国总理希拉克出面调停、协商，达成了统一的认识，双方共同享有HIV发现权。但问题并没有解决。1989年11月9日《芝加哥论坛报》再次揭发美国Gallo应用了法国巴斯德研究所带HIV病毒的标本，分离到病毒，由此争论再起。最终证明Gallo的HTLV－Ⅲ与Montagnier的LAV是一样的，是Gallo应用的标本有Montagnier带有HIV－1的标本。为此，Gallo在Nature杂志发表文章，公开表示歉意。因此，Montagnier应是HIV－1的发现者，这已为国际公认，但Gallo在分离HIV病毒后立即进行诊断方法的研究，建立了诊断方法，并大规模使用，为了解艾滋病的流行和预防作出了贡献。

1986 年 Montagnier 等在西非国家分离到第 2 型人类免疫缺陷病毒（HIV－2），随后在欧洲、北美也有报告，但例数很少。HIV－2 型病毒也能引起艾滋病，便病程进展较慢，病毒的传播也较慢。目前没有成为国际间的流行型。

一、流行趋势和地理分布 从 1981 年发现艾滋病，随后在世界各地迅速蔓延，病例数不断增加，而且来势十分凶猛，特别是在非洲和东南亚各国更为严重。由于到目前为止仍无有效的预防疫苗和根治艾滋病的药物，这将加速艾滋病的流行。根据世界卫生组织的报告，1994 年在成年人和儿童中新 HIV 感染者，新发现的艾滋病人及死亡的病人如表 1 ~3 所示。

表 1　1994 年全球的新 HIV 感染人数（1994. 1. 1 ~1994. 12. 31）

地　区	成 年 人	男　人	女　人	儿　童	总　数
北美	75 000	65 000	11 000	2 000	77 000
西欧	87 000	72 000	14 000	1 000	88 000
大洋洲	2 000	2 000	<1 000	<1 000	3 000
拉丁美洲	114 000	91 000	23 000	9 000	123 000
非洲次撒哈拉国家	1 541 000	734 000	807 000	331 000	1 871 000
加勒比地区	46 000	27 000	18 000	5 000	51 000
东欧国家	4 000	4 000	<1 000	<1 000	4 000
地中海地区	10 000	9 000	2 000	<1 000	11 000
东北亚	39 000	32 000	6 000	<1 000	39 000
东南亚	1 640 000	1 093 000	547 000	100 000	1 739 000
总　数	3 600 000	2 100 000	1 400 000	400 000	4 000 000

注：由于某些单项的误差，横竖行总数不能完全一致（WHO 资料）

表 2　1994 年全球新艾滋病人数（1994. 1. 1 ~1994. 12. 31）

地　区	成 年 人	男　人	女　人	儿　童	总　数
北美	58 000	50 000	8 000	<1 000	59 000
西欧	33 000	27 000	5 000	<1 000	33 000
大洋洲	1 000	1 000	<1 000	<1 000	1 000
拉丁美洲	79 000	63 000	16 000	8 000	86 000
非洲次撒哈拉国家	987 000	470 000	517 000	282 000	1 268 000
加勒比地区	23 000	14 000	9 000	4 000	27 000
东欧国家	1 000	1 000	<1 000	<1 000	1 000
地中海地区	3 000	2 000	<1 000	<1 000	3 000
东北亚国家	3 000	3 000	<1 000	<1 000	3 000
东南亚国家	91 000	60 000	30 000	55 000	145 000
总　数	1 300 000	700 000	600 000	300 000	1 600 000

（WHO 资料）

表3　1994 年全球新发的艾滋病人数（1994. 1. 1 ~ 1994. 12. 31）

地　　区	成　年　人	男　人	女　人	儿　童	总　数
北美	52 000	45 000	7 000	<1 000	53 000
西欧	26 000	22 000	4 000	<1 000	26 000
大洋洲	1 000	1 000	<1 000	<1 000	1 000
拉丁美洲	73 000	58 000	15 000	8 000	81 000
非洲次撒哈拉国家	913 000	435 000	478 000	278 000	1 191 000
加勒比地区	21 000	12 000	8 000	22 000	43 000
东欧国家	1 000	1 000	<1 000	<1 000	1 000
地中海地区	2 000	1 000	<1 000	<1 000	2 000
东北亚国家	2 000	1 000	<1 000	<1 000	2 000
东南亚国家	63 000	42 000	21 000	52 000	115 000
总　数	1 200 000	600 000	500 000	400 000	1 500 000

（WHO 资料）

1994 年新发现的 HIV 感染者：从表 1 可见，共发现 4 000 000HIV 新感染者，成年人为 3 600 000 例，儿童为 400 000 例，其中绝大多数在非洲次撒哈拉国家（1 871 000）和东南亚国家（1 739 000），共 3 610 000 例，占总数的 90. 25%，由此可见艾滋病毒在这二地区的传播是何等的迅速和严重。

1994 年新发现的艾滋病人：从表 2 可见，共发现 1 600 000 新艾滋病例，成年人为 1 300 000 例，儿童为 300 000 例，其中多数也是在上述二地区，分别为 1 268 000 和 145 000 共 1 413 000 例，占总数的 88. 31%。此外，拉丁美洲、北美、西欧、和加勒比地区新艾滋病人也较多，分别为 86 000，59 000，33 000 和 27 000 例。

1994 年死亡的艾滋病人：从表 3 可见，1994 年共死亡 1 500 000 例，非洲次撒哈拉国家和东南亚国家也是占多数，分别为 1 191 000 和 115 000，共 1 306 000，占 87%。

根据世界卫生组织报告从艾滋病开始发现到 1995 年 1 月 1 日为止，全球累积的 HIV 感染者、艾滋病人和艾滋病死亡者如表 4 ~ 6 所示。

表4　全球累积 HIV 感染人数（截止 1995. 1. 1）

地　　区	成　年　人	男　人	女　人	儿　童	总　数
北美	1 198 000	1 027 000	171 000	16 000	1 215 000
西欧	741 000	617 000	123 000	800	748 000
大洋洲	29 000	26 000	3 000	<1 000	29 000
拉丁美洲	1 367 000	1 093 000	273 000	70 000	1 437 000
非洲次撒哈拉国家	15 003 000	7 144 000	7 859 000	2 327 000	17 330 000
加勒比地区	421 000	253 000	169 000	31 000	453 000
东欧国家	33 000	30 000	3 000	<1 000	33 000
地中海地区	65 000	54 000	11 000	<1 000	66 000
东北亚国家	132 000	110 000	22 000	1 000	133 000
东南亚国家	4 237 000	2 825 000	1 412 000	228 000	4 465 000
总　数	23 200 000	13 200 000	10 000 000	2 700 000	25 900 000

（WHO 资料）

累积的 HIV 感染者 2 590 000 例，成年人 23 200 000 例，儿童 2 700 000 例。非洲次撒哈拉国家 17 330 000 例，东南亚 4 465 000 列，共 21 795 000 例占总数 84. 15%（表4）。

累积的艾滋病例 8 500 000，成年人 6 600 000，儿童 1 900 000 例。其中非洲次撒哈拉国家 7 038 000 例，东南亚 289 000 例，共 7 327 000 例，占总数 86. 2%。此外，艾滋病较多的地区如拉丁美洲 486 000 例，北美 387 000 例，西欧 158 000 例和加勒比地区 130 000例（表5）。

表5　全球累积艾滋病人数（截止 1995. 1. 1）

地　区	成年人	男人	女人	儿童	总数
北美	381 000	327 000	54 000	6 000	387 000
西欧	115 000	130 000	26 000	2 000	158 000
大洋洲	7 000	6 000	<1 000	<1 000	7 000
拉丁美洲	433 000	346 000	87 000	53 000	486 000
非洲次撒哈拉国家	5 294 000	2 521 000	2 773 000	1 745 000	7 038 000
加勒比地区	107 000	64 000	43 000	23 000	130 000
东欧国家	6 000	5 000	<1 000	<1 000	6 000
地中海地区	8 000	7 000	1 000	<1 000	9 000
东北亚国家	7 000	6 000	1 000	<1 000	7 000
东南亚国家	171 000	114 000	57 000	118 000	289 000
总　数	6 600 000	3 500 000	3 000 000	1 900 000	8 500 000

（WHO 资料）

累积的艾滋病死亡人数为 7 500 000，其中成年人 5 600 000 例，儿童为 1 900 000 例，非洲次撒哈拉国家 6 305 000 例，东南亚国家 226 000 例，共 6 531 000 例，占总数的 87%。此外，死亡病例较多的地区，如拉丁美洲 430 000 例，北美 301 000 例，西欧和加勒比地区均为 113 000 例（表6）。

表6　全球累积艾滋病死亡人数（截止 1995. 1. 1）

地　区	成年人	男人	女人	儿童	总数
北美	296 000	254 000	42 000	5 000	301 000
西欧	111 000	92 000	18 000	2 000	113 000
大洋洲	5 000	5 000	<1 000	<1 000	5 000
拉丁美洲	378 000	302 000	76 000	52 000	430 000
非洲次撒哈拉国家	4 604 000	2 192 000	2 412 000	1 701 000	6 305 000
加勒比地区	91 000	55 000	36 000	22 000	113 000
东欧国家	4 000	3 000	<1 000	<1 000	4 000
地中海地区	5 000	4 000	<1 000	<1 000	5 000
东北亚国家	3 000	3 000	<1 000	<1 000	3 000
东南亚国家	115 000	77 000	38 000	111 000	226 000
总　数	5 600 000	3 000 000	2 600 000	1 900 000	7 500 000

（WHO 资料）

表7　我国逐年 HIV 感染者和艾滋病人数（1985－1994 年）

年	总数	HIV 感染者和艾滋病人		
		外国人	华侨	中国人
1985	5（1）	1（1）	0	4
1986	1	1	0	0
1987	9（2）	7（1）	2（1）	0
1988	7	7	0	
1989	171	23	0	140
1990	299（2）	40	2	257（2）
1991	216（3）	31（1）	6（1）	179（1）
1992	261（5）	48	7	206（5）
1993	274（23）	45（3）	11	210（20）
1994	531（29）	85（3）	13	433（26）
总数	1 774（65）	288（9）	41（2）	1 445（54）

卫生部疾病控制司

上述资料表明，在非洲和东南亚国家累积的 HIV 感染者、艾滋病和病死的艾滋病人分别占总数的 84.15%，86.2% 和 87%，由此可见艾滋病在这两个地区流行的严重性，特别是到目前为止，流行的趋势仍在不断地恶化。

比较近两年的艾滋病人数，1992 年 7 月 1 日至 1993 年 6 月 30 日，全球新艾滋病例 50 万，1993 年 7 月 1 日至 1994 年 6 月 30 日全球新艾滋病例 150 万，1 年上升 2 倍，同时期南亚和东南亚国家的新艾滋病人分别为 2.5 万和 20 万，后者为前者的 8 倍。此外，在越南河内市 1992 年静脉嗜毒毒者 HIV 感染率仅为 2%，而 1993 年第 3 季已上升至 30%。泰国、印度东北部、缅甸仰光市的静脉嗜毒者的 HIV 感染率高达 50%。泰国全国新兵（21 岁）的 HIV 感染率为 3.5%。而清来地区新兵的 HIV 阳性率竟高达 20%，孕妇为 8%。

艾滋病毒传入我国较早，我们从 1987 年开始在我国进行血清学检测，1985 年发现 19 例血友病病人在 1984 年应用了 Amour 公司的Ⅷ因子，其中 4 人 HIV 抗体阳性，他们用的是同一批Ⅷ因子，即应用这了批Ⅷ因子的病人，全部感染了 HIV，这表明 HIV 于 1984 年已传入我国。根据卫生部疾病控制司发布的截止于 1984 年底的资料。如表 7 所示，HIV 感染者和艾滋病人总计 1774 例，其中艾滋病人为 65 例，中国人、外国人和华侨 11 例。病例逐年增加，特别是 1989 发现云南边境地区 140 例静脉嗜毒者感染了 HIV，1994 年与往年比较增加较多，达 531 例，其中艾滋病人 29 例，26 例为我国公民。1985 年至 1994 年我国共筛选了 4 202 104 人，HIV 抗体阳性者 1774 例，其中艾滋病人 65 例。以嗜毒者最多 1132 例（34 例为艾滋病人），占全部抗体阳性者的 63.8%，其次为回国的中国人 151 例（艾滋病人 7 例）。再次为囚犯和华侨，分别为 42 和 41 例。外国人抗体阳性者 288 例（9 例艾滋病人），检出率高达 16.2%。有意义的是检测了 108 752 名妓女，仅 12 例（1 例艾滋病）HIV 抗体阳性，嫖客 64 491 人，仅 5 例（1 例艾滋病）阳性。我国自 1978 年对外开放后，资本主义国家开放和性混乱的意识和行为带入我国，暗娼和嫖客不断增加，虽然他们现在的感染率很低，但随时间的推移，他们必将成为我国艾滋病感染和流行的重要因素。HIV 感染者和艾滋病人的地理分布以云南最多（1426）占 80.3%，以嗜毒者为主，其次为广东 112 例（5 例艾滋病），北京 82 例（11 例艾滋病），上海 50 例（1 例艾滋病）和福建 24 例（4 例艾滋病）。

广州卫生人疫局报告入境者 HIV 检测的阳性率逐年上升。从 1989 年至 1995 年 3 月，逐年的阳性率分别为 0.099%，0.079%，0.109%，0.309%，0.413%，0.565% 和 0.638%。其中以外籍者阳性率最高达 6.61%，其次为回国的中国人 9.3%，运输行业者为 0.11%。80 名外国籍抗体阳性者，主要来自泰国 59 名，占 72.0%，西非、中国香港、马来西亚和美国各 2 例，占 2.4%。

除云南以外，主要的传播途径是经性传播的。从地理分布看，我国 HIV 的主要传染来源是：①由泰国、缅甸传入我国云南南方边境；②由泰国传至广东、福建等地；③由非洲传入，我国去非洲的劳务人员较多，少数人通过性生活被 HIV 感染，然后带入国内；④其他来源传至各大城市，如北京、上海等。HIV 最初及继续从外国传入，但国内的 HIV 感染者已在国内散播，将他们的 HIV 通过性生活、输血等传给他人，如在云南静脉嗜毒者已将他们的 HIV 传给他们的妻子，在 1990 年他们妻子的 HIV 感染率为 3%，1992 年已上升至 9%。一些妓女感染了 HIV，也将病毒传给嫖客。在云南静脉嗜毒者之间仍在继续传播。此外，在供血者中已发现 HIV 抗体阳性者。随着艾滋病在我邻国的不断扩大流行，我国也不会例外，感染还将继续增加。目前仍是有利的时机，应尽早尽快地采取措施。以降低艾滋病的流行趋势。

二、传播途径 已从血液、精液、阴道分泌液、眼泪、乳汁等分离到的 HIV 病毒，流行病学调查证明血液、精液和阴道分泌液能传播 HIV。已证明的传播途径如下。

1. 性传播：男性同性恋者之间及异性恋之间的性交，可从男性传给男性或女性，也可以从女性传给男性，但从女性传给男性的概率较从男性传给女性低。为什么男性同性恋者中传播较严重？因为男性同性恋者的性生活较混乱，其性伴侣往往较多，可从数十人到数百人，这样 HIV 传播的机会就很大。带 HIV 者的精液中有大量的病毒，每毫升精液可含 10^6 病毒，从解剖学上分析，肛门黏膜上皮细胞为单层，易受损伤，病毒容易侵入。异性间的传播已成为十分严重的问题，特别是在非洲和东南亚已成为主要的传播途径。据估计到 2000 年全球经性传播者将高达 90%。如果生殖器官有性病、溃疡等可以显著提高感染率。HIV 病毒的感染与毒株也有关。在郎格罕细胞繁殖较好的 E 亚型病毒较 B 型病毒容易经女性阴道传播，因此，预测到 2000 年 E 亚型和 C 亚型将增加。

2. 血液传播：通过输血、血液制品或没消毒好的注射器传播 HIV。在流行初期很多通过血液制品感染，如血友病人用的Ⅷ因子是由上千人的血浆混合制成，HIV 存在的机会较多，制备的方法又不能灭活 HIV，因此，很多血友病病人通过Ⅷ因子而感染了 HIV。我国最早发现的 4 例 HIV 感染者，是由美国 Amour 公司生产的同一批Ⅷ因子于 1984 年感染的。血液是 HIV 的重要传染源，在法国曾有大批人经输血而感染。卫生部部长为此而引咎辞职，血站主任被判坐牢。我国也已发现供血者有 HIV 阳性的。一些欧美国家较早期已将供血者的血液检测规定为法定项目，以避免将带 HIV 病毒的血液输给他人。现在大多数国家，包括我国已明文规定血液应经过 HIV 检测。制备Ⅷ因子的方法也有改进，制备过程已将 HIV 灭活，即使原血液中有 HIV，由于已灭活，不成为危险的产品。但不幸的是，在采用灭活方法后，偶尔发现将此Ⅷ因子输入血友病病人，仍引起 HIV 感染，这是由于灭活不彻底所致。随后采取更严格的选血和 HIV 灭活方法，已杜绝灭活不完全的产品出现。

静脉嗜毒者极易感染，共用不经消毒的注射器和针头是重要的传播途径。传染的危险性与注射器使用的次数和时间长短有关。虽然多数报告是应用了海洛因注射而感染的，但也有应用可卡因或其他药物引起的。在我国云南边境静脉嗜毒者的感染者率可达 60% 以上，在东欧和俄罗斯的医院也出现过因注射器消毒不好而传播 HIV 的。

3. 母婴传播：HIV 可在胎儿期或围产期感染。由 HIV 感染者传播给婴儿的感染率在欧洲为16%、亚洲25%、美洲28%、非洲40%。多数感染发生在怀孕的后3个月或产期。12%的婴儿可经HIV感染母亲的乳汁传播，带高滴度病毒和CD4细胞数低的母亲容易将HIV传播给婴儿。

对照顾艾滋病的医务工作者进行多年观察，证明他们被病人感染的概率是非常低的。有文献报告外科医生、护士及HIV实验室工作者被HIV感染的例子。他们是被HIV污染的针头、器械、或血液感染的。有报告一牙科医生为HIV感染者，通过他的医治，有3例病人受到HIV感染，这可能是通过血液感染的。对艾滋病感染者和艾滋病人家属的调查研究表明，偶然接触唾液和眼泪不会引发感染，一般的社交接触，包括握手、食物、水、空气、宾馆、共同进餐、礼节性接吻或昆虫（蚊子等）叮咬是不会传染HIV的。有一些人对这些接触存在着恐怖情绪，这是没有必要的。（续篇见第197篇——出版者注）

〔原载《中华实验和临床病毒学杂志》1995，9（4）：383－387〕

187. 我国云南瑞丽市区HIV感染者HIV分子流行病学分析

中国预防医学科学院病毒学研究所　滕智平　曾　毅

美国，纽约大学，Aaron Diamond AIDS研究中心　朱托夫　David D. HO

云南省瑞丽市卫生防疫站　段一娟　云南省卫生防疫站　张家鹏

〔**摘　要**〕　1990－1993年，开始在云南瑞丽地区静脉注射毒品而感染HIV的人群中分离淋巴细胞，并对HIV外膜蛋白基因进行序列测定和毒株亚型的分析。目的是了解流行的病毒属于那个亚型，以便研制适用于流行区的HIV的疫苗。分析结果表明：用云南瑞丽地区HIV毒株的env V3～V5区序列与国际各亚型同源性作比较，主要毒株属于HIV－1B亚型[1]。为了监测该地区的HIV毒株的变异情况和追踪该病毒株与其他毒株的亲缘关系，1994年10月又在同一地区从静脉注射毒品的感染HIV人群中采样分离淋巴细胞。对env。gp120基因采用套式PCR扩增、ssHMA（singlrestrand heteroduplex mobioity assay）分析、V3～V5区序列作比较，发现在1990年和1993年属于B亚型的基础上已经发生了很大的变化。26个样品的分析结果是：B亚型13例，C亚型8例，24例多重感染者，即感染B亚型又感染C亚型。另外1例属于三重感染，在感染B和C亚型的基础上又感染另一亚型。其余1例从电泳行为分析既非C亚型又非B亚型尚有待进一步测序列分析。以上结果表明：随着时间的延续，我国云南瑞丽地区吸毒感染的HIV－1亚型在发生变化。这种变化是属于HIV本身的变异，还是属于其他地区新亚型毒株的侵入，或是两种可能都存在，需作进一步的研究分析。

〔**关键词**〕HIV－1型；env－V3～V5；套式PCR；ssHMA

近几年来，人们从不同角度探索治疗和控制艾滋病的途径，疫苗的研制成了重要的课题。我们从20世纪90年代开始对云南瑞丽地区静脉注射毒品而感染HIV的人群采样进行分子流行病学分析，以了解该地区的流行毒株，探讨HIV毒株的来源和研制出一种适合于当地流行株的疫苗。但是，由于HIV病毒株的高度变异给制备疫苗带来困难，因此必须对其变异规律不断进行追踪分析。

HIV属于逆转录病毒科的慢病毒亚科（Lentivituses）。病毒基因结构复杂，最大特点是变异性大。病毒颗粒本身带有逆转录酶，基因变异的分子机制主要是由于逆转录酶缺乏校正功能，在HIV复制的3个过程（逆转录、正链DNA合成和转录）中，无一具有校正功能。通过逆转录后的病毒基因组可整合到宿主DNA上，随细胞的增殖而不断复制，因此一旦被该病毒感染就可能终生带毒。

HIV基因组在速度和广度上的显著变异，主要表面在编码包膜糖蛋白的ENV基因的多样。ENV－GP120基因的V_3环结构的特殊性，使其具有特殊的生物学功能，V_3环对HIV感染的过程中细胞向性细胞融合及合胞体的形成，免疫应答中中和抗体抗原决定簇等生物学功能都是以V_3环的结构为分子基础，因此，对GP120－V_3环的分析成为分子流行病学研究的重要环节。

根据HIV－1膜蛋白的基因变异，造成世界范围各地区流行不同的亚型，到目前为止已经产生9个亚型：A、B、C、D、E、F、G、H和O。1990年和1993年云南瑞丽株的分型为国际B型。我们于1994年10月再次在同一地区采血对HIV－GP120基因应用套式PCR扩增技术ssHMA电泳分析，重组克隆HIV外膜蛋白基因，V_3区序列分析等方法进行了分型等分子流行病学分析，结果报告如下。

材料和方法

一、样品 来自瑞丽市戒毒所HIV－1抗体阳性的静脉注射毒品者，每例取静脉血5 ml用淋巴细胞分离液分离淋巴细胞。

二、样品DNA提取 使用Microprobe Corp. Garden Grove，CA DNA快速提取试剂盒。提取DNA溶于三蒸水置40℃备用。

三、国际HIV－1各亚型标准毒株 由纽约大学Aaron Diamond AIDS研究中心提供。

四、Nest PCR引物 均由Aaron Diamond AIDS研究中心设计合成。

设计合成PCR引物，扩增HIV－1 env gp120基因

引物序列：

outer：P5－2′5－CCAATTCCCATACATTATTGT－3′（6848～6868）

P2 5′－GACGCTGCGCCCATAGTGCTTCCTG－3′（7815～7783）

inner：P5 5′－ACACATGGATTCGGCCAGTAGT－3′（6955～6978）

P4－3 5′－ATTCATTCTAGAATTGTCCCTC－3′（7861～7839）

96℃2 min

95℃ 1 min，55℃ 1 min，72℃ 1.5 min，3周期；

94℃ 1 min，60℃ 1 min，72℃ 1.5 min，22周期；

然后以5 μl第一次的扩增产物进行第二次的扩增反应，终反应条件为：95℃ 2 min，

94℃ 1 min，55℃ 1 min，72℃ 1.5 min，25 周期；

最后 72℃延伸 10 min

V5 ~ V3 Primer sequence：产生 702 bp 的片段；

PE17：5′ – TGTAAAACGAGGCCAGTCTGTTAAATGGCAGTCTAGC – 3′（6579 ~ 6598）；

PE8：5′ CAGGAAACAGCTATGCTATGACCCACTTCTCCAATTGTCCCTCA – 3′（7225 ~ 7245）；

反应条件：

10 mmol/L Tris – HCl pH8.3；50 mmol/L KCl，dNTP 各 0.2 mmol/L，2 mmol/L $MgCl_2$，10 pmol/L Primer，0.2 ~ 1.0 μg DNA，2.5 U Taq，共 100 μl 反应体系。

以上反应在 PerVin – Elmer Model 9600 热循环仪上进行。

PCR 产物经 1% 琼脂糖凝胶电泳，以相对分子质量标准及阴性和阳性扩增对照判断结果。

五、ssHMA（Single – strend heteroduplex mobility assay）法[2,4,5]

1. 以国际标准的各亚型 HIV – 1gp120 V3 ~ V5 片段为模板（PCR 产物）加 10 μCi ^{32}P – dCTP，另加各 30 μmol/L dNTP，94℃ 1 min，55℃ 45 min，72℃ 1 min，35 周期。

在 Perkin – Elemer Thermocycler 进行扩增反应。

2. 电泳样品的制备和分子杂交反应：取经套式 PCR 反应产物 16.5 μl 加变性液 2 μl，^{32}P 标记探针 2 μl，混匀后 95℃ 3 min，22℃ 10 min，0℃

3. 以上的反应产物与 A，B，C，D，E，F 国际各亚型同在 5% 聚丙烯酰胺凝胶 TBE 缓冲液中电泳，70 mA 1100 V，3 h，于干胶机上 80℃干燥 1 h，X – 线片放射自显影 18 h。

结　　果

扩增产物分别与 ^{32}P 标记国际 A，B，C，D，E，F 亚型、云南 B 亚型株（克隆测序已确定为 B 亚型）、云南 C 亚型株（克隆测序已确定为 C 亚型）为探针，进行单链杂交，经放射自显影，可见在不同位置上出现的杂交带。一个杂交带代表一个克隆（即一个毒株）。探针与杂交的样品之间碱基的同源性越高，泳动速度越快，反之，泳动速度则慢。探针与被测样品之间泳动的距离，反映出探针与样品碱基的差异。26 例样品杂交结果为 B 亚型 13 例（图 1），第 3，4，5，9，10，12，16，17，23，22，27，26，30，15 行所示。C 亚型为 8 例（图 2），第 1，3，4，5，6，7，9，11 行所示。多重感染为 4 例，第 6，11，13，10 行所示。第 18 行与 E 探针电泳位置相似。其余为 1993 年已确定为 B 亚型，在此作为阳性对照。

讨　　论

1990 年和 1993 年我室邵一鸣等人对瑞丽市 HIV 流行毒株的序列分析的结果显示，当地的流行株均为国际 B 亚型，V_3 环顶端四肽是以 GPGR 为主，而典型的泰国基因 B 亚型 V_3 环顶部四肽主要是 GPGQ，说明同是 B 亚型[3]，泰国株与瑞丽株的 V_3 顶端基因也存在差异。同是云南瑞丽株 B 亚型 1990 和 1993 年也存在着漂移的趋势，如 1990 年 10 个毒株的序列

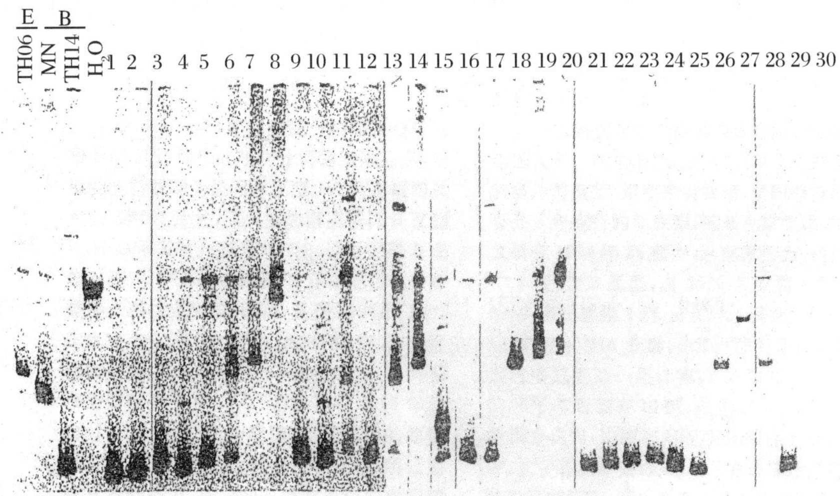

图1　以^{32}P分别标记国际亚型（MN，TH14株）和E亚型（TH0株）作为对照第1，2，24，25行为已确定的云南B亚型（经过克隆测序分析），第3，4，5，9，10，12，16，26，27，30行的杂交带与B亚型对照在相同的距离上。第6，11，13，10行在B亚型和C亚型的位置时存在2个杂交带

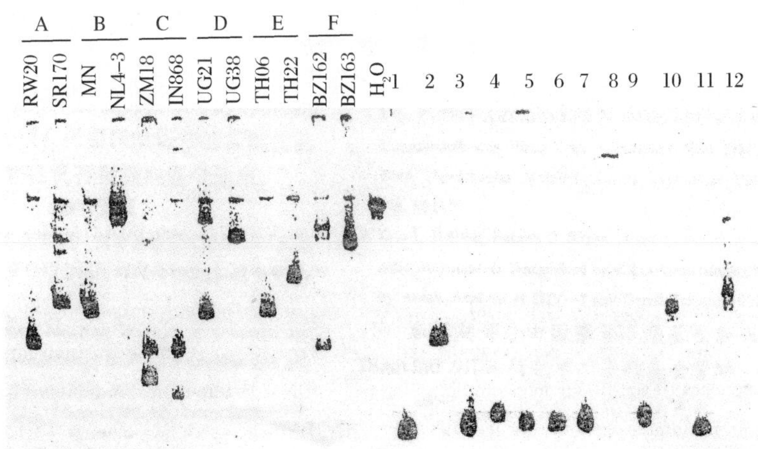

图2　用^{32}P分别标记A，B，C，D，E，F亚型及第一行样品PCR的产物（克隆，测序已确定为云南瑞丽C亚型）作探针，变性，退火，探针单链杂交后，经过5%聚丙烯酰胺凝胶电泳、放射自显影产生的杂交带，第1，3，4，5，6，7，9，11行的杂交带与国际C亚型泳动的距离相似

中，8个典型的B亚型序列，V_3环顶端的四肽是GPGR，占80%，而在1993年的21个毒株中有12个毒株V_3环顶端的四肽是GPGQ，占57%，比例明显下降，说明云南株B亚型的V_3环顶端四肽向典型的泰国型漂移。这种漂移是由于HIV. gp120分子内的变异引起。

本文的研究取材于1994年10月，研究结果显示，云南瑞丽市HIV流行毒株的序列，自1990年、1993－1994年的4年时间，显然仍以B亚型为主，但已婚出现了C亚型及其他的亚型。值得注意的是还是4例多重感染。

云南瑞丽市位于我国西南边陲，与缅甸、泰国交界，毗邻的“金三角”是毒品生产加工和贩运的地带。近年来有报道，泰国静脉注射毒品人中流行的B亚型，近来也有变化。在本文研究1994年26例中，从电泳行为分析，其中13例为B亚型，占50%；C亚型8例，占30%；多重感染4例，占15%。其他1例未确定，通过ssHMA分析，很像国际E亚型。单一型与多重感染一起计算。B亚型有16例，占61.5%；C亚型有10例，占38.5%。从流行病学调查得知，瑞丽市HIV抗体阳性的吸毒者中，大多有多年吸毒史。而且在边境地区居民流行比较频繁，所以存在交叉感染的机会，其中两例在感染B亚型的基础上又感染C亚型，所以，ssHMA电泳中出现两个杂交位点，即双亚型。我们认为：出现双亚型的原因，既有HIV本身的变异，又有新亚型毒株侵入的可能，而交叉感染的可能性要大于由于V_3环基因的变异性引起B亚型漂移到C亚型的可能性。

云南瑞丽市HIV－1感染者毒株亚型的变化，给疫苗研制带来困难。V_3环的变异虽然很大，但顶端的四肽是相对保守的，我们所设计的疫苗必须在保留顶端保守的四肽的基础上，包括该地区流行毒株的多个亚型。

本课题部分由国家863项基金和Aaron Diamond AIDS研究中心合作基金资助

〔原载《中国性病艾滋病防治》1995，1（1）：1－5〕

参 考 文 献

1 邵一鸣，赵全壁，王斌，等．我国云南德宏地区HIV感染者HIV毒株膜蛋白的基因序列测定和分析．病毒学报，1994，10：204

2 Zhu TF, Mo HG, Wang N, et al. Genotypic and phenotypic characterization of HIV－1 in patients with primary infection. Science，1993，21：1179－1181

3 Bette T，Korber M，Macinners K，Randallf Smith，et al. Mutational trends in V3 loop protein sequences observed in different genetic lineages of Human lmmunodeficiency Virus type 1. Journal of Virology，1994，730－6740

4 ERic L，Dekwart，Haynes W. Sheppatd，et al. Human Immunodeficiency Virus Type I Evolution Vivo Tracked by DNA Heteroduples Mobility Assays. Journal of Virology. Vol. 8（10）

5 Eric L Dellwat，Eugene G. Shpaer，Joost Louwagie，et al. Genetic Relationships Determined by aDNA Heteroduplex Mobility Assay，Analysis of HIV－1 env Genes. Science，1993，262

188. 人鼻咽癌肝转移灶裸小鼠移植瘤模型（CNT－1）的建立及特性研究

广西区人民医院　焦　伟　周微雅　张　兴　王培中　黎而介　黄立国　陆胜经
中国预防医学科学院病毒所　曾　毅　于庚庚　腾智平

〔摘　要〕　从1例鼻咽癌肝转移患者尸检时取出肝组织接种于裸小鼠，成功地建立了1株鼻咽癌移植瘤动物模型，命名为中国鼻咽癌移植瘤株1号，简称CNT－1。该移植瘤株选用鼠均为T淋巴细胞免疫缺陷型的黑皮（NC）品系及白皮（NMRI）品系裸小鼠，雌雄兼用，具有潜伏期短，生长稳定，传递成功率为100%之特点。至今已保存3年余，传递23代。病理检查：原代为典型的低分化鳞状细胞癌，经裸鼠传代1～18代后，大部分癌细胞向未分化癌类型转变；染色体检查仍为人类染色体核型，众数以三倍体和亚三倍体为主；打点核酸杂交证明该瘤株有EB病毒的W_1、EB病毒核抗原－1（EBNA－1）和晚期末蛋白（LMP）核酸片段存在；用蛋白印迹法查到有EBNA－1及LMP蛋白；移植瘤细胞可在体外培养并传数代，裸鼠体内接种仍具成瘤性。可供进一步研究鼻咽癌生物学特性及实验治疗之用。

〔关键词〕　裸小鼠；鼻咽癌；异种移植瘤

我们于1987年12月从1例鼻咽癌肝转移尸检中，取出转移部分之肝组织进行裸鼠异种移植获得成功，命名为中国鼻咽癌移植瘤1号（CNT－1）。本文就该移植瘤经过3年多的长期连续传23代的情况及其有关生物学特性的研究结果作进一步的报道。

材料和方法

一、实验动物　T淋巴细胞免疫缺陷裸小鼠，黑皮（NC）系及白皮（NMRI）系，均为纯系nu/nu，由中国预防医学科学院病毒所肿瘤室和湛江医学院裸鼠室提供，部分由本室自己繁殖。裸小鼠置于带过滤罩鼠笼内饲养，饮水、垫料均经高压消毒处理。实验过程基本达到SPF条件。实验用鼠90余只（其中6只为NMRI品系），雌雄兼用，鼠龄为2～12周。

二、人癌标本来源　人鼻咽癌标本，由广西区人民医院耳鼻喉科提供。患者男性，49岁，NPCⅣ期，有颈部淋巴结及肝转移，EB病毒IgA/VCA抗体滴度为1∶80。因恶液质、呼吸循环衰竭死亡。死后5 h尸检取出肿瘤转移之部分肝组织。

三、肿瘤异种称值　将含瘤肝组织置于含有青霉素、链霉素的RPMI 1640培养液中，在超净台内将瘤组织剪成直径为1～2 mm^3 的瘤块，将瘤块植入裸小鼠腋下及腹股沟处皮下，其用鼠7只。定期观察移植部位，以了解肿瘤生长的潜伏期和生长速度。

四、移植瘤传代　肿瘤移植后1月余，其中1只鼠侧腹部移植处皮下肿物明显增大，向外突出，出现多个结节，继而逐渐融合。待肿物长成1 cm×1 cm大小时，将裸鼠断颈处死，剥离瘤体，分离包膜，按原代方法进行传代。以后传代均如上述，并留取部分组织作病检和冻存备用。

五、解剖学、组织学及电镜检查 对处死和死亡的裸鼠均进行详细的尸检，测量肿瘤大小和重量，观察局部浸润及转移情况。肿瘤组织及各脏器经10%甲醛固定、石蜡包埋、H·E染色。另取1、2、5、18代的少许瘤组织进行超微结构检查。

六、染色体标本制作 无菌条件下取出第19代移植瘤组织，用含抗生素的RPMI 1640浸泡，然后按李申德[1]报告的方法进行染色体分析。

七、EB病毒基因DNA检测及EB病毒蛋白检测 用Southern blot法和打点核酸杂交（Epstein－Barr virus and Human Disease，1988：189）检测EB病毒DNA。用Wertern blot法[2]检查病毒蛋白。

八、体外培养 于2代、3代、10代、19代移植瘤分别取新鲜组织，在无菌条件下剪成1 mm^3 大小，分别接种于培养瓶内，加入含20%小牛血清的RPMI 1640培养液，置于37℃恒温箱内培养。

结　　果

一、肿瘤移植情况及移植瘤生长特性 原代至第4代肿瘤移植后，肿块先是逐渐消失，经过4～5周的潜伏期后，移植瘤在原部位再度长出。5～8代，移植瘤接种后并不消失，但有一个较长时间的缓慢生长期，然后再进入快速生长期。8代以后，肿瘤移植入裸鼠皮下后不但不消失，而且很快就有较大的增殖。总之原代经过1个多月的潜伏期，肿瘤逐渐增大，向表面隆起，形成多个结节，随之融合。随着传代次数的增加，其生长速度顺次递增，潜伏期缩短，由原代的1个多月缩短至7～20 d不等。移植成功率原代为14%，1～4代为85%，5～23代达100%。本组裸鼠最长带瘤存活时间为1年，宿主最终因恶液质死亡，死后尸检肿瘤与体重等同。长期留养的12只裸鼠。未发现移植瘤有自动消退转移现象。因要选择无坏死之瘤体进行传代，故一般瘤体最大直径达1×1 cm^2 大小时即处死动物进行鼠间传代，本组小鼠带瘤时间为部分观察结果。

二、移植瘤的解剖学及组织学检查 皮下移植瘤呈圆形和椭圆形，包膜较完整，无黏连、易剥离，多数呈局灶性膨胀性生长，并不浸润周围组织，也不发生转移。移植后6～7周肿瘤超过1.5 cm^2 时常发生局灶性坏死。光镜下：癌细胞分化很差，大部分属未分化癌类型；癌细胞呈小圆形，核大、深染，核分裂象多见，在未分化癌的细胞团块内，可见少数低分化鳞癌类型癌细胞，或可见到少数柱状癌细胞呈不典型的腺样排列。电镜下：大部分癌细胞为未分化癌类型，同时也见到有向鳞癌及腺癌两种分化倾向。这一变化与在人类鼻咽癌所观察的结果一致。本实验发现，肿瘤在人体时为典型的低分化鳞癌，而移植到裸小鼠后1～18代，大部分癌细胞为未分化癌类型，这一变化，提示随着传达室代不断增加，移植瘤是否有特征性变异的可能。

三、染色体检查 油镜下计数染色体数目，为人类染色体核型，均为异倍体，可见染色体畸变，众数以三倍体和亚三倍体为主。

四、EB病毒基因DNA检测及EB病毒蛋白检测 经Southern blot和打点核酸杂交，发现EB病毒的W_1、EBNA－1和LMP片段均为阳性。用Wertern blot法发现EBNA－1和LMP蛋白。

五、体外培养及回复试验 移植瘤组织接种培养后1～2周，可见细胞从组织块周边长出，细胞多呈梭形、多角形或圆形，2周后可相互连接成片，3周后可传代，曾在体外传33代，将细胞悬液进行裸鼠体内接种仍具成瘤性。

讨　　论

利用无胸腺裸小鼠T淋巴细胞免疫缺陷这一特性，进行肿瘤的异种移植，乃当今实验肿瘤学研究的重要课题。裸鼠人癌移植有较高的移植成功率，基本保持人癌的特点。移植成功的指标为：①肿瘤进行性增大；②病理证实；③鼠间传代至少一次（human tumor growth in nude mice，Annual Report slorn－kettering Institute 1978；173）移植成功率也受人癌的种类及动物本身的状况的影响。本例标本来源即为鼻咽癌的转移灶，本身已决定其移植成功率要比原发灶高。但我们原代接种7只鼠，仅1只鼠见肿瘤生长，说明除标本来源外，鼠间仍存在着个体差异。本移植瘤株经传代后，移植成功率由原代的14%提高到100%，潜伏期亦相应缩短，生长速度加快。移植瘤癌细胞可在体外培养并传数代。回复试验仍具成瘤性、故表明，其为研究鼻咽癌较理想的模型。

本移植瘤株经过3年余23次鼠间传代，病理检查由原代典型低分化鳞癌到传1～18代后，大部分癌细胞向未分化癌类型转变，提示：随着移植瘤传达室代次数的增加，其组织类型是否有特征性变异的可能，值得进一步研究。

应用Sorthern blot和打点核酸杂交证实CNT－1带有EB病毒的W_1、ENBA－1和LMP核酸片段，用Wertern blot检测出EBNA－1、LMP蛋白，进一步证明此移植瘤有EB病毒基因，也证实肿瘤来自鼻咽癌。

该移植瘤动物模型的建立，对鼻咽癌病因学的研究及治疗是很有意义的。

〔原载《广西医学》1995，17：10－12〕

参　考　文　献

1　李申德，等．常见实体瘤肿瘤手术标本染色体分析方法的改进．遗传与疾病，1985，2（3）：162

2　Scott DI，et al. Immunoblotting and blotting. J，Immunol Methods，1989，119：153

189.　广西21市县338 868人鼻咽癌血清学普查

广西梧州市肿瘤防治研究所　邓　洪　皮至明

广西壮族自治区卫生厅　赵正宝　广西区人民医院　张　政　黎而介　王培中

广西苍梧县鼻咽癌防治所　李秉均　廖　建　广西贵港市卫生局　李可能

广西柳州市卫生局　胡良芬　广西桂平县卫生局　银佑长　中国预防医学科学院病毒所 曾　毅

〔**摘　要**〕　1991年1月至1993年9月广西21市县338 868人鼻咽癌血清学普查结果，EB病毒壳抗原的免疫球蛋白A抗体单项阳性9367人，早期抗原的免疫球蛋白A抗体同时阳性306人，由前者检出鼻咽癌113例，早期100例，占88.5%，由后者检出鼻咽癌63例，早期58例，占92.1%。说明鼻咽癌与EB病毒关系密切，血清学普查可达到早期发现、早期诊断和早期治疗。

〔**关键词**〕　鼻咽肿瘤；普查

广西壮族自治区是我国鼻咽癌高发区之一[1]，为使该病防治做到早期发现、早期诊断和早期治疗，达Ⅱ级预防目的，1991 年 1 月至 1993 年 9 月我们先后在广西贵港、贺县等 21 市县对 338 868 人，检测 EB 病毒壳抗原的免疫球蛋白 A 抗体（VCA－IgA）和早期抗原的免疫球蛋白 A 抗体（EA－IgA），以普查鼻咽癌，资料如下。

对象和方法

338 868 人为各普查市县（含县以下乡、镇）机关厂矿企事业单位中的干部、职工。男女比例 1.5∶1。30 岁以下者最多，占总数的 27.5%。

对梧州市 28 745 人静脉采血 1.5 ml，对其余 310 123 人采耳垂或指端血。标本分送梧州市肿瘤防治研究所、广西区人民医院和苍梧县鼻咽癌防治研究所实验室检查。血清学间接免疫酶法检查、临床复查和病理检查者方法见文献〔2，3〕。VCA－IgA 抗体≥1∶10、EA－IgA≥1∶5 者为阳性。每种抗体阳性均延长 6 个滴度定量。

结　果

检出单项 VCA－IgA 阳性 9367 人，阳性率 2.76%，同时 EA－IgA 阳性 306 人，阳性率 0.09%。由前者普查检出鼻咽癌 113 例，后者检出 63 例（表 1）。VCA－IgA、EA－IgA 抗体滴度分布及与鼻咽癌检出关系见表 2。各年龄组鼻咽癌检出率见表 3。

表 1　抗体阳性者鼻咽癌检出率及临床分期

抗体	阳性数	鼻咽癌（例）	临床分期*				检出率（%）	早期诊断	
			Ⅰ	Ⅱ	Ⅲ	Ⅳ		人数	百分率（%）
VCA－IgA	9 367	113	37	63	9	4	1.21	100	88.8
EA－IgA	306	63	16	42	3	2	20.6	58	92.1

* 1979 年郴州会议 TNM 分期

表 2　抗体滴度分布与鼻咽癌检出之间的关系

抗体滴度	阳性数	鼻咽癌患者	检出率（%）
VCA－IgA			
1∶10	7 654	26	0.34
1∶20	1 235	21	1.7
1∶40	353	28	7.9
1∶80	94	24	25.5
1∶160	29	14	48.3
1∶320	2	0	0
EA－IgA			
1∶5	123	14	11.4
1∶10	133	31	23.3
1∶20	39	15	38.5
1∶40	11	3	27.3

表 3　人群年龄分布与鼻咽癌检出率的关系（$1/10^5$）

年龄（岁）	总数	鼻咽癌（例）	检出率	中国标化检出率
<30	93 247	7	7.5	4.70
30～	48 552	2	4.1	2.98
35～	50 795	14	27.6	1.49
40～	50 416	33	65.5	3.16
45～	33 040	26	78.7	3.72
50～	29 630	13	43.9	1.79
55～	19 234	11	57.2	1.94
60～	8 709	5	57.4	1.57
65～	3 173	2	63.0	1.34
>70	2 072	0	0	0

VCA－IgA 阳性的 113 例鼻咽癌中，低分化鳞癌 84 例，占 73.5%，其余为泡状核细胞癌，同时 EA－IgA 阳性检出的 63 列鼻咽癌中，低分化鳞癌 48 例，占 76.2%，其余泡状核细胞癌均为低分化鳞癌居多，表明病理分型与单项或双项抗体阳性无关。

讨　　论

从本研究结果看，VCA－IgA 抗体诊断鼻咽癌敏感性较 EA－IgA 高，而特别异性则较 EA－IgA 低，所以人群普查时两者配合可以提高鼻咽癌的检出率和早诊率。

鼻咽癌检出率随抗体滴度升高而升高，但低滴度抗体仍能检出鼻咽癌，提示人群普查中，既要注意高滴度阳性者，特别是双项阳性，但也不能忽视低滴度阳性者患病的可能。

普查人群中小于 30 岁者最多，随年龄上升受检人数逐渐减少。各年龄组受检人群鼻咽癌检出率不同，随年龄上升鼻咽癌检出率增高，40 岁年龄组开始上升，50 岁年龄开始逐渐下降。所以在普查时应将 30～55 岁人群列为重点，对 40～55 岁抗体阳性者，特别应对双项阳性高滴度抗体者重点复查，即使普查时未能确诊，亦要作为高危人群定期追踪观察以利早期发现。

21 市县 338 868 人鼻咽癌血清学普查结果，进一步从广西不同地区大范围、多人群普查表明，EB 病毒与鼻咽癌的发生关系密切，应用检测 EB 病毒抗体的血清学普查，可以检出鼻咽癌和早期病人，达到早期发现，早期诊断和早期治疗的目的。

〔原载《中华预防医学杂志》1995，29（6）：342－343〕

参 考 文 献

1　李振权，潘启超，陈剑经主编．鼻咽癌与临床实验研究．广州：广东科技出版社，1983，27

2　曾毅，刘育希，刘纯仁，等．应用免疫酶法和免疫放射自显影法普查鼻咽癌．中华肿瘤杂志，1979，1：81

3　邓洪，曾毅，黄乃琴，等．广西梧州市鼻咽癌现场 10 年的前瞻性研究．病毒学报，1992，8：32

Serologic Screening on Nasopharyngeal Cancer in 338 868 Persons in 21 Cities and Counties of Guangxi Region, China

DENG Hong*, ZHAO Zheng－bao, ZENG Yi, et al (*Wuzhou Cancer Institute, Guangxi, Wuzhou)

Serological screening on nasopharyngeal cancer in 338 868 persons living in 21 cities and counties of Guangxi Zhuang Autonomous Region was carried out from January 1991 to September 1993. Results showed 9364 persons were positive for IgA antibodies to Epstein－Barr virus (EBS) capsid antigen, and 306 or them positive for IgA to EBV early antigen. One hundred and thirteen cases of nasopharyngeal cancer were detected in the former with 100 cases (88.5%) in the early stage, and 63 cases in the latter with 58 (92.1%) cases in the early stage. It suggested certain relationship existed between EBV and nasopharyngeal cancer, and serologic screening could be beneficial for secondary prevention of it.

〔**Key words**〕Nasopharyngeal neoplasms; Mass screening

190. 应用重组质粒 pAM – HBsAg 在果蝇细胞中表达乙型肝炎病毒表面抗原及基因免疫的初步研究

中国预防医学科学院病毒学研究所　周　玲　李晓利　张晓梅　刘海鹰　曾　毅
德国 Regenshurg 大学　DEML I.　WAGHER R.　WOLF H.

〔**摘　要**〕　应用果蝇（DS2）表达系统，构建了含有乙型肝炎病毒表面抗原(HBsAg)、摄金蛋白启动子（MTn – promoter）的共表达质粒 pAM – HBsAg，转染细胞，经克隆，存活细胞株的培养上清液经硫酸铵沉淀、氯化铯（CsCl）密度梯度离心沉淀，获得的抗原用酶联免疫吸附试验（ELISA)、放射免疫分析（RIA）法检测抗体，免疫吸印法（Western blot）和电泳凝胶银染显色证实相对分子质量为23 000 和27 000，免疫电镜观察显示表达产物为22 nm 球形颗粒，通过重金属离子（$CuSO_4$、$ZnSO_4$）的诱导可增加抗原的表达量。用共表达质粒 pAM – HBsAg 的 DNA，注射 Balb/C 小鼠的股四头肌。经 ELISA、RIA 检测抗体产生情况，结果免疫后的小鼠经硫酸锌喂养抗体高于普通喂养的小鼠。Southern 杂交证实鼠肌肉细胞存在 HBsAg 基因。小鼠免疫接种实验表明，DS2 细胞表达的抗原与直接用 DNA（含有 HBsAg 的重组质粒）免疫小鼠均获抗 HBsAg 的抗体。

〔**关键词**〕　摄金蛋白启动子；果蝇；基因免疫；肝炎表面抗原

我国是乙型肝炎病毒（HBV）高感染区，HBsAg 携带者约 1 亿人口。乙型肝炎病苗的免疫接种是预防乙型肝炎的有效措施。如今许多实验室都成功地研制和开发了基因工程乙型肝炎疫苗。但是提高 HBsAg 的表达水平，寻找更可靠、稳定的方法，仍是当前重要的课题[1]。谢颜博等[2]采用人 MTn – Ⅱ启动子，HBsAg 基因构成表达质粒，转染 C127 细胞，获得能分泌 HBsAg 的 MT5 细胞株。Hanne 等[3]报道用 DS2 细胞 MTn 启动子以高拷贝数有效地调控制表达外源基因，认为可能是个较有发展前景的表达系统。

基因免疫是 20 世纪 90 年代发展的新技术，这是指利用各种方式将带有病毒基因的重组表达质粒 DNA，不经体外表达，直接转经到体内，诱导机体产生抗体并引起特异性免疫答应，使机体获得抗病毒能力，直接用 DNA 免疫不仅省略了抗原纯化，而且得到的抗体量与重组疫苗或减毒活疫苗相近，因此对疫苗的发展有重大的意义。我们应用 DS2 表达系统，获得的 HBsAg 的表达。此表达可被钢或锌离子诱导，增强表达量。应用重组表达质粒 DNA，直接免疫小鼠，与细胞表达抗原蛋白免疫小鼠具有相近的免疫原性。

材料和方法

一、质粒、菌种与工具酶　pMTA 质粒含有 MTn 启动子由美国实验室引进，转化菌为大肠埃希菌 GM169。质粒重组过程均按 H. Wolf 研究所的方法，所有工具酶均购自 Sigma 公司。

二、细胞和培养基　DS2 细胞株由美国实验室引进，在含 10% 小牛血清的果蝇细胞培养液中 27℃培养，每 3 天传代 1 次。氨甲喋呤（MTX）为 Sigma 产品。

三、Liposomes 转化 DS2 细胞和细胞株的建立 转化前 24 h，传代细胞，接种数为 5 × 10^5 细胞，放于 10 cm 细胞培养平皿中，24 h 后吸去培养基，将 1.5 ml 预先处理好的含 200 μgDNA 由脂质体包裹的混合培养液，直接加入培养皿的细胞上，37℃60 min，吸去培养液，加含 25% 二甲亚枫的培养基 4 min，用无血清培养基（含 10 ~ 50 nmol/L 磷脂）洗 3 次，加有血清培养基，24 h 换含 10^{-7}MMTX 的选择培养基置 $CO_2$27℃ 培养，培养至 4 ~ 6 周，平皿中出现单个细胞集落，待长到 1 mm 大小时，逐个挑出接种方瓶中，扩大培养后即为克隆细胞。

四、表达产物检测样品的制备 单克隆系的细胞株 27℃ 培养 3 ~ 4 d 后，收集细胞上清，4℃ 离心 20 min，取上清用 7% 饱和硫酸铵 4℃ 搅拌过夜，沉淀用 PBS 溶解，透析过度，用 CsCl 梯度密度离心法取得的样品待检测用。

五、表达产物的检测 放射免疫分析用美国 Abbott AUSRIA Ⅱ - 125 试剂盒；电泳凝胶染色和 Western blot 检测表达抗原的相对分子质量按实验室常规。

六、表达产物的免疫电镜观察 使用 Abbott 免疫球蛋白与等量待检样品混匀，置 37℃ 3 ~ 4 h，4℃ 过夜，次日 1500 r/min4℃ 离心 1 h，以 2% 尿甾烷乙酸染色，在电镜下观察。

七、Southern blot 测定质粒 DNA 100 μg 质粒 DNA 注射小鼠股四头肌，2 周后加强免疫，1 个月后提取小鼠肌肉 DNA，用 Bgl Ⅱ 酶切后电泳转膜。用 0.55 kb 地高辛标记的 HBsAg 探针，依试剂盒方法进行非放射性核素核酸杂交。

八、小鼠免疫接种试验 细胞上清的抗原样品用 RIA 测定 HBsAg 含量，每只小鼠接种蛋白 2.5 μg（5 mg/L）0.5 ml，腹腔免疫接种 4 周龄 Balb/C 鼠，2 周后加强免疫 1 针，第 4 周放血，北京生物制品研究所生产的放射免疫法试剂盒测小鼠血清中 HBsAb 水平。用中华地鼠卵巢（CHO）细胞系表达的 HBsAg（中国预防医学科学院病毒学研究所遗传室提供），以同样剂量、途径和时间免疫接种 4 周龄 Balb/C 鼠作为对照组。用常规法提取 pAM - HBsAg 质粒 DNA，经纯化，注射 4 周龄 Balb/C 鼠的股四头肌。免疫接种 DNA 约 100 μg（一半鼠用硫酸锌水喂养，其余普通水喂养），2 周后加强 1 次，4 周后放血，与以上鼠因同时用 ELISA 测 HBsAb。

结　　果

一、重组共表达质粒的建立 将 HBsAg 基因经 PCR 扩增，插入 pMTA 质粒中 MTn 启动子下游，构建成 4.4 kb pMTA - HBsAg 的重组质粒。另将 BamH Ⅰ 和 Sal Ⅰ 酶切质粒 pHG 和质粒 pA5c SV40 PolyA 经联结酶联结后，获得 6.6 kp pA5cDHFR 的重组质粒。进一步用 Sal Ⅰ 切下含 HBsAg 与 MTn 启动子的片断，插入 PA5cDHFR 质粒，获得 PAM - HBsAg 7.9 kb 的共表达质粒（图 1）。

二、细胞株的建立和不同株抗原蛋白量的测定 应用 Lipofection 技术，用共表达质粒的 DNA，以 2 μg、4 μg 和 8 μg 不同的量，分别转染 DS2 细胞，经用 MTX4 ~6 周选择得到的克隆细胞株，1 株由 2 μg，2 株由 4 μg，14 株由 8 μg 得到。传代中保留了由 8 μgDNA 转染 DS2 细胞的 14 株单克隆细胞系。均按 1 × 10^4 传代，3 d 后分别吸细胞上清，经硫酸铵，又经氯化铯沉淀法获得的抗原蛋白用 RIA 分别检测 P8 细胞上清的抗原蛋白含量，P8 1 ~ 13 株从 1.26 mg/L ~ 6.7 mg/L 不等，说明应用 DS2 细胞得到 HBsAg 的有效表达。我们冻存了 12 株，留下 P8（3.5 mg/L）及 P8.8（6.07 mg/L）作进一步研究。

三、细胞株表达产物的检测 将 P8 与 P8.8 的细胞株，培养 3 d 后，收集细胞上清浓缩

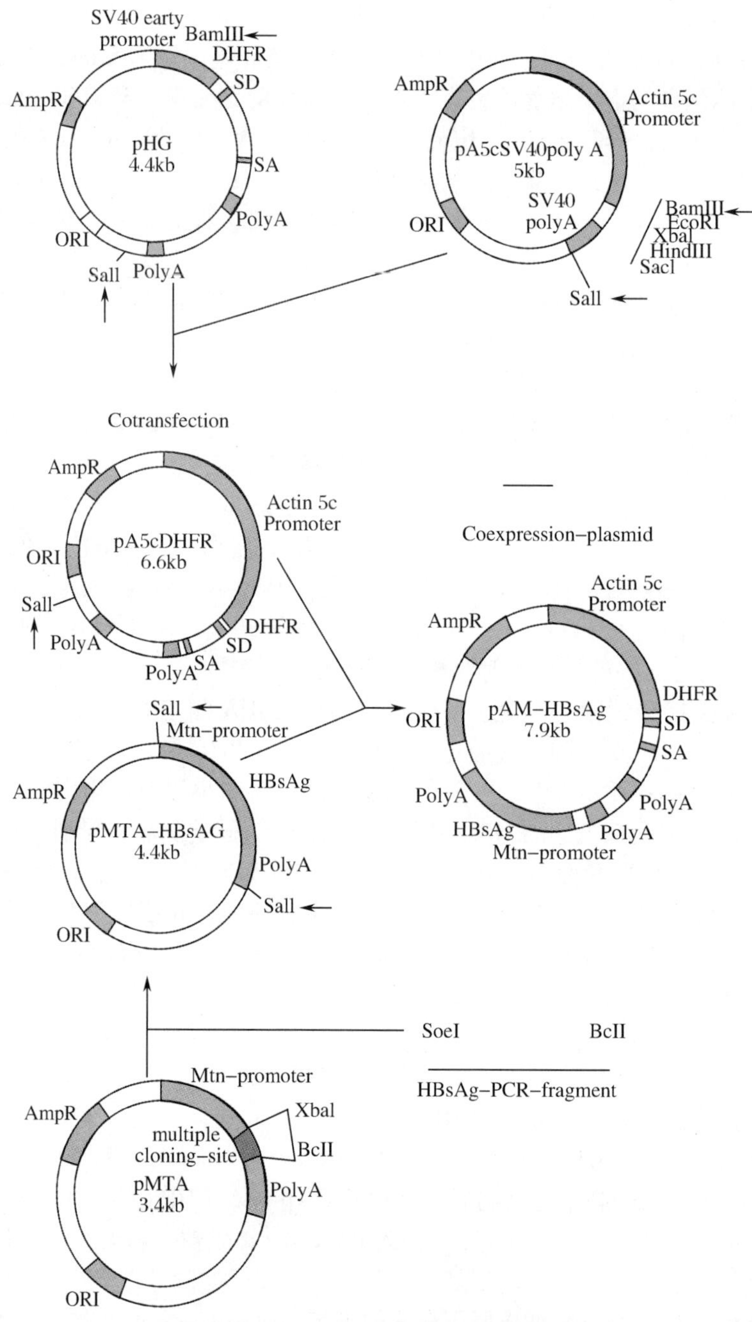

图 1　表达质粒 pAM－HBsAg 的建立

制备的样品，又用 CsCl 沉淀。样品经 SDS 凝胶电泳，转硝基纤维膜，与 HBsAg 阳性血清反应，初制样品能在多处见到。经 CsCl 沉淀的样品仅在相对分子质量 23 000、27 000 处见到条带（图 2 略）。我们又在细胞培养液中加了 $CuSO_4$ 或 $ZnSO_4$ 与普通培养基进行了比较，加 $CuSO_4$ 与 $ZnSO_4$ 后 HBsAg 的表达量明显高于普通培基的表达量（表 1）。

表 1　细胞中抗原表达量

细胞株	普通培基表达量 mg/L	加 $CuSO_4$（500 μmol/L）mg/L	加 $CuSO_4$（100 μmol/L）mg/L
P8	1.8	2.9	3.51
P8.8	2.7	3.8	6.07

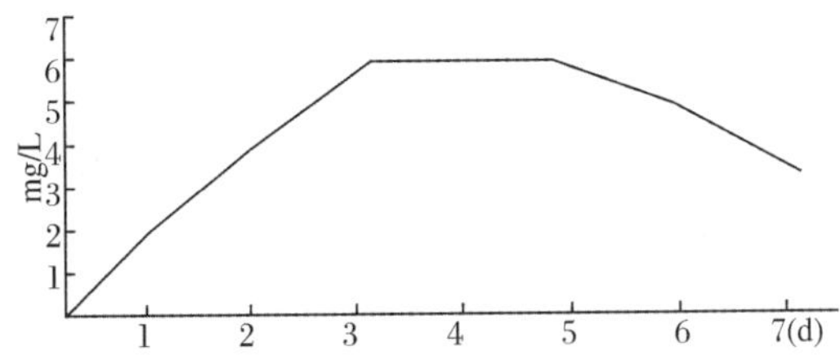

图 3　细胞培养时间与 HBsAg 表达水平

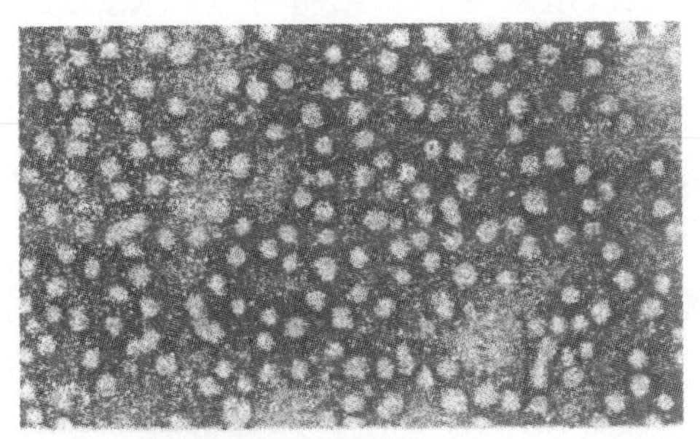

图 4　表达产物的免疫电镜观察 6.5×100

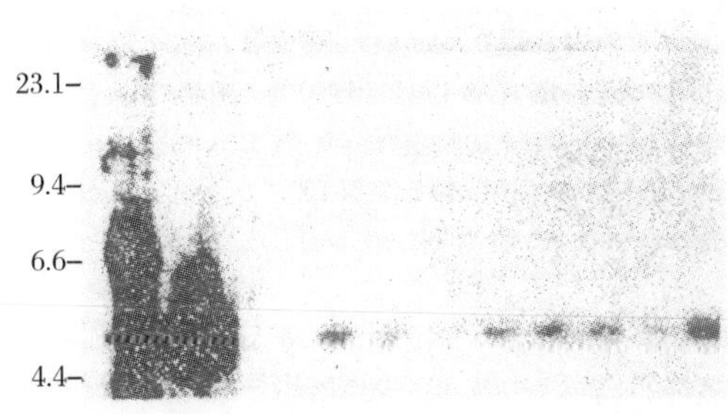

1：重组质粒的阳性对照；2：EcoR Ⅰ单酶切重组质粒的阳性对照；3：阴性对照；4～10 是各小鼠 DNA Southern 杂交结果

图 5　重组质粒免疫小鼠股四头肌后肌肉 DNA 的 Southern 杂交结果

在细胞密度相对恒定的条件下，传代培养后每 24 h 收获细胞上清，图 3 显示，随着培养实验的延长，HBsAg 的表达量逐渐上升，至 72～96 h HBsAg 达到最高峰，延长至 5 d 的量维持不变，6 d 后下降，说明间隔时间短 HBsAg 还未充分分泌到细胞外，间隔时间过长，则分泌的 HBsAg 可能部分失活或降解，也许金属离子效能降低。所以在 3～4 d 为最佳时间收获细胞上清，然后细胞再传代。

四、表达产物的免疫电镜观察　镜下可见表达的 HBsAg 呈约 22 nm 颗粒，与天然的 HBsAg 颗粒相似。

五、基因免疫后肌肉细胞中质粒 DNA 稳定性的测定

六、重组质粒免疫小鼠抗体的检测　pAM－HBsAg 质粒 DNA 免疫小鼠后，用酶联免疫吸附试验检测抗体水平，用硫酸锌水喂养的鼠产生的抗体高于普通喂养的鼠。另外，也发现仅在 50% 左右的鼠血中测得抗体阳转（表 2）

七、表达抗原蛋白与共表达质粒 DNA 接种小鼠抗体产生的比较　结果见表 3。

表 2　pAM－HBsAg 重组质粒免疫 Balb/C 小鼠抗体产生比较

组别	免疫鼠数	免疫 DNA 量（μg/只）	抗 HBs 阳转数
硫酸锌水喂养	20	100	11/20
普通水喂养	20	100	2/20
对照	5	－	－

表 3　细胞表达的 HBsAg 与 DNA 免疫 Balb/C 小鼠的 RIA 检测结果（P/N 值）

小鼠编号	DS2 细胞表达的 HBsAg	CHO 细胞表达的 HBsAg	含 HBsAg 的质粒 DNA
1	150	121	132
2	131	134	127
3	158	124	133
4	134	144	132
5	142	133	131

讨 论

我们应用果蝇摄金蛋白启动子构建了 pAM - HBsAg 共表达质粒，在 DS2 中高效表达了 HBsAg。结果证明在培养基中加入 $CuSO_4$ 或 $ZnSO_4$ 后出现高效表达，在缺少诱导物时维持基本表达。说明 DS2 细胞中 HBsAg 的表达受重金属离子诱导，这和国外报道相符[3]。从实验中得到单克隆细胞系分泌 HBsAg 的最佳条件是含 10% 小牛血清的果蝇细胞培养基和 100 μmol/L $ZnSO_4$ 在 27℃培养，3 ~4 d 收获细胞上清液，HBsAg 产率可达 3 ~6 mg/L。国内邱荣国等[4]采用人 MT - Ⅱ启动子，在鼠 C127 细胞上表达 HBsAg 的 MT -5 细胞株，产率达 2.5 ml/L。本文收获的分泌量高于他们，这与迄今国内报道在动物细胞体系中 HBsAg 的最高表达量[4]相近。这种表达系统同其他哺乳动物细胞表达系统相比，在高效表达时仍然受到调控，而且在缺少诱异物条件下维持基本表达。当然关于这种表达系统必须要有重金属诱导，必须应用特殊液体培养基，在疫苗生产和将所获的抗原作为诊断试剂的应用还需进一步研究。

我们应用重组 pAM - HBsAg 质粒做了基因免疫的初步研究，免疫小鼠后用 ELISA、RIA 查到抗 HBsAg。用 Southern blot 证实了在 1 个月后该质粒仍然存在，目前基因免疫的产生机理尚未完全阐明，外源基因被注射至活体肌肉组织后，肌细胞可以吞噬并表达这个基因，在啮齿类模型的研究证明，外源性 DNA 在肌肉组织中的转化效率是其他组织的 100 ~1000 倍[5,6]。用裸露的质粒 DNA 用作疫苗的生产是近来疫苗研究的新趋势。同传统的基因工程疫苗相比，具有更方便、廉价的特点，易于生产，然而有关基因免疫的重要问题在于不是每只实验动物都产生相应抗体[7]。我们实验中只有 50% 左右产生抗体。所以，有关基因免疫的工作将在构建新型表达质粒注射时间、剂量、转移质粒的方式等方面做进一步研究。

〔原载《中华实验和临床病毒学杂志》1995，9（4）：322 -326〕

参 考 文 献

1 汪垣．乙型肝炎疫苗的研制．见：阮力，汪垣，强伯强，主编．新型疫苗研究的现状与展望．北京：学苑出版社，1992，69

2 谢彦博，Prter M，John V，等．利用人摄金蛋白启动子和牛乳头瘤病毒在哺乳动物细胞中表达乙型肝炎表面抗原．病毒学报，1986，2（1）：1

3 Hanne J，Ariane V，Ray S，et al. Regulated expression at high copy number allows prodution of a growth inhibitory oncogene product in Drosophila Schneider cells. Genes Development，1989，(3)：882

4 邱荣国，谢彦博，卢文筠．MT -5 细胞表达 HBsAg 的进一步研究．病毒学报，1985，5（1）：10

5 Wolff J A，Malone R W，Williams P，et al Direct gene transfer into mouse muscle in viro. Science，1990，247：1465

6 Wolff J A，Ludtke J J，Acsadi G，et al，Long - term persistence of plasmid DNA and foreign gene expression in mouse muscle. Hun Mol Genet，1992，(1)：363

7 F Schdel，M T Aguado. P H Lambert. Introduction：Nucleic Acid Vaccines. WHO，Geneva，17 -18 May 1994，Vaccine 1994，12：1491

Expression of Hepatitis B Surface Antigen (HBsAg) in DS2 Cells Using Recombinant pAM – HBsAg Plasmid and Preliminary Study of Gene Immunization with the Plasmid

ZHOU Ling*, LI Xiaoli, ZENG Yi, et al
(* Institute of Virology, Chinese Academy of Preventive Medicine, Beijing)

A transcriptional cassette composed of the Drosophila metallothionein promoter (MTn), the HBsAg gene and SV40 early gene poly A signal was constructed. This cassette was inserted into the PA5cDHFR (6. 6 kb) plasmid to form the coexpression plasmid pAM – HBsAg (7. 9 kb). DS2 cells were transfected with this plasmid using a Liposome – Kit. After cloning, the surviving cells were cultured. Cell supernatants were precipitated with $(NH_4)_2SO_4$. The HBsAg antigen was then purified by isopycnic centrifugation in CsCl. ELISA, radioimunoassay (RIA) and Western – blot were used to identify the antigen. The expressed products appeared as 22 nm particles under the electromicroscope. The amount of antigen production in creased following induction by Cu^{2+}、Zn^{2+}.

We also injected this coexpression plasmid directly into the quadriceps muscle of Balb/C mice. ELISA and RIA were used to detect anti – HBsAg serum antibodies. Southern – blot was used to determine the copy number of the plasmid one month after injection. Our results show that injection of purified HBsAg portion and injection of naked pAM – HBsAg were both able to elicit an immune respones in mice. The antibody titers in mouse drinking $ZnSO_4/H_2O$ was higher than those in the control group.

〔**Key words**〕 DS2 Cell; MTn; Gene immunization

191. 类风湿病与人类6型疱疹病毒感染的研究

北京医科大学流行病学教研室 孙 伟 肖 俊
中国预防医学科学院病毒学研究所 蓝祥英 张永利 曾 毅

〔**摘 要**〕 用抗补体免疫荧光法（ACIF）和聚合酶链反应技术（PCR），检测了40例类风湿病人和80例对照外周血中人类6型疱疹病毒（Human herpesvirus 6, HHV－6）的抗体及DNA。若以抗体滴度≥1∶20为阳性，对照组抗体阳性率为72.5%，类风湿病人抗体阳性率为97.50%。两组抗体阳性率有显著性差异（$P<0.005$）。类风湿病人感染HHV－6的危险度比对照人群高14倍以上（$OR=14.79$）。且病例组抗体几何平均滴度显著高于对照组（$P<0.001$）。采用PCR技术检测外周血单核细胞内HHV－6特异性DNA片段，对照组检出率78.75%，类风湿组95.00%，两组差别有显著性（$P<0.05$）。说明HHV－6感染可能与类风湿有关联。

〔**关键词**〕 人疱疹病毒6型；聚合酶链反应；荧光抗体技术

1986年，美国首先报道从2名艾滋病和4名淋巴细胞增多异常患者外周血淋巴细胞中分离出一种新的人类嗜B淋巴细胞病毒，此后又在欧洲及非洲等地的艾滋病人分离出相同的病毒[1]。经研究确认，该病毒为第6型人类疱疹病毒（HHV－6）。HHV－6在婴儿中已有较高感染率，虽然不同地区有一定差异，但大多数地区成年人HHV－6血清抗体阳性率在80%以上[2,3]。另外有报道指出92%的健康成人唾液中可检出HHV－6[4,5]。现已确认该病毒是幼儿急疹的病原[6]。少年时期的急性感染可引起类似于急性传染性单核细胞增多症样疾病，再激活可能与某些恶性肿瘤有关。另外，慢性疲乏综合征、自身免疫及各种器官移植病人、艾滋病人等都有HHV－6抗体水平的变化。至于HHV－6与类风湿病的关联仅有一篇报道提示有6.5%类风湿病人抗体滴度升高[7]。本次研究目的是用抗补体免疫荧光法和PCR技术，以流行病学研究方法探讨HHV－6感染与类风湿病的关联。

材料和方法

一、研究对象 病例及对照均来自北京医科大学附属人民医院。类风湿病人共40例，14～44岁组15例，45岁以上组25例，平均年龄47.4岁。对照组80例，为同院骨科门诊的各种骨折、挫伤等病例，排除自身免疫病及肿瘤病人。15～44岁组39例，45岁以上组41例，平均年龄44.5岁。研究对象均采静脉血5 ml，分离淋巴细胞后血浆用于检测HHV－6抗体，淋巴细胞提取DNA后用PCR实验。

二、血清学实室 用抗补体免疫荧光法（ACIF）检测血浆中HHV－6IgG，抗原片用美国HHV－6的GS株经Jurkat细胞感染，并经HHV－6单抗检定。具体方法见文献〔6〕。

三、PCR检测HHV－6DNA片段 引物的参考模板为HHV－6 U1102株，引物序列为5′～3′依次为AAGCTTGCACAATGCCAAAAAACAG，另一引物序列为CTCGAGTCCGAGA-CCCCTAATC扩增产物大小为222 bp（引物由美国NCl馈赠）。每份样品最终反应体积5 μl，含样品DNA 5 μl（约1 μg）、一对引物各20 pmol/L（含0.5 μl）、dNTP 200 μmol/L、5 UTaq DNA聚合酶、10×PCR缓冲液5 μl，其余用高纯水补足反应体积。首先将PCR反应混合物于沸水浴中变性10 min，迅速至冰浴退火5 min。然后按下列循环参数做30次循环；94℃ 1 min 55℃ 5 min、70℃ 2 min，至最后一个循环后于72℃延伸7 min。扩增产物于12%聚丙烯酰胺凝胶电泳鉴定。

结　　果

一、各组抗体阳性率及在各滴度的频数公布 见表1。

表1　各组HHV－6抗体滴度分布及阳性率

组别	例数	抗体滴度						阳性率（%）
		<20	20	40	80	160	320	
对照组	80	22（27.50）	22（27.50）	11（13.75）	13（16.25）	8（10.00）	4（5.00）	72.50
病例组	40	1（2.50）	4（10.00）	13（32.50）	9（22.50）	7（17.50）	6（15.00）	97.50

注：括号中的数字为各组在不同滴度所占百分率；* 抗体阳性率是以ACIF法抗本滴度≥1∶2为阳性计算

二、病例组及对照组抗体阳性率的显著性检验及 HHV－6 感染与类风湿病的关联强度 从表 2 可见，病例组和对照组抗体阳性率的差别有高度显著性，且 *OR* 值表明类风湿病人感染 HHV－6 的危险度是对照人群的 14 倍以上（*OR* 为流行病学描述关联强度指标，称为比值比）。

三、从病例组及对照组抗体几何平均滴度的比较 从 t 检验来看，对照组几何平均滴度为 32，病例组为 73，两组差别有高度显著性（$t=76.75$；$P<0.001$）。表明类风湿病与 HHV－6 感染可能存在某种关联。

四、HHV－6 特异性 DNA 检测结果及显著性检验 表 3 可见，HHV－6 DNA 阳性率在病例组和对照组差别有显著性，且类风湿病人检出 HHV－6 DNA 的危险度比对照组高 5 倍以上。

表 2　HHV－6 感染与类风湿病的关联

组别	病例组	对照组	总计
抗体阳性	39	58	97
抗体阴性	1	22	23
合计	40	80	120

注：$\bar{x}=9.204$；$P<0.005$；$OR=14.79$；OR95% 可信限；$1.95<OR<311.81$。

表 3　病例组及对照组 DNA 检测分析

组别	病例	DNA 阳性	DNA 阴性	阳性率（%）
对照组	80	63	17	78.75
病例组	40	38	2	95.00

注：$x^2=5.28$；$P<0.05$；$OR=5.13$；OR95% 可信限；$1.03<OR<34.53$。

五、血清学结果与 PCR 结果的比较 经计算分析，对照组两种检测方法结果一致的占 58.57%，而病例组结果一致的占 97.50%。经配对资料 x^2 检验表明，对照组和病例组在判断 HHV－6 感染方面，两种检测方法的结果在理论上无显著性差异。

讨　　论

自 1986 年 HHV－6 的发现首次报道以后[1]，相继又报道从艾滋病人及幼儿急疹病菌人的外周血淋巴细胞中分离到了 HHV－6[6,7]。根据其培养性和内切酶图谱分析，目前可将 HHV－6 分为 2 组[8]。A 组包括 HHV－6 GS 株和 U1102 株等，B 组包括 Z－29 株和从幼儿急疹病人分离的 HHV－6。B 组 HHV－6 可引起幼儿急疹已被确认，而 A 组 HHV－6 与人类疾病的关系尚有待探讨。本次研究选择 A 组 HHV－6 GS 株，用灵敏度及特异性较高的 ACIF 法检测抗体，用 PCR 检测特异性 DNA 片段，目的在于探讨 HHV－6 感染与类风湿病的关联。从血清学结果看，病例组和对照组的抗体阳性率、GMT 水平等均有显著性差异，提示 HHV－6 的感染可能与类风湿病有关联。

1990 年，Jarret 等人[9]在 20 例健康人中用 PCR 检出 11 例外周血单核细胞有 HHV－6 DNA 片段。此后又有报道 9% 健康成人外周血单核细胞中可检出 HHV－6 DNA[10]。健康成人外周血感染 HHV－6 的现象，也被日本学者证实，并指出这一潜伏感染状态可被某些因素影响而使 HHV－6 激活[11]。1992 年又有学者证实儿童感染 HHV－6 后恢复期 68% 病毒血症者单核细胞感染了 HHV－6，另一组无病毒血症者 41% 检测为阳性[12]。再次证明病毒基因组存在于外周血单核细胞之中。本次研究对照人群外周血单核细胞 HHV－6 检出率高达 78.75%，因此推测，正如三叉神经节是 HSV－1 潜伏部位一样，人外周血单核细胞可能是 HHV－6 潜伏感染的部位之一。另外，本次研究类风湿病人 HHV－6 DNA 检出的危险度是对照人群 5 倍左右。结合文献报道，可能是由于类风湿病的发生使潜伏在外周血中的 HHV－6 激活，从而提高了 HHV－6 DNA 的检出率。

另外，由于本次研究病例数较少，因此无法比较 DNA 检测阳性及阴性的病例抗体滴度的差别。应在扩大样本量后进一步比较才能判断类风湿病人中有无 HHV -6 的激活。

〔原载《中华实验和临床病毒学杂志》1995，9（1）：59 -61〕

参考文献

1 Salahuddin S Z, Ablashi D A, Markham P D, et al. Isolation of a new virus, HBLV, in patients with lymphoproliferation disorders. Science, 1986, 234: 596

2 Briggs M, Fox J, Tedder R S, et al. Age prevalence of antibody to human herpesvirus -6. Lancet, 1988, ii: 1058

3 Okuno T, Takahashi K, Balachandra K, et al. Seroepidemiology of human herpesvirus - 6 infection in normal children and adults. J Clin Microbiol, 1989, 27 (4): 651

4 Bagg J. Human herpesvirus -6: the latest human herpesvirus, J Oral Pathol Med, 1991, 20 (10): 465

5 Levy J A, Lennette E T, et al. Characterization of new strain HHV - 6 (HHV - 6SF) recovered from saliva of an HIV infected individual. Virology, 1990, 178: 113

6 Yamanishu K, Okuno T. Shiraki K, et al. Identification of human herpesvirus -6 as a causal agent for exanthem subltum. Lancet, 1998, i: 1065

7 Kruger G R F, Sander C, Hoffmann A, et al. Isolation of human herpesvirus -6 (HHV -6) from patients with collagen vascular disease. In - Vivv, 1991, 5 (3): 217

8 Schirmer E C, Wyatt L S, Yamanishi K, et al. Differentiation between two distinct classes of vianses now classified as human herpesvirus - 6. Pro Natl Acad Sci USA, 1991, 88 (13): 5922

9 Jattet R F Clark D A, Josephs S F, et al. Detection of human herpesvirus -6 DNA in pripheral blood and saliva. J Med Virol. 1990, 32 (1): 73

10 Sandhoff T, Kleim J P, Schneweis K E, et al. Latent human herpesvirus - 6 DNA is sparsely distributed in peripheral blood lymphocytic disorders. Med Microbiol Immunol Berl, 1991, 180 (3): 127

11 Kondo K, Kondo T, Okuno T, et al. Latent huma herpevirus -6 infection of human monocyte/macrophage. J Gen Virol, 1991, 72 (pt6): 1401

12 Pruksananonda P, Hall C B, Insel R A, et al. Primary human herpesvirus - 6 infection in young children. N Engl J Med, 1992, May 28, 326 (22): 1445

Investigation on Rheumatoid Arthritis and Human Herpesvirus 6 Infection

SUN Wei[1], XIAO Jun[1], LAN Xiang - ying[2], et al

(1. Beijing Medical University; 2. Institute of Virology, Chinese Academy of Preventive Medicine, Beijing)

By using anti - complement fluorescent (ACIF) and polymerase chain reaction (PCR) technique, 40 cases of Rheumatoid Arthritis (RA) and 80 cases of control were detected for HHV - 6 antibody and DNA in peripheral blood. If the antibody titer, 1 : 20 was recognized positive, the positive rates in patients and in control were 97.50% and 72.50%, respectively ($P < 0.005$). The risk of HHV -6 infection in RA patients was 14 times higher than that in control group ($OR = 14.79$). The GMT also showed significant defference ($P < 0.001$). When using PCR to detect the specific HHV -6 DNA fragment in peripheral blood mononuclear cells, there were 78.75% of control and 95.00% of RA patients had HHV -6 DNA ($P < 0.05$). The results indicate that some relations might exist between HHV -6 infection and RA.

〔**Key words**〕 Human herpesvirus 6, Rheumatoid arthritis, Anti - complement fluorescent, Polymerase chain reaction

192. 梧州地市 100 704 人鼻咽癌普查

梧州市肿瘤防治研究所　邓　洪　　广西区人民医院　周日晶
梧州地区卫生局　黄仁养　卢志尧　　苍梧县鼻咽癌防治所　何伟军
贺县卫生局　黄志英　　岑溪县卫生局　韦德才　　藤县卫生局　胡达兴
钟山县卫生局　黎卫东　　富川县卫生局　赖达森　　蒙山县卫生局　李嘉瑞
广西卫生厅　雷一鸣　　中国预防医学科学院　曾　毅

〔摘　要〕　报告梧州地市 6 县 1 市 100 704 人鼻咽癌血清学普查结果，检出鼻咽癌 50 例，人群鼻咽癌检出率 49.65/10 万，说明梧州地市是鼻咽癌高发区。50 例鼻咽癌中，早期 45 例，早诊率 90%。表明梧州市鼻咽癌前瞻性现场研究和早期诊断方法应用于Ⅱ级预防成果，可以在现场以外重复结果和推广应用。

〔关键词〕　鼻咽癌；普查

1991 年 5 月至 1993 年 9 月，我们先后在梧州地区辖区内 7 个县中的 6 个县和梧州市，进行鼻咽癌血清学早期诊断成果推广普查，结果报告如下。

资　　料

一、普查点　岑溪县、藤县、贺县、富川瑶族自治县、钟山县、蒙山县和梧州市。

二、普查对象　各普查县及其属下乡、镇、村中的厂矿企事业单位、矿区、林场和梧州市直、市属机关、厂矿企事业单位中的干部、职工。

三、普查人　共查 100 704 人，其中男 61 204 人，女 39 500 人，男与女性别比为 1.5∶1，年龄分布见表 1。

表 1　各县市受检人数及年龄（岁）

市、县	<30	30 ~	35 ~	40 ~	45 ~	50 ~	55 ~	60 ~	65 ~	>70	总计
梧州	6 067	4 022	5 186	5 619	3 360	2 169	1 422	605	188	112	28 745
贺县	4 303	3 380	3 812	3 540	2 290	2 559	1 693	306	388	0	22 771
岑溪	6 404	2 468	2 266	2 098	1 662	1 601	1 215	605	172	86	18 577
藤县	2 767	1 466	1 370	1 639	965	1 052	556	248	74	30	10 167
钟山	2 517	1 335	1 305	1 204	627	662	501	213	53	34	8 449
富川	906	995	1 165	957	559	394	297	148	56	17	5 494
蒙山	1 741	932	939	913	574	549	413	165	83	192	6 501
合计	240 705	14 598	16 041	15 970	10 037	8 986	6 097	2 790	1 009	471	100 704
%	24.53	14.5	15.93	15.88	9.97	8.92	6.05	2.27	1.0	0.47	100

方　　法

一、采血　除梧州市静脉采血 1.5 ml 多余血清留做科研用外，岑溪、藤县等用 ϕ1.5 mm 塑料管采手指、耳垂血 1～2 滴，加温密封管端，标本分送梧州肿瘤所、区人民医院和苍梧防治所三单位实验室，于采血后 5～7 d 完成检查。

二、血清学检查　应用间接免疫酶法测定 EB 病毒壳抗原的免疫球蛋白 A 抗体（VCA－IgA）和早期抗原的免疫球蛋白 A 抗体（EA－IgA）[1,2]。前者倍比稀释≥1∶10 为阳性，后者≥1∶5 为阳性，阳性者延长 6 个滴度范围定量分析。

三、临床复查　凡 VCA－IgA 阳性者均于发报告后 5～15 d 内完成临床鼻咽部检查，若有异常变化即活检组织学检查验证。

四、病理检查　常规蜡切片组织学检查。

结　　果

100 704 人普查检出 VCA－IgA 抗体阳性（单项阳性）3035 人，EA－IgA 同时阳性（双项阳性）92 人，阳性率分别是 3.0% 和 0.09%，抗体 GMT 分别是 1∶11.7 和 1∶9.07（表 2）

表 2　抗体阳性滴度分布

市、县	VCA－IgA							GMT	EA－IgA						GMT
	10	20	4	80	160	230	总计		5	10	20	40	80	总计	
梧州	1 008	94	31	8	7	1	1 149	11.37	13	6	6	1	0	26	8.75
贺县	428	93	20	6	0	0	547	12.11	0	3	1	0	0	4	11.89
岑溪	380	80	28	3	3	0	494	12.61	9	11	4	3	0	27	10.26
藤县	235	22	7	6	2	1	273	11.84	4	6	2	1	0	13	10.00
钟山	206	25	5	3	0	0	239	11.36	3	1	0	0	0	4	5.95
蒙山	175	27	7	7	0	0	216	12.2	5	9	0	0	0	14	7.81
富川	100	10	6	0	1	0	117	11.39	2	2	0	0	0	4	7.07
合计	2 532	351	104	33	13	2	3 035	11.77	36	38	13	5	0	92	9.07

检出鼻咽癌 50 例，单项阳性鼻咽癌检出率 1.65%，双项阳性 58%。检出鼻咽癌早诊率 90%，各县（市）人群 VCA－IgA 抗体阳性率、阳性鼻咽癌检出率、早诊率及人群鼻咽癌检出率见表 3、抗体滴度分布与鼻咽癌检出率关系见表 4。

表 3　IgA NCA 抗体阳性鼻咽癌检出率、早诊率比较

市、县	阳性数	阳性率（%）	临床分期*					检出率（%）	早诊率（%）	人群检出率（/10 万）
			Ⅰ	Ⅱ	Ⅲ	Ⅳ	总计			
梧州	149	1.0	3	15	0	1	19	1.65	94.4	66.09
贺县	547	2.4	5	1	0	0	6	1.09	100	26.34

续表 3

市、县	阳性数	阳性率（%）	临床分期* Ⅰ	Ⅱ	Ⅲ	Ⅳ	总计	检出率（%）	早诊率（%）	人群检出率（/10 万）
岑溪	494	2.7	2	8	1	0	11	2.23	90.9	59.21
藤县	273	2.7	2	3	1	0	6	2.21	83.3	59.02
钟山	239	2.8	1	2	0	0	3	1.26	100	35.51
富川	117	2.1	0	1	2	0	3	2.56	33.3	51.61
蒙山	216	3.3	0	2	0	0	2	6.93	100	30.76
合计	3 035	3.01	13	32	4	1	59	1.65	90	49.65

* 1979 年湖南会议 TNM 分期

表 4　抗体滴度分析与鼻咽癌检出率关系

项目	VCA－IgA 10	20	40	80	160	320	EA－IgA 5	10	20	40	80
阳性数	2 532	351	104	33	13	2	36	38	13	5	0
鼻咽癌例数	9	7	11	12	8	0	9	14	5	0	0
检出率%	0.36	1.99	13.46	36.36	61.53	0	25.00	36.84	38.46	0	0

检出鼻咽癌病理分型以低分化鳞癌居多为 66%（33/50），余为泡状核细胞癌。

讨　论

普查 100 704 人中，受检率呈随年龄增高受检率下降的负相关，这与干部、职工中的人员年龄结构有关（表 1）。

检出 VCA－IgA 抗体阳性 3035 人，阳性率为 3.01%，以梧州市 4.0% 最高，与地区各县有显著性差异（$P<0.005$），抗体 GMT≠1∶11.77（表 2）。普查检出 50 例鼻咽癌，单项阳性鼻咽癌检出率为 1.65%，富川县 2.56% 最高，蒙山县 0.93% 最低，梧州市 1.65% 处均数水平，各县（市）VCA－IgA 抗体阳性鼻咽癌检出率统计学处理无差异（$P>0.05$）。普查人群鼻咽癌检出率 49.65/10 万，说明梧州地市是鼻咽癌高发区，以梧州市 66.09/10 万最高，次为岑溪县、藤县和富川县，检出率分别是 59.21/10 万 59.02/10 万和 54.61/10 万（表 3）。EA－IgA 抗体同时阳性 92 人，阳性率 0.09%，检出鼻咽癌 29 例，检出率 58% 比 VCA－IgA 阳性鼻咽癌检出率 1.65% 高 35 倍，说明 EA－IgA 抗体诊断鼻咽癌的特异性比 VCA－AgA 抗体高。在 VCA－IgA 阳性检出 50 例鼻咽癌中，21 例（42%）EA－IgA 抗体显阴性反应，故也表明 EA－IgA 抗体诊断鼻咽癌的敏感性比 VCA－IgA 低。这一结果提示两者互相配合可以提高鼻咽癌的检出率和早诊率。

50 例鼻咽癌，早期（Ⅰ、Ⅱ期）45 列，早诊率 90%，各县（市）早诊率除富川县 33.3% 偏低外，其余县（市）分别在 83.3%～100% 之间。富川县早诊率偏低原因，可能与受检人数少和当地经济基础、文化素质、医疗条件等有关。

不同抗体滴度鼻咽癌检出率不同，VCA－IgA 阳性 3035 人中，滴度 1∶10 阳性 2532 人，检出鼻咽癌9例，检出率0.36%，滴度1∶20、40、80、和160时，检出率分别为1.99、13.46、36.36和61.53，显示随滴度升高鼻咽癌检出率也随之增高的正相关。EA－IgA抗体也有此趋势，但不如VCA－IgA明显，是否因为EA－IgA阳性者不多，还是与EA－IgA本身诊断鼻咽癌的敏感性有关，待进一步研究（表4）。

梧州地市六县一市100 704人普查结果，表明梧州地市是鼻咽癌高发区，同时进一步证明EB病毒与鼻咽癌关系密切[3]，用检测EB病毒抗体的血清学方法普查可以检出早期鼻咽癌。梧州市鼻咽癌前瞻性现场研究和早期诊断方法应用于现场对该病的Ⅱ级预防成果[4,5]，可以在梧州市以外的不同地区、不同民族和更大的人群普查中重复和推广应用。

〔原载《当代肿瘤学杂志》1995，2（2）：92－94〕

参 考 文 献

1 曾毅，刘青希，刘纯仁，等．应用免疫酶法和免疫放射自显影法普查鼻咽癌．中华肿瘤杂志，1979，1（2）：81－82

2 Zeng Y，Zheng LG，Li HY，et al. Serological mais Survey for carly detection of nasopharyngeal carcinoma in Wuzhou City. China. Int J Cancer，1982，29，139－141

3 李振义主编．鼻咽癌临床与实验研究．广州：广东科技出版社，1983，99－113

4 邓洪，曾毅，黄逎琴，等．广西梧州市鼻咽癌现场10年的前瞻性研究．病毒学报，1982，8（1）：32－36

5 Dang H，Lian Y，X Zeng Y，et al. fullow－up studieson serological screenings of NPC for 10 years in Wuzhou City Guangxi. The Asia Pacific Caner Coference，1991，86，Beijing China

Summary

This paper reports results of serological general survey of 100 704 persons for nasopharyngeal carcinoma（NPC）in Wuzhou City and Wuzhou Prefecture（6 counties and 1 city），found cut 50 cases of NPC. NPC fiding rate in people is $49.65/10^5$. It shows that Wuzhou City and Wuzhou Prefecture is a high incident area of NPC，In 50 cases of NPC，there were 45 cases in early stage，and the rate of carly diagnosis was 90%. Above results show the prospective study and the method of early diagnosis in Wuzhou City can be used at secondary prevention and be applied and extended in other areas.

〔**Key words**〕NPC；general survey.

193. 鼻咽癌病因研究

中国预防医学科学院病毒学研究所 曾 毅

中国预防医学科学院病毒学研究所肿瘤研究室负责的“EB病毒致鼻咽癌分子机理的研究”是国家“八五”攻关课题。经过该课题组成员的共同努力，成功地在国际上首次证明，EB病毒与促癌物质协同作用可以诱发鼻咽癌。

我们经过20多年的工作，特别是血清学的诊断和前瞻性现场追踪工作证明EB病毒与鼻咽癌发生关系十分密切，但EB病毒如何引起鼻咽癌的问题一直没有解决。据此我们提出

EB 病毒在鼻咽癌发生中起重要作用，促癌物质起协同作用的观点。

一、EB 病毒与所有鼻咽癌有关 我们实验室在 1976 年就建立了高分化鼻咽癌细胞株 CNE－1，随后又建立了低分化鼻咽癌细胞株 CNE－2 和 CNE－3。香港 Dr. Dolly 黄也建立了高分化鼻咽癌 HK－1 细胞株。国内外有很多实验室都检查过，认为这些细胞株没有 EB 病毒，甚至国外实验室还将其作为阴性对照。我们“八五”期间证明所有这些细胞株都带有 EB 病毒基因及 EBNA－1 和 LMB 蛋白的表达，这对阐明 EB 病毒与鼻咽癌的病因有重要意义。

二、完整的 EB 病毒能诱发上皮细胞癌变 我们将 EB 病毒受体 CR2 转染至人胚肾永生上皮细胞（293），然后感染完整的 EB 病毒，接种于裸鼠，在促癌物 TPA 的协同作用下，诱发出低分化癌。经分子生物学方法证实，EB 病毒基因仍存在癌细胞中。

三、EB 病毒诱发人鼻咽黏膜上皮细胞发生癌变 很多人认为人鼻咽部上皮细胞没有 EB 病毒受体，因为 EB 病毒不能感染体外培养的鼻咽部上皮细胞。我们的工作证明 EB 病毒能感染鼻咽部上皮细胞，EB 病毒不能感染体外培养的上皮细胞，可能是病毒受体没有表达或表达很少。为此我们用完整 EB 病毒感染胎儿鼻咽部上皮细胞，移植至裸鼠，在一种促癌物 TPA 的协同作用下诱发出恶性 T 和 B 淋巴瘤，在两种促癌物（TPA 和丁酸）的作用下诱发出未分化鼻咽癌。为验证诱发的鼻咽癌中存在的 EB 病毒是否与实验用的 B－958 病毒株是否一样，有无变异。我们进行了细胞原位杂交、DNA 扩增、克隆和核苷酸序列分析，证明癌细胞中存在 EB 病毒 DNA，其核酸序列与 B－958 病毒株的同源性为 99%。这些工作证实了 EB 病毒在鼻咽癌发生中起病因学的作用。

上述研究结果曾在德国、法国及来中国访问的同行专家们介绍，得到他们的高度评价，英国 EB 病毒发现者 Epstein 教授来信表示完全同意课题组的观点，称这项研究是第一次证明了 EB 病毒和促癌物协同作用诱发鼻咽癌。

〔原载《中国肿瘤》1996，5（5）：8〕

194. 基因枪介导的 HBsAg 基因免疫

清华大学生物科学与技术系 梁俊峰 薛 田 曹 玮 蔡国平 郑昌学

中国预防医学科学院病毒学研究所 周 玲 曾 毅

〔关键词〕 基因免疫；基因疫苗；HBsAg；基因枪

主动获得性免疫已经帮助人类彻底战胜了天花，并且大幅度降低了脊髓灰质炎和麻疹等多种疾病的发病率和死亡率，但是现行的亚单位疫苗至少有两点不足之处：①只能将病毒的一部分提供给免疫系统，免疫效果仍然不够理想，病毒感染（例如 HIV 等）仍然是造成人类残疾和死亡的主要因素之一。②亚单位疫苗采用蛋白质抗原，或者利用病毒做载体，制备复杂，成本高，因此人类面临开发新一代高效低成本疫苗的挑战。

基因免疫（Genetic immunization）是基于裸露 DNA 转基因成功这一最新发现而发展起来的新的免疫技术[1-3]，相应的疫苗称之为基因疫苗（Genetic vaccine）。同亚单位疫苗相比，基因疫苗具有安全性高、免疫效果好、免疫作用持久和制备方便等优点，被誉为疫苗史上的革命。

我们选用乙型肝炎病毒表面抗原（HBsAg）开展基因免疫研究，通过基因枪介导将HBsAg表达质粒转入小鼠耳部，组织切片观察基因转入位点，测小鼠血清中特异抗体确定基因免疫效果。

材料和方法

一、实验材料 带有人β-肌动蛋白启动子的表达载体由美国西南医学中心Johnston教授惠赠，HBsAg表达质粒由本研究室自由构建（图1），抗-HBs抗体检测采用上海生物制品所生产的试剂盒，C_{57}BL/6和昆明小鼠购自中国科学院动物研究所，羊抗鼠IgG-HRP，由北京生物制品所生产，基因枪由清华大学生物系和清华大学精密仪器系共同研制。

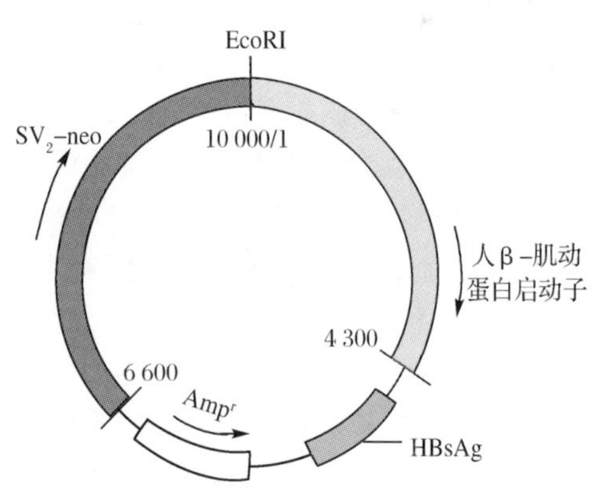

图1 HBsAg表达质粒

二、实验方法

（1）包被有DNA钨颗粒的制备：将10 mg处理的钨粉同25 μl 0.4 μg/ml DNA，50 μl 0.1 mol/L亚精胺和50 μl 2.5 mol/L氯化钙溶液混合，37℃温浴20 min，5000 r/min离心后弃上清液，少量乙醇清洗，超声波处理后真空干燥。

（2）小鼠的基因免疫：用乙醇清洗7周C_{57}BL/6和昆明小鼠的耳部，用乙醚麻醉后将其耳朵固定在基因枪的样品架上，用包被有DNA的钨颗粒轰击，通过调节枪与样品架的距离控制轰击强度。

（3）抗-HBs抗体检测：小鼠眼眶取血，稀释后用试剂盒通过ELISA测抗体水产。

（4）组织观察：常规石蜡切片，染色后显微照相。

结果和讨论

一、HBsAg基因免疫的效果 基因枪介导的基因免疫效果同基因枪能量控制有很大关系。通过组织切片观察发现，基因枪能量过小不能有效地实现转基因的目的，而能量过高又会使大部分质粒DNA进入真皮层中，免疫效果不理想，同时也容易造成小鼠表面组织的损伤，这和其他报道一致[4]。通过控制实验条件，当将大部分质粒DNA转入小鼠表皮细胞层中时能得到比较好的表达和免疫效果（结果另文报道）。

表1 初次HBsAg基因免疫后小鼠的抗体生成情况

小鼠种系	性别	抗体生成		
		高滴度（>1∶64）	低滴度（<1∶64）	阴性
C_{57}B/6	雌性	2/4	2/4	0/4
昆明	雌性	3/8	4/8	1/8

取接受初次基因免疫5周后小鼠的血清检测抗HBs抗体，100%（4/4）的C_{57}BL/6小鼠血清中有抗HBs抗体，其中50%小鼠血清中抗体滴度大小1∶64.8，只昆明小鼠除1只的血清中未能检测到抗-HBs抗体外，其他也有较高的抗体滴度（表1）。两

种系 12 只小鼠对 HBsAg 基因免疫产生免疫应答的比例高于 90%。

二、基因免疫小鼠体内抗体水平的变化 在初次免疫两周后小鼠的血清中就能检测到抗 - HBs抗体，并且抗体水平随免疫后时间的增长而升高，7 周内小鼠血清中抗 - HBs 抗体水平不降低（图 2），并最终达到抗 - Bs 阳性对照（0.3IU/mL）的水平。这一结果表明 HBsAg 基因免疫不仅能够引起特异性的免疫反应，并且基因免疫效果和 HBsAg 蛋白疫苗[5]的水平相当，这为 HBsAg 基因疫苗的研究奠定了基础。由于基因疫苗同蛋白质疫苗相比有制备简单、成本低和易于保存等特点，因此具有广阔的研究和应用前景。

〔原载《科学通报》1996，41（9）：840 - 842〕

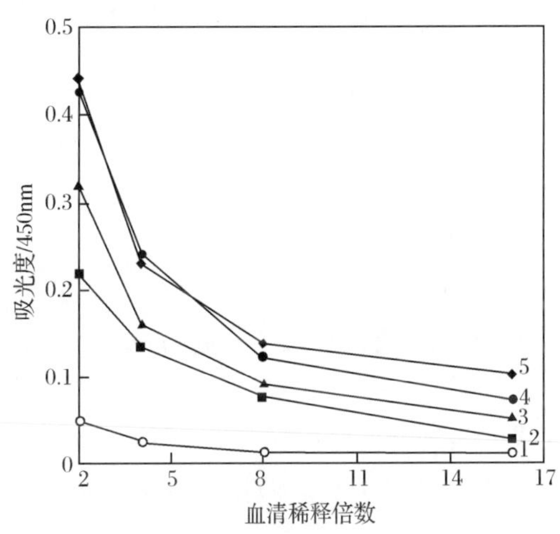

图 2 基因免疫后小鼠（n = 5）血清中抗体水平的变化

1——0 周，2——2 周，3——4 周，4——阴性对照，5——7 周

参 考 文 献

1 Tang D C, Devit M, Johnston S A. Genetic immunization is a simple method for eliciting an immune response. Nature, 1992, 356: 152 - 154

2 Ulmer J B, Bonnelly J J. Heterolagous protection against influerza by injection of DNA encoding a viral protern. Science, 1993, 259: 1745 - 1749

3 Fyman E F, Webster R G, Fuller D H, et al. DNA vaccines: protective immunizations by parenteral, mucosal and gene - gun inoculations. Proc Natl Acad Sci SUA, 1993, 90: 11478 - 11482

4 Eisenbraum M D, Fuller D H, Haynes J R. Examination of parameters affecting the elicitation of humoral immune response by particle bombatdment - mediated genetic immunization. DNA and Cell Biology, 1993, 12: 791 - 797

5 袁刚，杨道安．乙型肝炎病毒表面抗原的微团化及其免疫刺激物抗原的理化特性和免疫原性．病毒学报，1992，8（1）：13 - 17

195. 福建部分沿海地区嗜人T细胞病毒I型血清流行病学调查及病毒携带者的临床研究

福建省福清市医院　薛守贵　林惠添　董德华　林　星　魏礼康
中国预防医学科学院病毒学研究所　陈国敏　张永利　曾　毅

〔**摘　要**〕　用间接免疫荧光法对福建部分沿海地区1703人进行了嗜人T细胞病毒Ⅰ型（HTLV－Ⅰ）抗体测定。HTLV－Ⅰ的抗本阳性率为2.3%，其中白血病患者的抗体阳性率（71%）显著高于其他疾病患者（2.7%）和健康献血员（0.6%）。表明了该地区HTLV－Ⅰ感染率明显高于国内其他地区的报道。部分病毒携带者的体征和实验室指标有明显增加。

〔**关键词**〕　嗜人T细胞病毒；成人T细胞白血病；病毒携带者

1976年日本学者发现成人T细胞白血病（ATL）。1980年美国和日本学者先后分离到嗜人T细胞Ⅰ病毒（HTLV－Ⅰ）。10多年来，HTLV－Ⅰ与白血病、淋巴瘤及其他疾病的关系已引起各国学者的重视。国内曾毅等〔1〕学者率先开展了HTLV－Ⅰ与ATL的研究。随后，我国沿海省份相继开展了病理学、诊断学及流行病学调查研究，取得了一系列成果〔2〕，并对患者家庭成员的外周血进行了HTLV－Ⅰ抗体检测〔3~5〕。在此基础上，我们于1986年至1994年5月对福建省福清市及毗邻地市（均属于福建中部地区）平谭县、永泰县、福州市、莆田市和长乐市的1703份血清标本进行了HTLV－Ⅰ抗体检测，对病毒携带者进行了6个月至9年的追踪观察。

材料和方法

一、研究对象　福清市及周围地区的住院和门诊病人1097例，其中包括白血病127例，系统性红斑狼疮（SLE）59例，类风湿性关节炎（RA）49例，恶性实体瘤177例，其他疾病685例；ATL患者居住区周围健康人272例；福清地区健康献血员334名。

二、方法　采被检者静脉血，分离血清后置－20℃以下保存备检。用间接免疫荧光法进行HTLV－Ⅰ抗体测定。对HTLV－Ⅰ抗体阳性者进行深入的病史采集、体检、血液常规、肝功能、肾功能、血电解质、乙型肝炎病毒标志物，部分患者加检甲型肝炎、丙型肝炎、丁型肝炎血清标志物，血尿、骨髓细胞学检查等。并进行追踪观察6个月至9年。统计学处理用x^2检验。

结　　果

一、HTLV－Ⅰ血清流行病学调查结果　从表1中可见，白血病患者血清HTLV－Ⅰ抗体阳性率高于其他疾病患者，ATL 患者周围健康人的阳性率高于献血员。39 例 HTLV－Ⅰ抗体阳性者可视为 HTLV－Ⅰ病毒携带者，其中 2 例为无症状的“健康”献血员，2 例为 ATL 周围健康人，另 35 例临床诊断依次为急性白血病 8 例，慢性白病 1 例，系统性红斑狼疮 5 例，病毒性肝炎 2 例，呼吸系、消化系泌尿生殖系恶性肿瘤 9 例，慢性支气管炎、胃炎、更年期综合征、肺炎合并糖尿病、风湿性心脏病、类风湿性关节炎各 2 例（见表 2）。

表 1 各类人员 HTLV－Ⅰ抗体检测情况

Tab. 1 HTLV－Ⅰ antibody detection in different populations

组别 Group	检测例数 No. tested	阳性例数 No. positive	抗体阳性率(%) Positive rate
各种白血病患者 All types of leukemia	127	9	7. 1
ATL 患者周围健康人 Healthy persons around ATL patients	272	2	0. 7
其他各种疾病患者 Other diseases	970	26	2. 7
健康献血员 Healthy donors	334	2	0. 6
合计 Tatol	1 703	39	2. 3（39/1 703）

表 2 几种类型疾病中 HTLV－Ⅰ抗体阳性率

Tab. 2 HTLV－Ⅰ antibody detection in several types of diseases

组别 Group	检测例数 No. tested	阳性例数 No. positive	抗体阳性率(%) Positive rate
急性白血病 Acute leukemia	113	8	7. 0
慢性白血病 Chronic leukemia	14	1	7. 1
系统性红斑狼疮 SLE	59	5	8. 5
风湿性关节炎 RA	49	2	4. 1
恶性实体肿瘤 Malignant tumor	177	9	5. 1
其他疾病 Other diseases	685	10	1. 5

二、HTLV－Ⅰ携带者的临床表现 本组 39 例，男性 17 例，女性 22 例，年龄 12～58 岁，平均年龄 46. 8±12. 5 岁。职业：农民 12 人，渔民 9 人，工人 8 人，家务 6 人，其余 4 人，均为福建人。他们未有海外谋生、旅游或其他国家定居史。临床表现：发热（病程中体温 38℃以上）23 全，浅表淋巴结肿大 32 例，肝脾肿大 27 例，皮肤损害 6 例，其余表现为咳嗽、咳痰、腹痛、恶心、呕吐、心悸、骨关节疼痛等，见表 3。实验室检查：39 列患者检查血红蛋白 48～128 g/L 和白细胞数量，血中异常核淋巴细胞为 0. 75%～2. 5%，有 29 例行骨髓细胞学检查，均无 ATL 的典型表现；31 例患者检查了乳酸脱氢酶和总胆红素；30 例患者检查了血钙；37 例患者检查了尿素氮和肌酐，见表 4。

表 3 HTLV－Ⅰ抗体阳性者的主要体征

Tab. 3 Major clinical signs of HTLV－Ⅰ positive persons

体征 Sign	发烧 Fever	淋巴结肿大 Enlarged lymphnodes	肝脾肿大 Enlarged liver & spleen	皮损 Lesion	总例数 Total
出现例数 NO. displaying	23	32	27	6	39
百分率（%） Percentage	59. 97	92. 05	69. 23	15. 39	

表4　HTLV－Ⅰ抗体阳性者的主要实验室指标

Tab. 4　Major laboratory characteristics of HTLV－Ⅰ positive persons

指标 Item	血红蛋白 Hb （g/L）	白细胞计数 WBC （$\times10^9$/L）	乳酸脱氢酶 LDH （μmol. S^{-1}/L）	总胆红素 TB （μmol/L）	血钙 Ca （μmol/L）	尿素氮 BUN （mmol/L）	肌酐 Cr （μmol/L）
检测值 Tested values	40～128	3.0～29.5	1.7～3.3	10.5～21.5	2.2～4.5	2.9～21.2	43～522
标准值 Standard values	120～160	4.0～10.0	<2.8	<1.7	<2.7	3～7	55～177
升高值（%） Elevated values	0.0（0/39）	20.5（8/39）	32.3（10/31）	61.3（19/31）	50.9（15/30）	45.9（17/37）	43.1（16/37）

三、对ATL患者周围人群的分析　例1：女，54岁，家务，反复咳嗽，咳痰6年，于1987年6月入院。体检：双颌下淋巴结肿大，桶状胸，双肺闻及干湿性啰音，血红蛋白90 g/L。骨髓象：增生明显活跃，各类细胞比例大致正常。乳酸脱氢酶114 U/L，总胆红素17.5 μmol/L，血钙2.5 mol/L。血清中HTLV－Ⅰ抗体阳性，抗体滴度为1∶1280。诊断为支气管炎、慢性阻塞性肺气肿。

例2：男，24岁，渔民，反复嗳气，上腹胀3年，于1987年6月入院。颌下淋巴结肿大；脾左肋下1.5 cm；血红蛋白106 g/L，乳酸脱氢酶168 U/L，总胆红素18.2 μmol/L，血钙3.00 mmol/L。胃镜示慢性萎缩性胃炎。血清中HTLV－Ⅰ抗体阳性，抗体滴度为1∶80。诊断为慢性萎缩性胃炎。

以上两位携带者均为1例ATL患者的家属，无出国史，无输血史。这两位携带者很可能是家庭内密切接触而感染的。

讨　　论

血清流行病学调查发现HTLV－Ⅰ感染呈典型的地区群集性。世界上已被公认的三大流行区为日本西南部、加勒比海地区及非洲中部的尼日利亚等国，以上3个地区健康人及献血员的血清HTLV－Ⅰ抗体阳性率分别为9%～25%，3.6%及3.7%。而非流行区的抗体阳性率仅为0～0.5%。1982～1985年曾毅等[1,6]收集全国28个省（市、自治区）人群血清10 013份，发现8例HTLV－Ⅰ抗体阳性，抗体阳性率为0.08%。1986～1987年郭树森等[7]调查了佳木斯地区1021名健康人，抗体阳性率为0.09%。1989～1992年吕联煌等[8]调查了福建沿海的福清、宁德、福安等地区的717名献血名，抗体阳性率为1.26%。1994年肖承琼等[9]报道南昌地区的抗体阳性率为0.28%。1988年王氏等[10]报道台湾省抗体阳性率为0.5%。我们的结果表明健康人HTLV－Ⅰ抗体阳性率为0.6%，高于上述诸家报道，而与台湾省接近，我们认为是标本来源不同所致。从流行病学调查结果看，ATL患者的出生地及发病地主要集中于东部沿海地区，约东经120°左右，北纬25°～45°。福建地区的地理、气候、社会因素中有不少方面与世界三大流行区存在相似之处。因此我们认为该地区及周围地区有可能成为第四个流行区，应引起高度重视。

本实验检测白血病患者的 HTLV－Ⅰ抗体阳性率为7.1%（9/127），高于国内肖氏等报道的4.2%（2/48），低于日本 ATL 流行区的各种血液病患者血清 HTLV－Ⅰ抗体阳性率（17.3%～33.3%），高于美国和欧洲等非 ATL 流行区。Tabatsuki 认为日本的这种高抗体阳性率可能和多次大量输血有关，最近，王氏等报道了台湾的699例曾经接受输血的病人，9例 HTLV－Ⅰ抗体阳性，其中2例合并丙型肝炎（HCV）感染，也提出输血可能传播 HTLV－Ⅰ。因此，在献血员检查中增加 HTLV－Ⅰ抗体测定筛选阳性者是必要的。

在39例 HTLV－Ⅰ抗体阳性者中，有部分病人的临床表现难以用原发病或其并发症解释，如贫血、发热、肝脾及浅表淋巴结肿大、LDH、总胆红素、血钙增高。这些临床表现及实验室指标异常是否与 HTLV－Ⅰ感染有关，即为 HTLV－Ⅰ携带者临床表现，笔者认为可能性极大，与文献报道的观点相同。

花冈正男发现某些 HTLV－Ⅰ抗体阳性者经过缓慢、长期无症状的过程，2年后淋巴结活检有异常，不久外周血出现异常细胞，5年后死于肺癌，死亡时淋巴结明显 ATL 组织象，称不燃烧型。高月清认为健康人 HTLV－Ⅰ携带状态与隐匿型 ATL 界线不清。在流行区后者常有皮肤霉菌感染、慢性淋巴结病及慢性肾功能不全等临床初发症状。Vtsunomiya 曾报道1例呈现类似肺炎的早期症状，存在大量 ATL 细胞，最后发展为 ATL。由于 HTLV－Ⅰ感染属于慢病毒感染，从病毒感染至发生 ATL 的过程所需时间还不清楚。因此，对无症状的 HTLV－Ⅰ抗体阳性者进行长期追踪观察是必要的。

致谢：本文工作承蒙上海血液中心，福建省血液病研究所、福建医学院、福建省医学科学研究所、福建省防疫站等单位的大力支持，特此致谢。

〔原载《中华实验和临床病毒学杂志》1996，10（1）：42－45〕

参 考 文 献

1 曾毅，蓝祥英，王必联，等．成人T细胞白血病病毒抗体血清流行病学调查．病毒学报，1985，1：344

2 薛守贵，林星．我国成人T细胞白血病研究进展．现代诊断与治疗，1993，4（3）：217

3 薛守贵，陈朝琛，董德华，等．成人T细胞白血病1例报告．中华医学杂志，1988，69（6）：394

4 薛守贵，林惠添，董德华，等．成人T细胞白血病患者家庭成员血清 HTLV－Ⅰ抗体的研究．中华医学杂志，1989，70（9）：502

5 薛守贵，林惠添，董德华，等．5例 HTLV－Ⅰ病毒感染状态的临床观察报告．新医学，1992，（11）：590

6 Zeng Y.，Lan X Y，Fang J et al. HTLV Antibody in China. Lancet，1984，（1）：799

7 郭树森，刘艳霞，张相云，等．佳木斯地区正常人血清中成员T细胞白血病病毒抗体的测定．中华血流学杂志，1989，70（9）：502

8 吕联煌，叶榆生，黄淑桦，等．福建沿海地区人类T淋巴细胞白血病小流行区的发现．中华血液学杂志，1989，10：29

9 肖承琼．血液病患者 HTLV－Ⅰ抗体和抗原检测及临床意义．中华内科杂志，1994，33（4）：250

10 Wang C H，Chen C J，Hu C Y，et al. Seroepidemiology of human T cell lymphotropic virus type Ⅰ infection in Taiwan. Cancer Res，1989，48：5042

Seroepidemiology of Human T Lymphotropic Virus Type I and Clinical Observation of Viral Carriers in Coastal Areas of Fujian Province

XUE Shougui*, CHEN Guomin, LIN Huitian, et al (*Fuqing Hospital, Fujian)

1703 people from coastal areas in Fujian province were tested for HTLV – Ⅰ antibodies using an immunofluorescence assay (IFA). The seropositive rates of HTLV – Ⅰ infection measured was higher among leukemia patients (7.1%) than among patients with other diseases (2.7%) or healthy donors (0.6%). These results indicate a higher infection rate in coastal areas of Fujian than in other parts of China. HTLV – Ⅰ carriers were then followed up clinically.

〔**Key words**〕 Human T – cell lymphotropic virus type Ⅰ; Adult T cell leukemia/lymphoma; Viral carrier

196. 风湿性关节炎与 Epstein – Barr 病毒关系的研究

中国预防医学科学院病毒学研究所　纪志武　李宝民　谈浪逐　曾　毅
日本国山口大学医学部寄生虫学和病毒学教研室　TAKADA Kenzo

〔**摘　要**〕　采用抗体检测和聚合酶链反应（PCR）技术，对风湿性关节炎病人血清内抗 Epstein – Barr（EB）病毒核抗原（EBNA），壳抗原（VCA）和早期抗原（EA）的 IgG 抗体，及周围血粒细胞、口腔和病变关节腔积液中脱落细胞内 EB 病毒 BamH Ⅰ K 片段存在情况进行了较系统、全面的研究。实验中发现，病人血清内抗 EB 病毒抗体滴度显著高于正常人。两组人血清中抗 EB 病毒抗体的几何平均滴度之比分别是：EBNA 3.1∶1，VCA 4.1∶1，EA 4.8∶1。在病人和正常人血粒细胞和口腔脱落上皮细胞中分别检出了 EB 病毒 BamH Ⅰ K 240 bp 的 DNA 片段。在风湿性关节炎和骨关节炎病人关节滑膜腔积液脱落细胞中也扩增出 EB 病毒的基因片段。对经药物治疗后病人血清内抗 EB 病毒不同成分抗体滴度的变化进行了动态观察，证明药物治疗 3 个月后，病人血清内抗 EBNA – 1 抗体滴度下降明显，而 IgG/VCA 和 IgA/EA 等抗体的滴度几乎无变化。还对系统性红斑狼疮和系统性硬化症病人血清内抗 EB 病毒 IgG 抗体滴度进行了测定。

〔**关键词**〕　关节炎，风湿性；Epstein – Barr 病毒；聚合酶链反应；抗体，病毒

风湿性关节炎（Rheumatoid arthritis，RA）是一种慢性、系统性、多种器官被累及的自身免疫缺陷性疾病，在我国常见，多发。此病的主要特征是患者机体免疫功能异常，包括高丙种球蛋白血症，骨髓浆细胞增多症，滑膜腔淋巴细胞浸润和自身抗体的产生。此外，病人体内还含有抗自身 DNA 和 RNA 抗体[1~3]。约半数的此类病人血清可与人口腔黏膜细胞核周围颗粒反应[4]。病人血清还可与风疹、副流感和腺病毒发生反应，但与正常人血清相比抗

体滴度升高并不显著[5-7]。Alspaugh 等于 1978 年首次报道，RA 病人血清内含有抗 EB 病毒 EBNA－1 抗体，并推测 EB 病毒在本病的发病过程中可能发挥某种作用[8]。但是，在后来的血清流行病学调查中，此推论未获得证实[9,10]。此后，又有人证实病人血清内抗 RA 核抗原（RANA）抗体滴度较常人对照高 2～16 倍，并证实 RANA 是指 EBNA[11,12]。总之，以前所获得的材料是来自两方面的。多数资料证实 RA 与 EB 病毒感染存在某种关系。矛盾材料的出现或许是由于取材人群不同所致。Sculley 等人证实，病人血清中抗 RANA 抗体除能与 EBNA－1 反应外，主要针对 EBNA－2[13,14]。Depper 等人报告，病人体内淋巴细胞增殖调节功能受损是由于病人体内免疫 T 淋巴细胞缺陷造成的[15]。

我们系统地检测了部分 RA 病人血清内抗 EB 病毒 EBNA、VCA 和 EA 的 IgG 抗体的滴度，同时也检测了少量其他自身免疫缺陷性疾病，包括系统性红斑狼疮（Systemic lupus erythematosus，SLE）和系统性硬化症（Sjögren′s syndrome，SS）病人血清内抗 EB 病毒不同成分抗体的滴度。对药物治疗前后 RA 病人血清内抗 EB 病毒抗体滴度动态的变化进行了比较。此外，还检测了病人口腔及滑膜腔积液内脱落细胞和外周血粒细胞中 EB 病毒 BamH Ⅰ K 片段存在情况，并与正常人标本进行了比较。

材料和方法

一、细胞与培养方法　B 淋巴传代母细胞，Raji 和 BJ－B95－8（EB 病毒基因阳性），BJAB（EB 病毒基因阴性）和乳地鼠肾（BHK）传代细胞常规培养，培养液 RPMI 1 640 中含 10% 56℃ 30 min 灭活的小牛血清，10^5U 青霉素和 100 mg/L 链霉素，每 3 天传代 1 次，37℃5% CO_2 条件下培养。

二、血清　所用血清包括 RA、SLE、SS、正常人血清（含 EB 病毒抗体阴性）和非自身免疫缺陷性疾病人血清，均由日本国日本大学医学部附属医院提供。鼻咽癌病人血清由广西壮族自治区人民医院病毒研究室提供。

三、抗原片的制备　用常规磷酸钙法分别把真核表达质粒，K26，PΔEA6，BERF1，BERF2b 和 BERF4（依次分别含有 EBNA－1，2，3a，3b 和 3c 基因组）导入 BHK 细胞中。48 h 后，用 1∶1 冷丙酮甲醇混合液固定细胞于玻片上。分别用 PEZ－1（鼠抗 EBNA－2 单克隆抗体）和含高滴度抗 EB 病毒抗体的鼻咽癌病人混合血清确证上述各质粒对 BHK 细胞的转染。抗原片上细胞的转染率为 0.5%。

抗体检测方法：常规间接免疫荧光法，含对 IgG/VCA 和 IgG/EA 抗体的检测。

四、口腔和滑膜腔积液中脱落细胞的收集

1. 口腔脱落细胞的收集：病人和正常人分别反复用生理盐水含漱口咽部，每份液体量为 100 ml。2000 r/min 离心 10 min 后收集沉淀物备用。

2. 滑膜腔积液中脱落细胞的收集：腔积液用针吸法由临床医生收集，每个病人被抽滑膜腔积液 20 ml。2000 r/min 离心 10 min 后收集沉淀物备用。

五、周围血粒细胞、口腔和滑膜腔脱落细胞中 DNA 的抽提　先用白细胞分离液从加抗凝剂（肝素 2×10^4U/L）的全血中分离出粒细胞。DNA 的抽提参者文献〔16〕。

六、周围血粒细胞、口腔和滑膜腔落细胞 DNA 中 EB 病毒 BamH I K 240bp DNA 片段的扩增　采用 PCR 法。引物为 5’－CTGCCCTTGCTATTCCAC－3’；5’－ACTCCATCGTCAAAGCTG－3’。引物与 EB 病毒基因结合位置是 109 520－109 537 和 109 760－109 743。

反应条件是：引物各 50 ρmol/L，20 mmol/L Tris－HCl（ρH8.3，20℃），1.5 mol/L $MgCl_2$；25 mmol/L KCl，0.005% Tween－20，12.5 mmol/L dNTP 20 μl，高压后凝胶 10 μl，Taq DNA 聚合酶 2U，模板 DNA 50 ng，反应体积 100 μl，加矿物油 75 μl。变性条件：95℃ 30 s，引物退火：58℃ 30 s，引物延伸：72℃ 1 min，40 个循环。反应终止后，取 20 μl 样品在 1.5% 琼脂糖凝胶上电泳，在紫外线灯下观察 DNA 扩增结果。

七、PCR 产物特征异性的确证 用 ^{32}P 标记的 EB 病毒 BamH I K 片段探针，常规法与 PCR 产物做核酸杂交。

结　　果

一、不同人群血清中抗 EB 病毒不同抗原成分 IgG 抗体的测定 见表 1，表 2。

在表 1 与表 2 所检测的各人群血清中，病人年龄从 20～60 岁。在各年龄段血清的检测中，年龄组（以 10 岁间隔分组）血清之间抗体滴度有差别，主导趋势是随年龄段的升高，抗体的滴度有所下降。

表 1　RA 病人血清中抗 EB 病毒 IgA/VCA 和 IgG/EA 抗体的检测

Tab. 1　The detection of IgG/VCA and IgG/EA against EB virus in sera from patients with rheumatoid arthritis（RA）and normal individuals（N1）

分组 Classification	血清数 No. of sera	IgG/VCA >320（%）	IgG/EA >20（%）
风湿性关节炎 RA	39	28（72）	18（46）
正常人 Normal individuals	183	28（15）	14（8）

从表 1～3 中可以看到，在 RA 病人和正常人之间，血清中抗 EB 病毒不同成分的抗体滴度及阳性率之间均有较大差别。我们还检测了 5 例 SLE 和 4 例 SS 病人血清中抗 EB 病毒 EBNAl，VCA 和 EA 抗体，有些血清中抗体水平较高。

此外，我们还对药物治疗前后 RA 病人血清内抗 EB 病毒不同成分 IgG 抗体进行了动态观察，发现病人经药物治疗 3 个月后，血清内抗 EBNA－1 抗体滴度下降明显，而 VCA 和 EA 滴度几乎无变化。结果见图 1。

表 2　RA，非自身免疫缺陷病人和 EBNA－1 抗体阴性人群血清中抗 EBNA 抗体的检测

Tab. 2　The reactivity of sera from patients with RA，non－self－immunity disease and EBNA－1 negative individuals with EBNA in BHK cells transfected with EBNA－1，2，3a，3b 和 3c genomes respectively

分组 Classification	血清数 No. of sera	抗 EBNA 抗体阳性数（%）No. of anti－EBNA positive in different group of sera				
		EBNA1	EBNA2	EBNA3a	EBNA3b	EBNA3c
风湿性关节炎 RA	11	11（100）	7（64）	3（27）	5（45）	5（45）
非自身免疫缺陷病 Non－self－immunity disease	39	38（97）	7（18）	2（5）	2（5）	2（5）
EBNA－1 阴性 EBNA－1 negative	10	0	0	0	0	0

表 3　RA 病人组和正常人血清中抗 EB 病毒不同成分抗体的比较

Tab. 3　The difference of geometry mean titer (GMT) in sera between the RA patients and normal individuals

分组 Classification	几何平均滴度 GMT		
	EBNA	VCA	EA
风湿性关节炎 RA	1∶215	1∶385	1∶29
正常人 Normal individuals	1∶69	1∶95	1∶6
两组 GMT 之比 GMT∶GMT	3.1∶1	4.0∶1	4.8∶1

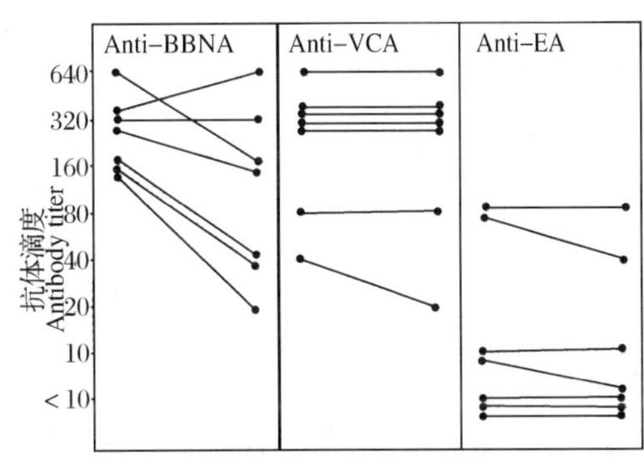

图 1　药物治疗后 RA 病人血清内抗 EB 病毒不同成分抗体滴度的变化

Fig. 1　The time course of EB virus antibodies in sera from the RA patients after drug treatment

二、不同病人外周血粒细胞和口腔含漱液脱落细胞中 EB 病毒 BamH I K 片段的检测 用 PCR 法分别检测了 7 例 RA，4 例 SLE，2 例 SS 和 7 例正常人外周血粒细胞中 BamH I K 片段内 240 bp DNA 片段，结果见图 2。

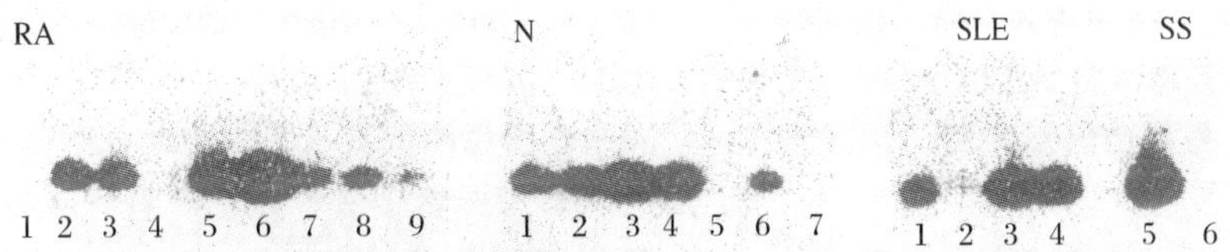

RA：1. 阴性对照（negative control）　2. 阳性对照（positive control）

图 2　RA、SLE、SS 病人和正常人外周血粒细胞内 EB 病毒 BamH I K 240bp DNA 片段扩增结果

Fig 2　Amplification of EBV BamHIK 240bp DNA fragment in peripheral granulocytes from patients with RA, SEL, SS and normal individuals respectively

PCR 产物经用 ^{32}P 标记的 BamH I K 片段与之杂交后，证实为特异性的。有些标本的放射强度较高。正常人标本阳性片段检出率为 70%（5/7），两者之间的差别不明显。通过放射强度比计算，6 号标本 EB 病毒拷贝数 >1000（指每个细胞）。在 SLE 和 SS 病人标本中也检出 EB 病毒 BamH I K 片段内 240 bp DNA 片段。检查了部分 RA，SLE，SS 和正常人咽漱液脱落细胞内 EB 病毒 BamH I K 片段存在情况，结果见表 4。

从表 4 可以看出，4 组标本中均可检出 EB 病毒 BamH I K 片段内 240 bp DNA 片段，但阳性标本检出率差别不明显。由于样品检测量少，相互之间的关系难以定论。但此实验证实，人口腔脱落上皮细胞中有不同程度的 EB 病毒感染，病毒来源最大可能是人扁桃体和腮腺上皮组织。

三、RA 和 OA 病人滑膜腔积液脱落细胞中 EB 病毒 BamH I K 片段内 240 bp DNA 片段的扩增 见图 3。对 7 例 RA 和 1 例 OA 患者滑膜腔积液内脱落细胞中 EB 病毒 DNA Bam H I K 片段存在情况进行了检测，结果见图 3。

在 RA 和 OA 病人标本中可测出 EB 病毒 BamH I K240bp DNA 片段。RA 标本阳性率为 86%（6/7）（图 3）。由于无法取到正常人标本，实验未设正常人对照组。

表 4 RA，SLE，SS 病人和正常人咽漱液内脱落细胞中 EB 病毒 BamHI K 片段的扩增

Tab. 4 Amplification of EBV BamH I K 240bp DNA fragment in desquamated epithelial cells of buccal washing fluids from RA, SLE, SS patients and normal individuals respectively

分组 Classification	病例数 No. of cases	EBV/BanH I K (+) (%)
风湿性关节炎 RA	9	3 (33)
系统性红斑狼疮 SLE	4	2 (50)
系统性硬化症 SS	3	1 (33)
正常人 Normal individuals	7	2 (29)

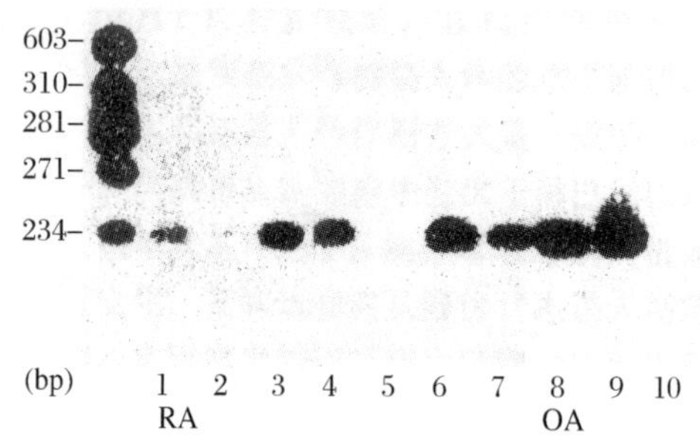

9. 阳性对照，10. 阴性对照

图 3 RA 和 OA 病人滑膜腔积液内脱落细胞中 EB 病毒 BamHIK 片段内 240bp DNA 片段的扩增

9. Positive control; 10. Negative control

Fig. 3 Amplification of EBV BamHI K 240bp DNA fragment in desquamated cells of synovial fluids from the patients with RA or OA respectively

讨　论

人们注意到 EB 病毒与 Burkitt's 淋巴瘤和传染性单核细胞增多症的关系十分密切[19]。EB 病毒在自身免疫缺陷性疾病，包括在艾滋病发病中的作用也日益受到研究人员的重视[19,20]，

在我们的研究中发现，RA 患者血清中抗 EB 病毒 EBNA、VCA 和 EA 抗体滴度较正常人高得多，其中除抗 EBNA－1 抗体全部阳性外，EBNA－2 和 EBNA－3 抗体的阳性率也明显高于非自身免疫缺陷病人和正常人组。在对 RA 和正常人血清中抗 EB 病毒 IgG/VGA 和 IgG/EA 抗体的比较中，仅对两组血清中抗体阳性率相比差别并不显著，而对高滴度抗体阳性率进行比较，则差别明显。表 1 显示，两组血清中 IgG/VGA（>320）之比为 72%：15%，IgG/EA（>20）之比为 46%：8%。由此看来，仅对两组血清中抗体阳性率进行比较是不够的。对两组血清中 IgG/VGA 和 IgG/EA GM 之间的比较（表 3）就十分明显地看出两组血清中抗 EB 病毒 VCA 和 EA 抗体滴度之间的差距。

我们从图 2 中可以看出，如果人血清中抗 EBNA－1 抗体阴性，则其他抗 EBNA 抗体均为阴性。这说明，在病毒自身的复制中，EBNA－1 的作用是十分重要的。EBNA－1 抗体阴性，说明人未被 EB 病毒感染过。我们还较系统地检测了部分 RA 病人血清中抗 EB 病毒 EBNA－2 和 EBN－3 抗体的滴度，以前未见类似报道。

在表 2，RA 与非自身免疫缺陷病人血清中抗 EB 病毒 EBNA 抗体阳性率的比较中，EBNA－1 抗体阳性率之间几乎无差别，面 EBNA－2 和 EBNA－3 抗体阳性率之间的差距较大，它们的阳性率之比分别为：EBNA－2 为 64%∶18%，EBNA3a 为 27%∶5%，EBNA3b、3C 均为 45%∶5%。由于 RA 病人标本较少，对此结果难以下明确结论。在对各年龄组 RA 病人血清中抗 EB 病毒抗体滴度的检测中，看到随年龄的增长，病人血清中该抗体滴度有下降的趋势。是否可以推论：由于病人机体正常免疫功能受损，而导致对 EB 病毒的反应能力有所降低，致病人血清内抗病毒抗体滴度下降。由于所收集到的样本不多，此推论仍需进一步的工作加以证实。

RA、SLE、SS 和 OA 等疾病均为自身免疫缺陷性疾病。也就是说，病人体内含有大量的抗自身抗原的抗体。对此类病人的治疗，主要以抗炎，镇痛，使用类固醇皮质激素，免疫抑制剂和对症治疗。图 1 显示，药物治疗后病人血清中抗 EBNA－1 抗体滴度下降明显，面 VCA 和 EA 抗体滴度几乎无变化。由于上述各类药物对 EB 病毒无直接杀伤和抑制作用，EBNA－1 抗体滴度的下降是否由于免疫抑制剂的作用，使病人机体对病毒的免疫反应减弱所致。VCA 和 EA 抗体滴度下降需较长时间才能测出。具体原因仍需进一步工作加以正实。

在 RA、SLE、SS 和正常人口腔含漱脱落细胞中检出 EB 病毒 BamHIK 片段工成分说明口腔上皮细胞为 EB 病毒感染的靶细胞之一。病人组和正常人组标本中 BamHIK240bpDNA 片段检出率之间无明显差异。在病人组和正常人组外周血粒细胞中均能扩增出 BamHIK 片段成分，且检出率也无多大差异。这说明在病毒感染人体的这个阶段，病毒对病人和正常人的作用方式是一致的。问题在于，当病毒从粒细胞中潜伏于淋巴结以后，潜伏感染状态中的 EB 病毒对 RA 病人机体的病理变化，及病毒如何从潜伏状态进入增殖活跃期，本研究未能提供有力证据。这些机制的研究对阐明 EB 病毒在自身免疫缺陷性疾病发病过程中的作用是十分重要的。很有必要进行这方面的探索。

在 RA 和 OA 病人关节滑膜腔积液脱落细胞中扩增出 EB 病毒 BamH I K 240bp DNA 片段为首次报道。滑膜腔积液内的细胞以淋巴细胞为主，病人关节的病理变化是否与 EB 病毒 EBNA－1 的表达有关目前仍不清楚。

FOX 等人在 1986 年曾报道在 RA 病人关节滑膜组织中检出相对分子质量为 62 000 的蛋白，这个蛋白与 EB 病毒 EBNA－1 有相同的表面决定簇[17]。结合我们的实验结果说明，EB 病毒 BamH I K 片段不仅在 RA 和 OR 病人滑膜腔组织内存在，而且还有较完整的表达。EBNA－1 的相对分子质量因细胞种类不同而存在差异。这是因为编码 EBNA－1 的 DNA 序列内有多个甘氨酸－丙氨酸重复序列。这些氨基酸表达的多寡也因细胞种类不同而有差别的。在 Raji 细胞中，EBNA－1 的相对分子质量是 72 000，而 P3HR－1 细胞中 EBNA－1 的相对分子质量是 82 000[18]。由此看来，FOX 等人所测出的 62 000 的蛋白应是 EBNA－1。

我们的研究从多方面较完整、系统，并动态学地研究了 EB 病毒在 RA 病人机体内的存在情况，在实验中有所发现并对此提出了自己的见解。这为进一步研究 EB 病毒在 RA 发病过程中的作用打下了基础。值得注意的是，本项研究所测的标本均来自日本人，而 EB 病毒在中国和日本人群中的流行情况略有差异。在我国成年人，EB 病毒的感染率为 100%，而日本成年人 EB 病毒感染率为 90% 左右。但是，EB 病毒在 RA 发病过程中的作用，在两国人群中应无多大差别。

〔原载《中华实验和临床病毒学杂志》1996，10（1）：56－61〕

参 考 文 献

1 Hasselbacher P. Serum binding activity in healthy subjects and rheumatic disease. Arthritis Rheum, 1974, 147: 63

2 Notman D, Kurota N. Tan E M, et al. Profiles of antinuclear antibodies in systemic rheumatic disease. Ann Intern Med, 1975, 83: 464

3 Attias M R. Filter radioimmunoassay for antibodies to reovirus RNA in systemic lupus erythematosus. Arthritis Rheum, 1973, 16: 719

4 Nienhuis R I F, Manclenca E. Miss C S, et al. A new serum factor in patients with rheumatoid arthritis – the antiperinuclear factor. Ann Rheum Dis, 1964, 23: 302

5 Wilkes P M. Virologic studies on rheumatoid arthritis. Arthritis Rheum, 1973, 16: 416

6 Gupta J D. Rubella antibody titers in rheumatoid arthritis. Lancet, 1974, 1: 1062

7 Phillips P E. C Chritian L. Virus studies in systemic lupus erythematosus and other connective tissue diseases, Ann Rheum Dis, 1973, 32: 450

8 Alspaugh M A, Fred C J, Haney R, et al. Lymphocytes transformed by EB virus: induction of nuclear antigen reactive with serum antibody in rheumatoid arthritis, JEXP Med, 1978, 147: 1018

9 Elson C J. Chawford D H, Bucknall R C, et al. Infection with EB virus and rheumatioid arthritis. Lancet, 1979, 1: 105

10 Venabies P J W. Titers of antibodies to RANA in rheumatoid atrhritis and normal sera: relationship to Epstein – Barr virus infection. Arthritis Rheum, 1981, 24: 1459

11 Alspauph M A, Gertrudc H, Evelync T L, et al. Elevated levels of antibodies of Epstein – Barr virus antigens in patients with rheumatoid arthritis, J Clin Invest, 1981, 67: 1134

12 Ferrel F B, Carol T A, Cary R P, et al. Seroepidemioloical study of relationships between Epstein – Barr virus and rheumatoid arthritis, J Clin Invest, 1981, 67: 681

13 Sculey T B, Peter J W, Denis J M, et al. Identification of multipl Epstein – Barr virus induced nuclear antigens with sera from patients with rheumatoid arthritis, J Virol, 1984, 52: 88

14 Sculley T B, John H P, Ron A H, et al. Comparison between the presence of antibodies to Epstein – Barr virus nuclear antigen2 and the rheumatoid arthrutus nuclear antigen in rheumatoid arthritis patients. Arthrtis Rheum, 1986, 29: 964

15 Depper J M, Harry G B, Nathan J Z, et al. Impaired regulation of Epstein – Barr virus induced lymphocyte proliferation in rheumatoid arthritis is due to a T – cell defect, J Immunol, 1981, 127: 1899

16 Samkrook J, Fritsch F, Maniatis T. Molecular Cloning. Second edition, New York: Cold Spring Harbor Laboratory Press, 1989

17 Fox R, Richarcl S, Gary R, et al. Rheumatoid arthritis synovial membrane contains a 62000 – molecular weight protein that shares an antigenic epitope with the Epstein – Barr virus encoded associated nuclear antigen. J Clin Invest, 1986, 77: 1539

18 Hennessy K, Elliott K. One of two Epstein – Barr virus nuclear antigens contains a glycine alanine copolymer domain. proc Natl Acad Sci USA, 1983, 80: 5665

19 Fields B N, Knipe D M. Virology Second edition, New York: Raven Press Ltd, 1990, 1933

20 Andiman W A, Robin E, Kelsey M, et al. Opportunistic lymphoproliferations associated with Epstein – Barr viral DNA in infants and children and children with AIDS. Lancet, 1985, 11: 1390

Studies on the Relationship between Rheumatic Arthritis and Epstein－Barr（EB） Virus

JI Zhiwu*, TAKADA Kenzo, LI Baomin, et al. （*Institute of Viology, Chinese Academy of Preventive Medicine, Beijing）

Rheumatic arthritis（RA） is a high incidence in China. Anti E B virus EBNA, VCA and EA antibodies were detectable in the sera from RA, systemic lupus erythematosus（SLE）, systemic sclerosis（SS） patients and normal individuals respectively. There is a great difference between the antibody titers from sera of patients with RA and normal individuals. In an immunofluorescence assay for anti－EBNA, anti－VCA and anti－EA antibodies, the ratios of geometric mean titers（GMT） were 3.1∶1, 4.0∶1 and 4.8∶1 respectively for those of RA patients of those of the normal individuals, The 240 bp DNAs of EB virus BamHI K fragment were amplified in peripheral granulocytes and desquamated epithelial cells of buccal fluids from patients with RA, SLE, SS and normal individuals, and this 240 bp DNA fragments were also found in desquamated cells of synovial fluids from the RA and Osteoarthrosis（OA） patients respectively. Anti－EB virus EBNA2 and EBNA3 antibodies were also detectable in the sera from RA, non－self－immunity patients and the EBNAl negative individuals.

The anti－EBNA－1 antibody titers decreased rapidly after the treatment to RA patients with drugsr, however, it was found that there were no change in the IgG/VCA and IgG/EA antibody titers.

〔**Key words**〕 Rheumatoid arthritis; Epstein－Barr virus; Polymerase chain reaction; Antibodies, viral

197. 艾滋病和艾滋病病毒的现状和研究进展

中国预防医学科学院病毒学研究所　曾　毅

病原学

一、分类和形态结构　根据艾滋病的形态、基因结构、核苷酸序列分析，此病毒属慢病毒亚科（Lentiviruses）。该科包括引起动物慢性疾病的 Visna 病毒、传染性贫血病毒及猫免疫缺陷病毒。

灵长类的逆转录慢病毒（人免疫缺陷病毒、猴免疫缺陷病毒，SIV）的特点嗜 CD4T 淋巴细胞，而有蹄动物的慢病毒则无此特性。

成熟的病毒直径为 100～120 nm，圆形，电镜下可见一密致的圆锥状蛋白核心，内有病毒 RNA 分子及酶（逆转录酶、整合酶和蛋白酶），其外层有包膜，此为二层的磷脂蛋白膜，膜上约有 80 个突起，突起由外部的糖蛋白（gp120）组成，它与跨膜蛋白 gp41 非共价联结。HIV－2 病毒的跨膜蛋白的二聚体或四聚体常紧密地结合在一起，在通常的变性条件下（在 1% SDS 加热 100℃），在电泳凝胶出现的条带为 gp80 和 gp160。

艾滋病毒是在淋巴细胞膜表面上或在巨噬细胞的内胞浆空泡膜上组装成的。gag 蛋白肽是病毒芽生所必须的，但随后病毒的形态发生过程需要前驱蛋白 gp160。进一步切割成 gp120 和 gp41。

病毒的包膜内面为 P17/P18 蛋白构成的核壳。核壳内为蛋白 P24，P24 包裹着核蛋白，核蛋白由 2 条 RNA 分子（35S），因此病毒的 RNA 为 70S。在 RNA 上有逆转录酶（P66）。

二、基因结构 艾滋病毒有 HIV－1 和 HIV－2。HIV－1 的基因组长度为 9.3 kb，HIV－2 为9.7 kb 左右，基因为二侧有一个长末端重复序列（LTR），3 个结构基因（gag、pol、env）和至少有 6 个调控基因（tat、tev、nef、vif、upv、upr）。

三、病毒的复制 病毒的复制可以分为二期，一是感染，二是增殖。病毒的感染包括：①结合到细胞表面；②穿过细胞表面；③将单链 RNA 基因组转变为双链 DNA，这过程是在胞质内进行的；④新形成的病毒 DNA 从胞质进入到细胞核；⑤整合病毒 DNA 到宿主细胞基因组 DNA。病毒吸附在细胞表面需病毒的包膜蛋白 gp120 及细胞表面的 CD4 受体。病毒是否能进入细胞由这种特异反应所决定。在自然条件下，如没有受体，病毒是难于感染的。病毒的穿入细胞，通常是由于细胞质膜与病毒的包膜融合而完成。

感染的单位可以是单个病毒，也可以是单个细胞。在繁殖过程，在感染病毒的细胞表面有病毒的糖蛋白，此病毒糖蛋白参与病毒的芽生和感染细胞与感染细胞或非感细胞的融合。病毒经细胞至细胞的传播也需要将病毒的 RNA 转变到 DNA。用 AZT 抑制这种转变过程也就抑制了病毒细胞至细胞的传播。

感染的细胞比病毒颗粒更容易传播病毒，一般说来病毒对细胞的感染率为 1%，这可能是因为病毒不稳定的关系。一旦病毒芽生后，病毒包膜上的糖蛋白不是很稳定，沉淀或梯度离心提纯病毒后，常会使糖蛋白从病毒脱落，因而病毒 RNA 也不稳定。病毒 RNA 在 37℃时，其半衰期约为 6 h。病毒的酶在病毒颗粒内是较稳定的。通过感染细胞使细胞感染可以克服病毒颗粒的不稳定性。

艾滋病毒的逆转录：逆转录过程发生在细胞质内。使病毒 RNA 转变为 DNA 至少要两种病毒颗粒内的蛋白，一是逆转录酶，能将病毒 RNA 拷贝为 DNA，第二种蛋白是核糖核酸酶 H，它能使 RNA 在拷贝成 DNA 后降解。所形成的 DNA 称前病毒（provirus）。从 RNA 转录成 NDA 过程中无需细胞因子参与，但要独立自主地将 RNA 转变为全长的双链 DNA 就需细胞因子参与。病毒感染静止不分裂的细胞形成流产型的感染，即病毒可以穿入细胞，但 DNA 合成的过程不完整，这样就不会发生 DNA 的整合。

在急性感染期，可见到感染的细胞内有很多非整合的 HIV 线型或环型 DNA，这是很多病毒感染单个细胞所致。病毒 DNA 在细胞质内合成后，转移到细胞核内与宿主细胞基因组 DNA 整合。整合过程是由病毒整合酶完成的，这可以在体外细胞系统重复。这种整合是没有固定位置的。这过程需要细胞激活，或处于分裂状态。整合是病毒基因表达所必须的。病毒 DNA 在细胞质内合成后，转移到细胞核内与宿主细胞基因组 DNA 整合。

HIV－1 LTR 含有顺式调控序列，它们控制前病毒基因的表达，已证明在 LTR 有启动子和增强子。此外，LTR 还有负调控区，位于增强子的 5′端，缺陷比负调控区。HIV－1 的启动子作用更强，它不仅作用于 HIV－1 启动子，也作用于其他来源的启动子。HIV－1 LTR 对很多宿主的细胞因子也起反应。宿主细胞转录的蛋白可直接作用于 HIV－1 LTR，这些蛋白包括 SP1、NFK－B 及 T 细胞有激活因子，如 phorbal ester 或植物凝集素（PHA）等。紫外线照射或 Mmethotrtexate 处理也可作用于 HIV－1 LTR 引起转录。

除了细胞因子外，某些 DNA 病毒合成的蛋白也可以激活 HIV－1 LTR，引起基因表达。某些细胞因子或某些病毒蛋白能与 tat 基因产物起协同作用。

tat 基因产物是从 HIV LTR 来的病毒转录和感染性所必须的。tat 由 2 个外显子编码而成。一个外显子在 vif 和 env 基因之间，另一个位于 env 的 3′端。tat 蛋白 P14 是由 2 个分割的信使 RNA 合成的，在所有已测序的 HIV 毒株中，5′端的编码外显子编码 74 个氨基酸，在末端有一终止密码子。第二个编码的外显子的长度不同。多数 tat 蛋白仅位于细胞核内。有些人感染 HIV－1 后有 tat 抗体。HIV－2 的 LTR 能很好地被 HIV－1 tat 所激活，但 HIV－2 和 tat 对 HIV－1 LTR 的作用不强。

不能合成 tat 蛋白的变异毒株，它的复制是缺陷的。当转染这样的变异株至淋巴细胞时，病毒蛋白的产生显著减少。这种缺陷可以在能产生 tat 蛋白的细胞内得到互补。tat 缺陷的病毒在形态上是正常的，但无感染性，在感染的细胞内查不到病毒蛋白。

tat 能作用于 LTR 指导的异源性基因的表达，其表达可高达 1000 倍。tat 蛋白与之结合的序列，在 LTR 的 R 区内，位于核苷酸＋1 和＋45 之间，称 TAR。tat 能与细胞来源的转录，激活物如 NFDBS 和 P1 起协同作用，促进二者转录的起始和延长转录本。某些细胞因子能与 TAR 起作用，这可能是 tat 发挥功能所必须的。tat 的蛋白有不寻常的结构。其氨基端富于脯氨酸。有一半胱氨酸丰富区，在所有的 HIV－1 毒株，HIV－2 及 SIV 病毒中是较保守的。此外，有两个富于阳电荷区。

rer 系统－调节 mRNA 过程：

rev 基因（Regulater of expression and viron protein gene）：以前称 act 或 trs，它是病毒复制很重要的基因。它与 tat 基因是在同一区的，但其开放读码框架不同。其编码的蛋白为 20×10^3，有 116 个氨基酸，某些病人有此抗体。HIV－2 及 SIV 也有此相应的 rev 基因，但其序列有差异。

病毒的 rev 基因缺陷，就不能复制。这种缺陷可以用表达 rev 蛋白质粒互补。缺陷 rev 基因的病毒不能产生病毒的结构蛋白（gag 和 env），但仍能产生 tat 及 nef 蛋白。

rve 基因是在转录后起作用：rev 蛋白通过控制胞质内 mRNAs 的积累而控制病毒蛋白的表达。如果没有 rev 蛋白，RNA 可以到胞质内，但是编码壳、复制酶和包膜蛋白的 mRNAs 的序列会被切割而去除。

转染 rev 缺陷的前病毒至细胞，仍能测到某些病毒的特异性 RNAs，其解释是病毒调控基因和结构基因的表达是不同的，即编码 gag 和 env 的基因含有序列，能抑制它们的表达。但编码 tat 和 nef 蛋白的 mRNAs 则没有这种序列。在没有 Rev 基因时，有一系列序列为基因表达的负调空，即 gag 和 env 基因不能表达，这些序列称顺式作用抑制序列（Cis－acting repression sequence，CRS），有多个 CRS 在 env 上，至少一个在 gag 上。HIV 前病毒 env 基因上序列称 rev 反应子（Revres ponsie element，RRE），是 rev 结合的部位，没有它 gag 和 env 不能表达，也不能用 rev 蛋白互补。

rev 与 RRE 结合的作用有重要的意义：在同步感染的早期，第一个转录物为短的多个切割片段，随后是单个切割和不切割的片段。这种从早期到晚期的 HIV 的表达是受积累不够数量的 Rev 所控制的。有些细胞含有整合的 HIV 基因组，带有低水平的表达，不产生结构 RNAs，但细胞经激活后，RNAs 增加，这包括 rev 也增加。因此，rev 系统在急性感染时促进病毒颗粒产生的同步化，在慢性感染细胞中推迟病毒结构蛋白的表达，这有利于病毒在免疫系统作用下，维持感染的存在。

四、病毒的蛋白和功能 表1总结了病毒蛋白的功能、位置，比较了 HIV－1 和 HIV－2。

表1 HIV 蛋白的功能和位置

基因	功能	位置	HIV－1	HIV－2
gag	前驱		P55	
	基质	病毒粒子	P17/P18	P16
	壳	病毒粒子：核	P24/P25	P26
	核壳	病毒粒子：RNA	P9	
	不明	病毒粒子	P6	
pol	蛋白酶	病毒粒子	P10	
	逆转录酶（有 Rnase H）		P66	
	逆转录酶		P51	
	整合酶		P34	P34
env	前驱		gp160	gp140
	包膜表面糖蛋白，结合受体	病毒粒子：表面	gp120	gp125
	跨膜蛋白，融合细胞膜			
vif	不明	感染细胞	gp41	gp36
vpr	不明	病毒粒子	P23	
vpx	不明	病毒粒子	未发现	
tat	转录	感染细胞	P14	
	反式激活	核内		
rev	控制 RNA 的切割和转运		P19	
vpu	控制 CD4－env 的相互作用	感染细胞：表面	P15	
nef	调节 CD4 在表面表达	感染细胞：膜上	P27	

gag 和 pol 蛋白是从全长没切割的 RNA 分子表达的。先转录 gag 随后有 gag－pol 前驱多蛋白。gag 和 gag－pol 蛋白组装成病毒颗粒，此时 gag－pol 蛋白被蛋白酶切割成 gag 和 pol 产物。gag 前驱蛋白 P55 被切割成4个蛋白，从 N 端开始为 HIV－1 P17/18，HIV－2 P16。它带有 N 端的十四（烷）酸，它将 gag 和 gag－pol 前驱蛋白安装在膜上，最大的 HIV－1 gag 蛋白 P24/25（HIV 2P26），它是 HIV 病毒特殊锥体状核心的主要结构，另一 gag 蛋白是 P9，是核壳蛋白，它与 RNA 基因组紧密结合，促进 RNA 形成二聚体和被包裹起来。C 端 gag 蛋白的 P6，其功能尚不明，但缺少比蛋白，病毒不能芽生。

pol 蛋白的主要功能：N 端是蛋白酶（P16），在病毒成熟时切割 gag 和 pol 蛋白，中间的蛋白为逆转录酶，其作用为异二聚体，较小的居分（P51）有多聚酶活性，较大的成分有多聚酶和 RNase H 活性，RNase H 的作用是消除 RNA 模板。连接酶（P34）能将病毒 DNA 连接到细胞 DNA 上。

HIV 的包膜包括从宿主细胞来的双层脂及病毒编码的糖蛋白，包膜上的前驱蛋白 88 ×

10^3，糖化后为 160×10^3，此为 gp160，在感染细胞表很少，也不组装至病毒颗粒。gp160 前驱蛋白经宿主细胞的蛋白酶切割成外层糖蛋白 gp120 和跨膜蛋白 gp41。这二者在感染细胞的表面上，而且组装进病毒颗粒。包膜上的 gp120 和 gp41 对病毒进入细胞起重要作用，在敏感细胞如 CD4 T 细胞表面有 CD4 糖蛋白，此为 HIV 的受体，这些细胞是 CD4 细胞、巨噬细胞和单核细胞等。HIVgp120 与细胞 CD4 结合，然后细胞和病毒融合，使病毒的核心包括 RNA 进入细胞。除了 CD4 糖蛋白以外，细胞的其他因子很可能参与至此融合过程，因为动物细胞转入 CD4 基因，并且表达，但 HIV 仍不能感染此种细胞，将此种细胞与感染 HIV 的细胞共培养也不出现多核巨噬细胞。因此，CD4 是 HIV 感染所必需的，但不是唯一的。HIV 包膜的 gp120 和 gp41 的作用是参与病毒进入细胞，形成多核巨细胞，病毒经细胞至细胞的传播，以及使单个细胞产生病理变化，直到死亡。此外，HIV 的包膜蛋白在参与细胞免疫和体液免疫过程还起重要作用。

vif 蛋白：vif 基因位于 HIV 中央区，靠近 pol 基因 3′端，其蛋白 P23 是从一切割的 RNA（5.5kb）翻译来的，缺乏此基因可以减少、但不阻断病毒的感染性。HIV 的传播有两种途径，一是通过释放的病毒感染新细胞，二是经细胞到细胞直接传播，前者是主的。vif 缺损的病毒不能感染新的细胞。转染 vif 缺损的 HIV 前病毒至细胞，病毒蛋白的表达和病毒颗粒的组装和 env 的释放不受影响，只是没 vif 蛋白，病毒的颗粒形态正常，gag、pol、env 蛋白的比例也正常。vif 缺损病毒复制较慢，但仍能引起细胞病变，故 vif 基因不是细胞病变所必需的。vif 蛋白（P23）不组装在病毒颗粒内。HIV 感染者能产生 vif 抗体。

vpr 蛋白：vpr 基因靠近于 pol 基因的 3′端，HIV－1、HIV－2 及 SIV 的 vpr 基因是保守的。在体外病毒的感染和引起病变不需要 vpr，它是一个弱的转录激活物，在体内的病毒繁殖周期中起一定作用，它组装在病毒颗粒内。

vpx 蛋白：vpx 存在于 HIV－2 及 SIV 病毒基因组中，其功能不明，但 vpx 突变后，病毒在淋巴细胞中不能复制，它与 vpr 一起组装在病毒颗粒内。

vpu 蛋白：vpu 基因是 HIV－1 所特有的，某些分离的 HIV－1 毒株失去了 vpu 基因。它是从产生 env 相同的 mRNA 翻译来的、缺少 vpu 基因的病毒，其芽生受影响。vpu 能干扰 env 前驱蛋白和 CD4 的细胞间的结合。

nef 蛋白：nef 基因编码的蛋白为病毒复制的调控，以前称为 3′orf，B. E and F。是从多个切割的 RNA 翻译来的。其蛋白为 P27。不存在于病毒颗粒内。P27 是磷酸化的，它与蛋白激酶活性有关。某些感染者能产生抗此蛋白的抗体，SIV 和 HIV－2 也编码相似的蛋白。有蹄类动物的慢病毒没有相应的 nef 基因。缺少 nef 基因的病毒能很好地复制，对 CD4 细胞有细胞致病变作用。nef 基因部分缺损，病毒复制更快。此基因产物推迟病毒复制，其作用是抑制 HIV LTR 的转录，nef 蛋白可能是 HIV 在体内维持久感染所必需的。nef 蛋白诱发的细胞免疫可能在抗 HIV 感染中起重要作用。

五、病毒的遗传和变异　自从知道 HIV 的核酸序列后，发现 HIV 的很大特点是 HIV 高度的遗传变异性，变异最大的是外层包膜的糖蛋白，其核酸序列的差异可达 30%，而 gag 和 pol 基因是较保守的。gp120 有 5 个保守区 C1～5，以及 5 个可变区 V1～5。特别是 V3 区很重要，V3 区的保守氨基酸序列少于 30%，它的改变可影响病毒对细胞的亲和性和 gp120 的抗药性。它的产生和抗体有关。这种变异是由于核酸序列变异。逆转录病毒的复制过程为：

病毒逆转录酶使病毒 RNA 合成互补 DNA；去除 RNA 杂交链和合成新的 DNA 链；细胞 RNA 聚合使病毒 DNA 拷贝成新的病毒 RNA。在此过程中都可以发生错误，一旦错误发生，病毒逆转录酶和细胞的聚合酶即都不能去除错误的核酸碱基对。逆转录酶是主要的，它没有保证和修正的能力，可在每 1000 个核苷酸中出现错误。逆转录病毒的变异是不可避免的结果，病毒复制周期越多，突变也就越多，突变结果产生很多非活性病毒。此外，突变发生是由于在免疫压力下选择的结果，这有利于病毒逃避机体病毒的免疫反应。一个 HIV 感染者不可能只携带一种病毒株，可以有多种变株的群体。突变后病毒的生物学特性也可以改变。

HIV－1 的亚型：根据 HVIenv 和 gag 和变异，目前将病毒分为 9 个亚型，即 A～H 及 O 型。在美洲和西欧的主要为 B 亚型。在非洲主要流行的有 A、C、D 和 E 亚型。在刚开始广泛流行的地区如印度与最初在非洲发现的一样，为 A、C 和 E 亚型，在泰国特别是曼谷，最初是 B 亚型，而 E 亚型主要在泰国北部，B 亚型主要来自静脉嗜毒者，E 亚型主要是来自妓女。预测泰国 E 亚型将成为主要的流行型。全球性预测到 2000 年，E 和 C 亚型将成为主要流行亚型。在我国 1990－1993 年在云南瑞丽静脉嗜毒者中主要是 B 亚型，但可看到从欧洲和 B 亚型向泰国 B 亚型转移。1994－1995 年从静脉嗜毒者中已发现 20% 为 C 亚型。其中有的可能是 E 亚型。尚需进一步鉴定。有几例静脉嗜毒者 B 和 C 亚型的双重感染。进一步了解全国各地的亚型是很重要的，这可以了解流行的主要亚型、来源及为研制疫苗提供候选毒株。很有意义的是 Essex 等报告 HIV－1B 亚型毒株不容易经阴道黏膜感染，而 E 亚型则较容易，这是由于 E 亚型在 Laugerhan 细胞容易繁殖。异性性传播成为今后的主要传播途径。因此，预测 E、C 亚型将成为主要的流行型。

近年来发现一个亚型不能列入 A～H 亚型，为 HIV～1 O 亚型，O 为 Outlierst 第一字母，即不属于上述 A～H 亚型。O 亚型是从喀麦隆人（Cameroon）的血液及其性接触者分离到的，据调查在喀麦隆少有 O 亚型病毒。经调查在比利时、肯尼亚、扎伊尔或多哥等国尚未发现有 O 亚型。现有检测血清抗体的方法可以查出一半的 O 亚型。因此，考虑是否在检测试剂盒中加入 O 亚型的问题。

WHO 1994 年专家会议认为由于这种亚型范围很小，没有必要，但在已有 O 亚型地区应紧急研究出血清检测的对策。专家们认为应从 O 亚型的无症状感染者和病人中采集血液。分析现有检测抗体的方法是否能检测到 O 亚型；应克隆和序列分析 HIV－1 O 亚型 emv 基因，以便选择诊断用抗原并进一步阐明毒株间的关系。对新 HIV 亚型应进行全球性监测，WHO 应建立这种监测机制。应进步建立和评估 HIV 变异株检测和确定特性的准则。

融合与非融合变异毒株：

HIV 有使细胞融合的特性，有达 gp120 的细胞与其他 CD4 的细胞结合能形成融合细胞。根据 HIV－1 在体外培养可以为分为慢－低毒株和快－高毒株。从艾滋病人分离到的毒株多为快－高毒株，即病毒繁殖快，逆转录酶活性高，能在 T 淋巴细胞复制，有致细胞病变作用，形成融合细胞。从无症状 HVI 感染者分离的毒株多是慢－低毒株，病毒繁殖慢，逆转录酶活性低，在 T 淋巴细胞株中复制差，仅有一半的慢－低毒株能引起细胞融合。

人感染了 HVI 后，一般分离不到引起细胞融合的毒株（syncytium inducing，SI），而是分离到非融合的毒株，（non syncytium inducing. NIS），他们的无症状期是较长的，CO4 细胞总数的下降也是较慢的。有些病人在感染过程中也出现了 SI 株。

最近的研究工作表明 HIV 的表面型与艾滋病的进展有亲。Koot 等观察了 188 例 HIV 抗体阳性者，30 个月后，70.8% 有 SI 毒株者发展为艾滋病，而对照组无 SI 毒株者，发展为艾滋病的仅占 15.8%。在最初检测有 SI 毒株者，其 CD4 下降速度较快，较有 NSI 者高 3.7 倍。其中有 22 人由原来的 NSI 毒株变为 SI 毒株。NSI 或 SI 毒株的存在与疾病过程有关，然而 SI 毒株在血清抗体阳转后往往查不到。对血清阳转者的病毒遗传型和表现进行研究，发现其遗传型与病人的 SI 株相同，但表现型是嗜巨噬细胞的 NSI 的，这可能是一个变异病毒更能选择性地穿透宿主的黏膜屏障，这种病毒是嗜巨噬细胞的。如上述 E 亚型是较容易穿透黏膜，并在巨噬细胞或抗原呈递细胞繁殖。SI 毒株出现后，疾病的过程加速，这是由于两种病毒的特性所决定的，SI 病毒嗜细胞性不同，而且复制更快。不是所有发展到艾滋病毒可以穿入细胞，但 DNA 合成的过程不完整，这样就不会发生 DNA 的整合。发病的病人都是带 SI 毒株的。一些病人带 NSI 毒株，尽管其复制速度不如 SI 毒株，但其复制速度是较快的，然而从连续分离病毒，可见到 CD4 细胞数下降与病毒复制加快是相关的。

HIV env 基因的突变使病毒从 NSI 变成 SI 毒株的机制尚不完全清楚，但对 V3 氨基酸序列顶端的 11、24、25、32 氨基酸取代后会变成 SI 表现型。

HIV 感染会引起痴呆症，可以是很严重的，进行性的失去神经功能，甚至在感染的早期就可以出现。对 HIV 感染者进地研究，在感染早期，其神经精神行为已下降，与正常人比较，HIV 抗体阳性的识别功能已下降。

关于 HIV 在中枢神经系统的发病机理了解甚少，但认为在 HIV 感染早期，病毒就进入了中枢神经系统，可能是单核细胞将 HIV 病毒带进中枢神经系统的，另一种说法是 HIV 感染了脑内皮细胞，其结果是血屏障的通透性异常，这有利于 HIV 的感染。关于引起中枢神经系统感染的 HIV 是否为嗜神经系统的变异株，而且与 NSI 毒株不同，其证据甚少。嗜巨噬细胞的病毒能在体外培养的神经胶质细胞很好复制，已证明感染这种细胞 CD4 受体是参与的。总的看来尚未发现有专门侵犯中枢神经系统的表型病毒。

六、病毒的细胞嗜性和宿主范围　CD4 存在于很多 T 辅助细胞，单核 - 巨噬细胞及一些其他细胞如郎格罕细胞、树突状细胞，它是 HIV - 1、HIV - 2 吸附于细胞的受体。在发现 HIV - 1 后，很快就发现带 CD4 的淋巴细胞参与支持病毒繁殖，用 CD4 单克隆抗体可以阻止大多数细胞感染。此外，用 CD4 基因转染至不敏感的细胞如 Hela 细胞，可使其成为易感细胞，HIV 病毒在此种细胞内繁殖。免疫沉淀反应证明 CD4 能与 gp120 结合，可溶性 CD4 能抑制 HIV 在细胞的繁殖。但难于测出 CD4 蛋白及 mRNA 的细胞，如内皮细胞，神经胶质细胞，细肠细胞也能被 HIV 感染，因此，认为可能存在其他受体或进入机制。树突状细胞和郎格罕细胞对 HIV - 1 不同亚型的敏感性不同。如 C 亚型和 E 亚型较 B 亚型更容易通过阴道黏膜感染树突状细胞和郎格罕细胞，并繁殖得更好。

HIV - 1 和 HIV - 2 的宿主范围很狭小。仅有对 HIV 感染的动物是黑猩猩和长臂猿。但主要的实验是用猩猩做的，用长臂猿做实验的不多。将感染 HIV 的细胞，或无细胞的 HIV 滤液感染猩猩，或将感染 HIV 的猩猩的血液输给另外的猩猩都感染成功，在连续 8 个月中，很容易从周围淋巴细胞骨髓细胞和血液中分离到 HIV。在感染后 3 ~ 5 周就可以查到 HIV 特异抗体，在达到一定高度后变继续维持。但不论是猩猩或长臂猿都不发生疾病。

在实验条件下，HIV - 2 能感染狒狒及偶然能感染恒河猴，仅在感染后数周能从周围淋巴细胞中分离到病毒，其产生的病毒特异性抗体滴度很低，由此认为 HIV－2 对狒狒的感染只是暂时的。狒狒和恒河猴在感染 HIV－2 后都不会发病。虽然这些非人灵长类动物不是研究人艾滋病很好的模型，但是作为检测疫苗的效力还是有一定意义的。

七、病毒的理化特性 HIV 对酸很敏感，pH 值降至 6 时，病毒滴度就大幅度下降；pH3 区域 10 min 内病毒滴度下降 4 个对数；pH2 时，HIV 完全灭活。但 HIV 耐碱，pH 高至 9 时，病毒滴度下降不多。HIV 对温度也较敏感。60℃ 30 min，可灭活 6 个对数病毒；在 37℃病毒灭活率为 1 log/100 min，在室温（23℃～27℃）液体环境中病毒可存活 15 d 以上。HIV 在干燥情况下，在数小时内病毒下降 90%～99%。

HIV 对消毒剂和去污剂等化学因素也相当敏感。50%～60% 乙醇、2% 甲醛、5% 碳酸、1% 次氯酸钠、1% NP－40、0. 2Triton X100 均可灭活病毒。标本经丙酮或甲醛处理，可使标本中的病毒灭活。

病毒对放射线也敏感，紫外线 260nm，X 和 γ 线（50 grays）能灭活病毒。

〔原载《中华实验和临床病毒学杂志》1996，10（1）：96－100〕

198. 5 例不典型嗜人 T 细胞病毒 I 型相关性成人 T 细胞白血病/淋巴瘤的发现

中日友好医院 马一盖 李振玲 廖军鲜 董彭春 徐韶华
刘永生 龙 红 王银平 李 挺 王质彬 蒋玉玲
中国预防医学科学院病毒学研究所 陈国敏 张永利 曾 毅

〔摘 要〕 成人 T 细胞白血病/淋巴瘤（ATLL）至今国内仅发现 10 余例病人。最近连续发现了 5 例不典型嗜人 T 细胞病毒 Ⅰ 型（HTLV－Ⅰ）相关性 ATLL，其中男 2 例，女 3 例，平均年龄 49.6 岁；汉族 3 例，满族 2 例（为同一家族成员）。除 1 例出生在沈阳外，其余出生在北京。均未发现高钙血症。常规血涂片不易发现花细胞，用 Cytospin Ⅱ做外周血单个核细胞浓缩离心甩片易见花细胞和大量异常淋巴细胞。间接免疫荧光法检测 HTLV－Ⅰ抗体 4 例中 2 例阳性，聚合酶链反应技术证实在所有 5 例病人肿瘤细胞中均存在 HTLV－Ⅰ前病毒 DNA 的整合。急性型 4 例，淋巴瘤型 1 例。4 例病人已死亡，生存期 10 d 至不足 6 个月；1 例急性型已存活 8 个月以上。从以上结果提出如下假设：在中国特别是某些城市 ATLL 并非罕见，提高对不典型临床表现的认识，改进检测技术和常规检测 T 细胞淋巴增殖性疾病病人 HTLV－Ⅰ抗体和前病毒 DNA，将会发现更多的病人。

〔关键词〕 成人 T 细胞白血病、淋巴瘤；嗜人 T 细胞病毒 Ⅰ 型；聚合酶链反应

成人 T 细胞白血病/淋巴瘤（ATLL）是一种特殊类型的 T 细胞淋巴增殖性疾病，其特点为外周血出现核切迹及分叶状的异常淋巴细胞并有外周 T 细胞的 CD_4^+ 表型，常伴有高钙血

症、皮肤损害、肝脾和淋巴结肿大[1,2]。绝大多数病人与嗜人T细胞病毒Ⅰ型（HTLV－Ⅰ）感染有关，且肿瘤细胞DNA中有HTLV－Ⅰ前病毒DNA的整合[1,2]。临床上可分为急性型，淋巴瘤型，慢性型和冒烟型4型[3]。目前尚缺乏有效的治疗方法，前两型预后差[1,2]。在日本每年有700多例病人。我国从1982年开始了HTLV－Ⅰ抗体检测，仅发现10余例病人[4-6]。我们最近连续发现了5例HTLV－Ⅰ相关性ATLL，临床表现均不典型，现报告如下。

材料和方法

一、病例

例1：耿某，女，42岁。因头晕、乏力1个月，高热3 d于1994年11月22日入院。母乳喂养长大，舅父死于"非何杰金氏淋巴瘤"（见例2），两个姨早逝。查体：T38.4℃。浅表淋巴结不大。贫血貌。心率120次/分。肝肋下1.5 cm，脾肋下2.5 cm。实验室检查：抗－HIV、乙型肝炎6项、抗－丙型肝炎病毒（HCV）、抗EB病毒（EBV）和抗巨细胞病毒（CMV）均为阴性。CT和B超未见纵隔和腹腔淋巴结肿大。诊断：ATLL急性型。入院后持续高热（最高41℃），肝脾进行性增大（肋下分别为2 cm和4 cm），全血细胞进行性减少（Hb 39 g/L，WBC 1.2×10^9/L，plt 15×10^9/L）。于12月1日给予大剂量甲基泼尼松龙冲击治疗（1 g/d×3 d→500 mg×4 d→250 mg×7 d→120 mg×7 d→泼尼松60 mg×7 d→30 mg×14 d），治疗后第2 d体温降至正常，第11 d肝脾肿大消失。于12月15日给予环孢霉素A（CsA）每日5 mg/kg口服。同时给予成分输血。1995年1月13日血常规接近正常，1月27日出院时完全正常，外周血花细胞较难见到。2月23日复发，改用口服VP16和环磷酰胺、长春新碱和泼尼松（COP）方案治疗效果不佳，再次大剂量甲基泼尼松龙冲击治疗2周后出现DIC，于5月13日死于脑出血。

例2：金某，男，64岁，例1之舅父。因左肋部疼痛2个月于1988年5月17日入院。查体：可及直径0.5～1 cm淋巴结3个。肝肋下未及，脾肋下6 cm，B超示脾大、多发腹膜后淋巴结肿大和胰尾部6.9 cm×5.4 cm的低回声团。左锁骨上淋巴结活检诊为无裂细胞型非何杰金氏淋巴瘤。入院后间断发热，曾给予环磷酰胺、长春新碱、甲基苄肼和泼尼松（COPP）方案化疗一疗程。化疗后脾进行性增大，脾内出现多发实性占位，胰体和胰尾部出现8.4 cm×5.1 cm×6.8 cm的低回声团，WBC常低于2.0×10^9/L。因血小板减少（13×10^9/L）、呕血和黑便，9月10日死于消化道出血。由于其外甥女确诊为ATLL，对其淋巴结石蜡包埋标本做回顾性检查并重新阅读病理片，发现CD_{45RO}阳性和HTLV－Ⅰ PCR阳性，病理为免疫母细胞型外周T细胞淋巴瘤（PCTL）。确诊为ATLL淋巴瘤型。

例3：解某，女29岁。因皮疹、发热、全身淋巴结进行型肿大3个月，肝脾肿大1个半月余，黄疸3周于1994年12月22日入院。病程中抗"O"＞1 000。多种抗生素（头孢三代和氨基甙类等）疗效不佳，激素治疗后皮疹消退，淋巴结缩小，但仍不规则发热。双侧腋窝淋巴结活检为"非何杰金氏淋巴瘤"，给予长春新碱2 mg和1 mg各1次。查体：全身皮肤斑片状色素沉着。巩膜黄染。左颈部1个、双侧腹沟部2～3个直径约0.5 cm淋巴结。肝肋下2 cm，脾未及。实验室检查：抗"O"＞1600，T－Bil/D－Bil为54.7/37.6 μmol/L，GPT/GOT为345/264 IU/L，γGT/AKP为682/533 IU/L。ANA和ENA 5项均阴性。抗－

HIV、乙型肝炎6项、抗 - HCV、抗 - HAV、抗 - EBV 和抗 - CMV 均为阴性。CT 示肝脾大和肠系膜根部淋巴结肿大融合（3 cm ×5 cm）。肝穿示肝内炎性改变，未见明显肿瘤细胞浸润。诊断：ATLL 急性型，合并链球菌感染。入院后给予保肝和青霉素治疗，黄疸消退，肝肿大消失，肝功能接近正常，体温37℃左右，腹腔淋巴结缩小（3 cm ×3. 2 cm），抗“O”<250，于1995年1月18日给予泼尼松40 mg/d，1月29日每日加用CsA 5 mg/kg口服，同时泼尼松减至30mg/d，2月20日出院。于5月11日改用干扰素 α2b3 $\times 10^6$U SC. Tiw 治疗。患者丈夫 HTLV - Ⅰ抗体和外周血 HTLV - Ⅰ PCR 均阴性。

例4：李某，女，41岁。因右上腹痛伴憋气2周于1994年12月29日转入。心电图示 ST - T 改变，运动试验（±），未诊断冠心病。发现肝进行性肿大，B 超示脾大（厚4. 4 cm）和胆囊多发性结石。CT 示肝脏明显增大，CT 引导下肝穿发现淋巴瘤细胞侵犯。查体：T37℃。腹部饱满。肝肋下15 cm。双下肢轻度水肿。实验室检查：T - Bil/D - Bil 为61. 6/58. 1 μmol/L，GPT/GOT 为35/101 IU/L，γGT/AKP 为155/778 IU/L。血气分析示中度低氧（$PO_2$7. 7 kPa）和慢性呼碱失代偿。因疑为 ATLL，立即给予环磷酰胺、长春新碱、表阿霉素和泼尼松（CHOP）方案化疗，当晚死于呼吸衰竭。死后确诊为 ATLL 急性型。患者丈夫和女儿 HTLV - Ⅰ抗体均为阴性。

例5：柏某，男，72岁。因全身斑块性皮损1个月余、面部水肿3 d，于1994年11月17日入院。查体：右侧偏瘫，右侧头部明显肿胀，局部皮肤较硬，躯干和四肢可见散在大小不一片状暗红色斑块，较硬。双肺散在细小水泡音。皮肤活检示真皮下大量淋巴细胞伴核折叠或扭曲，CD_{45RO}（+），CD_4（+），CD_8（-），病理诊为皮肤 T 细胞淋巴瘤（CTCL）。诊断：ATLL 急性型。于1994年12月17日给予环磷酰胺和泼尼松（CP）方案化疗无效，且间断发热（体温38℃左右，最高39℃）。每天曾给予 CsA 5 mg/kg 口服4 d，第2 d体温降至正常。1995年1月17日死于肾衰。

二、方法

1. 外周血淋巴细胞形态学检查：取外周血2 ml，肝素钠抗凝，Ficoll - Hapaque 分离单个核细胞。取少量白细胞，用 CytosponⅡ（Standon）200 r/min 浓缩离心甩片，瑞氏染色后光镜观察淋巴细胞形态。再取少量白细胞，2. 5%戊二醛固定后送透射电镜检查。

2. 外周血淋巴细胞免疫分型：取外周血10 ml，抗凝和单个核细胞分离方法同上，用间接免疫荧光法做淋巴细胞免疫分型。单抗购自北京医科大学和中国医学科学院天津血液学研究所。

3. HTLV - Ⅰ抗体检测：用 PBS 稀释血清或血浆，用带有 HTLV - Ⅰ的 MT - 2 细胞作为抗原，按常规间接免疫荧光法进行检测。呈阳性反应的最大稀释度即为该血清或血浆的抗体滴度。

4. HTLV - Ⅰ前病毒 DNA 检测[7]：分离病人外周血或骨髓淋巴细胞，加入细胞裂解液（含200 mg/L 蛋白酶 K），37℃过夜，95℃热灭活，上清液即为模板 DNA。石蜡包埋标本用二甲苯脱蜡，无水乙醇洗涤，待沉淀干燥后加入细胞裂解液，55℃ 4 ~5 h，95℃加热100 min，离心，弃沉淀，上清即为模板 DNA。HTLV - Ⅰ和 HTLV - Ⅱ的引物对分别为 Pol 1. 1/3. 1 和 Pol 1. 2/3. 2，反应进行30个循环扩增。取10 μl PCR 扩增产物进行琼脂糖电泳，在紫外线灯下观察扩增后的特异性 DNA 条带。反应体系中设阳性模板 DNA 和阴性模板 DNA 对照。

结　　果

一、5 例 ATLL 病人临床特点和实验室检查结果　见表 1 及表 2。

表 1　5 例 ATLL 病人的临床特点

Tab. 1　Clinical characteristics of 5 patients with ATLL

项目（Item）	病例 Cases				
	1	2	3	4	5
性别/年龄（岁）	女/42	男/64	女/29	女/41	男/72
Sex/Age（years）	F/42	M/64	F/29	F/41	M/72
民族/出生地	满/北京	满/北京	汉/沈阳	汉/北京	汉/北京
Nationality/Brith place	Man/Beijing	Man/Beijing	Han/Shenyang	Han/Beijing	Han. Beijing
家族史 Family history	+	+	?	?	?
淋巴结肿大 Lymphadenopathy	-	+	+	-	-
肝肿大/脾肿大 Heptomegaly/Splenomegaly	+/+	-/+	+/+	+/+	-/-
皮肤损害 Skin lesion	-	-	+	-	+
病理诊断 Pathologic diagnosis	-	PTCL	RH	-	CTCL
诊断分型	急性型	淋巴瘤型	急性型	急性型	急性型
Diagnostic Classification	Acute type	Lymphoma type	Acute tye	Acute type	Acte type
治疗 Treatment		COPP		CHOP	CP
	Methylpred nisone + CsA VP16 + COP		Prednisone + CsA IFNa - 2b		
生存期	6 个月	4 个月	>8 个月	10 d	2 个月
Survival time	6M	4M	>8M	10days	2M
死因	脑出血 DIC	消化道出血	-	呼衰	肾衰
Causes of death	Cerebral hemorrhage DIC	hemorrhage	-	Respiratory failure	Renal failure

PTCL：外周 T 细胞淋巴瘤：CTCL：皮肤 T 细胞淋巴瘤；RH：淋巴结反应性增性

PTCL：Peripheral T cell lymphoma. CTCL：Cutaneous T cell lymprona. RH：Reactive hyperplasia of lymph node

表 2　5 列 ATLL 病人的实验室检查结果

Tab. 2　Results of laboratory examinations of 5 patients with ATLL

项目（Item）	病例 Cases				
	1	2	3	4	5
HB（$\times 10^9$g/L）	51	137	109	138	152
plt（$\times 10^9$/L）	65	75	189	123	128
WBC（$\times 10^9$/L）	1.5	4.1	7.6	11.2	6.4

续表 2

项目（Item）	病例 Cases				
	1	2	3	4	5
Ly（%）	22	32	28	11	22
异常淋巴细胞 Abnormal lymphocytes					
占 PB（%） in PB%	–	–	12	4	–
占 BM（%） in BN%	2	ND	4.5	9	–
占 PBMC（%） in PBMC（%）	34	ND	53	77	ND
核形态 Nucleus morphology	花状分叶 Flower like lobulated	–	花状分叶切迹 Flower like lobulated	花状分叶 Flower like lobulated	–
HTLV – Ⅰ抗体 HTLV – Ⅰ antiboby	1 : 32	ND	1 : 20	–	–
HTLV – Ⅰ前病毒 DNAHTLV – Ⅰ proviral DNA	+（PB + BM）	+（LN）	+（PB + BM + LN）	+（PB）	+（PB + s）
sIL_2R（正常 <250U/ml）sIL_2R（normal <250U）/ml	3533.3	ND	2294.8	1764	1328.2
Ca（μmol/L）	1.9	2.2	2.2	2.5	1.8
LDH（IU/L）	619	ND	1014	1424	1477
CD_2/CD_8（%）	370.5/52.5	ND	85/82	ND	ND
CD_4/CD_8（%）	56.5/31.5	ND	77/56	ND	ND
透射电镜 Transmission electron microscopy	未见病毒颗粒 Viral particles not found	ND	未见病毒颗粒 Viral particles not found	ND	ND

PB：外周血；BM：骨髓；PBMC：外周血单个核细胞；ND：未做；LN：淋巴结；S：皮肤；sIL_2R：可溶性白介素 2 受体；LDH：乳酸脱氢酶

PB：Peripheral blood. BM：Bone marrow. PBMC：Peripheral blood mononuclear cells. ND：Not done. LN：Lymph node. S：SKin；sIL_2R；soluble interleukin 2 receptor. LDH：Lactate dehydrogenase

二、外周血异常淋巴细胞形态和 HTLV – Ⅰ前病毒 DNA 检测结果 见图 1 与图 2。

讨　　论

已证实 ATLL 主要是由 HTLV – Ⅰ感染所致[1]。HTLV – Ⅰ感染主要流行于日本的西南部、加勒比海地区和非洲，感染率最高达 25%，其他国家和地区亦有小流行区发现[8]。我国福建沿海地区和北方少数民族地区也发现小流行区，感染率分别为 1.0% 和 4.05% ~ 4.56%[9,10]。在北京、天津、昆明和沈阳部分献血员中也曾经进行 HTLV – Ⅰ抗体调查，阳性率分别为 3.0%，3.5%，2.3% 和 5.2%[11]。传播途径主要是母 – 婴（母乳）、夫 – 妻（性交）和输血[1]。在 HTLV – Ⅰ携带者中，约 2% 发展为 ATLL。在携带者家族中，ATLL 发病亦高。我们发现的 5 例病人，平均年龄（49.6 岁）低于日本的平均年龄（57.1 岁）[3]，3 例女性病人的年龄低于男性病人；汉族 3 例，满族 2 例，出生地除 1 例在沈阳外均在北京；病前无输血史，与日本人均无密切接触史。其中例 1 是例 2 的外甥女，母乳喂养长大，推测例 1 的母亲和外祖母有可能是携带者或病人。这为 5 例病人的出生地和民族聚集地进一步做流行病学调查提供了线索。

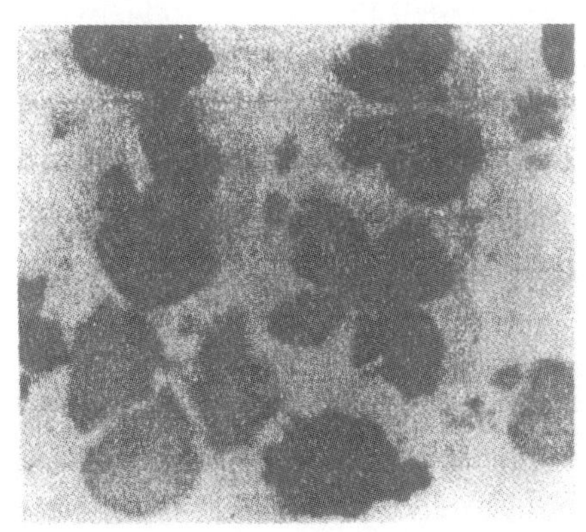

图1　病人浓缩外周血单个核细胞照片示花瓣状异常淋巴细胞（瑞氏染色×1000）

Fig. 1　Photomicrograph of a patient's concentrated PBMC film shows flower-like abnormal lymphocytes（Wrigh stain ×1000）

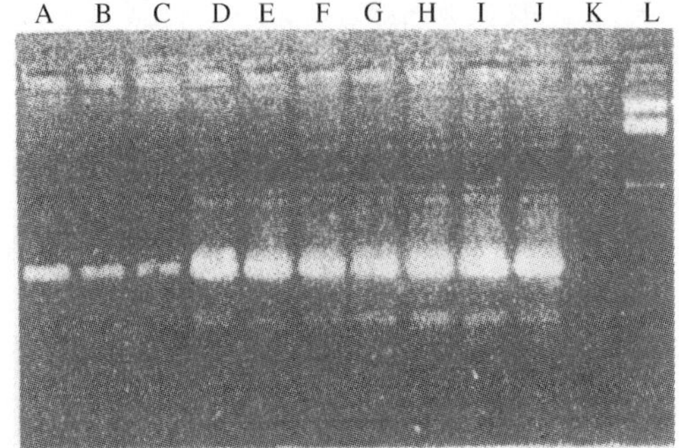

A：阳性对照，B～C：例1的外周血和骨髓单个核细胞，D：例2的淋巴结细胞，E～G：例3的外周血、骨髓单个核细胞和淋巴结细胞，H：例4的外周血单个核细胞，I～J：例5的外周血单个核细胞和皮肤细胞，K：阴性对照，L：pBR322/BstNI

图2　病人标本PCR扩增结果

A：Positive control；B～C：Cases 1′s PBMC and bone marrow mononuclear cells（BMMC）；D：Case 2′s cells from lymph node（LN）；E～G：Case 3′s PBMC，BMMC and cells from LN；H；Case 4′s PBMC；I～J：Case 5′s PBMC and cells from skin lesion；K：Negative control；L：pBR322/BstNI

Fig. 2　PCR amplification results of the patients′samples

ATLL特征性的表现是高钙血症、外周血淋巴细胞形态学改变和肿瘤细胞内存在HTLV－Ⅰ前病毒DNA的整合[2]，后两者特别是后者是诊断ATLL的基本条件[3,8]，而皮肤和淋巴结病理改变、免疫学标记和某些染色体异常并非ATLL所特有[2]。目前比较公认的诊断和分型标准的日本淋巴瘤研究组提出的[3]，5例病人均符合上述诊断和分型标准。值得注意的是，ATLL的淋巴结病理可以是从淋巴结炎（反应状态，如例3）→早期ATLL（肿瘤前状态）→ATLL（肿瘤状态）的各个阶段[12]，淋巴瘤型中也无特定的病理类型，CTCL和具有皮肤表现的ATLL的皮肤病理相似。因此，对于T细胞淋巴增殖性疾病病人常规检测HTLV－Ⅰ抗体或前病毒DNA可能会从中发现更多的ATLL病人。

本文5例病人临床表现均不典型，均无高钙血症，急性型外周血涂片异常淋巴细胞的比例均不高，HTLV－Ⅰ抗体滴度不高及阴性，急性型中特别是例1和例4分别突出表现为全血细胞进行性减少和肝脾进行性肿大，给诊断造成一定困难，且往往是漏诊和误诊的主要原因。一般认为，CD_4^+、CD_8^- 表型者临床表现多典型，而 CD_4^+、CD_8^+ 双表型者多不典型，多表现为白细胞减少和脏器侵犯严重，且临床上少见[13]。由于我们未做双标记，不能确定例1和例3是否为双表型，例4未来得及做免疫分型，但它们有双表型的可能。

不典型病例的发现和诊断不仅要提高对不典型临床表现的认识，还要靠敏感和可靠的诊断方法。对于可疑ATLL病人，特别是外周血异常淋巴细胞比例不高或常规白细胞分类不易发现者，我们认为单个核细胞浓缩离心法是一种简单、快速和阳性率高的值得推荐的方法。

间接免疫荧光法检测HTLV－Ⅰ抗体是HTLV－Ⅰ感染的初筛实验，但敏感度不高，做检查的4例病人中2例阴性（例4与例5）。这可能与逆转录病毒感染本身所致的免疫缺陷状态有关[14]。我们采用敏感度高、特异性强的 PCR 方法可直接检测到细胞中微量病毒核酸，并证实在例4 和例5 的肿瘤细胞中存在 HTLV－Ⅰ前病毒 DNA 的整合，克服了血清学方法检测的不足。因此，对于临床上怀疑 ATLL 而血清学检测阴性的病人应进一步做 PCR 检测。

以上结果促使我们提出如下假设：在我国特别是某些城市 ATLL 并非罕见，提高对不典型临床表现的认识，改进检测技术和常规检测 T 细胞淋巴增殖性疾病病人 HTLV－Ⅰ抗体和前病毒 DNA，将会发现更多的病人。

〔原载《中华实验和临床病毒学杂志》1996，10（2）：104－109〕

参 考 文 献

1 Yamaguchi K，Takatsuki K. Adult T cell leukemi a－lym phoma. Baillienes Clin Haematol，1993（6）：899

2 Matutes E，Schulz T，Andrada Sorpa M J，et al. Report of the Second International Symposium on HTLV in Brazil. Leukemia，1994（8）：1092

3 Shimoyama M. Members of the Lymphoma Study Group（1984－87）. Diagnostic criteria and classification of clinical subtypes of adult T－cell leukemia － lymphoma，Br J Haematol，1991，79：428

4 Zeng Y，Lan X Y，Fang J，et al，HTLV－Ⅰ antibody in China. Lancet，1984（7）：799

5 曾毅，蓝祥英，王必常，等．成人 T 细胞白血病病毒抗体的血清流病学调查．病毒学报，1985（1）：344

6 杨天楹，曾毅，吕联煌，等．中国的成人 T 细胞白血病．中华血液学杂志，1990（11）：488

7 陈国敏，何士勤，王柠，等．用聚合酶链反应检测 T 细胞白血病/淋巴瘤中 HTLV－Ⅰ前病毒 DNA. 病毒学报，1994（4）：366

8 Levine P H，Jaffe E S，Manns A，et al. Human T－cell lymphotropic virus type I and adult T－cell leukemia/lymphoma outside Japan and the Caribbean basin. Yale J Biol Med，1988，61：215

9 吕联煌，周瑶，薛守贵，等．福建沿海地区人类 T 细胞白血病病毒小流行区的发现．中华血液学杂志，1989（10）：225

10 王占菊，梁瑛，纪奎滨，等．中国北方部分人群成人 T 细胞白血病血清抗体调查．中华流行病学杂志，1991（6）：338

11 李以莞，Sakinger W C，Blattner W A，等．北京等地区正常人血清中 T 细胞白血病淋巴瘤病毒抗体调查．中华肿瘤杂志，1984（6）：98

12 Ohshima K，Kikuchi M，Yoneda S，et al. Restriction of Tcell receptor variable region in lymph nodes of adult T cell leukemia/lymphoma. Hematol Oncol，1993（11）：147

13 Kamihira S，Sohda H，Atogami S，et al. Phenotypic diversity and prognosis of adult T－cell leukemia. Leukemia Res，1992，16：435

14 Chadburn A，Athan E，Wieczorek R，et al. Detection and characterization of human T－cell lymphotropic virus type I（HTLV－Ⅰ）associated T－cell neoplasma in an HTLV－Ⅰ nonendemic region by polymerase chain reaction. Blood，1991，77：2419

Discovery of 5 Cases of Atypical Human T – Cell Lymphotropic Virus Type – I Associated Adult T – Cell Leukemia/Lymphoma

MA Yigai*, LI Zhenling, CHEN Guomin, et al. (*China – Japan Friendship Hospital, Beijing)

Only more than 10 cases of adult T – cell leukemia/lymphoma (ATLL) have been reported in this country up to now. Recently, 5 cases of atypical HTL – V – 1 associated ATLL were consecutively found. There were 2 male and 3 female patients whose age were 49.6 years old in average, while 3 patients were of Han and 2 were of Man nationalities, the latter 2 patients being the members of the same family. All patients were born in Beijing except one in Shenyan. No hypercalcemia was found in all these cases. Flower cells and abnormal lymphocytes were not easily found in routine blood smears, but it was easily found these cells in the smears of centrifugated and concentrated peripheral blood monouclear cells using Cytospin Ⅱ HTLV – Ⅰ antibody was positive in 2 of 4 case by using indirect immunofuorescence, and the presence of HTLV – Ⅰ proviral DNA integration in tumor cells was demonstrated in all 5 cases by using polymerase chain reaction technique. Four cases died with survival times from 10 days to less than 6 moths, and only one has been alive for more than 8 moths. A hypothesis has been proposed form this result that in China especially in some cities ATLL is not very rare, and more patients could be found if the knowlegde about its atypical clinical manifestation is increased, the detecting techniques are improved and the detection of HTLV – Ⅰ antibody and provial DNA in T – cell lymphoproliferative disorders is routinely performed.

〔**Key words**〕 T – cell leukemia lymphoma; Human T – cell lymphotropic virus type Ⅰ; DNA, viral; Polymerase chain reaction

199. 头颈肿瘤组织中 Epstein – Barr 病毒编码的 RNAs 原位杂交检测

解放军第四军医大学西京医院　刘振声　王锦玲　基础部病理教研室　刘彦仿
中国预防医学科学院病毒学研究所　李宝民　曾　毅　　法国 CNRs　JOAB Irene

〔**摘　要**〕　采用地高辛标记的 Epstein – Barr (EB) 病毒编码的 RNAs (EBERs) 检测了 127 例头颈肿瘤组织标本。结果显示 35 例低分化鼻咽癌 EBERs 阳性检出率为 94%，5 例高分化鼻咽癌组织中 2 例 EBERs 阳性，3 例未分化鼻咽癌中 2 例 EBERs 阳性，证明 EBV 不仅与低分化和未分化鼻咽癌有关，也与高分化鼻咽癌有关。在慢性鼻咽炎及声带息肉的上皮细胞中未检测到 EBERs。检测的 69 例其他头颈恶性肿瘤组织标本中有 35 例存在 EBERs，阳性率为 51%，其中喉癌、下咽癌和恶性淋巴瘤组织中 EBERs 阳性率比其他头颈肿瘤高，分别为 65%、42% 和 47%。研究证明，EBV 不仅存在于鼻咽癌组织中，也存在于其他头颈肿瘤组织中；EBV 不仅感染淋巴细胞，而且也能感染上皮细胞。

〔**关键词**〕　头颈肿瘤；Epstein – Barr 病毒；原位杂交；RNA，病毒/分析一般认为 EBV 与低分化和未分化鼻咽癌关系密切，而与高分化鼻咽癌的发生无关[1]。近年来由于分子生物学技术的发展，有学者采用聚合酶链反应（PCR）方法从高分化鼻咽癌组织中人测到 EBV DNA[2]。但 EBV 在细胞中的定位用 PCR 方法尚不能确定。另有报道在胸腺、唾液腺、扁桃体以及肺癌等癌组织中也存在 EBV DNA[3,4]。提示 EBV 与鼻咽癌以外的肿瘤也具有某种联系。过去一直认为 EBV 是嗜 B 淋巴细胞病毒，T－淋巴细胞增殖与 EBV 没有关系，但近年来文献报道在各种 T－细胞淋巴瘤中检测到 EBV DNA[5]。EBV 是人群中广泛存在的特殊病毒，但 EBV 究竟与哪些肿瘤有关，EBV 在这些肿瘤中起什么作用还不清楚。我们采用地高辛标记的 EBERs 探针检测了 127 例头颈肿瘤组织标本，力图进一步查明 EBV 在其中的存在与分布情况，为探讨 EBV 与头颈肿瘤之间的关系提供基本的分析素材。

材料和方法

一、标本来源及制备 肿瘤标本由解放军第四军医大学西京医院病理科提供。主要为 1992～1994 年活检标本和手术切除的保留蜡块共 127 例。其中慢性鼻咽炎 9 例，高分化鼻咽癌 5 例，低分化鼻咽癌 35 例，未分化鼻咽癌 3 例；上颌窦鳞癌 7 例，鼻腔腺癌 4 例，扁桃体鳞癌 3 例。喉鳞癌 20 例，下咽癌 7 例，声带息肉 6 例；甲状腺癌 8 例，鼻腔恶性肉芽肿 3 例，鼻咽恶性淋巴瘤 8 例，咽腭弓恶性状淋巴瘤 2 例，扁桃体恶性淋巴瘤 3 例，颈部恶性淋巴瘤 4 例。将标本做 5 μm 厚的连续切片，取相邻 3 片分别贴于载玻片上，其中 2 片分别做杂交试验和对照试验，另一片作常规 HE 染色。

二、质粒 DNA 的扩增和提取 含有 EBERs 片段的 pRV－2 质粒由法国 CNRs 的 I. Joab 博士惠赠。质粒 DNA 的扩增和提取参照文献〔6〕。用 Acc I 酶切回收 600 bp EBERs 片段。

三、探针制备及原位杂交检测 探针标记方法及试剂均由 Boehringer Mannheim 公司提供。原位杂交参照文献〔7〕加以改进，将组织切片用蛋白酶 K 消化，4% 多聚甲醛固定，逐级乙醇脱水，加地高辛标记的 EBERs 探针，42℃杂交过夜；用 SSC 洗涤，2% 正常羊血清封闭，室温 30 min 后滴加 Dig－AP 结合液，室温作用 1 h，洗涤后用 NBT 和 BCIP 湿色，脱水透明，树胶封片。用预杂交液代替含探针的杂交液为空白对照；用相同方法标记的 HBV 探针杂交作探针的对照。用已知 EBV 阳性的 B95－8 细胞涂片作阳性对照。

结　　果

一、EBERs 在细胞内的定位 地高辛标记的基因检测阳性信号为紫蓝色沉淀，本研究结果显示，EBERs 定位于细胞核内，呈紫蓝色细颗粒。所有阳性对照、阴性对照及空白对照结果明确。见图版 Ib（略）。

二、头颈部肿瘤组织中 EBERs 的分布及阳性率 用 EBERs 探针检测了 127 例头颈部肿瘤组织活检标本，结果见表 1。

表1　头颈肿瘤组织中EBERs的分布及阳性率表

Tab. 1　Presence of EBERs gene in head and neck tumors

组织类型 Tissue form	总例数 Total No.	EBERs 阳性例数 Positive EBERs	%	组织类型 Tissue form	总例数 Total No.	EBERs 阳性例数 Positive EBERs	%
慢性鼻咽炎 Chronic nasopharyngitis	9	0	0	喉癌 Laryngeal carcinoma	20	13	26
高分化鼻咽癌 Well differentiated NPC	5	2	40	下咽癌 Hypopharyngeal carcinoma	7	3	42
低分化鼻咽癌 Poorly differentiated NPC	35	33	94	甲状腺癌 Thyroid carcinoma	8	3	37
未分化鼻咽癌 Undifferentiated NPC	3	2	66	鼻腔恶性肉芽肿 Nasal malignant granuloma	3	1	33
上颌窦癌 Maxillary sinus carcinoma	7	4	57	鼻咽恶性淋巴瘤 Nasopharyngeal malignant lymphoma（ML）	8	5	62
鼻腔腺癌 Nasal cavity adenocarcinoma	4	2	50	咽腭弓恶性淋巴瘤 Pharyngopalatine ML	2	0	0
声带息肉 Polyp of the vocal cord	6	0	0	扁桃体恶性淋巴瘤 Tonsil ML	3	1	33
扁桃体癌 Tonsil carcinoma	3	1	33	颈部恶性淋巴瘤 Neck ML	4	2	50

讨　　论

国内外有关EBV与鼻咽癌的报道很多，但EBV与其他头颈肿瘤的关系研究较少。1993年Tyan等[8]采用PCR扩增和序列分析技术检测了74例头颈肿瘤组织中EBV DNA，结果30例鼻咽癌组织中全部含有EBV DNA（100%）；44例其他头颈肿瘤中30例含有EBV DNA（68%），其中10例喉癌组织中6例检测到EBV DNA（60%）。但也有在舌、口咽，喉和肺鳞状细胞癌组织中未检测到EBV DNA的报道[9]。

EBERs是一种小的非聚腺苷酸化的病毒编码RNAs，它位于EB病毒复制起始点附近。EBERs在EB病毒感染后的早期表达，在EB病毒感染后36 h即可在B细胞中检测出来。在整个潜伏感染中，EBERs持续存在且含量丰富。EBERs在EB病毒感染潜伏期发挥一定的作用，可能参与RNA的处理、稳定性或转运过程[10]。EBERs由于其片段小而作为合适的靶探针用于原位杂交中的两个原因：第一，它们作为与细胞蛋白La广泛的进行分子内碱基配对的核糖核蛋白的复合物和稳定的二级结构形式存在，因此它们可能比其他转录子更有效地抵御核酸酶的降解，这在常规的甲醛固定、石蜡包埋的临床标本中特别适用；第二，它们在潜伏感染的细胞中含量丰富，表明由于其片段小，对于任何敏感性的丢失，通过它们的高拷贝数而得到代偿[9]，所以我们采用地高辛标记的EBERs基因探针对127例头颈肿瘤组织进行原位杂交检测。证明 EBV 不仅与低分化鼻咽癌有关，也与高分化鼻咽癌有关。与我们检测的人鼻咽癌细胞株结果一致[11]。

本实验检测的 69 例其他头颈部恶性肿瘤组织标本中有 35 例存在 EBERs 基因，阳性率为 51%，其中喉鳞状细胞癌，下咽癌和恶性淋巴瘤组织中 EBERs 基因阳率比其他头颈肿瘤高，分别为 65%、42% 和 47%，与文献报道的结果基本一致[8,12]。研究证明 EBV 不仅存在于鼻咽癌组织细胞中，也存在于其他头颈部肿瘤组织；EBV 不仅感染淋巴细胞，而且也能感染上皮细胞，但 EBV 在这些头颈肿瘤中的确切作用仍不清楚[5]。本研究还在甲状腺癌组织中检测到 EBERs 基因，EB 病毒与甲状腺腺癌的发生有无关系，也需要进一步研究。

〔原载《中华实验和临床病毒学杂志》1996，10（2）：163 – 165〕

参 考 文 献

1 李振权，潘启超，陈剑经，主编．鼻咽癌临床与实验研究．广东：广东科技出版社，1983，4

2 Dickens P，Sricastava G. Loke S L，et al. Epstein – Barr virus DNA in nasopharyngeal carcinomas from Chinese patients in Hong Kong. J Clin Pathol，1992，45（5）：396

3 Dimery I W，Lee J S，Blick M，et al. Association of the Epstein – Barr virus with lymphoepithelioma of the thymus，Cancer，1988，61（12）：2475

4 Hamilton – Dutoit S J，Therkildsen M H，Nielsen N H，et al. Undifferentiated carcinoma of the salivary gland in Greenlandic Eskimos：demonstration of Epstein – Barr virus DNA by in situ nuclear acid hybridization. Hum Pathol，1991，22（8）：811

5 Minrovits J，Hu L F，Imai S，et al. Expression and methylation patterns of the Epstein – Barr virus genomes in lethal midline granulomas classified as peripheral angiocentric T cell Lymphomas，J General Virol，1994；75：77

6 金冬雁，黎孟枫，侯云德，译．分子克隆实验指南（第二版）．北京：科学出版社，1992，24

7 Wu T C，，Mann R B，Charache P，et al. Detection of EBV gene expression in reed – stemberg cells of Hodgkin's disease. International J cancer，1990，46：801

8 Tyan Y S，Liu S t. Ong W R，et al. Detection of Epstein – Barr virus and human papillomavirus in head and neck tumors，J Clin Microbiol，1993，31（1）：53

9 Wu T C，Mann R B，Epstein J I，et al. Abundant expression of EBER1 small nuclear RNA in nasopharyngeal carcinoma. American J Pathol，1991，138：1461

10 Rooney C，Howe J G，Speck S H，et al，Influences of Burkitt's Lymphoma and primary B – Cells on latent gene expression by the non – immortalizing P3J – HR – 1 strain of Epstein Barr virus. J Virol，1989，63：1531

11 滕智平，曾毅．应用生物素标记探针进行细胞原位杂交检测人鼻咽癌细胞株中的 EB 病毒 LMP 基因．病毒学报，1994，10（2）：184

12 Jeng K C，Hsu C Y，Liu M T，et al. Prevalence of Taiwan variant of Epstein – Barr virus in Throat washings from patients with head and neck tumors in Taiwan，J Clin Microbiol，1994，32（1）：28

Detection of Epstein - Barr Virus Encoded RNAs (EBERs) in Tumor Tissues of Head and Neck Cancer by *in situ* Hybridization

LIU Zhensheng, LI Baomin, LIU Yanfang, et al. (Xijing Hospital, 4th Military Medical University, Xian)

The presence of EBV - EBERs gene in 127 head and neck tumor tissues were examined by *in situ* hy bridization with Digoxigenin - Labelled DNA. EBERs gene was detected in 33 of 35 (94%) poorly differentiated NPC; in 2 of 5 well differentiated NPC and in 2 of 3 undifferentiated NPC. It suggest that EBV is not only related to poorly differentiated and undifferentiated NPC, but also related to well differentiated NPC. EBERs was not detected in the epithelial cells of chronic nasopharyngitis and polyp of the vocal cord. EBERs gene was detected in 35 of 69 (51%) other head and neck tumors, among them the positive rate of laryngeal carcinoma, hypopharyngeal carcinoma and malignant lymphoma were 65%, 42% and 47%, respectively, which were higher than other head neck tumors. This study shows that EBV not only presented in NPC tissue cells, it also presents in other head and neck cancer tissues. EBV not only infect lymphocyte, but also infect epithelial cells. We detected EBERs in the thyroid carcinoma tissues, for which further investigation should be conducted.

〔**Key words**〕 Head and neck neoplasms; Epstein - Barr virus; *In situ* hybridization; RNA, viral

200. Epstein - Barr 病毒核抗原Ⅱ基因免疫的初步研究

河南医科大学解剖学教研室　臧卫东

中国预防医学科学院病毒学研究所　纪志武　谈浪逐　李保民　曾　毅

〔**摘　要**〕　利用基因免疫技术，将重组质粒 pSG5 - EBNA2 注入 Balb/C 小鼠肌肉中，于第2、4、8 周检测鼠血清中抗 - EB 病毒核蛋白抗原Ⅱ（EBNA2）的特异抗体，结果表明，83%（5/6）的免疫小鼠产生特异抗体，且抗体滴度随时间变化增高。

〔**关键词**〕　基因免疫；Epstein - Barr 病毒；抗原；抗体

传统的用于预防病毒感染的方法是接种减毒活疫苗或灭活病毒疫苗，然而回复突变、抗原负荷减少及重要抗原表位丢失使得这些疫苗在效价和安全性方面还存在一些问题。随着基因工程技术的发展，出现了亚单位疫苗和重组病毒疫苗。前者虽然安全系数较高，但造价昂贵，且免疫原性较差；后者则有致突变的潜在危险。基因免疫（Genetic immunization）是将编码特异抗原的核酸序列直接注入宿主的靶组织中，从而激发宿主抗原特异性免疫反应。1992 年 Tang 等人[1]研究发现给小鼠耳部皮肤接种含有编码人生长激素基因的质粒后，大部分小鼠产生了抗生长激素抗体，标志着基因免疫接种技术的出现。1993 年 Wang 等[2]给小鼠肌肉内注射编码 HIV - 1 被膜抗原 gp120 的质粒 PM - 160 后获得抗 gp120 的阳性血清。此后，又有人对甲型流感病毒核蛋白（NP）[3]和乙型肝炎病毒表面抗原（HBsAg）[4]进行了类似研究。关于EB病毒的类似研究未见报道。EB病毒的核蛋白抗原Ⅱ（EBNA2）是EB病毒感染宿主细胞后最先表达的基因之一，是一个鳞酸化的核蛋白，对细胞的永生化起重要作用[5]。EBNA2能以Trans的方式激活B淋巴细胞表面的EB病毒受体CD21[6]和细胞内的原癌基因（c-fgr）[7]，还能激活EB病毒潜伏膜蛋白（LMP）的启动子[8]。我们用已构建的重组质粒pSG5-EBNA2注射到小鼠的骨骼肌肉，观察抗体产生情况。

材料和方法

一、质粒和细菌 质粒pSG5-EBNA2含有SV40早期启动子及氨苄抗性基因。编码EBNA2基因完整开放阅读框架（ORF 1641 bp）的EB病毒基因片段（1862 bp），被插入真核表达载体pSG5多克隆位点XbaI和EcoR I之间。宿主菌株为*E. coli* JM109。

二、细胞培养和转染 Wish细胞常规用含10%56℃灭活小牛血清的1640培养液（内含100 U/ml青霉素和100 μg/ml链霉素）37℃培养。每隔3 d传代1次，细胞转染前20 h传代1次。转染前4 h，细胞换新鲜1640培养液，转染质粒pSG5-EBNA2用量为10 μg。用常规磷酸钙法作质粒的细胞转染。细胞转染后3 h，用含20%二甲基亚砜（DMSO）1640溶液处理细胞2 min，Hanks液冲洗，再换新鲜1640培养液，并置细胞于37℃培养。48 h后收集细胞，涂片备用。

三、小鼠免疫接种 本室饲养4周龄的Balb/C小鼠，用1%戊巴比妥钠质粒注射部位局部麻醉，每只小鼠注射100 μg质粒DNA（0.1 μg/μl）于左侧股四头肌，普通喂养。分别于2、4、8周球后静脉动从取血分离血清，存于-20℃备用。

四、血清中特异性抗体的检测 用间接免疫荧光法，羊抗鼠IgG荧光抗体购自华美生物工程公司。用作阳性对照的鼠抗EBNA2单克隆抗体（PEZ）和用作阴性对照的鼠抗LMP单克隆抗体（S12）均由KenzoTakada惠赠。

结　　果

一、pSG5-EBNA2质粒示意图 见图1。

二、抗EBNA2特异性抗体检测结果 检测表达质粒pSG5-EBNA2免疫后第2、4、8周小鼠的血清，结果6只小鼠中有5只可检测到抗EBNA2抗体。PEZ和S12分别为EBNA2特异性单克隆抗体的阳性和阴性对照，结果见图2。

三、抗EBNA2特异性抗体的滴度 抗EBNA2抗体阳性的小鼠血清经倍比稀释后进行免疫荧光检测，结果表明，一次性免疫后，抗体滴度随时间变化逐渐增加。免疫后2周，抗体滴度均为1∶16；免疫后4周，4只小鼠抗体滴度为1∶32，1只为1∶64，平均滴度为1∶38；8周，2只抗体滴度为1: 32,3只为1∶64，平均为1∶51，见表1。

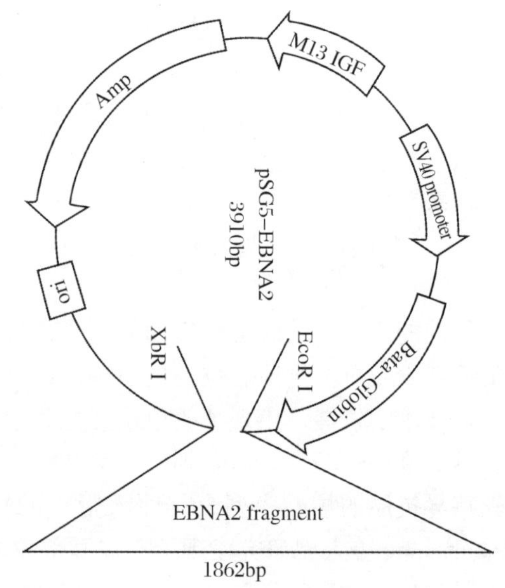

图1　pSG5-EBNA2质粒示意图

Fig. 1　The sketch map of plasmid pSG5-EBNA2

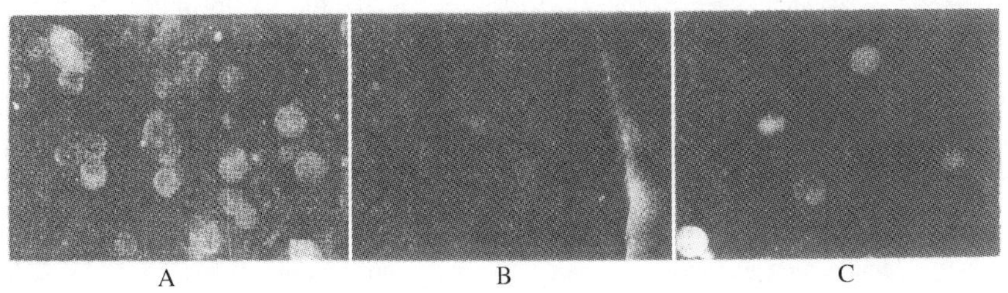

图 2 PEZ（A）、S12（B）和 pSG5 – EBNA2 免疫后鼠阳性血清（C）分别与 pSG5 – EBNA2 转染后的 Wish 细胞反应结果

Fig. 2 The results of reaction of PEZ（A），S12（B） and positive mouse serum（C） separately with wish cells that were transfected by plasmid pSG5 – EBNA2

表 1 EBNA2 特异性抗体的检测

Tab. 1 Detection of specific antibody against EBNA2

小鼠编号 Number of mice	抗体滴度 Titre of antibody		
	2 weeks	4 weeks	8 weeks
1	1/16	1/32	1/64
2	0	0	0
3	1/16	1/64	1/64
4	1/16	1/32	1/32
5	1/16	1/32	1/64
6	1/16	1/32	1/32
平均滴度 Average titre	1/16	1/38	1/51

讨 论

我们应用重组质粒 pSG5 – EBNA2 接种于小鼠的骨骼肌，从第 2 周起可在鼠血清中检测到抗 EBNA2 特异抗体，并且第 4 周、第 8 周抗体滴度逐渐增加，说明裸露质粒可以进入肌细胞持续存在且能够表达。骨骼肌是一种高度分化的组织，每个肌细胞（又称肌纤维）可有上百个细胞核，沿着肌细胞的长轴，靠近细胞膜排列。尽管质粒 DNA 进入肌细胞的机制尚不清楚，肌细胞的特征性结构 T 管可能起着重要作用。T 管是肌细胞膜内陷形成的，它可将肌细胞的去极化引导至细胞内部，使整块肌肉收缩[9]。我们的实验结果同文献〔3，4〕的报道相似，并非每个免疫动物均能产生阳性血清，这可能与肌肉本身的物理屏障有关。肌肉具有三层结缔组织鞘，包在单个肌纤维表面而且与细胞的基膜相连。肌外膜不具有阻止质粒 DNA 进入肌纤维的作用，因为注射用针头可以刺穿它。而肌束膜则具有阻止质粒扩散的作用。Davis 等人把印度墨水注入肌肉内，横切发现墨水常局限于束间隙，而不是在每根肌纤维周围。采用同样的注射方式和相同剂量的 DNA，我们检测的动物血清抗体阳性率为 83%，较一些作者[10]报道的结果为高，这可能是由于免疫动物的 DNA 体积不同造成的。一般作者将 100 μg 质粒 DNA 溶解于 100 μl，给动物注射，且是两侧股四头肌注射，而我们注射的质粒 DNA 体积为 1 ml，又是注射一侧的肌肉，这样就使得肌肉内部压力增高，对肌肉的结缔组织膜有一定的破坏作用，进入肌细胞的质粒 DNA 量增多。Davis 等人[4]发现在给动物注射质粒 DNA 前，先用局麻药物（丁哌卡因）或心脏毒素（一种蛇毒）使肌纤维变性，可以增加进入肌纤维中的质粒（DNA）的量，产生抗体的滴度亦增加。至于我们在此所报道的抗体滴度较其他一些作者[4,12]的低，这也许与间接免疫荧光法不如ELISA法敏感有关。国外研究人员[1]使用基因枪（gene gun）把质粒包裹的金颗粒射入小鼠组织内，所得结果与我们的结果无明显差异。

〔原载《中华实验和临床病毒学杂志》1996，10（3）：222－224〕

参 考 文 献

1 Tang D，Devit M，Johnston S A，et al. Genetc immunization is a simple method for eliciting an immune response，Nature，1992，356：152

2 Wang B，Ugen K E，Srikantan V，et al. Gene inoculation generates immune responses against human immunodeficiency virus type I. Proc Natl Acad Sci USA，1993，90（9）：4156

3 Ulmer J B，Deck R R，Corrile M，et al. Protective immunity by intramuscular injection of low doses of influenza virus DNA vaccines. Vaccine，1994，12：1541

4 Davis H L，Michel M L，Mancini M，et al. Direct gene transfer in skeletal muscle：plasmid DNA－based immunization against the hepatitis B virus surface antigen. Vaccine，1994，12：1503

5 Wolfgang H，Bill S，Genetic analysis of immortalizing functions of Epstein－Barr virus in human B lymphocytes. Nature. 1989，340：393

6 Cordier M，Calender A，Billand M，et al. Stable transfection of Epstein－Barr virus（EBV）nuclear antigen 2 in lymphoma cells containing the EBV p3HR－1 genome induces expression of B cell activation molecules CD21 and CD23. J Virol，1990，64（3）：1002

7 Knutson J. Silva P，Benech M，et al. The level of C－fgr RNA is increased by EBNA2，an Epstein－Barr virus gene required for B cell immortalization. J Virol，1990，64（6）：2530

8 Fahraeus R，Jansson A，Ricksten A，et al. Epstein－Barr virus encoded nuclear antigen 2 activates the viral latent membrane protein promoter by modulating the activity of a negative regulatory element. Proc Natl Acad Sci USA，1990，87：7390

9 Wolff J A，Dowty M E，Jiao S，et al. Expression of naked plasmids by cultured myotube and entry of plasmids into T－tubes and calveolae of mammalian skeletal muscle. J Cell Sci，1993，103：1249

10 Schdel F，Aguado M T，Lambert P H，et al. Introduction：Nucleic Acid Vaccine. WHO，Geneva，17－18 May 1994. Vaccine，1994，12：1491

11 Davis H L，Whalen R G，Demeneix B A，et al. Direct gene transfer into skeletal muscle in vivo；Factors affecting efficiency of transfer and stability of expression. Human Gene Ther，1993，4：151

12 周玲，李晓利，张晓梅，等．应用重组质粒PAM－HBsAg在果蝇细胞中表达乙型肝炎表面抗原及基因免疫的初步研究．中华实验和临床病毒学杂志，1995，9（4）：322

Preliminary Study of Genetic Immunization against Nuclear Antigen Ⅱ of Epstein－Barr Virus

ZANG Wei－dong，JI Zhi－wu，TAN Lang－zhu，et al.（Institute of Virology，Chinese Academy of Preventive Medicine，Beijing）

For the purpose of genetic immunization，we injected the expression plasmid pSG5－EBNA2 directly into the quadriceps muscle of Balb/C mice. Indirect immuno－fluorescence assay was used to detect specific antibody against EBV nuclear antigen Ⅱ（EBNA2）in sera of mice，at the second，fourth and eighth week. The results showed that

83% (5/6) of the mice were able to elicit specific immune response and the antibody titres in mice rose along with the time.

〔**Key words**〕Genetic immunization; Epstein – Barr virus; Antigen, viral; Antibody, viral

201. Epstein – Barr 病毒 IgA/VCA 抗体变动规律和鼻咽癌发病的关系

广西苍梧县鼻咽癌防治所 钟建民 廖 建 李秉钧 潘文俊 严壮南
中国预防医学科学院病毒学研究所 曾 毅 广西壮族自治区人民医院 韦继能 王培中 黎而介

〔**摘 要**〕 对苍梧县 Epstein – Barr (EB) 病毒 (IgA/VCA) 抗体阳性的 931 人每年进行观察，连续 10 年追踪发现他们中 294 人 (31.6%) 抗体转阴，66 人 (7.1%) 抗体波动，120 人 (12.9%) 抗体下降，这些人中未出现鼻咽癌病人。在 375 (40.3%) 例抗体无明显改变者中出现 6 例病人，检出率为 1.6%，在抗体上升的 76 人 (8.2%) 中出现了 17 例病人，检出率为 22.4%，抗体持续阳性特别是滴度升高者是鼻咽癌的高危险人群。

〔**关键词**〕 Epstein – Barr 病毒；鼻咽肿瘤；抗原，病毒；抗体，病毒

EB 病毒与鼻咽癌关系十分密切，应用免疫酶法测定 EB 病毒壳抗原的免疫球蛋白 A (IgA/VCA) 抗体，已应用于鼻咽癌的血清学普查[1]。1978 ~ 1979 年我们在苍梧县进行了 15 万人的血清学普查，在 3533 例 IgA/VCA 抗体阳性者中发现 55 例鼻咽癌病[2]，为了更好地了解其他阳性者的转归，我们对石桥乡和夏郢乡抗体阳性者进行了 10 年观察，结果报告如下。

材料和方法

一、研究对象 1979 年石桥乡和夏郢乡鼻咽癌血清学普查对 IgA/VCA 抗体≥1.5 者为随访对象。

二、血清学检查 指尖或耳垂采血 1 滴于直径 1.5 mm 塑料管内，分离血清冻存于 –20℃冰箱，用免疫酶法测定 IgA/VCA 抗体[3]，每年下乡到农户随访 1 次，连续 10 年到 1989 年 12 月止。

三、临床检查 采血同时建卡登记鼻咽部检查情况及临床表现，对可疑者取组织做病理检查确诊，临床参照 1979 年长沙全国鼻咽癌协作会议 TNM 分期。

四、IgA/VCA 抗体变化分类 抗体测定连续 2 次阴性为抗体转阴；抗体阳性阴性反复不定为抗体波动；抗体 = ±2 倍原滴度为抗体无明显改变；抗体≥4 倍原滴度为抗体上升；抗体≤1/4 原滴度为抗体下降。

表 1 IgA/VCA 抗体阳性率

Tab. 1 IgA/VCA antibody positive rate

乡 Village	检查人数 No. tested	抗体阳性数 Antibody positive	阳性率% Positive rate
夏郢 Xiaying	12 328	704	5.7
石桥 Shiqiao	11 383	604	5.3
合计 Total	23 711	1308	5.5

结　　果

一、临床发现的鼻咽癌病人 在 1979 年对石桥乡和夏郢乡 30 岁以上 23 711 人进行鼻咽癌血清学普查，IgA/VCA 抗体阳性者（≥1∶5）1308 人，阳性率为 5.5%（表 1），几何平均滴度（GMT）为 1∶14.9（表 2）。普查时发现鼻咽癌 15 例，GMT 为 1∶80，经过 10 年追踪到 1989 年 12 月止又发现 23 例新的鼻咽癌病人，他们抗体 GMT 由普查时初次阳性的 1∶19.8 上升到 93.0（表 3），其中 Ⅰ 期 10 例，Ⅱ 期 19 例，Ⅲ 期 7 例，Ⅳ 期 2 例，共计 38 例，抗体阳性者鼻咽癌检出率为 2.9%。

表 2 IgA/VCA 抗体滴度分布

Tab. 2 IgA/VCA antibody distribution

乡 Village	抗体滴度 Antibody titer									总计 Total	GMT
	5	10	20	40	80	160	320	640	1280		
夏郢 Xiaying	137	186	164	134	79	1	2	0	1	704	1∶17.2
石桥 Shi qiao	207	172	103	70	43	5	1	2	1	604	1∶12.7
合计 Total	344	358	267	204	122	6	3	2	2	1 308	1∶14.9

表 3 从 IgA/VCA 抗体阳性者出现鼻咽癌病人抗体滴度分布

Tab. 3 Antibody titer distribution in NPC patients who developed from IgA/VCA positive individuals

组别 Group	抗体滴度 Antibody titer									合计 Total	GMT
	5	10	20	40	80	160	320	640	1280		
普查发现病人 Patients found in general survey	0	2	2	3	4	3	0	1	1	15	1∶80.0
追踪初次采血 10 years follow up：first blood samples	1	7	9	5	1					23	1∶19.8
确诊 Clinically confirmed NPC	0	1	3	3	5	8	1	1	1	23	1∶93.0

二、从 IgA/VCA 抗体阳性到发生鼻咽癌的时间 追踪观察发现，从第 1 次血检抗体阳性到发现鼻咽癌的时间为 8～120 个月，平均 49.5 个月，在普查后 2 年内出现病人为 11 人，最长可在 10 年后出现（表 4）。

三、IgA/VCA 抗体的变动和鼻咽癌关系 对 EB 病毒 IgA/VCA 抗体阳性 931 人，每年采血和临床检查 1 次，进行了 10 年观察，结果发现有 31.6%（294 人）抗体转阴，7.1%

（66 人）抗体波动，12.9%（120 人）抗体下降，这 3 组人群中未发现鼻咽癌。40.3%（375 人）抗体无明显改变持续阳性者发现 6 例鼻咽癌，检出率为 22.4%（表 5），抗体在 1∶20内转阴占 85%，在 4 年内转阴占 83%。在 1983 年开展了早期抗原的 IgA 抗体（IgA/EA）免疫测定技术，在后来发现的 11 例鼻咽癌病人中有 9 例 EA 阳性，有些人在发病前 1～4年已有 IgA/VCA 抗体升高和在血中测定到 IgA/EA 抗体（表 6）。

表 4　追踪出现的鼻咽癌时间

Tab 4　Time for occurrence of NPC through follow－up study

普查发现 NPC 病人 NPC patients found	1 年内 within 1 year	追踪（年）Followup（year）										合计 Total
		1～	2～	3～	4～	5～	6～	7～	8～	9～	10～	
15	4	3	4	2	2	0	1	2	3	1	1	23

表 5　IgA/VCA 抗体变化与鼻咽癌发病的关系

Tab. 5　Relationship between IgA/VCA antibody change and NPC occurrence

项目　Item	抗体变化 Antibody change					合计 Total
	转阴 Negative convertd	波动 Fluctuation	下降 Decreasing	无明显改变 Unchanged	上升 Rising	
随访人数 Persons followed up	294	66	120	375	76	931
百分比（%）	（31.7）	（7.1）	（12.9）	（40.3）	（8.2）	（100）
发现鼻咽癌数 NPC patients found	0	0	0	6	17	23
临床分期 Clinical stage				Ⅰ Ⅱ Ⅲ	Ⅰ Ⅱ Ⅲ	
病人数 Patients				2 3 1	3 11 3	
鼻咽癌检出率 NPC detection rate				1.6%	22.4%	2.47%

表 6　追踪出现的 5 例鼻咽癌 EB 病毒 IgA 抗体变化

Tab. 6　EBV IgA antibody change of 5 NPC cases through follow－up study

病人 Patients (age)	临床分期 Clinical stage	病理诊断 Pathologic diagnosis	抗体 Antibody	普查时抗体滴度 Ab titer at general survey	追踪时抗体滴度 Ab titer at follow－up								初次阳性至确诊时间（年） Time from initiation of Ab positive to NPC confirmation（year）
					1yr	2yrs	3yrs	4yrs	5yrs	6yrs	7yrs	8yrs	
男 60 岁 Male（60）	$T_1N_0M_0$	低分化鳞癌 Low differentiated squamous cell carcinoma	VCA	20	20	20	20	20	20	40	80		7
			EA	－				－	－	10	20		
女 40 岁 Female（40）	$T_2N_0M_0$	低分化鳞癌 Low differentiated squamous cell carcinoma	VCA	20	20	20	10	10	10	160	160		7
			EA	－				－	－	20	2		

续表 6

病人 Patients (age)	临床分期 Clinical stage	病理诊断 Pathologic diagnosis	抗体 Antibody	普查时抗体滴度 Ab titer at general survey	追踪时抗体滴度 Ab titer at follow-up								初次阳性至确诊时间（年） Time from initiation of Ab positive to NPC confirmation (year)
					1yr	2yrs	3yrs	4yrs	5yrs	6yrs	7yrs	8yrs	
男 55 岁 Male (55)	$T_1N_0M_0$	低分化鳞癌 Low differentiated squamous cell carcinoma	VCA	20	20	20	20	20	80	80	80		8
			EA	–			–	10	40	40	40		
男 48 岁 Male (48)	$T_2N_1M_0$	低分化鳞癌 Low differentiated squamous cell carcinoma	VCA	10	10	20	20	20	80	160	160		8
			EA	–			–	–	10	20	40		
女 50 岁 Female (50)	$T_2N_0M_0$	未分化癌 Undefferentiated squamous cell ca	VCA	20	20	10	10	10	10	10	10	40	8
			EA	–			–	–	–	–	–	–	

讨　　论

对苍梧县 30 岁以上人群血清学检查 EB 病毒 IgA/VCA 抗体阳性者的 931 人进行了 10 年观察。当地同年龄自然人群 10 年鼻咽癌发病率为 300/10 万人口，抗体阳性者 10 年发病率为 2.9%，是同龄自然人群的 9.7 倍，抗体上升者为同龄自然人群的 74.7 倍，抗体持续阳性特别是滴度升高的人是鼻咽癌高危险人群，临床应密切注意观察。

血清学普查时发现 15 例病人，经 10 年追踪出现 23 例，他们确诊时 IgA/VCA 抗体 GMT 为 1:80～1:93，比普查正常人群 GMT 1：14.9 和追踪出现鼻咽癌者初次采血时 GMT 1:19.8 均升高 4 倍以上，其中 I 期病人抗体上升在 4 倍以内，升高不多，而在Ⅱ～Ⅳ期病人升高在 4 倍以上，这可能与癌细胞转移到淋巴结有关，抗体水平的高低还可反映肿瘤的发展、预后和疗效。IgA/EA 抗体表示 EB 病毒在体内的活跃程度，对鼻咽癌诊断特异性高而敏感性低[4]，因此把 IgA/VCA 抗体的动态变化和 IgA/EA 结合起来，更有利于鼻咽癌的早期诊断。

从追踪发现的 23 例鼻咽癌中，从第 1 次采血抗体阳性到临床确诊为 8～120 个月，即在鼻咽癌发病前 8～120 个月已有 IgA/VCA 抗体存在，在 15 年临床观察的资料中最长 1 例可达 12 年 6 个月出现鼻咽癌，表明 EB 病毒 IgA/VCA 抗体的存在与鼻咽癌发病的关系十分密切，同时说明鼻咽癌同其他恶性肿瘤一样，有一个相当长的自然发展过程，包括癌前期、亚临床期、临床期，若对抗体阳性者进行有计划的干预治疗，有可能降低鼻咽癌的发生率或延缓鼻咽癌发生的时间。

广西苍梧县鼻咽癌的早诊率，普查前门诊为 16.6%，间接鼻咽镜普查为 56.4%，血清学普查及追踪为 66.7%～82.6%，检查 IgA/VCA 抗体和进行阳性者的追踪能发现没有临床症状的早期病人。中山医学院报道，治疗后鼻咽癌患者 5 年生存率 I 期为 76.9%，Ⅱ期为

56%，Ⅲ期为38.4%，Ⅳ期为16.4%[5]，广西壮族自治区梧州市报告经血清学普查病人5年生存率为66.8%[6]，经鼻咽癌血清学检查，掌握抗体的变化，密切观察早期发现病人，早期治疗就能提高病人的生存率。

〔原载《中华实验和临床病毒学杂志》1996，10（3）：225－228〕

参 考 文 献

1 曾毅，刘育希，刘纯仁，等．应用免疫酶法和免疫放射自显影法普查鼻咽癌．中华肿瘤杂志，1979（1）：2

2 曾毅，钟建民，王培中，等．广西苍梧县EB病毒IgA/VCA抗体阳性者的追踪观察．肿瘤防治研究，1983（10）：23

3 刘育希，曾毅，董文平．应用免疫酶法测定鼻咽癌病人的IgA抗体．中华肿瘤杂志，1979（1）：8

4 曾毅．鼻咽癌的检测和早期诊断．中华耳鼻喉科杂志，1987（22）：145

5 李振权．746例鼻咽癌疗效分析．中华肿瘤杂志，1979（1）：250

6 邓洪，曾毅，黄乃琴，等．广西梧州市鼻咽癌现场10年的前瞻性研究，病毒学报，1992（8）：32

A Study on the Relationship of Epstein－Barr（EB）Virus IgA/VCA Antibody Change with NPC Occurrence

ZHONG Jian－min，ZENG Yi，LIAO Jian，et al.（Nasopharyngeal Cancer Institute，Zangwu County，Guangxi）

In Zengwu county，a follow－up study（once in a yeat）on 931 EB virus IgA/VCA antibody positive cases were carried out for 10 years. The data showed that there were 294 cases（33.6%）the serum antibody changed into negative，66 cases（7.1%）the serum antibody titer fluctuated，120 cases（12.9%）the serum antibody titer descended，and in all these cases there was no NPC patient discovered. But the data also showed that there were 6 cases diagnosed as NPC in 375 cases（40.3%）whose serum antibody titer remained unchanged and 17 cases diagnosed an NPC in 76 cases（8.2%）whose serum antibody titer rised. The former NPC diagnostic rate was 1.6%，and the latter was 22.4%. So the persons whose IgA/VCA antibody to EB virus keep up positive，especially the persons whose antibody titer keep rising are the high risk population of NPC.

〔**Key words**〕Epstein－Barr virus；Nasopharyngeal neoplasms；Antigens，viral；Antibody，viral

202. Epstein - Barr 病毒在人上皮细胞中的增殖和表达

中国预防医学科学院病毒学研究所　李宝民　纪志武　曾　毅
第四军医大学西京医院　刘振声

〔**摘　要**〕　为了研究 Epstein - Barr（EB）病毒在人上皮细胞的存在方式，构建了真核表达质粒 pSG - CR2 - Hyg，并用电脉冲介导基因转移法把该质粒转入人羊膜上皮细胞（wish 细胞），用 HygromycinB 筛选出抗性细胞，用 CR2 单克隆抗体测定，约 25% wish 细胞表达 CR2。再用 EB 病毒感染此细胞，培养一定时间后，与鼻咽癌（NPC）病人血清反应，通过间接免疫荧光法检测，发现 13% 的细胞呈阳性结果。用聚合酶链反应（PCR）方法从 EB 病毒感染的细胞中扩增出 EB 病毒 DNAW 片段。以上结果看出，EB 病毒可感染 CR2 - Wish 细胞，在被感染的细胞中，EB 病毒的 DNA 可存在 30 d 以上，并表达 EB 病毒的抗原。

〔**关键词**〕　Epstein - Barr 病毒；鼻咽部肿瘤/病毒学；人上皮细胞

Epstein - Barr 病毒（EBV）与鼻咽癌密切相关[1,2]。目前已经证明，EB 病毒潜伏膜蛋白（LMP1）基因可抑制人上皮细胞分化，还能诱导人上皮细胞和大鼠细胞在裸鼠体内形成肿瘤[3,4]。然而，尚不知道完整的 EB 病毒是如何感染人上皮细胞的，主要困难是体外培养人上皮细胞缺乏 EB 病毒受体[5,6]，不能用 EB 病毒直接感染上皮细胞来研究 EB 病毒的感染机制。近几年，国外有学者把 CR2 表达载体转入鼠 L 细胞中，再用 EB 病毒感染细胞，细胞可发生潜伏感染[7]。又有研究者用 EB 病毒感染经 CR2 载体转化的人上皮细胞，发现细胞中不仅 EB 病毒存在增殖和表达，还能产生病毒体[8]。据此我们构建了表达 CR2 的载体，并将其转入 Wish 细胞中，再用 EB 病毒感染此细胞，研究 EB 病毒感染人上皮细胞的过程及 EB 病毒在上皮细胞中的存在状态。

材料和方法

一、鼠抗人 CR2　单克隆抗体 HB5 由 Takada 教授提供；荧光标记羊抗鼠 IgG 抗体和羊抗人 IgG 抗体均购于北京生物制品研究所。鼻咽癌（NPC）病人血清来源于广西梧州市肿瘤研究所；EB 病毒阴性血清，由 Takada 教授提供。人羊膜上皮细胞为永生化上皮细胞，由中国医学科学院基础医学研究所李昆教授提供，用含 10% 胎牛血清 Egles 培养液培养；B95 - 8 细胞，用含 10% 胎牛血清 RPMI 1640 培养液培养。

二、质粒的构建　把 CR2cDNA（3219 bp）插在 pSG - 5SV40 启动子下游 EcoRI 位点上，构建成 pSG - CR2；再把含有 SV40 早期启动子，潮霉素磷酸转移酶基因（Hyg[r]）和 PolyA 的 DNA 片段（1. 6kp），插在 pSG - CR2SalI/XbaI 位点上，构建成 pSG - CR2 - Hyg，此质粒既能表达 CR2，又能用 HygromycinB 进行筛选。

三、电脉冲介导基因转移　应用江苏丹阳无线电厂生产的 ZC - 1 型细胞电融合仪。操作参照文献〔9〕略作改动。场强 3 ~ 8 kV/cm，脉冲宽度 20 μs，电阻 50Ω，脉冲次数 1 ~ 3 次，间隔 30 s。把 pSG – CR2 – HygDNA 加到含 Wish 细胞的电转液中，进行电脉冲介导基因转移。加新鲜培养液，37℃，5% CO_2条件下培养 48 h，加 200 mg/LHygromycinB 选择培养液，每隔 2 d 换液并增加 Hygromycin B 浓度至 600 mg/L，直到单个细胞克隆出现，再转入培养瓶中扩大生长。

四、CR2 的检测 刮下抗 HygromycinB 的 Wish 细胞，涂片，干燥后用冷丙酮固定 10 min,加 1∶40 稀释 HB5 单克隆抗体，37℃30 min，用 PBS 洗涤后，加 1∶10 稀释的羊抗鼠 IgG 荧光抗体，37℃30 min，洗涤后封片，荧光镜下观察结果。

五、EB 病毒液的制备和感染 Wish 细胞 用 20 μg/LTPA，4 mmol/Lnbutyrate 激活 B95 – 8 细胞，37℃48 h，收集上清液，按文献〔10〕操作，制备浓缩 EB 病毒液。把 EB 病毒液置于 CR2 载体转化 Wish 细胞上，37℃孵育 4 h，去除病毒液，用 PBS 洗 2 次，换新鲜培养液进行培养。

六、EB 病毒抗原检测 EB 病毒感染 Wish 细胞后培养，间隔 4 d 刮下细胞，涂片，用冷丙酮固定 10 min，加 1∶50 稀释的 NPC 病人混合血清，37℃30 min，PBS 洗涤后，再加 1∶50稀释的羊抗人 IgG 荧光抗体，37℃30 min，PBS 洗涤后封片，荧光镜下观察结果。

七、EB 病毒 W 基因片段的扩增 EB 病毒感染的 Wish 细胞培养 15 d 和 30 d 后，分别用胰酶消化，离心收集细胞，用 SDS – 蛋白酶 K 裂解液消化细胞，42℃8 h。用酚 – 氯仿 – 异戊醇抽提 3 次，用异丙醇沉淀细胞 DNA。用于扩增 EB 病毒 W 基因片段引物序列为：5‘ – CCAGAGGTAAGAGGACTT – 3’（1399 ~ 1419）；5’ – GACCGGTGCCTTCTTAGG – 3’（1520 ~ 1503）。扩增程序为：94℃，30 s；45℃，30 s；72℃，1 min，25 个循环，再 72℃延长 10 min。用 PERKIN ELMERCER TUS DNA 热循环仪完成扩增过程。

结　　果

一、pSG – CR2 – Hyg 的构建 把 CR2cDNA 插在 pSG – 5SV40 启动子下游 EcoRI 位点上，构建成 pSG – CR2；再把含有 SV40 早期启动和 PolyA 的潮霉素磷酸转移酶基因 DNA 片段，插在 pSG – CR2SalI/XbaI 位点上，构建成 pSG – CR2 – Hyg，见图 1。

二、载体转化 Wish 细胞 CR2 的表达 pSG – CR2 – Hyg 转化 Wish 细胞后，直接用 HygromycinB 进行筛选，HygromycinB 浓度从 200 mg/L 增至 600 mg/L，筛选 15 d 后，有 30 个抗性细胞克隆出现，选出 5 个细胞克隆扩大生长，再用 HB5 单克隆抗体分别测定 CR2 的表达，选择其中有较高 CR2 表达的细胞克隆（阳性率达 25%），扩大生长，用于 EB 病毒感染。结果见图 2。

三、EB 病毒感染的 CR2 – Wish 细胞病毒抗原的表达 EB 病毒感染 CR2 – Wish 细胞后，继续培养细胞，4 d 后取细胞涂片，与 NPC 病人混合血清反应，有 13% 的细胞呈阳性反应；而未转化的 Wish 细胞，用 EB 病毒感染后，与 NPC 病人混合血清反应，没有阳性细胞出现（见图 3）。另外，EB 病毒感染 CR2 – Wish 细胞后，培养不同时间，取细胞涂片，与 NPC 病人混合血清反应，发现细胞生长 4 d 后，阳性反应细胞最多达 13%，随着培养时间延长，阳性反应细胞数下降，培养至 25 d 时，无阳性细胞出现。结果见图 3 与图 4。

四、EB 病毒感染 CR2 – Wish 细胞中 EB 病毒 W 片段的扩增 EB 病毒感染 CR2 – Wish 细胞后，培养 15 d 及 30 d 后，分别提取细胞 DNA，用 W 片段引物进行扩增。结果发现，从这些细胞 DNA 中，都能扩增出 121 bp 的 DNA 片段；而未转化的 Wish 细胞用 EB 病毒感染或 CR2 – Wish 细胞未用 EB 病毒感染，其细胞 DNA 都没有扩增出相应大小 DNA 片段。由此可见，EB 病毒感染 CR2 – Wish 细胞中存在 EB 病毒 DNAW 片段。结果见图 5。

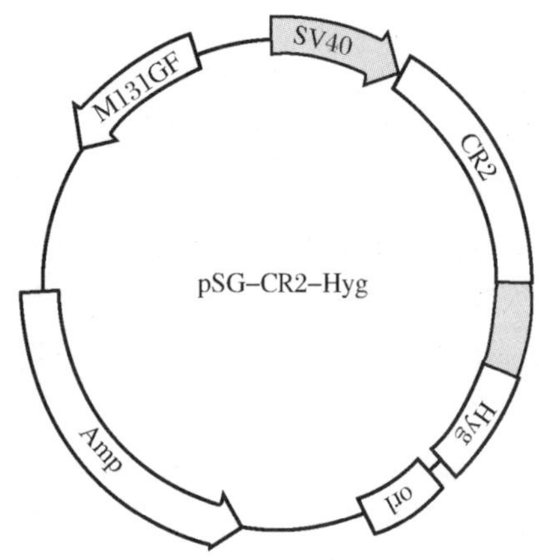

图 1　pSG – CR2 – Hyg 的构建

Fig. 1　Construction of pSG – CR2 – Hyg

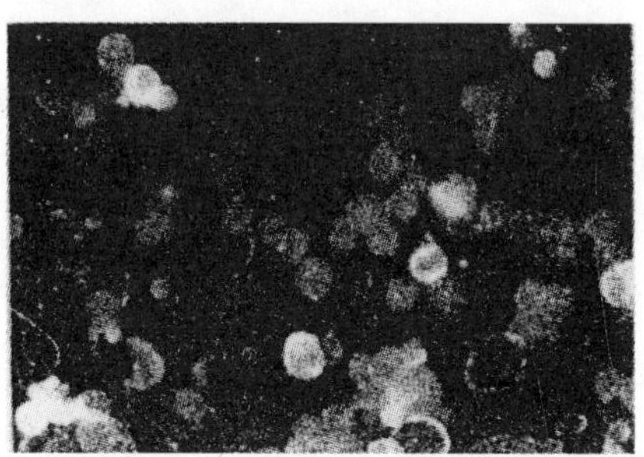

图 2　pSG – CR2 – Hyg 转化的 Wish 细胞 CR2 的表达

Fig. 2　Expression of CR2 in Wish cells transfected with pSG – CR2 – Hyg

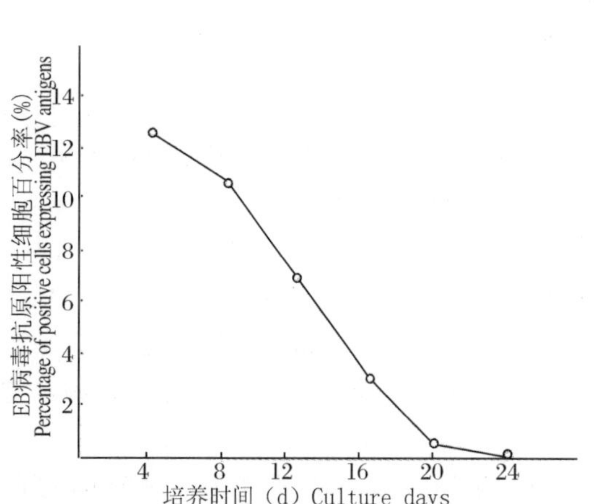

图 3　EB 病毒感染的 CR2 – Wish 细胞表达病毒抗原的百分率

Fig. 3　Percentage of expressed EBV antigens in EBV infected CR2 – Wish cells

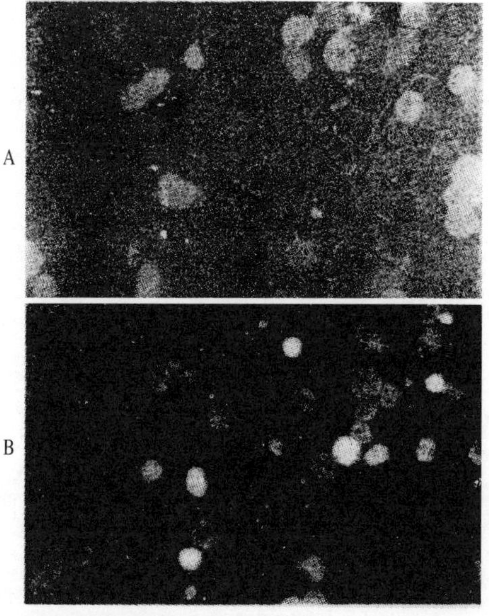

A：Wish 细胞；B：CR2 – Wish 细胞

图 4　EB 病毒感染的 CR2 – Wish 细胞与 NPC 病人混合血清反应结果

A：Wish cells；B：CR2 – Wish cells

Fig. 4　Results of EBV infected CR2 – Wish cells reacting with NPC patients mixed sera

A：pBR322/BstPI；B：B95－8 细胞 DNA；C：EB 病毒感染 CR2－Wish 细胞 DNA；D：EB 病毒感染 Wish 细胞 DNA；E：CR2－Wish 细胞 DNA

图 5　EB 病毒感染的 CR2－Wish 细胞中 EB 病毒 W 片段的扩增

A：DNA marker of pBR322/BstPI；B：DNA of B95－8cells；C：DNA of CR2－Wish cells infected with EBV；D：DNA of Wish cells infected with EBV；E：DNA of CR2－Wishcells

Fig. 5　Amplification of EBV W fragment from EBV infected CR2－Wishcells

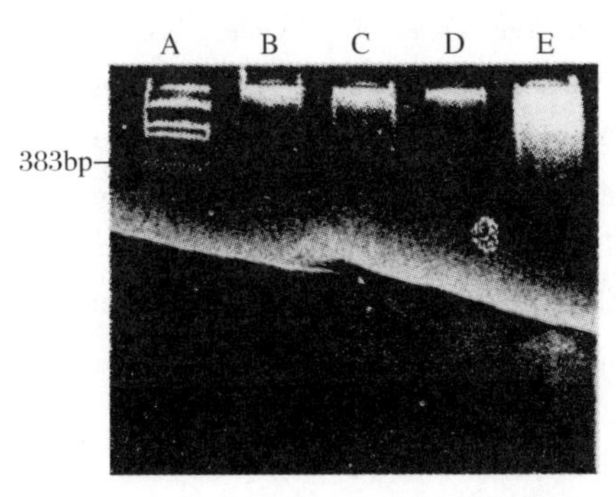

讨　　论

已经知道，EB 病毒通过胞膜蛋白 gp350/220 与人 B 淋巴细胞上 CR2 相互作用，介导病毒进入 B 淋巴细胞[11]。而在人体内 EB 病毒感染人上皮细胞可能有以下几种方式。人鼻咽部基底上皮细胞有少量 CR2 表达，EB 病毒可直接感染这些上皮细胞[12]；鼻咽部上皮细胞可能与带 EB 病毒 B 淋巴细胞发生融合，引起上皮细胞的感染[13]；VCA/sIgA 抗体可介导 EB 病毒感染人黏膜上皮细胞[14]。体外传代人上皮细胞缺乏 CR2[5,6]，不能用 EB 病毒直接感染这些上皮细胞。有研究者为了克服这个障碍，在鼠 L 细胞和人上皮细胞中表达 CR2，再用 EB 病毒感染这些细胞，发现鼠 L 细胞只表达 EBNA，而没有表达 EB 病毒早期抗原和 gp350/220，表明 EB 病毒在动物细胞中主要发生潜伏状态感染；而在人上皮细胞中，可测得 EB-NA，Zebra 蛋白，EA 和 VCA，说明 EB 病毒在人上皮细胞中呈复制状态[7,8]。把构建的 pSG－CR2－Hyg载体转入 Wish 细胞后，获得稳定表达 CR2 的阳性细胞克隆。用 EB 病毒感染 CR2－Wish 细胞后，用间接免疫荧光法可测得细胞中有 EB 病毒 VCA/EA 抗原表达；用 PCR 法证实细胞中有 EB 病毒 DNAW 片段存在。以上结果表明 EB 病毒可进入 CR2－Wish 细胞，并表达其抗原。另外，还发现 EB 病毒感染的 CR2－Wish 细胞，随着培养时间延长，EB 病毒抗原阳性细胞数逐渐减少，至 25 d 时，无阳性细胞。PCR 结果表明 EB 病毒感染的细胞培养至 30 d 时，细胞中仍有 EB 病毒 DNA，病毒 DNA 在细胞中可存在更长的时间。我们实验室最近发现，鼻咽癌细胞株（CNE1，2）在体外长时间传代以后，仍有 EB 病毒 LMP1 基因存在[15]，说明 EB 病毒基因在人上皮细胞中可长时间存在。我们将把 EB 病毒感染 CR2－Wish 细胞培养更长时间，观察 EB 病毒 DNA 在上皮细胞中存在的情况。

〔原载《中华实验和临床病毒学杂志》1996，10（4）：340－343〕

参 考 文 献

1　Wolf H，zur Hausen H，Klein G，et al. Attempts to detect virus－specific DNA sequences in human tumors. Ⅲ EBV DNA in nonlymphoid nasopharyngeal carcinoma cells，Med，Microbiol，lmmunol，1975，161：15

2　Zeng Y，Zhang L Q，Li H Y，et al. Serological mass survey for early detection of nasopharyngeal carcinoma in Wuzhou City，China. Int J Cancer，1982，29：139

3　Dawson C W，Riekinson A B，Young L S. Epstein－

Barr virus latent membrane protein inhibits human epithelial cell differentiation. Nature, 1990, 344: 777

4 Wang D, Liebowitz D, Kieff E. An EBV membrane protein expressed in immortalized lymphocytes transforms established rodent cells. Cell, 1985, 43: 831

5 Shapiro I M, Volsky D J. Infection of normal human epithelial cells by Epstein – Barr virus. Science, 1983, 219: 1225

6 Grogan E, Miller G, Henle W, et al. Expression of Epstein – Barr viral early antigen in monolsyer tissue cultures after transfection with viral DNA and DNA fragments. J, Virol, 1981, 40: 861

7 Ahearn J M, Hayward S D, Hickey J C, et al. Epstein – Barr virus infection of routine L cells expressing recombinant human EBV/C3d receptor. Proc, Natl Acad. Sci, USA, 1988, 85: 9307

8 Li Q X, Yuong L S, Niedohitek G, et al. Epstein – Barr virus infection and replication in a human epithelial cell system. Nature, 1992, 356: 347

9 王建安，郑建强，陈勇，等．电脉冲介导基因在小鼠杂交瘤细胞的高效转移．单克隆抗体通讯，1991，7：41

10 Dolyniuk M, Prittchett R, Kieff E. Proteins of Epstein – Barr virus: 1, Analysis of the polypeptids of purified enveloped Epstein – Barr virus. J Virol. 1976, 17: 935

11 Fingeroth J D, Weiss J J, Tedder T A, et al Epstein – Barr virus receptor of human B lymohocyts is the C3d receptor CR2. Proc, Natl Acad Sci USA, 1984, 81: 881

12 Sixbey J W, Vesterinen E H, Nedrud J G, et al. Replication of Epstein – Barr virus in human epithelial cells infected in vitro. Nature, 1983, 306: 478

13 Bayliss G H, Wolf H. An Epstein – Barr virus early protein induces cell fusion. Proc Natl Acad Sci USA, 1981, 78: 7162

14 Sixbey J W, Yao Q Y. Immunoglobulin A – induced shift of Epstein – Barr virus tissue tropism, Science, 1992, 255: 1578

15 藤志平，苏玲，曾毅．应用生物素标记探针进行细胞原位杂交检测人鼻咽癌细胞株中的EB 病毒 LPM 基因．病毒学报，1994. 10：184

Epstein – Barr virus Infection and Replication in Human Epithelial Cells

LI Bao – min, JI Zhi – wu, ZENG Yi, et al. (Institute of Virology, Chinese Academy of Preventive Medicine, Beijing)

We constructed p SG – CR2 – Hyg vector, and transfected into human epithelial cells (Wish cells) by electroporation. It was found that 25% of hygromycin B resistant cells expressed EB virus receptor (CR2). When EB virus was used to infect these cells directly, EB virus DNA was present in these cells for a long time and EB viral antigens were expressed. These results showed that EB virus was capable of infecting CR2 – positive human epithelial cells and replicated in these cells.

〔**Key words**〕 Epstein – Barr virus; Nasopharyngeal neoplasms/Virology; Human epithelial cells

203. 鼻咽癌细胞株中 Epstein－Barr 病毒编码的 RNAs 的检测

第四军医大学　刘振声　JOAB Irene
中国预防医学科学院病毒学研究所　李宝民　腾智平　曾　毅
法国 Gustave Roussy 肿瘤研究所

〔**摘　要**〕　采用地高辛标记探针对高分化和低分化鼻咽癌细胞中由 EB 病毒编码的 RNAs（Epstein－Barr virus encoded RNA，EBERs）进行了检测。结果显示，在高分化鼻咽癌细胞株 CNE－1 和低分化鼻咽癌细胞株 CNE－2，CNE－3 细胞中均有 EBERs，EBERs 位于细胞核中，且含量丰富，用原位杂交技术检测 EBERs 可望作为鼻咽癌早期诊断工具。

〔**关键词**〕　原位杂交；Epstein－Barr 病毒；鼻咽肿瘤；RNA，病毒

大量研究表明，鼻咽癌的发生与 Epstein－Barr 病毒（EBV）感染密切相关[1,2]。用核酸杂交技术证实，EBV DNA 存在于大部分未分化及低分化鼻咽癌细胞的核中，但在高分化癌细胞和体外培养的传代细胞株中未检测到 EBV DNA，故认为高分化鼻咽癌与 EBV 无关。我们用生物素标记探针进行细胞原位杂交检测鼻咽癌细胞株中的 EBV LMP 基因，证实鼻咽癌细胞株中均有 EBV DNA 存在，但含量少[3]。为进一步查明 EBV 与鼻咽癌的发生，特别是与高分化癌的关系，我们采用地高辛标记的 EBERs 探针检测了高分化和低分化鼻咽癌细胞株中存在的 EBERs。研究资料证明，EBERs 基因位于 EBV 复制起始点附近，它在 EBV 感染后的早期表达，EBV 感染后 36 h 即可在细胞核中检测出来，且含量丰富。EBERs 在 EBV 感染潜伏期发挥一定的作用，可能参与 RNA 的处理，稳定性或转运过程[4]。实验用的 EBERs 探针是两个小分子的 DNA 组成的混合物，它可与由 EBV 编码的 EBER RNAs 形成互补。因此，当受检组织中存在着 EBV 隐匿感染时，用原位杂交的方法就可检测到受感染的细胞呈 EBERs 阳性反应。

材料和方法

一、细胞培养和标本的处理　高分化鼻咽癌细胞系 CNE－1，低分化鼻咽癌细胞系 CNE－2 和 CNE－3，阳性对照细胞系 B95－8 细胞，阴性对照细胞系 CEM 细胞，均为病毒学研究所肿瘤研究室传代培养，各细胞株用含 15% 小牛血清的 RPMI 1640 培养液培养，待细胞长成单层后，用 0.25% 胰蛋白酶消化，离心，收集细胞，沉淀用 75% 乙醇洗 2 次，取 10 μl 细胞悬液滴于载玻片上，室温干燥，备原位杂交用。

二、质粒及质粒 DNA 的扩增和提取　含有 EBERs 片段的 pRV－2 质粒由法国 Irene Joab 博士惠赠，质粒 DNA 的扩增和提取按 Birnboim 方法[5]略有修改，用 AccI 酶切回收 600 bp 的 EBERs 基因片段。

三、探针制备及原位杂交检测 探针标记方法及试剂均由德国 Boehringer Mannheim 公司 Digoxigenin 标记和检测试剂盒提供，原位杂交参照文献〔6〕加以改进，将细胞涂片用蛋白酶 K 消化，4% 多聚甲醛固定，逐级乙醇脱水，加地高辛标记的 EBERs 探针。42℃ 杂交过夜；用 SSC 洗涤。2% 正常羊血清封闭，室温 30 min 后滴加 Dig－Ap 结合液，室温作用 1 h，洗涤后用四唑硝基蓝（NBT）和 5－溴基－4 氯基－3 吲哚磷酸盐（BCIP）显色 1 h，脱水透明封片。除每份标本均设立无探针对照外，以 HBV DNA 探针替代对照和无 Dig－AP 结合对照。

结果和讨论

文献报道地高辛标记的 EBERs 优于放射性核素标记的 EBERs 探针，更适合临床应用。EBERs 由于片段小，而作为合适的靶探针用于原位杂交中，有两个原因：第一，他们作为与细胞蛋白 La 广泛地进行分子内碱基配对的核糖核蛋白的复合物和稳定的二级结构形式存在。因此他们可能比其他转录子更有效地抵御核酸酶的降解；第二，他们在潜伏感染细胞中含量丰富，由于其片段小，对于任何敏感性的丢失，通过他们的高拷贝数而得到代偿〔7〕。有学者采用 EBERs 探针在 B95－8 细胞和鼻咽癌细胞株（C15）组织中检测到 EBERs 的存在〔8〕。我们应用地高辛标记的原位杂交技术检测体外培养的鼻咽癌细胞株中 EBERs，结果发现，不仅在高分化鼻咽癌细胞株 CNE－1 和低分化鼻咽癌细胞株 CNE－2 和 CNE－3 中均有 EBERs 存在，而且阳性信号强，灵敏度高（图 1 及图 2），而采用生物素标记探针检测鼻咽癌细胞株中的 EBV LMP 基因阳性率为 10%～20%〔3〕。1993 年 Kanavaros 等人将 EBERs 与 EBV BamH I W 片段的原位杂交进行对比，结果为 EBERs 探针比 EBVBamH I W 片段敏感〔9〕。本研究中，作为阳性对照的 B95－8 细胞是用人的传染性单核细胞增多症患者的 EBV 感染的狨猴 B 淋巴细胞而建立的细胞株，经原位杂交后，细胞核内呈蓝紫色细颗粒状（图 3）。提示 B95－8 细胞核内存在有 EBV 的 EBERs 基因片段，作为检测的细胞株，CNE－1，CNE－2 和 CNE－3 细胞核内都可看到阳性信号颇强的蓝紫色细颗粒，进一步证实了高分化和低分化鼻咽癌的发生均与 EBV 感染有关。

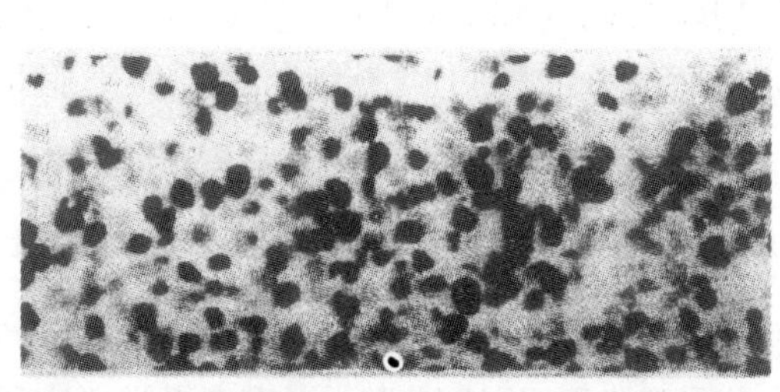

图 1 低分化鼻咽癌 CNE－3 细胞 EBERs 阳性原位杂交 ×200

Fig. 1 EBERs showing positive reaction in poorly differentiated NPC CNE－3 cells *In situ* hybridization ×200

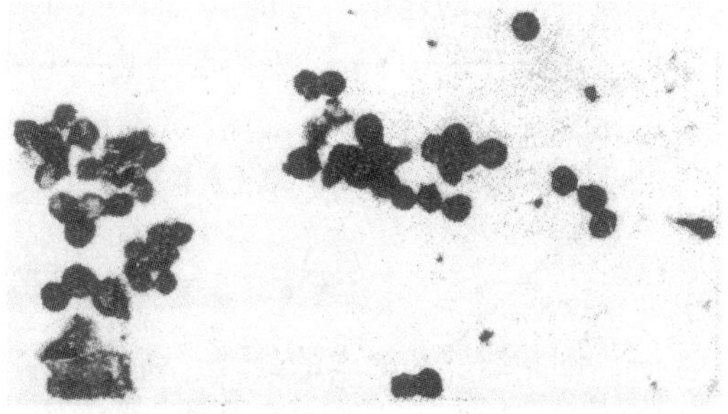

图 2 高分化鼻咽癌 CNE－1 细胞 EBERs 阳性原位杂交 ×200

Fig. 2 EBERs showing positive reaction in well differentiated nasopharyngeal carcinoma (NPC) CNE－1 cells *In situ* hybridization ×200

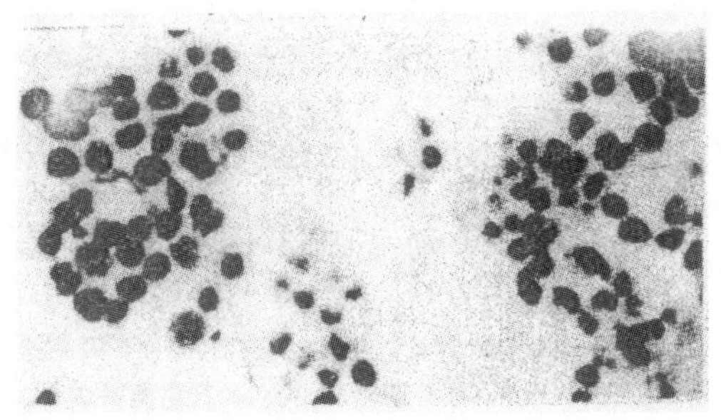

图3　B95－8细胞EBERs阳性原位杂交×200

Fig. 3　EBERs showing positive reaction in B95－8 cells *In situ* hybridization ×200

〔原载《中华实验和临床病毒学杂志》1996，10（4）：349－351〕

参 考 文 献

1 区宝祥，曾毅主编．鼻咽癌因和发病学的研究．北京：人民卫生出版社，1985，12

2 Yeung W M，Zong Y S，Chiu C T，et al. Epstein－Barr virus carriage by nasopharyngeal carcinoma in situ. Int J Cancer，1993，53：746

3 滕智平，曾毅．应用生物素标记探针进行细胞原位杂交检测人鼻咽癌细胞株中的EB病毒LMP基因．病毒学报，1994，10（2）：184

4 Rooney C，Howe J G，Speck S H，et al. Influences of Burkitt's lymphoma and primary B cells on latent gene expression by the non－immortalizing P3 J－HR－1 strain#of#Epstein－Barr virus. J Virol，1989，63：1531

5 金冬雁，黎孟枫，侯云德，等编绎．分子克隆实验指南（第二版）．北京，科学出版社，1992，24

6 Wu T C，Mann R B，Charache P，et al. Detection of EBV gene expression in Reed－stemberg cells of Hodgkin's disease. Int J Cancer，1990，46：801

7 Wu T C，Mann R B，Epstein J I，et al. Abundant expression of EBER1 small nuclear RNA in nasopharyngeal carcinoma. Am J Pathol，1991，138：1461

8 Gilligan K，Rajadurai P，Resnick L，et al. Epstein－Barr virus small nuclear RNAs are not expressed in permissively infected cells in AIDS－associated leukoplakia. Proe Natl Aead Soi USA，1990，87：8790

9 Kanavaros P，Leses M C，Briere J，et al. Nasal T－cell Lymphoma：A clinieo－pathologic entity associated with peculiar phenotype and with Epstein－Barr virus，Blood，1993，81：2688

Studies on the Expression of Epstein－Barr Virus Encoded RNAs(EBERs) in Human Nasopharyngeal Carcinoma Cell Lines by *in situ* Hybridization

LIU Zhen－sheng，TENG Zhi－ping，ZENG Yi*，et al.（*Institute of Virology，Chinese Acodemy of Preventive Medicine）

Human nasopharyngeal carcinoma cell lines（CNE－1，CNE－2，CNE－3）were detected by *in situ* hybridization with Dig－abelled EBERs probe. Results showed that in both well and poorly differentiated NPC there had EBV DNA presentation，which were richly located，specifically in the nuclei of the cancer cells. Positive rate were ＞92%. The EBERs were detected as earily as 36 h after EBV infection and it is comparatively stable. In situ hybridization technique is likely to be an effective method in the early dignosis of NPC.

〔**Key words**〕*In situ* hybridization；Epstein－Barr virus；Nasopharyngeal neoplasms；RNA. viral

204. 1995年云南瑞丽人免疫缺陷病毒的生物学特性

中国预防医学科学院病毒学研究所　赵全壁　管永军　曾　毅　邵一鸣
云南省瑞丽市卫生防疫站　段一娟　杨映全

〔**摘　要**〕　1995年从云南省瑞丽市30名静脉注射毒品者（IDUs）及部分配偶中采血，分离外周血单个核细胞（PBMC），用共培养法分离人免疫缺陷病毒（HIV），以HIVI－P24抗原酶联免疫吸附试验（ELISA）为检测终点，分离到10株HIV。其毒株的生物学特征为：复制能力弱，生长缓慢，滴度不高；不引起细胞融合。多数毒株只能在PBMC中生长，不能感染T细胞．只有1株（Cr269）可感染T细胞。已分离毒株的核苷酸序列显示其V3环为不致细胞融合型（NIS），与生物学观察结果一致。

〔**关键词**〕　人免疫缺陷病毒；病毒分离；细胞融合；序列分析

人免疫缺陷病毒（HIV）是艾滋病的病原，全世界现有2180多万[1]人被感染。过去感染率很低的亚洲，增长速率十分迅猛。我国1995年底HIV感染人数已达3341例，遍及全国几十个省市，但主要在云南边境地区的吸毒人群形成流行。我们以我国感染最早最严重的HIV流行区云南德宏州瑞丽市为现场，对当地HIV毒株的生物学特征进行跟踪[2,3]，配合分子生物学及流行病学研究，为发展适用于该地区的疫苗打好基础。

材料和方法

一、标本来源　云南瑞丽静脉吸毒者及部分配偶的静脉血，经蛋白印迹试验已确证为HIV抗体阳性者。

二、外周血单个核细胞（PBMC）的分离　正常人的静脉血用Hanks液1∶1稀释，在装有一份淋巴细胞分离液的试管中，轻轻缓慢加入两份稀释血。2500 r/min离心20 min，吸出介于淋巴细胞分离液和血浆层间的PBMC层，再用Hanks液洗2遍。用RPMI 1640生长液、含20%胎牛血清（FBS，Sigma）、10%白细胞介素－Ⅱ（IL－2，Boehringer），2.5 mg/L植物血凝素P（PHA－P，Gibco），悬起细胞成2×10^9/L，培养于5% CO_2的37℃孵箱里，2～3 d后用作HIV分离的靶细胞。

三、共培养法的建立　取HIV抗体阳性者静脉血10 ml，用上述方法分离PBMC，将分得的PBMC与2倍量的经PHA－P刺激2～3 d的正常人PBMC混合，加人含20% FBS，10% IL－2的RPMI 1640生长液成3×10^9/L，培养于含5% CO_2的37℃孵箱。每周换液2次，每周补充1次用PHA－P新刺激的PBMC。

四、共培养物中HIV的检测　在共培养过程中，自第2周开始，每周1次冻存部分培养物上清液于液氮中，直至第10周止。①显微镜下观察细胞病变（CPE）：HIV感染细胞后，若病毒大量繁殖，则CPE的特点是，细胞肿胀变大，胞质空泡变形，细胞融合．形成多核巨细胞，直至细胞死亡。②HIV－1－P24 抗原的 ELISA 法测定：参照文献［4～8］。试剂盒由 Vironostika 公司提供。简述方法如下：首先取 25 μl 样品稀释液加入到已包被抗体的条孔，然后加 100 μl 待测的共培养物上清液，37℃孵育 1 h，用洗液洗涤后加酶接合物，37℃孵育 1 h，洗涤后加底物显然 30 min，加终止液。取单波长（450 nm）或用双波长（450 nm，690 nm），在 ELISA 仪上测定吸光度 *A* 值（普称光密度 OD 值），算出 cutoff 值，根据已定的标准曲线，计算出量值。

五、序列分析

1. 核酸提取：用 Qiangen 公司的 QIAamp Blood 试剂盒，按说明从共培养细胞样品中提取细胞核酸，溶于 10 mmol/L pH8.7 Tris－HCl 缓冲液中。

2. HIV env 基因的 PCR 扩增：两对 PCR 引物，外侧引物对为：NP21，ACGAATTCGTGCAAGTTGTGGTCACAGTCTATT（6335－6354）；NP22，ATGGATCCTCTAGATCTTGCCTGGAGCTGCTTGAT（7988－8008）。内侧引物对为：env－C，CCAATTCCCATACATTATTG（6887－6906）；env－g，CTTTATATTTATATAATTCACTTCT（7682－7706）。按 Nested PCR 方法，用 5 μl 样品核酸和引物 NP21 和 NP22 做第 1 次扩增，反应条件为 95℃1 min；94℃30 s，56℃1 min，72℃2 min，30 循环；72℃10 min。用 5 μl 反应产物与引物 env－C 和 env－g 进行第 2 次扩增，反应条件为 95℃1 min；94℃20 s，54℃1 min，72℃1.5 min，30 循环；72℃10 min。

3. PCR 产物的提纯：PCR 扩增产物经 1% 琼脂糖凝胶电泳，经与相对分子质量标准物对照核实无误后切下该条带，用 Qiagen 公司出品的 Qiaex 试剂，参照操作程序提纯 HIV－1 基因片段，回收得到的 DNA 容于 10 mmol/L pH 8.7 Tris－HCI，经琼脂糖凝胶电泳与 DNA 标准品对照估算核酸浓度。

4. 序列测定及分析：使用引物 env－C（见 PCR 引物）和 env.D3（CTGTTAAATGGCAGTCTAGCAG，7031－7052）以及荧光标记末端终止物试剂盒（为 ABI 公司产品），在 PE 公司的热循环仪 9600 上进行测序反应，样品用量为 1 mg. 引物用量为 6 pmol/L，反应物提纯后在 ABI 公司的 373 序列测定仪上进行序列测定[9]。

表 1　HIV 分离检测结果

Tab.1　Detection results of HIV Isolation

样品号 SampleNo.	HIV 检测结果 Results of HIV detection					样品号 SampleNo.	HIV 检测结果 Results of HIV detection				
	CPE	P24－Ag	PCR	T－cell tropism	Subtypes		CPE	P24－Ag	PCR	T－cell tropism	Subtypes
CR.251	－	＋	＋	－	B	268	－	－	＋	－	C
254	－	－	＋	－	B	269	－	＋	＋	＋	B
255	－	－	＋	－	B	270	－	－	－	－	B
256	－	＋	＋	－	C	271	－	－	－	－	
257	－	－	＋	－	C	272	－	＋	＋	－	C
258	－	－	－	－		273	－	－	NT	－	
259	－	－	－	－		274	－	－	＋	－	

续表 1

样品号 SampleNo.	HIV 检测结果 Results of HIV detection					样品号 SampleNo.	HIV 检测结果 Results of HIV detection				
	CPE	P24 - Ag	PCR	T - cell tropism	Subtypes		CPE	P24 - Ag	PCR	T - cell tropism	Subtypes
260	-	-	NT	-		275	-	-	+	-	C
261	-	+	+	-	B	276	-	-	-	-	
262	-	+	+	-	B	277	-	-	+	-	
263	-	-	+	-	B	278	-	-	-	-	
264	-	+	+	-	C	279	-	+	+	-	B
265	-	-	+	-	B	280	-	-	+	-	B
266	-	-	-	-		284	-	+	+	-	B
267	-	-	+	-	C	285	-	+	-	-	B

注：+：阳性；-：阴性；NT：未测

+：Positive. -：Negative. NT：Nottested

结　果

用共培养法从瑞丽 30 份 HIV 阳性血样中分离 HIV 病毒，从培养 10 周后每周测定 1 次培养上清的 HIV - P24 抗原。如表 1 所示，共从 10 份标本的共培养上清中检测到 HIV - P24 抗原。分离效率为 33%，10 株病毒分离到的时间分别为第 2 周 Cr269，第 3 周 Cr261，Cr204，Cr256，Cr284；第 4 周 Cr251，Cr262，Cr272，Cr285；第 5 周 Cr279。而且除 Cr269 外，滴度均不高。从建立共培养起观察细胞病变，在所有培养中均未见到大泡样细胞或细胞融合形成多核巨细胞等细胞病变（CPE）。

将上述 10 株病毒（阳性培养上清）分别接种 MT_2 和 MT_4 及 PHA - P 刺激好的正常 PBMC，以检测所分离毒株细胞嗜性及毒力。结果发现只有 Cr269 可在正常人 PBMC 中连续传代并能一过性感染 MT_2 和 MT_4 等传代 T 细胞株。其余毒株仅能感染正常人 PBMC 而不能感染传代 T 细胞。细胞病变观察也均未观察到 HIV 病毒导致的细胞病变。因此所分离的毒株为非致细胞融合（NSI）型的嗜单核细胞性的弱毒株，只有 Cr269 毒株滴度相对较高且具有 T 细胞嗜性。

对上述 30 份共培养细胞提取核酸，采用套式 PCR 扩增 HIV - 1 env 基因的 C2 - V3 区 DNA 片段。经 env - C 及 env - D3 引物测序，得到约 450 个碱基长的 C2 - V3 区序列。Cr269 毒株的序列见图 1。对已分离毒株的 V3 环氨基酸序列进行分析比较（图 2），在 V3 环第 11，25 位若为碱性氨基酸如精氨酸（R）赖氨酸（K）或组氨酸（H），则对应毒株多为致敏细胞融合型（SI）[10]。所分离的 10 株病毒除 Cr269 在 V3 环第 11 位为 R 外，其余毒株的 V3 序列特征均为非致细胞融合型（NSI），Cr269 的 25 位仍为非碱性氨基酸，仍属 NSI 毒株。说明序列分析结果与生物学观察结果是一致的，所分离毒株为 NSI 弱毒株。

```
                                                                                                    120
GTG ATT CTA AAG TGT AAC AAT AAA ACA TTC AAT GGA ATA GGA CCA TTT ACA AAT ATC ATT ACA CTA CAA TGT ACA CAT GGA ATT AGG CCA CCA GTA TCA ACT CAA CTG CTG TTA AAT GGV
Val Ile Leu Lvs Cvs Asn Asn Lvs Thr phe Asn Gly Ile Gly pro Cys Thr Asn Ile Ser Thr Val Gln Cys Thr His Gly Ile Arg Pro Ala Val Ser Thr Gln Leu Leu Leu Asn Gly
                                                                                                    240
AGT TTA GCA GAA AAA GAG GTA GTA ATT ATA TCT AGC AAT TTC TCT GAC AAT GCT AAA ACA ATA ATA GTA CAG CTG AAT GCA TCT GTA GAA ATT AAT TCT ACA AGA CCC ACC ACC AAT ACA
Ser Leu Ala Glu Lys Giu Val Val Ile Arg Ser Ser Asn Phe Ser Asp Asn Ala Lys Thr Ile Ile Val Gln Leu Asn Ala Ser Val Glu Ile ASn Cys Thr Arg Pro Asn Thr Asn Thr
                                                                                                    360
AGA AAA AGG GTT ACT CTA GGA CCA GGG AGA GTA TGG TAG ACA ACA GGA GAA ATA AA GGA GAT ATA AGA AAA GCA CAT TGT AAC ATT AGT AGC ACA AAA TGG AAT AAC ACT TTA AAA CTG
Arg Lys Arg Val Thr Leu Gly Pro Gly Arg Val Trp Tyr Thr Thr Gly Glu Ile Ile Gly Asp Ile arg lys Ala His Cys Asn Ile Ser Ser Thr Lys Trp Asn Asn Thr Leu Lys Leu
                                                                                    450
ATA GCT GAA AAA TTA AGA GAA CAA TTT GGG AGC AAA ACA ATA GTC TTT AAT CAA TCC TCA GGA GGG GAC CCA GAG ATT GTA ATG CAC AGT TTT AAT TGT GGA GGG
Ile Ala Glu Lys Leu Arg Glu Gln Phe Gly Ser Lys Thr Ile Val Phe Asn Gln Ser Ser Gly Asp Pro Glu De Val Met His Ser Phe Asn Cys Gly Gly
```

图 1　CR269 毒株的 env C2 ~ V3 区序列

Fig. 1　Sequence of env C2 – V3 region of HIV – 1 CR269 strain

```
                     11(r,h,k)            25(r,h,k)
Cons.   CTRPNNNTRKSIPLGPGRAWYTTGEIIDIQAHC   NSI
Cr269   ------------rvt------v-----------k-----   NSI
Cr279   ---------------------q-------------------   NSI
Cr262   ---------------ti----q-----------n-------   NSI
Cr285   ---------------ni------------------------   NSI
Cr251   --------------------------a---q----------   NSI
Cr261   -------------------q------ ---q----------   NSI
Cr284   ----------g----------q----a---r -t---------   NSI
Cr272   ---------------ri----q t e a---d----------   NSI
Cr256   ---------------ri----q t e a---d----------   NSI
Cr264   ---------------ri----q t e a---d----------   NSI
```

图 2　分离毒株的 V3 环氨基酸序列

Fig. 2　Amino acid sequences of the env V3 loop of the isolated HIV – 1 strains

讨　　论

HIV 属逆转录 RNA 病毒，病毒感染细胞后反转录成 cDNA 前病毒，并整合入细胞染色体。在相当长的一个时期呈潜伏状态，血液中很难测到感染病毒，处于临床无症状期，为健康带毒者，从无症状带毒者分离 HIV 是很困难的[11]，只能从 PBMC 中经过共培养以激活前病毒，使病毒繁殖。HIV – 1 P24 抗原 ELISA 法是目前最敏感的检测 HIV 生长的方法，其既能够定性也可以定量。我们以它作为 HIV 分离的终点，从瑞丽 30 例健康带毒者分离到的 10 株 HIV – 1 型病毒，均生长缓慢，低滴度且不致细胞病变，说明云南瑞丽仍处于 HIV 早期，大多数感染者体内毒株的毒力较低。

从瑞丽 HIV 感染者的序列分析结果发现两个亚型的 HIV – 1 病毒株，B 亚型在本地之初即存在，C 亚型则只从 1993 年后的感染者中检出[12]，我们这次采集血样中 B 亚型 HIV – 1 毒株的病毒分离率为 53.8%，C 亚型 HIV – 1 毒株病毒分离率为 42.8%，B 亚型 HIV 毒株的分离率略高，相差不大。毒株 V3 区氨基酸系列的特征为 NSI 型，与生物学观察结果一致。HIV 感染者体内毒株毒力上升或由 NSI 毒株向 SI 毒株转变，表明感染者将要发病或已经发病。因此，我们的研究结果显示，云南瑞丽 HIV 流行时间不是很长，大多数感染者仍处于感染潜伏期，体内毒株的毒力较低，这就提示我们应抓住时机采取有效措施控制瑞丽 HIV 的进一步传播。通过对 HIV 毒株基因变异的研究来确定瑞丽 HIV 的流行株特征，不仅对分子流行病学的研究十分重要，而且为发展新一代疫苗提供了科学依据。

〔原载《中华实验和临床病毒学杂志》1996，10（4）：364 – 367〕

参 考 文 献

1 孙新华．世界 HIV/AIDS 流行的最新状况．中国性病艾滋病防治，1996（2）：211

2 邵一鸣，曾毅，赵全壁等，等．中国及国外某些地区 HIV 感染者血清 HIV－1gP120V3 肽反应的比较研究．中华微生物和免疫学杂志．1993，13：1

3 邵一鸣，曾毅，陈筝，等．从云南艾滋病病毒（HIV）感染者分离 HIV．中华流行病学杂志，1991（12）：129

4 Viscidi R，Farzadegan H，Leister F，et al. Enzyme immuno assay for detection of human immunodeficiency virus antigens in cell culture. J Clin Miero，1988，26：453

5 Lee M，Sano K. Morales F. et al. Comparable sensitivities for detection of human immunodeficiency virus by tonsilive reverse transcriptase and antigen capture enzyme－linked immunomrbent assay. J Clin Miero，1988，26：371

6 Dimitrov D，MelniK J，Hollinger F. Mieroculture allay for isolation of human immunodeficiency virus type 1 and for titration of infected peripheral blood mononclear cells. J Clin Micro，1990，28：734

7 Feorino P，Forrester B，Sehsble C，et al. Comparison of antigen allay and reverse transcriptase allay for detecting human immunodeficiency virus in culture. J Clin Micro，1987，25：2344

8 Jackson J，Kwok S，Sinsky J. et al. Human immunodeficiency virus type 1 detected in all seropositive symptomatic and amptorrmtic individuals. J Clin Miero，1990，28：16

9 邵一鸣，赵全壁，王斌，等．我国云南德宏地区 HIV 感染者 HIV 毒株膜蛋白基因的通讯卫星系列测定和分析．病毒学报，1994（4）：219

10 Briesen H V，Beoker W B，Heneo. K. et al. Isolation frequency and growth properties of HIV－variants：multiple simultaneous variants in a patient demonstrated by molecular cloning. J Med Virol1987，23：51

11 Zhong P. Peeters M，Janssens W，et al. Correlation between genetic and biological properties of biologically cloned HIV viruses representing subtypes A. B，andD. AIDs Research and Human Retroviruses，1995（11）：239

12 邵一鸣，管永军，赵全壁，等．1995 年云南瑞丽 HIV－1 毒株的基因变异和分析．病毒学报，1996（1）：9

Research on the Biological Characteristics of the Ruili Human Immunodeficiency Virus Strains Isolated in 1995

ZHAO Quan－bi*，GUAN Yon－giun，DUAN Yi－juan，et al.

（*Institute of Virology，Chinese Academy of Preventive Medicine，Beijing）

Blood were drawn from the HIV infected persons in Ruili in September 1995. HIV isolation was done with the peripheral blood mononuclear cell（PBMC）coculture method. The p24 antigen test was used to detect the growth of the viruses. Ten cultures were positive out of 30 isolation attempts. The viruses replicated and grew slowly with low titers，without causing syncytium formation. None of the isolates but one can infect T cell lines. The env V3 sequence of the sequenced isolates were non－syncytium genotype，which is in agreement with the biological phenotype observed.

〔**Key words**〕Human immunodeficiency virus；Virus isolation；Syncytium formation；Sequence analysis

205. 云南瑞丽长期静脉吸毒人群人免疫缺陷病毒 1 型感染者毒株 env V3 区序列测定

中国预防医学科学院病毒学研究所 王 斌 邵一鸣 陈 筝 赵全璧 苏 玲 韩 峰 曾 毅

人免疫缺陷病毒 1 型（HIV－1）gp120 V3 区与 HIV 的免疫中和、免疫逃避、感染细胞间的融合及病毒的细胞嗜性[1]等有密切关系。不同毒株间的 V3 区氨基酸变异可达 50% 以上[2]。文献表明[3]，HIV－1 的膜蛋白 V3 区氨基酸变异具有地理分布特征，并对毒株的分子流行病学追踪有重要的意义。我们对 1992～1993 年间来自我国云南瑞丽地区长期静脉吸毒人群（IUDs 者）中的 6 例 HIV－1 感染者的毒株 env 基因 V3 区进行了序列测定。

标本采集及其处理

6 例 HIV－1 感染者均来自中国云南德宏州瑞丽市 IUDs 人群，其 HIV－1 感染使用中国预防医学科学院研制的 HIV－1gp41 抗体初筛及 Western blot 确认试剂盒检测，证实为无症状的 HIV－1 感染者，其 CD_4 细胞计数及 CD_4/CD_8 细胞比例均未改变。标本系 1992 年 5 月至 1993 年 4 月间采集。采集 5 μl 静脉抗凝血使用 DNA 提取仪（ABI341 DNA purification system）提取细胞 DNA。

HIV－1 前病毒 env V3 区的套式 PCR 扩增及其序列测定

据文献[4]进行套式 PCR 引物的设计及合成。引物序列及其位置如表 1 所示，在第二对引物的 5’端导入相应的酶切位点以利于测序重组克隆的构建。以上述 HIV－1 感染者 PBMC 的细胞提取物为外侧引物 PCR 扩增的模板，以外侧引物 PCR 扩增的产物为内侧引物 PCR 扩增的模板。其中第 1 次扩增量为 50 μl，第 2 次扩增量为 200 μl。PCR 扩增的条件为：10×Buffer［670 mmol/L Tirs－HCLpH8.8，160 mmol/L $(NH^4)_2SO_4$，45 mmol/L $MgCl_2$］，4 种 dNTP 各 250 μmol/L，引物各为 0.5 μmol/L，使用 2U 或 8U Taq 酶（购自 Biolab），使用 PE 公司 480PCR 扩增仪。同步设立阳性对照（HIV－1 BH10 株全基因质粒）、阴性对照（正常人 PBMC DNA 提取物）及 H_2O 对照。扩增条件为：94℃3 min 变性后，94℃30 s－55℃30 s－72℃5 min×30 个循环，以 94℃1 min－55℃3 min－72℃10 min 结束扩增。用 PmmegaMagic PCR 产物提纯柱回收内侧引物 PCR 产物，经 SalI/SacI 酶切后与 M13mp18 载体 NDA 构建重组测序克隆。重组测序克隆的单链 DNA 模板提取及其 Sanger 法测序参照文献〔5〕。为避免在 V3 区 DNA 片段的 PCR 扩增中出现错误，每份标本的重组克隆都挑取 3 个进行序列测定，未见有因 PCR 扩增而导致的序列改变者。

表 1　用于 HIV－1env V3 区扩增的引物序列及其位置

Tab. 1　Primer sequences and their location in the HIV－1（MN）genome

引物 Primer	序列 Sequences（5'——3'）	在 HIV－1（MN）基因组中的位置
EP1	CACAGTACAATGTACACATG	eny（6982—7001）
EP2	ACAGTAGAAAAATTCCCCTC	env（7383—7402）
EV1	TAAGAATCGATCTCGAGAGGCAGTCTGTACAAGACCCAAC	env（7139—7153）
EV2	TGTAAGTCTACCGAGCTCAGTACAATGTGCTTGTCTCAT	env（7226—7243）

6 株云南 HIV－1 毒株的膜蛋白 V3 区氨基酸序列测定及其共享序列

根据 6 个云南 HIV－1 毒株 env 基因 V3 区的序列测定结果，使用 DNASIS 分析软件，得出这 6 株 HIV－1 gp120 V3 区的氨基酸序列及其共享序列，并将它们与已发表的世界其他地区 HIV－1 代表株的 gp120V3 区序列进行了比较，结果见表 2。

表 2　6 株云南 HIV－1 毒株膜蛋白 V3 区序列与世界其他地区 HIV－1 代表株 V3 区序列的比较

Tab. 2　Comparison of gp120 V3 amino acid sequences of six HIV－1 strains from Yunnan and that of strains from other parts of the world

毒株 HIV－1 isolate	V3 区氨基酸序列 Amino acid sequence of V3 region	同源性 Homology（%）
Cons. Seq	C T R P N N N T R K S I Y I G P G R A F H T T G R l I G D I R Q A H C	100
YN11	- - - - - - - - - - - - R -	97
YN12	- - - - - - - - - - - - P - - - - Q - - - - - - Q - L - - - - - - - -	89
YN13	- K - - -	97
YN14	- Y - P - - - - - - - - - - - -	94
YN15	- -	100
YN16	- L - - - - - - - -	97
SF2	- -	97
AE	- - - - - - - - - - - - H - - - - - - - Y - - - E - - - - - - - - - -	91
Bra	- - - - - - - - - - - - H - - - - - - - Y A - - E - - - - - - - - - -	89
Rus	- - - - - - - - - - - - S L - - - Q - - Y - - - E - - - - - - - - - -	86
HRF	- - - - - - - - - - - - T K - - - - V I Y A - - Q - - - - - - K - - -	78
THA	- - - - S - - - - T - - S - - - - Q V - Y R - - D - - - - - - K - Y -	76
THB	- - - - - - - - - - - - P L - - - Q - W Y - - - Q - - - - - - - - - -	83

讨　　论

我们的结果表明，在 1992～1993 年间来自我国云南瑞丽地区 IUDs 人群 HIV－1 感染者的 6 株 HIV－1 毒株 gp120 V3 区氨基酸序列的株间变异为 0～11%。平均为 4.3%，而非相关毒株 gp120 V3 区的氨基酸序列变化可达 50% 以上。对 6 株云南 HIV－1 毒株 gp120 V3 区氨基酸序列的保守性分析表明，在35个氨基酸中，共有28个氨基酸的保守性达100%，表明在进化上这6株HIV－1有非常密切的关系。这一结果反映了由于共用注射器而导致的HIV－1交叉感染有聚集的倾向，在同一地区内感染者的原始传染源为一限定人群。表示的同源性分析结果表明在我国云南瑞丽IUDs人群中流行的HIV－1毒株仍以美欧株为主，与我们既往的研究结果[6]所不同的是，其人群流行毒株的V3区氨基酸序列在进化上逐渐远离HIV－1 MN株，而与HIV－1 SF2株及欧洲株靠拢，这种改变与南美株的进化过程相似。2号标本与1991年出现的泰国B亚群有较高的同源性，表明泰国主要存在于吸毒人群的HIV－1B亚群已于1992年进入我国。我们的研究还表明，尽管存在着地缘关系，云南瑞丽IVDU人群中流行的HIV－1毒株与泰国A亚群及日本流行株JH 32的亲缘关系较远。这反映了该地区HIV－1流行方式及原始传染源的单一性。

〔原载《中华实验和临床病毒学杂志》1996，10（4）：387－388〕

参 考 文 献

1 Potts K E，Kalish M L，Lott D，et al. Genetic heterogeneity of the V3 region of the HIV－1 envelope glycoprotein in Brazil. AIDS，1993，7：1191

2 Benn S，Rutledge R，Folks T，et al. Genetic heterogeneity of AIDS retroviral isolates from North America and Zaire. Science，1985，23：949

3 Cheingsong－PopovR，Bobkov A，Garaev M M，et al. Identification of human immunodeficiency virus type 1 subtype and their distribution in the Commonwealth of Independent States（Formor Soviet Union）by serologic V3 peptide－binding assays and V3 sequence analysis. J Infect Dis，1993，168：292

4 Albert J，Fenyo E M. Simple，sensitive，and specific detection of human immunodeficiency virus type 1 in clinical specimens by polymerase chain reaction with nested primers. J Clin Microbiol，1990，28：1560

5 Sambrook J，Fritsch E F，Maniatis T. Molecular Cloning. A laboratory manual. 2nd et. NY：Cold spring harbor laboratory press，1989

6 邵一鸣，曾毅，赵全璧，等．中国及国外某些地区HIV感染者血清HIV－1 gp120 V3肽反应的比较研究．中华微生物学和免疫学杂志，1993，13：1

206. EB病毒与促癌物协同作用诱发人鼻咽恶性淋巴瘤和未分化癌的研究

第四军医大学 刘振声 刘彦仿 中国预防医学科学院病毒学研究所 李宝民 曾 毅

〔摘 要〕 将EB病毒感染的人胎儿鼻咽黏膜移植于22只Balb/c裸鼠皮下，每周一次皮下注射丁酸和佛波醇二酯（TPA）。约10 d后肿物逐渐增大，15周内行病理检查，诊断为恶性淋巴瘤4例（其中T淋巴细胞型3例），未分化癌3例。PCR和原位杂交显示，两种肿瘤组织和细胞中均含有EB病毒LMP1基因，核苷酸序列分析表明，与B95－8细胞LMP1基因相应序列的同源性约为96%和99%。说明EB病毒感染人胎儿新鲜鼻咽上皮细胞和淋巴细胞，引起细胞恶性转化后，EB

病毒DNA仍存在于癌细胞中。本研究在国际上首次证明，完整的EB病毒和促癌物协同作用可以诱发未分化癌。

〔**关键词**〕 EB病毒；促癌物；鼻咽癌

EB病毒是人类传染性单核细胞增多症的原因，与鼻咽的发生有密切关系。鼻咽癌组织中存在EBV DNA〔1-4〕。EBV LMP1基因转染永生化细胞可在裸鼠中致瘤〔5-8〕。但迄今并没有直接的证据证明EBV就是鼻咽癌的病因。Ito等人报道，用TPA和丁酸钠联合处理含有EBV的细胞后，这些细胞的EBV抗原合成明显增加〔9〕。曾毅等人也报道，一些含有TPA样物质的中草药与丁酸钠协同作用，可以诱导EBV抗原的合成，增强EBV淋细细胞的转化能力，促进二硝基派嗪诱发大鼠鼻咽癌〔10-13〕。Huang等人发现咸鱼中含有亚硝胺，可以诱发大鼠鼻和鼻旁的癌症〔14〕。邵一鸣等人报告，咸鱼中不仅含有亚硝胺，也含有EBV诱导物〔15〕。Aya等人证明，用EBV和纯化的4-脱氧佛波酯处理人淋巴细胞，可以引起染色体重排和淋巴瘤的发生〔16〕。因此，我们试图应用EBV和促癌协同在裸鼠中诱发人胎儿鼻咽黏膜的癌症。将EBV感染的人胎儿鼻咽黏膜移植于裸鼠皮下，在促癌物的协同作用下成功地诱导出人鼻咽恶性淋巴瘤和未分化癌，为EBV在鼻咽癌发生中致癌作用的研究提供了直接的证据。

材料和方法

一、动物 Balb/c系裸鼠，购于中国医学科学院实验动物研究所，鼠龄4~6周，雌雄兼用，饲以高压灭菌水和饲料。

二、细胞和试剂 B95-8细胞系为中国预防医学科学院病毒学研究所培养的细胞株。EBERs探针为法国CNRs的Irne Joab博士惠赠。地高辛标记及检测试剂盒为德国Boehringer Mannheim公司产品。限制性内切酶和PCR试剂购自华美生物工程公司。

三、EB病毒的提取 将B95-8细胞用含15%小牛血清的完全RPMI 1640培养液，37℃ CO_2孵箱培养传代。当细胞浓度达10^6/ml时，活细胞数>95%，把细胞液置4℃，1 000r/min离心20 min弃细胞，上清于4℃继续20 000 r/min离心2 h，弃上清，留沉淀约浓缩150倍，滤膜过滤，液氮保存。

四、EB病毒感染人胎儿鼻咽组织和移植裸鼠成瘤试验 取胎龄4~7个月水囊引产的胎儿26例，不分性别，无菌分离鼻咽黏膜，将组织块剪成0.5~1.0 mm^3碎片，加浓缩150倍的B95-8EB病毒液，37℃孵育2 h。1500 r/min离心10 min，去上清，用注射器将EB病毒感染的胎儿鼻咽组织移植于Balb/c裸鼠背部皮下。移植后第3日起在组织移植处旁皮下注射丁酸1000 ng/中和/或佛波醇二酯（TPA）50 ng/只，每周一次。观察肿瘤形成情况，直至处死。实验组22只鼠，空白对照组4只鼠。

五、病理学检查 裸鼠致瘤后7~15周处死，常规取材，10%甲醛固定，石蜡包埋，做5 μm厚的连续切片，常规HE染色，光学显微镜检查确诊。

六、免疫组化学检测 按文献〔17〕行免疫组织化学PAP法染色。特异性抗体为CD20（1:100）和CD3（1:50），对照组以正常血清代替特异性抗体。

七、原位分子杂交检测 用地高辛标记的$EBER_s$和LMP1基因控针，与肿瘤组织切片标本按文献〔18〕进行原位杂交。切片经脱蜡及预处理后，将杂交液滴加于组织切片上，用硅化盖破片覆盖，杂交后充分洗涤，再用地高辛抗体孵育组织切片，用 NBT/BCIP 室温下避光显色，核固红衬染，脱水透明，树胶封片。

八、组织 DNA 的提取和 PCR 扩增 常规撮恶性肿瘤和未分化癌组织 DNA，应用 PCR 技术扩增 553 bp 的 EB 病毒 LMP1 基因片段，引物序列为：引物 1：5’ – GCCAGAGCAT-CACCAATAA – 3’，引物 2：5’ – GCTCGTGTTCCATCCTCAG – 3’。引物在 381A DNA 合成仪上合成。循环条件为：94℃ 1 min，55℃ 1 min，72℃ 1 min，30 个循环，72℃ 延伸 10 min，通过 1.0% 琼脂糖凝胶电泳对 PCR 产物进行鉴定。

九、PCR 产物克隆和 DNA 序列测定 将 Promega 公司的 PGEM – T vector 与纯化的 PCR 产物于 14℃ 连接过夜，取连液体积的 1/4 转化 JM109 钙化菌，用 X – gal 和 IPTG 筛选白色菌落，快提质粒，用 Apal 酶切鉴定。将筛选的阳性克隆摇瓶培养，提取质粒 DNA，并用 PEG800 沉淀纯化质粒，373A – 18 型自动测序仪测定插入的目的基因序列。

结　果

一、裸鼠体内人胎儿鼻咽组织的存活与肿瘤形成 人胎儿鼻咽组织移植于裸鼠背部皮下，一周内移植物逐渐缩小，约 10 d 后又逐渐增大，2 个月左右体积可达（2.1 ± 0.39）cm^3，可活动，表面呈结节状。7 ~ 15 周处死裸鼠，从皮下取出肿物，病理学检查诊断为恶性淋巴瘤 4 例，未分化癌 3 例。经免疫组化染色为 4 例恶性淋巴瘤中 T 淋巴细胞型 3 例（CD3 阳性），B 淋巴细胞型 1 例（CD20 阳性）。未分化癌 CD3 和 CD20 均为阴性（表 1，图 1，图 2a、b、c、d）。

表 1　EB 病毒诱发的人胎儿鼻咽组织肿瘤形成

Tab. 1　Tumor formation of fetal nasopharyngeal tissues infected with EB virus

组别 Group	裸鼠数（只） Number of nude mice	存活时间（周） Weeks after inoculation	恶性淋巴瘤 T（B） Malignant T（B） lymphoma	未分化癌 Undifferentiated NPC
鼻咽组织 NP	4	15	0	0
EB 病毒 EBV	6	15	0	0
TPA + 丁酸（NB）	4	13 – 15	0	0
EBV + TPA	6	8 – 15	2（1）	0
EBV + TPA + 丁酸（NB）	6	7 – 15	1	3

NP = nasopharyngeal tissues；NB = n – butyurate

二、原位分子杂交结果 采用地高辛标记的 EBERs 和 LMP1 基因探针，对恶性淋巴瘤和未分化癌组织切片进行原位杂交，发现肿瘤组织中原位杂交呈阳性信号呈紫蓝色细颗粒，多位于细胞核中，无背影染色干扰，所有空白对照均为阴性（图 3 与图 4）。说明，EB 病毒感染人胎儿鼻咽细胞恶性转化后，EB 病毒仍然存在于淋巴瘤和未分化癌细胞中。

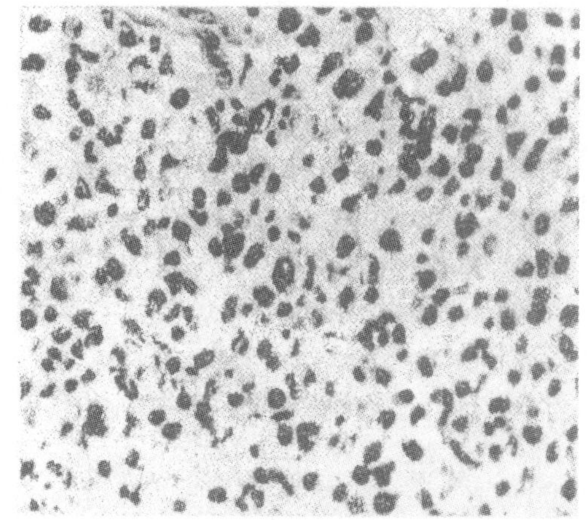

图1 恶性淋巴瘤组织切片见细胞大小一致，核浓染，胞质少，HE ×400

Fig. 1 Micrographs of paraffin section from lymphoma formed by fetal nasopharyngeal tissues induced with EB virus and TPA in nude mouse, malignant lymphoma HE staining ×400

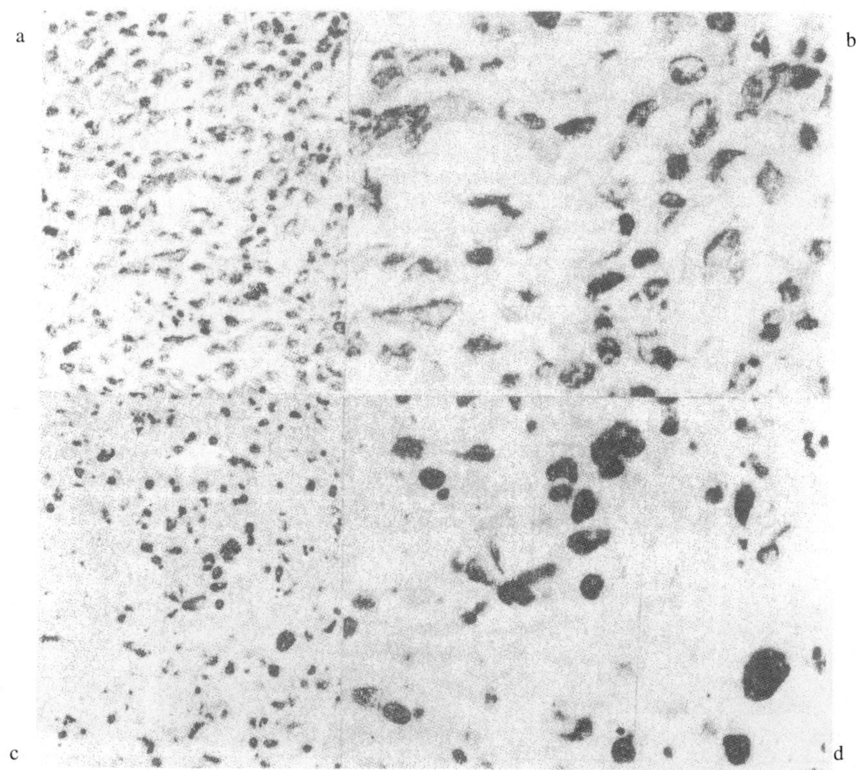

a. 图示上皮癌细胞浆丰富，核深染不规则，有核分裂象，HE ×200；b 为图 a 的扩大，HE ×500；c. 图示瘤组织坏死，中央胞浆红染，胞浆消失，其周围细胞核浓缩，有瘤巨细胞，HE ×200；d. 为图 c 的扩大，HE ×500；

图2 未分化癌组织切片

a. Undifferentiated carcinoma with dark irregular nuclei and rich cytoplasm, mitosis could be seen in the center. HE staining ×200, Amplified picture of figure 2a. HE staining ×500; c. Necrosis of tumor tissue with karyolysis and myknosis of nuclei, big tumor cells could be seen. HE staing ×200; d. Amplified picture of figure 2c HE staining ×500;

Fig. 2 Micrographs of paraffin section from tumor formed by fetal nasopharyngeal tissues induced with EB virus, TPA and n – butytrae in nude mouse

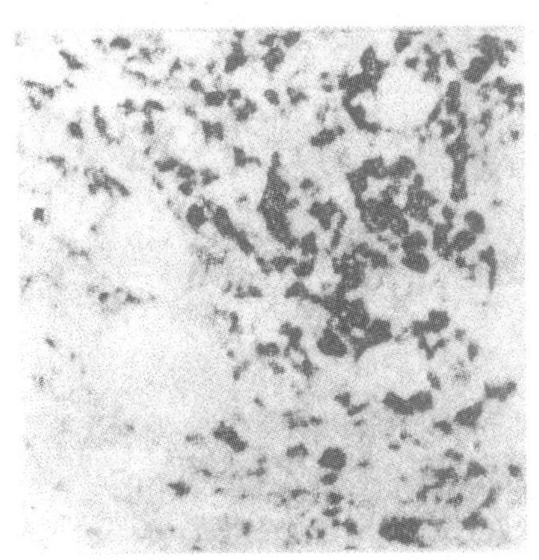

图3 恶性淋巴瘤细胞 EBERs 阳性原位杂交 ×400

Fig. 3 ***In situ* hybridizaion of EBERs in malignant lymphoma, purple – blue minute granules a positive signal located in the cell nucleus**

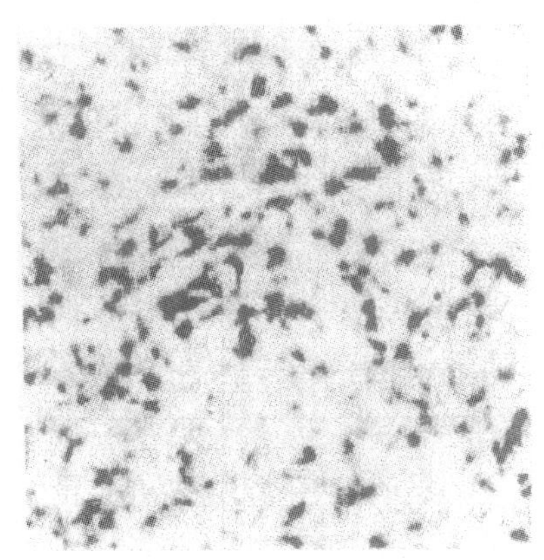

图4 未分化癌细胞 LMP1 基因阳性原位杂交 ×400

Fig. 4 ***In situ* hybridization of LMP1 gene in undifferentiated carcinoma. purple – minute granules are positive signal chiefly located in the cell nucleus and cyloplasm.**

三、PCR 扩增结果 通过 PCR 扩增的 EBV – LMP1 基因片段为 553bp，在 1.0% 琼脂糖凝胶电泳中清晰可见（图5，6）。

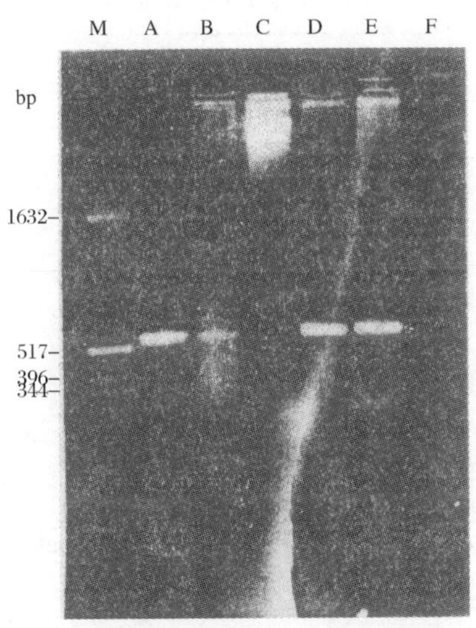

M. PBR322/Hinf 1 DNA 标准相对分子质量对照；A. B95 – 8 细胞DNA；B、D、E. 恶性淋巴瘤 DNA；F，293 细胞 DNA；C. 恶性淋巴瘤 DNA（未扩增）

图5 恶性淋巴瘤 DNA PCR 扩增结果

M：PBR322/Hinfl DNA maker，A B95 – 8 cells DNA；B，D and E：Malignant lymphoma DNA；C：malignant lymphoma DNA（not amplified）；F：293 cells DNA

Fig. 5 Result of the PCR detection of malignant lymphoma DNA

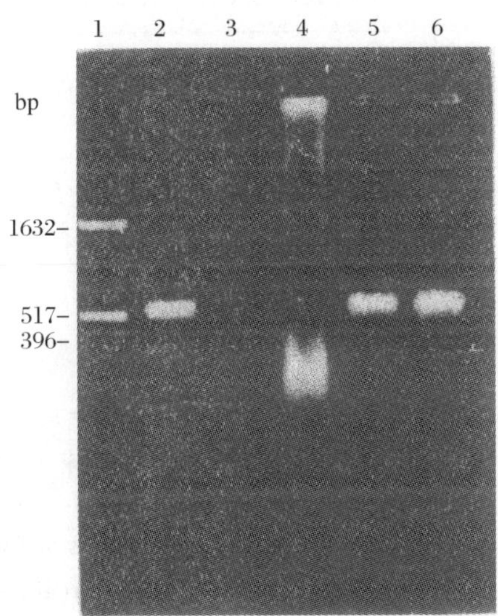

1. PBR322/Hinf 1 DNA 标准相对分子质量对照，2. B95 – 8 细胞 DNA；3、5、6 未分化癌 DNA 4. 293 细胞 DNA

图6 未分化癌 DNA PCR 扩增结果

1 PBR322/Hinfl DNA marker，2：B95 – 8 cells DNA；3，5 and 6：Undifferentiated carcinoma DNA；4：293 cells DNA

Fig. 6 Result of the PCR detection of undifferentiated carcinoma DNA

四、酶切鉴定阳性克隆 用Apal限制性内切酶酶切，1.0%琼脂糖凝胶电泳后在550 bp左右可见一清晰的阳性带，其大小与预期结果相符。

五、EBV－LMP1基因片段的核苷酸序列分析与B95－8细胞同源性比较 将以上所得到的阳性克隆插入片段的核苷序列，与B95－8病毒LMP1基因片段相比较，结果恶性淋巴瘤和未分化癌LMP1序列与B95－8细胞EB病毒LMP1相应序列的同源性分别为96%和99%（图7）。

```
1  CTGAGGATGGAACACGAGCTTGAGAGGGGCCCACGGGGCCCGCGACGCCCCCCTCGAGGA
2  ------------------------------------------T-----T-----------
3  Primer 2(169480–169462) -------------------------------------
   CCCCCCCTCTCCTCTTCCCTAGGCCTTGCTCTCCTTCTCCTCCTCTTGGCGCTACTGTTT
   ------------------------------------------------------------
   ------------------------------------------------------------
   TGGCTGTACATCGTTATGAGTGACTGGACTGGAGGAGCCCTCCTTGTCCTCTATTCCTTT
   ------------------------------------------------------A-----
   ------------------------------------------------------------
   GCTCTCATGCTTATAATTATAATTTTGATCATCTTTATCTTCAGAAGAGACCTTCTCTGT
   -------------------------------A---C------------------------
   -------------------A-----------------------------G----------
   CCACTTGGAGCCCTTTGTATACTCCTACTGATGAGTAAGTATTACACCCTTTGCCCCACA
   -------------C---------------------------------------T------
   ------------------------------------------------------------
   CCCCCTTTCCCTTACTCTTCCTTCTCTAACGCACTTTCTCCTCTTTCCCCAGTCACCCTC
   -------A----A--------------------A--------------------------
   ------------------------------------------------------------
   CTGCTCATCGCTCTCTGGAATTTGCACGGACAGGCATTGTTCCTTGGAATTGTGCTGTTC
   ---A----------------------T-----A-------------------C-----C-
   ----A-------------------------------------------------------
   ATCTTCGGGTGCTTACTTGGTAAGATCTAACATTCCCTAGGAATTATTTACCACACCCCC
   --------CC----------------------A----C--------------------A-
   ------------------------------------------------------------
   ACTTTTCCAACCCTAACACTCTTTTTTCAACGCAGTCTTAGGTATCTGGATCTACTTATT
   --------------CT--------------------------------------------
   --------------------------------------------------- Primerl
   GGAGATGCTCTGGC
   ______________
   (168950–168927)
```

1＝B95－8，2＝恶性淋巴瘤，3＝未分化癌

图7　B95－8，恶性淋巴瘤和未分化癌EB病毒LMP（168 927－169 480）序列比较

1，2，3，indicate the sequences of B95－8，malignant lymphoma and undifferentiated carcinoma

Fig. 7　Comparison of the sequences of EBV－LMP（168 927－169 480）form B95－8，malignant lymphoma and undifferentiated carcinoma

讨　　论

我们的实验表明，单纯的EBV感染鼻咽黏膜并不足以诱发淋巴瘤或癌症，但在EBV诱导物和促癌物TPA和/或丁酸钠协同作用下，可以诱发淋巴瘤和未分化癌。有趣的是EBV与TPA协同足以诱发淋巴瘤，且诱发的T细胞淋巴瘤比B细胞淋巴瘤多。但是诱发未分化癌则需要其他因子如丁酸钠的协同作用。我们另外的研究发现，EBV与TPA协同诱发永生化

293 细胞可以在裸鼠中诱发癌症[19]，表明诱发鼻咽癌组织淋巴瘤和未分化癌与诱发永生化 293 细胞致癌的过程是不同的。在 TPA 和/或丁酸钠的存在下，EBV 感染的胎儿鼻咽组织接种裸鼠后，能够形成 T 和 B 细胞淋巴瘤及鼻咽癌，EBV 基因在肿瘤细胞中持续存在。在正常和增生的鼻回黏膜上皮细胞中存在 EBNA[20]。这些资料表明，在鼻咽黏膜的 T 细胞和上皮细胞中可能存在 EBV 感染所需的 EBV 受体。

肿瘤的发生与多种因子有关，肿瘤病毒是引起肿瘤的重要生物因子。肿瘤病毒致癌有其自身的特殊性，这就是从病毒感染到肿瘤发生要经过一个漫长的过程。肿瘤病毒感染人体后，多是以潜伏的形式持续存在于体内，在某些情况下，环境促癌因子激活潜伏病毒，促进病毒的致癌作用。EB 病毒是人群中广泛分布的病毒，人感染 EB 病毒一般在出生后，尤其是儿童期。我们以前的研究证明，在我国南方鼻咽癌高发区的大量中草药和食物中含有 EB 病毒诱导和促癌物[10,21]，存在于正常人鼻咽部的厌氧杆菌可以产生丁酸[22]。它们与 EB 病毒一起在鼻咽癌的发生中起重要作用。至于 B95－8、淋巴瘤与未分化癌中 EBV－LMP 的核苷酸差异，可能是真实的变异，也可能是 Taq 酶在 PCR 中造成的人为错误，有待进一步研究。

本研究首次证明，在人鼻咽组织移植的裸鼠中，EB 病毒与 TPA 和丁酸钠协同作用可以诱发癌症。同时证明 EB 病毒在鼻咽癌的发生中起病因学作用，它是研究鼻咽癌发生的病因和机理的重要模型。

〔原载《病毒学报》1996，12（1）：1－8〕

参 考 文 献

1 Wolf H，et al. EB－viral genomes in epithelial nasopharyngeal carcinoma cells. Nature New Biol，1973，244：254－247

2 Pi G H，et al. Development of an anticomplement lmmunoenzyme test for detection of EB virus nuclear antigen（EBNA）and antibody to EBNA. J Immunol Method，1981，44：73－78

3 曾毅，等．鼻咽癌的血清学普查．中国医学科学院学报，1979（1）：123－126

4 Zeng Y，et al. Application of an Immunoenzymatic method and an immunradioautographic method for a mass survey of nasopharyngeal carcinoma. Intervirology，1980（3）：162－168

5 Wang D，et al. An EBV membrane protein expressed in immortalized lymphocytes transforms established rodent cells. Cell，1985，43：831－840

6 Fahraeus R，et al. Morphological transformation of human keratinocytes expressing the LMP gene of Epstein－Barr virus. Nature，1990，345：447－449

7 Christopher W，et al. Epstein－Barr virus latent membrane protein inhibits human epithelial cell differentiation. Nature，1990，344：777－780

8 Hu L F，et al. Clonability and tumorigenicity of human epithelial cells expressing the EBV encoded membrane protein LMP1. Oncogene，1993（8）：1575－1583

9 Ito Y，et al. Combined effect of the extracts from croton tiglium，Euphorbia lathyris，or Euphorbia tirucalli and n－butyrate on Epstein－Barr virus expression in human lymphoblastoid P3HR－1 and Raji cells，Cancer Lett，1981（12）：175－180

10 Zeng Y，et al. Enhancement of spontaneous VCA and EA induction in B95－8 cells and EA induction in Raji cells treated with human leukocyte interferon. Intervirology，1982，18：333－337

11 胡垠玲，曾毅．几种中草药对淋巴细胞的促转化作用．中华肿瘤杂志，1985（7）：417－419

12 胡垠玲，曾毅．丁酸钠促进 EB 病毒对淋巴细胞转化的研究．癌症，1986（5）：243－246

13 Tang W P，et al. Wikstroemia indication promotes development of nasopharyngeal carcinoma in rats initiated by dinitrosopiperazine. J Cancer

Res Clin Oncol, 1988, 114: 429 - 431
14 Huang D P, et al. Carcinoma or the nasal and paranasal region in rats fed cantonese salted marine fish. Lyon: IARC Scientific Publications, 1978, 20: 315
15 Shao Y M, et al. Epstein - Barr virus activation in Raji cells by extract of preserved food from NPC high risk areas. Carcinogenesis, 1988, 9: 1455 - 1457
16 Aya T, et al. Chromosome translocation and c - MYC activation by Epstein - Barr virus and Euphorbia tirucalli in B Lymphocytes. The Lancet, 1991. 337: 1190
17 刘彦仿主编．免疫组织化学．北京：人民卫生出版社，1990，62 - 70
18 Wu T - C, et al. Detection of EBV gene expression in Reed - sternberg cells of Hodykin's disease International Journal of caner, 1990, 46: 801 - 804
19 李宝民，等．EB 病毒诱导永生化人上皮细胞发生恶性转化．病毒学报，1668，11：371 - 373
20 Zeng Y, et al. Application of anticomplement immunoenzymatic method for the detection of EBNA in carcinoma cells and normal epithelial cells from the nasopharynx. 11th Int Symp Nasopharyngeal Carcinoma, Dusseldorf, West Germany. Cancer Campaign, Vol - 5 Sp139 Nasopharyngeal Carcinoma, 1981, 237 - 245
21 Zeng Y, et al. Screening of Epstein - Barr virus early antigen expression inducers from Chinese medicinal herbs and plants. Biomed Environ Sci, 1994, 7: 50 - 55
22 纪志武，等．鼻咽癌病人和其他鼻咽部疾病病人鼻咽部厌氧菌代谢产物对类淋巴母细胞 Raji 细胞和 P3HR - 1 细胞中 EB 病毒抗原的诱导作用．癌症，1990（1）：1 - 3

Studies on Human Nasopharyngeal Malignant Lymphoma and Undifferentiated Carcinoma Induced by the Synergetic Effect of EB Virus and Tumor Promoter

LIU Zhen - sheng[1]　LI Bao - min[2]　LIU Yan - fang[1]　ZENG Yi[2]
(1. The Fourth Military Medicine University; 2. Institute of Virology, CAPM, Beijing)

Twenty Two Balb/c nude mice were transplanted subcutaneously with human fetal nasopharyngeal tissure infected with B95 - 8 EB virus. Butyric acid and/or 12 - 0 - tetradecanoyl - phorrbol - 13 - acetate (TPA) were injected subcutaneously once a week, Ten days after transplantation tumorous mass gradually grew in size. Histopathological examination carried out within 15 weeks, showed four cases of malignant lymphomas (among them 3 T - Lymphocytomas) and 3 undifferentiated carcinoma. PCR amplification, Southern blot, dot blot and *in situ* hybridization revealed that both types of tumors contained LMP - 1 gene of EBV. Nucleotide sequence analysis indicated that the EBV - LMP - 1 gene in EBV induced malignant lymphoma and undifferentiated carcinoma were homologous with B95 - 8 cell's to around 96% and 99% respectively. It showed that EBV can infect fresh fetal nasopharyngeal epithelium and lymphocytes and lead to the transformation of malignancy. EBV DNA still existed in cancer cells. This study demonstrated for the first time that the synergetic effect of EBV and tumor promotor can induce lymophoma and undifferentiated carcinoma.

〔**Key words**〕 Epstein - Barr Virus; Tumor Promotor; Nasopharyngeal Carcinoma

207. 1995年云南瑞丽HIV-1毒株的基因变异和分析

中国预防医学科学院病毒学研究所　邵一鸣　管永军　赵全壁　曾　毅
云南省卫生防疫站　张家鹏　张　勇　瑞丽市卫生防疫站　段一娟　杨贵林
德国累根斯堡大学医学微生物学研究所　KOSTLER Josef　WOLF Hans

〔摘　要〕　从1995年瑞丽静脉注射毒品者及其配偶26人的血样中，经PCR扩增细胞内HIV基因并对其envC2~V3区进行测序，结果发现18人为B亚型HIV-1，8人为C亚型HIV-1毒株。在瑞丽以B亚型毒株为主，与我们以往报告一致。C亚型毒株的出现曾有报道，我们进一步分析发现，C亚型毒株感染者多在1994年和1995年被感染。根据其核苷酸序列测定的基因离散率（2.25%），远小于B型毒株（6.7%），也说明它是近两年才在瑞丽流行的。C亚型毒株感染者明显聚集于城周，而B亚型毒株感染者均匀分布，提示其传染源的定向性。对它的可能来源文中进行了讨论。

〔关键词〕　HIV-1；B亚型；C亚型；基因变异；序列分析

HIV-1作为逆转录病毒，以其特有的复制方式在全球传播过程中产生出越来越多的亚型。目前确定的HIV-1亚型已达到9个，这包括A~H亚型和与这些亚型相差较大的O亚型[1-5]。随着HIV-1在一个地区流行时间的延长，该地区HIV-1亚型内的变异会越来越大，更多亚型的出现以及各亚型毒株在传播过程中相互作用和竞争，是HIV-1流行过程的特点和发展趋势。监测和研究HIV-1在某一流行区的亚型的基因变异，新亚型的出现及其各亚型间的相互作用，以及它们在生物学和流行病学上的差异，是HIV研究的重要课题，也是发展和研制针对这一地区的疫苗的基础。

我们自云南德宏地区发现HIV流行数月之后[6]，于1990年初就开始跟踪研究该地区的HIV-1感染者，分离病毒，进行生物学鉴定[7,8]、V3肽血清学HIV-1亚型的测定[8,9]和HIV-1毒株外膜蛋白的基因序列测定与分析[10-12]，并在此基础上重组表达了该地区HIV-1主要毒株的几种形式的候选疫苗蛋白[13,14]。本文将报告这项研究的一部分，即对该地区HIV感染者1995年采样的HIV-1序列分析结果。

材料和方法

一、样品收集　从瑞丽市4个乡10余个村寨的HIV-1抗体阳性的静脉注射毒品者（IDUs）及其部分配偶抽取静脉血。在现场分离淋巴细胞，部分细胞做培养分离病毒（结果将另文报告），其余细胞用于PCR扩增。

二、核酸提取　使用Qiangen公司的QIAampBlood试剂盒，按照说明提取细胞核酸，最终样品溶于10 mmol/L pH8.7的Tris-HCL缓冲液。

三、PCR 引物设计 合成两对 PCR 引物，外侧引物对为 NP21：ACGAATTCGTG-CACGCGTTGTGGGTCACAGTCTATT（6335～6354）和 NP22：ATGGATCCTCTAGATCTTGCCT-GGAGCTGCTTGAT（7988～8008）；内侧引物对为 Env－C：CCAATTCCCATACATTATTG（HIVmm，6887～6906）和 Env－g：ctttatatttatataattcacttct（7682～7706）。

四、PCR 扩增 按 Nested PCR 方法（详见文献〔10〕）。用 5 μl 样品核酸和引物 NP21 和 NP22 做初次扩增，反应条件为 95℃1 min，94℃30 s，56℃1 min，72℃2 min。30 循环；72℃10 min。用 1/10 的反应产物与引物 Env－C 与 Env－g 进行第二次扩增，反应条件为 95℃1 min；94℃20 s，54℃1 min，72℃1.5 min，30 循环；72℃10 min。

五、HIV 扩增片段的纯化 PCR 扩增终产物走 1% 琼脂糖凝脉电泳．经与相对分子质量标准物对照核实无误后切下该条带，用 Qiagen 公司出品的 Qiaex 试剂，参照操作程序提纯 HIV－1 基因片段。回收得的 DNA 溶于 10 mmol/L Tris－HCl，pH8.7，经琼脂脂糖凝胶电泳与 DNA 标准品对照估算核酸浓度。

六、核苷酸序列测定 使用引物 Env－C（见 PCR 引物）和 Env－D3：CTGTTAAATG-GCAGTCTAGCAG（7031～7052）以及荧光标记末端终止物试剂盒（为 ABI 公司产品）。在 PE 公司的热循环仪 9600 上进行测序反应。样品用量约 1 μg，引物用量为 6 pmol，反应经提纯后在 ABI 公司的 373A 型 DNA 序列测定仪上进行序列测定。

七、序列分析 测得的序列经 DNA 软件编辑后用威斯康星公司 GCG 的软件包进行分析，以 Pileup 程序对序列进行排列和与国际标准序列的比较；用 Pretty 程序计算一组毒株的共享序列（Consensus sequence）；用 Distance 程序测定毒株间的核苷酸和氨基酸序列的离散率，并在此基础上用 Growtree 程序做系统树（Phylogenetjctree）分析。

结　　果

经过套式 PCR 反应，总共从 26 名 HIV－1 感染者扩增到剿 HIV－1 env 基因的 C2～V3 区片段，这包括 22 名吸毒者和 4 名吸毒者配偶。经用 Env－C 与 Env－D3 引物进行序列分析，测到 envC2～V3 及其相邻区的 450 个碱基长的核苷酸序列。对该段 DNA 翻译出的氨基酸序列进行多种分析，用 GCG 软件包 Pileup 和 Pretty 程序计算其共享序列。26 个毒株明显分成两组，一组为 18 个毒株，彼此间十分相近（图 1A）；另一组为 8 个毒株，相互之间差异很小（图 1B）。将这两组序列分别与国际 A～E 亚型的共享序列进行比较，并用 Distance 程序计算相互间的基因离散率，结果见表 1。图 1A 中的 18 个毒株序列与国际 B 亚型共享序列间相距最近（其均数为 8.33%），接近该组内毒株间差异（6.71%），而与 A、C、D 和 E 亚型相距很远（23.78%～27.53%）；图 1B 中的 8 个毒株序列与 C 亚型共享序列十分相近，之间的差异（2.07%）还略小于其组内差异（2.25%），而这组毒株与其他亚型的差异则 10 倍于与 C 亚型的（表 1）。在进一步的系统树分析中，经过与不单单是各亚型的共享序列而且还包括它们的代表毒株序列的比较显示，上述图 1A 中的 18 个毒株与 B 亚型共享序列，MN 株北美 B 亚型毒株和 T8655 泰国 B 亚型、MNRP05 缅甸 B 亚型毒株聚集在一起，并远离其他亚型的毒株（图 2）。反之，图 1B 中的 8 个毒株，在系统树分析中则全部聚集于 C 亚型的共享序列和 NOF 株 C 亚型毒株，而远离其他亚型的毒株（图 3）。

上述分析充分说明，在我们测序的1995年采样的这26名HIV－1感染者中，18人携带的是B亚型HIV－1毒株，占69.2%；另外8人携带有C亚型毒株，占30.8%。从基因变异程度上来看，18株B亚型毒株的基因离散率远大于8株C亚型毒株的，前者（6.71±1.87）是后者的3倍（2.25±0.67）（表1）。从感染者居住地分布上来看，8名C亚型感染者中除一名来自陇川县外，其余7名为瑞丽本地人，除2人（一对夫妇）居住在距城较远的村寨外，其余5人均居住在城内或城郊地区。B亚型HIV－1感染的18人则主要居住在距城区较远的村寨。从感染时间上来看，受B亚型HIV－1感染的人大大早于受C亚型感染的人，前者的累积HIV平均检出时间为62.8个月，而后者仅为13.2个月。在8名C亚型HIV－1感染者中首次检出时间1995年3人，1994年2人，1993年和1992年各1人，另一名来自陇川县的病人感染时间不详。

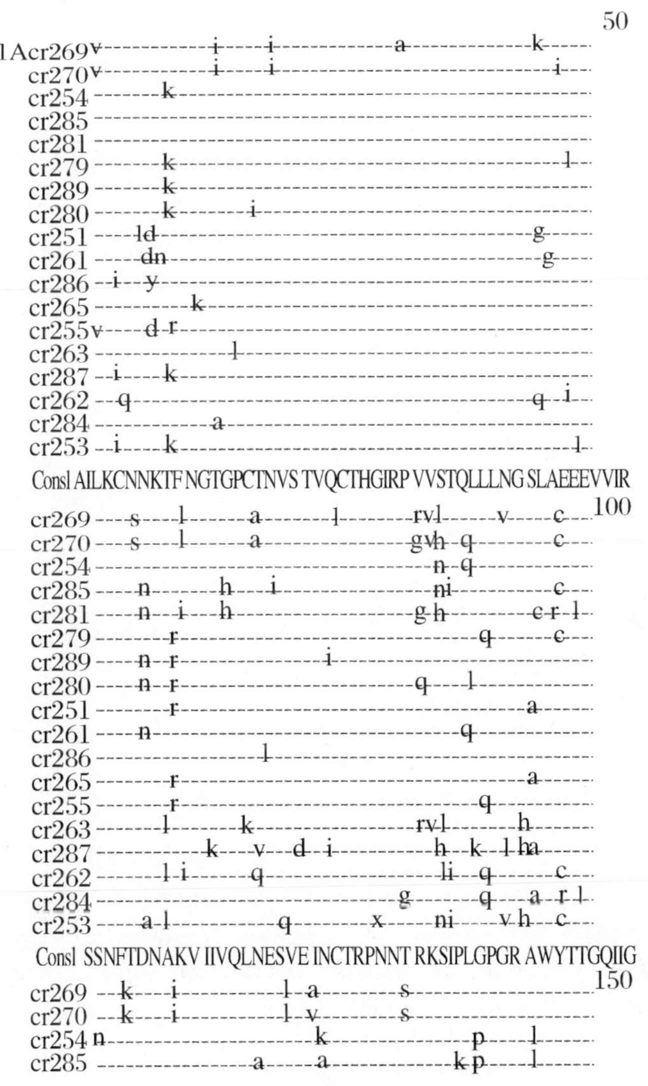

```
      cr281 ---------- ---------- --k------- ---------- ----------
      cr279 ---------- n---h----- ---------- -------r-- ----------
      cr289 ---------- --------r- ---------- ---------- ----------
      cr280 ---------- ---------- ---------- -------r-- ------e---
      cr251 ---------- --------r- -ak------- ---------- ----------
      cr261 ---------- --------r- -ag------- ---------- -----v----
      cr186 ---------- --------rl --k------- ---------- ---------l
      cr265 ---------- ----s----- va----k--- ---------- ---l------
      cr255 ---------- ---------k ---------- ------d--- ---l--a---
      cr263 ---------- ---------- -a---k---k ------k--- ----------
      cr287 ---------- --e-h----- ---------- ---------- ----------
      cr262 n-------i- -a-------l -------k-- ------sr-- ------a---
      cr284 -------si- -an-----g- -ak------- ------e--- -----va--l
      cr253 n----x---n y--------r --d------- ------kh-- ------l---
      Cons1 DIRQAHCNLS STKWNNTLKQ ITEKLREQFG NKTIVFNQSS GGDPEIVMHS 50
   1B cr257 ---------- ---------- ---------- ---------- ----g-----
      cr267 ---------- ---------- ---------- ---------- ----------
      cr256 ---------- ------y--- ---------- ---------- ----------
      cr275 ---------- ---------- ---------- ---------- ----------
      cr264 ---------- ---------- ---------- ---------- ---------k
      cr272 ---------- ---------- ---------- ---------- ----------
      cr268 --------i- ---------- ---------- ---------- ----g-----
      cr252 ---------- ---------- ---------- ---------- ----------
      Cons2 AILKCNDKTF NGTGPCHNVS TVQCTHGIKP VVSTQLLLNG SLAEREIIIR 100
      cr257 -----d---- ---------- ---------- ---------- ----------
      cr267 -----d---- ---------- ---------- ---------- ------g---
      cr256 ---------- ---------- ---------- ---------- ----------
      cr275 ---------- -----d---- ---------- ---------- ----------
      cr264 ---------- --------i- ---------- ---------- ----------
      cr272 ---------- ---------- ---------- ---------- ----------
      cr268 ---------- ---------- ---------- ---------- ------e---
      cr252 -----g---- ---------- ---------- ---------- ----------
      Cons2 SENLTNNVKT IIVHLNQSVE IVCTRPNNNT RKSIRIGPGQ TFYATGDIIG 150
      cr257 ---------- -
      cr267 ---------- ---------- --i------- ---q------ ----------
      cr256 ---------- ---------- -s-----y-- ---------- ----------
      cr275 ---------- k--------- -s-----y-- ---------- ----------
      cr264 ---------- ---------- ---------- ---------- ----------
      cr272 ---------- k--------- ---------s ---------- ----------
      cr268 ---------- k--------- ---------- ---------- ----------
      cr252 -------h-- ----d----- -s-------a --------a- ----------
      Cons2 DIRQAHCNIS EDKWNETLQR VGKKLAEHER NKTIKFASSS GGDLEITTHS
```

1A. 18 个 HIV－1 B 亚型的氨基酸序列； 1B. 8 个 HIV－1 C 亚型的氨基酸序列

图 1 云南瑞丽静脉吸毒者和其配偶的 HIV－1 毒株的氨基酸序列及其共享序列

1A. The alignment of 18 subtype B HIV－1 strains; 1B. Thc alignment of 8 subtype C HIV－1 stmins

Fig. 1 Predicated amino－acid sequence alignment and consensus sequence caculation from HIV－1 infected IDUs and their spouses in Ruili, Yunnan

表 1　瑞丽 HIV－1 亚型内及其与国际 HIV－1 亚型基因离散率的比较

Tab. 1　Genetic distance inside the subtypes of Ruili HIV－1 and in comparation with that of international subtypes

瑞丽 HIV－1 亚型	基因离散率 Genetic distances* ($\bar{x}\pm s$)					
Ruili HIV－1 subtype	本亚型内 inside subtype	A	B	C	D	E
B ($n=18$)	6.71±1.87	23.78±1.07	8.33±1.13	27.53±1.18	24.93±0.94	24.43±1.24
C ($n=8$)	2.25±0.67	21.73±1.65	21.88±2.53	2.07±0.77	25.19±1.41	21.83±2.22

* 序列的基因离散率是用 GCG 软件中 distance 程序计算 C2－V3 区的核苷酸序列，并经 Kimura 方法校正

* The genetic distances were caculated by GCG distance programe based on C2－V3 region of env gene with Kimura 2－parameter corrections

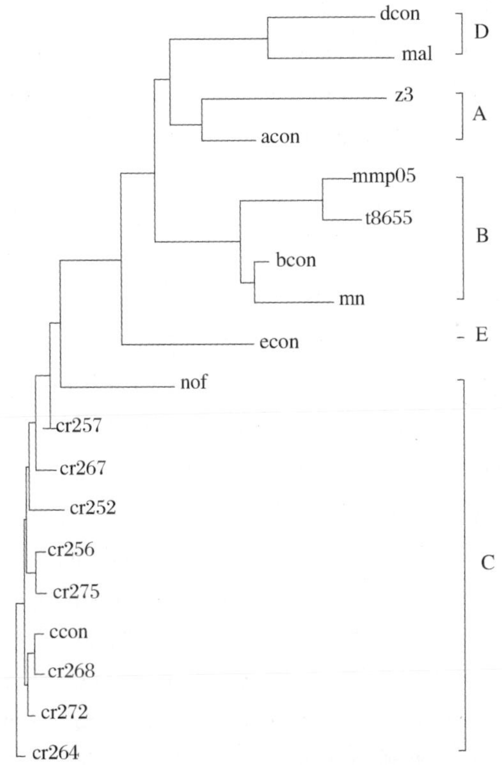

图 2　云南瑞丽 HIV－1 C 亚型毒株的系统树分析

该系统树是基于 env 基因的 C2－V3 区氨基酸序列，经 Neighbor－joining 方法构建的。CR 为瑞丽毒株，con 为亚型共享序列，Z3 为 A 亚型代表株，mn、t8655 和 mnp05 为 B 亚型代表株，nof 为 C 亚型代表株，mal 为 E 亚型代表株

Fig. 2　Phylogenetic tree analysis of subtype C Ruili HIV－1 strains

The tree was constructed by neighbor－joining method based on the amino－acid sequence of env C2－C3 region. The Ruili HIV－1 sequences were analysed along with subtype A to E consensus and their representative strains: Z3 for subtype A, mn, t8655 and mnp05 for subtype B, nof for subtype C and mal for subtype D strains, CR for Ruili HIV－1 strains

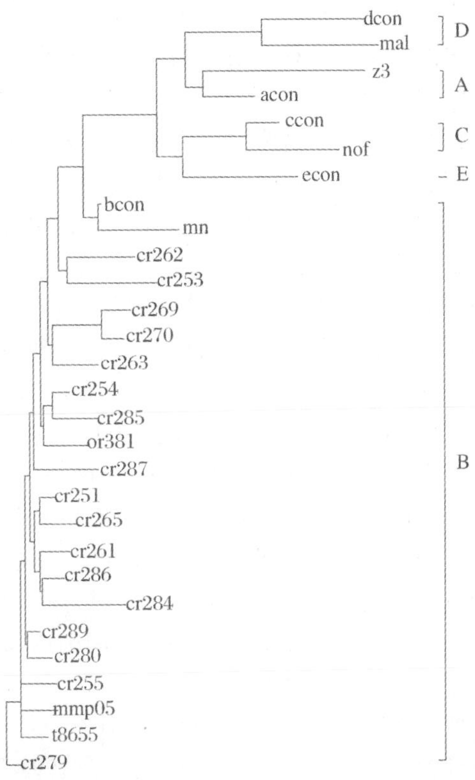

注见图 2

图 3　云南瑞丽 HIV－1 B 亚型毒株的系统树分析

See fig. 2 for footnotes

Fig. 3　Phylogenetic tree analysis of subtype B Ruili HIV－1 strains

讨　论

在 1995 年 9 月收集并经过测序的 26 名 HIV－1 感染者血样中，B 亚型 HIV－1 毒株占大多数（69.2%）这与我们以往报告的在

瑞丽同样人群中发现的 B 亚型 HIV－1 毒株是一致的[10－13]。当时我们在这些从 1990－1993 年收集的样品中并未测到 C 亚型 HIV－1 的毒株。然而在本次采集的样品中却测到 8 份（30.8%）C 亚型 HIV－1 毒株，这与 Luo[15] 等报告的从云南血清中用 RT－PCR、cDNA 测序查到 C 亚型 HIV－1 毒株的结果相吻合。最近滕智平[16] 等也报告用 PCR 加核酸异源杂交电泳泳动分析的方法（ssHMA），在 1994 年采集的瑞丽血样中查到 C 亚型毒株。

他们的报告与我们的结果也有不同之处。Luo 等测序得到的 C 亚型毒株比率为 63.6%（7/11）B 亚型为 36.4%（4/11）与我们的结果正好相反。这可能是由于采样地点和测定方法不同所致。我们采集的样品，除 1 例（C 亚型）来自陇川外，全来自瑞丽。而 Luo 等的样品则是两地均有，7 个 C 亚型毒株中除 1 例为瑞丽的外，均来自陇川[17]。是否陇川地区有较多的 C 亚型毒株流行，值得进一步调查研究。在方法上，Luo 等使用的是 RT－PCR，从血清中扩增 HIV－1 的基因组 cDNA 后再测序，而我们则从细胞中的 HIV－1 前病毒 DNA 直接扩增测序。但这两种方法对不同亚型 HIV－1 的扩增的敏感性不应有明显差异，因采样点不同造成结果差异的可能性更大。

滕智平等报告的 C 亚型 HIV－1 比率（8/26）与我们的结果一致，但他们还报告了 4 例 B 与 C 亚型的双重感染和 1 例三重感染[16]。我们从本次采样中任选 10 个人的样品进行了由 2 次到 4 次不等的 PCR 扩增，并对扩增产物一一进行序列测定。分析显示同一人的多个克隆均为相同的亚型，这包括 2 名感染 C 亚型毒株的人和 8 名感染 B 亚型毒株的人。在 3 对夫妇中，感染的毒株也完全一致，1 对均为 C 亚型，2 对均为 B 亚型。我们从这些分析中并未看到双重或三重感染的迹象。在 Luo 等的文章中也未见到多重感染的报告。由于滕智平等采用的是 ssHMA 的方法，未见序列资料报告，Luo 和我们均是序列分析方法，两种方法可能会有所差异。

分析我们样品中 B 亚型和 C 亚型 HIV－1 感染者的感染时间显示，前者的累计感染时间为 62.8 个月，而后者仅为 13.2 个月。这表明 C 亚型 HIV－1 毒株在瑞丽传播的时间大大晚于 B 亚型毒株。从两组毒株的基因离散率的比较上也说明了这一点，C 亚型毒株间的平均离散率只有 2.25%，而 B 亚型毒株间则达到 6.71%。根据文献报道，HIV－1 毒株在一个地区的基因变异大约每年增加 0.5%～1%[1,3,5]，因而 B 亚型 HIV－1 毒株在瑞丽的流行大约比 C 亚型毒株早 4 年。这就解释了为什么我们在 1990－1993 年采样中只检测到 B 亚型毒株而未能查到 C 亚型毒株[10－13]，因后者在 1993 年人群中的比例十分小。

我们检测到的 C 亚型 HIV－1 感染的 8 个人中有 5 人均居住在城内或城郊，仅 1 对夫妇住在距城较远的村寨（另一人来自陇川县）。这种明显的地理聚集现象可能与 C 亚型 HIV－1 毒株的传播有关。C 亚型 HIV－1 毒株在亚太地区主要流行于印度，在泰国还未见报道[5]。在瑞丽城内有许多来自印度及巴基斯坦的小商贩经营珠宝、玉石或其他生意，居住在城内及城郊的人有较多机会与这些人接触，这或许就是造成 C 亚型毒株感染者聚集于城周的原因。流行病学调查已证实至少 1 名 C 亚型毒株感染者曾与印度吸毒者共用注射器注射过海洛因。同时，由于陇川县是德宏地区主要的珠宝、玉石转运地，也有很多的印巴人，这是否与 Luo 报告的 7 名 C 亚型毒株中 6 例自来陇川有关，也值得进一步研究。

随着经济的发展，人员往来在不断增加，HIV 在一个地区的流行中型会变得越来越复杂，一个亚型内的变异也越来越大。跟踪研究这些毒株的变异，不仅对分子流行病学的研究十分重要，对发展相应的 HIV 疫苗也具有指导性意义。我们自 1990 年起就在这一地区开始了对 HIV 毒株变异的跟踪研究，目前正在对新出现的 C 亚型毒株进行深入研究，并已着手重组表达 C 亚型毒株的外膜蛋白，以充实已构建的 HIV 新型病毒样颗粒疫苗的组分[13,14]。

〔原载《病毒学报》1996，12（1）：9－17〕

参 考 文 献

1 Myers G，et al. Human Retroviruses and AIDS 1993. Los Alanos：Los Alamos National Laboratory，1993

2 Potts K E，et al. Genetic heterogeneity of the V3 region of the HIV－1 envelope glycoprotein in Brazil. AIDS，1993，7：1191－1197

3 Ou C Y，et al. Independent introduction of two major HIV－1 genotypes into distinct high－risk populations in Thailand. Lancet，1993. 341：1171－1174

4 Janssens W，et al. Genetic and phylogenetic analysis of eny subtypes G and H in Central Africa. AIDS Res Hum Retroviruses，1994，10：877－879

5 Bruce G，et al. The molecular epidemiology of HIV in Asia. AIDS，1994，8（suppl 2）：S1－S14

6 马瑛，等．首次在我国吸毒人群中发现艾滋病毒感染者．中华流行病学杂志，1990（11）：184－185

7 邵一鸣，等．从云南艾滋病病毒（HIV）感染者分离 HIV. 中华流行病学杂志，1991（12）：129－135

8 Shao Y M，et al. Isolation and characterization of HIV in southwest China. Ⅷ International Conference on AIDS/Ⅲ STD World Congress，Netherlands，POC4076，1992，Jul

9 邵一鸣，等．中国及国外某些地区 HIV 感染者血清 HIV－1 gp120 V3 肽反应的比较研究．中华微生物和免疫学杂志，1993（13）：1－5

10 Shao Y M，et al. Variation of HIV－1 env gene found among IDUs in southwest China. BIOTECH’94，Italy，1994，92

11 Shao Y M，et al. Variation and shift of HIV－1 env gene found in IDUs of dehohg epidemic area in China. Tenth International Conference on AIDS，380A，Japan，1994，Aug.

12 邵一鸣，等．我国云南德宏地区 HIV 感染者 HIV 毒株膜蛋白基因的序列测定和分析．病毒学报，1994（4）：291－229

13 Shao Y M，et al. From molecular epidemiology to vaccine development. NIH seminar on HIV vaccine research and development，1994，45

14 Wagner R，et al. Antigenetically expanded HIV gag based virus like particles：a basis for novel HIV vaccines. The third international conference on AIDS in Asia and the Pacific，Thailand，1995，15

15 Chi－Cheng Luo，et al. HIV－1 subtype C in China. Lancet，1995，345：1051－1052

16 滕智平，等．我国云南瑞丽市区 HIV 感染者 HIV 分子流行病学分析．中国性病艾滋病防治，1995（1）：1－5

17 陈军．个人通讯

Genetic Variations and Molecular Epidemiology of the Ruili H1V－1 Strains of Yunnan in 1995

SHAO Yi－ming[1]，GUANG Yong－jun[1]，ZHAO Quan－bi[1]，ZENG Yi[1]，ZHANG Jia－peng[2]，ZHANG Yong[2]，DUAN Yijuan[2]，YANG Guilin[3]，KOSTLER Josef[4]，WOLF Hans[4]

（1. Institute of Virology，CAPM，Beijing；2. Sanitation and Anti－epidemic Station of Yunnan Province；

3. Sanitaion and Anti－epidemic Station of Ruili County；

4. Institute of Medical Microbiology and Hygiene，Regensburg University，Regensburg，Germany）

In 1995，26 IDUs and some of their spouses in Ruili，Yunnan Province were sampled. HIV－1 env genes were amplified by PCR from the cell DNA and sequenced for their C2V3 region. Eighteen of them are subtype B HIV－1 strains. The other 8 are subtype C strains. Most isolates in Ruili were subtype B strains, as reported in our former studies. The newly found subtype C strains in our samples confurned two recent reports by other authors. In further analysis, most of the people carrying subtype C strains were infected in 1994 and 1995. Subtype C strains were found to have much smaller genetis distances（2.25%）than those of subtype B strains（6.71%）, which also indicates that the subtype C strains appeared much later in Ruili than the subtype B strains. People infected by subtype C strains live inside or close to the town. The possible reasons for this phenomenon were discussed.

〔**Key words**〕HIV－1；Subtype B，Subtype C，Genetic variation

208. HIV－1 SF2 株 env 基因在大肠埃希菌中的表达

中国预防医学科学院病毒学研究所　王　斌　邵一鸣　曾　毅

〔**摘　要**〕运用基因重组技术，将 HIV－1 SF2 株编码外膜蛋白 gp120 的 env 基因片段与原核载体 pBV220 进行重组，构建成质粒 pBVSF2env，并在大肠埃希菌（*E. coil* DHlob）中获得表达。经 Western blot 反应证实，该重组蛋白可与来自 HIV－1 感染者的血清（含多克隆抗体）发生特异性反应。

〔**关键词**〕HIV－1；SF2 株，外膜蛋白，基因重组表达

HIV－1 的 env 基因约为 2.5 kb，翻译后先形成一个约 88×10^3 的蛋白，经糖基化作用后蛋白相对分子质量增至 160×10^3。在蛋白酶作用下，这个前体蛋白裂解成为 gp120 和 gp41。其中 gpl20 构成 HIV－1 包膜上的外膜蛋白，而 gp41 则成为镶嵌于 HIV－1 包膜上的跨膜蛋白，go120 和 gp41 通过共价键相连接。HIV－1 的 gP120 对 HIV－1 的吸附、穿人、细胞融合、细胞嗜性、病毒感染性及免疫中和、免疫逃避等密切相关[1-3]。由于 gp120 上有细胞病毒受体 CD4 分子的结合位点及多个免疫反应决定簇，因而成为首选的 HIV－1 亚单位疫苗。国际上正在进行中的 AIDS 疫苗Ⅰ期及Ⅱ期试验也都是以重组 HIV－1 gP120 加佐剂作为疫苗的原型，并取得了一些初步的进展[4-6]。

我们既往的序列测定研究表明，在我国 HIV－1 的主要流行区云南德宏州瑞丽市，以静脉吸毒为主的 HIV－1 感染者中，流行的主要毒株为美欧株及其衍生株，而与非洲株相距较远。以 HIV－1 外膜蛋白的 V3 肽为抗原的血清学调查也表明，在这一流行区感染者中，80%以上可与美欧株的代表株 HIV－1 MN 株及 HIV－1 SF2 株反应。这表明以美欧株为原型的疫苗可以作为该流行区的 HIV－1 候选疫苗。

为构建 HIV－1 SF2 株外膜蛋白的原核表达质粒，以 9B1R6 质粒（含 HIV－1 SF2 株 5700～9700 基因片段）为模板，用 PCR 法扩增出其编码外膜蛋白的 env 基因，并将这个基因插入原核表达质粒 pBV220。构建的重组质粒转化不同的宿主菌，对其各自的 HIV－1 外膜蛋白表达作了初步分析。这些工作为下一步在真核系统表达 HIV－1 SF2 株 gp120 及其作为疫苗的研究工作奠定了基础。

材料和方法

一、质粒与细菌 质粒981R6由美国加州大学J. Levy教授惠赠，质粒构建图如图1所示。该质粒含有HIV－1 SF2株全基因的后半部分，即5700～9700片段，包括有完整的HIV－1 SF2 env基因。原核载体pBV220由病毒基因工程国家重点实验室张智清教授惠赠。该载体含有受λ噬菌体elts857温度敏感抑制子调控的λ噬菌体P_R及P_L启动子，可通过温度变化诱导P_L启动子的表达。两个启动子串联，对其后续基因有较强的表达能力，质粒的制备按分子克隆的方法进行。菌株*E. coli* DH5α为pBV220的宿主菌，由本所金冬雁博士惠赠。将单个菌落种于含100 μg Ampicillin/ml的LB培养基内，30℃振荡培养24 h。重组所用的酶均购自Biolab公司。重组质粒的宿主菌为DH10b。

二、HIV－1 SF2株env基因的PCR扩增 引物设计参照文献〔7〕，在引物中，我们在其5′末端引物导入EcoRI酶切位点和起始码ATG，在其3′末端引物导入PstI酶切位点和终止码TTA（TAA）。其序列及其相应位置如表1所示。

表1 引物序列及其在HIV－1（SF2）基因组中的位置

Tab. 1 Primer Sequences and their location in the HIV－1（SF2）genome

引物 Primer	序列 Sequence（5′～3′）	在HIV－1 SF2株基因组的位置 Location in HIV－1（SF2）genome
PS1	CGTCGCGAATTC AGAAGACAGTGGCA ATG A	env（6220～6238）
PS2	CGTCGCTCTAGACTGCAG TTA TCTCTTTTCTCTCTGCACCACTCT	env（7737～7761）

以0.5 μ19B1R6质粒DNA（5×10^{-5}ng/μl）为扩增模板，引物浓度分别为0.2 μmol/L，10×Buffer为870 mmol/LTris·HCl（pH8.8）160 mmol/L（$(NH_4)_2SO_4$），20 mmol/L$MgCl_2$。每200 μl反应采用Vent DNA聚合酶30U（购自Biolab），每种dNTP为2.5 μmol/L。设立阴性对照（正常人PBMCDNA提取物）、阳性对照（HIV－1 BH10全基因质粒）及H_2O对照。

PCR反应用PE公司的PCR循环仪进行，扩增条件为：94℃3 min×1，94℃1 min－42℃45 s－72℃4 min×35，72℃4 min×1。

扩增产物10 μl在1.2%琼脂糖凝胶（购自Sigma）上电泳。经与DNA相对分子质量标准参照物（pBR322/BstNI）比较。PCL扩增产物相对分子质量为1.5 kb，与预计的片段大小1541 bp相符。

三、重组蛋白HIV－1 SF2 gp120的诱导和鉴定 用Amp—LB培养基稀释已在30℃培养过夜的转化菌，当A_{600}值达约0.2时，将菌液立即移至42℃继续振荡培养，5 h后收集细菌。取1 ml培养物4℃12 000 g离心30 s收集菌体，用0.5 ml冰预冷的50 mmol/L Tris·HCl（pH7.4）振荡沉淀菌体，使之重悬，再次于4℃ 12 000 g离心30 s，弃上清，用25 μl水使沉淀重悬后加入25 μl 2×SDS凝胶加样缓冲液（含100 mmol/L Tris·HCl pH6.8，200 mmol/L DTT，4% SDS，0.2%溴酚蓝及20%甘油），振荡20 s后，置沸水中5 min。室温下12 000 g离心10 s。上清移至另一管中。取20 μl样品进行12.5%聚丙烯酰胺凝胶电泳。40 MA约5 h。

四、重组蛋白的检测 采用间接ELISA法及Western blot法检测重组gp120。血清采自含有 HIV－1 抗体的云南瑞丽的 HIV－1 感染者，并已经 HIV－1 抗体检测试剂盒证实为 HIV－1 抗体阳性。

结　　果

一、原核重组表达质粒 PBVSF2eav 的构建及鉴定

（1）pBVSF2env 的构建：使用 PCR 引物，以 9B1R6 为模板，经 PCR 扩增出 HIV－1SF2 株 env 基因（编码 HIV－1gp120）片段，并回收。在上游引物导入 EcoRI 酶切位点及起始密码 ATG，在下游引物导入 PstI 酶切位点及终止密码 TAA，使扩增出的这一段 env 基因能够在酶切后重组人原核表达质粒 pBV220，构建成重组质粒 pBVSF2env，并使重组基因的上游 ATG 处于 pBV220 P_L 启动子的下游，ATG 为首的读码框架与原有毒株的读码框架一致；在下游引物导人的终止密码了 TTA（TAA）确保重组基因在翻译过程中的终止，防止与原核载体的多克隆位点 Pstl 以下的序列通读。质粒构建如图 1 所示。

（2）pBVSF2env 的鉴定：根据其序列，用 EcoRI 及 PstI 鉴定 pBVSF2env 重组片段的大小及方向，结果表明 HIV－1 SF2 株 env（gp120）基因片段在重组质粒的大小及插入方向正确（图 2）。

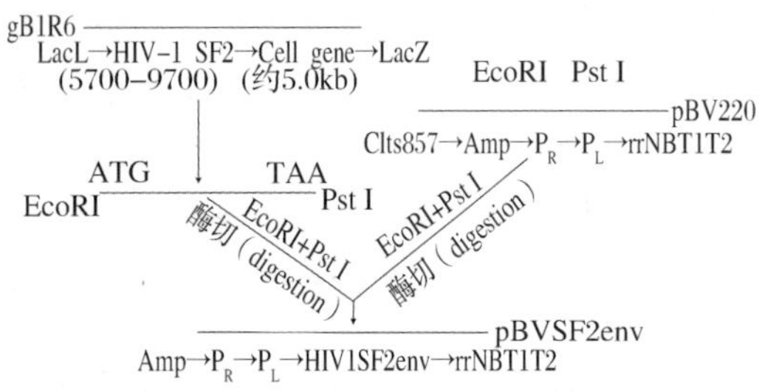

图 1　质粒 pBVSF2env 的构建过程

Fig. 1　Scheme for the construction of the plasmid pBVSF2env

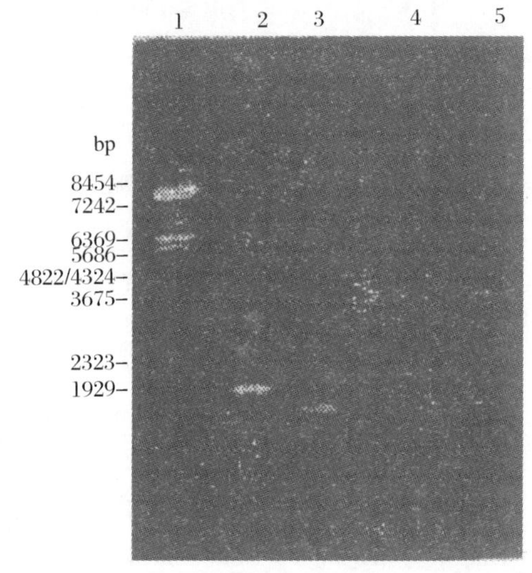

1. DNA 标准相对分子质量参照物 λ/BstE Ⅱ；2. DNA 标准相对分子质量参照物 pBR322/BstNI；3. 9BIR6 PCR 扩增片段；4. pBV220/EcoR Ⅰ＋Pst Ⅰ；5. pBVSF2env/EcoR Ⅰ＋Pst Ⅰ

图 2　重组质粒的酶切图谱

1. DNA marker，λ/BstE Ⅱ；2. DNA marker，pBR322/BstNI；3. PCRamplification fragment from 9B1R6；4. pBV220/EcoR Ⅰ＋Pst Ⅰ；5. pBVSF2env/EcoR Ⅰ＋Pst Ⅰ

Fig. 2　Restriction map of recombinant plasmid

二、重组质粒表达产物的鉴定　重组 HIV－1SF2 外膜蛋白用 SDS－PAGE 电泳及蛋白印迹试验进行鉴定。重组蛋白经 SDS－PAGE 蛋白电泳后，经考马斯蓝染色，含 pBVSF2env 的细菌在约 65×10^3 位置出现一条蛋白带，另外在约 27×10^3 处也有一条蛋白带，这条带可能与重组蛋白的降解有关。只含 pBV220 的细菌则无这些带。这些带的出现还与是否经 42℃ 诱导有关。另外，在 pBV220 所推荐的宿主菌 DH5α 从 SDS—PAGE 分析未见有外源蛋白带的表达。从蛋白带形来看，pBVSF2env 表达的 HIV－1 外膜蛋白产量不是很高。图 3（略）为 pBVSF2env 表达蛋白的 SDS－PAGE 分析。

重组蛋白的 Western - Blot 分析结果表明：重组外膜蛋白可以和 HIV - 1 感染者的血清起反应，反应出现的条带有两条，分别位于 65×10^3 和 27×10^3 处。图 4（略）为 pBVSF2env 表达蛋白的 Western - Blot 分析。

讨　　论

作为首选的 AIDS 亚单位疫苗，对 HIV - 1 gp120 的研究一直是 HIV - 1 研究的热点。我们构建了 HIV - 1 SF2 株（美欧株）外膜蛋白的原核表达质粒并在大肠埃希菌获得表达。这些工作为下一步 HIV - 1 外膜蛋白的真核表达及进一步研究 HIV - 1 中国株的疫苗工作打下了基础。

资料表明，已往 HIV - 1 外膜蛋白的表达绝大多数采用真核系统。除有糖基化及抗原性较好的原因外，整个外膜蛋白可能对原核系统的毒性作用也是一个原因。个别发表的资料在原核系统只表达 HIV - 1 外膜蛋白的一个片段，而不是完整的外膜蛋白．我们的实验也表明，含有完整 HIV - 1 外膜蛋白的原核表达载体 pBVSF2env，在 pBV220 推荐的宿主菌 DH5α 中不能表达重组蛋白，在宿主菌 DH10b 中，上述质粒的重组外膜蛋白虽然可以表达，但表达量较低，而且其表达的蛋白带除按基因长度推测的 65×10^3 外，还有 27×10^3 左右一条蛋白带。后一条蛋白带可能与表达产物的降解有关。Western - Blot 试验证实，27×10^3 的蛋白带与 65×10^3 的蛋白带一样，均与 HIV - 1 感染者的阳性血清反应。从毒株的分离情况来判断，HIV - 1 SF2 株为 T 细胞嗜性的毒株，具有低感染性高复制性的特征。这种特征可能表现在病毒的外膜蛋白上。HIV - 1 外膜蛋白或其编码基因（cnv），与原核表达系统（包括宿主菌及原核表达载体）可能有相互作用而影响蛋白的表达或质粒的复制。在实验中，我们注意到有以下几个现象可能反映这种作用：①重组质粒 pBVSF2env 在 *E. coli* DH5α 中的转化效率很低，其与 pBVSF2env 在 *E. coli* DHlob 中的转化效率比约为 1∶6；②从理论上而言。pBV220 由于具有较强的 P_L 真启动子，可以高效表达外源基因[8]，但本文以 pBV220 表达 HIV - 1 外膜蛋白的 SDS - PAGE 电泳分析及 Western blot 试验表明，有部分表达蛋白降解，另外，重组蛋白的表达量很低。含重组质粒的宿主菌在 30℃ 培养 20 h 后，A_{600} 约为 0.2，随培养时间的延长 A_{600} 无明显变化。而作为对照含 pBV220 的宿主菌在 30℃ 培养 20 h 后其 A_{600} 可达 0.4，显著高于含重组质粒的宿主菌。这些现象反映出细菌或质粒的增殖可能受外源基因及其产物的影响，即 HIV - 1 的外膜蛋白可能抑制宿主菌的某些活性，也可能宿主菌对外源基因及其产物有修饰作用，以及宿主菌抑制含 HIV - 1 外膜蛋白基因质粒的增殖及表达。据 SDS—pAGE 分析，表达蛋白降解的原因可能是，重组质粒表达的非融合蛋白 HIV - 1 外膜蛋白的氨基端及羧基端均为非天然末端，因而易被宿主菌内的某些酶所降解。HIV - 1 外膜蛋白及其 env 基因与宿主菌互相作用的机理有待于进一步研究。

〔原载《病毒学报》1996，12（1）：18 - 22〕

参 考 文 献

1　Lifson J，et al. Induction of CD4—dependent cell fusion&by the HTLV—Ⅲ/LAV envelope glycopmtein. Science，1986，323：725 - 728

2　Sodroski J，et al. Role of the HTLV—Ⅲ envelope in syncytium formation and cytopathicity. Nature，1986，321：412 - 417

3　Slein B S，et al. pH—independent HIV entry into CD4—positive T cell via virus envelope fusion to

the plasma membrane. Cell, 1987, 49: 659 – 668
4 Ho D D, et al. Human immunodeficiency virus neutralizing antibodies recognize several conserved domains on the envelope glycoproteins. J Virol, 1987, 61, 2024 – 2028
5 Potts K E, et al. Genetic heterogeneity of the V3 region of the HIV – 1 envelope glycoprotein in Brazil. AIDS, 1993, 7: 1191 – 1197
6 Kovalsky M, et al. Ftmctional regions of the envelope glyooprotein of human immunodeficiency virus type 1. Science, 987, 237: 1351 – 1355
7 Ashkenazi A, et al. Resisteme of primary isolates of human immunodeficiency virus type 1 to soluble CD4 is independent of CD4 rgp120 binding affinity. Proc Natl Acad Sci USA, 1991, 237: 7056 – 7060
8 张智清，等．一组通用型温控原核表达载体的构建．（内部资料，1991）

Construction of Prokaryotic Plasmid Expressing gp120 of HIV – 1 SF2 Strain

WANG Bin, SHAO Yi – ming, ZENG Yi (Institute of Virology, CAPM, Beijing)

The recombinant prokaryotic expression plasmid pBVSF2env was constructed by inserting the env fragment of HIV – 1 SF2 strain into pBV220. The protein expressed by pBVSF2env in *E. coli* DH10b can specifically react with serum from HIV – 1 infected subject in Western blot assay.

〔**Key words**〕 HIV – 1; SF2 strain; Recombinant gp120; Prokaryotic expression

209. Epstein – Barr 病毒 BCRF1 基因重组质粒的构建及其在真核细胞中的表达

中国预防医学科学院病毒学研究所　纪志武　谈浪逐　李宝民　叶树清　曾　毅
日本山口大学医学部寄生虫学和病毒学教研室　TAKADA Kenzo

〔**摘　要**〕　应用基因重组技术，把编码 EB 病毒早期蛋白的 BCRF1 基因重组于真核表达载体 pSG5 中，并使该基因在乳地鼠肾（BHK）传代细胞中获得良好表达，表达率为 0.5%。血清学实验证实，鼻咽癌，类风湿性关节炎病人和正常人血清中均不同程度地含有 IgG/BCRF1 抗体，抗体阳性率分别为 92%、86% 和 77%，几何平均滴度（GMT）分别是 1∶16.35、1∶14.72 和 1∶10.15。两组病人和正常人血清中 IgA/BCRF1 抗体阳性率和滴度之间有较大差别，它们的阳性率分别是 74%、71% 和 12%，GMT 分别是 1∶12.32，1∶10.56 和 1∶2.35。还证实，鼻咽癌和类风湿性关节炎病人血清中 IgA/BCRF1 和 IgA/EA（早期抗原）抗体阳性率和滴度间有很好的相关性，此为首次报道。重组表达质粒 pSG5 – BCRF1 的构建和表达为进一步研究 BCRF1 基因在病毒感染和肿瘤免疫中的作用创造了条件。本文就质粒的构建和 3 组血清中 IgA/BCRF1、IgA/EA 和 IgG/BCRF1 抗体间的关系和有关问题进行了讨论。

〔关键词〕 Epstein - Barr 病毒；BCRF1 基因；质粒 pSG5 - BCRF1；鼻咽癌；类风湿性关节炎

EB 病毒是一种通过人唾液传播的嗜人 B 淋巴细胞的疱疹病毒。病毒首先感染人口咽部组织上皮细胞，随后，播散到周围血 B 淋巴细胞中呈潜伏感染状态[1]。该病毒是传染性单核细胞增多症的病因，并与非洲 Burkitt's 淋巴瘤和鼻咽癌密切相关[2]。有人报道，EB 病毒还与 Hodgkin's、AIDS 病及一些免疫缺陷患者的淋巴瘤有关[1,3]。

EB 病毒感染人体后的显著特征，是造成该病毒在机体内终生潜伏感染。在此期间，只有少量病毒基因，包括核抗原（EBNA）1 ~6，潜伏膜蛋白（LMP）1、2 和 EB 病毒编码的小 RNA（EBERs），可以不同程度地表达和转录[4]。但是，在某些外来因素，如正丁酸盐（n - butyrate）、TPA（12 - O - tetradecancyl - phorbol - 13 - acetate）或抗人 IgM 抗体作用下，病毒可进入复制状态[5-8]。

近年来，人们发现 EB 病毒 BCRF1 基因与人 IL - 10（Interleukin - 10）基因序列同源程度达 84%[9]。IL - 10 由 T 淋巴细胞产生，具有调节 B 淋巴细胞增殖和分化的功能[10]。人 IL - 10还可作用于巨噬细胞，使单核细胞所产生的 γ 型干扰素（INF - γ）和 α 型肿瘤坏死因子的合成量降低。

EB 病毒抗原可刺激机体产生特异性抗体。病毒的 LMP 可刺激机体内特异性 T 淋巴细胞产生细胞毒反应。这两种因素在对抗病毒对机体的感染中均发挥重要作用[12]。这就给研究者提出了一个很值得思考和问题，是什么因素在维持着机体免疫系统与病毒感染之间的平衡，使 EB 病毒所致的潜伏感染得以长期维持？显而易见，调节机体免疫系统和 EB 病毒感染之间的作用机制是一个很值得探索的问题。

由于 IL - 10 在调节机体淋巴细胞的增殖、分化和淋巴因子及干扰素的产生方面发挥重要作用，而且 EB 病毒 BCRF1 是唯一的人类疱疹病毒基因与 IL - 10 基因间存在广泛同源序列的病毒基因，所以，可以预测，BCRF1 蛋白在 EB 病毒的感染和机体免疫之间可能发挥某种作用。

为了深入研究这个问题，我们构建了重组质粒 pSG5 - BCRF1，并且使目的基因在 BHK 细胞中获得良好表达。还检测了部分鼻咽癌、类风湿性关节炎病人和正常人血清中抗该基因产物的特异性 IgG 和 IgA 抗体．结果如下。

材料和方法

一、质粒与细菌 亚克隆重组质粒 pUC - BaraHI C 含有完整的 EB 病毒 BamHI cDNA 片段（3994 - 13 215 bp）。亚克隆质粒 pBluescript KS 含有 LacZ 和插入灭活多克隆外源性基因连接位点。这两个质粒的受体菌均是 *Ecoli* JM109。真核表达载体 pSG5 含有 SV40 早期启动子和多克隆外源性基因插入位点。受体菌是 *Ecoli* HB101。此 3 个质粒均由 Kenzo Takada 提供。

二、质粒的制备和 DNA 的重组 参考 J Sambrook 等人介绍的方法进行[13]。

三、细胞培养与转染 用 BHK、Raji、B95 - 8 和 BJAB 细胞，其中 RAji、B95 - 8 为类淋巴母传代细胞，EB 病毒基因阳性。用常规含 10% 56℃ 30 min 灭活的小牛血清，100 U 青霉素和 100 μg 链霉素/毫升的 1640 培养液 37℃培养。每 3 d 细胞传代 1 次。BHK 细胞转染前20 h传代 1 次，传代后细胞浓度为 10^4/ml。

转染实验前 3 h，给细胞换新鲜 1640 培养液，转染时重组质粒 pSG5 - BCRF1 的用量为 5 μg。用常规磷酸钙法做质粒的细胞转染。转染后 4 h，用含 20% 的冷 2 - 甲基甲砜（DM-SO）1640 液处理细胞 1 min，再换新鲜 1640 培养液，置细胞于 37℃ 5% CO_2 条件下继续培养。48 h 后收集大部分细胞涂片备用，余下细胞继续培养。

四、抗原片的制备 制作抗原片的细胞需用共转染的方式获得。即用质粒 pSG5 - BCRF1 和 pBR - Hyg（含编码 Hygromycin B 磷酸转移酶基因的真核表达质粒）共转染 BHK 细胞，24 h 后加含 300 μg/ml Hygromycin B 的 RPMI 1640 营养液进行选择。45 d 后收集细胞，用1∶1冷丙酮和甲醇混合液 4℃固定细胞于玻片上。

五、血清和抗体检测 鼻咽癌病人血清由广西壮族自治区人民医院提供，正常人血清由本室收集。类风湿性关节炎病人和 EB 病毒抗体阴性人血清由 Kenzo Takada 提供。IgA/EA 抗体的检测用常规间接免疫酶法。

六、BCRF1 基因表达产物的测定 用常规间接免疫荧光法。兔抗 BCRF1 蛋白多克隆抗体和羊抗兔 IgG 荧光抗体由 K. Takada 提供。

结　　果

一、EB 病毒 BCRF1 基因片段的分离及重组表达质粒 pSG5 - BCRF1 的构建 BCRF1 基因的阅读框架（ORF）全长 510 bp（9675 ~ 10 184 bp），在 Bc - R1 晚期启动子的控制下，TATAAAT 从 9631 bp 开始。重组质粒 pSG5—B. C. ECoT 含有 EB 病毒 BamHIEcoT - EcoT 片段（7444 ~ 11 536 bp），长 4093 bp。把此片段插在表达载体 pSG5 的 BarnHI 切点中，构成重组质粒 pSG5 - B. C. EcoT。再用 StuI 切此重组质粒后回收较小的 StuI—StuI 片段，长 936 bp(9657 ~ 10 592 bp)。在此过程中，Bc—R1 启动子 DNA 序列被切除。切除此启动子的目的是排除可能出现的干扰，以利于载体本身的 SV40 早期启动子效力的发挥。然后，把此 936 bp 的 DNA 片段插在质粒 pBluescript KS 的 SmaI 切点中，此步骤的目的在于利用该质粒所具有的插入灭活的特点，利于阳性克隆的筛选。鉴定插入片段的方向后，用 BamHI 和 EcoRI 对此重组质粒作双酶切，可分离出 953 bp 的 BamHI - EcoRI 片段，载体 pSG5 经 BamHI 和 EcoRI 双酶切后回收，并与已分离的 953 bp 的 BamHI—EcoRI 片段作定向连接，最后构建成重组表达质粒 pSG5 - BCRF1。此质粒的构建过程见图 1。

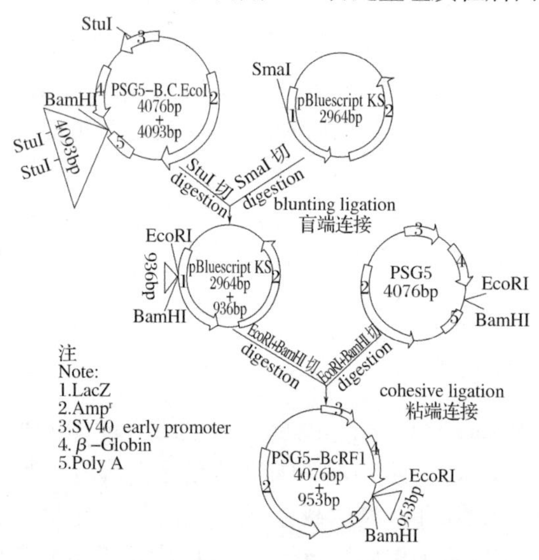

图 1 重组质粒 PSG5 - BCRF1 的构建过程

Fig. 1 Construction of recombinant plasmid pSG5—BCRF1

二、重组质粒 pSG5 - BCRF1 的鉴定及其在 BHK 细胞中的表达 重组质粒的鉴定分两步做，首先用酶切法对被插入 DNA 片段的方向进行确定。经酶切证实，936 bp 的 StuI－StuI 片段插入质粒 pBluescript KS 的 SamI 切点后，DNA 片段的连接方向为 EcoRI→BamHI。因本重组质粒的最后连接为 EcoRI 和 BamHI 两酶切部位的定向连接，所以 BCRF1 基因在质粒 pSG5 中的连接方向无误。然后用 BCRF1 蛋白免疫后的阳性兔血清，对重组质粒 pSG5－BCRF1 在细胞中的表达产物进行确证。重组质粒 pSG5—BCRF1 转染 BHK 细胞 48 h 后，收集细胞涂片，固定，用作抗原片。免疫荧光实验证实，阳性细胞的核和质内均可见不同密度的较散在的翠绿色荧光团或颗粒，阴性细胞内无荧光物质可见（图 2 略）。以上实验证实，重组质粒 pSG5—BCRF1 构建成功，在 BHK 细胞中有良好表达。

经免疫荧光实验证实，质粒 pSG5－BCRF1 转染 BHK 细胞 48 h 后，阳性细胞率为 0.5%。经 Hygromycin B 压力选择 45 d 后，阳性细胞率为 5%。

三、鼻咽癌、类风湿性关节炎病人和正常人血清中的 IgG/BCRF1 和 IgA/BCRF1 抗体的检测 从表 1 与表 2 中可以看出，鼻咽癌、类风湿性关节炎病人和正常人血清中均不同程度地含有抗 BCRF1 蛋白抗体。IgG/BCRF1 抗体滴度和阳性率在 3 组血清中无显著差异，而 IgA/BCRF1 抗体滴度和阳性率在病人与正常人血清组间差距明显。在两组病人血清中，IgG/BCRF1 和 IgA/BCRF1 抗体滴度和阳性率均无多大差异。此外，对这 3 组血清中 IgA/EA 抗体的滴度也进行了测定，结果见表 3，与 IgA/BCRF1 是相同趋向。

表 1　鼻咽癌、类风湿性关节炎病人和正常人血清中 IgG/BCRF1 抗体的测定

Tab. 1　Detection of IgG/BCRF1 antibody in sera from patients with nasopharyngeal carcinoma, rheumatoid arthritis and normal individuals

组别 Group of disease	血清数 No. of sera	IgG/BCRF1 阳性率（%） Positive rate of IgG/BCRF1	几何平均滴度 GMT
鼻咽癌 Nasopharyngeal carcinoma	38	35/38（92）	1：16.35
类风湿性关节炎 Rheumatoid arthritis	42	36/42（86）	1：14.72
正常对照 Normal individuals	26	20/26（77）	1：10.15

表 2　鼻咽癌、类风湿性关节炎病人和正常人血清中 IgA/BCRF1 抗体的测定

Tab. 2　Detection of IgA/BCRF1 antibody in sera from patients with nasopharyngeal carcinoma, rheumatoid arthritis and normal individuals

组别 Group of disease	血清数 No. of sera	IgA/BCRF1 阳性率（%） Positive rate of IgA/BCRF1	几何平均滴度 GMT
鼻咽癌 Nasopharyngeal carcinoma	38	35/38（74）	1：12.32
类风湿性关节炎 Rheumatoid arthritis	42	30/42（71）	1：10.55
正常对照 Normal individuals	26	3/26（12）	1：2.35

表 3 鼻咽癌、类风湿性关节炎病人和正常人血清中 IgA/EA 抗体的测定

Tab. 3 Detection of IgA/EA antibody in sera from the patients with nasopharyngeal carcinoma, rheumatoid arthritis and normal individuals

组别 Group of disease	血清数 No. of sera	IgA/EA 阳性率（%） Positive rate of IgA/EA	几何平均滴度 GMT
鼻咽癌 Nasopharyngeal carcinoma	38	32/38（84）	1：16.17
类风湿性关节炎 Rheumatoid arthritis	42	34/42（81）	1：12.41
正常对照 Normal individuals	26	4/26（15）	1：2.78

讨　论

本研究的目的在于构建 EB 病毒 BCRF1 基因的真核表达载体，研究鼻咽癌、类风湿性关节炎病人和正常人血清中抗 BCRF1 蛋白抗体的关系，并为进一步研究 BCRF1 蛋白的生物学性质作准备。实验证实，真核表达质粒 pSG5—BCRF1 构建成功，在 BHK 细胞中有良好表达，BCRF1 的表达率为 0.5%，共转染药物选择 45 d 后阳性细胞率可达 5%。鼻咽癌、类风湿性关节炎病人和正常人血清中均含有 IgG/BCRF1 抗体，而且滴度较高，3 组血清间该抗体滴度无显著差别。然而，鼻咽癌或类风湿性关节炎病人与正常人血清中 IgA/BCRF1 抗体滴度和阳性率有较大差别。结果显示，两组病人血清中 IgA/BCRF1 和 IgA/EA 抗体阳性率和滴度间均有较好的相关性。此为首次报道。在鼻咽癌病人的鼻咽部活检组织和类风湿性关节炎病人病变关节腔积液脱落细胞中均可检出 EB 病毒的 DNA 成分。结合本研究的结果，可以认为，EB 病毒在这两种疾病的发病过程中发挥了某种作用。

BHK 细胞被 BCRF1 基因转染 3 个月后，用抗 BCRF1 蛋白特异抗血清不能检出细胞中的 BCRF1 蛋白。可能的原因有：BCRF1 基因未与细胞染色体整合，BCRF1 基因结构受到破坏或基因被细胞排出。BHK 细胞不适于 EB 病毒基因组的长期表达也可能是另一个原因。

EB 病毒早期蛋白是由一组蛋白质构成。至少有 10 个 EB 病毒不同基因编码此组蛋白。其中，由 M 和 A 片段编码的早期蛋白 p138 和 p54 与鼻咽癌病人血清中的 IgA 抗体有良好的特异性反应[14]。BCRF1 基因所编码的早期蛋白在病毒增殖开始后稍晚才表达[15]。

以前的结果[14]和本次血清学实验结果均证实，在鼻咽癌的血清学工作中，应检测血清中抗 EB 病毒 EA 的全部或大部分成员的抗体滴度，仅检测 EA 中一两个成分的抗体，则滴度和阳性率均较低。

由于 IL－10 具有多种生物学功能，尤其重要的是它可以抑制 1FN－γ 和 α 型肿瘤坏死因子的合成。基于 BCRF1 基因与 IL－10 基因间所具有的广泛的同源性这一性质，研究 BCRF1 基因产物在 EB 病毒对机体的感染和在肿瘤免疫反应中的作用是十分重要的。重组表

达质粒 pSG5 - BCRF1 的成功构建和在 BHK 细胞中的良好表达为进一步研究 BCRF1 蛋白的生物学活性建立了基础。

〔原载《病毒学报》1996，12（4）：323 - 329〕

参考文献

1 Miller，G. Epstein - Barr Virus：Biology，Pathogenesis and Medical Aspects. In：Virology，B. Fields and D. Knipe（ed）. New York：Raven Press，1990 1921 - 1951

2 Henle W，et al. Epstein - Barr virus and human malignancies. Adv Viral Oncol，1985，5：201 - 238

3 Staul S P，et al. A survey of Epstein - Barr virus DNA in lymphoid tissue，frequent detection in Hodgkin's disease. Am J Clin Pathol，1989，91：1 - 5

4 Kieff E，et al. Molecular biology of lymphocyte transformation by Epstein - Barr virus. In：Origins of human cancer. a comprehensive review J. Brugge et al（ed），New York：Cold Spring Harbor Labortory Press，1991，563 - 576

5 Henle W，et al. Differential reactivity of human seta with early antigens induced by Epstein - Barr virus. Science，1970，169：188 - 190

6 Luka J，et al. Induction of the Epstein - Barr virus（EBV）cycle in latently infected cells by n—butyrate. Virology，1979，71：228 - 231

7 Tovey N G，et al. Activation of latent Epstein - Barr virus by antibody to human lgM. Nature（London），1979，276：270 - 272

8 Zur Hausen H，et al. Persisting oncogenic herpesvirus induced by the tumor promoter TPA. Nature（London），1978，272：373 - 375

9 Moore K，et al. Homology of cytokine synthesis inhibitory thctor（IL—10）to the Epstein - Barr virus gene BCRF1. Science，1990，248：1230 - 1234

10 Fiorentino D，et al. Two types of murine helper T cell clone. IV. Th2 clones secrete a factor that inhibits cytokine production by Thl clones. J Exp Med，1989，170：2081 - 2095

11 Hsu D，et al. Differential effects of IL—4 and IL—10 on IL—2 induced and INF—gamma synthesis and lympbokine—aetivated killer activity. Inf Immunol，1992，4：563 - 569

12 Rickinson A B，et al. Cellular immunological responses to the virus infection. In：The Epstein - Barr Virus：recent advances. M. A. Epstein and B. G. Achong（ed）London：William Heinemann Medical Books，1986，75 - 125

13 J Sambrook，et al. Molecular Cloning：A laboratory Manual Second Edition，New York：Cold Spring Harbor Laboratory Press，1989

14 纪志武，等. Epstein - Barr 病毒早期抗原 P138 和 P54 基因的重组与表达. 病毒学报，1990，6：316 - 321

15 Hudson G，et ai. The short unique region of the B95—8 Epstein - Barr virus genomes. Virology，1985，147：81 - 98

Expression of Recombinant Bcrf1 Gene of Epstein - Barr Virus in BHK Cells

JI Zhi - wu[1], TAKADA Kenzo[2], TAN Lang - zhu[1], LI Bao - min[1], YE Shu - qing[1], ZENG Yi[1]
(1. Institute of Virology, Chinese Academy of Preventive Medicine. Beijing; 2. Department of parasitology and virology, yamaguchi University School of Medicine, Kogushi Ube yamaguchi 255, Japan)

The recombinant expression plasmid pSG5 - BCRF1 was constructed. It encoded the whole BCRF1 gene of the Epstein - Barr virus and expressed well in BHK ceils. The positive rate of cells detected by immunofluorescent assay was about 0. 5%. The percentage of IgG/BCRF1 positive sera of three groups, namely patients with nasopharyngeal carcinoma, rheumatoid arthritis and normal individuals were 92%, 86% and 77% respectively, while the GMT of sera in each group were 1: 16. 35, 1: 14. 72 and 1: 12. 15 respectively. The percentage of IgA/BCRF1positive sera were 74%, 71% and 12%, and the GMT were 1: 12. 32, 1: 10. 56 and 1: 2. 35 respectively in the three groups mentioned above. The difference was significant between patients with nasopharyngeal carcinoma or rhumatoid arthritis, as compared with normal individuals. We also found there were similar antibody percentage and GMT between IgA/EA and IgA/BCR F1 in sera of patients with nasopharyngeal carcinoma or with rheumatoid arthritis. This work provides a basis for further study on the function of BCRFI gene of the Epstein - Barr virus.

〔**Key words**〕 Epstein - Barr virus; BCRF1 gene; Plasmid pSG5; Nasopharyngeal carcinoma; Rheumatoid arthritis

210. Epstein - Barr 病毒反义 LMP1 基因对鼻咽癌细胞 CNE2 株生长的抑制

中国预防医学科学院病毒学研究所　李宝民　纪志武　曾　毅
第四军医大学西京医院　刘振声

〔**摘　要**〕 将0.6 kb LMP1 前段基因反向插入逆转录病毒载体（pZIP）中，构建成 pZIP 一反义 LMP1 载体，再转入 PA317 包装细胞中，用 G418 筛选抗性克隆，获得产生 1.7×10^5（CFU/ml）反义 LMP1 病毒的 PA317 细胞克隆。收集反义 LMP1 病毒液，用于感染鼻咽癌细胞株（CNE2）。杂交实验证实 pZIP—反义 LMP1 载体基因整合到 CNE2 细胞的 DNA 中，并且有载体基因 RNA 的表达。观察及义 LMP1 基因对 CNE2 细胞生长的影响，发现反义 LMP1 基因可降低细胞生长速度，减弱 CNE2 细胞在裸鼠体内的致肿瘤性。原位杂交证实，肿瘤组织中持续存在着反义 LMP1 基因。以上结果说明，EBV 反义 LMP1 基因对 CNE2 细胞的生长有明显的抑制作用。

〔**关键词**〕 逆转录病毒载体；反义 RNA；鼻咽癌细胞；潜伏膜蛋白

大量研究证明，鼻咽癌的发生与 Epstein - Barr 病毒（EBV）有密切关系[1-3]。研究发现在65%以上鼻咽癌组织中有EB病毒潜伏膜蛋白（Latent membrane protein1，LMP1）基因表达[4]。把表达LMP1载体转入永生化人上皮细胞后，这些细胞失去接触抑制。细胞表面标记蛋白发生改变，接种于裸鼠体内可形成肿瘤[5-7]，可见LMP1基因可引起上皮细胞发生恶性转化，具有癌基因的性质。我们实验室还发现，鼻咽癌细胞株（CNE1、CNE2、CNE3）经体外多年传代后，细胞中仍有EBV基因存在，包括EBNA1、LMP1和EBERs基因等[8]。由此看出，LMP1基因在鼻咽癌细胞中可长期存在，可能与细胞发生恶性转化并维持细胞恶性生长有关。

采用反义RNA技术抑制肿瘤细胞生长研究已有一些报道。有研究者把反义C－mycRNA载体转入人HL－60细胞，获得反义C－mvc RNA高水平表达，引起肿瘤细胞中myc蛋白表达减少，导致细胞增殖减慢，促进HL－60细胞向正常细胞分化[9]。这些结果说明反义RNA可特异性抑制癌基因表达，进而抑制肿瘤细胞的生长。

我们利用构建的pZIP－反义LMP1载体，转入CEN2细胞后可以转录出反义LMP1 RNA，观察反义LMP1 RNA对鼻咽癌细胞生长的影响，为用反义RNA技术治疗鼻咽癌提供理论依据。另外，我们选用逆转录病毒载体系统表达反义LMP1基因，从这系统包装细胞中可获得高滴度的反义LMP1逆转录病毒，能更有效地感染目的细胞，为今后基因治疗鼻咽癌提供了有效手段。

材料和方法

一、质粒 pZIP为逆转录病毒载体[10]。pUC—LMP1含有3.0 kb LMP1全基因序列。

二、细胞系 CNE2细胞，从低分化鼻咽癌组织中建立的细胞株，用含10%小牛血清PRM1 1640培养液培养，为本所肿瘤研究室保存。PA317细胞，为双嗜性逆转录病毒包装细胞[11]，用含10%小牛血清DMEM培养液培养，由中国医学科学院基础医学研究所提供。

三、实验动物 Balb/c系裸鼠，本所肿瘤研究室饲养。

四、地高辛标记和检测 试剂盒购自德国Boehringer Mannheim公司。限制性内切酶BamHI、XhoⅠ、BglⅡ和T4 DNA连接酶，购于华美生物工程公司。

五、pZIP—反义LMP1载体的构建 用限制性内切酶BamHⅠ和BglⅡ双酶切pUC—LMP1质粒，获得0.6 kb LMP片段，低溶点琼脂糖回收此片段。用BamHⅠ酶切pZIP载体，将0.6 kb片段插在pZIP载体BamHⅠ酶切位点，转化HB101细菌，从中选出插入外源DNA片段的质粒，用BamHⅠ、BglⅡ和Xbal酶切鉴定插入方向，选出目的菌落，提取和纯化质粒DNA[12]。

六、pZIP—反义LMP1载体转化PA317细胞 用EDTA消化生长状态良好的PA317细胞，取5×10^5细胞接种到60 mm培养瓶中，37℃5% CO_2培养18 h。换新鲜培养液继续培养4 h。按文献〔14〕转化PA317细胞，37℃培养48 h，再换200 μg/ml G418筛选液，每隔3 d增加G418浓度，直到终浓度达800 μg，15 d以后出现抗性细胞克隆。

七、杂交检测细胞RNA XhoⅠ酶切pZIP DNA2.3 kb neo基因片段，用随机引物标记法标记地高辛（Dig）。提取细胞RNA，点在硝酸纤维膜上，按文献〔13〕进行杂交检测。

八、逆转录病毒液的制备和滴度测定 抗性PA317细胞，800 μg/ml G418培养液培养18 h，按文献〔14〕制备病毒液，－70℃保存。每孔2×10^5细胞接种在培养板（孔径60 mm）中，培养20 h，按文献〔15〕测定病毒滴度。

九、细胞生长试验 接种 5×10^4 CEN2 细胞/孔在 24 孔培养板中，37℃ 5% CO_2 培养。按文献〔16〕制出细胞生长曲线并计算细胞生长抑制率。

十、肿瘤形成试验 将 4×10^6 CNE2 细胞接种 Balb/c 裸鼠皮下，每日观察肿瘤生长，15 d后，切取裸鼠皮下肿瘤。测量肿瘤体积和重量。一部分放在甲醛液中固定，制成组织病理切片，显微镜下观察组织学形态。

结　果

一、pZIP—反义 LMP1 载体的构建 用 BamH Ⅰ/Bgl Ⅱ 酶切 pUC—LMP1 后，得到的 0.6 kb LMP1 片段，包括 CAAT 盒，TATA 盒，ATG 位点，Ⅰ、Ⅱ外显子及内含子Ⅰ，内含子Ⅱ一部分。把此片段连接在 pZIP 载体的 BamH Ⅰ 位点上。用 Xho Ⅰ 酶切鉴定质粒，结果如图 1。获得 2.3 kb 和 0.62 kb 两条 DNA 片段，表明 0.6 kb LMP1 片段反向插在 pZIP 载体的 BamH Ⅰ 位点。

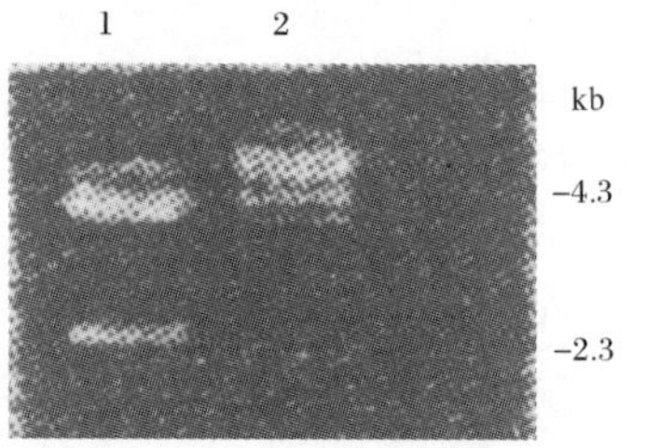

1. XhoI 酶切；2λ 标准 DNA/HindⅢ

图 1　pZIP 反义 LMP1 载体的酶切鉴定

1. XhoI degistion; 2. λDNA/HindⅢ marker.

Fig. 1　Restriction analysis of pZIP—antisense LMP1 vector

二、高产病毒 PA317 细胞克隆的筛选 用 G418 筛选 pZIP—反义 LMP1 载体转染的 PA317 细胞，用 Dig 标记 neo 基因探针做斑点杂交，证实 pZIP—反义 LMP1 载体已整合到 PA317 细胞 DNA 中。从中选出 12 个细胞克隆，扩大生长，收集病毒液，测定病毒滴度，病毒滴度最高可达 1.7×10^5（CFU/ml）。而 pZIP 载体转染的 PA317 细胞，其病毒滴度最高为 2.3×10^5（CFU/ml）。

三、反义 LMP1 载体在 CNE2 细胞中的转录 反义 LMP1 病毒感染 CNE2 细胞后，用 neo—Dig 探针，Southem 杂交实验证实，pZIP—反义 LMP1 载体整合到 CNE2 细胞 DNA 中。提取其 RNA 进行斑点杂交。结果显示病毒感染细胞中 RNA 与 neo 基因探针呈阳性反应（图 2 略）。由此看出，反义 LMP1 载体在 CNE2 细胞中转录出 RNA。

四、反义 LMP1 基因抑制 CNE2 细胞的生长 CNE2 细胞用反义 LMP1 病毒感染后，用 G418 筛选，去除未感染细胞，然后测定细胞生长曲线。从图 3 可见，反义 LMP1 病毒感染的 CNE2 细胞其生长受到抑制。细胞生长至 6 d，按细胞生长百分比公式计算，反义 LMP1 病毒感染的 CNE2 细胞较 CNE2 细胞的生长速度降低 47%；而载体病毒感染的 CNE2 细胞的生长速度，与 CNE2 细胞比较无明显差异。以上结果说明，反义 LMP1 基因能有效抑制 CNE2 细胞的生长。

五、反义 LMP1 基因对 CNE2 细胞肿瘤形成能力的抑制作用 将反义 LMP1 病毒和载体病毒感染的 CNE2 细胞和未感的 CNE2 细胞分别接种于裸鼠皮下，每组接种 4 只裸鼠。15 d 后，这些裸鼠在细胞接种部位长出大小不等的肿瘤。如图 4 所示，反义 LMP1 病毒感染的 CNE2 细胞组形成的肿瘤平均大小为 0.52 cm × 0.38 cm × 0.36 cm；载体病毒感染组和未感染 CNE2 细胞组肿瘤平均大小分别为 1.52 cm × 1.03 cm × 0.84 cm，32 cm × 0.97 cm × 1.13 cm。

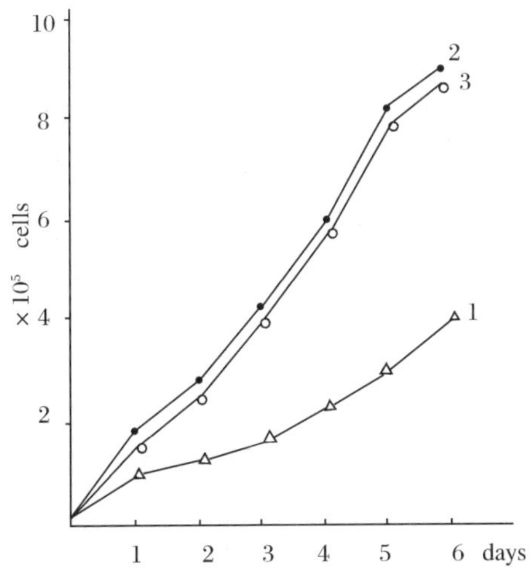

1. 反义 LMP1 病毒感染 CNE2 细胞；2. 载体病毒感染 CNE2 细胞；3. CNE2 细胞

图 3　CNE2 细胞生长曲线

1. Antisense LMP1 virus—infected CNE2 cells; 2. Vector virus—infected CNE2 cells; 3. CNE2 cells

Fig. 3　Growth curve of CNE2 cells

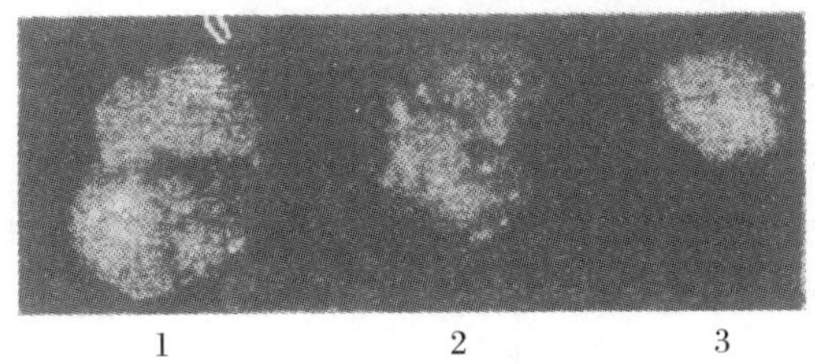

1. CNE2 细胞；2. 载体病毒感染 CNE2 细胞；3. 反义 LMP1 病毒感染 CNE2 细胞

图 4　CNE2 细胞在裸鼠皮下形成的肿瘤

1. CNE2 eells; 2. vector virus infected CNE2 cells; 3. Antisense LMP1 viLlS—infectcd CNE2 cells

Fig. 4　Tumor formation of CNE2 cells in nude mice

这说明反义 LMP1 基因可明显地抑制 CNE2 细胞形成肿瘤。组织病理学检查证明，这些肿瘤为低分化上皮细胞癌，用地高辛标记 neo 基因探针进行原位杂交证实，肿瘤组织中仍有载体 DNA 存在。

讨　论

人类肿瘤的发生可能与细胞内某些致癌基因或原癌基因的激活有关，也与一些病毒的癌基因作用有关[17,18]。如从 B95—8 病毒或鼻咽癌组织中扩增出 EB 病毒 LMP1 基因，转入永生化人上皮细胞以后，细胞发生明显的形态学改变，细胞克隆形成能力增强，接种在裸鼠皮下能形成肿瘤[5-7]。可见 LMP1 基因是具有较强致瘤作用的癌基因。而新发展起来的反义 RNA 技术，能提供一种有效的方法，特异性阻断细胞中癌基因的表达，而不影响其他基因的正常功能，为研究癌基因对细胞生长的影响，以及抑制癌基因的功能提供了新途径[19]。反义 RNA 用于抑制癌基因功能所面临的第一个问题是，反义 RNA 作用于癌基因最佳靶位点的选择[20]。我们选用 0. 6 kb LMP1 基因片段，含有 LMP1 基因 TATA 盒、CAAT 盒、ATG 位点及Ⅰ、Ⅱ外显子与相应内含子的连接区。把此基因反向插入 pZIP 载体后，转录出 LMP1 反义 RNA，可阻断细胞中 LMP1 基因转录，干扰 LMP1 前体 RNA 剪接及 LMP1mRNA 的翻译，在多层次上阻断 LMP1 蛋白合成。另外，我们选用 PA317 包装细胞，可产生高滴度的目的病毒，不仅能感染动物细胞。而且能感染人上皮细胞，并且感染率很高。

我们构建 pZIP—反义 LMP1 载体，转入 PA317 细胞，用 G418 筛选出抗性 PA317 细胞，用地高辛标记 LMP1 探针杂交证明，抗性 PA317 细胞中有 LMP1 基因存在. 通过检测不同细胞克隆产生的病毒滴度，筛选出高效产生病毒的细胞克隆，能更有效地感染目的细胞。

实验证明 CNE2 细胞有 EB 病毒 LMP1 基因，蛋白印迹法证实 CNE2 细胞中有 LMP1 蛋白表达[8]，但还不清楚 LMP1 基因在 CNE2 细胞中所起的作用。用反义 LMP1 病毒感染 CNE2

细胞后，用杂交方法证实，反义 LMP1 载体存在于 CNE2 细胞内，并且转录出 neo 基因 mRNA 及反义 LMP1　RNA。观察反义 LMP1　RNA 对 CNE2 生长的影响，做细胞生长曲线，发现反义 LMP1 病毒感染的 CNE2 细胞生长速度降低 47%，把此细胞接种裸鼠皮下，形成肿瘤明显减小。上述结果证实，反义 LMPRNA 能抑制 LMP1 癌基因功能，抑制 CNE2 细胞生长，降低减弱细胞的致瘤性。另一方面，这也表明，LMP1 基因在维持 CNE2 细胞生长和促进细胞恶性转化过程中可能起重要作用。原位杂交证实，载体基因一直存在于 CNE2 肿瘤组织中，表明目的基因可长期表达反义 LMP1　RNA，抑制肿瘤细胞生长。

总之。用逆转录病毒系统，可有效把目的基因转入肿瘤细胞中，抑制肿瘤生长，为基因治疗肿瘤提供了一个可能的途径。

〔原载《病毒学报》1996，12（4）：330－334〕

参 考 文 献

1 Wolf H, et al. EB viral genornes in epithelial nasopharyngeal carcinoma cells. Nature (New Biol) 1973, 244: 245－247

2 曾毅，等．我国八个省市鼻咽癌病人 EB 病毒壳抗原的免疫球蛋白 A 抗体的测定．中华肿瘤学杂志，1979（1）：81－83

3 De The G, et al. Nasopharyngeal carcinoma(NPC). Ⅵ. Presence of an EBV nuclear antigen in fresh tumorbiopsies. Preliminary results. Biomedicine, 1973, 8: 349－352

4 Fahraeus R, et al. Expression of Epstein—Barr virus—encoded membrane proteins in nasopharyngeal carcinoma. Int JCancer, 1988, 42: 329－338

5 Robin F. et al. Morphological transformation of human keratinocytes expressing the LMP gene of Epstein—Barrvirus. Nature, 1990, 345: 347－349

6 Christopher W, et al. Epstein—Barr virus latent membrane protein inhibits human epithelial cell differentiation. Nature, 1990, 344: 777－780

7 Li－Fu Hu, et al. Clonabilily and tumorigenicity of human epithelial cells expressing the EBV encoded membrane protein LMP1. Oncogene, 1993, 8: 1575－1583

8 藤志平，等．应用生物素标记探针进行细胞原位杂交检测人鼻咽癌细胞株中的 EB 病毒 LMP 基因．病毒学报，1994，10：184－186

9 Yokoyamak, el al. Transcriptional control of the endogenous myc protooncogene by antisense RNA. Proc Natl Acad Sci USA, 1987, 84: 7363－7367

10 Cepko C L, et al. Construction and applications of a highly transmissible murine retrovirus shuttle vector. Cell, 1984, 37: 1053－1062

11 Miller A D, et al. Redesign of retrovirus packaging cell lines to avoid recombination leading to help virus production: Mol Cell Biol, 1986, 6: 2895－2902

12 Sambrook J, et al. Molecular Cloning: A Laboratory Manual. Second edition, New York: Cold Spring Harbor Laboratory Press, 1989

13 Dale J W, et al. Methods of Gene Technology: A Research Annual. Volume 1, London: JAI Press LTD, 1991

14 Michael K, et al. Transformation mediated by the SV40 T antigens: separation of the overlapping SV40 early genes with a retriviral vector. Cell, 1984, 38: 483－491

15 Miller A D, et al. Design of retrovirus vectors for transfer and expression of the human globin gene. J Virol, 1988, 62: 4337－4345

16 Huang H J S, et al. Suppression of the neoplastic phenotype by replacement of the RB gene in human cancer cells. Science, 1988, 242: 1563－1566

17 Wang D, et al. An EBV membrane protein expressed in immortalized lymphocytes transforms established rodent cells. Cell, 1985, 43: 831－840

18 Matlashewski G, et al. Human papillomavirus type 16 DNA cooperates with activated ras in transforming primary cells. The EMBO J, 1987, 6: 1741—1746

19 Weintraub H M, et al. Antisense RNA and DNA. Scientific American, 1990, 262: 39—46
20 Kulka M, et al. Site specificity of the inhibitory effects of oligos complementary to the aoceptor splice junction of Herpes Simplex virus type 1 immediate early mRNA4. Proc Nail Acad Sci USA, 1989, 86: 6868—6872

Suppression of the Growth of Nasopharyngeal Carcinoma Cell Line CNE2 by Antisense LMP1 Gene

LI Bao－min LIU Zhen－sheng JI Zhi－wu ZENG Yi (* Institute of Virology, CAPM, Beijing)

It has been known that EB virus is strongly associated with nasopharyngeal carcinoma (NPC). Biopsies of NPC tumors have revealed expression of' EBV latent membrane protein (LMP1) in 65% of the cases. Other studies have found that LMP1 can increase the donability and tumorigenicity of human epithelial cells and interferes with the differentiation of established human keratinocytes. Our study has proved that LMP1 gene is present in NPC cells (CNE2 cells), so LMP1 gene has been regarded as oncogene, pZIP－antisense LMP1 vector was constructed and transfected into PA317 cells. With G418, drug resistant clones were selected and assayed for antisense LMP1 virus production. After CNE2 cells were infected with the virus, cell growth rate, and tumorigenicity in nude mice were affected, demonstration of suppression of the neoplastic phenotype by antisense LMP1 gene provides direct evidence for an essential role of the LMP1 gene in tumorigenesis. Antisense LMP1 gene might be used to inhibit the growth of NPC cells.

〔**Key words**〕 Retroviral vector; Antisense. RNA; Latent membrane protein 1

211. 人嗜T淋巴细胞白血病病毒I型（HTLV－Ⅰ）核心蛋白基因的克隆及在大肠埃希菌中的表达

中国预防医学科学院病毒学研究所 段震峰 滕志平 纪志武 陈国敏 张永利 曾 毅

〔**关键词**〕 人嗜T淋巴细胞白血病病毒I型（KTLV－Ⅰ）；聚合酶链反应（PCR）；克隆；表达；融合蛋白

人嗜T淋巴细胞病毒I型（HTLV－Ⅰ）在流行病学上与成人T细胞性白血病（ATL）和HTLV－Ⅰ相关的脊髓病或热带痉挛截瘫（HAM/TSP）有密切关系，并且可能与临床上其他一些疾病也有关系。早期发现，HTLV－Ⅰ流行于日本南部、加勒比海地区和非洲等地，现在世界各地都发现有感染者，它是近年来引起广泛关注的逆转录病毒[1]。HTLV－Ⅰ具有逆转录病毒的典型特征，其前病毒存在于ATL病人或携带者的外周血淋巴细胞中，整个病毒核酸已被克隆[2]。血清流行病学研究显示，ATL病人和几乎所有携带者，都产生针对HTLV－Ⅰ病毒抗原的抗体，这些病毒抗原包括HTLV－Ⅰ核心蛋白p15、p19和p24，HTLV－Ⅰ外膜蛋白gp62、gp46和gp21[3]。gag的前体是53×10^3（p53）的蛋白，可进一步加工成为3

种形式：p19、p24 和 p15，其中 p24 是主要核心蛋白。env 基因产物是 62×10^3 的糖蛋白（gp62），可进一步加工成 gp46 和 gp21[2]。我们根据 HTLV－Ⅰ基因组结构并分析其基因产物蛋白的抗原性，首先从整合有 HTLV－Ⅰ的 MT—2 细胞中克隆出 gag 基因，然后采用原核高效表达载体 pEX2，在大肠埃希菌中成功地表达了与 lacZ 基因融合的 β－半乳糖苷酶 p24 融合蛋白。初步研究结果显示，该融合蛋白可用于 HTLV－Ⅰ感染者血清的检测。

细胞株为 MT—2 细胞株，整合有 HTLV－Ⅰ前病毒，是 Miyoshi 用成人 T 细胞白血病病人的外周血淋巴细胞与婴儿脐带血共培养建立的细胞系[4]，本室传代培养。

HTLV－Ⅰ感染病人阳性血清由法国巴斯德研究所提供。

菌株和质粒：*E. coli* JM109 为本室保存菌株。质粒 pUC19 购自华美生物工程公司。*E. coli* pop2136 菌株和 pEX2 质粒由本室纪志武副研究员提供。pEX2 含有 λPR 启动子和位于 lacZ 基因 3’末端的多克隆位点及噬菌体 fd 转录终止子。PR 启动子可以使由噬菌体 λcIts857 温度敏感抑制子调节的融合蛋白得到高效表达，pop2136 菌株为其高效表达宿主菌。

限制性内切酶、T4 DNA 连接酶购自 Promega 公司；HRP—羊抗人 IgG 和其底物 5－溴 4－氯－3－吲哚磷酸/氮蓝四唑（BCIP/NBT）为 Bio—Rad 公司产品。

重组质粒的酶切、连接、转化、筛选和鉴定参见文献〔5〕：HTLV－Ⅰ前病毒 DNA 的提取及 gag 基因的 PCR 扩增：MT—2 细胞培养至对数生长期，用 SDS、蛋白酶消化，酚/氯仿抽提法获取细胞 DNA。用 gag 基因的合成引物对细胞 DNA 进行扩增，反应条件为 95℃变性 1 min。55℃退火 1 min，72℃延伸 2 min 20 s。为提高 PCR 扩增的特异性，采用热启动（Hot start）PCR，循环 30 次。

gag/pUC19 质粒的构建：gag PCR 产物经过透析袋纯化回收，酶切鉴定正确，与 pUC19 载体连接，构建成 gag/pUC19。

p24 基因的 PCR 扩增和表达质粒 p24/pEX2 的重组：PCR 方法从 gag/pUC19 中获得 p24 基因，反应条件为 95℃50 s，55℃50 s，72℃延伸 90 s，30 个循环。PCR 产物经透析袋回收，酶切后与 pEX2 载体连接，构建成表达载体 p24/pEX2。

主要核心蛋白 p24 基因产物的表达：含有 p24 基因片段的 p24/pEX2 载体转化 pop2136 大肠埃希菌，接种于含有氨苄西林的 LB 平板，30℃过夜培养。挑取单个菌落，接种于 LB 液体培养基，30℃振摇过夜，取 100 μl 转种 5 ml LB 培养基；30℃继续振摇 4 h，转到 42℃诱导表达 1.5 h，收集细菌，裂解后做 SDS—PAGE 分析。

表达产物的 Western blot 分析：含有 p24 融合蛋白的细菌表达蛋白在 SDS—PAGE 电泳后，经过电转移至硝酸纤维膜，丽春红染色确认；再经 PBS 漂洗后用 1% BSA 封闭 1 h，以 HTLV－Ⅰ感染病人阳性血清（1∶100 稀释），作用 1 h 后漂洗，用 HRP—羊抗人 IgG 作用 30 min 后底物显色。

HTLV－Ⅰ gag 基因的扩增结果：由于 HTLV－Ⅰ gag 基因两端没有合适的酶切位点，为此我们合成两条带有酶切位点的引物，引物序列如下：

Primer1 5′—GAT CAG AAT TCA ATG GGC CAA ATC TTT TCC—3’；

Primer2 5′—GAC TAT GGA TCC GGA CTT GCT GTA ATG TGG—3’。

然后，以提取的 HTLV－Ⅰ前病毒 DNA 为模板，经过 PCR 扩增出长度为 1.34 kb 的 HTLV－Ⅰ gag 基因。

重组质粒 gag/pUC19 的构建：gag 基因的 PCR 产物，经透析袋纯化回收，酶切鉴定正确后，取部分 PCR 产物用 EcoRI + BamHI 双酶切，与同样酶切的 pUC19 质粒载体相连接，得到重组质粒 gag/pUC19。重组质粒经过 EcoRI + BamHI、EcoRI + BamHI + StuI、EcoRI + BamHI + PstI 限制性酶切，可分别切出 1.34 kb、0.519 kb + 0.822 kb、0.582 kb + 0.759 kb 不同大小的 gag 基因的预期片段，表明重组正确。进一步做序列测定证实，所克隆的 PCR 产物为 HTLV－Ⅰ的 gag 基因。

HTLV－Ⅰ主要核心蛋白 p24 的 PCR 扩增及 p24/pEX2 表达质粒的构建：采用含有酶切位点的引物，从 gag/pUC19 质粒中扩增出 p24 基因，引物序列如下：

Primer 1 5’—CAG AAT TCA TGC AAG TCC TTC CAG TCA TGC—3’；

Primer 2 5’—TAT GGA TCC TTA TAA CAC TTT GGT TTT TGC—3’。

P24 基因 PCR 产物经过透析袋回收后，用 EcoRI + BamHI 限制性酶消化，插入经同样酶切的 pEX2 原核表达载体，经酶切鉴定和序列分析证明插入正确。

表达产物的 SDS—PAGE 和 Western blot 分析：重组表达质粒 p24/pEX2 转化 *E. coli* pop2136，筛选出高效、稳定表达菌株。表达蛋白经 SDS—PAGE 可见一明显的表达带，位置符合预期的融合蛋白相对分子质量 141×10^3，表达量约占整个菌体总蛋白的 5%。进一步用 Western blot 证实，表达蛋白可与 HTLV－Ⅰ感染者阳性血清发生特异性反应，而与正常人血清不反应，表明表达的 p24 融合蛋白是特异的，且具有抗原性。

伴随着在全球范围内 HTLV－Ⅰ感染人群的不断发现，我国也发现有 HTLV－Ⅰ的流行区[6,7]。一般认为，HTLV－Ⅰ和 HIV 有类似的传播途径，即性传播、母婴传播或血液制品的传播[1]。为防止 HTLV－Ⅰ的流行，首先需要一些简便、准确的检验方法。由于提取用于检测的 HTLV－Ⅰ病毒抗原很困难，许多学者都采用基因工程技术，试图表达能适用于临床诊断的 HTLV－Ⅰ抗原。在 HTLV－Ⅰ基因组中，其外膜（env）、核心（gag）和调节基因（tax）都有较强的抗原性，含有被 B 细胞识别的表位，可刺激人体产生抗体，国际上也把 HTLV－Ⅰ env 的 gp46 和/或 gp62 以及 gag 的 p24 抗体阳性作为诊断 HTLV－Ⅰ感染的指标[8]。所以常常选用 env 或 gag 作为基因王程的目的基因。此外，HTLV－Ⅰ是一种比较保守的逆转录病毒，从世界各地分离的毒株其核苷酸序列差异较小，这也为选择适合的基因片段提供了条件。

本文首先使用 PCR 技术，扩增出了整个 HTLV－Ⅰ的核心（gag）基因（1.34 kb）并成功地克隆人 pUC19 质粒。这些工作，为全面研究 gag 基因的不同区域的结构和功能打下了基础。我们曾试图表达完整的 gag 基因的非融合蛋白，但没有成功；又试图表达整个 gag 的融合蛋白，表达量也很低，不足以用于检测。国外也有表达 gag 蛋白的报道，表达量也仅为菌体总蛋白的 0.3%[9]。这些表达不好的原因，可能是由于 gag 基因的核苷酸序列太长，或其密码子不为大肠埃希菌所喜用而造成。经过探索，我们采用原核表达载体 pEX2 和其匹配的宿主菌 pop2136，成功地表达了与 β－半乳糖苷酶融合的 gag 基因的 p24 蛋白，经 Western blot 证实具有较强的抗原性。由于 β－半乳糖苷酶本身相对分子质量已较大（116×10^3），再加上 p24 蛋白，融合蛋白的整个相对分子质量约为 141×10^3，如此大的蛋白易于检测和纯化。同目前使用的检测 HTLV－Ⅰ的天然病毒比较，融合蛋白有同样的效率，而且还有许多优点[10]，如从细胞中提取的病毒易污染细胞本身的成分，可造成假阳性结果，而融合蛋白不存在这样的问题；融合蛋白也容易大量制备生产。我们拟进一步进行 p24 融合蛋白的纯化和提高表达量，以建立稳定、准确的检测方法，争取尽早用于 HTLV－Ⅰ感染的检验。

〔原载《病毒学报》1996，12（4）：381－384〕

参 考 文 献

1 ksplan J E，et al. The epidemiology of human T—lymphotropic virus type Ⅰ and Ⅱ. Reviews in Medical Virology，1993. 3：137—148

2 Seiki M，et al. Hunlan adult T—cell leukemia virus：Complete nudeotide sequence of the provirus genome integrated in leukemia cell DNA. Proc Natl Acad Sci USA，1983，80：3618—3622

3 Coates S R，et al. Serological evaluation of Escherichia coli expressed human T—cell leukemia virus type I env，gag24 and tax proteins. J Clin Microbiol，1992，28：139—1142

4 Miyoshi I，et al. Type C virus particles in a cord T—cell line derived by co—cultivating normal human cord leukocytes and human leukemia T cells. Nature，1981，294：770—771

5 Sambrook J F，et al. Molecular Cloning：A laboratory manual. 2nd ed，New york：Cold Spring Harbor Laboratory Press，1989

6 曾毅，等．中国二十八省市自治区 T 细胞白血病病毒 I 型抗原（HTLV－Ⅰ）血清流行病学调查．中华血液学杂志，1986. 7：471—471

7 吕联煌，等．福建沿海地区人类 T 淋巴细胞白血病小流行区的发现．中华血液学杂志，1989，10：225—229

8 Rudolph O L，et al. Detection of human T－lymphotropic virus type Ⅰ/Ⅱ env antibodies by immunoassays using recombinant fusion proteins. Diagn M icrobiol Infect Dis，1993，17：35—39

9 Itamura S，et al. Expression of the gag gene of human T－cell leukemia virus type I in Escherichia coli and its diagnostic use. Gene，1985，38：57－64

10 Kuga T，et al. A gag—env hybrid protein of human T—cell leukemia virus type I and its application to serum diagnosis. Jap J Cancer Res，1988，79：1168—1173

Cloning and Expression of the p24 Gene of Human T－Cell Lymphotropic Virus Type－I（HTLV－Ⅰ）in *Escherichia coli*

DUAN Zhen－feng，TENG Zhi－ping，JI Zhi－wu，CHEN Guo－min，ZHANG Yong－li，ZENG Yi
（Institute of Virology，CAPM Beijing）

The *gag* gene of HTIV—I that codes for nucleoprotein containing B－cell epitope，has been used for the diagnosis of HTLV－Ⅰ infection. Using the PCR method，we have amplified the gag gene（1. 34kb）of HTLV－Ⅰ from MT－2 cells，in which the HTLV—1 provirus is integrated. The gag fragment was then cloned into the pUC19 vector producing the constructed gag/pUC19. The p24 gene fragment coding the major core protein was then obtained by PCR from the gag gene and introduced into the bacterial expression vector，pEX2，by means of fusion to the 3′—terminus of the lacZ gene of the vector. Transcription of the hybrid gene was controlled by the well regulated λ PR promoter. The 141 $\times 10^3$ chimeric protein was stably induced when *Escherichia coli* pop2136 that carried the/acZ－p24 gene fusion plasmid was shifted to 42℃. The protein expressed was about 5% of the total cellular protein. The result of Western blot showed that the recombinant protein could react with serum from HTLV－Ⅰ infected patient，but not with serum of normal person. So，the p24 recombinant protein may be used in detecting or confirming the presence of antibodies to HTLV－Ⅰ.

〔**Key words**〕Human T－cell lymphotropic virus I（HTLV－Ⅰ）；Polymerase chain reaction（PCR）；Cloning and expression；Fusion protein

212. Keggin 结构钨磷酸稀土镨盐杂多蓝的合成及抗艾滋病病毒（HIV－1）活性的研究

东北师范大学化学系　刘术侠　刘彦勇　王恩波
中国预防医学科学院病毒学研究所　曾　毅　李泽琳

〔**关键词**〕　稀土；钨磷杂多蓝；合成；抗艾滋病病毒（HIV－1）活性

杂多化合物的抗病毒性能 20 世纪 70 年代初就有报道[1,2]。最早作为抗艾滋病病毒药物应用于临床的是一种无机穴状锑钨杂多化合物，分子式为（NH_4）$_{111}$Na［$NaSb_9W_{21}O_{86}$］·14H_2O（代号 HPA－23）[3]，后因其不良反应大使临床应用受到限制[4,5]。20 世纪 80 年代末期，杂多化合物在抗艾滋病病毒（HIV－1）活性研究方面主要是针对一些与 HPA－23 结构类似的化合物，但没有突破性进展。20 世纪 90 年代初，Yamase[6]报道了 Keggin 结构杂多化合物具有抗艾滋病病毒活性，且毒性较低，其中最突出的是 $K_7PTi_2W_{10}O_{40}$·6H_2O（代号 PM－19）[7,8]。PM－19 的细胞毒性明显低于 HPA－23，而对由艾滋病毒引起的细胞病变作用（Cytopathic effect－CPE）的抑制活性高于 HPA－23。

本文采用控制电位电解法首次合成了 Keggin 结构钨磷稀土镨盐杂多蓝配合物。通过^{31}P NMR 谱、IR 光谱、UV—Vis 光谱等测试手段对其结构进行了表征，并对所合成的化合物进行了抑制 MT－4 细胞增殖实验及抗艾滋病病毒活性实验。发现 Keggin 结构钨磷稀土镨盐杂多蓝配合物具有较低的细胞毒性及较高的抗艾滋病病毒活性。从而为开发抗艾滋病病毒活性物质提供了新型化合物。

实验部分

一、仪器、试剂及分析方法　有 Alpha Centauri FTIR 光谱仪、Beckman－DU－8B 型 UV－Vis光谱仪、F_a－400 MHz 傅里叶变换核磁共振波谱仪。所用试剂均为分析纯。

Pr、W、P 采用 ICP 方法，H_2O 的含量采用 TG－DTA 法测定。

二、细胞及细胞培养　实验所用细胞为 MT－4 细胞（淋巴细胞），培养在 RPMI－1640 介质中，配以 10% 的胎牛血清液，内含青霉素及链霉素各 100 μg/ml，被艾滋病毒感染的 MT－4细胞也在上述相同介质中培养。

三、化合物的制备　采用复分解法制备 $PrPW_{12}O_{40}$·18H_2O，取 5 g 12－钨磷酸溶于 100 ml 水中，在搅拌下加入碳酸镨，直到不再产生气泡为止，过滤除去少量不溶物，滤液蒸发浓缩后冷却到室温即析出晶体，用 2 mol/L 硝酸重结晶，$H_{36}PrO_{58}PW_{12}$元素分析（%）计算值：Pr4.20，W 66.00，P0.90，H_2O9.70；实测值：Pr4.10，W 59.60，P 0.89，H_2O 9.75. UV－Vis，λ_{max}/nm；198，260. IR，$\bar{\nu}_{max}$/cm^{-1}（KBr）：$\bar{\nu}_{as(W-O_d)}$977，$\bar{\nu}_{as(P-O_4)}$ 1 080，$\bar{\nu}_{as}$（W－O_b－W）893，$\bar{\nu}_{as}$（W－O_c－W）794. ^{31}P NMR，δ：—14.9。

$PrPW_{12}O_{40}$·nH_2O 2e、4e 杂多蓝的制备：准确称取 1 g 左右 $PrPW_{12}O_{40}$·18H_2O 溶于 200 ml，

0.1 mol/L 盐酸中，控制电位电解。$E_{控} = -0.46V$（2e）、$-0.69V$（4e）（vs. SCE），阴极电解液以氮气搅拌除氧，由铜库仑计指示还原程度，并配以铈量滴定法确定还原电子数。电解结束后，将还原液移入真空干燥器中放置 2 d，析出深蓝色晶体，$H_{42}PrO_{60}PW_{12}$（2e）元素分析，（%）计算值：Pr 4.17，W 65.29，P9.17，H_2O10.64；实测值：Pr4.19，W65.24，P9.15，H_2O10.68. UV - Vis，λ_{max}/nm：200，260，750，IR，$\bar{\nu}_{max}/cm^{-1}$（KBr）：$\bar{\nu}_{as(W-O_d)}$ 980，$\bar{\nu}_{as(P-O_a)}$1 080，$\bar{\nu}_{as(W-O_b-W)}$892，$\bar{\nu}_{as}$（W - O_c - W）796. ^{31}P NMR，δ：-15.6，$H_{44}PrO_{60}PW_{12}$（4e）元素分析（%）计算值：Pr 4.17，W 65.23，P 9.16，H_2O 10.64；实测值：Pr 4.15，W 65.23，P 9.13，H_2O 10.65. UV - Vis，λ_{max}/nm：201，261，752，IR，$\bar{\nu}_{max}/cm^{-1}$（KBr）：$\bar{\nu}_{as}$（W - O_d）982，$\bar{\nu}_{as(P-O_a)}$ 1 080，$\bar{\nu}_{as(W-O_b-W)}$ 891，$\bar{\nu}_{as(W-O_c-W)}$ 797. ^{31}P NMR，δ：—18.4。

所合成的 3 种新化合物分子式分别为 $PrPW_{12}O_{40}\cdot 18H_2O$、$PrH_2PW_{12}O_{40}\cdot 20H_2O$ 和 $PrH_4PW_{12}O_{40}\cdot 20H_2O$，以下分别简写为 Pr（0）、Pr（2）和 Pr（4）。

结果和讨论

一、杂多蓝配合物阴离子结构 杂多蓝为杂多酸或盐还原后得到的混合价态配合物，被还原的配位原子位于不同的边共用三金簇内，杂多酸或其盐还原为杂多蓝后，结构上只发生轻微的畸变，仍为母体酸或盐结构[9]，我们的实验事实也证实了这一点，Pr（2）、Pr（4）的 IR 光谱均呈现出 Keggin 结构杂多阴离子所具有的 $\bar{\nu}_{as(W-O_d)}$、$\bar{\nu}_{as(P-O_a)}$、$\bar{\nu}_{as(W-O_b/O_c-W)}$4 种基本特征振动峰，表示所合成的稀土杂多蓝配合物也具有 Keggin 结构。但由于还原为杂多蓝后，阴离子表面电荷增多，使 w—O_d 振动频率随还原程度增大而增大［Pr（0）：977，Pr（2）：980，Pr（4）：982cm$^{[-1]}$］，这与其他杂多酸还原为杂多蓝的 IR 光谱是一致的[10]。

合成的杂多蓝配合物的紫外光谱在 200 ± 2 和 260 ± 1 nm 处均有 2 个荷移跃迁带，分别对应于 O_d→W 和 O_b/O_c→W 荷移跃迁。由于 Keggin 结构杂多阴离子的特征最大吸收峰在 260 nm 左右，因此合成化合物的紫外光谱与其具有 Keggin 结构是一致的，此外，在可见区，稀土钨磷杂多酸盐形成杂多蓝后，在 750 nm 左右出现了新谱带，这是形成杂多蓝的重要标志。

钨磷稀土镨盐 2e、4e 杂多蓝配合物的^{31}P NMR 谱均出现一个峰。这正是杂原子在 Keggin 结构只有一种化学环境的反映。比较 Pr（0）、Pr（2）及 Pr（4）的 δ 值，发现 Pr（2）、Pr（4）的 δ 值向高场移动了，这是由于引入电子后，增加了阴离子负电荷，为保持 Keggin 结构的稳定性，负电荷在 Keggin 结构阴离子中各原子上重新分布，从而使 P 原子上电子云密度增加，抵消一部分外磁场强度，化学位移移向高场。

二、钨磷杂多酸稀土镨盐杂多蓝配合物抗艾滋病病毒（HIV - 1）活性 我们曾对文献〔11〕报道的具有抗艾滋病毒活性的杂多阴离子 $PTi_2W_{10}O_{40}^{7-}$（PM - 19）的稀土盐进行了系统的抗艾滋病毒的活性研究，发现钨磷钛杂多阴离子的镨盐抗艾滋病病毒活性最高，为此对钨磷酸镨杂多蓝进行了抗艾滋病毒活性研究。测得的杂多化合物对由艾滋病毒引起的细胞病变作用（CPE）的半数抑制浓度 Ec_{50}及杂多化合物对 MT - 4 细胞增殖的半数抑制浓度 Cc_{50}值见表 1，表中同时给出了 TI_{50}值（Cc_{50}与 Ec_{50}之比），其值越大，试验化合物毒性越低而活性越高，可见合成化合物在对 MT - 4 细胞非毒性剂量范围内均显示出较强的抗艾滋病病毒活性，并且它们的 TI_{50} 值均高于 PM－19（Pr（2）：66，Pr（4）：70，PM－19：51），表明其抗艾滋病毒活性优于 PM－19。

Tab. 1　Anti－HIV activity of heteropoly compounds

Compound	MT－4 $Cc_{50}/\mu g\cdot mL^{-1}$	MT－4/HIV－1 $Ec_{50}/\mu g\cdot mL^{-1}$	Ti_{50}
Pr（0）	289	6.6	44
Pr（2）	318	4.8	66
Pr（4）	320	4.6	70
$K_7PTi_2W_{10}O_{40}\cdot 6H_2O$（PM－19）	280	5.5	51

〔原载《高等学校化学学报》1996，17（8）：1188－1190〕

参 考 文 献

1　Raynaud M，Chermann J. C，Plata F，et al.. C. R. Acad. Sci. Paris.，1971，272：237

2　Bonissol C，Kona P，Chermann J，C，et al.. C. R. Acad. Sci. Paris.，1972，274：3030

3　Rozenbaum W，Dormont D，Spire，et al.. Lancet，1985，450

4　Balzarini J，Mitauya H，Broder S，et al.. Int J Cancer，1986，37：451

5　Moekovitz M L.. Antimicrob Agents Chemother，1988，32：1 330

6　Yamase T.. JP 0，1992，202－823

7　Yamaae T，Sugeta M，Inorg. Chim Acts，1990，172：131

8　Yamase T，Kagaku Kogyo，1990，41（10）：848

9　Wang EB，Zhang LC，Wang ZP，et al. Science in Chins，Series B，1992，（7）：673

10　Wang EB，Xu L，Wang ZP，et al.. Science in China，Series B，1991，（11）：1121

11　Liu SX，Liu YY，Wang EB，et al.. Chinese Chem. Lett，in press

Synthesis of Heteropoly Blue of Praseodymium Tungstophosphate with Keggin Structure and Studies on Their Anti－HIV Activity

LIU Shu－Xia[1]，LIU Yan－Yong[1]，WANG En－Bo[1]，ZENG Yi[2]，LI Ze－Lin[2]

（1. Department of Chemistry，Northeast Normal University，Changchun；

2. Chinese Academy of Preventive Medicine，Beijing）

2e－ and 4e－Heteropoly bule compounds of praseodymium tungstophosphate with Keggin structure were synthesized for the first time using control－potential electrolysis method，IR，UV－Vis and ^{31}p NMR spectra were used to characterize their structures. The test of checking proliferation of MT－4 cells and their anti－HIV activities show that these heteropoly blue compounds of praseodymium salts with Keggin structure have fairly low cell toxicity and relatively high anti－HIV activity. The TI_{50} of Pr（2）and Pr（4）are 66 and 70，which demonstrate that their anti－HIV activities are better than those of PM－29.

〔**Key words**〕Tungstophosphrie heteropoly blue；Praseodymium salt；Synthesis；Anti－HIV activity

1997－2000年

213. 新型穴状结构阴离子 $NaSb_9W_{21}O_{86}^{18-}$ 杂多蓝的合成及抗艾滋病病毒（HIV－1）活性

东北师范大学化学系 刘术侠 李白涛 王恩波 中国预防医学科学院病毒学研究所 曾 毅 李泽琳

〔关键词〕 穴状结构；钨锑杂多蓝；合成；抗艾滋病病毒（HIV－1）活性

大环穴状结构化合物是杂多化合物中的一类新型结构，目前发现具有此类结构的化合物共有4个[1－4]，这类化合物具有抗病毒活性，其中 $(NH^4)^{17}Na\ [NaSb^9W_{21}O_{86}]\ \cdot 14H_2O$（代号HPA－23，以下简记为 $NaSb_9W_{21}$），在20世纪80年代初曾作为首例抗艾滋病药物应用于临床[5]，虽然后来因一些不良反应而使临床使用受到限制，但作为潜在的抗病毒化合物在多酸化合物的药物化学研究史上仍是一个重要的化合物，我们曾对杂多化合物进行了系统的抗艾滋病病毒（HIV－1）活性筛选，发现某些杂多蓝配合物具有较低的细胞毒性及较高的活性[6,7]，杂多蓝是杂多酸（盐）还原后得到的混合价态配合物，迄今为止，有关Keggin结构杂多蓝合成及性质研究已有一些报道[8－10]，但关于大环穴状结构杂多化合物杂多蓝的研究还未见文献报道，本文采用控制电位电解法合成了穴状结构阴离子 $NaSb_9W_{21}O_{86}^{18-}$ 的六电子、十电子杂多蓝，并采用IR，UV－Vis，ESR，XPS，^{183}W NMR等对其结构进行了表征，合成化合物对MT－4细胞增殖的抑制实验及抗艾滋病病毒活性实验结果表明：$NaSb_9W_{21}O_{86}^{18-}$ 的六电子、十电子杂多蓝的细胞毒性较低，并显示出较好的抗艾滋病病毒（HIV－1）活性。

实　　验

一、仪器与试剂 电解用8511B型恒电位仪，配有除氧、除水的供氮系统。^{183}W NMR谱采用Unity－400核磁共振仪，化学位移以2 moL/L的 $Na_2WO_4\cdot 2H_2O$ 为内标，IR光谱采用美国Nicolet公司Alpha－Centauri 5DX－FT/IR光谱仪，KBr压片，UV－Vis采用Beckman－DU－8B光谱仪，XPS采用美国VG公司的Excalab－MK（Ⅱ）光电子能谱，AIK_2（148·6eV）为激发源，C_{18}＝284·6eV为结合能标准，ESR谱采用JES－FE—3AX波谱仪，X－波段工作，100 kHz调制。

二、细胞及细胞培养 MT－4细胞（淋巴细胞）培养在RPMI－1640介质中，配以10%的胎牛血清液，内含青霉素及链霉素各100 μg/mL，被艾滋病病毒感染的MT－4细胞也培养在上述相同介质中。

三、杂多蓝的制备 按文献［1］合成 $NaSbS_9W_{21}$，以此为原料，准确称取2.0 g左右，溶于适量的pH＝6.5的三羟甲基氨基甲烷（tirs）缓冲溶液中，控制电位电解还原，六电子杂多蓝电位控制在－1.22V（vs，SCE），十电子杂多蓝电位控制在－1.46 V（vs，SCE），阴极电解液以氮气搅拌除氧，当恒电位仪的电流指示为零时，向电解液中加入适量的 pH = 8 的 NH_3-NH_4Cl 缓冲溶液，将析出蓝黑色固体，溶于适量的水中，再用 pH = 8 的 NH_3-NH_4Cl 缓冲溶液重结晶两次，得到的杂多蓝经组成分析确定其化学式分别为 $(NH_4)_{22}H_2[NaSb_9W_{21}O_{86}]\cdot 20H_2O$ [以下简记为 $NaSb_9W_{21}$ (6e) 和 $NH_4]_{26}H_2[NaSb_9W_{21}O_{86}]\cdot 18H_2O$ [以下简记为 $NaSb_9W_{21}$ (10e)]。元素分析方法同文献 [11]，分析结果见表 1。

表 1 化合物的元素分析数据（%）

化合物	实测值（计算值）				
	NH_4	Na	Sb	W	H_2O
$(NH_4)_{22}[NaSb_9W_{21}O_{86}]\cdot 20H_2O$ (6e)	5.52 (5.57)	0.28 (0.33)	15.41 (15.37)	54.26 (54.31)	5.02 (5.06)
$(NH_4)_{26}H_2[NaSb_9W_{21}O_{86}]\cdot 18H_2O$ (10e)	6.50 (6.54)	0.29 (0.32)	15.34 (15.29)	54.04 (54.04)	4.48 (4.53)

结果和讨论

一、合成 极谱及循环伏安数据表明[11] $NaSb_9W_{21}$ 经历两步还原过程，第 1 步为钨的 6e 还原，第 2 步为钨的 4e 还原，根据 $NaSb_9W_{21}$ 的氧化 - 还原性质，确定了合适的电解电位，利用 pH = 6.5 的三羟甲基氨基甲烷（triS）缓冲溶液为电解杂多蓝的底液，电解结束时，在 pH = 8 的 NH_3-NH_4Cl 缓冲溶液中沉淀出固体杂多蓝，配合铈量法对产物进行氧化 - 还原滴定，求得还原电子数（见表 2），确定电解产物分别为 $NaSb_9W_{21}$ 的 6e 及 10e 杂多蓝。

表 2 铈量法求得的氧化还原电子数[a)]

化合物	还原电位/V (vs, SCE)	经 3 次测定的还原电子数			
		第 1 次	第 2 次	第 3 次	平均值
$(NH_4)_{22}H_2[NaSb_9W_{15}{}^{VI}W_6^{V}O_{86}]\cdot 20H_2O$ (6e)	−1.22	5.6	5.8	6.0	5.8
$(NH_4)_{26}H_2[NaSb_9W_{111}{}^{VI}W_{10}^{V}O_{86}]\cdot 18H_2O$ (10e)	−1.46	10.2	9.6	9.9	9.9

a）表内括号里数字引自文献 [12]

二、IR 及 UV - Vis 光谱 $NaSb_9W_{21}$ 及其 6e 杂多蓝的 IR 光谱见图 1. $NaSb_9W_{21}$ 的 6e 杂多蓝 IR 谱形状及吸收峰位置均未发生明显的改变，说明还原前后阴离子结构骨架未发生变化。

合成的杂多蓝配合物紫外光谱在 210 和 260 nm 附近均有两个荷移跃迁带，分别对应于 $O_d \to W$ 和 $O_{b/c} \to W$ 的荷移跃迁，在可见区 755 nm 附近出现了一个很强的吸收谱带，这是杂多蓝形成的重要标志。

三、阴离子结构及 ^{183}W NMR 谱 $(NH_4)_{17}Na[NaSb_9W_{21}O_{86}]\cdot 14H_2O$ 是带有 1 个中心的穴状结构化合物[1]。其阴离子结构可用 $[Na(Sb_3O_7)_2(SbW-O_{24})_3]^{18-}$ 表示（多面体表示的结构见图 2），具有 C_3 整体对称性，在 $NaSb_9W_{21}O_{86}^{18-}$ 阴离子结构中，存在 4 种不同配位环境的钨原子，不同配位环境钨原子的个数比为 3 : 6 : 6 : 6，因而其 ^{183}W NMR 谱出现 4 个

峰［见图3（a）］[12]，强度比为1∶2∶2∶2，新合成的杂多配合物 $NaSb_9W_{21}$（6e）的^{183}W NMR谱与 $NaSb_9W_{21}$相似，也出现4个峰［见图3（b）］，比学位移相近（见表3），强度比为1∶2∶2∶2,表明形成杂多蓝后，钨的配位环境没有发生明显的变化，阴离子仍保持原来的结构，但由于形成杂多蓝后，阴离子结构中存在顺磁性的W（V）（$3d_1$），使^{183}W NMR谱峰面积加宽，并且由图3可见，4种不同配位环境的钨原子受电子的影响是相同的，说明形成杂多蓝后，得到电子处于离域状态，这与ESR得到结论早一致的。

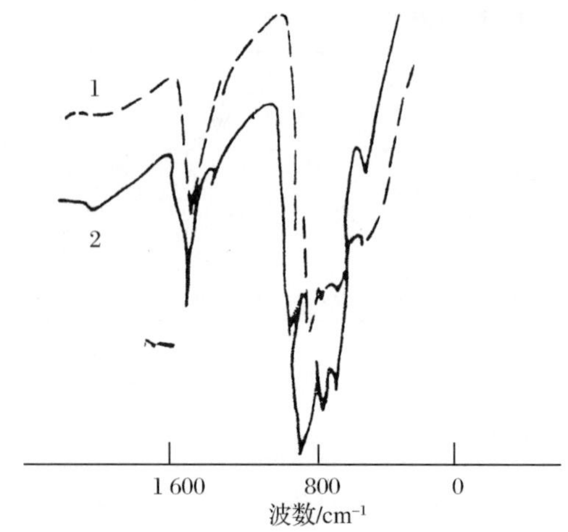

1 为 $NaSb_9W_{21}$，2 为 $NaSb_9W_{21}$（6e）

图1　IR光谱

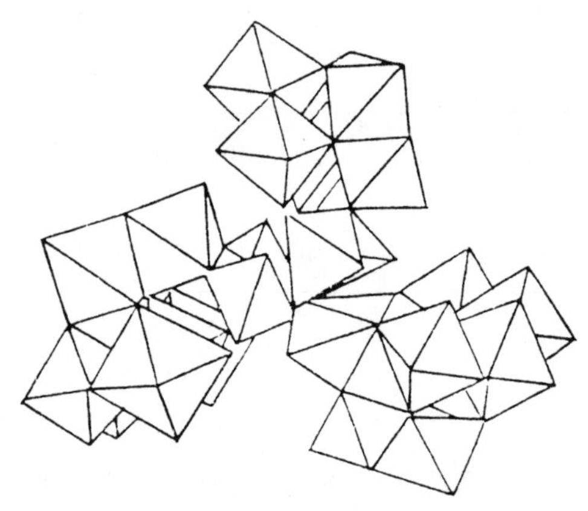

图2　$NaSb_9W_{21}O_{86}^{18-}$结构

表3　^{183}W NMR化学位移（δ）

化合物	δ_1	δ_2	δ_3	δ_4
$NaSb_9W_{21}$	19.8 （-16.8）112	-72.1 （-68.5）	-134.1 （-129.4）	-230.2 （-244.6）
$NaSb_9W_{21}$（6e）	-18.8	-71.9	-134.9	-231.4

四、ESR谱　室温下，$NaSb_9W_{21}$（6e）杂多蓝配合物出现极弱的W（V）信号，低温77K时，观察到了W（V）显著信号，为各相同性一次微分谱（见图4），g = 1.926，低温时电子弛豫时间比常温时长，电子跃迁是热活化跃迁，表明电子处于离域状态，只有低温时才能观察到W（V）的存在，ESR谱进一步证明了 $NaSb_9W_{21}$确实发生还原形成了杂多蓝。

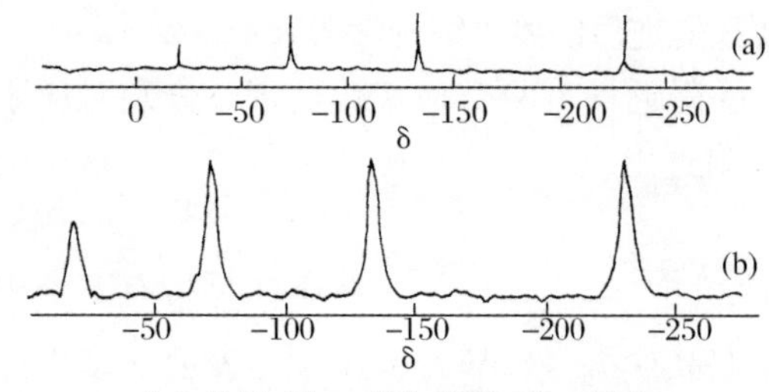

（a）$NaSb_9W_{21}$；（b）$NaSb_9W_{21}$（6e）

图3　化合物的^{183}W NMR谱

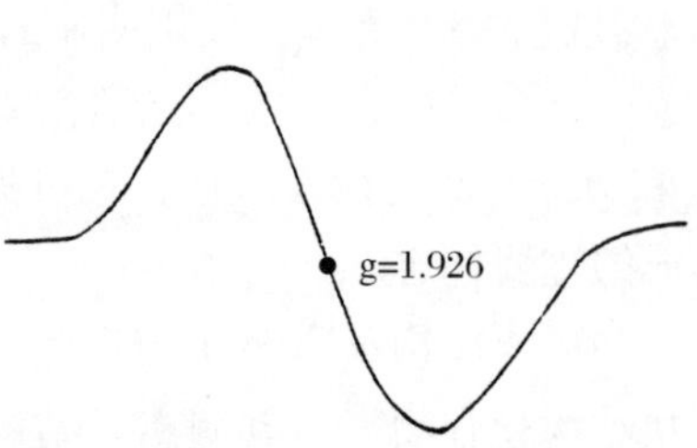

图4　$NaSb_9W_{21}$（6e）ESR谱（77K）

五、XPS 谱 图 5 为 $NaSb_9W_{21}$ 及 $NaSb_9W_{21}$（6e）的 $W_{4f7/2}$XPS 的放大图，可见，还原后比还原前 $W_{4f7/2}$峰面积增宽，还原后 $W_{4f7/2}$XPS 谱为 W（Ⅴ）和 W（Ⅵ）迭加的结果，将其分解，$NaSb_9W_{21}$（6e）中 W（Ⅴ）（实线小图）和 W（Ⅵ）（虚线图）两者积分面积比近似等于 2∶5（6∶15），与 $NaSb_9W_{21}$（6e）中 W（Ⅴ）与 W（Ⅵ）原子个数比相当，有力地证明了 $NaSb_9W_{21}$还原产物为含 6 个 W（Ⅴ）的 6e 杂多蓝，还原前后各元素内层电子结合能变化很小，说明还原过程中结构基本未变。

六、抗 HIV－1 活性 对 $NaSb_9W_{21}$及其杂多蓝进行了抑制 MT－4 细胞增殖实验及抗艾滋病病毒（HIV－1）活性实验，测得合成化合物对 MT－4 细胞增殖的半数抑制浓度（CC_{50}）及对由艾滋病毒引起的细胞病变作用（Cytopathic effect－CPE）的半数抑制浓度 EC_{50}见表 4。

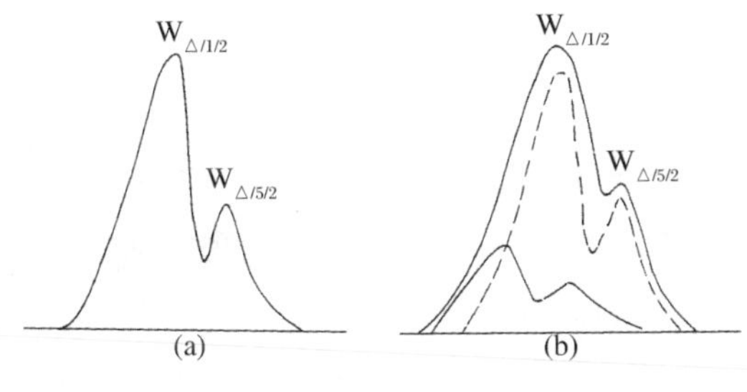

（a）$NaSb_9W_{21}$；（b）$NaSb_9W_{21}$（6e）

图 5 $NaSb_9W_{21}$还原前后 W4f7/2XPS 放大图

表 4 杂多蓝的抗 HIV－1 活性

化合物	MT－4 CC_{50}/μg・mL^{-1}	MT－4/HIV－1 EC_{50}/μg・mL^{-1}	TI_{50}
$NaSb_9W_{21}$	42	3.2	13.1
$NaSb_9W_{21}$（6e）	76	3.8	20
$NaSb_9W_{21}$（10e）	90	4.1	22

表中 TI_{50}为 CC_{50}与 EC_{50}之比，其值越大，试验化合物毒性越低而活性越高，结果表明：$NaSb_9W_{21}$具有较高的细胞毒性，当其浓度为 10 μg・ml^{-1}时，就已显示出明显的毒性，当浓度达到 50 μg・ml^{-1}时，有 75% 以上的细胞死亡，对 MT－4 细胞增殖的半数抑制浓度为 42μg・ml^{-1}，而其 6e 和 10e 杂多蓝的 CC_{50}均高于其母体化合物，分别为 76 和 90μg・ml^{-1}，表明形成杂多蓝后，化合物毒性降低，从 TI_{50}值可以看出，杂多蓝配合物显示出较好的抗 HIV－1 活性。

〔原载《科学通报》1997，42（15）：1622－1625〕

参 考 文 献

1 Fischer J，Ricard L，Weis R. The structure of the heteropolytungstate（NH_1）$_{17}$ $NaSb_9W_{21}$ Sb_9O_{86}・$14H_2O$，an inorganic cryptate. Am Chem Soc，1976，98（10）：3 050

2 王印月，杨映虎，郭水平，等．埋入 SiO_2薄膜中纳米 Ge 的光学、电学性质和室温可见光致发光．物理学报，1997，46（1）：203

3 Zhang Qi，Bayliss S C，Hutt D A. Blu Photoluminescence and local structure of nanostructure embedded in SiO_2 matrices. Appl Phys Lett，1995，66（15）：1 977

4 Campbell I H，Fauchet P M. The effets of microcrystal size and shape on the one phonon Raman spectra of crystalline semiconductors. Solid Solid State Commun，1986，58：739

214. 钨钛磷稀土杂多酸盐的合成及其抗艾滋病病毒活性的研究

东北师范大学化学系　刘术侠　王　力　刘彦勇　王恩波

中国预防医学科学院病毒学研究所　曾　毅　李泽淋

〔**摘　要**〕　合成了通式为 $Ln_2H[PTi_2W_{10}O_{40}] \cdot xH_2O$（Ln = La、Ce、Pr、Nd、Sm、Eu、Gd、Tb、Yb、Lu）的稀土杂多配合物，通过 IR、UV、^{31}P、^{183}W NMR 谱对其结构进行了表征。配合物抗艾滋病病毒（HIV－1）活性的研究表明，此类配合物具有较低的细胞毒性及较高的抗艾滋病病毒活性。

〔**关键词**〕　钨钛磷杂多酸；稀土；抗艾滋病病毒活性；稀土元素

早在发现艾滋病初期，杂多配合物就被用作抗艾滋病药物应用于临床[1]。后来因一些不良反应使临床使用受到限制[2]。$K_7PTi_2W_{10}O_{40} \cdot 6H_2O$（PM－19）是近年发现的活性较高而毒性较低的抗艾滋病病毒杂多配合物[3]。稀土元素的生物效应越来越引起人们的关注，稀土杂多酸盐具有抗艾滋病病毒的活性。目前已有了稀土杂多酸盐抗艾滋病病毒活性的报道[4]。本文合成了具有抗艾滋病毒活性的杂多阴离子 $PTi_2W_{10}O_{40}^{7-}$ 的稀土盐，并对其进行了抗艾滋病病毒活性研究。结果表明：杂多配合物 $Pr_2HPTi_2W_{10}O_{40}$ 的 T_{150} 值明显高于 PM19。显示出较强的抗艾滋病毒活性及较低的细胞毒性。是迄今发现的具有抗艾滋病毒杂多配合物中最优秀的一种，具有重要的理论意义和开发价值。

实验部分

一、仪器与试剂　Alpha Centauri FI/IR 光谱仪，Beckman－DU－8B 光谱仪，Fα－400 MHz 傅立叶变换核磁共振波谱仪。所用试剂均为分析纯。

二、细胞及细胞培养　MT－4 细胞（淋巴细胞）培养在 RPMI－1640 介质中，配以 10%的胎牛血清液，内含青霉素及链霉素各 100 μg/ml。被艾滋病毒感染的 MT－4 细胞也在上述相同介质中培养。

三、化合物的制备　$Pr_2HPTi_2W_{10}O_{40} \cdot 9H_2O$：将 4.4 g（0.018 mol）硫酸钛溶于 20 ml 0.1 mol/L 的柠檬酸钠溶液中，再将此溶液慢慢滴加到 100 ml 含 1.41 g（0.009 mol）的磷酸二氢钠及 30 g（0.091 mol）钨酸钠的混合溶液中。回流反应 1 h 后过滤，滤液用 3 mol/L 盐酸调至 pH3.0，再加入 5.9 g（0.018 mol）硝酸镨，生成绿色沉淀。用水重结晶得到 $Pr_2HFTi_2W_{10}O_{40} \cdot 9H_2O$ 晶体。其他稀土盐合成方法与镨盐相似。合成化合物中稀土元素、磷、钦及钨含量经 ICP 法测定，结晶水含量由 TG－DTA 法测定。

四、杂多化合物的抗艾滋病毒活性实验　取 MT－4 细胞悬液 0.2 mol（1×10^5/ml）和艾滋病毒稀释液 0.2 ml（$2 \times 10^4 TCID_{50}$），在 96 孔板中混合培养 1 h 后，加入用培养基稀释的杂多配合物 0.6 ml，使杂多化合物的最终浓度分别为 25、10、5、2.5、1 μg/ml，37℃培养 5 d，对照组为未经杂多化合物处理的被艾滋病毒感染培养的 MT－4 细胞及未经艾滋病毒感染培养的 MT－4 细砲。由 MTT 法求出上述各组实验中存活细胞数及配合物对由艾滋病毒引起的细胞病变作用的半数抑制浓度 Ec_{50}。杂多化合物对 MT－4 细胞增殖的半数抑制浓度也同样由 MTT 法求得。

结果和讨论

一、合成方法 Domaille[5]合成钨磷钛杂多阴离子时，采用钨酸钠、磷酸二氢钠混合后直接滴加四氯化钛的方法。由于四氯化钛在空气中强烈水解。其用量难以控制，同时 Ti^{4+} 在碱性溶液中水解生成氢氧化钛沉淀，反应难以进行，产率极低。本文以硫酸钛为原料，柠檬酸钠作络合剂，控制滴加硫酸钛的速度，既可有效地控制钛的用量，又防止 Ti_{4+} 水解，使反应顺利进行，产率较高。实验证明，选择适当的络合剂，是防止 Ti^{4+} 水解，合成含钛杂多配合物的有效方法，产物经元素分析，结果与新化合物通式 Ln_2H［$PTi_2W_{10}O_{40}$］·xH_2O（Ln＝La、Ce、Pr、Nd、Sm、Eu、Gd、Tb、Yb、Lu）一致，见表 1 所示。

表 1　化合物的元素分析数据（%）

化合物*	实测值（计算值）				
	Ln	P	W	Ti	H_2O
$La_2HZ\cdot8H_2O$	9.19（9.17）	1.02（1.02）	60.71（60.73）	3.14（3.17）	4.79（4.75）
$Ce_2HX\cdot8H_2O$	9.26（9.23）	1.04（1.02）	60.72（60.69）	3.20（3.17）	4.77（4.75）
$Pr_2HX\cdot9H_2O$	9.31（9.29）	1.05（1.02）	60.68（60.65）	3.19（3.16）	5.38（5.34）
$Nd_2HX\cdot11H_2O$	9.37（9.37）	1.03（1.01）	59.88（59.86）	3.15（3.12）	6.40（6.38）
$Sm_2HK\cdot10H_2O$	9.72（9.71）	1.02（1.00）	59.60（59.59）	3.14（3.11）	5.83（5.83）
$Eu_2HX\cdot11H_2O$	9.79（9.77）	1.04（1.00）	59.58（59.55）	3.15（3.11）	6.36（6.34）
$Gd_2HX\cdot9H_2O$	10.09（10.07）	0.98（0.99）	59.04（59.01）	3.10（3.08）	6.32（6.29）
$Tb_2HX\cdot9H_2O$	10.14（10.12）	1.02（0.99）	59.00（58.97）	3.10（3.08）	6.31（6.28）
$Yb_2\cdot10H_2O$	11.06（11.04）	1.03（0.99）	58.74（58.71）	3.09（3.06）	5.77（5.74）
$Lu_2HX\cdot10H_2O$	11.18（11.15）	1.04（0.99）	58.65（58.63）	3.09（3.06）	5.77（5.74）

注：＊ X 代表“$PTi^2W_{10}O_{40}$”集团

二、IR 及 UV 光谱 合成配合物的 IR 光谱均呈现出 Keggin 结构阴离子所具有的 ν_{as}（$W-O_d$）、ν_{as}（$P-O_a$）、ν_{as}（$W-O_{b/c}-W$）4 种基本特征振动峰。表明所合成的新化合物仍具有 Zeggin 结构骨架。但 $Pr_2HPTi_2W_{10}O_{40}$ 与 $K_3PW_{12}O_{40}$ 的 IR 光谱（图 1）比较，二者有明显的差异。首先，当 Kcggin 结构阴离子 $PW_{12}O_{40}^{3-}$ 中有两个钨被钛取代形成 $PTi_2W_{10}O_{40}^{7-}$ 时，结构对称性由 T_d 下降为 C_2，所以 P－O 键反对称伸缩振动峰发生劈裂。ν_{as}（$P-O_a$）由 $PW_{12}O_{40}^{3-}$ 中的 1 个峰（1080 cm^{-1}）分裂为 3 个峰（分别是为 1084、1062、1047 cm^{-1}）；其次，由于阴离子 $PW_{12}O_{40}^{3-}$ 中有两个 WO^{4+} 集团被 TiO^{2+} 集团取代，阴离子表面负电荷由－3 增加到－7，杂多阴离子内聚力降低，减少了键的力常数，使 ν_{as}（$W-O_d$）的振动频率红移。在 $K3PW_{12}O_{40}$ 中，ν_{as}（$W-O_d$）为 965 cm^{-1}，而在 $Pr_2HPTi_2W_{10}O_{40}$ 中 ν_{as}（$W-O_d$）为 954 cm^{-1}。

新合成的钨钛磷稀土杂多酸盐与十二钨磷酸盐的 UV 光谱相似，在 260 nm 及 196 nm 附

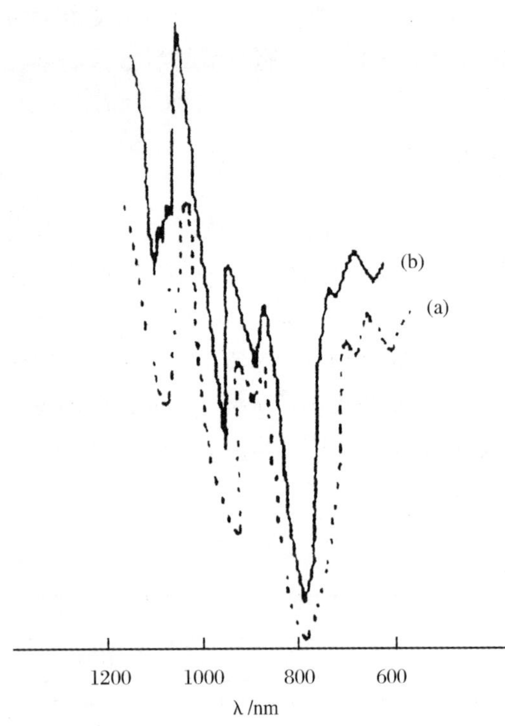

（a）$K_3PW_{12}O_{40}$；（b）$Pr_2HPTi_2W_{10}O_{40}$

图1　化合物的 IR 光谱

近各有一强吸收峰，其中 260 nm 左右的峰是桥氧 $O_{b/c}$→W 的荷移跃迁产生的，是 W 系杂多配合物的特征谱带。196 nm 附近的吸收峰是端氧 O_d→W 跃迁的结果。与十二钨磷酸盐比较，Ti 取代型配合物在 260 nm 左右的荷移跃迁吸收谱带有所减弱，这是由于阴离子表面负电荷密度增加，使桥氧电离势 I_D 升高，W 的电子亲和势 E_A 降低，则跃迁能增大所致。

三、^{31}P 及 ^{183}W NMR 谱　$Pr_2HPTi_2W_{10}O_{40}$ 的 ^{31}P NMR 谱只有一个单峰。这是杂原子在 Keggin 结构中只有一种化学环境的反映。其化学位移值（-16.22）较 $H_3PW_{12}O_{40}$（-14.95）移向高场。因为形成 Ti 二取代阴离子 $PTi_2W_{10}O_{40}^{7-}$ 后，增加了阴离子负电荷，使杂原子 P 上电子云密度增加，抵消了一部分外磁场强度，化学位移移向高场。

$Pr_2HPTi_2W_{10}O_{40}$ 的 ^{183}W NMR 谱是由 5 个峰组成，相对强度为 2∶2∶2∶2∶2（图2）。表明合成配合物中有 5 种配位环境的钨原子，处于不同配位环境的钨原子个数比为 2∶2∶2∶2∶2。配合物结构具有 C_2 对称性，被取代的钨原子处于不同的三金属簇内（图3）。^{31}P 及 ^{183}W NMR 谱进一步证明了合成配合物具有 Keggin 结构。

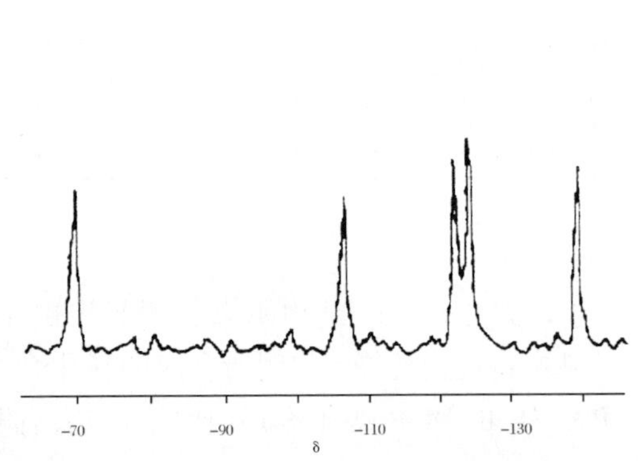

图2　$Pr_2HPTi_2W_{10}O_{40}$ 的 ^{183}W NMR 谱

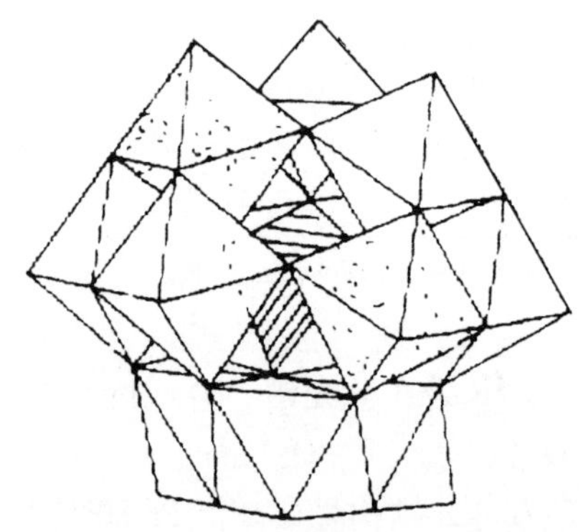

图3　$PTi_2W_{10}O_{40}^{7-}$ 阴离子结构阴影部八面体代表 TiO_6

四、抗 HIV-1 活性　对合成配合物进行了细胞内抗艾滋病病毒（HIV-1）活性研究。杂多配合物的抗 HIV-1 活性根据其对由艾滋病毒引起的细胞病变作用的抑制率来评价。杂多配合物对 CPE 的抑制率由下式求得。

$$\eta = \frac{[MT-4/HI-1]_A - [MT-4/HIV-1]}{(MT-4) - [MT-4/HIV-1]}$$

式中 η：对 CPE 的抑制百分率；$[MT-4/HIV-1]_A$：经杂多化合物处理被艾滋病毒感染培养的 MT－4 细胞中存活细胞数；[MT－4/HIV－1]：未经杂多化合物处理被艾滋病毒感染培养的 MT－4 细胞中存活细胞数；(MT－4)：未经杂多化合物处理也未被艾滋病毒感染培养的 MT－4 细胞中存活细胞数。

表 2 为杂多配合物抗艾滋病病毒活性测定结果，同时示出杂多配合物对 CPE 的半数抑制浓度 Ec_{50}值。T_{I50}为 C_{C50}与 E_{C50}之比；其值越大，杂多配合物毒性越低而活性越高。

表 2　杂多配合物抗艾滋病病毒活性*

化分物	感染培养细胞中活细胞数/(孔 10^5)					对 CPE 抑制率/%					C_{C50}/ ($\mu g \cdot ml^{-1}$)	C_{C50}/ ($\mu g \cdot ml^{-1}$)	T_{150}
	c/ ($\mu g \cdot ml^{-1}$)					c/ ($\mu g \cdot ml^{-1}$)							
	25	10	5	2.5	1	25	10	5	2.5	1			
$Ge_2HPTi_2W_{10}O_{40}$	9.1	8.0	6.5	4.2	3.8	79	65	46	18	12	270	5.5	40
$Pr_2HPTi_2W_{10}O_{40}$	9.8	8.4	7.8	4.6	4.3	88	70	62	23	19	288	4.2	69
$Nd_2HPTi_2W_{10}O_{40}$	8.7	7.8	6.1	4.0	3.5	74	63	41	15	9	262	6.2	42
$Gd_2HPTi_2W_{10}O_{40}$	8.0	7.4	5.9	3.8	3.4	65	57	39	13	8	241	7.3	33
$Tb_2HPTi_2W_{10}O_{40}$	7.7	6.6	5.2	3.6	3.3	61	48	30	10	6	220	10.5	21
$Yb_2HPTi_2W_{10}O_{40}$	7.8	7.0	5.4	3.5	3.1	63	53	32	9	4	208	9.0	23
$K_7PTi_2W_{10}O_{40}$ (PM－19)	9.7	8.5	6.7	4.4	4.2	86	71	49	20	18	280	5.6	50.9

注：* C_{C50}：杂多配合物对 MT－4 细胞增殖的半数抑制浓度；E_{C50}：杂多配合物对由艾滋病毒引起的细胞病变作用的半数抑制浓度；Ti_{50}：C_{C50}与 E_{C50}之比

实验测得未经杂多配合物处理，也未经艾滋病病毒感染培养细胞中的活细胞数，及未经杂多化合物处理，但被艾滋病病毒感染培养细胞中活细胞数分别为 2.8×10^5 及 10.8×10^5。因此，杂多配合物对 CPE 抑制率计算公式为：

$$\eta = \frac{[MT-4/HIV-1]_A - 2.8}{10.8-2.8} \times 100\%$$

求得结果如表 2。可见，钨钛磷稀土杂多酸盐对由艾滋病病毒引起的细胞病变作用均具有一定的抑制活性。当浓度为 $25\mu g \cdot ml^{-1}$时，其抑制率均高于 60%。对 MT－4 细胞增殖的半数抑制浓度（$C_{C50}C$）大于 $200\ \mu g \cdot ml^{-1}$，具有较低的细胞毒性。其中以镨盐的活性最高，其 Ti_{50}为 69，高于 PM－19 的 T_{150}（50.9 g）。稀土镨盐杂多配合物在细胞内具有优异的抗艾滋病病毒活性。这可能与低剂量的镨盐化合物能促进抗体的形成及增强其免疫功能作用有关[6]，其作用机理有待进一步研究。

〔原载《中国稀土学报》1997，15（1）：59－63〕

参 考 文 献

1 Rosenbaum W, Dormont D, Spire B, Vilmer E, Gentilini M. Lancet, 1985, 451
2 Moskovitz B L. Antimicrob Agents Chemother, 1988, 32 (9): 1300
3 山濑利．化学工业，1990，41（10）：848
4 刘术侠，刘勇，王恩波，曾 毅，李泽琳．高等学校化学学报，1996，17（18）：1188
5 Domaille P J, Knoth W H. Inorg Chem., 1983, 22 (5): 818
6 倪嘉缵主编．稀土生物无机化学．北京：科学出版社，1995

Studies on Synthesis and Anti－HIV－1 Activity of Heteropoly Complexes of Tungstotianophosphates Containing Rare Earth Elements

LIU Shu－xia[1], WANG Li[1], LIU Yan－yong[1], WANG En－bo[1], ZENG Yi[2], LI Ze－lin[2]
(1. Department of Chemistry, Northeast Normal University, 2. Chinese Academy of Preventive Medicine)

The present paper reports nine new heteropoly compounds of tungstotianophosphates containing rare earth elerrfents, i. e., $Ln_2H[PTi_2W_{10}O_{40}]\cdot xH_2O$ (Ln＝La, Ce, Pr, Nd, Sm, Gd, Tb, Yb, Lu). They were characterized by elemental analyses, IR, UV, ^{31}P, ^{183}W NMR. The experiments show that this kind of compounds are effective inhibitor with low toxicity and high anti－HIV－1 activity.

〔**Key words**〕 Tungstotianophosphate heteropoly compound; Synthesize; Rare earth; Anti－HIV－1 activity

215. 云南瑞丽人免疫缺陷病毒感染者 gp120 基因 C2～V3 区的序列测定和亚型分析

中国预防医学科学院病毒学研究所 管永军 陈 钧 邵一鸣 赵全壁 曾 毅
云南省卫生防疫站 张家鹏 云南省瑞丽市卫生防疫站 段一娟
德国累根斯堡大学医学微生物学和卫生学研究所 KOSTLER Josef WOLF Hans

〔**摘 要**〕 经套式聚合酶链反应（nested－PCR）对 17 份 1995 年初采集于云南瑞丽市人免疫缺陷病毒 1 型（HIV－1）阳性静脉吸毒者外周血单核细胞（PBMCs）的核酸样品进行扩增，从 17 份样品中获得了 HIV－1 膜蛋白（env）基因的核酸片段，并对其 C2～V3 及邻区 450 个核苷酸序列进行了测定和分析。结果表明，17 份样品中存在 B 和 C 两种亚型的 HIV－1 毒株序列，其亚型内的基因离散率分别为 5.8% 和 2.2%，与 A～E 参考亚型及部分 B 和 C 亚型代表株序列相比较，属 B 亚型的 12 个毒株与包括泰国、缅甸及云南瑞丽代表株 yn289 在内的 B 亚型毒株序列十分接近，基因离散率在 4.4%～4.9% 的范围内；属 C 亚型的 5 个毒株则与主要代表印度 C 亚型毒株的共享序列 ccon 及瑞丽 C 亚型代表毒株 yn272 十分相似，其基因离散率均为1.9%。以上数据进一步确认我们的结论，即HIV－1在瑞丽的流行以B亚型毒株为主、C亚型的传人和流行时间较短。对B亚型毒株V3环序列的分析还发现，位于V3环顶端的四肽序中GPGQ占50%，GPGR则仅占25%，且编码其精氨酸（R）的密码子均为CGA而不是AGA。此结果与我们根据早期瑞丽HIV－1毒株序列研究结果得出的推测相吻合。

〔**关键词**〕 人免疫缺陷病毒；基因转变；序列分析

人免疫缺陷病毒（HIV）简称艾滋病毒，已发现的人艾滋病毒有HIV－1和HIV－2两型，HIV－1是引起全球艾滋病流行的病原。

HIV－1的一个主要特点是其基因的高度变异，根据HIV－1基因组中的膜蛋白基因（env）和壳蛋白基因（gag）的核苷酸和氨基酸序列的同源性，目前已确定了A～H和O等至少9种HIV－1亚型[1～3]。HIV－1在某一流行区的亚型分布和基因变异，可以了解其流行毒株的特性和流行时间、传播来源及发展趋势，为卫生防疫部门制定相应的预防控制措施提供科学依据。同时也是研制有针对性的HIV－1疫苗的基础。我们在1989年底云南德宏州瑞丽市吸毒人群中发现HIV流行之后，即从1990年初起对流行于该地区的HIV－1毒株进行了生物学和分子生物学跟踪研究[4～7]。发现该地区1993年以前流行的是从东南亚传人的B亚型毒株，1993年后该地区HIV－1毒株趋于复杂，出现了从南亚传入的C亚型毒株；首次发现当地流行毒株中V3环顶端四肽随时间由欧美B亚型的GPGR向泰国B亚型（B'）的GPGQ漂移的现象；1995年下半年样品的分析结果表明该地区的HIV－1流行毒株仍然以B亚型为主，C亚型占30.8%。

本研究对保存的该地区1995年初的样品进行了HIV－1毒株的亚型测定及基因变异分析，从而进一步完善了对该地区HIV－1毒株的跟踪研究资料。

材料和方法

一、对象和样品 1995年初采集17名瑞丽市HIV－1抗体阳性的静脉吸毒者（IDU）静脉血3～5 ml，EDTA抗凝（1.5 g/L），用淋巴细胞分离液分离外周血单核细胞（PBMC），PBS洗2遍后，加入含60 mg/L蛋白酶K的裂解液（10 mmol/L Tris－HCI，pH8.4，50 mmol/L KCl，2.5 mmol/L MgCl2，0.1% gelatin，0.45% NP40，0.45% Tween－20）使之成为6×10^6的细胞浓度，50～60℃温育1 h后，95℃15 min灭活蛋白酶K，－20℃保存，即为核酸样品。

二、PCR 按nested－PCR方法，设计合成多对PCR引物，扩增HIV－1 env基因片段，条件见文献[8]。

三、PCR产物的纯化 PCR产物经1%琼脂糖凝胶电泳分离，经与对照判定无误后切下特异扩增带，用Qiagen公司的Qiaex试剂，按说明提纯扩增的HIV－1DNA片断。回收的DNA溶于100 mmol/L Tris－HCl（pH8.7），经琼脂糖凝胶电泳与DNA相对分子质量标准比较估算核酸浓度。

四、核苷酸序列测定 分别使用env－C和env－D3为测序引物，以提纯的PCR产物为模板，用ABI公司荧光标记末端终止物循环测序试剂盒，在PE公司9600型PCR仪上进行测序反应，样品用量约1 μg，引物用量为6 pmol/L。反应产物经提纯后用ABI公司373A型DNA序列测定仪进行序列测定。

五、序列分析 测得的序列用ABI公司的SeqEd软件进行编辑校正，每个样品的C2～

V3 区核苷酸的最终序列根据两个同向测序引物所测结果重叠校核后确定。序列的排列、比较和同源性等分析，使用威斯康星公司 GCG 软件包完成，具体包括：①用 pileup 程序进行序列排列及与国际标准序列的比较；②用 pretty 程序计算一组序列的共享序列（Corlsesus sequence）；③用 distances 计算序列间的基因离散率；④用 growtree 程序做系统树（phylogenetic tree）分析。

结　　果

经 nested－PCR 扩增后，从 17 份 HIV－1 阳性吸毒者 PBMC 样品中获得了可用于序列测定的 HIV－1 env 基因目的片段。将由 envC 和 envD3 引物测序结果进行编辑整理后，测得 env 基因 C2～V3 及其相邻区 450 个核苷酸的序列，将其翻译成氨基酸序列后，应用 pileup 和 pretty 程序进行有关排列和比较并计算出其共享序列（图 1）。17 个毒株被明显分为甲和乙两组，甲组 12 个毒株，占 70.6%；乙组 5 个毒株，占 29.4%；各组毒株内的序列十分相似。

将甲、乙组毒株的核苷酸序列分别与国际 A～E5 个亚型的核苷酸共享序列及 B 和 C 亚型部分代表株核苷酸序列进行比较，并用 Distance 程序计算彼此间的基因离散率（表 1），结果发现甲组的 12 个毒株与 A、C、D 和 E 亚型共享序列间的基因离散率均在 20% 以上，而与 B 亚型共享序列间的基因离散率仅为 8.7%，与包括 T8655、MNRP05 和 YN289 在内的泰国、缅甸和云南瑞丽的 B 亚型代表毒株间差异更小，它们的基因离散率分别为 4.9%、4.5% 和 4.4%，与该组毒株内部 5.8% 的基因离散率十分接近。乙组 5 个毒株间的基因离散率为 2.2%，与代表印度毒株的国际 C 亚型共享序列和云南瑞丽 C 亚型代表株 YN272 间的基因离散率很小，为 1.9%，与非洲 C 亚型代表毒株 nof 的基因离散率为 13.0%，而与其他国际亚型的基因离散率均在 22% 以上。因此，甲组 12 个毒株为 B 亚型，与泰国 B 亚型接近，乙组 5 个毒株为 C 亚型，与印度 C 亚型接近。

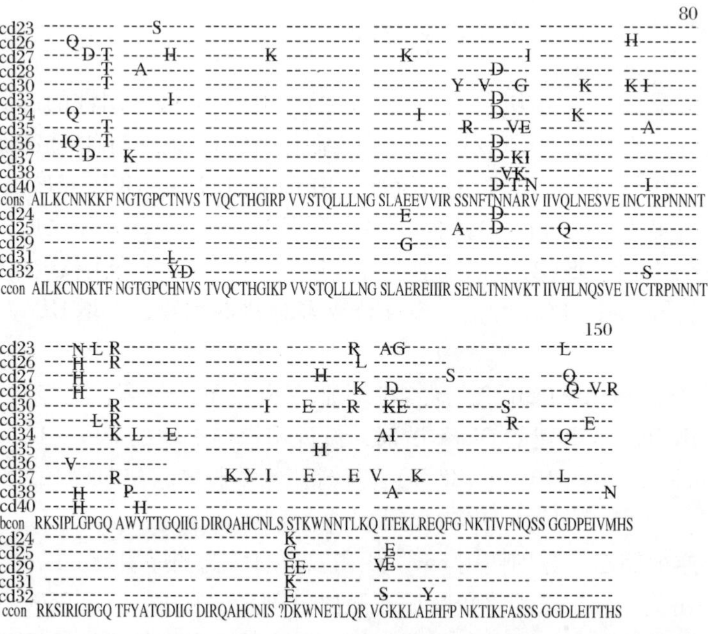

图 1　云南瑞丽 HIV－1 毒株 env 基因 C2～V3 区的氨基酸序列及其共享序列

Fig. 1　Predicted amino－acid sequence alignment and consensus sequence of env gene C2～V3 region of HIV－1 strains in Ruili

表 1　瑞丽 HIV－1 毒株与 A－E 国际亚型和部分参考毒株基因离散率比较

Tab. 1　Genetic distances between HIV－1 subtypes of Ruili and 5 international HIV－1 subtypes as well as some reference HIV－1 strains

亚型 Subtype	基因离散率 Nucleotide divergence$_*$ ($\bar{x} \pm s\%$)										
	本型内 Innergroup	Acon	Boon				Ccon			Dcon	Econ
			con	T8655	Mnrp05	YN289	con	YN272	nof		
B	5.8±1.6	23.4±1.9	8.7±1.6	4.9±1.3	4.5±1.1	4.4±1.2	27.3±1.3	–	–	26.0±1.4	24.2±1.6
C	2.2±0.8	22.5±0.6	22.5±1.6	–	–	–	1.9±0.9	1.9±1.0	13.0±0.8	27.7±1.1	23.4±1.1

*：序列基因离散率是用 GCG 程序计算 C2～V3 区第 165～450 核苷酸序列得到

*：Genetic distances was calculated by GCG distance programine based on 161th－450th nucleic acid sequence of C2－V3 region

进一步的系统树分析显示，甲组 12 个毒株与国际 B 亚型共享序列及 T8655、MNRP05 和 YN289 等北美、泰国、缅甸和云南瑞丽 B 亚型代表毒株聚集在一起并远离其他国际亚型（图 2），并且 12 个毒株与泰国、缅甸和 YN289 紧密相连而与国际 B 亚型共享序列可以分开；乙组 5 个毒株则与代表印度毒株的国际 C 亚型共享序列和云南 C 亚型代表株 YN272 聚集在一起，与非洲 C 亚型代表毒株 nof 有一定距离并与其他国际亚型毒株分离较远（图 3）。结果同样表明 A 组 12 个毒株为 B 亚型，而且与泰缅 B 亚型接近，B 组 5 个毒株为 C 亚型，与印度 C 亚型接近。

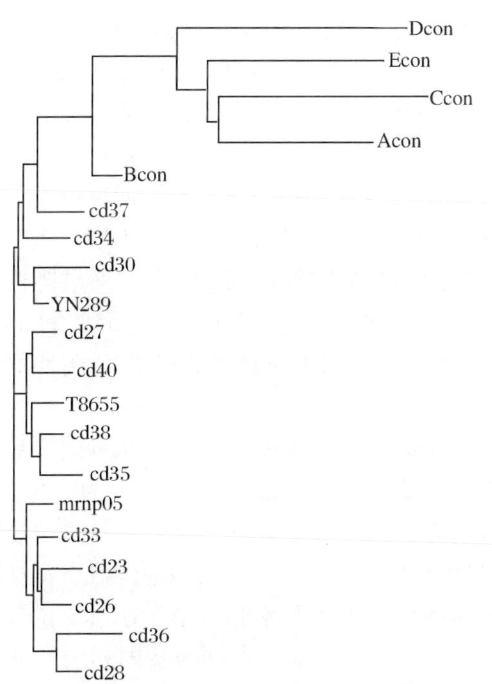

图 2　云南瑞丽 HIV－1B 亚型毒株的系统树分析

Fig. 2　Phylogenetic tree of HIV－1 subtype B strains of Ruili

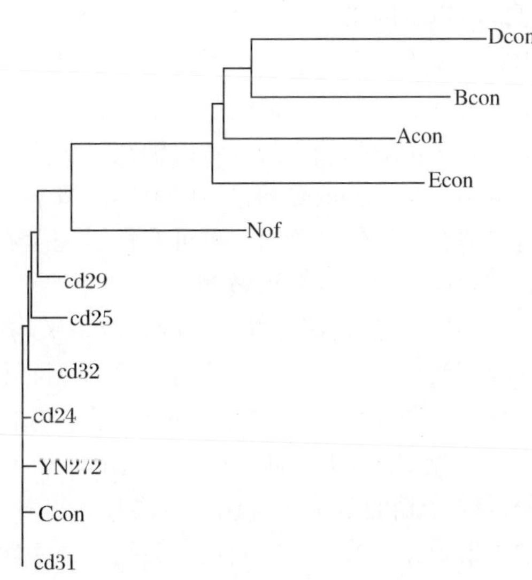

图 3　云南瑞丽 HIV－1G 亚型毒株的系统树分析

Fig. 3　Phylogenetic tree of HIV－1 subtype C strains of Ruili

表 2 12 个瑞丽 B 亚型毒株 V3 环顶端四肽特征

Tab. 2 The tetrapeptides on tip of V3 loop of 12 Ruili subtype B HIV－1 strains

四肽 Tetramer	四肽第四位氨基酸密码子的统计数据 Statistics data for the fourth amino acid of tetrapeprides		
	密码子 Final amdno codon	个数 No.	合计（%） Total
GPGR	AGA	0	
	CGA	3	3（25）
GPGQ	CAA	6	6（50）
GPGK	AAA	1	1（8）
GLGR	CGA	2	2（17）

对 gp120 中最重要的中和抗体决定簇 V3 环序列进行对比分析（表 3），发现甲组 12 个毒株中有 3 个毒株带有 GPGR 这一欧美 B 亚型 V3 环顶端四肽序列特征，占 25%；6 个毒株则带有 GPGQ 这一泰国 B 亚型 V3 环顶端四肽序列特征，占 50%，其他（GLGR 和 GPGK）占 25%，且 GPGR 和 GLGR 中 R 的密码子全为 CGA。乙组 5 个毒株在 V3 环中的变化极小。

讨　论

对保存的瑞丽 1995 年初的 17 份 HIV－1 阳性静脉吸毒者 PBMC 样品的 HIV－1 前病毒 DNA 的 env C2～V3 区序列进行分析后，发现 12 份为 B 亚型，5 份为 C 亚型，这与 1995 年初 Luo 等的报道及我们 1995 年采样中发现 B 和 C 两种亚型的 HIV－1 毒株的结果是一致的，从而进一步确定云南省瑞丽市存在 B 和 C 两种亚型的 HIV－1 毒株流行。本次检测样品中 B 和 C 两亚型的比例分别为 70.6%（21/17）和 29.4%（5/17），与 Luo 等报道的序列分析结果中 B 和 C 型分别占 36.4% 和 63.6% 的比例出入较大，而与我们报道的 1995 年下旬瑞丽地区 B 和 C 亚型毒株的构成比例（分别为 69.2% 和 30.8%）一致[7,8]。造成这种差异的原因可能与以下因素有关：①采样地区构成的差异。Luo 等的样品来自陇川及瑞丽两地，由于 HIV 在陇川及瑞丽的分布不均造成采样误差。②在进行扩增和测序，特别是扩增过程中，由于采用的引物序列上的差异，加上 HIV－1 毒株间本身的变异，导致对样品中不同亚型毒株结合和扩增效率的不同。考虑到在试验中均有一定量的样品用试验引物 PCR 扩增呈阴性这一事实，加上 Luo 等的报道中采用血清学分型时，B 和 C 亚型的比例分别变为 55% 和 45% 这一情况，我们认为第二种可能性是完全存在的。这提示我们不能轻易放过 PCR 阴性的样品，而应调整引物后再做 PCR。

HIV－1 流行区毒株的基因离散率平均每年以 0.5%～1% 的速率增大[2]。从本组样品的基因离散率结果看，瑞丽流行的 B 亚型毒株的基因离散率大于 C 亚型的（分别为 5.8% 和 2.2%），与我们报道 1995 年下旬瑞丽的情况（分别为 6.71% 和 2.25%）一致。这进一步确认 C 亚型 HIV－1 毒株在瑞丽流行的时间大大晚于 B 亚型毒株。与国际其他地区流行毒株比较，12 个瑞丽 B 亚型毒株与泰国和缅甸 B 亚型毒株间的基因离散率非常小，在系统树分析中也聚集在一起，表明它们的关系非常密切。而且 12 个瑞丽 B 亚型毒株与泰国和缅甸 B 亚型毒株间的基因离散率之间呈现出递减的关系，这反映出毒株的传播路径为从泰国经缅甸传入瑞丽。

对毒株的 gpl20 中最重要的中和抗体决定簇所在的 V3 环多肽序列进行比较后，发现瑞丽 B 亚型毒株 V3 环顶端四肽存在 GPGR、GPGQ、GLGR 及 GPGK 4 种情况，以 GPGQ 为主

（50%），且四肽中第四位R均为CGA编码。这与我们发现的瑞丽HIV－1毒株V3环顶端四肽随时间由GPGR向GPGQ漂移的现象相吻合，而且GPGQ已取代GPGR成为主要的毒株[5]。

流行于瑞雨的C亚型毒株与非洲C亚型代表株nof间的基因离散率为13.0%，而与代表印度C亚型毒株的Ccon间的基因离散率为1.9%。这表明流行于瑞丽吸毒人群中的C亚型毒株与流行于印度的C亚型毒株有着密切的联系。值得注意的是，我们从正在进行的全国HIV分子流调研究的初步结果（另文发表）发现，流行于云南吸毒人群中的HIV－1 C亚型毒株，已在其他省份静脉吸毒人群中播散，并已形成一定的流行规模。

〔原载《中华实验和临床病毒学杂志》1997，11（1）：8－12〕

参 考 文 献

1 Myers G，Korber B，Smith R F，et al. Human Retroviruses and AIDS 1993. Los Alamos，New Mexico：Los Alamos National Laboratory，1993

2 Weniger B G，Yutaka T，Ou C Y，et al. The molecular epidemiology of HIV in Asia. AIDS，1994，8（suppl2）：S1

3 Janssons W，Framen K，Loussert A，et aL Genetic and phylogenetic analysis of env subtypes G and H in Central Africa. AIDS Res Hum Retroviruses，1994，10：887

4 邵一鸣，曾毅，陈筝，等．从云南艾滋病病毒（HIV）感染者分离HIV. 中华流行病学杂志，1991（12）：129

5 邵一鸣，赵全壁，王斌，等．我国云南德宏地区HIV感染者HIV毒株膜蛋白基因的序列测定和分析．病毒学报，1994（4）：291

6 Shao Y，Wang B，Zeng Y，et al. Variation and shift of HIV－1 env gene found in IDUs of Dehong epidemic area in China. Japan：tenth International Conference on AIDS，380A，1994

7 邵一鸣，管永军，赵全壁，等．1995年云南瑞丽HIV－1毒株的基因变异和分析．病毒学报，1996（12）：9

8 陈钧，管永军，邵一鸣，等．云南省陇川县HIV－1流行毒株膜蛋白基因C2～V3区序列测定和分析．中华微生物学和免疫学杂志，1997，17（1）：1

9 Luo C C，Tian C Q，Hu DJ，et al. HIV subtype C in China. Lancet. 1995，345：1051

Subtype and Sequence Analysis of the C2～V3 Region of gp120 Genes among Human Immunodeficiency Virus Infected IDUs in Ruili Epidemic Area of Yunnan Province of China

GUAN Yong　jun，CHEN Jun，SHAO Yi－ming，et al.（Institute of Virology，Chinese Academy of Preventive Medicine）

DNA fragments of HIV－1 env gene were amplified by nested－PCR from 17 uncultured peripheral blood mononuclear cells（PBMCs）obtained from HIV－1 seropositive intravenous drug users（IDUs）in Ruili city of Yunnan Province. The C2～V3 region（about 450 bp）of them were sequenced. Sequence analysis showed that there exists two HIV－1 subtypes，B and C，with 5.8% and 2.2% gene divergence inside each subtype. The 12 subtype B strains，were closely related to those tound in Thailand，Myanma and Ruili city of Yunnan，and the nucleotide sequence divergence between them ranged from 4.4% to 4.9%；meanwhile，the 5 subtype C strains were most close to those found in India as well as Ruili city, all with a generic distance of 1.9%. The small divergence among Ruili HIV－1 subtype C strains suggests a recent epidemic. The analysis of V3 loop amino sequence of 12 subtype B HIV－1 reveals that V3－tip motif of 6 samples (50%) is GPGQ and that of 3 samples (25%) is GPGR. In addition, the codon of arginine (R) of all the strains is CGA instead of AGA. This result is in accordance with our previous hypothesis that there is a drift *in vivo* from GPGR to GPGQ motif on the tip of V3－loop of HIV－1 subtype B strain in this area with the elapse of time.

〔**Kev words**〕Human immunodeficiency virus gene variation; Sequencing

216. 广东省人群中人嗜T细胞病毒I型感染的血清流行病学调查及其与人类疾病的关系

广东省汕头大学医学院　杨棉华　余秀葵　庄　坚　陈慎奔　廖传红

中国预防医学科学院病毒学研究所　陈国敏　张永利　曾　毅

汕头大学医学院第一附属医院　庄春兰　郑　璇

〔**摘　要**〕　收集广东省各类人群血清标本2224份，用间接免疫荧光法检测人类嗜T细胞病毒I型（HTLV－Ⅰ）抗体，结果：HTLV－Ⅰ抗体阳性35份，总阳性率为1.57%；其中健康人群血清1810份，抗体阳性23份，阳性率为1.27%；献血员血清248份，抗体阳性1份，阳性率0.40%；白血病患者血清109份。阳性8份，阳性率7.34%，与健康人群比较，有非常显著性差异（$P<0.005$）；神经系统疾病患者血清57份，阳性3份，阳性率5.26%。

〔**关键词**〕　白血病；HTLV－Ⅰ

现已确认，人类嗜T细胞病毒I型（简称HTLV－I）是成人T细胞白血病（ATL）的病因[1]，并与某些神经系统疾病有关[2,3]。由于HTLV－I感染具有一定的地理分布，有关HTLV－I抗体的阳性率，各地报道不一，白血病流行区与非流行区HTLV－I感染差别极大，我们曾对地处东南沿海的汕头市部分人群进行HTLV－I血清学检测，并首次报道汕头市人群中存在着HTLV－I感染[4]。为进一步了解广东省人群HTLV－I感染情况及其与白血病、神经系统疾病的关系，我们在原来工作的基础上扩大了调查范围和人数，现将结果报告如下。

材料和方法

一、血清标本　健康人血清1810份，分别采自广东省粤东地区沿海渔民、南澳海岛及广州市、揭阳市和梅州市等内陆居民健康体检人群。献血员血清248份，主要为汕头市区献血员。各类白血病患者血清109份；神经系统疾病（包括脑脊髓炎、脑干脑炎等）患者血清57份：分别由汕头大学医学院第一附属医院血液病科和神经内科提供。

二、抗体检测　取静脉血分离血清后用间接免疫荧光法检测血清HTLV－Ⅰ抗体[5]，用带有HTLV－Ⅰ的MT－2细胞作为抗原，将待测血清用磷酸盐缓冲液作1∶10稀释，抗体阳性的血清再作倍比稀释，呈阳性反应的最大稀释度即为该血清的抗体滴度。实验中分别设阳性、阴性血清及空白对照。

结　　果

共收集血清2224份，HTLV－Ⅰ抗体检测阳性35份，总阳性率为1.57%。其中健康人群血清1810份，抗体阳性23份，阳性率为1.27%。各地区HTLV－Ⅰ的抗体分布见表1。

献血员血清248份，抗体阳性1份（系来自福建献血员），阳性率为0.40%。各类白血病患者血清109份，抗体阳性8份，阳性率为7.34%，见表2。

表1　各地区健康人血清HTLV－Ⅰ抗体检测结果

Tab.1　Detection of HTLV－Ⅰ antibodies in healthy inndividuals from various areas

指标 Item	内陆地区（Inland）		沿海地区（Coastal）		总计 Total
	广州市 Guangzhou city	梅州、揭阳市 Meizhou, Jieyang city	南澳海岛 Nanao Island	粤东沿海 Eastern Guangdong Coastal areas	
检测数 No. tested	286	418	450	656	1810
阳性数 Positive No.	2	4	9	8	23
阳性百分率 %	0.69	0.95	1.77	1.21	1.27

表2　各类白血病患者HTLV－Ⅰ抗体检测结果

Tab.2　Detection of HTLV－Ⅰ antibodies in patients with various leukemia

病名 Leukemia type	检测数 No. tested	阳性 Positive		抗体滴度 Antibody titer
		阳性数 No.	百分率 %	
急性白血病 Acute leukemia	69	5	7.25	1∶10～1∶320
慢性白血病 Chronic leukemia	25	1	4	1：40
恶性淋巴瘤 Malignant lymphoma	10	2	20	1∶40～1∶160
毛细胞白血病 Hairy－cell leukemia	4	0	0	0
何杰金氏病 Hodgkins disease	1	0	0	0
总计 TOtal	109	8	7.34	

各类神经系统疾病患者血清57份，抗体阳性3份，阳性率为5.26%。其中HTLV－Ⅰ抗体阳性病例检测结果见表3。

表3　神经系统患者HTLV－Ⅰ阳性病例检测结果

Tab.3　HTLV－Ⅰ Ab positive cases with diseases of nervous system

病人 Patients	性别 Sex	年龄 Age	临床诊断 Clinic diagnosis	HTLV－Ⅰ 阬体滴度 HTLV－Ⅰ Ab titer
周某 Zhou	男 Male	24	脊髓空洞症 Syringomyelia	160
王某 wang	女 Female	47	Ⅰ型Chiari氏畸形 Arnold－Chiari deformity	40
吕某 Lu	男 Male	34	散发性脑炎 Sporadic encephalitis	20

讨　　论

在日本西南部HTLV－Ⅰ流行区，健康人群HTLV－Ⅰ抗体阳性率为9%～25%[5]，加勒比海流行区为3.6%（12/337）[7]，而在非流行区人群中，抗体阳性率仅为0～0.015%[5]。国内曾毅等[8]率先报道我国28省市人群抗体阳性率为0.08%，吕联煌等[9]报道福建沿海地区阳性率为1%。我们本次扩大调查，结果虽低于日本、加勒比海等HTLV－Ⅰ流行区，但显著高于非流行区，说明广东省人群中确存在 HTLV－Ⅰ感染。这些抗体阳性的健康人群作为病毒携带者，既可通过输血及血制品传播，也可由家庭密切接触、性接触而传播[1,5]，在广东省人口密集的感染/流行区中，将有相当数量的 HTLV－Ⅰ抗体阳性的健康病毒携带者存在，值得注意。在献血员中，HTLV－Ⅰ抗体阳性率为0.40%（1/248），虽然检测例数不多且该阳性例系来自福建，但对献血员的筛查工作应引起人们的重视。在白血病患者中，抗体阳性率高达7.34%，与健康人群比较，有非常显著性差异（$x^2=19.9854$，$P<0.005$），其中尤以恶性淋巴瘤和急性白血病的阳性率为高，但病例数仍有待进一步积累。神经系统疾病患者抗体阳性率为5.26%（3/57），其中1例抗体滴度达160，说明某些神经系统疾病与 HTLV－Ⅰ感染有关，也证明了国内蓝祥英、曾毅[3]有关这方面研究的结果及论点。

〔原载《中华实验和临床病毒学杂志》1997，11（1）：56－58〕

参 考 文 献

1 张兴权．Ⅰ、Ⅱ型人T细胞白细胞病病毒的感染和致病性（－）．中华实验和临床病毒学杂志，1994，8（1）：91

2 Gessain A，Vernant J C，Maurs L. et al. Antibodies to human T－lymphotropic virus type 1 in patients with tropical spastic paraparesis. Lancet，1985，11：407

3 蓝祥英，曾毅，王得新，等．人嗜T淋巴细胞Ⅰ型病毒（HTLV－Ⅰ）与神经系统疾病关系的初步研究．病毒学报，1993，9（4）：382

4 杨棉华．陈国敏．庄春兰，等．汕头市部分人群中嗜人T细胞Ⅰ型病毒抗体的检测．病毒学报，1994，10（4）：364

5 Hinumaa Y，Nagata K. Hanaoka M，et al. Aldult T－cell leukemia：Antigen in an ATL cell line and detection of antibodies to the antigen in human sera. Proc Natl Acad Sci USA，1981，78：6476

6 王志澄．成人T细胞白细胞病（ATL）．中华血液学杂志，1985，6（1）：50

7 Vogt P K. Human T－cell leukemia virus. Berlin：Springer Verlag. 1985，91－106

8 曾毅，蓝祥英，王必瑞，等．成人T细胞白血病抗体的血清流行病学调查．病毒学报，1985（1）：344

9 吕联煌，叶俞生，黄淑桦，等．福建地区人类T淋巴细胞白血病小流行区的发现．中华血液学杂志，1989（10）：225

A Seroepidemiological Survey：Antibody to HTLV－Ⅰ in Sera from Various Populations in Guangdong Province

YANG Min－hua*，CHEN Guo－min，YU Xiu－kui，el al.（*Medical College of Shantou Universily，Shantou）

A Seroepidemiological survey of HTLV－Ⅰ infection in Guangdong Province was reported. 2224 serum samples from various populations were collected and antibodies to HTLV－Ⅰ in sera were detected with indirect immunofluorescent assay. Total seropositive rate was 1.57%（35/2224）. The antibody positive rates of HTLV－Ⅰ in sera from healthy individuals（$n=1810$），blood donors（$n=248$），patients with T cell leukemia（$n=109$）and patients with neurological diseases（$n=57$）were 1.27%，0.40%，7.30% and 5.26% respectively. There was a significant difference between the patients with T cell leukemia and the healthy individuals（$P<0.005$）.

〔**Key words**〕HTLV－Ⅰ；Leukemia；Antibody，viral；Leukemia/Virology；Leukemia/Etiology

217. 用合成肽抗原检测 Epstein－Barr 病毒抗体

中国预防医学科学院病毒学研究所　刘海鹰　周　玲　曾毅　广西梧州市肿瘤防治研究所　邓　洪
广西人民医院检验科　周维雅　荷兰 Organon Teknika 公司病毒室　MIDDELDORP J.

Epstein－Barr 病毒（EBV）进入宿主细胞后能产生多种由 EBV 决定的抗原，包括早期抗原（EA），壳抗原（VCA）和核抗原（EBNA）等。这些由 EBV 基因组编码的各种蛋白抗原均能引起血清抗体的不同反应。研究这些抗体的变化，对阐明 EBV 与鼻咽癌的关系以及鼻咽癌的早期诊断都有着十分重要的意义[1－6]。我们以 EB 病毒 VCA－p18、EBNA－1、EA 合成肽作为抗原，用酶联免疫吸附试验检测鼻咽癌病人和正常人血清中的 IgA 抗体。观察不同抗原的 IgA 抗体反应。

材料和方法

一、血清　鼻咽癌病人血清由广西梧州市肿瘤防治研究所和广西壮族自治区人民医院提供。病人均经病理检查确诊，用免疫酶法检测病人血清均为阳性。正常人血清取自免疫酶法检测 EBV－IgA 抗体为阴性的健康成年人，－20℃保存，被检血清稀释度为 1∶100。

二、酶联免疫吸附试验　VCA－P18，EBNA－1 和 EA 抗原多肽由荷兰 AKZO NOBEL 公司提供。包被液为0.5 μg/ml 碳酸盐溶液，pH9.6，每孔 135 μl，4℃过夜。次日用 PBS1∶10 稀释 30% 的 BSA 作为封闭液、每孔 135 μl，37℃30 min。PBS－Tween 20 洗 3 次，吹干备用。辣根过氧化物酶标记的羊抗人 IgA 由荷兰 AKZONOBEL 公司提供。辣根过氧化物酶标记的羊抗人 IgG 购自加拿大 YES 公司。

三、Cutoff 值的计算　Cutoff 值＝阴性对照血清 A 值的平均值＋2×阴性对照血清 A 值的标准差（其中阴性对照血清不得少于 4 份），被检血清 A 值≥cutoff 值定为阳性。

结　果

一、EBV－IgA 抗体的检测　鼻咽癌病人血清中的 IgA/VCA－p18，IgA/EBNA－1 和 IgA/EA 抗体阳性率分别为 84.1%，86.2% 和 92.3%，而正常人的抗体阳性率分别为 8.7%，8.0%，8.6%，前者明显高于后者，经卡方检验，x^2 值分别为 146.7，155.7，203.8，P 值均＜0.005，证明鼻咽癌病人和正常人 EBV－IgA 抗体阳性率存在显著性差异。见表 1。

二、EBV－IgG 抗体的测定　鼻咽癌病人血清中的 IgG/VCA－p18 和 IgG/EBNA－1 抗体阳性率分别为 97.9% 和 98.8%；正常成人血清中该抗体的阳性率均为 66.7%。本室曾应用 EB 病毒全抗原作免疫酶法检测正常人的 IgG/VCA 和 IgG/EBNA－1 阳性率可达 90% 以上，本法应用合成肽抗原，可能是抗原决定簇较少所致。

表 1　鼻咽癌病人和正常人 IgA/VCA－p18，IgA/EBNA－1 和 IgA/EA 抗体检测结果

Tab. 1　Detection of IgA/VCA－p18. IgA/EBNA－1 and IgA/EA antibodies in the sera from NPC patients and normal individuals

指标 Item	鼻咽癌病人 NPC patients			正常人 Normal individuals		
	样品数 No.	阳性数 Positive No.	阳性率（%） Positive rate	样品数 No.	阳性数 Positive No.	阳性率（%） Positive rate
IgA/VCA－p18	145	122	84.1	113	11	8.7
IgA/EBNA－1	145	125	86.2	113	9	8.0
IgA/EA	208	192	92.3	92	8	8.6

表 2　VCA－p18 和 EBNA－1 两种多肽抗原混合包被后 EBV－IgA 抗体检测结果

Tab. 2　Detection of EBV—IgA antibodies afer VCA－p18 peptide and EBNA－1 peptide mixed together

组别 Group	样品数 No.	阳性数 Positive No.	阳性率（%） Positive rate
鼻咽癌 NPC patients	145	138	95.1
正常人 Normal individuals	83	8	9.6

三、VCA－p18 和 EBNA－1 两种抗原混合包被后 EBV－IgA 抗体检测结果　从表 2 可以看出，VCA－p18 和 EBNA－1 混合后，再检测鼻咽癌病人血清中的 IgA 抗体阳性率为 95.1%，比单一包被时阳性检出率高出 10% 左右，而正常人血清中的 lgA 抗体阳性率变化不大，说明混合包被可以提高阳性检出率。

四、免疫酶法和 ELISA 法的比较　对用免疫酶法（IE）检出的 9 份早期鼻咽癌病人血清，再用酶联免疫吸附试验检测其 EBV－IgA 抗体，结果进行比较见表 3。

表 3　用 ELISA 法和 IE 法分别检测 9 份早期鼻咽癌病人血清中 IgA 抗体

Tab. 3　Detection EBV－IgA antibodies in sera of 9 early NPC patients by ELISA and IE methods separately

编号 Number	ELISA				IE	
	EA	VCA－p18	EBNA－1	VCA－p18＋EBNA－1	VCA	EA
1	0.025*	0.207	0.042*	0.138	1:10	－
2	0.827	0.281	0.726	0.887	1:40	1:20
3	0.125	0.613	0.031*	0.511	1:20	－
4	0.546	0.180	0.740	0.757	1:20	－
5	0.349	0.489	0.137	0.529	1:20	－
6	0.712	0.132	0.156	0.241	1:40	1:10
7	0.252	0.112	0.686	0.681	1:20	－
8	1.258	0.489	0.414	0.616	1:80	1:20
9	0.379	0.255	0.269	0.309	1:20	1:10

注：* *A* 值 < cutoff 值，判为阴性　　* *A* value < cofoff value as Negative

讨　　论

20 年来，我们应用免疫酶法（IE）检测 EB 病毒 IgA/VCA 和 IgA/EA 抗体，进行血清学普查和鼻咽癌诊断，获得良好的结果，但此方法费时，费力。本实验用 ELISA 法分别检测鼻咽癌病人和正常人血清中的 IgA/VCA－p18、IgA/EBNA－1 和 IgA/EA 抗体，二者的抗体阳性率存在显著性差异，说明用合成肽抗原检测 EBV—IgA 抗体对鼻咽癌的诊断有较好的特异性，同时也为 ELISA 法代替 IE 法提供实验依据。另外，我们将 VCA－p18 和 EBNA－1 两种抗原进行混合包被，发现鼻咽癌病人血清中的 IgA 抗体阳性率高于单一包被时检出的抗体阳性率，而在正常人血清中抗体阳性率变化不大。说明两种或两种以上抗原混合后作为包被抗原，可能更有助于抗体的检出。

〔原载《中华实验和临床病毒学杂志》1997，11（1）：87－88〕

参 考 文 献

1　Demetrio S M，Joanne L P，John A S，et al. Detection of Epstein－Barr Virus－specific antibodies by means of baculo virusexpress EBV gpl25. J Virol methods，1995，52：145

2　Irshad M，Gandhi B M，Acharya S K，et al. An enzymeliked immunesorbent assay（ELISA）for the detection of IgG and IgM anti－idiotypes direct agains，anti—HBs molecules. J Immunol Methods，1987，96：211

3　谢少文．酶免疫技术．见：中国医学百科全书，免疫学分册．上海：上海科学技术出版社，1983，75

4　Zeng Y，Zhang L G，Li H Y，et al. Serological mass survey for early detection of Nasopharyngeal Carcinoma in Wuzhou City，China. Int J Cancer，1982，29：139

5　Zeng Y. Gong C H，Jan M G，el al. Detection of EpsteinBarr virus IgA/EA antibody for diagnosis of Nasopharyngeal Carcinoma by lmmunoautoradiography. Int J Cancer，1983，31：599

6　Luka J. Chase R C，Pearson G R，et al. Asensitive enzymelinked immunosorbent assay（ELISA）against the major EBV－associated antigens correlation between ELISA and immunofluorescence titers using purified antigens. J Immunol Methods，67，145

218. Epstein－Barr 病毒潜伏膜蛋白在喉癌组织中的表达

中国预防医学科学院病毒学研究所　刘振声　曾　毅
解放军北京军区总医院病理科　邓永江　丁华野
沈阳空军医院耳鼻喉科　李家喜　空军总医院耳鼻喉科　郭志祥

〔摘　要〕　为了探讨 Epstein－Barr 病毒在喉鳞癌细胞中的表达情况，对 90 例喉鳞癌组织进行了 Epstein－Barr 病毒潜伏膜蛋白（EBV－LMP－1）的检测，结果显示，LMP－1 主要定位于细胞膜和细胞质内，90 例喉鳞癌中 LMP－1 阳性者 41 例，阳性检出率为 45.5%，其中低分化鳞癌阳性率为 44%（12/27），中分化鳞癌为 52%（25/48），高分化鳞癌为 26.6%（4/15）。提示，EB 病毒不仅存在于低分化喉鳞癌中，也存在于高分化鳞癌中，喉癌的发生可能与 EB 病毒感染有关。

〔关键词〕 喉肿瘤；鳞状细胞；Epstein－Barr 病毒；疱疹病毒科

EB 病毒是一类重要的 DNA 致瘤病毒，在鼻咽癌和非洲 Burkitt's 淋巴瘤发生过程中起着重要作用[1,2]。近年来文献报道在唾液腺癌、扁桃体癌以及．肺癌等癌组织中也存在有 EBV DNA，认为口咽腔及呼吸道是 EB 病毒潜伏的最大场所，但 EB 病毒与喉鳞癌的关系研究不多[3,4]，我们曾采用原位杂交方法从喉癌组织中检测到 EB 病毒基因[5]。为了深入研究 EB 病毒与喉鳞癌的关系，我们应用 EB 病毒潜伏膜蛋白（EBV latent membrane protein 1，LMP－1）单克隆抗体，对 90 例喉鳞癌进行免疫组化研究，以探讨 EB 病毒在喉鳞癌细胞中的表达情况。

材料和方法

一、标本来源 90 例鳞喉癌系由沈阳空军医院 1990－1992 年间喉癌手术病例中随机抽取，其中男性 64 例，女性 26 例，年龄 38～78 岁；所有标本均经病理证实为喉鳞状细胞癌，其中低分化鳞癌 27 例，中分化鳞癌 48 例，高分化鳞癌 15 例；另取 9 例喉正常上皮作对照。所有标本均经 10% 甲醛固定，石蜡包埋，做 5 μm 的连续切片。

二、免疫组化染色 采用微波 S－P 方法（按美国 Zymed 公司试剂盒说明书操作）。主要步骤为：切片常规脱蜡至水；3% H_2O_2 10 min，蒸馏水洗；0.4% 胃蛋白酶消化 30 min；枸橼酸液 YWY81 型医用微波仪（浙江临安电子器械厂）5 档 5 min；滴加一抗（LMP－1 单克隆抗体 1∶25，丹麦 DAKO 公司产品）；滴加二抗（Biodin－IgG 1∶200，购自北京中山生物技术有限公司）37℃20 min；滴加三抗（Avidin－HRP 1∶200）37℃20 min；DAB 显色，苏木素复染，脱水透明，封固。用已知存在 EB 病毒的鼻咽癌组织切片作对照，用 PBS 代替第一抗体作为空白对照，用正常兔血清取代一抗作为阴性对照。

三、观察方法及判定标准 于 OLYMPUS 光学显微镜下观察组织标本 LMP－1 免疫标记的阳性细胞，根据显色强度及阳性细胞所占比例，将阳性分为弱阳性（＋），5%～30% 的癌细胞表达 LMP；中等阳性（++），30%～70% 的癌细胞表达 LMP；强阳性（+++），阳性细胞 >70%；阴性（－），<5% 的癌细胞着色或癌细胞与背景一致不着色。

结　　果

一、LMP－1 的细胞定位及组织分布特点 免疫组化染色后 LMP 阳性反应的细胞，其着色部位主要位于细胞膜和细胞质内（图 1）；呈弥漫性棕褐色细颗粒，90 例喉鳞癌中 LMP 染色阳性者 41 例，阳性检出率为 45.5%；9 例喉正常上皮中 LMP 染色阳性 1 例。

二、LMP－1 在喉鳞癌组织中的表达及与喉鳞癌分化程度的关系 27 例喉低分化鳞癌中 12 例 LMP－1 呈阳性表达，阳性率达 44%，48 例中分化鳞癌中 25 例阳性，阳性率 52%，15 例高分化鳞癌中 4 例阳性，阳性率为 26.6%，喉癌分化程度与 LMP－1 表达的关系见表 1。

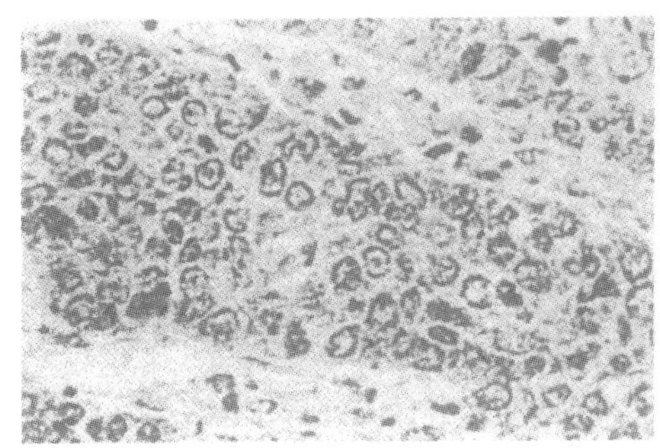

图 1　喉鳞癌 LMP－1 表达阳性（S－P 法）×200

Fig. 1　LMP－1 protein staining in laryngeal squamous carcinoma（S. P methods）×200

表 1　LMP 表达与喉鳞癌分化程度的关系

Tab. 1　The relationship between expression of LMP－1 and degree of differentiation of laryngeal carcinoma

组别 Group	例数 Case	阴性例数 Negative cases	阳性程度 Positive intensities			阳性例数（%） Positive cases（%）
			+	++	+++	
低分化鳞癌 Poorly differentiated squamous carcinoma	27	15	2	6	4	12（44.0）
中分化鳞癌 Middle differentiated squamous carcinoma	48	23	2	14	9	25（52.0）
高分化鳞癌 Well differentiated squamous carcinoma	15	11	0	3	1	4（26.6）

讨　论

1983 年 Brichsee 等人采用免疫组化和原位杂交技术检测了 5 例声门上喉癌组织中 EBNA 和 EBV DNA，结果为 3 例喉癌组织中存在 EBNA DNA，其认为声门上喉癌与 EB 病毒有关[6]。1993 年 Tyan 等人采用 PCR 扩增技术从 10 例喉癌组织中检测出 6 例 EBV DNA 阳性(60%)[7]。1994 年 Jeng 等人检测了 150 例台湾头颈肿瘤患者咽部漱口液中 EBV LMP 基因的存在情况，结果显示 31 例喉癌中 65% 的患者 EBV DNA 阳性[8]。但也有在喉癌组织中未检测到 EBV 阳性的报道[9]。

研究证明 EB 病毒 LMP－1 基因是 EB 病毒的致癌基因，它对上皮细胞具有很强的转化作用，使永生化细胞具备致癌性。有人将鼻咽癌组织中扩增的 LNP－1 基因转入上皮细胞后，可明显增强细胞克隆形成能力，降低细胞生长的血清依赖浓度，并且诱导细胞在 SCID 鼠体内形成浸润性生长的肿瘤[10]。LMP－1 是 EB 病毒潜伏膜蛋白的抗原，存在于 EB 病毒感染的细胞中。我们采用 EBV LMP－1 单克隆抗体，对 90 例喉鳞癌进行免疫组化检测，表明 EB 病毒不仅存在于低分化喉鳞癌中，也存在于高分化喉鳞癌细胞中，以低、中分化鳞癌细胞为增多，与文献报道的结果一致[6,7]。我们认为喉鳞癌的发生可能与 EB 病毒感染有关，但 EB 病毒在喉鳞癌中的确切作用仍不清楚，有待进一步研究。

〔原载《中华实验和临床病毒学杂志》1997，11（2）：153－155〕

参 考 文 献

1　Yeung W M，Zong Y S，Chiu C T，et al. Epstein－Barr virus carriage by nasopharyngeal carcinoma in situ. Int J Cancer，1993，53：746

2　Niedobitek G，Young L S. Epstein－Barr virus persistence and virus associated tumours. Lancet，1994，343（5）：333

3　Hamilton－Dutoit S J，Therkildsen M H，Nielsen N H，et al . Undifferentiated carcinoma of Epstein－

Barr virus DNA by in situ nuclear acid hybridization. Hum Pathology, 1991, 22 (8): 811

4 Lung M L, Lam W X, So S Y, et al. Evidence thet respiratory tract is major reservoir for Epstein - Barr virus. Lancet, 1995, 1: 898

5 刘振声，李宝民，刘彦仿，等. 头颈肿瘤组织中 Epstein - Barr 病毒编码的 RNAs 原位杂交检测. 中华实验和临床病毒学杂志，1996，10 (2): 163

6 Brichacek B, Hirsch I, Sibl O, et al. Association of some supraglottic laryngeal carcinomas with EB Virus. Int J Cancer, 1983, 32: 193

7 Tyan Y S, Lin S T, Ong W R, et al. Detection of Epstein - Barr virus and human papillomavirus in head and neck tumors, J Clin Microbiol, 1993, 31 (1): 53

8 Jeng K G, HSV C Y, Liu M T, et al. Prevalence of Taiwan variant of Epstein - Barr virus in throat washings from patients with head and neck tumors in Taiwan. J Clin Microbiol, 1994, 32 (1): 28

9 Wu T C, Mann R B, Epstein J I, et al. Abundant expression of EBER1 small nuclear RNA in nasopharyngeal carcinoma. American Pathol, 1991, 138: 1461

10 Hu L F, Chen F, Zheng X, et al. Clonability and tumorigenicity of human epithelial cells expressing the EBV encoded latent membrane protein LMP1. Oncogene, 1993, 8: 1575

Expression of Epstein - Barr Virus Latent Membrane Protein (EBV - LMP) in Human Laryngeal Carcinoma

LIU Zhen - shong*, DOZG Yong - jiang, ZENG Yi, et al. (*Institute of Virology, Chinese Academy of Preventive Medicine)

In order to investigate the expression of Epstein—Barr virus in human laryngeal carcinoma, immunohistochemical study for Epstein—Barr virus latent membrane protein (EBV LMP) was performed on 90 laryngeal specimens taken from laryngeal carcinoma patients. The results showed that LMP was localized on the cell membrance and in cytoplasm. LMP was detected in 41 of 90 (45.5%) laryngeal squamous cell carcinoma, among them the positive rates of poorly differentiated, middle differentiated and well differentiated squamous carcinoma were 44% (12/27), 52% (25/47) and 26.6% (4/15) respectively. This study indicated that EB virus was not only presented in poorly differentiated carcinoma, it was also presented in well differentiared carcinoma. The development of laryngeal squamous carcinoma is related to the infection of EB virus.

〔**Key words**〕Laryngeal neoplasms; Squamous cell; Epstein - Barr virus; Herpesviridae

219. 重组 rAAV－LMP 诱导的特异性细胞毒 T 细胞对 LMP 阳性靶细胞的识别与杀伤

中国预防医学科学院病毒学研究所　赵　峰　刘海鹰　周　玲　叶树青　曾　毅
中国医学科学院肿瘤研究所　蔡伟明　美国哈佛大学医学院　杜　滨

〔摘　要〕　在正常个体中 Epstein－Barr（EB）病毒是由病毒特异性细胞毒 T 淋巴细胞（CTL）所控制，虽不能清除病毒，却对于控制细胞处于潜伏感染状态是必须的：抽取病人血分离淋巴细胞，在实验室制备 EB 病毒特异性 CTL，然后回输到病人体内，具有预防和治疗 EB 病毒相关疾病的意义。我们将 EB 病毒潜伏感染膜蛋白（LMP）基因重组到腺病毒伴随病毒载体 pACP 中去，与包装质粒 Ad8 共转染已感染了Ⅱ型腺病毒的 293 细胞，获得重组病毒 rAAV－LMP，用此病毒感染淋巴细胞并表达 LMP，用高能 X 线照射灭活，与自体淋巴细胞共培养产生特异性 CTL。以 EB 病毒转化的类淋巴母细胞作靶细胞与 CTL 反应，用 BLT 活性法测定 CTL 活性。结果表明，4 株 CTL 均能够识别和杀伤对应的靶细胞，并且随着 CTL 数量的增加和反应时间的延长，上清中 BLT 活性也增强：

〔关键词〕　腺病毒伴随病毒载体；Epstein－Barr 病毒；潜伏感染膜蛋白；细胞毒 T 淋巴细胞

EB 病毒与多种疾病相关联，特别是与传染性单核细胞增多症、Burkitt's 淋巴瘤和鼻咽癌关系密切[1－4]。中国是鼻咽癌的高发区，尤其在华南，是危害人民健康的主要恶性肿瘤之一，因此在我国开展 EB 病毒与鼻咽癌的关系及鼻咽癌的防治研究具有特殊的意义。在 EB 病毒的致病机理中，其潜伏感染膜蛋白（LMP－1）起着重要作用，它能使人永生化上皮细胞发生恶性转化[5,6]。如果在转化的细胞或肿瘤细胞中 EB 病毒相关靶蛋白能够持续表达，那么由 EB 病毒所诱导的针对 EB 病毒阳性的永生化细胞或恶性变的瘤细胞的细胞毒 T 淋巴细胞免疫反应就能够发生。这种 CTL 反应具有潜在的预防和治疗价值。而研究表明，在 65% 的鼻咽癌组织中有 LMP 抗原的表达[7]，这就为针对：EB 病毒靶抗原进行鼻咽癌的免疫预防和治疗提供了理论依据。EB 病毒在人群中感染率很高，并产生一系列抗体，然而仅极少数个体发生恶性肿瘤，并且这些肿瘤病人体内也具备这些抗体,[8,9]，显然特异性细胞免疫系统在防止肿瘤发生中起着重要作用。据认为在正常个体中 EB 病毒是由病毒特异性细胞毒 T 淋巴细胞所控制，虽不能清除病毒，却对于控制细胞处于潜伏感染状态是必需的[10]。在利用 EB 病毒特异性 CTL 控制 EB 病毒相关疾病方面，已经有了比较成功的报道。Rooney 等的临床研究表明，EB 病毒特异性 CTL 能够有效地预防和控制骨髓移植后 EB 病毒引起的致死性淋巴增生性疾病[10]。本研究目的在于将 EB 病毒 LMP 基因重组到无致病性的腺病毒伴随病毒中去，并用以刺激 T 淋巴细胞产生特异性 CTL，为鼻咽癌的预防和治疗探索新的途径。

材料和方法

一、重组 rAAV--LMP 病毒的制备

1. 材料及来源：腺病毒伴随病毒载体 pACP、包装质粒 Ad8 和Ⅱ型腺病毒，含 LMP 基因的 pSG5LMP 质粒（其 LMP 来自 B95 - 8 细胞株的 EB 病毒）及 293 细胞均为病毒学研究所肿瘤室所有。限制性内切酶、DNA 连接酶及 DNA 酶购自华美公司。

2. LMP 基因的分离及载体的构建：pSG5 - LMP 质粒用 EcoR I 酶切，然后用 Klenow 片段和 dNTP 补平，低溶点琼脂糖回收 2.4 kb 含有完整的 LMP - 1 基因的 DNA 片段，溶于 TE 备用。载体 pACP 用 Spe I 酶切消化切成线性，用 Klenow 片段和 dNTP 补平，再用 CIP，使末端脱磷酸化以减少载体自身环化，然后用酚抽提，乙醇沉淀，溶于适量 pH8.0 的 TE 备用。适量线性载体与插入片段混合，T4 DNA 连接酶连接。用氯化钙法将重组质粒转化 HB101 菌株。挑取单个菌落，接种人 5 ml LB 培养基中 37℃摇菌过夜，小量提取质粒用 BamH I 和 Sma I 酶切鉴别连接方向，获重组载体 pACP - LMP。

3. 病毒 AAV - LMP 的包装：对数生长期的 293 细胞用 2 型腺病毒感染，12 h 后，将重组载体 pACP - LMP 和包装质粒 Ad8 用标准磷酸钙共沉淀法共转染，已感染了 2 型腺病毒的 293 细胞，2 ~ 3 d 后收获细胞冻融 3 次裂解，56℃30 min 灭活腺病毒，1500 r/min 离心 5 min，离心后上清用 DNA 酶处理以破坏未包装的质粒，该上清即含有所需要的带有 LMP - 1 的腺病毒伴随病毒 rAAV - LMP，分装冻存备用。

二、靶细胞的制备 EB 病毒由澳大利亚昆士兰医学研究所 Moss 教授提供，来自 B95 - 8 细胞株的培养上清。取受试者外周血，用 Ficoll's 液分离单个核细胞（PBMC），37℃ 5% CO_2 培养于 RPM 1640 小培养液中，培养液中含常规量的谷氨酰胺、青霉素、链霉素、10% 牛血清及环胞霉素 A，后者的作用是抑制特异性的 CTL。每周换液 2 次，至转化成为永生化的类淋巴母细胞（LCL）。为增加 LMP - 1 的表达量，用作靶细胞前 72 h 用 rAAV - LMP 感染。

三、刺激细胞的准备 新分子离的单个核细胞分别用重组 rAAV - LMP 病毒和不含 LMP 的 AAV（对照）感染，72 h 后免疫荧光法检测 LMP 的表达。

细胞用 Hank's 液洗 2 遍，重悬于新鲜 PRMI - 1640 培养液中，然后使用直线加速器产生的高能 X 射线照射灭活，照射距离 100 cm，剂量 6 MV，2000 cGY，调好细胞浓度用于刺激致敏 T 淋巴细胞。

四、效应细胞的制备 淋巴细胞与上述自体刺激细胞按 40∶1 的比例共培养，培养液为含谷氨胺、青霉素、链霉素、IL - 2 和 10% 小牛血清的 RPMI 1640，10 d 后重复制刺激 1 次，共培养 3 周后用于测定 CTL 活性。

五、刺激细胞及靶细胞表达 LMP - 1 抗原的检测 羊抗鼠 IgG 荧光抗体购自军事医学科学院微生物流行病学研究所。分泌 LMP 单抗的 S12 细胞株由病毒学研究所肿瘤室传代培养。

待检细胞涂片，丙酮固定 10 min，晾干。向玻片滴加抗 LMP 单抗（S12 细胞上清），放湿盒中 37℃温育 30 min，PBS 洗片，晾干后用 50% 甘油封片，然后镜检照相。

六、CTL 对靶细胞杀伤作用的检测 用 Suhubier 等建立的酯酶活性测定法[11]。酯酶底物 BLT（benzyloxycarbonyl - L - lysine thiobenzyl ester）和色原 DTNB（5，5，Dithiobis）购自 Sigma 公司。效应细胞在识别和杀伤靶细胞时释放出粒酶，其中大部分是酯酶，以 BLT 做底物，DTNB 作色原，可以测定出酯酶的活性，酯酶活性越高表示 CTL 活性越高。所有细胞在用作 CTL 活性测定之前，均用 Hank's 液洗 2 遍，再用含 10% 特别灭活过的胎牛血清（70℃ 1 h）的 RPMI 1640 重悬。将 5×10^4 效应细胞加入 96 孔 U 型板中，然后加入 1×10^4EB 病毒转化的来自同一人的类淋巴母细胞作为靶细胞，每孔反应总体积为 200 μl。培养板置 37℃ 5% CO_2 温箱中孵育 10 h，每孔取 100 μl 上清用于 CTL 活性的测定。酯酶活性测定在 96 孔平底酶标板中进行，室温下加入等量 pH8.1，含 0.4 mmol/L BLT 和 0.4 mmol/L DTNB 的 100 mmol/L Tris，然后用酶标仪在 410 nm 波长下测定 *A* 值，在 30 min 内每 3 min 测定 1 次，最后计算每分钟 *A* 值变化量。

对照组除刺激细胞感染不含 LMP 的 AAV 外，其余条件相同。结果中给出的值是试验孔 *A* 值平均每分钟变化量减去对照孔 *A* 值平均每分钟的变化量。

结　　果

一、表达载体 pACP－LMP 的构建　载体 pACP 在克隆位点 Spe I 上游和下游共有 Sma I 位点，Spe I 下游有 1 个 BamH I 位点，插入片段的 1.6 kb 处也含有 SmaH I 位点。重组体经用 Sma I 和 BarnH I 酶切鉴定，LMP－1 正向连接于载体中，见图 1。

二、抗原 LMP 在刺激细胞及靶细胞中的表达　经免疫荧光检测，刺激细胞及靶细胞表面均育 EB 病毒 LMP 抗原的表达，刺激细胞的阳性率在 60%～80%，靶细胞的阳性率在介于 40%～60%，对照组则为阴性，见图 2。

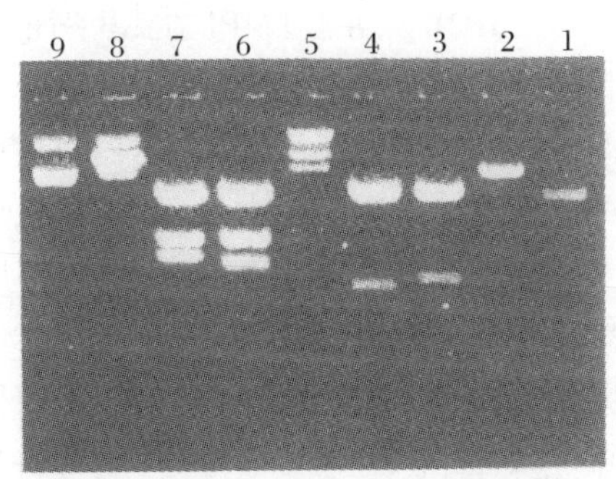

1：pACP. 2：PACP/BamH Ⅰ. 3：pACP/Sma Ⅰ. 4：pACP/BamH Ⅰ ＋ Sma Ⅰ. 5：λ DNA/Hind Ⅲ. 6：pACP－LMP/BamH I＋Sma Ⅰ. 7：pACP－LMP/Sma Ⅰ. 8：pACP－LMP/BamH Ⅰ. 9：pACP－LMP

图 1　重组质粒 pACP－LMP 的酶切鉴定

Fie. 1　Analysis of recombinant plasmid pACP－LMP by enclonuclease digestion

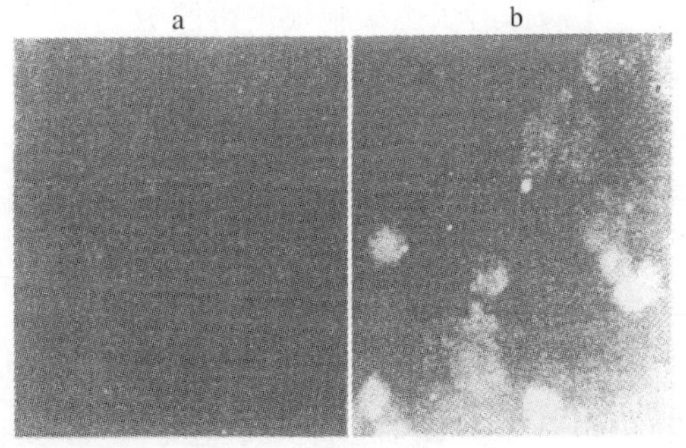

a：LMP 阴性细胞；b：LMP 阳性细胞

图 2　免疫荧光法检测重组病毒 rAAV－LMP 在淋巴细胞中的表达

a：LMP negative cells. b：LMP positive cells

Fig. 2　Expression of recombinant virus rAAV－LMP in lymphocytes

三、LMP－1 特异性 CTL 活性的检测　共抽取 4 位健康者的血用于该研究，因此获 4 株 CTL：CTL－Ye，CTL－Liu，CTL－Li 和 CTL－Zhao。4 株 LMP－1 特异性 CTL 均能够识别和杀伤对应的靶细胞，BLT 活性高于相应的对照，见图 3。为阐明 CTL 识别和杀伤靶细胞与效应胞数量及反应时间的关系，我们以 CTL－Liu 不同效应细胞数的反应上清（效应细胞与靶细胞比例不变，反应时间同上）及 CTL－Ye 与对应靶细胞的反应在不同时间取上清测定 BLT 活性，结果表明，效应细胞数量越多，反应时间越长，BLT 活性越高（图 4），因此可以通过适当增加效应细胞的数量和延长反应时间增加该方法的敏感性。

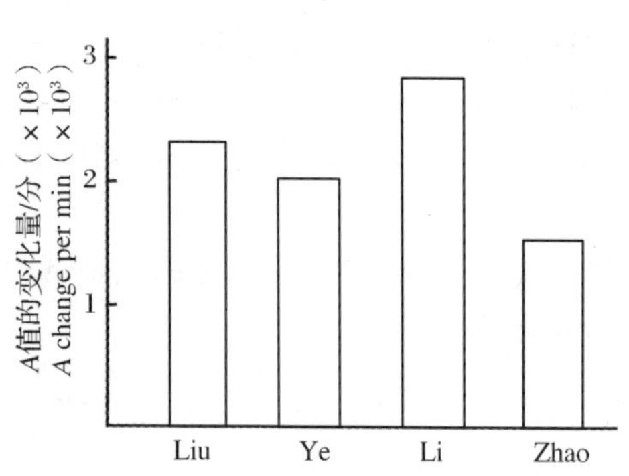

图 3 四株 LMP 特异性 CTL 的 BLT 活性

Fig. 3 BLT Activities of four LMP specific CTL strains

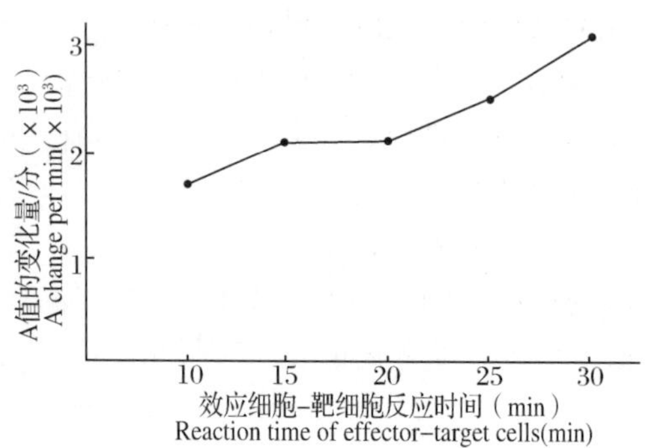

图 4 BLT 活性与效应细胞和靶细胞反应时间的关系

Fig. 4 The relationship between BLT activities and killing time of effector target cells

讨 论

EB 病毒潜伏感染膜蛋白可区分为 LMP1、LMP2A 和 LMP2B。由于 LMP1 在 EB 病毒的致病机理中占有重要地位，病毒学界对它的研究也就相对较为深入，EB 病毒潜伏感染膜蛋白是指 LMP1，本研究选择 LMP1 作为靶抗原。在 EB 病毒感染的细胞上，LMP1 蛋白以斑状或帽状形式位于细胞浆膜上，占 LMP1 分子的 25% ~50%[6,12,13]；LMP1 蛋白反复进出细胞膜 3 次，在其氨基端有 6 个由 20 ~23 个氨基酸构成的疏水区，这些疏水区位于该蛋白的穿膜部位，此结构不能引起机体的体液免疫反应，但可诱导机体特异性细胞免疫反应[14,15]。本研究进一步证实 EB 病毒潜伏感染膜蛋白基因片段重组到 AAV 并得以表达后，也能够在体外诱导 LMP1 特异性细胞毒 T 细胞免疫反应或回忆反应。4 位正常成年人均有 EB 病毒特异性细胞免疫。

测定 CTL，活性的标准方法是 ^{51}Cr 释放试验，但该方法对仪器的要求高，试剂成本高，且同位素具有应用时效性要求，还需要特殊的安全防护措施，因而在很大程度上限制了该方法的应用。很多研究者尝试用其他较为简易低成本的方法替代 ^{51}Cr 释放试验，并取得了良好的效果，其中 BLT 活性测定法就是其中之一。Suhrbier 等 Cr 对释放试验与 BLT 活性法作了平行对比研究，两者结果具有高度可比性，几乎完全吻合，不足之处是从数值上看后者的敏感性偏低[11]。我们使用 BLT 法测定 EB 病毒特习异性 CTL 活性，也体验了该方法的优点和缺点，但如适当增加用于免疫效应的细胞数量或适当延长反应时间，可提高该法的敏感性，加上其简易、费用低和反应上清液可冻存成批测试的优点，BLT 法仍不失为一种 ^{51}Cr 释放试验有用的替代方法。

腺病毒伴随病毒因其不引起任何疾病，具有广泛的组织嗜性，既能感染分裂期细胞，也能感染静止期细胞，并能稳定整合到人的染色体中，其重组载体目前被认为最具备用于基因治疗载体的优势[16-18]。我们选用该载体在刺激，细胞中表达目的基因，则增加了应用于人体的安全性。有作者报道，AAV 载体能在人－B 淋巴细胞中表达目的基因[18]，与我们的结果相同。我们将 EB 病毒 LMP－1 基因重组到无致病性的腺病毒伴随病毒中并获得表达，且能够诱导 EB 病毒特异性细胞免疫反应，为使用基因重组技术进行 EB 病毒相关疾病的预防和控制奠定了实验基础。如将 EB 病毒相关疾病的高危人群或已患人群的外周血抽出，分离淋巴细胞，在体外用本实验方法致敏产生 LMP 特异性 CTL，然后回输到其自体内，则这些细胞毒 T 细胞在体内可杀伤带有 EB 病毒 LMP 抗原的靶细胞，即 EB 病毒转化的细胞或肿瘤细胞，从而，达到预防和治疗 EB 病毒相关疾病的目的。而且该方法是将自体 T 淋巴细胞回输到体内，不涉及异质蛋白或 HLA 的问题，应是较为安全的方法。如在同一载体中同时插入 EB 病毒其他基因片段，则可望提高其抗原性，并使 CTL 的杀伤活性增强。

〔原载《中华实验和临床病毒学杂志》1997，11（3）：247－251〕

参 考 文 献

1 De The G，Desgranges C. Bornkamnl G W，et al. Epidemiological evidence for causal relationship between Epstein－Barr virus and Burkitt's lymphotoa from Uganda prospective study. Nature，1978，247：756

2 Henle G，Henle W. Epstein Barr virus－specific IgA serum antibody as an outstanding feature of nasopharyngeal carcinoma. Int J Cancer. 1976，17：1

3 Desgranges C，Wolf H，Zur Hausen H，et al. Nasopharyngeal carcinoma X：Presence of Epstein－Barr virus genome in epithelial cells of tumors from high and medium risk areas. Int J Cancer，1975，16：7

4 Banatvala J E，Best J M，Walker D K. Epstein－Barr virusspecific IgM in infectious mononucleosis，Burkitt' s lymphoma，and nasopharyngeal carcinoma. Lancet，1972；1：1205

5 Hu L F，Finke J，Ernberg I，et al. Clonability and tumorigenicity of human epithelial cells expressing the EBV encoded membrane protein LMPI. Oncogene，1993，8：1575

6 Christopher W D，Rickson A B，Young L S，et al. Epstein－Barr virus latent membrane protein inhibits human epithelial cell differentiation. Nature，1990，344：777

7 Fahraeus R，Fu H L，Ernberg I，et al. Expression of Epstein－Barr virus－encoded membrane proteins in nasopharyngeal carcinoma. Int J Cancer，1988，42：329

8 曾毅，张芦光，李景源，等. 广西梧州市居民的鼻咽癌血清学普查. 癌症，1982，1：6

9 杜滨，曾毅，Wolf H. 鼻咽癌患者血清中抗 Epstein－Barr 病毒早期和晚期膜抗原抗体的检测. 病毒学报，1987，3：92

10 Rooney C M，SmithCA，Catherine Y C N，et al. Use of gene－modified virus－specific T lymphocytes to control Epstein－Barr virus－related lymphoproliferation. The Lancet，1995，345：9

11 Suhrbier A，Fernan A，Burrows S R，et al. BLT esterase activity as an alternative to chromium release in cytotoxic T cell assays. J lmmunol Methods，1991，145：43

12 Liebowitz D，Wang D，Kief E，et al. Orientation and patching of the latent infection membrane protein encoded by Epstein－Barr virus. J Virol，1986，58：233

13 Man K P，Staunton D，Thorley－Lawson D A. Epstein－Barr virus encoded protein found in plasma membranes of transformed cells. J Virol，1985，59 710

14 Hennessy K，Fennewald S，Hummel M，et al. A membrane protein encoded by Epstein－Barr virus in latent growth－transforming infection. Proc Natl Acad Sci USA，1984，81：7207

15 Moss D. Cytotoxin T－cell recognition of Epstein－Barr virus infected B－cells I. Specificity and HLA restriction of effector cells reactivated in vitro. Eur

J Immunol, 1981, 11: 686
16 Mamounas M, Leavitt M, Yu M, et al. Increased titer of recombinant AAV vectors by gene transfer with adenovirus coupled to DNA – polylysine complexes. Gene Therapy, 1995, 2: 429
17 Thrasher A J, De Alwis M, Casimir C M, et al. Generation of recombinant adeno-ssociated virus (rAAV) from an aden – oviral vector and funticonal reconstitution of the NADPH – oxi – dase. GeneTherapy, 1995, 2: 481
18 Flotte T R, Barraza – Ortiz X, Solow R, et al. An improved system for packaging recombinant adeno – associated virus vectors capable of in za'zo transduction. Gene Therapy, 1995, 2: 29

Recombinant AAV – LMP – Induced LMP Specific Cytotoxic Response to Autologous Lymphoblastoid Cell Lines Transformed by Epstein – Barr Virus

ZHAO Feng*, LIU Hai – ying, ZHOU Ling, et al. (* Institute of Virology, Chinese Academy of Preventive Medicine)

Epstein – Barr virus is believed to be controlled in normal host by virus specific cytotoxie. T lymphocytes (CTL). Although unable to eliminate EBV from the body, CTL seems to be essential in control of latently infected cells. Infusion of autologous EBV specific CTL, which can be produced in laboratory by separating lymphocytes from patients and stimulating them with EBV antigen, will provide an effective method of preventing and treating EBV related diseases. We inserted the LMP gene of EB virus into an AAV vector pACP and packed it in Ad2 infected 293 cells by co – transfecting with plasmid Ad8, which produced the recombinant virus rAAV – LMP. The recombinant virus was used to infect stimulating cells and LMP antigen was expressed on the surface of these cells. Then the stimulating cells were irradiated and co – cultured with T lymphocytes. The EBV specific CTLs were obtained. The target cells were autologous LCLs from EBV – transformed B lymphocytes. The CTL activity was assayed by BLT activity method. The result indicated that all the four CTL strains could recognize and kill their target cells. This study has laid the technical basis for us to prevent and treat nasopharyngeal carcinoma in China with molecular biological methods.

〔**Key words**〕 Adeno – associated virus vector; Epstein – Barr virus; Latent membrane protein; Cytotoxic T lymphocytes; Gene, viral

220. 含有 Epstein – Barr 病毒膜抗原的 DNA 疫苗接种诱生细胞免疫的初步研究

中国预防医学科学院病毒学研究所　周　玲　刘海鹰　王汉明　曾　毅

DNA 疫苗接种是指将编码特异抗原的核酸序列直接注射到宿主靶组织中，从而激发宿主产生特异性免疫应答。这种免疫应答不仅是指抗原特异性抗体的产生，还包括诱导抗原特异性 $CD8^+$ 溶细胞性 T 淋巴细胞（CTL）生成[1]。Epstein – Barr 病毒膜抗原（EBMA）是依赖病毒 DNA 复制的蛋白，也是病毒的结构蛋白，存在于 EB 病毒颗粒的表面和产生病毒的淋巴母细胞的表面上。EB 病毒的主要膜抗原 gp350 具有诱导中和抗体和 ADCC 的抗原决定簇。我们应用已经构建的重组真核表达质粒 pHD－gp350 DNA 与基因工程 CHO 细胞表达的 gp350 抗原蛋白进行单独 DNA 接种和 DNA 与蛋白交叉免疫 Balb/C（H－2^d）纯系小鼠，对其诱导的细胞免疫进行了测定，同时收集鼠血，检测 EBV IgG/MA 和 IgA/MA 抗体。

材料和方法

一、材料及来源 Balb/C 小鼠由病毒学研究所肿瘤研究室动物房自产；重组质粒 pHDgp350 也由肿瘤研究室制备；CHO 细胞表达的 gp350 抗原蛋白由德国 Biotest 公司提供；表达 EBMA 的重组痘苗病毒由美国 Dr. Glen Nemerow 实验室惠赠。

二、DNA 接种方法 DNA 接种小鼠的方法及用量、免疫小鼠抗体水平的测定均按文献〔2〕。用盐酸普鲁卡因预处理注射 DNA 的肌肉部位，每只小鼠免疫 4 次，每次间隔 2 周，末次免疫 2 周后取血和脾细胞。

三、交叉免疫 重组质粒 DNA 免疫小鼠 2 周后，用含 100 μg 的 gp350 抗原蛋白与等量佐剂混合，腹腔注射免疫小鼠；间隔 2 周后再用 DNA 免疫小鼠；再间隔 2 周，再用抗原蛋白免疫小鼠，交叉免疫共 4 次。末次免疫 2 周后取血和脾细胞。

四、效应细胞的制备 将免疫后的 Balb/C 小鼠无菌条件下取脾研碎[3]，加入含 5% FCS 的 Hanks 液，2000 r/min 离心 5 min，沉淀细胞；加 0.83% NH_4Cl，37℃2 水浴 15 min，裂解红细胞，用含 5% FCS 的 Hanks 液洗 1～2 遍，再用含 10% FCS 的 1640 培养液悬细胞于小方瓶中，37℃1.5 h，非黏附细胞即为富 T 细胞群的效应细胞，用含 10% FCS 的 1640 在 37℃ 5% CO_2 条件下培养。

五、靶细胞的制备 以感染剂量为 100 $TCID_{50}$ 的表达 EBMA 的重组痘苗病毒感染 p815（H－2^d）细胞，37℃14 h 后约 80% 的细胞出现圆缩型病变，细胞计数，作为 EBMA 特异性 CTL 的靶细胞。

六、特异性 CTL 对靶细胞杀伤作用的检测 用 Suhrbier 等建立的酯酶活性测定法[4]。效应细胞在识别和杀伤靶细胞时释放出粒酶，其中大部分是酯酶，以 BLT（Benzyloxycarbonyl－1－lysine thiobenzyl ester）作底物，DTNB（5，5－Dithiobis）做色源，可以测定出酯酶的活性。酯酶活性越高，表示 CTL 活性越高。将制备的效应细胞和靶细胞按 5∶1，10∶1，20∶1，40∶1 比例，每孔反应体积为 200 μl 加入细胞培养板，37℃5% CO_2 孵箱中 4 h 后，每孔取上清 100 μl 移入 96 孔平底酶标板，加入等量的染液（pH8.1，含 0.4 mmol/L BLT，0.4 mmol/L DTNB，100 mmol/L Tris－HCl）。参考病毒学研究所肿瘤研究室赵峰等[5]对产生特异性 CTL 活性的判断标准，用酶标仪在 410 nm 波长下测定吸光度 A 值，30 min 内每 3 min 测定 1 次，最后计算每分钟 A 值变化量。

结果和讨论

一、pHDgp350 质粒 DNA 免疫以及 DNA 与蛋白交叉免疫小鼠后抗体产生情况 把分别免疫 4 次、末次免疫后 2 周所取的各 6 只鼠血清做 IgG 和 IgA 的 ELISA 试验，cut off 值分别为 0.20 和 0.16，每只鼠血的吸光度 A 值均大于 cut off 值（见图 1）。

二、EBMA 特异性 CTL 活性的检测 对 DNA 以及 DNA 与蛋白交叉免疫后的小鼠取其脾细胞，按不同效靶比对其特异性 CTL 活性进行了测定比较。从 5∶1 至 40∶1，发现特异性

CTL 活性增加明显，另外效靶比在 5∶1 时，正常鼠、载体质粒和含 EBMA 质粒的免疫鼠中 CTL 活性无明显差异，从 10∶1，20∶1 至 40∶1 差别明显增加。以 20∶1 为例计算每分钟 *A* 值变化量，图 2 显示，正常鼠与空载体质粒免疫鼠的 CTL 活性较低，而质粒 DNA 以及 DNA 与蛋白交叉免疫的 6 只鼠其 CTL 活性较高，而且个体差异不大。

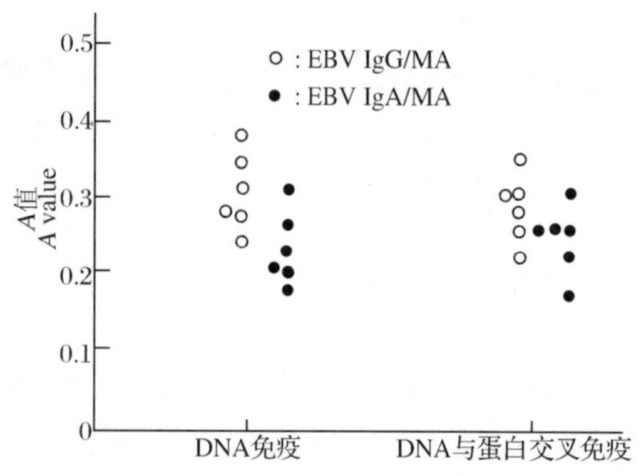

图 1　DNA 以及 DNA 加蛋白免疫的 *A* 值比较

Fig. 1　Comparison of *A* values of Balb/C mice immunized by DNA and DNA protein mixture

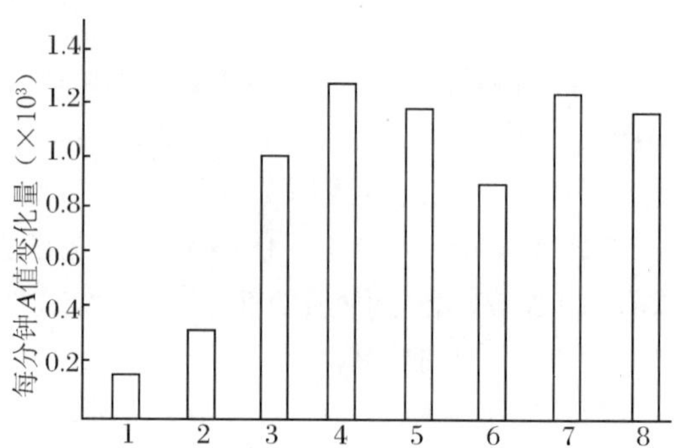

图 2　不同免疫小鼠 CTL 活性的比较

1：正常鼠；2：不含 gp350 的载体 DNA 免疫的小鼠；3～5：含 gp350 的重组质粒 DNA 免疫的小鼠；6～8：DNA 与蛋白交叉免疫的小鼠

Fig. 2　Comparison of CTL activity

1：Normal mice；2：mice immunized with vector DNA not containing gp350；3－5：Mice immunized with recombinant plasmid DNA containing gp350；6－8：Mice immunnized with DNA and protein alternately

用含有 EBMA 的重组表达质粒 DNA 以及 DNA 与蛋白交叉免疫的小鼠脾细胞，在体外可特异性地杀伤用重组痘苗病毒 EBMA 感染的靶细胞。显示：用 DNA 以及 DNA 和蛋白交叉免疫的小鼠之间 CTL 活性无明显差异。这不仅证实了 DNA 免疫在体内可诱导特异性 CTL，而且也证明了在肌内注射 DNA 之前，用盐酸普鲁卡因预处理肌纤维，可使处于再生状态的肌纤维对 DNA 的摄入增加及减少个体之间的差异。我们的试验证明了外源基因在肌肉细胞中表达后，表达产物被细胞提呈并与主要组织相容性复合物（MHC）结合，可能刺激机体产生相应的体液免疫或细胞免疫。为我们进一步研究 DNA 疫苗的免疫学提供了必要的实验依据。

〔原载《中华实验和临床病毒学杂志》1997，11（3）：291－292〕

参　考　文　献

1　李立文，马文煜．基因免疫接种技术与基因疫苗．国外医学．病毒学分册，1995（1）：8

2　周玲，王汉明，刘海鹰，等．含有 EB 病毒膜抗原的重组表达质粒及其基因免疫．病毒学报，1997（1）：41

3　Julius M H，Simpson E，Herzenberg L A. A rapid method for the isolation of functional thymus derived murine lymphocytes. Eur J Immunol，1973，3：645

4　Suhrbier A，Feman A，Burrow S R，et al. BLT esterase activity as an alternative to chromium release in cytotoxic T cells assays. J Immunol Methods，1991，145：43

5　赵峰，刘海鹰，周玲，等．重组 AAV－LMP 诱导的细胞毒 T 淋巴细胞对靶细胞的识别与杀伤．中华实验和临床病毒学杂志，1997，3（1）：248

221. HBsAg 基因免疫条件优化的比较

中国预防医学科学院病毒学研究所　张晓梅　周　玲　刘海鹰　曾　毅

基因免疫（Gene immunization）是基于裸露 DNA 转基因成功这一最新发现而发展起来的新的免疫技术[1]。这一技术也是利用各种方法，将得组表达的带目的基因的质粒 DNA 不经体外表达直接转化到体内，诱导机体产生抗体并引起特异的免疫应答，具有良好的应用前景[2]。但是基因免疫后产生的抗体水平不稳定，目前对于基因免疫的机理还不十分明确，所以对于它的免疫条件、方法及其安全性还需作进一步的研究。我们对几种不同的免疫方法及利用HBsAg重组质粒含有不同的启动子进行基因免疫的条件进行了比较。

材料和方法

一、材料及其来源　pAM－HBsAg（7.9 kb）为 HBs 片断插入 pMTA 质粒摄金蛋白（MTn）启动子下游的重组质粒，由病毒学研究所肿瘤研究室重组。pHβAP－Ⅰ含有人 β 肌动蛋白（人 β－Actin）启动子，由清华大学生物科学与技术系提供。pHD101－3－HBsAg 含有巨细胞病毒（CMV）启动子，由中国预防医学科学院病毒学研究所肿瘤室制备。pACP－HBsAg 是将 HBsAg 重组到腺病毒伴随病毒载体 pACP 中，含有 CMV 启动子。应用包裹质粒 Ad8 和 2 型腺病毒重组为 AAV－HBsAg，由病毒学研究所肿瘤室和美国哈佛大学杜滨博士合作完成。Balb/C 小鼠由中国医学科学院实验动物中心提供。基因枪由清华大学生物学系和精密仪器系共同研制。

二、含有不同启动子的 DNA 肌肉免疫　将以上四种重组表达 HBsAg 的质粒，分别大量提取 DNA，经 Sepharose2B 柱纯化作为免疫用 DNA，为了减少小鼠个体之间产生抗体的差异，每只小鼠的股四头肌用盐酸普鲁卡因预处理约 20 min 后，在此部位肌内注射 100 μg 纯化的 DNA，每种表达质粒均有空白载体的 DNA 免疫小鼠作对照。2 周后加强 1 次，4 周后再加强 1 次。末次免疫 2 周后取鼠血，用 ELISA 法检测抗－HBsAg 的抗体。

三、不同的免疫方法的比较　采用基因枪、肌内注射及皮下注射 3 种方法，将重组质粒 pHβAPr－Ⅰ免疫 Balb/C 小鼠。取钨粉包裹的 DNA 100 μg，用基因枪轰击小鼠耳部[3]。小鼠的股四头肌及皮下分别注射纯化的 DNA 100 μg。2 周后分别加强免疫 1 次，4 周后分别再加强免疫 1 次。末次免疫 2 周后取鼠血，检测抗体产生情况。

结果和讨论

一、不同启动子对 HBsAg 进行基因免疫后产生抗体水平的影响　应用含有 MTn、人 β Actin 和 CMV 启动子，HBsAgR 的 DNA 进行基因免疫。经 ELISA 法检测到的抗体水平（图 1），可以看出 MTn 启动子产生的抗体水平较低，而其他两种均较高。

二、相同质粒、不同免疫方法的抗体水平比较　用同一含有人 β－Actin 启动子的 HBsAg 重组质粒，通过基因枪、肌内注射和皮下注射 3 种方法免疫小鼠，对其产生抗体的情况进行比较，结果，肌内注射产生的抗体略高于基因枪注射，基因枪产生的抗体又略高于皮下注射的结果。见图2。

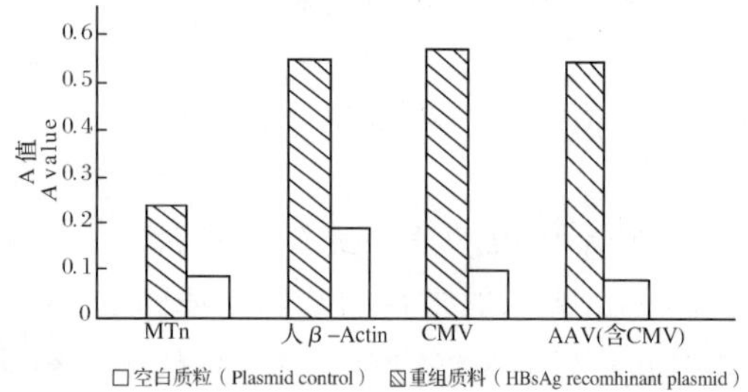

图1 含有不同启动子的 HBsAg 重组质粒基因免疫小鼠后抗体水平的比较

Fig. 1 Comparison of antibody response in mice imunized with HBsAg recombinant plasmid gene containing different promoters

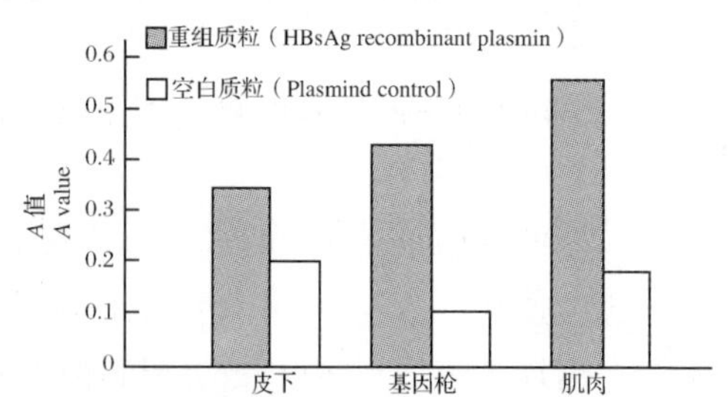

图2 不同免疫方法对质粒 pHβAPr－Ⅰ基因免疫小鼠体内抗体产生水平的比较

Fig. 2 Comparison of antibody response in mice imunized with plasmid pHβAP－Ⅰ gene using different methods

从图1和图2的结果可以看出，启动子和注射方法的不同都会影响抗体水平，其中以CMV启动子产生的抗体水平最高。尽管基因枪轰击耳部抗体水平略低于肌内注射的结果，但是基因枪仅用10 μg的DNA，是比较理想的基因免疫方法；然而基因枪本身的复杂操作及其成本又限制了它的应用。所以我们认为肌内注射是最方便的，是比较优化的免疫方法。

本文只是检测了HBsAg的抗体水平，今后将进一步研究基因免疫后细胞免疫状况。

〔原载《中华实验和临床病毒学杂志》1997，11（3）：293〕

参 考 文 献

1 Wolf J A，Malone R W，Williams P，et al. Direct gene transfer into mouse muscle in viro. Science，1990，247：1465

2 周玲，李晓利，张晓梅，等．应用重组质粒pAM－HBsAg在果蝇细胞中表达乙型肝炎病毒表面抗原及基因免疫的初步研究．中华实验和临床病毒学杂志，1995，9（4）：322

3 梁俊峰，周玲，曾毅，等．基因枪介导的HBsAg基因免疫．科学通报，1996，41（9）：840

222. 新疆南疆地区嗜人 T 淋巴细胞病毒I型血清流行病学调查

新疆儿科研究所　孙　荷　杜文慧　欧阳小梅　新疆克孜勒苏柯尔克孜州医院　庞月婵
新疆喀什地区卫生学校附二院儿科　何有明　新疆和田地区医院儿科　张君芬
中国预防医学科学院病毒学研究所　陈国敏　张永利　曾　毅

〔摘　要〕　通过血清流行病学调查，了解人嗜T淋巴细胞病毒I型（HTLV－Ⅰ）在新疆南部（南疆）少数民族地区的流行情况。自南疆喀什、和田、阿图什地区采集正常人群中不同年龄组、不同民族的血清标本2642份，其中维吾尔族（维族）1082份，汉族1089份，柯尔克孜族（柯族）471份。用免疫荧光法（IFA）检测上述血清中HTV－1 IgG抗体，结果维族抗体阳性率为0.74%（8/1082），汉族为0（0/1089），柯族为0.21%（1/471），证明新疆南疆少数民族地区存在HTLV－Ⅰ的流行。

〔关键词〕　嗜人T淋巴细胞病毒Ⅰ型；抗体，病毒；流行病学

20世纪80年代初美国的科学家自淋巴瘤病人中分离到HTLV－Ⅰ[1]，并发现该病毒不但与急性淋巴性白血病/淋巴瘤有关，而且与某些神经系统疾病也有一定关联，因此日益受到国际病毒学和肿瘤学界的重视。国内已完成了大部分省市的HTLV－Ⅰ血清流行病学调查[2]，我们对南疆地区维、汉、柯族正常人群进行了HTLV－Ⅰ IgG抗体的调查，以期了解南疆少民族地区HTLV－Ⅰ的流行情况。

材料和方法

一、血清标本的采集　1993年自南疆的喀什、和田地区中小学采集学龄期和青春期年龄组维、汉族正常人血清标本，脐血。学龄前期、成人各年龄组血标本由喀什卫生学校附属二院检验科及和田地区人民医院检验科提供，柯族和部分汉族人血标本由克孜勒苏柯尔克孜州人民医院检验科提供。分离血清，－20℃冻存待检。

二、用IFA法检测待检血清中HTLV－Ⅰ lgG抗体　抗原为带有HTLV－Ⅰ的MT2细胞，包被抗原片，风干后丙酮固定，密封备用。待检血清用PBS（pH7.2）1∶10稀释，具体操作方法参见文献〔3〕。羊抗人荧光lgG抗体购自卫生部北京生物制品研究所，批号为92－1。实验中设阳性和阴性对照，在荧光显微镜下，如见抗原细胞核和胞质被染上绿色荧光则判为阳性。阳性血清再做倍比稀释，呈阳性反应的最大稀释度即为该血清的抗体滴度。

结　果

南疆地区维、汉、柯族各年龄组正常人血清HTLV－Ⅰ lgG抗体检测结果见表1。HTLV－Ⅰ lgG抗体阳性者主要分布在维族和柯族中。

HTLV－Ⅰ lgG抗体阳性者情况及抗体滴度见表2。从表2可见，HTLV－Ⅰ lgG抗体滴均不高。

表1 南疆地区维、汉、柯族正常人群血清 HTLV－Ⅰ lgG 抗体阳率

Tab. 1 Sero－positive rate of HTLV－Ⅰ lgG antibody of Uigur, Han, khalkhas nationalities in south region of Xinjiang

年龄组（岁）Age group（year）	人数 No.	维族 Uigur		人数 No.	汉族 Han		人数 No.	柯族 Khalkhas	
		Positive No.	Positive rate (%)		Positive No.	Positive rate (%)		Positive No.	Positive rate (%)
脐带血 Cord blood	45	0	0	49	0	0	17	0	0
～7	166	0	0	248	0	0	69	0	0
～15	285	0	0	249	0	0	140	0	0
～20	164	2	1.22	132	0	0	79	0	0
～30	131	0	0	150	0	0	53	0	0
～40	119	3	2.52	79	0	0	50	0	0
>40	172	3	1.74	182	0	0	63	1	1.59
合计 Total	1082	8	0.74	1089	0	0	471	1	0.21

表2 HTLV－Ⅰ lgG 抗体阳性者情况和抗体滴度

Tab. 2 HTLV－Ⅰ lgG antibody positive person and antibody titer

采标本地区 Region of sample collection	标本号 Sample No.	民族 Nationalities	年龄 Age	性别 Sex	抗体滴度 Ab titer (1:)
喀什 Kashi	181	Uigur	16	Femal	20
	844	Uigur	20	Male	20
	339	Uigur	35	Femal	10
	550	Uigur	32	Male	10
	465	Uigur	70	Male	10
	230	Uigur	47	Femal	10
和田 Hetian	255	Uigur	65	Femal	10
	426	Uigur	32	Male	10
阿图什 Atushi	23	Khalthes	41	Male	10

注：Uigur 为维族，Khalkhas 为柯族

表3 不同地区 HTLV－Ⅰ lgG 抗体阳性率

Tab. 3 HTLV－Ⅰ lgG antibody positive rate of different regions

地区 Region	被检数 Sera tested	阳性数 Positive No.	阳性率 Positive rate
喀什 Kashi	869	6	0.69
和田 Hetian	844	2	0.24
阿图什 Atushi	929	1	0.11

表3反映了南疆不同地区 HTLV－Ⅰ lgG 抗体的检出率，可见喀什地区最高，阿图什的检出率最低。

讨　　论

逆转录病毒是多种动物淋巴瘤和白血病的病因，HTLV－Ⅰ 是20世纪80年发现的第一个人类逆转录病毒。1980年美国国立癌症研究所 Callo 利用T细胞生长因子，在体外培养一名T细胞淋巴瘤患者的瘤细胞，建成了肿瘤T细胞来源的淋巴母细胞株，并从该细胞株首次分离到人类嗜T淋巴细胞病毒[1]，将该病毒归为 HTLV－Ⅰ型，此病毒主要引起成人T细胞白血病/淋巴瘤。

HTLV－Ⅰ 的感染方式为通过精液中的淋巴细胞、输血、使用污染的注射针头以及通过母乳传染婴儿等[4]。主要流行地区是加勒比海沿岸、日本和非洲。据 Bllatter 等[5]报告，世

界各地正常人群 HTLV－Ⅰ的感染率联邦德国为0（0/949），美国华盛顿为0.54%（1/185），乔治亚洲黑人为2.5%（3/116）、白人为0（0/50），西印度群岛为3.5%（12/337）。在日本的 ATL 流行区，HTLV－Ⅰ的感染率上为12%（50/419），非流行区则为1.5%（9/600）。国内曾氏报道全国28省市正常人群 HTLV－Ⅰ lgG 抗体阳性率为0.08%[2]，而福建省发现的小流行区阳性率为1.0%[6]，我们报告了南疆地区正常人群 HTLV－Ⅰ lgG 抗体阳性率为0.34%（9/2642），虽低于国内流行区水平（1.0%），但高于国内非流行区水平（0.08%）。喀什地区抗体阳性率为0.69%（6/869），与我国汕头地区 HTLV－Ⅰ 抗体阳性率0.6%[7]相近。和田、阿图什阳性率分别为024%（2/844）、011%（1/929），证明新疆南疆少数民族地区存在 HTLV－Ⅰ感染的流行。

以往国内所发现的 HTLV－Ⅰ抗体阳性者多分布在沿海地区，并与日本人或中国台湾人有关。新疆是个内陆地区，特别南疆因交通不便，与外地交流少，当地汉族多为新中国成立后派去的工作人员。而本次调查结果，HTLV－Ⅰ lgG 抗体阳性者仅分布在维族和柯族中。汉族、维族、柯族的阳性率分别为0（0/1089）、074%（8/1082）、021%（1/471）。因此南疆 HTLV－Ⅰ感染的来源，HTLV－Ⅰ抗体阳性者在不同民族中分布特点的原因等问题均待进一步研究。

HTLV－Ⅰ 是 ALT 的病因，在 ALT 流行区，一般人群中 HTLV－Ⅰ血清抗体阳性率较高，然而并非所有暴露于 HTLV－Ⅰ的人均发展成 ATL。有研究提示，0.1%～1.0%暴露于 HTLV－Ⅰ者由原发感染发展成恶性疾患，并有一个相对较长的潜伏期（15～30年）[8]。因此对南疆 HTLV－Ⅰ lgG 抗体阳性者的随访是个长期的工作。这些抗体阳性者的抗体滴度均低（1∶20以下）。但发病潜伏期的长短与抗体滴度间的关系尚未见报告。

在日本，正常人群中的 HTLV－Ⅰ 抗体的阳性率有随纬度南移而逐渐升高的趋势。日本九州南部 ATL 流行区正常人群 HTLV－Ⅰ 抗体阳性率达最高（24%～37%）[9]。我国南疆喀什地区处于 N39°左右，当地维族 HTLV－Ⅰ lgG 抗体阳性率为0.69%（6/869），而位于 N37°左右的和田地区维族阳性率为0.24%（2/844），能否可认为随纬度南移，HTLV－Ⅰ抗体阳性率有所降低，是否存在规律性需继续探索。

〔原载《中华实验和临床病毒学杂志》1997，11（4）：366－368〕

参 考 文 献

1 Polesz B J，Ruscetti F W，Gazdar A F，et al. Detection and isolation of type C retrovirus particles from fresh and cultured lymphocytes of a patient with cutaneous T－cell lymphoma. Proc Natl Acad Sci USA，1980，77：7415

2 曾毅，蓝祥英，王必常，等．成人T细胞白血病病毒抗体的血清流行病学调查．病毒学报，1985，1（4）：345

3 Hinuma Y. T－cell leukemia：Antigen in an ATL cell line and detection of antibody to the antigen in human sera. Proc Natl Acad Sci USA，1981，78：6476

4 Gallo R C. The HTLV "Family" and their role in human malignancies and immunodeficiency disease. ln：Molecular Biology of Tumor Cells. NY：Raven Press，1985，p183

5 Blatter W A，Kalyanaramen V S，Robert－Guroff M et al. Epidemiology of human T－cell leukemia/lymphoma virus. J lnfec Disease，1983，147：406

6 吕联煌，叶榆生，黄淑华，等．福建省沿海地区人类T淋巴细胞白血病病毒小流行区的发现．中华血液学杂志，1989，10（5）：225

7 杨棉华，陈国敏，庄春兰，等．汕头市部分人群中人嗜T细胞型病毒抗体的检测．病毒学报，1994，10（4）：363

8 Takatsuki K，Yanaguchi K，Kawano F，et al.

Clinical aspects of adult T - cell leukemia/lymphoma (ATL). Japan Sci Soc Press, 1985, 51
9 Hinuma Y, Nakata K, Hanaoka M, et al. Amtibodies to adult T - cell leukemia - virus - associated antigen (ATLA) in sera from patients with ATL and control in Japan, A nation - wide seraepidomiologic study. Int J Cancer, 1982, 29: 637

Serological Survey of Human T Lymphotropic Virus Type Ⅰ (HTLV - Ⅰ) IgG Antibody in South Region of Xinjiang

SUN He*, CHEN Guo - min, DU Wen - hui, et al. (* Pediatrics Institute of Xinjiang Autonomous Rigion, Urumqi)

Human T lymphotropic virus type - Ⅰ (HTLV - Ⅰ) is endemic in southwestern Japan, Seychelles Islands, Caribbean basin, Brazil, and Sub Saharan Africa. Recently, the prevalence of HTLV - Ⅰ of domestic source has been reported from Beijing, Fujian and so forth. The object of our study is to know whether the prevalence of HTLV - Ⅰ is present in Xinjiang. We collected 2642 serm samples of various ages and different nationalities (Uigur, Han and Khalkhas) from south region of Xinjiang and tested for determination of HTLV - Ⅰ lgG antibody by IFA. The results showed that the total positive rate of HTLV - Ⅰ lgG was 0.34% (9/2642), of which Uigur nationality was 0.74% (8/1082), Khalkhas nationality was 0.21% (1/471), Han nationality was zero (0/1089). This data indicated that there are HTLV - Ⅰ infection among the population of Xinjiang and especially in Uigur and Khalkhas. Why did the minority nationalities have relatively high frequency of HTLV - Ⅰ infection? This needs to be studied further.

〔**Key words**〕 Human T lymphtropic virus type Ⅰ; Antibody, viral; Epidemiology

223. 含有 Epstein - Barr 病毒膜抗原的重组表达质粒及其基因免疫

中国预防医学科学院病毒学研究所 周 玲 王汉明 刘海鹰 曾 毅

〔**摘 要**〕 将 Epstein - Barr (EB) 病毒主要的膜抗原 (MA) BLLF1 基因片段插入 pHD101 - 3 质粒的 CMV 启动子下游，构建了真核表达质粒 pHD - gp350，并转染 293 细胞进行瞬间表达。用免疫荧光法从细胞膜检测到表达的抗原能与其单克隆抗体发生特异性结合。Western - blot 法证实，表达的抗原相对分子质量为 350×10^3。用能在真核细胞表达的重组质粒 pHD - gp350 的 DNA，经 Sepharose 2B 柱纯化后，注射经普鲁卡因预处理的 Balb/C 小鼠的四头肌，观察到 EBV - IgA/MA 抗体水平比 EBV - IgG/MA低，而 EBV - IgA/MA 的持续时间比 EBV - IgG/MA 长。采用表达 EBV MA 的质粒 DNA 与 CHO 细胞表达的 MA 蛋白免疫小鼠，均获得抗 EBV MA 的抗体。

〔**关键词**〕 Epstein - Barr 病毒；膜抗原；基因免疫

Epstein - Barr 病毒 (EBV) 与鼻咽癌 (NPC)、伯基特氏淋巴瘤 (BL) 及免疫抑制后淋巴瘤的发生等均有密切关系[1]，因此，不能以减毒或灭活的完整 EBV 作为人用疫苗。20 世纪80年代以来，在EBV抗原分析的基础上发现，EBV的主要膜抗原（EBV－MA）gp350有免疫保护作用，具有诱导中和抗体和ADCC的抗原决定簇，并有诱导体液免疫及细胞免疫的能力。因此，国内外在研制EBV－MA亚单位疫苗及基因工程疫苗方面取得了显著的进展[2]。近几年来的研究证明，DNA疫苗全方位地调动了机体的免疫系统，可诱导广泛的体液和细胞介导的免疫应答，其应用前景引人注目。本文应用重组真核表达的gp350质粒DNA免疫小鼠，研究EBV－MA在体液免疫中的作用。

材料和方法

一、质粒与细菌 质粒pVL1393－BamHIL含有EB病毒BLLF1基因gp350编码区（北京生物制品研究所病毒室惠赠）。真核载体pHD101－3含有CMV立即早期启动子，由本所博士后Nancy Sung提供。质粒的制备、DNA重组均参考文献〔3，4〕。菌株*E. coli* JM109为质粒的宿主菌，由本所保存。

二、酶与试剂 限制性内切酶、连接酶、牛小肠碱性酶（CIP）、DNA纯化试剂盒均购自北京天象人生物工程公司。Sepharose 2B柱由本所基因工程室张智清教授提供。

三、细胞表达产物的鉴定 将真核细胞的重组表达质粒pHD－gp350的DNA用磷酸钙转染293细胞，48 h后收获细胞上清，细胞涂片，用BRV－MAgp35单抗做免疫荧光法检测。细胞冻融3次后，收集细胞悬液及上清，用EBV－MA抗体阳性的病人血清做Western－blot检测表达的蛋白。

四、DNA的制备及小鼠的免疫 载体pHD101－3及经酶切鉴定的质粒pHD－gp350均大量提取DNA，经Sepharose 2B柱纯化，作为免疫用DNA。Balb/C小鼠由本室动物房自产，均为雄性。每只鼠的四头肌注射盐酸普鲁卡因（本所医务室提供），约20 min后分组在相同部位肌内注射约100 μg纯化的pHD－gp350 DNA或pHD 101－3 DNA。2周后，将每组实验鼠分成两部分，一部分按以上方法再次接种同量的DNA，另一部分不再接种，作为对照继续饲养。

五、免疫小鼠抗体水平的测定 将免疫的小鼠编号，分为载体质粒及重组表达质粒的再次和初次免疫，每隔2周眼球取血一次，共取5次，保存血清。用ELISA方法（见另文）检测抗体产生情况。观察抗体水平动态变化。

六、表达EBV－MA的质粒DNA与基因工程CHO细胞表达的抗原蛋白免疫原性的比较

1. CHO细胞表达gp350的免疫原性测定：CHO细胞表达株由德国H. Wolf教授所在研究所提供，抗原的制备由德国Biotest公司完成。动物免疫参考文献〔5〕。经腹腔注射免疫6只4周龄的Balb/C小鼠，大约0.5 ml（60 μg）gp350抗原与等量佐剂混合用，每间隔14天再免疫两次，于末次免疫第4、6周取鼠血，测定抗体。

2. 免疫荧光法检测抗体：用B95－8细胞涂片，分别取用DNA和抗原蛋白免疫小鼠4、6周后的血清，待检血清从1∶10开始倍比稀释至1∶160，用荧光显微镜观察结果。

结　果

一、重组质粒的构建及鉴定 载体质粒pHD101－3用BamHI酶切，末端脱磷酸。含EBV－MA gp350基因的质粒pVL1393－gp350用BamHI酶切，回收2770bp DNA带，经纯化的2770bpDNA片段插入pHD101－3 BamHI位点上（图1）。为确定插入片段的正确性，将重组质粒用BamHⅠ、StuⅠ及SpeⅠ酶切（图2），与预期结果一致。

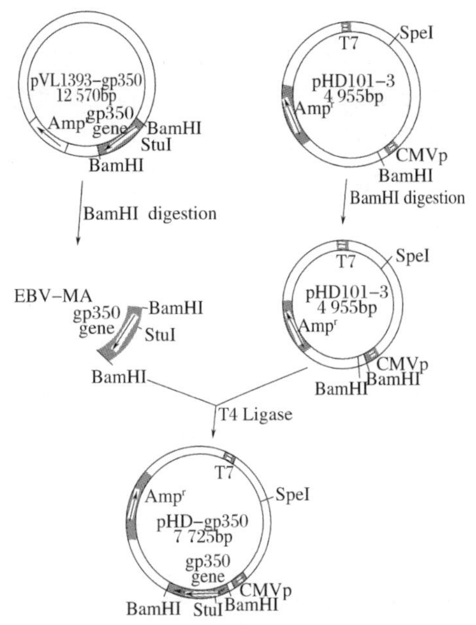

图 1　重组质粒 pHD－gp350 的构建过程

Fig. 1　Scheme for the construction of the recombinant plasmid pHD－gp350

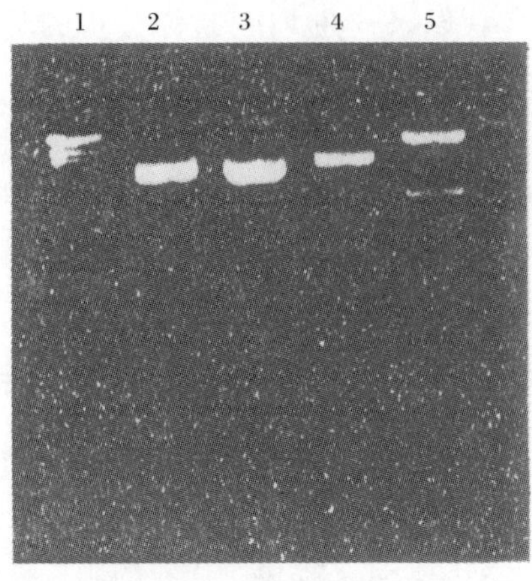

1. DNA 相对分子质量标准 λDNA HindⅢ；2. pHD－gp350 用 BamHⅠ酶切；3. pHD－gp350 用 SpeⅠ和 StuⅠ双酶切；4. pHD101－3 对照；5. pVL1393－gp350 用 BamHⅠ酶切对照

图 2　重组质粒 pHD－gp350 的酶切鉴定

1. DNA maker，λDNA HindⅢ；2. pHD－gp350 with BamHⅠ；3. pHD－gp350 with stuⅠ＋SpeⅠ；4. pHD101－3 control；5. pVL1393－gp350 with BamHⅠ

Fig. 2　Identification of recombinant plasmid pHD－gp350 with restriction enzyme digestion

二、表达抗原的鉴定　用免疫荧光法检测到转染表达的产物在 293 细胞的细胞膜上，与 EBV－MAgp350 单克隆抗体发生特异性结合（图 3）；用 Western－blot 法证实了表达抗原的相对分子质量（图 4），表明 gp350 已得到表达。

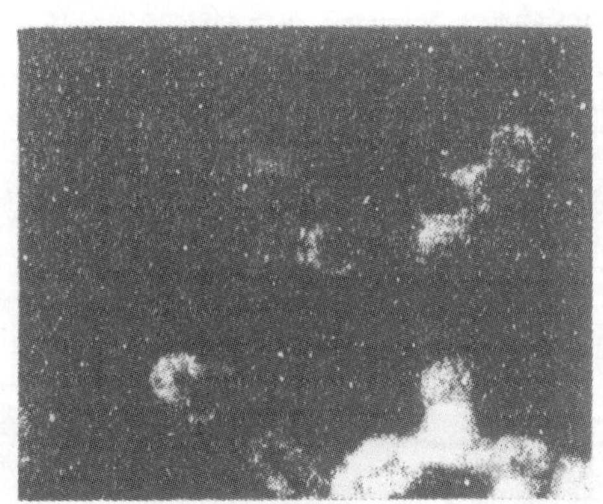

图 3　用免疫荧光法检测膜抗原 gp350 的表达

Fig. 3　Detection of expressed MA－gp350 by IF test

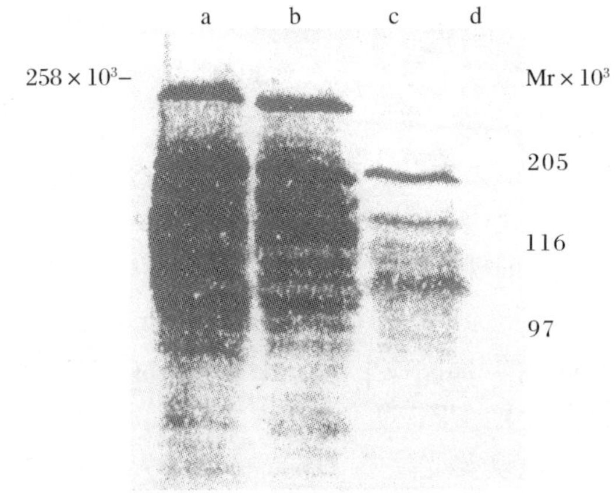

a. 293 细胞内的表达蛋白；b. 293 细胞上清的表达蛋白；c. 正常 293 细胞对照；4. 标准蛋白质相对分子质量

图 4　Western－blot 检测表达蛋白

a. Expressed protein of the 293 cells；b. Expressed protein of the supernatant；c. Normal 293 cells as control；d. Standard molecular weight of protein.

Fig. 4　Results of Western－blot of expressed protein

三、表达 gp350 的质粒 DNA 免疫小鼠后抗体水平的观察 把取得的小鼠血清做 ELISA 试验，Cut off 值为 0.25，从 *A* 值观察到，抗体产生的时间在经相隔 2 周的两次免疫后，EBV - IgG的 *A* 值在第 4 周达最高峰，6 周后下降，8 周无抗体；IgA 的 *A* 值 4 周上升，6 周为最高峰，8 周下降，10 周几乎无抗体（图 5）。可见其持续时间并不长。产生的 EBV - IgA/MA 的抗体比 EBV - IgG/MA 抗体水平低。但是 EBV - IgA/MA 抗体持续的时间比EBV - IgG/MA 抗体长。

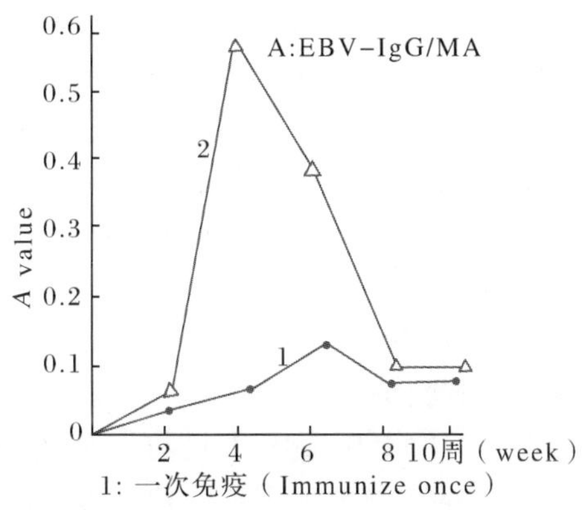

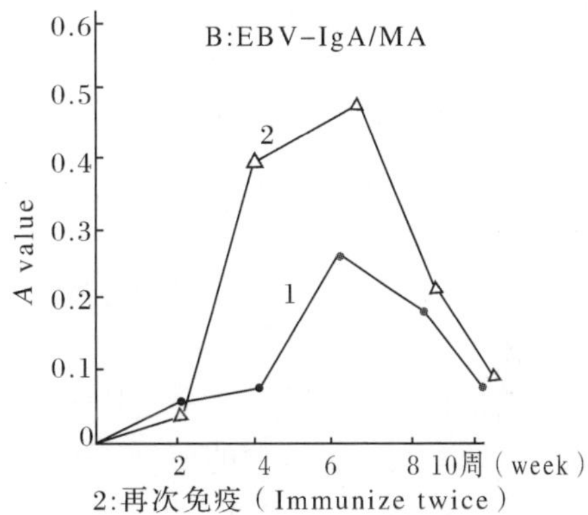

图 5 小鼠血清中 EBV - IgG/MA 和 EBV - IgA/MA 抗体水平动态变化

Fig. 5 Antibody level of EBV - IgG/MA and EBV - IgA/MA in sera of Balb/C mice

四、表达 EBV - MAgp350 的质粒 DNA 与 CHO 细胞表达的 gp350 抗原的免疫原性比较 间接免疫荧光法实验表明，DNA 与抗原蛋白免疫小鼠后的血清能与 B95 - 8 细胞膜上自然表达的 EBV - MA 特异性结合。免疫后不同时间的血清抗体滴度见表 1，发现其具有相近似的免疫原性。

表 1 CHO 细胞表达的 EBV MA gp350 与表达质粒 DNA 分别免疫小鼠后抗体效价比较

Tab. 1 Comparison of antibody response of mice immunized withCHO cell expressed EBV MAgp350 and recombinant plasmid DNA

免疫后的天数 Days after Immunization	血清稀释度 Dilution of serum									
	1：10		1：20		1：40		1：80		1：160	
	D	P	D	P	D	P	D	P	D	P
0	-	-	-	-	-	-	-	-	-	-
28	+ +	+ + +	+ +	+ +	-	+	-	±	-	-
42	+ +	+ + +	+	+ +	+	+	-	-	-	-

D：DNA；P：蛋白 protein

讨　　论

DNA 疫苗的研究是近几年来的热门话题，是 20 世纪 90 年代发展起来的全新免疫技术。

从目前实验来看，DNA 疫苗的免疫保护效果是很有意义的。Ulmer 等人[6]将带有甲型流感病毒核蛋白（NP）基因的质粒 DNA 注射到小鼠四头肌中，数周内就产生了对 NP 特异的抗体。当用不同的甲型流感病毒攻击时，存活率达 90%；而对照组被攻击后，存活率仅为 0～20%。Philadelphia 大学和 Wistar 研究所的科学家们给小鼠肌内注射含 HIV 表面蛋白 gp160 基因的质粒，并与注射重组 gp160 的小鼠作比较试验。其结果表明，前者的抗体可在体外中和 HIV 的感染，其血清可阻止细胞融合，而后者的血清则不能，试验还证明，直接注射 DNA 不仅能刺激机体产生的抗体，而且能诱发细胞免疫应答[7]。目前，国内外除了对甲型流感病毒、HIV、HBV 等病毒的 DNA 疫苗有研究以外，对疟疾、狂犬病、T 淋巴细胞瘤等的 DNA 疫苗也在开发研制之中[8,10]。但迄今尚未见到关于 EBV－MA 疫苗研究的报道。本文根据 EBV－MA 能诱导机体产生中和抗体和 ADCC 活性的论证[11]，对 EBV－MA 的 DNA 疫苗进行了探索试验。我们应用 CMV 启动子表达载体，先在细胞中得到表达，选用 4 周龄的雄性小鼠，四头肌经普鲁卡因预处理后接种含目的基因的重组质粒 pHD－gp350DNA，每隔 2 周取血一次做 ELISA，检测到特异的 EBV－IgG/MA 和 EBV－IgA/MA 抗体，而且 90% 以上的鼠血中可测到抗体。这明显优于我们普用 MTn（摄金蛋白）启动子做的仅 50% 左右产生抗体的工作[12]。另外，从我们进行的免疫原性测定试验结果看，用 DNA 与表达蛋白免疫小鼠后，两者具有相近似的免疫原性。从免疫采用的每次 100 μgDNA 量与每次 60 μg 的蛋白量来说，虽然 DNA 用量多于蛋白约 40 μg，但 DNA 的提取要比蛋白简便得多，这为我们进一步研究 DNA 免疫提供了重要的依据及必要性。

多篇论文中已讲到[8,10]DNA 的疫苗的优点，如制备简单、省时省力、免疫效果好、免疫作用持久、免疫方法简便、可提供多种病毒株的广谱有效有疫苗，等等。我们的体会是，DNA 疫苗与传统疫苗相比制备简单，外源抗体基因很容易克隆进表达载体，数天内可扩增并纯化，也适于制造多价疫苗。但是从我们多次的实验结果来看，实验的重复性不强，每次的差别较大，每只鼠产生的抗体滴度也有差异。原因尚不清楚，也许与接种方法肌注部位不够精确有关。目前，我们正在进行载体及免疫方法的改进研究。

〔原载《病毒学报》1997，13（1）：41－46〕

参 考 文 献

1 Henle W，et al. Epstein－Barr virus and human malignancies. Adv Viral Oncol，1985，5：201－238

2 陈火胜，谷淑燕. Epstein－Barr 病毒疫苗的研究进展. 病毒学报，1995（8）：191－195

4 Maniatis T，et al. Molecular Cloning：A Laboratory Manual. First edition. New York. Cold Spring Harbor Laboratory，1982

5 郑一敏，皮国华，谷淑燕. Epstein－Barr 病毒在中国仓鼠卵巢（CHO）细胞中的表达. 病毒学报，1995（2）：107－113

6 Ulmer J B，Donnelly J J，parker S E，et al. Heterologus protection against influenza by injection of DNA encoding a viral protein. Science，1993，259：1745－1754

7 Wang B，Ugen K E，Srikantan V，et al. Gene inoculation generates immune responses against human.（1995，An academic report by Wang B）

8 Schdel F，Aguado M T，Lambert P H. lntroduction：Nucleic Acid Vaccines. WHO：Geneva，17－18 May 1994 Vaccine，1994，12：1491

9 Robinson H L，Hunt L A，Webster R G. Protection against a lethal influenza virus challange by immunization with a hemagglutinin－expressing plasmid DNA. Vaccine，1993，11：957

10 Momgomery D L，shiver J W，leander K R，et

al. Heterologous and bomologous protection against influenza A by DNA vaccination: optimization of DNA vetors. Cell Biol, 1993, 12: 777

11 谷淑燕. Epstein – Barr 病毒疫苗的研究. 见: 阮力等主编. 新型疫苗研究的现状与展望. 北京: 学苑出版社, 1992, 127

12 周玲, 李晓利, 曾毅, 等. 应用重组质粒 pAM – HBsAg 在果蝇细胞中表达乙型肝炎病毒表面抗原及基因免疫的初步研究. 中华实验和临床病毒学杂志, 1995 (9): 322 – 326

A Study of Gene Immunization with Recombinant Expression Plasmid of Epstein – Barr Virus Membrane Antigen

ZHOU Ling, WANG Han – ming, LIU Hai – ying, ZENG Yi (Institute of Virology, CAPM, Beijing 100052)

A plasmid (pHD – gp350) expressing the Epstein – Barr virus membrane antigen (EBV – MA) encoded by the BamHl – L fragment of EBV was constructed. The EBV – MA coding region located on the pVL1393 – gp350 plasmid was inserted into the pGEM derivative pHD101 – 3, where gene expression is drive by the cytomegalovirus (CMV) immediate – early promoter. The MA gene was transiently expressed in 293 cells, and the protein band of gp350 × 10^3 was found on Western – blot. Detection of MAgp350 was proved by immumofluorescence (IF) test.

After purification, this plasmid was directly injected into the quadriceps muscle of Balb/C mice. EBV – IgG/MA and EBV – IgA/MA antibodies could be detected by ELISA. More than 90% of mice had IgG/MA andIgA/MA antibodies, but they disappeared 8 – 10 weeks after injection. Our results showed that injection of purified EBV MA gp350 glycoprotein and injection of pHD – gp350 DNA were both able to elicit an immune response in mice.

〔**Key words**〕 EBV – MA; Gene immunization

224. Epstein – Barr 病毒 BLRF2 基因重组质粒的构建及其在真核细胞中的表达

中国预防医学科学院病毒学研究所 王汉明 周 玲 张晓梅 曾 毅

Institute for Medical Microbiology and Hygiene, University of Regensburg, Germany. Wolf H

〔**关键词**〕 Epstein – Barr 病毒; pHD – BLRF2; 短暂表达; p23; 鼻咽癌

Epstein – Barr (EB) 病毒是传染性单核细胞增多症的病原, 与 Burkitt 淋巴瘤和鼻咽癌等多种疾病密切相关[1]。鼻咽癌是我国南方发病率较高的恶性肿瘤之一。早期诊断对鼻咽癌的防治具有重要意义[2]。目前已知由 EB 病毒基因组编码的抗原主要包括早期抗原 (EA)、壳抗原 (VCA)、膜抗原 (MA)、核抗原 (EBNA)、潜伏膜蛋白 (LMP)、Zebra 等。VCA 作为诊断抗原广泛地用于检查血清中的相关抗体, 研究 EB 病毒在人群中的感染。在我国检查 EB 病毒特异的 VCA/IgA 抗体是鼻咽癌的诊断及血清流行病学研究的重要手段。近年来, 重组 EB 病毒抗原 (如 EAP53 和 EAP138) 的应用, 使鼻咽癌的血清学诊断的特异性和敏感性有所提高[13]。尽管如此，仍有必要寻找其他具有免疫优势的EB病毒编码的蛋白，以便更有效地测定感染状态。EB病毒BLRF2基因位于编码MA的BLLF1开放读码框架之前，全长489 bp（88 925 ~89 413），为晚期启动子所调控，编码一种相对分子质量为23×10^3的蛋白质（p23）。Udo等用免疫沉淀法使用体外标记的EB病毒感染的细胞作为抗原的来源，筛查对EB病毒抗体反应阳性血清，均检出p23抗体。此蛋白编码区被鉴定为EB病毒基因组BamHl－L片段内BLRF2开放读码框架，并进行了克隆与表达[4,5]。国内未见有关报道。我们应用聚合酶链式反应（PCR）扩增出EB病毒BLRF2基因片段，并重组到真核表达载体pHD101－3中，构建了重组表达质粒pHD－BLRF2，使之在真核细胞中获得表达。为进一步研究p23的免疫学特性打下了基础。

PCR扩增目的基因BLRF2片段

根据EB病毒（B95－8株）BLRF2基因序列设计一对引物，上游引物：5′CGTCTAGATGAGCATGGAAGACATGGC 3′；下游引物：5′CCGAATCCATTACTTGCTTCTTCACGTCCCCG 3′。为便于基因操作和表达，在上游引物中引入了起始密码子ATG和限制性内切酶XbaI位点TCTAGA，在下游引物中引入了终止密码子TTA和限制性内切酶EcoRI识别序列GAATCC。引物合成由邵一鸣教授在德国Regensburg大学微生物与卫生研究所Hans Wolf所在实验室完成。扩增体积为50 μl，其中含有BLRF2 DNA模板2 μl，10PCR扩增缓冲液5 μl，4×dNTP 4 μl（浓度皆为2.5 mmol/L，Promega公司），引物各为1 μl（浓度皆为50 pmol/L），2 U Taq DNA多聚酶。反应条件为94℃变性30 s，55℃退火45 s，72℃延伸1 min，共进行30个循环。PCR产物经1.5%琼脂糖凝胶电泳检测后，回收约500 bp条带。扩增片段用XbaI和EcoRI酶切并纯化（Wizard ™ PCR Preps DNA Purification System，Promega），备用。

重组质粒pHD－BLRF2构建与鉴定

真核表达质粒pHD101－3（由Dr. Nancy Sung惠赠）含有CMV启动子，全长4998 bp。质粒的制备参考《分子克隆》进行。菌株*E. coli* JM109为质粒受体菌。扩增并提取质粒DNA后，用EcoRl和Xbal双酶切此质粒，并纯化回收大片段（小片段24 bp丢失），再与上述备用的长约500 bp目的基因BLRF2片段连接，构建成重组表达质粒pHD－BLRF2（图1）。将此重组质粒转化*E. coli* JM109钙化菌，筛选阳性克隆，扩增、提取并纯化质粒DNA。重组质粒pHD－BLRF2的鉴定用核酸内切酶法。用限制性内切酶EcoRl和Xbal双酶切重组质粒，经1%琼脂糖凝胶电泳分析（图2略），酶切后片段大小与计算值相符，表明所获得的重组质粒中目的片段已正确插入。

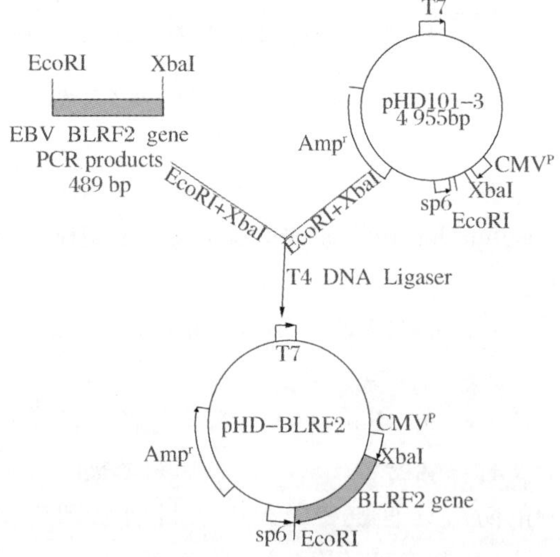

图1　重组质粒pHD－BLRF2的构建过程

Fig. 1　Construction of the recombinant plasmid pHD－BLRF2

重组质粒 pHD－BLRF2 在真核细胞中的短暂表达与检测

293 细胞和 Vero 细胞用常规含 10% 经 56℃灭活的小牛血清、1% 谷氨酰胺的 RPMI 1640 培养液（含 100 U 青霉素和 100 μg 链霉素/ml），37℃培养，每隔 2 天传代 1 次。用磷酸钙共沉淀法做重组质粒的细胞转染。重组质粒 pHD－BLRF2 用量为 3－5 μg。细胞转染后 4 h，用含 20% 的冷 2－甲基亚砜（DMSO）1640 培养液处理细胞 1～3 min，再换新鲜培养液，并置细胞于 37℃继续培养，48 h 后收获细胞。将收获的细胞（总数为 1.0×10^8 个）反复冻融后加入 2 ml 2×SDS 凝胶电泳加样液，100℃煮沸 3 min。用常规法做 5% SDS－PAGE 电泳及考马斯亮蓝 R250 染色，以载体质粒转染的这两种细胞作对照。结果显示，转染重组质粒的细胞出现一条相对分子质量为 23×10^3 的蛋白条带。（图 3 略）这表明 BLRF2 基因在两种细胞中均获得表达，表达产物为 p23 蛋白，占菌体可溶性蛋白的 6% 左右。

EB 病毒基因组的结构和功能及其与相关疾病关系的研究已经取得很大进展，VCA、EA、MA 等研究得比较充分，但对 BLRF2 基因及其编码的 p23 蛋白知之甚少。Wolf 等认为 p23 属于 VCA 类蛋白，在 EB 病毒复制过程中 p23 的表达介于 EA 和 VCA 之间。通过检测抗 P23 的 lgM 和 lgG 抗体，证明 p23 比 VCA 和 EA 对 EB 病毒感染的阳性血清具有更高的敏感性和特异性，且 p23 的氨基酸序列与其他疱疹病毒没有显著的同源性。p23 蛋白可望成为新一代的诊断抗原，用于人群中 EB 病毒感染的血清学诊断[5]。本研究的目的是用重组 DNA 技术表达 EB 病毒 p23 蛋白，检测 p23 蛋白对鼻咽癌病人血清中抗体的特异性和敏感性。在原核细胞中的大量表达、纯化及其抗原特性研究正在进行中。

（感谢：本实验得到刘海鹰小姐、李晓利博士的帮助，特此致谢。）

〔原载《病毒学报》1997，13（1）：75－78〕

参 考 文 献

1 Meyer J, Schwarxmann F, Reischl U and Wolf H. Pathobiology og Epstein－Barr virus and related diseases. Biotest Bull, 1993, 5: 3－12

2 Zeng Y. Seroepidemiological studies on nasopharyngeal carcinoma. Cancer Res, 1985, 44: 121－138

3 Wolf H, Motz M, Zeng Y, et al. Development of a set of EBV－specific antigens with recombinant gene technology for diagnosis of EBV－related malignant and nonmalignant diseases. In: Epstein－Barr Virus and Human Disease. P H Levine, et al (Eds). Humana Press, Clifton, N J, 179－182

4 Seibl R and Wolf H. Mapping of EBV proteins on the genome by translation of hybrid－selected RNA from induced P3HR1 cells and induced Raji cells. Virology, 1985, 141: 1－13

5 Reischl U, Gerdes C, Motz M, Wolf H. Expression and purification of an Epstein－Barr virus encoded 23kD protein and characterization of its immunological protein. J Virol Meth, 1996, 57: 71－85

Construction of the Epstein - Barr Virus BLRF2 Gene Recombinant Plasmid and Its Expression in Eukaryotic Cells

WANG Han - ming[1*], ZHOU Ling[1], ZHANG Xiao - mei[1], ZENG Yi[1], WOLF H[2]
(1. Institute of Virology, CAPM, Beijing.
2. Institute for Medical Microbiology and Hygiene, University of Regensburg, Germany)

The BLRF2 gene of the Epstein - Barr virus (EBV) was amplified by polymerase chain reaction (PCR) and was inserted into the eukaryotic expressive plasmid pHD101 - 3. Then the recombinant plasmid pHD - BLRF2 was constructed and expressed transiently under the control of CMV promoter of pHD101 - 3 in the 293 cells and vero cells. The product with a molecular weight about 23×10^3 was detected by SDS - PAGE and Western blot. The 23×10^3 protein (P23) may be one of the indicators for the serological diagnosis of nasopharyngeal carcinoma (NPC).

〔**Key words**〕 Epstein - Barr virus; BLRF2; P23; Transient expression; Nasopharyngeal carcinoma (NPC)

225. 牛免疫缺陷病毒（BIV）92044毒株的分离及鉴定

南开大学生命科学学院　刘淑红　陈荷新　陈家童　陈启民　耿运琪
美国Nebraska大学　Wood　C　天津动植物检疫局　秦贞奎　赵祥平　侯艳梅
中国预防医学科学院病毒学研究所　曾　毅

〔**摘　要**〕 从一头标号为92 044的进口奶牛分离外周血淋巴细胞，将此淋巴细胞与正常胎牛肺细胞（EBL）进行共培养，一个月后共培养物出现合胞体。此时电镜观察可见病毒的出芽过程。免疫染色显示，此培养物可与牛免疫缺陷病毒（BIV）外膜蛋白的单克隆抗体特异性结合。对共培养物裂解产物进行PCR，可分别得到BIV反转录酶（RT）编码区和外膜蛋白编码区（env）的特异性带。序列分析显示，PCR的RT产物和美国的BIV R29毒株有两个碱基的改变，从而证明我们在中国分离到一株BIV。

〔**关键词**〕 牛免疫缺陷病毒（BIV）；合胞体；免疫染色；PCR；电镜观察

牛免疫缺陷病毒（BIV）是一个慢病毒，原始的BIV毒株R29是1969年从一患有持续性淋巴细胞增多症和持续性消瘦的奶牛身上分离到的，后来的尸检在脑部发现了外周血管病变和肿大的淋巴结[1]，由于此病毒与羊Visna病毒相似，当时称为牛Visna类似病毒[2]。1983年人免疫缺陷病毒（HIV-1）发现后，才将此病毒重新命名为BIV[3]。

BIV的流行病学调查表明，BIV可能在世界范围内广泛流行[4-9]。BIV作为一个典型的慢病毒，有与其他慢病毒相似的基因组结构，包括gag、pol、env 3个结构基因和tat等调节基因，而且它的核心蛋白p26与HIV的相应蛋白p24有免疫交叉反应[10,11]

虽然近年来对 BIV 的研究已取得很大进展，但目前所有有关 BIV 的研究结果都是以 BIV R29 为研究材料获得的。由于 R29 毒株已在体外广泛传代并冷冻保藏多年，体内注射已不能观察到淋巴细胞增多、外周皮下淋巴结肿大等亚临床症状，这说明 R29 毒株已经减毒。这种减毒现象在其他慢病毒如马传贫（EIAV）中也有类似情况。

R29 的减毒现象一方面证明 BIV 与其他慢病毒有类似的特性，另一方面降低了以此毒株为实验材料得到的研究结果的可靠性。的确，经过长期体外传代的 R29 宿主范围变得极其广泛；多次 BIV 的体内注射实验也均未观察到像原始的 R29 一样的免疫损伤、持续性消瘦直至死亡的现象。另外，R29 毒株在细胞传代过程中，有的已被非细胞致病性的牛病毒性腹泻病毒（BVDV）污染，这给研究 BIV 感染的致病机理带来一定困难。因此，重新分离新的 BIV 毒株对于 BIV 的研究以及慢病毒的研究都有重要意义。

材料和方法

一、质粒、病毒及细胞　pUC18 质粒、FBL 细胞由病毒所保藏，pBIV－4 质粒、BIV R29 毒株由美国 Nebraska 大学 C Wood 教授惠赠，pBIV－4 含有完整的 BIV cDNA 序列。细胞培养用 DMEM 培养基，其中含 10% 的胎牛血清（BVDV 阴性，由 C Wood 教授惠赠）和 1% 的青链霉素，37℃ 在 5% CO_2 培养箱中培养；细胞传代所用消化液含 0.02% EDTA、0.25% 胰酶（购自 Sigma 分司）。

二、样品来源　标号为 92 044 的牛是来自通县某农场的进口奶牛，此牛 BVDV 血清学检测阴性，BIV 血清学检测阳性。

三、淋巴细胞分离　取牛外周血并加入 10% 的肝素钠，用 1 ×PBS 等体积稀释后，轻轻地铺在已装有 2 倍体积淋巴细胞分离液的离心管中，慢启动无制动 4000 r/min 离心 45 min，收集淋巴细胞用于病毒分离和 PCR 检测。

四、免疫染色检测　将细胞贴壁生长在盖玻片上，风干后用冷丙酮固定 15 min，PBS 漂洗 3 遍（5 分钟/次），加上 BIV Env 单抗（本室制备），37℃保温 2 h，用 PBS 洗 3 遍，蒸馏水洗 1 遍，吹干，加辣根过氧化物酶标记的兔抗牛二抗（本室制备），37℃保温 1 h，再用 PBS 洗 3 遍，最后用显色液显色，显色液现用现配（25 mg 二氨基联胺 +50 μl H_2O_2 +50 ml 0.01 mol/L PBS）。

五、PCR 检测及狭缝杂交　按耿运琪等方法[12]，将细胞裂解，制备全 DNA 用于 PCR 检测。PCR 反应条件为先 94℃3 min，然后 93℃变性 45 s，51℃复性 1 min，72℃延伸 1 min 30 s，反应 35 个循环，用 2% 的琼脂糖凝胶电泳检测扩增产物。制备 PCR 扩增产物，分别点 1 μl、3 μl、5 μl 至硝酸纤维膜上，按华美生物公司“光敏生物素核酸探针标记和检测试剂盒”进行杂交。光敏生物素标记的探针来源于 pBIV－4 的 RT 段或 env 段，阴性对照为 pUC18 质粒 DNA，阳性对照为 pBIV－4 质粒。

六、电镜观察　收集培养细胞加入 25% 的戊二醛固定液固定 1 h，12 000 r/min 离心 5 min，用 1 ×PBS 漂洗 3 次（10 min/次），加入 1% 的锇酸及四氧化锇固定 1.5 h，再用 PBS 漂洗 3 次，然后依次用 50%、70%、80%、90%、100% 乙醇或用丙酮逐级脱水（10 分钟/次），用无水丙酮/包埋剂（1∶1 混合）浸透 2 h，换 100% 的包埋剂过夜包埋，换新鲜包埋剂处理 3 ~4 h 后作超薄切片，捞至铜网上用醋酸双氧铀及柠檬酸铅双重染色，电镜观察。

七、PCR 产物的克隆与序列分析　基因克隆及序列分析参见文献〔13〕，PCR 所用试剂及工具酶购自华美公司或 Promega 公司，顺序分析试剂盒购自 Promega 公司。

结　果

一、合胞体的形成　从标号为 92 044 BIV 血清学检测阳性、BVDV 检测阴性的进口奶牛分离淋巴细胞。将 1×10^7 淋巴细胞与 FBL 细胞分别用 PHA 在 DMEM 培养基里刺激 3 d，两者按 1∶1 混合培养，3 d 后倒掉上清液，此时剩下的贴壁细胞均为 FBL 细胞，换新鲜培养基继续培养。以后每隔 3 ~5 d 换液一次。培养到一个月左右时开始有较少的细胞核聚集。将此细胞一分为二，并补充新鲜的 FBL 细胞，培养物很快出现合胞体，3 ~5 d 后每个合胞体内细胞核可达 10 个以上（图 1 略）。以下称出现合胞体的共培养物为 92 044 细胞。

二、免疫染色　用 BIV Env 单抗作为一抗，辣根过氧化物酶标记的兔抗牛为二抗，对 92 044 细胞进行免疫染色，阳性对照为美国 BIV 标准毒株 R29 ，阴性对照为正常 FBL 细胞。结果表明：92 044 细胞和 R29 细胞均可与 BIV Env 单抗特异性结合，而 FBL 细胞则不与其结合（图 2 略）。

三、PCR 检测　将适量出现合胞体的细胞裂解，制备全细胞 DNA 进行 PCR 检测。分别用两对引物进行 PCR 反应，一对位于 BIV 的 RT 段 2256 ~2497nt，引物序列为 2256 ~2276nt 5´ATGCTAATGGATTTTAGGGA3´和负链引物 2497 ~2478nt 5´CATCCTTGTGGTAGAACATT3´，相隔 246 bp；另一对引物位于 BIV 的 env 段 6976 ~7787nt，序列为 6976 ~6993nt 5´AACAG-GCCTCTGCCCCGGT3´和 7787 ~7768nt 5´GTTCAACCAATTCTCGTAGA3´。同时以含有 R29 感染的 FBL 细胞为阳性对照，FBL 细胞为阴性对照，不加模板 DNA 的样品为反应体系负对照。

由此图 3 与图 4（略）可见，92 044 细胞 PCR 产物中，分别得到预期的 243 bp 和 811 bp 的特征带，而 FBL 细胞和负对照均无任何扩增产物。值得一提的是，92 044 细胞 PCR 产物中除预期的特征带外，还有多条非特异性带。

四、PCR 片段的克隆与鉴定　将 PCR 产物用 Klenow 大片段补平后，电泳制备扩增片段，并联至 pUC18 载体上，分别得到带有 RT 产物和 env 产物的质粒 pBRT 和 pBENV，酶切鉴定上述两质粒酶切带型与预期相符。狭缝杂交结果显示，PCR RT 和 env 片段可分别与 BIV RT 探针和 BIV env 探针杂交（图 5 略）。pBRT 质粒顺序分析表明，243 bp 的 RT 片段与 R29 比较，发生了两个碱基的改变，即第 2338 位由 T 变为 C，第 2363 位由 A 变为 C（图 6）。

五、电镜观察　将出现合胞体的 92 044 细胞制成电镜样品，电镜下可观察到大量病毒颗粒仍存在于细胞内，同时也可看到病毒颗粒的出芽过程，而 R29 病毒颗粒向外分泌较多（图 7 略）。

讨　论

BIV 是一个典型的慢病毒。像其他慢病毒一样，它在感染牛以后可长期潜伏，短期内并不引起疾病。在此期间牛体内的病毒滴度非常低，所以 BIV 的分离相对困难。再加上 BIV 在体外的最佳受体细胞是什么？有无特异性受体等问题尚不清楚，这无疑给病毒的分离工作增加难度，所以尽管不少研究者致力于新毒株的分离工作，但到目前为止除美国以外其他国家尚无此方面的报道。

本文在 BIV 流行病学调查[14]的基础上，从一头 BIV 血清学检测阳性的牛 92004 淋巴细胞中分离到一株 BIV，并通过合胞体形成，电镜观察、免疫染色、PCR 检测及序列分析等方

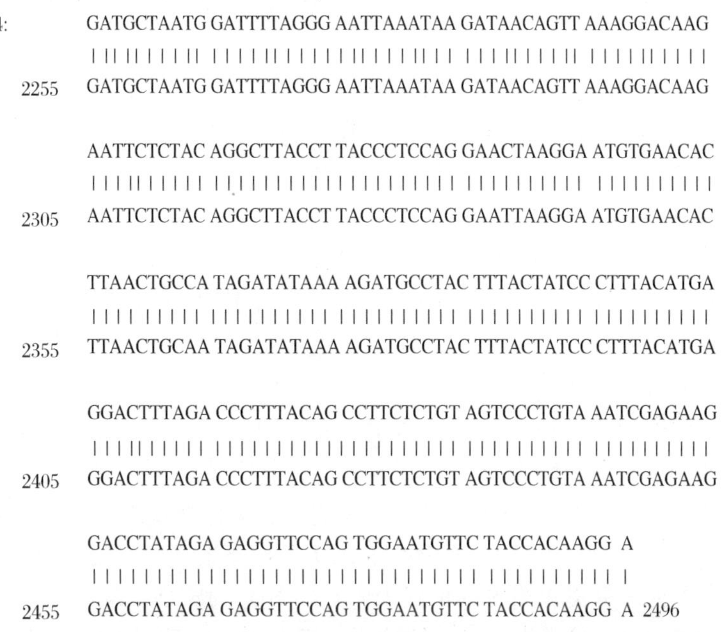

图 6　BIV R29 和 92 044 RT 区部分核苷酸序列的比较

Fig. 6　Comparison of BIV partial RT sequence between R29 and 92 044

法对上述病毒进行了鉴定，从而从细胞学、免疫学、分子生物学的角度证明 92 044 确为 BIV，但在很多方面又与 R29 不同。

在病毒分离中我们注意到，无论是合胞体形成分析、免疫酶染色分析，还是电镜观察结果均显示：92 044 株的毒力比 R29 要弱。92 044 感染的 FBL 细胞合胞体出现得相当缓慢，而且随着细胞的传代，PCR 扩增特异性带的浓度逐渐下降，当传到 5 代以后 PCR 方法已很难检测到 92 044 细胞中 BIV 的存在，这说明 92 044 毒株在 FBL 细胞中无法传代。上述现象一方面可能与 92 044 毒株的滴度极低相关，另一方面也提示 FBL 细胞可能不是 92 044 毒株的最佳宿主。无独有偶，在 HIV－1 的体外培养中也有类似的现象[15]。一般从艾滋病人分离到的毒株繁殖快，反转录酶活性高，可引起细胞病变并形成合胞体，而从无症的 HIV－1 感染者中分离的毒株则繁殖较慢，反转录活性低，仅有一半的毒株引起合胞体，毒株的表现型往往与艾滋病的进程密切相关。由此可见，R29 与 92 044 毒株在毒力上的差异可能反映了其病理学过程的不同。

慢病毒多感染淋巴细胞，HIV 感染 $CD4^+$ 淋巴细胞[16]，而 BIV 的感染受体至今尚不清楚。原始的 BIV R29 毒株最初是在脾细胞中分离到的，它也曾难以传代，宿主范围并不广泛[2]，但随着体外的不断传代，其宿主范围变的极其广泛。目前的 R29 可在脑、肾、睾丸、肺、胸腺、脉络丛等细胞及 EBTr、MDBK、Cf2Th、D－17、EREp 等细胞系中很好地传代[17－21]，从这一点上看，92 044 毒株似乎更接近原始的 R29 分离毒株，而与目前的 R29 很不相同。

事实上，在随后的电镜观察中我们同样观察到了 92 044 与 R29 之间的差异：R29 毒株在 FBL 细胞中以出芽方式大量向胞外分泌，而 92 044 病毒颗粒多聚集在细胞膜内，只有少量由出芽分泌到胞外，这从另一个侧面说明本文分离到的病毒在肺细胞里长势远比 R29 缓慢。

另外，在 PCR 检测中，本文使用的两对引物虽然均得到了 BIV 特异的扩增带，但与 R29 不同的是，92 044 PCR 产物还出现了一些杂带，尤其是穿膜蛋白编码区的扩增产物在 500～600 bp 杂带较多，由于 PCR 反应的阴性对照 FBL 细胞并没有出现相应的杂带，从而排除了以牛基因组 DNA 进行非特异性扩增的可能性，因而杂带的出现可能是因为本文使用的引物是根据 R29 原序列设计的，而与 92 044 的序列可能有一定的差别，从而造成 PCR 过程的不完全配对或非特异配对。虽然从序列分析上看，RT 编码区的 243 bp 片段与 R29 间仅有 2 个碱基的差异，env 编码区的序列分析结果尚未完成，但可以预期 92 044 的外膜蛋白编码区序列与 R29 相比将有较大的差异。

总之，本文分离的 92 044 毒株与 R29 毒株既有很多相似之处，又有一些不同。近年来由于实验材料的限制，对 BIV 的研究还很不深入，因此有必要对 92 044 毒株进行进一步的研究，比如，寻找 92 044 体外的最佳宿主，对此毒株进行全基因组克隆及序列分析，92 044 体内感染的病理学等研究，以便对 92 044 和 R29 进行更系统的比较，促进 BIV 的基础研究。

BIV 92 044 毒株的分离表明我国牛群中已存在 BIV 的感染，从 RT 区序列与 R29 同源程度较高的结果分析，BIV 很可能是由国外传入我国。BIV 在我国牛群中的传播无疑会给养牛业带来一定的危害和经济损失，为此我们提醒有关部门重视进口牛 BIV 和检疫，并采取必要措施控制 BIV 在我国的蔓延。

〔原载《病毒学报》1997，13（4）：357－364〕

参 考 文 献

1 Burny A，Bruck C，Chantrene H，et al. Bovine leukemia virus：molecular and epidemiology. edited by Klein G. New York：Raven Press，1980，231－289

2 VanDerMaaten M J，Boothe A D，Seger C L. Isolation of a virus from cattle with persistent lymphocytosis. J Natl Cancer lnst，1972，49：1649－1657

3 Gonda M A，Wang－Staal F R，Gallo C，et al. Sequence homology and morphologic similarity of HTLY－Ⅲ and visna virus，a pathogenic lentivirus. Science，1985，227：173－177

4 Amborski G F，Lo J L，Seger C L，Serological detection of multiple retrovirol in cattle：bovine leukemia virus，bovine syncytial virus and bovine visna virus. Vet Microbiol，1989，20：243－247

5 Black J W. Bluetongue and bovine retrovirus committee report. ln：Proceedings of the 93rd Annual Meeting of the U. S. Animal Health Association 1990，pp. 150－152. Carter Printing Co. Richmond VA

6 Whetstome C A. Sayre K R，Dock N L，et al. Humoral immune to the bovine immunodeliciency－like virus in experimentally and naturally and naturally infected cattle. J Virol，1990，64：3557－3561

7 Cockerell G L，Jense W A，Rovnak J，et al. Seroprevalence of bovine imumodeficiency－like virus and bovine leukemia virus in a dairy cattle herd . Vet Microbiol，1992，31：109－116

8 Horxineck M，keldermans L，Sturman T，et al. Bovine immunodeficiency virus ：immunochemical characterization and serological survey. J Gen Virol，1991，72：2923－2928

9 Jacobs R M，Smith H E，Gregory B，et al. Detection of multiple infections in cattle and cross－reactivity of bovine immunodeficiency－lick virus and human immunodeficiency virus type 1 proteins using bovine and human sera in a Western blot as-

say. Can J Veet Res, 1992, 56: 353 - 359

10 Rasmussen L, Greenwood J D and Gonda M A. Charaterization of virus - like particles produced by a recombinant baculovirus containing the gag gene of the bovine immunodeficiency - like virus. Virology, 1990, 178: 435 - 451

11 Gonda M A, Braun M J, Carter S G, et al. Characterization and molecular cloning of a bovine lentivirus related to human immunodeficiency virus. Nature, 1987, 330: 338 - 391

12 耿运琪，纪永刚，陈荷新，等. 牛免疫缺陷病毒（BIV）PCR 检测方法的建立. 南开学报，1993（3）：89 - 91

13 Sambrook J, Fritsch E F, Maniatis T. Molecular Cloning : A Laboratory Manual. 2ed. New York, USA: Cold Spring Harbor Laboratory Press, 1989

14 耿运琪，纪永刚，陈荷新，等. 从我国进口奶牛及其后代中发现牛免疫缺陷病毒（BIV）的自发感染. 病毒学报，1994（12）：322 - 326

15 曾毅. 艾滋病和艾滋病毒的现状和研究进展. 中华实验和临床病毒学杂志，1996（10）：96 - 100

16 Sattentau Q J. Molecular interactions between CD4 and the HIV envelope glycoproteins. ln: AIDS and the New Virus. edited by Dalgleish A G, Weiss RA, San Diego: Academic Press, 1990, 41 - 45

17 Bouillat A M, Ruckerbaer G M, Nielsen K H. Replicatio of the bovine immunodeficiency - like virus in diplod and aneuploid cells: permanent latent and virus productive infections in vitro. Res Virol, 1989, 140: 511 - 529

18 Braun M J, Lahn S, Boyd A L, et al. Molecular cloning of biologically - active proviruses of bovine immunodeficiency - like virus. Virology, 1988, 167: 515 - 523

19 Gonda M A, Oberste M S, Garvey K J, et al, Development of the bovine immunodefiviency - like virus as a model of lentivirus disease . Ln: Developments in Biological Standardization . Basel: Karger 1990b, 72: 97 - 100

20 Whestone C A, verDanMaaten M J, Miller J M. A Western blot assay for the detection of antibodies to bovine immunodeficiency - like virus in experimentally inoculated cattle, sheep and goats. Arch Virol, 1991, 116: 119 - 131

21 Gonda M A, Oberste M S, Garvey K J, et al. Contemporary developments of the biology of the bovine immunodeficiency - like virus . ln: Animal Models in AIDS. edited by schellckens H and Horzinek M C. Amsterdam: Elsevier 1990a, 233 - 255

Isolation and Identification of A BIV Isolate 92 044

LIU Shu - hong[1], CHEN He - xin[1], CHEN Jia - tong[1], CHEN Qi - min[1], GENG Yun - qi[1], Wood C[3]
ZENG Yi[2], QIN Zhen - kui[3], ZHAO Xiang - ping[3], HOU Yan - mei[3]

(1. Life Sciences College, Nankai University, Tianjin; 2. Institue of Virology, CAPM, Beijing; 3. Tianjin Animal and Plat Quarantine Bureau, Tianjin)

A BIV isolate 92 044 was isolated from a seropositive cattle in Tongxian, Beiing. This isolate was confirmed as BIV by syncytium formation assay, immunosaining assay, electron microscopic observation and PCR assay . RT and env fragments of 92 044 were obtained from PCR and cloned into pUC18 separately. Two base pairs had changed in 243bp RT fragment of 92 044 by sequence comparison to R29.

〔**Key words**〕 Bovine immunodeficiency virus (BIV); Syncytia formation; Polymerase chain reaction (PCR); Electron microscope

226. Epstein - Barr 病毒诱导永生化人上皮细胞恶性转化

中国预防医学科学院病毒学研究所　李宝民　纪志武　曾　毅
第四军医大学西京医院（西安）　刘振声

〔**摘　要**〕　为了使 EB 病毒能直接感染人上皮细胞，将 pSG - CR2 - Hyg 载体转入永生化人上皮细胞（293 细胞）中。通过间接免疫荧光法测定发现，转化的细胞表达 EB 病毒受体。用 EB 病毒感染 CR2 -293 细胞后，23% 的细胞可表达 EB 病毒抗原。用 TPA 作用于这些细胞后，表达病毒抗原的细胞数增加。用 PCR 法从 EB 病毒感染细胞 DNA 中扩增出 EB 病毒 DNA W 片段。在 TPA 持续作用下，EB 病毒感染细胞的形态特征发生改变。把 EB 病毒感染细胞接种在裸鼠皮下，每周注射 TPA，可诱导细胞在裸鼠体内形成肿瘤。经组织病理检查确诊，肿瘤为低分化上皮细胞癌。杂交试验证明，肿瘤组织细胞中有 EB 病毒 EBERs 存在。上述结果表明，EB 病毒在 TPA 协同作用下，可诱导永生化上皮细胞恶性转化。

〔**关键词**〕　Epstein - Barr 病毒；CR2 受体；TPA；鼻咽癌

研究发现，Epstein - Barr 病毒（EBV）与鼻咽癌（Nasopharyngeal carcinoma，NPC）有密切关系[1,2]。由于体外培养的上皮细胞不表达 CR2，EB 病毒不能直接感染这些细胞[3]。而借助于间接手段能使 EB 病毒感染上皮细胞。Li 等用 CR2 载体转染人上皮细胞，获得 CR2 表达上皮细胞株，再用 EB 病毒感染这些细胞后，EB 病毒在细胞中不仅能增殖，而且还能产生病毒抗体[4]。然而，还没有证据表明 EB 病毒能直接引起上皮细胞发生恶性转化。

研究发现，促癌剂能激活 EB 病毒增殖。Ito 等实验表明，丁酸钠和 TPA（12 - otetrade - canoly - phorbol - 13 - acetate）能明显提高 B 淋巴细胞中 EB 病毒抗原的合成[5]。曾毅等的研究也发现，一些植物提取物及多种中草药含有 TPA 类似物，与丁酸钠联合使用，能促进 Raji 细胞中 EB 病毒抗原表达，提高 EB 转化 B 淋巴细胞的能力，还能促进致癌剂诱导大鼠发生 NPC[6]。可见，促癌剂能增进 EB 病毒对 B 细胞的转化作用。促癌剂是否能促进 EB 病毒对上皮细胞的转化，还不清楚。

为了研究 EB 病毒对上皮细胞的转化，将 CR2 载体转入永生化人皮细胞（293 细胞）中，获得 CR2—293 细胞，用 EB 病毒感染这些细胞后，进一步研究 EB 病毒对永生化人上皮细胞的恶性转化。

材料和方法

一、抗体和血清　抗 CR2 单克隆抗体（HB5）由 Takada 教授提供。荧光标记羊抗鼠 lgG 抗体和荧光标记羊抗人 lgG 抗体，均购于北京生物制品研究所。NPC 病人血清来源于广西梧州市肿瘤研究所。EB 病毒阴性血清由 Takada 教授提供。

二、细胞　293 细胞，为永生化人胚肾上皮细胞，Jocab 博士提供。用含 10% 小牛血清的 DMEM 培养液培养。B95－8 细胞为 EB 病毒转化狨猴 Cotton－top marmoset B 淋巴细胞，用含 10% 小牛血清的 RPMI 1640 培养液培养。

三、质粒 质粒 pSG－CR2－Hyg 含有完整的 CR2 cDNA 和潮霉素磷酸转移酶基因〔7〕。pBR322－EBERs 质粒含 EB 病毒早期转录的 RNA1 和 RNA2 基因。

四、裸鼠 Balb/c 品系裸鼠由本实验室饲养。

五、细胞转染 用 50 mm 细胞培养瓶接种 4×10^5 293 细胞，按文献〔8〕用磷酸钙法转染细胞。转染后 48 h 换含 200 μg/ml Hygromycin B 选择培养液，每隔 2 天换液，提高 Hygromycin B 浓度至 600 μg/ml，2 周后单个细胞克隆出现。

六、CR2 的检测 刮下抗 Hygromycin B 293 细胞并涂片，按文献〔7〕通过间接免疫荧光法测定 293 细胞 CR2 的表达。

七、EB 病毒的制备 用 20 μg/ml TPA，4 mmol/L n－butyrate 激活 B95－8 细胞，37℃ 48 h 后收集上清，按文献〔9〕操作。离心获得的浓缩 EB 病毒（150 倍）于－70℃保存。

八、EB 病毒抗原的检测 PBS 洗 293 细胞，加 EB 病毒浓缩液至细胞培养层上，37℃ 4 h，去除病毒液，用 PBS 洗细胞后继续培养。每隔 4 d 取细胞涂片，按文献〔7〕用间接免疫荧光法测定 EB 病毒抗原的表达。

九、EB 病毒 DNA W 片段的扩增 EB 病毒感染的 293 细胞培养 15 d 和 30 d 后，提取细胞 DNA，按文献〔7〕用 PCR 扩增细胞中 EB 病毒 DNA W 片段。

十、肿瘤形成试验 将 2×10^6 293 细胞接种在裸鼠皮下，同时注射 50 ng TPA。然后每周在细胞接种部位周围注射 50 ng TPA，每天观察肿瘤形成情况。6～7 周后取出肿瘤块，测定肿瘤体积，做组织病理学检查。

十一、原位杂交 Acc Ⅰ 酶切 pBR322－EBERs 质粒，获得 440 bp EBERs DNA 片段，用随机引物法标记地高辛（Dig）。按文献〔10〕描述的原位杂交方法检测肿瘤组织 EBERs。

结　果

一、EB 病毒受体的表达 用 pSG－CR2－Hyg 质粒转染 293 细胞后，用含 200 μg/ml Hygromycin B 培养液进行筛选，增加 Hygromycin B 浓度至 600 μg/ml。筛选 15 d 后有多个细胞克隆出现，选出 6 个克隆分别扩大生长。用 HB5 单克隆抗体通过间接免疫荧光法检测 293 细胞中 CR2 的表达，发现 CR2 载体转染的 293 细胞与 HB5 反应的阳性率可达 32%；未转染的 293 细胞呈阴性反应；阳性对照 Raji 细胞有 34% 呈阳性反应（图 1）。

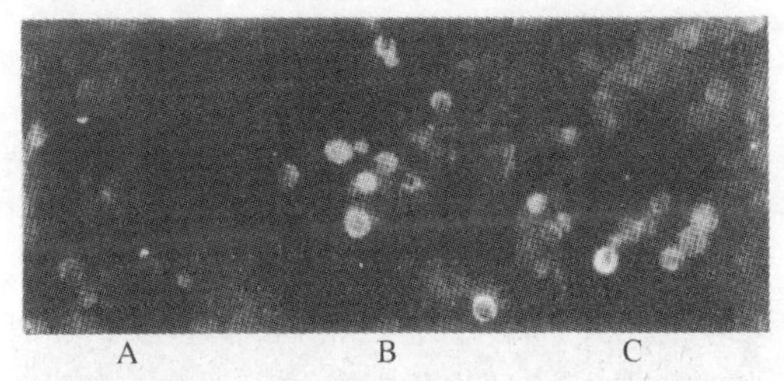

A. pSG－CR2－Hyg 载体转染的 293 细胞；B. Raji 细胞；C. 293 细胞

图 1　pSG－CR2－Hyg 载体转染 293 细胞 CR2 的表达

A. pSG－CR2－Hyg transfected 293 cells; B. Raji cells; C. Untransfected 293 cells

Fig. 1　CR2 expression of transfected 293 cells

二、EB 病毒抗原的检测 浓缩 EB 病毒感染的 293 细胞培养 4 d 后，取细胞涂片与 NPC 血清反应。间接免疫荧光法检测发现，病毒感染 8 d 时 23% 的 VR2－293 细胞呈阳性反应。293 细胞与 NPC 血清反应呈阴性。用 TPA

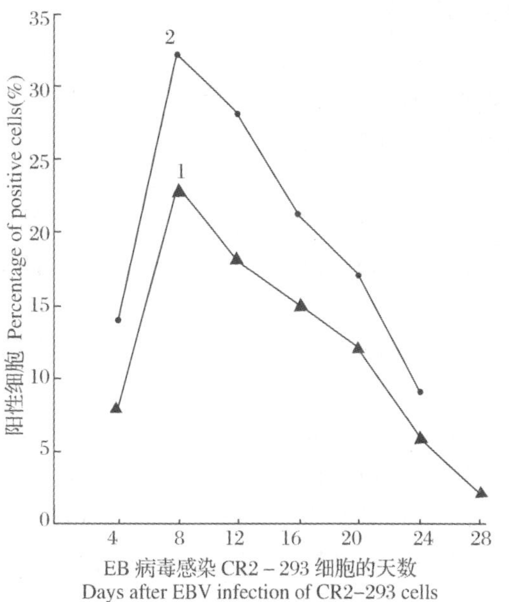

1. EB 病毒感染的 CR2－293 细胞；2. TPA 激活的 EB 病毒感染的 CR2－293 细胞

图 2 EB 病毒感染的 CR2－293 细胞与 NPC 血清反应百分率

1. EB virus infected CR2－293 cells；2. EBV infected CR2－293 cells with TPA treatment

Fig. 2 Percentages of EBV infected CR2－293 positive cells reacting with NPC sera

作用 EB 病毒感染的 CR2－293 细胞后，阳性反应细胞数增多，阳性率可达 32%（图 2）。EB 病毒感染的 CR2－293 细胞持续培养 30 d，每隔 4 d 取细胞涂片，与 NPC 血清呈阳性反应（图 3）。随着培养时间的延长，阳性细胞百分率逐渐下降，至 28 d 时，仅有 2% 的细胞呈阳性反应。与对照组相比，TPA 可持续提高 EB 病毒感染细胞病毒抗原的表达。

三、EB 病毒 W 片段的扩增 EB 病毒感染 CR2－293 细胞后，培养 15、30 d，提取细胞 DNA，用 W 片段引物进行扩增。结果显示：EB 病毒感染的 CR2－293 细胞在培养 15 d 和 30 d 后，细胞 DNA 中都能扩增出 120 bpDNA 片段，而 EB 病毒感染的 293 细胞和未用病毒感染的 CR2－293 细胞 DNA，没能扩增出 W 片段。阳性对照 B95－8 细胞 DNA 中也扩增出 120 bp DNA 片段（图 4）。

表 1 EB 病毒感染 CR2－293 细胞形成的肿瘤

Tab. 1 Carcinoma formed by EB virus infected CR2－293 cells

组别 Group	293 细胞 293 cells	CR2－293 细胞 CR2－293 cells
EBV	0/5	0/4
EBV＋TPA	0/6	3/6

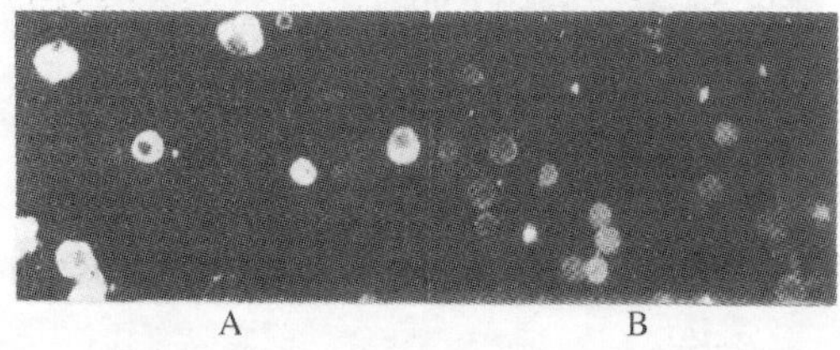

A. EB 病毒感染的 CR2－293 细胞；B. 293 细胞

图 3 293 细胞与 NPC 血清反应结果

A. EB virus infected CR2－293 cells；B. 293 cells

Fig. 3 293 cells reacted with NPC sera

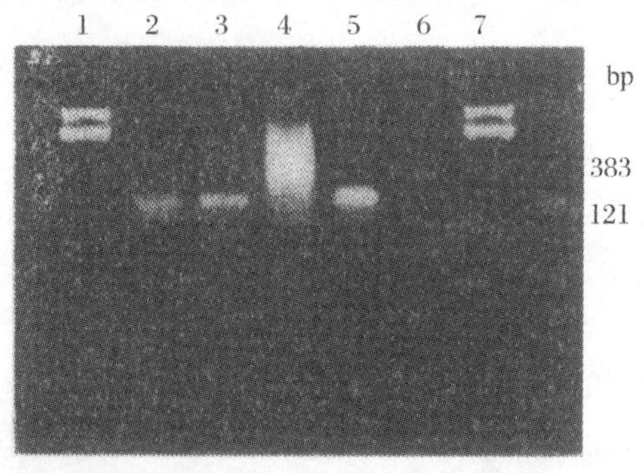

1&7. PBR/322/BstI DNA；2. EB 病毒感染 CR2－293 细胞培养 30 d；3. EB 病毒感染 CR2－293 细胞培养 15 d；4. CR2－293 细胞；5. B95－8 细胞；6. EB 病毒感染 293 细胞

图 4 EB 病毒 W 片段的扩增

1&7. DNA marker of PBR/322/Bstl；2. CR2－293 cells infected with EBV for 30 days；3. CR2－293 cells infected with EBV for 15 days；4. CR2－293 cells；5. B95－8 cells；6. 293 cells infected with EBV

Fig. 4 W fragment amplified from EBV infected CR2－293 cells

四、EB 病毒感染 CR2－293 细胞的致瘤性 在 EB 病毒感染 CR2－293 细胞后，加 5 ng/ml TPA 作用至第 4 周时，细胞形态发生改变。一些细胞成堆、多层生长，接触抑制生长丢失，细胞触角变少，变短。EB 病毒感染 CR2－293 细胞后，接种于裸鼠皮下，每周在细胞接种部位周围注射 50 ng/ml TPA。3 周后，细胞接种部位出现肿块并逐渐长大。至 6～7 周时，6 只接种细胞的裸鼠有 3 只长出肿块。另一组，EB 病毒感染 CR2－293 细胞接种裸鼠皮下，不加 TPA 作用；或 293 细胞接种裸鼠皮下后加 TPA 作用，都不出现肿块。结果见表 1。6～7 周时，取肿块测量其体积，分别为 1.4 cm×1.7 cm×0.4 cm，0.6 cm×0.4 cm×0.3 cm，1.3 cm×0.9 cm×1.2 cm（图 5A）。取部分肿块做组织病理学检查，确诊为低分化上皮细胞癌（图 5B）。取肿瘤组织进行原位杂交，证实肿瘤组织细胞中有 EB 病毒 EBERs 存在。

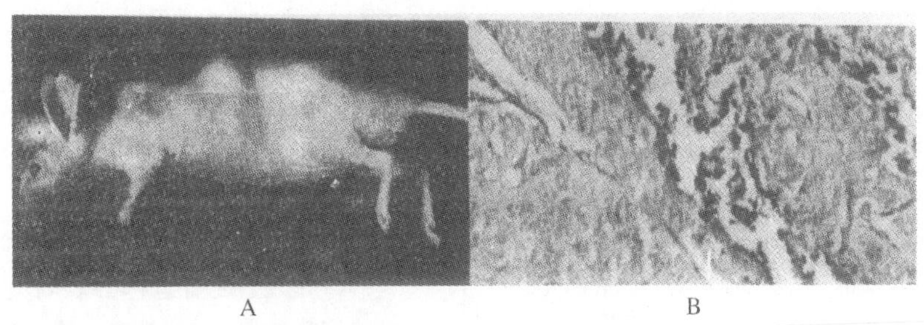

A　　　　　　　　　　B

A. 裸鼠体内形成的肿瘤；B. 肿瘤组织病理学特征

图 5　EB 病毒感染的 CR2－293 细胞在裸鼠体内形成肿瘤

A. Tumors in nude mice ; B. Micrograph of paraffin section from tumor formed by EBV infected CR2－293 cells.

Fig. 5　Tumors in nude mice transplanted with EBV infected CR2－293 cells

讨　　论

由于人上皮细胞，特别是传代上皮细胞系缺乏 CR2[3]，不能使 EB 病毒直接感染上皮细胞，体外研究 EB 病毒对上皮细胞的转化是很困难的。现在有多种方式可将 EBV 导入上皮细胞中。然而，EB 病毒感染上皮细胞 更有效的方法是构建表达 CR2 载体，然后转入上皮细胞中，获得 CR2 阳性细胞。为此，我们构建了 pSG－CR2－Hyg 载体，它既能表达 CR2，又利于同时用潮霉素筛选阳性细胞克隆。将此载体转入 293 细胞后发现，32% 的 293 细胞表达 CR2。EBV 感染 CR2－293 细胞后，可测得细胞中有 EB 病毒抗原，用 PCR 法也扩增出 EB 病毒的 W 片段。说明 EB 病毒已进入 CR2－293 细胞中。许多研究已证实，TPA 能激活 B 淋巴细胞中的 EB 病毒[5,6]。从我们的实验结果可看出，TPA 能促进上皮细胞中 EB 病毒抗原的表达。

为进一步研究 EBV 对上皮细胞的转化，用 TPA 持续作用于 EB 病毒感染的 CR2－293 细胞，细胞形态发生改变。把 EB 病毒感染的 CR2－293 细胞接种在裸鼠皮下，在细胞接种部位周围注射 TPA，此细胞在裸鼠体内可形成低分化上皮细胞癌。仅用病毒感染细胞或单独 TPA 作用的细胞在裸鼠皮下都不形成肿瘤。这表明，EB 病毒单独不能引起永生化上皮细胞在裸鼠体内形成肿瘤；在 TPA 协同作用下，能使 EB 病毒感染的上皮细胞形成上皮细胞癌。

杂交试验证明，肿瘤组织中有EBERs存在，表明EB病毒可持续存在于肿瘤细胞中。Aya等用EB病毒感染人B淋巴细胞，加TPA激活，诱导染色体发生重组，形成淋巴瘤；而单独用EB病毒感染人B淋巴细胞不形成淋巴瘤。可见，EB病毒能诱导B淋巴细胞和上皮细胞形成肿瘤，但都需要TPA的协同作用。

Griffin等用EB病毒BamHl D～A片段转入绿猴肾上皮细胞，细胞生长特征发生明显改变；细胞在体外可长期生长，并且持续带有EB病毒DNA片段，然而，转化的上皮细胞不表达EBNA，在裸鼠体内也不形成肿瘤[11]。可见，EB病毒DNA片段不足以诱导上皮细胞形成肿瘤细胞，还需其他因素的协同作用。

本研究首次证明，在TPA协同作用下，EB病毒能引起永生化人上皮细胞发生恶性转化，但还不清楚TPA如何促进EB病毒对上皮细胞的转化作用，有必要在这方面进行深入的研究。

〔原载《病毒学报》1998，14（2）：133－138〕

参 考 文 献

1 Wolf H, Zur Hausen H, Becker V. EB viral genomes in epithelial nasopharyngeal carcinoma cell. Nature（New Biol），1973，244：245－247

2 Klein G，et al. Direct evidence for the presence of Epstein－Barr virus DNA and nuclear antigen in malignant epithelial cells from patients with anaplastic carcinoma ofthe nasopharynx. Proc Natl Aead Sci USA，1974，71：4737－4741

3 Grogan E，et al. Expression of Epstein－Barr viral early antigen in monolayer tissue cultures after transfection with viral DNA and DNA fragments. J Virol，1981，40：861－869

4 Li Q X，Young L S，Niedobitek G，et al. Epstein－Barr virus infection and replication in a human epithelial cell system. Nature，1992，356：347－350

5 lto Y，et al. Combined effect of the extracts from Croton Tiglium，Euphorbia lathyris or Euphoybia TIrucalli and n－Butyrate on Epstein－Barr virus expression in human lymphoblastoid P3HR1 and Raji cells. Caner Letter，1981，12：175－180

6 曾毅，等．中草药对Raji细胞EB病毒早期抗原的激活作用．中国医学科学院学报，1984（12）：175－180

7 李宝民，纪志武，刘振声，等．Epstein－Barr病毒在人上皮细胞中增殖和表达．中华实验和临床病毒学杂志，1996，10（4）：340－343

8 Sambrook J，et al. Molecular Cloning：A Laboratory Manual. Second edition，New York：Cold Spring Harbor Laoratory Manul. Second edition，New York：Cold Spring Harbor Larboratory Press，1989

9 Dolyniuk M，et al. Protein－Barr virus. Analysis of the polypeptides of purified enveloped Epstein－Barr virus. J Virology，1976，17：935－949

10 Jeremy W D，et al. Methods in Gene Technology：A Research Annual. Volume1，London：J A I Press lnc，1991

11 Griffin B E and Karran L. lmmortalization of monkey epithelial cells by specific Frabments of Epstein－Barr virus DNA Nature，1984，309：78－82

Epstein – Barr Virus Induced Malignant Transformation of Immortalized Human Epithelial Cells

LI Bao – min, JI Zhi – wu, LIU Zhen – sheng, ZENG Yi (Institute of Virology, Chinese Academy of preventive Medicine)

In order to investigate the role of EB virus in the transformation of human epithelial cells, pSG – CR2 – Hyg vector was transfected into immortalized human epithelial cells (293 cells) to express. EBV receptors. EBV was used to infect these CR2 – 293 cells, in which EBV could replicate and express EBV antigens. EBV W fragments were amplified in EBV – infected CR2 – 293 cells by PCR, EBV – infected epithelial cells grew in piles with multiple cellular layers. When these epithelial cells were transplanted subcutaneously into nude mice and treated with TPA, poorly differentiated carcinomas were induced . Hybridization test indicated that EBERs of EBV were present in tumor tissues.

〔**Key words**〕 Epstein – Barr virus; CR2; TPA; Nasopharyngeal carcinoma

227. Epstein – Barr 病毒潜伏膜蛋白基因免疫的初步研究

中国预防医学科学院病毒学研究所 纪志武 谈滾逐 曾 毅

河南医科大学人体解剖教研室 臧卫东

〔**摘　要**〕 利用基因免疫技术，将重组质粒 pBS – LMP – Hyg 直接注入 BALB/C 小鼠骨骼肌中，于第 2、4、8 周，用间接免疫荧光法检测鼠血清中抗 EB 病毒潜伏膜蛋白（LMP）特异抗体。结果表明，所有免疫小鼠（5/5）均产生特异抗体，且抗体滴度随时间变化逐渐增高。

〔**关键词**〕 基因免疫；EB 病毒；潜伏膜蛋白（LMP）；PCR

基因免疫（gene immunization）是 20 世纪 90 年代发展起来的新技术，它是指经不同途径将带有外源基因的重组 DNA 直接导入动物体内，不但使外源基因在动物体内获得表达，而且动物可在较长时间内产生一定滴度的特异性抗体。1990 年 Wolff[1] 等用化学试剂处理法，把带有氯霉素乙酰转移酶（Chloramphenical acetytransferase）及 Luciferse 等不同基因的表达载体分别注入动物，意外地发现在对照组中，不加任何处理的基因也可在骨骼肌中表达蛋白达两个月之久。1992 年 Tang 等人[2] 研究发现，给小鼠耳部皮肤接种含有编码人生长激素基因的质粒后，大部分小鼠产生了抗生长激素抗体，标志着基因免疫技术的出现。1993 年 Wang 等人[3] 给小鼠肌内注射编码人免疫缺陷 I 型病毒（Human immunodeficiency virus type I，HIV – 1）被膜抗原 gp – 160 的质粒 pM – 160 后，获得抗 gp – 160 抗体阳性血清。Ulmer 等人[4] 报告，给鸡注射含流感病毒血凝素（H_7）表达质粒，可获得对致死量流感染的保护性免疫。Davis 等人[5] 给小鼠肌内注射含乙型肝炎表面抗原（HBsAg）的质粒，同样获得了阳性血清。关于 Epstein – Barr 病毒基因免疫的研究国内外均未见报道。EB 病毒是人传染性单核细胞增多症的病原，早已确证。有越来越多的证据说明 EB 病毒与 Burktt's 淋巴瘤、鼻咽癌和某些因机体免疫力下降而产生的淋巴组织增生性疾病密切相关[6]。被 EB 病毒转化的 B 淋巴细胞，均不同程度伴随 9 个与细胞内病毒潜伏感染 有关的病毒蛋白的表达，它们是核抗原 Ⅰ ~ Ⅵ（即 EBNA1、EBNA2a、EBNA2b、EBNA3b、EBNA3c）和潜伏膜蛋白（即 LMP1、LMP2a、LMP2b）。在这些与潜伏感染相关的蛋白中，LMP 的作用尤为突出。核酸疫苗是近年疫苗研究的新趋势。为了研制 EB 病毒疫苗，探索阻断 EB 病毒致细胞转化的作用机制和 LMP 在动物体内产生抗体的可能过程，作者把含 LMP 的重组质粒 pBS－LMP－Hyg 注射到小鼠骨骼肌内，动态地观察了特异抗体的产生。

材料和方法

一、质粒和细菌 质粒 pBluescript SK（pBS）为含有抗 Ampicillin 基因、T7 和 T3 双启动子和 LacZ 多个插入位点的亚克隆载体。含编码 LMP3 个外显子 ORF 区的长 1.8 kb 的 DNA 片段及其 SV40 早期启动子，Poly A 合成起始信号，β－globin（共长约 3.0 kb）的 DNA 序列被插在 pBS 的 Sal Ⅰ切点中，Hygromycin B 磷酸转移酶基因及其 SV40 早期启动子，Poly A 合成起始信号（长 1.6 kbp）被插在 pBS 的 Sal Ⅰ＋Cla Ⅰ切点中。重组质粒 pBS－LMP－Hyg 的宿主菌为大肠埃希菌 *E. coli* JM109。

二、抗原片的制备 应用 pBS－LMP－Hyg 转染的 Wish 细胞作为表达 LMP 抗原的细胞。Wish 细胞常规用 RPMI 1640 培养液（内含 10%56℃灭活 30 min 的小牛血清、100 U/ml 青霉素和 100 μg/ml 链霉素）37℃培养。每隔 3 天传代 1 次，细胞转染前 20 h 传代 1 次。转染前 4 h，细胞换新鲜 1640 培养液，用常规磷酸钙法作质粒的 DNA 细胞转染，质粒 pBS－LMP－Hyg 和 pBS 量各为 10 μg。转染后 3 h，用含 20% 冷二甲基亚砜（DMSO）1640 溶液处理细胞 2 min，Hank's 液洗，再换新鲜 1640 培养液，置细胞于 37℃培养，48 h 后收集细胞，涂片。丙酮－甲醇混合液（各 50%）固定后备用。

三、DNA 提取 取一小块质粒注射部位的骨骼肌，用剪刀剪成尽量小的碎块，用消化液（Tris－HC1 50 mmol/L pH8.0，NaCl 100 mmol/L，EDTA 10 mmol/L，SDS 0.5%，蛋白酶 K 50 μg/ml）消化过夜，常规酚/氯仿抽提，无水乙醇沉淀，75% 乙醇洗涤，溶于去离子水中，备用。

四、动物接种 4 周龄的 BALB/C 小鼠，用 1% 戊巴比妥钠腹腔麻醉，每只注射 100 μg 质粒 DNA（0.1 μg/μl）于左侧股四头肌，普通喂养。分别于第 2、4、8 周眼球后静脉取血，分离血清，存于－20℃冰箱备用。

五、血清中抗 LMP 特异抗体的检测 用间接免疫荧光法。羊抗鼠 lgG 荧光抗体购自华美生物工程公司。用作阳性对照的鼠抗 LMP 单克隆抗体（S12）和用作阴性对照的鼠抗 EBNA2 单克隆抗体（PEZ），均由 KENZO TAKADA 惠赠。

六、PCR 引物设计 根据已知 EBV 序列，设计一对 PCR 引物，上游引物为 5'－GTCATAGTAGCTTAGCTGAAAC－3'，下游引物为 3'－CACAAGTAGTGACACAGCAAC－5'。上游引物与 EB 病毒 DNA 结合的位置是 168 163 ~ 168 183，下游引物与 EB 病毒 DNA 结合的位置是 168 736 ~ 168 756，预计 PCR 产物为 594 bp。

七、PCR 扩增 以质粒 pBS－LMP－Hyg 注射部位的小鼠骨骼肌 DNA 为模板，质粒 pBS－LMP－Hyg 为阳性对照，质粒 pBluescript SK 为阴性对照 。样品经 95℃煮沸 7 min 后，再冰浴 10 min，然后再加 Taq DNA 聚合酶及其他试剂，上机扩增。反应程序：变性 94℃45 s，复性 55℃1 min，延伸 72℃90 s，共 30 个循环。

结　　果

质粒 pBS－LMP－Hyg 构建见示意图（图 1），详细构建过程见文献〔8〕。

我们检测了表达质粒 pBS－LMP－Hyg 免疫后第 2、4、8 周小鼠的血清，结果 5 只小鼠均可检测到抗 LMP 特异抗体。S12 作为 LMP 特异抗体的阳性对照，PEZ 作为阴性对照，结果见图 2。用空载体 pBS 转染的 BHK 细胞涂片，经与 S12 反应后免疫荧光检测结果为阴性。

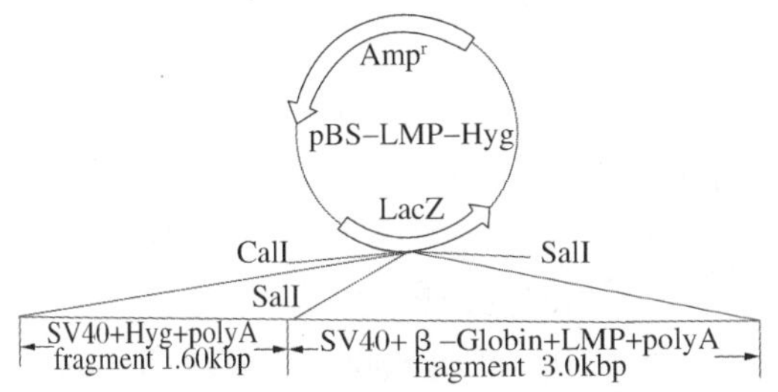

图 1　质粒 pBS－LMP－Hyg 示意图

Fig. 1　The sketh of plasmid pBS－LMP－Hyg

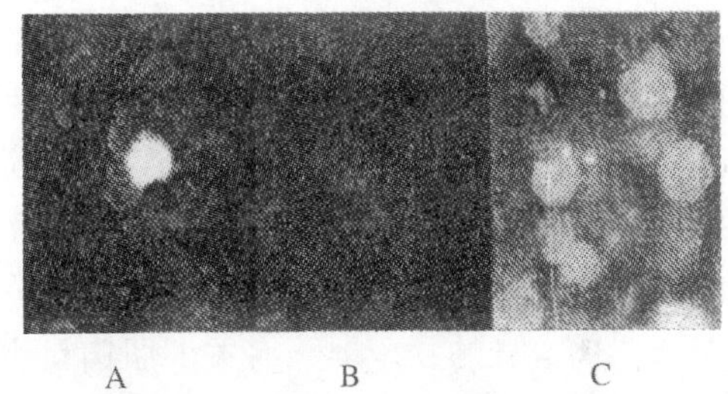

图 2　S12（A）、PEZ（B）、pBS－LMP－Hyg 免疫后小鼠血清（C）与 pBS－LMP－Hyg 转染的 Wish 细胞间接免疫荧光反应结果

Fig. 2　The results of IIF reaction of S12（A），PEZ（B），Positive mouse serum（C），with Wish cells transfected by plasmid pBS－LMP－Hyg

用磷酸缓冲液倍比稀释待测的小鼠血清后，间接免疫荧光检测结果表明，用质粒 pBS－LMP－Hyg 一次注射小鼠后，其血清抗体滴度随时间延长逐渐升高，结果见表 1。

表 1　抗 LMP 特异抗体滴度检测

Tab. 1　Detection of the specific antibody titer against LMP

小鼠编号 Number of mouse	免疫后不同周小鼠抗体滴度（1：） Antibody titer at different weeks after immunization（1：）		
	2	4	8
1	16	32	32
2	16	32	64
3	16	32	64
4	16	32	32
5	16	32	32
平均滴度 Average titer	16	32	44.8

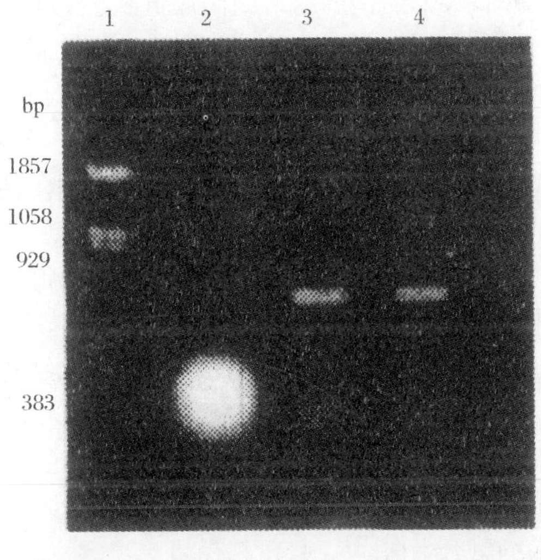

1 DNA 分子量标准；2 阴性对照；3 阳性对照；4 小鼠骨骼肌标本

图 3　PCR 扩增 LMP 产物琼脂糖凝胶电泳分析

Lane 1. pBR 322/BstNI Marker; Lane 2. Negative control; Lane 3. Positive Control; Lane 4. Mouse skeeletal muscle sample.

Fig. 3　The analysis of PCR amplified LMP DNA product by agarose gel electrophorests

为了解目的质粒经注射后在小鼠骨骼肌内的存在情况，我们于注射质粒 DNA 8 周后提取小鼠骨骼肌 DNA 作模板，扩增细胞内特异 DNA 序列。结果扩增出 594 bp 的特异产物（图 3）。

讨　　论

我们将重组质粒 pBS－LMP－Hyg 接种于小鼠的骨骼肌，第 2 周即在小鼠血清中检测到抗 LMP 特异抗体，第 4 周和第 8 周抗体滴度逐渐升高。这说明裸露质粒可以进入骨骼肌细胞，持续存在，并能够表达。骨骼肌作为外源基因的直接受体组织，质粒 DNA 进入肌细胞的机制尚不清楚。骨骼肌是一种高度分化的组织，每个肌细胞可有上百个细胞核，沿着肌细胞的长轴靠近细胞膜排列。肌细胞的特征性结构 T 管对质粒 DNA 进入肌细胞可能起着重要作用。T 管是肌细胞膜内陷形成的，它可以将肌细胞的去极化引导至细胞内部，使整块肌肉收缩[9]。成熟肌细胞的基因直接转移效率并不高，至多 1%～2% 的小鼠股四头肌纤维（总数约 3000 个）可被质粒 DNA 转染。一些作者报道，并非每只免疫鼠均可产生抗体[3-5]，这可能与肌肉本身的物理屏障有关。肌肉具有 3 层结缔组织鞘，即肌外膜、肌束膜和肌内膜。肌外膜包被整块肌肉，肌束膜包绕着肌纤维束，而肌内膜包在单个肌纤维表面，而且与细胞的基膜相连。肌外膜可被注射针头刺穿，所以不具有阻止质粒 DNA 进入肌细胞的作用，而肌束膜具有限制质粒 DNA 扩散的作用。Davis[5] 等人把印度墨水注入肌肉中，横切面观察发现，墨水限于束间隙的大部分区域，而不是在每根肌纤维周围。我们的实验结果检测到 5 只小鼠均可产生抗 LMP 特异抗体，可能的原因是免疫动物的质粒 DNA 体积较大所致。一般作者将免疫动物的 100 μg 质粒 DNA 溶于 100 μl 体积中进行注射，且是注入双侧股四头肌，而我们注射的 100 μg 质粒 DNA 体积为 1 ml，又是注射于一侧股四头肌，这样就使得肌肉内部压力增高，对肌肉的结缔组织膜起到机械性破坏作用，增加了质粒 DNA 进入细胞的机会。Davis[10] 等发现，给小鼠注射质粒 DNA 之前，先用局麻药物（丁哌卡因）或心脏毒素（一种蛇毒）使肌纤维变性，可以使进入肌纤维的质粒 DNA 的量增加 10 倍。

PCR 结果显示，质粒注射后第 8 周，目的基因在受体肌肉组织内仍可检出。换言之，目的基因在动物体内至少可以表达至第 8 周。使用 S12 单克隆抗体作为实验的阳性对照，小鼠血清抗体的特异性是有保障的。

本文运用核酸免疫的方法生产抗 EB 病毒 LMP 抗体的意义在于：①由于 LMP 蛋白的结构十分特殊，由 386 个氨基酸构成的 LMP 亲水部分在细胞膜内，由 6 个 20～30 个氨基酸构成的疏水区部分在细胞膜上，而这些疏水结构均不能刺激机体产后特异性抗体[8、11]，也就是说，只有用人工免疫的方法才能获得抗 LMP 的抗体。②本文报告使用核酸免疫的方法生产抗 LMP 抗体是成功的，得到的抗体可满足一般免疫学实验的要求，而且操作方法简单，生产成本较低，而目前广泛使用的抗 LMP 的单克隆抗体 S12 是一种抗 LMP 亲水部分和半乳糖苷酶的融合蛋白[12]，且价格昂贵。

〔原载《病毒学报》1998，14（2）：139－143〕

参 考 文 献

1 Wolff J A，Malone R W，Williams，P，et al. Direct gene transfer into mouse muscle in vivo. Science，1990，24：1465－1468

2 Tang D，Devis M，Johnston S A，et al. Ge-

neic immunization is a simple method for eliciting an immune response . Nature, 1992, 356: 152 - 154

3 Wang B, Llfge K E, Strikantan V, et al. Gene inoculation generates immune responses against human immunodeficiency virus type Ⅰ. Proc Natl Acad Sci USA, 1993, 90: 4156 - 4160

4 Ulmer J B, Deck R R, Dewitt C M, et al. Protective immunity by intramuscular injection of low doses of influenza virus DNA vaccines. Vaccine, 1994, 12: 1541 - 1544

5 Davis H L, Miehel M L, Macini M, et al. Direct gene transfer in skeletal muscle: plasmid DNA based immunization against the hepatitis B vitus surface antigen. Vaccine, 1994, 12: 1503 - 1509

6 Klein G. Analysis of multistep scenarios in the natural history of human and animal cancer . In: Advances in viral oncology. New York : Raven Press, 1987, 7: 207 - 220

7 Klein G. Transcription of Epstein - Barr virus in latently infected growth transformed lymphocyte. In: Advances in viral oncology . New York : Raven Press, 1989, 8: 133 - 150

8 纪志武, Kenzo Takada , 李宝民, 等. Epstein - Barr 病毒潜伏膜蛋白 (LMP) 基因在哺乳动物传代细胞中的表达. 病毒学报, 1995, 11: 305 - 311

9 Wolff J A, Dowty M E, Jiao S , et al. Expression of naked plasmids by cultured myotubes and entry of plasmids into T tubules and calveolae of mammalian skeletal muscle . J Cell Sci, 1993, 103: 1249 - 1259

10 Davis H L, Demeneix B A, Quantin B, et al. Plasmid DNA is superior to viral vectors for direct gene transfer in adult mouse skeletal muscle. Hum Gene Ther, 1993, 4: 733 - 740

11 Fennewald S, et al. Nucleotide sequence of an mRNA transcripted in latent growth - transforming virus infection indicates that it may encode a membrane protein . J Virol, 1984, 51: 411 - 419

12 Karen P Mann, et al. Posttranslational processing of the Epstein - Barr virus - encoded P53/LMP protein . J Virol, 1987, 61: 2100 - 2108

Preliminary Study of Gene Immunization against Latent Membrane Protein (LMP) of Epstein - Barr Virus

JI Zhi - wu[1], ZANG Wei - dong[2], TAN Lang - zhu[1], ZENG Yi[1]

(1. Institute of Virology, Chinese Academy of Preventive Medicine;
2. Department of Anatomy , Henan Medical University)

For the study of gene immunization, we injected the expression plasmid pBS - LMP - Hyg directly into the quadriceps muscle of BALB/C mice . Indirect immunofluorescence assay was used to detect specific antibody against Epstein - Barr virus latent membrane protein (LMP) in sera of mice, at the second, fourth, and eighth week. The results showed that all mice were able to elicit apecific immune response and the antibody titers in mice rose along with the time.

〔**Key words**〕 Gene immunization; Epstein - Barr virus; Latent membrane protein (LMP); PCR

228. 重组含有 Epstein－Barr 病毒潜伏膜蛋白 1（LMP1）基因的杆状病毒在昆虫细胞中的表达

中国预防医学科学院病毒学研究所 周 玲 刘海鹰 柯越海 王汉明 马 林 曾 毅

〔摘 要〕 用杆状病毒表达系统重组病毒，在昆虫细胞中表达了完整的含有 EBV－LMP1 基因 3 个外显子开放读码框架的长 2.3 kb 的 cDNA 片段。用重组病毒感染 Sf 9 细胞，用免疫荧光染色，结果表明：48 h 表达重组蛋白，72 h 细胞较完整，免疫荧光染色强阳性，96 h 后细胞出现破碎。我们采集 72 h 的组织培养上清和细胞破碎裂解液，分别采用 SDS－PAGE、HPIC 分子筛法，用免疫蛋白印迹法实验证明，表达的蛋白能被抗 LMP1 的单克隆抗体所识别，测定表达蛋白的相对分子质量为 60×10^3。经蛋白含量扫描图分析，采用 Sephadex－75 柱初步纯化表达的 LMP1 蛋白，将后者进行裸鼠体内致瘤实验，未见肿瘤生长。

〔关键词〕 杆状病毒；昆虫细胞；潜伏感染膜蛋白；纯化

EB 病毒是人传染性单核细胞增多症的病原。EBV 与 Burkitt's 淋巴瘤、鼻咽癌（NPC）和因机体免疫力下降而产生的某些淋巴增生性疾病密切相关[1]。研究证明，EB 病毒的潜伏膜蛋白 1（LMP1）基因是致癌基因，它对上皮细胞具有很强的转化作用，使永生化细胞具有致癌性。LMP1 具有特异的抗原决定簇，它能作为细胞毒性 T 细胞（CTL）的靶抗原触发特异性的细胞免疫[2]。因而，LMP1 在 NPC 的免疫监视、免疫预防乃至免疫治疗方面都成为国内外研究 EBV 学者们所关注的焦点。我们曾用重组 rAAV－LMP1 诱导的 CTL 对 LMP1 阳性靶细胞产生识别与杀伤作用[3]，为使用基因重组技术进行 EB 病毒相关疾病的预防和控制奠定了实验基础。本文采用杆状病毒表达系统在昆虫细胞中表达完整的 EBV－LMP1 基因，实验证明，该表达蛋白在裸鼠体内无致癌性。本工作对鼻咽癌的免疫及治疗性疫苗研究具有意义。

材料和方法

一、细胞的病毒 Sf 9（Spodoptera fruiperda9）昆虫细胞由本所保存，用含有 10% 胎牛血清（天津生化所）及青、链酶素的 TC100 营养液 27℃培养，每 3 天传代 1 次。

二、质粒与菌种 供体质粒 pFastBac，致敏菌 DH10Bas，细胞转染试剂 Cell Fectin 均购自 GIBCO 公司。重组质粒 pVL1393－LMP1 由本所构建，含有 EBV－LMP1 片段的 cDNA。

三、重组病毒的构建 参见 Bac－to－Bac 试剂盒操作手册。含有插入 cLMP1 片段的重组质粒 pEB－LMP1 转化 DH10Bac 致敏菌，从转化的平皿中挑取白色菌落，扩增后提取 Bacmid 并转染 Sf 9 细胞，获得重组杆状病毒 Bac－lmp1。

四、表达产物的检测 为了检测不同时间内重组蛋白的表达，取重组病毒感染后 24～96 h 的细胞进行免疫荧光染色。采集 72 h 的细胞上清和细胞裂解液，分别采用 SDS－PAGE 和分子筛法，以及蛋白印迹实验来测定表达的相对分子质量。

五、表达蛋白的初步纯化 收集重组病毒感染 72 h 后的细胞裂解液上清与细胞培养上清，做 SDS - PAGE 电泳，用蛋白含量扫描圈测定蛋白含量，然后采用 Sephadex - 75 柱提纯收集表达的 LMP1 蛋白。

六、纯化后蛋白的测定 收集蛋白做 SDS - PAGE 及蛋白扫描图，做免疫打点测定 LMP1 蛋白的特异性。

七、致瘤试验 取 4 周龄的 9 只 Balb/C 乳鼠（本室繁殖），分别用生长好的 Hella 细胞和表达 LMP1 的 Sf 9 细胞以及纯化的 LMP1 蛋白，接种乳鼠背部皮下，观察致瘤情况。

八、试剂、抗体、内切酶、连接酶、抗生素 均购自北方同正生物公司。TC100 培养基系美国 GIBCO 公司产品。S12 细胞分泌 LMP1 鼠单克隆抗体，由美国 Kieff 教授惠赠。Hela 细胞为本所保存。

结　果

一、重组质粒的构建及其鉴定 首先用 EcoRI 酶切本室构建的重组转移质粒 pVL1393 - cLMP1，低溶点胶回收，经鉴定为 cLMP1 片段约 2. 3 kb（图 1）。同样用 EcoRl 酶切 Donerp-FastBac 末端，脱磷酸，用连接酶将纯化的 2. 3 kb 的 cDNA 片段插入 pFastBac，得到重组供体质粒 pFB - LMP1（图 2）。经内切酶鉴定方向正确，转化 DH10Bac 致敏菌。从转化平皿中挑取白色菌落，扩增提取 Bacmid，转染 Sf9 细胞，获得重组杆状病毒 Bac - cLMP1。

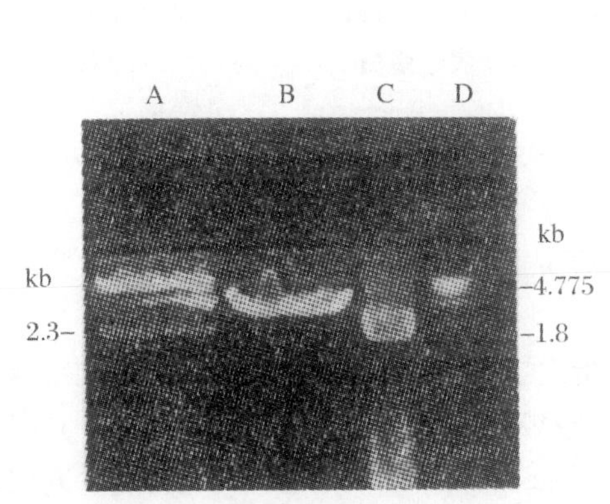

A. pVL - LMP1/EcoRI 得到 2. 3kb 片段；B. pFast/Eoo-RI 可见 4. 775kb 片段；C. pSG5 - LMP1/EcoRI 得到 1. 8kb LMP1；D. 相对分子质量 mark λDNA/HindⅢ.

图 1　酶切鉴定图

A. 2. 3kb fragment from pVL - LMP1/EcoRI；B. 4. 775kb fragment of pFast/EooRI；C. 1. 8kbLMP1 from pSG5 - LMP1/EcoRI；D. λDNA/HindⅢ. marker

Fig. 1　Restriction enzyme identification

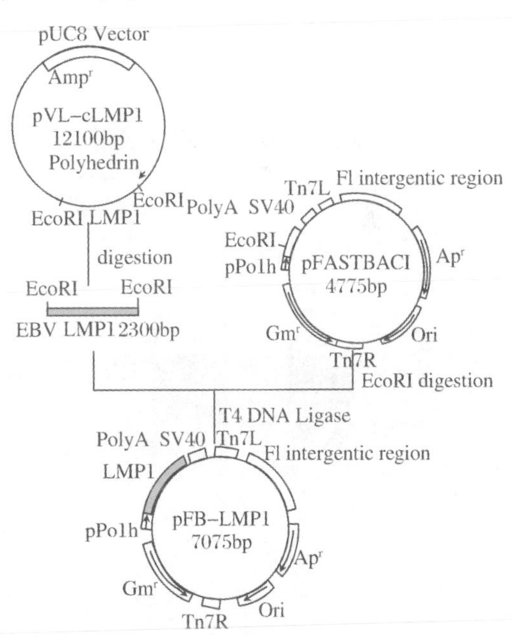

图 2　pFB - LMP1 重组质粒构建图

Fig. 2　Construction of the recombinant plasmid pFB - LMP1

二、重组蛋白的表达 收获重组病毒感染 24 ~ 96 h 后的细胞涂片，经免疫荧光染色，结果表明：48 h 后已表达重组蛋白，72 h 免疫荧光染色强阳性，且细胞较完整（图 3）；96 h 后细胞出现破碎。我们采集 72 h 的细胞上清、细胞经超声波破碎离心的上清，分别做

SDS－PAGE电泳，发现在 60×10^3 处有明显条带（图 4）。用 HPLC 分子筛法见到的峰在此范围（图 5）。用蛋白免疫印迹实验表达的蛋白能被抗 LMP1 的单抗所识别，相对分子质量约 60×10^3（图 6），与文献报道的测定值在 $53\sim63\times10^3$ 相符。

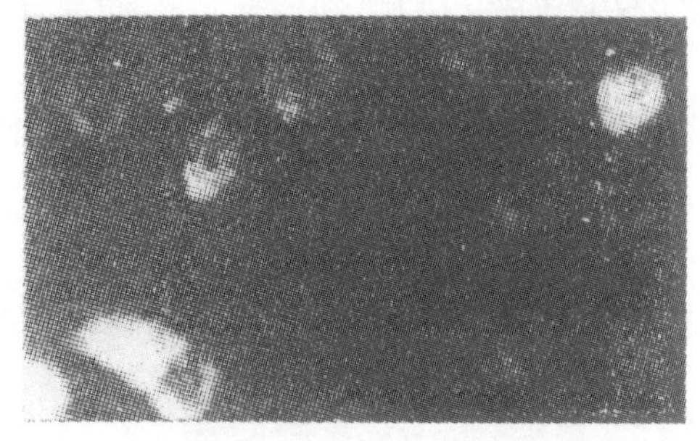

图 3　LMP1 在 Sf 9 细胞中 72 h 的免疫荧光反应

Fig. 3　Immunofluorescent test to LMP1 in Sf 9 cells after 72 hours of infection

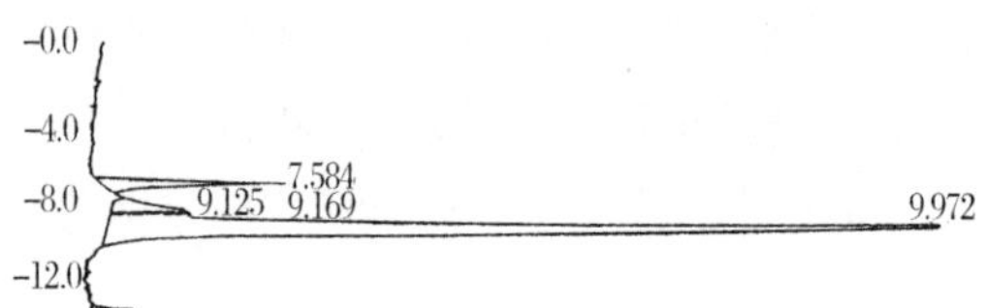

图 5　HPLC 分子筛图

Fig. 5　Map of HPLC

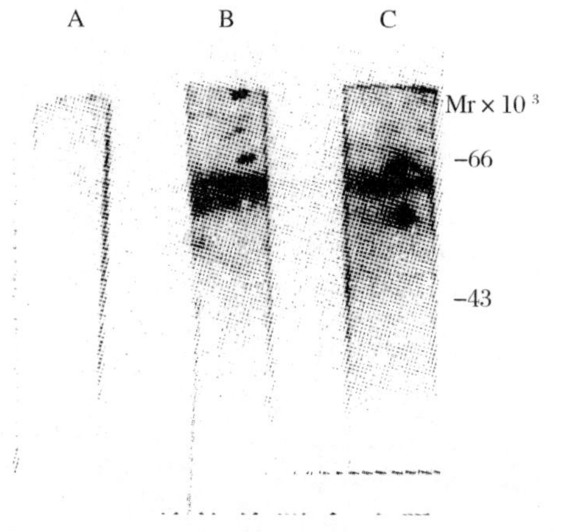

A. Sf 9 细胞；B. 表达蛋白 LMP1 的 Sf 9 细胞上清；C. 表达蛋白 LMP1 的细胞裂解液

图 6　LMP1 单抗检测表达蛋白 LMP1 的 Western－blot 结果

A. Sf 9 cell; B. Sf 9 cell supernatant with expressed LMP1 protein; C. Sf 9 cell lysate with expressed LMP1 protein.

Fig. 6　Detection of expressed LMP1 with mose anti－LMP1 monoclonal antibody by Western－blot

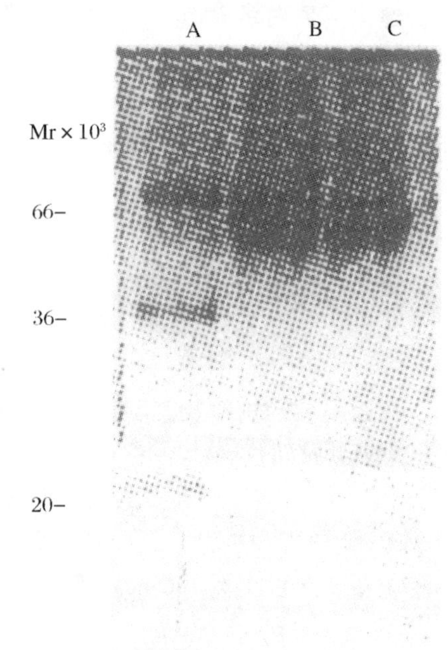

A. 标准蛋白；B. 细胞培养上清；C. 细胞裂解液

图 4　表达蛋白 LMP1 的 SDS－PAGE

A. Marker；B. Cells supernatant；C. Cell lysate.

Fig. 4　SDS－PAGE of expressed LMP1 protein

三、表达蛋白的初步纯化及测定　收集重组病毒感染 72 h 后的细胞裂解液和上清，经 SDS－PAGE 及蛋白含量扫描图可以看出，上清和细胞裂解液表达的 LMP1 蛋白相对分子质量在 $(56\sim58)\times10^3$。采用 Sephadex－75 柱提纯，收集不同峰段的表达蛋白，做 SDS－PAGE 和蛋白扫描图，看到纯化后的 LMP1 蛋白相对分子质量为 57×10^3（图 7）。用 LMP1 单抗作免疫打点试验，测定表达 LMP1 蛋白的特性（图 8）。

四、致瘤试验结果　用 10^6 量的 Hela 细胞皮下接种裸鼠，接种 2 周后有结节生长，逐日增大，生瘤率为 100%。以表达 LMP1 蛋白的 Sf 9 细胞和纯化后的 LMP1 蛋白同样接种裸鼠，细胞剂量为 10^6，蛋白含量为 10 μg、50 μg、100 μg，4 周后皮下无结节，全部裸鼠均未长瘤。

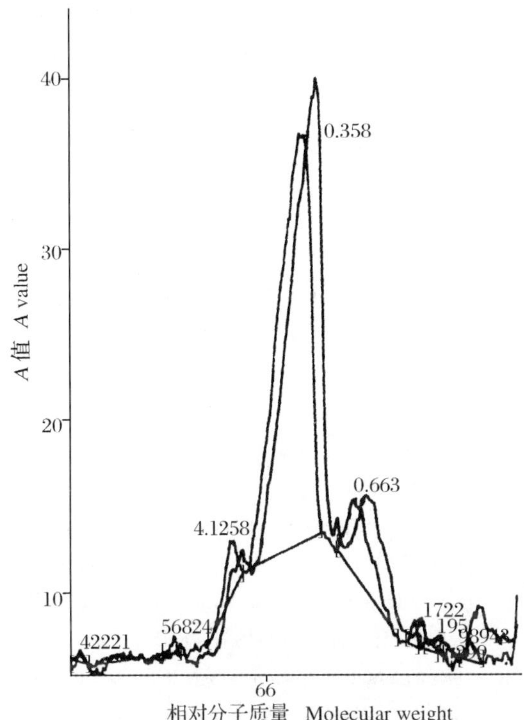

图7 纯化后蛋白扫描图

Fig. 7 Densitometic scanning of protein after purification

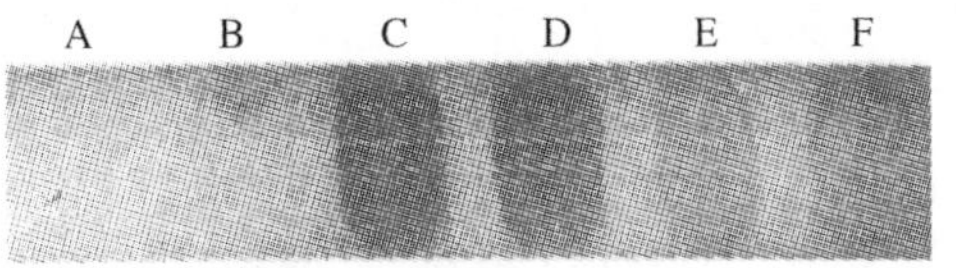

A、B：正常Sf 9细胞上清与LMP1单抗反应；C、D：含表达蛋白LMP1的Sf 9细胞上清与单抗反应；E、F含表达蛋白LMP1的Sf 9细胞裂解液与LMP1单抗反应

图8 免疫打点试验

A、B：Normal Sf 9 cell supernatant reacted with antiLMP1 monoclonal antibody；C、D：Sf 9 cell supernatant containing expressed LMP1 protein reacted with anti - LMP1 monoclonal antibody；E、F：Sf 9 cell lysate containing expressed LMP1 protein reacted with anti - LMP1 Monoclonal antibody.

Fig. 8 Result of immunoblot

讨 论

在EBV的潜伏感染时，至少有11种基因表达。这些潜伏基因在细胞增殖转化过程中发挥的作用各不相同，普遍认为LMP1在细胞转化和肿瘤形成中的作用更为重要[4]。因此LMP1的作用日益受到人们的重视。

LMP1基因位于EBV基因组BamHl Nhet片段上，其ORE为左向读码框架，核苷酸定位于169、474~168、163nt，包括3外显子及2个内含子。LMP1编码基因受控于ED - L1启动子。不同EB株的LMP1相对分子质量不同。在（52~63）$\times 10^3$，相对分子质量不同，所以造成相对分子质量不同的原因是LMP1 ORF的末端有一个33bp的重复序列，不同病毒株的重复序列的拷贝数不同，所以造成相对分子质量不同，该重复序列对于LMP1蛋白的稳定性发挥一定作用[5,6]。Wang等探讨了EBV与NPC发生的机制时，首先发现65% NPC活检组织中查有LMP1的表达。其次将LMP1基因转染RHEK - 1细胞系后，细胞形态恶变发展，细胞角蛋白表达下调，认为LMP1表达是NPC发生的重要致病因素，此外，采用现代反转录PCR法分析了NPC细胞中存在LMP1的mRNA，并发现了LMP1的转录，这些说明LMP1基因在EBV致NPC中起着至关重要的作用[7]。

1987年David等人分析了LMP1的全部氨基酸序列及在膜内、中、外的分布。他们在文章中取名为p63蛋白，发现p63蛋白的膜外有3个区，命名为LMP1A段含有43~53氨基酸片段，并确定了LMP1 A的10个氨基酸片段可被细胞免疫应答所识别，可诱导出特异性CTL；并发现LMP1特异性CTL所识别的靶抗原序列为LMP1N末端区，与LMP1A段的43~53的10个氨基酸片段是一致的[8]。陈小毅等[9]研究又证明，EBV - LMP1既是EBV特异性T细胞的刺激抗原，又是其识别的靶抗原。杨成勇等人[10]采用自体T细胞感染LMP1重组痘苗病毒为自体刺激细胞和靶细胞，建立了快速简便的一步法检测EBV - LMP1的CTL功能，共检测了10例鼻咽癌患者的免疫功能，发现其明显低于正常人群组（$P<0.01$），相差2倍

以上。提示机体对 LMP1 特异性 CTL 功能与鼻咽癌发病之间的重要关系。这为开展 EBV - LMP1 基因疫苗的预防及免疫治疗提供更充分的实验依据。本研究中对在昆虫细胞中表达的完整 EBV - LMP1 蛋白，经纯化及乳鼠致癌实验[11]中无肿瘤生长，该项工作为疫苗奠定了基础。为提高人群对 EBV 的免疫力，有必要进行进一步的研究，了解其免疫原性及进一步纯化蛋白等。

（致谢：该研究得到本所管永军先生，叶树清副主任技师以及杭州九源基因工程有限公司的汪家权先生的帮助，特此感谢。）

〔原载《病毒学报》1998，14（3）：210 - 214〕

参 考 文 献

1 Yeung W M, Zong Y S, Chiu C T. EBV carriage by NPC carcinoma in situ. lnt J Cancer , 1993, 53: 746

2 Kevin Hennessy, Susan Fennewwald <Mary Hummel, et al. A membrane protein encoded by Epstein - Barr virus in latent growth - transforming infection. Proc Natl Acad Sci USA, 1984, 81: 7207 - 7211

3 赵峰，刘海，周玲，等．重组诱导的特异性细胞毒 T 细胞对 LMP 阳性靶细胞的识别和杀伤．中华实验和临床病毒杂志，1997（3）：247 - 251

4 HUI F , Chen F, Zheng X, et al. Clonability and tumorigenicity of human epithelia cells expressing theEBV encoded LMP1. Oncogene, 1993, 8: 1575

5 Kevin Hennessy. A membrane protein encoded by EBV in latent growth - transforming infection. Proc Natl Acad Sci USA, 1984, 81: 7207 - 7221

6 Bankier A T. DNA sequence analysis of the EcoRl Dnet fragment of B95 - 8 EBV containing the terminal repeat sequences. Mol Biol Med , 1983, 1: 425 - 446

7 David Wang, David Liebowitz, Elliott Kieff, et al. An EBV membrane protein expressed in immortalized lymphocytes transforms established rodent cells. Cell, 1985, 43: 831 - 840

8 David Liebowitz. Epstein - Barr Virus - An old dog with ne tricks. The New England J of Medicine. 1995, 332: 55 - 57

9 陈小毅，等．EBV 特异性 T 细胞对重组疫苗表达和的靶细胞的识别．病毒学报，1991（2）：125 - 131

10 杨成勇，沈培奋，曾毅．鼻咽癌晚期患者 EB 病毒潜伏膜蛋白 1（LMP1）的特异性细胞免疫．待发表

11 田淑芳，伍贵方，梅雅芳，等．重组 DNA 转化 CHOz 细胞二氧叶酸还原酶阴性突变株的细胞染色体变化及致瘤性．病毒学报，1989（4）：323 - 326

A Study on the Expression of Epstein - Barr Virus Latent Membrane Protein In Insect Cells

ZHOU Ling, LIU Hai - ying, KE Yue - hai, WANG Han - ming, MA Lin, ZENG Yi (Institute of Virology, CAPM)

Using the baculovirus expression vector system, Epstein - Barr Virus latent membrane protein 1 (EBV - LMP1) was expressed in the indect cell, which contained a 2. 3kb cDNA fragment encoded by three exon ORFs. The recombinant virus was used to infect Sf9 cell and the immunofluorescent test indicated that the recombinant protein was produced after 48 hours of infection, the cells were kept intact and showed strong positivity by the immunofluorescent test after 72 hours, but the cells were broken down after 96 hours. Collecting the supernatant and cell lysate after 72 hours, the SDS – PAGE and SEC – HPLC respectively revealed that the MW of the expressed protein was 60×10^3, Western – blot showed that the protein can be recognized by LMP1 monoclonal antibody. After analysing the expressed protein by Image – Master VDS and purifying initially with Sephadex – 7s the purified recombinant LMP1 protein in the tumor – promoted study of nude mice did not indue tumors.

〔**Key words**〕 Baculovirus; lnsect cell; The latent infectious membrane protein; Purification

229. 重组 HIV－1 逆转录酶的纯化与活性研究

中国预防医学科学院病毒学研究所　柯越海　曾　毅　杭州九源基因工程有限公司　汪家权

〔**摘　要**〕　利用高效重组表达载体 RP66 工程菌诱导发酵产生无活性的包涵体形式重组 HIV－1 逆转录酶（RT），经过一定条件的摸索，确定了包涵体形式 RT 蛋白的洗涤、增溶、复性的条件。复性后的可溶性蛋白，经疏水相互作用和阴离子交换层析进一步分离纯化。同时复性纯化过程用反相高效液相系统（RP－HPLC）监控。最终可获得纯度95%左右、比活性最高达 9.75×10^5U/mg 的逆转录酶。

〔**关键词**〕　HIV－1；逆转录酶；重组蛋白

直接从 HIV 病毒颗粒提取逆转录酶（RT）存在含量少、价格昂贵，且有一定危险性的缺点。人工重组的 HIV－1 逆转录酶克服了这些缺点。大量、安全、廉价的重组的有活性的 HIV－1 RT，一方面为目前以 RT 抑制剂为重点的抗 AIDS、抗病毒药物研制提供了大量可靠的逆转录酶来源，另一方面也为 HIV 的确诊，逆转录过程的 HIV 增殖周期的基础研究，以及分子生物学工具酶的运用有着现实意义。

许多基因工程产品普遍采用大肠埃希菌表达体系，外源基因在大肠埃希菌高效表达往往形成包涵体形成的异源蛋白。包涵体主要是一种由不溶性目的蛋白构成的具有膜结构非结晶型表达的聚集体，因此对目的蛋白下游纯化过程的有利的，尤其是包涵体的聚集纯度，有利于保护某些脆弱不稳定的重组蛋白，避免被菌体蛋白酶或外界强烈作用的破坏而损失。但这种包涵体表达的蛋白多数无活性且不可溶，因此，包涵体的复性过程非常关键。本研究对摸索包涵体形式表达的基因工程产品的复性和纯化分离过程有着现实意义。

材料和方法

一、质粒和菌株　质粒 pBV220 由病毒基因工程国家重点实验室提供；寄主菌 *E. coli* DH5α、重组质粒 PR66 由病毒所肿瘤室提供。

二、主要试剂　Buffer A：0.1 mol/L Tris－Cl、2 mol/L Urea、10 mmol/L EDTA；Buffer B：0.1 mol/L Tris－Cl、4 mol/L Urea、10 mmol/L EDTA；Buffer C：7 mol/L GuHCl、100 mmol/L Tris－C1（pH8.0）、100 mmol/L β－MT、1 mmol/L EDTA、20 mmol/L NaCl；Buffer D：70 mmol/L Tris－Cl、20 mmol/L NaCl、1 mmol/L EDTA、4 mol/L Urea、2 mmol/L

GSHre、0.2 mmol/L GSHox；Buffer E：70 mmol/L Tris－Cl、20 mmol/L NaCl、1 mmol/L EDTA、2 mol/L Urea、2 mmol/L GSHre、0.2 mmol/L GSHox；Buffer F：PBS（pH7.3）、1 mmol/L EDTA、1 mmol/LDTT、2%甘油；Buffer G：50 mmol/L Tris－Cl、50 mmol/LKCl、20%甘油、0.1% Trition－X－100、2 mmol/L β－巯基乙醇、4 mmol/L EDTA、1 mol/L 磷酸铵、450 μmol/L poly（A）：oligo（dT）。

三、细菌的诱导表达 ①少量 RP66 的诱导表达：单菌落接种 37℃培养，1∶10 体积扩大，30℃培养使 *A* 值达到 0.6～1.0；迅速升温 42℃诱导表达 2～3 h，收集菌体，超声波裂解，离心收集沉淀。②工程菌大规模发酵：取单菌落 10 瓶（10×100 ml）30℃过夜培养 6～8 h，使菌体 *A* 值达 0.9 左右，进 15 m^3 发酵罐（B. Braun 公司），控制发酵参数：温度 30℃，溶氧 do＞50℃ sol，pH（6.9±0.1），罐压 0.2 bar。发酵至 10.5 h，*A* 值达 6.8，迅速升温 42℃诱导，并加入补料培养基（葡萄糖 300 g/L），继续发酵 3 h，放罐收集菌体，破菌，收集沉淀。

四、包涵体的纯化 收集菌体沉淀以 g：ml＝1∶9 加入超声缓冲液（20 mmol/L Tris－Cl，10 mmol/L EDTA pH8.0），以 30Hz、脉冲 60 s 超声裂解细菌 3 次，再加入 Buffer A 重悬沉淀，以 g∶ml＝1∶10 体积比溶于 Buffer C，4℃温和搅拌过夜。收集样品 20 000 r/min 离心 20 min，取澄清上清过滤，同时取少量行 SDS－PAGE 电泳和 RP－HPLC 监测。用 Buffer D 将过滤后的样品以 1∶10 体积比稀释，加入尿素使之终浓度达 4 mol/L，透析袋透析复性，外液用 1∶10 体积比的 Buffer E 浸没其中，4℃温和搅拌 48 h。取少量样品 SDS－PAGE 电泳银染和 RP－HPLC 监测。

五、样品的纯化 将复性后的样品加入少量的硫酸铵，使终浓度达到 0.4mo/L，轻微搅拌，4℃静置 30 min，进行疏水相互作用层析分离，层析系统采用 phenyl－sepharose Fast Flow CL－4B（Pharmacia Biotech）。预平衡用 Buffer F＋0.4 mo/L 硫酸铵，上样流速 3 ml/min，再用 Buffer F＋0.4 mo/L 硫酸铵平衡，梯度洗脱硫酸铵浓度 0.4 mol/L→0，收集目标峰。随后进行阴离子交换层析进一步分离，将收集的目标峰样品 pH 值调到 10.0，上样 Q－sepharose，用 NaOH－Gly 平衡缓冲液平衡，NaCI 低盐上柱，高盐梯度洗脱，收集目标峰。取少许峰尖做 SDS－PAGE 银染。

六、表达样品浓缩、保存、含量测定 目标峰收集的蛋白装入透析袋，用干燥的聚乙二醇（PEG）包埋，4℃风干过夜，溶于少量 RT 储存液 Buffer G，分装 20 微升/管，20℃保存。取少量进行 SDS－PAGE 电泳银染，观察结果。蛋白含量使用 lmage Master VDS（Pharmacia Biotech）图像分析系统确定。

七、逆转录酶的活性测定 逆转录酶活性测定参照文献〔1〕操作。将待测样品加入含 10 μg/ml poly（A）、10 μg/ml oligo（dT）$_{15}$、5 μmol/L^3〔H〕dTTP（1 μCi/μl）、10×RT Buffer（50 mmol/L Tris－Cl、150 mmol/L KCl、15 mmol/L $MgCl_2$、10 mmol/LDTT pH7.8）的 50 μl 的反应体系，37℃孵育 1 h，10%三氯乙酸（TCA）终止反应。点样于 Whatman DE81 滤纸，用 10%冰三氯乙酸充分浸泡滤纸 5 min，再用 5%三氯乙酸洗涤滤纸 2 次，每次 3 min；再用 0.5 mol/L Na_2HPO_4漂洗 1 次，最后用 95%冰乙醇脱水，75℃烘干。将滤纸放入闪烁瓶，加入少量闪烁液浸没样品，室温放置过夜，液闪仪（LS/5000TA，Beckman 公司）计数。同时取 HIV－1 的逆转录酶和去离子水，分别做阳性及阴性对照。另用不清洗的样品计算^{3}H dTTP 总量，以测定实际掺入量来推算酶活性。

结　　果

一、RP66 细菌的诱导表达　经 RP66 42℃诱导，取少量超声波裂解的全菌体蛋白，做 10% SDS－PAGE 电泳，考马斯亮蓝 R250 染色，结果如图 1（略）所示。与对照比较，明显出现一条特异条带，与单一相对分子质量（66×10^3）对照完全符合。经 lmage－MasterVDS 系统扫描分析，菌体沉淀表达量为 22.4%，而上清表达量仅为 1.2%。由此可以说明，RP66 蛋白主要表达形成是沉淀的包涵体表达，而上清的少量表达有可能是包涵体形成得不完全，使少量目的蛋白形成可溶蛋白。

二、包涵体纯化　包涵体经清洗、分离纯化后，进行 8% SDS－PAGE 电泳，如图 2（略）所示。经含 2 mol/L 和 4 mol/L 尿素的缓冲液前后两步清洗包涵体的纯化方法，可使包涵体含量扫描分析从原始菌体的 12% 提高到纯化后的 60% 以上，说明本研究摸索的包涵体纯化条件可去除大部分附着的菌体蛋白杂质，而包涵体损失较小。

三、RP－HPLC 监测包涵体复性前后的蛋白状态　取包涵体增溶液和复性后的样品各 10 μl，过后相 HPLC 系统使用 Beckman 公司 Gold System。分离柱用 AII TECH 公司 NC_4柱。A 相：0.1%三氟醋酸（TFA）－H_2O，B 相：乙腈（ACN）：$H_2O=1:10$、0.1%TFA，流速 1 ml/min。表 1 中第 8 个峰为 RP66 目的峰，峰高 183.97，含量占 46.37%。由此可以看到，RP66 在复性前峰高 0.0192，复性后为 0.33652，含量从 14% 增加 46%，说明 RP66 蛋白重新折叠是明显的。扫描分析结果，不溶性包涵体纯化后的含量为 60%，复性后可溶性目的蛋白含量为 46%，测得蛋白回收率为 77%。

表 1　液闪仪测定 RT 活性 cpm 值结果

Tab. 1　Result of the RT assay（cpm）by a liquid scintillation counter

序号 Number	样品 Lot	样品量 Volume （μl）	cpm 值 cpm value	绝对 cpm 值 Absolute cpm value	相对酶活性 Relative activity （Units/μl）	比活性 Specific activity （Units/mg）
1	91 号	10	6367	5140	0.03	6×10^4
2	250 号	10	130043	128816	0.78	9.75×10^5
3	160 号	10	10439	9212	0.06	1.2×10^5
4	91 号（－20℃）	10	6562	5335	0.03	6×10^4
5	HIV－1 RT（阳性对照 Positive control）	2	55173	53946	1.6	－
6	RP66 包涵体 RP66 Inclusion body	10	1912	685	0	－
7	RP66 上清 RP66 Supernatant	10	787	－	－	－
8	空白（阴性对照 Negative control）	10	1227	0	－	－
9	^{3}H dTTP 总量 Total ^{3}H dTTP	10	290106	288873	－	－

四、目的蛋白的层析分离 复性后的目的蛋白先后经疏水相互作用和阴离子交换层析，层析过程在 AKTA FPLC 系统（Pharmacia Biotech）操作，同步检测洗脱液的 pH 值、离子强度和 $UV_{254、280}$的吸收值。收集目的峰洗脱液，取峰尖样品做 SDS－PAGE 银染检测，显示经疏水相互作用层析后目的蛋白含量达 68%，在经阴离子交换层析后纯度可达 96%。由于银染高度敏感性，图 3（略）中显示了蛋白质相对分子质量标准参照物受污染的情况。收集目的蛋白经 PEG 浓宿，20℃室温放置后，部分 P66 蛋白自身降解成 P51 和 P15 两个片段，扫描分析 P66 和 T51 含量分别为 58% 和 14%（图 4 略）。

五、逆转录酶活性的测定 分别取了不同的 3 批纯化样品（91、160、和 250 号）和不同状态保存的样品（0℃和－20℃），比较 RT 活性。同时取 HIV－1 RT 标准品作阳性对照，RP66 的包涵体和菌体裂解上清作阴性对照。相对酶活性根据文献报道〔1〕AMV 的逆转录酶（Promega，8U/μl）每一活性的 cpm 值是 16 600 左右，折算的相对于 AMV 的逆转录酶活性单位比活性是根据酶活性定义：每 10 分钟 1 mmol^3〔H〕dTTP 掺入到模板的量 cpm 值为一个酶作用单位。^{3}H dTTP 掺入量根据其浓度 5 mmol/L，2 μl 的^3〔H〕dTTP 总量为 1 mmol，插入量的百分比＝绝对 cpm 值/总 cpm 值，再根据酶活性定义计算得出的。其中样品浓度：1、2、3 分别根据 VDS 图像分析系统扫描测得大致为 0.5 ng/μl，0.8 ng/μl，1.0 ng/μl。HIV－1逆转录酶阳性对照浓度不清楚，故无法计算，包涵体大致为 2 ng/μl。图中显示 RP66 菌上清的 RP66 含量极微，而包涵体也几乎没有活性，再经增溶、复性和纯化样品，比活性可提高到 9.75×10^5U/mg。

讨　　论

HIV－1 逆转录酶在抗 AIDS 药物筛选、HIV 血清确诊、HIV 的基础研究和分子生物学工具酶运用等方面，均有广泛意义。国外重组 HIV－1RT 的工作报道较多〔2〕。早期研究 HIV－1 逆转录酶是采用提取的方法，由于病毒中逆转录酶含量极少，又涉及安全问题，故代价昂贵。从 1987 年开始用重组基因工程方法获取 HIV－1 逆转录酶。HIV－1 逆转录酶由于其本身基因组不存在内含子，1680 bp 全部为外显子表达 560 个氨基酸，也未见报道有糖基化的修饰，故一般原核表达就可获得与天然提取的 HIV－1 逆转录酶完全一致的逆转录酶。从公开报道的文献看，HIV－1 逆转录酶分别在原核大肠埃希菌系统〔3－10〕、枯草杆菌（Bacillus subtilis）、真核酵母〔12〕和人纤维瘤 HT1080 细胞〔13〕中成功表达。

综合逆转录酶的纯化研究过程，与其他基因工程产品相比较，可以看到逆转录酶纯化具有一定的难度。这主要是由于 HIV－1 逆转录酶在体外极不稳定。据报道，4℃放置 20 h 活性下降 31%，原因是 HIV 逆转录酶本身易降解，另一方面容易受到寄主菌蛋白酶的破坏。为更好地得到纯化重组 HIV－1 逆转录酶，Bhikhabhal 1992 年提出在纯化过程中的 6 点建议：①所有操作步骤必须在 4℃条件进行；②在裂解细菌的缓冲液加入蛋白酶抑制剂，或使用大肠埃希菌蛋白酶缺失突变株；③蛋白沉淀建议使用硫酸铵；④第一步纯化方法最好采用 DEAE Sepharose Fast How 或 Q－Sepharose，可除去 90% 的杂蛋白；⑤由于发现肝素钠对逆转录酶有较强的亲和力，并对 RNase 和 DNase 不敏感，因此用 Heparin Sepharose CL－6B 代替 DNA/RNA－Cellulose 是亲和层析的首选方案；⑥纯化逆转录酶一般至少要用 2 步以上的柱层析，最终纯化最好用 Nono Q 或 Q－Sepharose（pH8.8～9.3）离子交换为好〔14〕。

pBV220 是国内科学家构建的原核高效表达载体，曾成功地表达了不下 20 余种外源基因，其中有多种形成了包涵体形式的表达，如胰岛素原、SOD、IFN－γ、IL－2[15]等。本研究认为，对于蛋白产物不稳定易受寄主菌蛋白酶或自身降解的外源基因，以包涵体形式表达比较有利。包涵体形成的原因较为复杂，一般认为，目的蛋白在细菌中的高效表达合成速度快，浓度高，未折叠的中间态在胞间相互聚集，加以缺乏正确折叠所需协助因子和修饰酶，导致大量外源蛋白疏水表面相互靠近聚集，形成无活性非结晶型蛋白聚集体。此外，目的蛋白的二硫键数目、位置、氨基酸组成、大小、带电性质、立体构建和菌体生长条件，都有可能影响包涵体的形成。包涵体有较强的抗酸碱、抗蛋白酶、抗去垢剂的能力，对保护诸如HIV－1逆转录酶一类的外源蛋白表达的有利的。一般包涵体中目的蛋白占50%以上。此外，还有一些杂质如菌体外膜蛋白、脂质体、肽聚糖等。在菌体裂解后离心，一般可得到包涵体的粗制品，运用一些不同强度的变性剂、去垢剂可除去大部分附着于包涵体外的杂质。由于包涵体的不正确折叠获得的多数为非活性蛋白，因此，整个蛋白纯化的关键在于包涵体的复性效率。本研究认为，在一定条件的复性缓冲液中，蛋白正确折叠的成功率，除了与不同蛋白的复性所需的pH值、离子强度和氧化还原条件有关外，还与增溶效果的好坏有很大关系。本研究曾在相同的复性体系中比较不同增溶效果，发现增溶越彻底，溶液越澄清，复性率越高。如果增溶不彻底，目的蛋白的一级结构没有完全伸展或溶液中混有杂质颗粒，在复性缓冲液中将会形成无数细小的聚集中心，破坏蛋白的正确折叠。

本研究认为，HIV－1逆转录酶在现有条件下的包涵体表达是有利的，一旦获得成功的复性，且在随后的层析分离阶段，运用疏水、离子交换、亲的层析或凝胶过滤等一系列的层析手段，得到较高纯度的蛋白是不难的。但对于HIV－1逆转录酶的纯化后的样品保存，如何防止蛋白降解酶活性下降，以及如何人为控制P66的自身降解、P55的形成和分离，今后应继续探索。

致谢：感谢杭州九源基因工程有限公司研究所郭新军先生、刘国家先生、王昌梅女士和曹虹瑗小姐的大力协助

〔原载《病毒学报》1998，14（4）：315－320〕

参 考 文 献

1 Somogyi P A, Gyuris A, Foiders I. A solid phase RT micro－assay for the detection of HIV and other retroviruses in cell culture supernatants. J. Virol Methods, 1990, 27: 269－276

2 Doran C M. New approaches to use antiretroviral therapy of the mangement of HIV infection. Ann Pharmacother, 1997, 31: 228－236

3 Barbara Muller, Tobias Restle, Stefan Weiss, et al. Co－expression of the subunits of the heterodimer of HIV－1 RT in E. coli. J Biochem Biophy Res Commu, 1990, 171: 589－595

4 Unge T, Ahola H, Bhikhabhai R, et al. Expression, purifiction and cystallization of the HIV－1 RT. AIDS Res and Hum Retroviruses, 1990, 11: 1297－1303

5 Bhikhabhai R, Joelson T, Unge T, et al. Purification, characterization of recombinant HIV－1 RT. J Chromatograph, 1992, 604: 157－170

6 Deibel M R, McQuade T J, Brunner D P, et al. Denaturation/refolding of purified recombinant HIV RT yields monomeric enzyme with high enzymatic activity. AIDS Res and Hun Retroviruses, 1990, 6: 329－340

7 Clark P K, Miller A L, Hizi D A, et al. HIV－1 RT purified from a recombinant strain of E. coli. AIDS Res and Hum Retroviruses, 1990, 6: 329－340

8 Le Crice S J, Beuck V, Mous J, et al. Rapid purification of homodimer HIV－1 RT by metal chelate affinity chromatography E. J Biochem, 1990, 187: 307－314

9 Lowe D M, Aitken A, Bradley C, et al. HIV－

1 RT: crystallization and analysis of domain structure by limited proteolysis. Biochem, 1988, 27: 8884 - 8889
10 Mizraahi V, lazarus G M, Miles L M, et al. Purification, primary structure and polymerase/RNaseH activites. Arch Biochem Biophy, 1989, 273: 347 - 358
11 Grice S F J, Naas T, Wohlgensinger B, et al. Subunit - selective mutagenesis indicates minimal polymerase activity in heterodimer - associated p51 HIV - 1 RT. EMBO J, 1991: 3905 - 3911
12 Chatopadhyay D, Evans D B, Deibel M R, et al. Purification and characterization of heterodimeric HIV - 1 protease. J Biochem, 1992, 267: 14227 - 14232
13 Ansarilari M A, Richard A G. Analysis of HIV - 1 RT expression in a human cell line. AIDS Res and Human Retrovirus, 1994, 10: 117 - 1124
14 Bhikhabhai. R. Review: Purification of recombinat HIV RT. Science Tools, 1992, 36: 1 - 5
15 李伍举，吴加金，pBV220 载体中外源基因表达水平定量分析，病毒学报，1997，6: 125 - 173

230. 在 AIDS 病人和非 AIDS 的卡波西肉瘤病人中检测 HHV - 8 基因和抗体

中国预防医学科学院病毒学研究所　滕智平　王自春　曾　毅
天津南开大学生命科学院　冯加武　耿运琪
广州海员医院病理科　余红　北京协和医院　王爱霞
北京佑安医院　徐莲芝　美国内布拉斯加州立大学林肯分校　WOOD C.

近年来，国外报道，在某些 AIDS 病人的卡波西（Kaposi）肉瘤中可以检测到一种新的疱疹病毒 Human herpes virus 的 DNA，称 HHV - 8[1]，占 AIDS 病人的 5% ~20%。但在非 HIV 感染的 Kaposi 肉瘤的病人中也可以查到 HHV - 8 DNA，因此认为 HHV - 8 可能是 Kaposi 肉瘤的病因[2,3]，但尚未最后定论，国内也尚未有报道。我们曾在 20 世纪 80 年代应用免疫荧光法检测过 7 例国内 Kaposi 肉瘤病人的血清，结果 HIV 抗体阴性，表明在国内有与 HIV 无关的 Kaposi 肉瘤。为了确定国内 AIDS 或非 AIDS 的 Kaposi 肉瘤是否与 HHV - 8 有关，我们应用 PCR 进行基因扩增斑点杂交及免疫荧光技术对 AIDS 病人和一例非 AIDS 病人Kaposi 肉瘤进行了 HHV - 8 DNA 和抗体的检测。

材料和方法

一、材料来源　非 AIDS 的 Kaposi's 肉瘤蜡块组织来自广州海员医院病理科[4]。HHV - 8 扩增引物、杂交探针分别由法国巴斯德实验室 G. deTh' 教授赠送。AIDS 病人血清及淋巴细胞分别来自协和医院王爱霞教授和徐莲枝教授。PCR 试剂购自北京赛百盛生物工程公司。非同位素标记杂交试剂盒购自德国 Boehringer M annhein Gm bH 公司。含有 HHV - 8 病毒的细胞株 BCBL - 1 细胞来自 Dr. C. Wood 教授。23 例健康人血清本所收藏。

二、石蜡包埋肉瘤组织 DNA 的提取　蜡块切片 5 μm，加入辛烷 1 ml，室温 30 min，

1200 g 离心 5 min，重复 2 次。按常规方法提取瘤组织 DNA，TE 缓冲液溶解。

三、聚合酸键反应（PCR） 按试剂盒说明书操作。引物序列为：84'S，5' – AGC-CGAAAGGATTCCA – 3'（987 – 1006），84AS，5' – CTGGACGTAGACAACACGGACCA – 3'（1200 – 1219）。探针寡核苷酸序列为：TGCAGCAGCTGTTGGTGTA（1078 – 1102）。PCR 反应程序：94℃变性 2 min，94℃1 min，55℃1 min，72℃2 min。共 35 个循环。1.0% 琼脂糖凝胶电泳检测 PCR 产物。探针标记：按标记试剂盒说明书标记核苷酸。5 μl 扩增产物打点在硝基纤维膜上，进行非放射性核素分子杂交。

四、HHV – 8 抗体的免疫荧光法检测 20 例 AIDS 病人血清和 23 例健康人血清分别以 1∶10 稀释，分别加在 BCBL – 1 细胞涂片上，37℃培养 1 h，PBS 洗 3 次（pH7.6）室温加入 1∶8 稀释的羊抗人 lgG – FITC（购自军事医学科学院）37℃培养 45 min，PBS 洗 3 次，晾干后加 0.5% 伊文思蓝染色 1 ~ 2 min，PBS 洗去残余染液，晾干，加盖玻片，于荧光显微镜下观察。

结　　果

一、HHV – 8 基因检测结果 PCR 扩增产物于 1% 脂糖凝胶电泳，BCBL – 1 阳性对照和 Kaposi 瘤病人的 DNA 扩增产物中可见清晰的 220 bp 条带；斑点杂交结果为 HHV – 8 阳性。4 例 AIDS 病人（经免疫荧光检测为 HHV – 8 抗体阳性）和 4 例 HIV – 1 感染阳性的全血 DNA，经 PCR 扩增，HHV – 8 基因皆为阴性。

二、血清中 HHV – 8 抗体的免疫荧光检测结果 20 例 AIDS 病人血清中有 4 例为 HHV – 8抗体阳性，滴度分别为 1∶80，1∶20，1∶10，1∶10，23 例健康人血清 HHV – 8 抗体检测为阴性。

讨　　论

我国新疆等少数民族地区在临床病理检测中确实存在 Kaposi 肉瘤。20 世纪 80 年代曾毅教授等应用免疫荧光技术检测抗体证明其与 HHV 无关。近年来发现 HHV – 8 是一种新的疱疹病毒，可能与 Kaposi 的发生有关，故称为 Kaposi 相关病毒，同时国外又有报道在 AIDS 病人的卡波西瘤中常检出 HHV – 8 的基因。我们在 Kaposi 瘤病人中查出 HHV – 8 基因，表明在中国有 HHV – 8 病毒的感染。而应用血清学检测 23 正常人均为阴性，20 例 AIDS 病人中查出 4 例 HHV – 8 抗体阳性，说明 AIDS 病人的免疫能力低下，易于感染 HHV – 8，诱发卡波西肉瘤，所以 AIDS 病人中的卡波西肉瘤可能与 HHV – 8 的感染有关。我国的非 AIDS 病人的卡波西肉瘤病人本文只有 1 例，是否与 HHV – 8 的感染有关，尚待进一步研究。

〔原载《中华实验和临床病毒学杂志》1998，12（1）：87〕

参 考 文 献

1 Ambroziak J A, Blackboum DJ, Hemdier B G, et al. Kaposi'sssarcoma – associated herpesvirus in HIV – 1nfected and uninfected Kaposi's sarcoma patients. Science, 1995, 268: 582 – 583

2 Boshoff C, Whitby D, Hatziioannou T, et al. Kaposi'ssarcoma – associated herpesvirus in HIV – negative Kaposi's Sarcoma. Lancet, 1995, 345: 1043 – 1044

3 Dupin N, randadam G, Calvez V, et at. Herpesvirus – like DNA sequences in patient with

Mediterranean Kaposi's sarcoma . Lancet, 1995, 345: 761 – 762

4 金红，林秋柏 . Kaposi's 肉瘤一例 . 中华病理学杂志，1997，26（1）：47

5 于吉容，王季武，王必常，等 . 1986 年前的新疆地区 Kaposi' 肉瘤与获得性免疫缺陷综合征无关 . 第二届全国艾滋病研讨会交流文件 . 见：北京：卫生部疾病控制司，1988

231. 揭阳地区食管癌和贲门癌与人乳头状瘤病毒的关系

广东省揭阳市人民医院　陈少湖，刘祖宏　张稳定　季丽珠

中国预防医学科学院病毒学研究所　岑　山　谈浪逐　曾　毅　汕头大学医学院　沈忠英

人孔头状瘤病毒（HPV）是一种 DNA 肿瘤病毒，与人的生殖道和消化道的多种良性和恶性肿瘤密切相关。1982 年 Syrjanen 首次报道 HPVs 可能与食管癌病因有关〔1〕。迄今为止，包括我国在食管癌黏膜组织中发现多种型别的 HPV DNA，其中有 HPV16，18，6，31 和 71 型等，但以 HPV16 和 18 型多见〔2〕。粤东地区为我国食管癌高发区之一，沈忠英等报告 HPV 与汕头地区的食管癌有关〔2〕，而揭阳地区为粤东中的高发区，食管癌的发病率和死亡率居各类恶性肿瘤之首。因此，开展揭阳市食管癌病因的研究，对食管癌的特异性诊断预防和治疗将有重要的意义。同时，对与食管相邻的贲门癌也进行 HPV 相关的研究。

材料和方法

一、食管癌组织标本来源　共收集 1996 – 1997 年揭阳市人民医院外科手术切除、经病理确诊的食管癌标本 96 例，其中石蜡包埋食管癌组织 42 例，新鲜食管癌组织标本 22 例，经病理确诊的石蜡包埋贲门癌组织 30 例。手术切除后立即放入 – 20℃冰箱冻存。

二、标本组织 DNA 的提取　组织标本经剪切匀浆（石蜡包埋组织先经二甲苯脱石蜡，无水乙醇漂洗，沉淀晾干处理），加入消化工作液（蛋白酶　K 200 μg/ml，50 mmol/LTris – HCl，1 mmol/L EDTA，0. 5% Tween20pH8. 0），37℃ 消化过夜。然后用酚，酚：氯仿（1：1），酚：氯仿：异戊醇（25：24：1）重复抽提，加入冰预冷无水乙醇沉淀 DNA，70% 乙醇洗涤，室温干燥后，加入适量 TE 溶解，– 20℃保存。

三、聚合酶链反应（PCK）　引物序列为：HPV16，5′TGAGGTATATGACTTTGCTTT – 3′，3′ – AAT – TAATCCACATAAT – 5′；HPV18，5′ – GACACTAG – TACTATGGCGCGCTTT-GAG – 3′。两对引物均由美国 Cemed Biotechnologies 公司合成。dNTP，Buffer，Mg – Cl2，Taq 酶购自华美生物工程公司。反应体积为 50 μl，含模板 2 μl，引物 1μl（10 μmol/L），4 种 dNTP 各 1 μl（0. 2 μmol/L）；10 × buffer5 μl，Taq 酶 1μl（3U）；三蒸水 36 μl。反应条件：起始 1 循环 95℃4 min，58℃30 s，72℃1 min30 s；后 30 循环为 94℃30 s，58℃30 s，72℃1 min；最后 72℃10 min。反应结束后分别取 10 μl（或 5 μl）反应产物在 1. 0% 琼脂糖凝胶上电泳，EB 染色，在紫外线灯下可观察到特异的 DNA 条带，HPV16 扩增产物为 193bp，HPV18 扩增产物为 875bp，有此 DNA 条带即为阳性。

结　　果

一、PCR 产物的鉴定结果　见图 1。

二、食管癌中 HPV 16 和 18DNA 的检测 42 例蜡块癌组织中，HPV16 DNA 阳性标本 17 例，阳性率为 40.5%；HPV18 DNA 阳性 8 例，阳性率为 19.0%；其中 1 例 HPV16 和 18 型均阳性，HPV16 + 18DNA 阳性率为 59.04%，HPV16 型显著高于 HPV18 型。22 例新鲜癌组织中，HPV16 DNA 阳性 8 例，阳性率为 36.4%，HPV18 DNA 阳性 4 例，阳性率为 18.2%，其中 2 例 HPV16 和 18 型均阳性，HPV16 + 18 型 DNA 阳性率为 56.30%。蜡块癌组织和新鲜癌组织的 HPV16 和 18 型 DNA 的阳性率相似。两种癌组织总计 64 例，阳性标本 36 例。阳性率为 56.3%。

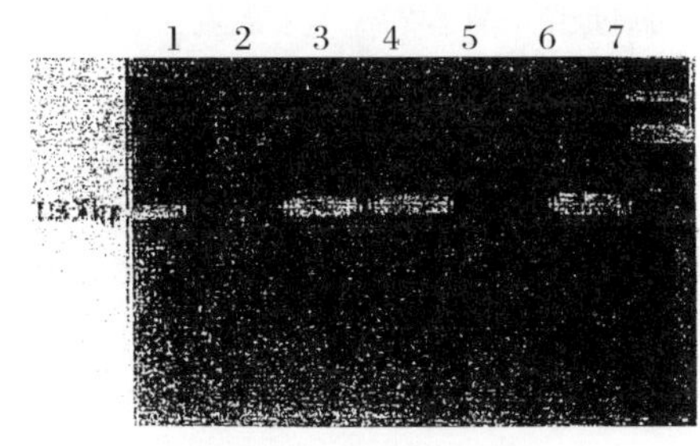

1～4：Specimen. 5：Negative control.
6：Positive control. 7：pBR322/BstN I

图 1 食管癌组织中 HPV16DNA 的检测结果

Fig. 1 Detection of HPV 16 DNA in specimen of esophageal cancer by PCR

表 1 揭阳地区食管癌和贲门癌中人乳头状瘤病毒 16，18 型 DNA 的检测

Tab. 1 Detection of HPV16，18 DNA in esop hageal and cardia carcinoma in the Jieyang prefecture

组织 Tissue	病毒 Virus	例数 Cases	阳性数（%） No. positive（%）
食管癌 Esophageal carcinoma			
蜡块癌组织	HPV16	42	17△（40.5）
Paraffin embedded	HPV18	42	8△（19.0）
cancer tissue	HPV16 + 18	42	24（59.04）
新鲜癌组织	HPV16	22	8＊（36.4）
Fresh cancer tissue	HPV18	22	4＊（18.2）
	HPV16 + 18	22	12（54.5）
贲门癌 Cardia carcinoma			
蜡块癌组织	HPV16	30	5（16.7）
Paraffin embedded	HPV18	30	2（6.7）
cancer tissue	HPV16 + 18	30	7（23.3）

注：△其中 1 例 HPV16 和 18 型阳性；＊其中 2 例 HPV16 和 18 型阳性

Notes：△One case among these was HPV16，18positive. ＊Two case among these was HPV16，18positive

三、贲门癌组织中 HPV16 和 18DNN 的检测 从表 1 可见，30 例贲门癌中有 5 例 HPV16 阳性，阳性率为 16.7%，2 例 HPV18 阳性，阳性率为 6.7%，HPV16 + 18 的阳性率为 23.3%。未发现有 HPV16 和 18 的混合感染。

讨　论

揭阳地区是沿海食管癌高发区。近年来发现 HPV 的感染可能与食管癌的病因有关。世界各地食管癌组织中 HPV DNA 的阳性率不一，以中国和南非较高（43%～71%）[2]。我们对揭阳地区食管癌中 HPVDNA16 和 18 型 DNA 检测的结果，16 型和 18 型的阳性率分别为 36.4% 和 18.2%，与文献［1－5］的报道相似，表明 HPV16 和 18 型与食管癌的发生密切相关。我们还发现揭阳地区贲门癌中 HPV16 DNA 的阳性率占 16.7%，HPV18 DNA 的阳性率占 6.7%，说明 HPV 也可能在贲门癌中起一定作用，应进一步研究，特别是应比较全国各地贲门癌中 HPV 存在的情况，这对阐明贲门癌的病因可能是有意义的。

〔原载《中华实验和临床病毒学杂志》1998，12（4）：382－383〕

参考文献

1 Syrjanen KJ. Histological changes identical of these of condylo matous lesion found esophageal squamous cell carcinoma. Arch gesckwulstorsch，1982，52（4）：283－292

2 李春海，陆士新，主编．肿瘤生物学研究进展．北京：军事医学科学出版社，1997，16－22

3 Chang F，Syrjanen S，Shen Q，et al. Human papillo ma virus（HPV）DNA in the esop hageal precancer lesions and squamous cell carcinomas from China. Int J Cancer，1990，45（1）：21－25

4 陈碧芬，殷虹．食管癌标本中人乳头状瘤病毒 DNA 的研究．中华医学杂志，1993，73（1）：667－669

5 邹赛英，司静懿，刘旭明，等．食管鳞癌人乳头状瘤病毒 DNA 的检测研究．癌症，1998.（1）：32－34

232. 检测 Epstein－Barr 病毒特异性细胞毒性 T 淋巴细胞方法的建立及其初步研究

中国预防医学科学院病毒学研究所 刘海鹰 周 玲 曾 毅

〔**摘 要**〕 **目的** 建立一种非放射性、简便易行的可检测特异性细胞毒性 T 淋巴细胞的方法，并且初步应用于 Epstein－Barr 病毒的细胞免疫应答。**方法** 用重组的 EBV－LMP1 痘苗病毒，TK$^+$ 痘苗病毒和杆状病毒系统表达的 EBV－LMP1 蛋白分别免疫 Balb/C 小鼠，用 P815 细胞和乳酸脱氢酶法检测 EB 病毒特异性细胞毒性 T 细胞的杀伤效应。**结果** 重组 EBV－LMP1 痘苗病毒免疫组原发 CTL 水平和体外诱生的二次 CTL 水平均高于 TK$^+$ 痘苗病毒免疫组和正常组；杆状病毒系统表达的 EBV－LMP1 蛋白免疫组的 CTL 水平也明显高于正常鼠。**结论** 本法可以较好地反映 EB 病毒特异性细胞毒性 T 细胞的水平，而且再一次说明 LMP1 基因能够诱发特异性的细胞免疫。

〔**关键词**〕 特异性细胞毒性 T 淋巴细胞；EB 病毒；乳酸脱氢酶

在 EB 病毒致病机理中，其潜伏膜蛋白 1（LMP1）起着重要作用。LMP1 是重要的细胞转化蛋白，对淋巴细胞、成纤维细胞及上皮样细胞均有转化作用[1,2]。如果在转化的细胞或肿瘤细胞中 EB 病毒相关靶蛋白能够持续表达，那么由 EB 病毒所诱导的针对其阳性的永生化细胞或恶性变瘤细胞毒性 T 淋巴细胞免疫反应就能够发生[3]。这种特异性的细胞免疫反应在防止肿瘤的发生过程中起着重要作用[4]。传统上测定细胞毒性 T 淋巴细胞常用 Cr^{51} 释放法，此法比较灵敏，测定结果较精确，但是 C_r^{51} 是一种放射性核素，半衰期短，对人体有一定的危害性，而且价格较昂贵，测定仪器要求严格等，所以不利于在高发区广泛开展工作。本研究的目的在于寻找一种非放射性核素、简便易行的方法检测 EB 病毒特异性细胞毒性 T 淋巴细胞的杀伤水平，为 EB 病毒基因工程疫苗的下游工作奠定实验室基础。

材料和方法

一、材料及来源 表达 EB 病毒 LMP1 的重组痘苗病毒（rVV - EBV - LMP1）由美国哈佛大学医院 Kieff 教授惠赠；TK^+ 的痘苗病毒由本所流行性出血热室提供；杆状病毒系统表达的 EBV - LMP1 蛋白由本所制备。P815 细胞（$H-2^d$）由肿瘤医院分子免疫室提供。细胞培养液为含 15% 胎牛血清的 1640 液；Balb/C（$H-2^d$）小鼠由本室饲养；Cytotox96 Non - Radioactive Cytotoxicity Assay 试剂盒购于 Promega。

二、病毒制备 用重组 EBV - LMP1 痘苗病毒和 TK 痘苗病毒分别感染 293 细胞，10 h 后，观察细胞病变，病变达 ++++ 时离心收集细胞，冻融 3 次，病毒滴度分别为 1×10^7 和 1.5×10^7 PFU/ml。

三、特异性细胞毒性 T 淋巴细胞检测方法的建立

1. 免疫小鼠：共分为 3 组，每组各 6 只 Balb/C 小鼠。第一二组每只分别腹腔注射 10^3 PFU/0.1ml 痘苗病毒或重组 EBV - LMP1 痘苗病毒；杆状病毒系统表达的 EBV - LMP1 蛋白纯化后与 $AI(OH)_3$ 佐剂等量结合后免疫第三组，剂量为每只 100 μg/ml。14 d 后分别加强免疫 1 次。

2. 效应细胞的制备：免疫 28 d 后，无菌取脾。于 200 目纱网上研碎，用 Ficoll 液分离淋巴细胞，2000 r/min 离心 20 min；吸出淋巴细胞层，用 5% 小牛血清的 Hank's 液洗 1 ~ 2 次；最后用含 15% 胎牛血清的 1640 液培养，37℃，5% CO_2。

3. 靶细胞的制备：以 10^3 PFU/0.5ml 剂量的重组 EBV - LMP1 痘苗病毒感染 P815 细胞，37℃，10 h，观察细胞病变情况，进行细胞计数。

4. 最适靶细胞数的检测：因为不同数量的靶细胞中含有不同数量的乳酸脱氢酶，预先要进行本实验中最适靶细胞数的选择。首先准备不同的靶细胞数（0，5000，10000，20000……3.2×10^5/100 μl），每孔再加入 10 μl Lysis soulution（10×）；37℃，5% CO_2，孵育 45 min，1000 r/min 离心 4 min，每孔分别吸出 50 μl 上清至 96 孔 ELISA 板中，再加入 50 μl 预先配好的底物混合液，室温，避光孵育 30 min，然后每孔再加入 50 μl 终止液。将孔内气泡赶出，在 490 nm 波长下测吸光度 A 值。最适靶细胞数的反应孔的 A 值为培养液对照孔 A 值平均值的 2 倍。

5. 乳酸脱氢酶法检测特异性初发 CTL：每个样品分别设立实验孔和自发释放孔，将靶细胞与效应细胞分别以 1∶2.5，1∶5，1∶10……的比例各 100 μl 混合于 96 孔培养孔中，1000 r/min离心 4 min，37℃ 5% CO_2孵育 4 h，靶细胞最大释放孔提前 45 min 加入 10 μl10×lysis soulution ，继续孵育；1000 r/min 离心 4 min，每孔吸出 50 μl 上清，再加入 50 μl 预先配好的混合底物，室温孵育 30 min，最后加入 50 μl 终止液，490 nm 下用酶标仪测其 A 值。

6. EBV - LMP1 体外诱生特异性二次 CTL 反应的检测：用加强免疫后 15 d 的小鼠脾制备的富 T 细胞与 10^3 PFU/0.5 ml 紫外线灭活的重组痘苗病毒 37℃ 5% CO_2共同孵育 4 ~6 d 后作为效应细胞，与上述靶细胞混合，检测 EB 病毒特异性二次 CTL 反应。

7. 特异性细胞毒性 T 淋巴细胞百分率的计算：细胞毒性% =（实验孔 A 值 - 效应细胞自发释放 A 值 - 靶细胞自发释放孔 A 值）/（靶细胞最大释放孔 A 值 - 靶细胞自发释放孔 A 值）×100%。

结　　果

一、表达 EB 病毒 LMP1　基因的痘苗病毒免疫 Balb/C 鼠产生特异性原发 CTL 活性的情况用 rVV－EBV－LMP1 重组痘苗病毒免疫 Balb/C 鼠所诱发的特异性原发 CTL 活性高于痘苗病毒组和正常组；两组的 CTL 活性随靶效比的上升而上升的规律均不明显。见表 1。

二、体外诱生特异性二次 CTL 反应的情况　从表 2 和图 1 可以看出 TK^{+} 痘苗病毒免疫组和重组痘苗病毒免疫组体外诱生的二次 CTL 反应活性均比同一只鼠的原发 CTL 活性有所升高，尤其重组病毒免疫组升高明显，且随效靶比的上升而上升。说明 rVV－EBV－LMP1 诱发的 EB 病毒特异性的 CTL 回忆反应较强，也可提高以痘苗病毒作为载体的二次 CTL 反应。

表 1　乳酸脱氢酶法测定重组 EBV－LMP1 痘苗病毒免疫 Balb/C 鼠产生的特异性初发 CTL 活性

Tab. 1　Detection of primary CTL of rVV－EBV－LMP1 immunized Balb/C mice by LDH assay

组别 Group	鼠号 No. mouse	rVV－EBV－LMP1 特异性初发 CTL 百分率（%）Percentage of specific primary CTL of rVV－EBV－LMP1		
		1∶2.5	1∶5	1∶10
正常组 Normal group	1	2.0	2.5	10.9
	2	3.2	4.0	－
	3	4.8	3.9	－
TK^{+} 的痘苗病毒 TK^{+} vaccina virus	1	2.0	2.3	－
	2	4.4	7.1	7.6
	3	4.3	13.7	8.9
重组 EBV－LMP1 痘苗病毒 rVV－EBV－LMP1	1	16.1	25.5	23.3
	2	22.4	34.5	29.8
	3	25.5	37.2	35.2

表 2　重组 EBV－LMP1 痘苗病毒体外诱生的特异性二次 CTL 反应

Tab. 2　rVV－EBV－LMP1 induced secondary CTL response *in vitro*

组别 Group	鼠号 No. mouse	重组 EBV－LMP1 特异性二次 CTL 百分率（%）Percentage of specific seconday CTL of rVV－EBV－LMP1（%）	
		1∶2.5	1∶5
TK^{+} 的痘苗病毒 TK^{+} vaccina virus	1	13.6	30.9
	2	15.7	35.7
重组 EBV－LMP1 痘苗病毒 rVV－EBV－LMP1	1	33.0	63.0
	2	44.5	75.5

三、杆状病毒系统表达的 EBV－LMP1 蛋白与佐剂结合后免疫 Balb/C 小鼠产生特异性细胞毒性 T 细胞杀伤效应的情况　从表 3 可以看出与佐剂等量结合的蛋白，每只 100 μg 免疫小鼠后，产生的特异性 CTL 活性与正常鼠比较有明显的差异，但每只鼠的细胞毒性 T 淋巴细胞随效靶比上升而上升的规律存在个体差异。

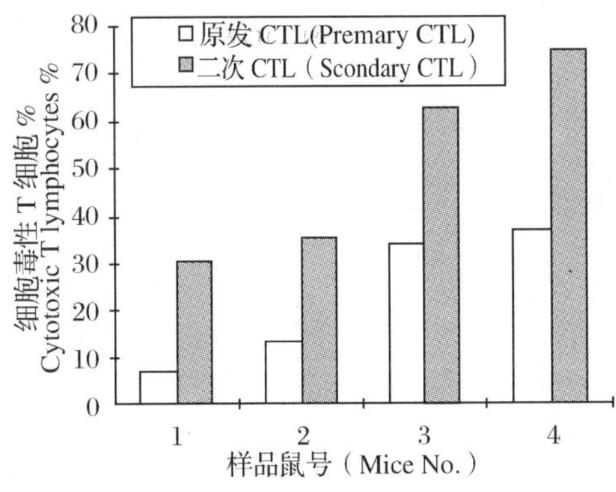

1：TK⁺痘苗病毒免疫 1 号鼠；2：TK⁺痘苗病毒免疫 2 号鼠；3：rVV－EBV－LMP1 免疫 1 号鼠；4：rVV－EBV－LMP1 免疫 2 号鼠

图 1　重组 EBV－LMP1 痘苗病毒体外诱生二次 CTL 反应的比较（以靶效比为 1：5 为例）

1：No. 1mouse of TK⁺ vaccinia virus immunized.

2：No. 2mouse of TK⁺ vaccinia virus immunized.

3：No. 1 mouse of rVV－EBV－LMP1 immunized.

4：No. 2 mouse of rVV－EBV－LMP1 immunized.

Fig. 1　Comparison of secondary CTL response to rVV－EBV－LMP1（T：E＝1：5）

表 3　EBV－LMP1 特异性 T 淋巴细胞毒性的检测

Tab. 3　Detection of specific EBV－LMP1 cytotoxic T Lymphocytes from immunized Balb/C mice

小鼠编号 No. mouse		不同靶效比时的特异性 T 淋巴细胞杀伤率（%）Percentage of specific CTL of different T/E ratio（%）			
		1：2.5	1：5	1：10	1：20
正常鼠 Normal mouse		0	0	0	0
免疫鼠 lmmuniled Balb/C mouse	1	48.1	61.6	－	44.1
	2	44.8	62.9	38.8	147.7
	3	22.2	40.7	74.7	37.4

讨　论

免疫系统早被证实是一个非常有效的抗病毒感染的有力武器。在肿瘤免疫方向细胞毒性 T 淋巴细胞可以确认肿瘤细胞特异性的靶抗原，而且这些特异性 T 淋巴细胞的细胞毒性作用可经特异性抗原的体外诱导而被加强[5]。EBV 特异性的记忆性 T 淋巴细胞广泛存在于 EBV 血清抗体阳性个性中，在体外与被 EBV 感染的自体 B 细胞或低数量的 EBV 转化的自体 B 细胞系共同培养，可被再激活成为效应细胞，这种效应细胞通过 HLA 系统和限制性识别可以杀伤 EBV 感染的靶细胞[6,7]。在 EBV 的致病机理中，LMP1 基因不仅是使淋巴细胞转化的重要基因，而且也可能是鼻咽癌的重要致肿瘤病毒基因。它可使上皮细胞发生恶性转化，如果在转化的细胞或肿瘤细胞中 EBV 相关靶蛋白能够持续表达，那么由 EBV 所诱导的针对 EBV 阳性的永生化细胞或恶性变瘤细胞的特异性细胞毒性 T 淋巴细胞免疫反应就能够发生[8,9]。本文从方法学入手，以期提供更多的实验依据。

测定特异性细胞毒性 T 淋巴细胞活性的标准方法是 Cr^{51} 释放试验，但该法对仪器的要求高，试剂成本高，且同位素具有应用时效性要求和特殊的安全防护措施，因而在很大程度上限制了该方法的广泛应用。我们正是基于以上目的，预寻找一种简便、低成本、少危害的方法替代它。本文证明以 Balb/C（$H-2^d$）鼠为受体鼠，P815（$H-^d$）细胞为靶细胞，用乳酸脱氢酶法检测细胞毒性 T 淋巴细胞活性是可行的，结果可以灵敏地反映出免疫组、对照组和正常组特异性 CTL 水平的明显差别以及体外诱生的二次 CTL 反应活性的明显上升。EBV－LMP1 是 EB 病毒诱发机体特异性细胞免疫的刺激原和靶抗原，可以产生特异性的细胞免疫功能，而且 EBV 特异性的记忆性 T 细胞也可在一定时间内广泛存在，甚至也可提高载体病毒所诱发的回忆反应。但出现时间及杀伤水平的可持续性等问题仍是有待于进一步研究。我们在使用 LDH 法测定 EBV 特异性 CTL 活性的过程中，还试图进行了一些试验方法的改进，以提高其灵敏度而降低其非特异性，以将此法应用于检测正常人和鼻咽癌病人的细胞免疫水平。

〔原载《中华实验和临床病毒学杂志》1998，12（4）：357－360〕

参 考 文 献

1 Yung W M，Zong Y S，Chiu C T. EBV carriage by NPC carcinoma in situ. lnt，J Cancer，1993，53：746－752

2 赵峰，刘海鹰，周玲，等．重组诱导的特异性细胞毒性 T 细胞对 LMP 阳性靶细胞的识别和杀伤．中华实验和临床病毒学杂志，1997，11（3）：247－251

3 Wang D，Liebowitz D，Kieff E ，et al. An EBV membrane protein expressed in immortalized lymphocytes transforms established rodent cells. Cell，1985，43：831－841

4 Rooney C M，Smith C A，Catherine Y N，et al. Use of gene－modified virus specific lymphoproliferation . The Lancet，1995，345：9－14

5 Bruggen P V，Smet C D，Gaugler B，et al. Human tumor antigens recognized by T lymphocytes. Biotherapy，1997，11（3）：207－212

6 Hul F，Finke J，Ernberg l，et al. Clonability and tumori－genicity of human epithelial cells expressing the EBV encoded membrane protein LMP1. Oncogene ，1993，8：1575－1581

7 Odile D，Eudoxia H，Kenneth M ，et al. Association of TRAF1，TRAF2，and TRAF3 with an Epstein－Barr virus LMP1 domain important for B－lymphocyte transformation：Role in NF－kB acitvation . Mol and Cell Biol，1996，16：7098－7108

8 Moss D. Cytotoxic T－cell recognition of Epstein－Barr virus infected B－cells l. Specificity and HLA restriction of effector cells reactivated in vitro. Eur J lmmunol ，1981，11：686－691

9 Dawson C W，Rickinson A B，Young L S，et al. Epstein－Barr virus latent membrane protein inhibits human epithelial cell differentiation. Nature，1990，344：777－780

Establishment and primary study of an assay for the detection of EB virus specific cytotoxic T lymphocytes

LIU Hai－ying，ZHOU Ling，ZENG Yi. （lnstitute of Virology，Chinese Academy of Preventive Medicine）

ln our study，a non－radioactive cytotoxicity assay by using a Balb/C （H－2^d）cells and lactate dehydrogenase（LDH）systerm was established，in order to detect EB virus specific cytotoxic T lymphocytes （CTLs）. ln this study，we detected both the changes of primary CTLs and secondary stimulated CTLs. Spleen CTL activity assay showed that the levels of primary and secondary CTLs in recombinant EBV－LMP1 vaccinia virus group were more higher than that in control group，at the same time，opvious enhancement of EBV－LMP1 specific CTL activity was observed in experimental group immunized by Baculovirus system expressing EBV－LMP1 protein when compared with the normal mice group. This work proved that the LDH assay can be used to detect cytotoxic T lymphocytes.

〔**Key words**〕Specific cytotoxic T lymphocytes ；Epstein－Barr virus ；LDH

233. 鼻咽癌亚系细胞中 EB 病毒 LMP-1 基因的检测

中国预防医学科学院病毒学研究所　韩立群　方　芳　曾　毅
中国医学科学院基础医学研究所　高　进

我们采用 PCR 扩增和分子杂交技术，检测 EB 病毒基因 LMP-1 片段在体外长期传代培养的低分化人鼻咽癌细胞及其亚系细胞中的存在状况，以期论证 EB 病毒与鼻咽癌病因之间的关系。

材料和方法

一、细胞系来源及培养条件　CNE-2Z 由低分化人鼻咽癌活组织体外培养法建系（本所自建细胞系），组织分型属低分化鳞状细胞癌。L_2、H_2、L_4细胞株为从 CNE-2Z 母系细胞分离得到的单克隆细胞株，它们的体内外侵袭转移能力分别为高、中、低度[1]。按常规方法行体外细胞培养。

二、细胞染色体 DNA 的制备　贴壁生长的肿瘤细胞经 0.25% 胰蛋白酶的 0.04% 的 EDTA 液消化后离心收集细胞（约 5×10^7 细胞）[1]，参照 Sambrool 法[2]提取细胞染色体 DNA。

三、聚合酶链反应（PCR）　扩增引物设计和扩增条件：EB 病毒 LMP-1 外显子-3（exon-3）扩增引物由 Dr. Nancy Song（美国卡罗莱纳大学癌症研究所）惠赠，其引物序列为，引物 1（168163-168183）：5'-ATCACGAGGAATTCGTCATAGTAGCTTAGCTGAAC-3'，引物 2（168736-168756）5'-ATCACGAGGGATCC A ACGACACAGTGATGAACAC-3'，欲扩增目的片断长度为 593 bp。扩增反应条件是，起始变性 95℃、5 min，然后 94℃、变性 45 s，55℃退火 1 min，72℃延伸 1.5 min，共进行 30 个循环，最后 72℃延伸 7 min。反应完毕后，取 10 μl 扩增产物进行电泳分析。

四、探针标记　LMP-exon3 内部序列寡聚核苷酸探针 rep-1（168369～168399）由 Dr. Nancy Song 赠送，探针标记参照 Genius™ System 推荐的方法（Boehringer Mannheim 公司），用末端转移酶（TdT）将 Di-goxigenin-ddUTP 连接于寡聚核苷酸 3'末端，并检测其标记活性。

五、斑点印迹　用真空抽滤法将 PCR 产物点样于硝酸纤维素膜上，将结合了 DNAR 的硝酸纤维素膜浸泡于预杂交液（5×SSC，0.1% N-lauyl sarcosyn，0.02% SDS，1% blocking reagent）中，37℃孵育 2 h，然后加入标记探针，37℃杂交过夜。室温下洗膜（2×SSC，0.1% SDS 1 次，0.5×SSC，0.1% sds 1 次，0.1×SSC，0.1% sds 1 次，每次 15 min），以碱性磷酸酶法显示杂交信号。

六、Southlem 印迹　将欲杂交 PCR 产物点样于 1.5% 琼脂糖凝胶上进行电泳（条件同前），电泳结果后将含有 DNA 片断的琼脂糖凝胶变性，用虹吸法转移到硝酸纤维膜上，探针杂交、洗膜、杂交信号显示方法同斑点杂交。

结　　果

一、PCR 产物扩增　1.5%琼脂糖凝胶电泳显示（图1），阳性对照样品 B95－8（EB 病毒转化之绒猴 B 淋巴细胞）、CNE－2Z、L_2、L_4 细胞 DNA 经 PCR 扩增后均出现一条 593 bp 左右的 DNA 条带，与预定扩增片断长度基本一致，H_2、扩增 DNA 条带略短。阴性对照样品 H_2O、Locksl（B 淋巴细胞白血病细胞系）和 CEM（B 淋巴细胞白血病细胞系）DNA 则未见此条带。

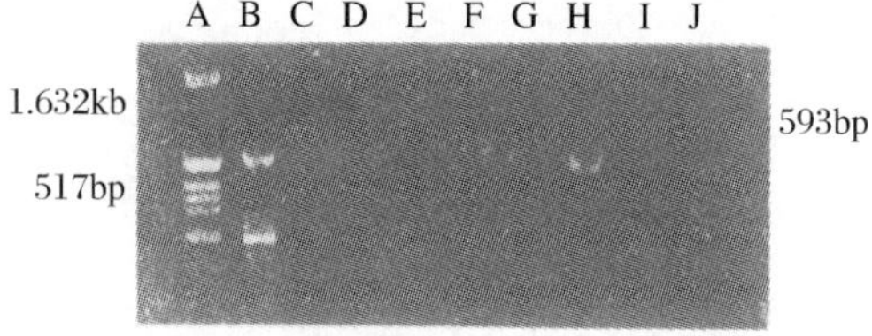

1.5% 琼脂糖凝胶电泳，A、J：PBR322/hinf l; B:B95–8; C:H_2O; D:CEM; E:locks l; F:CNE–2Z; G:L_2; H:H_2; I:L_4

图1　PCR 扩增产物片断长度分析结果

二、斑点印迹　B95－8 和 CNE－2Z、L_2、H_2、L_4细胞 DNA 的 PCR 产物与 rep－1 探针杂交后产生阳性斑点，对照样品 H_2O 为阴性。

三、Southlem 印迹　于标准品 593 bp 左右可见 B95－8 和 CNE－2Z、L_2、H_2、L_4细胞 DNA 的 PCR 产物与 rep－1 探针杂交阳性条带，阴性对照样品 H_2O、Locksl 和 CEM 未见此条带。

讨　　论

尽管以往的研究已证实，LMP－1 属 EB 病毒癌基因，在低分化鼻咽癌 CNE－2Z 体外培养细胞及其裸鼠移植瘤 DNA 中均可检测到 LMP－1 基因片段[3,4]，但是否鼻咽癌细胞群体中的每一个单细胞内都存在 EB 病毒癌基因却不清楚。我们利用 PCR 扩增方法的灵敏性并结合斑点印迹以及 Southlem 印迹方法的特异性发现，经体外长期传代培养的鼻咽癌细胞系 CNE－2Z之亚系 L_2、H_2、L_4细胞中仍然存在 EB 病毒癌基因。LMP－1 基因在鼻咽癌单克隆株中的持续存在提示，EB 病毒不仅在鼻咽癌细胞的癌变过程中发挥作用，而且对维持细胞的恶性状态也可能是必要的。

〔原载《中华病理学杂志》1998，27（3）：230〕

参　考　文　献

1　高进，韩立群，曹鉴．维胺酸对不同转移性癌细胞的分化诱导作用．中国肿瘤生物治疗杂志，1994（1）：48－50

2　Sambrook J，Fritsh EF ，Maniatis T. Molecular cloning，a laboratory manual. 2nd ed. New York：Cold Spring Habor Laboratory Press，1989

3　藤志平，曾毅．应用生物素标记探针进行细胞原位杂交检测人鼻咽癌细胞株中的 EB 病毒 LMP 基因．病毒学报，1994（10）：184－186

4　Baichwal VR，Sugden B. The multiple membrane－spanning segments of the BNLF－1 oncogene from Epstein－Barr virus are required for transfrmation. Oncogene 1989，4：67－74

234. 新疆阿勒泰地区人类嗜T淋巴细胞病毒I型血清流行病学调查

新疆儿科研究所　孙　荷　杜文慧　欧阳小梅　新疆阿勒泰地区人民医院　张明涛　王兰婷
中国预防医学科学院病毒学研究所　陈国敏　张永利　曾　毅

1980－1982年，美国和日本科学家相继从淋巴瘤和成人T细胞白血病（ATL）病人中分离到人类嗜T淋巴细胞病毒I型（HTLV－Ⅰ）[1,2]，继而发现HTLV－Ⅰ不仅是急性淋巴性白血病/淋巴瘤的病因之一，还与某些神经系统疾病有关。中国曾毅教授已完成了大部分省市的HTLV－Ⅰ血清流行病学调查[3]。新疆在曾毅教授指导下，在完成了新疆南疆地区HTLV－Ⅰ血清流行病学调查的基础上又对新疆北部（北疆）阿勒泰地区哈萨克族、汉族正常人群进行了HTLV－Ⅰ的调查，以了解北疆阿勒泰地区HTLV－Ⅰ的流行情况。

材料和方法

一、血清标本的采集　自新疆阿勒泰地区中、小学采集学龄期和青春期年龄组哈萨克族、汉族正常人血清标本，脐血、学龄前期、成人各年龄组血清标本由阿勒泰地区人民医院提供。分离血清，－20℃冻存待检。

二、检测方法　用免疫荧光法（IFA）检测待检血清中HTLV－Ⅰ IgG抗体，抗原为带有HTLV－Ⅰ的MT－2细胞。包被抗原片，风干后丙酮固定，密封备用。待检血清用PBS（pH7.2）1∶10稀释，具体操作方法参见文献〔4〕。羊抗人荧光IgG抗体购自卫生部北京生物制品研究所，批号92－1。实验中设阳性和阴性对照。在荧光显微镜下，如见抗原细胞膜、细胞核被染上绿色荧光，则判为阳性。阳性血清再做倍比稀释，呈阳性反应的最大稀释度即为血清的抗体滴度。

结　果

新疆阿勒泰地区哈萨克族和汉族各年龄组正常人血清HTLV－Ⅰ IgG抗体检测结果见表1。

哈萨克族中1例检出HTLV－Ⅰ IgG阳性，汉族中2例检出HTLV－Ⅰ IgG阳性，并都分布在成人年龄组中，此3例均为女性，滴度均低，仅为1∶10。

表 1　新疆阿勒泰地区哈萨克族、汉族正常人群血清 HTLV－Ⅰ IgG 抗体检测结果

Tab. 1　Sero－positive rate of HTLV－I IgG antibody of Kazsk Han nationalities in Altai region of Xinjiang

年龄组（岁） Age group（year）	哈萨克族 Kazsk			汉族 Han		
	检测数 No. detected	阳性数 No. postive	阳性率 Positive rate	检测数 No. detected	阳性数 No. postive	阳性率 Positive rate
新生儿（脐血） Baby（Cord blood）	44	0	0	37	0	0
－3	43	0	0	66	0	0
－7	70	0	0	106	0	0
－12	100	0	0	95	0	0
－15	85	0	0	55	0	0
－20	71	0	0	85	1	1.18
－30	82	1	1. 22	77	0	0
－40	63	0	0	61	0	0
>40	58	0	0	87	1	1.15
合计 Total	616	1	0.16	666	2	0.30

讨　论

已知 HTLV－Ⅰ 的传播途径主要是母－婴（母乳）、夫－妻（性交）和输血[5]。血清流行病学调查发现 HTLV－Ⅰ 感染呈典型的地区群集性。世界上已被公认的三大流行区为日本西南部，加勒比海地区及非洲中部尼日利亚等国。日本西南部 ATL 流行区域健康正常人的 HTLV－Ⅰ血清抗体阳性率为 12%，ATL 病人中为 87%。加勒比海地区正常人血清抗体常为阴性（<1%～2%），但 ATL 病人中阳性率达 100%，其病人健康家属阳性率也为 20%，此外在南美尼日利亚、埃及和加纳等地的正常人群血清 HTLV－Ⅰ 抗体阳性率为 2%～10%[6]。我国李以莞等 1984 年检测昆明、北京、天津、沈阳 4 个地区 462 份健康献血者血清，HTLV－Ⅰ抗体阳性率为 2.3%～5. 2%[7]。1985 年曾毅等应用间接免疫荧光试验，检测了 10 013 份血清，共发现 8 例 HTLV－Ⅰ血清抗体阳性者（0.08%），并都与日本人及与日本人接触有关[3]，本文对新疆北部阿勒泰地区正常人 HTLV－Ⅰ 血清流行病学调查结果为，正常人群 HTLV－Ⅰ IgG 抗体阳性率为 0.23%（3/1282），其中哈萨克族为 0.16%（1/616），汉族为 0.30%（2/666）。结果均高于国内非流行区（0.08%），但低于沈阳等地（2.3%～5.2%），证明在新疆阿勒泰地区哈萨克和汉族人群中存在 HTLV－Ⅰ 的感染和流行。作者在另文[8]曾报道了新疆南疆地区正常人群中HTLV－Ⅰ 的流行情况，其特点是 HTLV－Ⅰ 抗体阳性者仅分布于维吾尔族（0.74%）和柯尔克孜族（0.21%）中，而汉族阳性率为 0。可见哈萨克族抗体阳性率与柯尔克孜族相近，低于维吾尔族。本次是在新疆汉族正常人群中首次检出 HTLV－Ⅰ血清抗体阳性者。

新疆作为中国的内陆省份，交通不便，阿勒泰又地处新疆的最北边，和外地交流少，同日本人更无关系，其 HTLV - Ⅰ抗体滴度与南疆检测情况相近，南北疆 HTLV - Ⅰ的来源是否相同，尚待研究。

〔原载《中华实验和临床病毒学杂志》1999，13（1）：85 - 86〕

参 考 文 献

1 Polesz BJ, Ruscetti F W, Gazdar A F, et al. Detection and isolation of type C retrovirus particles from fresh and cultured lymphocytes of a patient with cutaneous T - cell lymphoma. Proc Natl Acad Sci USA, 1980, 77: 7415 - 7418

2 Yoshida M. Isolation and characterization of retrovirus from cell line of human adult T - cell leukemia and its implication in the disease. Proc Natl Acad Sci USA, 1982, 79: 2031 - 2034

3 曾毅，蓝祥英，王必瑞，等．成人 T 细胞白血病病毒抗体的血清流行病学调查．病毒学报，1985，1（4）：345 - 348

4 Hinuma Y. T - cell leukemia: Antigen in an ATL cell line and detection of antibody to the antigen in humen sera. Proc Natl Acad Sci USA, 1981, 78: 6476 - 6478

5 Yamaquchi K, Takatsuki K, Adult T cell leukemia - lymphoma. Baillienes Clin Haematol. 1993, 6: 899 - 901

6 周瑶玺，编．病毒免疫学．北京：人民卫生出版社．1988，264 - 265

7 李以莞，Sarkinger W C, Blattner W A，等．北京等地区正常人血清中人 T 细胞白血病/淋巴瘤病毒抗体调查．中华肿瘤杂志，1984，6（2）：98 - 100

8 孙荷，陈国敏，杜文慧，等．新疆南疆地区人类嗜 T 淋巴细胞病毒血清流行病学调查．中华实验和临床病毒学杂志，1997，11（4）：366 - 367

235. 人类免疫缺陷病毒Ⅰ型包膜糖蛋白 gP41 的基因重组表达

中国预防医学科学院病毒学研究所 滕智平 曾 毅 李德贵 高连胜

〔**摘 要**〕 **目的** 基因重组表达（HIV - 1 gp41）抗原，并研制一种快速、简便、灵敏性高、特异性强的国产 HIV - 1 免疫检测试剂。**方法** 选用 HIV - 1 型 BHIO 毒株的包膜糖蛋白 gp41 的部分基因（6977 ~ 7497），重组在 PBV221 表达载体上。表达产物通过 15% SDS - 聚丙烯酰胺凝胶电泳初步分离纯化，根据 RF 值，切下含特异蛋白的胶带，以 Western Blot 法转移在硝酸纤维素膜上；免疫血清法检测合格者制备的抗原检测条带，经国家标准参比血清检测。**结果** 获得 1 株含 HIV - 1 gp41 基因的重组质粒，其蛋白的特异性表达为 8%，经 HIV - 1 阳性血清检测和国家标准参比血清检定，该表达蛋白灵敏性、特异性均为 100%。**结论** ①可以选用单一的 gp41 作为 HIV - 1 感染初筛试剂的抗原。②表达载体 PBV221 其表达的目的蛋白为非融合蛋白，作为试剂中的抗原，可降低检测中的非特异性。③该试剂是一种简便、特异、灵敏性高的试剂。

〔**关键词**〕 HIV - 1；基因重组；gp41；免疫检测试剂

人类免疫缺陷病毒（HIV）在感染后的 2 ~ 4 周，血清中出现 HIV 特异性抗体[1-3]。应用免疫血清学方法，早期可检出抗核心蛋白 p24 及其前体 p55 和 gp41 的抗体。随后可发现抗包膜糖蛋白的 gp120/gp160 的抗体，但随着病情的进展 p24 抗体会逐渐下降，甚至消失。根据 HIV 感染后的血清学变化。我们选择了 gp4l 为 HIV－1 的诊断试剂抗原，对其基因进行重组在 PBV221 温控表达载体上，在大肠埃希菌中表达。

gp41 位于 HIV－1 包膜糖蛋白的 gp160 的基因编码区，第四开放读码框架之内，共含 350 个氨基酸残基，其前体为包膜糖蛋白的 gp160，经蛋白酶裂解成 gp120 和 gp41，分别形成成熟病毒颗粒的表面棘突和跨膜部分。位于表面的部分，可刺激机体产生相应的抗体，本研究选用的 gp41 内的抗原决定簇，位于 BH10 毒株基因 7345～7423，编码 23 个氨基酸残基[4]。

PBH10 质粒含有 BH10 的全基因，经 Bgl Ⅱ 和 Hind Ⅲ 核酸内切酶消化，回收的 0.52 kb（6977～7497）基因片段重组在 PBV221 表达载体上 PBV221 表达载体全长为 3.66 kb，含有很强的启动和终止密码及诱导表达基因，氨苄西林为抗性选择标记基因，通过 BamHI（与目的基因上的 Bgl Ⅱ 酶为同工酶）和 Hind Ⅲ 酶切位点插入了目的基因。

材料和方法

一、材料 含有 HIV－1 BHl0 毒株全基因组质粒为本所提供。基因表达载体 PBV221 由本所基因工程室赠送。核酸内切酶购自华美生物技术公司。0.45 μm 的硝酸纤维素膜购于 BioRAD 公司。SPA－辣根过氧化物酶结合物为本室标记。底物 TMB 购自 Genemed、Biotechnologies 公司。HIV 抗体阴性对照血清来自正常人血清，用蛋白印迹及 ELISA 法检测，HIV－1＋2抗体均为阴性。HIV－1 抗体阳性对照血清来自我国云南吸毒 HIV－1 感染阳性者血清，经 ELISA 和 Western Blot 法检测抗体为阳性，56℃30 min 灭活，作为阳性对照。国家 HIV 标准质控参比血清，购于中国药品生物制品检定所。

二、方法[5]

1. HIV－1 gp41 抗原基因的重组：将 PBH10 毒株基因组 DNA 用核酸内切酶 Bgl Ⅱ 消化酶切，0.8%低溶点琼脂糖凝胶回收 1.43 kb DNA 片段（6977～8407），经 BamHI 酶解 PBV221 质粒载体，S1 核酸酶分别修平 Bgl Ⅱ 黏性末端和 PBV221 载体的 BamHI 酶解的黏性末端，成为平头。Hind Ⅲ 核酸内切酶酶解上述修平的片段的载体片段，低溶点琼脂糖回收 0.52 kb 片段，回收的 0.52 kb 基因片段经 T4 连接酶连接，重组在 PBV221 的载体上。重组质粒转化到致敏态的 HB101 受体菌，LB 固体培养基上培养过夜。

2. 重组质粒的鉴定核苷酸顺序分析：挑选单菌落 LB 培养液中培养，小量质粒提取，经 Hind Ⅲ酶切，0.8%琼脂糖凝胶电泳鉴定。

提取纯化重组的阳性质粒，ABI 核酸自动测序分析仪进行序列分析。

3. 重组质粒 gp41 基因的表达：挑选经测序分析重组正确的阳性单菌落，接种于 5 ml 加氨苄西林的 LB 培养液，30℃震荡过夜，次日晨转到 50 ml LB 培养液中，30℃摇菌测 A 值（约为 0.6），调温到42℃诱导4 h，使蛋白表达，4000 r/min 离心 20 min，收集细菌，沉淀加 TG 缓冲液（10 mmol Tris－Hcl，10%甘油）100℃煮 10 min，样品于15%SDS－聚丙烯酰胺凝胶电泳，样品一式两份，一份考马斯亮蓝染色表达分析蛋白产物，另一份分析抗原性。

4. 重组表达 gp41 蛋白抗原性的检测：按 Western Blot 法转移到硝酸纤维素膜上，丽春红染色检测转移的蛋白，将载有抗原蛋白的硝酸纤维素膜 4℃ 封闭过夜（封闭液；0.01 mo/L PBS pH7.4，0.2%Tween－20，3%牛血清蛋白），以不同稀释度的 HIV－1 抗体阳性血清免疫血清法检测表达蛋白的抗原性。加阳性血清：37℃，30 min；PBS 洗 10 s×3

次加 HRP 标记的二抗；37℃，30 min，PBS 洗 10 s × 3 次加入底物液：2 滴底物缓冲液加入 1 滴底物液（H_2O_2 + TMB）观察结果。

5. 检测试剂条的制备

（1）抗原的制备：取经检定阳性的甘油保存菌种 1 支，接种到 5 ml 加氨苄西林的 LB 培养液中，30℃振荡过夜。次日晨转入 50 ml LB 中，30℃振荡约 4 h，测 *A* 值在 0.5，调温到 42℃，继续培养 4 h，诱导蛋白的表达。4000 r/min 离心 20 min，收集细菌。将沉淀按 1∶16 的原体积加入 30 μl TG buffer（10 mmol/L Tris – HCl，pH7.6，10% 甘油）充分混匀，加 30 μl蛋白样品 buffer（3% 蔗糖，2% SDS，5% 巯基乙醇，20 mmol/L Tris – HCl，pH8.0，溴酚蓝）混匀，煮沸 10 min，备电泳用。

（2）15% SDS – 聚丙烯酰胺凝胶电泳分离蛋白：制备 SDS – 聚丙烯酰胺凝胶板 30 cm × 20 cm，按每厘米 1 μl 加上述制备的样品，15 mA 电泳 16 h。根据标准蛋白相对分子质量 Marker 和 Rf 值及溴酚蓝下缘长度计算 gp41 的位置，上下各宽 1 cm，切下特异的胶带。按 Western Blot 法转移到硝酸纤维素膜上，丽春红染色 3 min，检测转移蛋白效果。置于封闭液中，4℃过夜。膜封闭后，自然干燥，切割成 3 cm × 10 cm 的条带。双面胶将抗原条固定在反应槽内，每槽 1 条。

（3）抗原条特异性和敏感性的检测：按国家 HIV – 1 标准，参比血清试剂盒操作说明，检测制备的抗原条。

结　果

一、Hind Ⅲ 内切酶酶切鉴定的重组质粒　见图 1，图 2。经 0.8% 琼脂糖凝胶电泳比较，获得了 4.1 kb 的重组质粒。

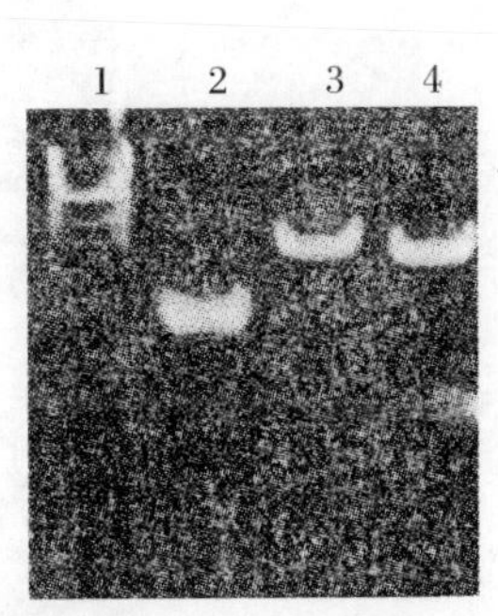

1. DNA/Hind Ⅲ Marker；2. PBV221；3. 重组质粒（pBV221 +0.52kb）；4. 重组质粒经 Hind Ⅲ酶切

图 1　重组质粒的鉴定（0.8%琼脂糖凝胶电泳）

1：DNA/Hind Ⅲ Marker. 2：Plasmid pBV221

3：Recombinant plasmid（pBV221 +0.52 kb）

4：recombinant plasmid digested by Hind Ⅲ

Fig. 1　Confirmation of the recombinant plasmid (0.8% agarose gel electrophoresis)

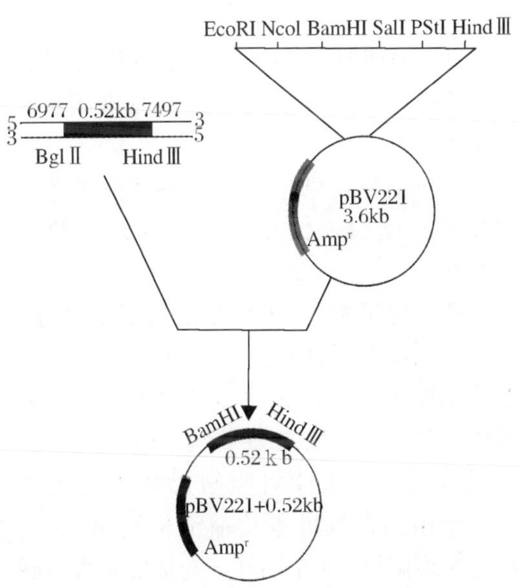

图 2　HIV – 1 gp41 pPBV221 重组质粒的构建

Fig. 2　Construction of plasmid of HIV – 1 gp41 gene and pBV221 vector

二、重组质粒经373A型核苷酸序列测定仪测定（反向测序）核酸序列 见图3。分析含gp41抗原决定簇的编码23个氨基酸残基的264～334核苷酸序列为：

GAT GAA GAG GTG GTA GGG ATT TGG　Asp Gln Gln Leu Leu Gly Ile Trp

GGT TGC TCT GGA AAC CTC ATT TGC　Gly Cys Ser Gly Lys Leu Ile Cys

ACC ACT ACT GTG CCT TGG AAC　Thr Ala Ala Val Pro Trp Asn

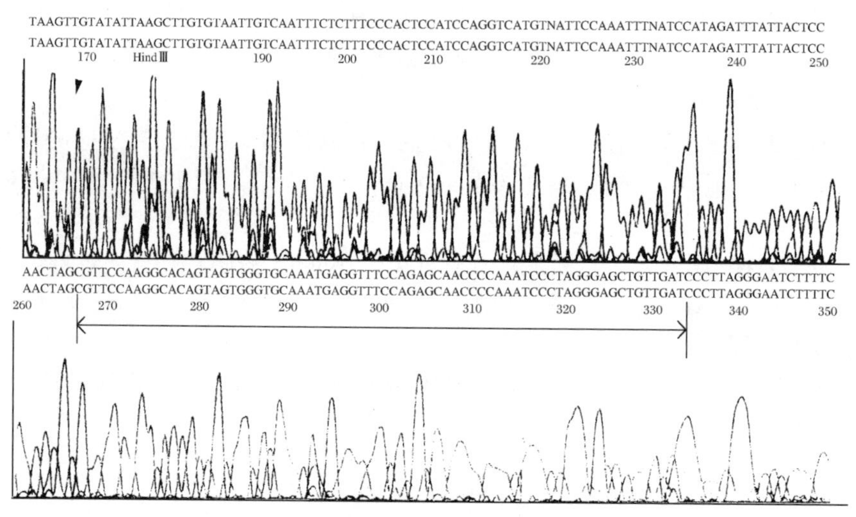

图3　经373A型仪器测定重组质量质粒核苷酸序列

Fig.3　Nncleotide sequence of recombinant plasmid

三、HB101受体菌内，温控诱导表达的蛋白经15%SDS－聚丙烯酰胺凝胶电泳纯化分离 见图4。

考马斯亮蓝染色，可见19 300的蛋白，经分光光密度扫描仪测定显示特异性的表达量为8.6%。

四、重组表达gp41蛋白抗原性的检测结果

分别以阳性血清和1∶200、1∶20不同稀释度的阳性血清和1∶1000的免疫酶，应用免疫血清法检测，3，3－二氨基联苯胺显色可见棕色的阳性条带，阴性对照则无其他的条带（图5），应用国家标准参比血清检测结果（图6）可见8个阳性，8个阴性，与标准结果一致。

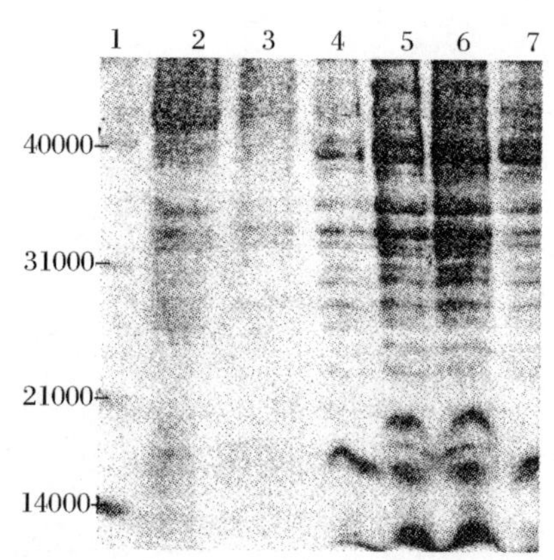

1：蛋白相对分子质量标记；2，3：宿主菌；5，6：重组表达样品；4，7：pBV221载体对照

图4　15%SDS－PAGE凝胶电泳分析重组表达蛋白

1：Protein molecular weight marker.
2，3：Host bacteria. 5，6：Expressed protein sample.
4，7：Vector pBV221 control

Fig.4　15%SDS－PAGE analysis of expressed recombinant protein

讨　　论

HIV感染人体后，出现p24、gp41、gp120等抗体，gp41抗体能持续稳定存在，p24随疾病的发生而下降。因此，HIV－1 感染的检测主要是 HIV－gp41 抗体的检测。随着计算机在生物技术中的应用，对于抗原蛋白表面活性亲疏水性等理化性质及生物学功能作出综合分析判断，由此对抗原决定簇的定位作出理论预测。因此，本文只选用 gp41 的单一抗原决定簇基因片段进行重组表达，既可获得稳定的反应结构域、又保留了原有的生物学活性。重组的目的基因与载体之间有适宜的阅读框架和稳定的结构，因此，42℃温度的诱导下，在大肠埃希菌中获得很好地表达，其表达的蛋白为非融合蛋白，作为检测试剂的抗原，加强了检测的特异性。Western Blot 免疫血清检测法比较其他方法（如 ELISA），具有特异性强的特点，一般用于 HIV 感染的确证实验中。本文应用重组表达的抗原研制成 Western Blot 法的快速检测试剂，广泛试用于高危人群的普查、海关检疫、科研中，

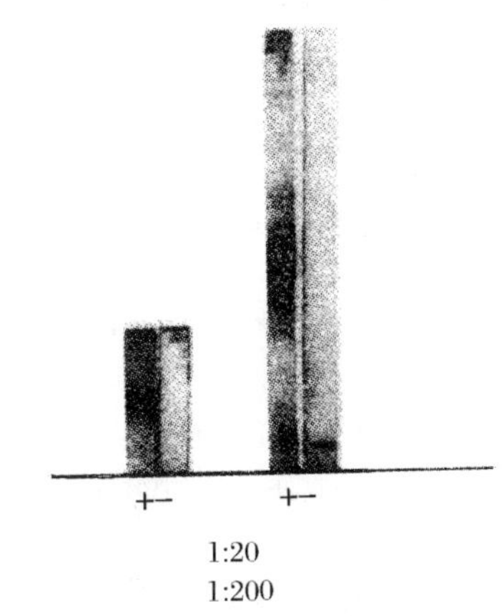

1∶20、1∶200 稀释，1∶1 000

免疫酶血清学检测（＋为阳性结果，－为阴性对照）

图 5　重组表达蛋白抗原性测定 HIV－1 阳性血清

1∶20、1∶200，1∶1000 serum dilution for immunoenzyme assay（＋：Positive results. －：Negative control）

Fig. 5 Antigenicity detection of expressed protein HIV－1 positive serum dilution

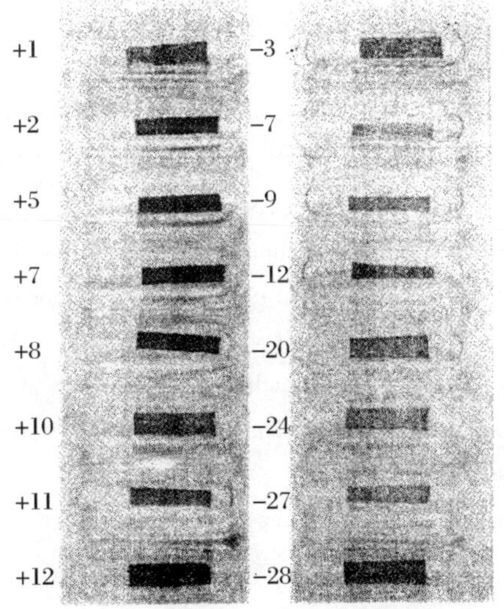

1、2、5、7、8、10、11、12 阳性；3、7、9、12、20、24、27、28 阴性

图 6　国家标准参比血清检测 HIV

1，2，5，7，8，10，11，12：Positive. 3，7，9，12，20，24，27，28：Negative

Fig. 6　HIV detection with national standard reference serum

共约 100 万人份，取得良好的效果，是一种简便快速、灵敏性高、特异性强的检测试剂。应用基因重组表达的抗原，与合成肽相比具有价廉、结构稳定等优点，经进一步的分离、纯

化，具有广泛的应用前景。

〔原载《中华实验和临床病毒学杂志》1999，13（2）：113－116〕

参 考 文 献

1 Joller－Jemelka HI，Joller PW，Muller F，et al. Anti－HIV IgM antibody analysis during early manifestations of HIV infection. AIDS，1987，1：45－47

2 Lange JMA，Paul DA，Huisman HG，et al. Persistent HIV antigenaemia and decline of HIV core antibodies associated with transition to AIDS. Br Med J，1986. 293：1459－1462

3 Chargelegue D，Colvin BT，Otoole CM. A 7－year analysis of anti－Gag（p17and P24）antibodies in HIV－1 seropositive patient with haemophilin：immunoglobulin G titre and activity are early predictors of clinical course. AIDS，1993，7（suppl 2）：87－90

4 Vornhagen R，Hinderer W，Nebd－Schickel H，et al. Development of efficient HIV－specific test systems using recombinant viral antigens. Biotest Bulletin，1990，4：91－96

5 吴卫星，张维，马贤凯．在大肠杆菌中高效表达Ⅰ型人类免疫缺陷病毒（HIV－1）Ⅰ型核心蛋白．中华微生物学和免疫学杂志，1992，12（Ⅱ）：5－8

Expression of Recombinant HIV－1 Envelope Glycoprotein gp41

TENG Zhi－ping*，LI De－gui，GAO Lian－sheng，et al.

（*Institute of Virology，Chinese Academy of Preventive Medicine，Beijing 100050）

Objective To construct and express HIV－1 env gp41 gene for develoing a simple and rapid test for HIV－1 infection. **Methods** HIV－1 env gp41 gene of BH10 strain（nt6 977－7497）was constructed into expressing vector pBV221 and expressed in *E. Coli* HB101. The expressed proteins were purified on 15% SDS－PAGE，the specific protein gel was cut down，transferred onto nitrocellulose membrane and stained with ponceau for 10 minutes. The membrane was detected with positive and negative serum respectively. The membrane was blocked with blocking buffer and cut into 2 mm of each strip and fixed into the well of thin plastic plate. **Results** We obtained a strand plasmid expressing HIV－1 env gene and the protein. **Conclusion** The results showed that：①HIV－1 env gp41 protein can be used to detect HIV－1 antibody in serum of individual；②The expressed protein is a nonfusion protein and has high specificity and sensitivity to HIV－1.

〔**Key words**〕 HIV－1；Gene recombination；gp41；Immune detection reagent

236. 人乳头状瘤病毒18型E6E7基因诱导人胚食管上皮永生化

汕头大学医学院　沈忠英　蔡维佳　沈　健　胡　智
中国预防医学科学院病毒学研究所　岑　山　滕智平　曾　毅

〔**摘　要**〕　**目的**　为研究病毒和肿瘤的关系，用人乳头状瘤病毒（HPV）18型E6E7基因感染胎儿食管上皮，建立一株新的人食管上皮永生化细胞株（SHEE）。**方法**　HPV18 E6E7腺病毒伴随病毒（HPV18 E6E7 AAV）载体的构建；胚胎食管组织培养，HPV18 E6E7 AAV感染，继续培养传代。用光镜、电镜检查其形态；聚合酶链反应（PCR）、荧光原位杂交（FISH）检查该病毒片段；用软琼脂培养和裸鼠接种检查致瘤性。**结果**　经过长时间的传代培养，SHEE的表型仍保留原代上皮细胞培养的特征，表现为单层生长和锚锭依赖性生长，在软琼脂培养不形成克隆，接种裸鼠未成瘤。SHEE细胞系电镜检查可见张力原纤维，免疫组织化学检查细胞角质蛋白阳性，证实为鳞状上皮来源。FISH和PCR检测显示有HPV18 E6E7基因。**结论**　用HPVl8 E6E7基因建立食管上皮永生化细胞株SHEE，支持HPVl8可能和食管癌病因有关的观点，可进一步用以研究食管癌的病因和发病机制。

〔**关键词**〕　食管上皮；人乳头状瘤病毒18型；聚合酶链反应

为了研究食管癌，人们建立了不少动物模型，同时也建立了食管癌细胞株，这对研究食管癌生物学、病因学和防治方面皆有很大贡献。食管永生化细胞株较难建立。它既具有正常细胞的特征，而且处于持续增生状态，易于转化，对研究癌变是一种良好工具。鉴于汕头地区是食管癌高发区，从分子流行病学调查，该地区食管癌组织人乳头状癌病毒（HPV）6，11，16，18各型累积感染率高达80%以上（包括切缘和旁的检查）[1]，因此，HPV对该地区食管癌发生发展的影响应给予重视。前人曾用HPV16E6E7基因可以诱导泌尿系[2]、乳腺导管[3]、口腔[4]、胰腺导管[5]、支气管[6]等上皮永生化。我们采用HPVl8 E6E7AAV感染胚胎食管上皮，使其在未接触外界环境，未接受其他因素条件下能不断繁殖传代，以作为研究食管癌癌变的体外模型。

材料和方法

一、HPVl8 E6E7腺病毒伴随病毒（PAAV3）载体的构建和鉴定　以pGEM/HPVl8（中国预防医学科学院病毒研究所曾毅教授保存）为模板，经PCR扩增E6E7基因。将E6E7基因连接至pGEM－T载体。经酶切将E6E7从载体切下，撬入到PAAV3载体构成。经Southem杂交，证实PAAV3载体含E6E7基因。PAAV－E6E7和PAd8转染至肾上皮293

细胞可获得含 E6E7 的重组病毒（PAAV－E6E7AAV），用感染 E6E7 至上皮细胞。

二、胎儿食管黏膜培养 胚胎 5 例，胎龄 4 个月。取食管组织，切碎，接种于培养瓶内，培养基为 199 培养液（Medium 199，GIBCO 产品）含 10% 小牛血清和抗生素（青霉素 100 U/ml，链霉素 100 U/ml）。

三、HPVl8 E6E7 AAV 感染 上述组织块在无血清培养剂培养 2 h 后，去培养液，加 HPVl8 E6E7AAV 感染 2 h，改为含血清的 199 培养液，继续培养传代。

四、光镜检查 胎儿食管组织切片，HE 染色，培养上皮 Giemsa 染色，显微镜观察。

五、电镜观察 培养上皮用 0.25% 胰酶（Sigma 产品）消化，收集细胞，PBS 洗 2 次，离心，细胞沉淀用 2.5% 戊二醛固定。电镜样本常规制样，日立 H300 电镜观察。

六、HPV18 DNA 的 PCR 检测 HPVl8 E6E7 引物根据 Oligo 软件设计，由上海生物工程公司合成。上游引物：5′－GACACTAGTACTATGGCGCGCTTTGAG－3，下游引物：5′－AGTACTAGTTTACAACCCGTGCCCTCC－3。模板 DNA：感染 HPVl8 E6E7 的食管上皮培养细胞提取。PCR 试剂盒购自赛百盛生物公司。PCR 方法依说明书进行，PCR 产物经琼脂糖凝胶电泳。

七、荧光原位杂交[7] HPVl8 荧光标记 DNA 探针（DAKO 产品，ISH，T3 008），应用检测 E6E7 ORFs。阳性对照（DNA）荧光标记 DNA 探针（DAKO 产品，ISH，X3 012）用于人 DNA 基因谱。阴性对照（质粒 DNA）荧光标记 DNA 探针（DAKO 产品，ISH，X3013），用于 pUCl8 质粒 DNA，方法依试剂盒说明。

八、裸鼠接种 第 10 代和 20 代培养细胞 10^6/0.2ml，接种裸鼠腋下，各 6 只（Balb/C 裸鼠购自中山医科大学实验动物中心，合格证医动字 26－96 018）。

九、软琼脂培养 35 mm 培养皿（NUNC，丹麦）5 个。琼脂糖（Agarose，Promega V312A）0.7%（底层）和 0.35%（表层），接种培养细胞 1000 个/皿，每 10 d 观察细胞克隆数及每克隆细胞数，共 40 d。

结　　果

一、5 例胎儿食管黏膜培养结果 见表 1，未感染 HPVl8 E6E7 AVV 的胚胎食管上皮多数生长为 1～2 代即停顿，1 例培养传代至 13 代，也渐萎缩脱落。感染 HPV18 E6E7 食管组织 HFEE973 长出上皮细胞，继续传代，定名为 SHEE 细胞株。其余存活，但未能继续传代。

二、SHEE 细胞株传代 1～10 代时，细胞繁殖速度慢，平均每代 10～15 d；10～20 代细胞生长速度加快，每代约 8～12 d；至 20 代以后，培养细胞生长更快，6～8 d 长满培养瓶。

表1 胎儿食管上皮培养传代

Tab. 1 Passage of cultured fetal esophageal epithelium

编号 NO.	HPV18E6E7 AVV 感染 HPV18E6E7 AVV infection	细胞类型 Type of cell	传代数 No. of passage	存活时间（月） Survival time （Month）
HFEE972	–	上皮+纤维 Epithelial cell + Fiber cell	13	16
HFEE973	+	上皮 Epithelial cell	50	>15
HFEE975	+	上皮+纤维 Epithelial cell + Fiber cell	3	15
HFEE975	–	上皮+纤维 Epithelial cell + Fiber cell	4	15
HFEE984	–	上皮+纤维 Epithelial cell + Fiber cell	2	3

三、细胞形态观察结果 胎儿食管切片，见鳞状上皮5~8层，以底层增生细胞为主，表层多空泡细胞。SHEE细胞在盖玻片上生长，呈单层，胞浆丰富，细胞核椭圆，核仁小。透射电镜见SHEE上皮细胞有张力原纤维，核椭圆形，核仁小，证实上皮细胞分化较好。

四、HPV18 E6E7的荧光原位杂交检测结果 在荧光显微镜下，红染的细胞核中有点状的黄绿色荧光杂交点，证明细胞核内有HPVl8 E6E7基因存在。

五、HPV18 E6E7的PCR检测 由图1可见，HPV18 E6E7基因片段长度为875 bp，说明SHEE含有HPV18 E6E7特异性片段。

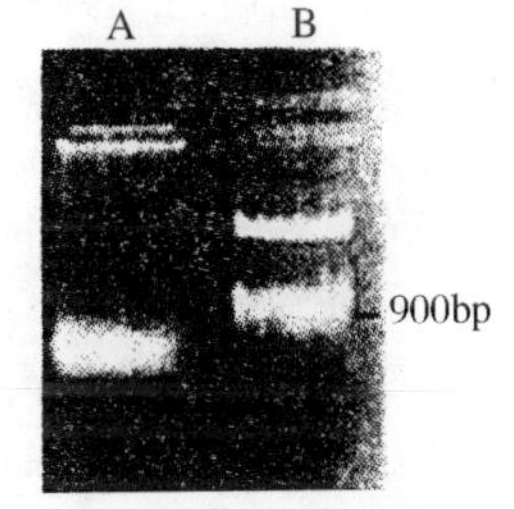

A：SHEE B：pBR322/BstNI

图1 SHEE细胞DNA PCR产物电泳

Fig. 1 Electrophoresis of PCR product of SHEE DNA

六、软琼脂培养结果 细胞培养10 d可见细胞分裂，每克隆2~5个细胞。20 d以后观察，极少克隆细胞超过10个，细胞呈颗粒状变性现象。

七、裸小鼠接种 SHEE细胞10^6/0.2 ml腋皮下接种，接种处有小结节，20 d以后逐渐缩小、消失。60 d后取接种处皮肤和皮下周围组织切片，见残存少数SHEE细胞呈退化变性，无浸润周围组织现象。

讨 论

研究食管癌癌变过程，重要的问题是建立合适的模型系统。用HPV诱导的食管上皮永生化细胞是一种良好的模型，尤其以胎儿食管上皮HPV诱导的永生化细胞系，其诱导因素明确，排除其他外界环境因素的干扰。

SHEE 细胞系是由 HPV18 E6E7 AVV 感染后诱导而成的，方法先进，活性高，转染方法简单易行。经 1 年 50 多代培养，前 10 代培养生长周期长短不一，时或停顿，甚至消退，时或增殖速度加快。经历了增殖状态不稳定期，可能是基因表达不稳定[7]。细胞有分化和增殖的同灶区（克隆），有的细胞大小一致，胞浆丰富，含较多角蛋白的分化灶区；有的细胞密集，胞浆较少，角蛋白量少或无的增殖明显灶区。20 ~ 40 代以后呈增殖稳定状态，增生克隆代替了分化克隆，细胞呈基底细胞型。

HPV 不能在体外培养，本文应用腺病毒伴随病毒（AAV）携带 HPV18 E6E7 基因，成功地感染人食管上皮细胞并诱发细胞永生，可见 AAV 是一个很好的载体。用 HPV18 E6E7 诱导上皮细胞永生化，其作用机制认为可能是 HPVl8 E6E7 基因，表达产物作用于抗癌基因。E6 蛋白可以降解 P53 编码蛋白[8]，E7 蛋白可以作用于 pRb[9]。抑癌基因蛋白的降解，失活可促使细胞进入细胞周期，导致细胞增殖。本细胞系可用于研究癌变机制和抗癌基因在肿瘤形成的作用。处于增殖状态的永生化细胞系是研究细胞恶性转化的良好工具。加上有关因素的作用，如物理、化学、生物等因素，可促使细胞恶性转化。

〔原载《中华实验和临床病毒学杂志》1999，13（2）：121 – 123〕

参 考 文 献

1 沈忠英．人乳头状瘤病毒与食管癌．见：李春海，陆士新，主编．肿瘤生物学研究进展．北京：军事医学出版社，1997，16 – 22

2 Puthenveettil J A, Frederickson S M, Reznikoff CA. Apoptosis in human papillomavirus 16 E7, but no E6 – immortalized human uroepithelial cells. Oncogen, 1996, 13 (6): 1123 – 1131

3 Wazer D E, Liu X L, Chu Q, et al. Immortalization of distinct human mammary epithelial cell types by human papillomavirus 16 E6 or E7. Proc Natl Acad Sci USA, 1995, 92: 3687 – 3691

4 Oda D, Bigler L, Lee P, et al. HPV immortalization of human oral epithelial cells: a model for carcinogenesis. Exp Cell Re5, 1996, 226 (1): 164 – 169

5 Furudawa T, Duguid W P, Rosenberg L, et al. Long – term culture and immortalization of epithelial cells from normal adult human pancreatic ducts transfected by E6E7 genes of human papillomavirus 16. Am J Pathol, 1996, 148 (6): 1163 – 1170

6 Viallet J, Liu C, Emond J, et al. Characterization of human bronchial epithelial cells immortalized by the E6 and E7 genes of human papillomavirus type 16. Exp Cell Res, 1994, 212: 36 – 41

7 Coursen J D, Bennetr W P, Gollahon L, et al. Genomic instability and telomerase activity in human bronchial epithelial cells during immortalization by human papillomavirus – 16 E6 and E7 genes. Exp Cell Res, 1997, 235 (1): 245 – 253

8 Demers G W, Halbert C L, Galloway D A. Elevated wild – type p53 protein levels in human epithelial cell lines immortalized by the human papillomavirus type 16 E7 gene. Virology, 1994, 198 (1): 169 – 174

9 Boyer S N, Wazer D E, Band V. E7 protein of human papillomavirus – 16 induces degradation of retinoblastoma protein through the ubiquitinproteasome pathway. Cancer Res, 1996, 56 (20): 4620 – 4624

Immortalization of Human Fetal Esophageal Epithelial Cells Induced by E6 and E7 Genes of Human Papilloma Virus 18

SHGN Zhong－ying*，CEN Shan，ZENG Yi，et al，
(＊Medical College of Shantou University，Shantou 515031)

Objective For studying the relationship between HPV and esophageal carcinoma，an immortalized human fetal esophageal epithelial cell line（SHEE）was established. **Methods** The human fetal esophageal tissues were cultured and infected with HPV 18 E6E7 AAV. It was examined by light－and electronmicroscope for morphological changes，by PCR and FISH for detection of HPV E6E7 and by soft agar culture and nude mice inoculation for detecting tumor transformation. **Results** The cell line has become immortal and has propagated continuously for more than 50 passages. After a long－term cultrue，the phenotype keeps the characteristics of primary epithelial cells. They showed as monolayer growth and anchorage dependent growth without forming colonies in softagar. They were nontumorigenic in nude mice. SHEE cells contained tonofilaments in its cytoplasm by electron microscopic examination and showed cytokeratin positive in immunohistochemical procedure. So it shows that the cells are squamous epithelium in origin. The cell line contained the HPV 18 E6 and E7 genes by FISH and PCR assay. **Conclusion** Establishment of the esophageal epithelial cell line SHEE successfully immortalized with HPV 18，E6E7，supports that the HPVl8 may be related to the etiology of esophageal carcinoma. It will facilitate further research on etiology and pathogenesis of esophageal carcinoma.

〔**Key words**〕Esophageal epithelium；Human papillomavirus；Polymerase chain reaction

237. 人乳头状瘤病毒18型E6E7基因诱导胎儿食管永生化上皮的生物学特性

汕头大学医学院　沈忠英　沈　健　蔡维佳
中国预防医学科学院肿瘤研究所　岑　山　中国预防医学科学院病毒学研究所　曾　毅

〔**摘　要**〕　**目的**　SHEE细胞系是经人乳头状瘤病毒（HPV）18型E6E7基因诱导的永生化上皮细胞株，已传代超过50代。研究胎儿食管上皮永生化的细胞株SHEE生物学特性，包括增殖，分化和凋亡。**方法**　细胞于199培养基培养，用光镜、电镜和荧光显微镜研究其生长率、形态和染色体分析；用流式细胞仪研究其细胞增殖动力学；用免疫组织化学方法研究Ki67和角蛋白和用末端转移酶标记（TUNEL）凋亡细胞。**结果**　细胞培养呈单层，锚定依赖和接触抑制生长。细胞生长曲线，增殖期3～8 d，平顶期9～10 d，衰亡期10 d以后。增殖指数（PIx）34.0%，分裂指数（MI）2.47%（1.2%～4.80%），凋亡指数（AI）1.30%～6.90%，核染色体众数46条为主（44～54条）和细胞周期DNA呈2倍体核型分

布。电镜可见胞质有张力原纤维，角蛋白免疫组织化学阳性证实鳞状上皮有分化特征。细胞凋亡可发生在增殖期，特别在衰亡期增多。**结论** 从生物学行为看来，SHEE 细胞株接近于其来源细胞，胎儿食管上皮基底层，保存其增殖能力和分化的潜力。细胞死亡（包括细胞凋亡）是细胞群体扩增调节重要的因素，应作为研究生物学特性内容之一。

〔**关键词**〕 食管上皮；永生化；生物学特性；人乳头状瘤18 型 E6E7

细胞在体外培养研究其生物学特征，主要是观察其生命行为，即增殖、分化、死亡（包括凋亡），寻找其特点和生长规律。细胞离体进行培养，虽然其原本细胞遗传学特点仍然保留，但因外界环境改变，失去体内多种细胞和神经体液的影响，细胞的各种特性的表型有所改变。经多次传代细胞基因组不稳定，产生表型差异[1]，致使体内细胞和体外培养细胞生物特性的差异。本研究用人乳头状瘤病毒（HPV）18 型 E6E7AAV 感染，胎儿食管上皮诱导永生化，建立细胞系 SHEE[2]，已传代超过 50 代。取冻存 20 代 SHEE 细胞，观察其增殖，分化和死亡等指标，研究 SHEE 细胞系的生物学特性。

材料和方法

一、冻存细胞复苏和培养 液氮冻存 SHEE 细胞（第 20 代）复苏，锥虫蓝染色计数，细胞培养在 199 培养剂（Gibco BRL，31100 - 035）加 10% 小牛血清（中山医科大学微生物教研室监制），青霉素和链霉素。

二、细胞培养克隆率 活细胞稀释至 100 个/ml 接种 96 孔板，每孔 0. 2 ml，另加 0. 2 ml 培养液，第 3 天计算贴壁细胞和克隆数，和接种细胞数之比为接种克隆率。

三、细胞生长曲线分析 SHEE 活细胞 10^4 接种在 24 孔塑料板（Corning 公司），内置盖玻片，每 2 日取 4 孔细胞，进行染色计数，实验重复 1 次。4 孔平均细胞数和标准差统计生长曲线。

四、细胞增殖周期分析 SHEE 培养细胞消化后，PBS 洗 2 次，70% 乙醇固定，制成单细胞悬液 10^6/ml，存 4℃冰箱。上机前半小时加碘化丙啶（PI，Sigma）DNA 染色。用流式细胞仪（FACSort，B - D Co.）进行 DNA 分析，并划出组方图，统计增殖指数（$PIx = S + C_2M/G_0G_1 + S + G_2M$）。

五、电镜观察 透射电镜观察：SHEE 培养细胞消化后用 PBS 洗 2 次，细胞离心成团，2. 5% 戊二醛固定，常规制样，日立 H300 透射电镜观察。扫描电镜观察：SHEE 细胞培养在盖玻片上，用 2. 5% 戊二醛固定，扫描电镜标本制样。日立 H300 电镜扫描配件观察。

六、染色体分析 SHEE 细胞培养，指数生长期，计算细胞数和核有丝分裂数，统计核分裂指数（MI）。选择培养细胞有丝分裂相较多的标本，加入秋水仙素 10 μml（10 μg/ml），继续培养 2 ~ 3 h，收集细胞常规制样，Giema 染色，进行核型分析。

七、免疫组织化学 细胞增殖核 Ki67 免疫组织化学：取指数生长期细胞，丙酮固定，用 Ki67（Mib，Calbiochem USA）一抗和 LSAB 显示法染色。细胞角质蛋白免疫组织化学：用 cytokeratin 4，18（Sigma C - 5176，C - 8541）单抗及 LSAB 显示法。

八、活细胞荧光显微镜检查 细胞死亡：培养细胞用 Hoechst 33342（H342，Sigma）和碘化丙啶（PI，Sigma）活细胞染色，荧光显微镜观察，H - 342 显绿色荧光为活细胞，PI 显红色荧光为死亡细胞。

九、原位末端标记（TUNEL） 用末端转移酶 TdT 和 DUTP 试剂盒（Boehringer Mannheim 公司）。标记凋亡细胞，方法按说明书。

结　　果

一、细胞接种成功率 96 孔板共接种 1920 个细胞，第 3 天细胞贴壁分裂形成小克隆有 672 个，细胞接种成功率 35%。

二、细胞生长曲线 SHEE 细胞接种后，每日计算细胞数，构成曲线图（图 1）。其生长规律为第 2 天细胞数略减，第 3 ~ 8 天细胞增殖期，第 9 ~ 10 天维持高峰为平顶期，第 10 天以后逐渐减少，细胞核分裂指数（MI）在增殖期为 1.20% ~4.80%，平均 2.47%。

三、细胞增殖周期 流式细胞仪检测细胞 DNA，画成组方图（图 2），细胞周期统计（表 1），PIx = 34.03%，本细胞系仍属二倍体类型。

四、细胞形态 活细胞形态：细胞大小一致，部分细胞胞质较多，胞质内有小颗粒，胞核椭圆形，核仁可见（图版 I①）。透射电镜：细胞呈多角形或椭圆形，胞质较少，可见线粒体和较多内质网，有的细胞可见张力原纤维。核椭圆形，核膜皱褶少，偶可见核仁较大（图版 I②）。扫描电镜：可见 3 种表面结构：圆球状，有伪足或胞质突起贴附玻片或与其他细胞连接，表面有较多细小微绒毛是增殖状态（图版 I③）。圆饼状，胞质铺开，有较多伪足、胞质突互相连接，中央核区隆起，有较多指状微绒毛。多角形，细胞铺平呈多角形，互相连接，核区隆起，有较多微绒毛（图版 I④），呈分化型形态。

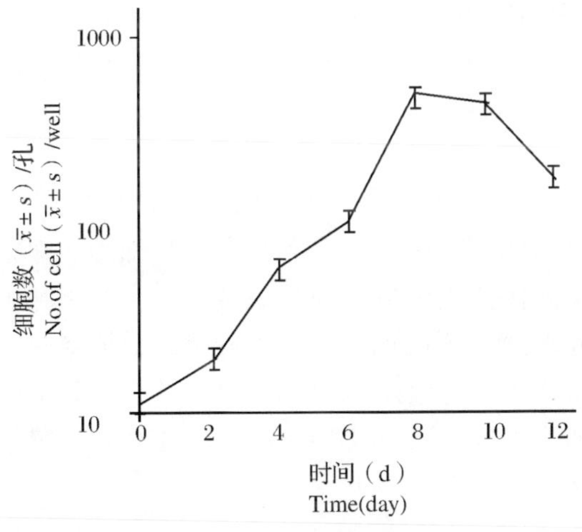

增殖期（2 ~8 d），平顶期（9 ~10 d），衰亡期（10 d 以后）

图 1　SHEE 细胞生长曲线

Cell proliferative phase（2 –8 d），topplate Phase（9 –10 d）and attenuate phase（after 10 d）

Fig. 1　The growth curve of SHEE

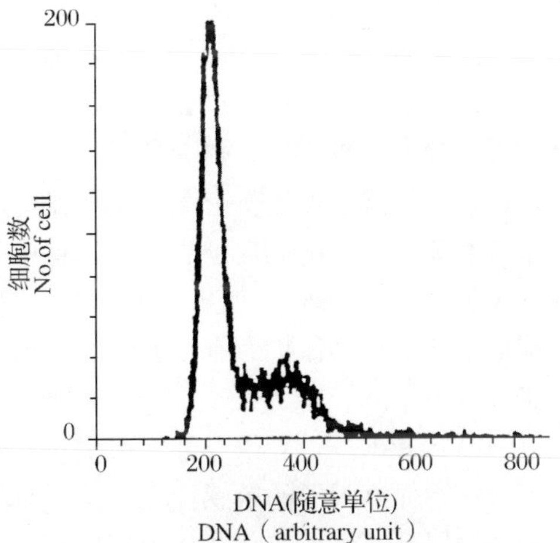

图 2　细胞增殖动力周期组方图

Fig. 2　The cellular proliferative dynamic histogram

五、染色体分析 12个细胞染色体组分析染色体数多在44～54条，46条染色体5/12，<46 3/12，>464/12。仍属二倍体核型（图版1⑤）。

六、细胞增殖和分化 Ki67核阳性（图版I⑥）细胞较多，表示细胞增殖活跃。细胞角蛋白（cytokeratin 4，18）检查呈非角化型或胎儿型鳞状上皮类型[3]。

七、细胞死亡和凋亡 SHEE细胞培养过程不断出现细胞死亡（图版I⑦），增殖期细胞死亡较少，衰亡期呈大片退化死亡和脱落。其中可见细胞凋亡（图版I⑧），在增殖期细胞凋亡指数（AI）1.30%～6.90%，平均6.19%（未计算已脱落细胞）。

表1 细胞周期统计

Tab.1 Cell cycle statistics

时相 Phase	细胞数 Events	% Percentage
G_1	9335	66.0
S	3680	26.0
G_2+M	1136	8.0
总计 Total	14 151	100.0

讨　论

转染HPV18 E6E7基因的胎儿食管上皮（SHEE）已传代培养超过50代，时间超过16个月，10代以内细胞繁殖生长不稳定，因此选择第20代细胞代表本细胞系的生物学特性。在冻存细胞复苏培养，细胞能贴壁生长占35%，接种成功率较低。细胞生长曲线分为增殖期、平顶期和衰亡期，与一般细胞生长规律一致。增殖期的细胞$S+G_2M$占34%，其增殖指数（PIx）不高。从细胞DNA定量和染色体计数本细胞系属二倍体核型。

SHEE细胞系培养呈单层平铺生长，锚定依赖和接触抑制等特性。软琼脂培养和裸鼠接种无致瘤现象，仍属未癌变的永生化细胞[4]。扫描电镜观察可见细胞3种类型：圆球状，圆饼状和多角形，具有较多伪足和胞质突起，这3种形态可代表细胞不同增殖和分化状态。透射电镜可见胞质有张力原纤维，是上皮细胞有一定分化的特征[4]。

细胞的基本生命现象，过去只注意细胞的增殖和细胞分化，对细胞死亡重视不足[5]。细胞群可以分为3种细胞：静止细胞（G_0，G_1），增殖细胞（S，G_2M）和死亡细胞。细胞群体扩增快慢与这三者比例有关，其中细胞凋亡是保持细胞群体内部稳定性[6]，并和肿瘤发生发展有关[7]。SHEE细胞系增殖过程中细胞死亡（PI染色）包括细胞凋亡，细胞凋亡指数（AI）平均6.19%，如果加上脱落在培养液的死亡细胞，其数量更多，这一部分细胞对细胞倍增和细胞群体扩大有较大影响，因此细胞死亡应作为细胞生物学和基本生命现象重要的研究内容。

以HPVl8 E6E7 AAV诱导细胞永生化，由于E6E7蛋白可作用于P^{53}和pRb，因此可以提高其对致癌，促癌因子的敏感性[8]。染色体数的改变说明其遗传不稳定性[9]，经长期培养或其他诱导因子，可以使它转化为癌细胞，也可促使其分化，因此可以认为它可能是处于双向发展的细胞。此永生细胞株可以作为研究HPV与食管上皮细胞癌变关系的模型。

〔原载《中华实验和临床病毒学杂志》1999，13（3）：209－212〕

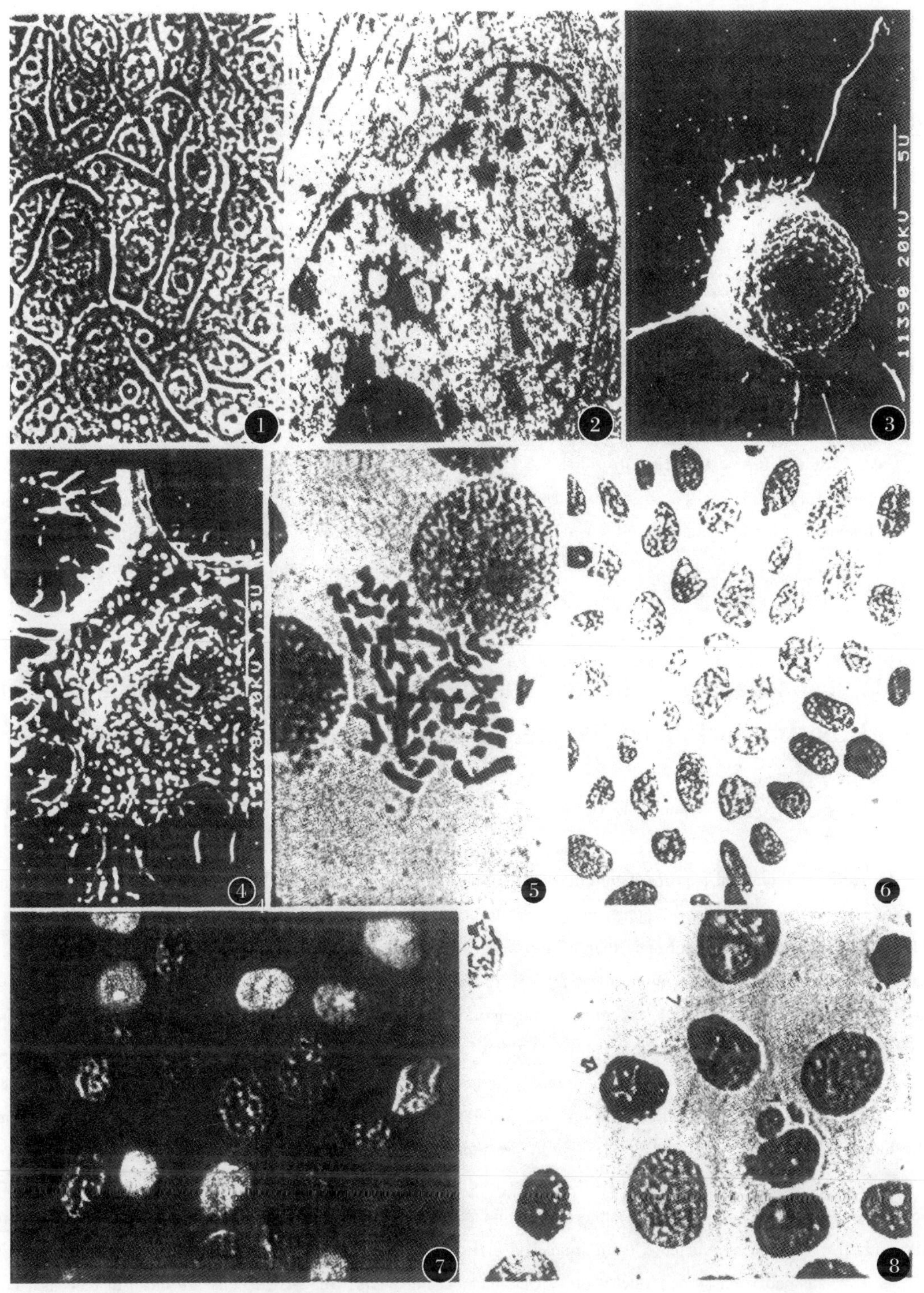

图版 I，人乳头状瘤病毒 18 型 E6E7 基因诱导胎儿食管永生化上皮的生物学特性

Plate I Biological characteristics of human fetal esophageal epithelial cell line immortalized by the E6 and E7 gene of HPV type 18

参 考 文 献

1 Coursen JD, Bennett WP, Gollahon L, et al. Genomic instability and telomerase activity in human bronchial epithelial cells during immortalization by human papillomavirus - 16 E6 and E7 genes. Exp Cell Res, 1997, 235: 245 - 35

2 沈忠英，岑山，蔡维佳，等. 人乳头状瘤病毒18型E6E7基因诱导人胚食管上皮永生化. 中华实验和临床病毒学杂志，1999，13（2）：121 - 123

3 Oda D, Bigler L, Lee P, et al. HPV immortalization of human oral epithelial cells: A model for carcinogenesis. Exp cell Res, 1996, 226: 164 - 169

4 Hopfer U, jacobberger JW, Gruenert DC, et al. Immortalization of epithelial cells. Am J Physiol, 1996, 270（1 Ptl）: cl - 11

5 鄂征. 组织培养细胞生物学. 见：鄂征，主编. 组织培养和分子细胞学技术. 北京：北京出版社，1995，9 - 26

6 Columbano A. Cell death: Current difficulties in discriminating apoptosis from necrosis in the context of pathological processes *in vivo*. J Cell Biochem, 1995, 58: 181 - 190

7 Bernard O. Apoptosis and cancer. To - Day Life Science, 1995, 28 - 31

8 Wezer DE, Lin XL, Chu O, et al. Immortalization of distinct human mammary epithelial cell types by human papillomavirus 16 E6 or E7. Proc Natl Acad Sci USA, 1995, 92: 3687 - 3691

9 Viallet J, Lin C, Emond J, et al. Characterization of human bronchial cells immortalized by the E6 and E7 genes of human papillomavirus type 16. ExP Cell Res, 1994, 212: 36 - 41

Biological Characteristics of Human Fetal Esophageal Epithelial Cell Line Immortalized by the E6 and E7 Gene of HPV Type 18

SHEN Zhong - ying*, SHEN Jian, ZENG Yi, et al （* Medical College of Shantou University, Shantou 515031）

Objective Biological features including proliferation, differentiation and cell death of SHEE cell line, an immortalized epithelium of the fetal esophageal epithelium induced by HPV 18 E6E7 AAV, were studied. **Methods** SHEE cell line being cultured for more than 50 passages, were cultured in 199 growth medium and were examined by light, electron and fluorescence microscopy for growth rate, morphological features and chromosome analysis, by flow cytometry for cell proliferative dynamics, by immunohistochemistry for Ki67 and cytokeratin, and by terminal DNA transferase label（TUNEL）for apoptosis. **Results** At the 20th passage, the SHEE cell remained monolayer, anchorage - dependent and attachment - inhibited growth. The growth curve showed proliferative phase 3 - 8th days, top - plate phase 9 - 10th days and attenuative phase after 10th days. Proliferative index（PIx）34.0%, mitotic index（MI）2.74%（1.20% ~ 4.80%）, apoptotic index（AI）1.30% ~ 6.90%, chromosome analysis mainly 46（44 ~ 54/nucleus）and DNA distribution in diploidy were calculated and described. The tonofilament expression in cell cytoplasm by electron - microscopy and positive reaction of cytokeratin by immunochemistry showed differentiative character of squamous epithelium. The cell apoptosis occured in the proliferative phase and especially increased in attenuative phase. **Conclusion** Of biological behaviors, the SHEE cells are close to the basal cells of their original fetal esophageal mucosa keeping proliferative and differentiative potency. This study suggests that the cell death（including cell apoptosis）may be an important factor in studying of cell growth regulation and it may be an research area for cellular biological behaviors.

〔**Key words**〕 Fetal esophageal epithelium; Immortalization; Biological behaviors; HPV 18 E6E7 AAV

238. 人类获得性免疫缺陷病毒 I 型内壳蛋白 p24 在大肠埃希菌中的表达与纯化

中国预防医学科学院病毒学研究所　王自春　曾　毅

人类获得性免疫缺陷综合征（acquired immunodeficiency syndrome，AIDS）简称艾滋病，是由人免疫缺陷病毒（human immunodeficiency virus，HIV）引起的[1,2]，根据遗传学和血清学的特征，HIV 可分为 HIV－1 和 HIV－2，前者的感染遍及世界各地，后者主要局限于非洲各地[3]。HIV 基因组由 9500 个核苷酸组成，在其两端是长末端重复序列（LTRs）。HIV 有 9 个开放阅读框架，gag 基因编码病毒的内壳蛋白，翻译时先形成一个 55×10^3 的前体蛋白（p55），然后在 HIV 蛋白酶的作用下裂解成 p17、p24、p15 3 个蛋白质。p24 和 p17 分别构成 HIV 颗粒的内壳和内膜，p15 进一步裂解成与病毒 RNA 结合的核壳蛋白 p9 和 P7[4-6]。在 HIV 感染的早期就可产生针对 p24 的抗体，且随着病程的进展，p24 抗体滴度下降[7]，因此 p24 与外膜糖蛋白一样（对于 HIV－1，gp160 前体的降解物外膜蛋白 gpl20 和跨膜蛋白 gp41；对于 HIV－2，gp140 的降解产物 gp105 和 gp36）可以用来确定 HIV 的感染，是 HIV 诊断试剂盒的重要组成部分。此外，p24 已被用来作为抑制病毒颗粒包装的抗病毒药物的专一靶位[8]。为了获得大量的高纯度的 p24 蛋白，我们采用大肠埃希菌表达载体来表达 p24 蛋白，并利用固定化金属离子（Ni^{2+}）配体亲和层析从表达菌的可溶性蛋白中纯化了目的蛋白，为 HIV 诊断试剂的研制打下了良好的基础。

材料和方法

一、菌种与质粒　大肠埃希菌 BL21（DE3）[9]，在染色体上带有 T7 噬菌体 RNA 聚合酶编码基因，用于 pET 来源载体的表达。含有 HIV－1HXB2 全长基因的质粒由本所保存。

二、酶和试剂　pGEM－T 载体系统，PCR 纯化系统购自 Promega 公司，限制性内切酶，标准 DNA，相对分子质量对照以及 Taq DNA 聚合酶购自宝生物工程有限公司。T4 DNA 连接酶购自 GIBCO BRL 公司。Ni^{2+} 离子亲和层析填料购自 Pharmacia Biotech 公司。HIV 阳性血清为本室保存。

三、p24 基因的克隆与表达质粒的构建　据 HXB2 株基因序列，设计一对引物。引物 1：5′GGCATATGCAAGGGCAAATGGTACA3′及引物 2：5′GCCCTCGAGTGCTGTCATCATTTCT3′。扩增条件为：94℃2 min，94℃ 1 min，60℃2 min，72℃2 minl，35 个循环，72℃15 min 结束扩增。扩增产物的回收纯化使用 Promega 公司的 Wizard PCR 纯化试剂盒。纯化的 PCR 产物与 pGEM－T 载体通过 A－T 粘端互补连接（具体操作见说明书），通过蓝白菌落筛选挑选出白色的阳性克隆 pGEM－p24，该重组质粒采用 PCR，酶切及测序等方法进行鉴定。鉴定正确的质粒 DNA 与表达载体 pET22b 同时用 Nde I 和 Xho I 进行酶切，用低熔点胶回收载体与 p24 基因片段，经 T4 DNA 连接酶连接构建表达质粒 pET－p24。转化大肠埃希菌 BL21（DE3）后，获得 p24 蛋白表达菌。

四、重组蛋白的表达与可溶性蛋白的纯化 挑单个 pET－p24/BL21（DE3）克隆接种到 5 ml含有 100 μg/ml 氨苄西林的 LB 培养基中，37℃摇床振荡培养过夜。次日以 1∶100 接种于 500 ml 同样培养基中，37℃生长到菌液吸光度 A_{600}值达到0.4～0.6 时，加入终浓度为1 mmol/L 的 IPTG，继续诱导4 h 后离心收获菌体。－20℃冻存。菌体重悬于适量的超声缓冲液中（组成：50 mmol/L Tris. HCl，pH7.9，1 mmol/L EDTA，1 mmol/L DTT，0.1% Triton X－100）冰浴下，超声破碎细菌每次 30 s，共 10 次。4℃ 12 000 r/min 离心 20 min，收集上清。再经 4℃ 18 000 r/min离心 30 min 取上清。沉淀用适量的洗涤液（组成：50 mmol/L Tris. HC1 pH7.9，1 mmol/L EDTA，0.1% TritonX－100，2 mmol/L Urea）充分洗涤过夜，12 000 r/min 离心 20 min收集上清。上清直接过层析柱纯化（柱填料为 Ni－BTA Agarose），用平衡液洗脱至基线平，然后用含不同浓度咪唑的平衡液洗脱，收集不同的洗脱峰，用 12% SDS－PAGE 和考马斯亮蓝染色分析，电泳完毕后将蛋白转移至硝酸纤维素膜，用 Western－Blot 检测其抗原性。其中一抗为含 HIV－1 抗体的血清，以 1∶100 稀释使用。一、二抗作用后，在二氨基联苯胺和 0.01% H_2O_2 溶液中显色反应，待特异性蛋白条带出现后，用蒸馏水终止反应。

结　　果

一、HIV－1 p24 基因的克隆及表达质粒的构建 以 HIV－1 HXB2 cDNA 为模板，采用 PCR 方法扩增 p24 基因，在引物 5′端添加 Nde Ⅰ酶切位点（含起始密码子 ATG），在 3′端添加 Xho Ⅰ酶切位点，PCR 产物大小与预期的 638 bp 相符（图 1）。扩增产物经回收纯化后，通过 A－T 互补粘端用 T4 DNA 连接酶与 pGEM－T 载体连接，转化宿主菌 DH5α，经蓝白菌落筛选，挑选白色阳性克隆，以便于 DNA 酶切操作和测序，得到的重组质粒 pGEMp24 经 PCR 扩增，酶切和序列分析证实，得到的基因克隆确系 HIV－1 p24。将 pGEM－p24 用 Nde Ⅰ和 Xho Ⅰ酶切消化后，定向克隆到表达质粒 pET22b 的 Nde I 和 Xho Ⅰ两酶切位点之间，构建重组表达质粒 PET－P24（图 2）。

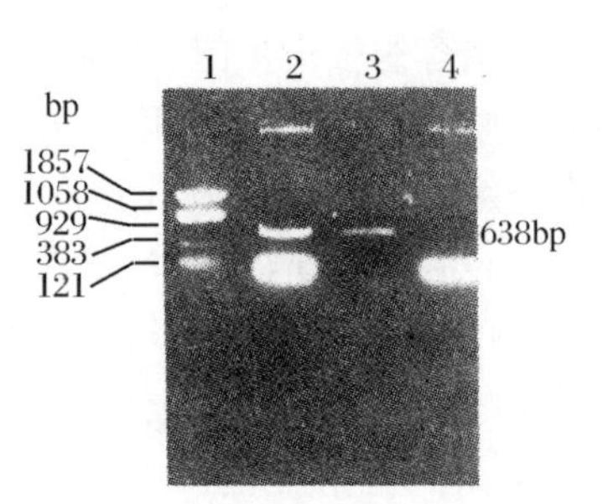

1：pBR322/BstN I 相对分子质量对照；2：p24 的 PCR 产物；3：回收纯化的 p24 PCR 产物；4：阴性对照

图 1　HIV－1 p24 基因片段的扩增

1：pBR322/BstN I marker. 2：PCR product of p24. 3：Purified PCR product of p24. 4：Negative control

Fig. 1　Amplification of HIV－1 p24 fragment

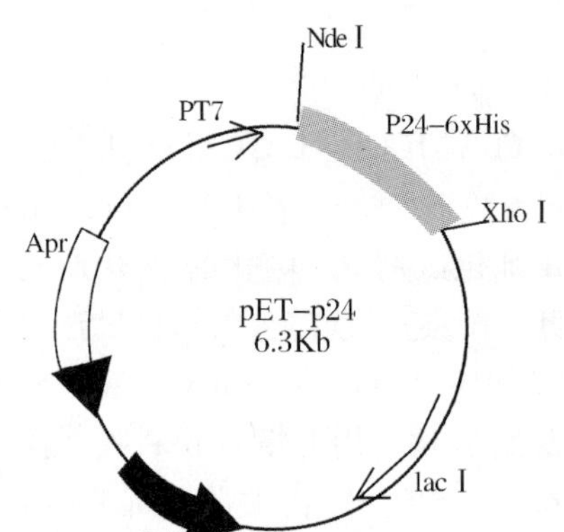

用 Nde I 和 XhoI 从克隆载体 pGEM－p24 中切出的 p24 基因片段连到经相同酶切的表达载体 pET22b 的 6xHis 的上游，构建重组表达质粒 pET－p24. PT7：噬菌体 T7 的启动子；Ap^R：氨苄西林抗性标志

图 2　重组表达质粒 pET－p24 的结构

The Nde I ＋Xho I－digested 638－bP p24 fragment from pGEM－p24 was cloned inframe up stream from a His 6 tag（p24－6xHis） in pET22b vector. PT 7：Promoter of phage T7. Ap^R：Ap－resistant marker

Fig. 2　Structure of recombinant expression plasmid pET－p24

二、p24蛋白的表达及产物鉴定 将表达质粒pET－p24转化大肠埃希菌BL21（ED3），获得表达菌，重组蛋白进行12%SDS－PAGE蛋白电泳，以pET22b/BL21（DE3）作为对照，用1 mmo/L IPTG诱导表达pET－p24/BL21（DE3）。图版Ⅲ（略）结果表明，经IPTG诱导后可高效表达一相对分子质量为24 000的蛋白质，与预期结果一致。凝胶自动扫描分析表明，其表达量约占菌体总蛋白的17%。Western－Blot结果表明，重组p24蛋白大部分以包涵体形式存在，有一部分以可溶形式存在。

三、p24重组蛋白的部分纯化 发酵表达菌500 ml，诱导表达后离心菌体，菌体重悬于超声缓冲液中，冰浴下短暂超声破菌，每次20 s，共10次，离心后的上清直接上Ni－NTA柱，依次用含不同浓度咪唑（50 mmol/L、100 mmol/L、150 mmol/L、200 mmol/L）的洗脱液洗脱，收集洗脱峰，12%SDS－PAGE检测，结果表明得到纯化的带6个组氨酸的融合蛋白（图3）。超声后的沉淀仅用2 mol/L尿素就基本上全部洗脱下来，且杂蛋白较少，也可以在此条件下直接上柱纯化。

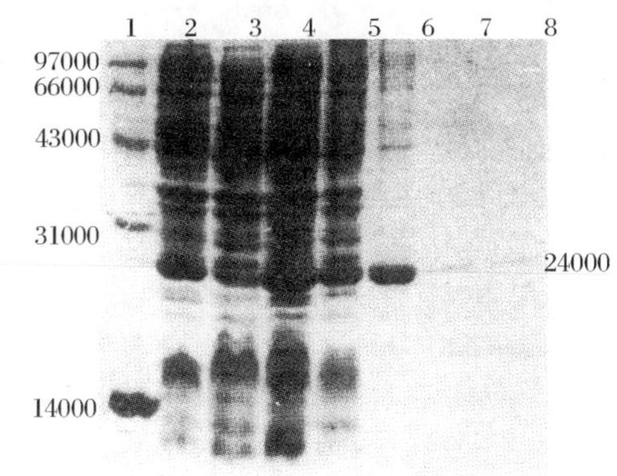

1：标准相对分子质量蛋白质对照；2：诱导的pET22b菌体裂解物；3：未诱导的pET－p24菌体裂解物；4：诱导的pET－p24全菌体裂解物；5：诱导的pET－p24菌体超声上清；6，7，8：经Ni－NTA agarose柱纯化的pET－p24部分收集管

图3 从上清中初步纯化的重组p24蛋白的SDS－PAGE

1：Standard protein marker. 2：Induced total lysates of pET22b. 3：Uninduced total lysates of pET－p24. 4：Induced total lysates of pET－p24. 5：The supernatant after ultra sonication of induced pET－p24. 6，7，8：Purified pET－p24 after passing through Ni－NTA agarose column

Fig. 3 SDS－PAGE analysis of the purified recombinant p24 from the supernatant

讨 论

由于AIDS在世界范围内迅速地蔓延扩散，尤其是病毒亚型不断地发展变化给病毒的检测增加了难度，如何快速准确地检测HIV是目前人类抵御AIDS病毒的焦点课题之一。用于AIDS检测的试剂自1985年商品化的HIV抗体EIA试剂盒问世以来，如何提高酶联免疫分析的特异性及敏感性一直是研究的重点。而用于该类试剂盒的抗原也一直是人们改进的目标。从全病毒溶解物抗原到基因重组抗原和合成肽抗原已经三代改进。用大肠埃希菌来表达重组抗原至今仍不失为一种简单有效的方法。

对HIV感染者而言，通常在感染病毒6～8周后体内方可检测到抗体，最早产生的就有针对gag蛋白产物p24的抗体，并且p24抗体滴度的下降一般被作为AIDS病情发展的预测指标。此外，p24也是抗病毒治疗的潜在靶位。因此制备高纯度、高质量的p24蛋白可以满足p24蛋白生化结构分析，专一抗体制备，抗肿瘤药物筛选分析，AIDS感染的诊断和检测的需求。

固定化金属离子配体亲和层析技术，是基于过渡态金属离子（如Ni^{2+}，Zn^{2+}，Cu^{2+}等）与多聚组氨酸的高亲和力性质而建立，它可以使产物以亲和层析得到快速纯化，并且，由于其埋藏性小，不会影响目的蛋白的高级结构。

综述以上结果，我们成功地利用PCR技术得到了P24基因，并在大肠埃希菌中进行了表达以及纯化。

〔原载《中华实验和临床病毒学杂志》1999，13（4）：386－388〕

参　考　文　献

1　Barre － Sinoussi F，Chermann JC，Rey F，etal. Isolation of a T － lymphotropic retrovirusfrom a patient at risk for acquired immunodeficiency syndrome（AIDS）. Science，1983，220：868－871

2　Gallo RC，Salahuddin SZ，Popovic M，et al. Frequent detection and isolation of cytopathicretrovirus（HTLVⅢ）from patients with AIDS and at risk for AIDS. Science，1984，224：500－503

3　Clavel F，Guetard D，Brun － Vezinet F，et al. Isolation of a new human retrovirus from Western African patients with AIDS. Science，1986，233：343－346

4　Rather L，Haseltine W，Patarea R，et al. Complete nucleotide Sequence of the AIDS virus，HTLV Ⅲ. Nature，1985，313：277－284

5　Mervis RJ，Ahmad N，Lilleho EP，et al. The gag gene products of human immunodeficiency virus type 1：alignment within the gag openre － ading frame，identification of post － translational modifications and evidence for alternativegag precursors. J Virol，1988，62：3993－4002

6　Veronese FO，Copeland TD，Oroszlau S，etal. Biochemical and immunological analysis ofhuman immunodeficiency virus gag gene products p17 and p24. J Virol，1988，62：795－801

7　Pedersen C，Nielsen SM，Vestergaard BF，etal. Temporal relation of antigenemia and loss of antibodies to core antigens to development ofclinical disease in HIV － 1nfection. Br Med J，1987，295：567－569

8　Rossmann MG. Antiviral agents targeted to interact with viral capsid proteins and a possible application to human immunodeficiency virus，Proc Natl Acad Sci. U S A 1988，85：4625－4627

9　Rosenberg AH，Lade BN，Chu D，et al. Vectors for selective expression of cloned DNAs byT7 polymerase. Gene，1987，56：125－135

239.　中国人成人T细胞白血病/淋巴瘤12例临床分析

中日友好医院血液科（北京）　马一盖　汪　晨　徐韶华　郦筱能

中国预防医学科学院病毒学研究所　陈国敏　曾　毅

〔摘　要〕　目的　探讨中国人成人T细胞白血病/淋巴瘤（ATLL）临床特征、鉴别诊断和与嗜人T细胞病毒Ⅰ型（HTLV－Ⅰ）感染的关系。**方法**　外周血淋巴细胞形态学检查用离心涂片法，淋巴细胞免疫分型用间接免疫荧光法，HTLV－Ⅰ前病毒DNA检测用聚合酶链反应（PCR）法并经Southern Blot证实。**结果**　12例病人临床表现依次为发热10例、淋巴结肿大8例、皮肤损害7例、脾、肝大7例、黄疸3例，个别有胸水和肺侵犯。外周血花瓣状淋巴细胞在常规血涂片中不易发现，而离心涂片均可发现。可见贫血、血小板减少、全血细胞减少、骨髓增生异常和嗜酸细胞增多，未见高钙血症。HTLV－Ⅰ抗体和前病毒DNA阳性者分别为6/10例和9/12例。急性型9例，淋巴瘤型3例。所有病人开始均误诊为其他疾病，首先表现分别为皮肤损害、淋巴结肿大、骨髓增生异常、进行性肝肿大和顽固性胸水。合并症有未经病原菌证实的感染、链球菌感染、消化道出血、急性肾功能衰竭、急性呼吸衰竭和脑出血。7 例死亡，3 例存活，2 例失访。**结论** ATLL 在我国可能并非罕见，应提高对中国人 ATLL 的认识。

〔关键词〕 白血病淋巴瘤；T 细胞；HTLV－Ⅰ相关；蒙古人种

成人 T 细胞白血病/淋巴瘤（ATLL）是一种主要与嗜人 T 细胞病毒 I 型（HTLV－Ⅰ）感染有关的少见的独特类型的 T 细胞淋巴增殖性疾病，其特点是高钙血症、外周血出现核切迹及分叶状异形淋巴细胞和肿瘤细胞中存在 HTLV－Ⅰ前病毒 DNA 单克隆整合，常伴皮肤损害、肝脾和淋巴结肿大。临床上分为急性型、淋巴瘤型、慢性型和冒烟型 4 型[1,2]。目前尚缺乏有效的疗法，前两型预后差，生存期不足 6 个月[1,2]。在 HTLV－Ⅰ感染的高发区日本，每年约发现 600 多例病人。我国从 1982 年开始 HILV－Ⅰ抗体检测，至今报道发现的病人仅 10 余例[3,4]。最近，我们连续发现了 12 例 ATLL 病人，其中 5 例已报告[5]。现将 12 例病人的临床特征、鉴别诊断和与 HTLV－Ⅰ感染的关系进行探讨，旨在进一步提高对中国人 ATLL 的认识和识别。

材料和方法

一、病人 12 例中除 1 例为 1988 年入院外（回顾性诊断），均为 1994 年 11 月至 1995 年 11 月中日友好医院住院病人。

二、诊断和分型标准

1. 诊断标准：①组织学和（或）细胞学证实的伴成熟 T 细胞表型的淋巴系肿瘤；②异形循环 T 淋巴细胞包括典型的花瓣状细胞和核切迹或分叶状细胞（淋巴瘤型除外）；③血清 HTLV－Ⅰ抗体阳性[2]。HTLV－Ⅰ抗体阴性，但肿瘤细胞中存在 HTLV－Ⅰ前病毒 DNA 的整合亦符合第③条[5]。HTLV－Ⅰ抗体和前病毒 DNA 均阴性，但符合第①条和第②条中存在大量典型花瓣状淋巴细胞者亦可诊断[2,6]。

2. 分型标准：①冒烟型：外周血异形 T 淋巴细胞≥5%，淋巴细胞绝对值 $<4\times10^9/L$，无高钙血症，乳酸脱氢酶（LDH）升高不超过正常上限的 1.5 倍，无淋巴结肿大，无肝、脾、中枢神经系统、骨骼和胃肠道累及，无胸水或腹水。皮肤和肺损害可能存在。如外周血异形 T 淋巴细胞 <5%，至少应存在组织学证实的皮肤和肺损害之一项。②慢性型：淋巴细胞增多 $\geq4\times10^9/L$，T 淋巴细胞 $>3.5\times10^9/L$。LDH 高于正常上限的 2 倍，无高钙血症，无中枢神经系统、骨骼和胃肠道侵犯，无腹水和胸水。淋巴结肿大及肝、脾、皮肤和肺累及可能存在，大多数病例外周血异型 T 淋巴细胞≥5%。③淋巴瘤型：无淋巴细胞增多，异形 T 淋巴细胞≤1%，伴有或不伴有结外损害的组织学证实的淋巴结病理改变。④急性型：通常具有白血病表现和肿瘤损害，但不能划归到其他 3 种类型中的任何一种[1]。

三、方法

1. 外周血淋巴细胞形态学检查[5]：取外周血 2 ml，肝素钠抗凝，Ficoll－Hapaque 分离单个核细胞，取少量白细胞层，用 Cytospin Ⅱ（Standon）200 r/min 离心涂片，瑞氏染色后光镜观察淋巴细胞形态。再取少量白细胞层，2.5% 戊二醛固定后做透射电镜检查。

2. 淋巴细胞免疫分型：外周血淋巴细胞免疫分型用间接免疫荧光法测定，部分皮肤和淋巴结石蜡包埋标本用ABC法测定，皮肤冰冻标本用直接免疫荧光法测定。单抗购自北京医科大学和中国医学科学院血液学研究所。

3. HTLV－Ⅰ抗体和前病毒DNA检测：用PBS稀释血清或血浆，用带有HTLV－Ⅰ的MT－2细胞作为抗原，按常规间接免疫荧光法进行检测。呈阳性反应的最大稀释度即为该血清或血浆的抗体滴度。HTLV－Ⅰ和HTLV－Ⅱ的引物对分别为Pol 1.1/3.1和Pol 1.2/3.2。PCR和Southern Blot检测见已发表的方法[7,8]。

结　果

根据上述诊断和分型标准，12例病人均确诊为ATLL，其中急性型9例，淋巴瘤型3例。12例中男8例，女4例，平均年龄49.9（29～72）岁，男52.8岁，女44.3岁。汉族9例，满族3例，后者中2例为同一家族成员（舅舅和外甥女）。出生地北京7例，沈阳、邯郸、荣城、上海和唐山各1例。与日本人均无接触史。1例为肾移植环孢素A长期治疗后发病，有输血史。

一、临床表现　从出现症状到确诊为0.5～15个月（中位值2.5个月）。通常病情在这一时期迅速恶化。主要临床表现见表1。伴皮肤损害的7例中，表现为分散的小结节、局部溃疡和全身非特界性皮疹各1例；泛发性皮肤损害4例，由皮肤结节、斑块和红疹在几周内迅速发展为全身浸润性皮损，有的有渗出和结痂。

二、实验室检查　见表1。外周血涂片除3例急性型外均不易发现花瓣状异形淋巴细胞。外周血单个核细胞（PBMC）离心涂片除2例（淋巴瘤型1例，急性型1例）未做外，均发现大量异形淋巴细胞。其中8例急性型异形淋巴细胞平均占PBMC的43.5%（23.0%～77.0%），2例淋巴瘤型平均占12.5%。异形淋巴细胞核呈花瓣状、分叶状、切迹、扭曲、折叠或双核等。5例做透射电镜检查，核形态同上，大部分异形淋巴细胞中细胞器减少，线粒体肿胀，1例见类病毒颗粒。

在骨髓增生异常的4例病人中，难治性贫血（RA）2例，伴原始细胞增多的RA 1例（RAEB），转变中的RAEB（RATB－t）转变成急性红白血病（M_6）1例，伴三系和两系细胞减少。

表1　成人T细胞白血病/淋巴瘤12例临床及实验室检查

临床表现	ATLL（12例）		实验室检查	ATLL（12例）		实验室检查	ATLL（12例）	
	例数	百分比(%)		例数	百分比（%）		例数	百分比（%）
发热	10	83	贫血	7	58	异型淋巴细胞		
淋巴结肿大	8	67	血小板减少	6	50	血涂片	3	25
脾肿大	7	58	贫血和血小板减少	3	25	离心涂片③	10	100
皮肤损害	7	58	全血细胞减少	2	17	LDH增高④	8	89
肝肿大	4	33	骨髓增生异常	4	33	sIL2R增高⑤	9	100
黄疸	3	25	嗜酸细胞增加	8	67	HTLV－Ⅰ阳性		
胸水	1	8	骨髓侵犯①	3	30	抗体⑥	6	60
肺侵犯	1	8	高钙血症②	0	0	前病毒DNA	9	75

注：LDH：乳酸脱氢酶；sIL2R：可溶性白细胞介素2受体；① 3/10例；② 0/10例；③ 10/10例；④ 8/9例；⑤ 9/9例；⑥6/10例

12 例的免疫表型均为 T 细胞型。9 例通过外周血淋巴细胞免疫分型及部分同时结合免疫组化确定，3 例通过组织标本免疫组化确定。10 例做了亚型分型。8 例急性型中 CD_4^+/CD_8^- 3 例，均以泛发性皮疹为首发表现；CD_4^+/CD_8^+ 5 例，分别以发热和全血细胞减少、淋巴结肿大及皮肤损害为首发表现。2 例淋巴瘤型因外周血异形淋巴细胞比例低，不能确定亚型。

在淋巴结肿大的 8 例中 6 例做了淋巴结活检，3 例诊为反应性增生，3 例诊为非霍奇金淋巴瘤（NHL）中的外周 T 细胞淋巴瘤（PTCL）。在皮肤损害的 7 例中 5 例做了皮肤活检，均符合皮肤 T 细胞淋巴瘤（CTCL）的病理改变。

三、误诊 12 例中，首发表现为全身皮肤损害者 4 例，开始均误诊为 CTCL 和泛发性神经性皮炎；淋巴结肿大者 3 例，均误诊为 NHL；骨髓增生异常者 3 例，均误诊为骨髓增生异常综合征（MDS）；进行性肝肿大和顽固性胸水者各 1 例，分别误诊为肝胆疾病和结核。

四、治疗和结局 7 例已死亡，中位值生存期为 2 个月（10 天至 6 个月）。其中接受化疗者 5 例，方案分别为 CDPP（环磷酰胺、长春新碱、甲基苄肼和泼尼松）、CHOP（环磷酰胺、阿霉素、长春新碱和泼尼松）、CP（环磷酰胺和泼尼松）和口服 VP_{16}。1 例曾用大剂量甲基泼尼松龙冲击加环孢素 A 治疗完全缓解 1 个月；未及治疗者 2 例，2 例失访。3 例仍存活，其中 1 例严重链球菌感染后自发缓解已超过 37 个月，2 例经大剂量甲基泼尼松龙加干扰素 α_{2b} 治疗后均已完全缓解，生存期分别超过 31 和 29 个月。12 例的主要合并症为未经病原菌证实的感染 6 例（50%），链球菌感染 1 例（8%），消化道出血 3 例（25%），脑出血 1 例（8%），急性肾功能衰竭 3 例（25%）和急性呼吸衰竭 2 例（17%）。7 例死亡病人的主要死因为急性肾功能衰竭 3 例，急性呼吸衰竭 1 例，脑出血和消化道出血各 1 例。

讨　　论

绝大多数 ATLL 与 HTLV－Ⅰ感染有关，其特征性表现是高钙血症、外周血出现伴有外周 T 细胞 CD_4^+ 表型的核切迹及分叶状异形淋巴细胞和肿瘤细胞内存在 HTLV－Ⅰ前病毒 DNA 单克隆整合，后两者特别是后者是诊断 HTLV－Ⅰ相关性 ATLL 的基本条件。少数 ATLL 与 HTLV－Ⅰ感染无关，并认为可能是其他致病因素所致[2,6]。12 例中 HTLV－Ⅰ相关者 9 例，未检出者 3 例。后 3 例尽管未来得及做充分的病理学和病毒学检查，但外周血都具有典型的花瓣状淋巴细胞和白血病的临床表现。由于选用的是 Pol 区引物对，未做 tax/rex、env 和 gag 等区，因此，这 3 例不能除外存在有缺失的病毒序列而非绝对与 HTLV－Ⅰ感染无关。类似现象常见于以皮肤表现为主的 ATLL。

HTLV－Ⅰ感染主要流行于日本的西南部、加勒比海地区和非洲。我国于 1982 年开始 HTLV－Ⅰ抗体调查[3]，并在福建沿海和北方少数民族地区发现小流行区[9,10]，但仅发现 10 余例病人[4]。在我国大部分地区特别是城市确切的感染率尚不清楚。最近我们连续发现 12 例病人，7 例在北京出生，满族 3 例，汉族 9 例，与日本人均无接触史。说明本病在我国特别是某些城市或民族可能并非罕见，有必要做进一步的流行病学调查。

HTLV－Ⅰ的传播途径主要是母→婴（母乳）、夫→妻（性交）和输血。12 例中 2 例为同一家族成员，1 例有输血史，提示家族内传播和输血可能是主要传播途径。

我们发现的 12 例病人平均年龄（49.9 岁）低于日本的平均年龄（57.1 岁）[1]，起病急，病情进展迅速，临床表现多样，开始均导致误诊。以皮肤损害和淋巴结肿大为首发表现者，易误诊为 CTCL 和 NHL。由于本病皮肤和淋巴结病理改变无特异性，在 CTCL 和 T 细胞淋巴增殖性疾病中常规检测 HTLV－Ⅰ抗体和前病毒 DNA 将减少误诊。以骨髓增生异常为首发表现者，易误诊为原发性 MDS。1 例经大剂量甲基泼尼松龙加环孢素 A 治疗缓解后血象恢复正常，MDS 改变消失；1 例老年人经大剂量甲基泼尼松龙加干扰素 α_{2b} 治疗缓解后仍存在 MDS 改变。提示 MDS 可能作为 ATLL 副肿瘤综合征存在，也可能作为独立的综合征与 ATLL 同时存在。因此，对伴有肝脾肿大、淋巴结肿大或皮肤损害的 MDS 病人也应警惕本病的存在。

与其他学者报告不同的是，12 例病人均无高钙血症，急性型外周血涂片不易或仅发现少量异形淋巴细胞，特别是在全血细胞减少或中性粒细胞比例升高和淋巴细胞比例降低时，检查中易于忽略。我们将 PBMC 做离心涂片，提高了检测的阳性率，为诊断提供了线索[5]。由于部分病人 PBMC 中异形淋巴细胞比例偏低，特别是淋巴瘤型病人，也给免疫表型的确定带来一定困难。似乎 CD_4^+/CD_8^- 者临床表现更典型，而 CD_4^+/CD_8^+ 者临床表现不典型。

间接免疫荧光法检测 HTLV－Ⅰ抗体是 HTLV－Ⅰ感染的过筛试验，HTLV－Ⅰ前病毒 DNA 检测则是确定试验。在 9 例 HTLV－Ⅰ前病毒 DNA 阳性病人中，2 例 HTLV－Ⅰ抗体阴性，可能与检测的敏感度不高或与逆转录病毒感染所致的免疫缺陷状态有关。因此，对于临床上怀疑 ATLL 而血清学检测阴性的病人应进一步做 HTLV－Ⅰ前病毒 DNA 检测。

〔原载《中华内科杂志》1999，38（4）：251－254〕

参 考 文 献

1 Shimoyama M. Diagnostic criteria and classification of subtypes of adult T－cell leukemia－lymphoma. A report from the Lymphoma Study Group (1984－1987). Br J Haematol，1991，79：428－437

2 Takatsuki K，Matsuoka M，Yamaguchi K Adult T－cell leukemia//Henderson ES，Andrew Lister T，GReaves MF，eds. Leukemia. 6th ed. Philadelphia：Saunders，1996. 596－602

3 曾毅，蓝祥英，王必常，等．成人 T 细胞白血病病毒抗体的血清流行病学调查．病毒学报，1985（1）：344－348

4 杨天楹，曾毅，吕联煌，等．中国的成人 T 细胞白血病．中华血液学杂志，1990（11）：488

5 马一盖，李振玲，陈国敏，等. 5 例不典型嗜人 T 细胞病毒Ⅰ型相关性成人 T 细胞白血症/淋巴瘤的发现．中华实验和临床病毒学杂志，1996（10）：104－109

6 Shimoyama M，Kagami Y，Shimotohno V，et al. Adult T－cell leukemia/lymphoma not associated with human T－cell leukemia Virus type 1. proc Natl Acad Sci USA，1986，83：4524－4528

7 陈国敏，何士勤，王柠，等．用聚合酶链反应检测 T 细胞白血病/淋巴瘤中 HTLV－Ⅰ前病毒 DNA. 病毒学报，1994（4）：366－368

8 陈国敏，薛守贵，张永利，等. 我国福建省福清地区 HTLV－Ⅰ无症状携带者体内 HTLV－Ⅰ病毒核酸的检测．病毒学报，1995（11）：374－376

9 吕联煌，周瑶，薛守贵，等．福建省沿海地区人类丁淋巴细胞白血病病毒小流行区的发现．中华血液学杂，1989（10）：225－228

10 王占菊，梁瑛，纪奎滨，等．中国北方部分人群成人 T 细胞白血病血清抗体调查．中华流行病学杂志，1991（6）：338

Clinical Analysis of 12 Cases of Chinese Patients with Adult T – Cell Leukemia/Lymphoma

MA Yi – gai*, CHEN Guo – min, WANG Chen, et al.
(* Department of Hematology, China – Japan Friendship Hospital, Beijing 100029)

Objective To define the clinical characteristics and differential diagnosis in Chinese patients with adult T – cell leukemia/lymphoma (ATLL) and its relation to human T lymphotropic virus type – 1 (HTLV – Ⅰ) infection. **Methods** Lymphocyte morphology in peripheral blood was examined in smears by Cytospin Ⅱ. Lymphocyte immunophenotyping was carried out by indirect immunoflourence method. HTLV – Ⅰ antibody was detected by indirect immunoflourence method, proviral DNA detected by PCR method and PCR products demonstrated by Southern Blot analysis. **Results** The clinical manifestations in these 12 patients were fever (10/12), lymphadenopathy (8/12), skin changes (7/12), spleen and liver enlargement (7/12), jaundice (3/12), pleural effusion (1/12) and lung invasion (1/12). Patul – like cells were not easily found in routine blood smears, but easily found with Cytospin Ⅱ (10/10). There was increase in lactic dehydrogenase (8/9) and soluble interlukin 2 receptor (9/9). Anemia (7/12), thrombocytopenia (6/12), pancytopenia (2/12), myelodysplasia (4/12) and eosinophilia (8/12) can be found, but no hypercalcemia. HTLV – Ⅰ antibody and proviral DNA were positive in 6/10 cases and 9/12 cases respectively. Nine cases were classified as acute type and three as lymphoma type. All patients were misdiagnosed as other diseases at the beginning. The initial presentations were skin changes (4/12), lymphadenopathy (3/12), myelodysplasia (3/12), progressive liver enlargement (1/12) and refractory pleural effusion (1/12). The complications were infections by undetermined pathogens (6/12), Streptococcal infection (1/12), gastrointestinal bleeding (3/12), acute renal failure (3/12), acute respiratory failure (2/12) and cerebral hemorrhage (1/12). Seven patients died, three still survive, and two are out of contact. **Conclusion** ATLL may not be very rare in China. It is necessary to deepen the recognition of ATLL in Chinese.

〔**Key words**〕 Leukemia – lymphoma; T – cell, HTLV – Ⅰ – associated; Diagnosis differential; Mongoloid race

240. 人乳头状瘤病毒 18E6E7 和 TPA 协同诱发人胚食管上皮细胞恶性转化的研究

汕头大学医学院肿瘤病理研究室 沈忠英 蔡维佳 沈 健 许锦阶 胡 智
中国预防医学科学院病毒学研究所 岑 山 滕智平 曾 毅

〔**摘 要**〕 **目的** 为了研究病毒和促癌物在食管癌形成中的作用。**方法** 用带有人乳头状瘤病毒 18 型 E6E7 片段的载体腺病毒（简称 HPV18E6E7 AAV）感染人胚食管上皮细胞，然后加 TPA 协同作用，观察细胞转化。将人胚食管切碎，与 HPV18E6E7 AAV 同孵育 2 h，在加有 10% 小牛血清的 199 培养液培养和传代，形成永生化细胞株，即人胚食管上皮细胞汕头株（SHEE）。实验分两组：一组SHEE细胞在传代至第5代和13代时，两次在培养基中加入TPA（12－O－tetradecanoyl－phorbol－13－acetate）5 ng/ml，每次诱导2周，所获得的细胞株称为人胚食管上皮癌细胞汕头株1号（SHEECl）；另一组SHEE细胞培养条件相同，未加TPA，为对照组。细胞转化的形态表型由光学显微镜、电子显微镜和荧光显微镜检查；DNA含量和细胞周期用流式细胞仪检测；用35 mm软琼脂培养皿接种10^3细胞（第20代），每组5碟，计算集落形成率；裸鼠皮下接种10^6细胞检测致瘤性；用荧光原位杂交（FISH）和PCR检测HPV18E6E7。**结果** 细胞DNA合成和增殖指数（Plx），SHEECl组（45%）高于SHEE组（34%）；高倍体细胞数，SHEECl组（5.70%）高于SHEE组（1.53%）；软琼脂培养，大集落（转化阳性灶）有致密多层细胞生长，SHEECl组多（4.0%），而SHEE组极少（0.1%）；裸鼠成瘤性，SHEECl组6只小鼠全部成瘤，SHEE组却无一成瘤。FISH和PCR检测，E6E7基因两组细胞核皆呈阳性。**结论** 人胚食管上皮细胞可经HPV18E6E7和TPA在体外协同诱导而恶性转化。它是HPV和食管癌病因学和发病学有紧密联系的良好证据。同时，这种细胞可作为研究食管癌致癌的细胞和分子机制的可靠的模型。

〔关键词〕 人胚食管上皮细胞；HPV18C6E7；TPA；恶性转化

诱导体外培养细胞的恶性转化，是研究癌变的重要手段，既可研究致癌病因，也可研究促癌因素，比动物诱癌简易可行。过去，我们曾用苯丙芘在人胚食管移植裸鼠皮下诱发鳞状细胞癌成功[1]。陆士新用N－甲基－苄基亚硝胺在人胚食管上皮体外培养诱导鳞状细胞癌成功[2]，皆证明强烈化学致癌物可以诱导培养细胞癌变。刘振生等以EB病毒感染胚胎鼻咽黏膜组织，加上促癌物TPA和丁酸，在裸鼠诱发出人鼻咽癌[3]。本实验用人乳头状瘤病毒（HPV）18型E6E7 AAV感染人胚胎食管黏膜，培养传代后加入促癌物（TPA）诱导上皮恶性转化，建立人胚食管上皮癌变的模型。这对食管癌病毒病因和癌变机制的研究有理论意义和实用价值。

材料与方法

一、细胞培养 将胚胎食管（胎龄4个月）无菌取出，剪碎，用HPV18E6E7 AAV（由中国预防医学科学院病毒研究所组装）感染，在加10%小牛血清（GIBCO，USA）的199培养液中培养传代，形成永生化上皮细胞株，即人胚食管上皮细胞汕头株（Shantou human embryonic esophageal epithelial cell line，SHEE）。此项工作见前文[4]。

二、促癌物处理 所用12葵豆蔻（12－O－tetradecanoyl－phorbol－13－acetate，TPA. MW618.8）为河南淅川制药厂产品（o/scy001－90），剂量5 ng/ml。培养细胞SHEE传代至第5代，加TPA，持续2周，上皮细胞在软琼脂培养30 d未见大集落形成；又接种裸鼠，5周后未见肿瘤形成；第13代又加TPA，持续2周，继续传代所获得的细胞株称为人胚食管上皮癌细胞汕头株1号（Shantou human embryonic esophageal carcinoma cell line，No 1，SHEECl）。另一组SHEE细胞未经TPA处理，为对照组，各种检查和SHEECl相同。联合诱导过程见图1。

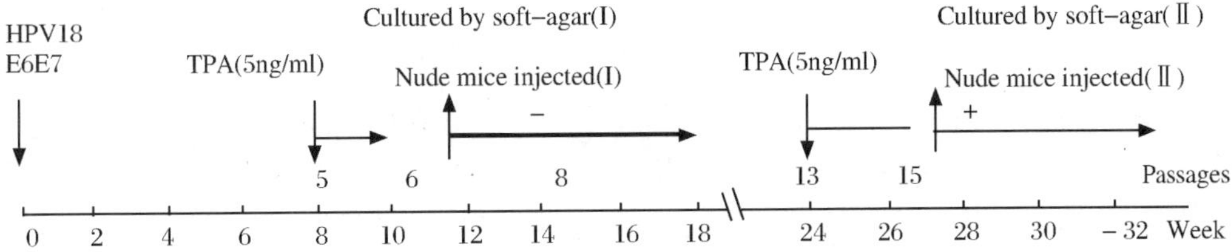

注：（Ⅰ）：第1次软琼脂培养和裸鼠接种阴性；（Ⅱ）：第2次培养和接种阳性。

图1　HPV18E6E7 和 TPA 联合诱导 SHEE 恶性转化过程图

Notes：（Ⅰ）：First culture in soft－agar and injection of nude mice were negative；

（Ⅱ）：Second culture and injection were positive.

Fig. 1　Proceeding figure of HPV18E6E7 in synergy with TPA to induce malignant transformation of SHEE

三、活细胞荧光观察　培养细胞定时用 Hoechst 33342（H342，Sigma）活细胞染色，在倒置相差、荧光显微镜下观察活细胞增长状况。然后将标本固定，Giemsa 染色。

四、细胞增殖周期分析　第20代培养细胞消化后，PBS 洗2次，70%乙醇固定，制成单细胞悬液，存4℃冰箱。上机前半小时加碘化丙锭（PI，Sigma）DNA 染色，用流式细胞仪（FACSort，B－D Co. USA）进行 DNA 分析，并划出组方图，统计细胞增殖指数（Proliferative Index，$PIx = S + C_2M / G_0G_1 + S + C_2M$）和 DNA >4n 的细胞百分数。

五、电镜观察　透射电镜观察，培养细胞消化后用 PBS 洗2次，细胞离心成团，2.5%戊二醛固定，常规制样，日立 H300 透射电镜观察。

六、软琼脂集落形成　两组培养细胞在指数生长期消化后，经锥虫蓝染色，计算活细胞数，取1 ml 细胞悬液（10^3/ml）和1 ml 0.7%琼脂糖（Agarose，V312A，Promega）混匀，铺在含0.7%琼脂糖的35 mm 培养皿上，各5个培养皿，置37℃5% CO_2 培养箱培养，观察40 d，计算细胞集落。

七、裸鼠致癌性　取6周龄 BALB/C 裸小鼠（中山医科大学实验动物中心供应，合格证号为医动字26－96018），隔离无菌饲养。12只小鼠分2组，取 SHEECl 和 SHEE 两组细胞，各按 1×10^6/只接种于裸鼠右腋皮下，每组6只。3天观察1次，2个月处死，取材做病理组织学检查和透射电镜检查。

八、HPV18 E6E7 荧光原位杂交（FISH）　将生长在盖玻片上的 SHEECl 细胞以4%多聚甲醛固定，细胞预处理，蛋白酶K消化，42℃杂交过夜。杂交后甲酰胺处理，荧光标记 Avidin－D－FITC 两次结合，PI 衬染细胞核，荧光显微镜观察。

九、HPV18E6E7 PCR 检测　HPV18E6E7 引物用 Oligo 软件设计，由上海生物工程公司合成。

PCR 引物：上游引物：5′　CAC $\frac{\text{ACT AGT}}{\text{spel}}$ACT ATG GCG CGC TTT GAG 3′

下游引物：5′－AGT $\frac{\text{ACT AGT}}{\text{spel}}$TTA CAA CCC GTG CCC TCC 3′

模板 DNA 为提 SHEE、SHEECl 细胞 SHEECl 裸鼠移植瘤 DNA。PCR Kit 购自赛百盛生物公司。PCR 仪为 GTC－2，Applied Res Co. USA，30次热循环扩增。PCR 产物做琼脂糖凝胶电泳。

结　果

一、形态观察　①细胞形态：两组细胞均单层生长，SHEECl 组细胞较拥挤，细胞出现异型性，核仁多，并有较多的巨核细胞；SHEE 组细胞大小一致；②活细胞荧光染色，可见细胞核 DNA 着绿色，SHEECl 组有巨核细胞；③电镜观察，SHEECl 组细胞核增大，核膜多皱析和凹陷，核仁增大，张力原纤维少或缺失，具有增殖过度和低分化的形态；SHEE 组细胞核椭圆形，核仁小，胞质有张力原纤维。

二、细胞增殖动力学检查　流式细胞仪检查结果见图 2。SHEECl 组 DNA 组方图（图 2A）的 PIx 值（45%）大于 SHEE 组（34%）（图 2B）。SHEECl 组细胞 DNA >4n 者多于 SHEE 组（5.70% vs1.53%，$P<0.05$）。

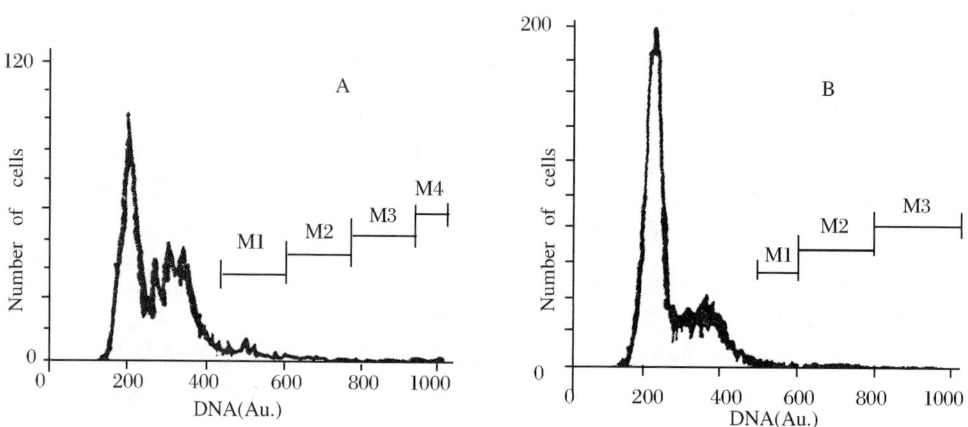

A. SHEECl 组：M1－M4，DNA >4n；B. SHEE 组：M1－M3，DNA >4n.（Au. 随意单位）。

图 2　细胞 DNA 组方图

A. SHEECl group：M1－M4，DNA >4n. B. SHEE group：M1－M3，DNA >4n.（Au. arbitrary unit）.

Fig. 2　Figures of DNA histogram

三、软琼脂细胞集落形成　两组细胞做软琼脂培养，10 d 观察 1 次。初期细胞集落发展较慢，SHEE 组细胞数 <10 个（小集落），20 d 后也未见扩大；SHEECl 组细胞数较多，超过 10 个（大集落），集落中央隆起，有多层细胞，边缘有细胞突出。

四、裸鼠成瘤实验　将 SHEECl 接种至裸鼠腋下，生长迅速，20 d 可见腋下有肿块，30 d 组织学检查细胞核大，质少，核仁大，浸润并破坏肌层，移植瘤可继续在裸鼠传代，并可培养成细胞株，比原 SHEECl 生长快。SHEE 组细胞接种裸鼠，未见肿瘤形成。

五、HPV18E6E7 荧光原位杂交（FISH）　荧光显微镜下可见 SHEECl 和 SHEE 细胞内有散在杂交点，证实细胞核有 HPV18E6E7 基因存在。

六、HPVl8E6E7 PCR 检测　DNA PCR 产物的电泳结果如图 3。SHEE、SHEECl 和裸鼠移植瘤 DNA 三者皆有 875bp 特异片段，说明三者存在有 HPVl8E6E7 基因片段。

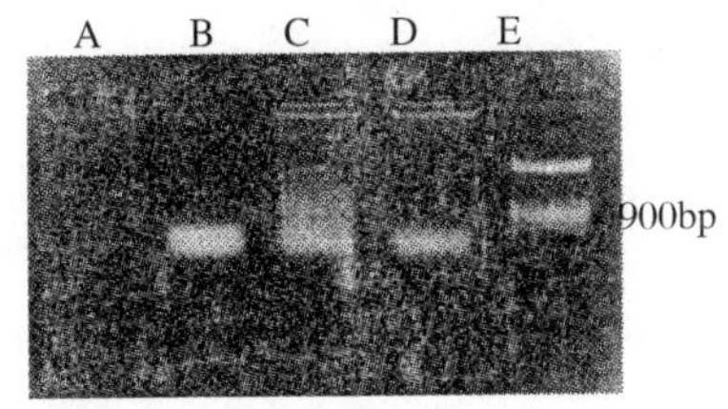

A. 阴性对照；B. SHEE；C. SHEECl；D. 裸鼠移植瘤；E. pBR322/BstNI

图3 DNA PCR 产物电泳图

A. Negative control; B. SHEE group; C. SHEEC1 group;

D. Transplanted tumors in nude mouse; E. pBR322/BstNI.

Fig. 3 Agarose gel electrophoresis of DNA PCR products

讨 论

本实验判断细胞转化的指标主要有四个方面：①细胞形态的改变；②DNA 倍体分析；③软琼脂细胞集落的形成；④裸鼠的成瘤实验。对照组未加 TPA，在 20 代以内细胞即无此现象。说明 HPV 和 TPA 可以协同诱导人胚食管上皮细胞恶性转化。

HPVE6E7 可以诱导细胞永生化，见于口腔上皮[5]、乳腺上皮、支气管上皮、胰腺导管上皮等。本实验室的研究证实，HPVE6E7 基因可以使食管上皮细胞永生化[4]，加用促癌物 TPA 可促进细胞恶性转化，据此认为 HPV 可能是食管癌病因之一。人食管癌组织的分子流行病学调查材料证实，本地区 HPV 感染率高达 80% 以上[6]，也是一个佐证。分子生物学方法研究证实，HPVE6E7 作用于抑癌基因 p53 和 pRb，使之降解或失活，它也可促进 C－myc 和 ras 基因表达，因此细胞增殖易于恶变。

TPA 是一种较强促癌的化合物，其剂量应用范围广，从 0.1～300 ng/ml[7,8]，诱导时间有长（数周）有短（数小时），皆对细胞有转化作用。本文采用 5 ng/ml 较长作用时间，可以产生细胞恶性转化现象。TPA 作用机制是作用于细胞生长因子信号系统，通过甘油二酯作用于蛋白激酶 C（PKC），促进蛋白合成和细胞增殖[9]。

癌肿形成是多病因多阶段过程，本文癌变实验是基于两病因、两阶段设计[10]。第一阶段以 HPV18E6E7 基因为启动因子，第二阶段以 TPA 为促癌因子。实验初期 E6E7 作用后 8 周，给低剂量 TPA 作用 2 周，未能获得转化结果。可能是细胞转化是由量变到质变，由少数细胞转化到大量细胞转化都需一定时间，延长培养时间方可获得恶性转化。人体接触致癌物和促癌物多属少量及反复作用，经历较长时间，设计体外实验应尽量符合人体实际。

以人胚食管上皮细胞经 AAV 病毒载体带人 HPV18E6E7 基因，再由 TPA 协同作用，诱导细胞恶性转化，为 HPV 与食管癌的病因和发病学的关系提供了直接证据。此模型可以作为食管癌病毒病因研究、环境促癌物研究、癌变过程细胞分子生物学研究的模型；也可用于增殖、分化和逆转等生物学研究。因此，本研究具有理论和实践价值。目前正在研究 HPV18E6E7 基因和 TPA 协同作用，诱导人胚非食管来源的上皮细胞恶性转化。

〔原载《病毒学报》1999，15（1）：1－6〕

参 考 文 献

1 沈忠英，许锦阶，方东，等. 人胚食管裸鼠移植和诱癌研究. 见：李春梅、陆士新主编. 肿瘤生物学研究进展. 北京：军事医学科学出版社，1997，185

2 陆士新，崔小邢，谢建国，等. N－甲基－苄基亚硝胺诱发人胎上皮癌. 中华肿瘤学杂志，1989，11（6）：401－403

3 刘振生，李保民，刘彦仿，等. EB 病毒与促癌物协同作用诱发人鼻咽恶性淋巴瘤和未分化癌的研究. 病毒学报，1996，12：1－6

4 沈忠英，岑山，蔡维佳，等. 人乳头状瘤病毒 18 型 E6E7 基因诱导人胚食管上皮永生化.（待

发表）
5 Oda D, Bigler L, Lee P, et al. HPV immortalization of human oral epithelial cells: A model for Carcinogenesis. Exp Cell Res, 1996, 226: 164 - 169
6 沈忠英．人乳头状瘤病毒与食管癌．见：肿瘤生物学研究进展．见：李春梅、陆士新主编．北京：军事医学科学出版社，1997，16 - 22
7 Bessi H, Rast C, Rether B, et al. Synergistic effects of chlordane and TPA in multistage morphological transformation of SHE cells. Carcinogenesis, 1995, 16: 237 - 244
8 Sakai A, Miyata N, Takahashi A. Initiating activity of quinones in the two - stage transformation of BALB/3T3 cells. Carcinogenesis, 1995, 16: 477 - 84
9 Woef M. A model for intracellular translocation of protein kinase C involving synergism between calcium and phorbol ester. Nature, 1985, 315: 546 - 49
10 IARC/NCI/EPA working group. Cellular and molecular mechanisms of cell transformation and standardization of transformation assays of established cell lines for the prediction of carcinogenic chemical: Overview and recommended protocols, Cancer Res, 1985, 45: 2395 - 99

Human Papilloma Virus 18E6E7 in Synergy with TPA Induced Malignant Transformaton of Human Embryonic Esophageal Epithelial Cells

SHEN Zhong - ying[1], CAI Wei - jia[1], SHEN Jian[1], XU Jin - jie[1], HU Zhi[1], CEN Shan[2], TEN Zhi - pin[2], ZENG Yi[2]
(1. Medical College of Shantou University, Shantou 515031; 2. Institute of Virology, CAPM, Beijing 100052)

In order to investigate the role of HPV and promoters in the formation of esophageal carcinoma, HPV18E6E7 AAV infected human embryonic esophageal epithelial cell (SHEE) in synergy with TPA and the malignant transformation of the cells (SHEECl) was observed. Human embryonic esophageal tissue, which were cut into small pieces, were incubated with HPV18 E6 E7AAV for two hours, cultured and passaged in normal 199 medium. Cultured cells (SHEE) were exposed to media with TPA (5ng/ml) for 2 weeks at 5th and 13th passages. Control group (SHEE) was cultured in the same media without TPA. The morphological phenotype of transformation was assessed by microscopy (including light -, electron - and fluorescent - microscope). DNA content and cell cycle were detected by flow cytometry. Morphologically transformed foci were assayed by plating 10^3 cells at passage 20 on 35mm sofh - agar dishes (5 dishes for each group). The tumorigenicity was assayed in nude mice injected with 10^6 cells/mouse subcutaneously in 6 animals of each group. HPV 18 E6 E7 gene was detected by PCR and FISH (at 20th passage of SHEECl and SHEE). SHEECl showed that DNA synthesis and PIx increased more than that of SHEE group. The poly - Ploid of DNA in SHEECl (5.70%) was more than that in SHEE (1.53%). Scoring foci in Soft - agar dishes, large colony (as positive transformed foci) with dense, multilayered cells were found more in TPA group (4.0%) and few in control group (0.1%). Tumorigenesis was observed in all six nude mice of TPA group (SHEECl) and non - tumorigenic in control group (SHEE). E6E7 gene was found in nucleus of two cell groups by FISH. Also, the HPV18 DNA was positive in two groups of cell line and in transplanted tumor of nude mice by PCR procedure. The malignant transformation of human embryonic esophageal epithelial cells were induced *in vitro* by HPV18 E6 E7 in synergy with TPA. It is a good proof for the close relationship between the HPV and the etiology and pathogenesis of esophageal carcinoma. Also, it is a reliable model for investigating cellular and molecular mechanisms of carcinogenesis of esophageal carcinoma.

〔**Key words**〕 Human embryonic esophageal epithelia; HPV18E6E7 gene; TPA; Malignant transformation

241. 人类免疫缺陷病毒Ⅱ型跨膜蛋白在大肠埃希菌中的表达

中国预防医学科学院病毒学研究所 王自春 滕智平 曾 毅
山西大学生物工程实验室 袁静明

〔关键词〕 人类免疫缺陷病毒；外膜蛋白；原核表达

人类免疫缺陷病毒Ⅱ型（HIV－2）的跨膜蛋白 gp36，是从外膜蛋白前体中裂解的，它在诱导病毒与细胞膜的融合和合胞体的形成中起着重要的作用[1]。感染 HIV－1 或 HIV－2 的患者，可产生针对病毒结构蛋白（包括包膜表面糖蛋白和跨膜蛋白）的体液免疫[2-4]。一般来说，针对包膜蛋白的抗体是病毒型特异性的[5-7]。因此 HIV 感染的确诊与 HIV－1 和 HIV－2 的差别，很大程度上依赖于包膜特异性抗体的检测[8,9]。这就使得 gp36 在 HIV－2 诊断上具有重要意义。为了获得大量高特异型的 HIV－2 抗原，我们采用聚合酶链反应（PCR），以 HIV－2 型标准株 ROD_2cDNA 为模板，扩增 HIV－2 跨膜蛋白的基因片段，将其与 pGEM－T 载体相连，将目的基因片段和原核表达载体 pExSec Ⅰ 用相同的限制性内切酶酶切后相连，构建成重组质粒 pExSec Ⅰ－36，并在大肠埃希菌中获得表达。重组表达质粒经 IPTG 诱导，SDS－PAGE 蛋白电泳分析证明有重组蛋白表达，经 Western blot 反应证实，该重组蛋白可与 HIV－2 感染者血清发生特异反应。现将结果报告如下。

HIV－2 ROD_2cDNA 由本所保存。pExSec Ⅰ由山西大学生物工程实验室袁静明教授提供。含有 HIV－2 抗体的血清由法国巴斯德研究所 De the 教授惠赠，并经 HIV1/2 抗体检测试剂盒证实为 HIV－2 抗体阳性。pGEM－T 载体系统，PCR 纯化系统购自 Promega 公司。DNA 操作中所用的限制性内切酶 Nde Ⅰ、Xho Ⅰ、T4DNA 连接酶及 Taq DNA 聚合酶购自 GIBCO BRI 公司。用 HRP 标记的羊抗人 IgG 购自原平生物公司。核苷酸序列测定由北京赛百盛生物公司完成。

根据 HIV－2 ROD_2 株的基因序列[10]，设计如下一对引物。引物1：5′GGCATATGGGG－ATAGTGCAGCAACAGCAACAG 3′及引物 2：5′GGCTCGAGCCTATAGCCCTTTCTAAGCCT 3′。在引物1 中导入 Nde Ⅰ酶切位点，在引物2 中导入 Xho Ⅰ酶切位点（引物由上海生工生物工程公司合成）。所扩基因包含 gp36 的 7782～8275 区段，PCR 在 BIO－RAD Gene Cycler TM 仪上进行。扩增条件为：94℃2 min；94℃1 min，60℃2 min，72℃2 min，35 个循环；72℃ 15 min 结束扩增。扩增产物的回收使用 PCR 回收纯化系统（Wizard TM PCR Purification System，Promega 公司）。

纯化回收的 PCR 产物与 pGEM－T 载体相连接（具体操作见说明书），挑选的重组质粒 pGEMT－36 采用 PCR、酶切及测序等方法进行鉴定。鉴定正确的质粒 DNA 与原核表达载体 pExSec Ⅰ同时用 Nde Ⅰ和 Xho Ⅰ双酶切，用低熔点胶回收载体与 gp36 片段，经 T4DNA 连接酶连接后转化大肠埃希菌 DH5α，用 PCR 及酶切鉴定重组质粒。

挑单个重组菌落接种到 5 ml 2×YT 培养基中（含 Kana 75 μg/ml），37℃摇床振荡培养，

当菌液 A 值达到 0.4 ~ 0.6 时，加入终浓度为 1 mmol/L 的 IPTG，然后在 37℃诱导 4 h。取 1ml 诱导菌液 12 000 g 离心 1 min，收集的菌体沉淀用 40 μl 水悬浮后加入 40 μl 2 × SDS 凝胶加样缓冲液（含 100 mmol/L Tris · HCl pH6.8，200 mmol/L DTT，4% W/V SDS，20% 甘油，0.2% 溴酚蓝）振荡后置沸水浴 5 min，稍微离心，取 30 μl 样品做 10% SDS – PAGE 电泳，同时用标准蛋白质相对分子质量作对照。电泳结束后，用考马斯亮蓝 R250 染色。使用 Western Blot 进行重组 rgp36 的免疫检测，电泳后转移的硝酸纤维素膜经一抗、二抗（酶液以 1∶300 稀释使用），在二氨基联苯胺和 0.01% H_2O_2 溶液中显色，观察生色反应，待特异性蛋白条带出现后，用蒸馏水漂洗终止反应。

以 HIV – 2 ROD_2 cDNA 为模板，用设计合成的引物扩增 HIV – 2 gp36 基因片段，产物在 1% 琼脂糖凝胶中进行电泳，PCR 产物大小约为 505bp（图 1 略）。

PCR 扩增产物经回收纯化后，用 T4DNA 连接酶与 pGEM – T 载体连接，得到的重组质粒 pGEMT – 36 经 PCR 扩增、酶切（Nde Ⅰ和 Xho Ⅰ）和序列分析证实，得到的基因克隆确是 HIV – 2rgp36。将 pGEMT – 36 用 Nde Ⅰ和 Xho Ⅰ酶切消化后，定向克隆到表达质粒 pEXSec Ⅰ的 Nde Ⅰ和 Xho Ⅰ两酶切位点之间，构建成重组表达质粒 pExSec Ⅰ – 36（图略）。pGEMT – 36 与 pExSec Ⅰ – 36 的酶切鉴定图见图 2（略）。

重组蛋白进行 10% SDS – PAGE 蛋白电泳，经考马斯亮蓝染色，含 pExSec Ⅰ – 36 的全菌体经 IPTG 诱导后，在约 19×10^3 位置可见诱导菌的蛋白条带。经免疫血清学检测出现阳性反应，凝胶扫描显示表达量为 4%。图 3（略）为 pExSec Ⅰ – 36 表达蛋白的 SDS – PAGE 及 Western Blot 分析图。

HIV – 1 和 HIV – 2 是艾滋病（AIDS）的病原。目前艾滋病毒在全球的迅速传播已严重威胁着人类的生命安全，如今普遍认为我国 HIV 的流行已越过低速增长期而进入高速倍增期，因此，快速、敏感且特异性的诊断试剂对于当前 AIDS 的诊断是极为重要的。由于膜蛋白特别是跨膜部分是 HIV 病毒宿主产生抗体的初级靶位，因此 gp36 抗原是 HIV – 2 检测中最具代表性的组成成分。它经历了从全病毒溶解物抗原到基因重组抗原和合成肽抗原的改进，用大肠埃希菌来表达重组抗原至今仍不失为一种简单、有效的方法。

本文选用高效表达载体 pExSecl，该载体仅 3.4kb，含有 pUK21 质粒的编码 Kana 抗性基因，便于含表达载体的菌株筛选。另外还含有 pET3 的可诱导的 T7 启动子，相应的 SD 序列和 T7 终止子区。这些组件均置于高拷贝数质粒 pUK21 之中，即利用了 pET 系列质粒的 T7 噬菌体 RNA 聚合酶/T7 启动子高效表达系统，又克服了其拷贝数低的缺点，T7 终止子又使转录物对核酸外切酶降解的耐受力增加。用 BL21（DE3）菌株作为 pExSec Ⅰ – 36 的属主菌，可提高宿主蛋白的稳定性，因为 BL21（DE3）缺乏 OmpT 外膜蛋白酶基因，而且还缺乏大肠埃希菌的主要蛋白酶基因 Lon。

另外，该载体也可表达 N 端含蛋白 A（proteinA）的融合蛋白，从 T7 启动子下游的 Nde Ⅰ位点到多聚克隆位点中的 EcoR Ⅰ位点之间为 Protein A 的信号和 ZZ 序列（SZZ），若把外源基因插入到多克隆位点之间，则可得到含 Protein A 的融合蛋白。我们选择 Nde Ⅰ和 Xho Ⅰ两位点，用 gp36 基因取代了 ProteinA 的 SZZ 部分，得到的是非融合的 HIV – 2gp26 重组蛋白。

总之，通过以上步骤，我们得到了含 HIV – 2gp36 的克隆，经免疫血清学检测，有良好的免疫原性。为研制 HIV 诊断试剂奠定了基础。

〔原载《病毒学报》1999，15（2）：188 – 191〕

参 考 文 献

1 Ebenbichler C F, Roder C, Vornhagen R, et al. Cell surface proteins binding to recombinant soluble HIV - 1 and HIV - 2 transmembrane proteins. AIDS, 1993, 7: 489 - 495

2 Barin F, McClane M, Allan J, et al. Virus envelope protein of HTLV - Ⅲ represents major target antigen for antibodies in AIDS patients. Science, 1985, 228: 1094 - 1096

3 Essex M, Allan J, Kanki P, et al. Antigens of HTLV - Ⅲ/LAV. Ann Intern Med, 1985, 103: 700 - 703

4 Montagnier L, Clavel F, Krust B, et al. Identification and antigenicity of the major envelope glycoproteins of lymphadenopathy - associated virus. Virology, 1985, 144: 283 - 289

5 Kitchen L W, Barin F, Sullivan J L, et al. Aetiology of AIDS - antibodies to human T - cell leukemia virus (type Ⅲ) in hemophiliacs. Nature; 1984, 312: 367 - 369

6 Sarangdharan M, Popovic M, Brunch L, et al. Antibodies reactive with human T - lymphotropic retroviruses (HTLV - Ⅲ) in the serum of patients with AIDS. Science, 1984, 224: 506 - 508

7 Holzer T, Allen R, Heymen C, et al. Discrimination of HIV - 2 infection from HIV - 1 infection by Western blot and radioimmu oprecipitation analysis. AIDS Res Hum Retroviruses, 1990, 6: 515 - 524

8 World Health Organization. Proposed WHO criteria for interpreting results from Western blot assays for HIV - 1, HIV - 2 and HTLV - Ⅰ/FITLV - Ⅱ. WHO Weekly Epidemiol Rec, 1990, 37: 281 - 283

9 De cook K, Porler A, Kouadio J, et al. Cross - reactivity on Western blots in HIV - 1 and HIV - 2 infections. AIDS, 1991, 5: 859 - 863

10 Guyader M, Emerman M, Sonigo P, et al. Genome organization and transactivation of the human immunodeficiency virus type 2. Nature, 1987, 326: 662 - 669

Expression of Type 2 Human Immunodeficiency Virus GP36 Protein in *E. coli*

WANG Zi - chun*, TENG Zhi - ping, YUAN Jing - ming, ZENG Yi

(*Institute of Virology, GAPM, Beijing 100052)

The human immunodeficiency virus type 2 (HIV - 2) gp36 DNA fragment was amplified by Polymerase chain reaction from the HIV - 2 ROD_2 cDNA template using a pair of the designed primers containing Nde Ⅰ and Xho Ⅰ sites, then was ligated with pGEM - T vector by T4 DNA ligase to construct the plasmid pGEMT - 36. The gp36 fragment cutted with Nde Ⅰ and Xho Ⅰ was inserted into the expression plasmid pExSec Ⅰ including these two endonclease sites for constructing the recombinant plasmid pExSec Ⅰ - 36. It was confirmed by PCR, restrcition en zyme and sequence analysis. The recombinant protein was expressed in *E. coli*, rgp36 was induced by IPTG to produce the recombinant protein, its molecular weight and antigenicity were confirmed by the analysis of SDS - PAGE and Western blot.

〔**Key words**〕 Human immunodefiency virus type 2; Gp36; Prokaryotic expression

242. 鼻咽癌患者EB病毒潜伏膜蛋白（LMP1）的特异性细胞免疫研究

军事医学科学院基础医学研究所　杨成勇　沈倍奋
中国医学科学院肿瘤研究所　蔡伟民　中国预防医学科学院病毒学研究所　曾　毅

〔摘　要〕　建立了检测EB病毒潜伏膜蛋白（LMP1）特异性杀伤性T细胞（CTL）功能的一步法，并用于检测鼻咽癌患者外周血中LMP1特异性CTL功能。发现了鼻咽癌患者外周血中LMP1特异性CTL功能显著低于正常人群，这可能与鼻咽癌的发病有关。研究还表明LMP1有可能作为鼻咽癌的疫苗抗原。为研究鼻咽癌的特异性细胞免疫预防与治疗提供了实验依据。

〔关键词〕　鼻咽癌（NPC）；杀伤性T细胞（CTL）；EB病毒；潜伏膜蛋白（LMP）

已知EB病毒与非洲Burktt's淋巴瘤和鼻咽癌的关系密切[1-4]。在众多的EB病毒编码抗原基因中，潜伏膜蛋白（LMP1）基因已证实为病毒的致癌基因；在淋巴细胞转化中EBNA2与细胞永生有关，而LMP1可促使细胞转化[5]。

LMP1基因不仅是使淋巴瘤转化的重要致癌基因[6]而且可能是鼻咽癌的重要的致肿瘤病毒基因[7,8]。在人鼻咽癌的组织细胞中，已发现了这种EB病毒基因及EBNA1和LMP2基因的表达[9,11]，而且在机体内诱导特异性CTL[16,17]。在鼻咽癌的发生和发展及预后方面，机体对EB病毒的细胞免疫应答是十分重要的，而且认为LMP1为诱导CTL的主要成分[18-20]。

为了解在鼻咽癌（NPC）中LMP1作为NPC细胞膜肿瘤抗原的存在意义，以及LMP1特异性CTL的功能状况与NPC发病的相关性，本文进行了初步研究。首先建立了一种快速简便检测LMP1的特异性CTL功能状况的方法，然后对特异性CTL产生与发病关系进行了初步探讨。

材料与方法

一、建立检测自体LMP1特异性CTL功能一步法

1. LMP1重组痘苗病毒感染人外周血T淋巴细胞：重组WR痘苗LMP1病毒来自哈佛大学E. Kieff实验室。将LMP1重组痘苗病毒以$500ID_{50}$的感染量加至10^6个PHA（2 μg/ml）激活过夜的外周血单核细胞（PBMC）中，感染时间分别为4、6、8、12、14、16 h。取出所感染的细胞，洗3遍。用LMP1重组痘苗病毒感染淋巴细胞，用抗WR株痘苗抗体做活细胞微量免疫荧光染色试验，检测感染细胞中的病毒抗原，以确定最佳感染时间。

2. LMP1重组痘苗病毒感染外周血T淋巴细胞后的^{60}Co灭活：将经LMP1重组痘苗病毒及WR痘苗病毒感染的人体细胞，经2000 Rad、2500 Rad、3000 Rad等不同剂量的^{60}Co照射灭活后，取其细胞混悬液感染Vero E6细胞单层，37℃培养至7 d，然后以抗LMP1单克隆抗

体对 Vero E6 细胞进行免疫荧光检查，确定有无 LMP1 重组痘苗病毒及 WR 痘苗病毒感染。亦用抗 WR 痘苗病毒抗体重复以上试验。

3. 自体 MHC－I 限制性 LMP1 特异性 CTL 的诱导：从 10 ml 外周血分离出 10^7PBMC。分 3 组：A 组为 8×10^6，B 组为 1×10^6，C 组为 1×10^6。以 C 组 PBMC 在体外加 PHA（1 μg/ml）和 IL－2（100 U/ml）扩增。B 组用 PHA（2 μg/ml）刺激过夜，同时加上 500 个 ID_{50} 的重组 LMP1 痘苗病毒感染。感染时间为 12 h，此为诱导细胞。然后以 2500 Rad^{60}Co 照射后，与 A 组混合培养。培养体系为先加 IL－1 50 U/ml，IL－2 50 U/ml，第 4 天后，IL－2 为 200 U/ml，再过 8 d，诱导结束，此为效应细胞。取出细胞洗 1 遍，查细胞活度应大于 95%。用抗 CD3、CD16 单克隆抗体以间接免疫荧光进行亚群分析。WR 痘苗病毒亦按上述方法感染 T 细胞，以刺激细胞诱导其特异性 CTL。

4. 自体 MHC－1 限制性 LMP1 特异性 CTL 杀伤功能检测：将 C 组扩增的 T 细胞以 500 ID_{50}感染 10^7 细胞，培养 12 h。然后以 10^6/100U Cr^{51}Cr 铬酸钠掺入 1 h，间隔 15 min 摇 1 次，漂洗 30 min。计数调至 10^5/ml，此为靶细胞。将上述诱导的效应细胞（E）与此靶细胞（T）以 E：T 为 20：1、10：1、5：1、1：1 等不同效靶比进行混合培养，进行 4 h 杀伤试验，总体积为 200 μl。取出 100 μl 上清，测其 cpm 值。按如下公式计算杀伤率。

$$\text{杀伤率（\%）}=\frac{\text{实验释放孔 cpm}-\text{自然释放孔 cpm}}{\text{最大实验释放孔 cpm}-\text{自然释放孔 cpm}}\times100$$

制备 WR 痘苗病毒感染 T 淋巴细胞诱导细胞和靶细胞作为对照，检测 WR 痘苗病毒诱导的 CTL 功能。LMP1 重组痘苗病毒诱导的 CTL 功能减去 WR 痘苗病毒诱导的 CTL 功能，即为针对 LMP1 的 CTL 功能。

LMP1 特异性 CTL 杀伤率＝LMP1 重组痘苗病毒诱导的 CTL 杀伤率－WR 痘苗病毒诱导的 CTL 杀伤率

二、鼻咽癌患者 LMP1 特异性 CTL 功能检测 首先检测 10 名 25～45 岁不同性别鼻咽癌者放射治疗前的血清 IgA/VCA、IgA/EA 的抗体滴度，然后取正常健康人（对照）外周血检测 LMP1 特异性 CTL 功能。方法同上。

结　　果

一、检测自体 LMP1 病毒特异性 CTL 功能一步法的建立

1. 靶细胞表达 LMP1 抗原时间的选择：重组痘苗 LMP1 病毒感染 T 淋巴细胞在 12～16 h 抗原表达达到高峰，而所感染的 T 淋巴细胞因痘苗病毒的繁殖在 16 h 开始出现破坏，故靶细胞 LMP1 抗原的选择不能超过 12 h，否则细胞会被重组痘苗 LMP1 病毒破坏（表 1 与表 2）。

2. ^{60}Co 对痘苗 LMP1 病毒的灭活：活病毒及感染病毒 T 细胞提取液灭活后感染 Vero E6 细胞，检测细胞活力。用间接免疫荧光检测抗原表达，观察 12 h 至 7 d。^{60}Co 灭活重组痘苗 LMP1 病毒经 2000 Rad 剂量^{60}Co 照射后，即完全丧失毒力（失去感染力）（表 3）。

3. CD8 细胞的诱导和增殖：LMP1 特异性 CTL 诱导 15 d 后，培养体系中大多数增殖细胞为 T 淋巴细胞，而其中大部分为 CD8 阳性的杀伤性 T 淋巴细胞。经 T 淋巴细胞优势诱导增殖后，其 CD16 阳性的 NK 细胞相对比例下降（表 4）。

4. 靶细胞与效应细胞的不同比例与 CTL 的杀伤效果：在效应细胞：靶细胞（E：T）为 10：1、5：1、2.5：1、1：1 时，正常人 LMP1 特异性 CTL 杀伤率分别为 25.3% ±0.9%，

16.2% ±2.0%，11.7% ±1.6%，6.9% ±1.7%。计算其相关系数 R = 0.98，如图 1 所示，基本呈线性关系，效靶细胞比例高者，杀伤力亦强。

表 1 重组痘苗 LMP1 病毒感染 T 细胞的最佳时间

Tab. 1 The best time for infecting T cells by recombinant LMP1 vaccinia virus

组别 Group	经不同小时 LMP1 抗原表达水平* The expressing level of LMP1 antigen at different times (hr)			
	8	12	16	20
重组痘苗 LMP1 病毒 LMP1 recombinant vaccinia virus	+	+ +	+ + +	+ + +
WR 痘苗病毒 WR vaccinia virus	–	–	–	–

* 间接免疫荧光检测，设 WR 痘苗株对照；+、+ +、+ + + 表示 LMP1 抗原的荧光强度；感染病毒量为 $500ID_{50}$。

* Indirect immunofluorescent test. WR vaccinia virus strain as control. +, + +, + + + represented the intensity of immunoflorescence, dosage of infectious virus was 500 ID_{50}.

表 2 重组痘苗 LMP1 病毒对 T 细胞的破坏作用

Tab. 2 The destrov of T cells by recombinant LMP1 vaccinia virus

项目 Item	经不同小时细胞破坏情况 Destrov of T cell at different times (hr)			
	8	12	16	20
细胞存活度 (%) Survival of cells	95 + 2	90 + 2	85 + 2	60 + 2

注：病毒感染量为 $500ID_{50}$；靶细胞 LMP1 抗原选择不能超过 12 h，否则细胞会被重组痘苗 LMP1 病毒破坏。

Notes: Dosage of infectious virus was 500 ID_{50}, the choice of LMP1 antigen on target cell was not over 12 hrs, otherwise, the cells would be destroyed by the recombinant LMP1 vaccinia virus.

表 3 不同剂量 ^{60}Co 照射重组痘苗 LMP1 病毒后抗原性

Tab. 3 Antigenicity of recombinant LMP1 vaccinia virus after radiation by different dosages of ^{60}Co

项目 Item	对照 Control	Rad		
		2000	2500	3000
细胞活力 (%) Activity of cells	0	>95	>95	>95
免疫荧光强度 Intensity of immunofluorescence	+ + +	–	–	–

表 4 正常人外周血 LMP1 – CTL 诱导后淋巴细胞亚群比例

Tab. 4 The ratio of lymphocyte subpopulation after induction of LMP1 – CTL in normal peripheral blood

个体 Individual	亚群 Subpopulation (%)		
	CD3	CD8	CD16
Ⅰ	97 ±4	75 ±2	<5
Ⅱ	93 ±2	69 ±3	<5
Ⅲ	90 ±3	72 ±1	<5

注：诱导时间为 15 d，计数 100 ~ 150 个淋巴细胞中阳性淋巴细胞，对照应 <5% 非特异假阳性。

Note: The time of induction was 15 days, the positive lymphocytes in 100 – 150 lymphocytes were counted. The nonspecific false positivity in control group should be less than 5%.

二、鼻咽癌患者 LMP1 特异性 CTL 功能变化

所有待测的 NPC 患者，其 IgA/VCA 抗体滴度均大于 1:20，表明发病与 EBV 存在密切相关。

鼻咽癌病人与正常人 CTL 杀伤功能的比较表明，鼻咽癌患者的 LMP1 特异性 CTL 功能明显低于正常人。在 E:T 为 20:1、10:1、5:1 时，正常人和鼻咽癌患者的 LMP1 特异性 CTL 杀伤率分别为 19.9% ±2.3%，16.2% ±1.9% 和 10.6% ±1.3%，6.3% ±1.1%，5.9% ±1.45%。可见鼻咽癌患者明显低于正常人（图 2）。

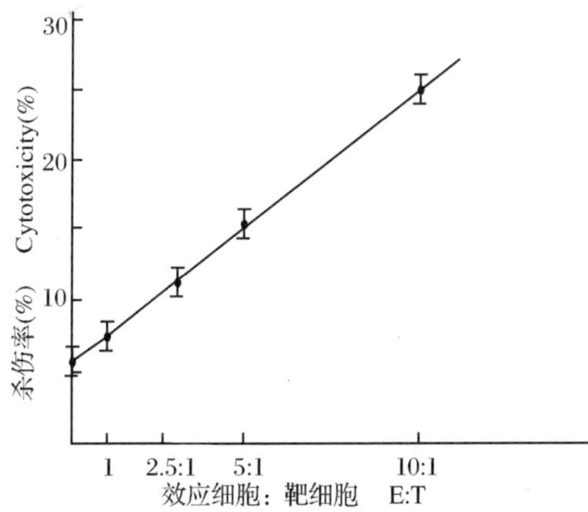

图 1 正常人外周血 LMP1 – LTL 对 LMP1 自身靶细胞的不同效靶杀伤率

Fig. 1 The different cytotoxicity by LMP1CTL against self target cells with LMP1 antigen in normal peripheral blood

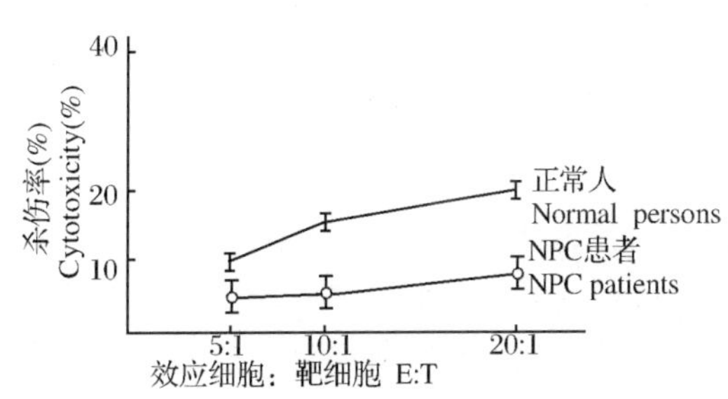

图 2 正常人与 NPC 病人 LMP1 – CTL 杀伤率比较

Fig. 2 The comparison of cytotoxicity of LMP1 – CTL in normal persons and the NPC patients

以 E：T 为 10：1，比较正常人和 10 名鼻咽癌患者的 LMP1 特异性 CTL 功能状态。鼻咽癌患者明显低于正常人，患者为 0 ~ 10%，正常人为 15% ~ 22%。鼻咽癌患者 LMP1 特异性 CTL 平均杀伤率为 6.6% ±1.0%，而正常人则为 18.4% ±2.5%（图 3 和表 5）。

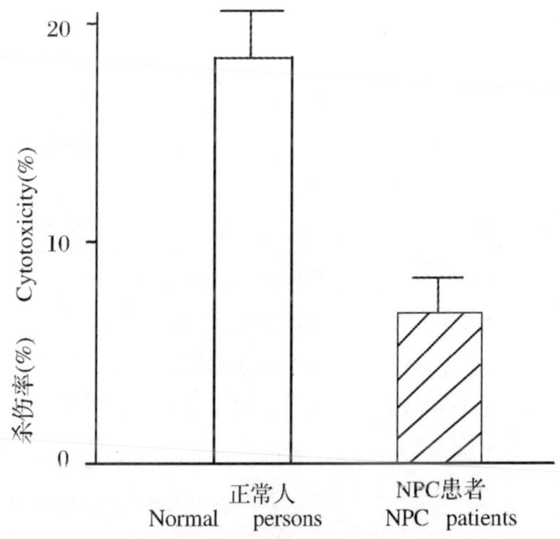

图 3 10 名正常人和 10 名 NPC 病人 LMP1 – CTL 杀伤功能的比较

Fig. 3 The comparison of cytotoxic function of LMP1 – CTL in ten normal persons and ten NPC patients under the condition that E : T ratio was 10 : 1

表 5 正常人群与 NPC 病人 LMP1 – CTL 杀伤率的比较

Tab. 5 The comparison of cytotoxicity of LMP1 – CTL in normal poоulation and NPC patients

个体 Individual	LMP1 – CTL 杀伤率 LMP1 – CTL cytotoxicty（%）	
	正常人群 Normal population	NPC 病人 NPC patients
1	16.1	5.0
2	20.1	5.2
3	16.3	7.1
4	15.4	8.4
5	19.0	7.5
6	22.0	<1.0
7	21.0	<1.0
8	17.5	7.5
9		6.7
10		5.6
$\bar{x}$	(18.4 ±2.5)%	(6.6 ±1.0)%
		$P<0.01$

注：E：T 为 10：1，非一对一对照，但每组病人均有正常对照；进行 t 检验，P 值小于 0.01，差异显著。

Note：E：T Was 10：1；not one to one control，but there all had normal control in every group of patients；t test，$P<0.01$，indicating significant difference.

讨　　论

EB 病毒作为一种 DNA 肿瘤病毒可引起 Burkitt's 淋巴瘤、传染性单核细胞增多症等，并且亦是鼻咽癌的重要致病因素[1~8]。尤其是 EB 病毒中的 LMP1 基因已被证实为是 EB 病毒的重要致癌基因。由于该 LMP1 产物是 EB 病毒诱发机体特异性细胞免疫的刺激原和靶抗原[5,14,15]，而且在鼻咽癌肿瘤细胞株中的确存在着晚期潜伏膜蛋白基因，即 LMP1 基因及在肿瘤细胞膜中表达了 LMP1 这个产物[9-12]，因此，EB 病毒 LMP1 具备了鼻咽癌肿瘤特异抗原的基本条件。

既然 LMP1 作为鼻咽癌的肿瘤特异性抗原如此合适，那么鼻咽癌患者针对 LMP1 的特异性免疫功能如何？这直接关系着鼻咽癌的发生、发病、治疗及预后等诸方面的问题。关于鼻咽癌一般非特异性细胞免疫检测已有一些报道，如鼻咽癌病人机体 Ts 增多，T_4 下降，鼻咽癌间质总 T、Tc 数量减少，外周血 T_4/T_8 均较前更低，及鼻咽癌病人 IT－2 水平明显低于正常人，残瘤肿瘤负荷的鼻咽癌病人 IL－2 水平明显低于非残瘤肿瘤负荷病人等等[21-24]。而关于鼻咽癌患者针对 LMP1 的特异性免疫功能究竟如何，一直未见任何报道。

本文从此着手，深入探索，首先从方法学上入手，采用自体 T 细胞感染 LMP1 重组痘苗病毒为自体刺激细胞和靶细胞，建立了快速简便的一步法检测 LMP1－CTL 功能，进而解决了该难题。检测了 10 例鼻咽患者 LMP1－CTL 功能，发现其明显低于正常人群组（$P<0.01$），相差 2 倍以上。从而揭示了机体对 LMP1 特异性 CTL 功能与鼻咽癌发病之间的重要关系，为下一步开展用 LMP1 疫苗进行鼻咽癌免疫治疗以预防预后等重要工作提供了重要依据。

〔原载《病毒学报》1999，15（3）：193－198〕

参 考 文 献

1　Henle G, Henle W, Diehl V, et al. Relationship of Burkitt's tumor associated herpestype virus to infectious mononucleosis. Proc Natl Aead Sci, USA, 1968, 59: 94－101

2　Henle W, Henle G. The immunological approach to study of possible virus－induced human malignancies using the Epstein－Barr virus as example. Prog Exp Tumor Res, 1978, 21: 19－48

3　Epstein M A. Recent progress in Epstein－Barr virus research. Annu Microbiol, 1977, 31: 421－445

4　Klein G. The Epstein－Barr virus in the herpes viruses. ed by Kaplan A S, Academic Press, New York. 1973, 521－555

5　Klein G. Viral latency and transformation, the strategy of Epstein－Barr virus. Cell, 1989, 58: 5

6　Wong D, Liebouifz D, Wang E K, et al. An EBV membrane protein expressed in immortalized lymphocytes transforms established rodent. cell. Cell, 1985, 43: 831－840

7　Dawson C W, Rickinson A B, Young L S, et al. Epstein－Barr virus latent membrane protein inhibts human epithelial cell differentiation. Nature, 1990, 344 (6268): 777－781

8　Fahraeus R, Rymo L, Rhim J S, et al. Morphological transformation of human keratinocytes expressing the LMP gene of Epstein－Barr virus. Nature, 1990, 345 (6274): 447－449

9　Fahraeus R, Fu H L, Ernberg I, et al. Expression of Epstein－Barr virus encoded proteins in nasopharyngeal carcinoma. Int J Cancer, 1988, 42 (3): 329－338

10　Hitt M M, Alday M J, Hara T, et al. EBV gene expressing in an NPC－related tumor. EMBO J,

1989; 8 (9): 2639 - 2651
11 Zhang H, Yao K, Zhu H, et al. Expression of the Epsteins - Barr virus genome in nasopharyngeal carcinoma epithelial tumor cell line. Int J Cancer, 1990; 46 (5): 944 - 949
12 Young L S, Dawson C W, Clark D, et al. Epstein - Barr virus gene expression in nasopharyngeal carcinoma. J Gen Virol, 1988, 69: 1051 - 1065
13 Ernherg I, Falk K, Minarovits J, et al. The role of methylation in the phenotype - dependent modulation of EpsteinBarr nuclear antigen 2 and latent membrane protein in cells latently infected with Epstein - Barr virus. J Gen Virol, 1989, 70: 2989 - 3002
14 Svedmyr E, Jondal M. Cytotoxic effector cells specific for B cell lines transformed by Epstein - Barr virus are presem in patient with infectious mononucleosis. Proc Natl Aced Sci, USA, 1975, 72: 1622 - 1626
15 Jondal M, Svedmyr E, Klein E, et al. Killer T cell in a Burkutt's lymphoma biopsy. Nature, 1975, 255: 405 - 407
16 Murry R J, Young L S, Calender A, et al. Different patterns of Epstein - Barr virus gene expression and cytotoxic T cell recognition in B cell lines infected with transforming (B95.8) or nontransforming (P3hR2) virus strains. J Virol, 1988, 62 (3): 894 - 901
17 Murray R J, Brooks J M, Rickinson A B, et al. Cross - recognition of a mouse H-1 peptide complex by human HLArestricted cytotoxic T cells. Eur J Immunol, 1990, 20 (3): 659 - 664
18 Brandes L J, Goldenberg G J, el al. *In vitro* transfer of cellular immunity against nasopharyngeal carcinoma using transfer from donors with Epstein - Barr virus antibody activity. Cancer Res, 1979, 34: 3095 - 3101
19 Levine P H, De - The G B, Brugere J, et al. Immunity to antigens associated with a cell line derived from nasopharyngeal cancer (NPC) in non - Chinese NPC patients. Int J Cancer, 1976, 17: 155 - 160
20 Levine P H, Wallen W C, Ablashi D V, et al. Comparative studies on immunity to EBV - associated antigen in NPC patients in North America, Tunisa, France and Hong Kong. Int J Cancer, 1977, 20: 332 - 338
21 赵明伦，黄培春，黄添友，等．鼻咽癌病人及患病风险者 EB 病毒与机体细胞免疫反应特点的研究 - I. 见：第六届全国鼻咽癌学术会议论文摘要汇编（广州），1992，5：30 - 81
22 陈小毅，蔡懿廷，孙宁，等．鼻咽癌活检组织中人类白细胞抗原：EB 病毒 EBNA2 抗原及间质中 T 淋巴细胞亚群的分布．见：第六届全国鼻咽癌学术会议论文摘要汇编（广州），1992，5：83
23 刘孟钟，毛志达，罗健松，等．鼻咽癌病人外周血 T 淋巴细胞亚群的研究．见：第六届鼻咽癌学术会议论文摘要汇编（广州），1992，5：83 - 84
24 李健，谢名英，洪元康，等．鼻咽癌患者白细胞介素 -2 活性变化的研究．中国肿瘤临床，1992，19（1）：31 - 32

Study on Specific Cellular Immunity of Epstein – Barr Virus Latent Membrane Protein (IMP1) in Nasopharyngeal Carcinoma Patients

YANG Cheng – yong[1], CAI Wei – min[2], SHEN Bei – fen[1], ZENY Yi[3]

(1. Institute of Essential Medicine, Academy of Military Sciences 100850; 2. Institute of Cancer Research, Chinese Academy of Medical Sciences, 100021; 3. Institute of Virology, Chinese Academy o Preventive Medicine, 100052)

One step method of detecting Epstein – Barr virus LMP1 – CTL function has been established and was used for detecting the function of LMP1 – CTL in pheripheral blood of nasopharyngeal carcinoma (NPC) patients. It has been found that the function of LMP1 – CTL in pheripheral blood of NPC patients is very low than that in normal persons, and this kind of low function may be relative to the occurrence of NPC. The results show that LMP1 protein may be used as antigen of vaccine for NPC, and affords an experimental basis for the study of prevention and treatment of NPC by means of specific cellular immunity.

〔**Key words**〕 Nasopharyngeal carcinoma (NPC); Cytotoxic T lymphocyte (CTL); Epstein – Barr virus (EBV); Latent membrane protein (LMP)

243. 人疱疹病毒 8 型 KS330 基因片段的检出与 Kaposi 肉瘤的关系

中国预防医学科学院病毒学研究所　陈国敏　曾　毅

〔**关键词**〕　卡波氏（Kaposi）肉瘤；人疱疹病毒 8 型

关于卡波氏（Kaposi）肉瘤的最早的报道是在 1872 年。文献中所描述的卡波氏肉瘤主要在东欧、中东和地中海沿岸地区的老年男性中流行。科学家曾对卡波氏肉瘤与病毒感染的相关性进行了多年的研究[1]。直到 1994 年，Chang 等人[2]用特殊的 PCR 方法，在卡波氏肉瘤活检组织中得到一新的 DNA 片段，并进行了序列分析，才发现该序列为卡波氏肉瘤组织所特有的，与猴疱疹病毒和 EB 病毒 DNA 序列有很高的同源性，故称为卡波氏肉瘤相关性疱疹病毒（KSHV），现称为人疱疹病毒 8 型（human herpesvirus type 8，HHV – 8）。

我国人群中卡波氏肉瘤的发生是很少见的。国内对 HHV – 8 与本病相关性的研究也极少。因此，我们采用免疫荧光法和 PCR 等方法，对 1 例卡波氏肉瘤病人检测了 HHV – 8。

病人标本为皮损活检组织，采自某医院。经病理学检查为典型的卡波氏肉瘤。病人血清标本经 Western Blot 检查 HIV 抗体阴性，用免疫荧光法检查 HHV – 8 抗体阳性。为了进一步确证是否存在 HHV – 8 的感染，对标本又进行了病毒核酸的检查。我们参考文献设计了一对引物，分别为 KS1 和 KS2，引物序列详见文献〔2〕，扩增的片段大小为 233 bp（名为 KS330 基因片段）。PCR 试剂盒购自赛百胜生物工程公司。模板分别为病人外周血淋巴细胞 DNA、皮损活检组织 DNA、皮肤淋巴瘤组织和正常皮肤组织。模板 DNA 的提取方法可参阅《分子克隆》。反应体系为 50 μl，扩增参数为 94℃变性 30 s，55℃退火 30 s，72℃延伸 30 s，共 30 个循环。扩增结束后，取 10 μl PCR 产物，在 1.5% 胶上进行电泳，在紫外灯下观察结果。

根据相对分子质量标准，我们在相应大小（233 bp）的位置处，观察到病人外周血及皮损活检组织的 PCR 产物均有一条清晰的带，而皮肤淋巴瘤组织和正常皮肤组织的 PCR 产物均为阴性（图 1 略）。证实该病人感染了 HHV－8 病毒，并且在外周血淋巴细胞和皮损组织中存在病毒核酸，从而也说明 HHV－8 与卡波氏肉瘤的发生存在着密切关系。

根据卡波氏肉瘤的不同临床表现，可分为经典型、非洲型、HIV 型和 AIDS 病相关型[3]。经典型卡波氏肉瘤主要临床表现为皮损呈淡红色、蓝黑色或紫色斑，可融合为斑片，主要位于四肢，很少侵犯内脏，病程缓慢，多发于老年男性；非洲型的临床表现同经典型，只是多发于非洲地区的青壮年；HIV 型和 AIDS 病相关型的主要表现为皮疹多见于胸、背部，少见于四肢，伴有发热和内脏损害，预后较差。本例病人为汉族人，病人及其爱人均无异地生活史和吸毒史，病程数年，瘤组织累及下肢，HIV 阴性，我们认为该病人属于经典型卡波氏肉瘤。

近年来，对 HHV－8 与卡波氏肉瘤发生关系的研究倍受重视。在中非地区献血员中 HHV－8 抗体阳性率在 12%～37%；在非洲型卡波氏肉瘤中抗体阳性率是 100%；在 AIDS 病相关型卡波氏肉瘤中，非洲人抗体阳性率是 100%，美国人是 96%；在美国普通人群中，成年人（包括献血员）的抗体阳性率为 25%，儿童为 2%～8%[4－5]。

卡波氏肉瘤组织中有大量梭形细胞，用原位杂交和免疫组化法证实，在梭形细胞和周围的内皮细胞中存在 HHV－8 核酸，用 PCR 方法从中获得了 HHV－8 DNA 片段。这些结果充分说明，HHV－8 病毒是卡波氏肉瘤发生的病原体。我们对病人检测 HHV－8 抗体的结果和病毒核酸 PCR 扩增结果，也证实了上述结论。

〔原载《病毒学报》1999，15（3）：275－276〕

参 考 文 献

1 Boldogh P, Beth E, Huang E S, et al. Kaposi's sarcoma. Ⅳ. Detection of CMV DNA, CMV RNA and CMNA in tumor biopsies. Int J Cancer, 1981, 28: 469－474

2 Chang Y, Cesarman E, Pessin M S, el al. Identification of herpesvirus－like DNA sequences in AIDS－associated Kaposi's sarcoma. Science, 1994, 266: 1865－1869

3 Moor P S, Gao S J, Dominguez G, et al. Primary charaeterization of a herpesvirus agent associated with Kaposi's sarcomas. J Virol, 1996, 70: 549－558

4 Belec L, Cancre N, Hallouin M C, et al. High prevalence in Central Africa of blood donors who are potentially infectious for human herpesvirus 8. Transfusion, 1998, 38: 771－775

5 Lennette E T, Blaekbourn D J, Levy J A. Antibodies to human herpesvirus type 8 in the general population and in Kaposi's sarcoma patients. Lancet, 1996, 348: 858－861

Relationship Between HHV－8 KS330 Gene Fragment and Kaposi's Sarcoma

CHEN Guo－min, ZENG Yi
(Institute of Virology, Chinese Academy of Preventive Medicine, Beijing 100052)

HHV－8 sequences were recently identified in 100% of the amplifiable samples from AIDS patients with Kaposi's sarcoma (KS) and in 15% of the non－KS tissue samples from AIDS patients, so there is a strong correlation of Kaposi's sarcoma with HHV－8. Serum and DNA samples from a clinically diagnosed Kaposi's sarcoma Chinese patient were tested. HHV－8 antibody was tested positive by IFA and HIV－1 antibody was negative by Western Blot. The KS330 PCR product was found both in peripheral blood mononuclear cells and in KS tumor cells from this Chinese patient. This supports the hypothesis that Kaposi's sarcoma results from infection of HHV－8.

〔**Key words**〕Kaposi's sarcoma; Human herpesvirus type 8

244. EB 病毒潜伏感染膜蛋白特异性 T 淋巴细胞

广西壮族自治区人民医院　周微雅
中国预防医学科学院病毒学研究所　周　玲　刘海鹰　朱伟严　曾　毅

EB 病毒与鼻咽癌关系十分密切，而 EB 病毒感染后抗体的细胞免疫反应渐受到人们的关注[1]。目前，检测细胞类的方法有乳酸脱氧酶法、酯酶法及甲基偶氮唑卟等非放射性素方法，而传统的^{51}Cr 释放法显然受仪器及使用核素的种种限制，但其灵敏度高，重复性好，仍不失为检测细胞毒的经典方法。本文用^{51}Cr 检测 EB 病毒特异性细胞毒 T 淋巴细胞（CTLs），以了解 EB 病毒感染后的细胞免疫反应。

材料和方法

一、材料　表达 EBV－LMP1 的重组痘苗病毒由美国 Kiff 教授惠赠。

Balb/c（H－2^d）小鼠由中国预防医学科学院病毒所肿瘤室繁殖。

P815 细胞由中国医学科学院肿瘤医院分子免疫室提供。

二、病毒的制备　用表达 EBV－LMP1 的重组痘苗病毒（rvac－EBV－LMP1）感染 Vero 细胞 72 h 后收集细胞，反复冻融 3 次，离心取上清，－20℃保存，病毒滴度为 1×10^7PF U/ml。

三、效应细胞的制备　正常同龄 Balb/c 小鼠 3 只，断颈处死，无菌取脾，200 目铜网研磨。然后用 Ficoll 分离淋巴细胞，Hank's 液洗涤，调整细胞浓度至 3×10^6/ml，置 20 U/ml，IL－2，10% FCS 1640 培养液中，按 10^{-3}感染 10^5 细胞量加入 rvac－EBV－LMP1，37℃孵育 6～10 h，用波长 254 nm 紫外线灯直接照射 3 min，灭活病毒（灯与标本距离 3 cm），作为刺激细胞。另外将 rvac－EBV－LMP1 免疫 28 d 的 Balb/c 鼠 3 只断颈处死，同上法获取淋巴细胞，洗涤，将细胞置于6孔板中，37℃孵育1～2 d，作为反应细胞，刺激细胞按40∶1的比例与反应细胞混合，用含200 U/ml IL－2的1640液37℃5% CO_2 共培养4～6 d，调整细胞浓度为 1×10^7/ml，作为初发CTL反应的效应细胞。

四、二次反应CTL的诱导 rvac－EBV－LMP1加强免疫的Balb/c小鼠3只，按上法取淋巴细胞、洗涤、计数、调整细胞数为 1×10^7/ml，然后按 10^5 细胞加 10^{-2} 病毒量加入经紫外线灯灭活的rvac－EBV－LMP1，37℃、5% CO_2 培养2～4 d，作为二次反应的效应细胞。

五、靶细胞的制备 P815细胞用rvac－EBV－LMP1感染4～6 h后，10^6 细胞/100uei ^{51}Cr放入37℃、5% CO_2 标记90 min，洗涤后调整细胞浓度至 10^5/ml，作为 ^{51}Cr释放试验的靶细胞。

六、^{51}Cr释放法检测细胞杀伤活性 靶细胞与效应细胞分别为1∶12.5；1∶25；1∶50；不同的比例各100 μl，加到96孔板中，靶细胞最大释放孔加入1% SDS 100 μl，自然释放孔加入1640 100 μl，1000 r/min，离心5 min，37℃、5% CO_2 孵育6 h，取出后1000 r/min，离心5 min，小心吸取100 μl上清，γ计数仪读取cpm值。

七、按下列公式计算杀伤率

$$\text{杀伤率}=\frac{\text{试验组 cpm}-\text{自然释放 cpm}}{\text{最大释放 cpm}-\text{自然释放 cpm}}$$

结　　果

初发CTL反应及二次CTL反应分别见表1与表2。

表1　初发CTL反应的rvac－EBV－LMP1特异性CTL（%）

鼠种类	靶∶效		
	1∶12.5	1∶25	1∶50
正常鼠	1	3	8
rvac－EBV－LMP1免疫鼠	16	27	28

表2　二次CIL反应的rvac－EBV－LMP1特异性CTL（%）

鼠种类	靶∶效	
	1∶12.5	1∶25
正常鼠	24	10
rvac－EBV－LMP1免疫鼠	76.5	49

从表中可以看出，rvac－EBV－LMP1免疫鼠CTL反应较正常鼠明显增高，而初发和二次特异性CTL反应靶效分别在1∶50和1∶12.5时为最强。

讨　　论

EB病毒LMP是EB病毒转化人B淋巴细胞的一种潜伏膜蛋白，其作用日益受到人们的关注。LMP是由位于B95－8株Bam HI Nhob片段内的BNLF－1基因所编码，受控于启动子ED－L1，由2.5kb的mRNA负责转录其3个外显子，其以斑状或帽状形式位于细胞浆膜上。此蛋白的特点是在氨基端含有6个由20～23个氨基酸构成疏水区，这些疏水区位于该蛋白的穿膜部位，穿膜蛋白反复3次进出被EB病毒转化的细胞胞膜。这些结构不能引起机体的体液免疫反应，实验结果亦证明人血清中无抗LMP抗体，但这些结构可诱导机体特异性细胞免疫反应。

EB病毒LMP是EB病毒在淋巴细胞中永生的重要物质基础，能在转化的细胞中持续表达，而且能被特异性淋巴细胞毒细胞识别，并能刺激T淋巴细胞发生特异性杀伤[2,3]，其既是EB病毒诱发机体特异性免疫的刺激抗原，又是靶抗原，在EB病毒的细胞免疫中扮演了重要角色。我们用rvac－EBV－LMP，免疫与靶细胞MHC相匹配的小鼠，诱导其特异性CTL，结果亦证明了EB病毒潜伏感染膜蛋白通过MHC系统的限制性识别细胞免疫的存在，并能通过回忆反应，免疫反应表现更为强烈。

EB病毒特异性细胞免疫，为EB病毒相关疾病的细胞免疫治疗奠定了基础。在EB病毒密切相关的鼻咽癌治疗中，如将病人血抽出后分离淋巴细胞，在体外用EBV－LMP刺激致敏，并使其在体外大量增殖，再回输患者体内，使其与体内淋巴细胞共同作用，成为效应细胞，产生特异性CTL，从而发挥对鼻咽癌细胞的杀伤效应，这无疑为鼻咽癌的治疗开辟了新的途径。

〔原载《中国肿瘤》1999，8（6）：288－289〕

参 考 文 献

1 Khanna R, Barrows SR, Nicholls J, et al. Identication of cytotoxde T cell epitopes within Epstein－Barr virus（EBV） oneogenl latent membrane protein 1（LMP1）：vidence for HLA－A_2 supertype－restricted immune reesgintion of EBV infected cell by LMP1－specific cytotoxic T lyrnphocytos. Eur Immunol, 1998, 28（2）：451－458

2 Richinson AB, Murray RJ, Brooks J, et al. T cell recognition of Epstein－Barr virus associated lymphomas. Cancer Surv, 1992, 13：5－80

3 Khanna R, Jacob CA, Burrows SR, et al. Expression of Epstein－Barr virus nucleas anligens in anti－IgM－stimulated B cells following recombinant vaccinia infection and thein recognition by human cytotoxic T cells. Immunology, 1991, 74（3）：504－510

245. 艾滋病和艾滋病病毒的发现及其起源（一）

中国预防医学科学院病毒学研究所　曾　毅

1981年在美国发现艾滋病人后，艾滋病病毒在全球广泛流行，流行趋势不但没有减慢，而且日益猖獗，特别是在非洲、东南亚地区流行扩大十分迅速。截至1998年12月31日，18年间全球活着的艾滋病病毒感染者/艾滋病病人3340万，全球已死去的艾滋病病人1390万人，总计4730万人，感染最多的是发展中国家的人民，活着的感染者在非洲共有2269万人，在亚洲有728.4万人，总计两大洲活着的艾滋病病毒感染者/艾滋病病人有2997.4万人，占全球总数3340万人中的89.7%。我们的邻国泰国的艾滋病病毒感染者/艾滋病病人已有80万，印度已超过400万。艾滋病病毒随着外国的血液制品已于1982年传入我国，1985年发现第一例外来的艾滋病病人。目前艾滋病流行已进入快速增长期。仅仅18年，艾滋病在全世界流行是如此迅速，情况是多么悲惨和令人震惊！

一、艾滋病的名称　艾滋病的全名称叫获得性免疫缺陷综合征，英文名称是Acquired Immunodeficiency Syndrome。

Acquired 中文意义是获得性。就是说本病不是由父母先天遗传得来的，而是后天在一定条件下获得的。

Immunodeficiency 意义是免疫缺陷。这是由于 Immuno（免疫）和 Deficiency（缺陷）二字合并而成的。本病为免疫系统的疾病，表现为免疫缺陷，损害，直至完全破坏。

Syndrome 意义为综合征。患者的免疫系统受损，很多器官受到损害，出现了多种疾病的综合征和病理征象。

将英文名 Acquired Immuno Deficiency Syndrome 的第一个字母缩写在一起为 AIDS。在港、澳、台等地中译为"爱之病"。这易使人误解为"爱了就有病"。因此，我们将其译为"艾滋病"。法文缩写称为 SIDA。

二、艾滋病的发现 1981 年 6 月 5 日，美国洛杉矶加州大学医学中心发现一例男性同性恋患者有奇特的疾病，同时美国疾病控制中心发表的《病死率和发病率周报》（MMWR）第一次报道了一种"可能是细胞免疫功能紊乱"的疾病。从 1980 年 10 月至 1981 年 5 月间有 5 位男性同性恋住院患者被确诊为卡氏囊虫肺炎病症：他们中还有巨细胞病毒感染。同年 7 月美国疾病控制中心发现过去 2 年半的时间，共有 26 位男性同性恋患者有罕见的卡波氏肉瘤（Kaposi sarcoma）。这些病人的共同特点是：①同性恋者。同时根据病人的症状预示着这可能是通过性传播的一种新的传染病。②他们有卡氏肺囊虫肺炎。通常正常人是不会发生这种疾病的，只有在免疫力下降时，才会发生这种机会性感染的。因此认为这可能是由于免疫系统损坏（即免疫缺陷）后，由各种微生物或寄生虫病原引起的。③病人常见卡波氏肉瘤，这种疾病在黑人青年中较常见，而在白人青年中很少见，只在 60 岁以上老年人中发现。因此认为这种奇特的疾病可能是经过性传播的传染病，这种病原会破坏免疫系统形成免疫缺陷，并伴有机会性感染。由于这种严重的致死性疾病的突然出现，引起国际医学界的高度重视，并开始探索这种新的传染病的病原和病因：是病毒、细菌、真菌或其他病原引起。

三、艾滋病病毒的发现 这种新的疾病传播很快，在美国发现后很快在欧洲也有发现。很多科学家都开始研究这种病的病因。1983 年，法国巴斯德研究所肿瘤病毒研究室主任蒙塔尼亚（Montagnier）教授首次报告从一例患持续性全身淋巴腺病综合征（Lymphadenopathy Syndrome，LAS）的男同性恋患者取出肿大的淋巴结组织，在体外进行细胞培养，经过培养，他们在电镜下可见到一种与逆转录病毒相似的病毒。用实验室的多种方法进行研究证明这是一种新的病毒，命名为淋巴腺病相关病毒（Lymphadenopathy Associated Virus，LAV）。患这种病的病人有 LAV 病毒抗体。为了进一步确定这种新的病毒，他曾将病毒送到美国国立卫生研究院肿瘤研究所盖洛（Gallo）教授的实验室，请他们帮助鉴定。没想到由此引起一场官司，这在后面将谈到。随后他报告了 LAV 病毒的核酸序列。

1994 年，美国的盖洛教授也报告从艾滋病病人的周围血淋巴细胞中分离到一株新病毒，命名为人类嗜 T 细胞病毒Ⅲ（Human T cell Lymphotropic Virus Ⅲ，HTLV－Ⅲ）。为什么盖洛叫这种病毒为 HTLV－Ⅲ病毒呢？因为盖洛在 1978 年从蕈样真菌病人的淋巴结建立了 T 白血病细胞株，发现其中有一种新的 RNA 逆转录病毒，称为人 T 细胞白血病病毒（Human T cell Leukeurmc Virus，HTLV－Ⅰ），后来证明此病毒是在日本发现的成年人 T 细胞白血病的病因。不久后，盖洛又从毛细胞性白血病病人的细胞株分离到一株新病毒。他命名为 HTLV－Ⅱ病毒。HTLV－Ⅰ和 HTLV－Ⅱ病毒有很多相似之处。但该病毒的核酸序列与抗原性不同。HTLV－Ⅱ与疾病的关系尚不清楚。由于从艾滋病病人也分离到的病毒与 HTLV－

Ⅰ都是逆转录病毒和嗜T淋巴细胞，因此，他称这种病毒为HTLV－Ⅲ病毒，并公布了该病毒的核酸序列。稍后，美国的旧金山加州大学的里维教授（J. Levy）也从艾滋病病人分离到一株病毒，命名为艾滋病相关病毒。这3种病毒的形态、核酸序列、蛋白结构、细胞嗜性均相同，但各自命名不同。曾经命名为LAV/HTLV－Ⅲ或HTLVⅢ/LAV。1986年6月，国际微生物学会及病毒分类学会将这3个名称统一起来，称为人类免疫缺陷病毒（Human Immunodeficiency Virus，HIV）。

四、一场国际上科技界罕见的官司　关于谁先分离到艾滋病病毒的问题，曾经是法美两国长期争论的问题。从1985年12月至1987年4月，由美国法院出面调查，审理谁是真正的艾滋病病毒发现者“一案”，双方争论十分激烈。1987年由美国总统里根和法国总理希拉克出面调停和协商，达成统一的认识，双方共享有艾滋病病毒的发现权。但问题并没有解决。1988年11月9日芝加哥论坛报再次揭发美国盖洛应用了法国巴斯德研究所送给他的带有艾滋病病毒的标本，分离了病毒，因为病毒的核酸序列是相同的。由此争论再起。最终证明盖洛的HTLV－Ⅲ病毒与蒙塔尼亚的LAV是一样的，是盖洛应用的标本中有蒙塔尼亚带有LAV病毒的标本。为此，盖洛在国际上最权威杂志《自然》上发表文章，公开表示歉意。因此，蒙塔尼亚是艾滋病病毒的真正发现者。这已为国际公认。科技界的一场持久的重大官司到此结束。但盖洛在分离到艾滋病病毒后立即进行艾滋病诊断方法的研究，建立了很好的免疫酶联诊断方法，并大规模应用，特别是对血液进行检测，可以检测艾滋病病毒抗体，排除污染了艾滋病病毒的血液，这样就拯救了很多人，以免他们被艾滋病病毒感染，特别是患有先天性遗传疾病的血友病病人。但在这以前，成千上万的血友病病人已被误输入污染有艾滋病病毒的血液，而感染了艾滋病病毒，很多人已相继发病而死亡。如美国一个血友病患者家庭因输入带艾滋病病毒的血液，全家9口人感染了艾滋病病毒。因此，诊断试剂的研制成功，为了解艾滋病的流行、诊断和预防作出了重大贡献。

五、艾滋病病毒分型　艾滋病病毒分为2个型HIV－1和HIV－2。HIV－1流行于全世界，HIV－2仅在非洲，其他国家很少。HIV－2病毒的致病性远较HIV－1病毒低。根据HPV－1的env和gag基因的变异又可以分为M和O组。M组又分为A～J 10个亚型。O型是从喀麦隆分离到的，在加蓬和法国也分离到，但其他国家很少。近年来从1例艾滋病病人分离到一株新的HIV－1亚型，称N组，因此HIV－1共有M，N和O 3个组。HIV－1各亚型在各国的分布如下：欧美主要为B亚型。非洲有A、C、D和E亚型，以A、C为主。印度与最初在非洲发现的一样，为A、C和E亚型。在泰国特别是在曼谷最初是B亚型，泰国的北部主要是经性传播的E亚型，静脉嗜毒者主要是B亚型。C和E亚型较易通过性传播，而全球传播以性传播为主，占75%。因此认为全球到2000年将以C和E亚型为主。在我国1990～1993年云南静脉吸毒者主要为B亚型，1994～1995年静脉吸毒者中已发现20%～30%为C亚型，而且少数已有B和C亚型的双重感染。随后又发现有B和C亚型的杂交病毒，此外有少数A、D亚型。最近据福建省卫生防疫站反映，他们从一非洲回来的艾滋病病毒感染者克隆到HIV－2病毒基因。这是很有意义的。

（未完待续）

〔原载《中国性病艾滋病防治》1999，5（6）：285－287〕

246. 艾滋病和艾滋病病毒的发现及其起源（二）

中国预防医学科学院病毒学研究所　曾　毅

六、艾滋病病毒是从哪里来的　1978 年从美国实验室贮存的血清中查到艾滋病病毒抗体，但从 1972～1973 年在乌干达采集的血清也可以查到艾滋病病毒抗体。从这些回顾性血清学调查的结果看来，艾滋病病毒感染人首次是在非洲。

艾滋病病毒有 HIV－1 和 HIV－2 二个型。早已知道 HIV－2 与从非洲白眉猴（Sooty mangabey）分离的猴免疫缺陷病毒 SIVsm 和 SIVmac 近似。这种猴是 SIV 的储存宿主。HIV－2 与 SIVsm 的基因序列的同源性为 70%，而与 HIV－1 的同源性仅 40% 左右。猴免疫缺陷病毒感染的猴血清能与 HIV－2 的糖蛋白（gp120 和 gp36）和壳蛋白 p24 等发生免疫反应，能与 HIV－1 的壳蛋白 p24 等起反应，但不与 HIV－1 的糖蛋白（gp120 和 gp41）等起免疫反应。因此认为 HIV－2 型病毒是来源于 SIVsm。但关于 HIV－1 的来源问题，长期未得到解决。

文献报道，从猩猩（Pan troglodytes）中也分离到 3 株 SIVcpz 病毒，它与 HIV－1 病毒有关。他们是在加蓬捕捉的猩猩分离到的 2 株病毒 SIVcpzGAB1 和 SIVcpzGAB2 以及从赞比亚进口到比利时的猩猩分离到的病毒 SIVcpzANT。其中 SIVcpzGAB1 和 SIVcpzANT 已经完成全核酸序列的分析。

美国 Alabama 大学的高峰等发现一只非洲进口的猩猩，它是 98 只猩猩中唯一的一只，应用免疫酶联法及蛋白印迹法检测，它的血清能与 HIV－1 抗原起很强的反应。此动物从未用作艾滋病病毒有关的研究，也未接受过人的血清。1985 年因怀孕生产后死亡，时为 26 岁。尸检发现有子宫内膜炎、存留胎盘和毒血症。用 PCR 从脾脏和淋巴组织作 gag、pol 的 DNA 序列扩增，显示其与 HIV－1 和 SIVcpz 有关，但有些差异。从组织中发现有 VPU 基因，仅 HIV－1 和 SIVcpz 病毒有此基因，而 HIV－2 和 SIVsm 病毒没有。他们将此病毒的基因命名为 SIVcpzUS，它与已知的 SIVcpz 和 HIV－1 有关，但有差别（图 1）。他们还发现 HIV－1 的 N 组的病毒核酸序列是 SIVcpzUS 和 HIV－1 有关核酸序列的杂交而成。因此认为猩猩的祖先就有病毒的重组，HIV－1 来源于猩猩。

七、HIV－1、HIV－2 与猩猩和猴的 SIV 系统树图　根据下列证据认为 HIV 是从动物传到人的：①病毒的基因组结构是相似的；②系统树相关；③在自然宿主中流行；④地理分布一致；⑤合理的传播途径。例如在白眉猴中发现的 SIVsm 在遗传系统上与 HIV－2 很相似，而且其产地与 HIV－2 的流行区也一致。人和猴接触很密切，因为人常猎猴作为食物或作为宠物。HIV－1 与 SIVcpz 在序列和基因组结构上很相似，虽然有些差异，但根据这些结果，作者认为猩猩是 HIV－1 的原始储存宿主，也是 SIVcpz 传入人类的来源。

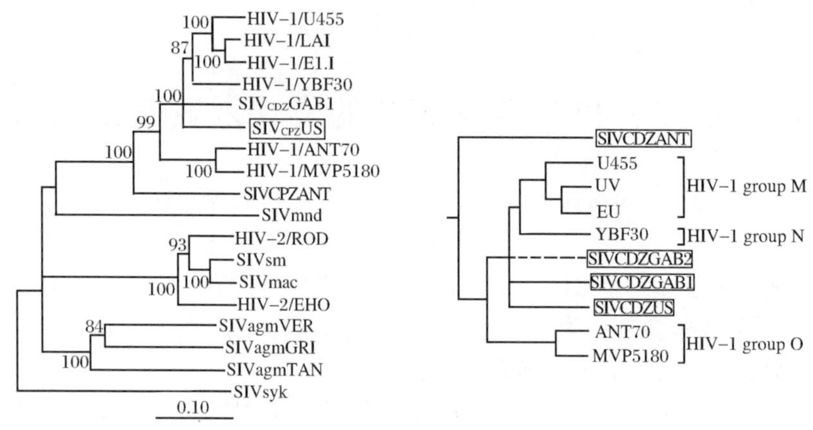

图1 HIV-1、HIV-2与猩猩和猴的SIV基因树

八、为什么艾滋病病毒是艾滋病的病原 在艾滋病出现的初期，对艾滋病病毒是否为艾滋病的病原争论很多，甚至现在仍有极少数人持反对意见。因为从艾滋病病人身上可以分离到很多不同的病原，包括细菌、病毒、真菌、寄生虫等。证实某一种病原微生物为某种病的特异性病原的根据，郭霍（Kock）曾提出三条原则：①必须有规律地在可疑病例中发现，并分离出同一种微生物，这种微生物在体内的分布应与病变部位相一致；②微生物必须能在体外获得纯培养，并能传代；③这种纯培养物接种于易感动物，能引起典型的疾病，并能从实验感染的动物中重新分离出同种微生物。这种原则在证明病原方面起着很大的作用，至今仍有现实意义。关于艾滋病病毒与艾滋病的病原学关系完全符合上述郭霍提出的原则。

1. 流行病学的关系：①艾滋病病毒的感染与艾滋病的发生有关。全球95%以上的艾滋病病人有艾滋病病毒或艾滋病病毒抗体。②从流行病学调查结果来看，在高危人群中（同性恋、血友病、性病、静脉吸毒和输入艾滋病病毒污染的血液），较多的人有艾滋病病毒及艾滋病病毒抗体。95%以上的病人有艾滋病病毒抗体。③仅艾滋病病毒抗体阳性者才会发展成艾滋病，而没有感染艾滋病病毒的血友病人不发生艾滋病。④在亚洲和非洲某些国家艾滋病严重流行地区，艾滋病病毒的流行与免疫抑制和艾滋病的发生是一致的。⑤从艾滋病病毒感染孕妇分娩的婴儿约1/3带病毒，并将发展为艾滋病，而其余病毒阴性的婴儿不会发生艾滋病。⑥血浆中的艾滋病病毒拷贝数量的高低可以预测艾滋病的发生及其预后。⑦自严格执行血液艾滋病病毒抗体筛选后，在血友病和输血者中基本不会发生艾滋病，除非极少数输入的血液是在艾滋病病毒感染的窗口期。

2. 从艾滋病病人分离到艾滋病病毒：①从艾滋病人可以分离到艾滋病病毒。新鲜T淋巴细胞、巨噬细胞和某些永生的T细胞都可以用于分离和培养艾滋病毒。②很多艾滋病病毒的基因组已经被克隆，已报告了很多全部或部分基因组的核酸序列。③从有些病人分离不到病毒，但可用很敏感的核酸扩增技术（PCR）证明艾滋病病毒的存在。④艾滋病病毒感染者，甚至艾滋病人可长期有艾滋病病毒抗体。这表示经常有病毒存在，不断刺激其产生抗体，否则抗体会像其他传染病或疫苗免疫一样，在去除病原后抗体会逐渐下降。

3. 艾滋病病毒能感染动物和人：从流行病学的调查结果可以证实，但不够直接。需要直接的证据。从下列事实可以符合这条原则。

①HIV－1 能致猩猩发生艾滋病。将 HIV－1 病毒感染猩猩，猩猩可以带病毒，长期不发病，但现已发现有的猩猩的 CD_4T 细胞下降并已发病，其临床症状和体征与人的艾滋病很相似。HIV－2 较 HIV－1 的致病性低，将 HIV－2 病毒接种于 Papio Cynocephalus，后来发现 5 只中有 3 只的 CD_4T 细胞下降，并有艾滋病的症状。这些结果证明 HIV－1 和 HIV－2 能感染猩猩，并引起艾滋病。

②医务工作者偶然感染 HIV－1，并发生艾滋病。有 3 位实验室工作者从事艾滋病病毒研究工作，感染了同一型 HTLV－ⅢB 毒株，他们没有其他可能感染的来源。从第一例病人分离的病毒的基因组的序列与 HTLV－ⅢB 的差异很小（≤3%）。这与 LAV－LAI 和HTLV－ⅢB 的遗传差距一样。这种差异也与母亲传给婴儿的差异相似，表明他们是同一病毒。一例是艾滋病实验室技术员在 HIV－1 抗体筛选时发现，一例是离心浓缩艾滋病病毒时刺伤。第三例是面部和黏膜接触到浓缩的艾滋病病毒。2 例在 1985 年，1 例在 1991 年感染。3 例的 CD_4T 细胞都下降，其中 2 例小于 $200/mm^3$，1 例有卡氏肺囊虫肺炎。这些例子表明同一病毒株（HTLV－ⅢB）因意外事件感染人并发生艾滋病。

美国牙科医生将艾滋病病毒传染给病人，美国一名妇女艾滋病病毒抗体阳性，并发生艾滋病，在临死前她声称自己没有任何会传染艾滋病病毒的危险因素（不吸毒、无性活动和无输入血液），而坚持认为她的感染是来自她的牙科医生 Dr. David Acer；在 1986 年 Acer 医生已被诊断为无症状的艾滋病病毒感染者，在 1987 年 9 月发展至艾滋病，CD_4T 细胞下降至 $200/mm^3$ 以下，并有卡波西肉瘤，在以后 2 年，他仍继续行医。由于那位妇女的指控，Acer 医生在当地报纸发表公开信，要求他所有的病人进行艾滋病病毒抗体检测。超过 1100 位病人进行了检测，有 10 位艾滋病病毒抗体阳性，其中 4 位有高危行为，1 位有可疑性行为或危险因素，Acer 医生在发生艾滋病后仍给这些病人进行过拔牙、牙根洞修补等手术。这是一个牵涉到法律和公共卫生的问题，为解决这个问题，对 Acer 医生治疗过的 10 例抗体阳性者，以及当地艾滋病病毒抗体阳性者的艾滋病病毒 C2～V3 基因进行核酸序列分析。结果是：5 例无危险因素者及 1 例可疑危险因素者病毒核酸序列是同一个病人的来源（差异为 3.4%～4%），而其他 4 位有高危行为者以及当地的对照病人的病毒基因差异较大（11%～13%），说明他们的病毒是不一样的。第一位女性病人、Acer 医生和另外二位病人已因艾滋病死亡。另一位已发展至艾滋病。基因序列分析证明 Acer 牙医是 6 位艾滋病病人感染的来源。

上述资料充分证明艾滋病病毒是艾滋病的病原。

九、艾滋病病毒是如何在全球传播的 从上述研究的结果看出 HIV－1 和 HIV－2 与从猩猩和猴子来源的病毒很相似，而且这些动物可能就是 HIV－1 和 HIV－2 的储存宿主。由于当地人民生活习惯喜欢猎取猴子和猩猩为食物，或作为宠物饲养。这些动物与人接触密切，就有可能将病毒传入人类。但是艾滋病首先在美国发现，然后传到世界各地。病毒如何从非洲传到美国呢？尚不清楚，值得深入研究。

克拉克在他的著作《艾滋病 ABC》一书中推测如下：海地首都太子港色情文化开放，是同性恋者的天堂，吸引了很多美国的同性恋者到那里寻欢作乐。在 20 世纪 60 年代由于海地统治者杜瓦利埃的残酷统治，人民生活在水深火热之中，只得逃离家园，有的逃离到新独立的扎伊尔谋生。20 世纪 70～80 年代，杜瓦利埃被推翻，海地人民逐渐回到祖国，其中一些人把病毒带回来。美国洛杉矶、旧金山和纽约是同性恋很多的地方，他们到太子港，在那里感染了艾滋病病毒，然后带回到美国。由于男性同性恋的性伴侣多，很容易将艾滋病病毒传播。所以，在流行早期多是同性恋者患艾滋病，但不久后逐渐传播到静脉吸毒者和异性恋者，然后在全世界传播流行。

艾滋病何时传入中国的？美国 Armour 公司和 Alpha 公司赠送了一些不同批号的血液制品第 Ⅷ 因子给我国某医院，从 1982 ~1984 年给一批血友病患者输入，我们考虑到艾滋病是没有国界的，有可能会传入我国，因此从 1984 年开始进行艾滋病病毒抗体的筛选，在 1985 年从 19 位输入 Armour 公司第Ⅷ因子的血友病人中发现 4 例感染了艾滋病病毒，1 例是在 1982 年，3 例是在 1984 年感染的。他们注射的是同一批号的第Ⅷ因子，即这批第 Ⅷ 因子带着艾滋病病毒，输入的人都感染了。因此，艾滋病病毒在 1982 年就传入我国。输入 Alpha 公司第Ⅷ因子的血友病人都没有感染艾滋病病毒，表示该血液制品不含有艾滋病病毒。1985 年一位美籍旅游者，他是艾滋病病人，来我国后发病，住协和医院，不久后死亡。其家属告知，他在美国已确诊为艾滋病患者。这是我国发现的第一例艾滋病病人。1987 年我们从一例在云南死亡的美国艾滋病患者的血液中分离到艾滋病病毒，这是我国分离的第一株艾滋病病毒。随后在云南发现一些艾滋病病毒感染的静脉吸毒者，东南沿海发现一些通过性传播的感染者，然后在供血者中也发现艾滋病病毒感染者。到 1999 年 6 月报告的艾滋病病毒感染者和艾滋病病人共有 13 936 例。其中艾滋病病人 451 例，死亡 237 例。但据专家估计，我国感染者已超过 40 万。艾滋病病毒传入我国的路线为：①最早来自美国；②从泰国传到缅甸，再传入我国云南；③从泰国直接传入我国东南各省；④从印度到缅甸，再传入我国；⑤从非洲传入我国；⑥从其他国家如欧洲等传入我国。从 1989 年云南发现吸毒者感染艾滋病病毒后，国内主要的传播路线是从云南传到各省。目前在某些省份艾滋病已进入快速增长期，其发展速度之快，实在令人担忧！如不对广大群众进行广泛的持久的宣传教育，并采取有效的措施，其后果是不堪设想的。

〔原载《中国性病艾滋病防治》2000，6（1）：55 -60〕

参 考 文 献

1 曾毅，王必嫦，汤得骥，等．血友病患者血清中淋巴腺病病毒/人嗜 T 细胞Ⅲ病毒抗体检测．病毒学报，1986（2）：97 -100

2 劳伦，克拉克．艾滋病 ABC. 北京：中国妇女出版社，1993

3 曾毅，王必嫦，赵尚法，等．我国首次从艾滋病病人分离到艾滋病病毒．中华流行病学杂志，1988（9）：135 -139

4 Zeng Yi. Detection of antibody to LAV/HTLVⅢ in sera from hemophilics in China. AIDS Research 2 (sup) 1986, 147 -150

5 Montagnier L and Clavel F. Human Immunodeficiency Viruses in Encydopedia of virology. Academic Press. R. wester and A Granoff leds, 1994, 2：674 -681

6 Hirsh VM. Africa primate lentivirus（SIVsm）closely related to HIV -2. Nature, 1989, 339 -392

7 Gao F. Genetic diversity of human immunodeficiency virus type 2：evidence for distinct sequence. subtypes with differences in virus biology. J Virol, 1994, 68：7433 -7447

8 Peeters M. Isolation and partial characterization of an HIV -related virus occurring naturally in chimpanzees in Gabo. AIDS, 1989, 3：625 -630

9 Gao F. Origin of HIV -1 in the chimpanzee Pan troglodytes troglodytes. Nature. 1999, 397：436 -441

10 O' Brien SJ. HIV Causes AIDS：Koch' postulates fulfilled Current Opinion. Immunology, 1996, 8：613 -618

247. 天花粉蛋白对人类免疫缺陷病毒及其他病毒的抑制作用

中国预防医学科学院病毒学研究所　李泽琳　曾　毅

目前临床上广泛应用于治疗艾滋病的叠氮胸苷（AZT），其作用是抑制人类免疫缺陷病毒（HIV）的逆转录酶，仅能有效地抑制T淋巴细胞内的HIV的复制，而对单核/巨噬细胞内的HIV复制则无效。HIV蛋白酶抑制物能有效地抑制HIV的复制，但病毒对这些药物很容易产生抗药性，导致药物失效。McGrath等[1]首先报告高度提纯的（代号为GLQ223）天花粉蛋白（TCS）不仅对T淋巴细胞内的HIV复制，而且对单核/巨噬细胞内的HIV复制也有抑制作用。美国旧金山的基因实验室公司（Gene－Lab Inc）和加州大学已获得美国和欧洲一些国家的有关专利[2]由于艾滋病是一种严重致死性疾病，直至目前尚无治愈该病的药物。美国食品与药物管理署（FDA）已批准天花粉蛋白进行临床试验。天花粉蛋白除对HIV有抑制作用外，对其他病毒也有一定的抑制作用。本文将综述有关方面的报道。

一、天花粉蛋白对T淋巴细胞内HIV－1复制的抑制作用　见表1。

1989年McGrath等[1,3]首次报告天花粉蛋白对T淋巴细胞内HIV的复制有很强的抑制作用。作者选用对HIV高度敏感的类淋巴母细胞株（VB株）作靶细胞，在感染HIV－1后，应用不同浓度的天花粉蛋白处理，在24孔培养板内，每个药物浓度分别做8个孔，培养4 d后检测培养液中的p24抗原，结果如表1所示。天花粉蛋白对HIV－1的抑制强度与药物浓度有关，与未经处理的对照组比较，当药物浓度为16～32 ng/ml时，大部分（70%～80%）病毒p24抗原被抑制，当浓度为1～2 μg/ml时，p24抗原完全被抑制。

表1　天花粉蛋白对HIV－1在T淋巴细胞内的抑制作用

天花粉（μg/ml）	p24（ng/ml）	p24（%，与对照比）
0	18.5±1.4	100±8
0.016	4.9±1.6	27±9
0.031	3.7±1.4	20±8
0.063	2.3±1.2	13±6
0.126	14±0.7	6±4
0.251	0.7±1.4	4±2
0.502	0.3±1.2	2±1
1.005	<0.3	0
2.010	<0.3	0

天花粉蛋白对细胞的毒性范围是能抑制75%病毒p24抗原的药物浓度对细胞的毒性作用较小，仅约20%细胞的DNA和蛋白合成被抑制，随着药物浓度的增加，对细胞的毒性也上升，药物浓度为1～3 μg/ml时，约50%细胞的DNA和蛋白合成被抑制。

法国Ferrari等人对天花粉蛋白的抗HIV病毒作用也进行了研究[4]，他们用MT4、H9和CEM－ss细胞作HIV感染的靶细胞，当天花粉浓度为500 ng/ml时，能抑制62%～70%由病毒引起的融合细胞。1～2 μg/ml时能100%的抑制H9和CEM－ss细胞内病毒的复制。当应用4 μg/ml浓度时，30%的H9细胞有毒性反应。我们实验室也重复了天花粉蛋白对HIV－1

病毒在 MT4 细胞内复制的抑制作用实验。结果与上述作者的报告近似，天花粉蛋白能明显地抑制 HIV－1 病毒的复制。由此看来，能完全抑制 HIV－1 复制的药物浓度（1～2 μg/ml）对细胞的毒性较大。

二、天花粉蛋白对单核/巨噬细胞内 HIV－1 复制的抑制作用 见表 2。

HIV－1 感染单核/巨噬细胞，病毒并不杀死细胞，形成慢性感染。McGrath 等用天花粉蛋白（500 ng/ml）处理 3 h，洗去药物，用 AZT 作对照连续处理。培养 4 d 后，用病毒 p24 单克隆抗体在流式分析仪检测细胞质内的 p24 抗原。未经药物处理的细胞，有 34% 存在 p24 抗原，经药物处理的细胞则无 p24 抗原，表示 HIV－1 病毒的复制被天花粉蛋白所抑制。AZT 处理的细胞仍有 p24 抗原存在，这表示 AZT 不能抑制 HIV－1 病毒在单核/巨噬细胞内复制。

McGrath 等[1,3]进一步用不同剂量［（5 ng～5 μg）/ml］的天花粉蛋白处理 HIV－1 感染的单核/巨噬细胞，测定细胞内的病毒 p24 抗原量。细胞内 p24 抗原水平与所用的药物剂量有关，与未经药物处理的细胞比较，当药物为 0.1 μg/ml 时，约 45% 的 p24 抗原被抑制，药物为 1 μg/ml 时，约 60% 的 p24 抗原被抑制。

表 2 天花粉蛋白对从 HIV 感染者分离的单核/巨噬细胞中 HIV－1 表达的抑制作用

病人	p24 表达细胞（%）		HIV p24 荧光强度		抑制率%
	对照	处理	对照	处理	
1	6.3	0	3502	0	100
2	2.1	0.1	1158	71	95
3	5.7	0	3156	0	100
4	3.1	0	1813	0	100
5	3.0	0	1797	0	100
6	5.3	0.9	3332	613	82
7	7.1	0	4371	0	100
8	4.4	0.8	3158	584	83

应用核酸杂交技术检测经药物处理及未经处理的单核/巨噬细胞内的 HIV－1 RNA。在培养的第 5 天提取细胞内 RNA，用 HIV－1 探针检测，未经药物处理的细胞可以检测到大量的 HIV RNA，而经药物处理的细胞内 HIV RNA 明显减少，这表明天花粉蛋白能显著地抑制 HIV RNA 的合成。

从 8 例 HIV－1 感染者周围血分离的单核/巨噬细胞，分别进行药物对 HIV－1 病毒的抑制试验。经天花粉蛋白处理后培养 5 d，测定细胞内的 p24 抗原，5 例的 p24 抗原被完全抑制，其余 3 例 p24 抗原的抑制率达 82%～95%（表 2）。

三、天花粉蛋白对艾滋病人体内的 HIV－1 的抑制作用 见表 3。

Kahn 等人[5]对天花粉蛋白进行了Ⅰ期临床试验，试验的目的在于给艾滋病人一次静脉注射单一剂量的天花粉蛋白，以观察药物的安全性及病人的耐药性。10 例艾滋病人，8 例艾滋病相关综合征（ARC）病人，共计 18 例。艾滋病病人的平均病程为 21 个月，ARC 病人为 13 个月，14 例曾用 AZT 治疗过。每一病例为静脉 1 次（2～4 min）输入天花粉蛋白 1～36 μg/kg 体重。17 例完成治疗后观察 28 d 并随访。1 例给药（8 μg/kg 体重）后于第 8 天因发生巨细胞病毒视网膜炎及食管炎而退出。天花粉蛋白的临床疗效，将在以后介绍。给药后病人的病毒 p24 抗原及 CD4 T 淋巴细胞无明显的改变。输入药物，尚不能判断其对艾滋病的治疗效果。

Byers 等人[6]对天花粉蛋白进行了Ⅰ/Ⅱ期临床试验，试验的目的在于确定天花粉蛋白的不良反应，病人的耐受剂量及药物对 HIV 有关指标的影响，包括血清中的病毒 p24 抗原及血液中淋巴细胞水平。共收治 51 例晚期艾滋病人，在 9～21 d 内注射 3 针，每次剂量为

10～30μg/kg 体重。

检测 18 例病人血清中的 HIV p24 抗原，收治时为 21～1110 pg/ml。在给药后 1～2 个月再检测。16 例的 p24 抗原下降＞20%（表 3），效果比 AZT 等差，开始临床试验时 TCS 剂量较少，不足以杀死 HIV 感染细胞。

四、天花粉蛋白处理 HIV 感染的巨噬细胞产生的神经毒性物质 见表 4。

应用天花粉蛋白治疗艾滋病的临床试验中，发现有的病人发生严重的神经性反应[6]。Pulliam[7]等曾报告 HIV 感染的巨噬细胞能产生一种可溶性因子，它能破坏培养的人脑细胞模型。因此，他们试图应用体外培养的人脑模型研究与天花粉蛋白治疗有关的神经毒性反应[8]。将天花粉蛋白（500 ng～2 μg/ml）处理培养的人脑细胞，测定细胞内的核苷磷酸水解酶（CNP）活性，并分析细胞的组织学和超微结构，未发现异常，表明天花粉蛋白对脑细胞无直接毒性作用。

用巨噬细胞培养的上清液或天花粉蛋白处理的巨噬细胞上清液，处理培养的人脑细胞，前者对人脑细胞无毒性作用，后者处理的人脑细胞 1/3 有异常，表现为核苷磷酸水解酶活性下降，但没有形态学和超微结构上的改变。

在脑内主要受 HIV 感染的细胞是巨噬细胞和小神经胶质细胞。为研究天花粉蛋白处理的 HIV 感染的巨噬细胞是否会产生对人脑细胞的毒性物质，Pulliam 等[8]用天花粉蛋白（500 ng/ml）处理慢性感染的巨噬细胞，3 h 后洗去药物，培养 5 d，收集上清液加至人脑培养液中。培养 7 d 后，检测细胞中的核苷酸磷酸水解酶活性及组织学和超微结构的改变，结果见表 4。

发现天花粉蛋白处理的 HIV－1 感染的巨噬细胞上清液对人脑细胞有严重的破坏作用，表明天花粉蛋白能促进 HIV－1 感染的巨噬细胞产生和释放可溶性毒性物质。这与临床上用天花粉蛋白治疗艾滋病人后所发生的严重神经毒性反应是相符的。由于天花粉蛋白对人脑细胞无直接毒性作用，因此其他抗 HIV 的药物也有可能促使 HIV 感染的巨噬

表 3 用天花粉蛋白治疗的病人血清中 HIV p24 抗原水平

天花粉蛋白治疗				血清中 HIV p24 抗原水平(pg/ml)				
病人编号	输注次数	剂量(μg/kg)	总量(μg/kg)	治疗前	1 个月水平	下降(%)	2 个月水平	下降(%)
6	3	20	60	21	0	100	11	48
13	3	10	30	100	75	25	110	－10
19	2	25	50	36	69	－92	13	64
23	2	25	50	34	53	－56	53	－56
24	2	25	50	24	25	－4	19	21
25	3	13	39	31	ND[1)]	—	7	77
27	3	10	30	430	160	63	235	45
33	3	18	54	150	94	37	105	30
34	3	17	51	114	106	7	88	23
36	3	19	57	200	20	90	80	60
37	3	17	51	44	37	16	21	52
38	3	15	45	120	52	57	56	53
42	3	17	51	505	174	66	130	74
43	3	19	57	68	65	4	78	－15
47	3	18	54	114	69	39	ND	—
48	3	18	53	560	ND[1)]	—	130	77
49	3	15	45	90	52	42	142	－58
51	2	19	38	1110	160	86	132	88

1）ND 未检测，病人血清中可检测到的 p24 抗原重量 10 pg/ml。

表 4 天花粉蛋白处理 HIV－1 感染的巨噬细胞培养液对脑细胞的作用

处 理	CNP[1)]	组织学
巨噬细胞培养上清液	1.0	正常
HIV 感染巨噬细胞上清液	1.15±0.15	异常
天花粉处理 HIV 感染巨噬细胞的上清液	0.78±0.15	大量破坏
正常脑细胞	0.96±0.08	正常

1）CNP 为二核苷磷酸水解酶。

细胞产生相似的毒性物质。进一步分离和确定这种毒性物质，有助于说明这种毒性物质在体内作用的机理，并有可能寻找防止这种毒性作用的治疗方法。

五、天花粉蛋白对其他病毒的抑制作用 杨新科等[9]采用细胞病变抑制法和放射免疫抑制法，在细胞系统上研究天花粉蛋白对7种病毒的抑制作用，表明天花粉蛋白对乙型脑炎病毒（JEV）、柯萨奇B2病毒（CoxB2）、麻疹病毒（MV）、3型腺病毒（Ad3）、1型单纯疱疹病毒（HSV1）和水疱性口腔炎病毒（VSV）及乙型肝炎病毒（HBV）等均有明显的抑制作用。

（一）天花粉蛋白对乙型脑炎病毒、柯萨奇B_2病毒、麻疹病毒、3型腺病毒、1型单纯疱疹病毒和水疱性口腔炎病毒的抑制作用 见表5。

所采用的细胞系统为Vero细胞和WISH细胞。将细胞接种于96孔板，在5% CO_2下，于37℃培养24 h，移去培养液后，接种含有100TCID50病毒，并给以不同浓度的天花粉蛋白（0.001～10 μg/ml），在5% CO_2下，于37℃继续培养，当对照细胞出现“++++”时，观察天花粉蛋白对病毒抑制作用。设不同浓度药物对照。当药物浓度在此10 μg/ml以下时，对上述两种细胞无明显的毒性作用。天花粉蛋白对上述病毒的50%抑制的浓度为0.01 μg/ml，其保护程度在2.36～3.58（log）范围（表5）。

表5 天花粉蛋白在细胞培养上的抗病毒作用（50%抑制点）

实验次数	VSV	JEV	MV	coxB2	HSV1	Ad3
1	3.22	2.79	2.73	2.82	2.36	2.32
2	–	2.75	3.57	3.58	–	–
3	–	–	–	3.00	–	–

（二）天花粉蛋白对肝炎病毒的抑制作用 所采用的细胞系统是2.2.15细胞株，该细胞株是应用HBV DNA转染HepG2细胞株建构成的，能产生乙型肝炎病毒颗粒和高水平的HBeAg和HBsAg。细胞培养成片后移去培养液，加入含不同浓度的天花粉蛋白的培养液。用^{125}I放射免疫法测定HBsAg含量。试验结果表明，天花粉蛋白浓度在1 μg/ml时，HBsAg的分泌被抑制55.1%～62%；0.001 μg/ml时，被抑制20.7%～48.7%。

天花粉蛋白对上述病毒的抑制作用的大小，随天花粉的浓度升高而增加，而且对上述病毒均有作用，表明天花粉蛋白对多种病毒具有一定程度的抑制作用。上述试验仅仅是药物对体外培养细胞中的病毒的抑制作用，尚需进行动物试验以至临床试验才能确定其疗效。

六、天花粉蛋白在体内的半衰期 天花粉蛋白的相对分子质量较小（27×10^3），容易通过肾脏过滤，这样会缩短天花粉蛋白在体内存留的时间。Byers等[6]应用^{125}I标记的天花粉蛋白在小鼠进行试验，证明天花粉蛋白很快通过肾脏由小便排泄出去，在血液中的半衰期为8.4～12.7 min。小分子药物可以与大分子物质如葡聚糖连接，这样可以减少在肾脏的滤出，使药物在血液内保存较长的时间。Ko[10]等将天花粉蛋白与葡聚糖T40连接，此连接物仍能与天花粉抗体发生反应，将其注射到正常大鼠，在小便中测不到天花粉蛋白，表明连接物可以在体内存留较长时间。此项工作尚待在人体进行试验，以观察其半衰期及生物活性。

七、天花粉蛋白的类似物[11] 见表6。

TAP29和天花粉蛋白都是从栝楼属植物分离提纯出来的，但它们在相对分子质量大小、N端氨基酸顺序和毒性上都有差异。TAP29的相对分子质量为29×10^3，而天花粉蛋白为27×10^3。两者N端氨基酸顺序也有不同，在29、37和42位，TAP29的氨基酸为Lys、Val和

Ser，而天花粉蛋白则为 Arg、Ile 和 Pro；在 12～16 位两者也不同，前者为 Lys－Lys－Lys－Val－Tyr，而后者为 Ser－Ser－Tyr－Gly－Val。其结果是 TAP 有 3 个胰蛋白酶切点，天花粉蛋白则没有。应用抑制细胞融合法及测定 p24 抗原和逆转录酶法，证明 TAP29 与天花粉对 HIV 的抑制作用相似，但 TAP29 对细胞的毒性很小（表 6）。此外，栝楼属的其他提纯物，如 MAP30、DAP30、32 和 GAP31 也具有抑制 HIV－1 的作用。

表 6　比较 TAP29 和天花粉蛋白（TCS）的抗 HIV 作用及对细胞的毒性

浓度	细胞融合数		% 融合数		细胞毒性	
(nmol/L)	TAP29	TCS	TAP29	TCS	TAP29	TCS
0	260	260	100	100	－	－
0.344	128	205	49	79	－	－
1.724	90	NS1)	35	NS1)	－	＋
3.44	65	NS1)	25	NS1)	－	＋
17.24	38	NS1)	15	NS1)	－	＋
34.40	0	NS1)	0	NS1)	－	＋

1）NS，由于细胞毒性，没有融合数

八、天花粉蛋白对 HIV－1 的作用机理　天花粉蛋白是核糖体失活蛋白，因此它可能通过抑制核糖体的活性而抑制病毒的复制。TAP29 对细胞的毒性较低，而仍能很好地抑制 HIV 的复制，因此应有其他作用机理。天花粉蛋白能抑制细胞融合的形成，表示药物能作用于细胞表面，阻止 gp120 与 CD_4 受体的结合。天花粉蛋白也可能选择性地抑制病毒复制过程中的核酸或蛋白的合成和加工，而对细胞大分子合成没有影响。总的来说，对天花粉蛋白抑制病毒的作用机理尚不清楚，仍需继续研究。

天花粉蛋白不仅能抑制 HIV－1 病毒在 CD_4 细胞内的复制，而且能抑制 HIV－1 在单核/巨噬细胞内的复制，优于 AZT。天花粉蛋白的毒性较大，甚至可以促进 HIV 感染的单核/巨噬细胞产生和释放神经毒性物质，严重的可导致病人死亡。因此，必须设法减少天花粉蛋白的毒性，例如能否去除毒性部分，而保留抑制病毒部分。或者寻找 TAP29 这样的类似物，其毒性小，而对 HIV－1 的抑制作用仍存在。在临床Ⅰ/Ⅱ期试验中，对大部分病人的病毒 p24 抗原显示不同程度的抑制作用，但抑制率较低，不能完全改变临床进程。因此，对于用药次数、方法或与其他药物联合使用，尚需进一步研究。Puiliam[8] 报告多数病人不产生抗体，但马宝骊[12] 报告多数病人产生抗体；前者可能因检测的时间较短。因此，在临床多次应用中应避免过敏反应的发生。何大一等[13] 发明多种药物联合治疗艾滋病（鸡尾酒疗法），效果显著，病毒载量迅速下降，延长了病人生命。但在治疗一定时间后，同样会出现抗药病毒，需要改用其他药物；在用了其他药物后，有的抗药性病毒甚至可以转变为敏感毒株。进一步研究和改进天花粉蛋白，观察其是否可以作为联合药物治疗中的一种，这是今后努力的一个方面。

〔原载《天花粉蛋白》2000，2：272－278〕

参　考　文　献

1　McGrath MS, Hwang KM, Caldwell SE, et al. GLQ 223: An inhibitor of human immunodeficiency virus replication in acutely and chronically infected cells of lymphocytes and mononuclear phagocyte lineage. Proc Natl Acad Sci USA, 1989, 86: 2844－2848

2　Lifson JD, McGrath MS, Yeung HW, et al. Method of selectively inhibiting HIV with RIPs. US patent No. 4 795739, 1989

3　McGrath MS, Santulli S, Gaston I. Effects of GLQ223 on HIV replication in human morocyte macrophages chronically infected in vitro with HIV. AIDS Research and Human Retrovirus, 1990, 6: 1039－1043

4　Ferrari P, Trabaud MA, Rommain M, et al. Toxicity and activity of purified trichosanthin.

AIDS, 1991, 5: 865 - 870

5 Kahn JO, Kaplan LD, et al. The safety and pharmacokinetics of GLQ223 in subjects with AIDS and AIDS - related complex: a phase I study. AIDS, 1990, 4: 1197 - 1204

6 Byers VS, Levin AS, Waites LA. A phase I/II study of trichosanthin treatment of HIVdisease. AIDS, 1990, 4: 1189 - 1196

7 Pulliam L, Herndier BG, Tang NM, et al. Human immunodeficiency virus - infected macrophages produce soluble factors that cause histological and neurochemical alternations incultured human brains. J Clin Invest. 1991, 87: 503 - 512

8 Pulliam L, Herndier BG, McGrath MS. Purified trichosanthin (GLQ223) exacerbation of indirect HIV - associated neurotoxicity *in Vitro*. AIDS, 1991, 5: 1237 - 1242

9 杨新科，陈章良，段淑敏，等．天花粉蛋白在组织培养上抗病毒作用的研究．病毒学报，1990（6）：219 - 223

10 Ko WH, Wang HW, Yeung HW, et al. Increasing the plasma half - life of trichosanthin by coupling to dextran. Biochem pharmacol, 1991, 42: 1721 - 1728

11 Lee - Huang S, Huang PL, Kung HF, et al. TAP 29: An anti - human immunodeficiency virus protein from trichosanthes kirilowit that is nontoxic to intact cells. Proc Natl Acad Sci USA, 1991, 88: 6570 - 6574

12 马宝骊．临床免疫学．见：汪猷主编．天花粉蛋白．北京：科学出版社，1991，92 - 100

13 Ho DD, Neumann AV. Perelson AS, et al. Rapid turnover of plasma virions and CD4 lymphocytes in HIV - 1 infection. Nature, 1995, 373: 123 - 126

248. 新疆地区普通人群中人疱疹病毒8型IgG抗体的调查报告

新疆维吾尔自治区儿科研究所　杜文慧　孙　荷

中国预防医学科学院病毒学研究所　陈国敏　曾　毅

〔摘　要〕 **目的**　了解卡波西肉瘤（Kaposi's sarcomon, KS）在新疆的普通人群中是否也有较高的流行情况。**方法**　自新疆的南部及北部地区共采集血清样本1 071份，其中包括维吾尔（维）族、柯尔克孜（柯）族、哈萨克（哈）族和汉族。以含人疱疹病毒8型（HHV - 8）的BCBL - 1细胞为抗原，通过免疫荧光法检测HHV - 8IgG抗体。**结果**　柯族HHV - 8IgG抗体阳性率最高为48%、维族次之为30.4%，哈族为12.5%、汉族为16.9%，当血清稀释1∶20时，柯族仍高达30.5%。除哈族外，在相同地区的少数民族和当地汉族相比均显著高于汉族。**结论**　本资料显示不同民族HHV - 8感染率不同，新疆地区以柯族最高，维族次之，但在新疆KS病例报告中以维族为主，至今尚未见柯族患KS报告，其原因尚待深入研究。

〔关键词〕　肉瘤，卡波西；疱疹病毒8型

1994年，美国华裔科学家在卡波西肉瘤（KS）组织中进行特异性DNA检测时发现了一段特异性的、新的疱疹病毒DNA序列。经证明后认为该片段与KS相关[1]。相继又发现了病毒，当时称这种病毒为 KS 相关疱疹病毒（kaposi's sarcoma - associted herpervirus，KSHV）。国际病毒分类委员会疱疹病毒组主席 Roiezman 将 KSHV 定名为人疱疹病毒 8 型（HHV -8）。据 A1an[2] 等研究在不同国家 KS 发病率不同，反映在 HHV -8 在普通人群中的流行情况也不同。新疆 KS 发病情况和内地相比较为常见，因此为了解新疆不同地区不同民族普通人群 HHV -8 感染的情况而进行了血清流行病学调查。

对象材料和方法

一、研究对象 在北疆阿勒泰地区除 16 ~ 20 岁采自牧区中学及卫生学校外均为地区医院检验科提供，哈族 200 份，汉族 129 份，在南疆和田市采集维族血清标本 204 份，汉族 137 份，阿图什市柯族 200 份，汉族 129 份，共计血清 1071 份，-20℃冻存待检。

二、抗原制备 由法国 de The 教授实验室赠送的不含 EB 病毒及人免疫缺陷病毒，只含 HHV -8 的 ECBL -1 细胞，制备抗原片。

三、以免疫荧光法（IFA）检测抗 HHV -8 IgG 抗体 荧光标记的羊抗人 IgG 抗体购自北京挚诚生物工程研究所，实验中设阳性及阴性对照，血清 1∶10 及 1∶20 稀释，在荧光显微镜下如见抗原细胞膜被染成绿色荧光则判为阳性。

结　　果

一、不同民族 HHV -8IgG 抗体的阳性率 见表 1。

表 1　不同民族 HHV -8 IgG 抗体的阳性率

Tab. 1　The positive rates of HHV -8 IgG antibody in different nationalities

年龄（岁）	Kazak 哈族			Uighur 维族			Khalkhas 柯族			Han 汉族		
Age	No.	Positive no.	%	No.	Positive no.	%	No.	Positive no.	%	No.	Positive no.	%
16 ~ 20	50	5（2）	10.0	52	11（1）	21.2	50	23（18）	46.0	119	17	14.3
~ 30	50	3（2）	6.0	52	16（6）	30.8	50	25（17）	50.0	101	16	15.8
~ 40	50	7（6）	14.0	50	19（10）	38.0	50	25（11）	50.0	101	-20	19.8
>40	50	10（5）	20.0	50	16（7）	32.0	50	23（15）	46.0	146	26	17.8
Total	200	25（15）	12.5 7.5*	204	62（24）	30.4 11.8*	200	96（16）	48.0 30.5*	467	79	16.9

（　）表示 1∶20 滴度的阳性数；*1∶20 滴度的阳性率

（　）：Positive number of titer of 1∶20. * Positive rate of titer of 1∶20. Kaz：Uig x^3 = 19.13　P < 0.005. Han：Uig x^3 = 15.53　P < 0.005. Kaz：Kha x^3 = 59.73　P < 0.005. Uig：Kha x^3 = 13.15　P < 0.005. Kaz：Han x^3 = 2.07　P > 0.005

可见，柯族 HHV -8 IgG 抗体阳性率最高，维族次之，哈族最低，柯、维族均显著高于汉族。在血清稀释 1∶20 后，柯族仍高达 30.5%。

二、同一地区的汉族与当地少数民族 HHV -8 IgG 抗体的比较 见图 1。

从图 1 可见同一地区的汉族除阿勒泰地区的哈、汉相似外，和田市和阿图什市的当地少数民族显著高于汉族。且不同地区的汉族也随当地少数民族 HHV -8 IgG 抗体阳性率的增高而增高。

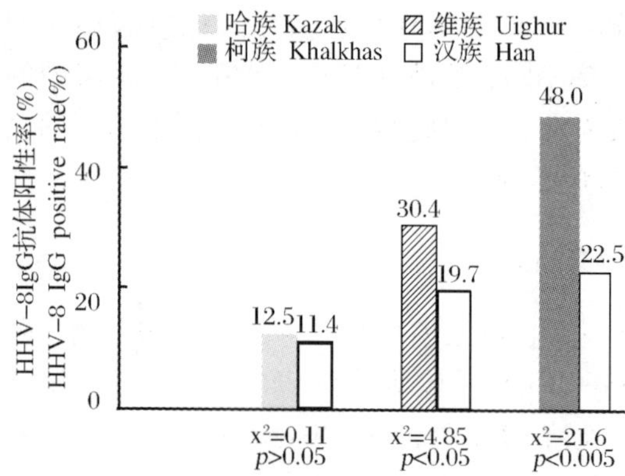

图1 同一地区汉族与当地少数民族 HHV－8 IgG 抗体阳性率的比较

Fig. 1 Comparison of positive rate of HHV－8 IgG antibody between Han nationality and the minorities at the same area

讨 论

HHV－8 是一种新的 DNA 肿瘤病毒，可引起上皮细胞、内皮细胞及淋巴细胞等增生性转化，形成肿瘤[3]。1993 年沈大为[4]等报告了新疆 1983～1992 年 10 年间发现的 23 例 KS 患者均为经典型 KS，其中 22 例为男性，17 例为维族。1998 年普雄明等[5]以多聚酶链反应（PCR）检测 KS 病理组织 20 例。检出 HHV－8 DNA 14 例占 70%。Gao 等[6]在长期观察中发现在 KS 发生前先有 HHV－8 转阳性，因此也认为 KS 的发生和 HHV－8 有关。

在非洲的 HHV－8 血清流行病学调查中发现感染率均较高。国内文献报道 KS 主要发生在新疆，而新疆 HHV－8 的柯族及维族的阳性率已接近非洲，这点也和新疆 KS 发病较多相一致。在 Lennette 等[7]血清学研究中发现所有非洲地方性流行的 K5 HHV－8 IgG 抗体 100% 阳性。美国 AIDS 病人 KS 患者 96% 阳性，同性恋 HIV 感染者 90% 阳性，相反 HIV 感染的吸毒者仅 23% 阳性，HIV 感染的妇女 21% 阳性，1983 年以前血友病患者 HHV－8 的感染率并未增加。以上结果认为其传播方式可能和性传播有关。在美国普通健康成人中（包括志愿输血者）约 25% 阳性，而儿童也有 2%～8% 的感染率，考虑还有其他感染途径。在我们的研究对象中，根据新疆维吾尔自治区人口研究所 1995 年报道，维族既往有早婚习俗，离婚率、再婚率均较高。在 1980～1991 年，累计结婚离婚比为 100：49.4，100：48。随着经济文化的发展，特别在较发达城市，婚姻已较前稳定。柯族为高山游牧民族，经济较落后，离婚率也高于全国水平，社会也不歧视离婚者，而哈族则婚姻较稳定，离婚率较低，为 0.57%。根据 Lennette 有关研究，认为性传播是 HHV－8 感染的一种途径，离婚再婚率高本身可能是导致传播原因之一。在不同地区的汉族感染也随着当地少数民族感染率的增高而增高，但仍明显低于当地少数民族的感染率，可能在同一地区生活接触，另有其他传播途径。我们的研究中涉及四个民族，哈、汉族 HHV－8 感染率相似，在当地其社会经济条件也近似，但在 KS 报告中仍有 6 例哈族患者，也许 KS 发病还和种族有关。另柯族 HHV－8 感染率最高，而至今尚未见有关柯族 KS 的报告，除种族地区原因外，是否和当地经济落后、诊断水平低，而来乌鲁木齐就诊者较少有关，有待进一步研究。

〔原载《中华实验和临床病毒学杂志》2000，14（1）：44－46〕

参 考 文 献

1 郑志明．人疱疹病毒8型的研究进展．微生物学分册，1998，21：40 - 42

2 AIan B Rickison. Changing seroepidemiology of HHV - 8. Lancet，1996，348：1110 - 1114

3 张卓然，综述，DNA肿瘤病毒新成员 - 人疱疹病毒8型．国外医学微生物学分册，1997，20：14 - 15

4 沈大为，石得仁，普雄明．经典型Kaposi肉瘤（23例分析）．临床皮肤病杂志，1993，22：136 - 138

5 普雄明，石得仁，沈大为．新疆Kaposi肉瘤组织内人类8型疱疹病毒DNA的PCR检测．中华皮肤科杂志，1998. 31：381 - 383

6 Gao SJ，Kingsley L，Nouver DR，et al. Seroconversion to antibodies against KS - associated Herpesvirus - related latent nuclear antigens before the development of Kaposi's Sarcoma. N Engl J Med，1996，335：233 - 241

7 Evelyne T，Lennette DJ，Blackbourn JA Levy. Antibodies to human herpesvirus type 8 in the general population and in Kaposi's Sarcoma patients. Lancet，1996，348：858 - 861

Antibody to Human Herpesvirus Type - 8 in the General Po - pulations of Xinjiang Autonomous Region（A. R. ）

DU Wen - hui*，CHEN Guo - min，SUN He，et al.

（* Institute of Pediatrics，Xinjiang Uighur Autonomous Region，Urumqi 830001，China）

Objective Kaposi's sarcoma（KS）does not rarely occur in Xinjiang A. R. Much of the evidence show that human herpesvirus - 8（HHV - 8） is associated with KS，and the different incidence of classic KS among different countries reflects the different prevalence in general populations. The aim of this study was to know whether the prevalence of HHV - 8 is higher in general populations of Xinjiang than the other places of the country. **Methods** We used BCBL - 1 cell line as antigen and collected 1071 serum sample of different nationalities（Uighur，Khalkhes，Kazak and Han nationality） from south and north regions of Xinjiang A. R. for detection of HHV - 8 IgG antibody by IFA. **Results** The results showed that HHV - 8 IgG antibody positive rate in khalkhas was 48 %（96/200），Uighur 30. 4 %（62/204），Kazak 12. 5 %（25/200） and Han 16. 9 %（79/467）. While sera were diluted in 1：20，the positive rate in Khalkhas still was as high as 30. 5 %（61/200）. In addition，the positive rate of HHV - 8 IgG antibody in minorities in the same native area all were higher than Han except Kazak nationality. **Conclusion** These data illustrated that the prevalence of HHV - 8 IgG antibody in general populations of different nationality was different，Khalkhes and Uighur were higher than Kazak and Han. Most of the KS cases were reported from Uighur nationality，but no case was reported from khalkhas thought a highest HHV - 8 IgG antibody detection rate（48 %） there was demonstrated. The reason for it would be further studied.

〔**Key words**〕 Sarcoma，Kaposis；Herpesvirus 8，Human；Population

249. 重组 HIV-1 腺病毒伴随病毒的构建及表达

中国预防医学科学院病毒学研究所　管永军　刘海鹰　朱跃科　周　玲　曾　毅
美国哈佛大学医学院微生物学研究所　杜　宾

〔摘　要〕 **目的**　构建带有 HIV-1 gag 或 gp120 基因的重组腺病毒伴随病毒 AAV-HIV gag 或 AAV-HIV gp120。**方法**　共转染法获取重组 AAV-HIV；免疫酶法检测病毒滴度。**结果**　测定制备的重组腺病毒伴随病毒 AAVgag42，AAVgp42，AAVgpRj6，病毒滴度在 $10^4 \sim 10^5$ 范围。**结论**　构建了带有 gag 和 gp120 基因的重组 AAV-HIV，可以感染真核细胞并有较高的表达，可以用于做靶细胞，为发展新型的 HIV-1 重组 AAV 病毒载体活疫苗打下基础。

〔关键词〕　HIV-1；T 淋巴细胞，细胞毒性；依赖病毒属

艾滋病毒在全球的迅速传播已严重威胁人类的生命安全，预防和控制艾滋病的传播必须研制出安全有效的艾滋病毒疫苗已成为共识。我们用克隆的中国 HIV-1 代表性流行毒株的基因，构建了 HIV-1gag 及 gp12 基因的重组腺病毒伴随病毒（AAV）表达质粒和重组 AAV-HIV 病毒；感染真核细胞并表达，用免疫酶法检测病毒滴度，为发展新型的 HIV-1 重组 AAV 病毒载体活疫苗打下了基础。

材料和方法

一、菌株及质粒　大肠埃希菌 DH5α 为本室保存。中国 HIV-1 毒株的 gag 及 gp120 基因克隆系列质粒均为本所构建。本文所用 HIV-1 毒株是 1995 年初从云南瑞丽地区 17 名 HIV-1 抗体阳性的静脉吸毒者（IDU）的静脉血中分离出来，经分析，12 株为 B 亚型，5 株为 C 亚型[1]。真核细胞表达质粒 pCMVGFP 含 CMV 的 IE 启动子和 SV40 PloyA 及多克隆位点。重组质粒 pSSV9 含 AAV-2 的全基因组，在近基因组两端处各有一个人工插入的 Xba Ⅰ位点，它将编码区和 ITR 分开，质粒骨架为 pEMBL8；辅助质粒 pAd8 是 pSSV9 的衍生质粒，其中 AAV-2 的两端 ITR 都由 5 型人腺病毒（Ad5）的 109 bp 末端重复序列所取代，含野生型 AAV-2 的所有编码序列。AAV 表达载体 ACPUF5 含有 AAV 的两端 ITR 及 CMV IE 启动子、SV40 PolyA 及多克隆位点。质粒 pSSV9、ACPUF5 和 pAd8 由美国哈佛大学医学院的杜宾先生馈赠。

二、细胞和毒株　293 细胞为人胚肾上皮细胞系，培养于含 10% 小牛血清的 Eagle 培养基中（另含 1% 谷氨酰胺，1% 青、链霉素）。小牛血清购自哈尔滨市兽医研究所。P815 细胞为 Balb/C 小鼠的淋巴细胞系，培养于含 10% 小牛血清的 1640 培养基中。5 型人腺病毒株（Ad5）为本室保存。

三、工具酶和试剂　各种限制性内切酶购自 Promega 公司；放射性核素 ^{51}Cr 购自杜邦公司。

四、HIV-1 gag 及 gp120 基因的重组 AAV 载体的构建　用 Xba Ⅰ/Sal Ⅰ从 gag 或 gag-V3 基因克隆质粒上切下 gag 基因片段，组入 AAV 载体 pACPUF5 的 CMV 启动子下游

Xba Ⅰ/Sal Ⅰ位点中，得到中间 AAV 载体 AAV gag42 - Ⅰ及 AAV gag268V3Rj6 - Ⅰ；再将 pACPUF5 的 Xho Ⅰ/Sal Ⅰ小片段插入 AAV gag42 - Ⅰ的 SalⅠ位点，最终得到 gag 基因的 AAV 载体 pAAV gag42。用 EcoR Ⅰ/Xho Ⅰ将 C 亚型的 gp120 基因（gp120 - Rj6）组入 AAV gag268V3Rj6 - Ⅰ的 EcoR Ⅰ/Xho Ⅰ位点中，得到中间载体 AAV gpRj6 - Ⅰ，再将 pACPUF5 的 Xho Ⅰ/Sal Ⅰ小片段插入中间载体 AAVgp Rj6 - Ⅰ的 Xho Ⅰ/Sal Ⅰ位点，最终得到C 亚型 gp120 基因的 AAV 载体 pAA Vgp120 - Rj6。

五、重组 AAV 病毒的获得及病毒滴度的测定 取生长 16 ~ 24 h 293 细胞，用无血清培养液洗涤细胞 3 次，Ad5 感染 2 h，去掉感染液，用载体质粒和包装质粒 Ad8（1 : 5）共转染细胞，72 h 收获细胞，反复冻融 3 次，5000 r/min 离心 5 min 去细胞碎片，所得病毒悬液经 56℃ 30 min 灭活腺病毒。制备 1 : 10、1 : 10^2、1 : 10^3 倍稀释的病毒悬液，感染 10^5/ml 传代 24 h 的 P815 细胞，培养 48 h 后，细胞涂片，冷丙酮固定，用免疫酶法检测阳性细胞的百分比，病毒滴度为阳性细胞的百分比 × 病毒稀释倍数 × 10^5。

六、免疫酶检测（EIA） 将细胞用 PBS 溶液（150 mmol/L NaCl，15 mmol/L Na_3PO_4，pH 7.3）洗涤 3 次，贴壁细胞用 4℃固定液（2% 甲醛和 0.2% 戊二醛的 PBS）固定 15 min，悬浮细胞涂片后用 4℃丙酮固定 15 min，PBS 洗 3 遍。覆盖抗原特异性的第一抗体或待检血清，37℃孵育 30 min，PBS 洗 3 遍；覆盖 HRP 标记的抗第一抗体的第二抗体，37℃孵育 30 min，PBS 洗 3 遍；于辣根过氧化物酶底物中显色 5 ~ 10 min；显微镜下观察，阳性细胞染成棕色。

结　果

一、含 HIV - 1 gag 或 gp120 基因的 AAV 载体的构建 AAV 表达载体质粒的构建流程见图 1，图 2。如方法所述构建了 B 亚型 gag 基因的 AAV 载体 pAA Vgag42，C 亚型 gp120 基因的 AAV 载体 pAA Vgp120 - Rj6。

二、重组质粒的鉴定 pAA Vgag42 用 Xba Ⅰ/Sal Ⅰ双酶切应得到 5.3 kb 及 3.0 kb 大小的两条带，用 Pvu Ⅱ 酶切应得到 4.0 kb，2.1 kb，1.2 kb 及 1.0 kb 大小的四条带；pAA Vgp120 - Rj6 用 Pvu Ⅱ 酶切应得到 4.0 kb，1.6 kb，1.5 kb 及 1.0 kb 大小的四条带，Pst Ⅰ酶切应得到 7.0 kb 及 1.2 kb 大小的两条带，EcoR Ⅰ/Pst Ⅰ双酶切应得到 5.5 kb，1.5 kb 及 1.2 kb 大小的 3 条带，限制性内切酶分析鉴定，均与预计大小一致。

三、AAV - HIV - 1 的表达 通过共转染分别制备了 gag 基因和 gp120 基因的重组腺病毒伴随病毒 AAVgag42、AAVgpRj6，测定它们的滴度在 10^4 ~ 10^5 范围。图版ⅠA 为重组 AAV 感染 P815 细胞用 HIV - 1 阳性血清进行免疫酶法检测的结果，表明重组 AAV 可以转导 HIV - 1 基因入宿主细胞表达。

讨　论

重组 AAV 可作为一种转导性载体，通过病毒感染的方式将外源基因导入到细胞中，并可整合于宿主染色体得到稳定的表达。与逆转录病毒载体相比，重组 AAV 载体能转导有丝分裂后细胞和分化终端细胞。AAV 具有超感染的特性，可进行重复感染，同时人类至今还未发现同 AAV 直接相关的疾病，这些特点使它具有进行人类疾病基因治疗的应用前景[2]。由于在我国流行的 HIV - 1 多为 B、C 亚型，gag 基因序列在各亚型间较为保守，我们选择 HIV - 1B 亚型 gag 基因；我们曾于 1995 年从云南静脉吸毒者 HIV - 1 阳性血中分离出 5 株

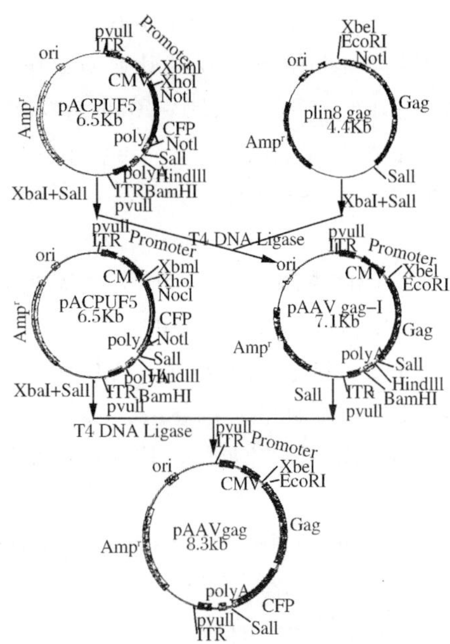

图 1 重组 AAV－gag（B 亚型）表达载体质粒的构建

Fig. 1 Construction of recombinant AAV－gag plasmid（B subtype）

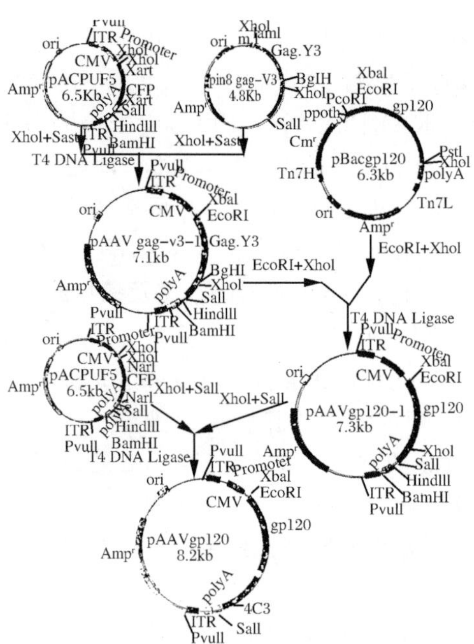

图 2 AAV－gp120（C 亚型）表达载体质粒的构建

Fig. 2 Construction of recombinant AAV－pg120 plasmid（C subtype）

HIV－1C 亚型毒株，对 gp120 中最重要的中和抗体决定簇 V3 环序列进行了对比分析，发现 V3 环序列变化极小[1]，所以选择 HIV－1C 亚型 gp120 基因。我们构建了可转导 HIV－1 gag 或 gp120 基因进入真核细胞并表达的重组 AAV－HIV gag 或 AAV－HIV gp120。其中我们构建 HIV 重组 AAV 的另一主要目的是用作一类新型的 HIV－1 重组病毒载体活疫苗，为发展适合中国流行株的重组病毒疫苗奠定基础。

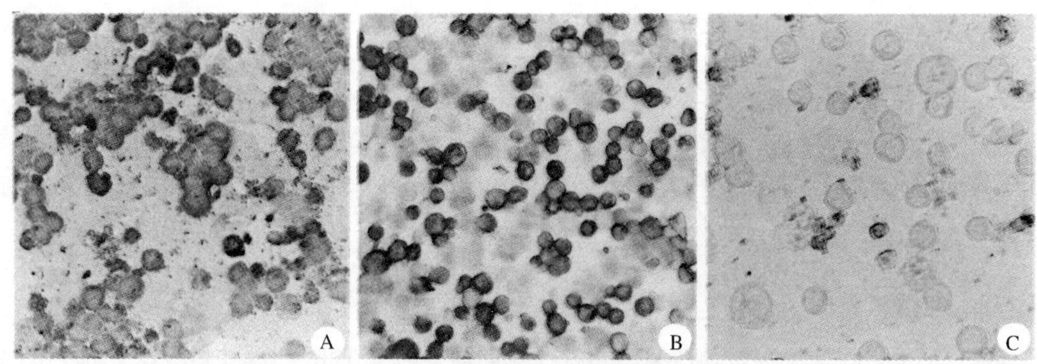

图版 IA 重组 AAV 感染 P815 细胞表达 HIV－1 抗原的免疫酶检测

Plate IA EIA test for HIV－1 antigen expression of P815 cells infected with recombinant AAV of HIV－1 gag of gp120 gene. A：p815 cells infected with AAV－gag42. B：p815 cells infected with AAV－gp120－Rj6. C：p815 cell control

我们首次用中国流行毒株做DNA免疫，观察其免疫反应，特别是细胞免疫反应。进一步要做主要亚型B、C的gp120，目前国际上还没有人用AAV作载体研究HIV疫苗。用重组AAV作疫苗的唯一报道是表达HSV外膜糖蛋白的重组AAV，其动物免疫反应比DNA疫苗及蛋白疫苗的均要好[3]。目前需要解决的是如何提高重组AAV的滴度和避免野毒及辅助病毒的污染问题，最近Xiao X[4,5]等用基因工程技术解决了这两个技术问题。因此重组AAV HIV-1疫苗具有良好的前景。

〔原载《中华实验和临床病毒学杂志》2000，14（4）：322-324〕

参 考 文 献

1 管永军，陈钧，邵一鸣，等．云南瑞丽人免疫缺陷病毒感染者gp120基因C2~V3区的序列测定和亚型分析．中华实验和临床病毒学杂志，1997（11）：8-12

2 侯云德．动物病毒载体与基因治疗的现状和前景．见：现代分子病毒学选论．北京：科学出版社，1994，9-17

3 Manning WC, Paliard X, Zhou SZ, et al. Genetic immunization with adeno-associated virus vectors expressing herpes simplex virus type 2 glycoproteins B and D. J Virol, 1997, 71: 7960-7962

4 Xiao X, Li J, Richard JS, et al. Production of high-titer recombinant adeno-associated virus vectors in the absence of helper adenovirus. J Virol, 1998, 72: 2224-2232

5 Xiao X, Li J, Richard JS, et al. Efficient long-term gene transfer into muscle tissue of immunocompetent mice by adeno-associatecl virus vector. J Virol, 1996, 70: 8098-8108

Construction and Expression of Recombinant Adeno-Associated HIV-1 Virus

GUAN Yong-jun*, LIU Hai-ying, ZHU Yue-ke, et al.

(*Institute of Virology, Chinese Academy of Preventive Medicine, Beijing100052, China)

Objective Plasmid of AAV vector with HIV-1 gag and gp 120 were constructed respectively. **Methods** The recombinant AAV-HIV gag and gp120 viruses were obtained by cotransfection of AAV-HIV plasmid and Adenovirus 5 in 293 cells. **Results** The recombinant AAV-HIV virus expressed well and the titer of the recombinant viruses were between 10^4-10^5. **Conclusion** The recombinant AAV-HIV virus can be used to infect the target cells for detection of cellular immunity and for vaccine studies.

〔**Key words**〕 HIV-1; T lymphocytes, cytotoxic; Adeno-associated viruses

250. EB病毒潜伏膜蛋白2重组逆转录病毒的构建及表达

中国预防医学科学院病毒学研究所　朱伟严　周　玲　姚家伟　曾　毅

〔**摘　要**〕　**目的**　寻找在真核细胞中表达Epstein–Barr（EB）病毒潜伏膜蛋白2（Latent membrane protein 2，LMP2）的有效途径，研究LMP2蛋白功能及深入探讨其在诱导细胞免疫应答中的作用。**方法**　将EB病毒LMP2蛋白的基因重组至逆转录病毒载体LXSN上，通过脂质体将重组质粒导入PT67细胞，G418筛选抗性克隆，收集含重组病毒的上清，将其感染小鼠成纤维细胞NIH 3T3，测定病毒滴度，提取转染细胞DNA进行PCR鉴定，间接免疫荧光法检测外源基因在感染病毒的NIH 3T3中的表达。**结果**　培养上清的病毒滴度为5.8×10^5PFU/ml，聚合酶链反应（PCR）结果证实，转染细胞的DNA中含有目的基因的特异性片段。免疫荧光结果表明EBV–LMP2基因在小鼠成纤维细胞中获得表达。**结论**　重组逆转录病毒成功地将EB病毒LMP2基因整合到细胞中并得以表达。

〔**关键词**〕　疱疹病毒科；膜蛋白质类；基因表达

鼻咽癌（Nasopharyngeal carcinoma，NPC）是中国南方一种高发的恶性肿瘤，大量的流行病和实验室证据提示EB病毒与鼻咽癌关系密切。我室的研究工作首次证明EB病毒在TPA和丁酸协同作用下能诱发人胚鼻咽部上皮细胞恶变。这些工作表明EB病毒在鼻咽癌发生中起重要作用[1]。在鼻咽癌患者的肿瘤组织中有EB病毒的EBNA–1，LMP1，LMP2基因表达[2,3]。已有研究证明，EBV的LMP1和LMP2能诱发特异性细胞免疫。如果能用LMP1和LMP2抗原免疫IgA抗体阳性的高危人群或鼻咽癌病人，提高LMP1和LMP2特异性细胞免疫，就可能对表达这些抗原的肿瘤细胞进行杀伤，预防肿瘤的发生、复发或转移[4]。为了寻找表达EBVLMP2的有效方法，我们构建了EB病毒LMP2重组逆转录病毒，将其感染小鼠成纤维细胞并得到表达。

材料和方法

一、质粒和细胞　质粒pSG5–LMP2含有EB病毒LMP2的cDNA，逆转录病毒载体LXSN、包装细胞PT67和小鼠成纤维细胞NIH 3T3为本所冻存。

二、试剂　各限制性内切酶、连接酶、牛小肠碱性磷酸酶（CIP）为Promega公司产品。DMEM和脂质体在GIBCO公司购买。Polybrene在Sigma公司购买。PCR试剂盒购于TaKaRa公司。大鼠LMP2单抗由英国伯明翰大学Alan教授惠赠。

三、重组逆转录病毒载体的构建　见图1。

四、PT67细胞的转染和病毒滴度的测定　参照文献〔6〕。20 μl脂质体及8 μl重组质粒DNA混合，30 min后补无血清培养基至3 ml淋于24 h内传代长有50% PT67细胞的大方培养瓶上，37℃ 5% CO_2孵育4 h后补3 ml 20%牛血清培养基。24 h后换液，待细胞长满后

1∶6 传代，加 G418 600μg/ml，约 2 周后抗性克隆出现，挑克隆扩大培养，收集抗性细胞上清稀释后感染 NIH 3T3 细胞，加 Polybrene，使终浓度 8 μg/ml。次日传代后加 G418 800 μg/ml，根据抗性克隆数及稀释倍数换算病毒滴度。

五、PCR 方法检测目的基因 针对 LMP2 基因保守区设计一对引物，P1 5′-CGGGATC-CATATGCTT TTAACATTGGCAGC-3’，P25’ -CGGGATCCAGT GTAAGGCAGTAGTAG-3’。提取抗性细胞基因组 DNA，取 0.1 μg 作为模板，各加入 50 pmol/L 的引物 P1 和 P2，置 50 μl的 PCR 扩增体系，按 94℃ 30 s，58℃ 45 s，72℃ 60 s，共进行 30 个循环，最后 72℃ 延伸 10 min。电泳分析产物。

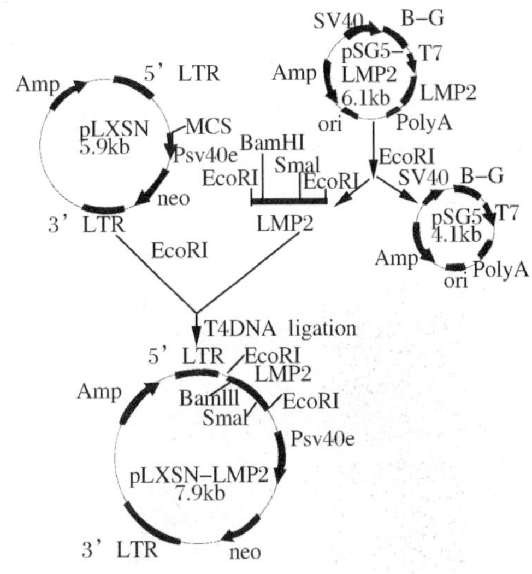

图 1 重组质粒 pLXSN-LMP2 的构建

Fig. 1 Scheme for the construction of recombinant plasmid pLXSN-LMP2

六、间接免疫荧光检测目的基因表达 感染病毒的 NIH 3T3 细胞培养 72 h 后制细胞涂片，丙酮固定 10 min，加 LMP2 单抗 37℃孵育 30 min，PBS 洗 3 次，加抗大鼠 FITC 二抗 37℃孵育 30 min，PBS 洗，伊文斯蓝染色后在荧光显微镜下观察。

结　　果

一、重组逆转录病毒载体的限制性内切酶酶切分析 pLXSN-LMP2 正向重组质粒 EcoR Ⅰ酶切后片段大小为 2.0 kb，5.8 kb；BamH Ⅰ酶切后片段为 1.9 kb，5.9 kb；Sma Ⅰ酶切后片段为 1.7 kb，2.8 kb，3.3 kb；Hind Ⅲ酶切后片段为 7.8 kb（图 2）。

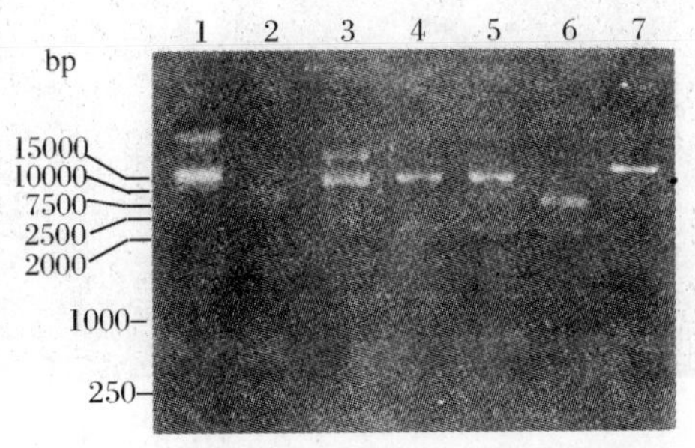

1：DL 15 000 marker. 2：pLXSN. 3：pLXSN-LMP2. 4：pLXSN-LMP2/EcORI. 5：pLXSN-LMP2/BamHI. 6：pLXSN-LMP2/Sma Ⅰ. 7：pLXSN-LMP2/HindⅢ

图 2 重组逆转录病毒载体的酶切鉴定

Fig. 2 Identification of recombinant retroviral vector with restriction enzyme digestion

二、转染效率和病毒滴度的测定 5×10^5PT67 细胞转染后经 G418 筛选获得 23 个阳性克隆，表明转染效率 4.6×10^{-5}。抗性细胞混合克隆的病毒滴度为 5.8×10^5PF U/ml。

三、转染细胞系的鉴定 PCR 结果显示，只有 PT67-LMP2 包装细胞及感染重组病毒的 NIH 3T3 细胞 DNA 中有长 520 bp 的 LMP2 特异性扩增条带。其他均为阴性（图 3）。表明 EBV-LMP2 重组逆转当病毒成功感染细胞并将 EB 病毒 LMP2 基因整合到细胞中。

四、免疫荧光检测 间接免疫荧光法检测 LMP2 蛋白在 NIH 3T3 细胞上的表达结果见图版Ⅰ A、B。

讨　　论

EB 病毒为疱疹病毒科嗜淋巴细胞病毒，能引起青少年的传染性单核细胞增多症及在免疫抑制者中形成恶性 B 淋巴细胞增生，现已明确 EB 病毒是导致 Burkitt 淋巴瘤，鼻咽癌的病因之一，还与何杰金氏，非何杰金氏淋巴瘤，外周 T 细胞淋巴瘤有关。

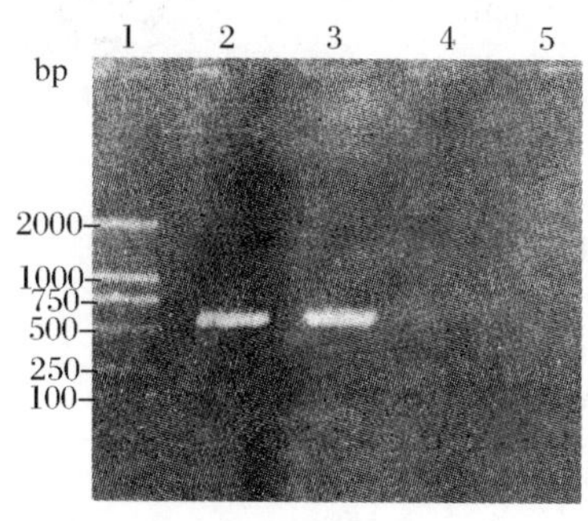

1：DL 2000 marker；2：PT67－LMP2 细胞基因组 DNA PCR 结果；3：NIH 3T3－LMP2 细胞基因组 DNA PCR 结果；4：PT67 细胞基因组 DNA PCR 结果；5NIH 3T3 细胞基因组 DNA PCR

图 3　PCR 检测各细胞基因组中 LMP2 片段的结果

1：DL 2000 marker. 2：From DNA of PT67－LMP2 cells. 3：From DNA of NIH 3T3－LMP2 cells. 4：From DNA of PT67 cells. 5：From DNA of NIH 3T3 cells

Fig. 3　PCR detection of LMP2 gene fragment from different cell genomes

EB 病毒在人体中有极高的感染率，然而仅少数个体发生恶性肿瘤，显然特异性细胞免疫在杀伤肿瘤细胞，防止肿瘤发生中有重要作用。研究发现 NPC 中特异性杀伤 T 细胞的功能受到抑制。NPC 患者外周血中 LMP1 的特异性细胞免疫明显低于正常人群。因此，如果能在 EB 病毒感染阳性者体内持续表达含 CTL 表位的 EBV 相关靶蛋白，激活特异性记忆 T 细胞，诱发和提高机体抗 EBV 的细胞免疫水平。这种 CTL 反应对肿瘤具有潜在的预防和治疗价值。肿瘤形成的另一机制是肿瘤逃逸宿主的免疫监督作用，只有与 MHC 分子结合呈递至细胞表面的抗原才能被其特异性 CTL 识别而杀伤肿瘤细胞。在鼻咽癌等 EBV 相关恶性肿瘤组织中仅有 EBNA1，LMP1，LMP2 是持续表达的蛋白，EBNA1 蛋白中的 GAr 重复序列阻止 EBNA1 通过 HLA 向免疫细胞呈递的过程，不能引起有效的杀伤。LMP1 基因具有肿瘤基因的特性，而 LMP2 无转化作用，含多种受 HLA 限制的 CTL 表位[5]，其序列保守，相关的 HLA 型别在中国南方人群中很常见。应用 LMP2 发展 EB 病毒治疗性疫苗是良好的研究方向。1996 年 Lammali 研究 NPC 组织中 EBV 基因和原癌基因转录状况时发现 LMP2 在大多数 NPC 患者各病变时期的病理活检组织中均有表达[6]。LMP2 基因组长 12 kb，含 8 个外显子，转录长 2.3 kb 和 2.0 kb 的两段 mRNA 分别编码 54 000，40 000 的蛋白，其基因称为 LMP 2A，LMP 2B。LMP 2B 是 LMP 2A

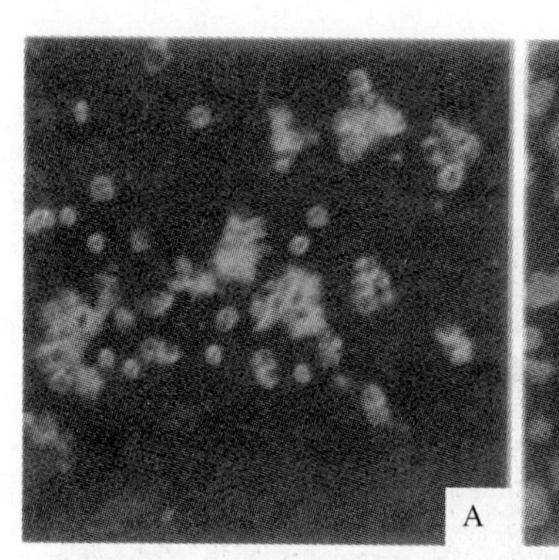

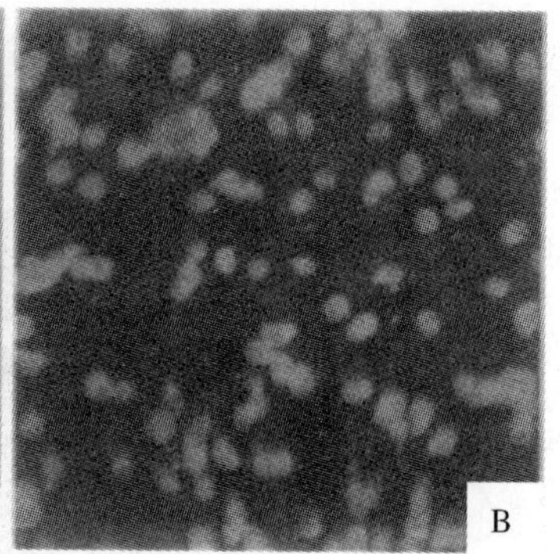

A：阳性细胞；B：阴性对照

图版 I　感染病毒的 NIH3T3 细胞上 LMP2 蛋白的表达

A：Expressed LMP2 protein on virus infected NIH3T3 cells

B：Negative control，the IF test of normal NIH3T3 cells

Plate I　Detection of the expressed LMP2 by IF test on NIH3T3 cells

中的一部分[7]。LMP2 基因中含多个不被大肠埃希菌常用的密码子，因此利用原核系统高效表达 LMP2 蛋白制备抗原较为困难。体外合成肽的方法简便，但免疫原性弱价格昂贵，因此利用重组病毒介导的免疫治疗较为实际。肿瘤基因治疗中基因的转导方式很多，其中逆转录病毒介导的基因转染应用最为广泛[8,9]。我们将 LMP2 基因定向克隆人逆转录病毒载体 LXSN 中，经包装细胞包装后获得带有 LMP2 的复制缺陷病毒，感染小鼠成纤维细胞 NIH 3T3 后发现 LMP2 基因有表达。这为进一步深入研究 EB 病毒 LMP2 蛋白功能，筛选抗 LMP2 的抗体，探讨应用 LMP2 蛋白治疗 EB 病毒相关肿瘤的研究奠定了基础。为获得高滴度的病毒我们将进一步做交叉感染及克隆筛选。

〔原载《中华实验和临床病毒学杂志》2000，14（4）：342－344〕

参 考 文 献

1 Liu ZS, Liu YF, Zeng Y. Studies on human nasopharyngeal malignant lymphoma and undifferentiated carcinoma induced by the synergetic effect of EB virus and tumor promoter. J Cancer Rea Clin Oncol, 1998, 1243: 541－548

2 Busson P, McCoy R, Sadler, et al. Consistent transcription of the Epstein－Barr virus LMP2 gene in nasopharyngeal carcinoma. J Virol, 1992, 66: 3257－3262

3 Lee SP, Tierney RJ, Thomas WA, et al. Conserved CTL epitopes within EBV latent membrane protein 2: A potential target for CTLbased tumor therapy. J Immun, 1997, 158: 3325－3334

4 Sing AP, Ambinder RF, Hong DJ, et al. Isolation of Epstein－Barr virus－specific cytotoxic T lymphocytes that lyse Reed－sternberg cells: Implicaton for immune－mediated therapy of EBV＋Hodgkin's disease. Blood, 1997, 89: 1978－1986

5 Deacon EM, Pallesen G, Niedobitek J, et al. Epstein－Barr virus and Hodgkin's disease: transcriptional analysis of virus latency in the malignant cells. J Exp Med, 1993, 177: 339－349

6 Lammali FS, Djennaoui D, Belaoui H, et al. Transcriptional expression of Epstein－Barr virus genes and proto－oncogenes in North African nasopharyngeal carcinoma. J Med Virol, 1996, 49: 7－14

7 Sample J, Liebowitz D, Kieff E, et al. Two related Epstein－Barr virus membrane proteins are encoded by separate genea. J Virol, 1989, 63: 933－937

8 Aoki K, Yocheda T, Sugimura T, et al. Liposome－mediated *in vivo* gene transfer of antisense K－reconstruct inhibits pancreatic tumor dissemination in the murine peritoneal cavity. Cancer Res, 1995, 55: 3810－3816

Expression of Epstein－Barr Virus Latent Membrane Protein 2 in Murine Fibroblasts by Retroviral－Mediated Gene Transfer

ZHU Wei－yan, ZHOU Ling, YAO Jia－wei, et al.

(Institute of Virology, Chinese Academy of Preventive Medicine, Beijing 100052, China)

Objective This study is to find an efficient way to express EB virus latent membrane protein 2 in mammalian cells, and provide for further investigate on the function of LMP2 protein and its role in cellular immunity. **Methods** The LMP2 gene was cloned into the EcoR Ⅰ site of a retroviral vector LXSN and the recombinant LXSN－LMP2 was tranfected into PT67 by lipofeet TAMINE. After screened by G418, the supernatant of G418－resistant cells was used to infect murine fibroblasts NIH 3T3 to determine the virus titer. DNA was extracted from transfected cells and tested by PCR. Indirect immunofluorescence assay was used to detect the expression of the inserted gene. **Results** The virus titer was 5.8×10^5 PFU/ml. The result of PCR showed that the LMP2 gene had been integrated into the DNA of transfected cells. Indirect immunofluoresecence showed that the LMP2 gene had been expressed in the murine fibroblasts. **Conclusion** EB virus LMP2 gene had been integrated into the genome of cells by retroviral - mediated transfer and the target gene had been expressed.

〔**Key words**〕 Herpesviridae; Membrane proteins; Gene expression

251. 人乳头状瘤病毒诱导人胚食管上皮永生化细胞恶性转化

汕头大学医学院 沈忠英 陈晓红 沈 健 蔡维佳 黄天华
汕头大学医学院附属肿瘤医院 陈炯玉 中国预防医学科学院病毒学研究所 曾 毅

〔**摘 要**〕 为了证实 HPV18 E6E7 基因诱导的人胚食管上皮永生化细胞（SHEE）61 代（SHEE61）部分细胞（SHEE61A）已经恶性转化，以寻找监控细胞早期恶性转化的方法。对培养的 SHEE 第 10 代（SHEE10）和 61 代（SHEE61）细胞，用光学显微镜和电子显微镜观察细胞形态及生长形式；用流式细胞仪分析细胞周期；用染色体 G 带核型分析和间期核染色体 1、7、8 号着丝粒探针荧光原位杂交（FISH）检测细胞染色体改变；用增殖优势克隆优选法选出生长快的细胞群体，接种裸小鼠和 SCID 小鼠。结果：光学显微镜下见 SHEE61 细胞大小不等，重叠生长；电子显微镜下见细胞核多型性和核仁增大等增殖表型；流式细胞仪检测，SHEE61 增殖指数和 DNA >4n 细胞高于 SHEE10；SHEE61 细胞染色体众数出现 57 ~60、63 ~65 两亚群，1、7、9、13、17 等染色体出现较多 3 体、4 体或 5 体；FISH 间期核 1、7 号着丝粒数增多；SHEE61 克隆优选的细胞 SHEE61A 接种 SCID 小鼠成瘤。这表明：SHEE61 细胞形态及生长特性有了改变，接触抑制减弱，高倍体和不整倍体细胞增多，染色体数目明显改变，SHEE61A 接种 SCID 小鼠产生浸润性肿瘤，可以判定 SHEE61 部分细胞已恶性转化。用克隆优选法筛选和染色体检测可以监控永生化细胞早期恶性转化。

〔**关键词**〕 食管上皮；人乳头状瘤病毒；永生化；恶性转化；染色体

我们用人乳头状瘤病毒（HPV）18 型 E_6E_7 基因诱导，建立了人胚食管上皮永生化细胞系（SHEE）〔1〕，其表型仍保留食管基底层上皮的特征〔2〕，用 TPA 可促使其恶性转化〔3〕。此 SHEE 细胞系经 2 年传代至 60 代以上，发现传代周期缩短（6 ~8 d），细胞重叠生长，并具异型性，疑有自发恶性转化。

造血细胞恶性变出现了特殊染色体异常如 ph[1]，证实了染色体改变在恶性转化中起着关键作用。近年来核型改变分子基础研究说明，染色体结构的改变和某种基因表达的改变，特别重要的是抑癌基因丢失或癌基因扩增，将导致出现恶性变的表型，因此细胞遗传学检测在研究细胞永生化和恶性转化上十分重要。本文目的是比较 HPV18 E_6E_7，诱导永生化食管上皮 SHEE10 代和 SHEE61 代的形态改变，细胞增殖周期，遗传性状和致瘤性改变，确定 SHEE61 细胞是否恶性转化；探讨其恶性转化的条件，并寻找早期恶变的监测方法。

材料和方法

一、细胞培养 SHEE在加10%小牛血清、青霉素和链霉素各100 U的199培养基上培养传代，取第10代（SHEE10）和61代（SHEE61）细胞进行研究。细胞接种在培养瓶和24孔培养板，内置盖玻片。

二、光学显微镜和电子显微镜检查 定期取培养细胞（盖片上）固定，HE染色，光学显微镜检查。定期取培养瓶细胞和裸鼠移植瘤，戊二醛固定，常规制样，日立H300电镜检查。

三、流式细胞仪检查 取SHEE10和SHEE61细胞制成单细胞悬液（10^6细胞/ml）以碘化丙锭（propidium iodide，PI）染色，流式细胞仪（FACSort，B－D公司）进行DNA分析和增殖指数计算。

四、染色体制备和G显带 SHEE10和SHEE61制成染色体标本，并进行G显带。

五、间期核染色体着丝粒荧光原位杂交（FISH）[4] 取SHEE10和SHEE61细胞染色体制片，存－70℃冰箱。着丝粒原位杂交：8号染色体着丝粒探针（D8Z2）购自Oncor公司，1号和7号购自Boehringer Mannheim公司。按试剂盒方法进行抗地高辛－荧光素标记，Olympus荧光显微镜观察，计算500个细胞核上杂交点。

六、克隆优选法 在直径60 mm培养皿分散接种SHEE61单个细胞，出现生长快、慢两种克隆，以玻璃环（内径0.3 cm，高0.8 cm）套住生长快的克隆，用0.25%胰酶消化克隆细胞，移种在培养瓶，经优选3次，获生长快亚群SHEE61A。

七、裸鼠致瘤性检查 裸小鼠（BALB/C）购自中山医科大学实验动物中心。严重联合免疫缺陷小鼠（SCID）购自中国医学科学院实验动物研究所繁育场。取SHEE10、SHEE61细胞10^6/0.2 ml，各接种4只裸小鼠右腋下。取SHEE10、SHEE61和优选克隆SHEE61A，依同法接种在SCID小鼠右腋下，每周观察瘤结1次，共2个月，统计每组致瘤率。

结　　果

一、细胞形态和生长状况

1. 在光学显微镜下观察：培养在盖片上的SHEE61细胞大小和形态不一，并有细胞重叠（图1略），说明细胞有一定异形性，其锚定生长和接触抑制等性状也减弱。

2. 透射电子显微镜检查：细胞核大，浆少，核膜皱折多，核仁大，显示生长活跃和分化较差；部分细胞形态和分化接近于永生化细胞。

二、细胞增殖周期 比较SHEE10和SHEE61细胞DNA组方图，两者相近（图2A、B），细胞周期各时相百分数相差不显著，增殖指数SHEE61 43.0%，SHEE10 32.0%；DNA＞4n细胞的高倍体及不整倍体细胞前者6.06%，后者2.76%。

三、染色体改变 SHEE10染色体众数59～62；SHEE61众数分离为57～60和63～65两组（图3A、B），以超二倍体亚三倍体为主。染色体分型，出现有较多染色体数日异常，在1、7、9、13、17号等染色体，可见3体、4体型（图4）。

四、间期核染色体着丝粒统计 用1、7、8号染色体着丝粒探针FISH检测（图5略），可见SHEE61 1、7号染色体着丝粒数目变化较大，8号染色体着丝粒两者相差不大。1号3杂交点（3体trisomy）达70.0%，比SHEE10高（36.4%）；7号染色体4杂交点以上（4体，tetrasomy）54.3%，比SHEE10高（25.1%），差异有显著性（表1）。

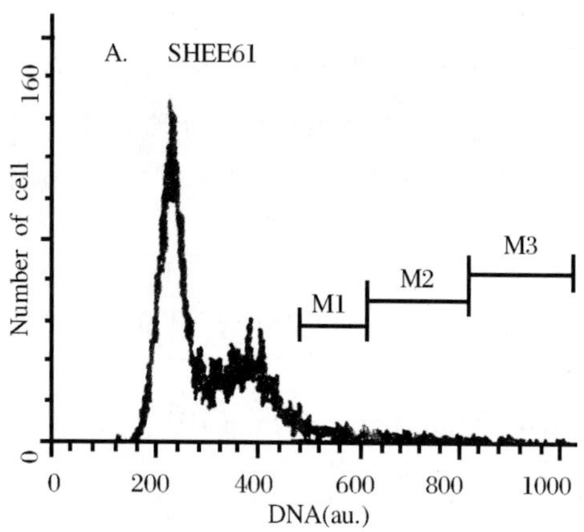

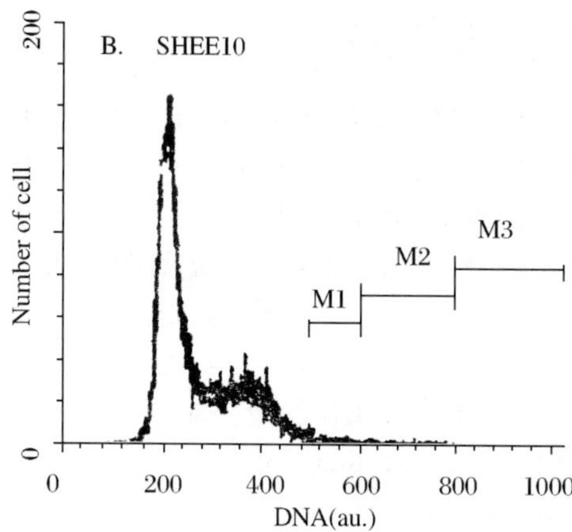

图 2 DNA 组方图

Fig. 2 DNA histogram au. arbitrary unit.

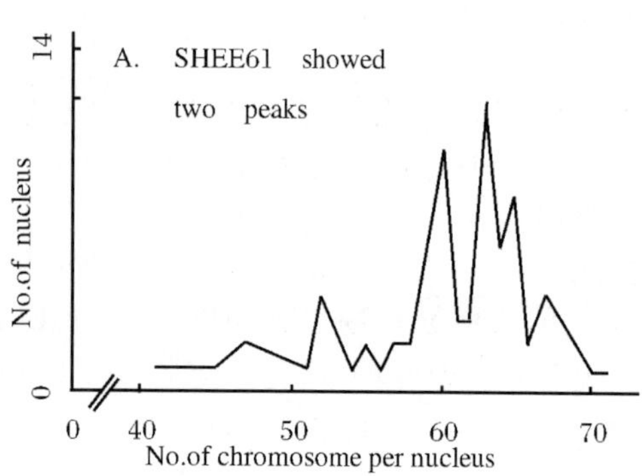

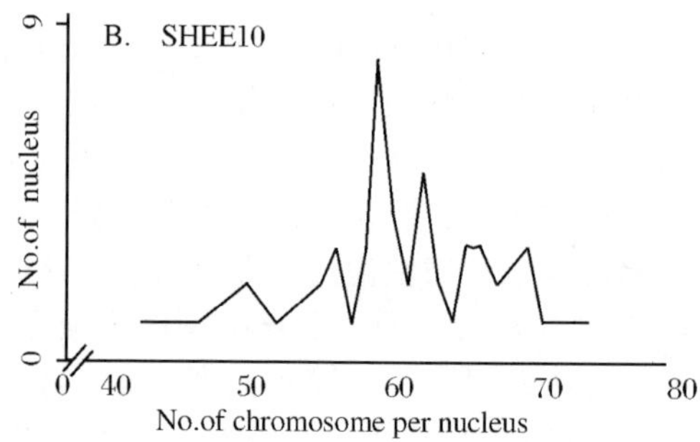

图 3 染色体众数

Fig. 3 Chromosomal mode

63XY, +1, +3, +7, +9, +11, +12, +13, +15, +17, +18, +22

图 4 SHEE61 染色体分组

Fig. 4 Karyotype of SHEE61

表 1 SHEE10 和 SHEE61 间期核异常染色体着丝粒细胞百分数的比较

Tab. 1 Comparison of the percentage of cells with abnormal centromere in interphase nuclei between SHEE10 and SHEE61

Centro-mere no.	Cell line	Chromosome no.		
		2 + <2	3	4 + <4
1	SHEE10	56.8%	36.4%	6.8%
	SHEE61	17.7%	70.0% *	12.3%
7	SHEE10	32.6%	42.3%	25.1%
	SHEE61	4.5%	41.3%	54.3% *
8	SHEE10	84.4%	11.5%	4.1%
	SHEE61	67.0%	21.3%	2.6%

* χ^2 test, compared with SHEE10, $P<0.05$

五、克隆优选 SHEE61 在平皿培养 5 天，可见有大小克隆，挑选生长较快的大克隆（SHEE61A）细胞至培养瓶继续培养，生长较快，5 ~7 d 长满全瓶。

六、裸鼠成瘤实验 3 种细胞接种免疫缺陷小鼠结果见表 2。SHEE10 和 SHEE61 接种裸小鼠未见成瘤，或只有小瘤结，8 周消退；接种 SCID 小鼠 SHEE10 未见瘤结，SHEE61 有 2 只（50%）生长瘤结，1 只消退，1 只瘤结生长慢。SHEE61A 接种 4 只 SCID 小鼠全部成瘤（图 6 略）。切片见瘤细胞大小不一，浆少，核大，核仁明显，并浸润肌层（图 7 略）。

表 2 SHEE 细胞系移植于免疫缺陷小鼠

Tab. 2 Transplantation of SHEE cell lines in immunodeficient mice

Cell line	Strain of mice	No. of mice inoculated	Cells inoculated	Transplanted tumor	
				4 weeks	8 weeks
SHEE10	Mude	4	10^6/0.2ml	0	0
SHEE61	Mude	4	10^6/0.2ml	1 small node	Disappear
SHEE10	SCID	4	10^6/0.2ml	0	0
SHEE61	SCID	4	10^6/0.2ml	2 tumors	1 disappear
SHEE61A	SCID	4	10^6/0.2ml	4 tumors	3 infiltrate 1 growing slowly

讨　论

通过检查细胞的表型和遗传性状的改变及接种 SCID 小鼠的致瘤性，证实 SHEE61 部分细胞已经恶性转化。SHEE61 细胞生长速度较快，细胞大小不一，生长拥挤，核仁增大，有丝分裂增加，在光学显微镜下和电子显微镜下表现为增殖过度、分化不足及细胞异型性的形态改变。

SHEE61 遗传学改变，染色体众数 57 ~60 和 63 ~65，出现了众数分离现象。多染色体改变也是本细胞系的特点，涉及 1、7、9、11、12、13、14、17、18 号染色体，每个细胞可见多号染色体的改变。染色体 13 是抗癌基因 *rb* 所在地，染色体 17 是 *P*53 所在地，其改变可能促使细胞株恶性转化。其他染色体改变可能激发癌基因和抑癌基因的变化，直接影响细胞增殖和转化。随着培养代数的增加 SHEE 系细胞染色体的改变也增多，说明 HPV 引起永生化细胞系染色体的不稳定性。染色体不稳定性，也即基因不稳定性，可以引起细胞转化[5,6]和细胞增殖周期调节失控[7]。有关报道 HPV 诱导细胞永生化多出现染色体的非整倍化和结构重排，并且可累及多数染色体，产生明显染色体数目和结构畸变[8]及染色体众数分离[9]。多个染色体改变对疾病预后不良[10]。随着传代次数增加此改变也逐步增加[11]，这些改变可能引起细胞增殖，转移等恶性表型。

永生化细胞群体来源于多克隆。多克隆衍生的细胞其生物学特性不尽相同，如其增殖、分化、浸润、转移和凋亡等特性的表达，各细胞间有一定差异。遵循细胞间的生存竞争、自然淘汰规律，细胞继续传代，增殖活跃细胞将占优势，加上细胞基因继续突变，细胞可发生恶性转化，正如人体肿瘤细胞恶性度不断增加。这些恶性表型由基因调控，也反映在染色体的改变。因此细胞培养、不断传代、定期染色体分析可以发现早期恶性转化倾向。在染色体检测及细胞表型显出异常，适时地用适当方法可以筛选出具有恶性较高的细胞群体，如用克隆优选法可以筛选增殖活跃细胞；用体内或体外细胞侵袭性检测，可以筛选浸润转移力强的细胞。此种筛选和纯化的细胞可用作研究染色体或基因变化的模型。

HPV 诱导细胞自发转化少见。Oda 报道其用 HPV16 诱导口腔上皮永生化细胞系，历经 4 年培养 350 代，虽有染色体进行性改变，但接种裸鼠未成瘤[12]，他提出单独 HPV 是否能诱导转化的疑问。SHEE61A 细胞能转化成瘤的条件如下：永生化食管上皮是以 4 个月胚龄的胚胎食管上皮诱导，具有明显增殖能力；HPV18E6E7 作为高危型 HPV 癌基因蛋白是致癌的重要因子，能作用于抑癌基因 P53 和 PRb 产物，使之失活或降解，使细胞易增殖和进入细胞周期[13]，因此，HPV18E6E7，诱导永生化具有恶性变趋向；10 代以后染色体不稳定并呈进行性改变；61 代出现染色体众数分离；通过筛选优势生长克隆，用严重联合免疫缺陷（SCID）小鼠接种，这些综合条件下培育出自发转化的细胞株。

本实验进一步说明，HPV，尤其是高危型 HPV，对食管上皮的转化和食管癌的发生有密切关系。SHEE61 细胞可作为癌变研究的良好模型。

〔原载《病毒学报》2000，16（2）：97－101〕

参 考 文 献

1 沈忠英，岑山，曾毅，等．人乳头状瘤病毒 $18E_6E_7$ 基因诱导人胚食管上皮永生化．中华实验和临床病毒学杂志，1999，13（2）：18－20

2 沈忠英，沈健，曾毅，等．HPV18E6E7 基因诱导胎儿食管永生化上皮的生物学特性．中华实验和临床病毒学杂志，1999，13（3）：109－112

3 沈忠英，蔡唯佳，沈健，等．人乳头状瘤病毒 18 型 E_6E_7 和 TPA 协同诱发人胚食管上皮恶性转化的研究．病毒学报，1999，15（1）：1－6

4 Southern S A, Herrington C S. Interphase karyotypic analysis of chromosome 11, 17, mad X in invasive squamous－cell carcinoma of the cerivx: Morphological correlation with HPV infection, Int J Cancer, 1997, 70: 502－507

5 Wittenkeller J L, Storer B, Bittner G, et al. Comparison of spontaneous and induced mutation rates in an immortalized human bronchial epithelial cell line and its tumorigenic derivation, Oncology, 1997, 54 (4): 335－41

6 Villa L L. Human papillomaviruses and cervical cancer. Adv Cancer Res, 1997, 71: 321－41

7 Filatov L, Colubovskaya V, Hurt J C, et al. Chromosomal instability is correlated with telomere crosion and inactivation of G_2 check point function in human fibroblasts expressing human papillomavirus type 16 E6 oncoprotein. Oncogene, 1998, 16 (14): 1825－1838

8 Wan S K, Chan L C, Tsao S W, et al. High frequency of telomeric associations in human ovarian surface epithelial cells transformed by human papilloma virus oncogenes . Cancer Genet Gytogenet, 1997, 95: 166－172

9 Tsao S W, Mok S C, Fey E G, et al. Characterization of humanvarian surface epithelial cells immortalized by human papilloma viral oncogenes (HPV － E_6E_7 ORF_s). Exp Cell Res, 1995, 218: 499 － 507

10 Heslmeyer K, Hellstrom A C, Blegen H, et al. Primary carcinoma of fallopian tube: Comparative genomic hybridization reveals high genetic instability and a specific, recurring pattern of chromosomal aberration. Int J Gynecol Pathol, 1998, 17 (3): 245－254

11 Rader J S, Kamarsova T, Huetner P C, et al. Allelotyping of all chromosomal arm in invasive cervical cancer. Oncogene, 1996, 13 (12): 2737－2741

12 Ods D, Bigler L, Lee P, et al. HPV immortalization of human oral epithelial cells: a model for carcinogenesis . Exp Cell Res, 1996, 226: 164－169

13 Steinmann K E, Pei X F, Stopper H, et al. Elevated expression and activity of mitotic regulatory proteins in human papillomavirus － immortalized kerationeytes. Oncogene, 1994, 9 (2): 387－394

Malignant Transformation of Immortalized Human Embryonic Esophageal Epithelial Cells Induced by Human Papillomavirus

SHEN Zhong - ying[1], CHEN Xiao - hong[1], SHEN Jian[1], CAI Wei - jia[1],
CHEN Jiong - yu[2], HUANG Tian - hua[1], ZENG Yi[3]
(1. Department of Pathology, Medical College of Shantou Univerisiy, Shantou515031, China;
2. Tumor Hospital, Medical College of Shantou University, Shantou 515031, China;
3. Institute of Virology, Chinese Academy of Preventive Medicine, Beijing 100052, China)

This paper intented to identify the inducement of malignant transformation in parts of immortalized human embryonic esophageal epithelial cells (SHEE) by HPV18E6E7at the 61th passage and to search a method to monitor the early malignant transformation of the cells. The cultured SHEE cells at its 10th (SHEE10 and 61st passages (SHEE 61) were observed under light and electron microscope for cell morphology and cell growth pattern, analyzed by flow cytometry for cell cycle, tested by chromosome G - band idiogram and assayed for centromeres of the interphase nucleus with the probes of chromosomes 1, 7, 8, by FISH. The rapidly growing cell clone (SHEE61A) was selected with optimum seeking method from SHEE61 cell line and it was used to inoculate into nude mice and SCID mice. The results showed that SHEE61 cells were different in size and shape and grew overlapped under light microscope. They showed a proliferative phenotype with polymorphic nuclei and enlarged nucleoli under electron microscope. SHEE10 and SHEE61 cells when tested by flow cytometry, both had the similar proliferative cycle as indicated by DNA histograms, but the proliferative index and the cells with DNA >4n in SHEE61 cells were more than that in SHEE10 cells. Chromosome modal number of SHEE61 cells revealed two subpopulation, 57 - 60 and63 - 65, and in chromosomes1, 7, 9, 13, 17, the trisomy, tetrasomy and pentasomy were frequently seen. FISH revealed the centromere increment in interphase nuclei of chromosomes1, 7. When both SHEE 10 and SHEE61A cells were separately inoculated into SCID mice, the latter developed tumors and infiltrated into the muscular layer. So, it can be judged that SHEE61A cells has been malignantly transformed. The experimental data showed that the early malignantly transformed cells may be monitored by examining cell genetic characteristics and the clone optimum seeking method.

〔**Key words**〕 Esophageal epithelium; Human papilloma virus; Immortalization; Malignant transformation; Chromosome

252. 中国H1V－1流行毒株的DNA疫苗的初步研究

中国预防医学科学院 病毒学研究所 管永军 朱跃科 刘海鹰 周 玲 曾 毅

〔**摘 要**〕 为研制针对我国HIV－1流行毒株的艾滋病毒疫苗，构建了具有代表性的gag和gp120核酸疫苗，进行了初步的小鼠免疫实验，结果初步显示：①免疫Balb/C小鼠可以产生HIV－1特异性的体液和细胞免疫；②gag和gp120基因联合免疫可以同时诱发针对gag和gp120的细胞和体液免疫反应，而且效果比各自单独免疫要好；③B亚型gp120基因免疫可以诱发识别C亚型gp120抗原的CTL反应。本文核酸疫苗研究的初步结果值得进一步系统地进行试验。

〔**关键词**〕 艾滋病毒；核酸疫苗；gag基因；gp120基因

核酸疫苗是20世纪90年代发展起来的一种新型疫苗，采用基因工程技术构建能表达目的蛋白抗原的核酸疫苗表达质粒，用DNA本身作为疫苗免疫机体产生针对表达抗原的免疫反应。核酸疫苗由于可以在机体细胞内表达抗原且具有较好的免疫原性，可诱发较强的CTL反应；同时它可以制成多价疫苗，易于改造以适用于流行毒株，而且易于制备和保存，特别适合于发展中国家[1]。

HIV核酸疫苗的研究表明，可以在灵长类及小动物试验中诱发HIV特异性的中和抗体及记忆性$CD8^+$ CTL反应，改造后也可以诱发黏膜免疫[2-4]。免疫治疗性的HIV核酸疫苗的1期人体试验已经显示具有良好的安全性，而且在部分病人中可诱发HIV特异性的CTL反应[5]，因而核酸疫苗的前景是诱人的。为了发展针对中国HIV－1流行毒株的疫苗，我们利用克隆的中国流行毒株的基因，构建了我们自己的核酸疫苗表达质粒，进行了初步的动物免疫试验，并探讨了HIV－1毒株亚型间的交叉免疫反应。

材料和方法

一、菌株及质粒 大肠埃希菌DH5α为本所保存。中国HIV－1毒株系从国内HIV－1阳性的静脉吸毒者血液中分离得到，该毒株的gag及gp120基因克隆系列质粒均为本室构建。真核细胞表达质粒pCMV－GEP含CMV的IE启动子、SV40PolyA及多克隆位点。HIV－1重组腺病毒伴随病毒由本室制备。

二、细胞和毒株 293细胞为人胚肾上皮细胞系，培养于含10%小牛血清的Eagle培养基中（另含1%谷氨酰胺，1%青霉素、链霉素，均由中国预防医学科学院病毒学研究所配液室提供）。小牛血清购自哈尔滨市兽医研究所。p815细胞为Balb/C小鼠同源淋巴细胞系（$H-2^d$），培养于含10%小牛血清的1640培养基。5型人腺病毒株（Ad5）为本室保存。

三、工具酶和试剂 各种限制性内切酶等购自Promega公司。放射性核素^{51}Cr购自杜邦公司。

四、HIV－1 DNA疫苗表达质粒的构建 用EcoR I和Not I双酶切质粒pBac1gag42，将

其中的 gag 基因重组到同样酶切处理的真核表达质粒 pCMV－GFP 的 CMV 启动子下游，得到 gag 基因的 DNA 疫苗表达质粒 pCMVGas42；同样用 EcoR I 和 *Xho*I 将质粒 pBaclgp120－42 和 pBaclgp120－Rj6 中的 gp120 基因分别置换 pCMVgag42 中 EcoR I 和 Sal I 位点间的 gag 基因，得到 gp120 基因的 DNA 疫苗表达质粒 pCMVgp120－42 和 pCMVgp120－Rj6。

五、质粒 DNA 的大量制备和纯化 采用碱裂解法大量制备质粒 DNA。用 PEG 方法纯化，最后 DNA 溶于 TE。操作步骤见《分子克隆》。

六、质粒的细胞转染 采用脂质体转染技术（参阅 Lipofectamine 产品说明书）。操作步骤是：①用 6 孔板培养对数生长期（16～24 h）的细胞（1～2×10^6 个），于转染前用无血清和抗生素的培养液洗涤 3 遍；②配制细胞转染液：A. 纯化的 DNA 5～10 μl（2～5 μg）和水 90 μl，共 100 μl；B. Lipofectamine 10 μl 和水 90 μl。A＋B 轻轻混匀后，置室温 25 min；③取 0.8 ml 无血清和抗生素的培养液加入转染液，混合后加入培养细胞中，细胞于 37℃ 5% CO_2孵育 5 h；④弃转染液，加含 20% FCS 的 1640 液 2 ml，37℃ 5% CO_2孵育 48 h 后检测。

七、小鼠的 DNA 免疫 4 周龄的 Balb/C（H－2^d）小鼠用普鲁卡因表皮处理大腿 1 h 后，肌内注射质粒 DNA 100 μg/只（两种质粒各注射 100 μg），在 2 周、4 周时同样剂量加强免疫，6 周时取血清及脾淋巴细胞检测抗体及 CTL 活性。

八、CTL 的检测 见表 1。

1. 脾淋巴细胞的制备：无菌操作解剖小鼠，取脾，加少量 Hank's 液，于 100 目铜网上碾磨分散脾细胞，用淋巴细胞分离液分离制备脾淋巴细胞，用含 2 μg/ml 的 ConA、20 U/ml 1L－2 的 1640 培养液（10% FCS，1% p/s，5×10^{-5}μg 2－ME），37℃ 5% CO_2培养 1～2 d。

2. 刺激细胞：制备正常的同源小鼠的脾淋巴细胞，用重组 AAV（MOI＝1）感染 1 h 后，用含 20 U/ml IL－2 的 1640 培养液（10% FCS，1% p/s，5×10⁻5 μg 2－ME），37℃ 5% CO_2 培养 48 h，经 80 μg/ml 的丝裂霉素 C 处理 2 h，用培养液洗 3 次后即为刺激细胞。

3. 效应细胞：制备免疫小鼠的脾淋巴细胞，与刺激细胞 10：1 混合，用含 20 U/ml IL－2 的 1640 培养液（10% FCS，1% p/s，5×10⁻5 2－ME），37℃ 5% CO_2 共培养 4～6 d，调节浓度为 1×10^7 细胞/ml。

4. 靶细胞：P815 细胞用重组 AAV（MOI＝1）感染 1 h 后，用 1640 培养液（10% FCS，1% p/s），37℃ 5% CO_2培养 48 h，调节浓度为 3×10^6/100 μl，与 100 μCi/ml 的^{51}Cr 37℃ 5% CO_2标记 90 min，洗 3 次后调浓度为 1×10^5 cells/ml。

表 1 CTL 的检测

E：T ratio	51C－target cell (1×10^5 cellss/ml)	Effector cell (1×10^7 cells/ml)	Culture medium (10% FCS, 1640)	1% SDS
100：1	100μl	100μl	0	0
50：1	100μl	50μl	50μl	0
25：1	100μl	25μl	75μl	0
12：5：1	100μl	12.5μl	87.5μl	0
Spont. release	100μl	0	100μl	0
Max. release	100μl	0	0	100μl

5. CTL 测定：在圆底 96 孔培养板建立如下组合，平行两孔：96 孔板水平转头 500 r/min 离心 5 min，37℃ 5% CO_2，培养 4～6 h；1000 r/min 离心 5 min，每孔吸取 100 μl 上清，于 Backmen550B 型 Gamma 计数仪测定 cpm 值。CTL 的活性用杀伤率表示，按如下公式计算：杀伤率＝（实验组 cpm－自然释放 cpm）×100/（最大释放 cpm －自然释放 cpm）。特异性 CTL 活性必须满足如下条件：自然释放 cpm 值不能大于最大释放 cpm 值的 30%；对照组的杀伤率在 10%

以下。

九、抗体的检测 用 HIV－1 感染的 MT4 细胞（为人白血病来源的 T 淋巴细胞系）和表达 HIV－1 gag 或 gp120 抗原的重组杆状病毒感染的 Sf 9 昆虫细胞涂片作为 HIV－1 抗原片，采用免疫酶法（EIA）来检测免疫小鼠的血清 HIV－1 抗体。

结　　果

一、HIV－1 核酸疫苗表达载体的构建 HIV－1 核酸疫苗表达载体的构建过程见图 1。用我们克隆的中国 HIV－1 流行毒株 gag 及 gp120 基因，分别构建了真核表达质粒 pCMV-gag42（B 亚型）、pCMVgp120－42（B 亚型）及 pCMVgp120－Rj6（C 亚型）。转染 293 细胞 48h 后，用免疫酶法检测 HIV－1 抗原的瞬间表达，结果显示该类表达质粒可以表达对应的 HIV－1 抗原（图 2 略）。

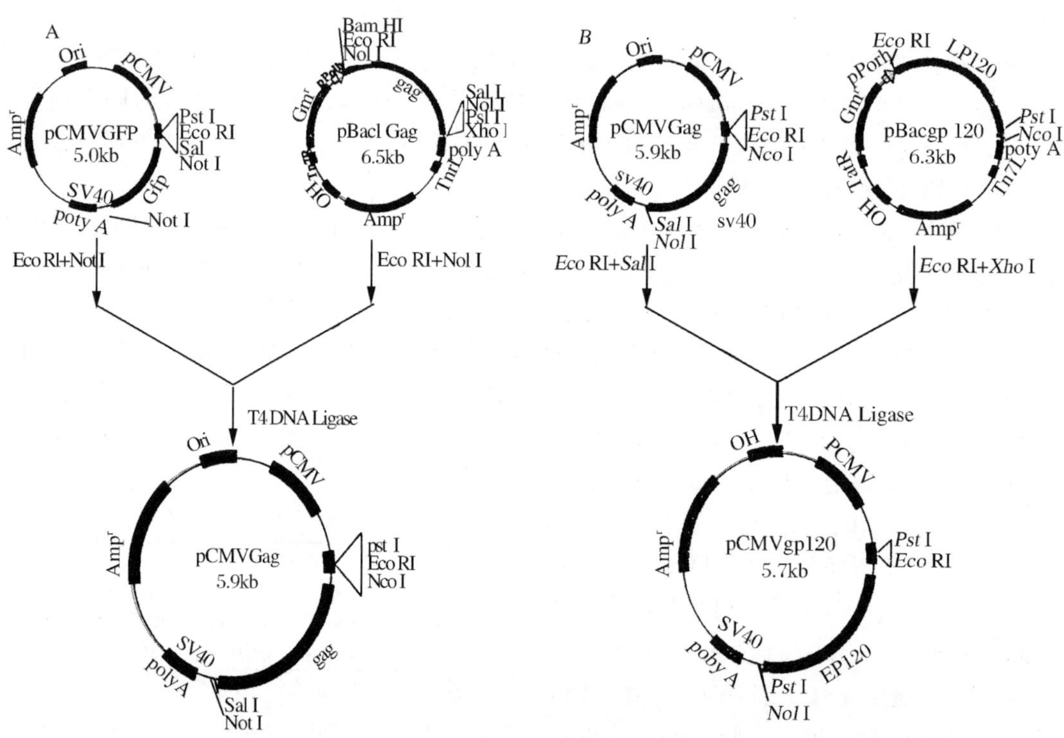

图 1　HIV－1 gag 基因（A）和 gp120 基因（B）核酸疫苗表达质粒的构建流程

Fig. 1　Proccss of construchng DNA vaccine plasmid of HIV－1*gag gene*（A）and HIV－1 gp120 gene（B）

二、DNA 疫苗免疫诱发的 HIV－1 抗体反应 用 pCMVgag42、pCMVgag42＋pCMV gp120－42、pCMVgp120－42、pCMVgp120－Rj6 和对照 pCMV－GFP 质粒 DNA 共 5 组，分别免疫 Balb/C 小鼠，每组 4 只。用 HIV－1 感染的 MT4 细胞及表达 HIV－1gag 或 gp120 基因的重组杆状病毒感染的 Sf9 细胞作为 HIV－1 抗原片，采用免疫酶法检测免疫小鼠的血清，结果见表 1 和图 3（略）。图 3 中 A、D 为 pCMVgp120－42 免疫后抗体检测结果；B、E 为 pCMVgag42＋pCMVgp120－42 免疫后抗体检测结果。用 pCMVgag42、pCMVgp120－Rj6 免

疫后都产生特异性抗体，图中未列出。

从结果看，我们构建的 HIV－1 核酸疫苗免疫 Balb/C 小鼠后，均可诱发产生针对 HIV－1 的特异性抗体，但滴度不高。*gag* 基因和 *gp*120 基因联合免疫可以同时诱发针对 gag 和 gp120 抗原的抗体，而且滴度比 *gag* 基因单独免疫高。

三、DNA 疫苗免疫诱发的 HIV－1 特异性 CTL 反应 采用构建的 HIV－1 gag 及 gp120 重组 AAV 感染细胞来递呈 HIV－1 抗原，我们建立了^{51}Cr 释放测定来检测 HIV－1 特异性 CTL 的方法。检测了 5 组核酸免疫 Balb/C 小鼠中每组 2 只小鼠的 HIV－1 特异性 CTL 活性，平均计算后，结果见表 2。

表 1 DNA 疫苗免疫 Balb/C 小鼠的血清 HIV－1 抗体滴度

Tab. 1 HIV－1 antibody titer of immunized Balb/C mice with DNA vaccine

Serum of immunized mice	Antigen				
	MT4/HIV－1(＋)	MT4/HIV－1(－)	Sf9/gag	Sf9/gp120	Sf9(－)
pCMVgag42	1：10	－	1：10	－	－
pCMVgag42 ＋pCMVgp120－42	1：20	－	1：20	1：10	－
pCMVgp120－42	1：10	－	－	1：10	－
pCMVgp120－Rj6	1：10	－	－	1：10	－
pCMV－Control	－	－	－	－	－

表 2 核酸疫苗免疫小鼠产生的 HIV－1 特异性 CTL 平均活性（杀伤率%）

Tab. 2 HIV－1 specific CTL activity of mice immunized by DNA vaccine（%）

DNA vaccine	E：T ratio	Targct cell infected by AAVgag 42	Target cell infected by AAVgp 120－Rj6
gag42	100：1	37.7	ND
	50：1	26.9	ND
gag42＋gp120－42	100：1	70.0	59.0
	50：1	35.0	27.1
gp120－42	100：1	ND	21.7
	50：1	ND	11.0
gp120－Rj6	100：1	ND	49.0
	50：1	ND	28.0
pCMV－Control	100：1	8.2	5.9
	50：1	8.4	8.1
Max. release		962.7±92.7 cpm	792±141.9cpm
Spon. release		241±28.8cpm	152±21 cpm

从结果可以看出，我们构建的 HIV－1 核酸疫苗免疫 Balb/C 小鼠均可以诱发小鼠产生较好的针对 HIV－1 的特异性 CTL 反应；V3 区插入 gag 中可以递呈，诱发产生对 gp120 的 CTL 反应；而且 B 亚型 gp120DNA 疫苗免疫产生的 CTL 可以识别 C 亚型的 gp120 抗原，但活性比 C 亚型 gp120DNA 疫苗免疫产生的 CTL 低。

讨 论

本文用中国 HIV－1 流行毒株的 gag 及 gp120 基因克隆构建了核酸疫苗载体，并进行了初步的小鼠免疫试验。结果初步显示免疫 Balb/C 小鼠可以产生 HIV－1 特异性的体液和细胞免疫反应：gag 与 gp120 基因联合免疫可以同时诱发针对 gag 和 gp120 的细胞和体液免疫反应，效果比 gag 及 gp120 基因单独免疫好；而且 B 亚型 gp120 DNA 疫苗免疫产生的 CTL 可以识别 C 亚型的 gp120 抗原。在人体对 HIV－1 的保护性免疫反应机制还不清楚的情况下，目前艾滋病疫苗研究的一个发展趋势就是研制多价、多亚型的复合 HIV 疫苗，核酸疫苗以其制作简单、可塑性强的优势而成为多价复合 HIV 疫苗的重要发展领域。因此，本文的初步研究结果值得做进一步的系统试验。而且核酸疫苗免疫后外源核酸是否会整合到基因组中引起插入突变，外源基因是否会长期表达而引起免疫病理等问题，还有待于更多的研究和临床试验来验证。同时如何提高核酸疫苗的免疫效果，也是核酸疫苗研究亟待解决的问题。

〔原载《病毒学报》2000，16（4）：322－326〕

参 考 文 献

1 De－chu Tang，Michael De Vit，Johnson S A，et al. Genetic immunization is a simple method for eliciting an immune response. Nature，1992，356：152－154

2 Ke Ugn，Boyer J D，Wang B，et al. Nucleic acid immunization of chimpanzees as a prophylactic/immunotherapeutic vaccination model for HIV－1：prelude to a clinial trial. Vaccine，1997，15：927－930

3 Johnston M I. HIV vaccines：problems and prospects. Hosp Pract，1997，32（5）：125－128

4 Koff W C. The next steps towards a global AIDS vaccine. Science，1994，266：1335－1337

5 Wang B，Dang K，Agadjanyam M G. Musocal immunization with a DNA vaccine induces immune responses against HIV－1 at a musocal site. Vaccine，1997，15：821－825

Preliminary Study on DNA Vaccine of Chinese HIV－1 Strains

GUAN Yong－jun，ZHU Yue－ke，Liu Hai－ying，ZHOU Ling，ZENG Yi

（Institute of Virology，CAPM，Beijing 100052，China）

For developing a HIV－1 vaccine against the prevalent HIV－1 strains in China，we constructed the DNA vaccine plasmids of the representative gag gene and gp120 gene，and immunized the Balb/C mice. Preliminary results showed：①gag and gp120 DNA vaccine could induce HIV－1 specific cell－mediated and humoral immunity；②Co－immunization with gag and gp120 plasmids induced both gag and gp120 specific cell－mediated and humoral immune response，and showed stronger than that of immunization with gag or gp120 alone；③The specific CTL induced by subtype B gp120 could recognize gp120 antigen of subtype C，which showed a CTL cross－reaction between subtype B and C. The preliminary results showed hope of developing HIV－1 DNA vaccine and worthy to continue further studies.

〔**Key words**〕HIV；DNA vaccine；gag gene；gpl20 gene

253. 免疫斑点法检测特异性 EBV 潜伏膜蛋白 2 合成肽的细胞毒 T 淋巴细胞

中国预防医学科学院病毒学研究所　周　玲　姚家伟　曾　毅
汕头大学医学院肿瘤研究所　陈志坚　李德锐
广西壮族自治区人民医院　周微雅　英国伯明翰大学肿瘤研究所　A. Rickinon

Epstein－Barr（EB）病毒是人传染性单核细胞增多症（IM）的病原，是鼻咽癌（NPC）的病因之一[1]，近年来又发现与众多癌症有关如胃癌、肺癌、胸腺癌等，因此研究 EBV 感染后的机体免疫，特别是细胞免疫的特点，已倍受关注。人体的免疫反应具有抗肿瘤作用，它通过细胞免疫机制能破坏机体内的肿瘤细胞，其中细胞毒 T 细胞（CTL）是最重要的免疫监视细胞。CTL 主是 MHC I 类分子限制性的 $CD8^+$ T 细胞，它通过 T 细胞受体（TCR）识别靶细胞 I 类 MHC 分子沟槽结构中的抗原多肽（8～10 个氨基酸），即靶细胞通过 MHC I 类分子将内源性抗原加工呈递给 CTL 前体[2]。因此，用合成肽替代自然多肽诱导 CTL 产生是可行的。MHC I 类基因产物主要指 HLA－A、B、C 抗原。已被检出的众多的 HLA 抗原在不同人种、甚至不同地区的人群中的分布存在着很大的差别。我国汉族人以 HLA－A2、B46，HLA－A11、B40 和 HLA－A2、B40 单体型最常见。根据有效的抗原性多肽必需满足的条件，我们又按照已确定了多种受 HLA 限制的潜伏膜蛋白 2（LMP2）CTL 表位，合成在中国南方人群中很常见的 HLA－A2 段短肽，应用免疫斑点法（Elispot），检测了我国 37 例正常人与 NPC 病人的特异性 EBV－LMP2 的 CTL。

材料和方法

一、标本收集　采集我国广东汕头、广西南宁和北京地区 37 例外周血标本，其中 NPC 病人 17 例，正常人 18 例，肠癌、肺癌各 1 例。获得新鲜的单核淋巴细胞。

二、多肽设计　参照 EBV－LMP2 多肽库的序列，由英国伯明翰大学 Rickinson 教授实验室合成[3]。EBV－LMP2 肽 CTL 的表位序列见表 1。

表 1　EBV－LMP2 肽 CTL 表位序列

Tab. 1　Sequence of CTL response to EBV－LMP2 peptide

EBV－LMP2（A2）肽名 Peptide name of EBV－LMP2	氨基酸产物位置 Location of amino acid residues	HLA 限制 HLA restriction	肽序列 Peptide sequence
CLG	426－434	A＊0201	CLGGLITMV
LLW	329－337	A＊0201	LLWTLVVLL
FLY	356－364	A＊ 0201	FLYALALLL
LLS	447－455	A＊ 203	LLSAWILTA
LTA	453－461	A＊206	LTAGFLIFI

三、检测方法 用 Elispot 检测人群中 T 淋巴细胞针对 EBV－LMP2（A 2.01、A 2.03、A 2.06）肽的特异性杀伤作用。Elispot 试验盒由英国伯明翰大学 Rickinson 教授赠送。包被人 γ 干扰素（IFN－γ）单抗 4℃ 过夜或 37℃ 3 h，加新分离的单核淋巴细胞与不同的肽，37℃过夜。当特定肽与淋巴细胞中的特异的 HLA 分子稳定结合后，刺激细胞表达 IFN－γ 抗原与包被板上的 IFN－γ 单抗结合。第 2 天经洗板后加抗 IFN－γ 抗体，加酶标记抗体后，染色，干燥，在显微镜下阳性细胞计数，每份标本检测时设对照孔；阳性孔，淋巴细胞加植物血凝素（PHA）；阴性孔，淋巴细胞加 1640。结果判定：阳性细胞数大于阴性孔阳性细胞数 2 倍，实验成立；阳性细胞数大于 50 个以上、阳性细胞数大于阴性孔阳性细胞数 2 倍以上判为阳性。

结　果

37 例标本中特异性 EBV－LMP2 肽的 CTL 检测结果见表 2。CLG，LLW，FLY（A 2.01），LLS（A 2.03），LTA（A 2.06）全部强阳性的 16 例中，3 例 NPC 病人，13 例正常人；多肽 LLW、FLY、LLS、LTA 或 FLY、LLS、LTA 阳性的 7 例中，3 例 NPC 病人，4 例正常人；全部阴性的 14 例中，NPC 病人占 11 例，正常人 1 例，其他癌病人 2 例。

表 2　特异性 EBV－LMP2 肽的 CTL

Tab. 2　CTL of specific EBV－LMP2 peptide

分项 Type	鼻咽癌病人（例） Case of NPC	其他癌病人（例） Other cancer patients	正常人（例） Normal individuals	总计（例） Total
全部肽阳性 All peptides positive	3	–	13	16
部分肽阳性 Partial peptides positive	3	–	4	7
全部肽阴性 All peptides negative	11	2	1	14
合　计 Total	17	2	18	37

讨　论

目前已知，几乎所有的肿瘤患者均有免疫功能异常，EBV 相关恶性肿瘤患者的细胞免疫也是低下的。杨成勇等[4]建立了检测 EBV－LMP1 特异性 CTL 功能的方法，发现 NPC 患者外周血中 LMP1 特异性的细胞免疫功能显著低于正常人群。我们的实验也得到同样的结果。EBV LMP2 多肽全部强阳性的 16 例中，3 例为 NPC 病人，13 例为正常人，多肽全部阴性的 14 例中 11 例为 NPC 病人，1 例正常人。

最近的研究又表明 EBV－LMP2 是治疗 EBV 相关肿瘤的良好靶抗原。美国 Rooney 教授等[5]利用逆转录和单纯疱疹病毒作载体，将 EBV－LMP2 导入树突状细胞并表达，以它作刺激细胞激发何杰金氏病患者体内的特异性 CTL，发现 15 名患者中有 11 名在第一或第二次治疗中产生了自身的 EBV 特异的 CTL。

我们的工作初步了解特异性 EBV－LMP2 肽在 NPC 病人与正常人中的状况，为进一步将